동물보건영상학 7판

Radiography for Veterinary Technicians

저자 **Marg Brown,** RVT, BEd Ad Ed
Formerly of Seneca College of Applied Arts and Technology King City, Ontario;
Formerly of Penn Foster College, Scranton, Pennsylvania;
Active Member:
Ontario Association of Veterinary Technicians
Association of Veterinary Technician Educators
National Association of Veterinary Technicians in America

Lois C. Brown, RTR (Can/USA), ACR, MSc, P.Phys
President
Xray Imaging Consultants Ltd.
Orangeville, Ontario, Canada

역자 **동물보건영상학 교재연구회**

대표역자 **엄태흠** 24시 넬 동물의료센터

공동역자

배동화	영진전문대학교 동물보건과	**엄세욱**	연암대학교 동물보호계열
서명기	계명문화대학교 반려동물보건과	**윤일용**	24시 넬 동물의료센터
손동주	24시 넬 동물의료센터	**이종협**	24시 넬 동물의료센터
손부용	장안대학교 바이오동물보건과	**임덕호**	24시 넬 동물의료센터
손성지	24시 넬 동물의료센터	**한세명**	세명대학교 동물보건학과

(가나다 순)

범문에듀케이션

Translated version ISBN : 979-11-5943-484-6
Publication Date in Korea : March 3, 2025

도움주신 분들과 검토해주신 분들께:

Susan McNeal, RVT, Ashley Jenner, RVT, BSc, VTS–DI,

Lorelei D'Avolio, LVT, VTS (Exotics), CVPM, Shana Lemmenes, CVT, VTS–EVN, 및

Julia Bitan, RVT에게. 여러분의 전문성과 헌신 덕분에 이 자료가 소중한 자원이 되었습니다. 감사합니다.

모든 학생들과 수의학 전문가에게: 배움을 멈추지 마십시오.

Phil, Alina, Jacquie, 그리고 Tylor에게: 영원한 사랑을 담아.

Marg Brown

도움주신 분들께:

Darryl Bonder, DVM;

Stephanie Holowka, MRT(R), MRT (MR), MRSO (MRSC TM);

Bob Hylands, DVM;

Lori Ponte, Animal Health Partners, Toronto;

Arvind Singh, HND Mech (UK) Raymax Medical Corporation:

여러분의 전문 지식이 없었다면 이 책은 얇고 가벼웠을 것입니다. 신속하고 열정적인 도움에 감사드립니다.

Lois C. Brown

FOREWORD
머리말

이 책은 Lavin's Radiography for Veterinary Technicians, 7th Edition을 번역한 것으로, 수의학 분야에서 방사선 및 영상 진단을 공부하는 학생들과, 현장에서 활동하는 동물보건사들에게 모두 유용하고 필수적인 자료입니다. 원서에는 방사선 촬영의 기초부터 고급 기술까지 체계적인 설명이 수록되어 있으며, 특히 실제 임상에서 필수적인 동물의 해부학적 구조와 방사선 촬영 기법이 자세하며 완벽에 가깝게 설명되어 있습니다. 이번 번역본은 원서의 내용을 충실히 반영하면서도, 한국에서 수의학 및 동물보건사 교육 실정에 맞게 최대한 자연스럽고 이해하기 쉬운 표현을 사용하고자 하였습니다.

이 책이 수의학을 공부하는 학생들과, 새로이 인생의 진로를 동물보건사로 설정한 학생들에게 유용한 가이드가 되길 바랍니다. 또한 이 번역본이 최근 많은 관심을 받고 있는 동물보건사라는 직업 전체의 전문성 향상과 지식 확산에 기여할 수 있기를 진심으로 바랍니다.

INTRODUCTION

서문

"테크선생님, 흉복부 방사선 촬영 부탁해요!"
"언니, 여기 강아지 접수 받아주세요!"

얼마 전까지만 해도 동물병원에서는 이렇게 익숙한 목소리들이 오갔습니다. 수의사 외에도 접수처, 수술실, 영상검사실에서 동물들의 생명을 구하는 순간에 항상 함께하던 분들이 있었지만, 정작 그분들을 정확히 부를 수 있는 이름은 없었습니다.

'테크니션', '동물 기술사', '동물병원 간호사', 심지어는 '언니' 혹은 '오빠'라는 애칭(주로 보호자분들이 부르시던)으로 불리던 그분들. 이제 대한민국에서도 그분들의 헌신과 전문성을 인정하는 "동물보건사"라는 자격증이 탄생했습니다. 이 책은 오랜 시간 동물병원 현장에서 고군분투하며 수의사와 함께 생명을 살려온 모든 동물보건사분들께 바칩니다.

동물보건사라는 직업이 공식적으로 자리 잡았지만, 정작 이 분야를 준비하는 이들에게 필요한 교육 자료는 턱없이 부족했습니다. 동물병원 원장이자 반려동물학과 겸임교수로 일하며 반려동물학과 수업을 준비할 때면 늘 같은 고민에 부딪혔습니다. "수의사를 위한 전문서적은 많지만, 동물보건사를 가르치고 실무에 적용할 수 있는 책은 왜 없을까?"

임상 현장의 노하우를 담아 직접 부족한 강의 자료를 만들며 학생들을 가르치던 중, 이 교과서의 번역 제안을 받았고, 오랜 고민을 해결할 수 있을 거란 생각에 바로 번역 제안을 수락하였습니다.

하지만 이 책이 세상에 나오기까지는 수많은 분들의 열정이 필요했습니다. 동물병원 원장으로서 바쁜 일상을 보내며 번역과 검수를 병행하는 것은 쉽지 않았습니다. 대표역자를 수락한 것이 잘한 일일까 하는 의문이 들 때마다, 범문에듀출판사의 신선희, 한태수 두 분께서 끝없는 인내심과 믿음으로 기다려 주셨기에 번역의 숨결이 끊기지 않았습니다. 다시 한번 서문을 빌어 감사의 말씀을 드립니다.

또한, 이 책의 공동역자로 참여해주신 교수님들과 원장님들께 깊은 감사를 드립니다.

학생들이 동물보건사라는 자격을 얻고 살아갈 때, 진정으로 도움이 될 수 있는 책을 만들자는 한 뜻으로 바쁘신 와중에도 번역에 힘을 보태주셨습니다. 인생의 첫 걸음을 동물보건사로 시작하는 학생들이 이 책을 통해 직업적인 능력을 키워 '나는 유능하고 필요하다'라는 성취감을 얻는다면, 참여해주신 공동역자 분들의 열정에 대한 가장 큰 보답이 될 수 있으리라 생각합니다.

마지막으로, 동물보건사 여러분께

한 장의 방사선 사진이 진단을 바꾸고, 한 번의 정확한 촬영이 생명을 구할 수 있습니다.

이 책이 동물보건사 여러분의 손에서 빛을 발하며, 수의학의 미래를 함께 열어가는 도구가 되길 소망하며 글을 마칩니다.

대표역자 **엄태흠**

PREFACE

저자 서문

Lavin의 동물보건영상학 7판을 소개하게 되어 매우 기쁩니다. 이 책은 수의학 분야에서 활용되는 영상 과학을 가르치고 참고할 수 있는 자료로, 방사선학 실무에 필요한 지식을 통해 진단 가능한 이미지를 생성하는 방법을 제공합니다. 또한, 동물보건학을 공부하는 학생들이 시험을 준비할 수 있도록 돕고, 실무 환경에서 동물보건사와 수의사가 영상 기술과 진단적 판단에 있어 정보에 입각한 결정을 내릴 수 있는 기초를 제공합니다.

이 책은 크게 두 부분으로 구성되어 있습니다. 첫 번째 부분은 진단 영상의 기술적 측면을 다루며, 이론을 실무에 적용하는 방법을 제시합니다. 두 번째 부분은 방사선 촬영 위치와 관련된 해부학을 다루며, 각 장에서는 필수적인 촬영 위치 정보와 해부학적 참조 자료를 포함하고 있어, 동물보건사가 정상적인 해부학적 구조를 이해하고 정확한 진단 이미지를 생성할 수 있도록 돕습니다. 이 책은 영상진단과 관련된 해부학 및 촬영 위치 교육의 핵심 내용을 담고 있습니다.

각 장은 고유한 내용을 다루면서도 간결하게 구성되어 있어, 독자들이 별도의 자료를 참고하지 않아도 중요한 내용을 쉽게 이해할 수 있습니다. 특히, 7판에서는 방사선 촬영 시 고품질 영상을 첫 시도에서 안전하게 확보할 수 있는 실용적 지식을 제공합니다.

책 전반에 걸쳐 사진, 방사선 사진, 그림, 표, 그리고 박스 등의 자료가 업데이트되었습니다. 교과서 곳곳에 배치된 다양한 이미지는 학습을 돕는 데 효과적이며, 일부 장의 끝에는 이미지 갤러리가 추가되어 관찰 학습을 더욱 풍부하게 지원합니다. 또한, 실무에서 유용한 정보를 담은 글상자가 추가되어, 동물보건사가 현장에서 겪을 수 있는 다양한 상황에 대비할 수 있도록 구성되었습니다. 각 장의 끝에는 복습 문제가 포함되어 학습한 내용을 점검하고 이해도를 높일 수 있습니다.

Lavin의 동물보건영상학 7판은 동물보건사 및 수의학 분야 종사자들에게 필수적인 실무적 지식과 기술을 제공하며, 학습과 실무를 동시에 지원하는 최고의 교재입니다.

Part I의 주요 내용

진단 영상 분야는 끊임없이 발전하며, 더 나은 품질의 이미지를 제공하고 있습니다. 이번 7판에서는 주요 내용을 새롭게 개정하고, 일부 장을 수정하여 업데이트했습니다.

- 컴퓨터 방사선 촬영(CR) 및 디지털 영상 정보가 대폭 확장되었습니다. 디지털 영상의 다양한 모드 중 일부는 유지되고, 일부는 전환 중입니다.
- 각 장은 새로운 이미지와 기술에 대한 확장된 설명을 포함하여 개정되었습니다.

Part II의 주요 내용: 방사선 촬영 위치와 관련 해부학

Part II는 방사선 촬영 위치를 다루며 촬영 절차에 대한 원스톱 참고자료입니다. 각 장은 추가 이미지, 전략 및 디지털 영상 기술을 포함해 업데이트되었습니다. 주요 소주제로는 복부, 흉부, 앞다리, 골반과 뒷다리, 척추, 두개골 등이 있습니다.

정확한 촬영을 위해 필요한 모든 정보는 명확하게 제시되어 있습니다. 각 위치에 대한 표준 촬영과 보조 촬영이 포함되어 있으며, 모든 장에는 개요, 학습 목표, 주요 용어, 측정 위치, 중심 광선의 위치, 가장자리, 단계별 촬영 방법, 추가 설명 및 팁이 제공됩니다.

7판에 오신 것을 환영합니다. 우리가 이 책을 집필하면서 느꼈던 즐거움만큼 여러분도 이 책에서 많은 것을 배울 수 있기를 바랍니다.

Marg Brown
Lois C. Brown

ACKNOWLEDGMENTS

감사의 글

이번 판의 제작에 기여해 주신 모든 분들께 깊은 감사를 드립니다. 여러분의 헌신과 지속적인 노력 덕분에 이 책은 여전히 해당 분야에서 가장 유용하고 최신 정보를 제공하는 자료로 자리 잡을 수 있었습니다.

이번 판에서 수정 및 유지해야 할 부분에 대해 훌륭한 의견을 주신 검토자 여러분께도 특별히 감사드립니다. 여러분의 조언은 책의 내용과 구성을 개선하는 데 중요한 역할을 했습니다. Lois, 당신의 통찰력과 열정은 언제나 저를 놀라게 합니다. 이번에도 함께 작업할 수 있어 정말 기뻤습니다.

온타리오주 King City의 Seneca College 수의 기술 프로그램의 전 동료 여러분께도 깊이 감사드립니다. 여러분의 지속적인 지원과 열정, 그리고 헌신은 제게 큰 힘이 되었습니다. 이 책에 포함된 방사선 촬영 사진들은 별도의 언급이 없는 한 Seneca College에서 촬영된 것들입니다. 또한 사진 모델로 참여한 Sam, Ace, Spud와 그들의 주인들께도 감사드립니다.

이전에 만난 학생 여러분, 여러분의 열정과 호기심은 제가 한 번도 일을 하고 있다고 느끼지 않도록 만들었습니다. 여러분은 항상 저에게 동기를 부여하며 기쁨을 주셨습니다. 계속해서 배우고 성장하며, 여러분의 소식을 듣는 것이 저에게 큰 기쁨입니다.

특히 Sue MacNeal, RVT, CVDT, BSc께 감사를 전합니다. 당신의 전문성과 논리적인 설명 덕분에 치과 관련 내용이 완전히 업그레이드되었습니다.

Lorelei D'Avolio, LVT, VTS(Exotics), CVPM, 당신의 전문성과 경험 덕분에 조류 및 특수 동물 의학 장이 크게 개선되었습니다. Shana Lemmenes, CVT, VTS-EVN, 대동물 촬영 위치 관련 작업에 귀중한 도움을 주셨습니다. Ashley Jenner, RVT, BSc, VTS-DI, 소동물 촬영 위치 장의 편집 과정에서 실질적인 제안으로 큰 기여를 하셨습니다. Julia Bitan, RVT와 함께 제공해 주신 이미지 또한 장의 질을 높이는 데 큰 도움이 되었습니다. Jennifer White, RVT, 제공해 주신 추가 이미지들에도 감사드립니다.

Evelyn Kelly, RN, MRT(R), ACR, BSc와 Carolyn Bennett, AHT, 특수 절차 장의 작업을 도와주신 점에 진심으로 감사드립니다.

이전 판에 기여해 주신 분들께도 여전히 감사를 표합니다. Jeanne Robertson, 당신이 제공한 그래픽 이미지는 이번 판에서도 탁월함을 유지하고 있습니다.

Elsevier 편집팀, 특히 Brandi Graham, Brooke Kannady, Manchu Mohan, 여러분의 영감과 제안, 그리고 인내는 이 책을 필수적인 자료로 만드는 데 큰 역할을 했습니다.

아인슈타인이 말했듯, "배움을 멈추면 죽기 시작한다"는 말을 기억하며, 여러분 모두 끊임없이 배우고 성장하시길 바랍니다.

Marg Brown

이번 7번째 판 작업을 통해 만난 지식, 경험, 그리고 열정에 다시 한번 겸허함과 감사를 느낍니다.

Robert Hylands, DVM께서는 초음파 장을 새롭게 집필하시며 풍부한 정보와 새로운 이미지를 추가해 주셨습니다. COVID 팬데믹으로 인해 캐나다 북부의 한 섬에서 자가 격리 중이었음에도 불구하고, 질문에 대한 답변과 자료를 제공해 주셨습니다.

Horst Bruning, Animage의 대표는 COVID로 인해 이탈리아에서 격리 중이었지만, 캘리포니아를 통해 FIDEX 시스템 이미지를 공유해 주셨습니다.

Stephanie Holowka, MRT(R), MRT(MR), MRSO(MRSC TM)는 컴퓨터 단층촬영(CT), 자기공명영상(MRI), 그리고 새로운 양전자 방출 단층촬영(PET) 섹션 작업과 디지털 영상 장의 개정 과정에 큰 기여를 해주셨습니다. 그녀의 수의학 영상에 대한 열정은 늘 신선한 영감을 줍니다.

North York, Ontario의 Animal Health Partners는 MRI와 컴퓨터 방사선 촬영 부서를 방문할 수 있도록 초대해 주셨으며, MRI 및 CT 장의 사진을 제공해 주셔서 7판 제작에 적극적으로 기여해 주셨습니다.

Darryl Bonder, DVM은 대동물 핵의학 분야에서 백과사전적인 지식으로 여러 판에 걸쳐 기여해 주셨습니다.

Raymax Medical Corporation은 1부 원고 검토 과정에서 중요한 도움을 주셨습니다. 요청할 때마다 몇 시간 내로 응답과 이미지를 보내주신 점에 깊이 감사드립니다.

이 외에도 이미지를 제공해 주신 많은 수의사, 동물보건사, 기술 교육자, 그리고 스태프 여러분께 진심으로 감사드립니다.

이번에도 검토자분들의 제안은 7판의 방향을 설정하는 데 크게 기여했습니다. Brooke Kannady와 Brandi Graham 편집자와 그 팀의 전문성 덕분에 이번 7판을 성공적으로 완성할 수 있었습니다.

Marg, 이번에도 함께 작업하게 되어 기뻤습니다. 건강하시길 바랍니다.

COVID 팬데믹이라는 어려움에도 불구하고, 모든 분들이 자택이나 멀리 떨어진 곳에서 격리된 환경 속에서 작업을 진행하며 반려동물의 도움으로 프로젝트를 완수할 수 있었습니다. 저에게는 Curious Tiberius가 편집 과정에서 든든한 지원군이 되어주었습니다.

Lois C. Brown

CONTRIBUTORS

Darryl Bonder, DVM, RSO
Nuclear Medicine, Ontario Equine Hospital
Mississauga, Ontario

Stephanie Holowka, MRT(R), MRT(MR), MRSO (MRSCTM)
Lead Technologist, MEG and 3-Dimensional Imaging
Diagnostic Imaging
The Hospital for Sick Children
Toronto, Ontario

Robert F. Hylands, DVM
Westbridge Veterinary Hospital
Mississauga, Ontario

Susan MacNeal, RVT, CVDT, BSc
Coordinator, Veterinary Technician
Georgian College
Orillia, Ontario

REVIEWERS

Laura L. Black, LVT, BAAS
Associate Professor of Veterinary Technology
Veterinary Technology Distance Learning Program
San Juan College
Farmington, New Mexico

Lorelei D'Avolio, LVT, VTS (Exotics), CVPM
Practice Manager
The Center for Avian and Exotic Medicine
New York, New York

Lynda Forgie, RVT
Professor, Veterinary Technician
Georgian College
Orillia, Ontario

Jennifer V. Freese, DVM
Program Director
Veterinary Technology
University of Maine at Augusta
Bangor, Maine

Michelle E. Goodnight, DVM, MS, DACVECC
Instructor, Veterinary Technology
Gwinnett Technical College
Lawrenceville, Georgia

Susan Guttschow, DVM
Program Director/Instructor
Veterinary Science
Gateway Technical College
Elkhorn, Wisconsin

Amanda Hackerott, RVT
Program Director, Health Sciences
WSU Tech College of Applied Sciences and Technology
Wichita, Kansas

Ashley Jenner, BSc, RVT, VTS-DI
Diagnostic Imaging
Toronto Veterinary Emergency
Toronto, Ontario

Shana Lemmenes, CVT, VTS-EVN
Large Animal Technician
University of Minnesota
St. Paul, Minnesota

Shauna Lesick, RVT
RVT Instructor, Animal Studies
Northern Alberta Institute of Technology
Edmonton, Alberta

George W. McCommon, DVM
Chair/Professor
Veterinary Science and Public Health
Fort Valley State University
Fort Valley, Georgia

Sarah Meyer-Paterson, CVT, AAS
Program Director, Veterinary Technology
Pensacola State College
Pensacola, Florida

Gordon Smok, DVM, BA, AS
Program Chair Veterinary Technology
City College
Gainesville, Florida

CONTENTS

차례

PART ONE

진단 영상

Diagnostic Imaging

1부에서는 영상의 기술적인 측면을 다루며, 방사선 촬영 원칙을 안내하는 규칙과 법칙의 실제 적용에 중점을 둔다. 방사선 촬영 장치의 내부 작동 원리를 배우게 되고, 필름, 디지털, 그리고 특수 영상 기법에 대해서도 다룬다. 방사선 사진에서 나타날 수 있는 인공물을 식별하고 품질 관리 검사 기법도 포함되어 있다.

SECTION ONE

영상의 기술적 측면_The Technical Side of Imaging

1879~1955 빌헬름 뢴트겐의 실험실. (사진 제공: Röntgen-Kuratorium Würzburg e. V., Röntgenring 8, 97070 Würzburg.)

CHAPTER 1

원자와 전기의 기초

The Basics of Atoms and Electricity

Lois C. Brown RTR (Can/USA), ACR, MSc, P.Phys

상상력은 연구의 가장 고급 형태이다.

—알버트 아인슈타인, 1879~1955

개요

X선의 발견
원소와 원자 이론
물질과 에너지
전자기 스펙트럼
X선의 이중성—파동-입자 이중성
파장과 주파수로서의 에너지
입자로서의 에너지

학습 목표

이 장을 마치면 다음을 수행할 수 있다.

1. X선의 발견과 관련된 사건을 설명할 수 있다.
2. X선의 특성들을 나열할 수 있다.
3. 원자와 원소 사이의 관계를 이해할 수 있다.
4. 원자 이론의 기본을 설명할 수 있다.
5. 물질과 에너지 사이의 관계를 이해할 수 있다.
6. 원소표의 기본을 설명할 수 있다.
7. X선 광자를 파동과 입자로 정의할 수 있다.

적용 분야

이 장에 있는 정보의 적용은 다음 영역과 관련이 있다.

주요 용어

원자 이론(Atomic theory)
원자(Atoms)
진단 영상(Diagnostic imaging)
전기(Electricity)
전자기 스펙트럼(Electromagnetic spectrum)
원소(Elements)
에너지(Energy)
투시(Fluorescence)
주파수(Frequency)
불균질함(Heterogeneous)
물질(Matter)
핵 에너지(Nuclear energy)
핵(Nucleus)
입자들(Particles)
다중 에너지(Polyenergetic)
열 에너지(Thermal energy)
열전자 방출(Thermionic emission)
파장(Wavelength)
X선(X-rays)

X선의 발견 _The Discovery of X-Rays

X선은 1895년에 독일의 과학자 빌헬름 콘라드 뢴트겐에 의해 발견되었다. 그는 실험실에서 다음 날 아침에 수행할 실험을 준비하던 중, 자신이 일하던 곳에서 몇 피트 떨어진 곳에서 플라티노시아나이드 판이 빛나는 것을 발견하였다.

뢴트겐이 판을 빛나게 한 원인을 이해하고, 판이 빛나는 것을 막는 방법(방사능의 원천을 제거함으로써)을 알아내려 한 결정은, 우리가 영상진단이라고 알고 있는 전문 분야의 시작이었다.

뢴트겐은 이 방사선을 'X선'이라고 명명하였다. 그 이유는 그 선의 미지의 성질 때문이었다. ('X'는 과학에서 알 수 없는 무언가를 나타낸다) 그는 또한 이 현상을 특허로 등록한 첫번째 사람이었다.

뢴트겐이 그의 실험을 발전시키고 그가 조사하던 새로운 방사선의 특성을 식별하면서, 그는 12개의 독특한 속성을 목록화 하였다(표 1.1). 그는 이 목록이 방사선의 속성 목록의 시작일 뿐이라고 생각했지만, 그의 실험과 과학적 조사의 철저함 때문에, 오늘날까지 아무도 원래의 목록에 새로운 내용을 추가하지 않았다. 앞으로 이 목록의 특성들을 책의 나머지 부분에서 계속해서 마주칠 것이기에, 목록에 적힌 속성들을 숙지하는 것이 중요하다.

원소와 원자 이론 _Elements and Atomic Theory

원소는 물질의 가장 작은 입자이다. 원소들은 원소 표(그림 1.1)에 배치되어 있다. 이 표는 표에 포함된 원소들을 구성하는 원자의 성질을 이해하기 위해 만들어졌다. 과학자들은 초기에 몇몇 원소들이 다른 것들보다 훨씬 더 안정적이고 일부는 매우 불안정하다는 것을 깨달았다. 본문에서는, 이 표의 위치와 관련하여 다양한 원소들을 설명할 것이다.

안정적인 비방사성 원소의 가장 높은 번호는 83번 비스무트로, 그 앞에는 82번 납이 있다. 우리는 이 책을 읽으며 여러 번 납에 대한 내용을 마주치게 될 것이다.

원소의 가장 작은 단위는 원자다(그림 1.2). 원자는 대부분 빈 공간이지만, 원자 내부의 단위는 아주 작다. 원자는 양성 전하를 가진 양성자와 중성전하를 가진 중성자로 이루어진 핵을 포함하고 있다. 핵을 둘러싼 것은 음성 전하를 가진 전자들이다. 전자들은 양성자의 양의 전기력과 그들 자신의 음의 전기력에 의해 "궤도"에 묶여 있다. 그들은 매우 정확한 "고리"에 배치되어 있으며, 각 고리의 전자 수는 핵 내의 양성자 수와 일치한다. 원자 핵 내의 양성자 수가 증가함에 따라, 해당하는 전자의 수도 증가한다. 전자의 수가 증가함에 따라, 전자의 고리 수도 증가하며, 핵으로부터의 거리 때문에 전자를 고리 내에 유지하는 전기력이 감소하여 개별 전자가

표 1.1 뢴트겐이 정의한 X선의 고유한 특성들

X선의 특성들	NOTES
불가시성	X선은 들을 수 없으며, 맡을 수 없고, 볼 수 없다.
전기적으로 중성	X선은 양의 전하도 음의 전하도 가지지 않는다.
질량이 없음	X선은 움직일 때 저항력이나 힘을 가지지 않는다.
진공 속에서는 빛의 속도로 이동	X선은 진공 상태에서 초당 186,000마일(초당 3×10^8미터)로 움직인다.
렌즈로 굴절시켜 집중시킬 수 없음	빔은 렌즈를 통과하면서 방향이 변하지 않는다.
다중 에너지(이질성)	빔의 형태로 이동
	한 번의 X선 노출에서는 여러 광자 에너지가 발생한다. 최대 킬로볼트(kVp)는 한 번 노출할 때 발생한 여러 광자 에너지 중 최대 에너지를 나타낸다. 한 번의 노출은 하나의 이미지를 만드는 데 사용된 에너지를 의미한다.
에너지(kV) 범위 내에서 생성될 수 있음	영상진단에 유용한 범위는 25~125 kV이며, 특수 영상진단에서는 25~40 범위를 사용한다.
직선으로 이동	개별 광자들은 X선 튜브에서 발산하는 (직선) 빔으로 이동한다.
특정 물질에서 형광을 유발	형광은 강화 스크린의 사용을 통해 필름에 대한 방사선의 효과를 증폭하는 데 유용하다.
방사선학적 사진 및 일반 사진 필름에 화학적 변화를 일으킬 수 있음	광자의 에너지에 따라 X선은 물질을 관통하거나 그것에 의해 흡수되므로, 필름에서 이미지가 생겨날 수 있다.
몸의 조직에 의해 흡수되거나 흩어져서 산란된 방사선 및 2차 방사선을 만들 수 있음	X선의 에너지와 노출되는 조직의 구성 및 두께에 따라, 광자가 물질과 상호작용할 때 특성 방사선이 생성될 수 있다.
생체 조직에 화학적 및 생물학적 손상을 일으킬 수 있음	세포를 구성하고 있는 원자를 이온화시켜(전자를 제거), 세포 손상이 발생할 수 있다.

Periodic Table of Elements

Period	I A	II A		III B	IV B	V B	VI B	VII B	VIII	VIII	VIII	I B	II B	III A	IV A	V A	VI A	VII A	VIII A
1	1 H																		2 He
2	3 Li	4 Be												5 B	6 C	7 N	8 O	9 F	10 Ne
3	11 Na	12 Mg												13 Al	14 Si	15 P	16 S	17 Cl	18 Ar
4	19 K	20 Ca		21 Sc	22 Ti	23 V	24 Cr	25 Mn	26 Fe	27 Co	28 Ni	29 Cu	30 Zn	31 Ga	32 Ge	33 As	34 Se	35 Br	36 Kr
5	37 Rb	38 Sr		39 Y	40 Zr	41 Nb	42 Mo	43 Tc	44 Ru	45 Rh	46 Pd	47 Ag	48 Cd	49 In	50 Sn	51 Sb	52 Te	53 I	54 Xe
6	55 Cs	56 Ba	*	71 Lu	72 Hf	73 Ta	74 W	75 Re	76 Os	77 Ir	78 Pt	79 Au	80 Hg	81 Tl	82 Pb	83 Bi	84 Po	85 At	86 Rn
7	87 Fr	88 Ra	**	103 Lr	104 Rf	105 Db	106 Sg	107 Bh	108 Hs	109 Mt	110 Ds	111 Rg	112 Uub	113 Uut	114 Uuq	115 Uup	116 Uuh	117 Uus	118 Uuo
*Lanthanoids			*	57 La	58 Ce	59 Pr	60 Nd	61 Pm	62 Sm	63 Eu	64 Gd	65 Tb	66 Dy	67 Ho	68 Er	69 Tm	70 Yb		
**Actinoids			**	89 Ac	90 Th	91 Pa	92 U	93 Np	94 Pu	95 Am	96 Cm	97 Bk	98 Cf	99 Es	100 Fm	101 Md	102 No		

그림 1.1 원소의 주기율표. (출처: Ziessman HA, O'Malley JP, Thrall JH. Nuclear Medicine: The Requisites in Radiobiology. 4th ed. London: Elsevier; 2014.)

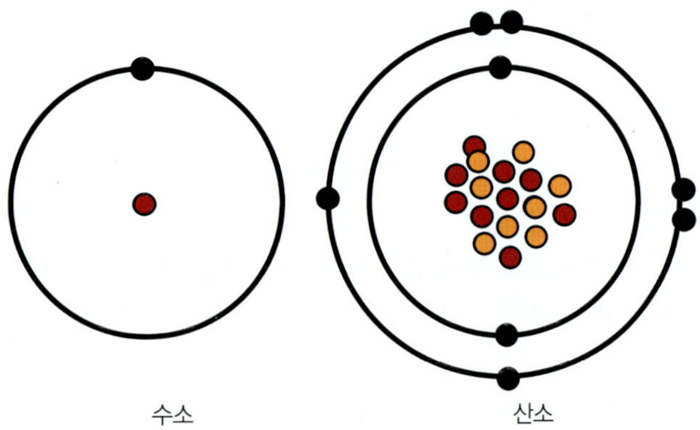

그림 1.2 원소의 두 가지 예. 수소 원소는 핵 내에 1개의 양성자와 핵을 공전하는 1개의 전자를 가지고 있다. 산소 원소는 8개의 양성자, 핵 내에 있는 8개의 중성자, 그리고 핵 주변을 공전하는 8개의 전자를 가지고 있다.

궤도를 떠날 수 있게 되거나, 열이 원소에 가해질 경우 "끓어 넘치게" 될 수 있다. 음극의 필라멘트에서 전자를 끓여 내는 것이 X선을 생성하는 첫 단계이다.

활용 정보

X선 발생기가 켜지고 X선 튜브의 음극에 열이 가해지면, *열전자 방출*이라는 현상으로 전자들이 "끓어 넘침". 노출 스위치가 닫히면, 이 시점에서 "광자" 또는 에너지 묶음이라고 불리는 전자의 에너지가 음극에서 양극으로 끌어당겨져 양극과 상호작용하여 X선을 생성한다.

물질과 에너지 _*Matter and Energy*

지구에 있는 모든 원소는 물질(질량) 또는 에너지를 가지고 있다. X선을 만드는 데는 물질을 에너지로 변환하는 과정을 사용한다. 물질의 주요 특성은 질량 또는 무게다. 무게는 중력과 관련이 있다. 에너지의 주요 특성은 움직임 또는 운동이다(그림 1.3). 우주에서 물질과 에너지의 조합은 일정하다. 물질은 에너지가 될 수 있고, 에너지는 물질이 될 수 있다. 어느 쪽도 새롭게 창조되거나 파괴될 수 없다. 다만 에너지와 물질은 각각 다른 형태로 변형될 수 있을 뿐이다.

그림 1.3 번개는 전기 에너지의 훌륭한 예시다. 음전하를 가진 전자들이 구름에 축적될 때까지 양전하를 가진 지구의 강력한 힘에 의해 끌려간다.

? 생각할 점

- 이 장의 내용은 아인슈타인 박사가 그의 유명한 공식 $E = mc^2$를 통해 가장 잘 설명하였다.
- E = 에너지, m = 질량(또는 물질), c^2= 빛의 속도 (이것은 상수.)
- 이는 질량을 가진 모든 것이 에너지로 변환될 수 있고, 에너지는 질량으로 변환될 수 있다는 것을 의미한다. 어느 쪽도 창조되거나 파괴될 수 없다.
- 이 내용은 X선을 생성하는 데 중요한데, 그 이유는 X선 튜브의 음극에서 끓어 넘치는 전자들이 그들이 만나는 어떤 것에도 흡수될 것이기 때문이다.

> **활용 정보**
>
> X선의 생산은 음전하를 가진 음극의 텅스텐 와이어에 의존한다. 에너지가 와이어에 주입되어 열을 생성하면, 전자들이 와이어에서 방출된다. 이 전자들은 스위치가 닫히고 회로가 완성되면 "에너지 묶음"으로서 양전하를 가진 양극으로 끌어당겨진다.

전자기 스펙트럼
The Electromagnetic Spectrum

에너지의 여러 유형에는 기계적, 화학적, 열적, 핵, 전자기, 전기 에너지가 있다. 전기에너지와 전자기력은 엑스레이 기술에 사용되는 두 가지 주요한 에너지다. 이것은 우리가 전기상자에서 엑스레이 발생기의 전원을 켤 때 분명히 드러나고, 에너지(전기와 전자기 둘 다)는 엑스레이의 생산을 위해 움직인다. 전기 스펙트럼은 매우 많은 에너지를 포함한다. 우리는 방사선과 가시광선이 관여하는 영역에 초점을 맞추어야 한다. 그림 1.4에서 스펙트럼의 방사선과 관련된 부분은 눈금의 상단부에 위치하고 있으며, 가시광선 영역은 그 아래에 있어서 무지개의 모든 색으로 나뉜다(그림 1.5).

X선의 이중성—파동-입자 이중성
The Dual Nature of X-Rays–Wave-Particle Duality

그림 1.4에서 볼 수 있듯이, 가시광선과 X선은 전자기 스펙트럼 표에 나열되어 있다. 두 가지는 매우 유사하지만 X선은 훨씬 높은 주파수와 더 짧은 파장을 가지고 있다.

- 가시광선의 광자는 실험에서 파동의 방식으로 반응하는 경향이 있다.
- X선은 입자의 방식으로 반응하는 경향이 있다. (X선 광자는 순수 에너지의 단위이다).

이것은 **파동-입자 이중성**이라고 알려져 있으며, 전기 회로 내에서 X선이 생성되는 것을 조사할 때 유용하다. 전기 회로에서 X선을 설명할 때, X선 튜브의 텅스텐 타겟에서 방출되는 파동의 개념으로 X선을 설명할 수 있다. X선에 대해 논의하던 시기에는 X선을 입자의 개념으로 설명하였다.

전자기파는 높이(진폭)를 가지며 빛의 속도로 움직인다.

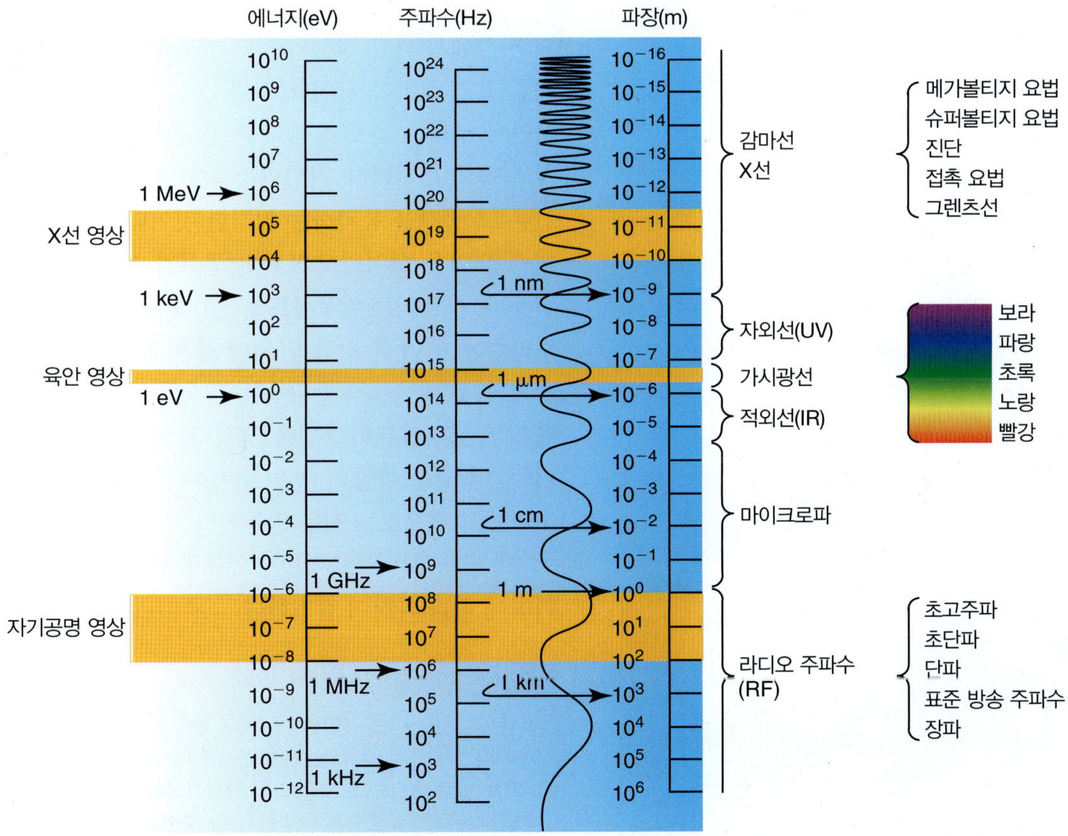

그림 1.4 전체 전자기 스펙트럼은 가시광선 부분보다 훨씬 크다. 이 차트는 모든 부분에 대한 에너지, 주파수, 파장 값을 보여주며 세 가지 이미징 윈도우를 식별한다. (출처: Bushong SC. *Radiologic Science for Technologists*. 11th ed. St Louis: Elsevier; 2017.)

그림 1.5 무지개는 전자기 스펙트럼의 가시광선 부분에 있는 모든 색을 보여준다.

> **활용 정보**
>
> 에너지의 파동과 입자는 방사선 생성에서 중요한 역할을 한다. X선 발생기의 전압과 전류를 설정함으로써 생성되는 X선의 양과 에너지의 성격을 제어할 수 있다.

파장과 주파수로서의 에너지
Energy as Wavelengths and Frequencies

바닷가에서 파도를 관찰하는 것은 에너지가 파도로 변환되는 것에 대한 훌륭한 예시다(그림 1.6). 파도의 꼭대기와 골이 있으며, 꼭대기와 꼭대기 또는 골과 골 사이의 거리를 측정할 수 있다. 각 정상과 골 사이에는 시간 차가 있다. 이 시간 간격이 파도의 주파수를 결정한다(그림 1.7). 한 파장은 하나의 정상에서 다음 정상의 꼭대기까지의 측정(또는 한 골에서 다음 골의 깊이까지)이다(그림 1.8).

그림 1.6 바다 위의 파도로 표현된 에너지. 바람의 힘이 주파수와 파장을 가진 파도를 만든다. 이 이미지는 한 개의 파도가 그려지고 있는데, 이는 하나의 정상과 하나의 골을 가진다. (저작권 2015 petesphotography/Getty Images.)

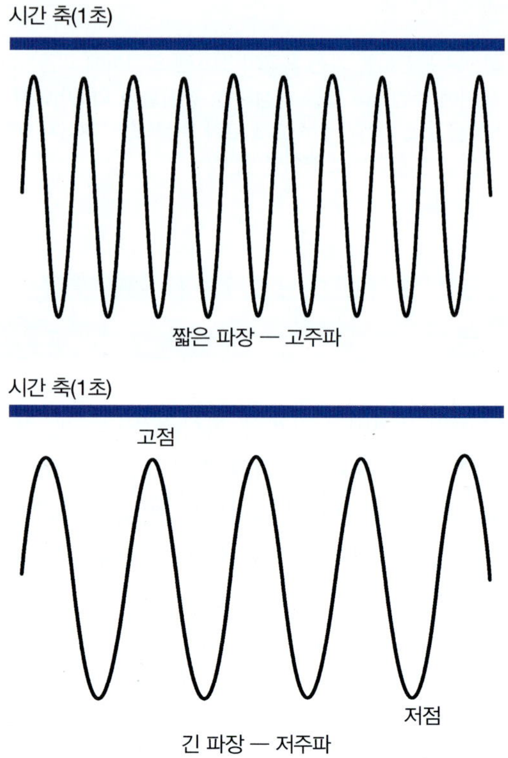

그림 1.7 파도가 파장이 짧으면, 그들은 주어진 고정점을 자주 지나갈 것이다 (짧은 파장/높은 주파수). 만약 파도가 파장이 길면, 그들은 해당 지점을 덜 자주 지나갈 것이다(긴 파장/낮은 주파수).

사인(sin)파는 파도가 바다를 통해 이동하면서 설명하는 정상과 골의 추적이다. 사인파는 최고점과 최저점을 가지며, 시간은 그 중간을 통과하는 일정한 것이다. 이것은 우리가 X선 기술 요인을 설정하고 X선이 생성될 시간과 그것들을 생성하는 데 사용되는 킬로볼트를 선택할 때 매우 중요하다.

주파수는 주어진 시간 단위에 주어진 점을 지나는 파도의 수다. X선 생성에서 주파수는 환자의 조직을 관통하는 데 사용되는 킬로볼트와 X선을 생성하는 데 설정된 시간에 연결된다. 더 짧은 파장의 높은 주파수는 긴 파장의 낮은 주파수보다 효과적으로 조직을 관통한다.

파장과 주파수는 역방향으로 관련되어 있어 주파수가 증가함에 따라 파장이 감소한다.

> **활용 정보**
>
> 전기 에너지는 다른 유형의 에너지로 변환될 수 있습니다. 헤어 드라이어에 적용된 전기 에너지는 열로 변환된다. X선 튜브에 적용된 전기 에너지는 열로 변환되고, 그런 다음 전자기학에 의해 X선으로 변환된다.
>
> 파장과 주파수는 X선 단위의 기술 요인을 설정할 때 중요하다. 각 요인을 증가시키거나 감소시키는 선택은 전압, 전류, 시간에 의존하며, 이 모든 것들은 파장과 주파수와 직접적으로 관련되어 있다.

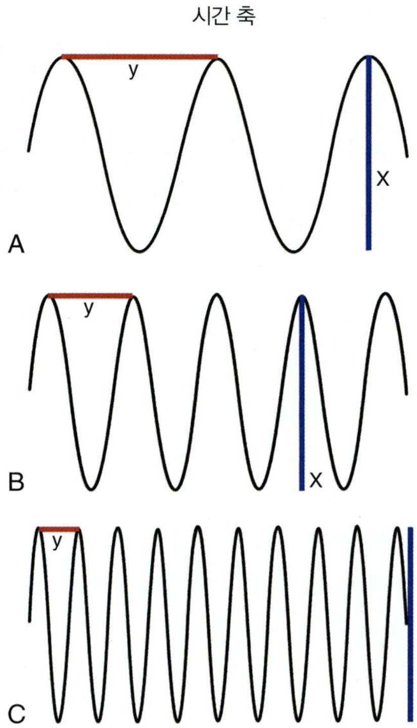

그림 1.8 이 세 개의 사인파는 다른 파장(y)을 가지고 있다. 파장이 짧을수록 주파수가 높으며 이는 일정한 시간 동안 측정된다. 파도의 높이는 정상에서 골까지의 진폭(x)이다. **A,** 긴 파장. **B,** 중간 파장. **C,** 짧은 파장.

입자로서의 에너지 _Energy as Particles

광자는 어떠한 종류의 전자기 방사선의 가장 작은 양이다. 광자는 질량이 없고 전기적인 충전이 없지만, 입자처럼 물질과 상호작용한다(그림 1.9). 이 에너지가 음극 내에서 생성되어 잠재적인 X선 광선을 만드는 데 사용되었다. **광자**를 작은 에너지 덩어리로 생각해도 좋다. 이는 X선이나 감마선과 같은 고주파 에너지를 사용할 때 특히 그렇다. 광자 입자는 **주파수**에 따라 특정 에너지를 운반한다. 에너지와 주파수는 직접적으로 비례한다. 에너지가 두 배로 늘어나면 주파수도 두 배가 된다. 입자로 설명될 때, 주파수와 광자와 필요한 에너지 양을 수학적으로 정량화하는 것이 가능하다.

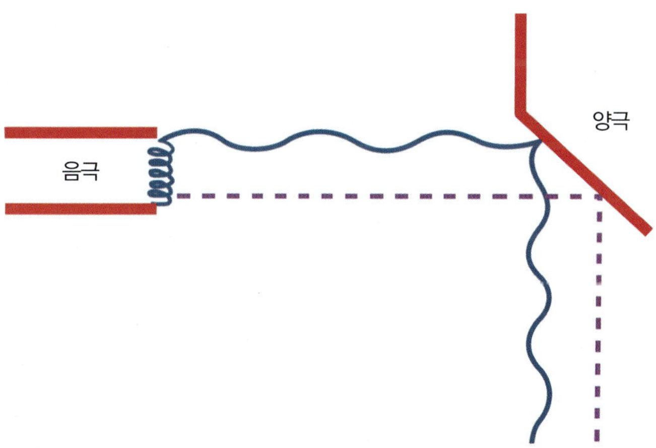

그림 1.9 X선 튜브에서, 에너지는 입자로 음극에서 방출된다. 에너지의 광자는 회로가 활성화될 때 음극에 자기적으로 끌려간다.

요약 _Summary

뢴트겐은 1800년대 후반에 X선을 발견하고 그 현상의 성격을 완전히 설명했다. 전자기 스펙트럼은 모든 에너지 형태를 설명하며, 파장에 따라 테이블에 카테고리화 한다.

X선은 스케일의 상단 근처에 있고, 빛은 스케일의 중간 근처에 있다. 원소 표는 현재 알려진 모든 원소를 카테고리화 한다. 이 텍스트에서는 이러한 원소 중 일부를 설명하고 그들의 표 위치가 중요한 이유를 보여줄 것이다.

과학자들은 곧 X선이 연속 파동이나 입자(에너지의 광자)로 작용할 수 있다는 것을 깨달았다. 이들의 활동에 따라 다르다. 사인파는 X선이 파동으로 작용하는 방식의 예시다. 각 파도에는 정상과 골이 있으며, 정상과 골 사이에는 중요한 관계가 있다.

복습 문제 _Review Questions

1. X선은 다음과 같이 설명할 수 있다:
   a. 눈에 보이지 않지만 빛의 속도로 직진한다.
   b. 충전된 원천에서 방출되지 않는 한 전기적으로 중성이다.
   c. X선 노출 도중 렌즈를 통해 볼 수 있다.
   d. 사진 필름에서 전기적 변화를 일으킨다.
2. 원소는 물질의 가장 작은 부분이다. 다음 중 옳은 것은?
   a. 원소는 양성자와 결합한다.
   b. 원소의 가장 작은 부분은 원자다.
   c. 원소는 중성자와 입자로 구성되어 있다.
   d. 전자는 무작위 순서로 원소 주변을 돈다.
3. 전자는 다음에 의해 자리에 고정된다:
   a. 중성자의 중성 전하
   b. 핵에 대한 자신의 부착
   c. 원자의 이온화
   d. 양성자의 양전하
4. 원소 표에서:
   a. 원소들은 알파벳 순서대로 배열된다.
   b. 원소의 순서는 그들이 발견된 시점에 따라 달라진다.
   c. 원소들은 특정 그룹으로 배열된다.

d. 모든 알려진 물질이 나열되어 있으며, 방사성 물질이 앞쪽부터 정렬되어 있다.

5. 물질과 에너지는 지구상의 모든 물질의 기초다. 다음 중 옳은 것은?
   a. 물질의 주요 특성은 질량 또는 무게다.
   b. 에너지의 주요 특성은 시간과 공간이다.
   c. 물질은 운동과 주파수를 나타낸다.
   d. 에너지는 원자와 분자에서 만들어질 수 없다.
6. 전자기 스펙트럼은 다음을 나타낸다:
   a. 색상 휠과 빛의 전기적 특성
   b. X선에서 라디오 파동까지의 광대한 스펙트럼
   c. 빛의 강도와 방사선의 어두움
   d. 전기, 파장, 주파수
7. 에너지는 다음 두 가지로 표현될 수 있다:
   a. 파동과 입자
   b. 파동과 주파수
   c. 질량과 물질
   d. 물질과 파동
8. 사인파는 X선 에너지를 파동으로 나타낸다. 다음 중 옳은 것은?
   a. 사인파는 X선 광선의 에너지를 포함하고 있다.
   b. 사인파는 불규칙한 파동이므로 측정할 수 없다.
   c. 사인파는 주파수와 진폭이 정의에 있다.
   d. 사인파는 X선 타이머의 움직임을 나타낸다.
9. 입자로서의 에너지의 성질을 가장 잘 설명한 것은?
   a. 운동의 단위 또는 묶음으로
   b. 물질 내에서 원자의 개별 움직임으로
   c. 원자핵 내의 입자로
   d. 주파수와 구조를 가진 파동으로
10. 광자에 대한 다음 설명 중 옳은 것은?
    a. 양전하를 가진 전자기 방사선
    b. 원자핵 또는 원자 내의 음전하 전자
    c. 원자핵 내의 음전하 양성자
    d. 전기적 충전이 없는 전자기 방사선

CHAPTER 2

방사선 안전 및 방호

Radiation Safety and Protection

Lois C. Brown RTR (Can/USA), ACR, MSc, P.Phys

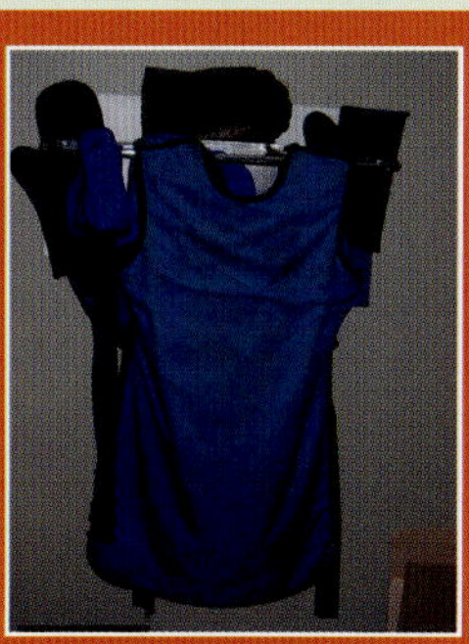

Correct storage of leaded accessories.

나는 조사했다. 그것은 처음에는 새로운 종류의 보이지 않는 빛처럼 보였다.
그것은 분명히 새로운 것, 기록되지 않은 것이었다.
...할 일이 많다

—Wihelm Roentgen – 독일 물리학자 – 1845~1923

개요

학습 목표

이 장을 마치면 다음을 수행할 수 있다.

1. 방사선 위험성을 이해한다.
2. 초과 방사선량의 영향을 열거한다.
3. 확률적 및 결정적(또는 확정적 또는 비확률적) 영향을 정의한다.
4. 방사선과 DNA에 대해 설명한다.
5. 방사선 노출과 방사능에 대해 설명한다.
6. 방사선 방호복에 대해 설명한다.
7. 방사선 방호에 관한 법률 및 규정을 숙지한다.

적용 분야

이 장에 있는 정보의 적용은 다음 영역과 관련이 있다.

1. 1차, 2차 및 산란 방사선으로부터 동물병원 직원 보호
2. 방사선량으로부터 환자와 보호자 보호

주요 용어

'ALARA' 원칙('ALARA' principle)
거리(Distance)
DNA 분자(DNA molecules)
선량계(Dosimeters)
투시검사(Fluoroscopy)
생식선 차폐물(Gonadal shields)
반감기(Half-life)
국제방사선방호위원회[International Commission on Radiological Protection (ICRP)]
선형 에너지 전달(Linear energy transfer)
감수분열(Meiosis)
유사분열(Mitosis)
의무/권고(Must/should)
미국방사선방호측정심의회[National Council on Radiation Protection and Measurements (NCRP)]
비방사선 작업자(Nonradiation worker)
비확률적 영향(Nonstochastic effects)
기관형성(Organogenesis)
방사선흡수선량(RAD)
방사선 선량계(Radiation dosimeter)
방사선 방출장치법(Radiation Emitting Devices Act)
방사선 작업자(Radiation worker)
방사성 붕괴(Radioactive decay)
방사성 분해(Radioactive disintegration)
방사선 촬영(Radiography)
방사성 핵종(Radionuclides)
렘(REM, Radiation Equivalent Man/Mammal)

(*계속*)

주요 용어(계속)

뢴트겐(Roentgen)
2차 방사선(Secondary radiation)
차폐(Shielding)
확률적 영향(Stochastic effects)
열형광 선량계(Thermoluminescent dosimeters)
시간(Time)

이 장에서는 방사선 방호의 다양한 방법과 수의 의료 종사자가 과도한 양의 방사선으로부터 자신을 보호할 수 있는 수단에 대해 논의한다. 각 직원은 이 장에 있는 지침을 사용하고 직장이 있는 지역의 특정 지침도 확인하도록 권장해야 한다. 이 장 전체에는 미국방사선방호측정심의회(NCRP)와 캐나다의 Safety Code 28에서 인용한 내용이 포함되어 있다. 국제 방사선 방호는 국제방사선방호위원회(ICRP)에서 관리한다.

동물병원 내의 직원은 방사선 방호에 대해 교육을 받아야 한다. 모든 규정은 매우 유사하며 필요한 경우 직원이 검토할 수 있도록 적절한 규정의 사본을 동물병원에서 사용할 수 있어야 한다. 대부분의 국가에서 고용자는 예비직원과의 첫 면접에서 동물병원이 환자진단에 방사선을 사용한다는 사실을 논의해야 하는 것이 법이다. 여기에는 방사선과 직접 관련된 일을 할 직원뿐만 아니라 다른 모든 직원도 포함된다.

동물병원 내 작업자와 환자의 방사선량은 **'합리적으로 달성가능한 최저 수준(as low as reasonably achievable, ALARA)'으로 줄여야 한다**. 이것은 보편적인 원칙이다. 방사선 촬영실의 방사선은 눈에 보이지 않기 때문에 법에서 정한 엄격한 기준에 해이해지기 쉽다. 경력을 쌓는 동안 과도한 양의 방사선으로부터 직원과 환자를 보호하는 것이 중요하다.

방사선 방호에 관한 모든 안내서는 안내서의 번호를 입력하여 온라인으로 볼 수 있다. 인쇄본은 다양한 기관에서 주문할 수 있다. (각 기관의 연락처는 이 장의 끝에 나와 있다.)

방사선생물학 _*Radiobiology*

세포생물학 요약 _*Cell Biology in Brief*

동물 환자의 몸에는 수백만 개의 세포가 있다. 각 동물은 **유사분열**(mitosis)로 알려진 과정에서 분열 및 세분화되는 세포들에 의해 살아 있다. 이 과정은 모든 생명체의 일생 동안 발생한다. 이에 대한 예외는 **감수분열**(meiosis)이라는 과정에서 생식과 분열에 관여하는 유전 세포이다.

방사선에 포함된 에너지는 이러한 과정의 자연적인 순서를 방해하며, 어떤 단계의 세포 분열이 발생하고 어떤 세포가 영향을 받는지에 따라 다양한 영향을 미칠 수 있다. 또한 이러한 영향에는 다양한 단계적 차이가 있으며, 이러한 영향은 고립된 세포뿐만 아니라 많은 세포에 걸쳐 입증된다는 점에 유의해야 한다.

또한 방사선량은 누적된다는 점을 인식하는 것이 중요하다. 단일 노출 또는 다중 노출의 영향이 즉시 느껴지지 않더라도 방사선은 세포에 영향을 미치며 과도한 노출을 피하지 않으면 경력 전반에 걸친 부주의의 결과로 후유증이 발생할 수 있다. 포유류의 몸은 약 80~95%가 물로 구성되어 있다. 주로 세포에 영향을 미치는 것은 체액과 방사선 사이의 상호 작용이다.

히로시마, 나가사키, 체르노빌 및 후쿠시마의 방사능재난 이후 확립된 많은 예방조치는 오늘날 세계 어느 곳이든 원자력발전소에 방사능 재난이 닥쳤을 때 낙진을 억제하고 방사능 질병과 사망을 예방하는 데 매우 효과적이다. 진단영상의 방사선량은 국가재해보다는 상당히 낮긴 하지만, 경력을 쌓는 과정에서 소량이라도 과도한 노출의 잠재적인 파괴적 영향을 인식하는 것은 중요하다.

방사선의 영향 _*Radiation Effects*

방사선 영향에는 두 가지 주요 유형이 있다: 확률적(체세포) 영향[stochastic (somatic) effects]과 확정적(비확률적) 영향[deterministic (nonstochastic) effects]이다.

확률적 영향은 우연히 발생하고 선량의 문턱값(threshold level of dose) 없이 발생할 수 있다. 이러한 유형의 영향의 확률(probability)은 선량에 비례하며, 심각도는 방사선량과 무관하다. 이러한 후기 영향(late-term effects)은 일반적으로 즉시 나타나지 않지만 종종 초기 노출 후 수년이 지난 후 나타나거나 유전적 영향으로 나타나 초기 방사선량의 희생자의 자손에서 돌연변이를 유발한다. 이러한 선량의 영향은 본질적으로 확률적 영향이다. 왜냐하면 방사선은 장기간에 걸쳐 간헐적으로 전달되기 때문이다. 노출 반응은 누적된다는 점을 알아야 한다. 사람이 매우 낮은 선량에 의해 즉시 영향을 받지 않더라도 오랜 기간 동안 반복적으로 선량을 받은 누적 결과는 파괴적일 수 있다. 가장 일반적인 확률적 영향은 암이다. 다른 확률적 영향은 백내장, 갑상선기능항진증, 갑상선기능저하증 및 불임이다.

활용 정보

의료 방사선과의 12명의 방사선 촬영 기술자들이 여러 검사실을 순환 근무 하였다. 소화기 검사실에서 환자는 테이블 앞에 서 있었고 기술자는 테이블 한쪽에 서 있었다. 기술자들은 납 앞치마를 착용했지만 당시에는 갑상선 보호대는 제조되지 않았다. 그 후 몇 년 동안 12명의 기술자 중 10명이 갑상선 문제를 일으켰다. 이것은 확률적 영향이었다.

확정적 영향(비확률적 영향)은 단기적으로 눈에 띈다. 몇 가지 공식화된 영향은 즉시 눈에 띄며 진단영상 설정에서는 매우 드물다. 홍반은 가장 흔한 증상으로, 피부가 붉어지고 방사선 화상 및 조직 괴사를 일으킨다. 일반적인 비확률적 영향은 일광화상이다.

방사선 영향은 주로 세포의 DNA에서 나타난다. 이것은 가장 취약한 영역이며 세포는 세포분열 중에 특히 취약하다. 방사선은 비선택적이며, 방사선이 도착하는 세포의 영역에 영향을 미친다. DNA 분자, 특히 세포의 핵은 DNA 이중 나선의 한쪽 나선의 분해에 의해 영향을 받을 수 있다. DNA가 방사선에 의해 영향을 받으면 네 가지 영향이 발생할 수 있다.

1. 방사선은 세포를 통과할 수 있으며 임계점(critical point)에 영향을 미치지 않는다. 유사분열은 중단될 수 있지만 세포는 손상되지 않는다.
2. 세포는 즉각적인 효과를 나타내지 않을 수 있지만 나중에 유사분열(세포분열)이 발생할 때 개인에게 영향을 미칠 손상이 내부적으로 발생했을 수 있다. 이 경우 세포분열이 성공적으로 일어나지 않고 세포가 죽을 수 있다.
3. 손상된 DNA 일부와 함께 세포 손상이 명백할 수 있다.
4. “타격(hit)”으로 인해 세포 사멸이 발생하여 분자가 심각하게 손상될 수 있다.

진단 방사선 작업자는 방사선 치료 및 핵 재난으로 발생하는 막대한 세포 손상에 대해 걱정하지 않는다. 진단영상의 주요 관심사는 잠재효과(확률적)[latent effects (stochastic)]이다. 이러한 잠재효과를 생성하려면 시간경과에 따른 선량이 상당해야 한다. 현재 진단용 X선 노출 후 사망한 사례는 보고되지 않았다. 필요한 예방 조치를 취하지 않은 방사선 작업자가 경험하는 주요 영향은 갑상선 영향, 즉 방사선 유발 악성 종양 및 유전적 영향이다.

초기 방사선 작업자는 오늘날 시행되는 안전 예방 조치를 시행하기 전에 방사선 노출로 인해 악성 종양이 발생했다. 1900년대 초 최초의 방사선 연구자 중 한 명인 마리 퀴리(Marie Curie)는 방사선 유발 암으로 사망했다. 그녀의 가정용품, 심지어 요리책까지도 오늘날에도 여전히 방사능에 오염되어 있다. 그녀는 집에서 요리를 하는 동안에도 방사선과 함께 생활하고 일했기 때문이다.

심각한 방사선 질병을 유발하는 선량은 동물병원에서 전달되는 방사선량보다 훨씬 높다. 이러한 유형의 영향은 일반적으로 원자력 시설에서 일어나는 방사선 사고로 인해 발생한다. 중증 방사선 질병은 일반적으로 세 가지이며 종종 사람이 회복할 수 없다. 이러한 영향으로 인한 사망은 불가피하다. 심각한 양의 방사선에 의해 세포가 어떻게 파괴되는지 보여주기 위해 그 영향이 여기에 나열되어 있다.

- 조혈계 장애(혈구 형성 장애)
- 위장관 장애(위장관에 미치는 영향)
- 중추신경계 장애(신경계와 뇌에 미치는 영향)

활용 정보

컨설턴트가 큰 병원으로 불려갔다. 기술자들은 매우 화가 나서 “우리 CT 스캐너에 문제가 있습니다. 제어실에서도 엄청난 양의 방사선을 방출하고 있습니다!”라고 말했다. 컨설턴트는 이 정보를 어떻게 얻고 확인했는지 물었다.

CT실은 핵의학과 옆에 있었다. 기술자는 CT 부서와 핵의학과 부서를 구부하는 벽 구처 조리대에 미터기가 있다고 설명했다. CT 노출을 시작하기 위한 주 접촉기가 작동하자 핵의학 가이거 계수기가 높은 수치로 급상승했다. 가이거 계수기는 차폐되지 않은 측정기이며 무선 주파수와 방사선 수준을 판독한다.

대동물 환자가 CT 스캐너 테이블 위에 있었기 때문에 컨설턴트는 촬영 과정 중에 테이블 끝에 선량계 검출기를 배치했다. 등록된 선량은 없었다. 다음으로 컨설턴트는 검출기를 스캐너의 제어판에 배치했다. 여전히 등록된 선량이 없었다.

방사선량을 측정할 때 어떤 유형의 미터기와 어떤 수준의 미터기를 사용하는지 결정하는 것이 현명하다.

방사능 _Radioactivity_

이 섹션은 특히 핵의학(nuclear medicine)에 적용할 수 있다. 그러나 방사선 촬영 기사는 지구 및 대기 중의 방사능도 알고 있어야 한다.

어떤 원자는 불안정한 핵을 특징으로 하는 비정상적으로 들뜬 상태로 존재한다. 핵은 원자를 둘러싸고 있는 전자의 수와 관련하여 중성자(neutron)와 양성자(protons)의 불균형으로 인해 불안정해진다. 안정에 도달하기 위해 원자의 핵은 자발적으로 입자(particles)와 에너지를 붕괴하고, 안정되고 적절한 비율로 다른 원자로 변형된다. 이 과정을 **방사성 분해**(radioactive disintegration) 또는 **방사성 붕괴**(radioactive decay)라고 한다. 안정되기 위해 입자와 에너지를 방출하는 원자를 방사성 핵종(radionuclides)이라고 한다. 방사성 핵종은 고체, 액체 또는 기체 형태일 수 있다. 이러한 불안정한 원자는 핵의학이라는 영상분야에서 사용된다.

핵의학 기술자는 방사성 동위원소(radioisotope)를 사용하는데, 이는 주사, 흡입 또는 경구 섭취를 통해 환자에게 투여된다. 동위원소(isotope)는 중성자 수가 다른 특정 화학 원소의 변종이다. 동위원소가 방사성이면 방사성 동위 원소라고 한다. 방사성 동위원소는 입자 가속기 및 원자로와 같은 기계에서 인공적으로 생산될 수 있다. 예를 들어 바륨(barium) 원소의 7가지 방사성 동위원소가 원자로 내에서 인공적으로 생성되었다. 방사성 동위원소도 지구가 형성되는 동안 자연적으로 생성되었으며, 붕괴 속도가 매우 느리기 때문에 오늘날에도 여전히 방사선을 방출하고 있다. 예를 들어 우라늄(uranium)은 궁극적으로 라듐(radium)으로 붕괴되고 다시 라돈(radon)으로 붕괴된다. 탄소(C^{14})와 같은 다른 동위원소는 우주방사선의 작용에 의해 대기 상층부에서 지속적으로 생성된다.

각 방사성 동위원소는 고유한 붕괴 패턴을 가지고 있다. 방출된 입자 또는 파동의 에너지는 특정 방사성 핵종과 연관될 수 있는 고유한 특성을 가지고 있다. 방사성 핵종의 붕괴율을 **반감기**(half-life)라고 한다. 반감기는 방사성 원자의 절반이 분해되거나 안정된 형태로 붕괴하는 데 걸리는 시간이다.

방사선 강도 _*Intensity of Radiation*

모든 유형의 방사선은 조직을 투과하고 에너지를 전달할 수 있다. 이 능력을 **선형 에너지 전달**(LET, linear energy transfer)이라고 하며, 조직에 전달되는 에너지의 양을 설명한다. 방사선 촬영에서 LET는 전리방사선(ionizing radiation)에서 환자의 조직으로 에너지가 전달되는 속도를 측정한 것이다. LET 값이 높을수록 상호작용당 조직으로 전달되는 에너지의 양이 커진다. 많은 양의 에너지가 빠르게 전달되면 에너지가 급격히 감소하기 때문에 입자의 침투능력이 감소한다. 그러나 이것은 에너지가 조직에 흡수되기 때문에 표적 물질에 잠재적인 손상 위험이 증가한다는 것을 의미하기도 한다.

알파 및 베타 입자(약한 방사선)는 침투성이 낮은 높은 LET를 갖는다. 이들은 일반적으로 의료 종사자가 방호해야 하는 2차 및 산란 방사선이다. X선과 감마선은 LET가 낮고 투과성이 높다. 이것은 물질을 통해 이동하는 능력이 높기 때문에 통과하는 조직에 즉각적인 영향을 덜 미친다는 것을 의미한다. X선과 감마선은 방사선 촬영 부서에서 생성된다. 환자의 신체는 X선 빔에 노출된 조직의 밀도에 따라 방사선의 광자(photon)를 흡수한다(표 2.1).

표 2.1 조직 구성 및 방사선 감수성

조직 (TISSUE)	신체 충만성 (ABUNDANCE IN THE BODY)	방사선감수성 (RADIO-SENSITIVITY)	과용량의 영향 (EFFECTS OF OVERDOSE)
림프 조직	최소	높음	위축
골수	4%	높음	형성부전
생식선	최소	높음	위축
피부	3%	중간	홍반
위장관	3%	중간	궤양
눈(각막)	최소	중간	백내장
성장기 뼈	4%	중간	성장 정지
장기	12%	중간	신장경화증/복수
근육	43%	낮음	섬유증
지방	14%	낮음	위축
뇌	최소	낮음	괴사
골격	10%	낮음	끊어짐

뼈는 연조직이나 지방보다 훨씬 밀도가 높다. 뼈는 도달하는 방사선을 효율적으로 흡수하므로 영상 수용체(image receptor)가 노출되는 것을 막는다. 이것은 영상에서 뼈가 있는 부분이 흰색인 이유를 설명한다. 방사선 투과성인 지방과 공기는 방사선이 영상 수용체를 통과하여 영상 모니터에 검은색 또는 어두운 영역으로 표시되게 된다.

기계의 설정을 변경하여 영상을 최적화하는 방법은 3장에서 설명한다. kV (kilovoltage)가 높을수록 X선 빔의 에너지가 높아져 산란 및 2차 방사선의 양이 많아지고 X선 작업자에 대한 잠재적 위험이 커진다는 점에 유의해야 한다. 기술 차트(technique chart)가 개발되면 신체 부위를 관통하도록 kV를 최적화한 다음 mAs (milliamperes/seconds) 값을 설정하여 필름/모니터에 정확한 밀도를 제공해야 한다.

방사선 모니터링 장비 _*Radiation-Monitoring Equipment*

방사선량 측정 _*Measurement of Radiation Doses*

방사선량은 선량계(dosimeter)로 측정한다(그림 2.1). 방사선은 우리가 통제할 수 없는 태양, 심지어 우리가 걷는 포장도로의 콘크리트나 집의 벽과 같은 물체에서도 방출된다. 진료소나 동물병원의 형광등은 안정기에 의해 활성화되어 조명관 내의 가스를 이온화하고 빛을 생성한다.

잘못된 측정기로 방사선을 측정하면 측정기가 임의의 민감도 수준으로 설정되어 매우 민감해지므로 미약한 수준에

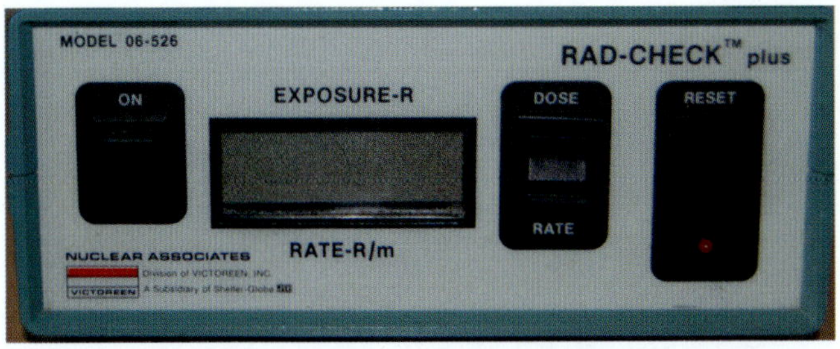

그림 2.1 간단한 방사선 선량계. 이 장치는 누적 X선, 베타선 및 감마선을 측정하도록 차폐되어 있다. 연속 방사선의 단일 노출과 투시 노출을 모두 측정한다.

도 경고가 뜰 수 있다. 베타, 감마 및 X선 수준을 측정할 때 이러한 유형의 방사선을 측정하도록 특별히 설정된 차폐 선량계를 사용하는 것이 중요하다.

선량계의 종류 _*Types of Dosimeters*

방사선 촬영실 내에서 정기적으로 작업해야 하거나 작업 과정에서 방사선에 노출될 수 있는 취급자는 개인용 방사선 선량계를 착용해야 한다(그림 2.2A). 개인용 방사선 선량계는 X선, 베타 및 감마선에서 방사선량을 포착하고 선량 측정 서비스에서 판독할 때까지 유지한다. 여러 회사에서 개인 선량계를 공급하며 가장 일반적인 유형은 다음과 같다.

- **열형광 선량계**(TLD, thermoluminescent dosimeters). TLD는 결정(crystal)이 가열될 때 검출기 내의 결정에서 방출되는 빛의 강도를 측정하여 방사선 노출을 보여준다. 방출되는 빛의 강도는 방사선 노출에 따라 달라진다[열(thermo) = 열(heat); 발광(luminescence) = 빛(light)](그림 2.2D 참조).

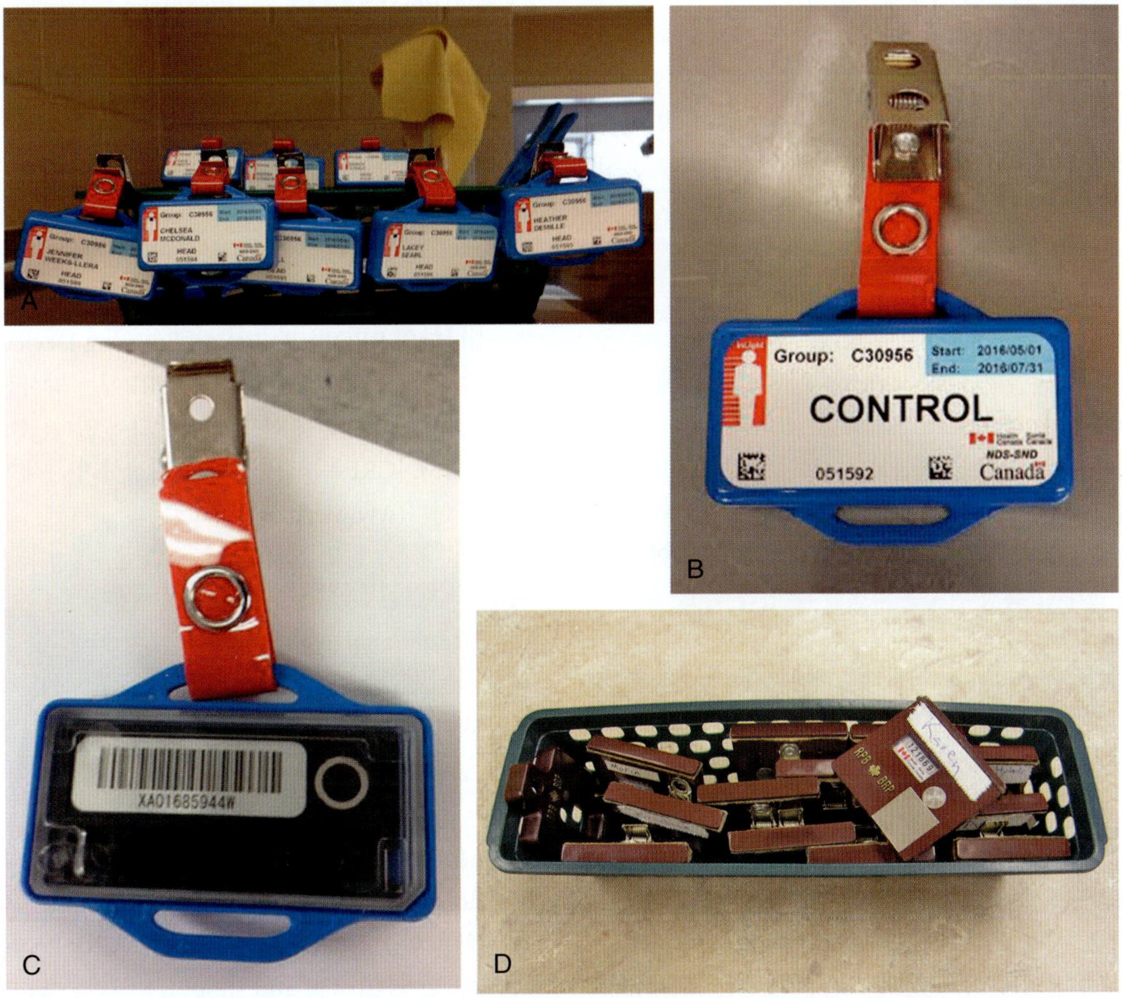

그림 2.2 **A,** 동물병원의 방사선 선량계. 이러한 장치는 가능한 모든 외부 방사선 노출로부터 멀리 떨어진 X선실 외부에 보관된다. **B,** 대조 선량계는 시설 내에서 가능한 노출로부터 멀리 떨어진 곳에 원래의 포장상태 그대로 보관된다. 대조 선량계에 방사선 노출이 표시되면 모든 선량계가 운송 중에 노출되었음을 의미한다. **C,** 시설과 착용자의 식별을 나타내는 선량계의 뒷면 모습. 선량측정 서비스에서 이것을 읽어 잘못된 식별을 방지한다. **D,** 방사선 촬영실 외부에 보관된 열형광 선량계.

- **광 여기 루미네선스**(OSL, optically stimulated luminescence). OSL에는 방사선을 흡수하고 여기된 전자의 형태로 에너지의 일부를 저장하는 민감한 원소가 포함되어 있다. 선량계는 저장된 에너지의 일부를 빛으로 방출하는 발광 다이오드(발광 이극진공관, light-emitting diode)를 사용하여 민감한 원소를 자극하여 읽는다. 방출된 빛의 양을 측정하여 착용 기간 동안 선량계 사용자가 받는 방사선 노출을 결정하는 데 사용한다(그림 2.2C 참조)(National Dosimetry Services 웹사이트에서 얻음: www.hc-sc.gc.ca).

방사선 방호 담당관 또는 담당관이 지명한 사람은 특정 시간 간격으로 선량계를 교체하여 외부 회사에서 판독할 수 있도록 한다. 월별, 분기별 또는 연 2회 판독할 수 있다.

예비 선량계는 방문 직원이나 특정 지역의 선량 연구를 위해 보관할 수 있다. 판독을 위해 이 선량계를 보낼 때는 배송용지에 라벨을 부착하고 기재해야 한다.

대조 선량계는 시설에 접수된 용기에 보관하고 가능한 모든 방사선 노출로부터 격리된다(그림 2.2B 참조). 선량계는 대조 선량계와 함께 실험실로 다시 보내진다. 만일 대조 선량계에 방사선 선량이 기록된다면, 상자 안의 다른 모든 선량계가 배송 중에 동일한 선량을 받았을 가능성이 있다.

선량계 사용 _Use of Dosimeters

사용 규칙은 모든 선량계에 적용된다(글 상자 2.1). 의료 종사자가 선량계를 발급받을 때 서비스를 등록한 시설에서 개인정보를 요구한다. 이 프로세스를 통해 선량 측정 서비스는 연간 판독에 대한 총 노출을 계산하기 위해 다른 고용주의 보고서를 결합할 수 있다. 작업자가 둘 이상인 현장에서 근무하는 경우 각 현장에서 다른 선량계를 착용해야 한다. 이러한 방식으로 사고가 난 특정 위치를 추적할 수 있다.

글 상자 2.1 선량계 지침

- 선량계를 집에 가져가서는 안 된다.
- 선량계는 방사선에 노출될 가능성이 없는 장소에 보관해야 한다.
- 선량계는 열 및/또는 햇빛에 노출되는 곳에 보관해서는 안 된다.
- 선량계는 등록된 장소에서만 착용해야 한다.
- 방사선에 노출될 가능성이 있는 작업자는 납 앞치마 외부의 갑상선 보호대에 선량계를 부착해야 한다.
- 선량계는 절대로 다른 작업자와 공유해서는 안 된다.
- 선량계는 방사선 영역에 걸려 있을 수 있는 재킷이나 실험실 코트에 착용해서는 안 된다.
- 투시검사 중 납치마 아래에 선량계를 착용한다면 앞치마 바깥쪽 갑상선 보호대에 두 번째 선량계를 착용해야 한다. 이 선량계는 명확하게 표시되어야 하며 절대 교환해서는 안 된다.
- 검사 중 방사선 촬영실 방문자에게는 개인 선량계가 제공되어야 하며, X선 장비를 다루는 서비스 직원도 개인 선량계를 착용해야 한다. 이 선량계들은 개인 전용이며 선량 측정 시설에 제출할 때 주석을 달아야 한다.
- 각 시설은 선량 측정 결과를 받은 대로 게시할 책임이 있다. 보고서는 시설의 프로토콜(protocol)에 따라 의료 기록으로 보관해야 한다.

방사선 노출 _Radiation Exposure

방사선 종사자와 비방사선 종사자에 대한 권장 선량 한도

Recommended Dose Limits for Radiation Workers and Nonradiation Workers

지정된 선량 한도는 방사선 작업자와 비방사선 작업자 모두에게 적용된다. 생식 능력이 있는 남성과 여성 사이에 선량 한도 차이는 없다. 일단 임신이 확인되면 태아는 모든 유형의 X선 노출로부터 보호되어야 한다. X선 방사선 작업자 선량 한도는 직업에서 직접적으로 발생하는 방사선에만 특별히 적용되며 의학적 진단 및 배경 방사선(background radiation)은 포함하지 않는다.

비방사선 작업자의 선량 한도는 방사선 작업자의 선량 한도보다 상당히 낮다. 방사선 작업자는 해부학적 구조의 가장 민감한 부위에 방호복을 착용하기 때문이다.

캐나다의 RED법(Radiation Emitting Devices Act, 방사선 방출 장치법), 미국의 NCRP, ICRP에는 방사선 및 비방사선 작업자에 대한 선량 한도가 명시되어 있다(표 2.2, 글 상자 2.2 및 2.3). ICRP는 허용 선량을 지정하며 자세한 내용은 참조해야 한다(www.icrp.org).

직업보건안전법(캐나다, 미국 및 국제)

The Occupational Health and Safety Acts (Canada, United States, and International)

직업보건안전법은 의료 종사자를 과도한 방사선 노출로부터 보호하는 것은 고용주의 책임이라고 명시한다. 몇몇 섹션에서는 의료 종사자의 방사선 방호를 구체적으로 언급하고 있다. 모든 법률은 국경을 넘어 유사하다. 캐나다 안전규정(Canadian Safety Code)의 '의무 및 권고(must and should)'라는 항은 미국 NCRP보고서 148번(NCRP Report No. 148)의 '의무 및 권고(shall and should)'와 같다. **'*shall*' 및 '*must*'는 두 국가 모두에서 필수 의무를 뜻하며, '*should*'는 선택적 의무를 뜻한다.**

법률의 이러한 부분은 핵의학 및 양전자방출단층촬영

표 2.2 최대 허용 선량 권장사항

	합계
직업적 노출 한계	
연간	50밀리시버트
누적	10밀리시버트 × 나이
공공 노출	
유효선량한도, 연속적 또는 빈번	1밀리시버트
유효선량한도, 드물게 노출	5밀리시버트
매월 배아 또는 태아 노출(Embryo or Fetus Exposures Monthly)	
배아 또는 태아 등가선량 한도	0.5밀리시버트
무시할 수 있는 개인 선량(연간)	
유효선량	0.01밀리시버트

메모: 모든 선량 한도는 의료 노출 및 자연 원천에 대한 노출을 제외한다. 표 2.1을 참조하라. http://ncrponline.org/publications/reports/ncrp-reports-148/.

글 상자 2.2 방사선 안전을 유지하는 데 필요한 고용주 전제 조건

- 건강 및 안전 담당자는 근로자의 직업적, 생물학적, 화학적 또는 신체적 건강과 안전에 어떤 식으로든 영향을 미치는 모든 테스트 절차를 검토할 권한이 있다.
- 고용주는 모든 근로자에게 잠재적인 또는 기존 위험에 관한 정보를 제공해야 한다.
- 보건안전위원회는 작업장에서 위험한 상황을 식별하고 근로자의 현재 안전 상태를 개선할 모니터링 프로그램을 수립하도록 권장할 권한이 있다.
- 위원회는 근로자의 안전을 보장하기 위해 테스트 절차를 모니터링할 근로자를 대표하는 구성원을 지정할 것이다.
- 고용주는 장비, 재료 및 방호 장치가 근로자에게 양호한 상태로 제공되고 규정된 대로 사용되도록 해야 한다.
- 고용주는 물품, 장치, 장비 또는 생물학적, 화학적 또는 물리적 물질의 취급, 보관, 사용 및 폐기를 감독할 유능한 안전 책임자를 임명해야 한다. 안전 담당자는 서면으로 보건안전 보고서를 작성하여 눈에 잘 띄는 곳에 게시하고 매년 검토 및 유지관리한다.

(positron emission tomography)을 포함하여 이 책에서 다루는 방사선 촬영 및 기타 모든 지침에 적용된다.

1. 감독자는 근로자가 방호 장치의 사용에 대해 교육을 받고 이러한 장치를 적절하게 사용하거나 착용하도록 해야 한다.
2. 감독자는 근로자에게 자신이 인지할 수 있는 잠재적인 실제 위험에 대해 알려야 하며 작업장의 위험과 관련된 비정상적인 상황에 대한 서면 지침을 제공하는 것을 포함하여 자신의 조언에 따라 작업자를 보호하기 위한 모든 예방 조치를 취해야 한다.
3. 근로자는 자신이 고용된 국가의 보건안전법의 모든 조항을 준수해야 한다. 근로자의 안전을 보장하기 위해 제공된 모든 조치의 결함을 감독자에게 보고해야 한다.
4. 근로자는 적절한 임시 보호를 제공하지 않고 규정 또는 고용주가 요구하는 방호 장치를 제거해서는 안 된다. 근로자는 설치된 방호 장치가 효과가 없거나 존재하지 않게 만드는 행위를 해서는 안 된다.
5. 장비를 공급하는 모든 사람은 장비의 상태가 양호하고 이 법에 명시된 안전 조치를 준수하는지 확인해야 한다.
6. 작업장에서 생물학적, 화학적 또는 물리적 작용제가 사용되는 경우 지역의 규제 당국에 통보해야 하며 해당 사용이 금지, 제한되는지 또는 지침에 명시된 안전 조건의 적용을 받는지 여부를 결정해야 한다.
7. 판매자는 자신이 제조하거나 작업장에서 사용하도록 설계한 유해한 물리적 작용제의 사용에 대해 명확한 서면 지침을 제공해야 한다.
8. 고용주가 (1)항에 기술된 {방사선 촬영 부서의 방호복}에 설명된 품목을 가지고 있는 경우, 고용주는 근로자가 잠재적인 위험을 인식하고 품목의 적절한 사용 및 유지 관

글 상자 2.3 고용주 및 엑스레이 작업자에 관한 추가 법률

1. 근로자가 허용 선량을 초과하는 경우 고용주는 원인을 조사하고 조사 과정과 결과 및 해당 관할권의 법적 권한을 준수하기 위해 취한 시정 조치를 전달해야 한다.
2. 각 시설에서 방사선 방출 장비 또는 방사선 원천의 소유자는 지정된 권한을 가진 자의 직무를 대행하거나 서면으로 지정된 책임자에게 해당 직무를 할당해야 한다. 해당 개인은 적절한 정부 기관의 지시가 수행되도록 한다. 추가 임무에는 방사선 방호에 관한 시설 직원 교육이 포함된다. 또한 진료소를 방문하는 환자와 일반 대중을 보호하기 위해 적절한 조치가 마련되어 있는지 확인한다.
3. 수의사 사무실의 장비는 2년마다 검사하는 것이 좋다. 이 검사에는 킬로볼트의 정확도(accuracy of kilovoltage), 반감층(half-value layer), 밀리암페어 직선성(milliampere linearity), 재현성(reproducibility), 타이머 정확도(timer accuracy) 및 콜리메이터 정확도(collimator accuracy)가 포함되지만 이에 국한되지는 않는다(9장 참조).
4. 진단 시설의 책임자 외에 방사선 방호(안전) 담당자를 두어 공사초기, 진단설비 설치 시 설비의 방사선 방호 측면과 직접적으로 관련된 모든 사항에 대하여 장비 및 후속 작업 중에 자문역할을 하도록 하여야 한다.
5. 방사선 방호 담당관의 구체적인 업무는 관련법에서 정한다. 여기에는 장비에서 방출되고 직원과 환자 모두가 받는 방사선 선량에 대한 책임 결정 및 모니터링 조항이 포함된다.

리에 대해 철저히 교육받도록 해야 한다.

9. 고용주는 품목이 사용 또는 작동할 장소에 품목의 유해한 물리적 특성을 식별하고 경고하는 눈에 잘 띄는 공지를 게시해야 한다.
10. 게시문은 영어 및 규정된 적절한 언어로 작성해야 한다.

의료 종사자의 방사선 노출에 관한 법률

Legislation Regarding Radiation Doses to the Health Care Worker

고용주 또는 법률 본문의 섹션에 대해 클레임을 제기하기 전에 전체 법률을 문맥에 따라 읽는 것은 방사선 작업자의 책임이다. 각 국가는 자국 내에서 방사선 작업자에게 특정한 법적 지침을 제공하며 이러한 법적 지침을 숙지하는 것은 개별 작업자의 책임이다. 방사선 작업자는 "**작업 중** 인공 방사선에 노출될 수 있는" 개인으로 정의된다. 비방사선 작업자는 나머지 사람들을 포함한다. 방사선 작업자에게 허용되는 선량은 개인이 방사선 손상을 받기 쉬운 신체 부위(예: 납 앞치마, 갑상선 보호대)에 방호 장치를 공급받고 착용하고 있다고 가정한다.

방사선 단위 _Radiation Units

방사선 단위(radiation units)는 발견된 대로 명명되었다. 최근에는 국제 명명법을 따르도록 이름이 변경되었으며 양(quantities)도 변경되었다. 표 2.3의 이름과 양은 수의학 실습에서 가장 일반적이다.

다음 방사선 장치는 수의사에게 가장 중요한 사항이다.

1. **흡수선량**(Absorbed dose). RAD (Radiation Absorbed Dose, 방사선 흡수선량)는 물질의 단위 질량당 흡수되는 방사선의 양을 측정하는 국제단위인 그레이(Gy, gray)로 변경되었다. 이것은 일반적으로 생물학적 영향과 관련이 있으며 영향이 미미하기 때문에 진단영상에서 모니터링되지 않는다.
2. **선량당량**(Dose equivalent). REM (Radiation Equivalent Man/Mammal)은 국제단위인 시버트(Sv, sievert)로 변경되었다. 이것은 작업 과정에서 최소한의 방사선에 정기적으로 노출되는 작업자가 착용하는 방사선 모니터링 선량계로 측정되는 단위이다.
3. **측정 방사선**(Measured radiation). X선 장치의 선량 출력인 뢴트겐(Roentgen)은 공기커마(Gy_a, air kerma)로 변경되었다. 이것은 X선 장치를 보정하는 서비스 직원이 측정한 선량이다. 대부분의 측정기는 여전히 뢴트겐과 밀리뢴트겐(milliroentgens)으로 측정한다.

선량계는 일반적으로 REM (Sv)으로 읽으며 일반적으로 보고서에 두 단위를 모두 표시한다. 미국의 NCRP와 캐나다의 RED Act는 모두 ICRP에서 개발한 선량한도를 사용한다. 표 2.2는 전리방사선에 대한 최대 허용 선량 권장사항을 요약한 것이다. **18세 미만의 사람은 방사선 촬영 분야에서 일할 수 없다.**

방사선 방호 원칙 _Principles of Radiation Protection

뢴트겐이 " X선"의 잠재력을 발견하자 의학에 대한 X선의 가치는 즉시 인정되었다. 얼마 지나지 않아 방사선의 해로운 영향도 확인되었다.

역사적 기록 _Historical Note

뢴트겐은 X선을 발견하고 연구했다. 그러나 그는 방사선으로 인한 질병을 겪지 않은 몇 안 되는 X선 선구자 중 한 명이었다. 그는 항상 자신의 "X선"으로부터 자신을 보호하는 신중한 연구원이었다.

보건물리학은 의료 종사자, X선 방사선 종사자, 환자 및 일반 대중을 보호하기 위한 프로토콜을 개발한다. 방사선 방호의 3대 원칙은 **시간, 거리, 및 차폐**이다. 노출 시간 단축, 방사선 원천과 피험자 사이의 거리 증가, 작업자와 방사선 원천

표 2.3 수의학 실습에서 가장 일반적인 선량 단위

방사선 단위는 발견된 대로 명명되었다. 최근에는 국제 명명법을 따르도록 이름이 변경되었으며 양도 변경되었다. 여기에 언급된 이름과 양은 수의학 실습에서 가장 일반적이다.

이름(NAME)	양(QUANTITY)	기호(SYMBOL)	SI 단위(SI UNITS)	균등치환(EQUIVALENTS)
뢴트겐(Roentgen)	노출(선량)	R	쿨롱/kg (C/kg) [Coulomb/kg (C/kg)]	1 R = 258 × 10^{-4} C/kg
방사선흡수선량(RAD)	흡수선량	rad	그레이(Gy_1) [Gray (Gy_1)]	1 rad = 0.01Gy
렘(REM)	유효선량	rem	시버트(Sv) [Sievert (Sv)]	1 rem = 0.01 Sv
큐리(Curie)	방사능	Ci	베크렐(Bq) [Becquerel (Bq)]	1 Ci = 3.73 × 10^{10} Bq

사이에 차폐물 또는 장벽 배치는 노출을 줄이는 세 가지 기본 방법이다.

방사선으로부터의 보호하는 것은 모든 개인에게 중요하다. 번식 능력이 있는 남성이나 여성에게는 특히 주의를 기울여야 한다. 이 그룹에는 모든 연령의 모든 남성과 폐경 전의 모든 여성이 포함된다. 모든 지역에서 18세 미만의 방사선 작업자를 고용하는 것은 불법이다.

강조되어야 할 한 가지 고려사항은 임신한 수의근로자의 보호이다. 연구에 따르면 방사선에 대한 태아 반응의 심각성은 선량과 시간 모두와 관련이 있다. 임신 2주에서 10주는 주요 기관 형성 기간이므로 가장 중요한 시기이다. 여성이 자신이 임신했다는 사실을 아직 인식하지 못할 가능성이 높기 때문에 가임기 여성의 보호는 필수적이다.

시간 _Time

노출은 노출률(exposure rate)과 노출 시간(exposure time)이라는 두 가지 다른 양상을 나타낸다.

규칙(RULE): 노출 = 노출률 × 노출 시간

방사선 촬영 검사 중 작업자에 대한 노출률은 방사선 촬영 중에 환자를 잡고 있거나 노출이 생성될 때 X선 테이블에 매우 가까이 서서 얻을 수 있다. 이 값은 작업자가 착용한 개인용 방사선 선량계로 측정한다. 수의학에서는 작업자가 환자를 다룰 때 선량계를 갑상선 보호대에 착용해야 한다. 이것은 2차 및 산란 방사선의 선량을 추적한다. 방사선 선량계는 1차 방사선을 추적하기 위한 것이 아니다.

노출 시간 또는 작업자가 방사선에 노출되는 시간을 제한하기 위해 모든 예방 조치를 취해야 한다. 노출 시간은 노출당 선량 또는 투시(실시간) 선량[fluoroscopic (real-time) dose]과 같은 즉각적인 선량을 측정하는 방사선 선량계로 측정된다. 판독은 지연되지 않도록 한다. 시간 경과에 따라 측정된 방사선량은 주어진 노출량을 초래한다. 선량계는 시간이 지남에 따라 선량을 측정하고, 모니터링 회사는 선량계를 읽고 시설에 보고서를 이메일로 전송한다.

투시검사(실시간 영상) 동안 수의사는 노출을 계속 유지하는 대신 노출을 펄스(pulse)하도록 교육받는다. 펄스 노출은 노출 시간을 제한하므로 환자와 환자를 보정해야 하는 직원의 선량을 제한한다. 투시 장치의 5분 재설정 타이머는 수의사에게 각 절차 동안 경과된 노출 시간을 정확히 알려준다. 많은 시설에서는 환자 차트에 각 절차의 경과 시간을 기록하여 검사와 관련하여 질문이 있을 경우 선량 계산을 쉽게 완료할 수 있다.

거리(역제곱 법칙) _[Distance (The Inverse Square Law)]

방사선 원천에서 떨어진 특정 지점(거리)에서의 방사선 강도(intensity)를 계산하려면 다음 세 가지를 알아야 한다.

- 원천[초점(focal point)]으로부터 고정된 거리에서 방사선의 강도(I_1) (예: 123 mR)
- 고정 거리(fixed distance)(D_1) (예: 180 cm)
- 환자 입사 노출(patient entrance exposure)(환자가 20 cm로 측정된 경우)을 얻기 위해 계산된 거리(calculated distance)(D_2)(또는 강도를 계산할 거리) (예: 160 cm)

다음 공식을 사용하여 계산한다:

$$\frac{I_1}{I_2} = \left[\frac{D_2}{D_1}\right]^2$$

예를 들어, 내가 램프에서 1피트 떨어진 곳에 앉아 있다면 나에게 도달하는 빛의 강도는 1×이다. 광원에서 2피트(2×)로 이동하면 나에게 도달하는 빛의 강도가 이제 원래 값의 1/4로 감소한다. 이것은 **역제곱 법칙**을 적용한 것으로, 환자가 방사선 사진을 찍을 때마다 관찰해야 한다

역제곱 법칙 _The Inverse Square Law

특정 위치의 방사선 강도는 방사선 원천으로부터의 거리의 제곱에 반비례한다.

새 시설을 계획하거나 개조를 고려할 때 거리 규칙(the rule of distance)도 중요하다(그림 2.3). X선 실을 확장하면

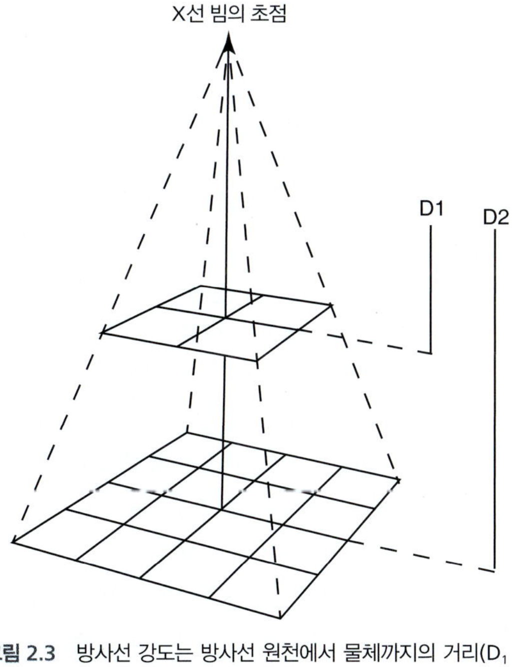

그림 2.3 방사선 강도는 방사선 원천에서 물체까지의 거리(D_1 및 D_2)의 제곱에 반비례한다.

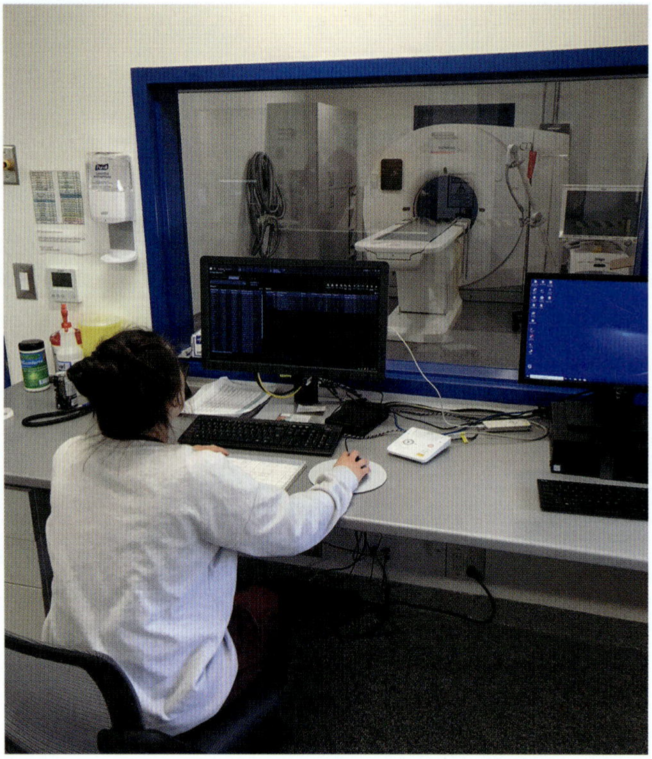

그림 2.4 **CT 장치의 조작자와 CT 장치 사이의 납 유리창의 예.** (Courtesy Toronto Animal Health Partners: Emergency and Specialty Hospital – North York, Ontario, CANADA. 제공)

기술자가 환자로부터 더 멀리 떨어져 있을 수 있으며 환자가 움직이거나 자세 변경이 필요한 경우에도 여전히 대응할 수 있음을 의미한다.

차폐 _Shielding

규칙(RULE): 의료 종사자와 방사선 원천 사이에 차폐물이나 장벽을 배치하면 방사선 노출 수준이 크게 줄어든다(그림 2.4).

이상적으로는 조작자가 차폐물이나 장벽 뒤에 서 있는 동안 환자를 노출시킨다. 어떤 경우에는 환자를 보정해야 하고 진정시킬 수 없기 때문에 그렇게 하는 것이 불가능하다. 차폐 재료는 일반적으로 납의 두께를 기준으로 정의된다. 다른 건축 자재를 사용할 수도 있지만 일반적으로 납과의 비교에 따라 계산된다. 예를 들어 100 kV에서 2.20 cm의 콘크리트는 0.79 mm의 납과 같다. 건축용으로 대형 납판을 구입할 수 있다. 최소 두께는 일반적으로 0.79 mm(1/32인치)이다. X선실의 차폐에 대한 계산은 이 교재에서 다루지 않는다. 법적으로 모든 국가에서 방사선 촬영실의 장벽(벽, 천장, 바닥 및 출입구)은 방사선 장벽으로 지정되어야 한다.

시간 경과에 따라 이러한 장벽에 영향을 미칠 수 있는 방사선의 최대량을 계산하여 영상 장비의 첫 번째 노출 전에 적절한 방호 장치가 설치되도록 해야 한다. 필요한 계산은 방사선 교육을 받은 사람이나 의료 방사선 물리학자만 수행할 수 있다. 각 장벽에 대한 계산은 적절한 법률 기관에 제출되어 승인받아야 한다(그림 2.5).

촬영실의 장비가 업그레이드 또는 다운그레이드된 경우 새로운 계획을 제출해야 한다. 시설의 인접 구역이 변경된 경우 새로운 계산결과를 제출해야 한다. X선 발생기가 있는 모든 방은 적절한 법적 표지판이 있어야 한다(그림 2.6).

방사선 방호 장비 _Radiation-Protective Devices

납첨가 방호 용품 _Leaded Protection Materials

환자를 보호하기 위해 사용되는 차폐 재료는 일반적으로 납 커튼 및/또는 생식선 차폐물의 형태이다(그림 2.7 및 2.8). 납 앞치마는 일반적으로 125 kV에서 효율성을 측정한다.

필름/스크린 방사선 촬영에서는 카세트(cassette)를 분할할 수 있으며, 방사될 영역이 제한되어 납 분할기를 사용하여 카세트의 노출되지 않은 부분에 포그(fog)가 생기지 않도록 산란 방사선을 제한할 수 있다(그림 2.9).

방에 있는 의료인은 납 장갑, 납 앞치마, 갑상선 보호대를 착용해야 한다(그림 2.10). 산란 및/또는 2차 방사선으로부터 눈의 수정체를 보호하기 위해 납 유리 고글도 사용할 수 있다(그림 2.11).

작업자가 동료보다 더 많은 양의 방사선에 노출되는 영상실에서 이동식 납 장벽을 추가 방호 장치로 사용할 수 있다(그림 2.12).

사용 및 관리 _Use and Care

납 앞치마, 납 차단물 및 납 커튼 차폐물에 사용되는 납은 일반적으로 얇은 시트로 제조된 다음 올바른 양의 방사선 방호를 달성하기 위해 함께 적층(layered)된다. 납 고무 시트는 매우 얇기 때문에 수년 동안 지속되려면 조심스럽게 다루어야 한다. 방호 장치의 사용 및 관리에 대한 지침은 글 상자 2.4에 포함되어 있다.

촬영 절차 중에 환자를 지지하거나 보정해야 하는 경우 X선 작업자는 방사선 원천에서 가능한 멀리 떨어져 있어야 하다. 가능하면 비방사선 작업자에게 환자를 보정하도록 요청해야 한다. 비방사선 작업자는 교대 근무 시간 내내 교대로 근무하여 한 작업자가 지속적으로 방사선에 노출되지 않도록 해야 한다.

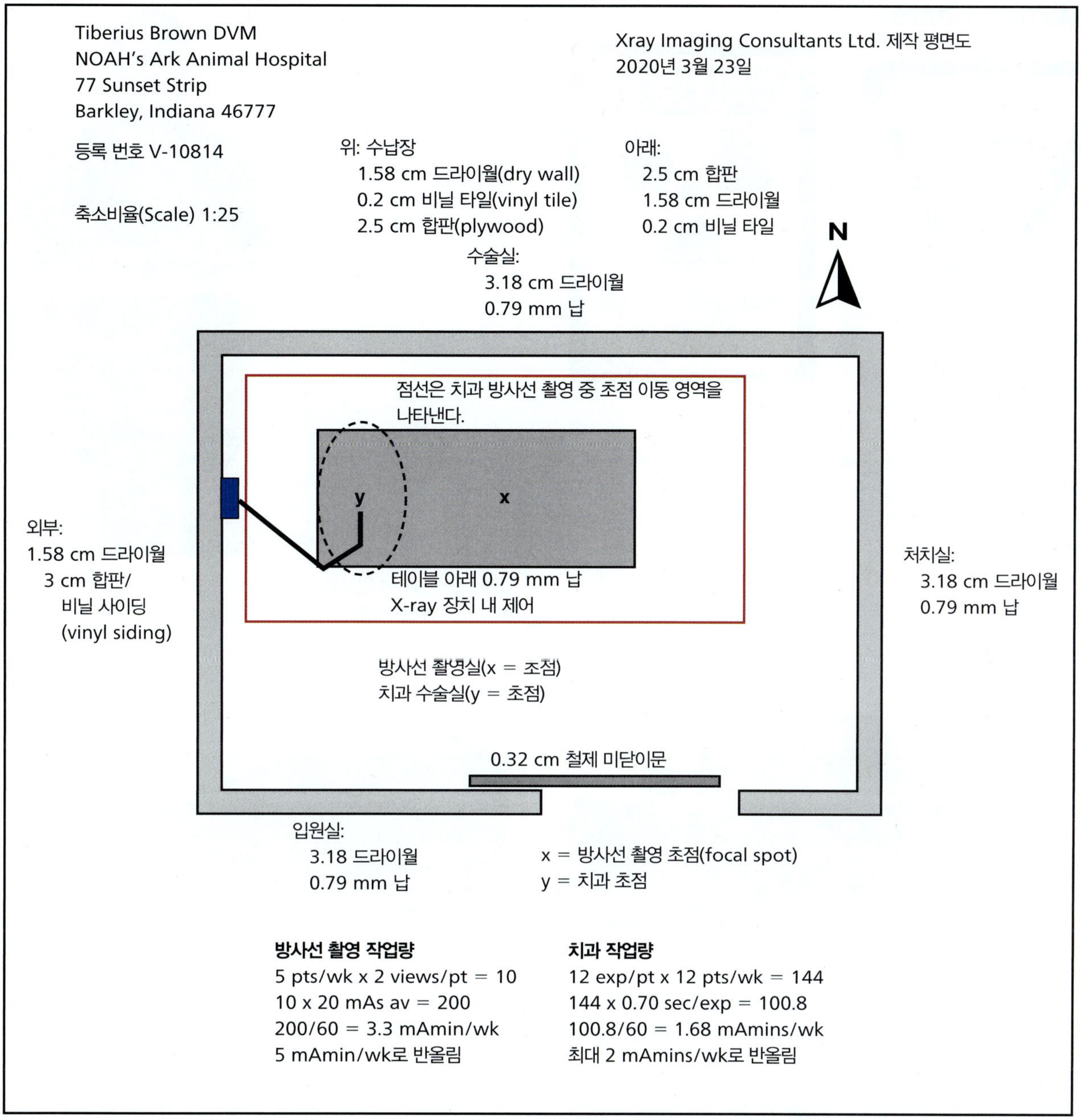

그림 2.5 방사선 촬영실의 장벽을 지정하고 벽에 납 방호 장치를 설치한 평면도 샘플.

납 사양 _Lead specifications_

방사선 촬영 및 투시검사 시 납 앞치마는 150 kV에서 최소 0.5 mm의 납에 해당하는 감쇠(attenuation)를 제공해야 한다. 앞치마에 납 당량(lead equivalency)을 영구적으로 표시해야 한다. **참고**(NOTE): 대부분의 납 앞치마 정격은 125 kV이다. 150 kV 표준을 충족하려면 제조 과정에서 기본 앞치마에 납층을 추가해야 한다.

방호 장갑은 150 kV에서 최소 0.25 mm의 납에 해당하는 감쇠를 제공해야 한다. 이 방호는 손가락과 손목을 포함하여 장갑 전체에 제공되어야 한다.

> **활용 정보**
>
> 방호 장갑에는 다양한 모양과 디자인이 있다. 환자를 보정해야 하는 경우 방사선 노출 중에 손과 손가락을 가려주는 것이 중요하다. 환자 보정 및 안전한 핸들링 연습에 대한 자세한 내용은 이 교재의 2부 전체를 참고하라.

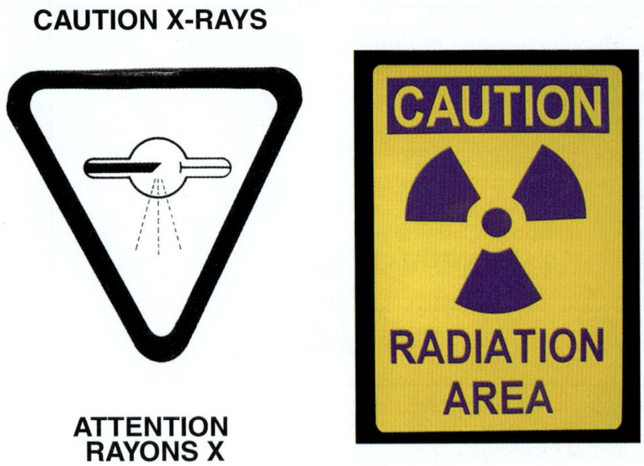

A B

그림 2.6 **A,** 캐나다의 합법적 문 표지판은 표지판이 붙어있는 방의 방사능 가능성을 경고한다. 이미지는 초창기 X선 관(x-ray tube)을 나타낸다. **B,** 미국의 합법적 문 표지판이다. 또한 이 표지판은 미국과 캐나다의 핵 동위원소에 대해 경고한다.

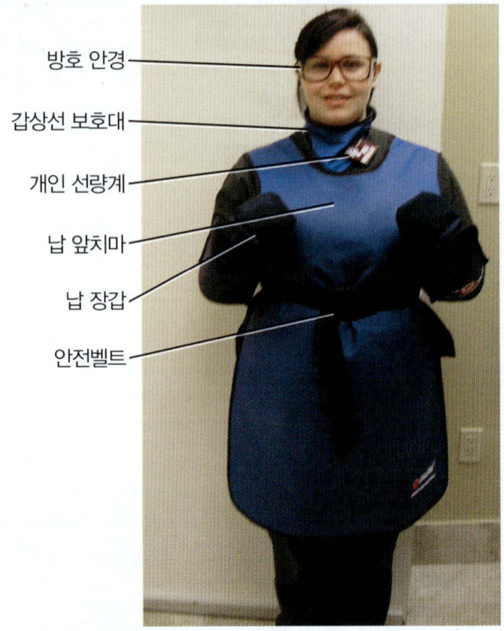

그림 2.7 **방사선 방호복.** 앞치마는 후크 앤 루프(벨크로) 밴드로 어깨를 가로질러 고정되어 작업사가 환자의 위치를 잡는 동안 제자리에 유지된다.

A B

그림 2.8 **A,** 과잉 또는 산란 방사선으로부터 환자 보호와 과도한 산란으로부터 검출기 보호 및 가벼운 보정 역할을 하기 위해 환자 위에 배치하는 데 사용되는 납 차폐물. **B,** 생식기 부위, 특히 번식하는 동물을 보호하기 위해 사용되는 생식선 차폐물.

동물병원 내 취급자의 방사선 노출을 줄이기 위한 추가 방법

Further Methods to Reduce Radiation Exposure to the Veterinary Handler

보정 장비 _*Immobilization Equipment*

모든 촬영 중에 환자를 보정 및/또는 고정시키는 장비는 각 촬영실에서 사용할 수 있어야 한다. 이러한 장비에는 방사선 투과성 폼블럭(radiolucent foam blocks), 천 보정 장치 및 고정끈이 포함된다(그림 2.13). 방호복을 완전히 착용하고 정확한 시준(collimation)을 통해 직접 광선(the direct beam)으로부터 보호되는 사람이 환자를 제 위치에 고정해야 한다. [비수동 보정(nonmanual restraint)을 통한 보호 및 자세잡기에 대해서는 파트 2를 참조하라.]

동물병원 시설 점검 체크리스트

Veterinary Facilities Inspection Checklist

그림 2.14에서 일반적인 시설에 대한 체크리스트를 제공하고 있다.

방사선 안전 웹사이트 _*Radiation Safety Websites*

추가 방사선 안전 교육을 위한 일반 사이트는 다음과 같다.

- 직업보건안전법(www.osha.gov)
- X선 안전 규정(X-Ray Safety Regulation)(www.radiationsafety.ca)

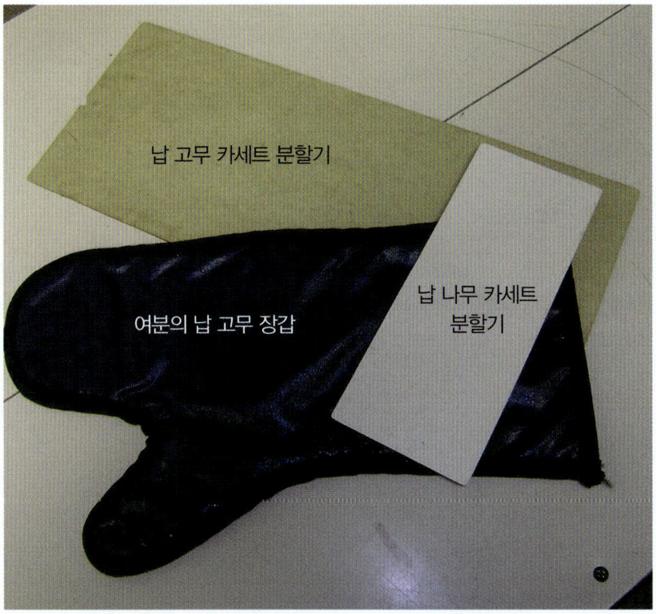

그림 2.9 산란 또는 2차 방사선으로부터 영상 검출기를 보호하는 데 사용할 수 있는 다양한 차단물. 시준은 디지털 영상에서 매우 중요하다.

그림 2.10 납 앞치마의 예. 방사선 작업자가 방사선 노출 중에 실내에 있을 때 보호할 수 있도록 허리에 묶고 어깨에 고정해야 한다.

그림 2.11 방사선 안경. 납 유리 렌즈로 만들어지며 처방 안경으로도 주문할 수 있다. 상당히 무겁고 깨지기 쉽기 때문에 항상 목 끈에 연결하여 함께 착용해야 한다.

그림 2.12 납 스크린. 이 장치는 노출이 이루어질 때 기술자가 뒤에 설 수 있도록 실내에 배치할 수 있다. 이것이 납 앞치마를 대체하지는 않는다.

- 방사선방출장치법(X-Ray Safety Regulation) (안전 코드 20A 및 35)(http://laws-lois.justice.gc.ca)
- 수의학에서의 방사선 방호(Radiation Protection in Veterinary Medicine) (안전 코드 28)(www.hc-sc.gc.ca)
- 국제방사선방호위원회(www.icrp.org)
- 미국방사선방호측정심의회(ncrponline.org)
- 미국 원자력 규제 위원회, 핵폐기물 처리에 관한 방사선 정보(U.S. Nuclear Regulatory Commission, Radiation Information Regarding Disposal of Nuclear Waste) (https://www.nrc.gov/waste.html)

글 상자 2.4 방호 장치의 사용 및 관리

- 앞치마를 사용하지 않을 때는 어깨고리에 걸어두어야 한다.
- 앞치마는 어떤 경우에도 접히거나 구겨져서는 안 된다.
- 앞치마는 따뜻한 물과 순한 비누로 정기적으로 세척해야 한다.
- 납 앞치마는 올바르게 착용해야 한다. 사용 시 어깨에서 떨어지지 않도록 착용자의 어깨에 고정하는 방법이 있어야 한다. 앞치마의 어깨 부분에 후크 앤 루프(벨크로) 조각이 있는 띠를 추가하기만 하면 조작자가 앞으로 구부릴 때 제자리에 고정된다. 투시검사 중에 앞치마를 착용하는 경우, 방사선 기사의 등을 감싸야 한다. 이러한 방식으로 방사선사가 연속적으로 방사선을 받는 동안 보호가 보장된다.
- 갑상선 보호대는 항상 납 앞치마와 함께 착용해야 한다. 갑상선 보호대는 납이 첨가된 앞치마와 동일한 주의를 기울여 취급해야 한다.

그림 2.13 환자 자세 보정에 사용되는 폼블럭.

방사선 작업 종사자의 안전 및 정보에 관한 체크리스트.

_______ 방사선 작업 종사자의 안전 및 정보에 관한 체크리스트

_______ 작업자의 방사선 조사를 위해 X선 원천이 작동하지 않았다[4부]

_______ 서면(고용 시작 시점)으로 작업자가 X선 작업자로 고용되었음을 알리고, 작업자에게 해당 선량당량 한도[즉, 더 높은 선량당량 한도(dose equivalent limit)] 및 여성인 경우 임신한 X선 작업자에 대한 한도를 알렸다[9;1부]

_______ 고용주가 X선 작업자 목록을 만들고 유지하였다[9;2부]

_______ 선량은 ALARA이며 선량당량은 연간 한도 내이다[10;1부]

_______ 고용주는 임신한 X선 작업자의 복부가 받는 평균 선량당량이 임신 중에 5 mSv를 초과하지 않도록 합당한 모든 예방 조치를 취한다[10;2부]

_______ 눈에 잘 띄는 위치에 게시된 X선 경고 표지판 또는 장치(예: 문 표지판)[11;1부]

_______ 기기가 X선 소스임을 명시하는 X선 제어 문구 라벨이 붙어있다[11;2부]

_______ 공기 커마가 1시간에 100 microGrays를 초과할 수 있는 영역에서 잠금장치/연동장치[11;3, i부]

_______ X선 원천이 휴대형 또는 이동형이고, 그렇게 사용되어 공기 커마가 1시간에 100 microGrays를 초과할 수 있는 경우 장벽 및 경고 신호[11;3, ii부]

_______ 보건부 승인에 따라 구조적 차폐 또는 기타 차폐물이 설치되어야 한다[11;4, i부]

_______ 빔 크기를 제한하는 데 사용되는 조리개(diaphragm), 콘(cone) 및 조정 가능한 콜리메이터(collimator)[11;4, ii부]

_______ 각 X선 작업자는 승인된 선량계를 가지고 있다[12;1부]

_______ 고용주의 지시에 따라 X선 작업자가 선량계를 사용[12;2부]

_______ 고용주는 선량계가 정확하게 판독되었는지 확인한다[12;3부]

_______ 고용주는 선량계 결과 기록을 작업자에게 제공한다[12;3부]

_______ 고용주는 선량계 결과가 타당한지 확인하고 그렇지 않으면 MoL에 알린다[12;4부]

_______ 고용주는 최소 3년 동안 선량계 결과를 보관한다[12;5부]

_______ X선 규정 사본은 게시하여 근로자가 사용할 수 있다[OSHA 22;2, i부]

그림 2.14 캐나다의 일반적인 시설에 대한 체크리스트. *ALARA*, 합리적으로 달성 가능한 최저 수준; 노동부(*MOL*, Ministry of Labour); 직업보건안전법(*OSHA*, Occupational Safety and Health Act).

요약 _Summary

이 장에서는 방사선 작업자, 비방사선 작업자 및 방사선 검사를 받는 환자를 유해한 선량으로부터 보호하기 위해 시행된 규정을 살펴보았다. 방호복과 그 사용 및 관리에 대해 논의했다. 오늘날 방사선 작업자의 세계는 초기 개척자들이 이 흥미진진한 새로운 분야를 탐구하던 때보다 훨씬 더 안전하다.

복습 문제 _Review Questions

1. 방사선 종사자는 항상 ________에 따라 방사선량을 줄여야 한다:
   a. ALARA 원칙
   b. 최소 선량 원칙(the least dose principle)
   c. 무선량–영상 공식(the no dose-image gently formula)
   d. 방사선량의 원리
2. 오늘날 근로자가 받는 방사선량은 초창기 연구자들의 ________ 선량에 비해 ________다:
   a. 높은, 훨씬 더 높
   b. 낮은, 훨씬 더 높
   c. 높은, 훨씬 더 적
   d. 낮은, 훨씬 더 적
3. 방사선이 세포를 공격할 때 가장 취약한 영역은:
   a. 세포벽
   b. DNA
   c. 미토콘드리아
   d. 유사 분열
4. DNA에 손상이 있는 경우, 결과 중 하나는:
   a. 세포벽을 파괴하는 세포 손상
   b. 전체 세포 손상으로 인한 세포 사멸
   c. 다른 영향으로 인한 세포 사멸
   d. DNA가 스스로 고칠 수 있기 때문에 변화가 없음
5. 늦게 발생하는 영향은 손상이 발생한 후 오랜 시간이 지난 후에도 명백하다. 그 영향은:
   a. 잠재적 영향(latent effects)
   b. 비확률적 영향(nonstochastic effects)
   c. 방사선 영향(radiation effects)
   d. 확률적 영향(stochastic effects)
6. 수의사에 대한 방사선 노출은 일반적으로 ________으로 인해 발생한다:
   a. 1차 및 2차 방사선
   b. 산란 및 1차 방사선
   c. 산란 및 2차 방사선
   d. 2차 및 확률적 방사선
7. 동위 원소는 원소의 변종이다. 그것들은 서로 다른 수의 ________을(를) 가진다:
   a. 전자
   b. 중성자
   c. 핵
   d. 양성자
8. 선형 에너지 전달은 ________(으)로 정의된다:
   a. 방사능 분해를 통해서만 얻을 수 있는 에너지의 종류
   b. DNA에 영향을 미치는 방사선의 능력
   c. 조직에 영향을 미치는 방사선의 능력
   d. 에너지를 조직으로 전달하는 방사선의 능력
9. X선과 감마선은 ________를 갖는다:
   a. 높은 투과성(penetrability)을 가진 높은 LET
   b. 낮은 투과성을 가진 높은 LET
   c. 높은 투과성을 가진 낮은 LET
   d. 낮은 투과성을 가진 낮은 LET
10. 뼈는 지방보다 훨씬 밀도가 높기 때문에 지방보다 더 많은 방사선을 흡수한다:
    a. 진실
    b. 거짓
11. 세 가지 방사선 방호 방법은 ________이다:
    a. 거리, 납 앞치마, 납 장갑
    b. 시간, 거리, 차폐
    c. 시간, 역제곱 법칙, 거리
    d. 시간, LET, 차폐
12. 가장 민감한 조직은 빠르게 분열하는 조직이다. 다음 중 어느 것이 사실인가?
    a. 사춘기 이후의 청소년들은 큰 영향을 받을 것이다.
    b. 사춘기 이전의 어린이가 가장 큰 영향을 받을 것이다.
    c. 여기에는 수술 상처의 치유가 포함된다.
    d. 여기에는 2~10주 태아의 조직이 포함된다.
13. 방사선 촬영실의 차폐는 모든 시설에서 필수적이다. 다음 중 어느 것이 사실인가?
    a. 대부분의 방사선 치료실은 이 규정에서 제외된다.
    b. 이는 전리방사선이 사용되는 모든 영상 제품군에 적용된다.
    c. 이는 치과 및 핵의학실에만 적용된다.

d. 이는 90 kV 이상을 사용하는 장치에만 적용된다.

14. 납 앞치마는 얇은 납 고무 시트로 구성된다. 다음 중 어느 것이 사실인가?
  a. 고무는 신축성이 있어 접어도 찢어지지 않는다.
  b. 고무는 무겁고 굽힘이나 갈라짐에 반응하지 않는다.
  c. 고무 시트는 깨지기 쉽고 시간이 지남에 따라 분리된다.
  d. 납 앞치마는 사용하지 않을 때는 걸어 두어야 한다.

15. 모든 방사선작업 종사자에게 방사선 선량계를 지급하여야 한다. 다음 중 어느 것이 사실인가?
  a. 개인 선량계는 사용하지 않을 때 X선실에 걸어 두어야 한다.
  b. 이것은 개인 선량계이며 다른 작업자와 공유해서는 안 된다.
  c. 일자리를 공유하는 사람들이 공유할 수 있다.
  d. 안전한지 확인하기 위해 교대 근무가 끝날 때마다 집으로 가져가야 한다.

16. 방사선 작업자는 ________(으)로 설명된다:
  a. 방사선이 발생하는 건물과 같은 건물에서 일하는 사람
  b. 방사선과 관련하여 작업하지 않지만 방사선에 노출될 수 있는 근로자
  c. 일상 업무 중에 방사선과 관련된 작업을 하는 근로자
  d. 방사선 작업을 하는 사람들의 고용주

17. 고용주는 신입사원에게 ________을 교육할 법적 의무가 있다:
  a. 현장에 방사선을 발생시키는 장비가 있음
  b. 방사선 원천이 있지만 노출되지 않음
  c. 그들이 방사선 촬영을 위한 방사선 원천이 있는 시설에 있음
  d. 그들이 방사선 작업을 할 수 없음

18. 허용되는 최대 선량(maximum doses)을 나열할 때 가임 연령의 남성과 여성 사이에 차별이 없다:
  a. 진실
  b. 거짓

SECTION TWO

필름 처리와 디지털 이미지 생성

_Film Processing and Digital Imaging

CHAPTER 3 이미지 생성

Producing the Image

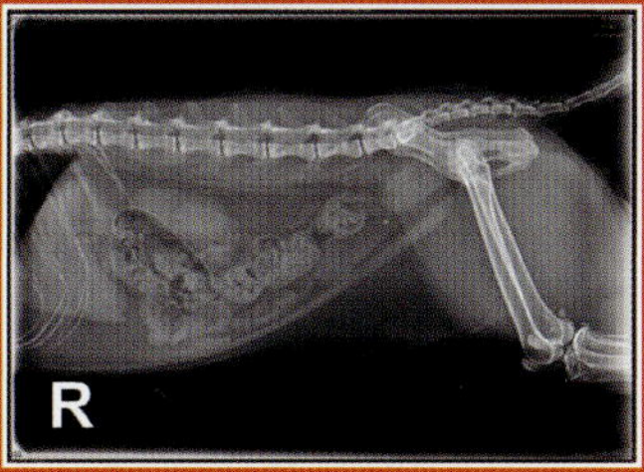

Lois C. Brown RTR (Can/USA), ACR, MSc, P.Phys

일을 즐기면 일의 완성도가 높아진다.

아리스토텔레스 – 그리스 비평가, 철학자, 물리학자, 동물학자 – 384~322 BC

개요

학습 목표

이 장을 마치면 다음을 수행할 수 있다.

1. 필름의 노출을 인식할 수 있다.
2. 필름 혼탁(fog), 밀도(density) 그리고 대비(contrast)를 정의할 수 있다.
3. 피사체 대비와 방사선 대비의 차이를 알 수 있다.
4. 정확한 환자 측정의 중요성을 이해한다.
5. 노출조건표를 수립하고 개발하는 방법을 알 수 있다
6. 방사선 촬영 일지(Radiography Log Book)에 노출 정보를 기록할 수 있다.

적용 분야

이 장에 있는 정보의 적용은 다음 영역과 관련이 있다.

1. 평가 및 진단을 위한 최적화된 방사선 이미지 생성

주요 용어

대비(Contrast)
밀도(Density)
직접 방사선(Direct Radiation)
만료일(Expiration date)
혼탁(Fog)
그리드 트레이(Grid tray)
역제곱 법칙(Inverse square law)
킬로볼트(Kilovoltage)
기록 일지(Log book)
측정(Measurement)
밀리암페어(Milliamperage)
최적화된 이미지(Optimized image)

(계속)

주요 용어(계속)

자세잡기(Positioning)
일차 X선(Primary beam)
품질(Quality)/양(quantity)
방사선 대비(Radiographic contrast)
잔여 방사선(Remnant radiation)
산란 방사선(Scattered radiation)
2차 방사선(Secondary radiation)
방사선원-이미지 거리[Source image distance (SID)]
피사체 대비(Subject contrast)
테이블(Tabletop)
노출 조건표(노출조건표, Technique chart)
시간(Time)
조직 흡수(Tissue fluence)

모든 영상 시스템의 주요 목표는 조직 밀도 차이를 시각적으로 나타내는 것이다. 공기, 물, 지방, 힘줄, 근육 그리고 뼈는 모두 다른 조직 밀도를 가지며, 이 차이, 즉 대비(contrast)를 최적화해야 한다. 또한 최적화된 영상은 올바른 측정, 올바른 자세, 올바른 기술을 통해 얻을 수 있다.

이 장은 필름/스크린 조합을 위한 이미지 생성에 대해 다룬다. 디지털 이미징(디지털 방사선 촬영검사, digital imaging) 및 컴퓨터 방사선 촬영술(computed radiography, CR)은 5장에서 다루도록 한다.

방사선 장치 _The Radiography Unit

모든 X선 장치는 세 가지 개별 요소로 구성된다: X선 튜브, 발전기 그리고 고전압 변압기. 소동물 시설에서 필요한 다른 구성요소로는 방사선 촬영을 위한 테이블이 있다.

몇몇 방사선 장치는 편의성을 위해 카세트 홀더나 테이블 측면에 내장된 제어장치 등을 포함하지만, 이것들은 필수적인 것은 아니다. 매번 확인해야 하는 두 가지 구성요소는 발생기와 고전압 변압기(high-tension transformer)이다.

종종 테이블은 스크래치, 파손 또는 어떤 방식으로 손상될 수 있다(그림 3.1). 대부분의 테이블은 제거 후 새로운 의료용 방사선 투과성(radiolucent) 제품으로 교체할 수 있다.

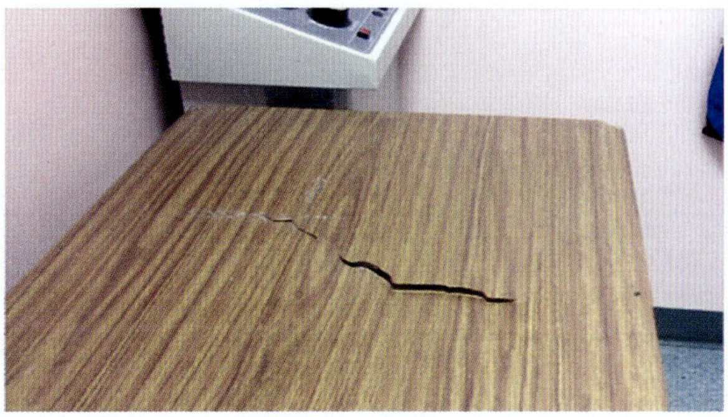

그림 3.1 심하게 손상된 테이블. 이 균열은 그리드 트레이의 카세트와 함께 노출되는 모든 이미지에 나타날 것이다.

새로운 테이블은 벨크로테이프로 프레임에 부착한다. 이는 방사선 장치를 청소하거나 고양이가 탈출하여 테이블 아래로 도망갔을 때 테이블을 쉽게 제거하기 위함이다.

X선 테이블을 고를 때 고려해야 할 요소는 안정성, 높이, 그리드 트레이 설치 가능 여부, 그리고 가장 중요한 방사선 투과성이다. X선 광자는 테이블의 표면이 나타내는 영상과 겹쳐지지 않고 테이블을 통과하여 방사선 사진에 도달해야만 한다. 그리드 없이 테이블 아래에 카세트를 놓고 테이블의 방사선 투과력을 테스트한다. 50 kV와 4 mAs를 사용하여 1.0 밀도의 영상을 생성한다(그림 3.2A,B).

검사 중 노출된 카세트는 방사선실에서 제거하여, 산란 방사선에 노출되지 않을 장소에 보관한다.

노출조건표_The Technique Chart

노출조건표(노출조건표, Technique chart)를 설정하는 방법은 여러가지가 있다. 각 영상 부서마다 약간의 차이가 있으며 이전 장에서 논의한 모든 요소를 고려해야 한다. 한 병원에서 적용되는 노출조건표가 반드시 다른 병원에서 최적화된 이미지를 만드는 것은 아니다.

대부분의 장비 업체는 새로운 방사선 장치와 함께 노출조건표를 제공한다. 이러한 차트 중 일부는 이미지를 구성 요소에 대한 지식이 없는 영업 사원들에 의해 설정된다. 그러므로 일부 차트는 적합할 수도 있고 그렇지 않을 수도 있다. 일반적으로 10 cm 복부(올바르게 측정되고 자세를 위치시킨 경우)에 이미지가 좋다면, 해당 장치 및 함께 사용하는 필름/스크린 조합에서 특정 크기의 동물에 대해 최적화된 이미지를 얻기 위한 차트를 추정할 수 있다.

최적화된 방사선 사진을 제작하는 것은 예술이자 과학이다. 현대 X선 발생기는 60년 전과 같은 기본적인 장치이다. 올바르게 보정된 방사선 장치에서 70 kV은 여전히 70 kV이며 200 mA는 여전히 200 mA이다; 나머지는 모두 외관적인 요소이다. 만약 발전기가 좋은 방사선을 생성하기 위해 변수

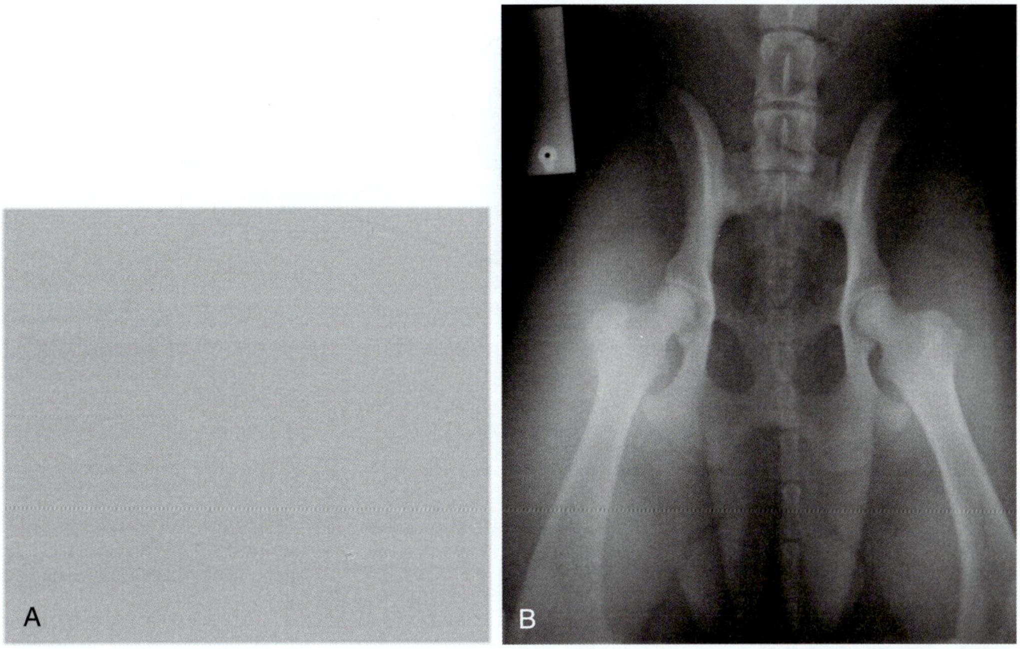

그림 3.2 A, 1.0필름 광학 밀도 이미지. 엉덩뼈(ilium)의 꼬리 부분의 밀도와 유사하다. 팬텀 필름에서 이 밀도가 일치하면 규칙에 따라 나머지 노출조건표를 채울 수 있다. **B,** 물 팬텀을 이용하여 개발한 기법으로 제작한 골반 영상의 예시. 꼬리쪽 엉덩뼈 밀도는 1.0 필름 광학 밀도 인 것을 주목한다.

를 적용할 수 있다면, 새로운 이미징 시스템이 도입되거나 구식 모델이라는 이유로 제품을 교체할 필요가 없다. 장치가 올바르게 보정되고 부품과 서비스가 제공되어 유지할 수 있는 한, 다른 장치로 업그레이드할 필요가 없다.

노출조건표는 안내도구이다. 특정한 방사선실에서 특정한 시스템(필름과 증폭 스크린)에서 작동하도록 개발되어야 한다. 이 장에서 제시된 노출조건표는 단순한 제안이다. 전원 공급, 필름/스크린 조합 또는 X선 장치 설정에 약간의 변동이 있을 수 있으므로 조정이 필요할 수 있다. 그러나 모든 규칙을 따른다면, 이러한 차트는 좋은 기본적인 이미지를 제공할 것이다.

이 노출조건표는 많은 병원과 클리닉에서 사용된다. 또한 방사선 장치가 올바르게 보정되고 자세와 측정 규칙을 정확히 준수한 경우 우수한 이미지를 생성하는 것으로 입증되었다. 만약 노출조건표가 올바르게 설정되고 환자가 올바르게 측정된 경우, 이미지는 너무 밝거나 너무 어두워지지 않아야 한다. 그림 3.3의 플로우 차트는 기술적인 어려움을 평가하고 수정하는데 사용될 수 있다. 노출조건표는 대형 동물용 휴대용 장치에서 고도로 정교한 의료용 모델까지 모든 X선 장치와 함께 사용할 수 있도록 개발될 수 있다.

이 장에서는 이러한 노출조건표의 개발에 대해 탐구한다. 우리는 차트 개발 규칙을 따른 두 가지 차트를 제시하는데, 사용자는 두 가지 차트 중 사용하는 발생기 모델에 알맞은 차트를 선택할 수 있다. 세 번째 차트는 대동물용 휴대용 차트이며, 이는 Poskom사 동물용 장치 소유자들이 사용한다. 모든 대동물용 장치는 특정한 X선 장치와 함께 사용하는 노출조건표가 제공된다. 장치를 소동물에게 사용할 경우, 회사는 일반적으로 소동물 방사선을 위한 노출조건표를 제공한다.

기술적 요인 _*Technical Factors*

방사선 영상을 생성하는 과정에서 조직 밀도(tissue density)를 구분하기 위해 대비(contrast)를 최적화해야 한다. 방사선의 조직 흡수가 적절하도록 노출의 네 가지 요소—킬로볼트(kV), 밀리암페어(mA), 시간(초) 그리고 거리(인치 혹은 센티미 터)—를 조정하여야 한다. 이는 환자의 해부 및 병리학적 문제를 입증하고 원하는 결과를 모호하게 할 수 있는 외부 허상(artifact)의 발생을 최소화한다.

방사선 대비 vs. 피사체 대비
Radiographic Contrast vs. Subject Contrast

대비를 조절할 수 있는 두 가지 주요 영역이 있다(표 3.1):

- 환자의 두께 및 모양(피사체 대비)
- 대비를 향상시킬 수 있는 기계적 변수(방사선 대비)

디지털 시스템에서 방사선 대비를 조절하는 요인은 필름

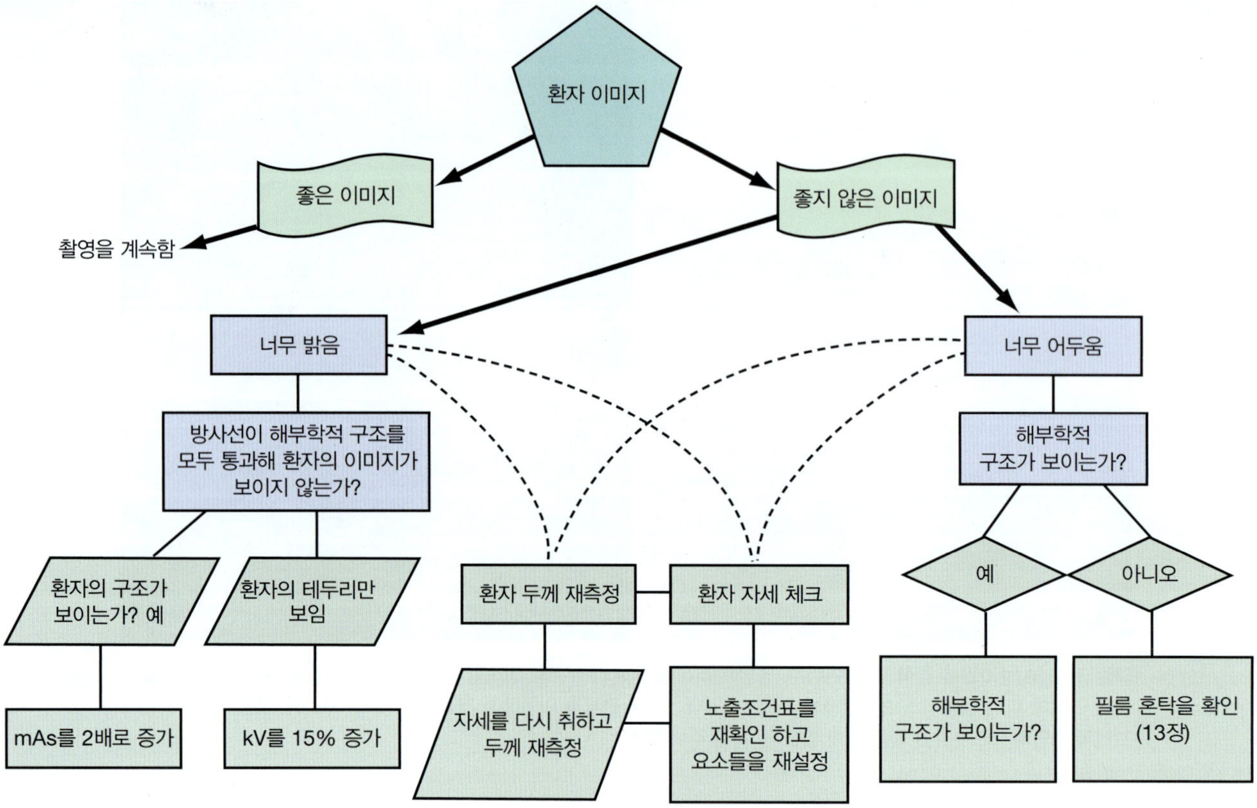

그림 3.3 기술 진단 시연 순서도

표 3.1 피사체와 방사선 대비 요소피사체와 방사선 대비 요소

피사체 대조 (환자와 연관되는 모든 요소)	방사선 대비 (장비에 관련된 모든 요소)
환자 두께	킬로볼트(kilovoltage)
촬영되는 신체 부위	밀리암페어(milliampere-seconds)
뼈–근육–지방–액체 비율	거리
조영제의 사용(바륨 등)	필름/스크린 조합
	처리 변수(processing parameters)
	그리드, 필터(grid, filters)
	시준(collimation)
	양극 힐 효과(경사효과, anode heel effect)

을 사용한 영상과 매우 다르다. 디지털 및 컴퓨터 방사선 촬영에 해당하는 내용은 5장을 참고한다.

거리, 킬로볼트, 밀리암페어 및 시간
Distance, Kilovoltage, Milliamperage, and Time

X선 장치에서 설정할 수 있는 세 가지 요소는 킬로볼트, 밀리암페어 그리고 시간이다. 네 번째 요소인 거리는 X선 튜브로부터 수용기까지의 거리에 기반한다. 이러한 요인들은 필름/스크린 이미징 측면에서 상호 의존적이다. 한가지 요인의 변화는 다른 세 요인에 큰 영향을 미친다. 일반적으로 mA와 시간을 결합하여 *mAs*라고 한다.

거리와 역제곱 법칙
Distance and the inverse square law

대부분의 소동물병원에서, X선 튜브와 수용기까지의 거리는 X선 튜브 기둥에 표시되어 있다. 40인치(100 cm)는 X선 튜브에서 테이블까지의 일반적인 사전 설정거리이다.

노출조건표를 작성할 때, 이 거리에 대한 변경도 고려되어야 한다. 역제곱 법칙은 이 거리와 관련된 규칙이다. 이 법칙은 "한 지점에서의 방사선 강도는 그 지점과 방사선원(source of the radiation) 사이의 거리의 제곱에 반비례한다"고 명시한다(그림 3.4). 기본적으로 역제곱 법칙은 다음과 같다:

$$\frac{\text{기존 mAs}}{\text{새로운 mAs}} = \left[\frac{\text{새로운 방사선원 이미지 거리(SID)}}{\text{기존 방사선원 이미지 거리(SID)}}\right]^2$$

예를 들어, 노출조건표에서 40인치에서 20 mAs를 요구하고 X선 튜브 높이를 36인치로 변경해야 한다고 가정하자:

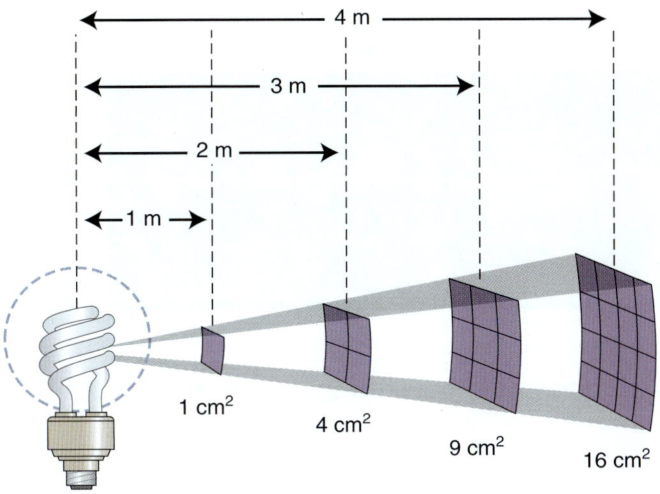

그림 3.4 역제곱 법칙. 특정 위치에서 복사 강도는 거리의 제곱에 반비례한다. 예를 들어 거리를 2미터에서 4미터로 두 배 늘리면 커버되는 영역은 4배로 늘어난다. 2 m에서는 4 m^2이며 4 m에서는 16 m^2이다. (From Johnston J, Fauber T. *Essentials of Radiographic Physics and Imaging*, 2nd ed. St Louis: Mosby; 2016.)

$$\frac{20\text{ mAs}}{X} \times \left[\frac{(36\text{ inches})}{(40\text{ inches})}\right]^2$$

$$\frac{20\text{ mAs}}{X} \times \frac{1296}{1600}$$

$$20 \times .81 = 16.2 \text{ or } 16\text{mAs}$$

따라서 mAs는 16 mAs로 감소되며, 이미지의 밀도는 40인치에서 노출한 것과 동일하게 유지된다.

다른 응용사례로는 기존 거리가 40인치(100 cm)에서 20인치(50 cm)가 되는 경우, 방사선 강도는 4배 높아진다. 이는 X선 장치의 출력이 낮고 조사해야 할 신체 부위가 두꺼울 때 매우 유용한 도구가 될 수 있다.

그러나 4장에서 설명하듯이 그리드 요소가 테이블 혹은 그리드 사용을 보상할 때 역제곱 법칙을 사용할 필요가 없을 수 있다는 점에 유의한다.

소동물병원에서 필름은 두 가지 방식 중 하나로 노출된다. 카세트는 테이블 위에 놓이거나 테이블 아래 그리드 트레이에 배치된다. 그리드 트레이는 일반적으로 테이블에서 약 3인치(7.6 cm) 아래에 위치하며 노출조건표는 방사선원 이미지 거리(source image distance, 혹은 SID)뿐만 아니라 그리드 때문에 조정되어야 한다(4장 참조). 작업자는 종종 X선 튜브의 높이를 변경하여, 카세트가 그리드 트레이에 놓을 때는 높이를 낮추고, 필름이 테이블 위에 놓일 때에는 높이를 높이도록 권장된다. 만약 노출조건표가 추가 3인치(7.6 cm)를 보정하도록 조정되는 경우, 그리드를 고려하여 이미 조정되었으므로 X선 튜브의 높이를 바꿀 필요가 없다. 그리드 계수 공식(The grid factor formula)은 표 3.2에 표시되어 있으며 4장에서 자세히 설명하도록 한다.

표 3.2 그리드 요소 공식(Grid Factor Formula)

그리드 비율	mAs에 다음 숫자를 곱한다
5 : 1	2
8 : 1	3
10 : 1	3.5

활용 정보

시설에서 튜브를 올리고 내리는 것을 꽤 자주 혼동하여, 테이블 노출 시에 실수로 튜브를 내리고 그리드 트레이 노출 시에 튜브를 올리는 경우가 종종 있다. 여분의 SID를 보정하기 위해 X선 튜브를 고정하고 그리드 및 거리에 대한 노출조건표를 조정하는 것이 훨씬 바람직하다.

킬로볼트, 밀리암페어 및 시간

Kilovoltage, Milliamperage, and Time

킬로볼트, 밀리암페어, 그리고 시간은 종종 방사선의 품질(kV)과 방사선의 양 (mAs)을 제어하는 요소로 언급된다.

kV의 경우, 품질은 방사선의 관통력 증가를 의미한다. kV가 증가하면 빔이 "강화"되었다고 이야기한다. 이는 저에너지 X선가 적게 생성되고 고에너지 X선가 많이 생성됨을 의미한다. 이렇게 되면 X선 빔이 더 치밀한 조직에 침투할 수 있는 능력이 증가한다.

킬로볼트는 주로 이미지의 대비에 영향을 미친다. 킬로볼트를 너무 높게 설정하면 필름이 검게 변해서 대비가 제거되기 때문에 밀도에도 영향을 미친다.

mAs를 증가시키면 이미지의 밀도에 직접적인 영향을 미치는데, 이는 더 많은 량의 광자가 생성되어 X선 수가 증가하기 때문이다. X- ray 수의 증가는 mAs 증가량에 정비례한다. 예를 들어, mAs를 20에서 40으로 늘리면, 두 배 더 많은 량의 X선 광자가 생성되고 방사선 밀도는 두 배가 된다. mAs 값은 주로 밀도에 영향을 미치지만, 이 값이 너무 높거나 너무 낮게 설정되면 대비를 제거하므로 전체 이미지가 검거나 상이 보이지 않는다(clear).

당구 비유 _Billiards Analogy

기술적 요소의 상호작용을 이해하기 위한 가장 좋은 비유는 당구 게임이다. 일정한 수의 공이 펠트로 덮인 테이블 위에 놓여있다. 큐볼은 사전 배치된 공들을 겨냥하고, 큐 스틱은 큐볼을 쳐서 랙에 놓은 볼을 흐트려 게임을 하기 위해 사용된다(그림 3.5). 밀리암페어(mA)는 테이블 위에 놓은 공의 수

그림 3.5 당구 게임은 방사선 노출의 기술적 요인의 비유로 사용될 수 있다. 킬로볼트(kV)는 큐 스틱 뒤의 힘이다; 밀리암페어(mA)는 테이블 위의 공의 수이다.

표 3.3 킬로볼트와 대비의 관계(Relationship Between Kilovoltage and Contrast)

높은 kV	낮은 kV
긴 대비표(long scale)	짧은 대비표(short scale)
회색 영역의 증가(more grays)	회색 영역이 감소(fewer grays)
낮은 대비(low contrast)	높은 대비(high contrast)
낮은 대비("선명한" 영역 감소)	높은 대비("선명한" 영역 증가)

표 3.4 대비에 영향을 주는 기술 요인(Technical Factors Affecting Contrast)

아래 기술 요인 증가	증가 결과
킬로볼트(kilovoltage)	대비가 감소한다(회색 영역이 증가한다)
mAs (milliampere-seconds)	대비가 감소한다(매우 높은 mAs에서 이미지는 검은색이다)
시준(collimation) – X선 빔 영역을 좁힌다	대비가 증가한다(이차 방사선이 감소한다)

를 의미한다. 테이블에 공이 많으면 상호작용이 많아지고 밀도가 높아지거나 어두운 필름 이미지를 만들어낼 가능성이 커진다. 테이블에 공이 거의 없다면 밝은 필름이 생성될 것이다. **mAs 값은 밀도를 결정한다.** 이 값은 정비례하여 mAs값을 두배로 하면 필름의 밀도가 두 배가 된다. mAs를 사용하여 이미지를 최적화하는 방법을 결정할 때 고등수학을 필요로 하지 않는다.

킬로볼트(kV)는 당구의 큐 스틱에 가해지는 힘의 크기이다. 이는 공을 얼마나 세게 치고 얼마나 많은 에너지가 공에 전달되는지를 의미한다. 만약 공을 세게 치면(높은 kV), 더 많은 공이 직선으로 이동하여 테이블의 가장자리에 도달한다. 고에너지로 흩어진 공은 테이블의 측면과 끝에서 튕겨나가면서 약간의 에너지를 테이블 쪽으로 전달한다. 그리고 테이블의 다른 쪽이나 나머지 공들과 상호작용하기 위해 다시 이동한다. 테이블 가장자리 혹은 다른 공들과 상호작용을 거치면서 초기의 움직이는 공으로부터 모든 공들이 정지할 때까지 에너지가 감소한다.

큐 볼과 다른 공 중 일부는 공 덩어리를 형성하여 테이블의 다른 쪽으로 직선 운동한다. 이것은 **1차 방사선**(primary radiation)을 나타낸다. 방사선의 세계에서 1차 방사선은 다양한 에너지를 가지지만 환자를 관통하여 탐지기(detector)(필름 혹은 탐지 플레이트)에 도달하는 유용한 빔이다. 필름이나 검출기에 도달하는 방사선을 **잔류 방사선**(remnant radiation)이라 한다. 흩어진 공은 큐 스틱에서 공으로 전달되는 에너지의 양과 에너지가 전달되는 각도에 따라 움직인다. 공이 움직이면서, 테이블의 측면에 부딪히며 에너지를 일부 잃는다. 에너지는 광자가 서로 반사되거나 환자 내의 원자에서 반사될 때 전달된다. 이 편향된 에너지는 **산란방사선**(scattered radiation) 혹은 **2차 방사선**(secondary radiation)이라고 한다. 산란방사선은 이미지에 쓸모 없는 방사선으로 가시화되거나 동물 내부에서 다른 상호작용에 의해 흡수되어 가시화되지 않는다. 산란 방사선은 일차 방사선만큼 강하지는 않으나 일차 방사선과 비스듬히 에너지를 방출하기 때문에 필름을 흐리게(fog) 하거나 보정자에게 노출될 수 있다. 이것이 우리가 보호용 앞치마, 갑상선 보호대 및 장갑을 끼며 비수동 보정(nonmanual restraints)(이 책의 2부에서 다룬다)을 사용하는 이유이다.

쓸모 없는 방사선은 환자 또는 기술자에게 노출되거나 필름상에서 흐릿하게 나타난다(film fog). 노출조건표를 개발할 때 신체부위를 투과할 수 있는 충분한 에너지를 가지면서, 산란방사선(이차방사선)을 최소화하기 위해 킬로볼트를

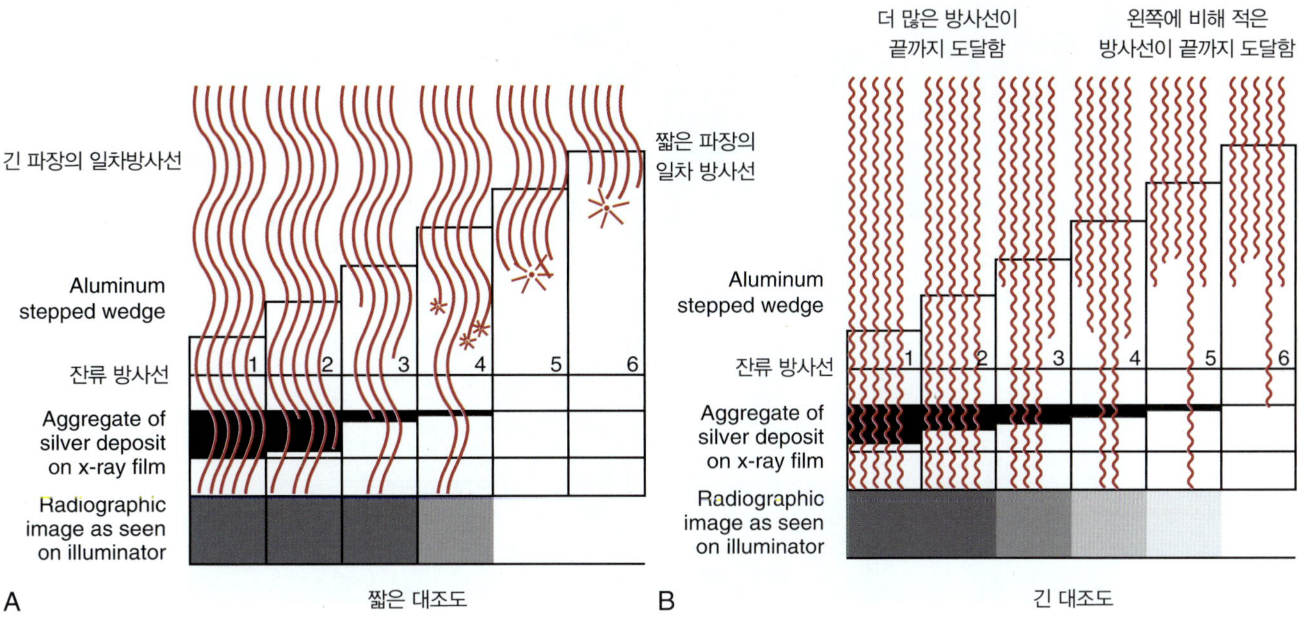

그림 3.6 이 모델에서는 일련의 점진적 단계가 있는 알루미늄 쐐기(wedge)가 사용된다. 대비가 이미지에 미치는 영향: **A**, 낮은 킬로볼트 = 짧은 대비표(short-scale contrast). **B**, 높은 킬로볼트 = 긴 대비표(long-scale contrast); 매우 높은 킬로볼트는 전체 쐐기를 관통하고 대비가 없다.

표 3.5 필름 및 디지털 이미징을 위한 신체 부위별 최적 킬로볼트

신체부위	필름/스크린 이미징을 위한 최적 kV	참고
사지	40~55	소형 반려동물에 해당한다.
경추/두개골	60~75	
흉부/복부/골반	64~90	대형 동물의 경우, kV를 최대 95까지 높일 수 있다.

표 3.6 400-속도 필름/스크린 시스템을 사용할 때 평균 환자에 대한 표준 요소(고양이는 범위 하단 값을, 강아지는 범위 상단 값을 사용한다)

신체 부위	최적 kV범위	최적 mAs	참고
사지	40~55	3~8	**평균** 크기의 환자용 기술 요소
경추와 두개골	50~60	4~10	
흉부	60~90	12~25	
복부/골반	60~90	12~25	

가능한 낮게 설정해야 한다. 킬로볼트는 X선의 투과력을 담당한다. 당구 비유에서 킬로볼트는 큐 스틱에 가해진 힘이다.

X선 빔의 에너지(kV)는 그림 3.6A와 표 3.5 및 3.6에 설명된 대로 대비에 영향을 미친다. 킬로볼트가 낮은 경우, X선는 더 긴 파장을 가지며 투과력은 낮아진다. 따라서 더 짧은 대조도(scale of contrast)(흑–백)을 생성하여 각 단계 사이에 더 큰 밀도 차이가 나타난다. 검은색에서 흰색으로 이미지를 읽는데 오래 걸리지 않는다. 그림 3.6B은 긴 대조도(흑–회–회–백)을 가지며, 이는 kV를 높임으로써 얻을 수 있다. 검은색과 흰색 사이의 단계 수는 더 많지만 각 단계 사이의 밀도 차이는 작다.

- 더 많은 대비 = 더 높은 대비 = 더 적은 회색 음영 = 검은색에서 투명까지 단계가 적음
- 더 적은 대비 = 더 낮은 대비 = 더 많은 회색 음영 = 검은색에서 투명까지 단계가 많음

에너지가 너무 높게 설정되어 모든 조직에 고르게 침투하면, 대비가 없고 이미지가 검은색이 된다는 점을 명심해야 한다. 마찬가지로 에너지를 너무 낮게 설정하여 아무것도 침투하지 못하면 이미지가 없기 때문에 이미지에 따라 대비가 나타나지 않는다. 이러한 방식으로 kV가 극단적으로 설정되면 밀도에 영향을 미친다.

활용 정보

대비는 모든 방사선 이미지의 핵심용어이다. 수의사가 더 많은 대비를 요구하는 경우, 그것이 더 많은 회색 음영(긴 대비 등급)을 원하는지 또는 더 짧은 등급의 고대비 흑백 이미지를 원하는 것인지 명확히 해야 한다. 때때로 그것이 명확하지 않다.

수의방사선과 전문의가 컨설턴트를 불러 X선 이미지에 대해 논의하고 더 많은 대비를 원한다고 말했다. 컨설턴트는 차트를 변경한 다음 필름/스크린 조합을 변경하여 더 짧은 대비(흑백 이미지)를 제공했다. 수의 방사선과 전문의는 다시 전화해서 그가 원하는 것은 더 많은 대

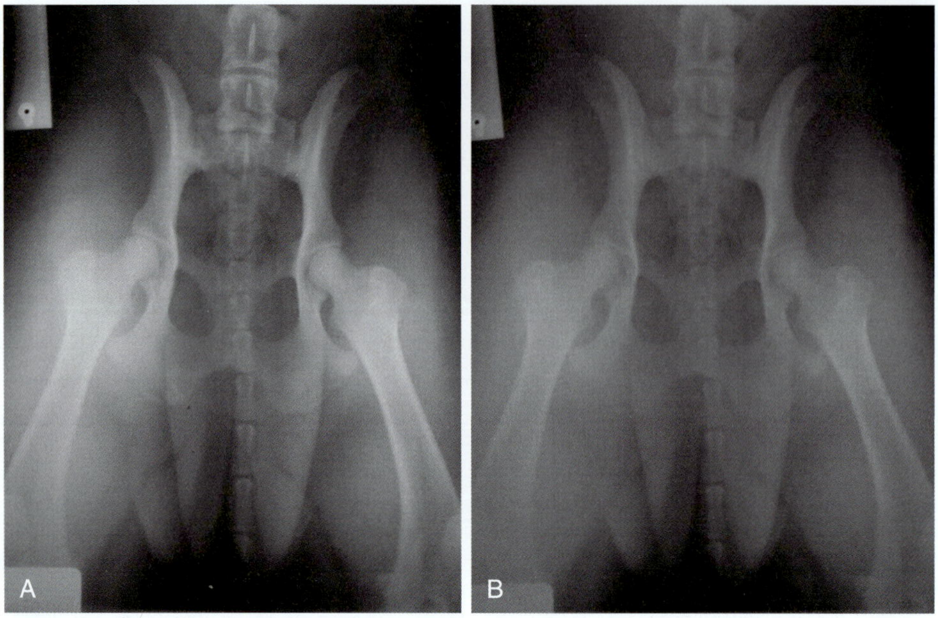

그림 3.7 **최적화된 킬로볼트 vs 높은 킬로볼트.** **A,** 최적화된 킬로볼트. 뼈 구조가 보이고 섬유주 패턴이 잘 시각화된다. **B,** 높은 킬로볼트. 뼈 구조가 과도하게 침투되어 근육조직과 혼합된다. 섬유주 패턴은 더 이상 시각화되지 않는다.

비. 즉 더 많은 회색 음영이라는 것을 설명했다. 실제로 컨설턴트는 대비를 높이고자(흑백 이미지) 회색 음영을 줄였던 것이다. 컨설턴트는 kV를 증가시키고 mAs를 줄임으로써 문제를 빠르게 해결했다. 요청하는 내용을 명확히 하는 것이 가장 좋다.

킬로볼트 최적화하기 *_Optimizing Kilovoltage*

일반 방사선 촬영장치에서 킬로볼트의 정상적인 사용 범위는 일반적으로 40 kV에서 90 kV 사이이다. 시설에 맞는 노출조건표를 개발할 때, 최종 이미지 생성에 내재된 모든 변수를 고려하도록 미세하게 조정해야 한다(그림 3.7). 노출조건표를 최적화하는 주요 목적은 신체 내의 관심 영역을 관통하고 주변 조직 대비를 향상시키는 가장 낮은 kV 값을 사용하는 것이다. 각 신체 부위 또는 구성 요소는 최적의 킬로볼트로 침투할 수 있다. 표 3.5는 평균 크기의 동물에 대한 노출조건표를 개발하기 위한 출발점으로 제공된다.

더 큰 동물이나 소형 반려동물의 경우, 최종 차트에서 킬로볼트를 조정한다. 킬로전압은 X선 빔이 신체를 통과하는 에너지이기 때문에 킬로볼트의 변화는 투과하는 조직의 증가 또는 감소와 정비례하지 않는다. 이 차이는 바로 조직의 흡수(tissue fluence)의 변화 때문이다.

최적의 kV는 방사선 이미지에서 식별할 수 있도록 해부학적 구조를 관통하는 킬로볼트이다. 예를 들어, 복부의 경우 처리 후 필름에서 해부학적 구조가 보이고 척추가 뚜렷하며 척추 사이 공간이 명확하게 정의되어 있으면 적당한 대비와 밀도라고 할 수 있다. 만약 전체 이미지가 약간 어둡거나 밝으면 이미지를 최적화하기 위해 mAs를 변경해야 한다. 그러나 이미지가 너무 밝거나 너무 어두워 해부 구조가 가려지면 kV에 대한 15% 규칙을 사용할 수도 있다.

킬로볼트 변경에 대한 15% 법칙
The 15% Rule for Changing Kilovoltage

15% 규칙은 신체 부위가 만족스럽게 촬영되지 않는 경우에만 킬로볼트를 최적화하기 위해 사용한다. kV를 조정하여 이미지의 전체 밀도를 높이거나 낮추지는 않도록 한다. 밀도는 mAs를 사용해서만 늘리거나 줄여야 한다.

투과력을 높이려면: 기존 kV에 1.15를 곱한다(kV + 15%).
예를 들어, $80 \times 1.15 = 92$ kV
투과력을 줄이려면: 기존 kV에 0.85를 곱한다(kV − 15%)
예를 들어, $80 \times 0.85 = 68$ kV

이 규칙을 적용하면 관심 영역의 침투가 증가하거나 감소한다. 이 규칙은 방사선 촬영에서 일반적인 사용 범위(40~90 kV)의 킬로볼트에 대해 유효하다. 노출조건표가 최적화되고 환자가 올바르게 배치되고 측정되면 기술자는 이 공식을 사용할 필요가 없다.

? 생각할 점

노출조건표는 해부학과 자세(positioning)를 기반으로 제안된 기술

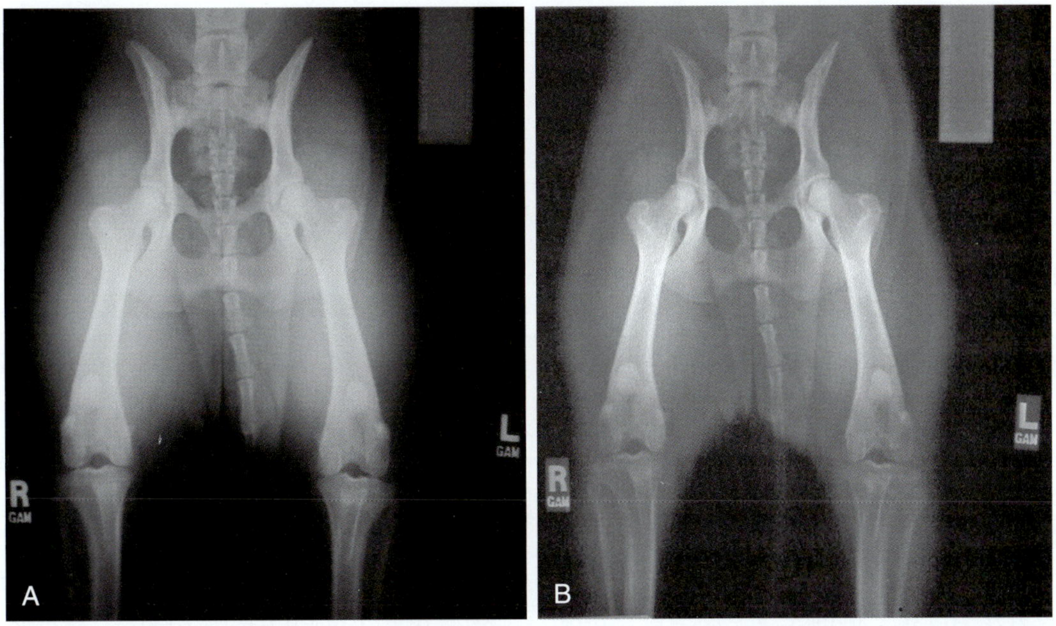

그림 3.8 최적화된 mA vs 낮은 mA. **A,** 밀도는 뼈 구조가 잘 시각화되도록 검정색 배경을 제공한다. **B,** 부적절한 mAs 값은 뼈 구조가 잘 보이지 않는 평면 이미지를 제공한다. 대비가 유지되는 것을 주목한다.

을 제공하는 도구이다. 제시된 요소는 기술 직원의 정확성에 전적으로 의존한다. 방사선 촬영 시스템은 종(species) 간의 차이, 꽃등심, 한 양동이의 물 그리고 로트와 일러의 복부를 구분하지 못한다. 정확하고 정밀한 측정, 올바른 이미지 수용기와 함께하는 기술적 요소를 기반으로 이미지를 생성한다.

노출조건표 개발 _Developing Technique Charts

발생기에서 조정할 수 있는 세 가지 요소는 kV, mA 그리고 시간이다. 일반적으로 환자에서 사용되는 한계값이 표 3.6에 요약되어 있다. 그림 3.7과 3.8은 이러한 한계치를 극적으로 넘어선 결과를 보여준다.

그림 3.7은 골반 엉덩뼈(ilium)의 밀도를 1.0 필름 광학 밀도(density 1.0 + base + fog)로 유지하기 위해 mA를 조정하는 동안kV의 변화를 나타낸다. 이 이미지는 킬로볼트가 증가하면 X선 빔이 더 "단단"해지거나 투과력이 증가하면서 대비에 상당한 변화가 있음을 보여준다.

그림 3.8은 골반 돌창자(ileum)의 밀도를 1.0 필름 광학 밀도로 유지하도록 kV를 조정할 때 mAs의 변화를 나타낸다. 이 이미지는 mAs가 감소하면 밀도가 크게 변하지만 대비에는 영향을 미치지 않음을 보여준다.

팬텀의 사용 _Use of a Phantom

필름/스크린 시스템에 대한 노출조건표를 개발하려면 어느 정도의 실험이 필요하다. 전 세계적으로 살아있는 환자를 사

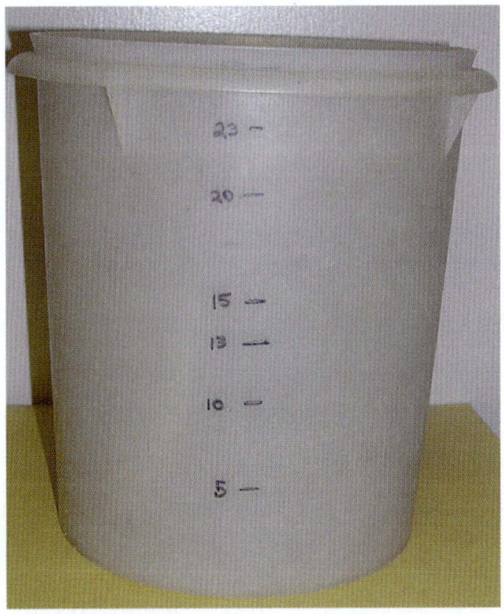

그림 3.9 바닥이 평평한 표준 용기. 측면의 표준 치수를 유의한다. 사지, 두개골 그리고 복부 구조물을 잘 나타낼 수 있다. 그리고 물 수위를 쉽게 변경할 수 있다.

용하는 대신 팬텀(환자의 복제 인형)을 사용한다; 팬텀은 항상 변화 없이 동일한 크기와 밀도를 가진다. 살아있는 동물을 펜텀으로 사용하면 동일하게 자세를 취하기 어렵고 환자의 협조도가 떨어질 수 있다. 동물이 한 뷰에서 뻗어 있고 두 번째 뷰에서 동일하게 자세를 취하지 않으면 불필요한 변수가 도입된다. 게다가 방사선에 다중 노출되는 경우 동물의 노출 선량에 대해서도 고려해야 한다. 균일한 밀도의 팬텀을 사용하는 것은 동물을 사용함으로써 생기는 변수를 제거한다.

균일한 밀도의 팬텀은 환자의 두께를 모방한 용기에 담긴 물로 구성된다. 포유류의 몸은 98%가 액체로 구성되어 있어 물 양동이 또한 표준화된 환자 팬텀으로서 역할을 할 수 있다(그림 3.9). 균일한 밀도의 팬텀은 1.0 필름 광학 밀도 이미지를 생성하므로 이로부터 노출조건표의 나머지를 예측할 수 있다. 수프 뼈(soup bone)를 용기에 넣지 않으면 대조가 나타나지 않지만, 노출조건표를 설정하는 데 이러한 것은 필요하지 않다. 양동이가 플라스틱인지 확인한다; 금속 양동이는 필터 역할을 하여 필름에 도달하는 방사선 양을 줄인다.

절차 _Procedure

1. 테이블 기술부터 시작한다. 시스템 속도(필름/스크린, 처리 온도)를 설정하려면 확인한다, 차트에 나열된 기술들은 올바르게 보정된 발생기를 사용하고 최근에 서비스 받은 처리장치가 처리하는 400배속 필름/스크린 조합에 대한 내용이다.
2. 노출조건표(그림 3.10A,B)를 참조하여 X선 장치와 함께 사용해야 할 차트를 결정한다.
3. 플라스틱 양동이에 5 cm 물을 채운다.
4. 테이블 위에 카세트를 놓고 양동이를 카세트 위에 놓는다.
5. 양동이 가장자리 한계까지 시준한다; 마커를 카세트#1에 놓는다.
6. X선 장치와 일치하는 차트를 선택한다.
7. 차트에서 찾은 기술적 요소를 설정한다.
8. 필요한 경우 그림 3.3을 사용하여 조정한다.
9. 필름과 프로세서를 노출하여 프로세서가 깨끗하고 서비스가 잘 되었는지 확인한다.
10. 1.0 필름 광학 밀도는 이상적인 밀도이다(그림 3.2).
11. 차트로 돌아가서 양동이 안의 물량을 조절하여 더 두껍거나 얇은 환자를 구현한다(측정값이 10 cm 이상에 도달하면 그리드 트레이에 카세트를 놓는다. 10 cm 미만의 측정값에서는 카세트를 테이블 위에 놓고 양동이를 카세트 위에 놓는다.
12. 기술의 변화가 차트에 따른 수위의 적절한 변화를 수반한다고 가정하면, 양동이의 모든 수위에서 잘 작동할 것이다.
13. 이 기술을 사용하여 이미지가 매우 밝게 나온다면, 200배속 시스템을 사용하거나 프로세서(processor)의 온도가 정확하지 않을 수 있다.
14. 다시 시작하여 시스템의 속도, 장치 보정 및 처리 매개변수(processing parameter)를 다시 확인한다. 그런 다음에만 mAs를 증가시켜야 한다.
15. 설정을 확인하려면 환자를 테이블 위에 두고 정확히 측정한다. 수정된 차트에서 기술적 요소를 설정하고 필름을 처리한다. 엉덩뼈 능선(iliac crest) 바로 앞(cranial)에 있는 연부조직의 밀도는 1.0 필름 광학 밀도여야 한다. 이 미지는 양호한 밀도와 대비를 나타내야 한다.

Sante의 법칙 _Sante's Rule

Sante의 법칙은 가변 kV노출조건표를 개발하는 대안이다. 이 차트는 방사선 발생장치에서 mA및 시간 요소가 제한되는 경우에 유용하다(표 3.7). 이는 오직 단상(single-phase) 장치에서만 유용하다. 이는 3상(3-phase)의 고주파 장치에서 정확하지 않으며 디지털 시스템에서도 정확하지 않다(5장 참조). 이 규칙에서는 환자의 두께와 관련하여 kV를 추정한다. 이는 가변 kV차트를 기반으로 하기 때문에 환자가 두꺼워지거나 조직이 덜 구분됨(differentiate)에 따라 mAs(또는 밀도)의 점진적인 변화를 제공하지 않는다. kV가 크게 증가하면 산란/2차 방사선이 생성되어 kV가 80 kV를 초과할 경우 이미지가 심각하게 손상된다. 80 kV 이상에서 kV 증가를 최소화하려면, mAs의 변경도 필요하다. 사용된 mAs 총계는 각 신체 부위에 테스트된 후 미리 설정된다(표 3.8).

Sante의 규칙을 사용하려면 환자를 올바른 위치에 놓고 중앙 X선이 침투할 신체부위(센티미터로)를 측정한다. 측정값에 2배를 곱하고 X선 튜브와 테이블 사이의 거리(인치)를 더한다(보통 40인치).

따라서, 신체 부위의 측정값이 4 cm인 경우:

표 3.7 그리드 사용을 위한 Sante의 규칙 (Sante's Rule for Grid Use)

그리드 비율 (GRID RATIO)	추가 kV	혹은 추가 mAs
5 : 1	6~8	×1
8 : 1	8~10	×2
12 : 1	10~15	×3

표 3.8 다양한 mAs을 위한 Sante의 규칙 (Sante's Rule for Variable mAs)

신체 부위	추천하는 시작 mAs
사지	5
흉부(no grid)	7.5
복부(grid)	10
골반/척추	12.5

Small Animal Technique Chart –Read Chart from left to Right - 400 speed film screen; Single Phase x-ray unit

Table Top – ▶ 8:1 Grid Cassette in Grid Tray

Chest	CM.	4	5	6	7	8	9	GRID	10	11	12	13	14	15	16	17	18	19	20	21	22	23	24	25	26	27	28	29	30	31	32
Thoracic Sp	mAs	2		3		4			12		14		16		18		20		22		24		26		28		30		32		34
Shoulder	kV	48		50		52			60		62		64		66		68		70		72		74		76		78		80		8

Table Top – 100 mA ▶ 8:1 grid Cassette In Grid Tray

Abdomen	CM.	6	7	8	9	10	11	GRID	10	11	12	13	14	15	16	17	18	19	20	21	22	23	24	25	26	27	28	29	30	31	32
Lumbar Sp	mAs	2		3		4			12		14		16		18		20		22		24		26		28		30		32		34
Pelvis	kV	48		50		52			60		62		64		66		68		70		72		74		76		78		80		82

Table Top ▶ 8:1 Grid Cassette in Grid Tray

Skull	CM.	4	5	6	7	8	9	GRID	10	11	12	13
Cerv Sp	mAs	2		4		6			12		14	
	kV	50		52		54			56		58	

Table Top – NO GRID All limbs are radiographed table top

Limbs	CM.	1	2	3	4	5	6	NO Grid	7	8	9
Stifles	mAs	2		4		6			8		10
	kV	46	48		50		52		52	54	

Read page from left to right – Measurement of the animal correctly is essential
Log all measurements and exposure factors so that any problems may be identified

A

Small Animal Technique Chart –Read Chart from left to Right - 400 speed film screen; 3 phase ; Hi Frequency unit

Table Top – ▶ 8:1 Grid Cassette in Grid Tray

Chest	CM.	4	5	6	7	8	9	GRID	10	11	12	13	14	15	16	17	18	19	20	21	22	23	24	25	26	27	28	29	30	31	32
Thoracic Sp	mAs	1		2		3			6		8		10		12		14		16		18		20		22		24		26		28
Shoulder	kV	44		46		48			54		56		58		60		62		64		66		68		70		72		74		7

Table Top – ▶ 8:1 grid Cassette In Grid Tray

Abdomen	CM.	4	5	6	7	8	9	GRID	10	11	12	13	14	15	16	17	18	19	20	21	22	23	24	25	26	27	28	29	30	31	32
Lumbar Sp	mAs	1		2		3			6		8		10		12		14		16		18		20		22		24		26		28
Pelvis	kV	44		46		48			54		56		58		60		62		64		66		68		70		72		74		76

Table Top ▶ 8:1 Grid Cassette In Grid Tray

Skull	CM.	4	5	6	7	8	9	GRID	10	11	12	13
Cerv Sp	mAs	1		2		3			6		8	
	kV	46		48		50			52		56	

Table Top – NO GRID All limbs are radiographed table top

Limbs	CM.	1	2	3	4	5	6	NO Grid	7	8	9	10
Stifles	mAs	0.50		1		2			3		4	
	kV	44	46		48		50		50	52		54

Read page from left to right – Measurement of the animal correctly is essential
Log all measurements and exposure factors so that any problems may be identified

B

그림 3.10 **A,** 일차위상(single-phase) 차트. 소동물 병원을 위한 방사선 차트(single-phase 장치, 400 속도 시스템 그리고 올바른 프로세싱을 사용). **B,** 삼차위상(three-phase), 고주파 차트(올바르게 보정된 장치에서 올바른 처리, 올바른 측정 및 400 속도 필름/스크린 시스템을 사용).

표 3.9 mAs에 대한 그리드 비율의 영향 (Effect of Grid Ratio on mAs)

그리드 비율 (GRID RATIO)	라인 (LINES/MM)	평균 그리드 요소 (AVERAGE GRID FACTOR)
8 : 1	103	mAs × 1.5
10 : 1	103	mAs × 2.0
12 : 1	143	mAs × 3.0

참고: 이 표는 가장 일반적인 그리드 비율에 대한 정보를 제공한다.

4 cm × 2 = 8 + 40 inches = 48 kV

만약 신체부위 측정값이 16 cm인 경우:

16 cm × 2 = 32 + 40 inches = 72 kV

또한 16 cm의 신체부위에는 그리드가 필요하다. 그리드 사용으로 인한 계수의 증가는 그리드 계수를 추가하거나(8:1 그리드 비율에 대해 kV를 10에서 82 kV로 증가) mAs(×2)를 두 배로 곱하여 설명할 수 있다(표 3.9).

필름/스크린 이미지에서 테이블 vs. 그리드 트레이

Table top vs. Grid Tray in Film/Screen Imaging

10 cm 미만으로 측정되는 모든 신체부위는 테이블 위에서 방사선을 찍는다. 10 cm 이상의 신체부위의 경우 테이블 아래의 그리드 트레이에 카세트를 놓거나 카세트에 그리드를 부착한 채로 촬영을 할 것이다.

그리드는 산란/2차 방사선을 흡수하기 위해 개발되었다. 그리드는 일정한 양의 1차 방사선도 흡수하기 때문에 그리드를 사용할 때 표 3.9에 설명된 대로 기술적 요소를 증가시켜야 한다. 12:1 이상의 그리드는 사용하지 않아야 한다. 그리드는 보통 환자와 필름 사이의 테이블 아래에 위치한다. 디지털 이미징은 그리드를 사용하지 않는 경우가 많으므로 다음 단락에서는 필름/스크린 시스템을 가정한다. 4장에서는 그리드 제조 및 다양한 그리드의 다른 용도에 대해 설명한다.

작업 노출조건표 제작

Producing a Working Technique Chart

이미징 시스템으로 생성된 방사선 사진의 목적은 검사중인 해부학적 구조의 조직 밀도 차이를 최적화하는 것이다. 노출조건표를 설정하는데 있어 수의 해부학에 대한 기본지식은 필수적이다. 동물 흉부의 해부학적 구조는 사람의 것과는 상당한 차이가 있다. 사람의 심장은 폭이 훨씬 좁고 흉강에서 훨씬 더 적은 공간을 차지한다. 이는 사람의 직립 자세와 심장-폐 비율(heart-to-lung ratio)이 더 크기 때문인데, 이로 인해 방사선 사진에서 최대 대비를 생성하게 된다. 일반적으로 사람의 흉부는 그리드 트레이에서 X선 튜브까지 6피트(180 cm) 이상 떨어져서 똑바른 자세로(upright) 이미지화 된다. 이러한 차이 때문에 사람의 노출조건표는 수의학 영역에서 잘 사용되지 않는다. 수의학 차트에서는 보통 엎드리거나[(DV (dorsoventral, 등배자세)] 혹은 앙와위[VD (ventrodorsal, 배등자세)] 자세에서 40인치(100 cm)의 일관된 거리를 사용한다.

동물 흉부의 조직 밀도는 동물의 복부 조직밀도와 매우 유사하다; 심장은 흉부의 많은 부분을 차지하며, 근육 조직, 기강(air cavity) 그리고 뼈가 고르게 혼합되어 있다. 따라서 흉부와 복부 촬영 기술은 사실상 동일할 수 있다.

세 가지 규칙 _The Three "Rules"

의학, 수의학 혹은 연구시설을 위한 노출조건표를 개발하기 앞서 세 가지 규칙을 반드시 따라야 한다.

규칙 #1 _Rule #1

X선 장치는 반드시 자격을 갖춘 X선 서비스 기술자가 보정해야 한다. "정상 범위 내"에 있는 모든 스테이션(station)에서 품질 관리 테스트를 수행하여 설정 중인 항목이X선 장치의 출력과 정확히 일치하는지를 확인해야 한다. 70 kV의 설정이 하나의 mA 스테이션에서 76 kV이고 다른 mA 스테이션에서 68 kV라면 차트를 설정하는 것에 의미가 없다.

모든 X선는 최소한 2년마다 한 번씩 보정해야 한다. 장치가 오래되었다면, 매년 재보정이 필요하다.

활용 정보

mA 스테이션을 검사할 때, 반드시 선형이어야 한다. mA 스테이션의 출력은 mA의 증가 또는 감소에 정비례하기 때문에 200 mA는 100 mA와 비교하여 두배의 방사선을 생성해야 한다. 또한 각 kV 스테이션은 100 mA, 70 kV 출력이 50 mA, 70 kV 출력의 두 배가 되어야 한다.

이는 엔지니어의 테스트 도구를 통해 확인할 수 있으며, 서비스 담당자가 시설을 떠나기 전에 수의사가 확인해야 한다. 서비스 엔지니어가 장치를 올바르게 보정하지 않거나, 장치를 들어오는 전기와 일치시키지 않으면(does not match the unit to the incoming electricity) 노출조건표를 설정하고 따를 수 없다.

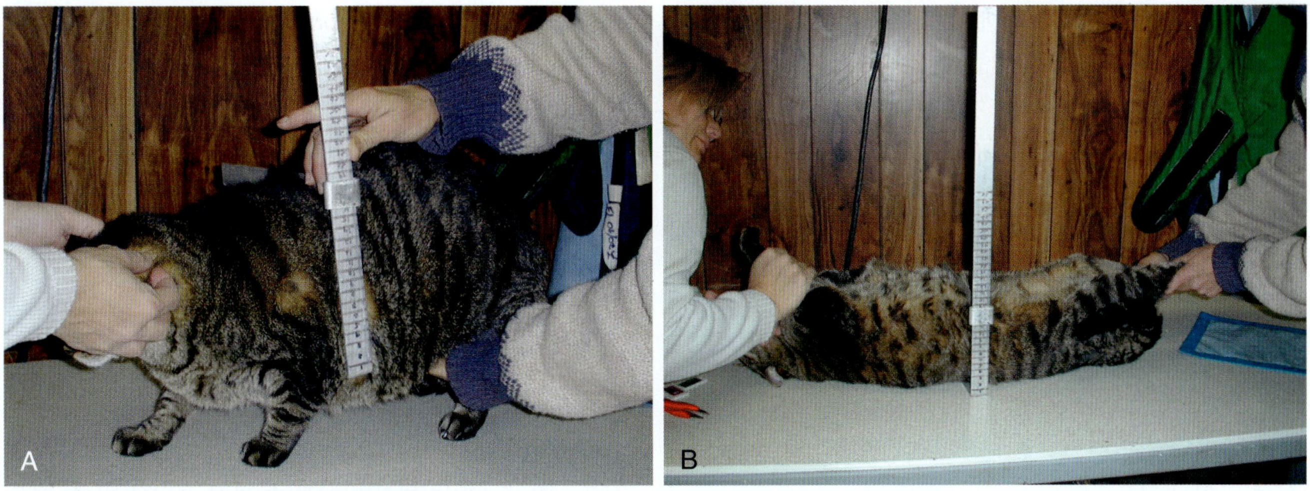

그림 3.11 마이크로칩(고양이 이름)은 촬영 시 두께가 잘못 측정되어(16 cm) **(A)** 다시 올바르게 측정되었다(8 cm) **(B)**. 직원은 마이크로칩을 움직이지 못하도록 고정하고, 방사선 노출을 위해 테이블에서 물러날 것이다.

규칙 #2 *_Rule #2*

노출조건표는 방사선 촬영 중인 신체 부위의 두께를 반영하여 설정된다. 두께를 측정하기 전에 동물을 X선 테이블 위의 올바른 위치에 놓아야 한다. 그림 3.11은 8 cm 두께의 Microchip(환자)이 바르게 측정되지 않았을 때와 올바른 위치에 놓이고 정확하게 측정하였을 때에 차이가 있음을 보여준다. 이것은 기술적인 요소에서 엄청난 차이를 나타낸다.

? 생각할 점

환자의 두께를 정확하게 측정하는 것은 아무리 강조해도 지나치지 않다. X선 장치는 직관적이지 않다. 기계는 설정된 측정값(환자 두께)에 대해 요청된 방사선을 생성한다.

컨설턴트는 노출조건표 작성을 도와달라는 요청을 받았다. 병원의 모든 직원은 동일한 차트를 사용하였음에도 서로 다른 밀도(density)를 얻었다. 동일한 병원에서 한 마리의 개(중간 크기의 하운드)를 7명의 사람이 각각 측정한 결과, 측정값은 크게 17 cm까지 차이가 났다! 개가 캘리퍼스를 든 측정자를 받아들이는 방식에 따라 모두 서로 다른 측정값을 얻었다. 직원이 개를 테이블 위 또는 바닥에 서 있는 상태에서 측정했기 때문에, 테크니션에게서 멀어지거나 조용히 서 있을 수 있다. 개가 다리를 뻗은 채 VD 자세를 취하면 측정값은 완전히 달라진다. 동물을 제 위치에 두고 일정하게 측정하도록 직원을 교육하면 일관되게 최적화된 방사선 사진을 얻을 수 있다. 노출조건표는 상당히 정확했지만 환자 측정 방법이 잘못되었다.

규칙 #3 *_Rule #3*

광범위한 부위가 아닌 특정 관심 영역에서 환자의 두께를 측정한다. X선 중앙은 측정 부위를 반드시 통과해야 한다. 그레이 하운드 혹은 휘펫에서 촬영하고자 하는 부위가 방광(8 cm)인 경우, 신장 위치(17 cm)에서 두께를 측정하면 관심 영역의 이미지는 너무 어둡게 나타난다.

흉부–복부 측정 비율이 매우 높은 개의 경우에는, 가장 넓은 부위와 가장 좁은 부위를 측정하고 중간 범위에서 측정값을 설정한다(예: 흉부 측정값이 20 cm, 골반 측정값이 10 cm인 경우 측정값을 15로 설정한다). 그러면 중앙 광선이 복부의 중간 범위로 들어간다 11장 참조). 이 경우 양극 힐 효과(node heel effect)를 사용할 수 있다.

? 생각할 점

X선 발생기는 작업자가 요청한 방사선량만 전달하며, 노출 시 작업자의 오류는 고려하지 않는다. 환자를 정확하게 측정하는 것은 노출조건표 사용의 기본이다. 방사선이 침투할 수 있는 조직의 양은 유한하다. 이것은 어림잡아 추측해서는 안되며, 동물의 몸무게 혹은 종과 아무런 관련성이 없다.

기술 요소 조정: 15% 규칙

Manipulating Technical Factors: The 15% Rule

이 장의 앞부분에서 kV, mA, 시간 그리고 거리 간의 상호 의존성에 대해 논의했다. 다음 예는 특정 결과에 대한 요인 조작 방법을 설명하는 데 도움이 된다.

당신은 좋은 이미지를 만들었지만, 수의사는 모호한 방광 결석을 이미지화하기 위해 대비를 증가시킬 것을 요청할 것이다. 다른 모든 요인을 고려했을 때 복부에 대한 최적 kV는 22 mAs에서 70 kV였다.

필름의 원래 밀도가 마음에 들고, 대비를 변경하기 위해 kV를 조작하려는 경우, 밀도를 유지하기 위해 반대 방향으로 mAs도 변경해야 한다. 70 Kv는 방광을 관통하지만, 첫 번 째 필름의 밀도가 양호했기 때문에 mAs는 몇으로 설정해야 하는가?

kV을 줄일 때에는, 원래 값에 15%를 곱한다(70 × 15% = 10.5). 원래 kV에서 위의 값만큼 뺀 뒤, 0.5 kV는 버린다.

동일한 밀도를 유지하려면, 기존 mAs에 2를 곱한다(이 예시에서는 44 mAs)

kV를 높이려면, 원래 값에 15%를 곱한다(70 × 15% = 10.5). 원래 값에 위의 값만큼 더한 뒤 0.5 kV는 버린다(80 kV).

동일한 밀도를 유지하려면, 기존 mAs를 2로 나눈다(이 예시에서는 11 mAs)

15% 규칙의 중요한 점은 수의학 범위에서 일반적인 kV 범위인 40 kV~90 kV의 kV값에서만 적용된다는 점이다. 이러한 매개변수를 벗어나면 X선 빔의 특성은 완전히 달라지고, 다른 규칙이 적용된다.

기술 규칙 _Technical Rules

- **규칙 1.** 기계를 보정할 때, 각 mA 스테이션에서 kVs를 **반드시** 개별적으로 확인해야 한다. 70 kV는 반드시 70 kV여야 한다(±1~2 kV오차는 문제가 되지 않으며 ±5~10 kV 오차는 문제이다).
  - 100 mA의 출력량은 **반드시** 200 mA의 절반이어야 하며, 300 mA의 출력량은 **반드시** 100 mA의 3배여야 한다.
- **규칙 2.** 보정(calibration), 자세 잡기(positioning) 및 측정(measuring)의 세 가지 "규칙"을 검토한다. 이러한 규칙을 따르지 않으면 노출조건표를 최적화할 수 없다.
- **규칙 3.** 노출조건표가 일반적으로 정확하나 촬영한 이미지가 진단적 가치가 없다면, 환자의 위치를 변경하고 다시 측정한다.
- **규칙 4.** 관심 영역을 올바르게 촬영하였으나 이미지가 만족스럽지 않은 경우, 항상 규칙 #3을 검토한 후에 mAs를 먼저 조정한다. 이미지의 밀도 변화는 mAs의 변화에 정비례한다. 20 mAs은 40 mAs에 비해 밀도가 절반(더 밝음)이고 10 mAs에 비해 밀도가 2배(더 어두움)이다. kV의 변화는 반대수(semilogarithmic)이므로 최종 결과를 예측하거나 계산하기가 쉽지 않다.
- **규칙 5.** 필름이 매우 밝고 일반적으로 만족스럽다면, 탱크나 프로세서 현상액의 화학물질 온도를 확인한다.
- **규칙 6.** 이미지가 흐릿한 회색이고 기법을 변경해도 개선되지 않으면, 필름이 빛에 노출되었다고 가정하고 암실에서 빛이 새거나 혹은 카세트가 열리거나 파손되지 않았는지 살펴본다.

해부학적 고려사항 _Anatomical Considerations

두개골과 목뼈 _Skull and Cervical Spine

두개골과 목뼈 모두 고 대비 조직 밀도를 가지는 뼈와 조직으로 나타난다. 높은 kV 또는 mAs가 필요하지 않다.

흉부, 복부, 허리뼈, 골반
Thorax, Abdomen, Lumbar Spine, and Pelvis

흉부, 복부, 허리뼈 및 골반은 조직 밀도 차이가 비슷하며 공기, 지방, 조직, 근육 및 뼈가 혼합되어 있다. 동물의 두께가 증가함에 따라 이차/산란 방사선을 생성하는 광자의 가능성이 증가하기 때문에, 매우 높은 킬로볼트를 사용하는 경우 이러한 신체 부위를 이미지화하기 어렵다. 관심 영역을 이미지화하고 조직의 두께가 증가함에 따라 mAs를 비례적으로 증가시키기 위해 킬로볼트를 가능한 낮게 유지하는 것이 중요하다.

사지 _Extremities

사지는 조직 대 뼈 비율이 높고 가늘기 때문에, 낮은 킬로볼트가 지시된다. 낮은 킬로볼트를 사용하면 뼈와 적은 양의 연부조직 사이의 대비가 강조된다

소형 반려동물과 새는 특별한 필름/스크린 조합을 사용하지 않는 한 고양이와 개의 사지와 유사한 기술 요소를 사용하여 방사선을 촬영한다. 또한 mAs는 비례적으로 낮다.

> **? 생각할 점**
>
> 병원에서 방금 새로운 X선 장치를 설치했다. 제공된 노출조건표는 특히 대형견에서 좋지 않은 이미지를 생성했다. 노출조건표는 mAs의 변화가 거의 없는 가변 kV차트이다. kV는 측정된 센티미터당 2 kV씩 증가한다. 10 cm에 대한 kV는 60이다. 20 cm에 대한 kV는 82이며 그리드를 사용하는 경우 30 mAs이다
>
> 동물이 커짐에 따라 mAs를 조정하지 않고 kV를 극적으로 증가시키면 대조도가 낮아지고 산란 방사선이 많아진다. 즉, 큰 환자에서 조직이 더 균일해진다.
>
> 요약하자면:
>
> 대형견 = 낮은 조직 대비 + 높은 Kv
> = 낮은 대비 이미지
>
> 이상적인 노출조건표는 그림 3.10A,B에 표시된 대로 센티미터의 증가에 비례하여 mAs를 증가시킨다.

노출조건표 완성
Completing the Technique Chart

테스트 이미지의 밀도가 만족스럽다면, 나머지 기술 요인들도 예측해볼 수 있다. 예측을 통해 아래와 같이 차트의 빈칸

을 채운다. 밀도가 2 cm증가할 때마다 2 mAs를 증가시키고, 2 cm 증가할 때마다 2 kV를 증가시킨다.

신중하게 측정하고 결과를 진료 일지에 기록한다. 항상 환자가 올바르게 측정되고 기술이 올바르게 기록되는지 확인한다. 차트를 최적화하는 유일한 방법은 신중하고 정확하며 일관되게 모니터링하는 것이다.

소동물 노출조건표 _Small-Animal Technique Charts

북미의 많은 동물병원에서 그림 3.10에서 표시된 차트를 사용하고 있다. 이는 범례에서 식별된 특정 단위에서 사용되도록 설정되어 있다. 이러한 장치는 올바르게 보정되어야 하며, 이전에 설명한 규칙에 따라 환자를 올바르게 측정하고 올바른 위치에 환자가 있어야 한다.

소동물 방사선 촬영에서 대동물용 휴대용 장치를 사용하는 경우, 허용 가능한 이미지를 생성할 수 있다. 그러나 기술 선택의 부족과 제한된 mA값(일반적으로 최대 30 또는 50)으로 원하는 결과를 얻지 못할 수 있다.

비표준 방사선 촬영 장치(대체 차트) _Nonstandard Radiography Units (Alternative Charts)

방사선 촬영 장치에 mA스테이션 또는 시간 스테이션 수의 제한이 있는 경우, 변수 부족을 보상하기 위해 차트 내에서 조정이 필요하다.

병원/진료소에서 200속도 시스템을 사용하는 경우, mAs는 제안된 차트(그림 3.10)에서 두 배가 되어야 하며 kV는 동일 설정으로 유지되어야 한다. 200속도 시스템의 경우 4장에서 설명된 절차를 사용하여 시스템이 실제로 200 속도인지 확인하기 위해 시스템 속도를 비교하는 것이 중요하다.

말 방사선 촬영 _Equine Radiography

말 방사선 촬영은 일반적으로 대동물용 휴대용 방사선 촬영 장치를 사용하여 현장에서 진행된다. 휴대용 장치는 특정 위치에서 다른 위치로 이동할 수 있도록 특별히 조정할 수 있다.

그림 3.12에 표시된 노출조건표는 표준 장치와 잘 작동한다. 이 차트는 전형적인 대동물용 장치에 적합하다. 필름/스크린 시스템의 속도는 400 speed class이며 필름은 자동 프로세서에서 처리된다.

장치는 정확하게 보정되어야 하며, 검사가 진행되는 동안 근처에 있는 모든 인원은 납이 함유된 앞치마, 갑상선 보호대 및 장갑을 착용해야 한다. 각 장치에는 각 뷰에서 일관된 거리를 사용하게끔 하는 특정 장치가 장착되어 있다. 노출 전후로 반드시 카세트를 보호해야 하며, 사용한 카세트와 그렇지 않은 카세트를 일관된 방법으로 분리하여 카세트의 사용 여부에 대해 의심하는 일이 없어야 한다.

> **? 생각할 점**
>
> 컨설턴트는 자신의 이미지가 너무 어둡다고 우려하는 대동물 수의사에게 방문 요청을 받았다. 그는 X선 장치에 문제가 있고 아마도 서비스가 필요할 것이라고 생각했다.
>
> 컨설턴트는 그의 장치가 열화되면 이미지가 더 어두워지는 것이 아니라 밝은 이미지가 될 것이라고 확신했다.
>
> 컨설턴트가 농장에 도착했을 때, 방사선 촬영을 위해 말이 자리 잡았고 수의사는 오른쪽 발목을 촬영하기 위해 자리를 잡았다. 초점에서 카세트까지의 거리는 15인치(38 cm)였다. 수의사가 사용한 노출조건표에서 거리는 30인치(76 cm)였다. 필름이 받는 방사선 양은 올바르게 노출된 이미지를 생성하는 데 필요한 방사선의 4배였다[역제곱 법칙으로 계산(그림 3.4)].

방사선 촬영 일지 _The Radiography Log Book

법적으로 병원은 방사선 사진을 찍은 모든 환자 기록을 보관해야 한다(그림 3.13). 일지는 환자의 이름, 식별자, 촬영 뷰, 측정값, 기술요소를 포함해야 한다. 코멘트를 위한 공간을 남겨두는 것은 종종 유용하다. 촬영 일지는 환자가 방사선 사진을 찍을 때마다 작성해야 한다.

기술적 요인과 측정은 노출조건표를 유지하는 데 매우 중요하다. 기술적인 요소가 모두 올바른 경우 증상의 원인을 진단하는 것이 훨씬 수월해진다.

요약 _Summary

이 장에서는 kV 및 mA의 변수와 이러한 각 요소가 전체 이미지에 어떤 영향을 미치는지 조사했다. 과학적 사고로 노출조건표에 접근하는 것은 매우 중요하다. 장치의 설정은 최적화된 이미지를 생성하기 위한 올바른 세팅을 의미한다. 만약 서비스 컨설턴트가 현장에 있는 경우, 가장 먼저 방사선 촬영 일지를 보고 일관되지 않은 노출이 발생했는지 확인한다.

각 시설은 고유하지만, 보편적인 진리는 70 kV는 70 kV이며, 발생기와 발생기에 설정된 기술 요소는 정확하고 재현 가능해야 한다.

**All these techniques are set up for 30" distance
All views are full size horse unless otherwise noted

Body part	Size/view	kV	mAs	Grid (if used)
Navicular	**AP**	**74**	**2.5-2.8**	**4.0-5.0**
Coffin	A.P.	74	.8	
Coffin Jt/foot	Lat	74	.5	3.2
Coffin Jt./foot	Obl.	74	.5	3.2
Fetlocks and splint bone	**A.P.**	**74**	**.5**	**2.5-4.0**
	lat	74	.6	
	Obl	74	.5	
	Flexed lat	74	.5	
Knees	**A.P/Lat/Obl**	**74**	**.5**	
	Flexed lat	74	.5	
	Skyline	74	.5	
Hock	**A.P.**	**74**	**.8**	
	Lat/Obl.	74	.6	
	Flexed lat	74	.6	
	S1 talus	74	.5	
Stifle	**Lat Jt.**	**76**	**1.2**	**4.0-5.0**
	Lat patella	76	1.0	
	A.P.	80	3.2-5.0	8.0-10
Elbow	**Lat**	**74**	**.8**	
	A.P.	74	1.0-1.2	
Shoulder		**80**	**6.2-8.0**	
Thoracic sp./ withers	**T 1-3**	**76**	**.5-.8**	
	T 4-6	**80**	**.8-1.8**	
Cerv. sp.	**Foal C1-C2**	**76**	**.6**	
	Foal C3-C4	76	.8	
	Foal C4- C6	78	.8	
Skull	**Incisors/Wolf teeth**	**74**	**.5**	
	Malaise	74	.8	
	A.P.	76	1.0-1.6	
	Jowl	74	1.2	

그림 3.12 **대형 동물용 휴대용 차트.** 시간 스테이션과 kV 스테이션은 제한되어 있다. 따라서 이미지가 항상 최적화되지는 않지만 진단할 수 있다.

Date	Film #	Client	Breed	Area of body	Measure-ment Cm	kV	mA mAs	Time	Comment

그림 3.13 방사선 촬영 일지 샘플 페이지.

복습 문제 _Review Questions

1. 모든 이미징 시스템의 주요 목적은 다음과 같다:
   a. 인식 가능한 이미지의 방사선 사진 생성하기 위해
   b. 조직 밀도의 차이 입증하기 위해
   c. 움직임 없는 이미지를 보여주기 위해
   d. 대비와 밀도가 얼마나 유사한지 보여주기 위해
2. 모든 방사선 촬영 발생기에는 kV, mAs 그리고 시간이 있다. 다음 중 옳은 것을 고르시오:
   a. 이들은 장치마다 다를 수 있다.
   b. 모든 장치에서 70 kV가 70 kV가 되도록 올바르게 보정해야 한다.
   c. 요소들은 가변적이며 차트를 설정할 때 조정해야 한다.
   d. 차트를 따르는 한 요인은 중요하지 않다.
3. 필름 혼탁(Film fog)는 이미지에 추가적으로 형성된 허상이다. 다음 중 옳은 것을 고르시오:
   a. 암실에서 빛이 샘으로 인해 발생할 수 있다.
   b. 필름은 빛에 민감하지 않고 오직 X선에만 민감하다.
   c. 필름 혼탁(Film fog)는 현상 후 마이너스 밀도(minus density)로 표시된다.
   d. 노출 후 카세트를 떨어뜨려서 발생할 수 있다.
4. 광학필름밀도(base + fog)는 노출에 있어 빠질 수 없는 요소이다. 다음 중 옳은 것을 고르시오.
   a. 현상된 필름에는 나타나지 않는다.
   b. 반사된 이미지에서만 나타난다.
   c. 항상 노출의 일부로 포함되어야 한다.
   d. 제조 공정의 일부이며 중요하지 않다.
5. 필름 상자의 유효기간:
   a. 제조 업체와 관련이 있으므로 중요하지 않다.
   b. 필름의 현상 과정에 영향을 주기 때문에 중요하다.
   c. 필름 상자를 사용할 때 중요한 정보를 제공한다.
   d. 필름 구매와 관련이 있으며, 사용과는 관련이 없다.
6. 방사선 대비는 다음에 의해 제어된다:
   a. 환자의 두께, 밀도, 그리드 비율
   b. 검사 중인 신체 부위, 뼈대 근육 비율
   c. 그리드, 양극경사효과, 기술 요인
   d. 시준(collimation), 거리, 환자의 두께
7. 피사체 대비를 환자의 두께에 의해 제어된다.
   a. 참
   b. 거짓
8. 역제곱 법칙은 특히 다음과 같은 경우에 중요하다:
   a. 환자의 상단에서 그리드 트레이까지의 거리를 측정할 때
   b. kV와 mAs 간의 기술적 요소를 조정할 때
   c. 테이블과 그리드 트레이 간의 거리
   d. 말 방사선학으로 측정한 거리
9. 킬로 볼트는 주로 다음을 담당한다:
   a. X선 빔이 경도와 침투력
   b. 방사선 사진의 밀도 량
   c. 방사선의 강도와 밀도
   d. 이미지를 둘레의 검은색
10. 15% 규칙은 주로 다음과 같이 사용된다:
   a. 이미지가 너무 어둡거나 너무 밝은 경우
   b. 이미지의 밀도가 조금 더 어두울 필요가 있는 경우
   c. 이미지의 대비가 더 강화되어야 할 경우
   d. 혼탁한 필름으로 인해 기술적 요소를 재설정 하는 경우
11. 원래 kV가 80인 경우(kV를 높인다), 15% 규칙을 적용하면 다음 값이 나온다:
   a. 87
   b. 92
   c. 97
   d. 79
12. 밀리암페어는 다음과 같은 방사선 강도를 담당한다:
   a. 이미지의 밀도로 변환
   b. 이미지의 대비로 변환
   c. 노출 시간에만 관련이 있음
   d. 배경의 검은색과는 관련이 없음
13. 노출조건표를 올바르게 사용하는 규칙에는 다음이 포함된다:
   a. 테이블의 위치, 측정, 중심방사선(central ray)의 중심 지정
   b. 동물을 바닥에 놓고 필름의 중앙에 배치
   c. 우리 안의 동물을 측정한 뒤 기술 요인을 설정
   d. 측정하기 전 기술 요인을 설정한 뒤, 동물을 똑바로 세우고 측정하고, 그리드 트레이의 중심을 맞춤
14. 이미지가 지속적으로 흐릿하고 회색이라면 가장 처음으로 다음을 확인해야 한다:
   a. 용액이 사용 가능한지 확인하기 위한 현상 여부 확인하기
   b. 카세트가 변경되지 않았는지 확인하기

c. 암실에 빛이 새어 들어오지 않는지 확인하기
d. 기술 요인이 변경되지 않았는지 발생기 확인하기

15. 방사선 촬영 일지는 방사선 노출의 기록이다. 다음과 중 옳은 것을 고르시오.
a. 법적 필요성이 있으며 기술 요소에 대한 기록을 유지한다.
b. 항상 기술을 기억하기 때문에 필요하지 않다.
c. 동물은 항상 같은 값으로 측정되기 때문에 필요하지 않다.
d. 식별 목적으로 동물의 이름만 적으면 된다.

CHAPTER 4

이미지 최적화

Optimizing the Image

Lois C. Brown RTR (Can/USA), ACR, MSc, P.Phys

일반적으로 사진을 보지만, 자세히 살펴보지는 않는다.

—Ansel Adams - 미국 사진작가 - 1902~1984

Sometimes you need to "jump through hoops" to obtain a good image.

개요

움직임, 왜곡, 확대
움직임
흐림
왜곡
확대
　배율 계산
기하학적 불선명도
증가된 초점 크기로 인한 불선명도
필터와 여과
내장 필터
추가 필터
특수 필터
차단제
시준기와 우연
산란/이차 방사선
시준 및 대비
시준기의 문제 혹은 환자로부터 산란의 문제?
초점 외 방사선
그림자와 반그림자
시준기 전구 교체
일루미네이터
일루미네이터 사양
일루미네이터 위치
일루미네이터 마스크
그리드와 그리드 트레이
그리드 명명법
그리드 비율과 인치당 라인 쌍
평행 그리드 vs 초점 그리드
그리드 초점 및 초점 거리
그리드 설치
그리드 위치지정
기술적 요인에 대한 그리드의 영향
요약

학습 목표

이 장을 마치면 다음을 수행할 수 있다.

1. 움직임, 왜곡, 확대 및 흐림에 대해 정의할 수 있다.
2. 필터의 목적을 이해한다.
3. 시준을 정의한다.
4. 일루미네이터의 목적을 이해한다.
5. 언제 그리드를 사용해야할 지 안다.
6. 그리드 비율과 다양한 그리드 간의 차이점을 이해한다.
7. 그리드의 비율과 관련하여 라인 쌍의 중요성을 결정한다.

적용 분야

이 장에 있는 정보의 적용은 다음 영역과 관련이 있다.

1. 진단에 도움이 되도록 이미지(방사선 사진) 최적화

주요 용어

흐림(Blur)
중심방사선(Central ray)
우연(Coincidence)
시준기 셔터(Collimation shutters/leaves)
시준기(Collimator)
시준기 지표(Collimator indicator)
보정 필터(Compensating filters)
확산(Diffusion)
왜곡(Distortion)
여과(Filtration)
그리드(Grid)
그리드 악화(Grid deterioration)
그리드 비율(Grid ratio)
그리드 트레이(Grid tray)
이종의 빔(Heterogeneous beam)
일루미네이터(Illuminator)
일루미네이터 마스크(Illuminator mask)
내장 필터(Inherent filtration)
인치당 라인 쌍(Line pairs/inch)[그리드(grid)]
밀리미터당 라인 쌍(Line pairs/mm)[해상도(resolution)]
확대(Magnification)
움직임(Motion)
대상 이미지 수용기 거리[Object image receptor distance)]
초점이 맞지 않는 방사선(off-focus radiation)

(*계속*)

주요 용어(계속)

관심 영역[Region of interest (ROI)]
해상도(Resolution)
산란 방사선(Scattered radiation)
방사선원 이미지 거리[Source image distance (SID)]
방사선원 대상 거리[Source object distance (SOD)]
그림자(Umbra)/반그림자(Penumbra)

이 장은 지금까지 소개된 모든 기술을 모아서 이미지를 최적화하는 데 필요한 도구를 소개한다. 이 장은 중심방사선(central ray)에 대해 소개한다. 중심방사선은 양극 초점의 중심점에서 생성되고 이미지 수용기(image receptor)에 90도로 향하는 X선 빔이다(그림 4.1). ROI (region of interest, 관심영역)은 올바르게 배치된 방사선 사진을 얻기 위해 중심방사선이 통과해야 할 환자의 신체 영역을 의미한다.

환자의 협조를 최대한 많이 받는 것이 중요하다. 만약 동물이 너무 아프거나 겁에 질려서 지속적으로 몸을 떨면, 동물을 안심시키거나 X선 검사 내내 움직이지 않고 협조할 수 있는 지점까지 진정시켜야 한다. 그렇지 않으면 최적화된 방사선 사진을 얻기에 매우 어려울 것이다. 많은 수의학 시설의 방사선 촬영 장치는 1/120초로 제한되며, 때때로 떨림이나 헐떡거림과 같은 비자발적인 움직임을 포착할 만큼 빠르지 않다.

확대(magnification), 왜곡(distortion) 및 흐림(blur)과 같은 다른 요소는 이러한 요소의 이면에 있는 원리를 이해함으로써 최소화할 수 있다. 시준(collimation)과 그리드(grid)를 사용하면 산란/이차 방사선을 줄일 수 있다. 그리드의 원리, 다양한 그리드 비율의 한계 및 그리드를 올바르게 배치하는 방법을 알고 이해하는 것은 깨끗하고 양호한 이미지를 얻는 데 필수적이다. 여과(filtration)는 일정량의 2차 방사선을 제거하고 대부분의 산란 방사선을 예방한다. 일루미네이터(illuminators)는 필름/스크린 방사선 촬영에 매우 중요하며, 일루미네이터 및 내부의 올바른 조명 튜브를 바르게 설치하는 것은 X선 필름 이미지를 최적화할 수 있다.

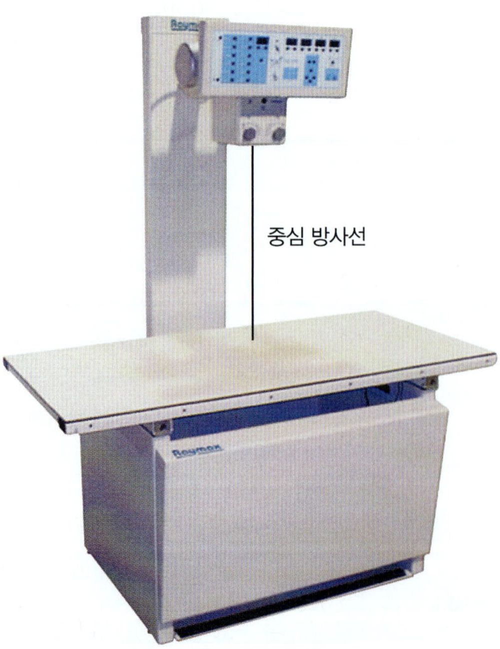

그림 4.1 방사선 장치의 중심 광선은 X선 빔이 환자로 들어가는 위치이다.

움직임, 왜곡, 확대 _Motion, Distortion, and Magnification

움직임 _Motion

해상도(resolution)는 X선 이미지 내에서 미세한 디테일을 구별하는 능력이다(그림 4.2A). 움직임(motion)은 이미지의 해상도를 파괴한다. 환자의 움직임으로 인한 흐림은 자발적이거나 비자발적일 수 있다. 비자발적인 움직임을 줄이거나 환자가 안정될 때까지 몇 초 더 기다리는 것은 우수한 방사선 촬영에 매우 중요하다.

방사선에 노출되었을 때 환자가 테이블을 벗어나면 진단이 불가능하다. 마찬가지로 흔들리는 꼬리가 이미지를 가로질러 움직이는 경우에도 진단이 어렵다. 모래주머니와 타월을 말아서 사용하면 불안정하고 ROI를 벗어난 신체 부위를 지탱할 수 있다. 모래주머니는 상업적으로 구할 수도 있고, 바느질을 통해 손쉽게 만들 수 있다. 모래주머니는 방사선 불투과성이므로 ROI를 가리는 곳에 들어가서는 안된다. 다른 비수동 보정(nonmanual restraint) 방법에 대해서는 10장과 2부를 참조한다.

> **✓ 짚고 넘어가기**
>
> 모래주머니는 무거운 비닐로 만들 수 있다. 길이 15 in (38 cm), 너비 15 in (38 cm) 비닐조각으로 길이 15 in (38 cm), 너비 15 in (38 cm)의 모래주머니를 만들 수 있다. 비닐은 각 이음새에 두 번 이상 접혀야 하며 이음새는 시간이 지남에 따라 모래가 새지 않도록 박음질해야 한다.

색색의 슬립커버를 꿰매고 윗부분을 후크앤루프(벨크로)

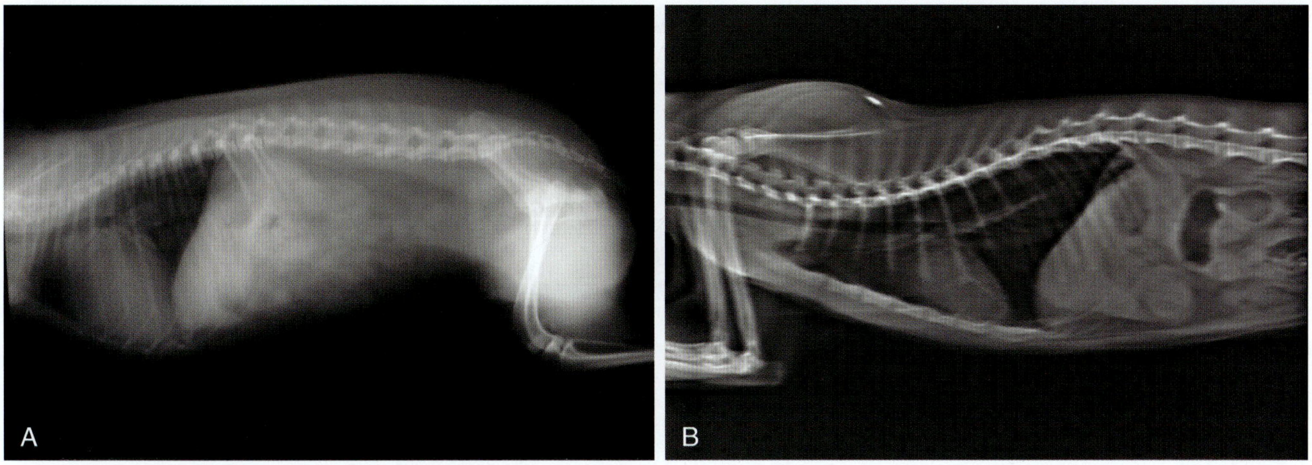

그림 4.2 A, 비자발적인 움직임의 예시(진전, 떨림); 복부 내용물이 명확하지 않다. B, 흐림은 매우 불분명하다. 이 사진에서 환자는 떨고 있다; 이미지는 선명한 기관, 심장을 제외하고 마치 이중 노출이 된 것처럼 보인다.

로 고정하여 표준 크기의 모래주머니를 만들 수 있다. 크거나 작은 사이즈의 모래주머니도 유용하다. 만약 바느질이 불가능하다면, 상업용 공급업체에서 배치용 모래주머니와 폼블록을 구입할 수 있다.

흐림 _Blur

흐릿함은 환자의 움직임으로 인한 또 다른 요소이다. 일부 케이스에서는 흐림이 유용하게 사용될 수 있는데, 중첩되는 해부학적 구조에 의해 불분명하게 나온 특정 신체부위를 영상화 할 때 그러하다. 흐림은 컴퓨터 단층 촬영(computerized tomography)의 원리이다; 8장에서 이 원리를 자세히 살펴본다.

흐릿함은 구조가 완전히 가려지고 환자가 테이블을 떠나는 것처럼 이미지가 극적으로 나타날 수 있다. 또한 그림 4.2B과 같이 이미지가 미묘할 수 있다. 그림 4.2B에서는 환자가 떨고 있고 모든 신체 부위가 마치 이중 노출된 것처럼 균일하게 나타난다. 이러한 경우 큰 기관은 초점이 맞게 보이지만, 사지와 척추의 해상도는 떨어진다.

왜곡 _Distortion

왜곡은 신체부위, X선 수용기(receptor) 또는 X선 테이블의 각도로 인체 신체 부위가 단축되거나 늘어나는 것이다(그림 4.3). 신체 일부가 관심 영역을 가릴 때 왜곡이 유용할 수 있다. 예를 들어, 왼쪽(위) 어깨가 상단 흉부의 오른가쪽상(upper-right lateral thorax view)에서 오른쪽 위팔뼈(아래)를 가리는 경우, X선 관이 비스듬히 기울어져 왼쪽 어깨가 오른쪽 상완골로부터 멀리 투사될 수 있다. 병변부를 보기 위해 환자를 약간 회전시킬 수도 있다. 왜곡은 치과 방사선 촬영 시에 유용하게 종종 사용되며 이는 17장에서 논의한다.

> **활용 정보**
>
> ROI가 이미지 수용기(receptor)에 가장 근접할 때 신체 부위의 최고 해상도와 최소 배율을 얻을 수 있다.
>
> 이러한 이유로 환자의 척추 방사선 사진을 촬영할 때 환자를 복배상(VE)로 위치시킨다. 흉부의 왼쪽이 우려되는 경우, 환자의 왼쪽 측면이 테이블과 닿도록 왼가쪽 촬영(left lateral view)으로 눕힌다.

ROI가 늘어나거나 단축되는 경우 왜곡은 유용하지 않다. 중심방사선이 부정확한 위치에 놓이면 모양 왜곡이 발생할 수 있다. 예를 들어, ROI가 흉부이지만 중심방사선이 복부를 향하는 경우, 앞쪽 갈비뼈는 앞쪽으로 돌출되어 흉부의 모양이 왜곡될 것이다. ROI가 X선 관의 중심방사선 아래 중앙에 위치하는 것이 중요하다.

> **? 생각할 점**
>
> X선 관, 신체 부위, 이미지 수용기 및 중심방사선의 올바른 정렬을 통해 신체의 신장과 단축 왜곡을 제거한다.

확대 _Magnification

신체 부위가 이미지 수용기에 최대한 가까이 위치하면 확대를 줄일 수 있다(그림 4.4). 대부분의 동물용 방사선 촬영 장치의 방사선원 이미지 거리(source image distance, SID)는 40인치(100 cm)이다. 관심 물체가 이미지 수용기로부터 위로 올라가거나(멀어지거나) 해부학적으로 위에 위치하는 경우, 물체는 확대된다. 일상적인 경우, 의문의 물체의 크기를 측정하는 것은 큰 문제가 되지 않는다. 만약, 방사선 사진으로 심장비대를 측정하는 경우, 올바른 위치 지정은 중요한 요소이다.

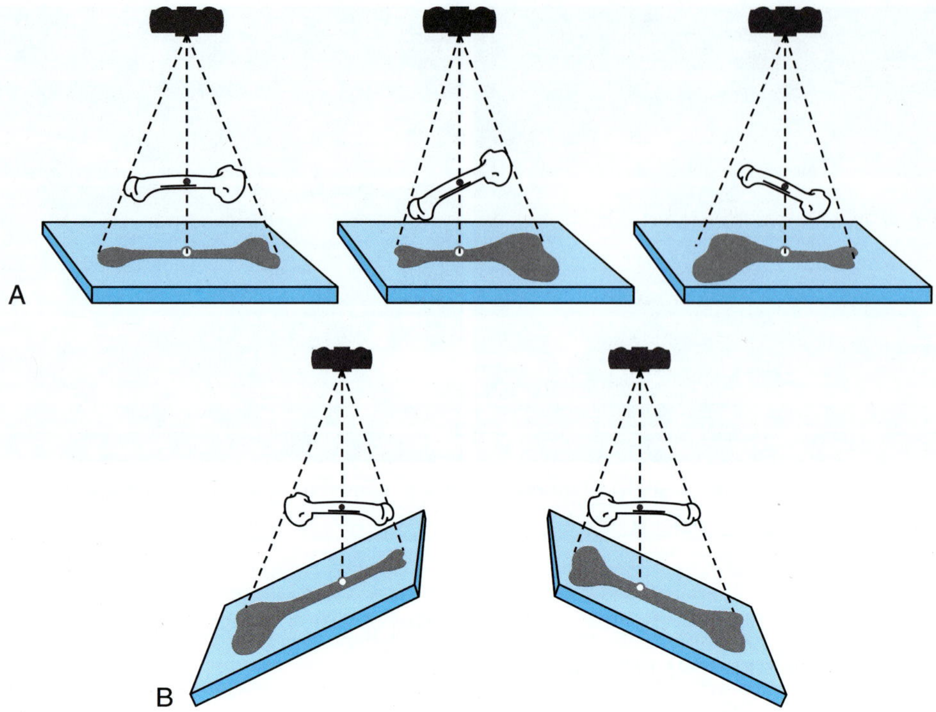

그림 4.3 왜곡. **A,** 신체 부위가 이미지 수용기와 평행하지 않음. **B,** 이미지 수용기가 신체 부위와 평행하지 않음. (From Fauber TL. *Radiographic Imaging and Exposure*. 4th ed. St. Louis: Mosby, 2013.)

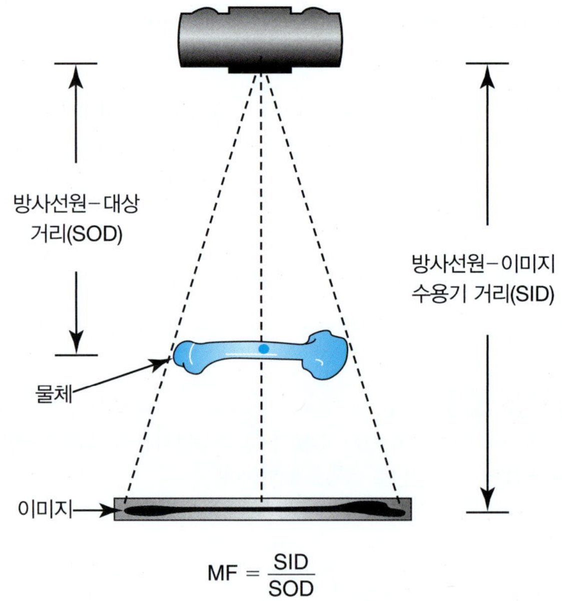

그림 4.4 이미지 구조의 확대 예시. *MF*, 배율(magnification factor). (From Fauber TL. *Radiographic Imaging and Exposure*. 5th ed. St. Louis: Mosby, 2017.)

배율 계산 _Magnification Calculation

물체(예: 신장 결석)의 크기를 계산하려면, 다음 공식을 사용하여 원천-대상 거리(source-to-object distance, SOD)를 먼저 계산해야 한다:

$$\text{SID} - \text{OID} = \text{SOD}$$

가쪽 촬영(lateral view)에서 이미지 수용기에서 물체까지의 거리(object-to-image receptor distance, OID)를 측정한다. 이렇게 하려면, 조명기에 필름을 놓고 복부의 등쪽 표면에서 해당 물체까지의 거리(cm)를 측정한다(신장 결석의 경우 이 측정값은 복부의 배쪽 표면과 등쪽 표면까지 측정값의 1/3이 나온다). 대부분의 수의학 방사선 촬영 장치의 SID는 100 cm이다.

만약 OID가 12 cm라면, SOD는 다음과 같을 것이다:

$$100\text{ cm} - 12\text{ cm} = 88\text{ cm}$$

배율은 다음 공식을 통해 계산할 수 있다:

$$\text{SID/SOD} = \text{MF}$$

만약 SID가 100 cm라면, MF는 다음과 같다:

$$100/88 = 1.13$$

실제 물체 크기는 다음 공식을 사용하여 된다:

$$\frac{\text{방사선 사진 상 측정값(Measurement on a radiograph)}}{\text{배율(Magnification factor)}} = \text{물체크기}$$

이전 계산에서, 우리는 MF가 1.13인 것을 확인하였다. 만약 방사선 사진상 물체의 크기가 1.5 cm라면, 실제 물체의 크기는 1.5 cm이다.

$$\frac{1.5\text{ cm}}{1.13} = 1.327\text{ cm}$$

기하학적 불선명도 _Geometrical Unsharpness

이미지의 모든 특징은 기하학적 요인으로 인한 선명도 저하의 영향을 받지 않고 자연스러운 크기로 가장 잘 보인다. 그러므로 SID와 OID는 매우 중요하다. 방사선원은 X선 관이다. 시준기(collimator)는 빔이 ROI에 직접 초점을 맞출 수 있도록 한다. SID와 OID는 초점의 크기와 함께 이미지의 선명도를 결정한다.

증가된 초점 크기로 인한 불선명도 Unsharpness Due to Increased Focal Spot size

매우 드문 경우이지만, 과열이나 노후화로 인해 X선 관의 초점이 확대될 수 있다. 이러한 경우 뼈 구조는 두 번 노출된 것처럼 보인다. 두 번째 이미지는 원본 이미지에 중첩되어 있지만, 두 번째 이미지가 약 1/8인치(0.32 cm)만큼 분리되어 마치 이중 노출된 것처럼 보인다. 이 문제를 해결할 방법이 없다면, X선 튜브를 교체해야 한다.

필터와 여과 _Filters and Filtration

> **? 생각할 점**
>
> 빠른 리뷰:
>
> X선 관에서 생성되는 방사선은 다양한 파장으로 구성된다. 이는 **이종의 빔**(heterogenous beam)으로 설명된다. 킬로볼트가 증가하면 빔의 산란되는 광자도 증가한다. 낮은 에너지의 방사선(알파, 베타)은 환자의 선량에만 기여할 뿐 환자를 관통하여 이미지를 만들어 낼 에너지는 없다. 따라서 낮은 에너지 방사선은 쓸모가 없으며 반드시 필터링해야 한다.
>
> 알루미늄은 여과를 위한 요소이다. 원자 번호가 낮고 유용한 빔을 많이 여과하지 않으면서 낮은 에너지의 방사선을 흡수한다. 또한 널리 사용 가능하고 저렴하다. 매우 얇은 시트로도 가공할 수 있으므로 1 mm 그라데이션으로 X선 장치에 추가할 수 있다.

일반 방사선 촬영에서 방사선이 유용해지면, 산란/이차 방사선에 대한 문제를 고려해야 한다. 검사 대상 신체부위가 두꺼워질수록, 기술적 요소를 높여야 하며, 특히 킬로볼트(kV)가 높아질수록 산란/이차 방사선이 더 증가한다.

신체 크기 증가에 따른 표준 반응은 kV를 증가하는 것이다: 센티미터당 2 kV를 증가시키는 것이 일반적이며 약 40 또는 50 kV에서 시작한다. 환자의 두께 증가에 비례하여 kV를 증가하는 것은 두 가지 요인이 방정식에 입력되도록 한다:

1. 지방과 연약한 근육조직이 더 널리 퍼지기 때문에 조직 밀도의 차이가 적다.
2. 킬로볼트는 X선 빔의 투과력을 제어하기 때문에 산란/이차 방사선의 생성이 증가한다. X선 빔의 투과력이 증가하면(kV를 증가시켜서 얻음)더 높은 수준의 이차 방사선과 더 많은 산란방사선이 생성되어 필름이 흐려지고 대비가 상당히 감소한다.

3장에서는 기술 요인을 제어하고 이차 방사선을 줄이는 방법을 설명한다. 또한 **킬로볼트, 밀리암페어, 시간** 및 kV가 이미지에 미치는 영향에 대해서도 설명한다.

방사선이 환자에게 들어갈 때 이종(다양한 에너지) 빔으로 들어간다. X선 장치에 70 kV가 설정되면 생성되는 실제 방사선의 일부만 70 kV가 된다. 이것이 **유효** kV (effective kV)이다. 따라서 70 kV 빔은 70 kV를 나타내는 방사선을 포함하지만, 환자 내에서 흡수되거나 산란/이차방사선으로서 환자로부터 흩어진 다양한 량의 에너지(알파, 베타, 감마 에너지)를 포함한다. 이러한 방사선은 유용하지 않기 때문에 환자에게 들이가기 전이나 환자에게서 나온 후에 걸러내야 한다. 환자에게 도달하기 전에 연성 혹은 낮은 에너지 방사선을 걸러내는 첫 번째 방법은 X선 관과 시준기(collimator)내부의 고유한 여과를 통과하는 것이다.

내장 필터 _Inherent Filtration

방사선 촬영 장치의 시준기는 설치시에 내장 필터를 가지고 있다(그림 4.5). X선 빔이 X선 관을 빠져나가기 전에 X선 관의 유리 외피, 관을 둘러싼 오일, 거울, 시준기 포트 바로 내부에 있는 알루미늄 필터에 의해 감쇠된다(X선 관 바로 아래 있는 빔 제한기). 이것은 내재된 필터이다—여과장치는 시준

그림 4.5 시준기 뒷면에는 내재 필터 양에 대해 적혀 있다.

기를 포함하여 X선 관을 이루고 있는 부품 중 일부이다. 이 필터는 방사선 촬영실에서 변경할 수 없다.

추가 필터 _Added filtration

빔은 제조업체가 설치한 추가 필터에 의해 더 감쇠된다. 연방(법적) 지침은 각 방사선 촬영 장치에 설치해야 하는 여과량에 대해 매우 명확한 기준을 제시한다. 추가 필터는 방사선 촬영실의 일반적인 절차에 따라 조정할 수 있다. 캐나다 및 미국 연방 지침에 따르면 70 kV 이상에서 작동하는 X선 장치에 대해 최소 2.1 mm의 알루미늄 필터가 필요하다(National Council on Radiation Protection & Measurements, 1988).

대부분의 설치과정에는 X선 관 뒤의 라벨링을 포함한다. 대부분의 국가에서 라벨을 법적으로 요구한다. 라벨은 제조 날짜, 제조 국가, X선 관의 고유 여과량, 모델 번호 및 일련번호가 반드시 포함되어야 한다.

특수 필터 _Special Filters

보정 필터(compensating filters)로 알려진 다른 필터는 이미징 과정을 향상시키기 위해 기본 빔에 추가될 수 있다. 예를 들어, 개의 상복부가 ROI인 상황에서 골반과 횡격막 부위의 측정값이 매우 상이한 경우, 시준기에 쐐기 필터를 추가할 수 있다. 이때 쐐기 필터의 두꺼운 부분이 복부의 얇은 영역 위에 위치한다(그림 4.6). 이 기술은 비장과 신장 위치의 ROI 위에 X선 관을 놓은 상태에서 뒤쪽 갈비뼈를 측정할 때 사용할 수 있다.

다양한 필터를 사용하여 신체 부위별 차이를 고르게 하고 산란/이차 방사선을 흡수할 수 있다.

차단제 _Blockers

이미지에서 산란 방사선을 제거하기 위한 여과는 측면 노출에서 허리뼈를 따라 테이블 위에 납 처리된 고무마스크를 놓는 것처럼 간단하다(그림 4.7). (특히, 의심되는 병변이 척추의 등쪽면 내에 있는 경우 유용하다.) 납 처리된 고무는 산란 방사선을 흡수하여 이미지 수용기에 도달하는 것을 방지한다. 다른 효과적인 차단제 및 필터는 큰 정맥주사용 수액 팩과 밀가루 혹은 쌀로 채워진 비닐백이다. 생리식염수 팩과 밀가루 백의 장점은 방사선 투과정이며 인공물(artifact)을 생성하지 않는다는 것이다. 납이 함유된 차단제는 산란/이차 방사선을 줄이거나 제거하기 위해 사용될 수 있으며, 이 과정에서 방사선이 튀어서 관심 영역을 검게 만든다. 납이 함유된 장갑은 장갑의 곡선이 복부를 따라 놓을 수 있고, 해부학적 구조를 침범하지 않기 때문에 특히 유용하다. 이러한 차단제는 관심 영역이 아닌 환자의 옆에 위치해야 한다.

그림 4.6 쐐기 필터는 조직의 측정 차이를 균일하게 한다. 필터의 가장 두꺼운 부위가 환자의 가장 얇은 부위로 향하도록 시준기에 부착하여 사용한다. 기술요인 설정은 두꺼운 신체부위의 측정값으로 한다.

시준기와 우연 _Collimators and Coincidence

X선 관 바로 아래에 있는 장치가 시준기이다(그림 4.8). 많은 종류의 시준기가 있지만, 기능은 한가지이다—X선 빔과 일치하도록 빛을 만들고 ROI를 비춘다. 광선이 X선 광선 영역의 0.50 inch (1 cm) 내에서 중앙에 위치하고 일치하는 것이 매우 중요하다. 또한 X선 빔과 광선은 위치와 크기가 완전히 일치해야 한다. 만약 시준기의 빛과 X선 빛이 서로 완전히 겹치면, 이를 "우연(in coincidence)"이라고 한다.

> **? 생각할 점**
>
> 시준이 증가함에 따라 조사되는 영역이 작아지고, 빔 크기가 작아지며 산란 방사선 량이 적어진다. 시준이 감소함에 따라 촬영되는 영역이 커지고 빔 크기가 커지며 산란 방사선의 가능성이 증가한다.

산란/이차 방사선 _Scattered/Secondary Radiation

산란/이차 방사선은 X선 빔보다 사용할 수 있는 에너지 량이 훨씬 적고 시준기의 한계를 넘어서 조직화된 이미지를 생성하는 능력이 없다(그림 4.9). 산란/이차 방사선이 있기 때문에 방사선 촬영 당시 실내에 모든 사람이 시야에 있어서는 안되며 적절한 가운과 장갑을 착용하고 가능한 한 X선 빔에서 멀리 떨어져 있어야 한다(2장 참조). 방사선 사진에서 기술적 요소를 평가하는 방법을 알아보려면 3장 참조한다.

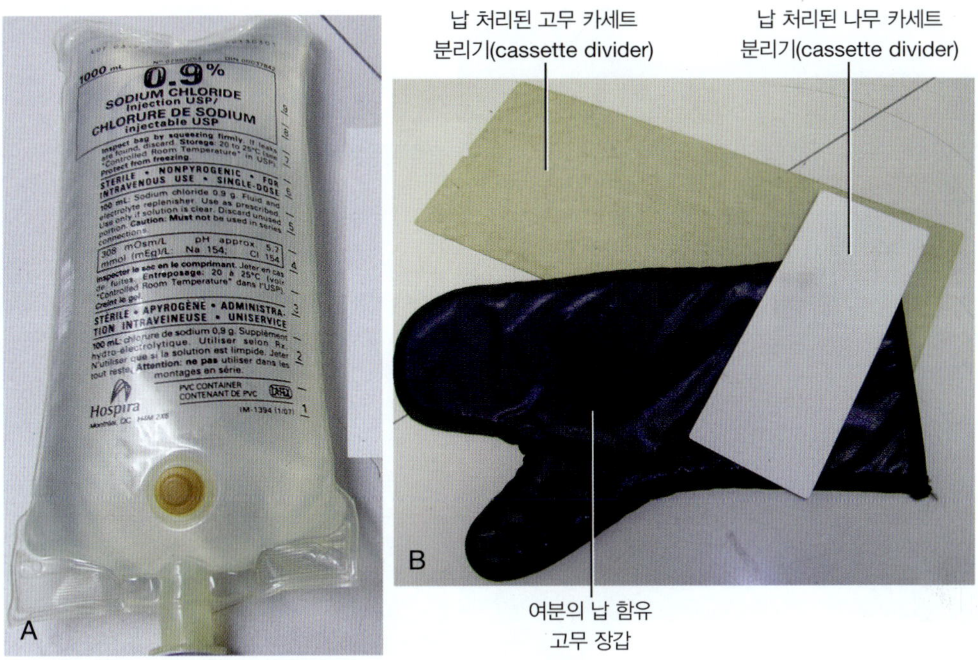

그림 4.7 A, 단순한 정맥주사용 생리식염수 팩은 관심 영역이 해부학적 구조 외부에 있는 경우 산란 방사선을 흡수한다. B, 특수 납 차단제도 환자 아래로 밀리지 않는 한 잘 작동한다. 환자 아래에 있게 되는 경우 일차 방사선을 차단한다. 납이 함유된 고무 장갑과 납 앞치마도 이러한 용도로 사용된다.

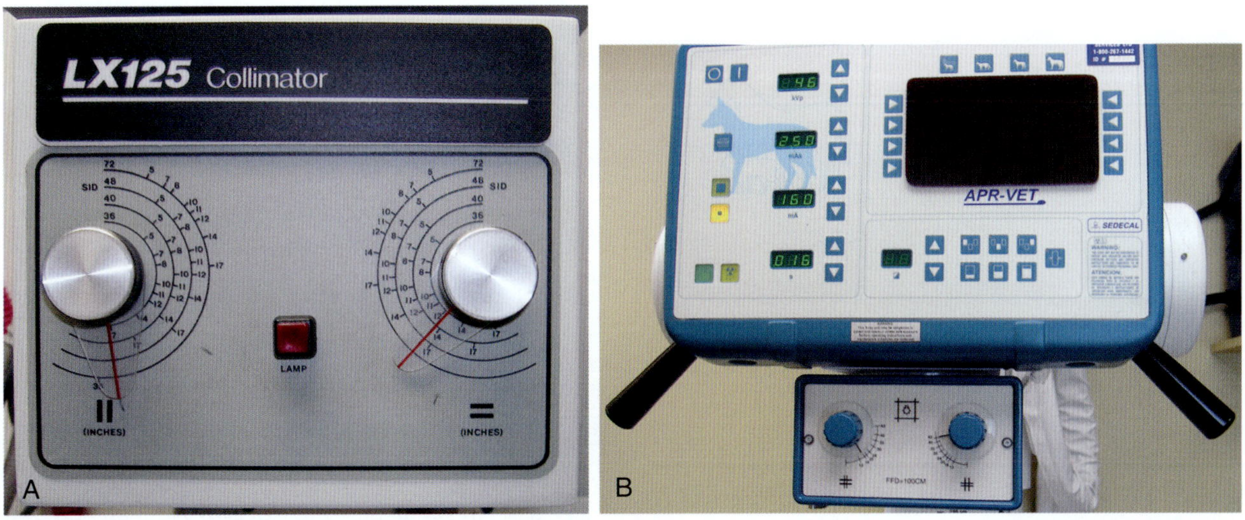

그림 4.8 두 개의 다른 시준기. A, Raymax LX125용 시준기(Raymax Medical, Brampton, Ontario, CA). 전면에 있는 X선 관의 높이와 필름 크기에 대한 표시를 주목한다. B, Sedecal APR VET용 시준기(Sedecal USA, Inc., Arlington Heights, Illinois)는 발생기 제어판 바로 아래에 장착된다.

시준 및 대비 _Collimation and Contrast_

시준기의 블레이드가 닫히면 방사선 영역이 감소한다. ROI에서 산란되는 방사선의 양도 감소한다. 필름에 도달하는 산란 방사선은 유용한 방사선이 아니다. 산란 방사선의 유일한 기능은 base + fog 밀도를 높이고 기본 밀도와 이미지화 된 구조 간의 대비를 줄이는 것이다. 시준이 빔 크기를 극도로 제한하는 경우, 일부 유용한 방사선의 제한을 수용하기 위해 기술적 요소를 약간 증가시켜야 할 수(표 4.1). 방사선 사진의 밀도를 변경하려면 kV가 아닌 밀리암페어(mAs)만 증가시켜야 한다.

시준기의 문제 혹은 환자로부터 산란의 문제? _Collimator Problems or Scatter from the Patient?_

시준기는 X선이 환자에게 닿기 전에 마지막으로 통과하는

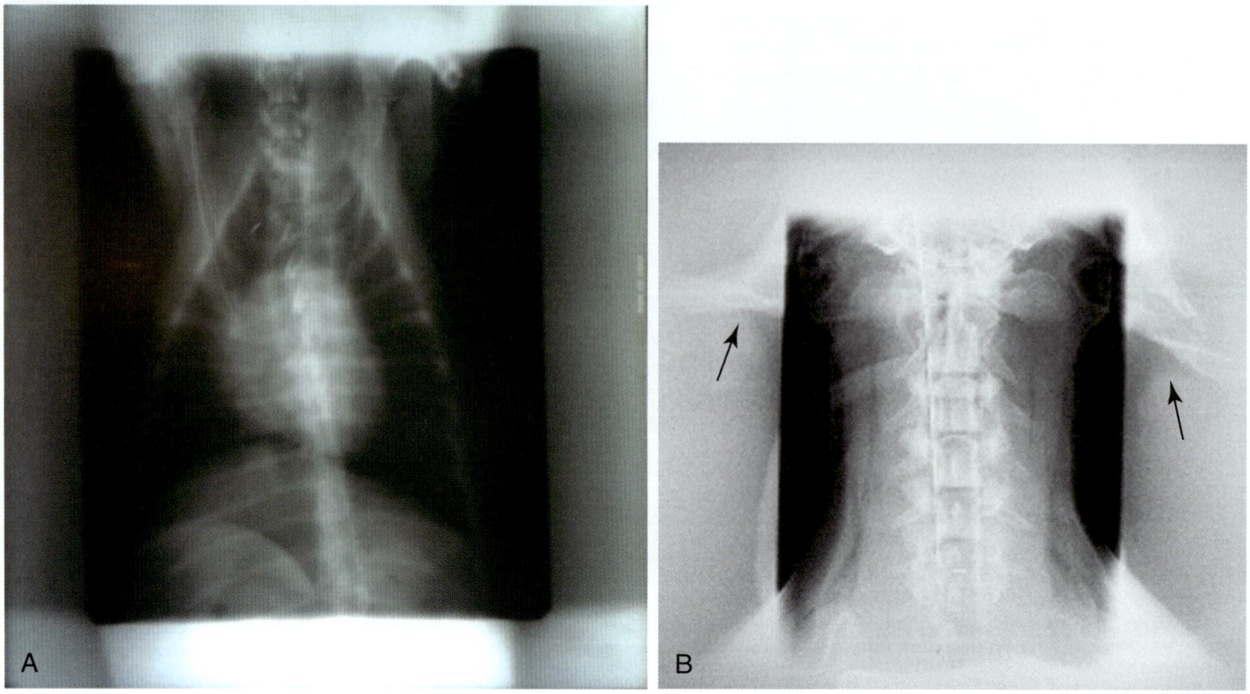

그림 4.9 **A,** 산란 방사선의 예시. 시준된 필드는 보이지만 방사선이 이미지 수용기의 회부 가장자리로 산란될 만큼 충분히 강하다. 이 경우 높은 노출로 인해 산란 방사선이 생성된다. 폐 표시가 보이고 복부 쪽(뒤쪽)으로 내려 감에 따라 흉추의 가시돌기가 희미해지도록 킬로볼트를 줄여야 한다. **B,** 초점 외 방사선의 증거(화살표) 개의 귀 주름이 훨씬 더 두꺼운 어깨부분과 함께 분명하기 때문에 이것은 산란 방사선과 다르다.

표 4.1 시준 변화의 효과*

시준	결과
필드 사이즈 감소	환자 선량 감소 산란 방사선 감소 방사선 대비 증가 방사선 밀도 저하
필드 사이즈 증가	환자 선량 증가 산란 방사선 증가 방사선 대비 감소(산란/이차 방사선 때문) 방사선 밀도 증가

*시준을 늘리면 필드 뷰는 좁아진다. 필드 사이즈를 늘리는 것은 시준기 셔터를 여는 것과 동일하다.

구조이다. 몇몇 경우에는 빔이 시준될 때, 시준기 가장자리 너머 이미지에 환자의 해부학적 그림자가 생긴다(그림 4.9A 참조). 이는 환자에서 유래한 분산으로 인해 발생할 수 있다. 만약 방사선이 시준이 가장자리로 산란되는 현상이 환자의 크기가 클 때 발생하고, 환자가 작을 때 없어진다면, 환자로부터 발생한 산란/이차 방사선이 원인일 가능성이 높다. 환자의 측면을 따라 납이 함유된 스트립을 배치하면 이러한 산란이 이미지에 영향을 미치지 않도록 방지할 수 있다.

? 생각할 점

산란 이미지를 흡수하기 위해 차단제를 환자와 나란히 놓을 때에는, 촬영되는 해부학적 구조와 차단제가 겹치지 않도록 해야 한다.

초점 외 방사선 _*Extrafocal Radiation*

다리의 윤곽이나 척추 가시돌기와 같은 환자의 해부학적 구조의 일부가 명확하게 보이는 경우, 결함은 **외초점 방사선**(extrafocal radiation) 또는 **초점이 맞지 않는 방사선**(off-focus radiation)(그림 4.9B 참고)일 가능성이 높다. 이것은 실제 초점 외부의 광자 흐름에 의해 생성되는 방사선이다. 이는 X선관, 차폐 시스템 또는 시준기 여과의 설계 및 제조 결함 때문일 수 있으며, kV가 너무 높게 설정되어 양극의 열전자 구름(thermionic cloud)에서 과도한 활성 광자를 유발할 수 있다.

그림자와 반그림자 _*Umbra and Penumbra*

그림자(umbra)는 선명하고 명확하게 시준된 X선 이미지 부분이다. 반그림자(penumbra)는 필름이 불완전하게 시준된 외부 가장자리 또는 그림자를 의미한다. 이 이미지는 확대되거나 왜곡되지 않는다. 대부분의 최신 시준기는 반그림자가 제거될 만큼 충분히 성능이 좋다.

시준기 전구 교체 _Changing the Collimator Light bulb

시준기 내부의 전구가 끊어지면 수의사가 이를 교체할 수 있지만, 처음으로 전구를 교체해야 하는 경우에는 정확한 방법을 알기 위해 서비스 직원을 호출해야 한다. 새로운 장치를 설치하는 기사는 장치를 수의사에게 시연하는 동안 전구를 바꾸는 방법 또한 시연해야 한다.

새 방사선 장치는 여분의 시준기 전구가 제공되어야 한다. 교체용 전구는 특정 장소에 보관해야 하며, 해당 위치는 X선 발생기(generator)에 기록되어 있어야 한다. 전구가 교체될 때마다, 새 전구를 즉시 주문하여 항상 새 전구로 교체할 수 있도록 여분을 준비해야 한다. 시준기 전구는 일반적으로 X선 회사에서 제공하거나 온라인으로 주문할 수 있다(검색창에 전구의 영문 숫자 코드와 함께 "전구: 라는 단어를 검색한다). 항상 주문하는 전구의 전압이 교체하려는 전구의 전압과 동일한지 확인한다. 전구의 와트도 같아야 하지만 전압이 더욱 중요하다. 주문할 전구가 확실하지 않은 경우 시준기 뒷면을 확인한다. 일반적으로 전압과 와트가 표시된 라벨이 있을 것이다(그림 4.10). 만약 라벨이 없으면 다음 지침을 주의 깊게 따른다:

- 벽 스위치에서 발생기가 꺼져 있는지 확인한다. 시준기 덮개를 제거하려면 멀티탭 스크류드라이버를 준비한다. 시준기의 나사 머리에 적절한 팁을 선택한다.
- 시준기 위의 덮개판을 찾는다. 덮개판은 뒷면이나 측면에 위치한다. 덮개판을 제거하면 전구가 보일 것이다. 몇몇 시준기의 경우 전구를 노출시키기 위해 셔터를 닫아야 하고 다른 시준기의 경우 제거해야만 하는 검은색 박스가 있기도 하다. 상자를 꺼내기 전에 상자의 위치를 주의 깊게 기록한다.
- 전구가 노출되면, **돌려서 잡아야 하는지 혹은 부드럽게 잡아당겨야 하는지 확인하면서 제거한다. 이것은 매우 중요하다.** 몇몇 전구는 두 개의 철판처럼 보이는 것 사이에 장착되어 있다. 자세히 본다면, 새 전구의 끝에 약간의 구멍이 있는 것을 볼 수 있다. 일부 전구에는 베이어니트 마운트가 있어 제거하려면 돌리고 잡아당겨야 한다. **조심스럽게 행동해야 한다; 전구는 종종 작고 쉽게 깨진다!**
- 교체하려는 전구가 새 전구와 동일한지 확인한다. 코드 번호나 문자는 다를 수 있지만, 와트와 특히, 전압은 동일해야 한다.
- 새 전구는 아마도 할로겐 전구일 것이므로, 맨손이나 손가락으로 만지지 않는 것이 중요하다. 전구는 일반적으로 플라스틱 덮개로 싸여서 온다. 덮개의 바닥을 잘라내어 전구 끝의 삽입 부위가 보이도록 드러낼 수 있다. 덮개를 사용하여, 부드럽고 확실하게 전구를 삽입한 다음, 전구에서 플라스틱 덮개를 제거한다.
- 전구가 제자리에 단단하게 고정되면 주 전원을 켜서 전구가 작동하는지 검사한다.
- 전원을 다시 끄고 시준기 덮개판을 재부착한다.

그림 4.10 시준기 뒷면의 덮개 판. 램프 정보에 유의한다. 이 시준기 라벨에는 시준기의 구성요소와 고유의 여과량이 포함되어 있다.

일루미네이터 _Illuminators

일루미네이터는 방사선 영상을 시각화하고 해석하기 위해 특수 제작된 유리를 통해 빛을 고르게 투과시킨다(그림 4.11). 일루미네이터를 통해 수의사와 보호자가 방사선 검사 결과를 보고 논의한다. 방사선 사진을 해석하는 조건은 가능한 최상의 상태여야 한다. 따라서 최적의 밝기를 위해 일루미네이터를 정기적으로 점검하는 것이 중요하다.

일루미네이터 사양 _Illuminator Specifications

일루미네이터 내부는 유리 쪽으로 가능한 많은 빛을 반사시키기 위해 밝은 흰색으로 칠해야 한다. 도색하지 않은 나무 상자나 스테인리스 스틸 상자에 장착된 일루미네이터는 빛을 흡수하고 확산 유리로 투사되는 빛의 양을 감소시키기 때문에 적합하지 않다. 일루미네이터 전면의 휘도(빛의 밝기)는 동일해야 한다. 일루미네이터는 확산 유리 또는 아크릴 유리를 장착하여 모서리가 중앙 부위와 동일한 밝기가 되도록 한다.

전구는 일반 철물점에서 구입할 수 있다. 조명 튜브는 방사선 필름의 색상 스펙트럼과 일치하도록 "일광(daylight)" 또는 "청색(blue)/백색(white)"조명으로 표기되어 있어야 한다. 녹색, 노란색 또는 분홍색 통의 전구는 방사선 사진을 보는 데 적합하지 않다. 하나의 조명 튜브에 결함이 있는 경우, 해당 조명 내의 모든 조명 튜브를 교체하여 조명의 너비 전체에서 밝기가 균일하도록 조치한다. 상판과 선반에 먼지가 묻을 때마다 조명기의 표면을 상업용 유리 세정제를 사용하여 주기적으로 청소한다. 스위치는 안전 스위치여야 하며 마모, 헐거움 또는 결함이 없는지 확인해야 한다. 일 년에 한 번 이상 유리 패널을 제거하여 조명 상자의 먼지를 제거하여 청소하고 전구의 밝기와 일관성을 점검해야 한다.

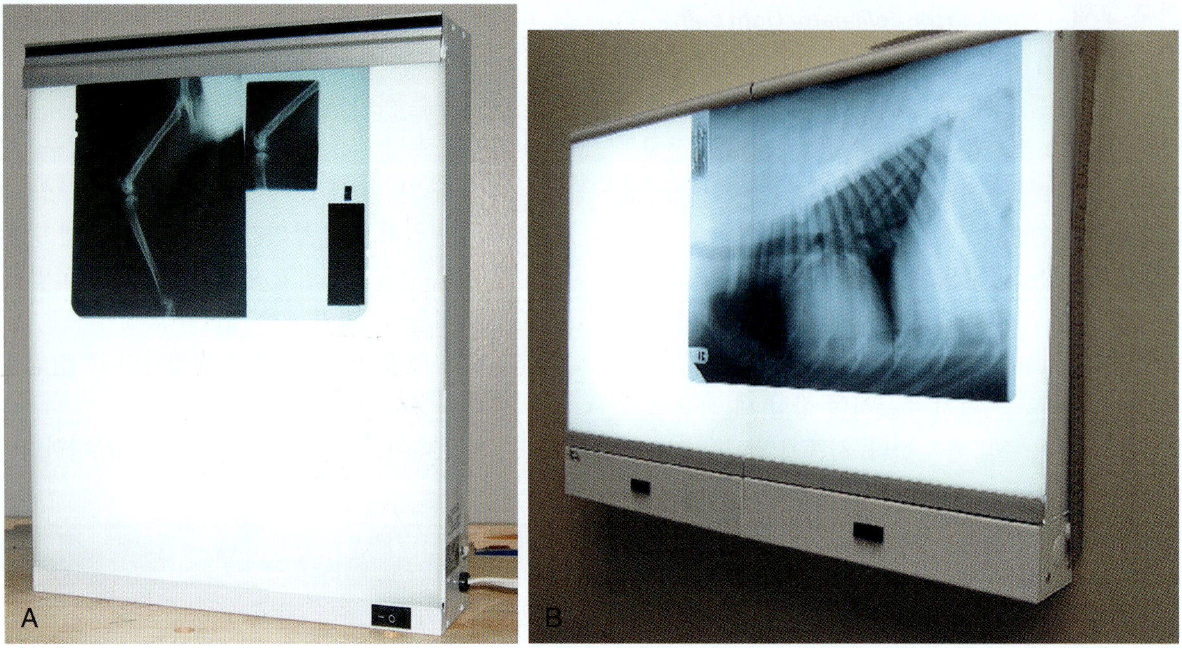

그림 4.11 A, 일반적인 독립형 일루미네이터. 이 일루미네이터는 테이블 위에 놓거나 벽에 장착하거나 수직 장선 사이의 벽에 삽입할 수 있다. **B,** 2 bank 일루미네이터는 X선 실의 벽에 장착된다. 마스크는 이미지를 통해 빛의 강도를 지시하고 방사선 사진 주변 영역의 눈부심을 방지한다. (B Courtesy Westbridge Veterinary Hospital, Mississauga, Ontario.)

짚고 넘어가기

- 올바른 색상과 밝기의 조합은 방사선 사진의 대비를 향상시킨다. 일루미네이터 전구의 색상이 올바른지 확인하기 위한 빠른 검사로 병원 일루미네이터에서 올바르게 노출된 방사선 사진을 검토한다.
- 이제 흐리고 밝은 날 창가로 가서 동일한 방사선 사진을 검토한다 [이 조명은 일광등(daylight) 튜브와 동일한 색상이다].
- 이미지가 동일하게 보이면 전구가 일광(daylight)일 가능성이 높다.
- 대부분의 형광등은 한쪽 끝에 제조업체와 색상이 표시된 라벨이 붙어있다.
- 제대로 작동하지 않거나 빛을 효과적으로 전달하지 못하는 일루미네이터는 방사선 사진 판독을 방해할 수 있으며, 이미지를 생성하는 데 사용되는 기술적 요인에 영향을 미칠 수 있다.

일루미네이터 위치 _*Illuminator Position*

일루미네이터는 벽에 장착하거나 전면이 벽과 같은 높이가 되도록 벽 내부에 배치할 수 있다. 필름은 일루미네이터 상단에 있는 홀더에 걸려 있으며 정기적으로 점검하여 필름을 제거할 수 없을 정도로 단단히 고정되어 있지는 않은지 확인해야 한다.

일루미네이터는 천장등을 끌 수 있는 실내에 배치해야 한다. 이렇게 하면, 일루미네이터에서 전송되는 빛의 밝기를 감소시키는 백라이트가 없다.

일루미네이터 마스크 _*Illuminator Masks*

일루미네이터 마스크(그림 4.12)는 임상의의 눈에 도달하는 모든 사용 가능한 빛이 방사선 사진을 통해 향하도록 필름으

그림 4.12 일루미네이터 마스크. 잘라낸 조각을 보관하고 구멍을 덮는 데 사용한다. 그런 다음 시설에서 사용되는 다양한 크기의 필름에 맞게 유사한 영역을 잘라낼 수 있다. 가장 밝은 빛을 얻을 수 있도록 컷아웃을 일루미네이터 중앙에 가깝게 만든다.

로 덮이지 않는 일루미네이터 패널의 모든 부분을 덮을 수 있어야 한다.

✓ 짚고 넘어가기

방사선 마스크를 만들기 위해, 암실의 필름 상자에서 필름 한 장을 꺼낸다. 상자를 닫고 홀더에 되돌려 놓는다. 필름을 빛에 노출하기 위해 암실에서 불을 켠다. 필름을 현상한다. 필름은 완전히 검은색이며 일루미네이터에 매달려 마스크 역할을 할 것이다. 병원에서 사용하는 필름 크기에 해당하는 모든 크기의 영역을 덮을 수 있도록 충분한 마스크가 있는지 확인한다.

치과용 필름의 경우, 14 × 17 in (35 × 43 cm) 마스크를 사용한다. 마스크 중앙에 치과용 필름 크기 사이즈의 구멍을 잘라낸다. 잘라낸 부분을 필름으로 되돌리고 제자리에 테이프로 붙인다. 치과용 방사선 사진을 볼 때는 잘라낸 부분을 아래쪽으로 떨어뜨려 놓고, 방사선 사진을 보지 않을 때에는 제자리로 돌려놓을 수 있도록 구멍의 바닥을 따라 테이프를 붙인다.

그리드와 그리드 트레이 _*Grids and Grid Trays*

산란/이차 방사선은 촬영할 신체부위가 커질 때 문제가 된다. 10 cm이상의 모든 신체부위는 X선 사진의 대비를 심각하게 손상시키기에 충분한 산란/이차 방사선을 생성한다.

1913년 Gustave Bucky는 방사선 그리드를 발명했다(그림 4.13). 그리드는 수직의 매우 미세한 금속 스트립으로 구성되는데, 이때 방사선 투과성 물질이 금속 스트립 사이사이에 위치한다. 금속 스트립은 테이블의 측면과 평행하게 배치되고, 전체 "그리드"는 환자와 카세트 사이에 배치된다.

원래 그리드는 각 노출 전에 설정(또는 콕킹)되어야 하는 스프링과 함께 배치되었다. 노출이 되면 잠금이 해제되고 그리드가 산란/이차 방사선을 흡수하기 위해 카세트 전면을 가로질러 이동했다.

다소 복잡한 이 장치는 와이퍼가 자동차 앞유리를 가로질러 움직이는 원리에 따라 작동한다—눈은 앞유리 와이퍼가 아니라 앞유리를 통해 외부 도로에 집중한다.

이 기술을 수의학 분야로 가져왔을 때 몇 가지 문제가 발생했다. 첫 번째 문제는 그리드 진동 장치가 해제되면서 상당히 큰 소음이 발생하는 것이었다. 스프링이 모터로 바뀌자 모터의 윙윙거리는 소리가 일부 동물들을 거슬리게 했다. 다른 문제는 기존 장치의 타이밍이었는데, 그리드의 개별 금속 스트립의 이미지를 흐리게 만들 만큼 스트립이 빠르게 움직이려면 최소 1/10초의 노출시간이 필요했다. 대부분의 수의학 노출은 1/10초 미만이어야 하므로 그리드 재료의 수직선이 문제이다. 이러한 장치는 때때로 동물병원에 설치되었으며 전동식 장치를 제거하고 기존 그리드를 새로운 고정 그리드로 교체해야 한다.

그리드 명명법 _*Grid Nomenclature*

전 세계에서 제조되는 모든 그리드에는 그리드 비율, 인치당 라인, 제조업체가 각인되거나 라벨링 되어있다.

✓ 짚고 넘어가기

X선 테이블 상판을 조심스럽게 제거한다. 대부분의 의료용 테이블 상판은 테이블 위 또는 아래의 프레임에 나사로 고정되어 있다. 나사를 조심스럽게 제거한다. 상판은 뒷면이 접착식인 후크앤루프(벨크로) 테이프로 언제든지 다시 부착할 수 있다(테이블 상판이 잘 떨어지지 않아 그리드 교체가 필요한 경우 서비스 기사에게 연락하여 상판 아래에서 그리드를 제거한다).

그리드는 그리드 트레이 위에 놓는다. 그리드 선은 X선 테이블의 길이 방향과 평행해야 한다. 그리드의 중심과 선의 방향을 나타내기 위해 그리드에 선을 그리거나 새겨야 한다. 그리드 앞면 혹은 상단에 새겨진 각인 또는 라벨은 그리드 비율과 인치당 선 쌍(line pairs per inch)을 나타낸다.

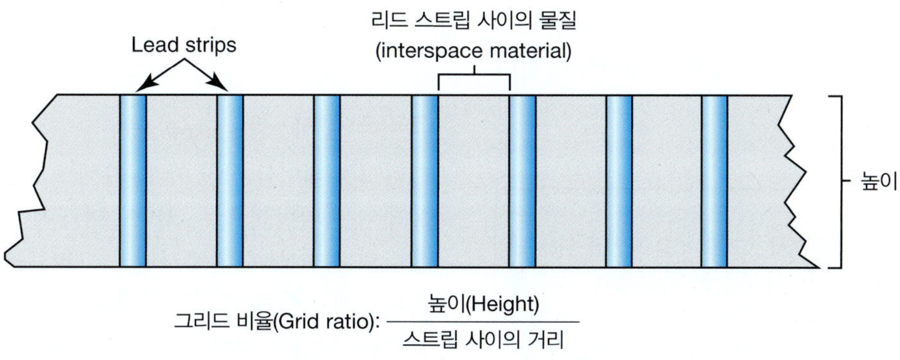

그림 4.13 그리드 비율은 납 스트립의 높이와 그 사이 거리(간격)의 비율이다. (From Fauber TL. *Radiographic Imaging and Exposure*. 5th ed. St. Louis: Mosby; 2017.)

그리드 비율과 인치당 라인 쌍 *Grid ratios and Line Pairs Per inch*

비율은 두 번째 숫자와의 관계가 있는 숫자로 표현된다; 예를 들어, 25개 사과와 5개 사과의 비율은 5:1이다. 항상 두 숫자 사이에 콜론(:)을 사용하여 나타낸다.

그리드 비율 = 납 스트립의 높이: 납 스트립 간의 거리

그리드가 다양한 절차에 사용됨에 따라 제조업체는 그리드를 더 정교하게 만들었다. 이를 식별하는 가장 좋은 방법은 산란을 "정리"하는데 필요한 재료의 선 비율을 5:1, 6:1, 8:1, 10:1, 12:1, 16:1로 표현하는 것이었다. 낮은 비율의 그리드(5:1, 6:1)는 충분한 산란/이차 방사선을 흡수하지 않기 때문에 높은 배율의 그리드 만큼 제대로 작동하지 않는다는 사실이 곧 밝혀졌다. 더 많은 납 스트립과 더 높은 비율을 도입하여 산란/이차 방사선을 효율적으로 제거했다. 또한 매우 높은 비율의 그리드(16:1)는 일반 방사선 촬영이 아닌 특정 용도에만 유용했다. 더 높은 비율의 그리드는 훨씬 더 많은 방사선이 필요했는데, 그 이유는 산란/2차 방사선 뿐만아니라 일차 방사선의 많은 부분을 흡수하여 환자 방사선량을 증가시킬 정도로 효율적이기 때문이다(유용한 빔의 일부가 제거되면 기술적인 요소가 증가하여 환자의 방사선량이 증가한다)

격자 비율만을 표시하는 것의 문제점은 인치당 라인 쌍의 수(lp)를 지정하지 않는 다는 것이다. 한 쌍의 라인은 하나의 수직 스트립과 수직 스트립 사이에 있는 하나의 스트립(interspace strip)이다. 그리드는 8:1 비율을 가질 수 있으나 선이 너무 퍼져 있는 경우 방사선 사진에 보이게 된다.

비율 숫자는 라인 혹은 스트립의 높이를 스트립 사이의 공간과 비교하여 식별하기 때문에, 라인 쌍의 수는 그리드 비율만큼 중요하다.

의료 및 수의학의 일반 방사선 분야에서 비율이 8:1, 10:1이고 라인 쌍 수가 103 lp/inch인 그리드가 가장 잘 작동한다. 그리드의 청소(clean-up)를 극복하기 위해 방사선량을 너무 많이 증가시킬 필요가 없으며 산란을 제어하는 것이 좋다.

> **? 생각할 점**
>
> 구형 방사선 촬영 장치(20년 이상)에서 그리드 비율 확인을 위해 테이블 상판을 제거하면 6:1 또는 8:1, 70 또는 85 라인 쌍의 그리드를 찾는 것이 일반적이다. 오래된 그리드는 라인 수가 적을 뿐만 아니라 공간 사이의 재료가 일시적으로 노후되기 시작하므로, 방사선 사진에서 패턴을 볼 수 있다(그림 4.18 참조).

평행 그리드 vs 초점 그리드 *_Parallel vs. Focused Grids*

기존 그리드는 테이블의 수직방향으로 평행선이 달리도록 제작되었다(그림 4.14A). 더 큰 카세트를 사용할 수 있게 되고 시준기가 17인치 측면 너비로 열리기 시작하면서 문제가 발생했다. 평행 그리드 스트립은 이미지 가장자리 부위의 방사선을 차단하여 필름의 가장자리가 방사선에 거의 또는 전혀 노출되지 않도록 한다.

이 문제에 대한 해결 방안은 그리드의 "초점을 맞추는 것"이다(그림 4.14B). 그리드 제조기술이 더욱 정교해짐에 따라 새로운 그리드는 일차 빔의 X선과 일치하도록 약간 기울어진 수직 스트립 라인으로 제조되었다(그림 4.15). 이러한 "초점(focused)" 그리드는 이전 평행 그리드보다 더 많은 일차 방사선이 필름 가장자리에 도달하도록 했지만, 다른 변수인 초점 거리도 도입했다.

그리드 초점 및 초점 거리 *_Grid Focus and Focal Length*

그리드 초점 거리는 X선 관의 초점에서 그리드까지의 거리이다. 초점 그리드에서 초점거리를 34- 에서 44 in (86- 에서 112 cm)라고 가정했다. X선 빔에서 발산된 광선은 그리드에서 규정된 거리(40 in 또는 100 cm)에서 나온다. 만약 일차 빔이 더 짧거나 더 긴 초점거리(X선 관의 초점으로부터 그리드까지의 거리)로 변경되면 새로운 거리에 대응하기 위해 다른 초점거리의 그리드가 필요하다. X선 장치가 그리드에 너무 가까이 있을 때 말 방사선 촬영에서 또 다른 문제가 발생한다.

현재 다양한 초점 거리를 사용할 수 있으며 가장 일반적인 초점 거리가 표 4.2에 나열되어 있다. 동물병원용 그리드를 구매할 때 다음 요소가 포함되어야 한다.

- **그리드 비율**(Grid ratio): 일반적으로 10:1
- **라인 쌍 수**(Number of line pairs): 일반적으로 103 lp/in
- **초점 거리**(Focal length): 일반적으로 34에서 44 in (86 to 111 cm)

그리드 설치 *_Grid Installation*

그리드는 테이블 상판 아래~카세트 위쪽에 설치된다. 그리드 트레이는 일반적으로 그리드 아래에 있으며 그리드 트레이 홀더의 접힌 금속 가장자리가 그리드를 지지한다. 그리드가 올바르게 중앙에 배치되고 올바른 위치에 유지되는 것이 중요하다. 이전에 설치된 그리드는 제자리에 나사로 고정되어 있거나 접착되어 있을 수도 있고 또는 후크앤루프 테이프(벨

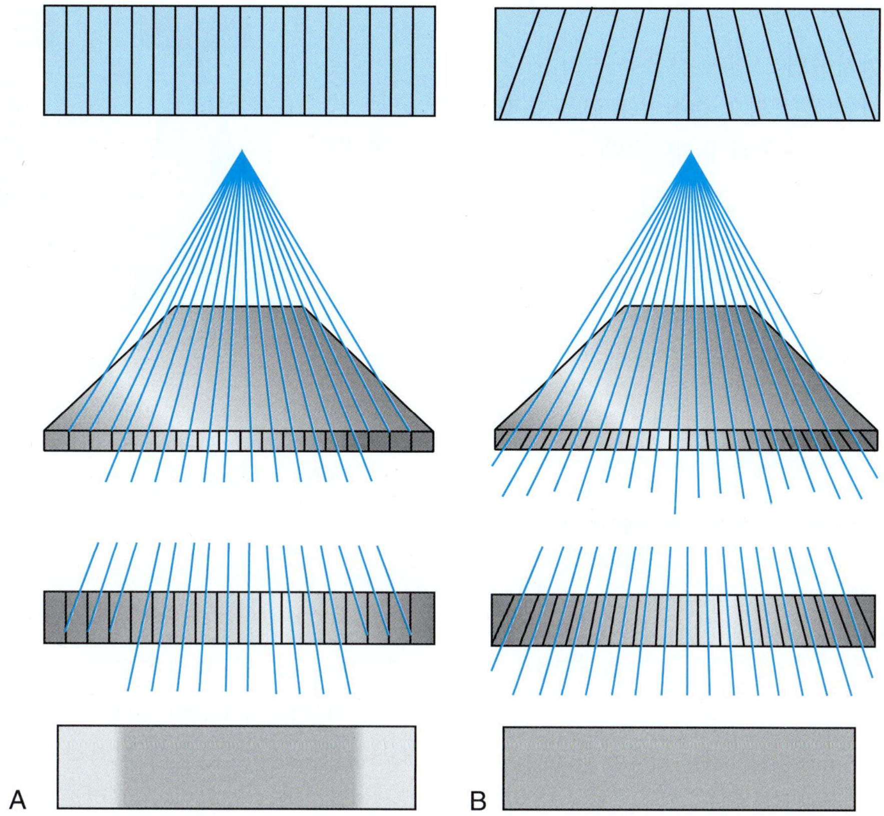

그림 4.14 A, 평행 그리드는 이미지 가장자리에서 방사선을 흡수한다. B, 초점 그리드는 X선 이미지의 외부 가장자리를 통과하도록 한다. (From Fauber TL. *Radiographic Imaging and Exposure*. 5th ed. St. Louis: Mosby; 2017.)

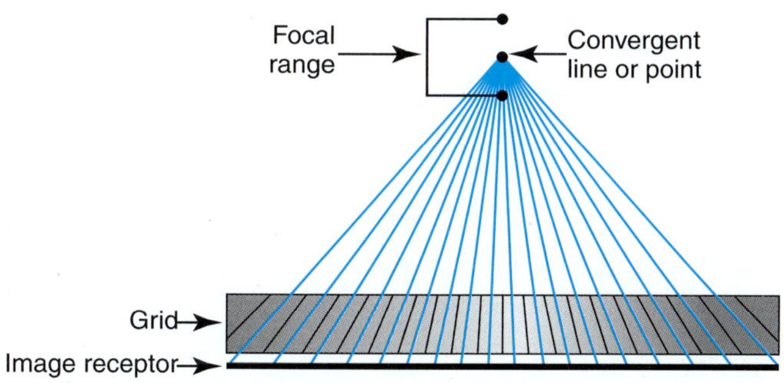

그림 4.15 초점 그리드. 납 라인은 발산하는 기본 광선과 일치하도록 기울어진다. 이제 초점 거리가 사전 설정되었으며 초점 범위는 수렴점의 약간 위 아래로 있다. 일반적으로 40인치 초점거리 그리드의 초점 범위는 34~44인치이다. (From Fauber TL. *Radiographic Imaging and Exposure*. 5th ed. St. Louis: Mosby; 2017.)

표 4.2 일반적인 그리드 초점 거리

사이즈	인치	센티미터
Small	26~32	66~81
Medium	34~44	86~111
Large	48~72	122~183

크로)로 제자리에 고정되어 있을 수 있다. 접착식 벨크로 테이프 스트립은 그리드를 그리드 트레이 홀더에 부착하기 적합하다. 카세트를 트레이 안으로 넣거나 뺄 때, 스트립이 걸리지 않도록 스트립을 0.5인치(1.27 cm) 너비로 세로 방향으로 잘라야 할 수 있다.

그리드를 교체할 때 그리드 트레이의 크기가 중요하다. 그리드는 산란된 방사선을 효과적으로 흡수하면서도 이미지에 보이지 않도록 카세트의 가장자리에 약간 돌출되어야 한다. 예를 들어, 18 × 18 in (46 × 46 cm) 그리드는 14 × 17 in (35 × 43 cm) 카세트를 가로 및 세로 방향으로 효과적으로 덮는다.

그리드 위치지정 _Grid Positioning

그리드는 테이블의 중앙에 정확히 위치하거나 맘 방사선 촬영에서 중앙 광선이 그리드 중심선의 중앙에 정확히 위치해야 하며 이는 매우 중요하다. 그리드는 X선 관의 포트와 정확히 평행하도록 그리드 트레이 위에 평평하게 설치되어야 한다. 만약 한 쪽에서 다른 쪽으로 약간 기울어지면 한 쪽의 방사선은 통과하지만 올라간 쪽의 방사선은 조기에 차단된다(그림 4.16과 4.17).

그리드를 거꾸로 설치하면 그림과 같은 이미지가 나타난다(그림 4.20AB) X선 빔은 중앙의 수직 스트립을 통과하고 가장자리를 향해 양쪽에서 균등하게 절단된다.

활용 정보

컨설턴트는 병원에서 장비 문제로 최종 확인된 문제가 있어 병원으로 호출되었지만 그 원인이 무엇인지 전혀 알지 못했다. 이미지는 모두 한 쪽이 다른 쪽보다 약간 더 밝았다. 필름의 측면 가장자리에서 문제가 악화되었다. 그래서 대형견 VD 흉부상에서 오른쪽 폐가 왼쪽보다 더 밝게 나타났다. X선를 촬영한 모든 개는 오른쪽 폐에 폐렴이 있는 것으로 나타났고 왼쪽 폐는 모두 과팽창된 것(overinflated)으로 나타났다.

X선 장치는 불과 몇 주 전에 서비스를 받았고 병원에서는 약 2주 동안 그리드 방사선 사진이 필요하지 않았다. 그 때 폐렴이 의심되는 환자가 도착했고, 이미지는 수의사가 생각한 대로 나타났다. 그러다 다음 개가 왼쪽 병변이 의심되는 상태로 내원하였고, 오른쪽이 왼쪽만큼 또는 더 나쁘게 나타났을 때부터 X선 장치에 문제가 있음을 의심하기 시작했다.

컨설턴트는 테이블 상판을 제거한 후 그리드를 들어 올렸고, 그리드 장치의 트랙에 나사가 남아있는 것을 발견하였다. 그리드 오른쪽을 약 1/4인치 들어올렸다. 이는 왼쪽이 평행 평행 그리드 구조를 가지도록 하여 왼쪽 폐의 과팽창 이미지를 생성하기에 충분하였다.. 이 기울어진 그리드의 오른쪽은 방사선을 필터링하여 오른쪽의 병변과 같이 보이는 밝은 이미지를 형성했다.

이미지는 오른쪽 폐의 환기 불량과 왼쪽 폐의 과도한 팽창을 보여주었다.

off-level 그리고 off-center 그리드 예시로 그림 4.16과 4.17을 참조한다.

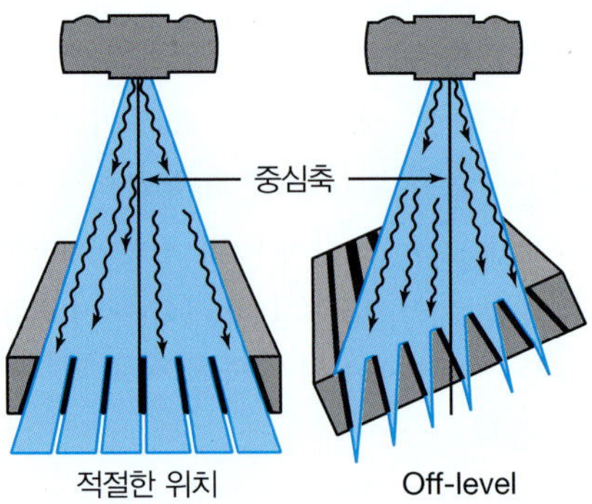

그림 4.16 초점 그리드가 테이블 한쪽에서 올려져 있다. 그리드 한쪽 면은 평행 그리드로 작용하며 다른 한쪽은 일차, 이차 방사선을 흡수한다. (From Fauber TL. *Radiographic Imaging and Exposure*. 5th ed. St. Louis: Mosby; 2017.)

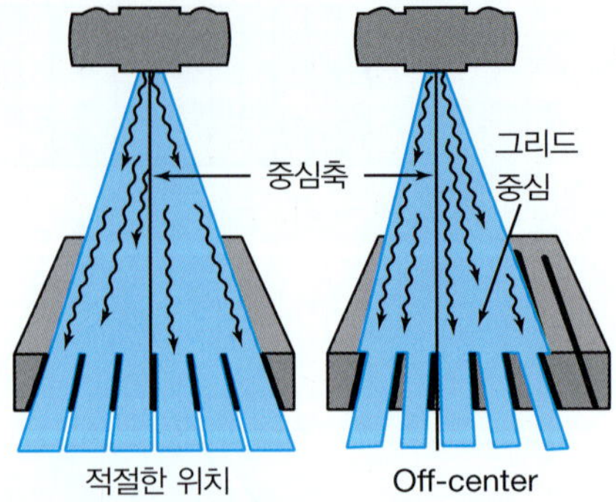

그림 4.17 초점 그리드의 중심이 변경되면 방사선이 그리드를 올바르게 통과할 수 없으므로 cutoff를 유발한다. (From Fauber TL. *Radiographic Imaging and Exposure*. 5th ed. St. Louis: Mosby; 2017.)

기술적 요인에 대한 그리드의 영향
The Effect of a Grid on Technical Factors

그리드는 납 스트립에 직접적인 영향을 미치기 때문에 일차 빔의 일부를 흡수한다. 그리드 변환 계수(grid conversion factor)는 이러한 흡수를 보상하기 위해 기술적인 계수의 증가를 결정하는 공식이다. 그리드 비율이 증가하면 방사선 밀도가 감소하고 그 반대도 동일하다. mAs 값은 표 4.3에 따라 변경된다. 기술 차트가 첫 설치과정에서 올바르게 설정된 경우 이 표는 필요하지 않다.

표 4.3 그리드 변환 계수*

그리드 비율	변환 계수 숫자
5 : 1	1
6 : 1	2
8 : 1 and 10 : 1	3
12 : 1	4
16 : 1	5

*그리드 변환 계수를 계산하려면 mAs에 각 그리드 비율에 대한 그리드 변환 계수 숫자를 곱한다.

요약 _Summary

이 장에서 설명하는 옵션은 사용하는 방사선 촬영 장치 및 기술 차트에 관계없이 가능한 최상의 이미지를 생성하는데 필수적이다. 움직임, 흐림, 왜곡, 확대에 대해 논의하였다. 이 장에는 최적화된 일루미네이터 사용을 포함하여 방사선 영상 최적화의 기본 사항도 포함되어 있다. 영상에 영향을 미치는 산란방사선을 줄이기 위해 그리드 설치가 필요하다.

이미지 _Image Gallery

그림 4.18에서 4.20는 그리드에서 발생하는 몇 가지 문제를 보여준다. 그리드는 탁상 아래에 위치하기 때문에 눈에 보이지 않으며 일상적인 품질관리 프로토콜에 포함되지 않은 경우가 많다.

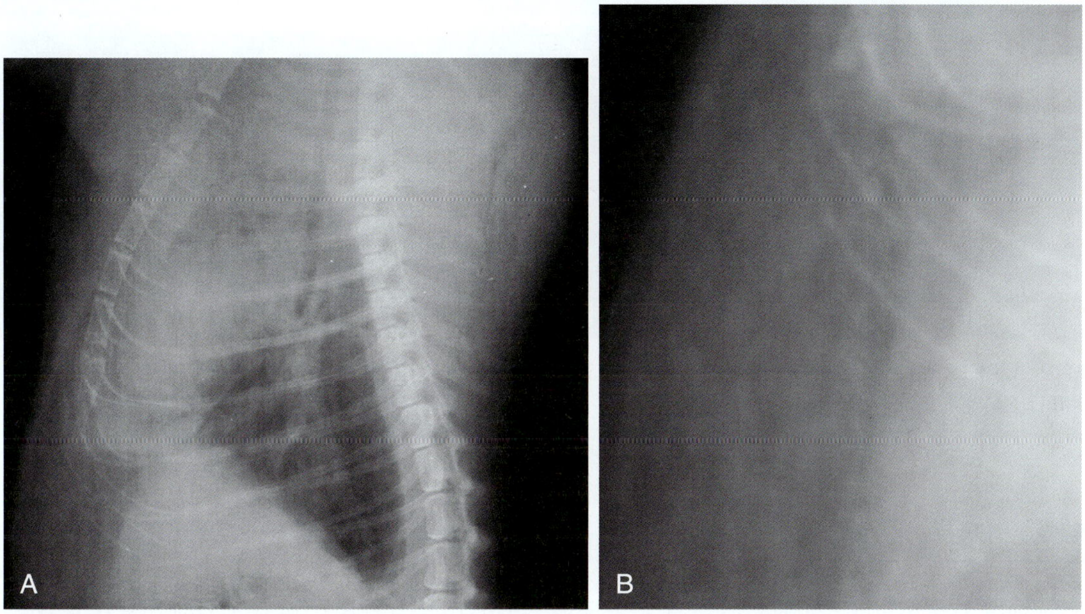

그림 4.18 A, 이 이미지에서 그리드 비율은 6:1, 라인은 85이다. 그리드 라인은 방사선 사진에서 선명하고, 그리드는 악화되기 시작하여 모든 이미지의 패턴이 표시되고 병리학의 정확한 판독 부위가 모호해진다. **B,** 그리드 악화를 확대한 사진이다. 얼룩덜룩한 패턴은 사이공간 재료가 없는 것이다. 신문지는 사이공간 재료로 자주 활용된다. 시간이 지남에 따라 분해된다.

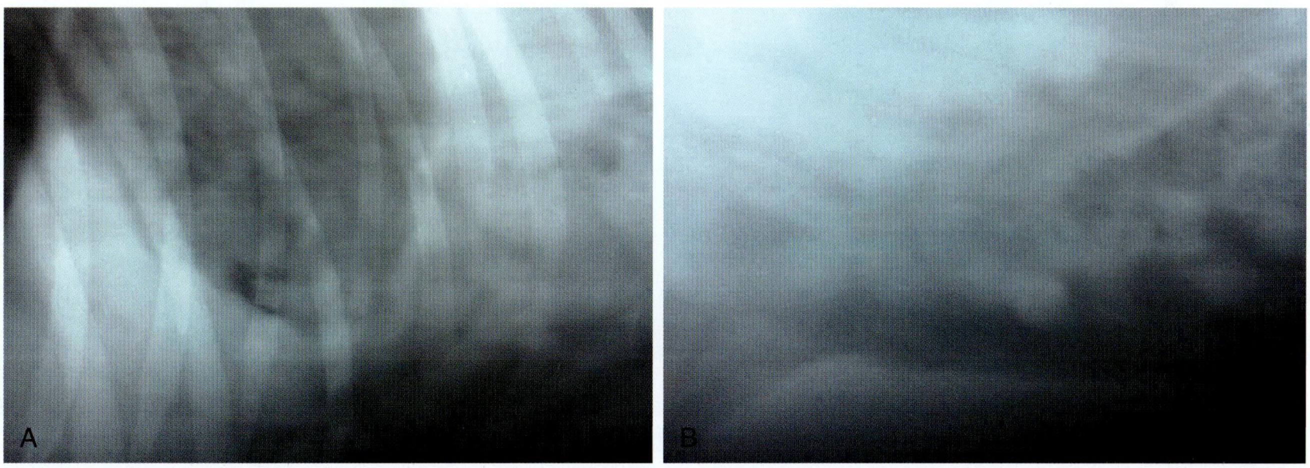

그림 4.19 A, 그리드 악화의 다른 예. 이 경우 윈도우 스크린이 플라스틱에 싸여 그리드로 사용되었다. 윈도우 스크린이 천천히 악화되고 그리드가 없는 이미지 영역이 생성되었다. **B,** A 부분의 클로즈업.

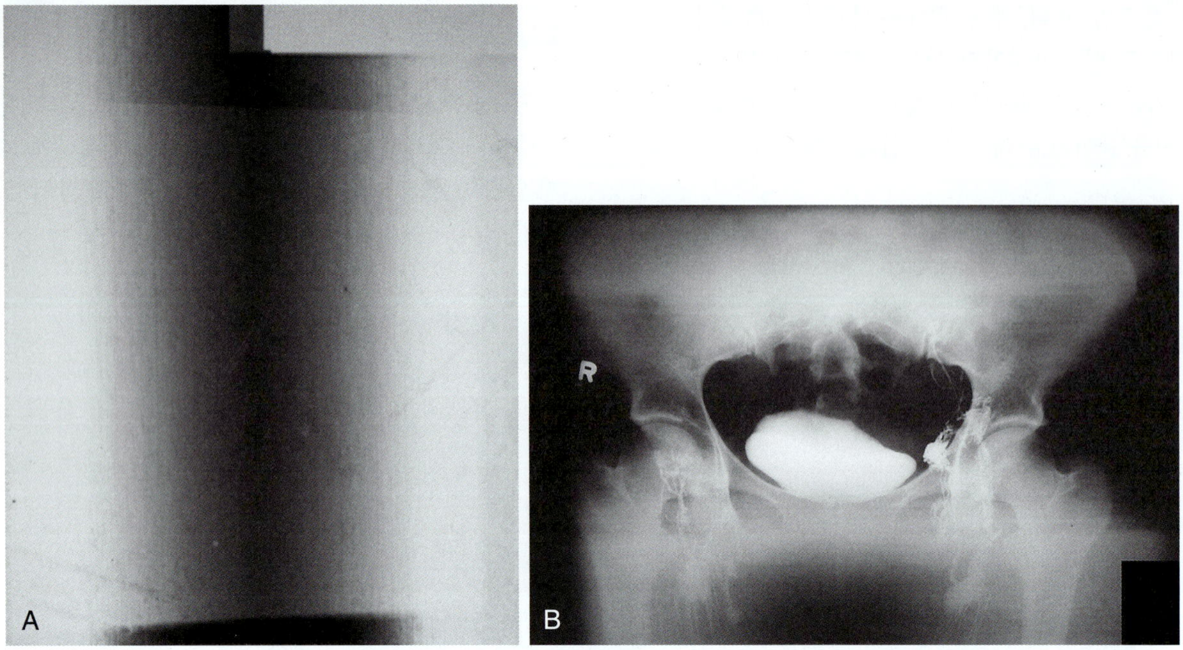

그림 4.20 **A,** 거꾸로 설치된 초점 그리드. 발산 광선은 흡수되고 중심 광선만 필름에 영향을 미친다. **B,** 그리드가 위-아래가 거꾸로 설치되고 90도 회전되었다. 그리드 선은 테이블 상단과 평행해야 한다.

복습 문제 _Review Questions

1. 중심방사선에 대한 설명은 다음과 같다:
   a. 양극에 90도 각도로 투사된 일차 빔(primary beam)
   b. 양극에 영향을 미치는 광자에 90도 각도로 투사되는 일차 빔
   c. 음극에서 투사된 광자 배열
   d. 양극에 영향을 미치는 광자의 수
2. 왜곡은 환자의 자세잡기에 유용할 수 있다:
   a. 방사선 촬영대 위가 불편하기 때문에
   b. 이미지에 불필요한 해부학적 구조 때문에
   c. 신체 부위를 단축하거나 늘리기 위해
   d. 관심 영역을 가리지 않고 한 신체 부위를 투사하기 위해
3. 흐림은 해부학적 구조를 볼 수 있도록 신체 일부를 의도적으로 움직이는 것이다.
   a. 진실
   b. 거짓
4. 움직임은 이미지를 저하시킨다:
   a. 해상도를 떨어뜨리기 때문에
   b. 이미지가 어두워지고 불분명해지기 때문에
   c. 흔들리는 꼬리의 움직임을 잡음으로써
   d. 이미지의 밀도를 감소시킴으로써
5. 유용한 왜곡은 다음과 같은 용도로 사용된다:
   a. 신체 부위가 다른 부위와 겹치지 않도록 방지
   b. 관심 영역을 벗어나 신체 일부를 투사
   c. X선 관을 회전시켜 최종 이미지를 왜곡
   d. 측정을 위해 앞다리 하나를 다른 다리 위에 겹쳐 놓음
6. 신체부위가 이미지 수용기 _________ 이동하면 배율(magnification)이 _________ 한다.
   a. 가까이, 감소
   b. 멀리, 감소
   c. 각도로, 증가
   d. 가까이, 증가
7. 방사선원 이미지 거리(SID)는 다음과 같은 측정값이다:
   a. 환자로부터 이미지 수용기까지 거리
   b. 환자로부터 이미지 X선 관까지 거리
   c. X선 관으로부터 이미지 수용기까지 거리
   d. X선 관과 테이블을 포함한 거리
8. 물체 이미지 거리는 다음 요소 중 하나이다:
   a. 흐림(blur)
   b. 왜곡(distortion)
   c. 확대(magnification)
   d. 회전(rotation)
9. 환자 내부 물체의 크기를 결정하려면 다음을 측정해야 한다:

a. 관심 부위의 영역
b. 가측상에서 탁상에서 물체까지의 거리
c. 환자에서 탁상까지의 거리
d. 기존 시준기의 크기

10. 내제 필터는 다음을 포함하다:
a. 설치과정에서 알루미늄 추가
b. X선 관에서 환자까지의 거리
c. X선 관의 유리 외피와 관 내의 오일
d. 환자의 두께와 무게

11. 연방법은 다음과 같도록 필터를 추가해야 한다고 규정한다:
a. 70 kV에서 2.5 mm
b. 70 kV에서 3.5 mm
c. 80 kV에서 2.5 mm
d. 80 kV에서 3.4 mm

12. 시준기는 X선 관 아래에 위치하여 다음과 같은 일을 수행한다:
a. X선 장치를 활성화할 준비가 되어있음을 나타낸다.
b. 그리드 트레이에 있는 카세트의 크기와 모양을 설명한다.
c. 환자가 더 잘 보이도록 광원을 제공한다.
d. 관심 영역을 표시하는 광원을 제공한다.

13. 시준기의 두 번째 기능은 다음과 같다:
a. 방사선을 빛 일치로 변경(change the radiation to light coincidence)
b. 시야의 크기를 시연하고 초점을 변경
c. 시야의 크기를 좁히고 산란 방사선을 줄임
d. 시야의 크기를 좁히지만 늘림

14. 올바르게 적용된 시준은 ____________으로써 대비를 ___________한다.
a. 밝기를 감소시킴, 감소
b. 밝기를 증가시킴, 감소
c. 분산을 줄임, 강화
d. 분산을 늘림, 강화

15. 올바르게 적용된 시준은 __________으로써 환자의 선량을 __________시킨다.
a. 밝기를 감소시킴, 증가
b. 분산을 증가시킴, 증가
c. 분산을 감소시킴, 감소
d. 밝기를 증가시킴, 감소

16. 올바르게 적용된 시준은 ____________으로써 밀도를 ___________시킨다.
a. 분산을 감소시킴, 감소
b. 밝기를 증가시킴, 감소
c. 분산을 증가시킴, 증가
d. 밝기를 감소시킴, 증가

17. 초점에 맞지 않는 방사선이 생성된다:
a. 실제 초점 외부의 광자 흐름에 의해
b. 초점 영역 밖에 있고 에너지가 낮음
c. 환자 내에서 있고 직원에게 유해하지 않음
d. X선 관 내부에 있지만 시준기 외부

18. 조명기는 다음과 같이 장착되어야 한다:
a. 조명기가 너무 밝을 필요가 없도록 조명이 어두운 곳
b. 모든 사람이 이미지를 볼 수 있도록 치료 영역의 조명이 밝은 곳
c. 이미지를 향상시키기 위해 조명을 어둡게 할 수 있는 곳
d. 조명이 밝은 영역에 더 어두운 이미지가 투사되도록

19. 조명기 내의 형광 튜브는 다음과 같아야:
a. 녹색 수신 필름을 사용하는 경우 녹색 톤
b. 일광 또는 매우 옅은 파란색 톡
c. 부드러운 빛 또는 매우 옅은 자주색 톤
d. 녹색 수신 필름의 색상과 일치하는 밝은 분홍빛 톤

20. 그리드의 주요 목적은 다음과 같다:
a. 산란 방사선 흡수 및 밀도 향상
b. 산란 방사선 감소 및 선량 감소
c. 산란 방사선 감소 및 대비 향상
d. 산란 방사선 감소 및 대비 감소

21. 그리드 비율은 다음을 설명한다:
a. 납 스트립의 높이와 인치당 스트립의 개수
b. 납 스트립의 높이와 그들 사이의 거리
c. 납 스트립과 해당 공간 사이의 너비(the width between the lead strips and their interspace material)
d. 납 스트립의 너비와 높이

22. 설치된 그리드는 다음의 위치와 환자의 아래에 위치한다:
a. 카세트 위와 그리드 트레이 아래
b. 카세트 위와 테이블 탁상 아래
c. 그리드 트레이의 카세트 아래
d. 환자 아래와 테이블 탁상 위

23. 초점 그리드는 X선 관으로부터 _____________ 거리에 __________에 위치한다:
a. 어떤, 카세트 아래
b. 정해진, 카세트 위

c. 정해진, 테이블 중앙
d. 어느, 그리드 트레이

24. 초점거리가 34~44인치인 그리드는 다음을 유발한다:
a. X선 관이 44인치로 설정된 경우 그리드 컷오프
b. X선 관이 72인치로 설정된 경우 그리드 컷오프
c. X선 관을 56인치로 이동하면 방사선 산란
d. X선 관이 중앙에 있지 않은 경우 이동할 그리드 비율

참고 문헌 _Bibliography

American Society for Testing in Medicine. ASTM E1390-90(2000), Standard Guide for Illuminators used for Viewing Industrial Radiographs. West Conshohocken, PA: ASTM; 2000. Available at: www.astm.org.

Bushong SC. *Radiological Science for Technologists*. 11th ed. St. Louis: Elsevier; 2013.

International Commission on Radiation Protection. ICRP International Conference on Recovery after Nuclear Accidents: Radiological Protection Lessions from Fukushima and Beyond. 2020. Available at: www.icrp.org.

National Council on Radiation Protection & Measurements, United States. NCRP Report No. 148. Bethesda MD: NRCP Publications; 2015.

National Council on Radiation Protection & Measurements. *Quality Assurance for Diagnostic Imaging, NCRP Report No. 099*. Bethesda, MD: NCRP Publications; 1988.

Radiation Emitting Devices Act, RSC: 1985, c R-1, Canada. Available at: http://canlii.ca/t/hzzs. www.hc-sc.gc.ca/ewh-semt/pubs/radiation/safety-code_20-securite/index-eng.php.

Fauber TL. *Radiographic Imaging and Exposure*. 4th ed. St. Louis: Elsevier; 2013.

CHAPTER 5

컴퓨터 방사선 촬영 및 디지털 이미징

Computerized Radiography and Digital Imaging

Lois C. Brown RTR (Can/USA), ACR, MSc, P.Phys

디지털 시대에 경계나 국경은 없습니다.

—Karim Rashid, industrial designer, b. 1960

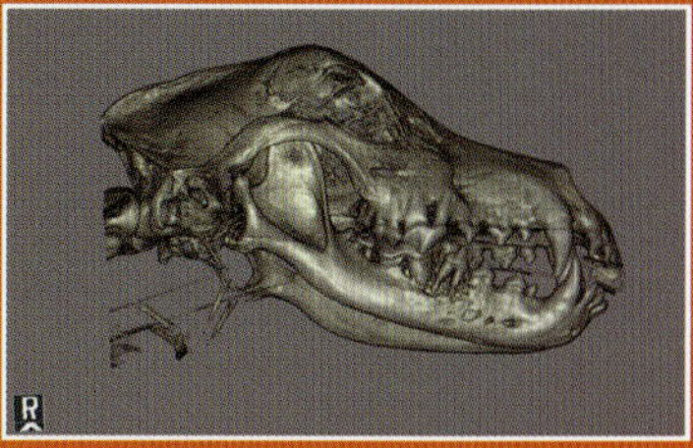

(Image courtesy of Animage, LLC and the Animage FIDEX-FS advanced imaging system, with permission.)

개요

학습 목표

이 장을 마치면 다음을 수행할 수 있다.

1. 컴퓨터 방사선 촬영과 디지털 영상 촬영의 차이점을 알 수 있다.
2. 컴퓨터 방사선 촬영의 기본 원리를 이해한다.
3. 직접 디지털 이미징의 기본 사항을 나열할 수 있다.
4. 전하결합소자 카메라의 용도를 이해한다.
5. 디지털 기술 차트를 이해한다.
6. 윈도우 설정과 레벨링의 차이, 대비와 밀도의 차이를 이해한다.
7. 디지털 시스템을 구입할 때 따라야 하는 규칙을 파악할 수 있다.
8. 소프트웨어 변수를 이해할 수 있다.
9. 사진 보관 및 통신 시스템을 이해한다.
10. 이미지에서 아티팩트를 찾응 방법을 알 수 있다.

적용 분야

이 장에 있는 정보의 적용은 다음 영역과 관련이 있다.

1. 평가 및 진단을 위해 디지털화된 방사선 영상(방사선 사진) 생성.

주요 용어

방사선 흡수(Absorbed radiation)
주변 조명(Ambient lighting)
자동 크기 조정(Automatic rescaling)
비트(Bit)
비트 깊이(Bit depth)
밝기(Brightness)
바이트(Byte)
전하결합소자(Charge-coupled device)
클라우드 스토리지(Cloud storage)
대비 해상도(Contrast resolution)
노이즈 대비 비율(Contrast to noise ratio)
양자 탐지 효율[Detective Quantum Efficiency (DQE)]
의료 디지털 영상 및 통신[Digital Imaging and Communications in Medicine (DICOM)]
동적 범위(Dynamic range)
전자 마스킹(Electronic masking)
시야[Field of view (FOV)]
채우기 계수(Fill factor)
플렛 패널 디텍터(Flat panel detector)

(*계속*)

주요 용어(*계속*)

그레이스케일(Grayscale)
히스토그램 분석(Histogram analysis)
입사 방사선(Incident radiation)
이미징 플레이트(Imaging plate)
이미징 리셉터[Imaging receptor (IR)]
잠상(Latent image)
색인표[Lookup tables (LUT)]
매트릭스(Matrix)
변조 전송 기능[Modulation Transfer Function (MTF)]
광다이오드(Photodiode)
광전자 배증관(Photomultiplier tube)
광자극성 발광체(Photostimulable luminescence)
광자극성 형광체[Photostimulable phosphor (PSP)]
사진 보관 및 통신 시스템[Picture Archival and Communications System (PACS)]
픽셀 밀도(Pixel density)
픽셀 피치(Pixel pitch)
픽셀(Pixels)
잔류 방사선(Remnant radiation)
샘플링 주파수(Sampling frequency)
샘플링 피치(Sampling pitch)
신틸레이터(Scintillator)
신호 대 노이즈 비율(Signal-to-noise ratio)
소프트 카피 보기(Soft copy viewing)
공간 주파수(Spatial frequency)
저장 인광 스크린(Storage phosphor screen)
저장 플레이트(Storage plate)
박막 트랜지스터(Thin-film transistor)
창 레벨(Window level)
창 너비(Window width)

주의사항: 구매자 주의사항
Caveat Emptor: Let the Buyer Beware

디지털 이미징 시스템 구입과 관련된 참고 사항 및 지침은 부록 E를 참조하라.

? 생각할 점

한 수의사가 3년 된 디지털 이미징 시스템이 있는 병원을 구입했다. 지불 계획에 따라 지불해야 할 금액은 68,000달러였다. 시스템이 오작동했을 때, 그녀는 50,000달러에 디지털 플레이트를 수리하거나 68,000달러에 플레이트를 교체할 수 있는 선택을 해야 한다. 만일 그녀가 플레이트를 수리하기로 선택했다면, 그것은 중고 플레이트였기 때문에 더이상 보증 대상이 되지 않는다.

컴퓨터 방사선 촬영 및 디지털 이미징 소개
Introduction to Computed Radiography and Digital Imaging

기술 용어 _*Technical Terminology*

약어–이 장에서는 디지털 이미지를 구성하는 다양한 구성요소의 이름과 이미지 자체의 일부에 대하여 "짧은 형식"을 사용했다.

다음은 일반적인 약어이다:

ADC = Analog to digital converter
CCD = Charge-Coupled Device
CR = Computed Radiography
DI = Digital Image
DR = Digital Radiography
FOV = Field of View
HIS = Hospital Information System
IP = Imaging Plate
IR = Image Receiver
Lp/mm = Line pairs per millimeter
PSP = Photostimulable Phosphor
RIS = Radiology Information System
ROI = Region of Interest
TFT = Thin-Film Transistor

표 5.1 그리고 첨부된 그림은 카세트와 컴퓨터 프로세서를 사용하는 컴퓨터 방사선 촬영과 비교하여 필름과 카세트/스캐너를 사용하여 환자의 방사선 촬영과 관련된 단계를 개략적으로 설명하고 마지막으로 컴퓨터와 모니터를 사용한 간접 및 직접 디지털 영상 촬영과 비교한다.

직접 디지털 이미징의 주요 장점은 이미지를 즉시 수신하고 필요한 경우 조정한 다음 공간을 차지하지 않는 아카이브에 저장할 수 있다는 것이다. 따라서 이전의 암실을 창고로 사용하고 방사선 이미지는 클라우드에 저장할 수 있다.

이 장에서는 잔류 방사선을 수신하여 영상을 생성한 다음, 영상을 다양한 장치에 저장하고 보는 방법에 대해서 설명한다.

기술이 있으면 영상의 미래는 무한한다. 모든 시스템과 일관성을 유지하는 한 가지는 바로 방사선 장치 자체이다. 정확하게 보정된 모든 방사선 발생기를 다양한 디지털 영상 시

표 5.1 프로토콜의 비교*

전통적인 필름/스크린	컴퓨터 방사선 촬영 (CR)	직접 디지털 이미징 (DDI)
카세트를 로드한다	카세트를 준비한다	**이 과정이 생략된다**
영상 식별자를 준비한다	환자 정보를 입력한다 (이는 접수 시에 완료된다)	환자 정보를 입력한다 (이는 접수 시에 완료된다)
환자의 자세를 잡는다	**환자의 자세를 잡는다**	**환자의 자세를 잡는다**
환자를 측정한다	**환자를 측정한다**	**환자를 측정한다**
트레이에 카세트를 위치시킨다	트레이에 카세트를 위치시킨다	이 과정이 생략된다
기술값을 설정/노출 수행	**기술값을 설정/노출 수행**	**기술값을 설정/노출 수행**
필름을 가공한다	영상을 리더기에서 처리한다	이 과정이 생략된다
카세트에 필름을 재장착한다	일부 유닛에서는 이과정이 생략된다	이 과정이 컴퓨터에서 수행된다
필름을 건다	이미지를 전송한다	이 과정이 컴퓨터에 의해 수행된다
필름을 판독한다	**영상을 판독한다**	**영상을 판독한다**
후처리가 불가능하다	후처리가 가능하다	후처리가 가능하다
필름을 보관한다	**영상을 보관한다**	**영상을 보관한다**

* **굵은 글씨**는 이미징 유형 간 유사한 과정을 나타내며, 빨간 글씨는 이미징 유형 간의 차이를 나타낸다.

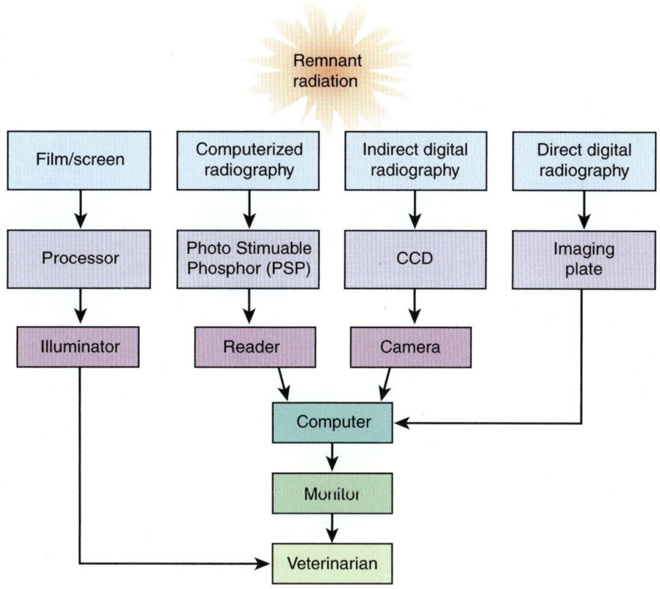

이미징 CCD = 전하결합소자의 비교.

스템에 연결시킬 수 있다. 두 시스템은 완전히 별개이지만 방사선 장치가 보정되고 일관성을 유지하는 한 제조 연도는 중요하지 않다. "70 kV는 70 kV이고 나머지는 모두 cosmetics이다."

디지털 이미징 특성 _Digital Imaging Characteristics

환자에게 방사선 촬영(X선 촬영)을 할 때 잔류 방사선(환자를 통과해 디텍터에 도달하기 위해 전달되는 방사선)은 통과한 조직을 반영하는 밀도 범위로 구성된다. 뼈는 근육세포보다 훨씬 더 많은 방사선을 흡수하고 지방은 아주 적은 방사선을 흡수한다(그림 5.1).

디지털 이미징에서 잠상은 디지털 데이터로 저장된다. 컴퓨터 방사선 촬영 또는 직접 디지털 이미징에서 이미지를 획득하고 처리하는 프로세스는 스크린/필름 이미징과 다르지만 최종 결과는 동일하다. 즉 이미지가 컴퓨터 모니터에 표시되는 것이다.

기록된 세부 정보 정의 _Defining Recorded Detail

픽셀 단위의 이미지 _The Image in Pixels

디지털 이미지는 컴퓨터로 쉽게 조작할 수 있는 수치 데이터로 구성되어 있다. 컴퓨터가 행과 열로 구성된 그리드로 모든 그래픽을 오버레이한다(그림 5.2).

픽셀 피치–이것은 한 픽셀의 중심에서 인접한 픽셀의 중심까지의 거리를 측정한 것이다. 즉 픽셀의 간격이며 인접한 픽셀에 대한 한 픽셀의 관계를 나타내는 지표이다(그림 5.3).

컴퓨터 모니터에 표시될 때 픽셀 중 일부 또는 전체의 밝기와 대비를 변경하여 디지털 이미지의 밝기와 대비를 변화할 수 있다는 점이 매우 유연하다. 이러한 기능의 실질적인 이점은 해부학적 구조를 독립적으로 잘 시각화할 수 있다는 것이다.

기술 차트는 여전히 이미징 프로세스에서 중요한 역할을 한다. 매개 변수를 환자의 측정된 두께/밀도에 가깝게 설정할수록 결과 영상이 더 잘 나타나 적절한 대비 및 밝기를 반영한다. 그런 다음 관심 해부학 영역의 가시성을 더욱 향상시키기 위해 컴퓨터를 이용해 다양한 후처리 이미지 조정을 할 수 있다.

앞서 언급한 내용을 적용하기 위해 디지털 방사선 또는 사진 이미지를 픽셀이라고 하는 작은, 일반적으로 사각형모양의 "그림 요소"의 행 또는 열의 조합으로 기록한다. 픽셀의 크기는 마이크론(micron)으로 측정된다(100 microns = 0.1

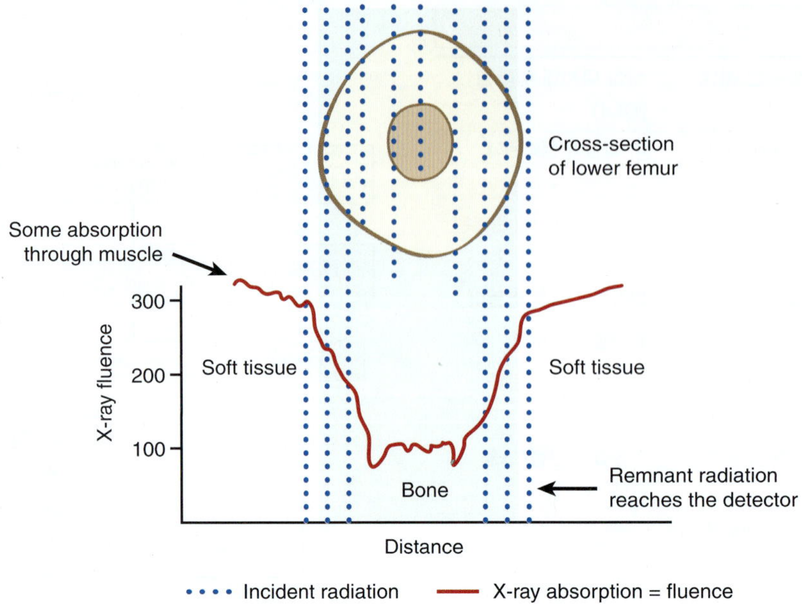

그림 5.1 기본 디지털화. 행렬(Matrix) – 이미지는 행과 열(배열)의 조합으로 표시된다. 픽셀(Pixel) – 행렬의 가장 작은 구성 요소이다. 픽셀의 수가 많을수록 이미지의 해상도가 높아진다. 픽셀 비트 깊이(Pixel Bit Depth) – 이는 잔여 방사선이 기록되는 정밀도를 나타내며, 정밀도를 결정하는 비트의 수를 제어한다. 정확한 픽셀 밝기를 제어한다. 모든 이미징 시스템의 최종 목표는 조직 밀도의 차이를 강조하면서 가능한 최소한의 방사선 투과량을 달성하는 고도로 진단적인 방사선 영상이다. (Adapted from Fauber TL. *Radiographic Imaging and Exposure*. 5th ed. St. Louis: Mosby; 2017.)

그림 5.2 기본 디지털화—영상 위에 그리드(grid) 놓기. 이 이미지의 픽셀은 가로로 1440개, 세로로 2300개이다. 이미지는 이제 밝은, 중간, 어두운 행렬로 나타난다. 각 픽셀에 밝기 값이 할당된다.

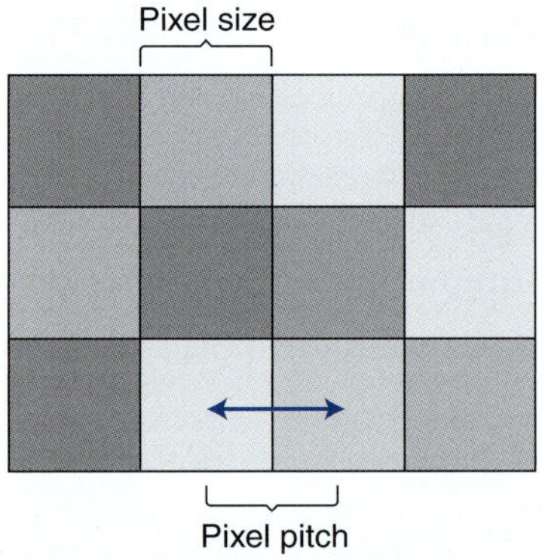

그림 5.3 한 픽셀의 중심으로부터 인접한 픽셀까지의 거리는 픽셀 피치 또는 밀도 간 간격을 결정한다. (Courtesy of Fauber TL. *Radiographic Imaging and Exposure*. 5th ed. St. Louis: Mosby; 2017.)

mm). 각 **픽셀**은 디스플레이 모니터에서 단일 밝기 수준으로 표시되는 단일 숫자 값으로 기록된다. 이미지 매트릭스 내의 픽셀 위치는 환자 내 조직의 영역 또는 볼륨에 해당한다. 해부학적 영역 또는 시야(FOV)를 고려할 때, 1024 × 1024 픽셀의 매트릭스 크기는 1,048,576개의 개별 픽셀을 포함하고, 2048 × 2048 픽셀의 매트릭스 크기는 4,194,304 픽셀을 포함한다. 더 많은 수의 작은 픽셀을 포함하는 큰 매트릭스를 사용하면 디지털 이미지의 품질이 향상된다.

그림 5.4 주어진 시야에 대해(FOV), 행렬 크기가 클수록 더 많은 작은 개별 픽셀이 존재한다. 픽셀의 수를 증가시키면 이미지의 품질이 향상된다. **A,** 행렬 크기는 531 × 863이다. **B,** 행렬 크기는 1350 × 2214 이다. **C,** 행렬 크기는 1593 × 2619이다. 이미지 C는 4,172,067개의 픽셀을 포함하고 있으며 고해상도를 나타낸다.

아르고는 픽셀 크기가 이미지에서 시각화된 공간 해상도에 미치는 영향을 시연하는 데 동의했다(그림 5.4). 매트릭스 크기가 크고 픽셀이 작을수록 화질이 향상되지만 매트릭스 크기가 커질수록 컴퓨터 처리 시간, 네트워크 전송 시간 및 디지털 저장 공간이 증가한다.

공간 주파수 _Spatial Frequency

공간 주파수는(그림 5.5) 밀리미터당 라인 페어의 단위로 정의된다(lp/mm). 해상도 테스트 패턴은 라인 페어를 기록하고 측정하는데 사용되는 장치이다. 밀리미터당 더 많은 수의 라인 페어(더 높은 공간 주파수)를 해결할 수 있는 영상 시스템은 더 큰 공간 해상도를 가지고 있다. 디지털 이미징 시스템에서 특정 공간 주파수를 입증하는 기능은 픽셀 크기에 직접적인 영향을 받는다.

공간 해상도 및 대비 세부 정보
Spatial Resolution and Contrast Detail

이미지의 해상도는 주로 픽셀의 크기와 픽셀/밀리미터 수에 따라 달라진다는 것을 배웠다(표 5.2). 해부학적 디테일은 모니터에 흰생/투명에서 검은색까지 다양한 밀도로 표시된다. 이것은 일반적으로 **기록된 세부사항**이라고 하며, 예를 들어 그레이트 데인의 발가락에 발생한 미세한 골절을 얼마나 잘

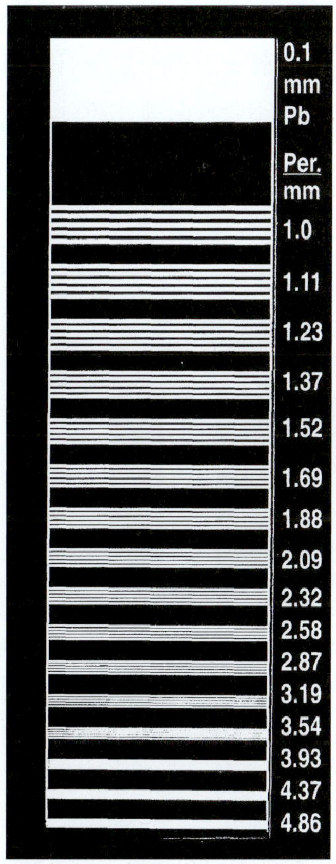

그림 5.5 이 해상도 테스트 패턴은 라인 페어/밀리미터(line pairs/mm)를 측정한다. (Courtesy of Fauber TL. *Radiographic Imaging and Exposure*. 5th ed. St. Louis: Mosby; 2017.)

표 5.2 다양한 의료 영상 시스템의 대략적인 공간 해상도

영상 시스템	공간 해상도(line pairs/mm)
자기 공명 영상장치	1.5
컴퓨터 단층 촬영	1.5
디지털 이미징	4~5
컴퓨터 방사선 촬영	5~6
필름/스크린 방사선 촬영	8~9

From Bushong SC. *Radiologic Science for Technologists*. 11th ed. St Louis: Elsevier; 2017.

시각화할 수 있는지를 결정한다(그림 5.6).

공간 해상도가 더 클수록 시각화된 세부 사항이 더욱 좋아진다.

모든 영상은 공간 해상도(공간에 있는 영상)와 대비 해상도의 조합이다. **공간 해상도**는 밀리미터당 라인 페어로 표시된다. 대비 해상도는 흑백 값으로 표시된다. 사용가능한 가장 높은 대비는 회색 음영이 없는 완전한 흑백 이미지이다. 대비 해상도는 **동적 범위**로 설명된다.

디지털 이미징의 최종 결과물은 논리적으로 고해상도 이미지여야 한다. 그러나 픽셀 크기와 모니터 출력의 한계로 인해 필름/스크린 기술의 공간 해상도를 아직 달성하지 못한 이미지가 될 수 있다는 점을 주목해야 한다.

동적 범위 및 뷰어에 표시되는 내용
Dynamic Range and What the Viewer Sees

다음과 같은 의문을 제시할 수 있다. 디지털 이미지가 필름 이미지보다 훨씬 좋아보이는 이유는 무엇인가?

디지털 이미지는 디지털 프로스세의 기능을 활용하여 이미지에 더 많은 회색 음영을 생성한다. 그러나 디지털 이미지로는 이미지 수신기의 픽셀 크기보다 더 작은 개체를 확인할 수 없다.

필름/스크린 이미징은 제한된 동적 범위를 갖는다. 필름/스크린 기술의 동적 범위는 광학 밀도가 0부터 3까지 읽히기 때문에 세 개의 순서로 나누어진다. 이는 1000의 동적 범위를 나타낸다. 즉, 1000개의 밀도 변화 또는 흰색에서 회색을 거쳐 검정색까지의 1000개의 색조를 나타낸다는 의미이다. 보는 사람은 인간의 눈의 한계 때문에 오직 30개의 회색 그림자만 시각화할 수 있다.

디지털 이미징 시스템의 동적 범위는 각 픽셀의 비트 용량에 의해 정의된다. 일반적인 DR 시스템은 14비트 동적 범위를 가진다(2^{14} = 16,384개의 회색 음영). 디지털 유방 촬영 시스템 및 일부 최신 디지털 시스템은 16비트이므로 2^{16} (65,536)개의 회색 음영이 존재한다. 사람의 눈은 이러한 모든 특징을 시각화하고 감상할 수 있는 장비가 아니라서 30개의 회색조로 제한된다. 디지털 시스템의 장점은 엣지 강화(이미지 내의 각 가장자리를 개략적으로 보여주는 정교한 컴퓨터 기술)와 이미지를 조작하는 기능(필름/스크린 시스템에서는 사용할 수 없음)을 통해 대비와 밝기를 최적화하기 위

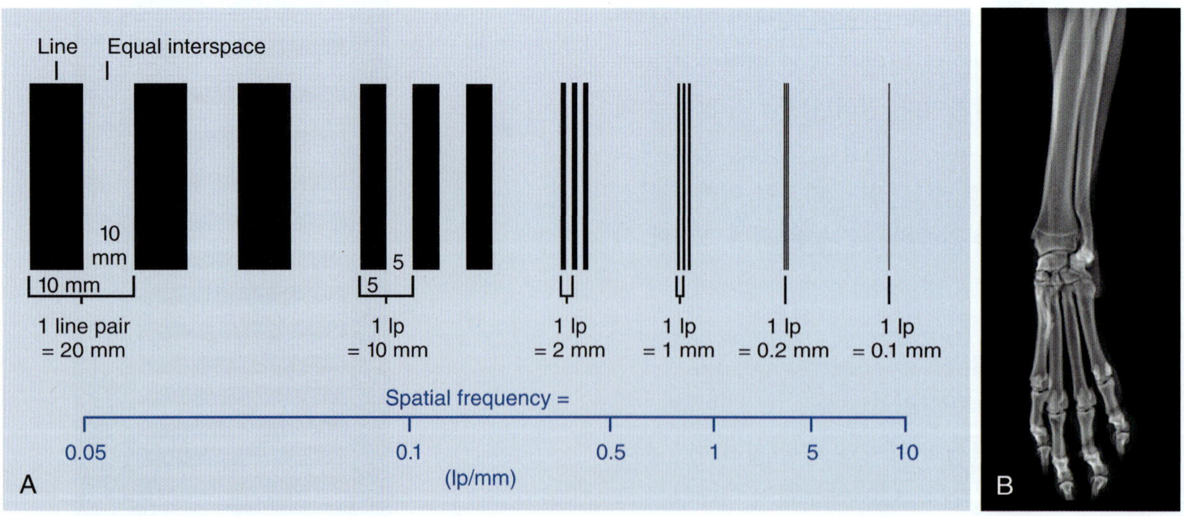

그림 5.6 **A,** 하나의 라인 페어는 하나의 어두운 선과 하나의 (간격) 투명한 선으로 구성된다. 디지털 시스템에서 시스템 해상도는 모니터(디스플레이)의 해상도에도 영향을 받는다. **B,** 이 고해상도 이미지에서 그레이트 데인 품종의 발은 매우 잘 보인다. (Courtesy of Fauber TL. *Radiographic Imaging and Exposure*. 5th ed. St. Louis: Mosby; 2017.)

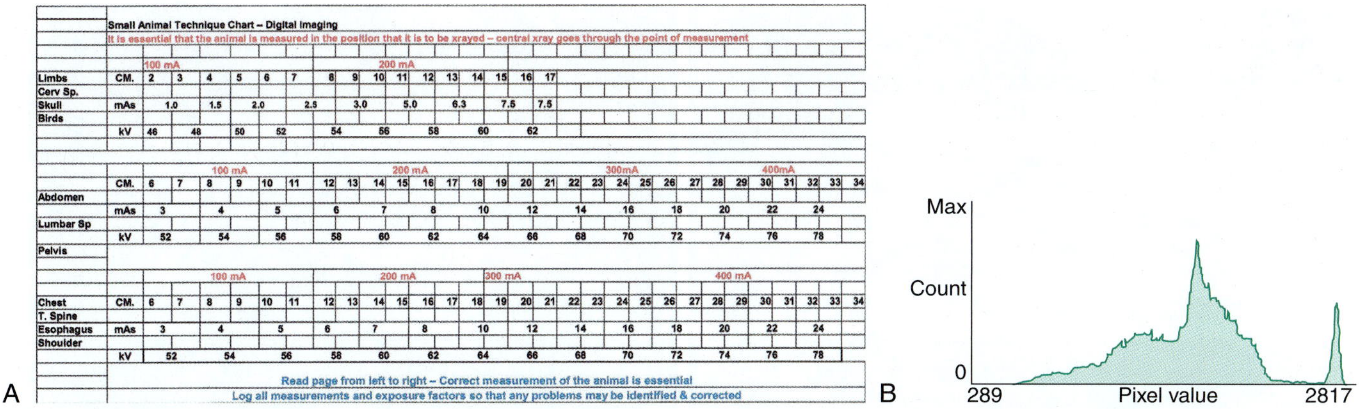

Small Animal Technique Chart – Digital Imaging

It is essential that the animal is measured in the position that it is to be xrayed – central xray goes through the point of measurement

Limbs / Cerv Sp. / Skull / Birds		100 mA						200 mA									
	CM.	2	3	4	5	6	7	8	9	10	11	12	13	14	15	16	17
	mAs	1.0		1.5	2.0		2.5	3.0		5.0		6.3		7.5		7.5	
	kV	46	48		50	52		54		56		58		60	62		

Abdomen / Lumbar Sp / Pelvis		100 mA						200 mA								300mA								400mA						
	CM.	6	7	8	9	10	11	12	13	14	15	16	17	18	19	20	21	22	23	24	25	26	27	28	29	30	31	32	33	34
	mAs	3		4		5		6		7		8		10		12		14		16		18		20		22		24		
	kV	52		54		56		58		60		62		64		66		68		70		72		74		76		78		

Chest / T. Spine / Esophagus / Shoulder		100 mA						200 mA							300 mA									400 mA						
	CM.	6	7	8	9	10	11	12	13	14	15	16	17	18	19	20	21	22	23	24	25	26	27	28	29	30	31	32	33	34
	mAs	3		4		5		6		7		8		10		12		14		16		18		20		22		24		
	kV	52		54		56		58		60		62		64		66		68		70		72		74		76		78		

Read page from left to right – Correct measurement of the animal is essential

Log all measurements and exposure factors so that any problems may be identified & corrected

그림 5.7 A와 B, 2017년에 설치된 그리드 없는 유닛의 디지털 기술 차트의 예이다. 이 예시는 매우 낮은 방사선량을 사용하며 이미지는 훌륭하다. 오래된 디지털 플레이트는 훨씬 높은 방사선량을 사용하며, 이미지는 최신 디지털 플레이트의 해상도를 가지지 않을 수 있다.

해 알고리즘과 컴퓨터 처리를 통해 방사선 사진을 강화할 수 있다는 것이다.

디지털 디텍터 및 동적 범위
Digital Detectors and Dynamic Range

이미징 시스템의 동적 범위는 해석을 허용하는 영상의 영역을 의미한다. 이는 밀도의 중간부분이다. 디지털 이미징에서 영상 수용체가 정확하게 감지할 수 있는 노출 강도 범위이기도 하다. 디지털 플레이트는 매우 광범위한 노출 강도 범위를 감지할 수 있기 때문에 매우 넓은 강도 범위를 사용하여 최적의 이미지를 생성할 수 있다.

작업자가 필요 이상으로 기술적 요인을 증가시키는 **선량 크리프**를 방지하기 위해서는 각 환자의 위치를 측정하고 노출을 최적화하기 위해 매개 변수 차트를 이용하는 것이 매우 중요하다(그림 5.7A). 각 디지털 플레이트와 컴퓨터화된 방사선 촬영 장치에는 고유한 감도가 있으며, 이 차트에서 각 개별 검사에 대한 차트를 외삽할 수 있다.

디지털 이미징 모니터 _Digital Imaging Monitors

최적화된 이미지를 활용하려면 이미지를 보는 조건을 제어해야 한다.

모니터에서 영상을 볼 때, 시청자의 눈은 선명한 영역을 무시하고 영상에 집중해야 한다. 선명한 영역은 그대로 유지되며 영상을 장시간 볼 경우 눈의 피로를 유발할 수 있다. 방사선 소프트웨어는 눈부심과 시청자의 피로를 줄이기 위해 이미지 주변 영역을 어둡게 한다(그림 5.8).

잔류 방사선의 디지털 캡처가 완료되면 수의사에게 전달되는 최종 결과는 모니터상의 이미지이다. 이제 이미지가 컴퓨터/광자극성 인광장치(PSP)에서 모니터로 추가 변환되었

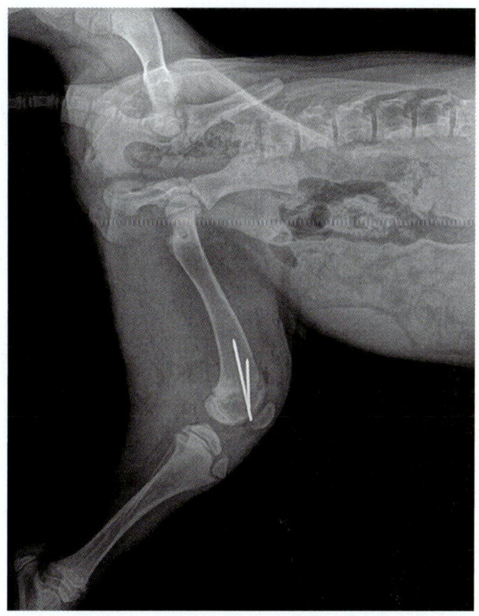

그림 5.8 디지털 이미징은 시청자가 이미지의 투명한 영역을 검은 배경으로 채우는 것을 가능하게 하며, 모니터의 반사를 제거한다. 이 이미지는 위치적인 측면에서 이상적이지 않을 수 있지만, 주변의 검은 배경은 모니터로부터 전달되는 반사를 제거한다

음을 기억해야 한다. 잔여 방사선과 모니터 디스플레이 사이의 단계 수를 제한하는 것은 영상 해상도를 유지함에 있어 매우 중요하다.

이미지 해상도는 컴퓨터 모니터 또는 필름에서 볼 때 이미지에 표시되거나 표시되지 않는 미세한 세부 정보이다. 디지털 이미징에서는 컴퓨터 디스플레이 모니터의 해상도가 중요하다.

모니터와 모니터가 연결된 이미징 시스템은 해부학적 구조 자체만큼 상세하지 않다. 이미징 프로세스의 모든 단계는 환자의 해부학적 라인 페어 이미지를 저하시킨다. 영상이 이미지 플레이트(IP)로 기록되면 모니터에 표시되어야 한다.

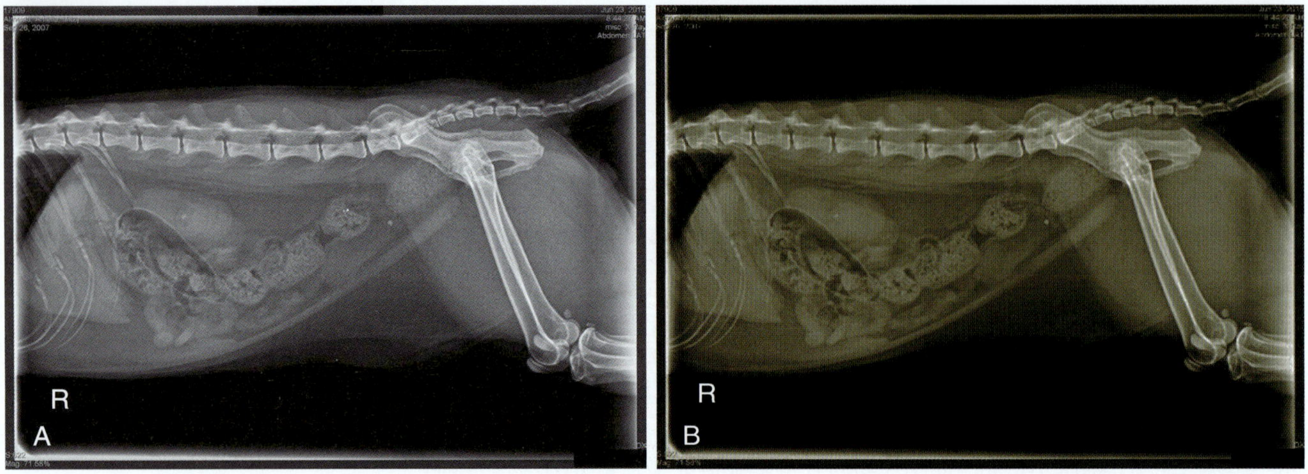

그림 5.9 **A,** 모니터에는 이미지를 사용할 때 받아들이기 어려운 배경 조명이 내장되어 있을 수 있다. **B,** 노란색 톤은 진단에 필요한 세부사항을 가릴 수 있다.

이 이미지는 방사선 필름만큼 고해상도는 아니지만, 영상 시스템은 매우 경쟁력이 있어 시간이 지남에 따라 지속적으로 개선된다.

이미지는 모니터 자체의 해상도와 동일한 수준이다. 또한 일부 모니터의 배경색이 방사선 이미지와 호환되지 않을 수 있다(그림 5.9).

소프트 카피 보기는 필름과 같은 **하드 카피**가 아닌 모니터에서 이미지를 보는 것을 말한다. 이 소프트 복사 이미지는 모니터 자체의 특성, 밝기, 해상도 및 배경 또는 주변 조명과 모니터의 배치와 같은 시각 조건에 영향을 받는다.

모니터가 매우 중요하다(그림 5.10A,B):

- 최적의 시청 환경을 얻기 위해서 모니터가 어두운 곳에 위치해야 한다.
- 배경 조명이 없는 공간에 디스플레이가 배치되어야 한다.
- 이미지를 보는 모든 사람이 모니터의 정면에 직접 위치하도록 배치해야 한다.
- 공급 업체가 제공할 수 있는 최고 해상도를 표시하고 시설이 감당할 수 있는 가격으로 구입해야 한다.
- 모니터를 구매한 후 최상의 이점을 위해 배치할 때 고려해야 할 요소는 다음과 같다:

광속(Luminous flux) – 광원에서 나오는 빛의 총 강도

조도(Illuminance) – 표면에 입사하는 빛의 강도

휘도 강도(Luminance intensity) – 광원의 특성으로 전체 보기 영역에 전달되는 광속을 의미

휘도(Luminance) – 광원의 밝기에 대한 다른 측정값

이러한 모든 요소는 모니터를 구입할 때와 시설의 주요 보기 영역이 될 구역을 설정할 때 중요하다. 방사선 촬영실의 판독 영역 모니터에는 수의사 사무실의 모니터가 표시하는 고화질/세부 정보가 필요하지 않다. 여기서 어두운 영역 내에서 가장 많은 픽셀 수와 가장 높은 해상도가 시스템에서 사용할 수 있는 최고 해상도로 표시된다.

활용 정보

동물병원의 고객은 자신이 보고 있는 이미지에 불만이 있다:

- 화면이 노화되어 약간 노란색으로 변하면서 이미지에 확실한 노란색이 감지되었다.
- 해상도가 매우 낮았다.
- 흉부방사선사진상에서 환자들의 양쪽 폐에 전체적인 울혈증상이 보였으나 청진 검사상에서는 해당 증상이 확인되지 않았다.
- 이미지를 확인할 때 방 안의 조명이 켜져 있었다.
- 모니터 픽셀이 손상되어 이미지에 "노이즈"가 있는 상태였다. 따라서 컴퓨터가 투명하거나 검은 색을 보정하여 "노이즈"를 발생시켰다.
- 디지털 시스템을 사용한지 10년이 지났다. 해당 시기에 구입한 모니터의 해상도는 1080p = 2 메가픽셀(MP)였다.

컨설턴트는 새로운 5MP 의료용 모니터를 가져와 설치했다. 이미지는 즉시 크게 개선되었다. 역시 이미지를 표시하는 것은 모니터라는 교훈을 얻었다. 종종 이미지가 좋지 못한 것은 주변 조명이나 디스플레이 모니터 때문이다.

모니터의 위치와 주변 조명은 매우 중요하다. 이미지를 확인할 때는 모니터를 어둡게 할 수 있는 방에 두는 것이 중요하다. 그림 5.10C~E에서 배경 및 전달된 빛을 모두 없앨 때 이미지에 미치는 극적인 영향을 확인할 수 있다.

히스토그램과 알고리즘 _Histograms and Algorithms

디지털 IP는 방사선 용량을 필요로 한다. 이는 이미지에 밀도를 추가하기 위해서 분산/이차 방사선을 받아들인다. 일부 시스템은 이제 매우 큰 개(매우 많은 양의 분산/이차 방사선을

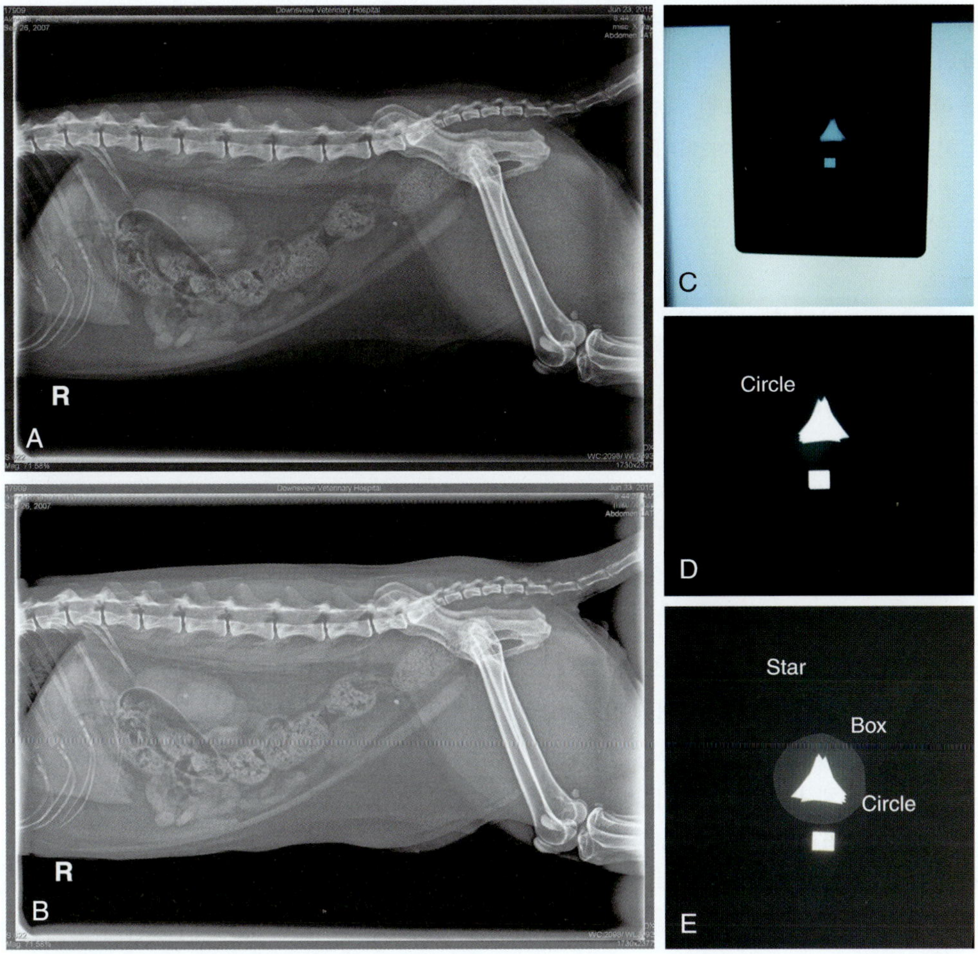

그림 5.10 **A,** 반사광이 없는 어두운 방에서 본 이미지이다. **B,** 반사광이 있는 밝은 조명이 비춰진 방에서 본 이미지이다. 해부학적인 세부 사항이 희미해지고 이미지의 명암이 감소한다. **C,** 주변의 환경 조명이 이미지 주변 및 시청 공간에서 제거될 때 이미지의 향상을 나타낸 그림이다. 주변 조명이 있는 조명 장치에서는 이미지가 삼각형과 사각형으로 명확히 보인다. **D,** 방의 조명이 제거되면 작은 원이 삼각형을 둘러싸고 있다. 세 개의 삼각형이 강조된다. **E,** 이미지를 가리고 방의 주변 조명을 차단하면 삼각형을 둘러싸는 원과 다섯 개의 별이 이미지 주위에 보인다.

발생시키는)에 한에 사용하는 분리가 가능한 그리드를 함께 판매한다. 대비도를 향상시키기 위해서 킬로볼트(kV)를 감소 시키는 예전의 시스템은 더이상 문제가 되지 않는다. 디지털 플레이트는 스스로 용량을 찾으며, 컴퓨터가 두 가지 매우 중요한 시스템인 히스토그램과 알고리즘을 사용하여 나머지를 처리한다.

히스토그램 _Histograms

히스토그램은(그림 5.11) 이미지의 그래픽 디스플레이어로 거의 모든 디지털 시스템의 소프트웨어에 표시된다. 모든 픽셀은 동일한 어두운/밝은 값을 가지며 모든 픽셀의 수를 고려하여 가장 밝은 것부터 가장 어두운 것까지 그래프에 표시된다. 사지의 이미지는 밝은 값과 어두운 값이 높고 그 사이의 단계는 매우 낮다. 복부 이미지는 회색 영역에서 피크를

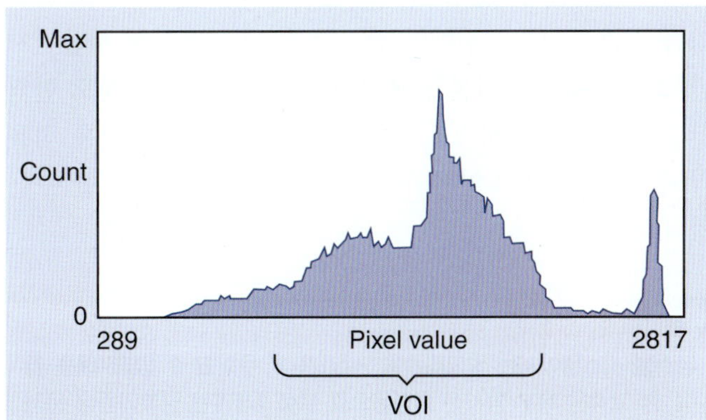

그림 5.11 히스토그램은 왼쪽에서 오른쪽으로 (수평축) 각 회색값의 수를 보여준다. 각 픽셀 값의 총 개수(카운트)는 수직으로 더해진다. VOI(Volume-of-Interest)는 관심 영역을 나타낸다. (Courtesy of Fauber TL. *Radiographic Imaging and Exposure*. 5th ed. St. Louis: Mosby; 2017.)

나타내며 매우 밝은 값과 매우 어두운 값에서 모두 낮다.

경우에 따라 작업자가 히스토그램을 약간 조작하여 이미지의 일부 기능을 향상시킬 수 있다. 그런 다음 알려진 알고리즘을 기반으로 히스토그램을 평가하여 이미지의 대비와 밝기를 향상시킨다.

알고리즘 _Algorithms

알고리즘은 계산 또는 데이터 처리에 사용되는 특정 질문에 대한 특정 공식 또는 규칙의 집합이다. 이미징에서 작업자가 선택한 히스토그램을 참조하여 컴퓨터에 제공되는 명령이다.

디지털 이미징에서 사용되는 컴퓨터 소프트웨어에는 각 종류의 검사에 대한 기준선을 제공하는 일련의 알고리즘이 포함되어 있다. 각 알고리즘은 많은 시행과 연구에서 얻은 히스토그램에 기반한다. 예를 들어, 개의 앞다리는 일반적으로 뼈, 근육 및 약간의 지방으로 이루어져 있으며 내부 장기는 없다. 알고리즘은 앞다리가 방사선 사진 촬영시 컴퓨터가 "보게" 될 내용을 설명하며 이에 따라 대비와 밝기를 향상시킨다. 이는 모든 동물의 신체 부위에 대해서도 마찬가지이다. 흉부 이미지는 고대비 이미지로 향상되며, 복부 이미지는 많은 회색조로 이루어진 저대비 이미지가 된다.

디지털 유닛을 구입하고 설치하면 컴퓨터를 설정하는 서비스 엔지니어는 수의사의 선호도를 설정한다. 예를 들어, 흉부 이미지의 어떤 대비 수준이 허용되면 복부와 척추에 어떤 밀도가 선호되는지 등을 설정한다. 한번 해당 병원을 위한 알고리즘이 설정되면, 서비스 엔지니어는 어떤 물리적인 위치에서든(사무실, 도로 상이나 외국에서) 컴퓨터에 접근하여 문제를 해결할 수 있다. 서비스 엔지니어는 일반적으로 알고리즘 수준의 프로그램에만 접근할 수 있는 유일한 사람이지만, 소프트웨어의 기본 프로그래밍 내에서는 아무것도 변역할 수 없다. 그능 히스토그램을 조정하기 위해 필터를 적용할 수 있지만, 제조업체의 프리셋 알고리즘을 변경할 수는 없다.

> **활용 정보**
>
> 디지털 시스템에서는 알고리즘을 "속이거나" 우회할 수 있다. 예를 들어, 한 고객은 복부 방사선 촬영용으로 프로그래밍된 알고리즘에 문제가 있어 이미지의 대비가 낮았다. 수의사는 큰 개에서 방광 결석을 찾고 있었다. 서비스 담당자가 알고리즘을 변경할 수 있을 때까지 컨설턴트는 복부 촬영 시 흉부 이미징을 적용하도록 제안했다. 더 높은 대비 알고리즘은 아주 잘 작동했고, 이미지는 적절한 대비를 가지고 진단에 유용하게 사용되었다.

디지털 이미징 옵션 = 이미지 리셉터
Digital Imaging Options = Image Receptors

디지털 이미징은 일반 방사선 촬영분야에 다소 늦게 도입되었다. 핵의학, 초음파 및 투시술은 방사선 촬영이 새로운 분야에 도달하기 몇 년 전부터 이미지를 생성하고 컴퓨터에 저장하기 위해 디지타이저를 사용하고 있었다.

변압기, 발전기 및 방사선 튜브는 모두 이미지 리셉터에 영향을 미칠 방사선을 생성하는 데 관여한다. 방사선 튜브와 발전기는 이미지 리셉터와 완전히 별개의 장치임을 인식하는 것이 매우 중요하다. 발전기가 오래되었을 수 있지만 올바르게 보정되었다면 새로 설치된 디지털 시스템과 호환될 수 있다.

현재 보편적으로 사용되는 세 가지 이미지 리셉터는 다음과 같다:

- 카세트와 이미징 플레이트를 사용하는 컴퓨터 방사선 촬영(computed radiology, CR)
- 간접 디지털 이미징을 위한 전하결합소자(CCD)
- 직접 디지털 이미징

컴퓨터 방사선 촬영 _Computed Radiography

컴퓨터 방사선 촬영(CR)(그림 5.12)은 수의학에서 디지털 이미징으로 나아가는 첫 번째 단계였다. CR과 전통적인 스크린/필름 이미징 사이에는 많은 유사점이 있다(표 5.1 참조). 두 방법 모두 별도의 장치에서 처리되어야 하는 카세트를 사용한다. 두 방법 모두 PSP로 코팅된 이미지 플레이트(IP)가 필요하며, 카세트는 PSP를 빛으로부터 보호하는 역할을 한다. 두 방법 모두 이미지를 보관하기 위해서 처리과정이 필요하다.

CR이 기존 영상 프로토콜에서 생략시킨 유일한 단계는 필름을 카세트에 다시 로드하는 과정이다. CR 판독기는 해당 옵션이 제공된 경우 이 과정을 자동으로 수행한다. 경우에 따라 작업자가 카세트에서 스크린을 제거하고 "판독기"에 놓고 "읽히기"를 기다렸다가 지워지면 카세트에 다시 넣는다.

CR 카세트의 단일 IP가 이미지를 획득하고 저장(처리 준비완료)하여 필름이 필요하지 않게 된다. 이 기능은 필름/스크린 이미징과 동일하지만, 필름 대신 스크린이 이미지를 보존한다.

전통적인 이미징과 CR의 유사성은 이미지가 처리되고 보여지는 방식을 비교할 때 끝난다. 또한 CR은 후처리가 가능하지만 전통적인 이미징에서는 그렇지 않다.

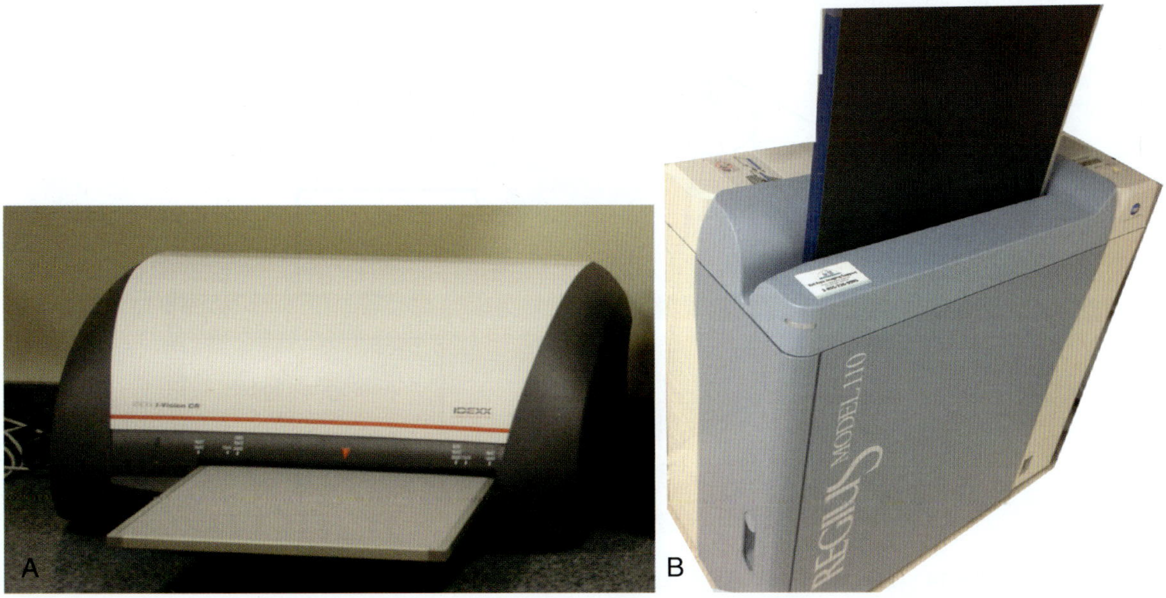

그림 5.12 **A,** 이 아그파 모델은 카세트가 측면에서 들어가고 쉽게 카운터 위에 위치한다. 이미징 플레이트(IP)는 카세트에서 꺼내어져 장치 안으로 들어가 드럼 주위에 감겨진 후 이미지가 읽혀지고 IP가 밝은 흰색 빛으로 플래싱되어 지워진다. 그런 다음 작업자가 IP를 카세트에 다시 넣는다. **B,** 이 코니카 시스템은 독립형 모델이다. 카세트는 위쪽에 위치하고 IP는 직접 빼서 읽고 플래싱한 후 카세트에 다시 삽입한다. 그런 다음 작업자가 카세트를 장치에서 들어올린다.

그림 5.13 컴퓨터 방사선 촬영 카세트는 전통적인 방사선 촬영 카세트와 비슷한 모습을 가지고 있다. 각 카세트에는 환자 정보를 읽어 리더기에서 생성된 이미지와 연결하는 획득 레이블이 있다. 이는 리더기에서 의해 읽힌 바코드의 예시로 방사선학 식별자 시스템(RIS)에서 환자 획득 번호와 연결된다.

이미징 플레이트와 식별자 _The Imaging Plate and Identifiers

CR 카세트 내부에 있는 단일 스크린을 **이미지 플레이트**(IP)라고 한다. 이는 CR의 독특한 장점이다. 병원에서 치과용 ScanX (Air Techniques) 또는 유사한 제품을 구입한다면(그림 5.12A 참조), 카세트는 쉽게 필름/스크린 이미징에서 교체할 수 있다. 표준 증복 스크린을 제거하고 PSP 플레이트를 설치한다. 그런 다음 카세트는 환자의 방사선 촬영에 사용할 때 IP를 보관하고 보호하기 위한 홀더/보호 커버를 사용한다.

다른 CR 시스템에서는(Konica and Fuji), 카세트가 리더 유닛에 의해 처리되기 때문에 CR 유닛의 유형에 맞는 특정한 카세트를 구입해야 한다(그림 5.12B 참조). 테이블 위에서 촬영이 가능하며, 납 차단막을 사용하여 카세트를 분할하면 한 카세트에 여러 이미지를 촬영할 수 있다. 카세트의 뒷면에는 환자 데이터가 포함된 작은 식별자가 있다. IP가 리더기에 들어가기 전에 CR 유닛에서 읽혀야 한다(그림 5.13). 각 카세트는 처리기에 들어가면서 환자 데이터가 새겨진다. 이렇게 함으로써 환자 데이터는 이미지가 모니터에 표시될 때 함께 표시된다.

IP의 앞면은 일반적으로 바륨 플루오할라이드로 코팅되어 있으며, 이는 방사선 광선과 빛에 즉각적으로 반응한다(그림 5.14). IP가 리딩 유닛에 들어가면, 레이저(플레이트를 가로지르는 50~100나노미터 폭)가 리더를 통해 플레이트 위를 지나간다. 레이저는 남아있는 불안정한 전자들을 원래 상태로 돌아가게 하며, 파장이 더 짧은 파란색 영역의 광선을 방출한다. 이 시점에서 잔상이 컴퓨터 모니터에서 보이게 된다.

이미지의 공간 해상도는 레이저의 횡단 직경에 전적으로 의존하게 된다. 레이저 광선은 소스에서 벗어날 때 퍼지는 경향이 있으므로 100 μm 직경으로 유지되도록 렌즈 시스템에 의해 집광된다(μm = micrometer).

이미지를 읽은 후, IP는 강한 흰색 빛으로 점멸 된다. 이 빛은 모든 불안정한 전자들을 기본 상태로 되돌려 IP가 즉각적으로 다시 사용될 수 있도록 준비한다. IP는 처리 후 즉시 사용되는 것이 가장 좋다.

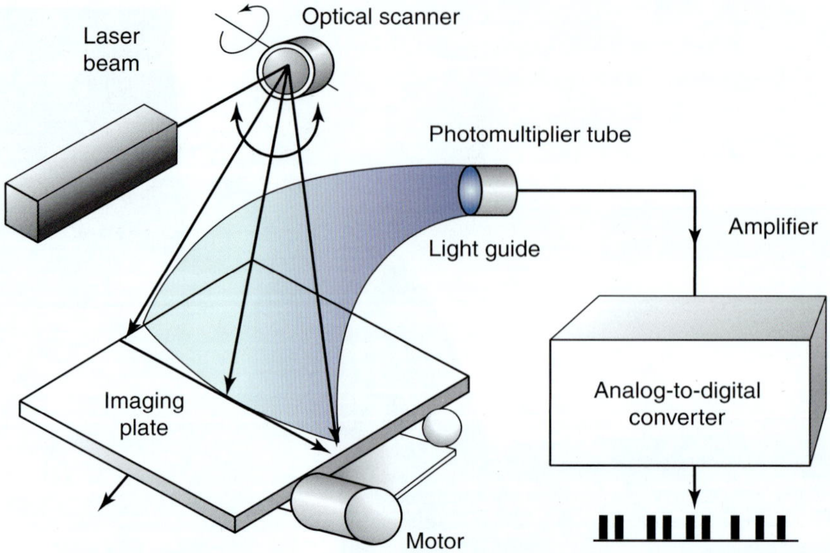

그림 5.14 네온-헬륨 레이저 광선은 노출된 CR 이미징 플레이트를 스캔하여 저장된 에너지를 가시광으로 방출한다. 포토멀티플라이어 튜브는 빛을 "감지"하고 증폭하여 전기 신호로 변환한다. 전기 신호는 아날로그-디지털 변환기에 의해 수집되며, 아날로그 데이터를 디지털 데이터로 변환하여 병원 모니터에 표시한다. (Courtesy Fujifilm Medical Systems Inc, USA, Stamford, Connecticut.)

표 5.3 컴퓨터 방사선 촬영 시스템에서의 노이즈 원인

노이즈 원인	이유
기계적 결함	느린 스캔 드라이버
	빠른 스캔 드라이버
광학 결함	레이저 강도 제어
	레이저 산란
	스크린에서 방출된 광자
	광학 시스템에 수집된 광자
컴퓨터 결함	전기적 노이즈
	부적절한 샘플링
	부적절한 양자화

IP가 리더 장치에 들어가지 않으면, 전자들이 원래 상태로 돌아가며 이미지가 6~8시간 내에 사라질 것이다.

IP는 매일 아침 항상 리더 장치를 통해 "플래시" 되어야 한다. 왜나하면 이전 이미지를 유지하거나 형광등의 밸러스트나 콘크리트 벽에서 발생하는 배경 방사선에 의해 "포그(fogged)" 될 수 있기 때문이다. PSP의 포그는 직접 또는 산란된 방사선, IP의 열자극 또는 카세트 내부에서의 빛 누출로 인해 발생할 수 있다.

CR 이미징에서의 "노이즈" 발생원

Sources of "Noise" in CR imaging

노이즈란 이미지 위에 나타나는 원하지 않는 불규칙한 밀도를 일컫는다.

CR에서 노이즈는 배경 흐림 및 산란된 방사선으로 인해 노출 수준이 낮을수록 가장 심하다. 표 5.3은 CR 시스템의 잡음 원인을 보여준다.

이미지 주요 노이즈의 원인은 산란 방사선이다. CR 방사선 촬영에서 복사선량 곡선은 촬영 기술과 직접적인 연관이 있다. 즉 IP가 자극을 받으면 플레이트의 응답이 즉시 발생한다. CR 이미지 출력은 기술 인자의 진단 촬영 범위에서는 일정하다. 이는 ALARA(가능한 한 낮은 최소한의 복사선량) 원칙에 익숙하지 않은 공급업체가 제공하는 기술 차트로 인해 과도한 노출을 초래할 수 있다. 따라서 기술 인자와 복사선량을 ALARA 수준으로 설정하는 기술차트를 유지하는 것이 매우 중요하다. 일반적으로 CR에서는 400 스피드 시스템에 대한 전통적인 기술 차트가 사용된다.

컴퓨터 방사선 촬영의 장점

Advantages of Computed Radiography

전통적인 필름 처리에 사용되는 습식 처리기와 화학 약품을 사용하지 않는 것은 컴퓨터 방사선 촬영의 환경적 장점이다. 기술적 요인에 대한 넓은 허용과 이미지 표시를 위한 짧은 대기시간은 두가지의 추가적인 장점에 해당한다. 이미지 플레이트는 합리적인 비용으로 교체가 가능하다.

컴퓨터 방사선 촬영의 단점

Disadvantages of Computed Radiography

IP는 소모품으로 간주되며 사용이 불가능해지거나 이전 이

그림 5.15 며칠 동안 사용되지 않았던 CR 카세트는 배경 방사선에 노출된 수준이 관찰되었다. (Courtesy Bushong SC. *Radiologic Science for Technologists*. 11th ed. St Louis: Elsevier; 2017.)

미지의 "고스트"를 지울 수 없을 때는 서비스를 받거나 교체해야 한다. IP는 산란된 방사선의 영향을 받기 쉬우며, 병원이나 클리닉에서 방사선 촬영이 빈번하지 않은 경우에는 각 사용 이전에 플래싱되어야 한다(그림 5.15). 저수준의 방사선에서의 노이즈는 귀찮은 요소이지만 최신 기술은 이요소를 감소시키는 것을 보장하고 있다.

리더는 IP가 카세트에서 빠져나오면서 장치 자체에서 발생하는 아티팩트의 원인이 되기도 한다. 특히 동물병원에서는 팬이나 진공에 의해서 동물의 털이 리더기 안으로 빨려 들어가기도 한다. IP가 카세트에서 빠져나오는 동안 주춤거리거나 균일하지 않은 움직임을 보이면 **수평적인 양밀도 또는 음밀도 아티팩트**가 발생할 수 있다. 단위의 롤러에 먼지나 오염이 있는 경우 **수직적인 양밀도 또는 음밀도 아티팩트**가 발생할 수 있다. 이러한 흔적은 이미지의 길이를 따라 긴 긁힘 또는 너비를 가로지르는 흔적으로 나타난다.

또 다른 단점은 이미지를 레이저 리더기에서 처리해야 하는 중간 단계이다. 이 단계는 이미지를 보는 과정을 지연시키며 유지 및 서비스가 필요한 추가적인(비싼) 장비가 필요하다.

직접 및 간접 디지털 이미징
Direct and Indirect Digital Imaging

이미지 획득은 기술의 진보에 따라 가변적이다. 이미지 획득은 제조업체에게 중요한 요소이다. 왜냐하면 여기에서 잔류 방사선이 디지털 플레이트와 만나고 그 결과 이미지가 형성되며 컴퓨터로 전송되기 때문이다. 모든 공급업체는 항상 가장 선명한 해상도와 가장 밝은 최적의 대비 이미지를 원한다. 이것은 소프트웨어의 세련성과 모니터의 효율성으로 가능해진다.

오늘날 가장 직접적이고 효율적인 디지털 변환 방법으로 이어지는 과정 각각을 포함시켰다. 이러한 버전들은 현장에서 사용되고 있으며 각각 진단 이미지를 생성한다.

현재는 직접 디지털 이미징의 네가지 형태가 있다:

- 전하결합소자(CCD)
- 간접 변환 디텍터
- 플랫 패널 디텍터
- 직접 변환 디텍터

전하결합소자(CCD) _*Charge-Coupled Device (CCD)*

이것은 컴퓨터화된 방사선학 연구에서 발전한 최초의 디지털 이미징 시스템이다. 이 시스템은 잔류 방사선을 캡처하고 정규화된 단일렌즈 반사카메라로 집중시킬 수 있다면, 그 결과로 얻은 이미지를 컴퓨터로 전송할 수 있을 것이라는 철학을 기반으로 개발되었다.

이 기술은 직접 디지털 이미징 시스템의 가격이 서서히 저렴해져서 동물병원에서 비용을 감당할 수 있게 되고 직접적이고 즉각적인 이미징을 경험할 수 있게 될 때까지 매우 인기가 있었다.

간접 디지털 시스템은 전하결합소자와(CCD) 박막 트랜지스터가(TFT) 있는 IP를 사용한다. TFT는 방사선을 이미지로 변환하고 IP의 뒷면에서 이미지를 수집하는 사전 설정된 단일렌즈 반사카메라에 이미지를 남긴다. 이미지가 수집된 후에는 직접 디지털 이미징과 동일한 방식으로 처리된다.

CCD의 응답은 완전히 선형적이므로 필름/스크린 조합의 인광체보다 훨씬 많은 자극을 감지할 수 있다. 이는 훨씬 더 큰 감도 범위를 가능하게 한다. CCD 이미징의 또 다른 장점은 IP가 직접적인 디지털 이미징에 사용되는 것보다 상당히 저렴하다는 것이며, CCD 장치는 필요한 경우 서비스 및 교체 가능하다.

CCD 이미징의 단점은 원본 이미지에서 컴퓨터 이미지로 이동하는 과정에서 한 단계가 더 추가 되므로 데이터의 손실이 발생할 수 있다는 점이다. 이에 대한 연구는 매우 집중적으로 이루어지고 있으며, CCD 장치에서의 이미지는 매우 좋다. 중요한 측면 중 하나는 CCD 장치 뒤쪽에 위치한 카메라의 초점이다. 전체 장치는 테이블 아래에 직접적으로 장착되며 중심선 아래에 있다. CCD는 움직이지 않으므로 테이블 상단이 움직여야 하거나 관심 영역(ROI)이 CCD를 중심으로 정렬되도록 동물이 위치되어야 한다.

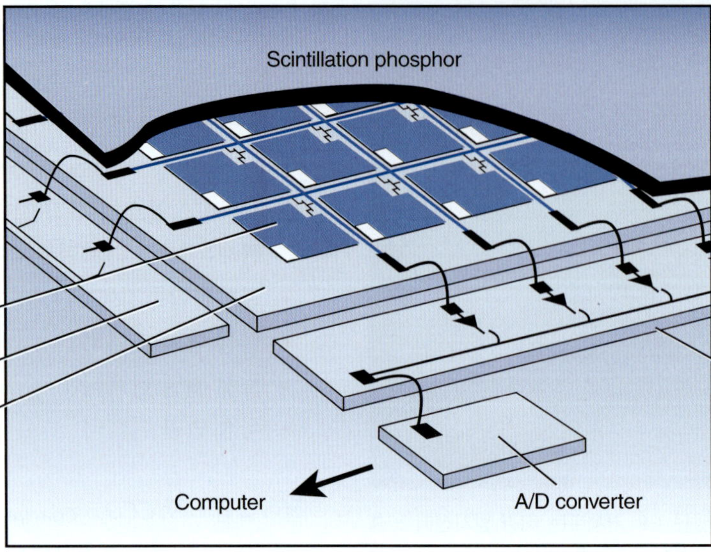

그림 5.16 단일 픽셀이 강조된 박막 트랜지스터 디지털 이미징 영상 수신기를 보여주는 활성 매트릭스 배열의 형광현미경 사진이다. 각 디텍터 요소로부터 전기적인 충전이 읽혀지고, 이를 통해 얻어진 이미지는 즉시 모니터에 출력된다. (Courtesy Fauber TL. *Radiographic Imaging and Exposure*. 5th ed. St. Louis: Mosby; 2017.)

CCD의 **민감도**는 매우 낮은 수준의 가시광선을 감지하는 능력을 의미한다. 이 특징은 낮은 수준의 환자 잔류 방사선 용량을 감지할 수 있는 CCD를 가치있게 만든다. CCD의 **동적 범위**는 디텍터가 다양한 빛의 강도 범위에 반응할 수 있는 능력을 의미한다. 이 시스템은 400 스피드 필름/스크린의 동적 범위와 동일하다.

간접 변환 디텍터 _Indirect Conversion Detectors

이 방법은 방사선을 이미지로 변환하기 위해 두 단계의 과정을 거친다. 방사선은 신틸레이터(세슘 아이오다이드 또는 가돌리늄 옥시설파이드)를 이용하여 빛으로 변환된다. 캡처된 빛은 방사선 노출량에 비례하며, 이후에는 전기적으로 변환되어 숫자화되고 컴퓨터에서 처리되어 원시 디지털 이미지를 생성한다. 이 이미지는 그런 다음 모니터에 표시된다.

플랫 패널 디텍터 어레이—직접 디지털 Flat Panel Detector Array—Direct Digital

방사선이 디지털 플레이트에 도달하면 센서의 층을 구성하는 플랫 패널 디텍터에 캡처된다(그림 5.16). 맨 위의 층은 형광체인 신틸레이션 인광으로 이루어져 있고 두 번째 층에는 TFT가 포함되어 있다. 세 번째 층은 유리 기판이다.

TFT 어레이는 정사각형 형태의 디텍터 요소(DELs)로 나뉘며 각 DEL에는 전기적인 충전을 저장하기 위한 커패시터와 읽기 위한 스위칭 트랜지스터가 있다.

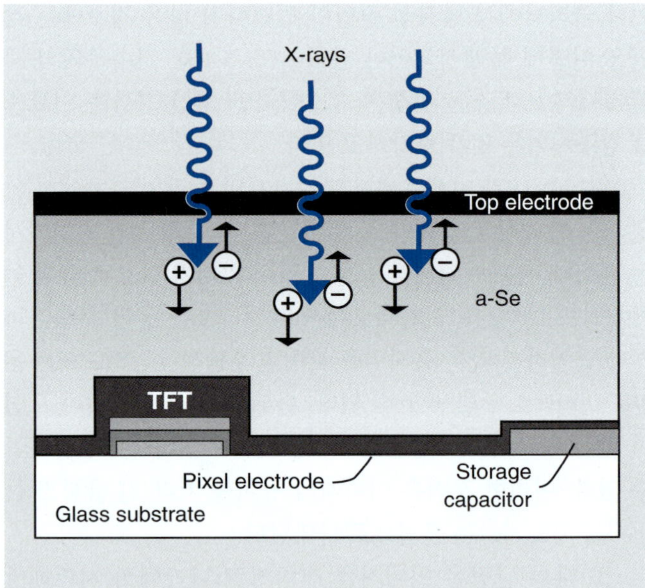

그림 5.17 직접 디지털 변환. 비정질 셀레늄(a-Se) 코팅된 디텍터는 직접 방출 방사선을 전기적인 전하로 변환한다. (Courtesy Fauber TL. *Radiographic Imaging and Exposure*. 5th ed. St. Louis: Mosby; 2017.)

수천 개의 DEL로 이루어진 어레이 내에서 각 요소는 방사선을 캡처하는 데 80%의 효율을 가진다. 전기적인 충전은 각 디텍터 요소에서 별도로 읽어낸다. 전자 신호는 아날로그-디지털 변환기(ADC)로 전송된다. DEL은 이미지 행렬의 각 픽셀을 나타내는 방사선 감도 영역을 갖고 있다.

직접 변환 디텍터 _Direct Conversion Detectors

이 시스템은 가장 효율적인 방법으로 잔류 방사선에서 부터 ADC까지 단 한 단계만을 사용하여 컴퓨터 모니터로 전달된다(그림 5.17). **직접 변환 디텍터**는 수신되는 방사선과 직접 상호작용하기 위해 비정질 셀레늄(a-Se)으로 코팅된 디텍터를 사용한다 — 중간에 간섭하는 형광체가 없다. a-Se 플레이트는 두개의 전하를 가진 전극 사이에 삽입된다. a-Se 플레이트에 도달한 방사선은 저장용 커패시터에 의해 수지되어 신호가 TFT의 스위칭 동작에 의해 읽힐 때까지 거기에 남게 된다. TFT는 잔류 방사선을 직접 전기적으로 변환하여 ADC로 전송하는 역할을 한다. 모니터에 표시된 각 픽셀은 관통된 해부학적 흡수 특성을 나타내는 밝기 수준을 가지고 있다.

이 모든 과정은 매우 빠르게 진행되며, 디지털 이미징 플레이트에 방사선 노출 후 몇 초 안에 이미지로 결과물이 형성되며, 이는 수천 개의 픽셀에 의해 이미지로 표시된다.

디지털 픽셀 번들링 _Digital Pixel Bundling

지의 컨설턴트는 하루에 두 개의 동물병원을 방문하면서 하나의 문제를 겪었다. 모니터에 표시된 이미지를 실제 크기로 보면 해부학적 이미지가 픽셀화되어 판독할 수 없는 상태가 되었다. 데이터를 식별할 수 있는 유일한 방법은 이미지를 매우 작은 크기로 축소하는 것이었다(측정 기준으로 2.54 cm × 4.90 cm 또는 1 inch × 2 inches). 이 크기에서는 진단이 불가능하다.

디지털 플레이트의 픽셀 수는 중요하지만, 더 중요한 것은 이러한 픽셀이 "어떻게 연결되어 있는지" 이다. 일부 시스템에서는 광고되는 픽셀 수가 매우 많지만, 이미지가 이상적이지 않을 수 있다. 이미지를 확대하면 "픽셀화"되어서 불명확해 진다. 이는 이 두개의 단위의 픽셀이 번들로 묶여 평균으로 읽혀지기 때문이다. 예를 들어, 그림 5.18의 16개 사각형은 디지털 IP상의 픽셀을 나타낸다. 각 사각형은 노출의 백분율을 나타내는 값을 가지고 있다. 이러한 값을 번들로 묶고 평균을 내면 고유한 값인 50%가 된다. 디지털 시스템에서는 이 번들이 밀도 50%를 제공하게 되는데, 실제로는 사각형 중 어느 하나도 50%의 밀도를 가지고 있지 않다. 이 번들은 개별 밀도가 올바르게 표시되지 않아 노이즈가 있는(grainy) 이미지를 생성한다.

20	60	60	20
40	80	80	40
40	80	80	40
20	60	60	20

그림 5.18 번들 픽셀의 예시이다. 각 정사각형은 하나의 픽셀을 나타낸다. 컴퓨터 프로그램은 모든 16개의 픽셀 값을 평균으로 읽는다. 이 예시에서는 이미지의 평균 밀도가 50%로 보일 것이지만, 이 값 중 어느 하나도 50%와 동일하지 않다.

번들링은 플레이트 제조시에 발생하는 것이기 때문에 노이즈가 있는 이미지를 수정할 수 있는 방법이 없다. 따라서 디지털 시스템에 투자하기 전에 시스템을 철저히 조사하는 것이 매우 중요하다.

고객들이 반복해서 불평했을 때, 저렴한 시스템을 구입했기 때문에 그에 맞는 제품을 제공했다는 답변을 들었다. 이 고객들에게 가능한 "수정" 방법은 다른 회사의 디지털 플레이트로 교체하는 것이었다.

디지털 기술 차트 _Digital Technique Charts

기술 차트는 일반적으로 신뢰할 수 있는 업체에서 제공되지만 때로는 걱정이 되는 경우도 있다. 예를 들어, 새끼 고양이의 발이나 고양이의 10 cm 복부에 대해 85 kV, 300 밀리암페어(mA) 및 $^1/_{120}$초(2.50 mAs) 와 같은 기술을 설정하는 것은 업체가 이러한 차트를 작성하는데 있어 지식이 부족하다는 것을 나타내며, 스태프들이 이러한 차트를 그대로 따를 때 문제가 발생한다. 모든 이미지는 결과적으로 사후처리되어야 하며, 이로 인해서 초기 검사에 시간이 추가되고 데이터 손실이 발생한다. 모든 이미지에 대해 윈도잉 및 레벨링을(밝기와 대비) 조정하는 것은 이미지의 정보를 저하시킬 수 있다. 또한, 일부 이미지는 완전히 진단이 불가능한 상태로 표시될 수 있다. 이러한 경우 높은 kV는 모든 조직에 균일하게 통과하여 대비를 향상시킬 가능성을 낮추게 된다. 16 cm 두께의 복부에 대한 110-kV의 노출로 인해 발생하는 산란 방사선은 작업자의 선령계에 방사선량을 추가할 수 있으며 확실히 방사선 튜브에 불필요한 고장을 야기할 수 있다.

만약 이미지가 과노출되거나 저노출되어 이미지 디텍터에 제대로 전달되지 않은 경우, 후처리 조작으로도 이를 수정할 수 없다. "재촬영"을 할 수 있는 방법은 없으며, 해당 이미지는 판독할 수 없는 상태이다. 수의사는 디지털 장치에 대한 비용을 지불해야 하기 때문에 이 판독할 수 없는 이미지를 요청해야 할까? 가능한 한 영상을 후처리해도 영상이 판독이 어렵기 때문에 이전 진단 시스템으로 전환해야 하는가? 과도한 용량의 사란/이차 방사선에 노출되어 난생 처음 보는 선량계 값을 마주하게 된 10년, 20년차 동물보건사는 어떻게 해야하는가? 이 모든 문제는 동물병원뿐만 아니라 인의에서도 발생하고 있다.

기술 요인 _Technical Factors

선량, 선량 크리프, 열약한 기술 차트는 모두 중요한 문제가 될 수 있다. 디지털 장치를 구입할 때 400 스피드 필름/스크린 조합을 사용한 차트와 유사한 기술 차트를 개발해야 한다. 이 장에서 제공하는 차트는 가이드일 뿐이며, 이 차트를 사용하여 생성된 이미지를 본 후 이미지를 최적화하도록 조정할 수 있다(그림 5.7 참조). 디지털 이미징 이전에 사용된 차트를 조정하는 가장 좋은 방법은 정확하게 측정된 제너레이터를 측정치로 설정하고 환자가 있는 상태에서 디텍터에 노출시키는 것이다. 컴퓨터가 데이터를 조작하지만 이미지가 완벽하지 않으면 **mAs**를 백분율로 줄인다. 이 작업은 대부분의 차트에서 수행된다.

예를 들어:

16 cm 복부, 400-스피드 차트, 62 kV @ 12 mAs = 이미지가 약 50% 어두워짐

기술을 50% 감소시켜 62 kV, 6 mAs = 이미지 완벽함, 후처리 필요치 않음

디지털 이미징에서 가장 우수한 진단 이미지는 가능한 한 동물의 매개변수에 가까운 테크닉으로 얻어진다. 컴퓨터가 나머지를 처리할 것이다. 일반적으로 작은 부위는 디지털 플레이트가 이미지를 획득하는데 필요한 특정 수준의 방사선을 요구하기 때문에 약간 높은 테크니컬 차트값이 필요할 수 있다. 이러한 조정은 기술이 발전함에 따라 감소할 것이다.

KV, mAs, 거리 _kV, mAs, and Distance

작은 동물의 이미징에서는 일반적으로 거리가 중요 요소로 작용하지 않는다. 일반적으로 거리는 사전에 설정되기 때문이다. 그러나 대형 동물의 이미징에서는 거리가 확실히 중요한 요소이다. 기술차트의 한 예는 3장에서 제시하였다. 그러나 이 차트는 모든 장치에 다 적합하진 않다. 디지털 이미징에서 kV와 mAs는 선량을 생성하기 위해 결합되며, 모든 시스템은 선량을 약간씩 다르게 처리한다.

디지털 이미지 후처리 _Digital Image Postprocessing

이제 이미지가 모니터에 표시된다. 이미지는 훌륭한 해상도를 가지고 있으며 매우 좋은 대비를 보여준다. 이제 소프트웨어 옵션이 중요해진다. 소프트웨어는 수술 도구를 가지고 있다. 알고리즘을 변경하는 필터도 있다. 가장 일반적으로 사용되는 도구는 **윈도윙**(Windowing)과 **레벨링**(Leveling)이며 이는 모든 소프트웨어 패키지에서 제공된다.

대비와 밝기를 조정하는 데 사용하는 도구가 있다.

윈도윙(Windowing)은 (그림 5.19) 밀도의 대비 범위를 의미한다. 윈도우 폭은 디지털 이미지의 대비를 조정하기 위해 그레이스케일 이미지의 범위를 제공한다.

레벨링(Leveling)은 (그림 5.20) 밀도 또는 밝기를 의미한다. 윈도우 레벨은 디지털 이미지에서 보이는 밀도의 중간점을 설정한다. 이러한 윈도윙과 레벨링의 사용은 모니터 상의 이미지를 변경한다.

후처리 및 서비스 엔지니어
Postprocessing and the Service Engineer

만약 잘못된 노출로 인해 이미지의 대비가 매우 낮아진 경우,

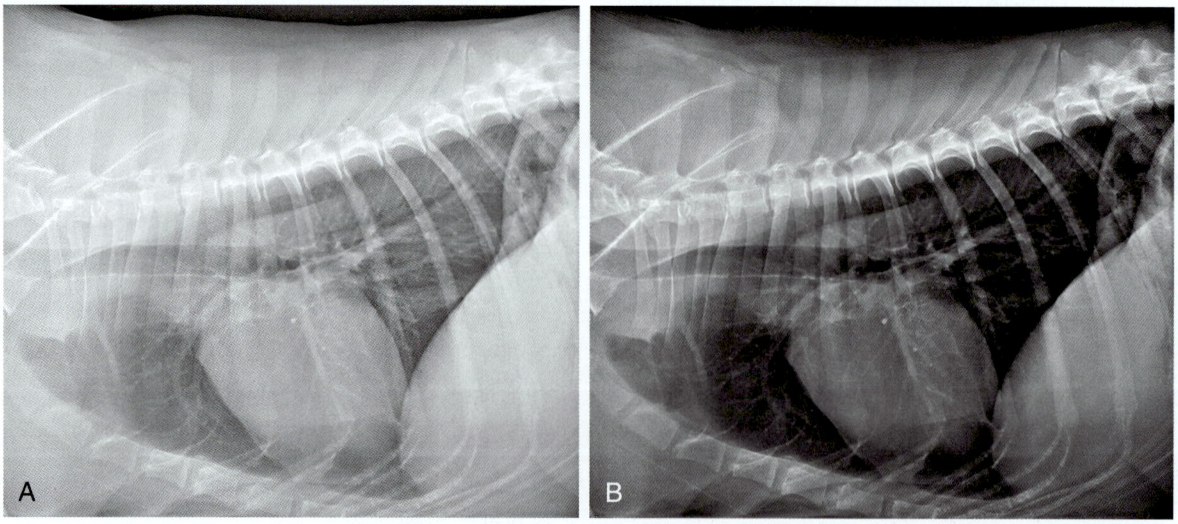

그림 5.19 윈도잉을 사용하여 이미지를 후처리하는 예시이다. 윈도우 크기를 줄이면 대비가 감소하여 조직 밀도의 차이가 덜 뚜렷해진다. **A**, 폐와 심장 부위에서 이미지는 대비가 부족하다. **B**, 이미지에 윈도잉을 적용하면 대비가 향상되고 폐 조직의 혈관 부분이 잘 보인다.

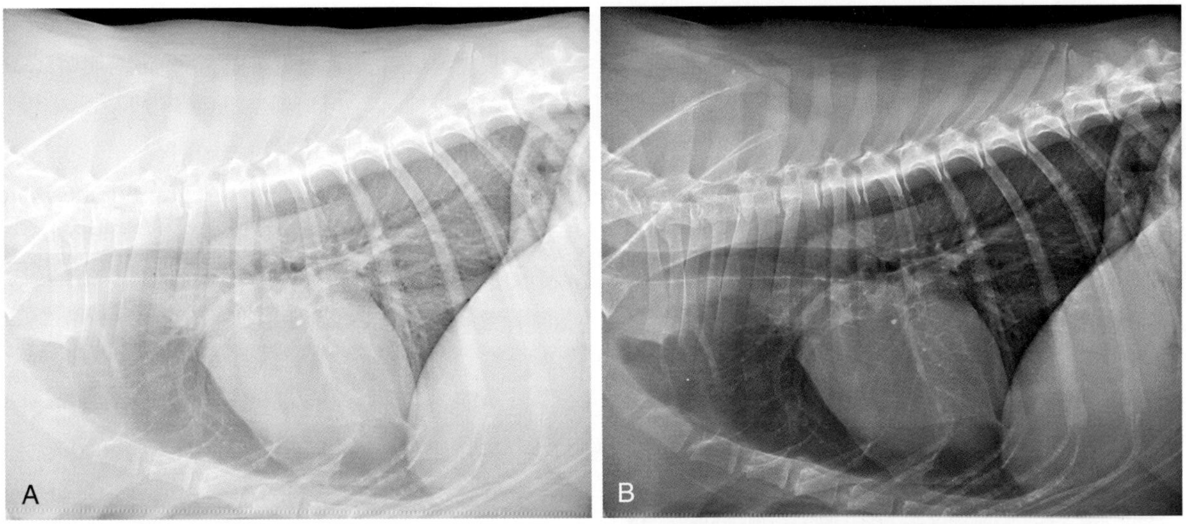

그림 5.20 레벨링시의 변화. 레벨이 증가함에 따라 이미지의 전반적인 밀도가 증가하며 대비는 동일하게 유지된다. **A,** 이 이미지는 대비가 좋지만 전반적으로 너무 밝다. **B,** 이미지의 레벨을 조정하면 대비를 유지하면서 밀도를 증가시켜 해부학의 시각화를 향상시킨다.

작업자는 후처리를 통해 대비와 밝기를 조정할 수 있다. 그러나 후처리는 올바른 기술 차트를 이용하여 적절한 노출을 하는 것을 내체할 수 없다. 이는 시간이 많이 소요되며, 이미지가 조작될 때 일부 정보가 손실될 수 있다. 이는 환자와 조작자의 방사선 피폭량을 줄이기 위한 가능한 최저한의 방사선 기술을 권장하는 ALARA 원칙을 고려하지 않은 예시이다.

만약 올바른 기술 요소를 사용하고도 이미지가 여전히 일관적인 문제를 보인다면, 시스템 엔지니어는 전반적인 이미지 향상을 위해 필터를 적용할 수 있다. 그러나 이는 모든 시스템에 있어서 옳은 것은 아니다. 만약 공급 업체게 판매하는 소프트웨어가 결함이 있거나 기능이 부족하며 데이터를 올바르게 조작하지 못한다면, 전문가들조차 이미지를 향상시킬 수 없다. 이러한 프로그램은 시장에서 오래 존속하지 못할 것이다.

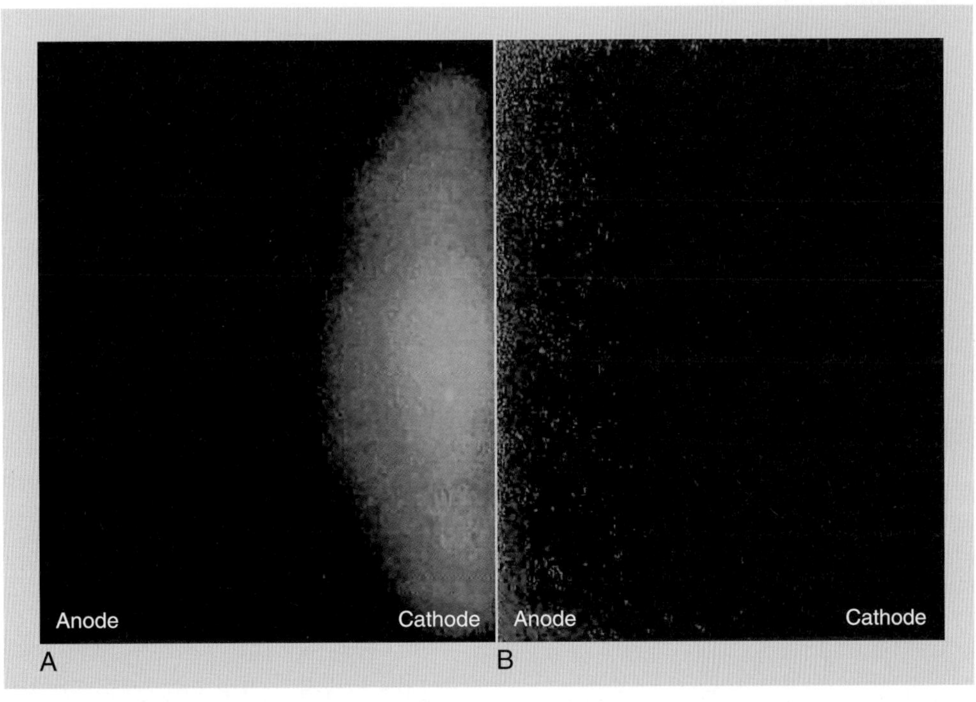

그림 5.21 A, 방사선 광선에 노출된 이미지 수신기는 양극 경사 효과를 보일 수 있다. **B,** 플랫 필드 재처리를 통해 응답을 균일하게 만들 수 있다. 이는 알고리즘에 프로그래밍되어야 한다. (Courtesy Bushong SC. *Radiologic Science for Technologists*. 11th ed. St Louis: Elsevier; 2017.)

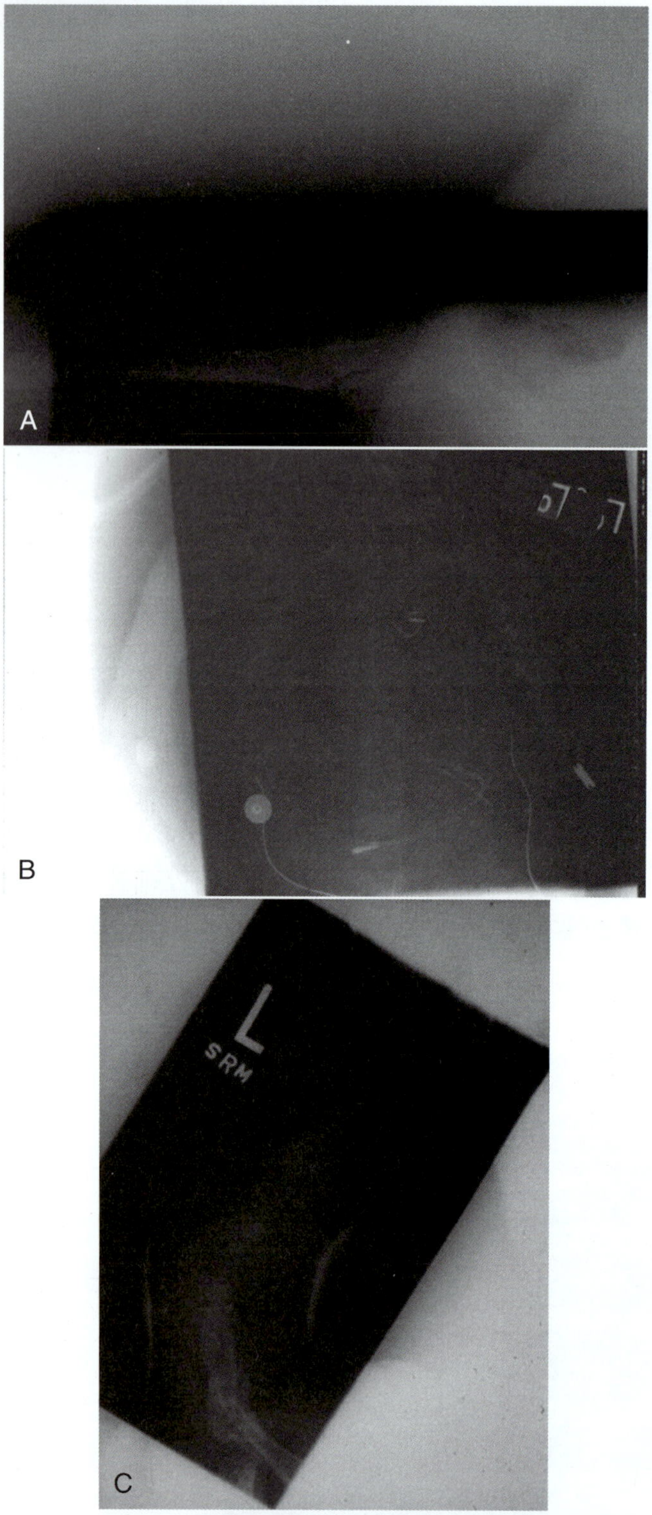

그림 5.22 위치 결정 및 콜리메이션에서 발생하는 동물보건사의 실수로 인한 히스토그램 및 알고리즘 오류의 세 가지 예시는 다음과 같다. (Courtesy Bushong SC. *Radiologic Science for Technologists*. 11th ed. St Louis: Elsevier; 2017.)

디지털 이미징 아티팩트 _*Digital Imaging Artifacts*

디지털 이미징 아티팩트는 IP, 그리드, 기계 시스템 또는 소프트웨어에 의해 발생할 수 있다. 아티팩트의 원인을 확인하고 시스템 엔지니어에게 연락하여 수정하는 것이 중요하다. 디지털 이미징에서는 아티팩트가 거의 발생하지 않는데 이는 시스템 설치 방식 때문이다.

그림 5.21A,B는 양극 경사 효과(anode heel effect)의 예로 미사용 중인 플레이트에 노출을 한 경우이다. 이후 자동 처리가 이루어져 사람의 개입 없이 노출을 균일하게 맞춰준다. 오늘날 대부분의 시스템은 이와 같은 이미징 문제를 해결할 수 있다.

그림 5.22A~C는 조명과 위치 설정에서의 인적 오류를 보여준다. 이러한 오류는 디지털 시스템이 자동으로 수정할 수 없는 오류이다. 만일 다리가 콜리메이션 없이 플레이트 위에 위치하면, 디지털 센서는 전체 플레이트에 걸쳐 노출을 균일하게 맞추려고 시도한다. 전체 플레이트가 노출되고 콜리메이션이 없다면, 전체 플레이트의 노출을 읽고 보정해야 한다고 판단한다. 다리가 플레이트의 20%를 차지하고 나머지는 미노출 상태라면 80%의 밀도가 우선적으로 취급되어 이미지가 매우 어둡게 보일 수 있다.

일반적으로 아트팩트는 인적 오류에 의해 발생하며 해결될 수 있다. 하드웨어나 소프트웨어 문제는 즉시 처리해야 한다. 시스템 엔지니어는 대부분의 소프트웨어 문제를 온라인으로 해결할 수 있다. 하드웨어 문제는 해결하기가 더 어려울 수 있다.

사진 보관 및 통신 시스템
Picture Archiving and Communications Systems

이미지가 생성되면 보관되어야 한다. 이미지 보관에 대해 신중하게 조사하는 것이 매우 중요하다. 보관은 컴퓨터에 저장되며, 컴퓨터는 고장날 수 있다. 따라서 모든 시스템은 중복성을 갖춰야 하며 하나 이상의 위치에 저장되어야 한다. 데이터 저장의 복잡성은 이 문서의 범위를 벗어나며, 다른 장이나 책으로 다룰 정도이다.

가장 간단한 데이터 저장 방법은 교체 가능한 외부 하드 드라이브의 사용이다. 모든 이미지를 현장에 저장할 계획 이라면 대부분의 병원에서 세 개의 하드 드라이브를 사용한다. 두 개의 하드 드라이브에는 당일의 이미지가 저장되고, 세 번째 하드 드라이브는 하루가 끝날 때마다 교환되며, 하드 드라이브 #1은 지정된 담당자가 가져간다. 다음 날의 이미지는 드라이브 #2와 #3에 저장되고, 하루가 끝날 때 드라이브 #2는 다시 담당자가 가정으로 가져간다. 이 시스템은 복잡하지만 비용이 적게 들며, 로컬 이미지를 안전하게 보호하는 방법이다.

데이터 저장의 두 번째 방법은 오프사이트 방법이다. 여러 회사가 오프사이트 컴퓨터 데이터 저장을 제공하며, 이들 회사는 지역적으로 같은 대륙 상에 또는 세계 반대편에 위치하거나 매우 인기 있는 클라우드 저장소를 제공하기도 한다. 이들 회사는 효율적이며 다양한 장치에서 대량의 데이터를 저장한다. 주의해야 할 점은, 회사가 지역적으로 같은 위치해 있다고 해서 데이터가 그 지역에 저장된다고 가정해서는 안 된다는 것이다. 많은 회사들이 중개 역할을 할 뿐이며, 실제 이미지는 세계의 여러 다른 곳에 저장될 수 있다. 데이터가 어디 저장되고 저장 시설을 누가 관리하는지를 알고 있는 것이 현명하다. 특히 지역 정치나 격동적인 날씨로 인해 저장시설이 파괴되는 경우에는 더욱 중요해진다.

요약 _Summary

디지털 이미징은 CR 또는 직접 DR을 통해 확실한 발전을 이룬 방법이다. 연구가 계속되면서 방사선 노출을 제한하고 고품질의 이미지를 제공하는 이미징 응용 프로그램을 위해 기술을 사용하는 방법은 무한하다. 모니터 기술은 현저히 향상되고 끊임없이 진화하고 있다. 데이터 저장은 연구가 계속 확장하는 분야이며, 고급 저장 방법은 점점 더 작게 그리고 편리하게 변하고 있다.

복습 문제 _Review Questions

1. 컴퓨터 방사선 촬영 기술은 필름 이미징 과정에서 한 단계를 제거한다. 이 단계는:
   a. 이미지 보관
   b. 환자 데이터 입력
   c. 이미지 처리
   d. 카세트 재장착
2. 디지털 이미징은 이미징 프로토콜에서 여러 단계를 간소화 한다. 이는 다음과 같은 이유 때문이다:
   a. 노출이 이루어지면 이미지와 관련된 모든 작업이 완료되기 때문에
   b. 동물보건사는 컴퓨터에서 환자 데이터를 입력할 필요가 없기 때문에
   c. 동물보건사는 노출 이후 이미지를 추적할 필요가 없기 때문에
   d. 동물보건사는 방사선 촬영 장치에 대한 책임이 아닌 환자에 대한 책임만 있기 때문에
3. 컴퓨터 방사선 촬영은 전통적인 방사선 촬영과 다음과 같은 점이 비슷하다t:
   a. 카세트의 구성이 동일하다.
   b. 처리 방법이 유사하다.
   c. 두 기술 모두 유사한 크기의 카세트를 사용한다.
   d. 두 가지 방법 모두 동물보건사가 카세트를 열어야 한다.
4. CR 카세트 내의 이미지 플레이트는:
   a. 이미지 품질 저하가 있을 수 있으므로 곧바로 처리하는 것이 좋다.
   b. 6~8시간 정도 지연 후 처리할 수 있다.
   c. 노출 후 약 6~8시간 동안 이미지를 보존한다.
   d. 노출 후에는 이미지를 무기한으로 보존할 수 있다.
5. CR에서 이미지를 읽기 위해, 레이저는 다음 중 어디를 통과하는가?
   a. 카세트에서 꺼내진 이미지 플레이트를 통과한다.
   b. 리더기에 넣은 후 카세트를 통과한다.
   c. 디지털 플레이트의 인광체를 통과한다.
   d. 노출 후 리더기에 넣기 전에 IP를 통과한다
6. IP는 아침마다 또는 비사용 기간 후에 "플래쉬(flash)" 되어야 하는 이유는 무엇인가?
   a. 화학물질이 플레이트 상에 발생하기 시작하기 때문이다.
   b. 배경 방사선에 민감하기 때문이다.
   c. 플레이트가 리더기에 남겨져 있기 때문이다.
   d. IP가 사용된 후에는 항상 탁한 상태로 유지되기 때문이다.
7. CR 시스템의 스피드는 400 스피드 필름/스크린 이미징 시스템과 유사하다.
   a. 참
   b. 거짓
8. 디지털 이미징이 컴퓨터 방사선 촬영에 비해 더 효율적인 이유는 다음과 같다:
   a. 전체 카세트 리로드, 처리, 및 프로세스 단계가 생략되기 때문이다.
   b. 별도의 이미지 처리 과정이 필요하지 않으며, 완전한 과정이기 때문이다.
   c. 카세트가 이미 테이블 밑에 있기 때문에 더 빠르기 때문이다.
   d. 모든 검사에 대해 동물보건사가 하나의 기법만 사용하도록 유도하기 때문이다.
9. 동적 범위는 다음과 같이 정의 된다:
   a. 이미지에 윈도우와 레벨을 적용할 수 있는 능력이다.

b. 디텍터가 다양한 조도 강도에 대해 반응할 수 있는 능력이다.
c. 이미지가 후처리된 후의 조도 범위이다.
d. 이미지가 후처리된 후의 명암 대비이다.

10. 박막 트랜지스터는 (TFT) 다음을 위해 사용된다:
    a. 빛의 강도를 컴퓨터 구성 요소로 전달하기 위해
    b. 신호를 소리로 변환한 다음 전기 시스템으로 전달하기 위해
    c. 방사선 신호를 컴퓨터 내의 회로 기판으로 전달하기 위해
    d. 방사선 신호를 직접 디지털 수신기로 전달하기 위해
11. 직접 디지털 시스템은 다음을 사용한다:
    a. 세슘 아이오다이드와 중간 플레이트
    b. 박막 트랜지스터와 세슘 아이오다이드
    c. 비정질 셀레늄을 신호 전송에 이용한다.
    d. 비정질 실리콘을 신호 전송에 사용한다.
12. 윈도잉은 이미지를 개선하기 위한 기술로, 다음 중 무엇에 영향을 미치는가?
    a. 알고리즘
    b. 명암 대비
    c. 밀도
    d. 해상도
13. 레벨링은 방사선 사진을 향상시킬 수 있지만 주로 다음 중 어떤 것에 영향을 미치는가?
    a. 밀도
    b. 주파수
    c. 해상도
    d. 공간 대비
14. 영상 저장 및 통신 시스템은 이미지를 다음 중 어디에 저장하는가?
    a. 로컬 하드 드라이브나 인터넷을 통해 전 세계 어디든지 저장 가능하다.
    b. 컴퓨터에 남아 있어야 하는 여러 개의 로컬 하드 드라이브에 저장한다.
    c. 여러 개의 하드 드라이브에 저장되지만 시설 내에서만 안전하게 보관한다.
    d. 컴퓨터의 하드 드라이브에는 결코 저장하지 않는다(실패 가능성 때문에).

SECTION THREE

특수 영상_Specialized Imaging

CHAPTER 6
초음파
Ultrasonography

Robert F. Hylands DVM

초음파 기술은 매우 귀중한 진단 방법이 되었다.

새로운 경험으로 확장된 마음은 결코 예전 차원으로 돌아갈 수 없습니다.

—Oliver Wendell Holmes, Jr., American author, 1841~1935

개요

학습 목표

이 장을 마치면 다음을 수행할 수 있다.

1. 실시간 초음파 영상의 원리를 이해할 수 있다.
2. 초음파 영상의 허상과 제한 사항을 인식할 수 있다.
3. 다양한 프로브 유형과 기능을 식별할 수 있다.
4. 다양한 영상 모드를 설명하고 그들의 적용에 대해서 논의할 수 있다.
5. 신체 시스템과 관련하여 임상적인 적용을 논의할 수 있다.

적용 분야

이 장에 있는 정보의 적용은 다음 영역과 관련이 있다.

1. 대체 진단 영상이 필요한 경우 초음파 영상을 생성하는데 사용한다.

주요 용어

음향 임피던스(Acoustic impedance)
B 모드(B-mode)
밝기(Brightness)
시네 루프(Cine loop)
컬러 플로우 도플러(Color flow Doppler)
연속파 도플러(Continuous wave Doppler)
컨벡스(Convex)
깊이 조절(Depth control)
게인 조절(Gain control)
M 모드(M-mode)
마이크로컨벡스(Microconvex)
위상 배열(Phased array)
위상 배열 프로브(Phased array transducer)
프리셋(Presets)
펄스 도플러(Pulsed Doppler)
섹터 프로브(Sector transducer)
공간 해상도(Spatial resolution)
프로브(Transducer)

수의학에 초음파가 처음 도입된 이후로 지난 몇 년 동안, 이 필수적인 영상 도구의 사용은 폭발적으로 증가하여 다양한 분야에 적용되었다. 초음파는 안전하고 비교적 경제적인 방식으로 진단 능력을 향상시켰다. 임상 초음파검사를 받은 태아들에게 30년 가까이 실시된 엄격한 연구 결과, 초음파가 건강에는 영향을 미치지 않는다는 사실을 확인했다. 미국 초음파 의학 협회(AIUM)의 생체 영향 위원회가 1982년과 1987년에 진행한 연구에서, 진단 초음파는 일반적인 강도에서 환자나 기기 조작자에게 생물학적 영향이 없음을 최초로 입증했다. 1998년에는 세계 보건 기구가 초음파 영상이 안전하고 효과적인 방법임을 밝혔다. 이 단원에서는 초음파 검사의 목표에 대해 기술하고 동물보건사가 기본 원리에 익숙해지도록 할 것이다.

이 단원에서는 독자가 알아야 할 일부 생소한 용어들이 나온다. 이 용어들이 나올 때마다 학생이 참고할 수 있도록 아래에 설명되어 있다.

에코생성능(Echogenicity): 초음파에서 보이는 조직의 외관으로 조직이 소리 파동을 반사하는 능력을 의미한다. 이는 B 모드 디스플레이에서 투사되는 조직의 밝기이다.

무에코성(Anechoic): 내부에 에코가 없는 구조물을 가리킨다. 초음파에서는 매우 어둡거나 거의 검은색으로 표시된다.

고에코성(Hyperechoic): 관심 조직이 보다 강한 음향을 반사하여 주변 조직보다 더 밝게 나타나는 것으로, 이는 인접 구조물에 비교한 주관적인 평가이다.

저에코성(Hypoechoic): 관심 조직이 적은 음파를 반사하고 주변 조직보다 어둡게 나타나는 것으로, 이는 인접 구조물에 대한 주관적인 평가이다.

동에코성(Isoechoic): 두개의 구조물이 서로 상대적으로 유사한 에코생성능 갖는 상태를 말한다.

감쇄(Attenuation): 조직이나 매질을 통과하는 동안 소리의 파동 에너지 손실을 의미한다. 흡수, 반사 또는 산란으로 인해 발생한다.

반향(Reverberation): 소리 파동이 공기와 초음파 프로브와 같이 두 개의 고반사 표면 사이에서 반복적으로 반사되는 것을 의미한다.

근접 영역(Near Field): 프로브에 가장 가까운 관심 구조물의 영역을 의미한다.

원격 영역(Far Field): 프로브로부터 가장 멀리 떨어진 관심 구조물의 영역을 의미한다.

초음파와 일반 방사선: 비교
Ultrasonography and Plain Radiology: A Comparison

초음파의 명확한 장점 중 하나는 실시간 영상을 얻을 수 있다는 점이다. 검사 중에 연속적인 실시간 데이터 스트림이 획득된다. 이 데이터로부터 비디오 녹화를 저장할 수 있으며, 이후 "시네 루프"로 전환할 수 있다. 시네 루프는 관심 영역을 장시간 동안 시각화할 수 있는 연속적인 피드이다. 반면에, 일반 방사선 검사는 촬영 순간의 정지 이미지로 관심 영역을 포착한다.

실시간 영상의 이점은 초음파로 심장 연구를 할 때 명확해 진다. 우리는 심장 수축 과정 동안 심장의 내부 구조물의 움직임과 기능을 관찰할 수 있다. 최신 매트릭스 프로브는 획득한 데이터를 즉시 다중 평면에 투영할 수 있어 이를 한 단계 더 발전시킬 수 있다. 이러한 평면은 컴퓨터에 의해 재구성되며, 심장을 3차원 형식으로 시각화할 수 있게 한다. 이를 **다중평면 재구성**(multiplanar reconstruction, MPR)이라고 하며, 이를 통해 초음파 장비는 자기 공명 영상(MRI) 및 전산화 단층 촬영(CT)과 같은 고급 기술과 유사한 이미지를 투사할 수 있다.

초음파의 두 번째 장점은 진단 프로브를 필요한 방향으

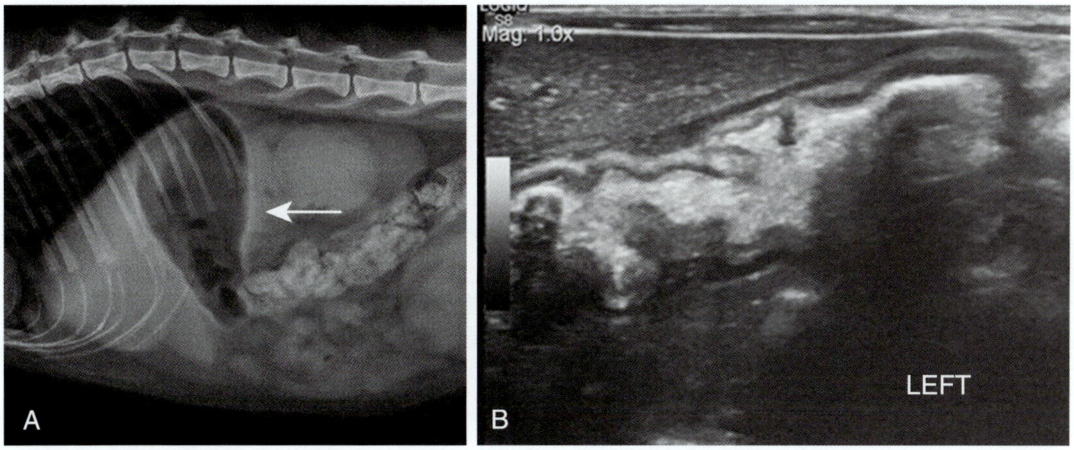

그림 6.1 **A,** 흰색 화살표는 개 복부의 외측상에서 위벽의 윤곽을 나타낸다. 이 이미지를 통해 위벽의 두께나 건강 상태에 대해 매우 적은 정보를 추론할 수 있다. **B,** 오른쪽에 있는 사진은 근접 초음파 검사로 획득한 위벽의 고해상도 이미지이다. 초음파 검사에서는 위의 운동을 관찰하고 위벽의 각 해부학적 층의 세부 정보를 시각화할 수 있다. (Images courtesy RF Hylands.)

로 이동할 수 있다는 점이다. 반면에 방사선 검사는 일반적으로 표준화된 위치 및 방향을 요구한다. 초음파 프로브를 관심 영역 위로 움직일 수 있는 능력은 환자에 대한 훨씬 많은 정보를 제공한다.

우리가 이런 방식으로 고품질의 초음파 장비를 사용할 때, 초음파 프로브(probe)의 여러 민감한 수신기를 사용하면 세밀한 해부학적 세부 사항을 볼 수 있다(그림 6.1A,B).

마지막으로 소개에서 언급한 것처럼, 이온화 방사선(X선)을 사용할 때 필요한 안전 조치는 초음파 검사에서 필요하지 않다. 보호용 가운과 장갑도 필요하지 않으며, 초음파 검사 중에는 여러 명이 방 안에 있을 수 있다.

이 장비에는 다른 많은 장점들이 있으며, 이 단원에서 계속 알아볼 것이다. 이에는 조직과 유체를 통해 세부 병변을 시각화할 수 있는 능력도 포함되며, 이는 전통적인 방사선 영상으로는 어려운 부분이다.

초음파 장비 _The Ultrasound Machine_

원리 _Principles_

초음파 장비의 기본 원리는 초음파 **프로브**에 의해 소리 파동이 생성되고 그 반사된 소리 파동이 돌아오는 것이다. 소리 파동은 조직에 들어가고 프로브로 반사되며, 반사의 강도와 속도는 조직 밀도에 영향을 받는다. 프로브는 반사된 소리 파동을 수신하고 그 정보를 컴퓨터에 전달하여 작업자가 비디오 화면에서 읽을 수 있도록 변환한다.

초음파 장비의 가장 중요한 구성 엘리멘트는 프로브 내의 엘리멘트들이다. 이 엘리멘트들은 주로 압전 세라믹(piezoelectric ceramics)으로 만들어진다. 이 재료는 전류가 흐르는 상태에서 모양을 바꿀 수 있는 독특한 특성을 가지고 있다. 초음파 장비가 원하는 주파수를 방출할 때, 강하고 매우 짧은 전기 파동이 세라믹을 진동시킨다. 이로 인해 세라믹 내부의 결정들이 미리 설정된 주파수로 기계적 진동을 방출한다. 일반적으로 방출되는 소리의 주파수는 2~18메가헤르츠(MHz) 사이이지만, 안과 연구에 사용되는 프로브에서는 최대 50 MHz까지도 사용할 수 있다. 결과적인 음파 파동은 초음파 검사기에 의해 설정된 원하는 깊이로 지시, 방향 조절, 또는 초점을 맞출 수 있다. 각 결정은 **엘리멘트**(element)라고 하는 개별 회로에 연결되어 개별적으로 조절될 수 있고 이를 통해 작업자는 이미지를 시간 지연 방식으로 조절하고 초점을 맞출 수 있다.

소리 파동이 다양한 조직에서 프로브로 다시 반사될 때, 다시 프로브 엘리멘트들과 접촉하여 개별 세라믹의 형태를 왜곡하고 이제는 기계적 에너지를 생성하여 분석하기 위해 기계로 전송한다. 이 전기 전류가 디지털화되어 진단 이미지를 생성하는 데 사용된다.

실용성 _Practicality_

현대의 초음파 장비는 크게 카트형 모델, 노트북형 장비, 휴대용 손잡이 장치 등 다양한 형태가 있다. 각각의 고유한 시스템은 이미지 품질과 소프트웨어 옵션 수준이 다르다. 수의학에서는 초음파 장비를 선택할 때 많은 고려사항이 있다. 예를 들어, 장비가 이용할 수 있는 프로브의 종류와 주파수, 컴퓨터 처리 속도, 화면 모니터 품질 및 다양한 선택적 소프트웨어 애플리케이션 등이 다를 것이다. 일부 장비는 심장 또

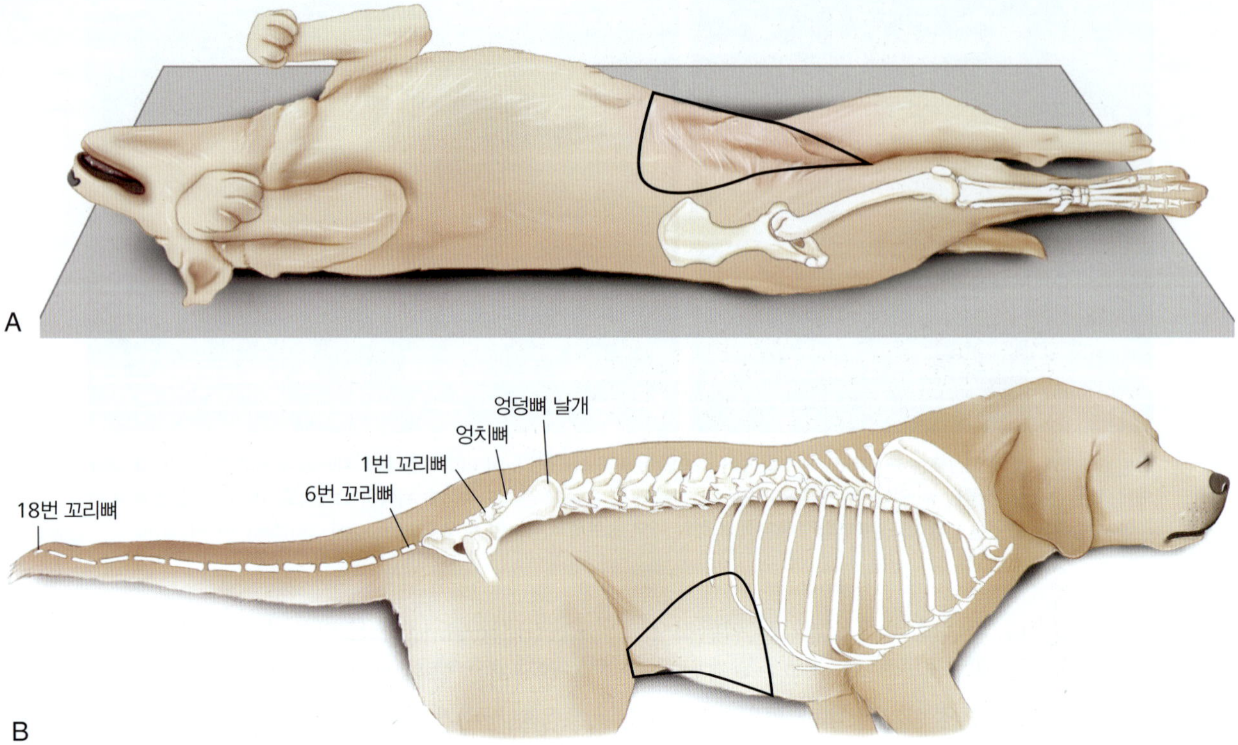

그림 6.2 **A,** 복부 초음파를 위해 환자를 준비할 때 일반적으로 가슴뼈에서 골반의 끝부분까지 복부를 삭모해야 한다. 흉부가 깊은 품종의 경우 11번부터 13번 갈비뼈 사이에 있는 오른쪽 복부도 포함시켜야 한다. 이렇게 함으로써 담낭, 총담관, 그리고 위위 유문을 시각화하는데 도움이 된다. **B,** 심장 검사를 위해서 양쪽 겨드랑이 뒤쪽에 직사각형 모양으로 삭모한다. 이 위치를 찾으려면 팔꿈치를 접으면 팔꿈치의 끝이 갈비뼈에 닿는 지점을 찾는다.

는 일반 영상 플랫폼을 지원할 수 있는가에 따라 다를 수도 있다. 소동물 진료에서는 이차 기능을 갖춘 장비가 가장 유용할 것이다(심장 및 일반 영상을 모두 지원하는 장비).

환자 준비 _Patient Preparation

소동물은 일반적으로 푹신한 보정구 위에 누운 자세 또는 서 있는 자세나 옆으로 누운 자세로 검사를 실시한다. 실제로는 원하는 영상을 얻을 수 있는 거의 모든 자세로 동물을 검사할 수 있다. 심장 검사를 받는 동물은 종종 특수한 심장 테이블을 사용하는데, 이는 테이블 상단의 작은 구멍을 통해 환자의 흉부 "아래" 쪽으로 프로브를 댈 수 있도록 맞춤 설정된 것이다.

큰 동물은 일반적으로 서 있는 자세로 검사를 받는다.

정확한 초음파 검사를 위해 환자는 가만히 있어야 한다. 숨을 헐떡이거나 몸부림치거나 긴장하면 검사를 진행하는 수의사의 진단 능력이 저하되어 영상 해상도와 선명도가 감소한다. 이러한 경우 진단 검사시에 진정제 투여가 필요하다.

소리 파동은 공기를 통과하지 않으므로 프로브는 피부 표면과 직접 접촉해야 한다. 이상적으로는 털을 밀고 피부에 알코올을 뿌려 표면의 유분을 제거한 후(그림 6.2) 젤을 피부 표면과 프로브 표면에 바르는 것이 좋다.

그레이스케일 _Grayscale

초음파는 일반 방사선 사진보다 훨씬 넓은 범위의 조직 밀도를 시각화한다. 이는 컴퓨터가 초음파로 얻은 이미지에서 볼 수 있는 것보다 더 큰 "그레이스케일"을 인식하기 때문이다(그림 6.3A~F). 일반적으로 초음파로 얻은 이미지의 디스플레이에는 적어도 256 단계의 회색조가 포함된다. 이는 일반 방사선 사진과 비교하여 매우 우수한 대비 수준을 만들어 낸다. 비교적으로 인간의 눈은 약 30~60 단계의 회색조를 구별할 수 있다(그림 6.4A~C).

초음파 영상 모드 _Modes in Ultrasound Imaging

초음파 영상에서 수집된 에코 데이터는, 검사 조직의 특성에 대한 서로 다른 해석들을 나타내는 특정 이미지로 형식화될 수 있다. 다음은 각 모드의 개별 특성에 대한 간략한 개요를 포함한 목록이다.

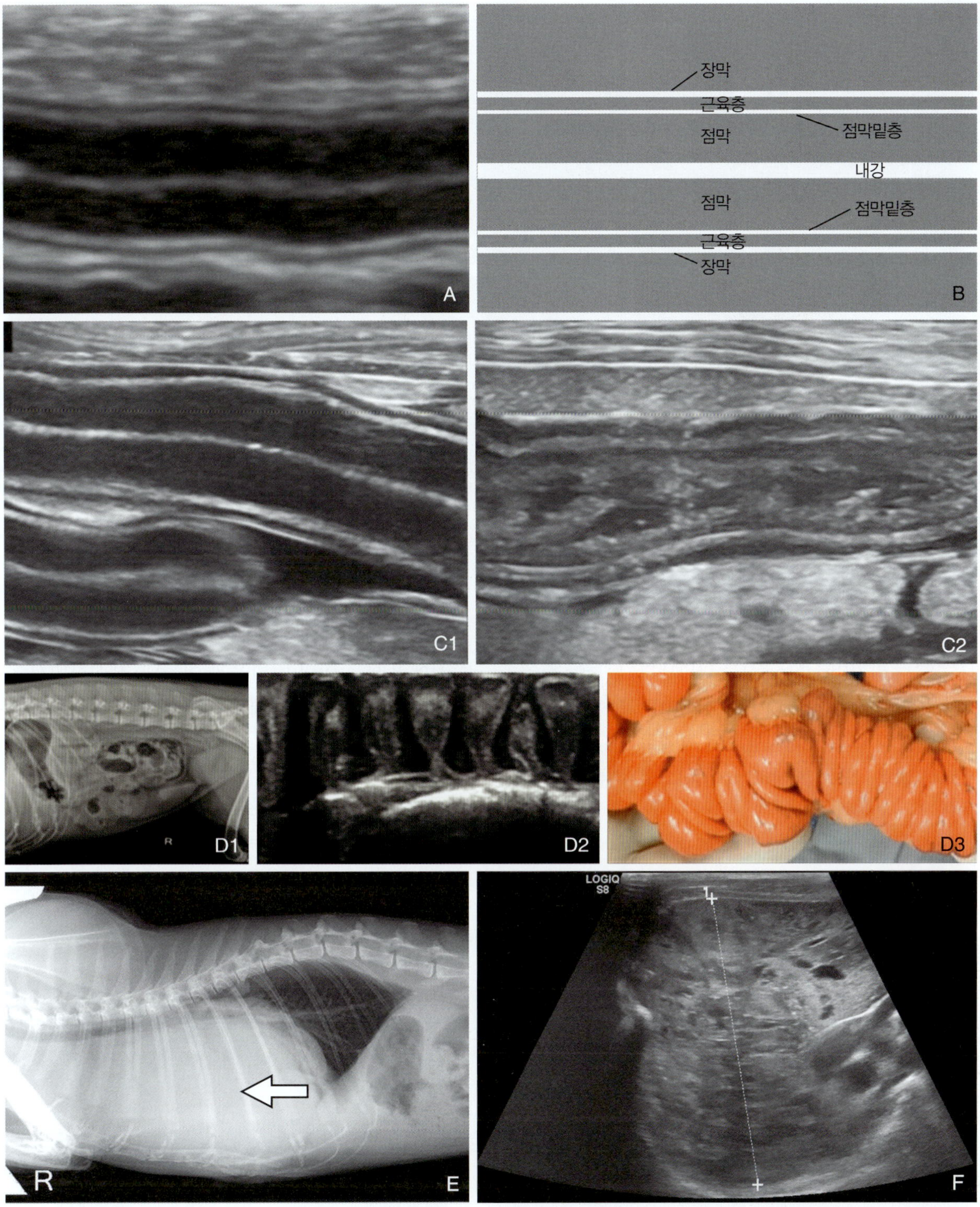

그림 6.3 **A**와 **B,** 개의 공장 분절과 그 구조적 요소를 보여주는 초음파 사진. 음파가 다양한 조직 밀도를 가로지르는 동안 음향 저항이 장기의 해부학적 층마다 대조를 발생시켜서 서로 다른 속도로 시각화된다. 이러한 변수들은 각 밀도를 나타내는 서로 다른 회색 음영으로 이어진다. 이는 각각 다른 개별 층의 변화와 관련될 수 있으므로 다양한 유형의 장기 병리를 식별하는 데 유용하다. **C,** 두 번째 이미지 행은 정상적인 공장 분절(*왼쪽*)과 불규칙한 분절로 표현되는 고에코성 안쪽 점막층(*오른쪽*)을 보여준다. 이는 점막 탈락을 나타낸다. **D,** 가운데 초음파 이미지는 소장 내부에 선형 이물이 존재하여 소장을 주름지게 만든 것을 보여준다. 오른쪽 이미지는 수술중 확인된 것과 동일한 폐색 패턴을 명확하게 보여준다. 왼쪽의 방사선 사진과 비교하여 초음파에서 얻은 정보를 비교해 보라. **E**와 **F,** 아래쪽 이미지 세트는 방사선 사진(*왼쪽 아래*)으로 액체와 같은 정도의 방사선비투과성을 보이는 물질이 흉강(*흰색 화살표*)의 앞쪽에 차 있는 것을 보여준다. 이 방사선 사진에서 심장, 흉강내 액체, 그리고 종양의 윤곽을 구분할 수 없다. 향상된 그레이스케일로 인해 초음파(*오른쪽 아래*)는 명확히 큰 낭성 종양으로 밀도를 식별한다. 이것은 흉선종으로 진단되었다. (Images A, C–F courtesy RF Hylands.)

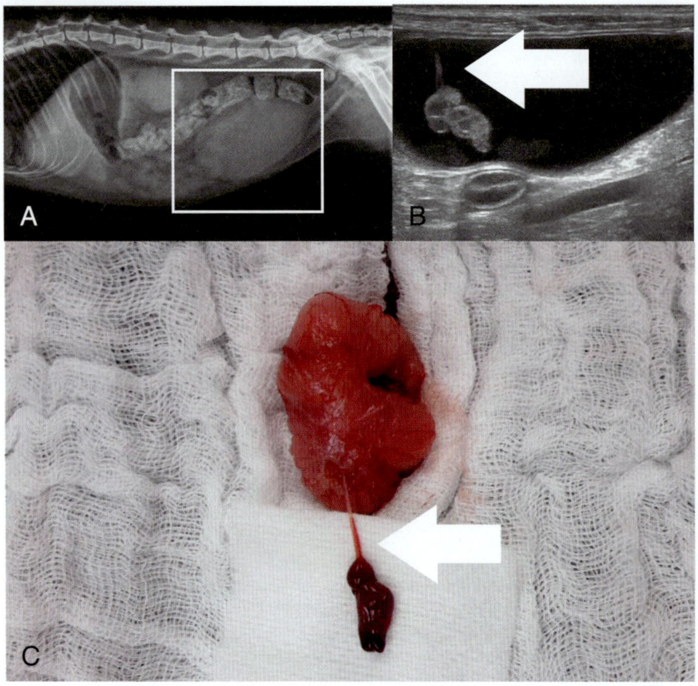

그림 6.4 **A,** 복부 방사선사진에서 하얀 박스로 표시된 영역(*왼쪽 상단*)은 일반적으로 방광이 차지하는 영역이다. 일반 방사선 사진에서는 그레이스케일의 제한 때문에 액체 외에는 요로 내용물을 시각화하는 것이 어렵다. **B,** 이를 초음파검사상에서 확인된 방광내 폴립과 비교해 보라. 이전에는 발견되지 않았다. 이 폴립의 진단은 넓은 동적 범위 또는 그레이스케일로 얻은 증가된 대비에서만 확인되었다. 세세한 부분까지 시각화가 가능해져서 자세히 살펴보면 방광벽에 붙어있는 얇은 줄기(**C**)를 시각화할 수 있다(*흰색 화살표*). (Images courtesy RF Hylands.)

B 모드 _B Mode

B 모드에서 "B"는 밝기(brightness)를 나타낸다. 되돌아온 에코의 강도와 속도가 프로브로 전송되어 해석되고, 이후 화면 상의 이차원 이미지 내에서 디지털화된 픽셀로 변환된다. 픽셀은 고에코성(밝음) 또는 저에코성(어둠)으로 분류된다(그림 6.5, 6.6).

256 단계의 그레이스케일 음영 전체 범위가 이미지를 구성하는 각 픽셀을 생성하는 데 사용된다. 스캔에 사용되는 프로브 유형과 주파수에 따라 픽셀간의 공간 해상도(또는 거리)는 최소 0.3 mm까지 낮아질 수 있다.

M 모드 _M Mode

"M"은 움직임(motion)으로 해석된다. 이 모드에서는 B 모드로 표시된 관심 영역 위에 커서라인이 설정된다. M 모드는 동시에 B 모드 이미지(밝음과 어둠)를 생성하면서 조직의 운동을 이차원 스케일 상에 표시한다. 이로써 연속적인 파형이 생성되며 각 픽셀이 커서 라인과 교차하는 지점을 표시한다.

M 모드는 특히 심장을 평가할 때 유용하다. 이 모드를 사용하여 각 밝은 픽셀과 어두운 픽셀의 움직임을 표시함으로써 심장 수축 주기의 다른 단계에서 심실 벽의 두께와 지름을 결정할 수 있다. 우리는 심장 크기를 측정하고 심실 내에서 판막 운동을 평가할 수 있다.

도플러 _Doppler

이 모드는 혈류 및 기타 체액의 흐름을 영상화하면서 그 속도를 측정하는 데 사용된다. 네 가지 다른 도플러 기법이 있다.

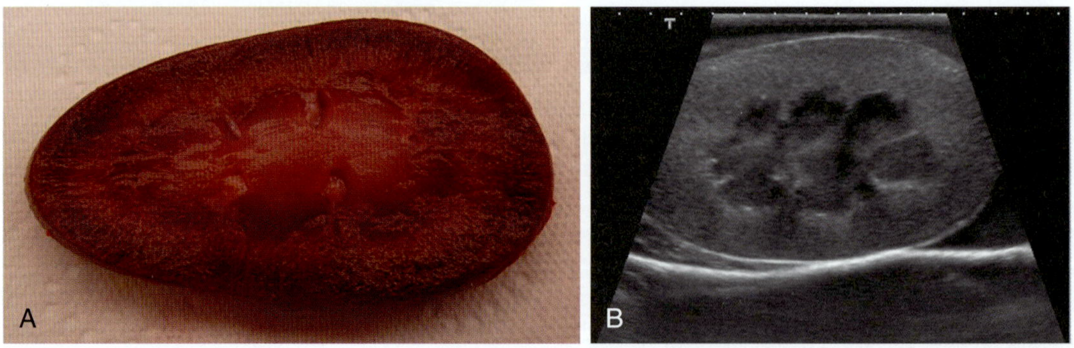

그림 6.5 B 모드 이미지로 촬영된 신장의 이미지이며, 잘랐을 때의 장기의 단면 사진(**A**)과 해당 초음파 검사(**B**) 사이의 강력한 해부학적 상관 관계를 보여준다. (Images courtesy RF Hylands.)

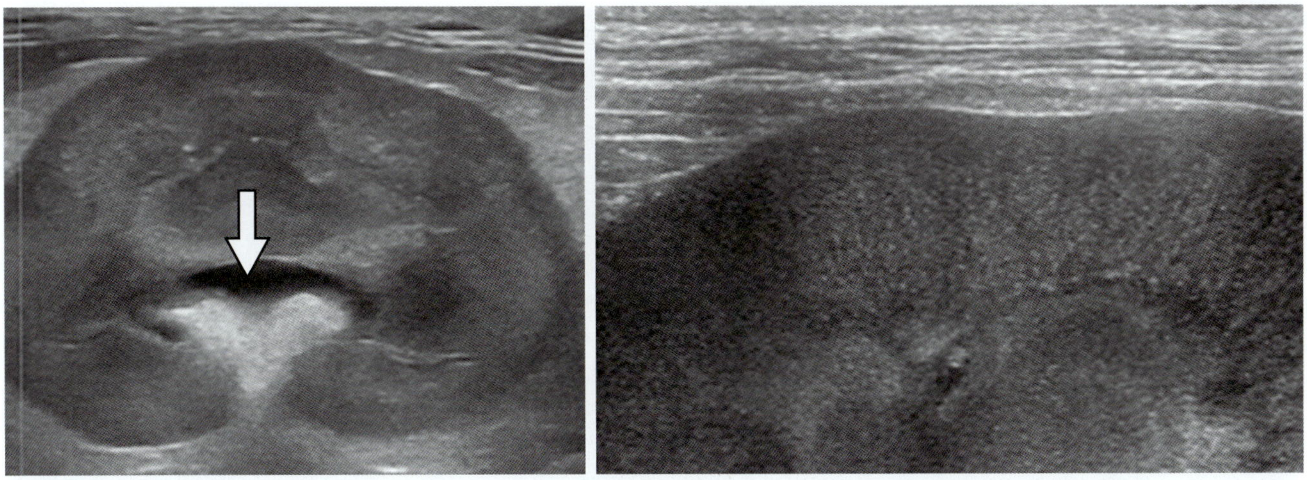

그림 6.6 두 개의 개별적인 신상의 고해상도 이미지는 기관의 해부학적 모양을 비롯하여 이전에는 없던 세부 정보를 보여준다. 왼쪽의 이미지는 신장 깔대기 부분에 액체가 저류하는 것(신우확장증)을 보여주며, 오른쪽 이미지는 신장 피질로의 종양 침습 경계부를 보여준다. (Images courtesy RF Hylands.)

컬러 도플러 _Color Doppler

컬러 도플러에서는 수집된 정보가 B 모드 이미지 위에 덮어씌워져 표시된다. 이 응용 프로그램은 1980년대 중반에 처음 도입되었다. 선택한 컬러 맵에 따라 다양한 그라데이션의 겹쳐진 색상이 있다. 일반적으로 혈액 흐름을 추적하기 위해 표준 이미징에서는 초음파 프로브로부터 멀어지는 혈류를 파란색으로 표현하고, 초음파 프로브로 향하는 혈류는 빨간색을 사용한다. 이는 약어 BART (blue away/red toward)를 통해 잘 기억될 것이다(그림 6.7).

더 민감한 다른 유형의 컬러 매핑을 추가함으로써 정상적인 층류형 혈류 내에서 비정상적인 난류를 감지할 수도 있다.

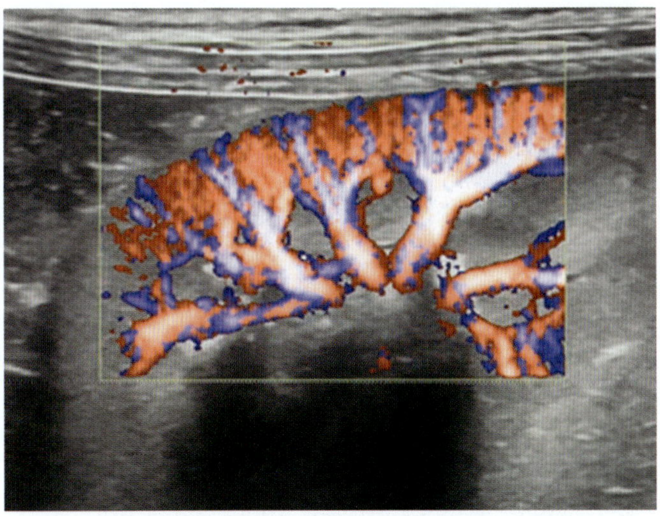

그림 6.7 신장 내 혈류를 보여주는 컬러 플로우 이미지이다. (Images courtesy RF Hylands.)

파워 컬러 도플러 _Power Color Doppler

이 검사는 혈류의 흐름에 대해 매우 민감하지만 그 방향을 식별하지 않는 다른 형태의 컬러 이미징이다. 이는 주로 방향성 흐름보다는 흐름 자체를 감지하는 것이 더 중요한 조직에서 낮은 속도를 감지하기 위해서 사용된다. 이는 종양에서 혈관상(혈관 패턴)을 평가하는 경우를 예시로 들 수 있다.

펄스파 도플러 _Pulsed Wave Doppler

이름에서 알 수 있듯이, 펄스파 도플러(PW)는 송신 및 수신하는 음향 신호를 번갈아 보내는 변조기(Transducer)에 의해서 생성된다. 이를 통해 분석 대상 지역을 매우 작은 샘플 볼륨 또는 "게이트(gate)" 이내로 설정할 수 있다. 샘플링 또는 수신 영역은 동시에 B 모드 이미지를 횡단하는 커서 라인을 따라 어디에나 설정할 수 있다. 펄스파 도플러는 0.4~0.6 m/s 범위의 혈류 속도를 측정할 수 있어서 소형 말초 혈관에 매우 유용하다. 펄스파 도플러는 최대 1.4 m/s의 혈류 속도까지 감지할 수 있다. 이 속도에서 프로브는 **니퀴스트 포인트**(Nyquist point)에 도달하게 된다. 이 지점을 넘어서면, 변조기는 역방향이나 흐름 반전으로 부정확하게 표시되어 실제 측정값을 정확하게 측정할 수 없다. 이러한 속도에서는 펄스파 도플러 대신 연속파(CW) 측정을 해야 한다(그림 6.8).

연속파 도플러 _Continuous Wave Doppler

이러한 유형의 도플러 이미징은 스캐너에 두 개의 서로 다른 크리스탈 세트가 동시에 함께 작동해야 한다. 한 세트의 크리스탈은 지속적으로 신호를 발신하고, 다른 세트는 수신한다. 이를 통해 선천성 심장 질환에서 발견되는 매우 높은 속도의

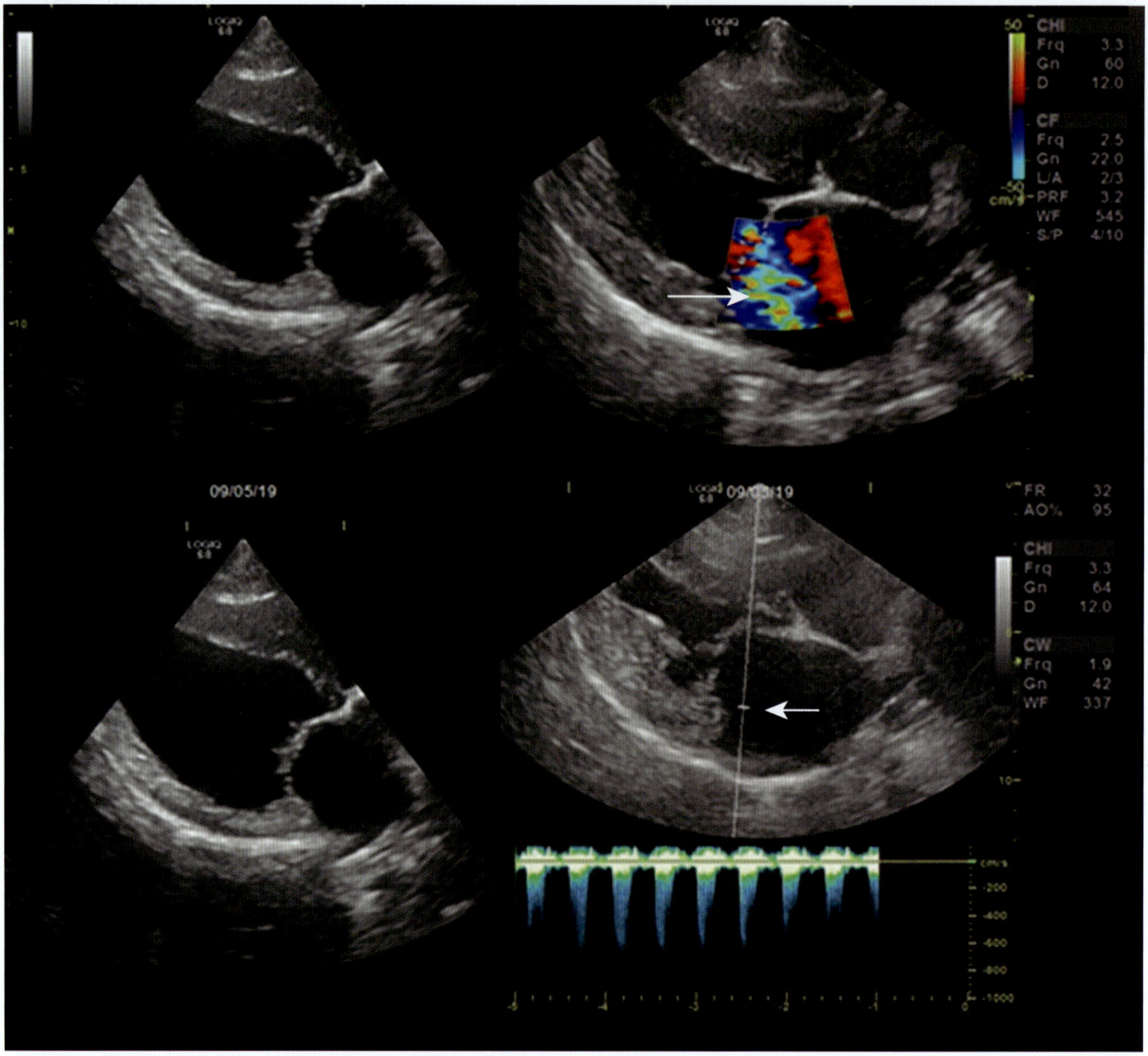

그림 6.8 심초음파. 초음파 검사에는 도플러 평가도 포함되어 있으며, 이로 인해 승모판 역류 제트(*큰 흰색 화살표*) 및/또는 심실 내 혈류의 속도와 파동 양식과 같은 이상을 감지할 수 있다(*작은 흰색 화살표*). (Images courtesy RF Hylands.)

혈류를 연구하는 동안 정확한 측정이 가능해진다. 그러나 특정 깊이에서 흐름을 선택적으로 측정하는 데는 상대적으로 덜 정확하며, 펄스파 도플러연구와 같이 게이팅(gating)을 적용할 수 없다.

조직 고조파 모드(하모닉 모드) _Harmonic Mode

조직 고조파의 사용은 매우 크거나 비만 환자의 초음파 허상(아티팩트에 대한 단원 참조)을 감소시키는 데 도움이 된다. 이 모드에서는 고조파를 포함한 하나 또는 여러 개의 깊고 관통력 있는 주파수가 몸 안으로 방출된다. 전반적인 목표는 더 깊은 균일한 관통력을 보유한 상태로 더 적은 허상을 발생시키는 것으로, 이 모드는 소프트웨어를 이용하여 반사되는 음파를 필터링하고 더 명확한 이미지를 얻기 위에 이를 방해하는 반향("노이즈"로 간주되는)을 제거한다. 이미지 품질을 개선하는 데 사용되는 다른 응용 프로그램으로는 스펙클 감소와 복합 이미징이 있다.

다중면 재구성 _Multiplanar reconstruction, MPR

MPR은 여러 면에서 이미지를 재구성하여 모니터에서 동시에 시각화하는 과정을 의미한다. MPR은 CT와 MRI 검사에서는 예전부터 일반적으로 사용되었지만, 초음파 분야에서는 비교적 최근에 도입된 이미징 형식이다. 이러한 이미지를 획득하기 위해 부피 초음파 프로브(volume transducers)가 필요하다.

3차원 및 4차원 모드
Three-Dimensional and Four-Dimensional Modes

현재 수의학에서는 실용성이 제한적이지만, 인간 초음파 검사에서는 정지된 3차원 및 시간 경과에 따른 4차원 재구성이 모두 가능하다. 이는 주로 인간 태아, 산과학 및 심장 판막 영상에 주로 사용된다. 새로운 응용분야가 등장함에 따라서 이러한 기술들이 수의학적인 용도로 확대 사용될 가능성이 있다.

이미지 후가공 및 측정
Postimaging Processing and Measurements

디지털 기술의 도입으로, 검사 결과를 원본 형식으로 저장하여 나중에 검토할 수 있게 되었다. 이로 인해 검사가 완료된 이후에도 다양한 계산을 할 수 있다. 동물보건사는 데이터를 다시 형식화하여 사례 연구를 완성하는 데 참여할 수 있다.

"노브학" _Knobology

모든 초음파 장비는 제조사에 관계없이 기계의 성능과 영상 품질을 수정할 수 있는 공통된 기기 조정 기능을 가지고 있다. 이러한 조정은 기계의 조작 장치(노브와 패널을 조작)를 통해 수동으로 이루어질 수 있으며, 소프트웨어 기반의 터치 스크린을 통해 접촉으로 이루어질 수도 있다(그림 6.9).

게인 _Gain

게인 조정은 영상의 밝기에 영향을 미친다. 이는 특정 검사를 위해 영상을 형식화할 때 사용되는 그레이스케일 범위에 영향을 준다. 대부분의 기계는 시작 기준 영상으로 사전 형식화된 그레이스케일과 컬러맵을 선택할 수 있다. 이 선택은 필요한 초음파 검사에 따라 달라진다. 예를 들어, 심장 검사는 전체 그레이스케일 범위가 필요하지 않은 대신 심장 근육의 가장자리를 더 잘 표시하기 위해 고대비 이미지를 사용한다. 반면 복부 검사는 장기나 조직 내의 작은 해부학적 변화를 더 잘 탐지하기 위해서 넓은 범위의 그레이스케일을 사용한다.

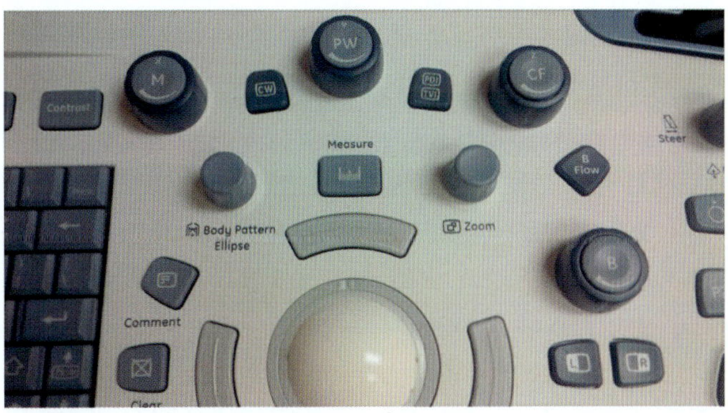

그림 6.9 이미지 컨트롤 옵션이 표시된 초음파 장비. (Images courtesy RF Hylands.)

깊이(심도) _Depth

각 유형과 크기의 초음파 프로브는 송신 및 수신할 수 있는 음파의 최대 및 최소 깊이가 설정되어 있다. 관심 영역을 영상화할 때 흔히 범위를 너무 깊게 설정하는 실수가 발생한다. 주변 구조물에 비해 조직을 더 잘 표현하는 것처럼 보일 수 있지만, 이는 결국 더 정밀한 장기 세부사항을 제공할 수 있는 소중한 픽셀을 낭비하게 된다. 일반적인 지침으로는 더 정밀한 분석을 위해서 관심 영역이 모니터 화면 전체를 채우도록 검사의 깊이를 제한해야 한다.

시간 게인 보상 _Time Gain Compensation

이 기능은 작업자가 다양한 깊에서 선택적으로 게인을 조절할 수 있도록 한다. 깊은 구조물에서 돌아오는 에코는 더 많은 조직을 통과하면서 감쇄되므로 더 먼 영역의 이미지 일부가 어둡게 보일 수 있다. 시간 게인 보상(TGC) 조정을 통해서 검사 영역의 전체 깊이에 걸쳐 부드러운 그레이스케일 이미지를 얻기 위한 게인을 보상할 수 있다. 이 조정은 종종 여러 깊이에서 밝기 수준에 영향을 미치는 슬라이딩 탭들을 조작하여 수행한다.

프리셋 _Presets

이는 제조사가 미리 입력해 놓은 설정값이다. 기계 소프트웨어 포함된 이러한 설정값들은 필요한 검사 유형에 따라 프로브의 성능을 극대화하기 위해 프로그래밍되어 있다. 심장 검사를 위해 프리셋을 선택하면 성인 또는 신생아에 대한 도플러 감도 범위 등과 같은 매개 변수에 영향을 미치게 된다. 프리셋은 동적 범위, 게인 설정, 그레이 맵 선택, 프로브의 주파수, 초점 영역 수 및 검사의 깊이 등에 영향을 미친다. 일부 기계에서는 작업자가 이러한 프리셋을 수정하거나 자신만의 프리셋을 생성하고 저장할 수 있다. 이는 개인의 선호도에 따라 달라질 수 있기 때문이다.

초점 영역 _Focal Zones

초점 영역을 조정하면 초음파 빔이 검사 중 특정 깊이에서 더 수렴하게 된다. 이렇게 함으로써 관심 영역에서의 축 방향 및 측방향 해상도를 극대화할 수 있다(정의 참조). 이러한 초점 설정은 프로브의 근거리 영상 파라미터 내에서 선택하는 것이 가장 효과적이다. 한 번에 최대 두 개의 초점 영역만 사용하는 것이 좋으며, 어떤 장비들은 작업자가 최대 다섯 개까지 선택할 수 있도록 허용하지만, 일반적으로 두 개 이하로 사용하는 것이 권장된다.

주파수 선택 _Frequency Selection

개별 프로브는 초음파 프로브 내부에 사용되는 피에조전기 세라믹 크리스탈의 특성에 기반하여 일정 주파수 범위의 음파를 생성한다. 주파수 선택 "노브"를 통해 작업자가 해당 프로브에서 허용되는 범위 내의 주파수를 변경할 수 있다. 이는 음파의 조직 내 최대 침투 깊이에 영향을 미친다. 주목할 점은 침투 깊이와 사용된 주파수는 반비례 관계에 있다는 것이다. 더 높은 주파수를 사용하는 장점은 해당 영역의 해상도를 최적화하는 것이다.

최적화 _Optimization

많은 최신 장비에서 찾을 수 있는 또 다른 옵션은, 최적의 이미지를 얻기 위해서 자동으로 설정을 최적화하는 단일 단계 조정이다. 이 설정을 선택하면 음파가 몸의 특정 부분을 통과하는 동안 게인 설정과 조직 고조화를 조정하여 이상적인 이미지를 얻을 수 있게 된다. 초음파 제조업체마다 이 옵션에 다른 이름을 사용할 수 있지만, 최종 결과는 비교적 유사하다. 이는 개별 설정과 조정에 대한 지식이 부족한 작업자들이 빠르게 최상의 이미지를 얻을 수 있도록 도와주는 것을 목적으로 한다.

프로브 _Transducers

이전에 논의한 것처럼, 초음파 프로브(또는 프로브)의 목적은 전기 에너지를 기계적 에너지(음파)로 변환하고, 이 음파가 조직에 침투한 다음 반사된 음파를 다시 전기적 신호로 받아들여 컴퓨터에서 읽는 것이다. 이 과정은 피에조전기 크리스탈 엘리멘트들에 의해 수행되며, 이들 엘리멘트는 전기적 또는 기계적 자극에 대해 모양을 바꾸고 진동한다.

초음파 영상의 가장 큰 발전은 1990년대 초에 이루어졌으며, 이때 고속 디지털 전자기기와 강력한 컴퓨터 플랫폼의 개발이 급속도로 이루어졌다. 시스템의 디지털화로 인해 처리 소프트웨어에 대한 다양하고 섬세한 조정이 가능해 지면서 신호의 잡음과 허상이 급격하게 감소하게 되었다. 개별

Transducer Frequencies

Increasing frequency
- Decreases penetration capability
- Increases fine detail. Provides better spatial resolution

	Depth	Wavelengths	Max spatial resolution
3 MHz	20 cm	0.44 mm	0.76 mm
5 MHz	15 cm	0.31 mm	0.62 mm
7.5 MHz	10 cm	0.21 mm	0.42 mm
10 MHz	7 cm	0.15 mm	0.33 mm

그림 6.10 프로브 주파수에 따른 관통 깊이와 공간 해상도의 비교. (Images courtesy RF Hylands.)

프로브의 엘리멘트 수는 64개에서 500개까지 다양하게 존재한다. 동시에 수신 및 처리 속도의 향상은 고급 연구를 위한 검사 영상의 이미지 품질과 해상도에 직접적인 영향을 미친다.

프로브 주파수 _Transducer Frequency

프로브의 주파수 출력을 증가시키면 검사가 가능한 최대 깊이와 반비례 관계가 발생한다. 즉 프로브의 주파수가 높을수록 더 얕은 깊이까지 침투할 수 있다. 두 번째로, 프로브의 주파수를 증가시키면 측방향 공간 해상도와 직접적인 관계가 있다(그림 6.10).

측방향 공간 해상도는 서로 인접하지만 음파와 수직인 두 개의 개체나 에코를 구별할 수 있는 능력을 의미한다. 이는 음파의 폭에 영향을 받는다. 음파가 가장 좁은 근거리에서 연구할 때 측방향 해상도가 가장 좋다.

프로브의 선택 _Choosing a Transducer

일반적인 소동물 진료에서는 초음파 검사 유형에 따라 최대 세 개 또는 네 개의 다른 유형의 프로브가 필요할 수 있다. 예를 들어, 심장 및 복부 스캔을 모두 수행하는 병원은 일반 복부 초음파만 실시하는 병원보다 더 많은 프로브가 필요할 것이다. 이와 대조적으로 주로 집중적으로 파행을 진단하는 말 병원에서는 대부분 힘줄 연구를 진행하는 데 고주파 선형 프로브만 사용하기도 한다.

세라믹이 진동해서 만들어 내는 주파수나 파장은 이미지 내의 공간 해상도에 영향을 미치기 때문에 상세한 연구에는 더 높은 주파수 프로브가 필요하다(그림 6.11). 많은 고급 초음파 장비는 최대 22 MHz의 주파수까지 낼 수 있다.

프로브는 단일 주파수 또는 다중 주파수 범위를 가지고 있다. 수의학에서는 환자들의 크기와 체중이 다양하므로 단일 주파수 프로브의 사용이 어려울 수 있다.

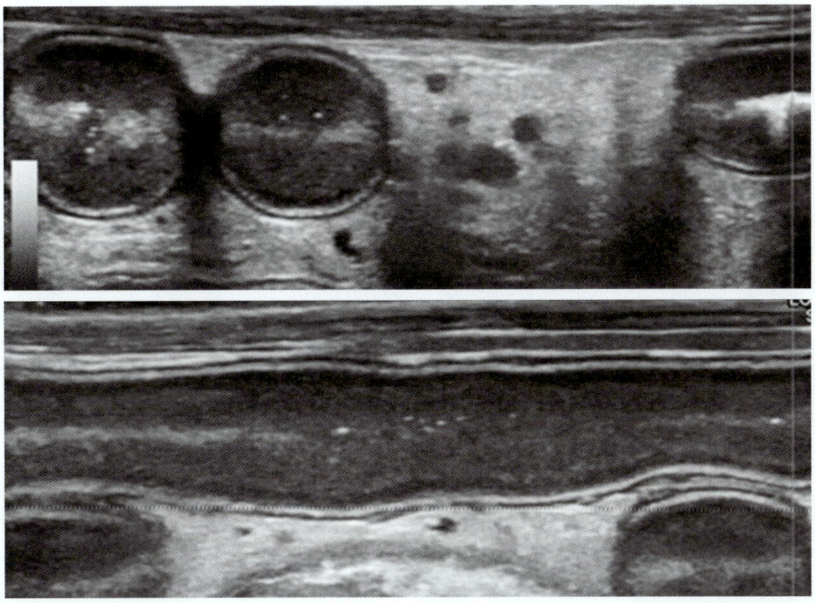

그림 6.11 초음파 검사를 수행하는 장점 중 하나는 프로브를 간단히 회전시켜서 여러 평면에서 영상을 얻을 수 있다는 것이다. 위의 이미지는 공장의 단축 및 장축 이미지를 보여준다. 이 기능으로 인하여 최소한의 노력으로 막대한 양의 정보를 추가할 수 있게 되었다. 실시간으로 영상화되기 때문에 소장의 수축 및 혈액 관류를 포함한 어떤 형태의 운동도 모니터링할 수 있다는 또 다른 장점이 있다. (Images courtesy RF Hylands.)

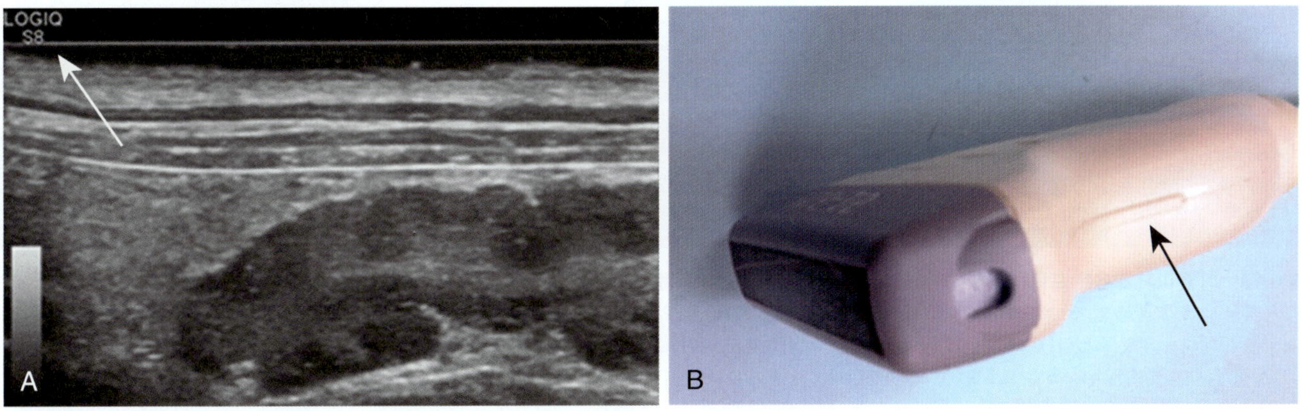

그림 6.12 **A와 B,** 각 프로브에는 모니터 화면에 표시된 방향과 프로브의 방향을 정렬하는 데 도움이 되는 식별 표시가 있다(*화살표*). (Images courtesy RF Hylands.)

마커 _*Markers*

각각의 초음파 프로브에는 함몰된 표면, 돌출된 표면 또는 "사용 중"으로 표시되는 빛 형태의 마커를 가지고 있다. 이 마커는 초음파 스크린의 좌측 상단에 있는 유사한 식별용 태그와 연결된다. 프로브의 마커를 스크린의 마커와 일치시키면 표준화된 초음파 검사를 수행하는 데 도움이 된다(그림 6.12).

표준화된 관행을 따르면, 시상 검사면(sagittal scan plane)에서는 환자의 몸의 두개골 측면이 모니터의 왼쪽에 표시되어야 하며, 횡단면(transverse planes)을 볼 때에는 환자의 우측면이 화면의 왼쪽에 표시되어야 한다. 화면에 나타나는 마커 아이콘과 프로브 위에 새겨진 마커가 검사자가 올바르게 방향을 설정하고 검사 및 기록을 하는 데 도움을 준다.

프로브 유형 _*Transducer Types*

수의사들에게 다양한 종류의 프로브가 제공된다(그림 6.13A~F). 수의학에서 가장 일반적으로 사용되는 프로브는 다음과 같다. 내시경에서 사용되는 프로브, 식도 프로브, 산과학에 사용되는 내강(endocavity) 프로브 등 다른 유형의 프로브들도 있다. 실제 접촉 모양(환자와 접촉하는 프로브의 부분)의 크기, 주파수 범위 및 구조는 프로브와 공급업체마다 다양하게 다르다.

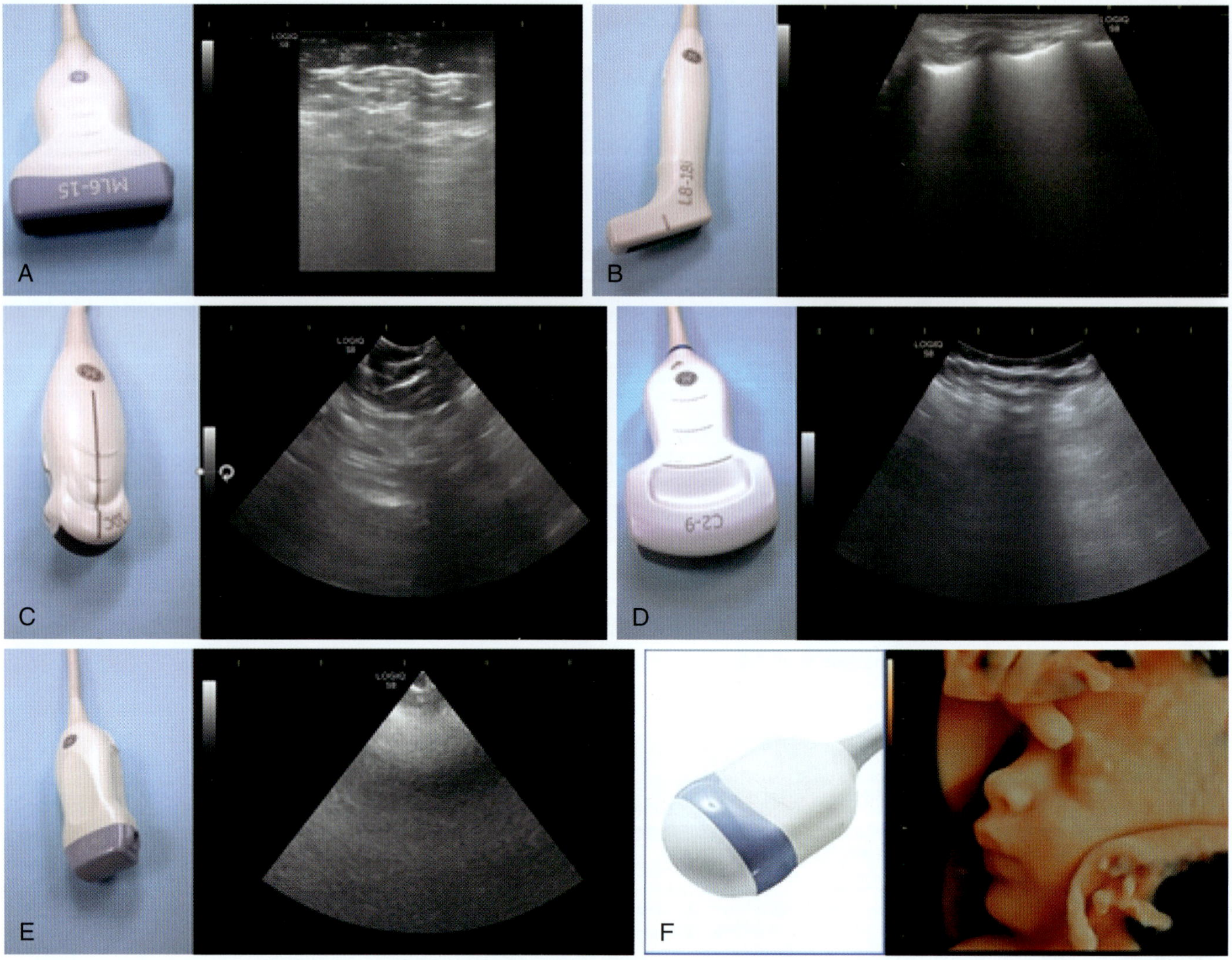

그림 6.13 이 이미지 모음은 프로브의 유형과 개별적인 방향성 음향 빔 형태를 보여준다. 접촉면의 모양에 주목하라. **A,** 고해상도 리니어 프로브의 예 및 방출된 직사각형 형태의 음향 빔. **B,** 비슷한 리니어 프로브로 음향 빔을 사다리꼴 모양으로 변형시킨 것이다. 이렇게 하면 중요한 해상도를 잃지 않으면서 컨벡스 프로브 모양을 모방하는 부분도 있다. **C,** 작은 접촉면과 넓은 빔 패턴을 가진 마이크로컨벡스 프로브. **D,** 비슷한 빔 패턴을 가진 큰 컨벡스 프로브. 큰 접촉면에 주목하라. **E,** 심장 검사에 특화된 위상배열 프로브. 콘 모양에 주목하라. **F,** 3D/4D 프로브. 이러한 큰 프로브는 아직 수의학에서 흔히 사용되지 않는다. (Images courtesy RF Hylands.)

리니어(선형) 프로브 *_Linear Transducer*

선형 프로브 디자인은 초음파 분야에 처음 등장한 프로브 중에 하나였다. 이 프로브는 평평한 접촉 표면을 가지고 있다. 초기 디자인은 프로브 바로 아래 조직의 한정된 직사각형 뷰만 스캔했다. 이로 인해 "측엽 허상(side lobe)"과 같은 많은 허상이 발생했다(이 장의 후반부인 초음파 허상 부분 참조). 디지털 기술의 등장과 음파의 초첨을 맞출 수 있는 기능으로 인해 선형 프로브에는 이제 사다리꼴 영상 옵션이 추가되었다. 이로써 선형 프로브의 고해상도가 유지되면서 곡선형 프로브의 넓은 장점을 얻을 수 있다. 소프트웨어 변경으로도 허상이 크게 감소되었으며, 빠른 처리 시간으로 인해 선형 프로브의 성능이 향상되었다. 이러한 변화 덕분에 최근에는 선형 프로브가 세밀한 영상 진단에 이상적인 도구로서 인기를 얻고 있다(그림 6.13A 참조).

컨벡스 프로브 *_Convex Transducer*

컨벡스 프로브(그림 6.13D 참조)는 섹터 또는 곡선형 프로브(sector or curvilinear probe)로도 알려져 있으며 1970년대 후반과 1980년대 초에 처음 도입되었다. 당시에는 곡선형 모양 덕분에 더 넓은 시야를 제공하지만 공간 해상도를 희생해야 하는 리니어 프로브보다 더 인기가 있었다(특히 인간의 산과학 연구에서). 경우에 따라서는 작은 동물에는 넓은 접촉면이 필요할 수 있다. 리니어 프로브의 사다리꼴 영상이 개선되면서 스캔에서 사용 가능한 세부 정보가 늘어남에 따라 컨벡스 프로브와 리니어 프로브는 거의 동일하게 인기가 있다. 많은 초음파 전문가들은 일반 스캔에는 컨벡스 프로브를 사용한 후 더 높은 해상도의 검사를 위해 리니어 프로브로 전환한다.

마이크로 컨벡스 프로브 _Microconvex Transducer

곡선형 모양 덕분에 컨벡스 프로브와 유사하지만 마이크로 컨벡스 프로브는 훨씬 작은 접촉면을 가지고 있다(그림 6.13C 참조). 이 차이로 인해 더 작은 동물 환자에게 더 적합하다. 특히 갈비뼈 사이의 검사에서는 갈비뼈 사이의 거리로 인해 프로브 시야와 환자와의 접촉이 제한된다. 이 크기 변경의 단점은 엘리멘트 수가 감소되고 넓은 각도로 시야가 확산되어 어느 정도의 화질을 희생해야 한다는 것이다. 마이크로 컨벡스 프로브는 특히 작은 크기의 개, 고양이 그리고 야생동물에게 유용하다.

위상 배열 섹터 프로브 _Phased Array Sector Transducer

위상 배열 프로브에는 복잡한 타이밍 시퀀스로 자극되고 회로에 의해 제어되는 피에소선기 엘리멘트들이 포함되어 있어 동시에 서로 다른 깊이에서 초점과 음파 방향 조정을 실시할 수 있다. 이러한 유형의 프로브에서는 크리스탈들이 전자적으로 발사 시간 지연을 통해 조정된다. 이들은 주로 심장 연구에 사용되며, CW 모드를 제공하는 독특한 능력을 가지고 있다(그림 6.13E 참조).

매트릭스 프로브 _Matrix Transducer

매트릭스 프로브는 가장 최근에 개발된 프로브 유형으로, 글을 쓰는 시점에서는 일부 업체에서만 제공하고 있다. 기술의 지속적인 발전과 프로브 크기가 약간 더 관리 가능해 지면 이러한 종류의 프로브가 다른 프로브들을 대체할 가능성이 있다. 이 프로브는 내부에 높은 밀도의 엘리멘트들이 설치되어 있기 때문에 동시에 다양한 평면에서 스캔하는 능력을 제공한다. 이 2차원 매트릭스는 작업자가 관심 영역(예: 심장 판막)의 3차원 이미지를 생성하도록 도와준다. 하지만 비용적인 문제 때문에 현재 수의학에서는 제한적으로 사용되고 있다.

볼륨 프로브 _Volume Transducer

수의학에서 볼륨 프로브의 사용은 매우 제한적이다. 이는 주로 높은 개별 비용과 확장된 처리 능력을 갖춘 최적의 기계를 사용해야 한다는 필요성 때문이다. 이러한 프로브들은 4차원 재구성에 필수적이며, 현재는 5차원 모델도 출시되고 있다. 수의학에서 일반적으로 사용되는 시기가 머지 않아 올 것으로 기대된다(그림 6.13F 참조).

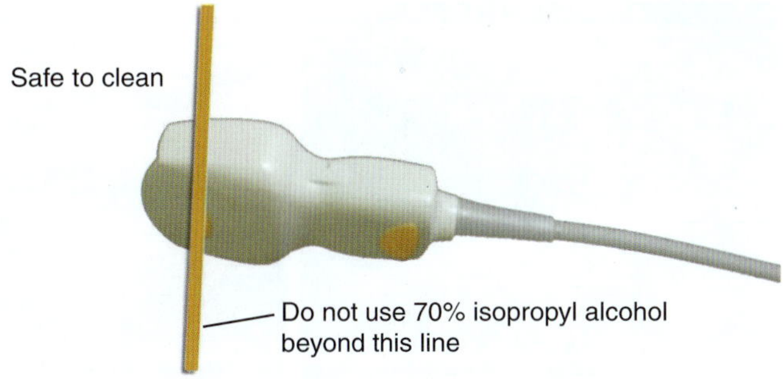

그림 6.14 초음파 프로브. (Images courtesy RF Hylands.)

프로브 관리 및 청소 가이드
Transducer Care and Cleaning Guides

각 초음파 프로브는 새로 구입할 때 수천 달러의 비용이 들 수도 있다($3000에서 $16,000). 프로브를 다룰 때는 피에조 전기 크리스탈이 손상될 수 있으므로 떨어뜨리거나 급격한 충격을 피해야 한다.

사용 후에는 프로브에 남은 초음파 젤을 건조된 부드러운 천이나 물에 적신 젖은 천으로 닦는다. 프로브에 오염된 유체는 10% 소독 용액, 글루타알데히드 기반 소독제 또는 70% 이소프로필 알코올로 부드럽게 닦아낸다. 모든 회사가 이를 권장하지 않을 수도 있으므로 제조업체의 서비스 매뉴얼을 확인하여 필요한 청소 방법을 주의 깊게 따라서 보증이 무효화되지 않도록 주의한다.

알코올은 프로브 끝에서 2 cm 이상 떨어진 곳에는 절대 사용하지 않는다. 왜냐하면 이렇게 할 경우 하우징 조인트 봉인을 손상시킬 수 있기 때문이다. 프로브 케이블도 알코올을 사용해서는 안 된다(그림 6.14).

내강 탐색에 사용되는 프로브의 경우 약한 소독제 용액을 뿌려서 관리한다. 프로브 접촉면의 고무는 매우 짧은 시간 동안 액체에 담갔다가 꺼낼 수 있지만 여전히 권장되지는 않는다. 커넥터와 말단 케이블은 절대로 액체 담그면 안 된다. 어떤 상황에서도 프로브를 오토클레이브나 에틸렌 옥사이드 가스로 멸균해서는 안 된다. 또한 크림, 미네랄 오일 또는 라놀린이 함유된 젤과의 접촉을 피하는 것이 좋다.

초음파의 적용 _Applications for Ultrasound

소와 반추류 _Bovine and Ruminants

이러한 종의 경우 초음파 검사는 주로 생식기계의 검사에 사용된다. 난포의 감지, 임신 검사, 수태 장애등이 이에 포함된다. 초음파 유도 생검과 추적 관찰 역시 초음파를 이용한다.

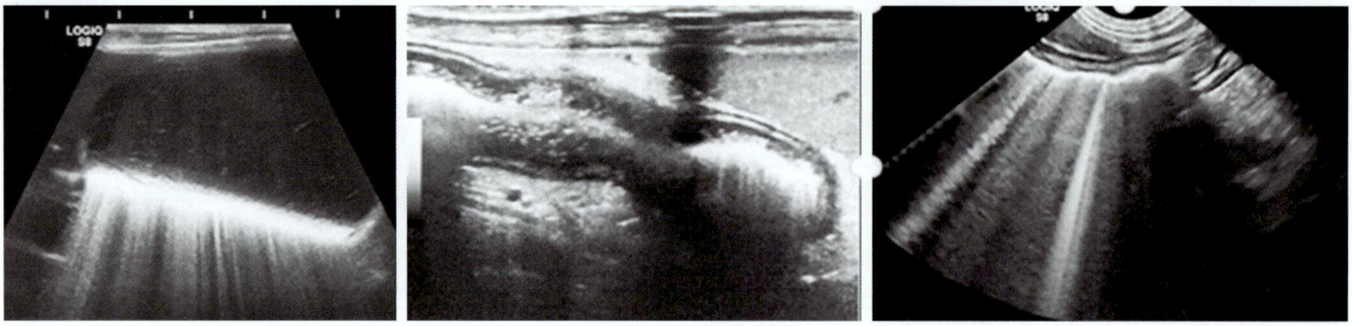

그림 6.15 세 가지 다른 이미지에서 관찰된 혜성 꼬리 허상. (Images courtesy RF Hylands.)

말 _Equine

두 가지 명확히 구분된 영상 서비스가 존재한다; 스포츠의학과 번식학. 초음파는 힘줄과 인대의 변형과 손상을 식별하는 데 있어 귀중한 도구이다. 또한 처방된 치료법으로 말이 회복하고 정상으로 돌아가는 과정을 모니터링하는 데에도 유용하다.

말 의학에서 번식 능력 역시 중요한 고려사항이며, 초음파 검사는 임신 초기 단계와 태아 발달을 추적할 때 표준 치료 프로토콜이다.

돼지 _Porcine

여기서 초음파의 주용 사용 목적은 식용으로 사용되는 동물의 등 지방 수치를 측정하는 데에 있다.

소동물 _Small Animals

소동물 임상에서 가능한 응용 분야는 거의 무한하다고 할 수 있다. 이는 환자의 크기가 수의사가 이용 가능한 주파수 범위에 맞게 이상적이기 때문이다. 연구의 범위는 초음파 작업자의 상상력에 의해 제한될 뿐이다.

복부 검사에는 횡격막을 통과한 식도부터 대장의 말단까지 이르는 모든 위장관(GI) 시스템이 포함된다. 직장은 골반 부위를 통해 영상화된다. 복부 초음파 검사에는 간, 담낭, 담도가 포함된다. 췌장, 비장, 신장, 부신 및 국소 림프절이 일상적으로 영상화되고 평가된다. 요도 및 배설 시스템(골반 둘레 뼈로 인해 안 보일 때까지) 또한 검사의 일부이며, 암수의 생식기 모든 구성 요소도 포함된다. 보다 표면적인 스캔 방법을 사용하면 더 깊은 구조에 도달할 수도 있다. 골반뼈 또는 가스로 가득 찬 장기가 있을 때만이 유일한 제한 요인이다.

흉부 검사에는 일반적으로 M 모드 해석과 도플러 혈류 속도 평가를 포함한 완전한 심장 초음파 검사가 포함된다. 응급 의학에서는 외상과 의심되는 복부 출혈을 평가할 때 초음파 검사를 선택한다.

초음파의 허상 _Ultrasound Artifacts

초음파는 공기와 뼈를 통과하지 못한다. 따라서 진단 검사에 방해가 되는 반사된 음파가 발생할 수 있는 상황이 생긴다. 가장 일반적인 예시 중 하나는 음파가 공기와 접촉할 때 반사되는 경우이다. 그 결과로 나타나는 허상 반사를 **반향 허상**(reverberation)이라고 한다. 일련의 초음파 허상이 아래에 설명된다.

혜성 꼬리 _Comet Tail

혜성 꼬리 허상(그림 6.15)은 혜성의 꼬리처럼 보이는 서로 밀접하게 붙어있는 강한 반사 또는 반사의 연속으로 나타난다. 이러한 혜성 꼬리 허상은 위장관의 공기주머니나 금속 물체, 이물질 또는 생검 바늘의 끝과 같은 작은 반사 대상체로부터 소리 파동의 반사가 발생할 때 생길 수 있다. 그림 6.15는 세 가지 다른 위장 이미지에서 확인된 혜성 꼬리 허상의 전형적인 그림들을 보여준다.

가장자리 음영 허상 _Edge Shadowing Artifact

가장자리 음영은, 음파가 액체-조직 접합면을 통과할 때 발생하는 굴절 또는 방향이 바뀌는 현상이다. 이는 담낭, 방광, 낭종과 같이 곡면이 있는 액체로 채워진 구조물과 관련이 있다. 이 현상은 개체의 먼 영역(음파 시작부로부터 떨어진 곳)에서 발생한다. 이는 곡면 구조물의 표면에서 발생하는 저에코성 선형 음영처럼 보인다.

가장자리 음영은 음파의 사고 각도가 원형 개체의 앞쪽에 맞닿을 때 발생할 수 있다(근접 가장자리). 해당 개체들은 낭종 구조와 같이 서로 다른 흡수 재질로 구성되어 있어야 한다. 그림 6.16에서는 담낭 표면에서 해당 허상(화살표)이 발생한 것을 보여주고 있다.

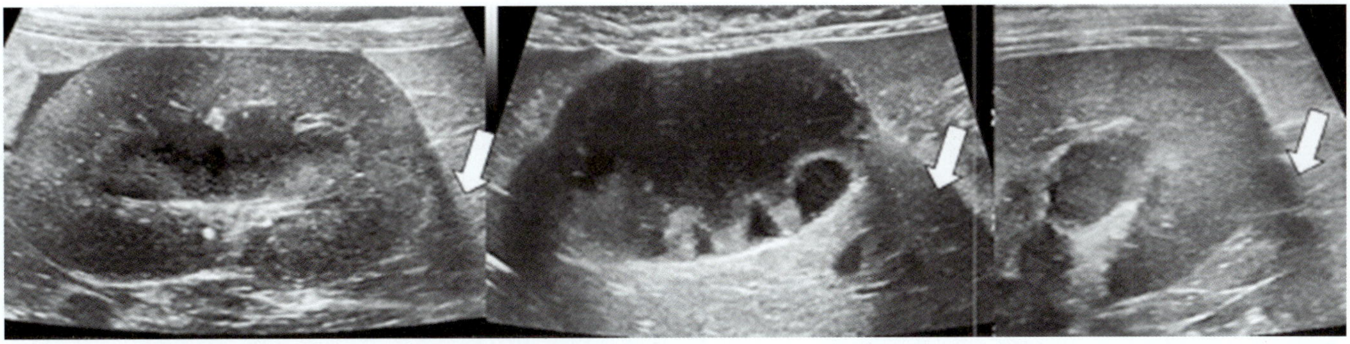

그림 6.16 신장과 담낭 표면 가장자리에서 형성되는 굴절형 가장자리 그림자 허상(*화살표*). (Images courtesy RF Hylands.)

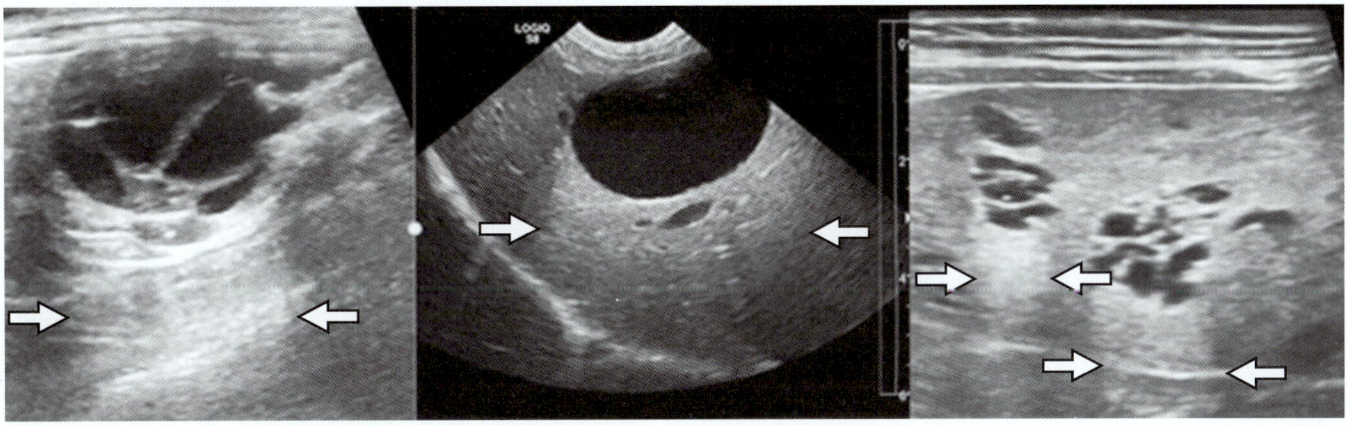

그림 6.17 액체가 채워진 구조물의 더 깊은 곳에서 나타나는 초음파 증강 허상. 이 허상의 예시로 위의 난소낭종, 담낭, 낭성 비장 이미지가 있다. (Images courtesy RF Hylands.)

음향 증강 _*Acoustic Enhancement*

음향 증강은 액체로 채워진 방광 같이 약한 감쇠 구조를 통과할 때 발생한다. 방광 주변의 조직을 통과하는 음파는 느려지거나 감쇠되지만, 액체를 통과하는 음파는 그 정도로 에너지나 강도를 크게 잃지 않는다. 따라서 음파가 방광의 먼 쪽 조직에 부딪히면 주변의 동일한 평면에서 생기는 반사에 비교하여 더 밝게(고에코성) 나타난다. 이러한 결과 허상은 B 모드에서 음향 증강(구조물의 먼 쪽에서 더 밝게 나타나는 것)으로 보인다.

이 예측 가능한 허상은 특정 저에코성 종괴를 가진 낭성 또는 액체로 채워진 구조물과 감별하는 데 매우 유용하다(그림 6.17).

거울 허상 _*Mirror Image Artifact*

횡격막과 공기로 채워진 폐 사이의 강력한 반사 표면은 복부에서 거울 허상을 관찰하기 매우 좋은 위치이다(그림 6.18). 이 경계면으로부터 반사된 음파는 초음파 기계에 의해서 잘못 해석되어 간과 횡격막 반대편에 또 다른 간 이미지를 배치한다. 이 허상은 중요하며, 경험 부족한 수의사는 이 허상을 횡격막 탈장, 흉부 종괴 또는 폐 병변으로 오인할 수 있다.

반향 _*Reverberation*

반사된 음파의 반복적인 왕복 반사로 인해서 반향이 발생한다. 그 결과 하늘에 보이는 오로라와 유사한 밝은 장막처럼 보인다(그림 6.19). 이것은 주로 복강에 위치한 가스가 차 있는 창자 고리에서 관찰된다. 밝은 반향으로 인해 허상 뒤쪽의 것을 보기 어려워진다. 결과적으로 소화기관의 반대쪽 벽면의 영상을 올바르게 시각화할 수 없게 된다.

음향 그림자 _*Acoustic Shadowing*

음향 그림자는 이해하기 가장 쉬운 허상 중 하나이다(그림 6.20). 음파가 결석(방광 결석)이나 뼈와 같이 높은 감쇠 표면에 접촉하면 대부분의 음파는 반사되거나 흡수된다. 이로 인해 단단한 물체 이후의 반향 정보가 결여된다. 이 데이터의 결여는 음파가 침투하지 않은 물체 뒤쪽에 어두운 줄 또는 그림자로 표시된다. 그림자는 초음파 프로브에서 음파의 방출

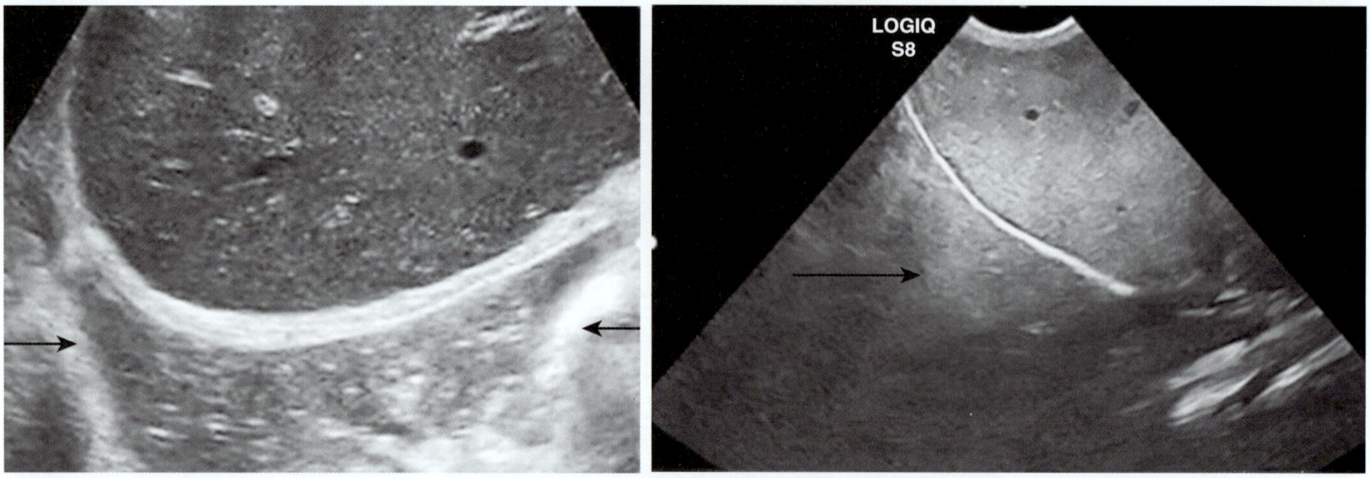

그림 6.18 간의 거울 이미지 허상은(*검은 화살표*) 반대쪽, 즉 횡격막이 위치한 곳과 반대편에서 관찰된다(*구부러진 흰색 밴드*). (Images courtesy RF Hylands.)

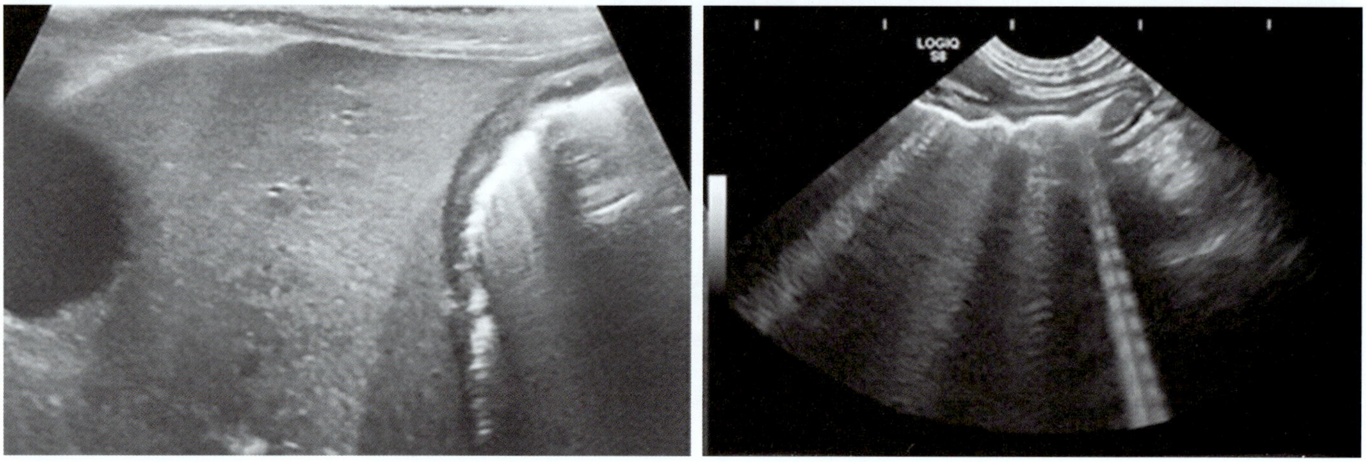

그림 6.19 위장관에 존재하는 가스 반사로 인한 반향 허상. (Images courtesy RF Hylands.)

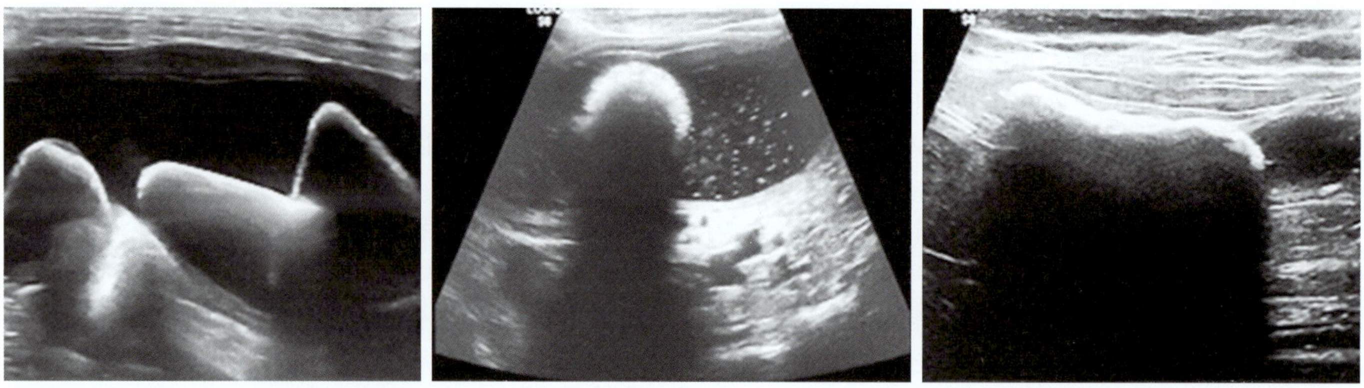

그림 6.20 3개의 다른 이미지에서 관찰된 음향 그림자 허상. 왼쪽에는 방광 내 다수의 스트루바이트 결석; 가운데는 액체가 가득 찬 위 내 이물; 오른쪽에는 밀도가 높은 장내 이물이 관찰된다. (Images courtesy RF Hylands.)

방향과 평행하게 정렬된다.

측엽 허상 _Side Lobe Artifacts

프로브가 음파를 방출할 때, 그 중 대부분은 주요 방향으로 유도되지만, 동시에 부차적인 측면에서의 작은 음파도 생성된다. 이들은 프로브가 상한값으로 설정될수록 더욱 두드러진다. 주요 음파에서 비롯되지 않았더라도 이러한 측엽 허상이 시각화될 수 있다(그림 6.21). 이 허상은 초점 위치를 변경

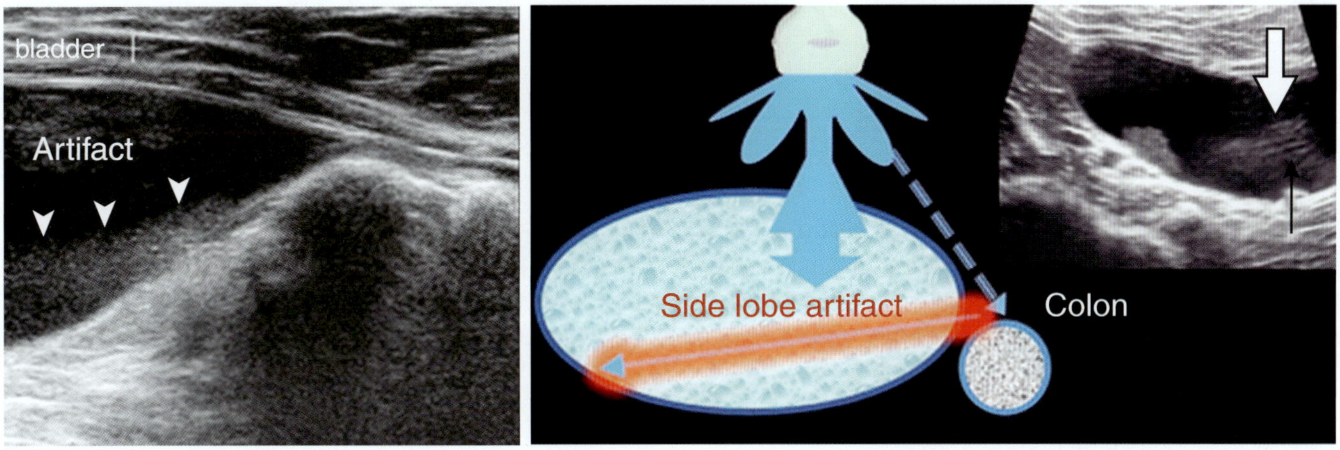

그림 6.21 측엽 허상은 일반적으로 밀도가 다른 인접한 구조물에서 관찰되는 무에코성의 액체로 채워진 부분에서 발생한다(대장). 이는 실질 조직 에코의 허상을 만들어내는 이차적인 굴절이 생긴 것이다. (Images courtesy RF Hylands.)

하거나 프로브의 주파수를 낮추는 등의 조치로 감소시킬 수 있다.

복습 문제 _Review Questions

1. 게인 제어 설정의 목적은:
   a. 색상 강도 조정
   b. 지속적인 도플러 선택
   c. 영상의 밝기 수준 제어
   d. 프로브의 주파수 설정
2. 프로브 내의 피에조전기 재료는:
   a. 전기 에너지를 기계적 에너지로 변환할 수 있다.
   b. 기계적 에너지를 전기 에너지로 변환할 수 있다.
   c. 전기 에너지를 기계적 에너지로 변환하고 그 반대로도 변환할 수 있다.
   d. 위의 모든 것
3. 복부 초음파를 기록할 때, 사분면에서 두개골 부분이 어느 쪽에 표시되어야 하는가?
   a. 영상 화면의 먼 쪽 부분
   b. 영상 화면의 가까운 쪽 부분
   c. 화면의 왼쪽 부분
   d. 화면의 오른쪽 부분
4. 심장 검사를 할 때 이상적인 프로브는 무엇인가?
   a. 컨벡스 프로브
   b. 리니어 프로브
   c. 위상 섹터 어레이 프로브
   d. 섹터 프로브

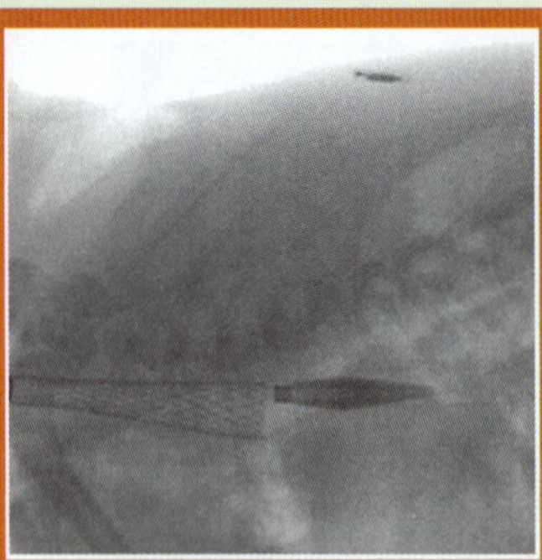

투시법은 실시간 이미징이다.
(Fluoroscopy is real-time imaging)

CHAPTER 7 투시법

Fluoroscopy

Lois C. Brown RTR (Can/USA), ACR, MSc, P.Phys

우리가 다른 사람을 위해 빛을 만들려고 노력할 때 자연스럽게 우리 자신의 길을 밝힌다.

—Mary Anne Em Radmacher, artist, poet, motivational speaker, Born 1957~still alive

개요

소개
투시 장치
환자에 적용하는 투시 선량
영상 증강
투시 장치의 C-Arm 구성
투시 장치 테이블
방사선량 및 서비스 고려사항
모니터 타워
절차
암순응
이미지 저장
수의학에서의 응용
C-arm의 소형화

학습 목표

이 장을 마치면 다음을 수행할 수 있다.

1. 투시 장치에 필요한 장비에 대한 논의
2. 투시 장치의 기능
3. 방사선 사진과 형광 투시 이미지의 차이점 설명
4. 수의학 분야에서 투시법을 적용하는 방법 나열

적용 분야

이 장에 있는 정보의 적용은 다음 영역과 관련이 있다.

1. 소형 및 대형 동물에서 투시를 통한 실시간 스캐닝과 이미지화

주요 용어

투시법(Fluoroscopy)
이미지 증폭기(Image intensifier)
입력 인광체(Input phosphor)
출력 인광체(Output phosphor)
광음극(Photocathode)
광방출(Photoemission)
펄스 방사선의 노출(Pulsed radiation exposure)

소개 _Introduction

투시검사(fluoroscopy)(그림 7.1)는 수의학에서 새롭게 떠오르는 분야로 실시간 영상화를 제공하기에 수의외과학과 중재적 영상화에 있어서 중요한 도구이다. 투시검사의 주요 기능은 실시간으로 역동적인 해부구조 영상을 제공하는 것이다. 정적인 이미지도 유용하지만, 활동하는 대로 볼 수 있는 경우 카테터와 라인을 삽입하거나 조작하는 것과 같은 특정 이미지를 수의사에게 제공한다. 이는 대동물의 정형외과 수술시 플레이트(plates), 핀(pins), 나사(screws)의 위치를 잡는 데 유용하다. 정적인 이미지를 보고 수술을 진행하는 것은 시간이 오래 걸리는 반면, 형광투시를 통하여 해부학적인 구조를 빠르게 이미지화 할 수 있다. 오늘날의 투시경(fluoroscope)은 디지털 플레이트(digital plate)에 연결되어 있어 동적인 검사를 방해하지 않으면서 저장이 가능하다.

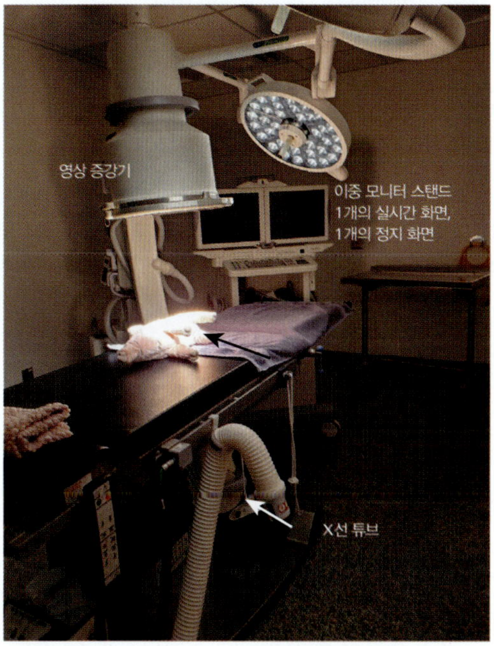

그림 7.1 설치된 대형 투시 장치. 작동자는 테이블 옆에 선다. 핸들러는 테이블 옆에 서서 환자 및/또는 수의사를 돕는다. 방에 있는 모든 직원은 보호 앞치마와 부속품을 착용한다. (Courtesy Animal Health Partners, Emergency and Specialty Hospital, Toronto, Ontario.)

투시 장치 _Fluoroscopic Equipment

투시 발생기(fluoroscopic generator)는 사실상 방사선 촬영 장치와 동일하다. 인의병원에서 구입하여 사용하고 있는 수의 방사선 촬영 장치는 제어 패널(control panel)의 오른쪽에 형광투시 패널(fluoroscopy panel)이 있다.

킬로볼트[kilovoltage (kV)], 밀리암페어[milliamperage (mA)]와 시간값(time value)은 방사선 촬영장치와 동일하다. 차이점은 작업자(operator)가 장치를 "플루오르(fluoro)" 모드로 전환할 수 있는데, 이는 낮은 밀리암페어(mA)와 높은 킬로볼트(kV)로 장치를 전환할 수 있다(그림 7.2). 실시간으로 영상이 생성되기 때문에 시간은 독립적으로 선택할

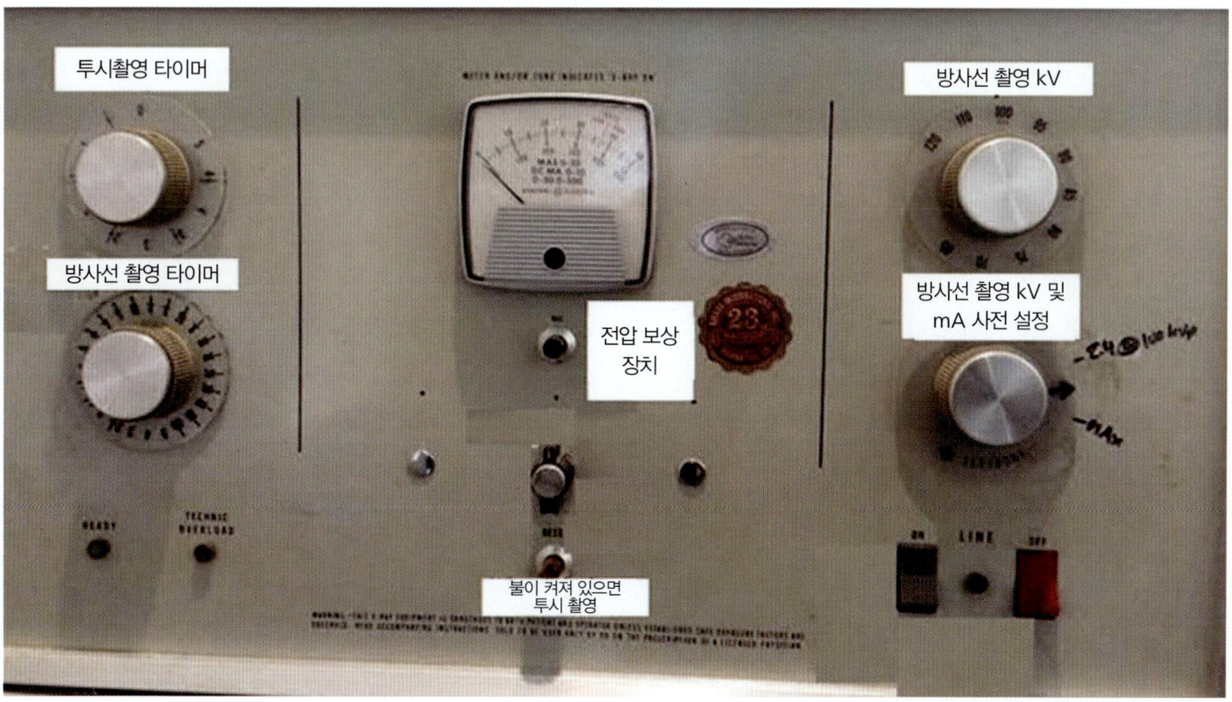

그림 7.2 이전 세대의 방사선 촬영/형광 투시 장치. 방사선 촬영과 투시를 번갈아 전환하는 스위치는 발전기 측면에 있다.

그림 7.3 풋 스위치(노출 스위치)는 두 가지 옵션이 있다. 한쪽은 단일 노출 스위치이고, 오른쪽 페달은연속 노출(형광 투시법)에 이용된다.

수 없지만 작업자가 진단에 필요한 영상의 순서를 얻으면서 시간을 조절한다.

노출스위치로서 풋 스위치(그림 7.3)를 사용하는데, 스위치를 누르면서 X선를 연속적으로 발생시키는 장치이다. 장치의 타이머는 사전에 설정된 시간 제한(1, 2 또는 5분)을 작업자에게 알려준다. 이미지 증폭 모니터(image intensifier monitor)는 텔레비전 모니터와 유사하며 움직이는 이미지를 제공한다.

환자에 적용하는 투시 선량 _Fluoroscopic Doses to the Patient

밀리암페어-초[milliampere-seconds (mAs)]는 mA와 시간(time)의 계산값이다. 만약 mA 값이 3이고 작업자가 설정한 노출시간이 1분이라면 환자에 대한 노출은 3 × 60초(=180 mAs)이다. 투시장치가 피부에 너무 가깝게 그리고 오랫동안 노출되는 경우 방사선화상(radiation burns)을 입을 수 있다.

수의학에서 정한 선량제한은 없지만, 2장에서 논의되었던 "효율적이면서 가능한 최저(as low as reasonably achievable, ALARA)"의 원칙을 인지하고, 작업자는 가능한 한 낮게 선량을 유지하도록 노력해야 한다.

환자의 선량을 상당히 줄이는 한 가지 방법은 기계의 펄스 기능을 사용하는 것이다. 펄스 방사선을 사용하면 방사선이 매우 짧은 시간 동안 켜졌다 꺼진다. 이는 눈에 보이는 이미지에는 영향을 주지 않으면서 상당한 양의 방사선량을 줄일 수 있다. 방사선은 펄스(puls)이지만 화면의 이미지는 방사선이 없는 짧은 시간 동안 유지된다. 펄스 기능은 선량을 절반으로 줄일 수 있다. 각 제조업체는 이 기능을 장치에 내장하므로 각 펄스에 대한 정해진 시간은 없다. 예를 들어 펄스 선량이 10분의 1초이면 이미지는 영향을 받지 않으면서

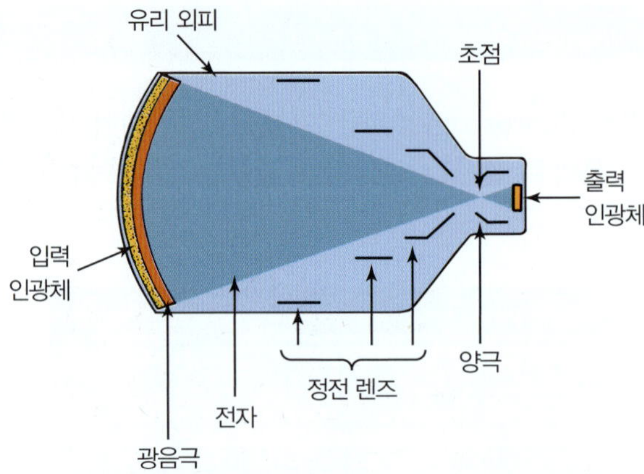

그림 7.4 이미지 증폭기는 환자의 잔여 방사선을 출력 인광체에 밝고 눈에 보이는 이미지로 변환한다. 그런 다음 디지털 이미지로 변환되어 모니터에서 보거나 나중에 검토 및 진단을 위해 사진 보관 시스템에 저장한다. (Redrawn from Bushong SC. *Radiologic Science for Technologists*. 11th ed. St Louis: Elsevier; 2017.)

환자에 가해지는 선량은 상당히 감소한다.

영상 증강 _The Image Intensifier

형광투시 장치의 이미지 검출기(image detector)는 이미지 강화 장치이다(그림 7.4). X선 튜브와 마찬가지로 영상 증폭 장치는 음극과 양극을 포함하지만 모양은 매우 다르다. 이 전자 장치는 환자에게서 방출되는 잔류 방사선을 수신하여 고강도의 가시 광선 이미지로 변환한다. 최신의 영상증폭기는 11가지 구성 요소로 구성되며 각 구성 요소는 개별적으로 중요하다.

1. **유리막**(The glass envelope). 장치에서 진공의 공간이며, 외부의 공기압을 견딜 수 있도록 설계되어야 한다. 이온 펌프 장치는 진공을 유지하고 증폭기가 작동할 때 생성되는 모든 이온을 제거한다.
2. **입력화면**(The input screen). 증폭기의 진공창이다. 환자에서 방출되는 X선을 받는다. 지지층(support layer), 입력 인광체(input phosphor), 그리고 광음극(photocathode)으로 구성된다.
3. **지지층**(The support layer). 입력 인광체(input phosphor)와 광음극(photocathode)을 지지하는 역할이다. 일반적으로 증폭장치의 한쪽 끝으로 전자를 집중시키는데 도움이 되게 만들어진 얇은 알루미늄 조각이다. 전자가 증폭되어 출력 화면에 투사될 때 왜곡되지 않아야 이미지가 방해받지 않는다.
4. **입력 인광체**(The input phosphor). 입력 형광체의 오목한 표면은 일반적으로 요오드화 세슘으로 코팅된다. 요오드화세슘 결정은 광음극 쪽으로 잔여 방사선을 보내는

파이프 역할을 하는 긴 기둥에서 자란다. 이 시스템은 매우 효율적이며 일반적으로 단일 60킬로전자볼트(KeV) 광자를 3000개 이상의 광자 광자로 변환한다.

5. **광음극**(The photocathode). 빛이 입력 인광체를 나가면 빛을 흡수하고 전자를 방출하는 광음극에 부딪힌다. 이 두 장치는 빛이 퍼지는 것을 방지하기 위해 서로 매우 가깝게 위치한다.
6. **광전자**(The photoelectrons). 광전자는 흡수된 빛의 양에 비례하여 광음극에서 방출된다. 광음극의 변환 효율은 10~20% 사이이다. 입력 인광체에 의해 흡수되는 모든 60 KeV X선 광자에 대해 광음극은 약 400개의 광전자를 방출한다.
7. **정전 포커싱 렌즈**(The electrostatic focusing lens). 이 렌즈는 이미지 증폭기의 측면에 정렬되어 전자를 양전하 양극으로 향하게 한다. 이 렌즈는 25,000~30,000볼트로 고도의 양전하를 띠면서 상당한 힘으로 전자를 끌어당긴다.
8. **초점**(The focal point). 전자는 광양극 쪽으로 빠르게 끌어당긴다. 이동하면서 **초점**으로 알려진 지점에서 서로 교차한다(그림 7.5). 이 지점을 통해 작업자는 이미지를 확대 또는 축소할 수 있다.
9. **양극 및 출력 화면**(The anode and the output screen). 양전하 양극은 출력 화면 바로 앞에 있다. 다시 한 번 이것은 이미지 확산을 방지한다. 출력 화면은 이미지를 표시하고 모니터와 장치에 연결된 다른 저장 장치에서 읽는다.

   영상 증폭 장치의 양극은 X선 관의 양극과 매우 다르다. 이 양극은 전자가 정전기 렌즈를 지나 출력 인광체로 이동할 때 전자를 끌어당긴다.

   양극은 양극 중앙에 있는 구멍을 통과하는 전자를 끌어당길 뿐이다. 이는 출력 형광체에 도달할 때 전자의 흐름을 방해하거나 이미지를 왜곡하지 않는다.
10. **출력 인광체**(Output phosphor). 광전자가 출력 인광체를 때리면 다시 광자로 변환된다. 출력 인광체를 때리는 각각의 단일 광전자는 1000 light 광자로 변환된다.
11. **출력 창**(Output window). 이것은 이미지 증폭기의 최종 확인 지점이며 일반적으로 약 14 mm로 상당히 두껍다. 창 측면은 검은색으로 코팅되어 창에서 반사되는 모든 미광을 흡수한다.

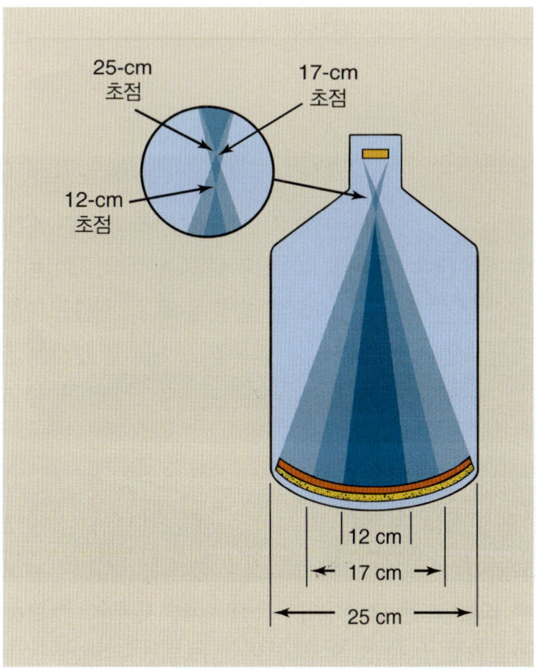

그림 7.5 전자의 초점은 광양극 앞에 있으며 이미지를 확대할 수 있도록 약간 움직일 수 있다. (From Bushong SC. *Radiologic Science for Technologists*. 11th ed. St Louis: Elsevier; 2017.)

제조업체에 따라 이러한 기본 구성 요소는 다를 수 있다. 또한 움직이는 이미지와 관련된 아티팩트(artifact)를 제거하기 위해 업그레이드하여 사용할 수 있다.

원래 장치에는 카세트 홀더가 제공되었으며 개별 노출이 가능했다. 오늘날 디지털 이미징의 출현으로 더 이상 이러한 홀더가 필요하지는 않다. 이제 단일 노출이 필요한 경우 동적 이미지 뱅크에서 검색하여 별도의 폴더에 저장할 수 있다. 이 개선 사항은 개별적인 정적 이미지가 불필요하므로 환자의 방사선 피폭을 줄일 수 있다.

투시 장치의 C-arm 구성
C-arm Configuration of the Fluoroscopy Unit

X선관과 영상 증폭기가 "C" 구성으로 장착되고 모니터와 기록 장치가 별도의 캐비닛에 있는 두 부분으로 구성된 C-Arm(그림 7.6)은 가장 일반적인 수의학의 투시 장치이다. 동물병원의 많은 장치는 사람 병원에서 구입하며 그 사용은 수술시에만 사용하는 것처럼 제한되기 때문에 일반적으로 우수한 상태이다(비록 외형은 다소 손상되었을 수는 있음). 바퀴가 달려 있어서 이동이 가능하지만, 옮기는 게 조금 불편할 수 있다. 이러한 장치는 별도의 방에 보관하고 필요할 때 방사선 촬영실이나 수술실로 가져올 수 있다. 구성 요소는 상당히 견고하며 고르지 않은 바닥과 엘리베이터 적재 및 하역의 충돌과 충격을 견딘다.

최근 몇 년 동안 동물병원을 위한 투시 장치가 제조되

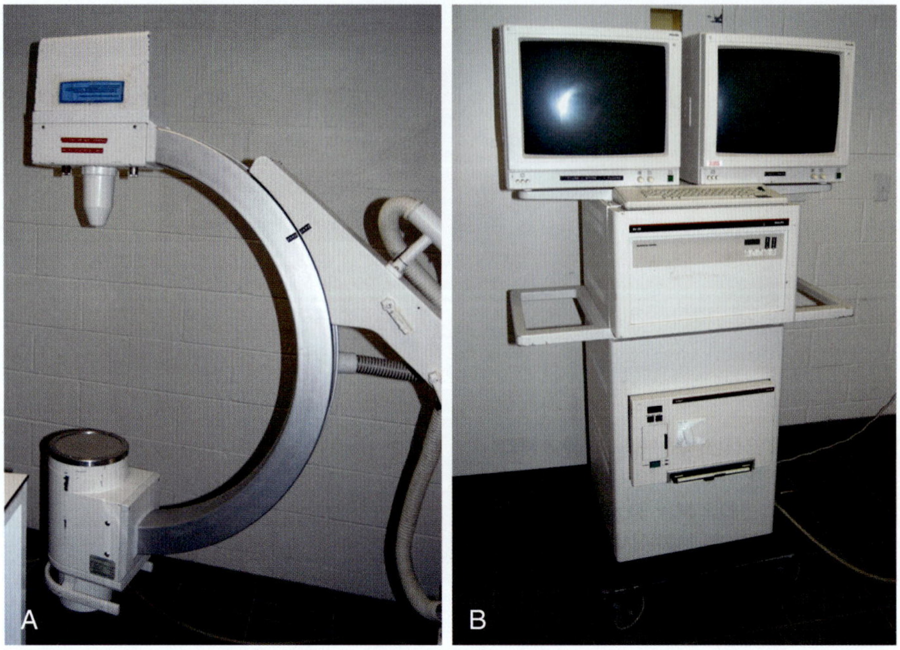

그림 7.6 **A,** 동물용 형광 투시 장치의 일반적인 구성. 이 경우 영상 증폭기는 X선 관 아래에 위치한다. 튜브가 증폭기 위에 있거나 외측상을 촬영하기위해 팔(arm)을 회전할 수 있다. **B,** 두 대의 모니터는 아래의 녹음 장치와 함께 캐비닛에 장착된다. 왼쪽의 모니터는 실시간으로 이미지를 보여준다. 오른쪽의 모니터는 비교를 위해 고정된 마지막 이미지를 제공한다.

었다. 실제적으로는 사람의 장치와 동일한 방식으로 작동한다.

투시 장치 테이블 _*The Fluoroscopy Table*

종종 간과되는 한 가지 요소는 투시 절차를 위해 환자가 눕는 테이블이다. 테이블 상판은 위와 아래에 장애물이 없어야 하며 방사선 투과성이 있어야 한다. 방사선은 환자와 탁상을 통해 이동하며 X선 관이나 이미지 증폭기가 테이블 아래에 놓일 수 있도록 구성되어야한다(그림 7.7).

중요한 고려 사항은 테이블 상판의 방사선 흡수이다. 가장 좋은 테이블은 1인치(2.54 cm) 사각관 스틸로 주문 제작하여 완전히 방사선 투과성인 복합 재료로 만들어진 테이블 상판이다.

테이블 상판은 공급업체나 테이블 상판용 복합 재료에 접근할 수 있는 기계 공장을 통해 주문할 수 있다.

테이블 프레임은 모든 용접 공장에서 제작할 수 있다. 외부 치수는 56×26인치(142×66 cm)이다. 다리 버팀대는 각 다리에 대해 45도 각도가 될 수 있거나 그림 7.7과 같은 레일 형태가 될 수 있다. 수술 중 C-arm을 수직 위치에서 수평 위치로 이동하는 것이 편리해야 하므로 레일을 장착할 때 이미지 증폭기의 길이를 고려해야 한다. 그림 7.7의 테이블은 X선 관이 그 아래에 맞도록 제작되었고 이미지 증폭기가 환자 위에 위치하도록 제작되었다. 수술용 드레이프(drape)는 영상 강화 장치를 완전히 둘러싸도록 맞춤 제작되었다. (방사선은 천으로 된 드레이프는 투과한다.)

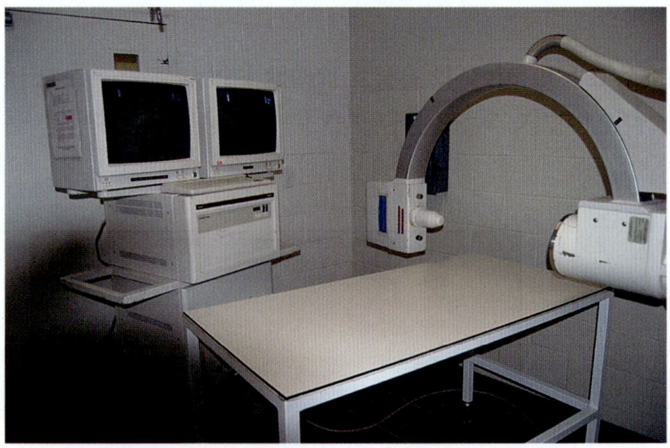

그림 7.7 **수평으로 배치된 C-arm.** 이 테이블은 X선 관이 그 아래로 방해받지 않고 이동할 수 있도록 지지대 레일이 있는 견고한 구조이다. 이 X선 관은 고정식 양극관이다.

방사선량 및 서비스 고려사항
Radiation Dose and Service Considerations

표준 의료 장치에서 X선관은 고급의 양극관이다. 형광투시법은 긴 노출 시간을 견딜 수 있어야 하기 때문에 열용량이 높아야 한다. 환자에게 방사선 노출을 줄이는 한 가지 방법은 방사선이 미리 정해진 속도로 켜졌다 꺼지는 방식으로 노출을 펄스(pulse) 방식으로 조절하는 것이다. 모니터의 이미지는 연속 스트림에 반응하고 펄스를 무시하도록 사전 프로그래밍되어 있기 때문에 영향을 받지 않는다.

C-arm의 X선 튜브에는 고정 양극이 있으며 튜브가 과열되지 않도록 노출 시간을 제한하는 데 특별한 주의를 기울여야 한다. 각 장치에는 양극 냉각 차트 설명서 및 X선관의 사양이 함께 제공된다.

의료 병원에서 중고 장치를 구입하는 경우 모든 장비 설명서 및 서비스 설명서를 제공한다. 이것은 향후 서비스를 위한 배선 다이어그램뿐만 아니라 모든 문제의 이력을 제공한다. 각 C-arm은 매년 업그레이드되고 변경되며 주요 변경 사항은 제조업체에 따라 정기적으로 발생한다. 동일한 제조업체에서 생산한 것이라 하더라도 1년 전의 배선도는 다음 해와 반드시 관련이 있는 것은 아니다.

C-arm 제조업체에서 정보를 사용할 수 없는 경우 인터넷에서 얻을 수 있다.

모니터 타워 _The Monitor Tower

두 대의 모니터가 카트에 장착되어 있으며 대략 눈높이 [165 cm(5피트, 5인치)]에 위치한다(그림 7.6B 참고). 이전 모델의 C-arm에는 모니터가 하나만 있었다. 그러나 이중 모니터는 유용한 용도로 사용된다. 하나의 모니터는 정적 이미지를 표시하고 두 번째 모니터는 실시간 동적 이미지를 표시한다. 수술 중 보철 장치 또는 카테터가 올바르게 배치되지 않을 수 있다. 그런 다음 외과의는 왼쪽 모니터에 이미지를 고정하고 실시간 이미지 아래에서 장치를 이동하고 두 이미지를 비교할 수 있다.

컴퓨터 키보드와 사진 보관 및 통신 시스템(picture archiving and communications system, PACS)이 모니터 아래에 장착된다(그림 7.8). 이들은 병원 방사선과의 정보 시스템(radiology information system, RIS)에 연결된다. 환자 정보는 모니터에 입력되거나 RIS를 통해 제공될 수 있다. 또한 시스템에서 측정값을 계산하거나 모니터에서 위치 지정 각도를 결정할 수 있다.

그림 7.8 두 개의 모니터 아래에 장착된 컴퓨터 키보드.

절차 _The Procedure

환자를 테이블 위에 두고 X선관과 이미지 강화 장치 사이의 위치로 이동시킨다. 이 구성은 환자 주변에서 움직일 수 있으므로 환자의 위치를 바꾸지 않고도 튜브를 배측 또는 복측 위치에서 측면으로 쉽게 이동할 수 있다.

수술과정 동안에는 수술 테이블 위에 자세를 잡고 적절하게 드레이프된 후에 배치된다. 수술 중 C-arm을 이동해야 하는 경우에는 항균 물수건으로 장치를 철저히 닦아야 한다. 다른 모든 수술실 장비에 사용되는 것과 동일한 용액으로 세척할 수 있다.

암순응 _Dark Adaptation

투시화면의 이미지는 컬러가 아니며 조명기에서 판독되는 일상적인 이미지와 비교하여 흐릴 수 있다. 수의사는 과정이 시작되기 전에 자신의 눈이 방의 희미한 빛에 익숙해지도록 해야 한다(암순응). 암순응의 가장 쉬운 방법은 어두운 선글라스를 사용하는 것이다.

이미지 저장 _Archiving the Images

출력 인광체에서 이미지가 구성되면 여러 가지 다른 모드로 볼 수 있다. 방사선 촬영의 이미지 검출기가 이미지를 표시하는 것처럼 투시 이미지를 디지털화하여 다양한 기록 장치로 보낼 수 있다. 일반적으로 동적 이미지는 장치에 연결된 하드 드라이브에 저장된다. 이미지는 실제로 영화 카메라의 이미지와 같이 일련의 정지 이미지이기 때문에 "영화"에서의 개별 "스팟 필름"처럼 추출될 수 있다. 특정 병변이 입증되면 이미지를 시작하고, 빨리 감고, 되돌린 다음 중지하고 캡처할 수 있다. 병변이 충분히 흥미롭다면 이미지는 웹사이트에 게시될 수 있고 전 세계 어디에서도 많은 수의사가 토론할 수 있다.

5장에 설명된 것과 같이 레이저 프린터에서 개별 이미지를 인쇄할 수 있다.

수의학에서의 응용 _Applications in Veterinary Medicine

실시간 영상은 말을 검사할 때, 말 사지를 검토하기 위한 방사선 촬영의 수술 도구로 유용하다. 실시간 영상은 필름/스크린이나 디지털 영상의 해상도가 없기 때문에 주로 골절 정복에 사용되며 카테터, 스텐트 및 기관내 튜브 배치를 위한 스크리닝 도구로 사용된다.

조영제 연구에서는 일반적으로 형광투시법을 사용하여 혈관 조영술 연구에서 혈관의 협착이나 막힘뿐만 아니라 소화기계의 기능을 이미지화한다. 혈관의 형태와 기능은 조영제를 이용하여 정맥에 주입한 다음 농축되어 신장에서 배설되는 방법으로 연구할 수 있다.

C-arm의 소형화 _Miniaturizing the C-arm

미니어처 C-arm은 1980년대 초에 개발되다. 이 장치는 원래 사람 병원의 응급실에서 골절 및 탈구의 환납을 영상화하기 위해 사용하도록 고안되었다. 가볍고 휴대성이 좋으며 비교적 해상도는 낮지만 매우 유용하다(그림 7.9 및 7.10).

그림 7.9 Dan McMaster (DVM)이 XiTec Mini C-Arm (XiTec LLC, Connecticut, USA)을 들고 있는 모습을 통해 작은 크키와 휴대성을 알 수 있다. X선 관의 입구는 왼손 엄지 옆에 있고 영상 증폭기는 오른손 앞에 있다. 모니터의 카트가 그의 뒤에 있다.

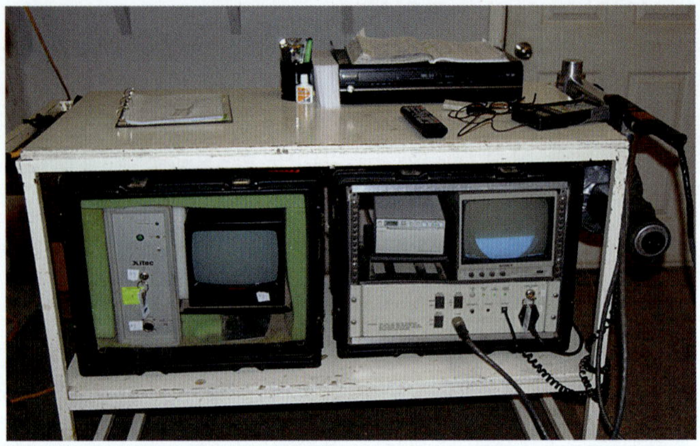

그림 7.10 2개의 소형 C-arm용 모니터 카트. 이 병원은 한 유닛을 사용하고 다른 유닛은 백업용으로 보관한다. 비디오 레코드는 카트 위에 장착된다. 오른쪽 모니터 옆에 작은 열전사 프린터가 장착되어 있다.

미니어처 C-arm가 도입되고, 말의 다리와 관절을 스캔하는 중요한 도구가 되었다. 강력하지는 않지만 말의 다리를 매우 잘 영상화하고 방사선 촬영, 컴퓨터 단층 촬영 또는 자기 공명 영상으로 추가 검사해야 하는 외상 또는 병변부위를 보여줄 수 있다.

요약 _Summary

이 장에서는 원래의 필름에서 현재 디지털 영상과 함께 사용되는 정교한 영상 증강기까지 실시간 영상의 발전 과정을 살펴보았다. 또한 미니 C-arm의 가능성과 그것이 말 전문동물 병원에서의 적용 가능성에대해 알아보았다.

복습 문제 _Review Questions

1. 방사선투과 장치를 개조하여 사용하는 용도의 목적은?
   a. 뇌의 기능 확인
   b. 실시간 동적 이미지 제공
   c. 소화기계의 내부구조 관찰
   d. 프로세스 과정을 거친 후 방사선 사진 이미지로 보기
2. 수술 중 투시법을 이용하는 이유는?
   a. 실시간 영상 제공으로 비용 절감
   b. 현장 이미지 제공으로 시간 절약
   c. 내부 장기의 기능을 볼 수 있음
   d. 환자가 깨어있는 상태에서 검사 가능

3. 투시 장치의 이미지는 일련의 개별 이미지로 생성되기 때문에 ___________. 빈칸에 알맞은 것은?
   a. 정지 이미지는 얻을 수 없다.
   b. 검사 흐름 방해 없이 정지 이미지를 추출할 수 있다.
   c. 모든 이미지는 움직임을 보여주고 정지 이미지는 필요 없다.
   d. 프로그램에서 제거된 이미지에는 대비가 없다.
4. 투시법의 기술적 요소는 ___________. 빈칸에 알맞은 것은?
   a. 높은 kV 및 낮은 mA이다.
   b. 낮은 kV 및 낮은 mA이다.
   c. 시간의 기능으로 kV는 중요하지 않다.
   d. 높은 kV 및 낮은 mA으로 시간이 미리 설정되어 있지는 않다
5. 투시검사의 mA는 어느정도까지 높일 수 있는가?
   a. 50
   b. 75
   c. 150
   d. 180
6. 작업자가 노출 시간을 제어하는 방법은?
   a. 타이머 사용
   b. 핸드 스위치 사용
   c. 장치에서 노출시간을 사전 설정
   d. 풋 스위치를 누름: 미리 설명된 제한은 없다.
7. 다음 중 투시 중에 고용량의 방사선에 노출될 수 있는 경우는?
   a. X선 관이 꺼져있고 환자가 납 보호대를 착용하고 있지 않음
   b. 환자는 보호되고 관에 너무 가까움
   c. 장비 운영자가 타이머에 주의를 기울이지 않음
   d. 이미지 증폭기가 켜져 있지 않음
8. 검사 중 환자의 자세 잡기가 어려운 이유는?
   a. 환자가 회전되어야 하기 때문
   b. 과정의 시작 시에 시행됨
   c. 환자가 크거나 비협조적
   d. 튜브 암(tube arm)이 환자 주위를 회전하기 때문에 복잡함
9. 이미지 증폭기 화면에는 ___________. 빈칸에 알맞은 말은?
   a. 사람의 눈으로 즉시 확인이 가능함
   b. 거칠고 편평한 흑백화면으로 나타남
   c. 사람의 눈이 암순응 되었을 때 잘 보임
   d. 이미지 증폭기가 바르게 워밍업되어야 선명하게 보임
10. 투시 장치는 어떤 방식으로 작용하는가?
    a. 방사선 촬영의 필름/스크린 조합
    b. 디지털 이미지화의 검출기
    c. 방사선 촬영 시 X선 관과 검출기
    d. 전구와 X선 관
11. 이미지 증폭기는 무엇으로 구성되어 있는가?
    a. 광음극과 양극
    b. 광선 및 출력 형광체
    c. 입력 형광체 및 출력 형광체
    d. 동일한 압력의 입력과 출력 형광체
12. X선이 빛으로 변환되는 과정을 무엇이라 부르는가?
    a. 광전송(Phototransmission)
    b. 광성(Phototropic)
    c. 광방출(Photoemission)
    d. 열이온 방출(Thermionic emission)
13. 전자가 출력 형광체로 가속되도록 하는 방법은 _______. 빈칸에 일맞은 밀은?
    a. 음의 광자를 이용하여 형광체로 이동하게 한다.
    b. 양전하와 음전하를 이용한다.
    c. 증폭기 전체에 정전기 초점 렌즈를 이용한다.
    d. 튜브 내의 자기장을 이용한다.
14. 출력 형광체에 도달하는 광전자는 ___________. 빈칸에 알맞은 말은?
    a. 50~75배 증폭된다.
    b. 1000 광자로 변환된다.
    c. 더 많은 X선 광자를 생성하여 환자에 조사한다.
    d. 입력 형광체에 의해 흡수된다.
15. 형광 투시 장치의 최종적인 이미지의 특징은?
    a. 장치 내에 유지되고 이미지 증폭기에서 다시 볼 수 있음
    b. WAV 파일로 변환하여 주크박스(jukebox)에 저장
    c. 하드 드라이브에 저장되고 진단을 위해 다시 볼 수 있음
    d. 하드 드라이브에 저장되어 JPEG 이미지로 저장됨
16. 형광 투시의 응용 분야의 설명으로 알맞은 것은?
    a. 수술 중 비교를 위한 사지 및 골반의 정적 이미지
    b. 초음파로 변화되어 실시가 내부장기의 대비 영상
    c. 필름에서 변환되어 보관된 방사선 사진의 실시간 이미지
    d. 정형외과의 실시간 영상과 소화기 기능

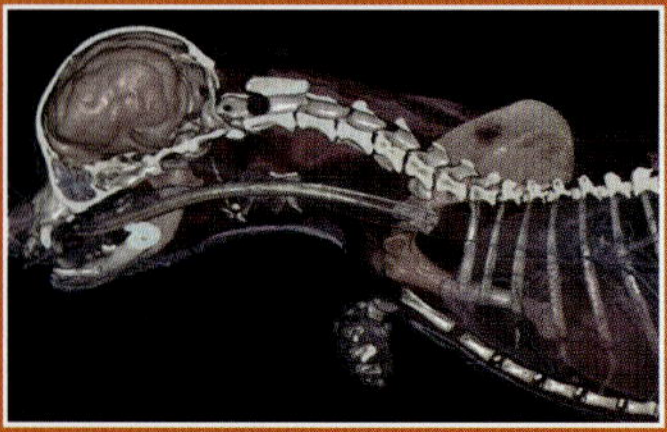

시상면에서 기관삽관 위치를 보여주는 개의 Volume-rendered CT (Courtesy Animage Imaging.)

CHAPTER 8 컴퓨터 단층 촬영

Computerized Tomography

Lois C. Brown RTR (Can/USA), ACR, MSc, P.Phys, and
Stephanie Holowka MRT(R), MRT(MR), MRSO(MRSC™)

훌륭히 프로그래밍되어 작동한 컴퓨터의 비인간성은 완벽하게 정직하다.

—Isaac Asimov, science fiction writer and biochemistry professor, 1920~1992

개요

고정점에 대한 회전 원리
초점면
지점
흐림
컴퓨터 단층촬영
컴퓨터로의 번역
하운스필드 지니어스
이미지 디스플레이
CT 데이터
시야
CT 스캐닝 및 방사선량에 사용되는 기술적 요소
슬라이스 두께
알고리즘/커널
테이블 이동 및 피치
스캔 및 프로토콜 정하기
다중 슬라이스 CT 스캐너
CT 스캐닝을 위한 적응증 및 후처리

학습 목표

이 장에 있는 정보의 적용은 다음 영역과 관련이 있다.

1. 단층 촬영의 기본 원리를 이해한다.
2. 전산화 단층 촬영의 기초에 대해 토론한다.
3. CT스캐너의 장치를 이해한다.
4. 방사선 단층 촬영과 컴퓨터 단층 촬영의 상관 관계를 이해한다.

주요 용어

알고리즘(Algorithm)
아날로그(Analog)
저장소(Archive)
감쇠계수(Attenuation coefficient)
컴퓨터 단층촬영(Computerized tomography)
CT 번호(CT number)
탐지기(Detector)
디지털(Digital)
지지대(Gantry)
하우스필드 유닛(Hounsfield unit)
이미지 데이터(Image data)
정점(Pitch)
로우 데이터(Raw data)

소개 _Introduction

방사선 촬영 초기에 연구자들은 방사선의 낮은 해상도에 실망했다(그림 8.1A). 1900년대 초, 서로 다른 국가에서 여러 연구자들이 공동의 목표를 가지고 독립적으로 작업했다. 그 목표란 밀도가 다른 복잡한 구조가 방사선에 노출될 때 필연적으로 발생되는 중첩된 그림자를 분리하고 2차원 이미지로 기록하는 것이다. 원하지 않는 그림자를 어떻게 제거하고 관심 있는 구조를 명확하고 방해받지 않고 남길 수 있었을까?

Bocage가 "움직이는 판 위의 방사선 촬영 장치"에 대한 특허를 출원하면서 최초의 단층 촬영 장치가 설립되었다. 이 고유 특허에 대한 모든 개선사항들은 Bocage의 원래 개념을 그대로 유지하였다.

단층촬영이라는 뜻의 Tomography는 그리스어 *tomos* ("잘라내다" 또는 "절단")를 의미하며, 다른 평면의 이미지 또는 구조의 세부 사항을 흐리게 하거나 제거하면서 조직의 미리 결정된 평면에 있는 구조의 이미지를 상세하게 표시하는 특수 기술로 정의된다. 추가 설명은 원래의 2차원 방사선 이미지를 서로 위에 쌓인 이미지 레이어로 설명한다. 한 층의 병변 또는 조영 증강된 해부구조는 관심 영역 위 또는 아래에 있는 영역의 조밀한 해부학으로 인해 가려질 수 있다. 그러나 조직 층을 분리할 수 있고 관심 영역의 위와 아래 영역이 충분히 흐려지면 관심 평면의 해부학적 구조가 흐릿한 배경과 대비하여 선명한 초점으로 보인다(그림 8.1B).

이 개념을 설명하는 가장 좋은 방법은 놀이터 시소를 떠올려보는 것이다. 한 아이가 중간 지지대에 놓인 판자의 양쪽 끝에 앉고(그림 8.2), 아이들이 보드 끝에서 움직이는 활(arc) 모양의 이동거리는 보드의 길이와 중앙 지지대의 각도에 의

그림 8.2 시소의 개념.

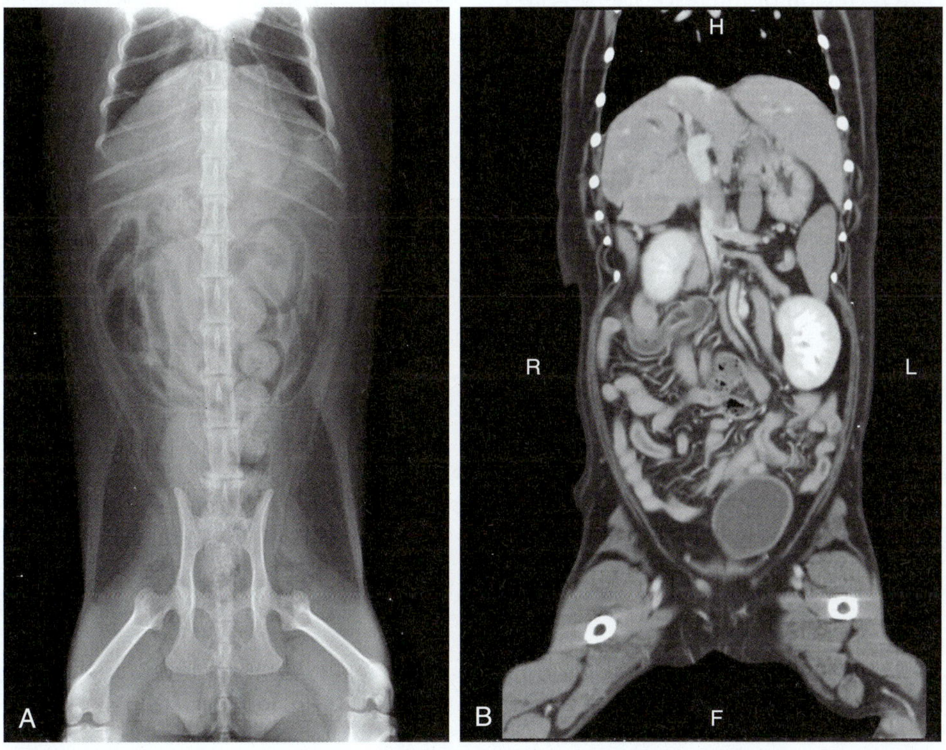

그림 8.1 복부 방사선 사진 **(A)**과 복부 CT 스캔을 통한 관상 재건**(B)**. 시리즈가 구성될 때 각 장기를 보여주는 스캔 슬라이스는 매우 장점이다.

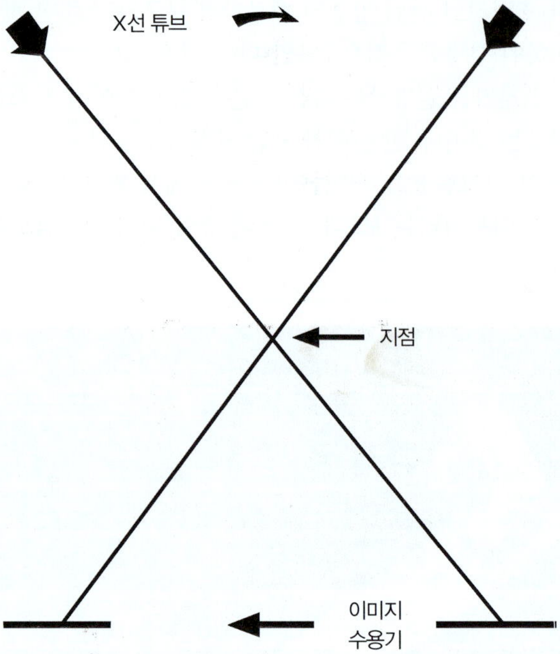

그림 8.3 **고정점에 대한 회전.** (Courtesy Lois Brown. From Dowdell LC. *The Joy of Sectioning*: *Achieving Maximum Results in Tomography*. Scarborough, Ontario: Railfare Enterprises; 1984.)

해 결정된다. 아이들이 가만히 앉아 있으면 이동이 없으므로 각도가 없다. 아이들이 원호를 따라 이동하기 시작하면 보드 끝의 각도가 점점 더 커지는 반면 중간지점은 점점 좁아집니다. 이 좁은 지점을 *ROI* (region of interest) 또는 **초점면**이라고 한다(그림 8.3).

고정점에 대한 회전 원리
Principle of Rotation About a Fixed Point

초점면 _*The Focal Plane*

초점 평면은 최소한의 블러링이 발생하는 섹션 또는 레이어이다(그림 8.4). ROI는 환자의 해부학적 구조에서 고정된 지점이다. ROI가 눈에 띄도록 하려면 해당 지점 위와 아래의 구조를 흐리게 처리해야 한다. X선 관과 이미지 수용기가 완벽하게 움직이지 않으면 모든 구조에 초점이 맞춰지면서 해부학적 층이 중첩된다. 그러나 X선 관이 원호를 통해 이동하고 이미지 수신기가 해당 원호를 정확히 따라가면 고정된 지점의 구조는 초점이 유지되고 해당 지점 위와 아래의 구조는 흐려진다(그림 8.4 참고) .

그림 8.5에서 레벨 A와 C의 물체는 이미지 수용기의 다른 영역에 투사되어 흐리게 보인다. 레벨 B에 있는 물체는 정확히 같은 위치의 수용체에 투사되며 초점이 선명하다.

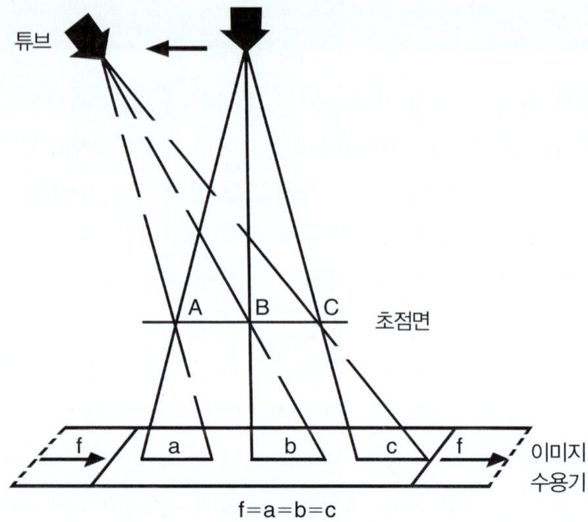

그림 8.4 **초점면(focal plane) 외부 점의 블러(blur).** 레벨 *A*와 *C*에서의 개체는 수용체의 다른 영역에 투사되어 흐려진다. 레벨 *B*의 개체에 정확히 같은 위치에 투사되어 선명하게 초점을 맞춘다. (Courtesy Lois Brown. From Dowdell LC. *The Joy of Sectioning*: *Achieving Maximum Results in Tomography*. Scarborough, Ontario: Railfare Enterprises; 1984.)

지점 _*Fulcrum*

받침점은 놀이터 시소의 중심 지지대이다. 레버가 회전하는 중심점이라고도 한다. 단층 촬영에서 X선 관은 시소의 한쪽 끝에 있고 영상 수용체는 다른 쪽 끝에 있다. 지레의 길이는 변하지 않지만 지렛대가 회전하는 지점인 피봇 포인트(pivot point)[받침점(fulcrum)]는 위아래로 움직일 수 있다. 그러면 해부학적 구조가 흐려지는 정도가 변한다.

활용 정보

한 손에 잣대(미터 막대)를 수직으로 잡는다. 중간 지점, 예를 들어 18인치(45 cm)를 잡는다. 당신의 손은 이제 막대기의 양쪽 끝이 균등하게 회전할 수 있는 받침점이 되었다. 이제 9인치(23 cm) 표시까지 손을 내린다. 막대의 길이는 변하지 않았지만 받침점이 크게 이동했으며 이제 관심 영역이 9인치(23 cm) 표시에 있게 된다.

흐림 _*Blur*

흐림(blur)은 ROI 위와 아래의 해부학적 구조가 왜곡되거나 흐려지는 것이다.

컴퓨터 단층촬영 _*Computerized Tomography*

1970년대 중반 컴퓨터의 도입은 표준 단층 촬영을 변화시켰다. 이미지를 수신하여 컴퓨터에 표시할 수 있었고 풍부한 정보가 일상적인 필름의 이미징을 훨씬 능가했다. 1971

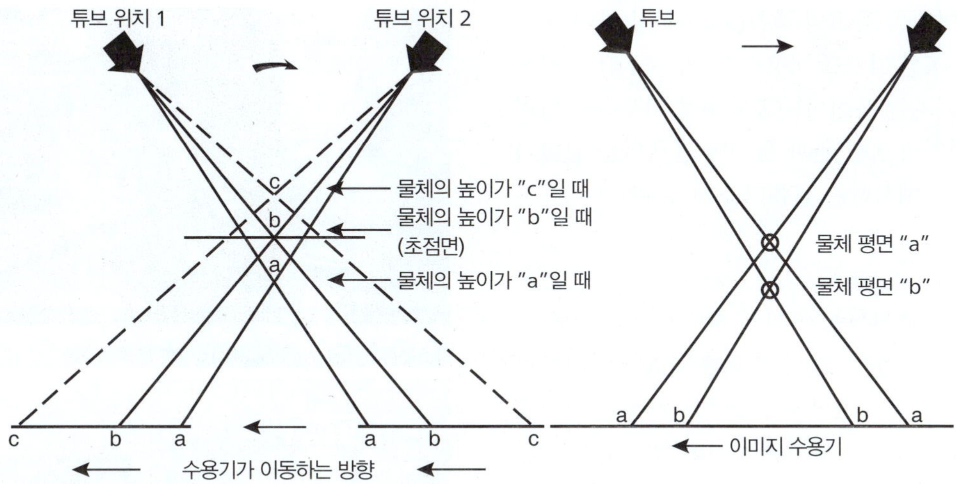

그림 8.5 X선관이 이미지 수용기와 일치하게 움직이면 초점면의 해부학적 구조가 수용기의 동일한 위치에 투사된다. 다른 모든 해부구조는 흐릿하다. 이는 노출과 그로 인한 튜브 및 수용체 이동 중에 물체 내의 한 지점이 아니라 초점이 맞춰진 "평면" 또는 조직 조각이 있다는 사실을 보여준다. (Courtesy Lois Brown. From Dowdell LC. *The Joy of Sectioning: Achieving Maximum Results in Tomography*. Scarborough, Ontario: Railfare Enterprises; 1981.)

년 Godfrey Hounsfield경이 발명한 컴퓨터 단층 촬영(CT)(*CT scanning*이라고도 함), 또는 *CAT* (computerized axial tomography, 컴퓨터 축 단층 촬영) 스캐닝은 외과의가 비침습적으로 뇌를 볼 수 있게 한 최초의 이미징 방법이다. CT는 기존의 단층 촬영에서 표준 아날로그 이미지를 필름으로 가져와 컴퓨터를 사용하여 디지털 이미지로 변환했다. CT 기술은 거의 50년의 역사 동안 크게 발전했지만 기본 작동 원리는 동일하게 유지되고 있다.

방사선 사진에서 구조를 이미지화할 때 픽셀 또는 그림 요소의 매드릭스인 2차원 이미지(구조의 길이와 너비)를 생성한다. (매트릭스는 정보의 개별 박스나 음영의 시리즈이다.) 컴퓨터 단층 촬영(CT) 이미지에는 세 번째 차원인 깊이를 포함한 3 차원 이미지인 복셀(voxel) 매트릭스가 사용된다. 만약 넓은 매트릭스를 촬영하면 결과물이 픽셀화된(pixilated) 것으로 간주된다(그림 8.6A). 만약 정보 상자가 매우 작으면 이미지가더 선명해진다(그림 8.6B).

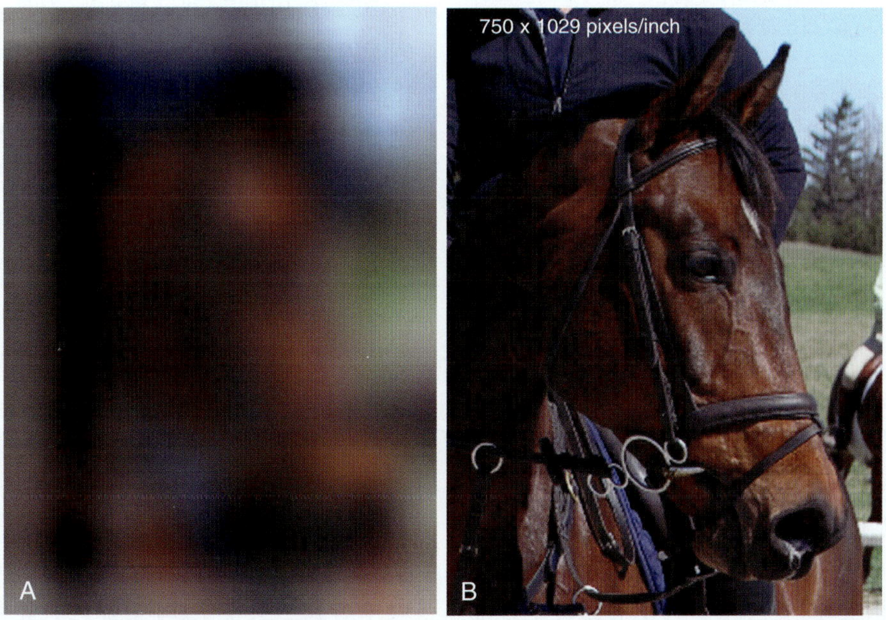

그림 8.6 **A,** 이미지가 이상하고 피사체를 인식할 수 없다(37 × 123픽셀/인치). **B,** 매트릭스가 강화되어 픽셀이 더 작아지고 해상도가 우수하다(750 × 1029픽셀/인치).

CT는 빵 한 덩어리를 각각의 조각(slice)처럼 보이는 이미지를 얻도록 하는 X선 기계를 사용한다. 기존의 단층 촬영과 마찬가지로 CT 기계는 움직이는 X선 관을 사용하여 일련의 이미지를 생성하지만 X선 관과 동시에 움직이는 검출기 및 데이터를 수신하고 해석하는 컴퓨터를 사용해야 한다.

컴퓨터로의 번역 _*Translation to the Computer*

팬 모양의 X선 빔을 방출하는 X선 관은 갠트리(또는 기계 중앙의 개구부)와 그 안에 있는 환자 주위를 360도 회전한다(그림 8.7A). 환자 주변에서 같은 속도로 회전하는 일련의 X선 검출기가 X선 관 바로 맞은편에 장착되어 있다. X선는 환자를 통과하고 감쇠된 빔은 감지기에 의해 수집된다. 검출기는 광자를 아날로그-디지털 변환기에 공급되는 전기 신호로 변환한다. 디지털 신호 또는 로우 데이터(스캔 데이터라고도 함)는 이미지를 재구성하고 운영자가 선택한 형식으로 제공하는 컴퓨터로 전송된다. CT 스캐너가 이미지를 수집할 때 테이블은 작업자가 설정한 증분 단위로 앞으로 이동하여 완전한 검사를 위해 다양한 수준에서 여러 이미지/슬라이스를 촬영할 수 있다. 컴퓨터는 이미지를 재조립하고 모니터에 표시하므로 작업자가 이미지를 검토할 때 각 “슬라이스”는 인접한 부분과 독립되게 완벽한 초점으로 표시한다(그림 8.7B).

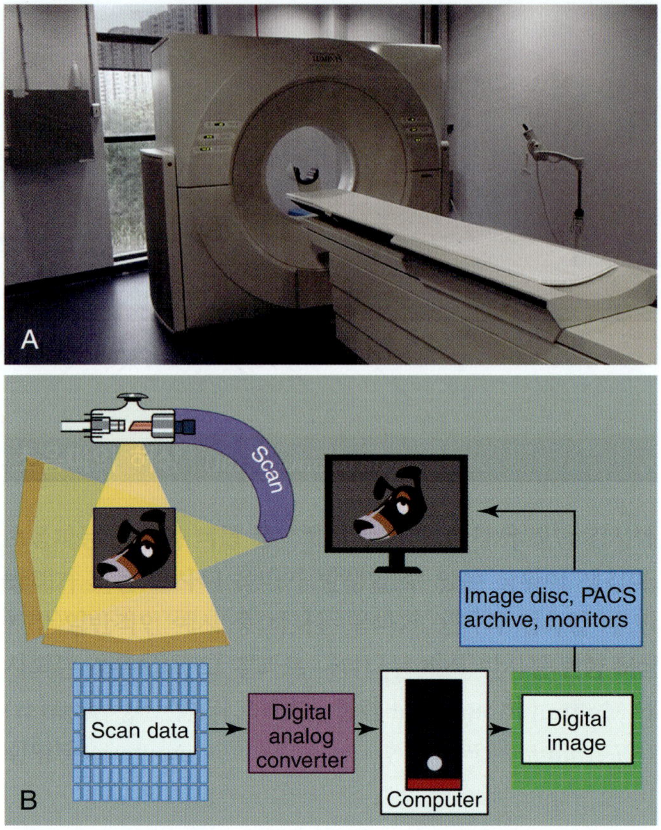

그림 8.7 **A,** 동물병원의 CT 스캐너. 스캐너 오른쪽에는 스캐너가 환자를 이미지화할 때 조영제를 주입하는 데 사용되는 파워 인젝터가 있다. **B,** CT 스캐너의 기본 작동. 엑스레이 튜브가 환자 주위를 회전하고 데이터가 컴퓨터로 전송된다. 결과 이미지는 빵 한 덩어리의 조각처럼 보인다.

> **활용 정보**
>
> X선 빔이 환자를 통과할 때 그 일부가 조직에 흡수된다. 각 조직은 고유의 밀도를 가지므로 방사선을 다르게 흡수한다. 각 조직에 의한 X선 빔의 흡수 측정치를 감쇠 계수라고 한다. 이 텍스트에서 수학계산은 중요하지 않다. 중요한 부분은 뼈가 조직보다 X선를 더 많이 감쇠시키고 지방은 더 적게 감쇠시키며 공기는 빔을 거의 감쇠시키지 않는다는 것이다. 따라서 우리의 이미지는 X선 빔이 통과한 다양한 밀도로 구성된다. 뼈는 주위의 조직이나 공기보다 더 많은 X선를 흡수하기 때문에 X선 이미지에서 흰색으로 나타난다.

하운스필드 지니어스 _*The Hounsfield Genius*

정상적인 X선 촬영은 중첩 구조가 없는 해부학적 구조를 표시하기 위해 적어도 두 개의 뷰(서로 90도)를 촬영하는 것이다. CT에서는 X선 관과 검출기의 회전에 의해 여러 뷰 또는 프로젝션이 생성된다. 검출기는 X선 광자를 빛으로 변환한 다음 전류로 변환하는 광검출기이다. 역사적으로 탐지기는 제논(xenon) 가스를 포함하는 진공관이었다. 그러나 현대의 CT 스캐너는 고체 검출기를 사용한다. 검출기에서 생성된 데이터 또는 전류는 아날로그-디지털 변환기에 공급된 다음 컴퓨터로 전송되어 재구성된다.

CT 이미지를 재구성하는 기본 방법은 **필터링된 역투영**(filtered back-projection)이라는 프로세스이다. 역투영(back-projection)은 알려진 값의 배수에서 알 수 없는 값을 계산하는 방법이다. CT 스캐너가 수행하는 다중 보기는 많은 수의 계산을 생성하므로 컴퓨터가 적시에 이를 수행해야 한다. 역투영 계산의 예를 보고 프로세스의 단순화된 그림을 살펴보자.

계산에 의해 x = 1

6	3	7	4
5	2	3	5
5	X	4	5
4	3	7	6

이 간단한 그림에서 x의 값을 계산할 수 있다. 십자형과 대각선 모두 알려진 모든 값에서 빼면 된다. 계산된 값은 회색으로 나타난다. 컴퓨터는 CT에서 유사한 프로세스를 수행하지

만 대략 수천 번의 계산을 수행한다. 수학적 필터 또는 계산이 픽셀 계산에 적용되어 최종 이미지에서 흐릿한 아티팩트(artifact)를 제거한다.

역투영에 대한 예에서 묘사된 숫자는 CT 이미지의 또 다른 측면을 보여주기 위해 사용될 수도 있다. CT를 위해 이미지를 재구성하면 매트릭스로 구성되어 표시된다. 매트릭스는 여러 픽셀 또는 그림 요소(그림의 점)로 구성된다(그림 6.8B. 해당 이미지의 점 또는 픽셀은 가로 750 × 세로 1029이다.) 이미지의 해상도는 각 시야에 표시되는 픽셀 수에 따라 달라진다. 이전 예의 이미지의 매트릭스 결과는 2이다. 픽셀의 크기는 표시되는 시야와의 관계에 따라 다르다.

이미지의 해상도는 mm^2 단위로 계산할 수 있다.

다음과 같이:

Resolution (in millimeters)
= Field of view (in millimeters) × matrix

대부분의 최신 CT 스캐너에서 사용되는 표준 매트릭스는 512 × 512이다.

CT 스캔 이미지 설정의 또 다른 요소는 슬라이스 두께(또는 시소의 경우 받침점 너비)이다. 운영자는 표시할 해부구조에 따라 슬라이스 두께를 선택한다. CT의 각 이미지는 길이, 너비 및 높이(또는 두께)가 있기 때문에 피사체의 3차원 슬라이스이다. CT의 이미지는 슬라이스로 생성되기 때문에 이미지를 구성하는 픽셀은 실제로 복셀(voxel) 또는 볼륨 요소이며 표시되는 밀도는 각 슬라이스의 각 픽셀에 대해 평균화된다. 하나의 CT 슬라이스를 볼 때 이미지의 높이와 너비는 있지만 위나 아래에서 사진을 보는 것은 아니다. 오히려 이미지의 두께는 슬라이스를 획득할 때 설정된 콜리메이션(collimation)이 무엇이든 가능하다. 슬라이스 두께의 개념은 이 장의 뒷부분에서 자세히 설명한다.

CT 이미지의 각 복셀은 *Hounsfield* 단위(*HU*)라는 밀도 측정값 또는 *CT* 번호로 계산된다. 임의 스케일은 CT 번호가 0으로 할당된 순수를 사용한 감쇠를 기반으로 한다.

값은 다음 방정식으로 계산된다.

$$\text{Hounsfield unit} = K\frac{\mu p - \mu w}{\mu w}$$

여기서 *K*상수(일반적으로 1000), μp는 픽셀의 감쇠 계수이고 μw 물의 감쇠 계수이다. (감쇠 계수는 픽셀이 방사선을 흡수하는 능력을 나타낸다. 뼈는 더 많은 방사선을 흡수하고 지방과 물은 더 적은 방사선을 흡수한다.) 이 공식을 바탕으로, 순수 물의 HU 값은 0이며, 물보다 더 많은 X-선 감쇠를 일으키는 구조물이나 조직은 HU 값이 0보다 크고, 물보다 적은 X-선 감쇠를 일으키는 구조물이나 조직은 HU 값이 0보다 작다(음수).

이 방정식은 다음과 같은 이유로 CT 스캔에 중요하다.

1. 감쇠 계수의 작은 값에서 사용 가능한 단위로 밀도를 변환한다.
2. 후처리에 사용할 수 있는 고유한 밀도로 해석될 수 있다.
3. Hounsfield 단위는 이미지 생성 및 표시와 직접적인 관계를 설정한다.

표 8.1은 다양한 감쇠 계수 대 HU에 대한 변환을 제공한다. 표 8.1에서 볼 수 있듯이 감쇠 계수 사이의 분산은 매우 작은 반면(대략 10^{-3}) HU는 각 조직 밀도에 대해 입증 가능하고 일관된 차이를 보여준다. 이것은 또한 신체의 다양한 조직을 가시화하는데 핵심이다. 정상적인 X선에서 뼈는 밀도가 매우 높아 하얗게 보이고 연조직은 회색 음영으로 보인다. X선을 흡수하는 능력이 매우 유사하기 때문에 X선에서 개별 연조직 기관을 보는 것은 어렵다. 또한 장기는 서로 겹쳐져 있다(그림 8.8A,B). 그러나 그림 8.8C에서 볼 수 있듯이 CT 스캔은 횡단면과 HU에서 다양한 연조직 기관을 보여줄 수 있다.

표 8.1 감쇠 계수[Attenuation Coefficients (AC)]와 하운스 필드[Hounsfield Units (HU)]의 변환

물질	AC	HU (at 120 kV)
공기	0.0004	−1000
지방	0.185	−50 to −150
물	0.206	0
혈액	0.208	+80
백색질	0.213	34
회색질	0.212	38

이미지 디스플레이 _Image Display

HU는 밝기와 대비 측면에서 이미지가 표시되는 방식에도 영향을 미친다. CT 이미지의 경우 *window* 이미지의 수는 이미지를 구성하는 회색 음영의 수이다. 레벨(level)은 특정 해부학적 스캔 영역(밀도) 내 회색 범위의 중간점이다.

예를 들어 뇌는 window 80 HU, level 38 HU이다. 이것은 흰색과 검은색이 이미지를 구성하고 그 사이에 78개의 회색 음영이 있음을 의미한다. 그렇다면 이 수치를 어떻게 얻을 수 있나? 38은 중간점이면 대비를 위해 숫자의 절반이다. 따라서 80을 2(또는 반)로 나누면 40이다. 보이는 회색 음영의

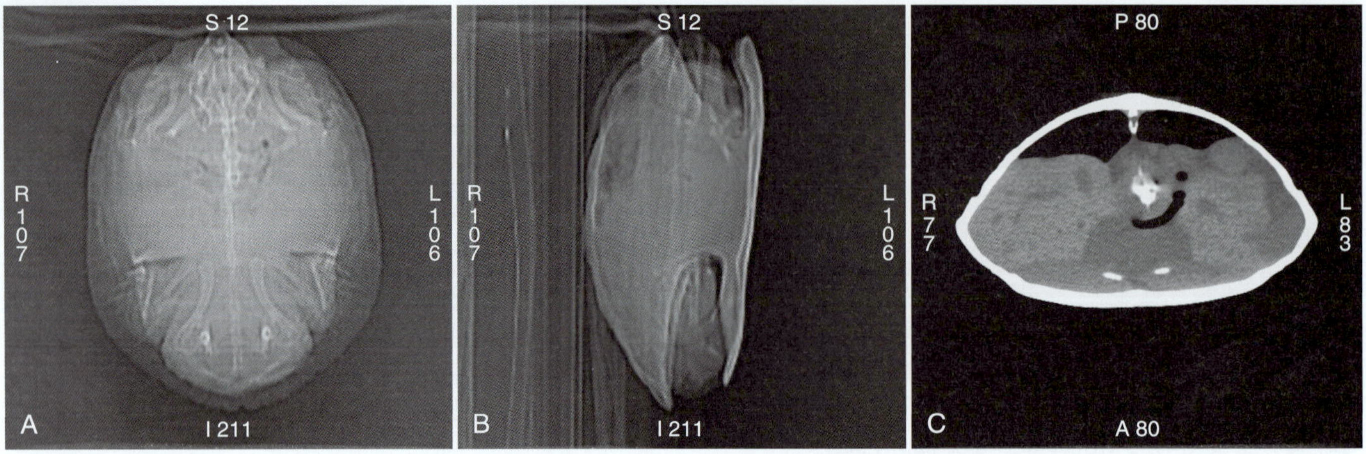

그림 8.8 **A**와 **B**, CT 스캐너에서 생성된 두 개의 X선 이미지는 단순한 X선에서는 거북이가 잘 보이지 않음을 보여준다. 이것은 다른 동물의 뇌 및 두개골과 같은 구조에 대한 고전적인 문제이다. **C**, CT 스캐너를 사용하면 껍질을 통해 내부 장기를 볼 수 있다. 비장, 폐, 간 및 기관은 모두 CT 스캔에서 볼 수 있다.

수를 계산하려면 38 수준에서 40을 더하고 뺀다. 38 − 40 = −2 및 38 + 40 = 78. 이것은 모든 회색 음영이 HUs − 2에서 78까지 보인다는 것을 의미한다. 밀도가 더 높은 뼈는 HU가 가시 범위 밖에 있기 때문에 단순히 흰색으로 나타난다. 공기와 지방은 HU가 회색 수준으로 보이는 것보다 적기 때문에 검은색으로 나타난다.

이 계산을 다시 해보자. 앞에서 언급했듯이 뼈는 뇌 윈도우(window)에서 흰색으로만 표시되므로 다른 윈도우/수준(window/level) (또는 대비/밝기)을 사용하여 뼈를 표시한다. 일반적인 윈도우레벨(window level)은 2000이고 일반적인 윈도우 레벨은 250이다. 2000의 절반은 1000이다. 이제 250에서 1000을 더하고 빼서 회색의 가시 범위를 얻는다. 250이 중간점이므로 −750~1250은 회색 음영으로 표시된다. −750 HU 미만은 검은색으로 표시되고 1250 HU 이상은 흰색으로 표시된다. 이것은 상당히 더 넓은 창 수준이다. 뼈를 보여주는 데는 좋지만 백질과 회백질 사이에 HU 또는 회색 음영이 거의 없기 때문에 뇌가 잘 보이지 않는다(그림 8.9A~C).

수의사가 병변의 특성을 결정하는 데 도움이 되도록 컴퓨터의 커서(cursor)로 HU를 측정할 수도 있다. 예를 들어, 수의사가 폐의 병변을 보았을 때 커서 판독값이 −50 HU이면 병변이 뚱뚱할 수 있다. 160 HU이면 칼슘이다. 혈액은 약 80 HU에서 판독된다. 일부 스캐너에는 운영자가 각 복셀 의 모든 HU를 읽을 수 있도록 설정 커서를 적용할 수 있는 기능도 있다.

CT 데이터 _*The CT Data*

운영자는 CT 스캐너에서 두 가지 유형의 데이터를 사용한다. 검출기에서 수집된 스캔 데이터(원시 데이터)는 이미지 생

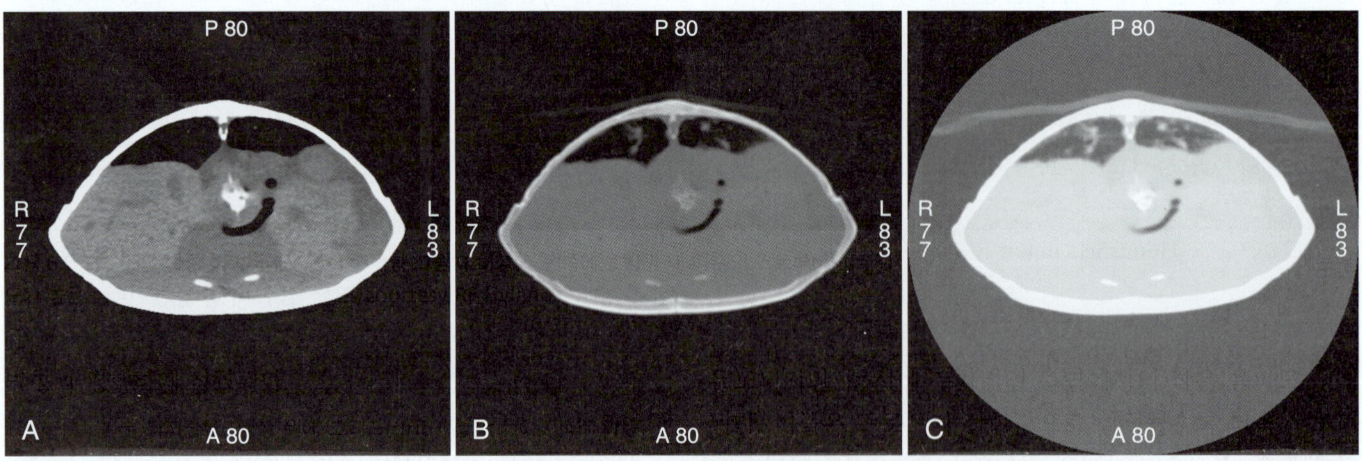

그림 8.9 동일한 거북이 이미지이지만 윈도우 수준이 다르다. **A**, 내장은 복부윈도우(W350, L40)에서 가장 좋다. **B**, 뼈는 뼈 윈도우(W2500, L250)에서 가장 좋다. **C**, 폐는 폐 윈도우(W 2000, L−700)에 표시된다.

성에 사용된다. 이러한 데이터 세트는 매우 크므로 저장은 대개 일시적으로 CT 스캐너에 한다. 운영자는 환자가 더 이상 테이블에 있지 않은 후에도 필요에 따라 로우 데이터(raw data)를 사용하여 이미지를 다시 생성한다. 로우 데이터가 스캐너에서 제거되면(대부분의 스캐너는 일정 기간이 지나면 자동으로 제거됨) 새 이미지를 더 이상 생성할 수 없다. 이미지 데이터는 필름에 사진을 찍거나 사진 보관 및 통신 시스템(picture archival and communications system, PACS)에 네트워크로 연결된다. 최신 CT 스캐너는 수천은 아니더라도 수백 개의 이미지를 생성할 수 있다.

디지털 방사선 촬영과 마찬가지로 모든 이미지는 거대한 데이터 뱅크에 저장 또는 보관된다. 이러한 보관소는 지역에 있을 수도 있고 지구 어디에나 있을 수 있다.

CT 스캔 작업자의 경우 스캔 또는 스캔 이미지를 볼 수 있는 여러 가지 방법이 있다. 다양한 방법의 이면에 있는 생각을 보여주는 몇 가지 고려 사항은 다음 섹션에서 설명하겠다.

시야 _Field of View

CT 스캔에는 두 가지 유형의 시야(이미지에서 보이는 영역)가 있다. 스캔 시야(scan field of view, SFOV)는 X선 빔이 조사하는 검출기의 수이다. 이는 환자의 신체 부위가 시야(또는 선택한 감지기 범위) 밖에 있는 경우 재구성할 수 없기 때문에 중요하다.

디스플레이 시야(display field of view, DFOV)는 CT 이미지의 해상도에서 핵심 요소이다. DFOV는 SFOV와 같거나 작다. DFOV를 줄임으로써 이미지가 구조를 해석하는 능력을 높일 수 있다. 최대 SFOV는 제조업체에서 설정할 수 있지만 DFOV는 작업자가 자신의 CT 영상에 대해 선택하는 핵심 요소이다(그림 8.10). CT 스캐너에서 동물을 제거한 후에도 기술자는 스캔 또는 원시 데이터를 사용하여 이미지를 재구성하여 원하는 DFOV가 있는 이미지를 만들 수 있다.

CT 스캐닝 및 방사선량에 사용되는 기술적 요소
Technical FacTors Used in CT Scanning and Radiation Dose

X선 장치와 마찬가지로 CT 스캐너는 킬로볼트(kV)와 초당 밀리암페어(mAs)를 스캐닝 계수로 사용한다. 일반적으로 kV는 80~140 kV로 표준 방사선 촬영보다 훨씬 높은 경향이 있다. mAs 값도 훨씬 높은 경향이 있으며 범위는 10~ 400 mA이다. 스캔 시간 스캐닝 방법(나선형 또는 기존)에 따라 다르며 일반적으로 X선 관이 노출을 위해 환자 주위를 360도 회전하는 데 걸리는 시간을 의미한다. mAs를 증가시키면 운영자는 시각화되는 구조에 영향을 미칠 수 있다.

물론 kV 또는 mAs를 높이면 CT 스캐너에서 방출되는 전체 방사선량도 증가한다. CT 스캐닝의 한 가지 아쉬운 점은 기술적인 요소가 높을수록 이미지가 더 예쁘다는 것이다. CT는 일반 방사선 촬영보다 높은 기술적 요인에 대해 훨씬 더 많은 내성을 가지고 있다. 모든 영상에서 목표는 가능한 한 선량을 제한하고 항상 ALARA (합리적으로 달성 가능한 한 낮게) 원칙을 준수하는 것이다.

슬라이스 두께 _Slice Thickness

슬라이스 두께는 CT 스캐너 작업자가 결정하는 기술 변수이며 이미지 해상도의 핵심 요소이다. 슬라이스 두께는 프리페이션트(prepatient) 및 전치 검출기(predetector) 콜리메이터(collimator)에 의해 변경된다. 기존 CT 스캐너는 10 mm 두께의 슬라이스로 이미지를 획득했다. 해부적으로평균 10 mm 슬라이스이기 때문에 병변의 두께가 2~5 mm 미만

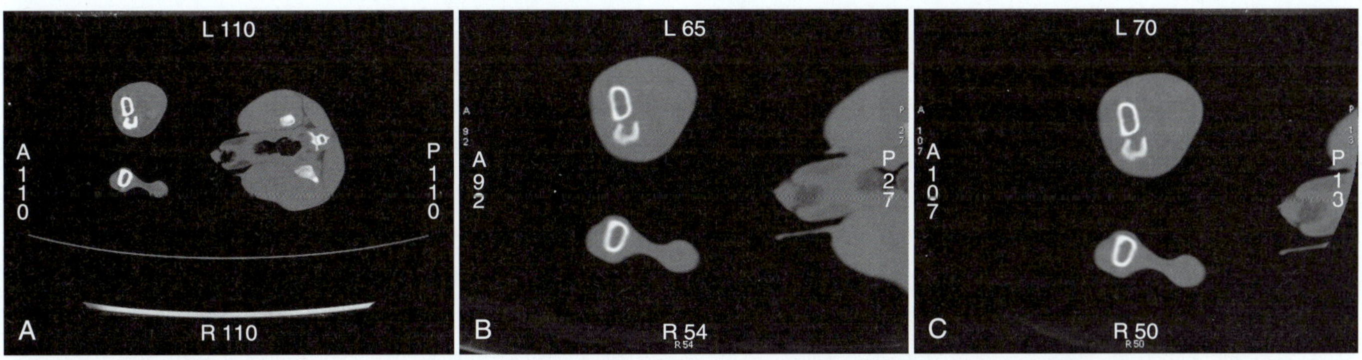

그림 8.10 경골 골절이 있는 토끼. A, 이 이미지는 22.0 cm 디스플레이 시야로 촬영되었다. **B,** 이 이미지는 원본 스캔을 확대하여 획득했다. **C,** 이 이미지는 스캔 데이터가 12.0 디스플레이 시야로 재구성되었기 때문에 최상의 해상도를 가진다.

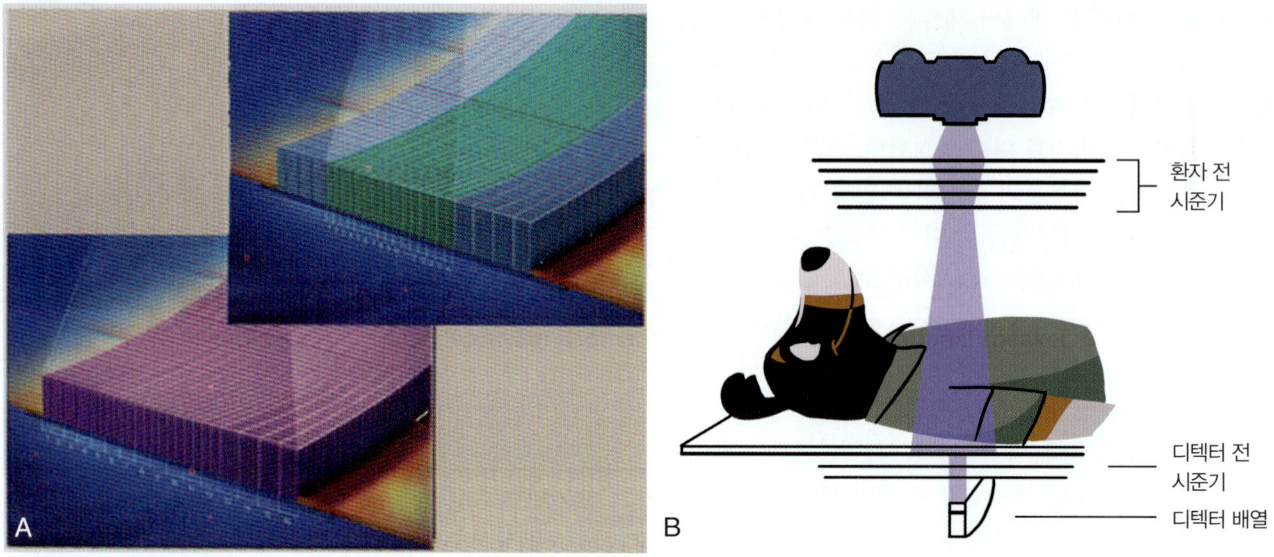

그림 8.11 이 이미지는 CT 스캐너에서 슬라이스 두께가 결정되는 방법을 보여준다. **A,** 멀티슬라이스 스캐너에서 검출 범위는 콜리메이션에서 여러 이미지를 얻는다. **B,** 작업자는 슬라이스 두께 또는 검출기 범위를 선택한다. 스캐너의 프리페이션트(prepatient) 및 프리디텍터(predetector) 스캐너는 이미지의 슬라이스 두께를 유지한다.

인 경우 놓칠 수 있다. 멀티슬라이스 기술이 적용된 최신 CT 스캐너는 1 mm보다 얇은 이미지 슬라이스를 획득할 수 있다(그림 8.11A,B).

알고리즘/커널 _Algorithms/Kernels

알고리즘은 반복되는 수학적 계산이며 특정 구조를 향상시키기 위해 CT 이미지를 생성하는 각 픽셀에 적용된다. 일부 제조업체는 알고리즘(또는 커널)에 실제 숫자를 부여하는 반면 다른 제조업체는 이러한 계산에 이름을 부여한다. 소프트 또는 로우패스 알고리즘은 픽셀을 이동시켜 CT 번호가 거의 증가하지 않는 구조(예: 뇌)를 향상시킨다. 하이 패스 또는 뼈 알고리즘은 이미지를 변경하여 날카로운 모서리가 있는 구조를 향상시킨다. 알고리즘의 사용은 연조직 보기와 뼈 보기를 비교할 때 이해할 수 있다. 적절한 윈도우/레벨이 있더라도 부드러운 알고리즘은 흐릿한 뼈 이미지를 생성하고 뇌 이미지의 뼈 알고리즘은 매우 거칠고 "노이즈가 많은" 이미지를 생성한다. CT 스캐닝은 로우데이터(혹은 scan data)가 있는 한 사용자가 이미지를 여러 번 후처리하여 다양한 구조를 보여줄 수 있다.

테이블 이동 및 피치 _Table Movement and Pitch

CT 스캐닝의 핵심 작업 부분은 시술 중 테이블의 움직임이다. 세 가지 유형의 테이블 모션을 선택할 수 있다. 스캔을 설정할 때 스카우트 뷰(scout view)[스캐노그램(scanogram)]를 촬영할 수 있다. 이것은 방사선 사진과 매우 유사하며 조작자가 스캔에 포함된 영역을 선택할 수 있다. 사진을 찍기 위해 테이블이 선택한 거리를 통과하는 동안 튜브와 감지기는 한 위치에 유지된다. 실제 CT 스캐닝을 위해 이미지는 기존 방식 또는 헬리컬(helical)/스파이럴(spiral) 방식으로 획득된다. CT 스캐너 조작자는 주어진 이미지나 병변에 가장 적합한 스캐닝 유형을 선택할 수 있다.

기존 스캐닝은 원래 CT 스캐너에서 수행한 테이블 동작을 말한다. 스캐너는 한 위치에서 슬라이스(이미지)를 가져온다. 그런 다음 테이블이 선택한 거리만큼 이동하고 또 다른 슬라이스가 촬영된다(그림 8A). 이러한 방식으로 전체 슬라이스의 더미(stack)를 만들 수 있다. 구형 기계는 X선 관이 전선과 케이블로 갠트리 외부의 별도 상자에 있는 발전기 및 변압기에 연결되어있다. 따라서 튜브는 한 번 회전한 다음 다시 움직이는 것으로 제한된다. 이 동작은 CT 스캐너에서도 시간이 걸린다. 일반적으로 최신 모델의 기존 CT 스캐너에서 슬라이스 사이의 지연은 약 3.5초였다.

1980년대 후반에 **스파이럴(spiral) 또는 헬리컬(helical)** *CT scanning*이라 불리는 새로운 방법의 CT 스캐닝에서 가능해졌다. 스캐너의 설계는 슬립 링과 브러시(그림 8.12)가 CT 갠트리와 X선 관에 전원을 공급할 수 있도록 변경되었다. 차례로 동일한 슬립 링/브러시 어셈블리가 CT 컴퓨터에 정보를 다시 제공했다. 이 배열을 통해 X선 관과 검출기가 계속 회전할 수 있으므로 스캔 사이의 지연을 줄일 수 있다. 헬리컬 스캐닝이 작동하려면 CT 스캐너가 **보간 알고리즘**(interpolation algorithm)이라는 또 다른 계산을 사용하여 스캐너

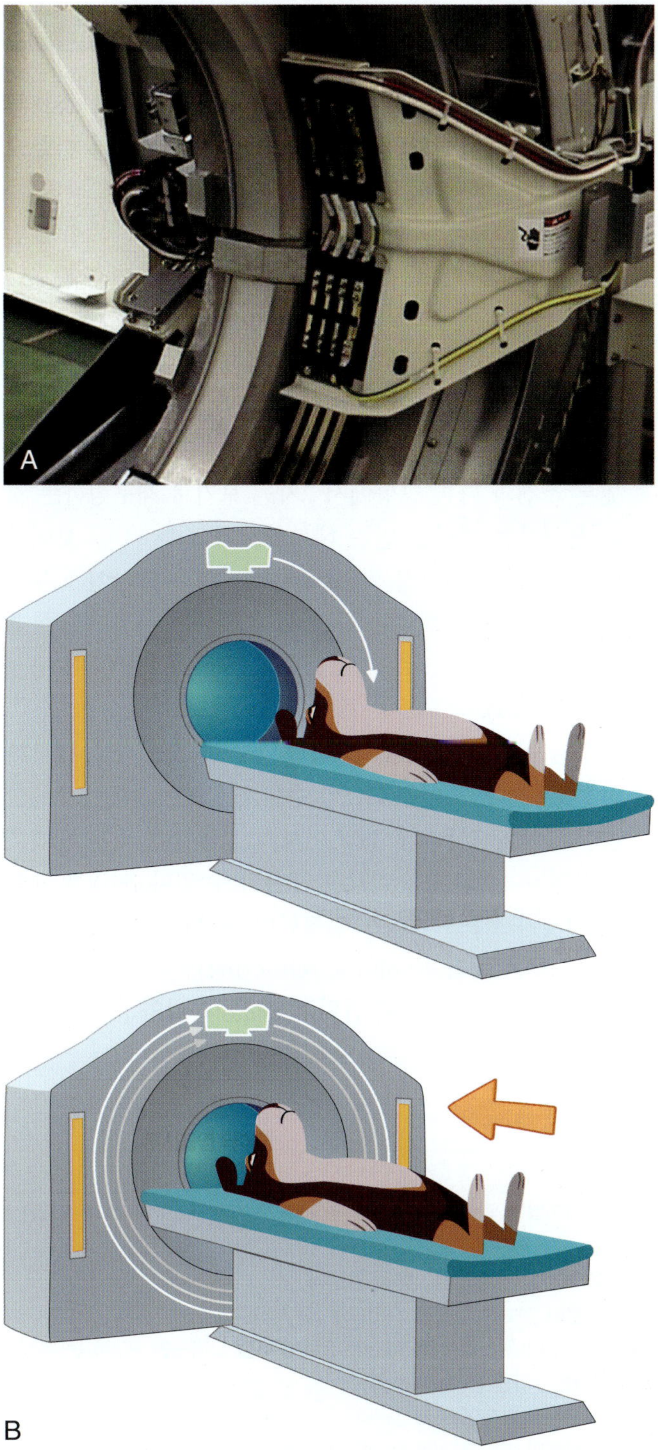

그림 8.12 A, 슬립 링과 브러시의 사진. 브러시는 슬립 링에 장착된다. B, X선 관과 갠트리가 회전하면서 슬립 링이 전기 신호를 전송하고 데이터를 수신한다.

의 움직임을 보상해야 했다. 보간(interpolation)은 양쪽에 있는 두 개의 알려진 값을 기반으로 알 수 없는 값을 계산하는 것이다. 따라서 스캐너는 슬라이스가 어떻게 나타나는지(예: 코르크 따개)가 아니라 직선 평면에서 슬라이스를 계산할 수 있다. CT 스캐너 제조업체는 나선형 이미지를 수정하기 위해 180도 또는 90도 보간 알고리즘을 사용했다.

CT 선량을 줄이기 위해 헬리컬 스캐너를 사용하면 기술자가 슬라이스 두께보다 큰 테이블 동작을 선택할 수 있다. 피치는 테이블 이동(밀리미터 단위)과 CT 슬라이스 두께 사이의 비율로 정의된다. 이것은 계산상 어떻게 보이는가?

$$\text{Pitch} = \frac{\text{Table movement (in mm)}}{\text{Slice thickness (in mm)}}$$

예를 들어 테이블이 5 mm 슬라이스로 5 mm 이동하면 계산된 피치는 1이다. CT 작업자가 5 mm 슬라이스로 피치 1.5를 선택하면 테이블은 5-mm를 스캔하는 동안 7.5 mm 이동한다.

피치 사용의 장점은 이미지 해상도를 유지하면서 환자의 방사선량을 줄이는 것이다. 단일 슬라이스 CT 스캐너에서 피치는 이미지 해상도에 눈에 띄는 영향 없이 최대 1.8까지 증가할 수 있다. 다중 슬라이스 CT 스캐너의 출현으로 스캐너 디자인이 더욱 변경되었다. 이제 테이블 피치는 선택한 검출기의 수와 너비도 고려해야 한다.

스캔 및 프로토콜 정하기 _Prescribing a Scan and Protocols

CT 스캐닝에 사용되는 프로토콜 또는 스캔의 기술은 스캔되는 부위 또는 신체 부위만큼 다양하다. 모든 CT 스캐너는 작업3자가 프로토콜(신체 부분 또는 스캔 유형에 대한 레이블 지정) 을 프로그래밍하고 컴퓨터에 저장할 수 있도록 한다. 그런 다음 기술자는 이름을 입력(또는 방사선 정보 시스템에서 생성한 목록에서 이름 선택)한 다음 원하는 프로토콜(예: 머리의 CT 스캔)을 선택할 수 있다. 그런 다음 기술자는 스캐노그램 뷰(scanogram view) 또는 스카우트 뷰(scout view)(방사선 사진의 CT 버전)를 완성하고 해당 이미지에서 실제 CT 스캔을 지시한다.

CT 스캐너를 사용하면 기술자가 필요에 따라 프로토콜 설정을 원하는 대로 변경할 수 있다. 일부 프로토콜에서는 정맥(intravenous, IV) 조영제가 필요할 수 있다. IV 조영제는 요오드 기반이며 정맥, 동맥 및 일부 전체 장기를 증강시킨다. 혈관 조영술은 CT에서도 수행할 수 있다. 조영제를 빠르게 주입함으로써 조작자는 신체의 특정 부위에 있는 동맥과 정맥을 보여줄 수 있다. 복부 스캔에는 일반적으로 장기를 더 잘 볼 수 있도록 조영제가 필요하다. 사지의 감염을 입증하기 위해 조영제를 사용할 수도 있다. 척추 질환이 의심되는 경우 수의사는 척수 장애를 보여주기 위해(요추 천자를 통해) 조영제를 척추관에 주입할 수 있다. 이 절차를 **척수 조영**(myelogram)이라 한다(척수관에는 특수 조영제만 사용한다. 18장 참고). 형광 투시법, 방사선 사진 및 CT 스캔은 모두 척수 영상의 일부일 수 있다.

다중 슬라이스 CT 스캐너 _Multislice CT Scanners

지난 15년 동안 CT 스캐닝은 탐지기 설계에 있어서 크게 발전했다. 현재 사용 가능한 대부분의 스캐너에는 여러 감지기가 있다. 단일 검출기 배열 대신 X선 관에서 발생하는 팬 빔이 이제 더 넓어져 더 큰 검출기 배열을 방출한다. 최신 멀티 슬라이스 스캐너는 배열 너비에 최대 256개의 검출기를 가질 수 있다. 이 신기술 덕분에 한 번의 스캔으로 더 큰 단면을 얻을 수 있으며 이미지는 밀리미터 미만의 두께로 재구성된다. 이를 통해 대부분의 CT 스캔 데이터 세트를 나중에 3차원 사진으로 재구성할 수 있는 볼륨 스캔으로 수집할 수 있다.

CT 스캐닝을 위한 적응증 및 후처리 Indications and postprocessing for CT scanning

CT 스캐닝은 머리와 척추를 영상화하기 위한 주요 방식이었지만 이제는 자기 공명 영상(magnetic resonance imaging, MRI)이 이를 대체했다. 그러나 CT 스캐닝은 외상 평가 및 신체 영상 촬영을 위한 탁월한 진단 도구로 남아 있다. 뼈대를 확인하기에도 좋다.

기술의 발전으로 인해 CT 스캔은 이미지를 여러 가지 방법으로 재구성할 수 있도록 수행된다. 다중 슬라이스 스캐너를 통한 단일 기존 노출은 0.5 mm에서 0.625 mm 두께의 64개 이상의 이미지를 생성할 수 있다(스캐너 설계에 따라 다름). 이미지가 기존 스캔으로 수집되든 나선형 스캔으로 수집되든 시야, 중심, 매트릭스 및 알고리즘이 동일하면 볼륨으로 작용한다. 즉, 여러 슬라이스를 쉽게 함께 쌓을 수 있고 2차원 평면이나 3차원 이미지로 재구성할 수 있다.

볼륨 이미징에는 개체를 구성하는 여러 가지 방법이 있다. 가장 간단한 재구성은 이미지 볼륨의 각도를 조정하고 원본 스캔과 다른 방향에서 2차원 보기로 재구성하는 것이다. 운영자는 영향을 받는 해부학적 구조를 더 잘 보여줄 수 있도록 2차원 재구성 및 윈도우/레벨에서 슬라이스 두께를 변경할 수 있다. 척추는 항상 시상면 또는 세로면을 통해 재설정된다. 일반적으로 각 평면을 따라 여러 이미지가 구성된다(그림 8.13).

3차원 이미지는 **음영 표면 표시**라는 프로세스로 간단하게 만들 수 있다. 보이는 HU의 수를 제한하여 3차원 개체를 생성한다. 뼈의 경우 160 HU 이상이 선택된다. 피부 표면의 경우 범위는 −200 HU 이상을 포함할 수 있다. 이러한 개체는 잘 설계된 소프트웨어로 수정한다. 또 다른 유형의 3차원 이미징은 **볼륨 렌더링**(volume rendering)이라고 한다(그림 8.14). 이 프로세스는 전체 범위의 HU를 가져와 그림에 포함한다. 운영자는 복셀의 투명도 범위를 선택할 수 있다.

? 생각할 점

CT의 기본 원리(basic principles of CT)

- 각 조직 유형의 감쇠(attenuation)로 이미지를 형성한다. 뼈는 조직보다 더 많은 방사선을 감쇠시킨다. 다양한 조직이 다르게 감쇠된다. 공기는 거의 또는 전혀 감쇠되지 않는다.
- 컴퓨터는 정보를 수집한 다음 검사가 설정될 때 운영자의 요청에 따라 알고리즘으로 해석한다
- 일반적으로 방사선 촬영 이미지는 정적이다. X선 관은 정적이며 결과는 2차원 이미지이다.
- CT 장치를 사용하면 X선 관과 수용체가 동시에 신체 주위를 이동하므로 컴퓨터가 3차원 이미지를 해석할 수 있다.
- CT 영상 시스템은 고정된 위치에서 신체 부위를 움직인다. 그런 다음 테이블이 앞으로 이동하고 또 다른 "슬라이스 이미지"가 획득된다.
- 감쇠 정보는 여러 평면에서 얻는다.
- 이 감쇠 정보는 간단한 그리드로 재구성된다.
- 컴퓨터 내에서 각 신체 섹션은 2차원 픽셀 그리드를 포함하는 복셀이라는 3차원 상자로 나뉜다.
- 감쇠는 각 방향에서 계산된다.
- 각 픽셀의 모든 감쇠를 합산하고 공통 스케일로 정규화한다.
- 각 픽셀은 해당 섹션 내 구조의 서로 다른 밀도를 나타낸다. 픽셀이 작을수록 해상도가 높아진다.
- 각 슬라이스에 대해 감쇠 정보 계산을 반복한다.

요약 _Summary

컴퓨터 단층 촬영은 X선를 사용하여 단면 이미지를 생성하는 방식이다. 조직 조각이 이미지화되고 재구성된다. CT는 연조직과 뼈 구조를 다양한 밀도로 보여줄 수 있다. 이미지는 2차원 재구성, 3차원 이미징 및 볼륨 렌더링을 비롯한 다양한 형식으로 재구성할 수 있다. 이러한 모든 형식은 수의사가 환자를 평가하고 진단하는 데 도움이 된다.

이미지 갤러리 _Image Gallery

CT 스캔 이미지와 재구성된 모습. 그림 8.15부터 8.21까지 다양한 병변을 보여준다.

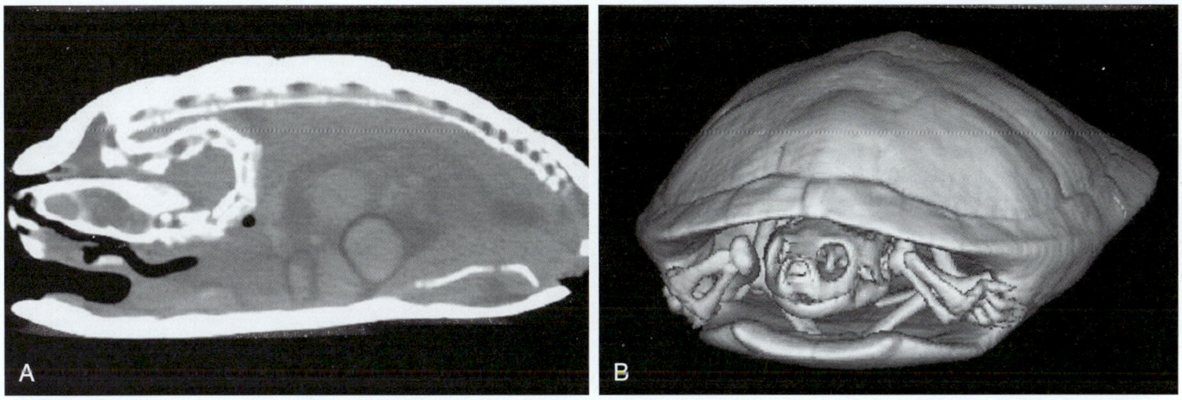

그림 8.13 **A**, 축(axial) CT 스캔에서 와들척추(Waddle's spine)의 시상 재건. **B**, 160 HU 이상의 복셀 값을 보여주는 음영 표면을 표현한 이미지인 3차원 사진. 이러한 3차원 이미지는 해부구조에서 다양한 관점을 보여주기 위해 가상으로 각을 이루고 잘라낼 수 있다.

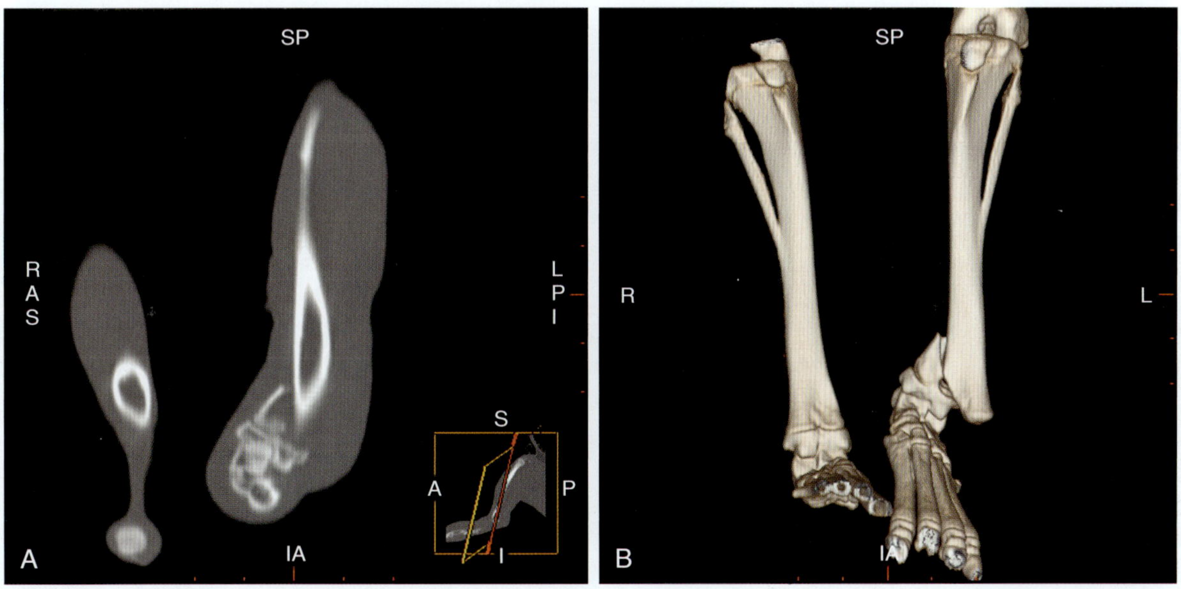

그림 8.14 3차원 영상과 같은 도구는 병변 이해에 큰 도움이 된다. 토끼의 골절은 2차원 관상 재건 또는 재구성된 이미지**(A)**에서 볼 수 있지만 볼륨 렌더링 된 3차원 재건 **(B)**에서 더 분명하게 심각하게 나타난다.

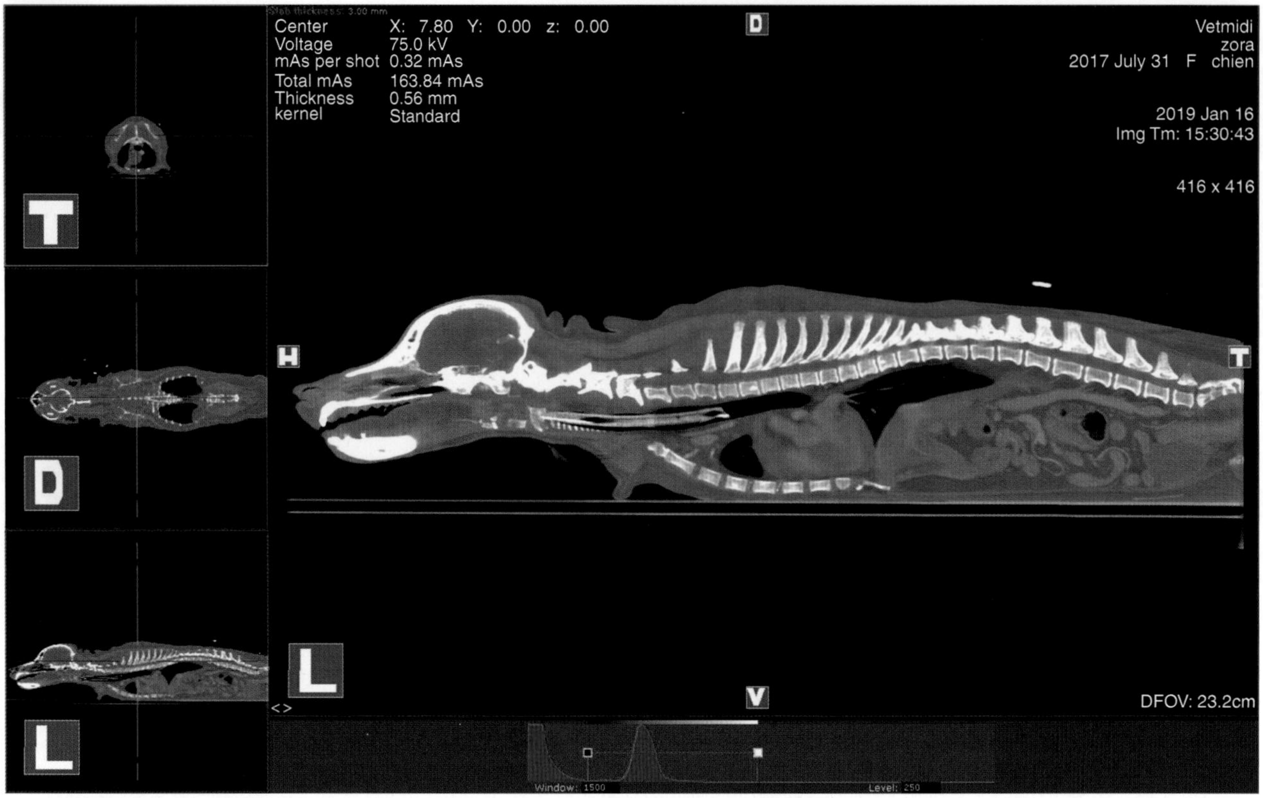

그림 8.15 **개 CT 스캔의 시상 재구성.** 기관내 튜브가 기관에 배치되어있다. 개의 두개골과 척추의 시상 리포맷을 이 재구성에서 볼 수 있다. (From Animage, LLC and the Animage FIDEX-FS advanced imaging system, with permission.)

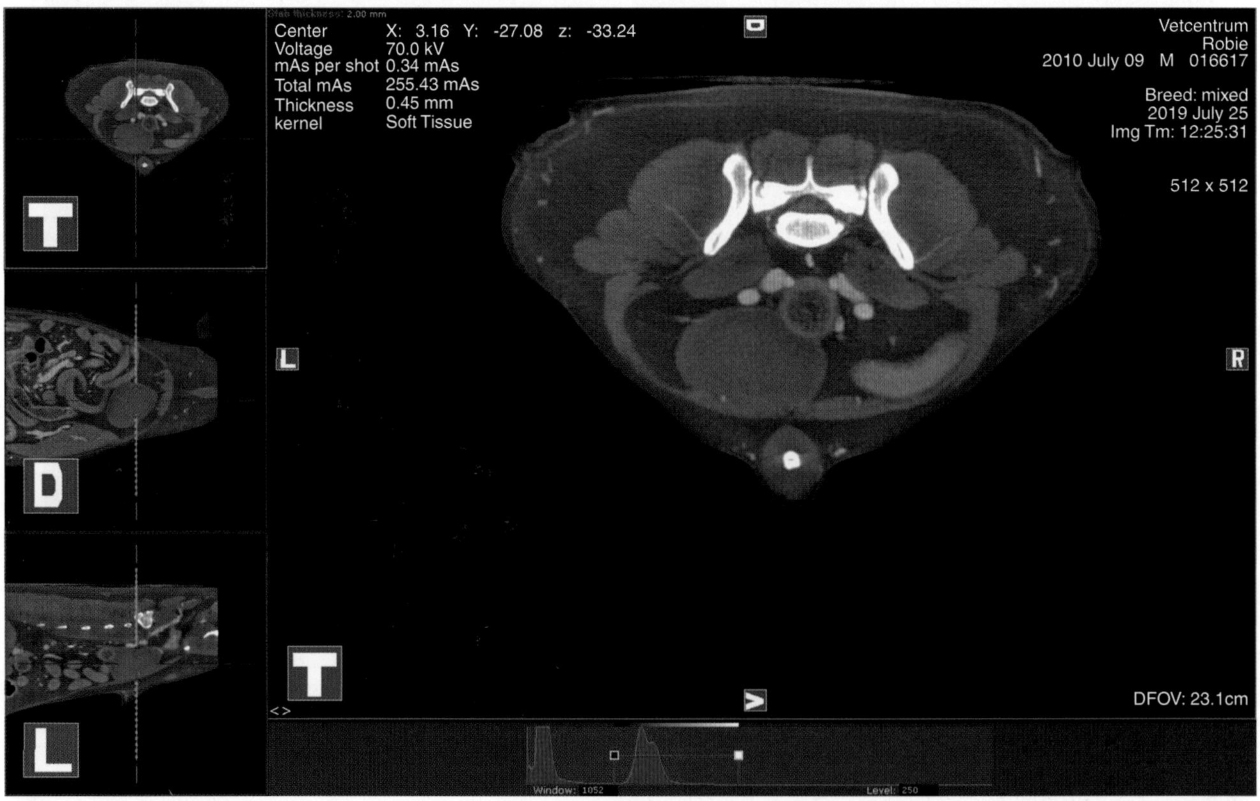

그림 8.16 **오른쪽 장골동맥과 정맥을 누르고 있는 골반 덩어리의 축상 이미지.** (From Animage, LLC and the Animage FIDEX-FS advanced imaging system, with permission.)

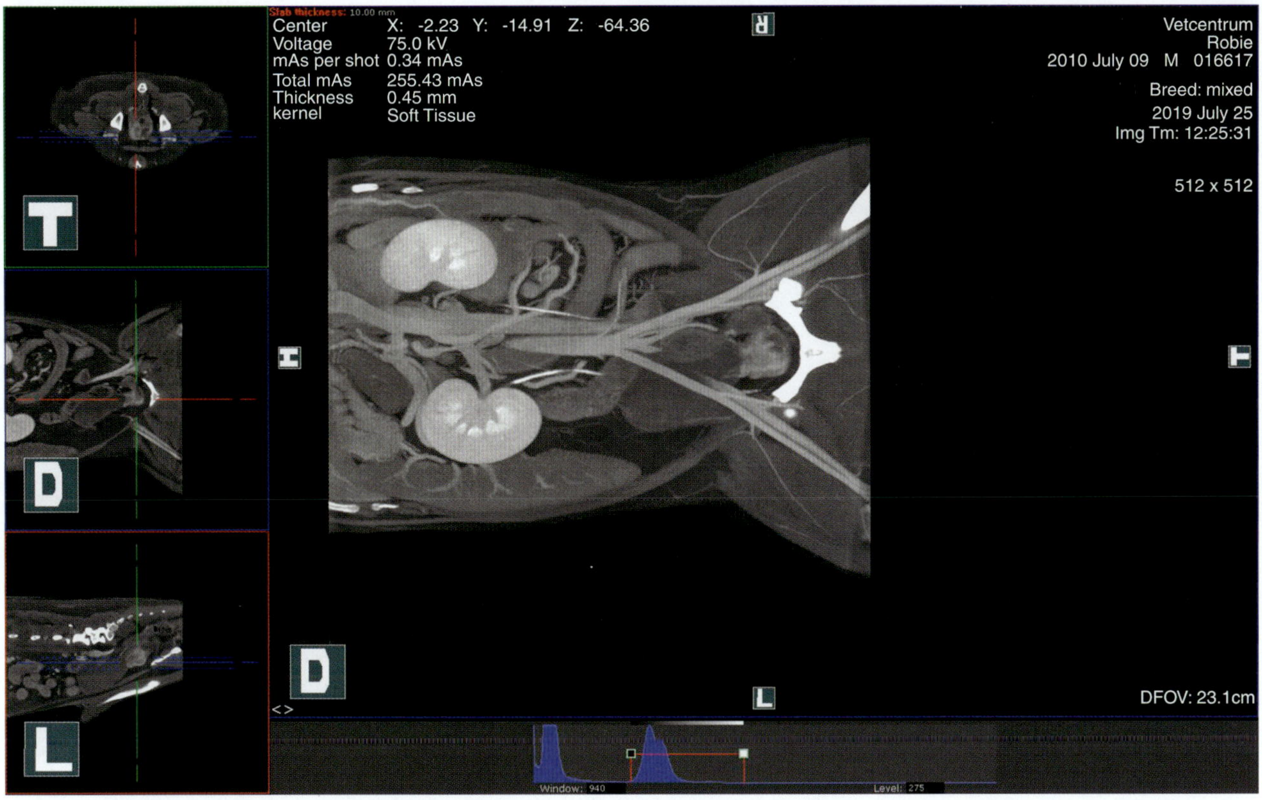

그림 8.17 **오른쪽 장골 동맥과 정맥을 압박하는 골반 덩어리를 관상면에서 보여주는 조영증강 리포맷.** (From Animage, LLC and the Animage FIDEX-FS advanced imaging system, with permission.)

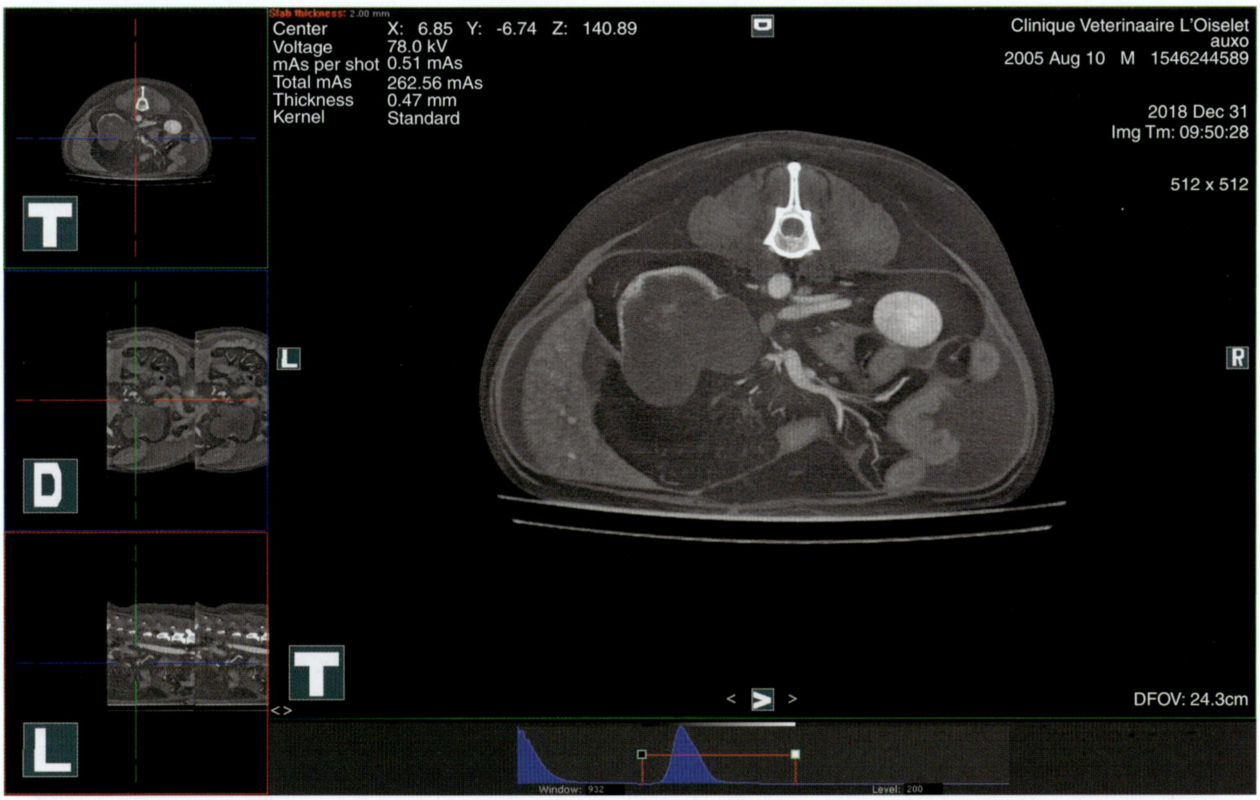

그림 8.18 **동맥기(Arterial-Phase) CT Scan의 축상 리포맷(axial reformat).** 대동맥과 신장 동맥이 잘 설명되어 있다. 멀티슬라이스 기술과 스파이럴 스캐닝으로 인해 다양한 단계의 정맥 조영 증강이 가능하다. (From Animage, LLC and the Animage FIDEX-FS advanced imaging system, with permission.)

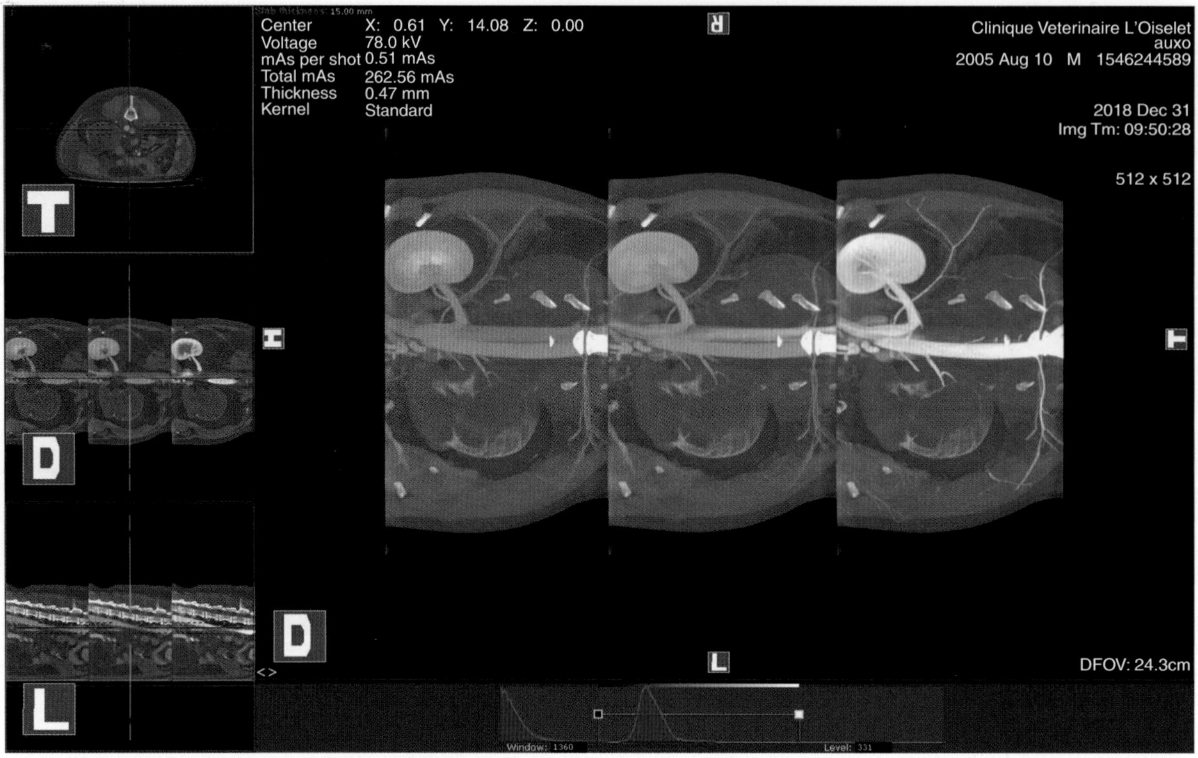

그림 8.19 **컴퓨터 단층 촬영 신장 혈관 조영술(computerized tomography renal angiogram).** 조영증강 하지 않은 종양이 환자의 왼쪽 신장에서 보인다. 멀티슬라이스 기술과 나선형 스캐닝으로 인해 정맥 조영 증강의 다양한 단계(동맥, 모세혈관 및 정맥)를 취할 수 있다. 이러한 이미징은 간 또는 신장의 종양을 특성화하는 데 도움이 된다. (From Animage, LLC and the Animage FIDEX-FS advanced imaging system, with permission.)

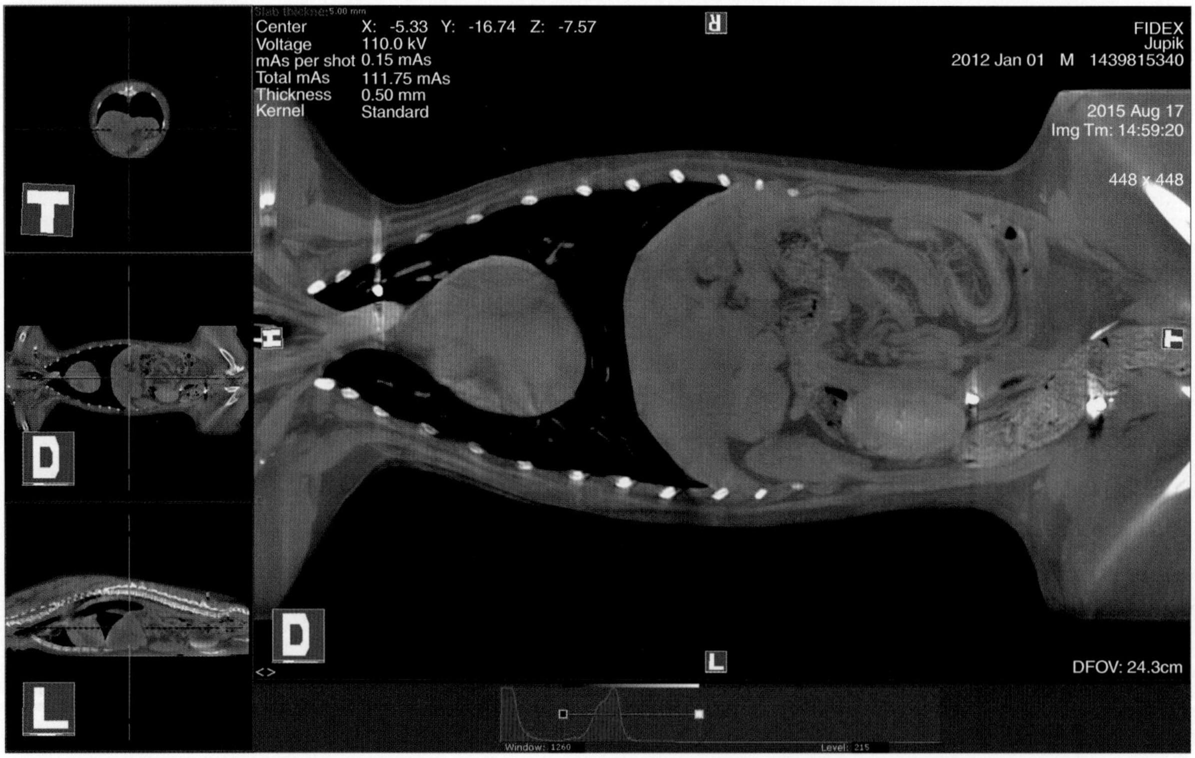

그림 8.20 **내부의 여러 물질을 보여주는 개의 촬영.** CT 스캔 슬라이스 볼륨에서 관상 리포맷(coronal reformat). 여러 물질은 흉부와 신장 아래 복강 및 골반에서 고밀도 물체로 보인다. (From Animage, LLC and the Animage FIDEX-FS advanced imaging system, with permission.)

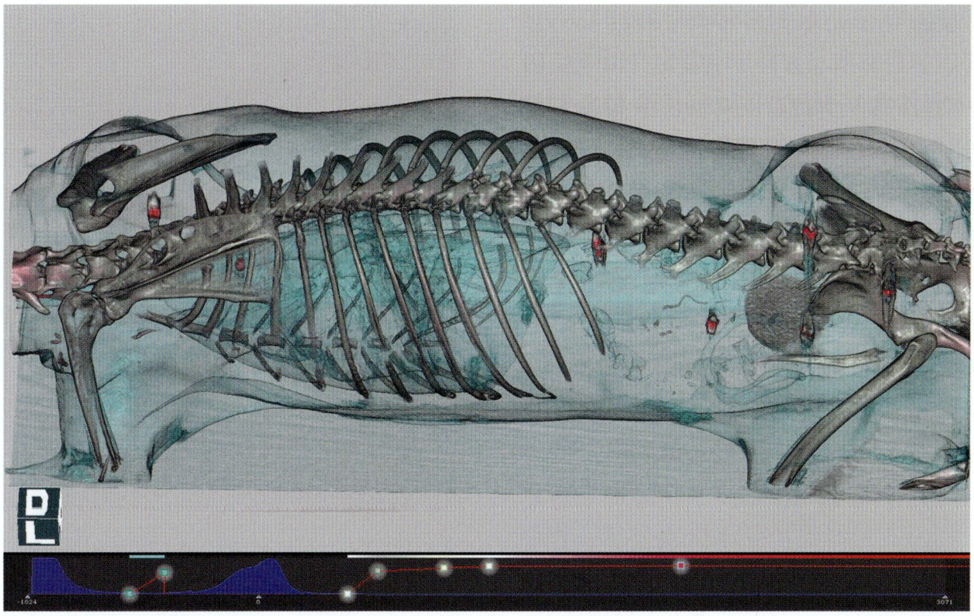

그림 8.21 개의 몸 안에 있는 다양한 물질을 보여주는 3차원 볼륨 렌더링. (From Animage, LLC and the Animage FIDEX-FS advanced imaging system, with permission.)

복습 문제 _Review Questions

1. 하우스필드 유닛은 __________. 빈칸에 알맞은 말은?
   a. CT 스캔의 밀도 측정이다.
   b. 픽셀의 밀도 값을 물의 밀도 값과 비교한다.
   c. CT 번호라고도 한다.
   d. 위 내용 모두를 포함한다.
2. 스캔 슬라이스 두께가 5 mm이고 테이블 피치가 2.0인 경우, 회전(rotation)당 테이블이 __________ 이동한다. 빈칸에 알맞은 말은?
   a. 5 mm
   b. 7.5 mm
   c. 10 mm
   d. 15 mm
3. CT 스캔 이미지를 재구성하는 가장 일반적인 방법은 무엇인가?
   a. 푸리에(Fourier) 변환
   b. 필터링된 역투영(Filtered back-projection)
   c. 역투영(Back-projection)
   d. 필터링 된 광전송(Filtered optical transfer)
4. CT 스캐너의 슬라이스 두께는 어떻게 결정되는가?
   a. 프리페이션트 콜리메이터(The prepatient collimators)
   b. 프리디텍터 콜리메이터(The predetector collimators)
   c. 동물보건사의 선택
   d. 위 내용 모두를 포함
5. 동물보건사가 환자 스캔을 막 마쳤다. 병변을 보여주기 위해 이미지를 확대하는 가장 좋은 방법은 무엇인가?
   a. 스캐너 소프트웨어를 사용하여 사진을 확대한다.
   b. 로우 데이터를 사용하여 그림을 확대한다.
   c. 로우 또는 스캔 데이터를 사용하여 시야를 줄이고 이미지를 재구성한다.
   d. 원시 또는 스캔 데이터를 사용하여 시야를 늘리고 이미지를 재구성한다.
6. CT 스캔에서 슬립 링 어셈블리(slip ring assembly)의 역할은?
   a. X선 관과 검출기가 계속해서 회전할 수 있다.
   b. 헬리컬(helical) 또는 스파이럴(spiral) 스캐닝이 가능하다.
   c. 테이블을 빠르게 움직이게 만든다.
   d. a와 b
   e. b와 c
7. 로우 데이터 또는 스캔 데이터는 ____________. 빈칸에 알맞은 말은?
   a. 더 많은 이미지를 만드는 데 사용된다.
   b. 정기적으로 보관된다.
   c. 짧은 기간 동안만 스캐너에 보관된다.

d. 스캐너에서 많은 디스크 공간을 차지하지 않는다.
e. a와 c

8. 두개골에 대한 CT 스캔은 연조직 이미지에 골절을 보여준다. 스캔은 멀티슬라이스 스캐너에서 수행되었다. 두개골 골절을 보여주는 가장 좋은 방법은 무엇인가?
   a. 윈도우/레벨을 뼈(bone) 윈도우로 변경한다.
   b. 로우데이터를 사용하여 알고리즘을 뼈대 또는 고밀도로 변경한다.
   c. 더 얇은 사진으로 다시 환자를 스캔한다.
   d. 뼈의 알고리즘으로 더 얇은 사진을 재구성한다.
9. 수의사가 CT 스캔을 위해 조영제를 사용하고자 할 때는 언제인가?
   a. 감염 확인
   b. 종양 확인
   c. 복부의 장기 확인
   d. 골절 확인
   e. a, b와 c
   f. 위의 내용 모두
10. 대부분의 CT 스캔 이미지를 표시하는 데 사용되는 일반적인 매트릭스는 무엇인가?
   a. 512
   b. 388
   c. 128
   d. 256

CHAPTER 9

자기 공명 영상

Magnetic Resonance Imaging

Stephanie Holowka MRT(R), MRT(MR), MRSO(MRSC™)

세상은 당신의 거울이고 당신의 마음은 자석입니다.
당신이 이 세상에서 인식하는 것은 대부분 당신 자신의 태도와 믿음을 반영합니다.

—Michael LeBoeuf (1942), 미국 작가이자 뉴올리언스 대학교 경영학 교수

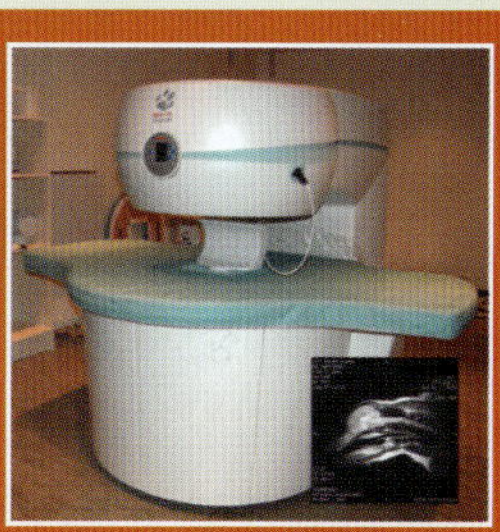

자기 공명 영상(magnetic resonance imaging)은 뇌, 척수 및 연조직 구조를 보여주는 데 탁월하다.

개요

학습 목표

이 장을 마치면 다음을 수행할 수 있다.

1. 자기공명영상 촬영에 필요한 장비에 대해 이야기할 수 있다.
2. 자기공명영상의 원리를 이해한다.
3. MRI 기계에 대하여 이해한다.
4. MRI가 진단에 어떻게 사용되는지 설명할 수 있다.
5. MRI의 안전에 관한 문제를 열거할 수 있다.

적용 분야

이 장에 있는 정보의 적용은 다음 영역과 관련이 있다.

1. 자기(magnetism)와 공명(resonance)을 사용한 이미지를 통해 병변을 확인

주요 용어

원자(Atm)
에코 타임(Echo time)
패러데이 케이지(Faraday cage)/패러데이 쉴드(Feraday shield)
자석(Magnet)
자기장(Magnetic field)
무선 주파수(Tadio frequency)
반복 시간(Repetition time)
공명(Resonance)
신호 강도(Signal intensity)
특정 흡수율(Specific absorption rate)

소개 _Introduction

자기공명영상(magnetic resonance imaging, MRI)은 1980년대 초에 등장했다. MRI의 개발은 물질이 화학적 구성을 결정하면서 자기장과 무선 주파수를 이용하는 자기 분광법의 원리를 기반으로 한다. 물질의 화학적 구성은 해당 물질에 의해 방출되고 물질로부터 응답으로 수신되는 무선 주파수에 의해 결정될 수 있다.

MRI는 사람 의학에서는 매우 흔하게 이용되어왔고 지금은 특화된 동물병원센터 에서도 볼 수 있다(그림 9.1). 조직에서 자유 부동 수소 분자(free-floating hydrogen molecules)의 농도를 보여주기 때문에 컴퓨터 단층 촬영(computed tomography, CT) 스캔 및 기존 방사선 촬영보다 피사체 대비가 훨씬 뛰어나다. MRI는 뇌, 척수(그림 9.2), 관절의 인대 및 연골과 같은 연부조직의 구조를 보여주는 데 뛰어나다. MRI는 또한 이미지 생성에 이온화 방사선(ionizing radiation)을 사용하지 않는다. 이 장에서는 이처럼 흥미롭고 복잡한 기술을 이해하기 위한 개요를 제공한다.

안전 고지 _Safety Notice

MRI 스캐너에 사용되는 것과 같은 자석(magnet)은 특히 훈련받지 않은 스탭에게 매우 위험하다(그림 9.3). MRI실에 들어가는 모든 사람은 안전하지 않은 임플란트와 느슨한 금속이 있는지 검사를 받아야 한다. 직원과 환자에게 가장 위험한 것은 자기력에 의해 금속 물체가 자석으로 발사되는 것이다. 사람은 물체가 자석에 어떻게 돌출될지 예측할 수 없다. 그러한 사고로 인해 사람들이 심하게 다치고 심지어 사망하기도 한다. 자기적으로 안전하거나 조절화된 장치, 선별된 환자나 스탭만 MRI실에 들어갈 수 있다. MRI실에서는 안전한 들것, 모니터, 산소 탱크 및 이와 유사한 장비만 사용할 수 있다. 모든 MRI 현장에는 환자와 직원의 안전을 보장하기 위한 규칙과 절차가 마련되어 있어야 한다. 장치 또는 환자의 안전에 대한 질문이 있는 경우 가장 책임이 있는 MRI 담당자(기술

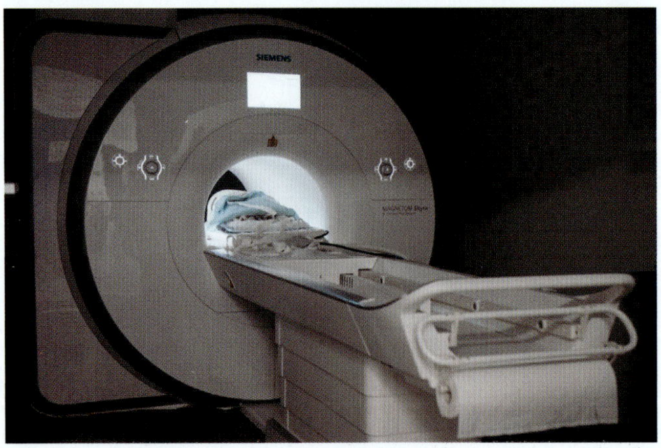

그림 9.1 동물 병원의 MRI 기계. 이것은 고자기장(3T) 초전도체 자석이다. 전계 강도가 높을수록 뇌와 사지의 고해상도 이미지를 얻을 수 있다. (Image courtesy Animal Health Partners in Toronto, Canada.)

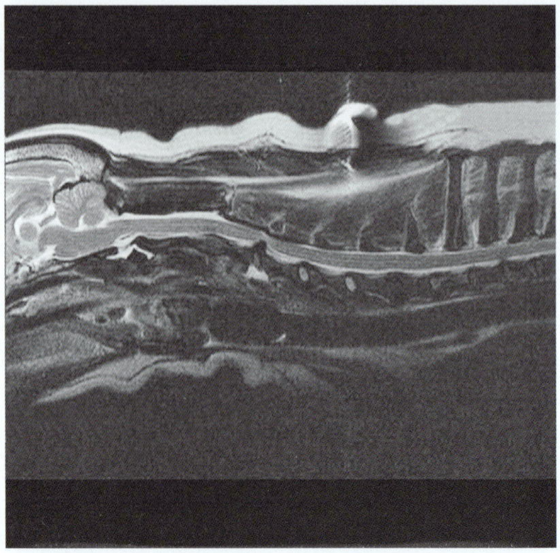

그림 9.2 개 척추의 시상면 T2 가중 자기공명 영상(sagittal T2-weighted magnetic resonance image). 스캔 결과 추간판이 척수관으로 튀어나와 척수에 맞닿아 있음을 알 수 있다. 압축된 탯줄은 해당 부위에서 더 밝아져 부어오르거나 부종이 있음을 나타낸다. (Courtesy Thames Valley Imaging, London, Ontario, Canada.)

그림 9.3 MRI 경고 표시(MRI Warning Sign). (Courtesy Magmedix, Inc., Ritchberg, Massachusetts.)

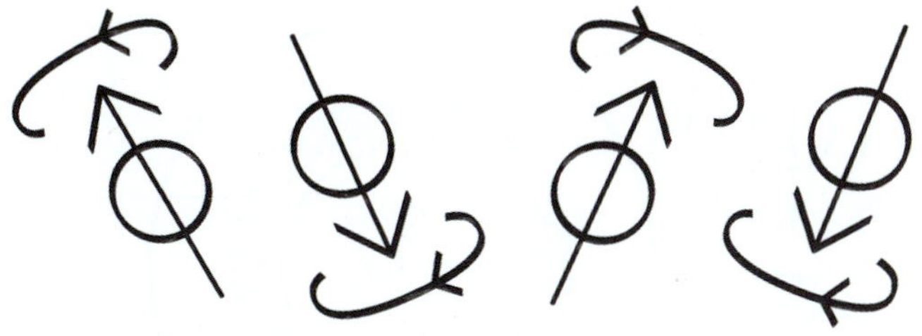

그림 9.4 정상적인 무작위 위치에 있는 원자, 회전 및 흔들림. 화살표는 자기 극성의 위치를 나타낸다.

자 또는 수의 방사선 전문의)를 통해 해결해야 한다.

원칙 _*Principle*

MRI의 작동을 이해하려면 원자 수준에서 시작해야 한다. 모든 원자에는 양성자, 중성자 및 전자가 있다. 양성자와 중성자는 원자의 중심 또는 핵(nucleus)에서 발견되며 전자는 외부에서 회전한다. 또한 모든 원자는 공간에서 회전하고 흔들린다(그림 9.4). 이 흔들림(팽이가 흔들리는 것과 매우 유사함)을 **진동**(precession)이라 한다.

원자가 결합하여 분자를 만든다. 모든 원자와 분자(전기적인 것과 마찬가지로)는 자기 극성 또는 자기장을 나타내는 능력을 나타낸다. 자기장에 놓이면 자체 극성에 따라 반응하여 북쪽과 남쪽으로 정렬된다.

MRI는 어떻게 작동하나? _*How Does MRI Work?*

가장 기본적인 설명은 환자를 테이블 위에 올려놓은 다음 자석 공간(bore)으로 들어가는 것이다. 환자의 모든 분자는 극성을 기준으로 정렬되고 자성화된다(그림 9.5A,B). 스캔을 수행할 때 테크니션은 수소 원자의 진행 주파수에 맞춰진 무선 주파수를 적용한다(그림 9.6A). 대상의 수소 원자는 더 높은 에너지 상태로 공명(또는 반응)하여 반응한다. 그들은 또한 자성화된 각도를 변하고 함께 흔들린다. 무선 주파수가 제거되고 분자는 정상적인 에너지 상태로 돌아간다(그림 9.6B). 그렇게 함으로써 MRI 스캐너가 이미지로 계산하는 무선 주파수를 발산한다. 실제 방법은 좀 더 복잡하지만 이것이 MRI의 기본 개념이다.

자석과 자기 _*Magnets and magnetism*

자석은 자기장이나 힘을 나타내는 물체이다. 자기력은 여러 가지 방법으로 물체에 생성될 수 있다. 철 및 공작석(malachite)과 같은 일부 물질에서 자연적으로 발생할 수 있다. 또는 어떤 개체로 유도되기도 하는데, 일부 금속 물체는 강한 자기장에 노출되면 자성화되어 결과적으로 자석처럼 작용한다. 자석은 전기로 만들 수 있다. 일련의 구리의 자장 유도선(winding)을 통해 전류를 가하면 전자석이 생성될 수

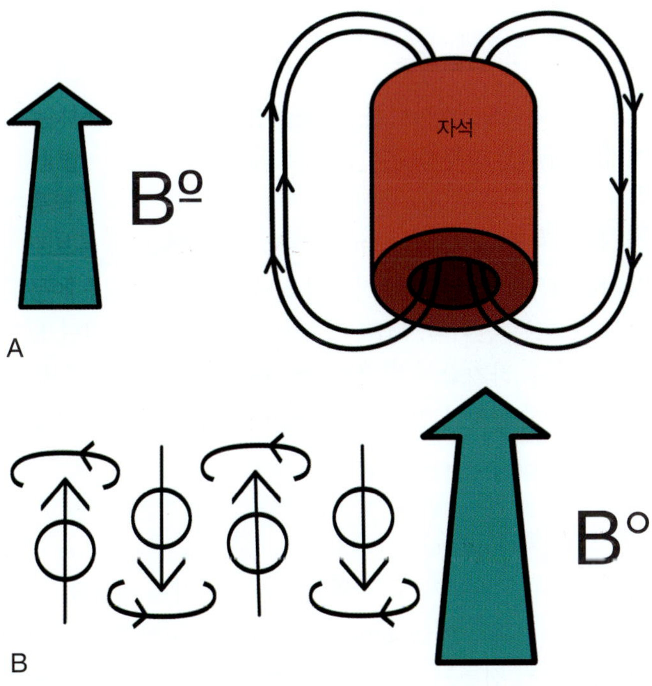

그림 9.5 **A,** 자석과 그 자기장. 총 자기력은 B^0으로 표시된다. **B,** 강한 자기장 내에서 원자에게 일어나는 일. 원자는 극성에 무작위로 정렬되고 B^0 원자의 총 자화(magnetization)를 나타낸다.

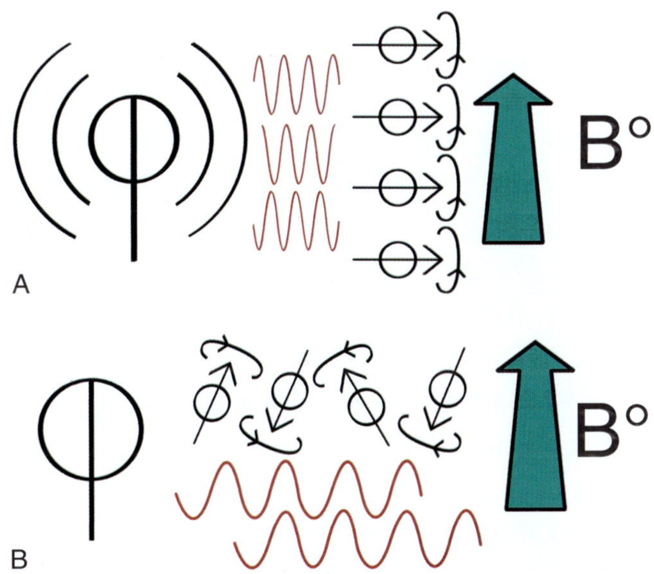

그림 9.6 **A,** 자기 공명 영상에서 일어나는 현상. 무선 안테나는 특정 원자를 더 높은 에너지 상태로 만드는 공진 주파수(resonant frequency)의 무선파를 방출한다. 수소 원자는 자기(*검은색 화살표*)를 정렬하여 이 주파수에 반응한다. 원래 방향에서 90도(*파란색 화살표*) 자석 내부. 그들은 또한 함께 흔들리거나 진행한다. **B,** 전파가 꺼지면 원자는 원래의 자화 상태로 돌아가고 에너지 상태는 평형 상태로 돌아간다. 원자는 무선주파수에 의해 감지되는 무선파를 방출한다.

그림 9.7 **말의 다리 촬영 영상에 사용되는 저항성 자석 MRI 장치(resistive magnet MRI unit).** 자석은 특정 시야만 커버한다. 흰색 구형 팬텀(두 개의 파란색 자석 사이)은 표면 코일로 덮여 있다.

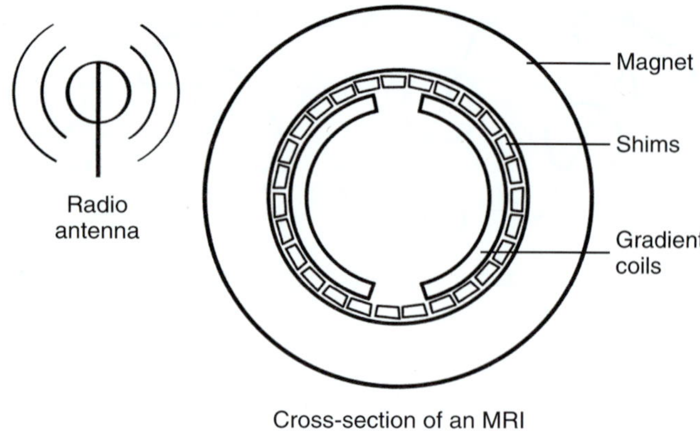

그림 9.8 **기본 MRI 기계를 구성하는 데 필요한 구성 요소의 기본 개요.** 초전도 자석은 실제 자석 어셈블리(magnet assembly) 외부에 있지만 장비의 케이싱 내부에 진공 및 헬륨 챔버가 있다.

있다. 자기력도 전기의 양전하와 음전하같은 북극과 남극의 두 극이 있다는 점에서 극성을 나타낸다.

자성에서는 반대 극이 서로를 끌어당기고 두 개의 자석을 함께 끌어당긴다. 같은 극은 두 개의 자석을 서로를 밀어낸다.

자기에 대한 영국식 측정 단위는 가우스[gauss (G)]이다. 예를 들어, 지구에는 1가우스의 자기장이 있다. 자기의 가장 일반적인 측정은 미터법 등가물인 테슬라[tesla (T)]: 10,000 G = 1.0 T이다. 지구의 자기장은 $10^{-4\,T}$이다. Tesla는 사람들이 의료용 자석의 자기장 강도를 설명하는 데 사용하는 단위이다.

의료용 MRI에서는 세 가지 유형의 자석을 사용할 수 있다. 첫 번째는 영구 자석이다. 이들은 서로 마주보는 두 개의 자성 재료 판으로 구성되며(그림 9.7), 전기장 강도가 0.3 T 미만으로 더 낮은 경향이 있다. 전자석 또는 저항성 자석이 있으며, 중심부를 구리선이 감아 전기를 가함으로써 생성된다. 이들은 또한 0.6 T 미만의 낮은 필드 자석인 경향이 있다. 가장 일반적인 의료용 자석은 **초전도 자석**(superconducting magnets)이다. 그들은 매우 낮은 온도에서 초전도성인 권선으로 만들어진 거대한 전자석이다. 액체 헬륨[절대 영도에 가장 근접한 지구상에서 가장 낮은 온도[−273°C /−459°F)]는 자석을 활성 상태로 유지하는 데 사용된다.

활용 정보

초전도 자석을 사용하기 위해서는 자석을 둘러싸는 방을 구성할 때 많은 것을 고려해야 한다. 액체 헬륨이 빠르게 배출되고 권선 전체의 저항을 증가시켜 자석을 차단하는 프로세스인 자석을 담금질하기 위해 특수 환기 덕트를 만들어야 한다. 액체 헬륨의 팽창 비율은 1~700 L이다. 초전도체 자석에는 최소 1000 L의 액체 헬륨이 있으므로 총 팽창했을 때의 부피는 MRI실의 크기를 빠르게 초과한다. 절대 꺼지지 않는 것은 바로 이러한 자석(1.0 T 이상의 전계 강도)이다. 매우 강한 자기장은 기계가 사진을 찍지 않을 때에도 항상 켜져 있다.

? 생각할 점

MRI의 경우:
- 환자는 주변 코일에 의해 신호가 전송되고 수신되는 강한 자기장에 배치된다.
- 그라디언트(gradient)와 전파(radio wave)는 환자의 양성자를 자극하여 신호를 방출하고 수소 원자의 자연적 자기 특성을 활용하여 사진 재구성에 사용되는 이미지를 생성한다.

자석 외에도 많은 다른 부품들이 함께 작동하여 MRI 장치가 올바르게 작동하도록 한다(그림 9.8).

자기 심 또는 심 코일 _Magnetic Shims or Shim Coils

심(shim)은 자석 내부의 자기장을 수정하는 데 사용되는 금속 조각 또는 판이다. MRI 장치가 제대로 작동하려면 보어(bore)의 주 자기장이 완전히 균일해야 한다. (모든 수소 원자는 정확히 동일하게 동기화되어야 한다.) 주 자기장의 변경으로 인해 이미지가 왜곡될 수 있다.

그라디언트 _Gradient

그래디언트는 기계가 모든 평면에서 이미지를 생성할 수 있도록 하는 자기 보어(magnetic bore) 내의 코일 또는 조합체이다. 증가된 전류는 기술자가 선택한 방향으로 기울기에 걸쳐 적용되므로 해당 방향의 자기장을 약간 변경한다. 무선 주파수가 신체에 적용되면 주파수의 분산이 다시 계산되어 이

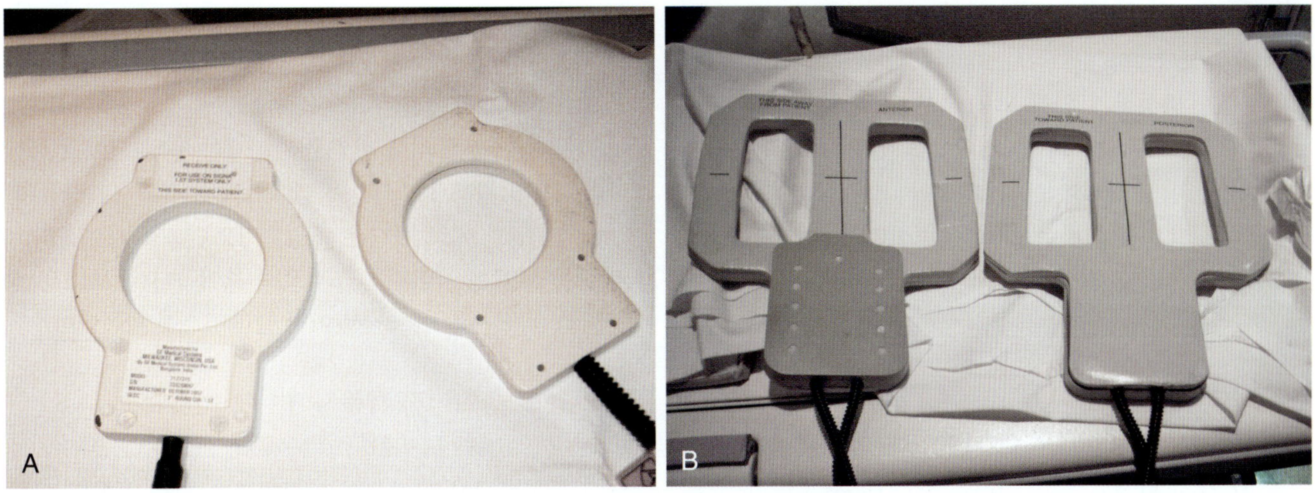

그림 9.9 표면 코일(surface coils)은 MRI에서 더 작은 구조의 더 나은 이미지를 얻기 위해 사용된다. A, 3인치 코일(3-inch coils). B, 심상 코일(cardiac coils). 이 코일은 치수 내에 포함될 수 있는 모든 신체 부위를 잘 보여준다.

미지의 각 복셀 공간에서 "xyz" 치수를 결정한다. 그라디언트에서 이미지를 재구성하는 데 사용되는 방법을 2차원 푸리에 변환(two-dimensional Fourier transformation)이라고 한다. MRI가 모든 평면[축(또는 횡), 관상 또는 시상]에서 이미지를 생성할 수 있도록 하는 기울기를 디자인한다.

무선 안테나 _Radio Antenna

MRI 기계에 사용되는 무선 안테나는 꽤 튼튼해서 라디오 방송국으로 사용할 수 있다. 안테나는 환자에게 전파를 송수신한다. 전파는 전자기 스펙트럼의 일부이며 빛, 극초단파 및 X선도 마찬가지이다(1장, 그림 1.4 참조). 이들은 에너지의 한 형태로 방사능은 아니다. 전파는 이미지 생성에 중요하기 때문에 MRI실은 외부 무선 신호에 대해 패러데이 케이지(Faraday cage)로 차폐되어야 한다. 외부 전파는 자기 공명 이미지에 아티팩트(artifact)를 유발할 수 있다.

표면 코일 _Surface Coils

MRI 기계는 주 자석(또는 신체 코일) 자체에서 환자 이미지를 생성할 수 있다. 그러나 더 작은 신체 부위에서 수신되는 무선 신호는 해상도가 매우 낮다. 표면 코일은 표면 코일에 의해 덮여 있거나 포함된 신체 부분에서 전파 신호를 수신(때로는 전송)하는 장치이다(그림 9.9). 뇌, 척추, 어깨, 머리와 목, 뒷발목을 포함한 많은 신체 부위를 위한 특수 코일이 있다. 이러한 코일은 각 공급업체의 스캐너에 맞게 만들어지거나 조정되며 각 스캐너에 고유한 코일용 플러그인이 설계되어 이로 인해 일반적으로 상호 교환할 수 없다. 일반적으로 코일이 작을수록 이미지가 더 좋다.

표면 코일의 사용은 무엇을 스캔하려는지에 따라 다르다. 예를 들어 작은 개의 뇌 스캔에서 인간 무릎용 'chimney' 코일을 사용할 수 있다. 이는 사람 크기의 머리 코일보다 작은 시야를 더 잘 보여줄 수 있기 때문이다. 대부분의 초전도체 자석은 성인용으로 설계되었으므로 수의학을 포함한 다른 사이트에서는 사용되는 코일에 대해 자체적으로 조정해야 한다. 또한 자체 특수 코일을 만들어야 할 수도 있다. 코일과 MRI 기술은 지속적으로 발전하고 있다. 요즘에는 많은 코일들은 여러 채널과 설정을 가지고 있으면서 스캔 시간을 줄이고 신체 부위에서 얻은 신호를 높힐 수 있다. MRI에서 염두에 두어야 할 한 가지 규칙은 활성 스캐너 내의 모든 코일을 연결해야 한다는 것이다. 테이블 위에 있지만 스캔 중에 연결되지 않은 코일은 손상되거나 환자에게 화상을 입힐 수 있다.

컴퓨터 _Computer

MRI 스캐너는 무선 신호를 이미지로 재구성하는 컴퓨터를 필요로 한다. 컴퓨터는 일단 형성된 자기 공명 이미지를 사진, 네트워크 및 조작을 기술자가 할 수 있도록 한다. CT와 달리 MRI는 로우 데이터를 보관하거나 저장할 수 없다. 선택한 시야(예: CT), 매트릭스, 슬라이스 두께 및 기타 요인에서 이미지가 얻어진다. MRI 스캔 후 5분전으로 돌아가서 CT에서 할 수 있는 이미지의 해상도를 변경할 수 없다.

물리학 및 기술 _Physics and Technique

앞서 언급했듯이 MRI 스캐너는 무선파를 사용하여 들뜬 에너지 상태 안팎으로 수소 원자를 조작한다. 이 기술의 실제 적용은 훨씬 더 복잡하며 전체 책이 이 기술의 물리학 및 과정에 대해 작성되었다.

이미지를 생성하기 위해 MRI에서 사용하는 주파수는 Larmor 방정식이라는 계산을 기반으로 한다. 모든 원자는 자기장에서 전파에 반응하는 능력을 가지고 있다. 이 능력을 자이로 **마그네틱 비율**(gyromagnetic ratio)이라고 한다. MRI에 적용되는 주파수는 다음 방정식으로 계산된다.

$$W^0 = YB^0$$

어디:

W^0 무선 주파수(radio frequency)

B^0 자기장(일반적으로 Tesla의 자기장 강도)

Y 자이로 마그네틱 비율(gyrometric ratio)

의료용 MRI는 자이로 마그네틱 비율이 가장 높은 수소에 초점을 맞춘다. 수소에 대한 비율은 42.56 $MHz \cdot T^{-1}$ 또는 MHz/T 이다. 일반적인 의료용 MRI는 전계 강도는 1.5 T 이다. 이전 방정식을 사용하면 다음과 같이 의료용 MRI의 일반적인 주파수가 산출된다.

$$42.56\ MHz/T \times 1.5T = 63.8\ MHz$$

이 주파수가 의료용 1.5 T MRI 스캐너의 무선 안테나에 의해 적용되면 수소 원자는 더 높은 에너지 준위로 반응(또는 공명)하고 스캐너에서 자화 방향을 변경한다. 무선 주파수가 중단되면 원자는 자석 내에서 평형 또는 이전 상태로 돌아간다. 원자는 더 높은 에너지 상태로 여겨지기 때문에 무선 안테나에 의해 감지되는 무선파의 형태로 돌아올 때 에너지를 발산한다. 돌아오는 원자의 자기 방향의 실제 변화는 두 가지 유형의 신호를 제공한다. 첫 번째는 *T1 decay*라고 하며, 이는 기울어진 위치(90도 또는 선택된 위치)에서 원래 상태로 원자 중심의 직접적인 자기 이동이다. 두 번째는 *T2 decay*라고 하며, 원자가 회전하면서 받은 신호를 원래 상태로 되돌린다. 신체의 조직과 분자는 T1 및 T2 decay와 관련하여 서로 다른 반응을 보인다. 이 차이는 MRI가 모든 다른 설정으로 다양한 조직을 잘 보여줄 수 있도록 한다.

이러한 감쇠 신호의 실제 전파는 매우 작다. MRI 스캔 중에 스캐너는 여러 펄스로 무선 주파수를 적용하여 수소 분자의 자기 방향을 계속해서 "기울이게" 한다. 이러한 반복되는 전파는 수신되는 무선 신호를 극적으로 증가시킨다. MRI 기술의 한 가지 요소는 *TR* 또는 **반복시간**이라고 하는 무선 주파수 펄스 사이의 시간이다. 더 낮은 반복 시간(699밀리초(ms) 이하)은 조직의 T1 붕괴 반응을 나타낸다. 더 높은 반복 시간(1500 ms 이상)은 T2 붕괴 반응을 보여주고 이미지의 대비를 변경한다.

MRI에서 사용되는 또 다른 요소는 에코 시간 또는 TE (ms)이다. 이것은 최대 신호를 나타내는 응답 사이의 시간입니다. TR의 경우 TE 시간이 짧을수록 조직의 T1 반응이 나타난다. 더 긴 에코 시간은 조직의 T2 반응을 보여준다. CT와 같은 MRI는 이미지를 조각으로 보여줍니다. MRI의 경우 단일 스캔 또는 시퀀스에서 여러 슬라이스를 획득한다.

신호 강도 및 이미지 가중치: T1 대 T2
Signal Intensity and the Weighting of Images: T1 vs. T2

MRI에서 보여지는 회색의 그림자들은 밀도가 아닌 **신호 강도**(signal intensity)라 한다. 이미지의 일부가 밝거나 흰색에 가깝게 표시되면 **신호 강도가 높은** 것으로 설명된다. 어두운 회색 음영으로 보이는 해부학적 구조는 그 반대이다. 그들은 **낮은 신호 강도**라 한다. MRI에서 이미지를 볼 때 사람들은 또한 조직의 T1 또는 T2 형태를 **강도**(weighting)로 언급한다. 가장 일반적인 비교는 물과 지방으로 이 둘은 강도가 반대인 조직이다.

실제 T1 강조 영상(TR < 699 ms, TE < 30 ms)에서 뇌척수액(cerebrospinal fluid, CSF)은 검게 보인다(낮은 신호 강도)(그림 9.10A). 지방(및 피부)은 밝거나 하얗게 보인다(높은 신호 강도). 실제 T2 강조 이미지(TR > 2000 ms, TE > 80 ms)는 CSF를 밝은 흰색으로, 피부를 검은색으로 보여준다(그림 9.10B).

신호 대 잡음비 _*Signal-to-Noise Ratio*

TR 및 TE 이외의 많은 요인이 MRI에서 변경될 수 있다. 많은 요인들이 품질, 해상도 및 이미지를 얻는 데 걸리는 시간에 영향을 미칠 수 있다. 기술자는 MRI 시퀀스에 대한 프로토콜을 입력할 때 이러한 모든 요소를 고려해야 한다. MRI 이미지 획득의 목표는 높은 신호 대 잡음비를 갖는 것이다. 신호의 양이 많을수록 사진이 더 좋아진다. 표 9.1은 고전적인 스핀 에코 이미지에서 MRI의 개별 기술 요소를 변경하는 효과를 나열하고 있다(나중에 시퀀스에 대한 설명 참조).

방사선 촬영에서 기술자는 방사선량과 해상도 또는 이미지 노이즈 간의 균형을 맞춘다. MRI에서 트레이드 오프(trade-off)는 시간과 이미지 해상도 사이에 있다. 예를 들어, 기술자는 더 얇은 슬라이스를 원할 수 있으며, 이는 신호를 떨어뜨릴 수 있으므로 여기 횟수를 늘려 시퀀스 시간을 두 배로 늘려야 할 수 있다.

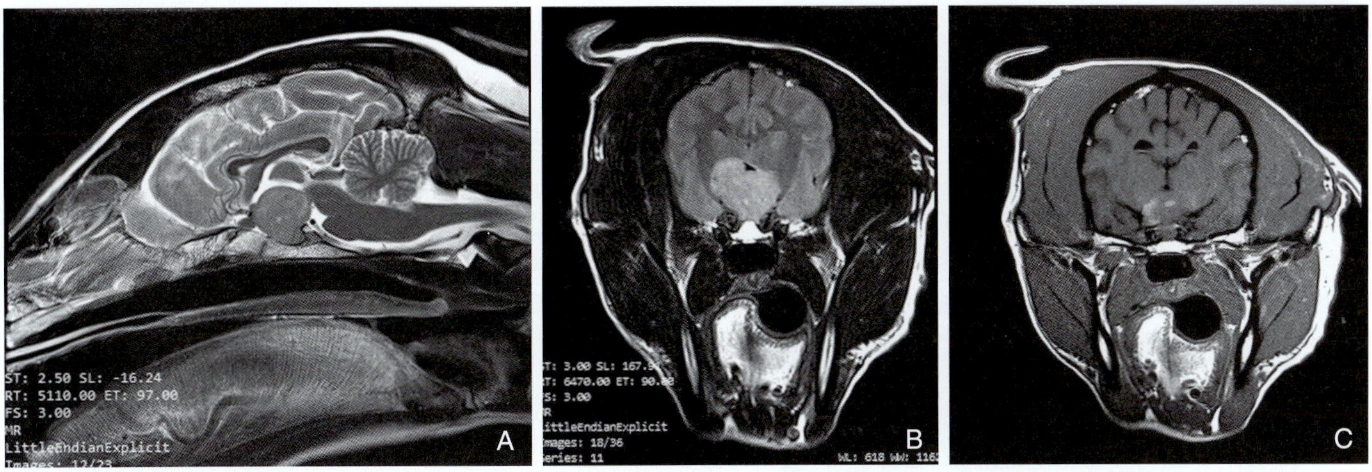

그림 9.10 개 뇌의 MRI. **A,** 시상하부(hypothalamus)의 뇌하수체 포사(pituitary fossa) 를 보여주는 시상 T2 강조 영상(Sagittal T2 weighted image). 뇌와 척수를 둘러싼 뇌척수액은 T2 가중(T2 weighting)에서 밝게 나타난다. **B,** 등면(dorsal plane)의 T2 강조(A T2-weighted) FLAIR (fluid attenuated inversion recovery) 가로(transverse) 이미지. 시상 하부부위는 뇌에 비해 밝게 보인다. **C,** 개의 뇌에 있는 시상하부 종양의 조영 후 T1 강조 가로 영상(T1 weighted transverse image). 가돌리늄(gadolinium) 조영제로 병변이 약간 증강되었다. (Image courtesy Animal Health Partners, Toronto, Canada.)

표 9.1 MRI에 영향을 주는 기술적 요인

기술적 요소 변경	증가 또는 감소	신호 대 잡음비(SIGNAL-TO-NOISE RATIO)에 미치는 영향	이미지 해상도에 미치는 영향
시야	감소	감소	증가
픽셀 크기	감소	감소	증가
대역폭	증가	증가	감소
여기 또는 획득 수	증가	증가	증가
슬라이스 두께	증가	증가	감소
이미지 매트릭스 크기	증가	감소	증가

특수 시퀀스 _Specialty Sequences_

MRI에서 특수 시퀀스를 사용하여 신체의 다양한 부분을 이미지화할 수 있다. 조영제를 사용하지 않고 MRI로 혈관 영상을 촬영할 수 있다. 예를 들어 몇 가지 시퀀스는 움직이는 혈액의 단계를 캡처할 수 있다. 이러한 특수 시퀀스를 **자기공명 혈관조영술**(magnetic resonance angiography) 또는 **자기공명 정맥 조영술**(magnetic resonance venography) 이라고 한다. 그리고 혈관의 해부구조를 보여줄 수 있다. 이러한 체적 시퀀스는 일반적으로 **최대 강도 투영**(maximum intensity projections)이라고 하는 3차원 이미지로 해부구조를 재구성한다(그림 9.11). 또한 시퀀스의 이름은 공급업체마다 다르다. 지금은 이러한 이름을 시스템에서 시스템으로 변화하는 차트를 사용할 수 있다. 예를 들어 한 스캐너의 "터보 스핀-에코 시퀀스(turbo spin-echo sequence)"는 다른 스캐너의 "빠른 스핀-에코(fast spin-echo)"와 동일하다. 3차원 T1 강조 볼륨 획득 스캔은 한 공급업체에서는 "MPRAGE"로, 다른 공급업체에서는 "3D SPGR"로, 다른 공급업체에서는 "FFE 또

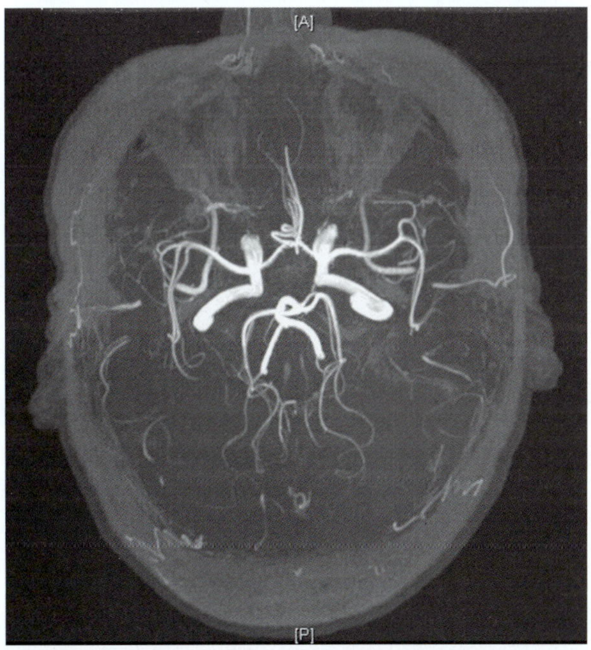

그림 9.11 인간 환자에게 수행된 비조영 자기 공명 혈관 조영 사진. 혈관은 내부 혈류가 흐르는 것으로부터 확인된다. MIP (maximum intensity project)로 재구성하여 하방에서 상방으로 바라본 모습이다.

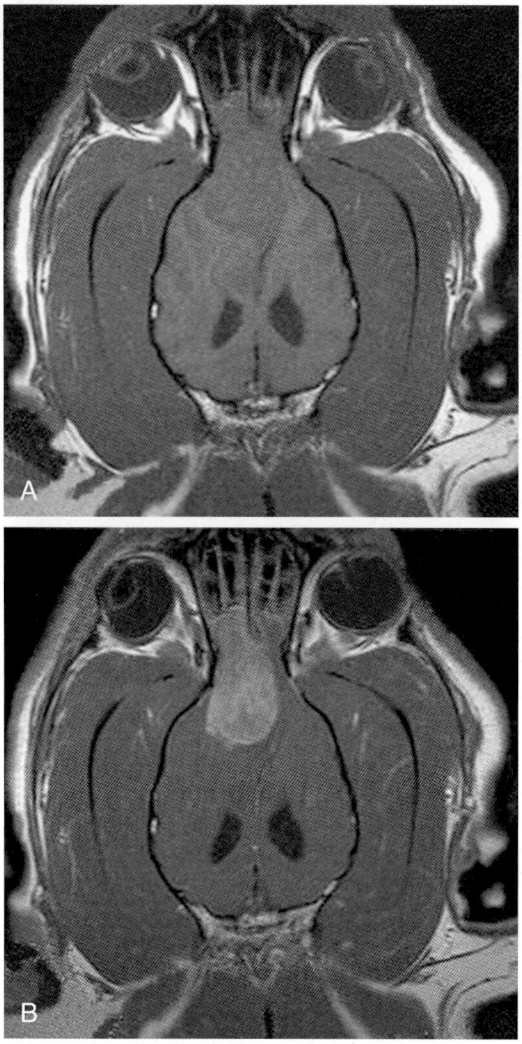

그림 9.12 가돌리늄 조영제(gadolinium contrast) 투여 시 종양이 보이는 방법의 변화. **A,** 조영 증강하지 않은 T1 강조 이미지. **B,** 조영 증강의 T1 영상. 일반적으로 조영제가 병리학의 T1 조영제를 감소시키기 때문에 조직은 증강된다. (Image courtesy Animal Health Partners, Toronto, Canada.)

는 빠른 필드 에코(fast field-echo)"로 불릴 수 있다. MRI 기술자는 스캐닝의 물리학 및 기술에 대한 지식을 지속적으로 배우고 업그레이드해야 한다.

MRI의 또 다른 측면은 지방 신호를 억제하는 능력이다. 이것은 지방이 궤도 및 연조직 구조와 같은 병리학을 보는 능력을 변경할 수 있는 장소에서 바람직하다. 이에 대한 표현은 지방포화도(fat saturation), 다양한 MRI 방법을 사용할 수 있다.

조영제 및 MRI _Contrast and MRI

MRI는 감염, 종양 또는 혈관 질환을 강조하기 위해 조영제를 사용한다. MRI에 사용되는 조영제는 가돌리늄(gadolinium)이라 한다(그림 9.12); 다양한 화학식에는 이 분자를 포함한다. 가돌리늄은 부분적으로 자성을 띤 상자성체(paramagnetic)이다. 조직의 T1 속성을 변경하여 그림에서 강화하거나 밝게 만든다. 환자에게 조영제를 주입한 후 T1 강조 시퀀스(지방 포화 여부에 관계없이)만 조직의 강화를 보여준다.

가돌리늄은 신장으로 배설되기 때문에 MRI 전에 대상자의 신장 기능을 평가하는 것이 매우 중요하다. 수의학에서는 환자를 전신 마취 상태로 스캔하기 때문에 신장 기능을 평가하는 혈액 검사는 항상 마취 전 혈액 검사와 함께 수행된다. 인간의 경우 신부전 환자에게 가돌리늄을 투여했을 때, 매우 드물지만 비가역적인 합병증인 괴사성 전신 근막염이 발생했다. 이 상태에서 피부와 결합 조직은 영구적으로 경직되고 수축되어 환자가 신장 기능을 잃게 된다. 이 때문에 가돌리늄은 신기능이 정상인 환자에게만 투여해야한다.

프로토콜 _Protocol

이 장에서 MRI를 사용하여 환자를 스캔하는 여러 가지 방법을 학습하였고 다양한 표면 코일 및 시퀀스를 사용할 수 있다.

일반적인 수의학 현장에서 환자는 전문가가 의뢰한 경우에만 MRI 스캔을 허용한다. MRI 검사 전에 환자를 준비하고 평가한다. 이러한 스캔은 지속 시간이 짧지 않으며 각 시퀀스는 일반적으로 약 5분 정도 지속되며 신체 부위의 전체 스캔은 20분 이상이 소요된다. 이러한 이유로 환자는 항상 마취 또는 진정제를 투여받는다. 기술자 또는 수의사는 덮을 영역에 가장 적합한 크기의 표면 코일을 선택한다. MRI 스캔은 항상 로컬라이저(localizer)라는 낮은 품질의 빠른 이미지로 시작한다. 로컬라이저를 사용하면 기술자가 후속 이미지에서 해부학적 구조를 볼 수 있다. 대부분의 MRI 사이트에는 적어도 두 개의 평면에서 여러 시퀀스를 사용하여 각 신체 부위에 대한 특정 프로토콜이 있다(그림 9.13).

MRI는 다른 방식에 비해 큰 이점이 있다. CT보다 연조직이 더 잘 보인다는 점에서 물체 대비가 뛰어나다. 이미지는 또한 기술자가 원하는 평면이나 각도에서 획득된다(그림 9.13~9.16 참조).

의사 결정: CT 스캔 대 MRI
Decision Making: CT Scan vs. MRI

CT 스캔은 동물 병원에서 훨씬 더 쉽게 사용할 수 있고 비용도 적게 든다. 이 양식은 처음에는 비용이 많이 들지만 유지

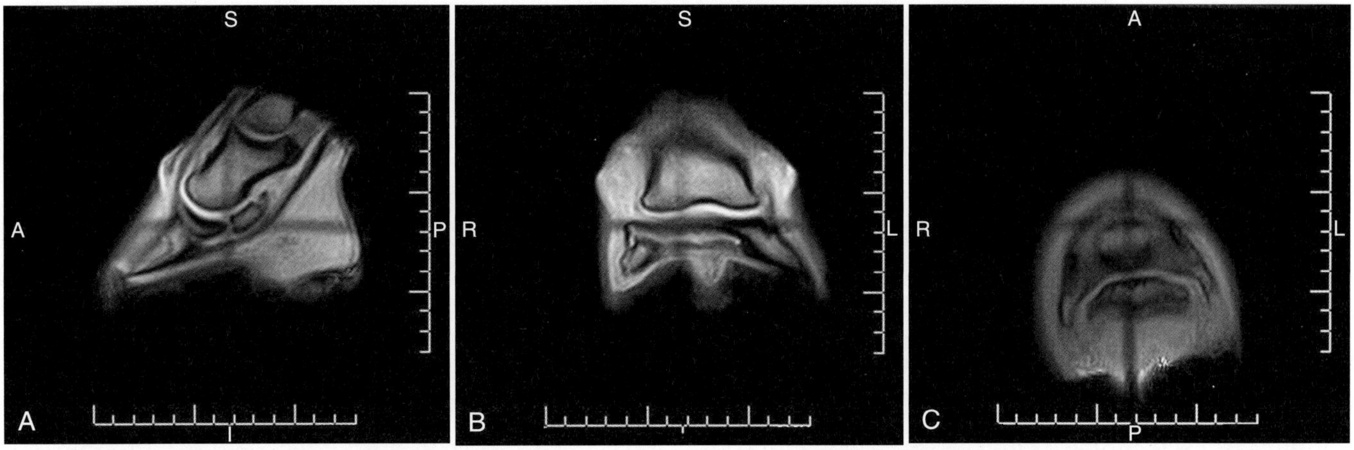

그림 9.13 빠른 이미지의 관상(coronal) **(A)**, 시상(saggital) **(B)**, 및 축(axial)**(C)** 평면은 스캐너 내에서 말의 다리 위치를 보여주고 있다.

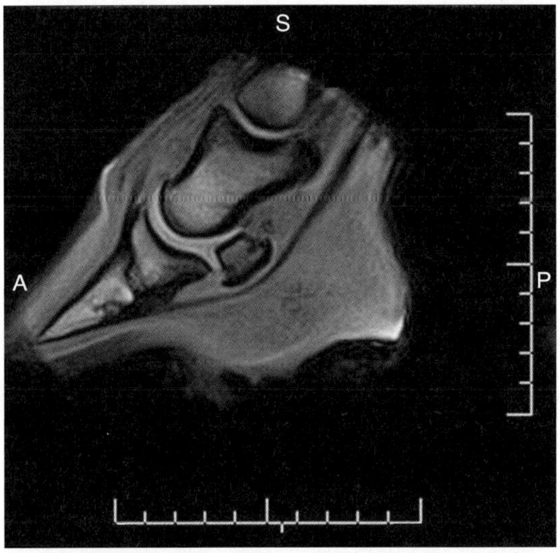

그림 9.14 **말의 왼쪽 앞발의 시상 T1 강조 영상(sagittal T1-weighted image).** 다양한 설정을 통해 여러 평면 이미지를 얻었다.

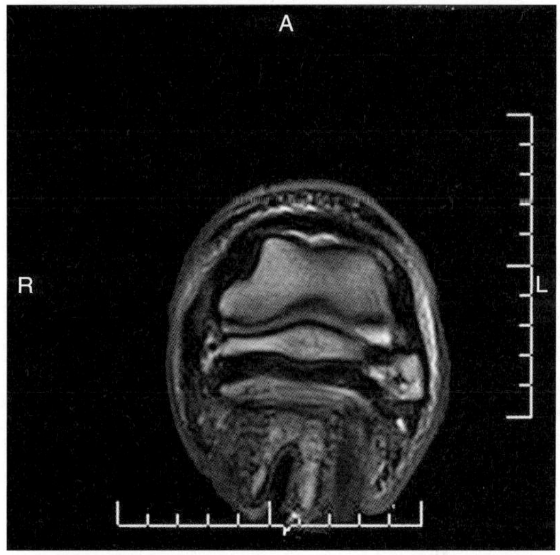

그림 9.16 **말의 앞발을 촬영한 축 방향 T2 강조 영상(axial T2-weighted image).** 이러한 이미지는 그림 9.7에 표시된 MRI 장치로 촬영하였다.

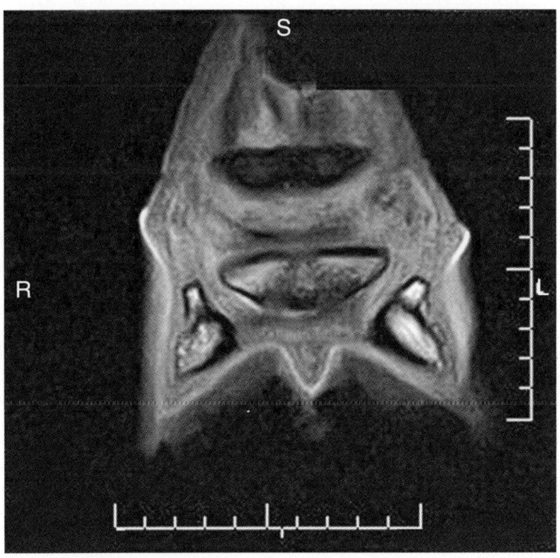

그림 9.15 **말의 앞발을 통한 관상 T1 강조 영상(coronal T1-weighted image).**

관리 비용은 훨씬 적다. CT 스캔 교육은 X선를 사용하기 때문에 MRI 실습에 필요한 전문 교육보다 간단하다. 두 방식 모두 동물의 마취나 진정이 필요하다. 동물이 처음에 어떻게 이미지화될 수 있는지에 대한 가장 큰 결정 요인은 병원 내에서 두 기계 중 하나에 대한 액세스일 수 있다. 두 기계를 모두 사용할 수 있는 현장에서 수의사는 동물의 증상과 잠재적인 병변을 따라 한 가지 방식을 선택할 수 있다. 외상의 경우 CT 스캔은 뇌의 출혈, 부러진 뼈, 혈관 조영, 복부 장기 손상을 신속하게 보여줄 수 있다. 뇌와 부비동의 이미지를 찍을 수도 있다. MRI는 연조직을 보여주는 더 큰 능력 때문에 진단이 필요한 뇌 또는 신경계 상태가 있을 때 선택된다. MRI는 관절과 인대 영상에서도 우수하다.

추가 안전 고려 사항 *Further Safety Considerations*

앞서 설명한 바와 같이 MRI는 자기장의 세기가 높은 자석을 이용해 영상을 생성하기 때문에 환자와 의료진의 안전이 무엇보다 중요하다. 앞서 언급했듯이, MRI에서 가장 위험한 측면은 투사 효과로, 이로 인해 물체가 자석으로 날아가는 현상이 발생할 수 있다. 그러한 사고로 인해 부상과 사망이 발생하기도 했다. MRI는 환자의 몸 전체에 무선 주파수를 적용한다. 환자에게 이식된 강자성(철 함유) 금속은 자기장에 노출되면 제자리에서 벗어날 수 있다. 또 다른 위험은 이식된 금속의 가열로 인해 환자가 화상을 입을 수 있다는 것이다. 모든 사람(환자, 직원 또는 방문자)은 MRI실에 들어가기 전에 MRI 안전 검사를 받아야 한다. 이것은 동물 취급자(소유자 또는 법적 대리인)가 작성해야 하는 서면 체크리스트를 사용하여 수행된다(그림 9.17). 수의사 환자의 소유자는 동물이 금속 임플란트, 클립 또는 기타 장치와 관련된 수술을 받지 않았음을 확인하는 설문지를 작성해야 한다. 그들은 또한 동물이 총알이나 알약으로 총을 맞았는지 또는 동물이 금속일 수 있는 물체를 먹었을 수 있는지에 대해서도 질문해야 한다. 알지 못하는 금속을 가지고 있을 가능성이 있다면, MRI에서 이동할 수 있는 금속을 확인하기 위해 동물을 방사선 촬영해야 한다.

MRI의 또 다른 안전에 대한 걱정은 자석과 무선 주파수의 상호 작용에서 열을 발산하는 환자 신체 능력이다. 전자파 흡수율(specific absorption rate, SAR)은 환자의 질량을 기준으로 계산된다. MRI의 모든 서면 스캔 시퀀스에는 환자의 잠재적인 SAR 값이 나열되어 있다. 이것은 약한 자석보다 높은 전계 강도 자석(≥1.5 T)에서 훨씬 더 중요하다. 동물은 인간과 같은 방식(땀)으로 전파의 열을 발산하거나 발산할 수 없기 때문에 표면적이 적고 몸집이 큰 개에게는 냉각 팩을 적용해야 한다. MRI 기계는 또한 음향적으로 매우 시끄럽다. 많은 MRI 스캔은 60~90데시벨(dB)을 초과하는 소음을 생성한다. 스캔 중에 환자와 MRI실에 머무는 모든 사람에게 귀마개(귀마개 또는 특별 등급의 헤드폰)가 필요하다.

정적 MRI 필드는 임산부에게 위험하다 여겨지지는 않는다. 산전 MRI는 필요한 경우 환자에게 일상적으로 수행되지만 스캔 중에는 임신한 직원이 스캔실에 남아 있지 않는 것이 좋다.

응급 상황에 대비하여 MRI 부서 내에서 추가 정책을 수립해야 한다. 화재, 자력소멸, 침수, 심정지 등의 상황에서는 긴급상황에 대처하기 위해 방에 들어오는 모든 사람과 모든 물체를 신속하게 선별하는 것이 불가능하기 때문에 일반적인 선별검사 절차를 적용할 수 없다.

요약 _*Summary*

MRI는 매우 강한 자석과 전파를 사용하여 이미지를 생성한다. 조직의 분자 구성을 보여주기 때문에 피사체 대비가 우수하다. 뇌, 척수 및 관절에 부착된 힘줄 및 인대와 같은 기타 연조직 구조를 이미지화하는 최고의 방법이다. MRI는 교육을 받은 사람만 수행해야 한다. 자세한 내용은 이 장 끝에 있는 참고 문헌을 참조하기 바란다.

이미지 갤러리 _*Image Gallery*

그림 9.18에서 9.29는 자기 공명 영상이라는 귀한 도구의 사용을 보여준다. **참고:** 이러한 보고서는 여기에 제시된 이미지뿐만 아니라 전체 스캔에 따라 제공된다. 일부 구성 요소는 절차 내의 인접 스캔에서 볼 수 있다.

SickKids ***MRI SCREENING OF PATIENTS***

THE HOSPITAL FOR SICK CHILDREN

WARNING: The MR system has a very strong magnetic field that may be hazardous to patients entering the MR environment if they have certain metallic, electronic, magnetic, or mechanical implants, devices, or objects. Therefore, this form must be completed for all MRI requests. Be advised: **the MR system magnet is ALWAYS on and all metallic objects must be removed before the patient enters the MR environment.** If you have any questions or concerns regarding an implant, device, object, or MRI patient screening please call the MRI department at 416-813-5774 (press 7).

ADDRESSOGRAPH

Please complete all sections on the day of examination

1. Has patient ever worked with metal or operated welding or grinding equipment?	Y ❑	N ❑
2. Has patient ever had a penetrating eye injury? **If yes** to #1 or #2, please arrange for orbit x-rays before MRI and include Radiology report with request.	Y ❑	N ❑
3. Has patient ever been injured by a metallic object or foreign body (e.g. BB, bullet, shrapnel, etc.)? **If yes**, please describe: ______	Y ❑	N ❑
4. Could patient be pregnant?	Y ❑	N ❑
5. Has patient ever had any kidney related problems? **If yes**, please indicate date and results of most recent blood work (creatinine): ______	Y ❑	N ❑
6. Has patient ever had a prior MRI examination? **If yes**, please describe if patient has experienced any problem related to previous MRI examination: ______	Y ❑	N ❑
7. Has patient had prior surgery / operation / invasive procedure (e.g. heart surgery, brain / eye surgery, orthopedic surgery, arthroscopy, endoscopy, etc.) of any kind? **If yes**, please indicate:	Y ❑	N ❑

Date ______ Type of surgery ______ Implants used ______

Date ______ Type of surgery ______ Implants used ______

Date ______ Type of surgery ______ Implants used ______

Please indicate if patient has any of the following:

Surgical aneurysm clip(s)	Y ❑	N ❑	Artificial or prosthetic limb or joint	Y ❑	N ❑
Cardiac pacemaker / pacing wires	Y ❑	N ❑	Metal rods, plates, screws, nails, or wires	Y ❑	N ❑
Cochlear implant or implanted hearing device	Y ❑	N ❑	Wire mesh implant	Y ❑	N ❑
Implanted cardioverter defibrillator (ICD)	Y ❑	N ❑	Swan –Ganz or thermodilution catheterv	Y ❑	N ❑
Electronic implant or device	Y ❑	N ❑	Implanted insulin or infusion pump or device	Y ❑	N ❑
Magnetically-activated implant or device	Y ❑	N ❑	Transdermal medication patch	Y ❑	N ❑
Neuro or bio stimulator device	Y ❑	N ❑	Dental implants / dentures or braces	Y ❑	N ❑
Heart valve replacement	Y ❑	N ❑	G tube / C tube / J tube / gastric button	Y ❑	N ❑
Any type of intravascular coil, filter, or stent	Y ❑	N ❑	Intra-uterine device (IUD)	Y ❑	N ❑
Any vascular clip including PDA clips	Y ❑	N ❑	Tattoos or body piercing	Y ❑	N ❑
Myringotomy / ear tubes	Y ❑	N ❑	Programmable pump e.g. Baclofen **(confirm status pre and post MRI)**	Y ❑	N ❑
Orbital / eye prosthesis or implants	Y ❑	N ❑			
Coloured / tinted contact lenses	Y ❑	N ❑	Programmable shunt **(must be reprogrammed post MRI)**	Y ❑	N ❑
Hearing aid - **remove before entering MR system room**	Y ❑	N ❑			

ANY OTHER IMPLANT:

SCREENING

I attest that the above information is correct to the best of my knowledge. Form completed by (check): ☐ Patient ☐ Parent/Guardian

☐ Other ______ Date ______ Time ______

Name (print) ______ Signature ______

DI RN – if Sed/GA (sign) ______ DI Tech (sign) ______

Interpreter / Language Line Services used: Y ❑ N ❑ Interpreter signature / ID number (if applicable) ______

그림 9.17 Toronto Hospital for Sick Children에서 MRI 촬영 시 사람 환자에게 사용되는 MRI 스크리닝 체크리스트. 환자를 위한 체크리스트는 일반적으로 환자가 직접 무선 주파수에 노출되기 때문에 직원이나 방문자에 대한 체크리스트보다 엄격하다.

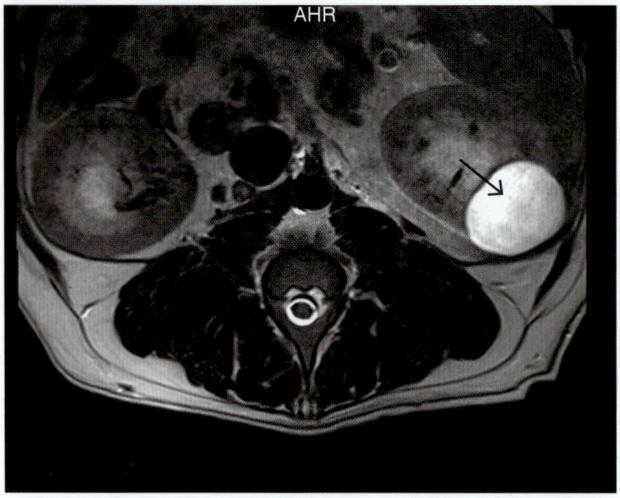

그림 9.18 우연히 발견된 우신 낭종(*화살표*). 2.8 cm 크기의 다엽성 낭종(multilobulated cyst)이 좌측 신장의 두개 외측에 존재하며 다른 신장 기형의 증거는 없다. (환자는 뒷다리 운동실조로 인해 검사를 받고 있었다.) (Courtesy Thames Valley Imaging, London, Ontario, Canada.)

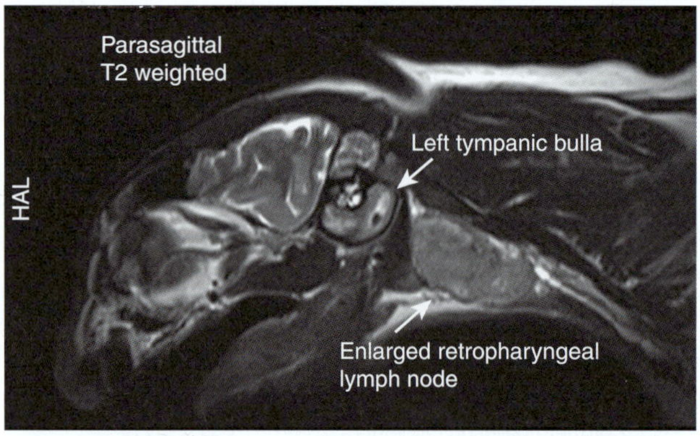

그림 9.19 **두개골과 경추.** 왼쪽 고실(tympanic bulla)과 왼쪽 후두골의 꼬리복부 부분을 공격적으로 침범하는 과정으로 국소 지방 변화와 같은 쪽의 인두 림프절 병증(retropharyngeal lymphadenopathy)이 확인된다. (Courtesy Thames Valley Imaging, London, Ontario, Canada.)

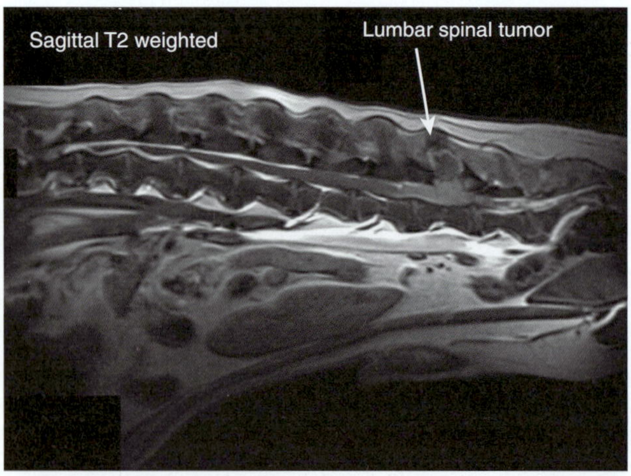

그림 9.20 **T2 강조(T2-weighted) 요추부 척추 종양.** 분엽화된 연부조직 침윤 종양이 L6 부위에 침윤하고 말총(cauda equina) 신경을 압박하고 있다. 이는 공격적인 종양의 과정과 일치하는 특성이다. (Courtesy Thames Valley Imaging, London, Ontario, Canada.)

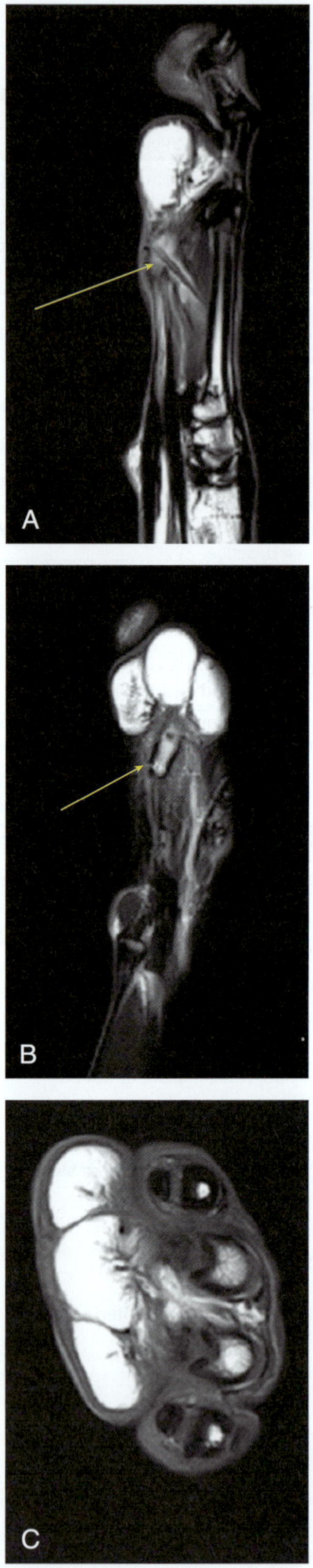

그림 9.21 **A~C,** 개의 발을 촬영한 다양한 뷰. **A,** 개 발의 시상 T2 뷰(sagittal T2 view). 화살표는 발가락 사이의 아래쪽 측면에 이물질이 있다. **B,** 이물질 주위에 캡슐이 형성되어 있는 발의 T2 가중 등쪽 뷰(T2 weighted dorsal view). **C,** 이물질이 밝은 병변으로 존재하는 것을 보여주는 가로(transverse) 이미지. (Courtesy Animal Health Partners, Scarborough, Ontario, Canada.)

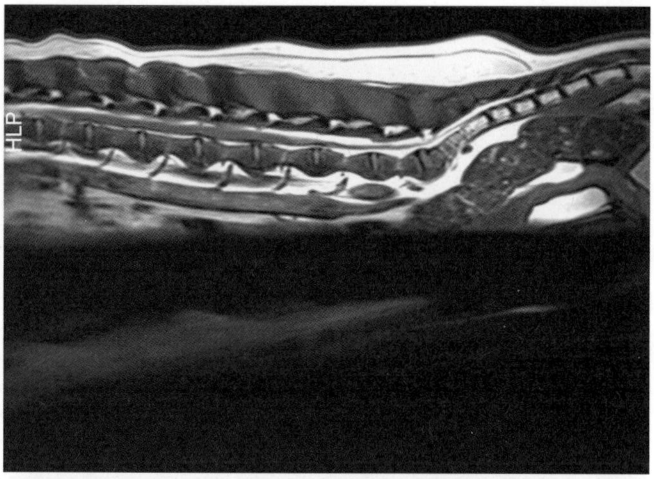

그림 9.22 요추(lumbar spine). 변형성 척추증(spondylosis deformans) 및 종판 경화증(endplate sclerosis)과 관련되어 척추 전체의 다양한 추간판 변성 변형(intervertebral disk degeneration). (Courtesy Animal Health Partners, Scarborough, Ontario, Canada.)

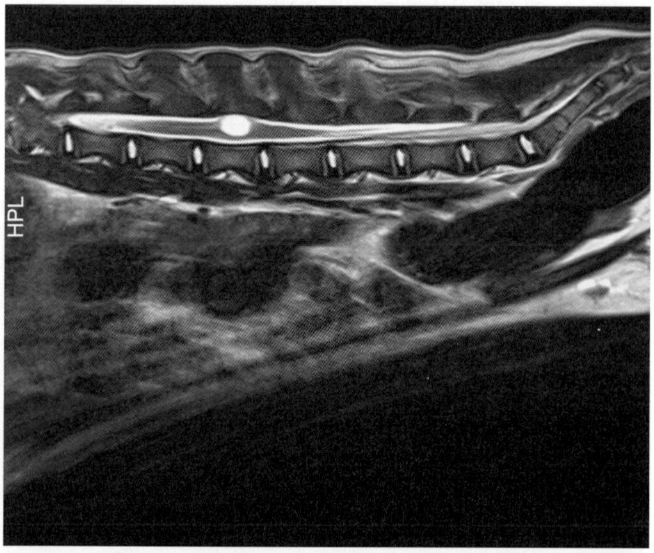

그림 9.23 L3의 요추 낭종(lumbar spine cyst). 중심관과 연결되어 있고 선천성으로 발생했을 가능성이 있는 L3의 척수 중배 부분에 있는 낭종 유사 병변. (생후 4개월의 개) (Courtesy Thames Valley Imaging, London, Ontario, Canada.)

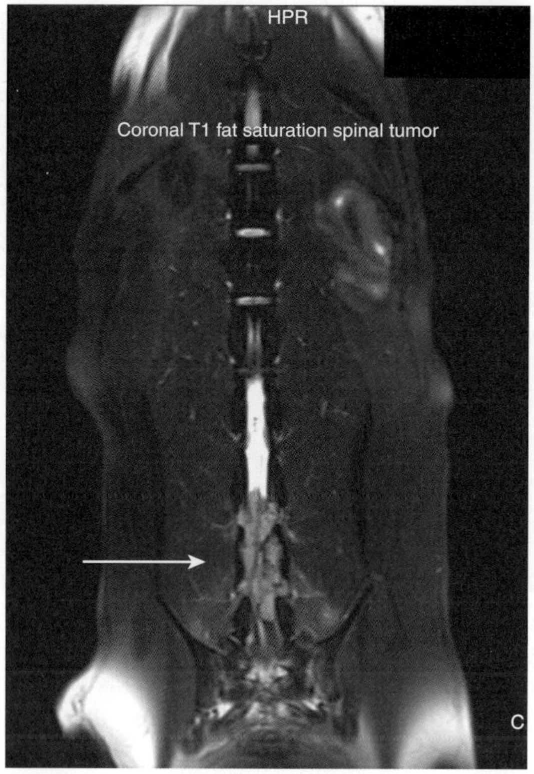

그림 9.24 관상 뷰(coronal view), 척추 종양. 요추의 꼬리 수준에서 종양을 보여주는 관상 뷰. T1 지방 포화도(*화살표*). (Courtesy Thames Valley Imaging, London, Ontario, Canada.)

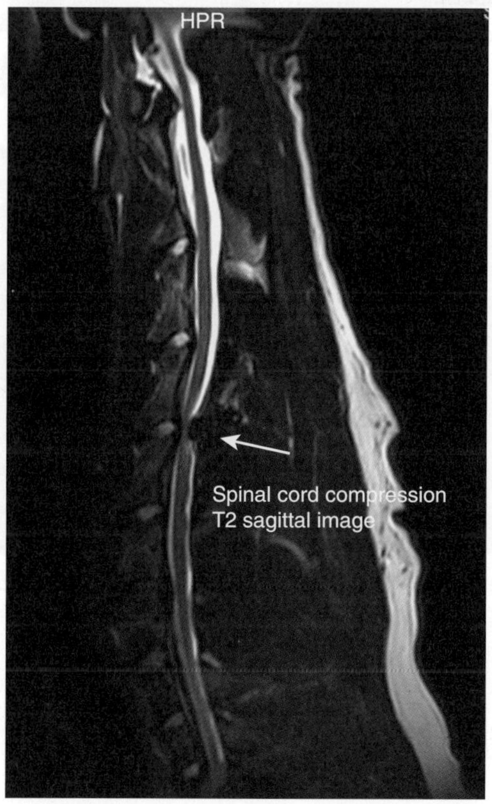

그림 9.25 T2 척수 압박, 시상 뷰(sagittal view), 척수 압박을 보여주는 T2 가중(*화살표*). (Courtesy Thames Valley Imaging, London, Ontario, Canada.)

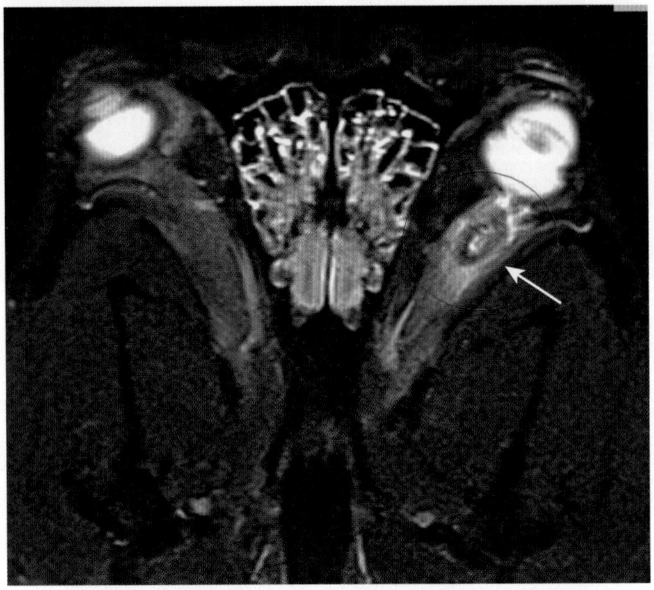

그림 9.26 관상 오른쪽 후부 안와(coronal right posterior orbit), 고슴도치 깃(porcupine quill). 경증에서 중등도의 국소 화농육아종 감염이 고슴도치 깃(*화살표*)의 이동과 일치하는 증상을 가지는 좌측 안와 후부 연조직 부종. (Courtesy Thames Valley Imaging, London, Ontario, Canada)

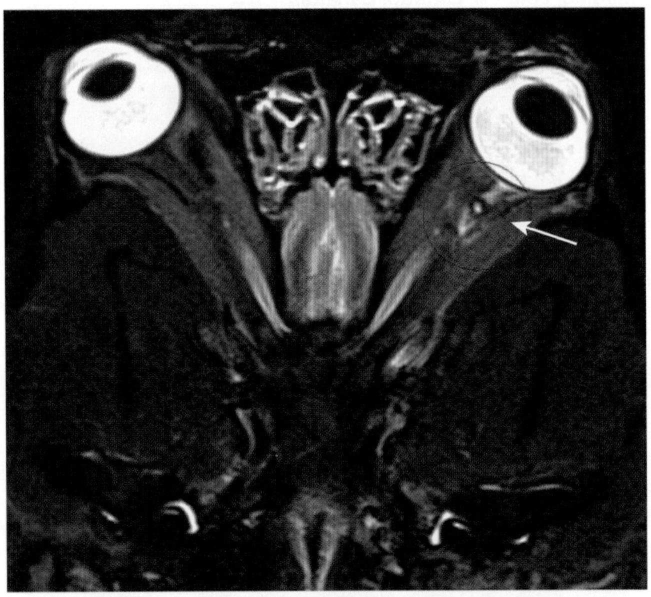

그림 9.27 두 번째 보기, 관상 오른쪽 후부 안와(coronal right posterior orbit) 그림 9.26과 같은 환자이지만 정도가 다르다. (Courtesy Thames Valley Imaging, London, Ontario, Canada)

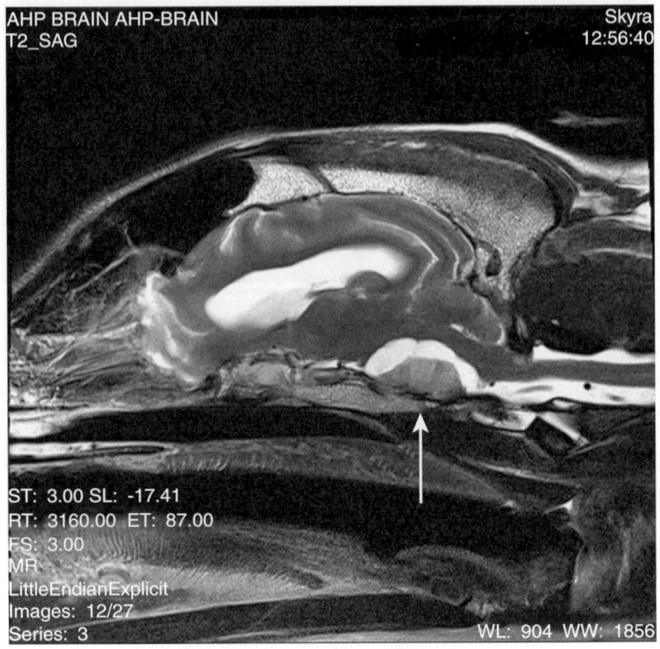

그림 9.28 개 뇌의 시상 면 T2 가중 영상(sagittal plane T2 weighted image). 화살표는 개의 뇌간을 압박하는 종양을 가리킨다. 뇌실에서 수두증이 확인된다. (Image courtesy Animal Health Partners, Toronto, Canada)

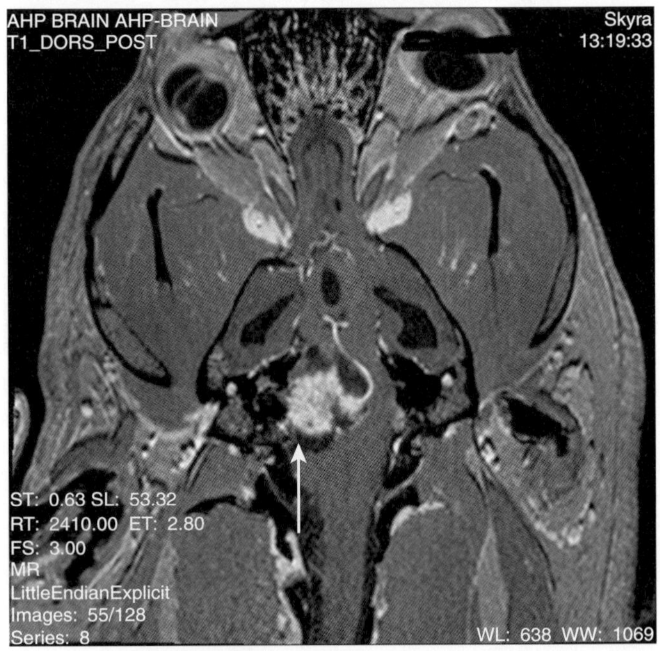

그림 9.29 개 뇌의 횡단면 T1 가중 영상(transverse plane T1 weighted image). 종양은 조영(*화살표*)으로 증강되었다. 종양에 의한 뇌간 및 기저 동맥의 변위를 볼 수 있다. 확대된 뇌실은 T1 강조 영상에서 검은색으로 보인다. (Image courtesy Animal Health Partners, Toronto, Canada.)

복습 문제 _Review Questions

1. MRI 기계에서 방에 들어오는 사람에게 가장 위험한 부분은 무엇인가?
   a. 무선 안테나(radio antenna)
   b. 자석(magnet)
   c. 심 코일(shim coils)
   d. 표면 코일(surface coils)
2. MRI실에 들어오는 모든 사람이 해야 하는 것은?
   a. 임플란트나 수술을 확인하기 위해서는 기초조자 양식(screening form)을 작성해야 한다.
   b. 느슨한 금속 물체는 모두 제거해야 한다.
   c. 임산부는 입장할 수 없다.
   d. a 와 b
3. MRI에서 자기 심(magnetic shim)의 목적은 무엇인가?
   a. 이미지를 생성하는 데 사용된다.
   b. 자석 내의 필드를 균일하게 만드는 데 사용된다.
   c. 이미지를 생성하는 데 사용된다.
   d. 전파를 만드는 데 사용된다.
4. T1 강조(T1-weighted) 자기공명영상이란?
   a. 지방이 검게 보이는 MRI
   b. CSF가 하얗게 보이는 이미지
   c. TR이 2000인 이미지
   d. 지방이 하얗게 보이는 이미지
5. 자기공명영상의 재구성 방법은 무엇인가?
   a. 필터링된 역투영(Filtered back-projection)
   b. 역투영(back-projection)
   c. 2차원 푸리에 변환(Two-dimensional Fourier transformation)
   d. 3차원 푸리에 변환(Three-dimensional Fourier transformation)
6. 원자를 자석에 넣으면 어떻게 되는가?
   a. 그들은 회전하거나 진행한다.
   b. 그들은 무작위로 움직인다.
   c. 그들은 자기 극성과 관련하여 자신의 위치를 변경한다.
   d. 자석을 북극으로 이동시킨다.
7. 초전도 자석에 채워진 물질은?
   a. 수소(Hydrogen)
   b. 헬륨(Helium)
   c. 탄소(Carbon)
   d. 액체 헬륨(Liquid helium)
8. MRI 스캐너 부분 중 더 작은 신체 부위의 이미지를 얻는 것은 어디인가?
   a. 그라데이션 코일(Gradient coils)
   b. 심(Shims)
   c. 바디 코일(Body coil)
   d. 표면 코일(Surface coils)
9. 공명(resonance) 이라는 단어가 MRI에서 이용되는 이유는?
   a. 전파를 사용하며 음악적이다.
   b. 원자는 자기장 강도의 함수로 특정 무선 주파수에 공명하여 반응한다.
   c. 공명은 분광학에서 사용되는 용어에서 유래한다.
   d. 원자는 모든 전파에 공명한다.
10. 이미지를 생성하기 위해 MRI 무선전파를 조정하는 원자는 무엇인가?
    a. 수소(Hydrogen)
    b. 탄소(Carbon)
    c. 산소(Oxygen)
    d. 헬륨(Helium)
11. 자기 공명 영상에서 "높은 신호 강도"는 무엇을 의미하나?
    a. 고농도의 헬륨 원자가 전파에 반응한다.
    b. 주어진 가중치를 가진 이미지의 조직에서 더 많은 신호가 수신된다.
    c. T2 이미지에서는 지방이 이렇게 표시된다.
    d. 이것은 이미지의 어두운 부분을 나타낸다.

참고 문헌 _Bibliography

Hesselink JR. *Basic Principles of MR Imaging*. http://spinwarp.ucsd.edu/NeuroWeb/Text/br-100.htm에서 확인가능.

MRI-Technology Information Portal. http://www.mr-tip.com/serv1.php에서 확인가능.

Shellock FG. MRI safety.com. http://mrisafety.com에서 확인 가능.

Westbrook C, Roth CK, Talbot J. *MRI in Practice*. 4th ed. Hoboken: Wiley-Blackwell; 2011.

PART TWO

방사선상 자세잡기와 관련 해부학

Radiographic Positioning and Related Anatomy

2부에서는 소동물, 대동물, 그리고 특수 동물의 해부학적 부위별로 올바른 방사선 촬영 자세를 학습하는 데 중점을 둔다. 각 촬영 자세에서 다음 항목들을 정확하게 수행할 수 있어야 한다.

- 정상적인 뷰와 프로토콜
- 보조 뷰와 프로토콜
- 측정 위치
- 중심선이 맞춰져야 할 위치
- 올바른 조임 및 주변 경계
- 정확한 자세의 환자 배치
- 중요한 고려 사항, 특이점, 해부학적 특징

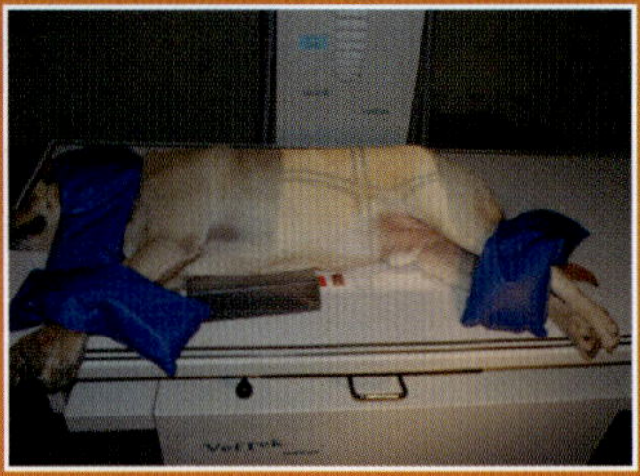

CHAPTER 10 자세잡기의 개요

Overview of Positioning

Marg Brown, RVT, BEd Ad Ed

지식은 실천하지 않으면 아무런 가치가 없다

—안톤 체호프, 러시아 극작가, 1860~1904

개요

자세잡기 관련 용어
자세잡기의 규칙
사지 용어
환자 자세잡기
환자
환자 준비
사람의 안전을 위해 자세잡기에 사용할 수 있는 보조 장치
상의 조건과 자세잡기 지침
영상 식별
방사선 사진 보기
방사선 사진 체크리스트

학습 목표

이 장에 있는 정보의 적용은 다음 영역과 관련이 있다.

1. 동물보건영상학에서 사용되는 적절한 해부학적 용어를 이해한다.
2. 동물을 식별하고 촬영할 때 사용되는 방사선 투사법에 대한 일반적인 규칙을 안다.
3. 비수동적 보정법에 초점을 둔다.
4. 방사선 및 환자 안전 절차를 시연할 수 있다.
5. 방사선 촬영 전 필요한 환자 준비 과정을 설명할 수 있다.
6. 다양한 자세잡기 보조 장치의 장단점을 설명할 수 있다.
7. 촬영 시 필요한 상의 조건을 이해한다.
8. 진단에 사용할 수 있는 이미지를 촬영하기 위해 필요한 자세잡기 지침을 설명할 수 있다.
9. 방사선 안전의 세 가지 중요한 원칙을 적용할 수 있다.
10. 디지털 이미지에서 특히 중요한 콜리메이팅(collimating)을 이해한다.
11. 촬영 시 라벨링 및 식별에 있어 중요한 특징을 설명한다.
12. 모니터 및 일루미네이터에 방사선투과사진을 올바르게 띄울 수 있다.
13. 체크리스트를 사용하여 방사선 사진이 진단에 사용될 수 있는지 판단한다.

주요 용어

꼬리쪽, 뒤쪽[Caudal (Cd)]
꼬리머리쪽[Caudocranial (CdCr)]
앞쪽[Cranial (Cr)]
머리꼬리쪽[Craniocaudal (CrCd)]
먼쪽[Distal (Di)]
등쪽[Dorsal (D)]
등쪽면(Dorsal plane)
등앞발바닥쪽[Dorsopalmar (DPa)]
등뒷발바닥쪽[Dorsoplantar (DPl)]
선량크리프(Dose creep)
가쪽[Lateral (L)]
가안쪽[Lateromedial (LaM)]
안쪽[Medial (M)]
비스듬[Oblique (O)]
앞발바닥쪽[Palmar (Pa)]
앞발바닥등쪽[Palmarodorsal (PaD)]
뒷발바닥쪽[Plantar (Pl)]
뒷발바닥등쪽[Plantarodorsal (PlD)]
몸쪽[Proximal (Pr)]
누움자세(Recumbent)
주둥이쪽[Rostral (R)]
시상면(Sagittal plane)
스카이라인(Skyline)
가로면(Transverse plane)
배쪽[Ventral (V)]

기술적 참고: 공간을 아끼기 위해, 이 장에서 제시된 방사선 사진에는 콜리메이션(collimation)이 생략되었다. 언제나 빔이 영상 감지기의 가장자리 내부로 한정되도록 콜리메이션을 제한해야 한다. 필름 방사선술에서는 모든 방사선 사진에 명확한 콜리메이션 범위(프레임)가 보여야 한다. 일부 지역에서는 법적으로 콜리메이션의 증거가 요구된다. 디지털 이미징에서는 알고리즘이 적절한 콜리메이션에 따라 달라진다.

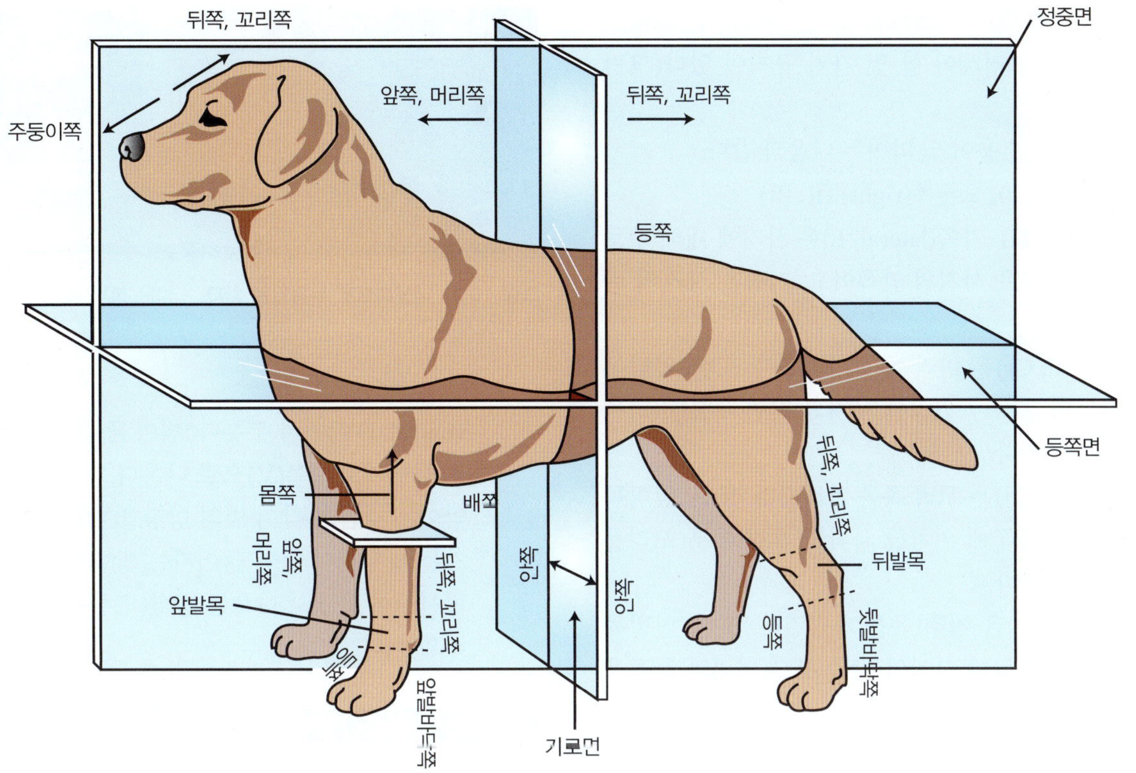

그림 10.1 올바른 해부학적 방향 용어. (From Colville T, Bassert J. *Clinical Anatomy and Physiology for Veterinary Technicians*. 3rd ed. St Louis: Elsevier; 2016.)

이 교재의 두 번째 파트는 방사선사에게 적절하게 동물의 자세를 잡는 방법을 가르치며, 비수동적 보정법에 초점을 두고 있다. 환자를 방사선사가 직접 잡고 있는 경우는 다른 진단 영상법에서는 찾을 수 없다. 때문에 간단한 도구와 상식을 통한 비수동적 보정법을 통해 방사선사가 노출되는 직접적 및 이차적 방사선량을 최소화할 필요가 있다.

환자는 화학적 제약(진정 또는 전신 마취) 및/또는 자세잡기 장치를 통해 보정하는 것이 가장 좋다. 사용 가능한 약물에 대해서는 좋은 마취제 교재를 따로 참조할 것을 추천한다. 약물 사용이 불가능한 경우에도 방사선 노출을 최소화하기 위해 일반적인 행동, 보정 및 자세잡기 원칙에 대한 지식이 필수적이다. 정확한 진단영상을 얻는 과정에서도 언제나 환자와 방사선사의 안전을 염두에 두어야 한다. 또한 수의사가 정확하게 해석하고 진단할 수 있는 진단영상을 촬영하기 위해선 정상 해부학과 적절한 용어에 대한 기본적인 이해가 중요하다.

만약 수동적 보정이 필요한 경우, 방사선사는 방사선 노출을 최소화하기 위해 가능한 모든 조치를 취해야 한다. 방사선실의 모든 인원은 적절한 납복을 착용하여 보호되어야 한다. 빔으로부터의 거리, 적절한 보호 및 제한된 노출 시간을 준수하도록 주의를 기울여 피폭량을 최소화하는 지침에 대해서는 2장을 참조한다.

글 상자 10.1 해부학적 위치 용어

Dorsal (D) 등쪽(D)	Caudal (Cd) 뒤쪽, 꼬리쪽(Cd)
Ventral (V) 배쪽(V)	Rostral (R) 주둥이쪽(R)
Lateral (L) 가쪽(L)	Palmar (Pa, P) 앞발바닥쪽(Pa, P)
Medial (M) 안쪽(M)	Plantar (Pl, P) 뒷발바닥쪽(Pl, P)
Left (L/Le) 왼쪽(L/Le)	Oblique (O) 비스듬한(O)
Right (R/Rt) 오른쪽(R/Rt)	Distal (Di) 먼쪽(Di)
Cranial (Cr) 앞쪽, 머리쪽(Cr)	Proximal (Pr) 몸쪽(Pr)

자세잡기 관련 용어 _*Positional Terminology*

올바른 용어를 이해하는 것이 중요하다. 대부분은 여전히 노미나 아나토미카 베테리나리아(Nomina Anatomica Veterinaria)를 기준으로 쓰고 있다. 미국 수의학 방사선학회(The American College of Veterinary Radiology, ACVR) 용어도 그림 10.1에 정리되었다. 사용되는 기본 용어들은 상자 10.1에 명시되었다.

자세잡기의 규칙 _Rules of Positioning

ACVR를 기반으로 고려해야 할 몇 가지 규칙이 있다(그림 10.1 참고):

1. 사용되는 일반적인 용어 및 약어는 다음과 같다:
   - 왼쪽(left) (L, Le), 오른쪽(right) (R, Rt)
   - 안쪽(medial, M), 가쪽(lateral, L)은 사지에 대해 주로 사용된다. 안쪽은 사지의 안쪽이고, 가쪽은 사지의 바깥쪽이다.
   - 앞쪽(cranial, Cr)은 머리 쪽을 가리킨다. 또한, 앞발목 및 뒷발목의 몸쪽에 위치한 사지의 전면 부분(머리를 향한)을 가리킨다.
   - 뒤쪽(caudal, Cd)은 꼬리 쪽을 가리킨다. 또한, 앞발목 및 뒷발목의 몸쪽에 위치한 사지의 후면 부분(꼬리를 향한)을 가리킨다.
   - 등쪽(dorsal, D)은 척추 쪽을 가리킨다. 또한, 앞발목 및 뒷발목을 포함한 사지의 앞쪽 부분(머리와 등쪽을 향함)을 가리킨다.
   - 배쪽(ventral, V)은 복부 쪽이다.
   - 앞발바닥쪽(palmar, Pa)은 앞발목을 포함한 전완에 이르는 사지의 뒷면을 가리킨다("발바닥").
   - 뒷발바닥쪽(plantar, Pl)은 뒷발목을 포함한 골반에 이르는 사지의 뒷면을 가리킨다(사람의 발바닥 사마귀를 생각하면 됨).
   - 비스듬한, 경사(oblique, O)는 안쪽 또는 가쪽으로 90도 미만으로 기울어진 상태를 말한다.
   - 주둥이쪽(rostral, R)은 머리에 한해 사용되며, 코 쪽을 뜻한다.
   - 몸쪽(proximal, Pr)은 빔에 가장 가까운 영역을 가리키며, 먼쪽(distal, Di)은 빔에서 멀리 떨어진 영역을 가리킨다.
2. 방사선의 빔이 처음으로 환자에게 들어가는 방향과 나오는 방향에 따라 촬영 방향을 명명한다.
3. 기본적인 방향 용어들을 조합하여 빔이 들어오는 지점과 나가는 지점을 정확하게 기술할 수 있다. 이러한 일관성은 용어 체계의 표준화를 증가시킨다.
4. 위쪽으로 수직인 빔을 기준으로, 환자가 다음과 같이 누워있다고 가정하면:
   a. 등(등누움자세)으로 누워있을 때, 이를 **배등쪽촬영**(ventrodorsal, VD)이라 부른다. 빔은 배쪽(V)—복부 또는 배—에서 들어가고 등쪽(D)—척추쪽—으로 나온다(그림 10.2).
   b. 복부(복와위)로 누워있을 때, 이를 **등배쪽촬영**(dorso-ventral, DV)이라 부른다. 빔이 **등쪽(D)**—척추쪽—으로 들어가고 **배쪽(V)**으로 나온다.

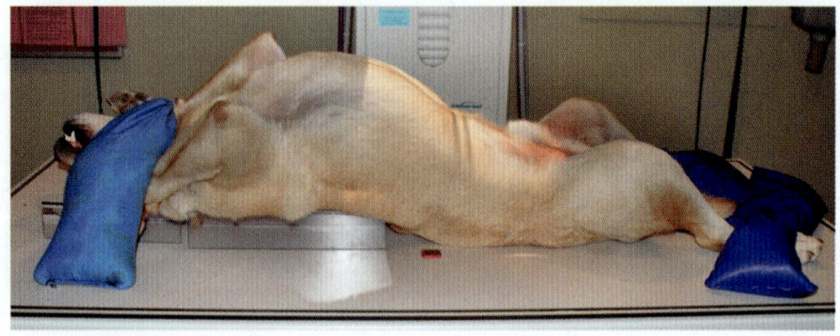

그림 10.2 배등쪽으로 누워있는 환자. 빔은 복부 쪽에서 들어가서 등/척추 쪽에서 나간다.

   c. 약어는 다음과 같이 빔의 방향을 나타낸다: 첫 번째 글자는 방사선이 몸에 들어가는 방향을, 두 번째 글자는 방사선이 몸에서 나오는 방향(영상수신기에 접촉하는 부위)이다.

> **보건사 참고사항**
>
> 어원학적 규칙에 따르면 두 용어를 결합시킬 때, 연결 모음(일반적으로 "o")을 사용하여 연결한다.

   d. 옆으로 누워있을 때(누움자세), 환자가 누운 측면에 따라 명명된다. 즉, 오른쪽으로 누운 동물은 오른누움자세(RL/RtL)다. 오른쪽이 영상 감지기에 가장 가까운 쪽이다.
      i. 오른가쪽 방사선 사진은 정확하게는 *Le-RtL*(들어간 방향까지 포함해서)이라 명명해야 하지만, 보통 생략하며 이 용어는 흔하게 사용되지 않는다.
      ii. 오른쪽과 왼쪽은 다른 용어 앞에 위치한다(예: 오른가쪽 right lateral).
5. 안쪽(*M*)과 가쪽(*L*)은 다른 용어와 조합하여 사용될 때 뒤쪽에 위치한다[예: 등안쪽(dorsomedial)]
6. 주둥이쪽(*R*), 앞쪽(*Cr*)과 뒤쪽(*Cd*)은 머리, 목, 몸통, 그리고 꼬리에서 다른 용어와 조합하여 사용될 때 앞쪽에 위치한다[예: 뒤배쪽(caudoventral)].

사지 용어 _Limb Terminology

1. 등쪽, 앞발바닥쪽, 뒷발바닥쪽, 앞쪽, 뒤쪽은 다른 용어와 조합하여 사용될 때 앞쪽에 위치한다. [예: 등몸쪽(dorso-proximal)]
2. 가쪽은 사지에서도 사용된다.
   a. 소동물은 일반적으로 촬영하고 싶은 쪽의 사지를 영상 감지기 쪽에 대고 눕힌다. 엄밀히 따지자면 이는 빔

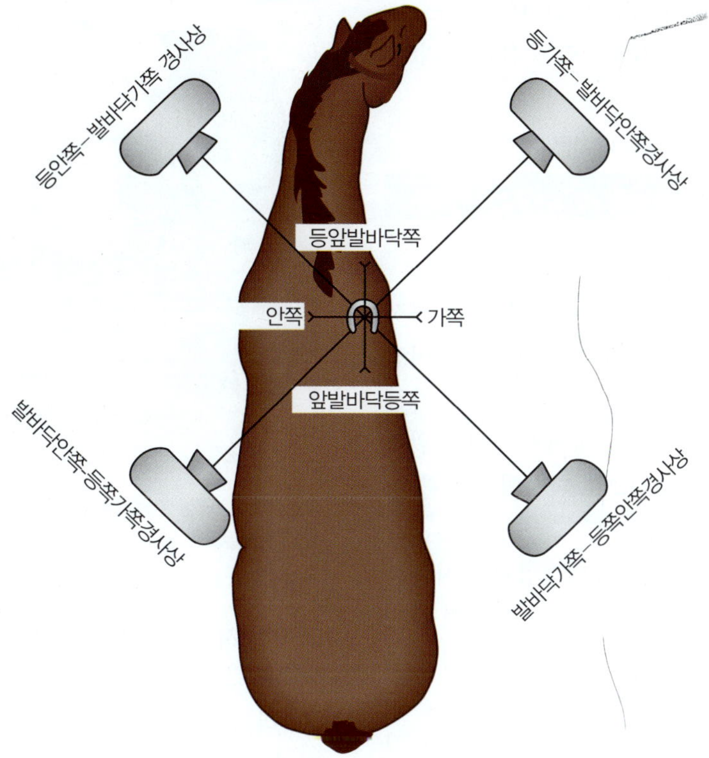

그림 10.3 경사상에서 사용하는 올바른 해부학적 방향 용어.

이 사지의 안쪽에서 들어가 가쪽으로 나가는 안쪽-가쪽촬영(ML view)이지만, 일반적으로 가쪽촬영(L)이라 칭한다.

b. 대동물은 선자세(weight bearing)로 촬영한다. 빔은 사지의 가쪽에서 들어가 영상 감지기가 있는 안쪽에서 나온다. 엄밀히 따지자면 이는 가쪽-안쪽촬영(LM view)이지만, 일반적으로 가쪽촬영(L)이라 칭한다. 이는 누움자세위에 있는 소동물과 반대이다.

3. **비스듬촬영**(*oblique, O*)은 중심 방사선이 안쪽 또는 가쪽 방향의 단면과 90도 이하의 각도로 만나도록 촬영한다. 보통 말의 다리에서 일반적으로 사용되는 용어이다.
   a. 주요 방향 축인 안-가쪽(mediolateral, ML), 등앞발바닥쪽/등뒷발바닥쪽(dorsopalmar/dorsoplantar, DP), 또는 앞-뒤쪽(craniocaudal, CrCd)의 조합으로 위치를 설명한다.
      i. 예시로, 등가쪽-발바닥안쪽경사상(dorsolateral-palmaromedial oblique, DLPMO)으로 촬영한 앞발허리뼈가 있다. 중심 방사선은 사지의 등쪽(앞쪽)을 가쪽에서 45도 각도로 바닥과 평행하게 들어간다. 즉 빔이 들어가는 위치는 사지의 등가쪽이다. 나가는 쪽은 사지의 앞발바닥안쪽(안쪽)이며, 이는 영상 감지기와 직각이다(그림 10.3). 보통 하이픈을 사용하여 들어가는 쪽과 나가는 쪽을 분리한다.
      ii. DLPMO라는 약어를 살펴보면, 처음 두 글자는 빔이 들어가는 쪽(DL)을 보여주고, 다음 두 글자는 빔이 나가는 위치(PM)와 영상 감지기의 위치를 보여준다. 각 쌍의 첫 번째 글자는 앞쪽/등쪽 또는 뒤쪽/앞발바닥쪽/뒷발바닥쪽이며, 두 번째 글자는 안쪽 또는 가쪽을 나타낸다.
      iii. DLPMO는 종종 **안쪽경사상**(medial oblique)이라 불린다. 이는 안쪽이 필름에 닿기 때문이다.
      iv. 위의 예시에서 가장 정확한 명명법은 등몸쪽 45도 가쪽-앞발바닥먼쪽안쪽 경사상(dorsoproximal 45-degree lateral-palmarodistomedial oblique (DPr45°L-PaDiMO)이다.
4. 접선, 또는 스카이라인(skyline): 중심 방사선이 다리의 같은 쪽에서 들어가고 나오는 것으로 뼈의 윤곽이 보인다.
   a. 예시로, 말의 앞다리 부분의 앞발바닥몸쪽-앞발바닥먼쪽상(palmaroproximal-palmarodistal, PaPr-PaDi)는 빔이 위쪽에서는 앞발바닥(뒤쪽)을 향하고, 계속

앞발바닥 쪽에 남아 있다가 발굽의 밑면에서 나오는 것이다. 바닥에 위치한 영상 감지기의 중심에 말의 발을 위치시킨다.

환자 자세잡기 _Patient Positioning

환자 _The Patient

환자의 편안함과 복지는 언제나 고려되어야 한다. 특히 진정제 투여가 불가능하거나 매우 위급한 환자, 면역력이 떨어진 환자 또는 통증을 겪고 있는 환자를 다룰 땐 인내심이 가장 중요하다. 필요한 모든 용품 및 모니터링 장비가 가까이 위치하도록 준비되어 있어야 한다. 지속적으로 환자의 상태를 평가하고 모니터링해야 한다.

환자는 안전함을 느낀다면 불편하고 비정상적인 자세를 견뎌낼 수 있다. 불안을 최소화하기 위해 어두운 방에서 천천히 조용한 방식으로 다뤄야 한다. 대개 차분하고 부드러운 목소리와 부드러운 쓰다듬기에 반응한다. 빠르고 시끄러운 움직임과 강한 제약은 주로 두려움과 긴장감을 유발하여 공격적인 반응을 일으킬 수 있다. 진정제 사용 여부와 상관없이 환자가 안정을 취할 수 있도록 충분한 시간을 제공해야 한다. 또한 입마개의 필요성을 과소평가하면 안된다. 입마개는 환자의 주의를 분산시키며 동물보건사를 보호해 준다. 특히 고양이에 있어서 과한 통제는 필요하다. 인내심과 약간의 진정제, 그리고 전략적으로 배치된 자세잡기 보조 장치를 통해 우수한 이미지를 얻을 수 있다.

X선 튜브의 회전 소음(회전 양극에서 발생하는)은 동물들을 놀라게 한다. 불안 증상을 보이는 환자를 다루는 경우, 촬영하기 전에 미리 로터 스위치를 가동하여 환자가 소음에 익숙해질 수 있도록 한다. 이때 스위치를 잘못 누름으로 인해 로터를 손상시키지 않도록 주의한다.

적절한 조사선량(exposure)을 설정하고 올바른 자세잡기를 통해 재촬영을 사전에 방지해야 한다. 각 이미지마다 콜리메이션(collimation)(프레임) 범위를 확인하고, 관심 영역과 주변 경계만 나오도록 한다(예: 흉곽은 어깨관절과 횡격막을 포함시켜야 한다). 이후 나올 챕터에서 촬영 시 각 위치별로 포함되어야 하는 주변 경계에 대한 설명이 포함되어 있다. 적절한 조준은 환자와 촬영자를 이차적 방사선으로부터 보호할 뿐만 아니라 이미지의 디테일과 투과사진의 대비를 증가시킨다(그림 10.4).

시간, 거리와 차폐의 안전 규칙을 늘 염두에 두어야 한다. 환자를 잡거나 방사선 촬영 시에는 항상 보호 장비를 착용해야 한다. 중앙 빔에서는 가능한 한 멀리 떨어져 있는다. 필름/스크린 시스템의 경우, mA와 노출 시간을 최소화할 수 있는 조합을 찾아 설정한다.

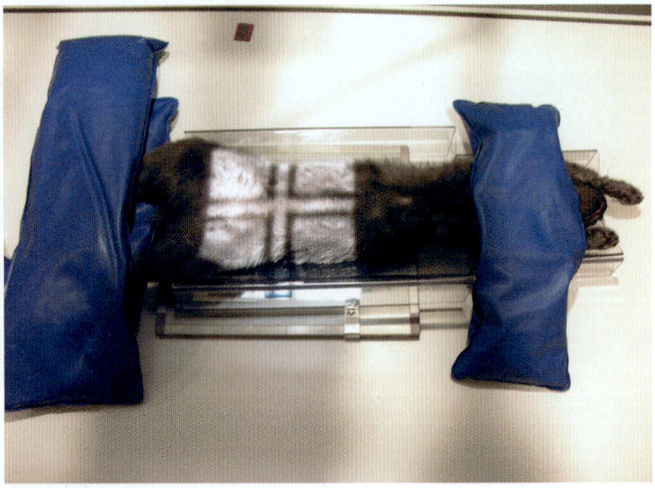

그림 10.4 영상 수용기를 방사선 촬영 영역과 경계 부위만 포함시키도록 조절하여 불필요한 방사선과 이차적 방사선을 방지한다.

디지털 방사선 촬영의 경우, 디지털 이미지는 쉽게 삭제할 수 있기 때문에 더 많은 이미지를 촬영하려는 유혹이 있을 수 있다. 더 많은 이미지를 얻으면 환자와 촬영자의 노출량은 증가하게 된다. 처음부터 올바른 방법으로 촬영을 진행하여 횟수를 늘리지 않도록 해야 한다. 또한 킬로볼트(kV)와 밀리암페어시(mAs)를 증가시켜서 촬영하는 선량 크리프(dose creep)를 최소화해야 한다.

환자를 보정하는 시간을 최소화하기 위해 미리 조사선량에 대한 설정 및 필요한 준비를 최대한 마친 뒤 테이블에 올린다. 필요한 준비 과정에는 환자 측정, 기기 콘솔에 조사선량 설정, 카세트/영상 감지기 위치 조정, 라벨 만들기(필요시), 빔 조준, 위치 보조 장치 사용 및 필요한 보호 장비 착용 등을 포함한다.

적절한 준비과정은 화학적 제약 없이도 일시적으로 빔과 이차적 방사선에서 멀어질 수 있도록 해준다.

> **보건사 참고사항**
> 언제나 필요한 자세로 동물을 준비시킨 뒤 측정한다. 첫 시도에 우수한 사진을 얻는 것을 목표로 한다.

환자 준비 _Patient Preparation

환자는 깨끗하고 먼지가 없어야 한다. 환자의 털이 젖어 있거나 먼지로 가득하면 혼란을 야기하는 아티팩트가 이미지에 나타날 수 있다. 특히 금속으로 만든 목줄, 하네스, 리드 등은 제거되어야 한다(그림 10.5). 확실한 의학적 이유가 있지 않

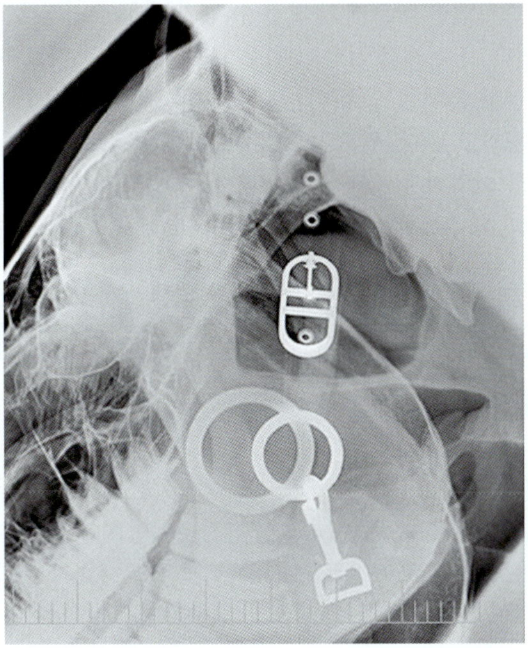

그림 10.5 촬영에 방해되는 모든 물품은 미리 제거하는 것이 중요하다. 이 경우, 촬영 전에 말의 고삐가 제거되지 않았다.

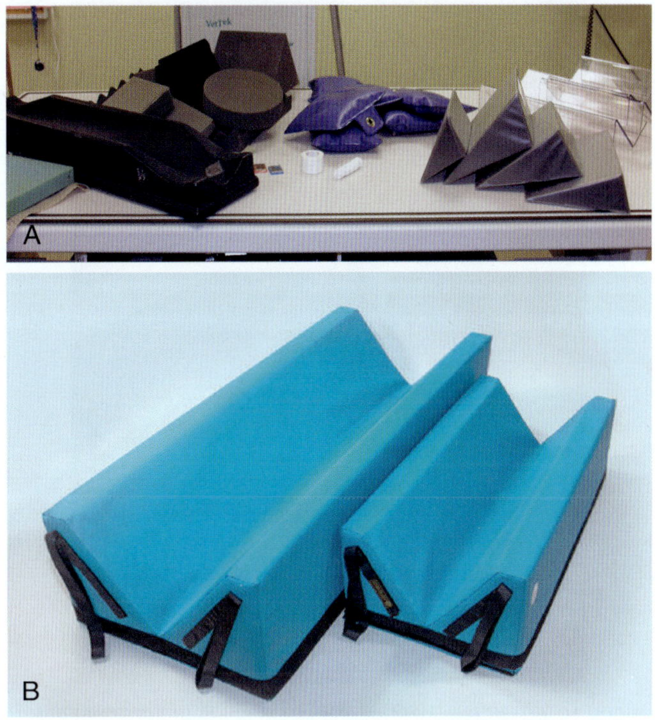

그림 10.6 **A**, 보정법에 사용 가능한 자세잡기 보조장치. 쉽게 청소 및 소독이 가능하도록 커버를 씌워서 사용해야 한다. **B**, 작고 큰 크기로 만들어진 V자 모양의 트로프 세트. 벨크로 스트랩과 함께 사용 가능하다. (Courtesy Julia Bitan, http://handsfreexrays.com, Toronto, ON.)

는 이상 붕대, 부목, 깁스는 촬영 전에 제거해야 한다. 말의 발굽의 경우 촬영하고자 하는 영역을 가릴 수 있는 아티팩트를 최소화하기 위해 편자(shoe)를 제거하거나 제차(frog)를 청소해야 할 수 있다.

소동물의 복부의 방사선촬영을 위해서는 위장관에 음식 및 대변이 없어야 한다. 방해물질을 제거하기 위해 관장제 또는 완화제와 같은 사하제를 사용할 수 있다. 복부 검사를 위한 환자 준비 과정에 대한 더 자세한 설명은 18장을 참고한다.

보건사 참고사항

X선 작업 시에는 언제나 안전의 원칙—시간, 거리, 그리고 차폐—를 기억해야 한다. 보이지 않는 것이 미래에 큰 피해를 줄 수 있으며, 건강을 손상시킬 수 있다. 스스로를 보호해야 한다.

사람의 안전을 위해 자세잡기에 사용할 수 있는 보조 장치
Positioning Aids for Human safety

샌드백, 폼 블록, 쐐기, 방사선투과성 트로프, 테이프, 거즈, 로프, 번지고드, 벨그로, 또는 압착 밴드와 같은 장치들은 환자의 자세잡기에 도움을 줄 수 있다(그림 10.6). 재사용 가능한 보조장치들은 방수처리가 되어 있어야 하며, 세척 가능하며 얼룩이 잘 남지 않고 보관이 용이해야 한다.

판매되는 샌드백은 일반적으로 깨끗한 규사로 채워져 영구적으로 밀봉되어 있으며, 비닐이나 나일론 소재로 만들어져 있다. 폴리에스터 구슬로 채워진 빈백도 같은 용도로 사용 가능하다; 하지만 이러한 빈백은 샌드백 만큼 무겁지 않다. 샌드백과 빈백은 방사선 비투과성 물질이기 때문에 관심 영역에 있어서는 안 된다. 직접 샌드백을 만들어서 사용한다면, 캔버스(청바지를 사용하는 것도 유용함) 또는 두꺼운 비닐을 사용하고, 모래가 새어 나오지 않도록 촘촘하게 봉합해야 한다. 천으로 만든 샌드백은 쉽게 소독할 수 없기 때문에 매번 사용 전에는 일회용 플라스틱으로 감싸서 사용한다.

U자 모양과 V자 모양의 트로프는 환자를 등누움자세로 유지하는 데 중요하다. 일반적으로 투명한 플라스틱 또는 비닐로 덮인 상업용 폼으로 되어있다(그림 10.6B). 플라스틱/아크릴 트로프는 방사선 투과성이며 가볍고 쉽게 세척이 가능하다. U자 모양의 트로프는 머리를 지지하는 데 유용하다는 특징이 있다. 아크릴 막대가 있는 경우 두개골의 형태를 유지하는 데 사용될 수 있다. 복부와 흉부를 촬영할 때 트로프를 사용하는 경우, 상의 일부 또는 전체가 트로프 위에 위치하면 아티팩트 또는 불균일성이 나타날 수 있음을 유의해야 한다.

폼으로 된 상업용 자세잡기 장치는 삼각형과 사각형 등의 다양한 모양과 크기로 판매된다. 또한 포목상에서 직접 구

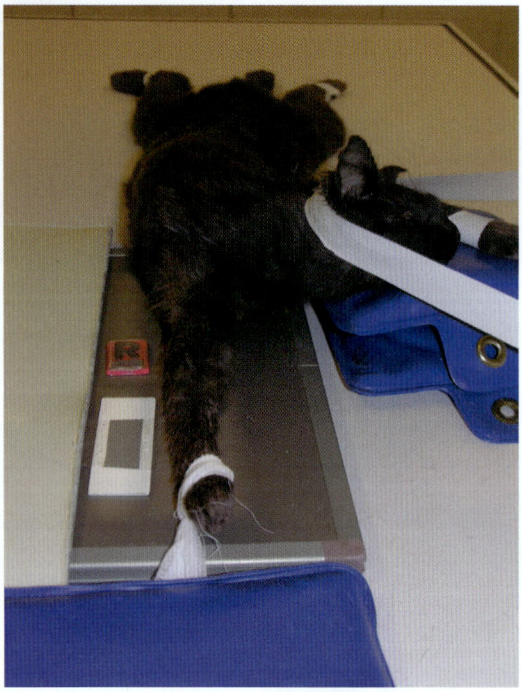

그림 10.7 테이프를 사용하여 상에 나오지 않도록 머리를 고정하였다.

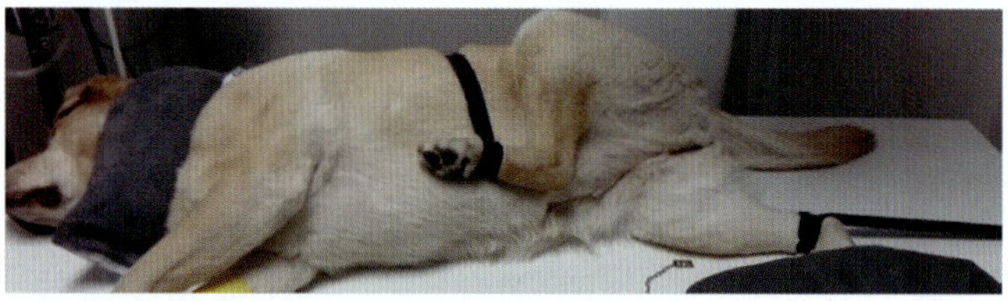

그림 10.8 테이블에 연결된 부드러운 벨크로 스트랩을 사용하면 간단하게 환자의 자세를 고정시킬 수 있다. (Courtesy Ashley Jenner/Julia Bitan, http://handsfreexrays.com, Toronto, ON.)

매한 폼을 직접 원하는 모양대로 잘라서 제작할 수도 있다. 이러한 폼은 커버로 적절하게 덮여 있어야 환자 간 감염을 예방하고 방사선 아티팩트를 최소화할 수 있다. 폼은 공기 밀도 그림자를 만들어낼 수 있으며, 커버에 씌워져 있지 않으면 방사선 불투과성 액체를 흡수하여 방사선 촬영을 방해할 수 있다.

테이프(그림 10.7), 거즈, 후크–앤–루프 테이프(벨크로)(그림 10.8), 및 압착 밴드는 매우 효과적이지만, 기능성이 만족스러운 경우에만 사용 가능하다. 보통 사지를 잡아 당기거나 고정하는 데 사용하며, 사지를 회전시키거나, 고관절 이탈 촬영을 위해 무릎관절과 대퇴골을 고정시킬 때, 발가락 사이 간격을 넓히거나 관심 영역 바깥으로 머리를 임시로 고정하는 등 다양하게 사용된다. 테이블 아래쪽에 벨크로를 부착하여 스크랩을 고정시키는 방법은 매우 효과적이며 방사선 촬영 시 사용되는 가장 표준적인 비수동 보정 방법으로 여겨진다. 스트랩은 빠르게 제거될 수 있기 때문에 진정제를 소량 사용한다. 진정제를 사용한 경우 로프와 거즈로 하프 히치 매듭(간단한 옭매듭 중 하나) 또는 변형 매듭을 사용하여 테이블에 묶기도 한다. 필요한 경우, 보정자가 로프의 양 끝을 잡고 빔과 이차적 방사선에서 멀리 떨어져서 환자를 보정할 수도 있다. 비슷하게 멀리서 나무 숟가락을 사용하여 고양이의 머리를 고정하는 방법도 있다.

옷집게/옷핀, 또는 판매되고 있는 고양이용 집게 클램프를 고양이의 등쪽 목덜미에 사용하는 방법(어미고양이가 새끼고양이를 옮길 때 보이는 행동)은 신속하게 보정이 필요하고 환자가 고통을 느끼지 않는다면 효과적일 수 있다. 이때 샌드백을 함께 사용하는 것도 도움이 된다. 그러나 미국동물병원협회(AAHA)와 미국고양이전문의협회(AAFP)에서는 목덜미를 잡아 고양이를 보정하는 것은 통제효과가 적으며, 두려움과 공포심을 유발하여 오히려 공격성을 증가시킨다는 입장을 밝히기도 했다.

고양이를 수건으로 싸는 방법("고양이 부리또")은 앞/뒷다리를 끄집어내거나 복부와 흉부 촬영을 해야 할 때 효과적이다. 샌드백을 사용하여 수건을 고정하면 고양이를 한 자세로 고정시킬 수 있다. 수건을 사용하는 방법은 화가 난 고양이들이 순응하도록 하는 데 도움을 준다(그림 10.9).

이러한 장치들은 필요시 진정제와 함께 사용되어 수동적 보정법을 효과적으로 최소화한다. 비수동적 보정법은 언제

그림 10.9 진정제를 쓰지 않은 고양이를 수건, 샌드백과 벨크로 스트랩을 사용하여 올바른 자세를 잡고 있다. (Courtesy Ashley Jenner/Julia Bitan, http://handsfreexrays.com, Toronto, ON.)

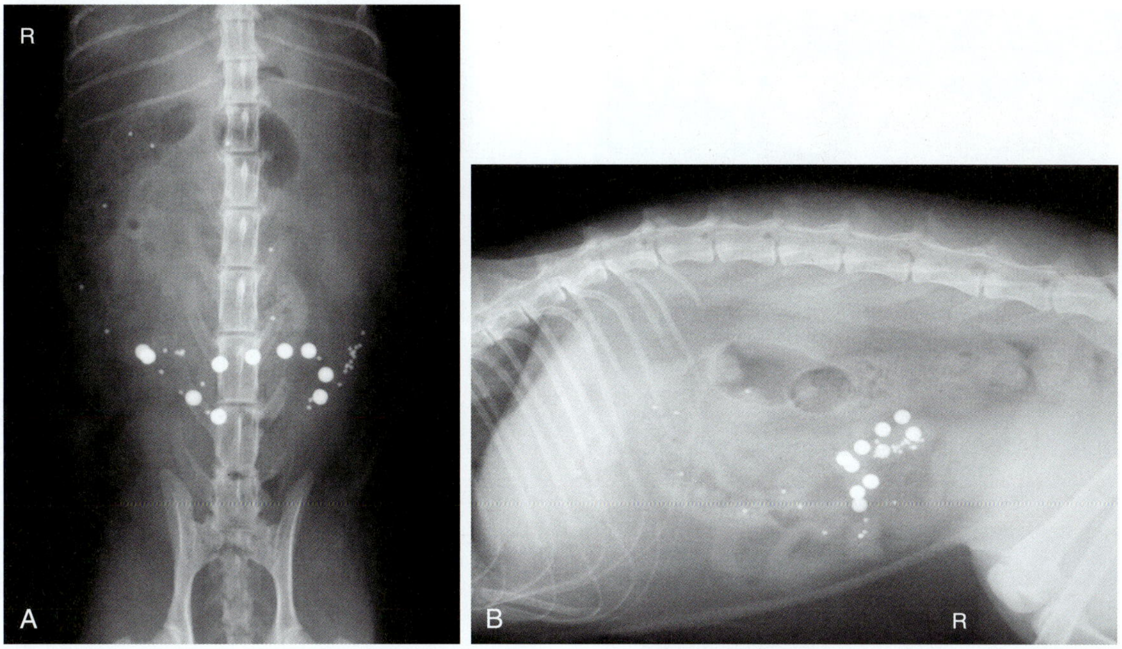

그림 10.10 A와 B, 두개의 수직의 상이 없으면 BIPS의 정확한 위치를 판단하기 어려울 수 있다. VD 및 외측 방사선 사진을 보기 위한 적절한 배치를 주목한다.

나 환자의 안전과 편안함을 중점으로 두어야 한다. 장치는 빠르게 착용되고 해제되어야 하며 환자를 절대로 아프게 해선 안된다. 올바른 사용 방법은 환자에게 자신이 사람 손에 있다는 느낌을 주어야 한다. 목과 사지 위에 올려 두는 샌드백 또는 압박 장치, 테이프 또는 압박 밴드와 벨크로, 어두운 방, 차분하고 분명한 동작, 또는 머리와 골반 위에 올려진 장갑 낀 손은 환자, 특히 누움자세위로 눕혀진 개를 차분하게 진정시켜 촬영 시 보정자가 6피트 정도 떨어져 있을 수 있게 해준다. 멀리 떨어지면서도(장갑은 그대로 둔 채) 환자에게 조용히 말을 걸어야 한다. 촬영이 끝난 후 즉시 환자에게 이동한다. 촬영 버튼은 콘솔에서 다른 사람이 누르거나, 풋 페달을 사용하고 있다면 최대한 멀리 떨어져서 밟아야 한다. 빔에서의 거리를 증가시킬수록 피폭량이 크게 감소된다.

환자를 직접 보정해야 하는 경우, 눈을 돌리고 가능한 뒤로 기울어져서 방사선 촬영을 진행한다. 보정자의 몸의 어떤 부분도 상 안에 들어가서는 안되며, 이는 방사선 보호장비는 오직 이차적 방사선으로부터 보호가 가능하기 때문이다. 일차적 빔에 대한 보호 능력은 없다.

아크릴 튜브, 스타킹 소재, 베개 커버, 종이 봉지, 그리고 플라스틱 용기 등도 특수 동물 및 포켓 펫의 자세잡기 과정에 유용하게 쓰일 수 있다.

말방사선사는 핸들러와 말의 신체적 안정성을 고려하여 비수동적 보정법을 적게 사용할 가능성이 높다. 그러나 항상 방사선 안전의 세 가지 기본 구성 요소(시간, 거리와 차폐)를 준수하는 노력을 최대한 기울여야 한다.

> **보건사 참고사항**
>
> 촬영 전 모든 것이 준비가 완료된 상태여야 한다. 이에는 동물을 측정하고, 기계를 켜고, 필요한 경우 주요 전압 교정을 설정하며, 적절한 거리, 그리드 사용, 콜리메이션과 노출선량 설정 등을 포함된다. 카세트와 플레이트도 미리 준비한다. 자세잡기 장치는 가까이 두어야 하지만, 그 외의 물체나 방해물은 미리 제거한다. 환자는 깨끗한 상태로 관심 영역에 아티팩트가 없어야 한다.

상의 조건과 자세잡기 지침

Required Views and Positioning Guidelines

다음 지침들은 우수한 방사선 사진을 촬영하는 데 도움이 된다:

- 최소 권장 촬영은 각 해부학적 부위 마다 서로 수직인 두 개의 상을 찍는 것이다. 2차원 이미지로 3차원의 몸을 시각화하는 것이기 때문에 두 개의 수직 상을 촬영하지 않으면 세부 사항이 누락될 수 있다(그림 10.10). 환자가 외상을 입거나 심신이 쇠약한 상태, 또는 농불에게 과도한 스트레스를 줄 수 있는 경우 두개의 상을 찍는 것이 불가능 할 수 있다. 만약 세로빔을 사용한 VD가 불가능하다면 누움자세위 상태로 세로빔과 가로빔을 각각 사용하여 두개의 수직 상을 촬영하는 것도 가능하다(그림 10.11).

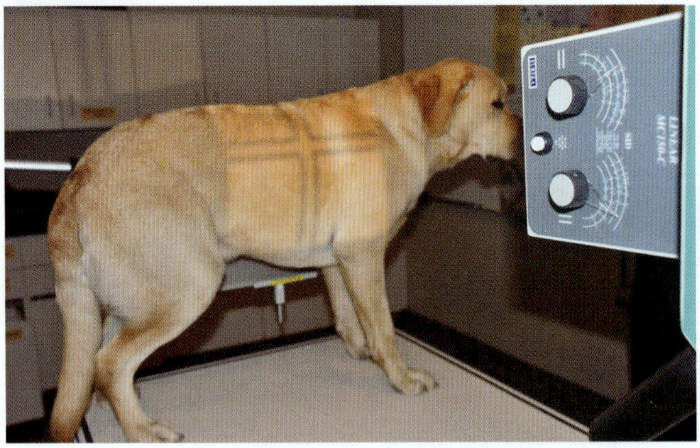

그림 10.11 가로빔으로 찍은 서있는 개의 가쪽촬영.

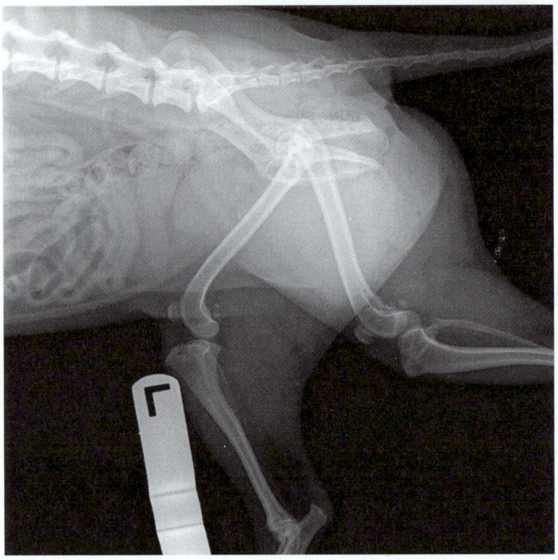

그림 10.12 판에 가까이 위치한 왼쪽 다리가 반대쪽 오른쪽 다리보다 확대되어 있는 것을 볼 수 있다. 또한 오른쪽 사지에서 뼈의 윤곽이 왼쪽보다 뚜렷하지 않은 것도 확인 가능하다.

- 촬영하고자 하는 관심 부위를 영상 감지기에 가장 가까이 위치시켜 왜곡과 확대를 최소화한다(그림 10.12).
- 일반적으로 왜곡과 오진을 최소화하기 위해 중심 방사선은 관심 부위 바로 위에 정렬되어야 한다. 만약 알려진 병변이 있는 경우, 특히 치유중인 골절 또는 척추 병변이 있는 경우, 빔을 해당 영역 바로 위에 중앙 정렬하는 것이 중요하다.
- 충분한 방사선이 관심 부위 전체를 관통할 수 있도록 비용이 저렴한 두께 측정기를 사용하여 가장 두꺼운 부분을 센티미터 단위로 측정한다.
  - 이때 환자는 방사선 사진을 찍을 때의 자세에서 측정되어야 한다. 동물이 서있을 때 측정하는 경우, 누워있을 때보다 조직의 두께가 두껍게 측정될 수 있다. 특히 연부조직의 경우 그렇다(그림 10.13A,B)
  - 앞쪽과 뒤쪽 경계 사이에 조직 두께의 큰 차이가 있는 경우, 조사선량을 다르게 한두 번의 촬영이 필요할 수 있다. 이는 특히 가슴이 두툼한 개의 흉부 및 복부 촬영에서 흔하게 발생한다. 조직 밀도에 큰 차이가 없는 경우, 차이를 무시하는 것이 최선이다.
- 관심 부위의 가장 두꺼운 부분은 음극 쪽에 위치시켜 가장 관통력 있는 X선이 통과할 수 있도록 하는 것이 촬영에 도움이 된다(그림 10.14 참조)
- 촬영하는 몸체 영역을 포함할 수 있도록 충분히 큰 영상 감지기를 사용한다. 복부, 흉부, 두개골, 척수와 같은 각 해부학적 영역에 필요한 모든 해부학적 구조가 포함되어야 한다.
  - 모든 긴 뼈(위팔뼈, 넙다리뼈)의 사진에는 뼈의 몸통과 함께 뼈의 먼쪽(Di)과 몸쪽(Pr)의 관절이 포함되어야 한다.
  - 관절을 촬영할 때, 중심 방사선은 관절 공간 위에 중앙 정렬되어야 하며, 빔은 관절을 이루는 먼쪽과 몸쪽의 긴뼈의 일부를 포함해야 한다.
  - 사지의 정확한 중앙 정렬 방법과 포함시켜야 하는 조건에 대한 내용은 13장과 14장에 더 자세히 나와 있다.
- 미성숙한 어린 동물이나 노령 동물의 경우, 정상 해부학과 비교하기 위해 반대쪽 사지를 촬영할 수 있도록 한다.
- 테이블상 촬영 기법에서 두개의 다른 영상을 하나의 방사선필름에 포함되도록 영상 감지기를 나눌 수 있다(그림 10.15).
  - 촬영하지 않는 쪽의 감지기에 납 시트(카세트 마스크라고 함)를 덮어 놓고 노출을 방지한다.
  - 납 시트는 대부분의 X선 용품 업체에서 구입할 수 있으며, 일반적으로 미리 선택된 크기로 공급된다. 더 큰 시트를 구입하여 원하는 크기로 자르고 사용할 수 있다.
  - 납은 적어도 2 mm의 두께가 되어야 한다. 납 시트가 없는 경우, 차폐하고자 하는 영역에 납 장갑을 올려 놓는 방법도 가능하다.
  - 빔의 이차 방사선에 의해 불필요한 fogging을 방지하기 위해 콜리메이션을 조정한다.
  - 두 개의 상은 각각 같은 방향을 향해야 하므로 발가락이나 코가 각 카세트의 같은 쪽을 향하도록 한다.
  - 테이블상 촬영 기법을 사용할 때, 카세트 아래에 고무 선반 라이너와 같은 미끄럼 방지 패드를 놓으면 카세트가 미끄러지지 않는다(그림 10.16).

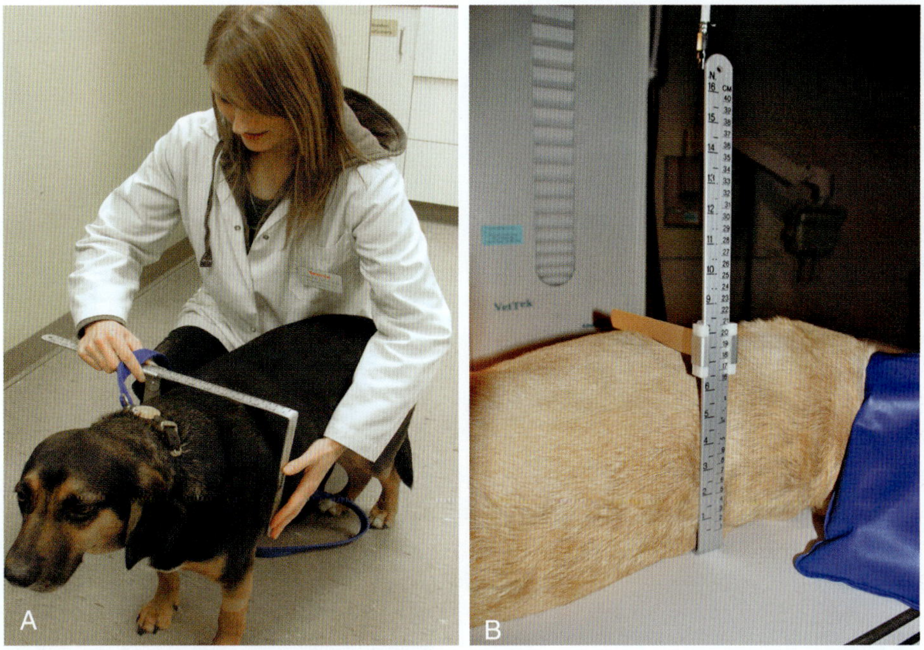

그림 10.13 **A,** 이 자세에서 두께 측정기로 측정하면 조직의 두께가 더 두껍게 나온다. **B,** 두께 측정기를 올바르게 사용하는 방법은 환자를 눕히고 촬영하고자 하는 자세에서 측정하는 것이다. 이 환자는 17 cm 로 측정된다.

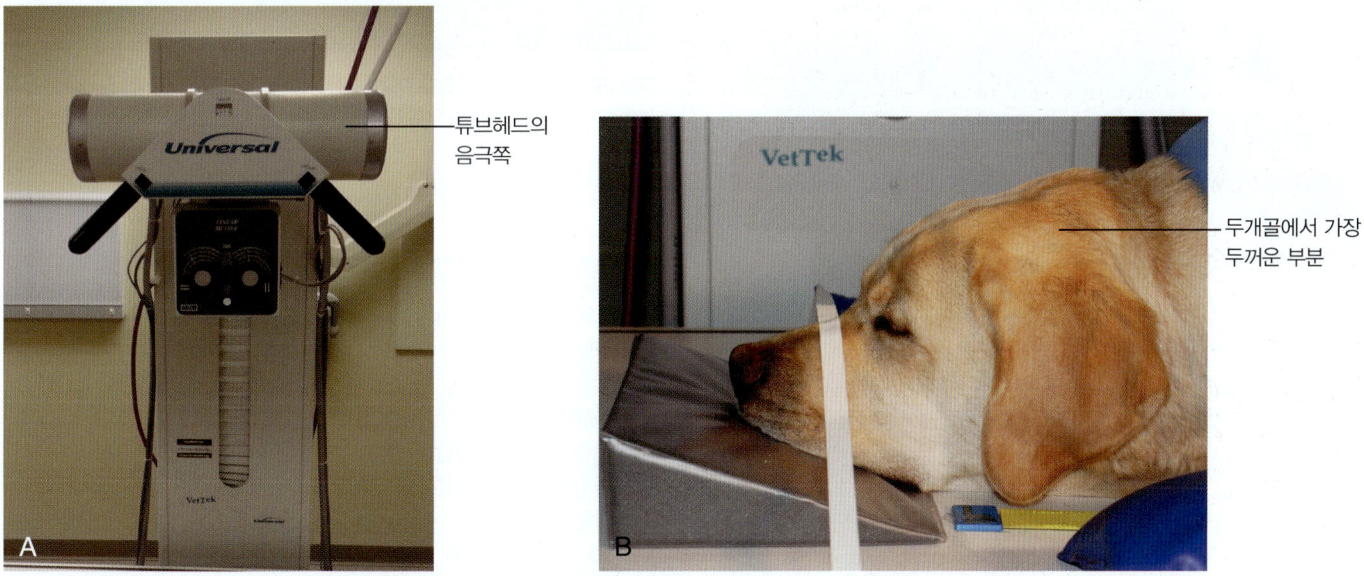

그림 10.14 **A,** 가장 두꺼운 부분이 음극 쪽에 위치해야 하며, 보통 튜브 머리의 오른쪽이다. **B,** 가장 두꺼운 부분이 음극 쪽에 있다.

영상 식별 _Image Identification

방사선 사진의 식별은 법적인 이유 외로도 해당 영상이 어떤 환자의 것인지 확인하는 데 중요하다. 각 방사선 사진은 다음과 같은 정보를 포함해야 한다: 보호자와 환자 ID, 검사 날짜, 시설의 이름과 위치, 수의사, 그리고 해당 주 또는 도의 요구사항. 방사선 로그에는 이 정보와 더불어 환자의 나이, 종, 성별과 같은 추가 정보가 포함될 수 있으며, 이는 향후 환자를 다시 찾거나 식별할 때 도움이 될 수 있다.

방향 표시 마커(오른쪽, 왼쪽, 앞, 뒤)는 올바른 영상 해석에 도움이 되며, 특히 말의 앞발목 및 뒷발목의 면쪽을 촬영한 사진 또는 두개골 같은 대칭적인 구조에서 도움이 된다. 전통적으로 마커는 DP, CrCd, 또는 CdCr, 그리고 경사상 사지 방사선 사진에서는 외측에 배치된다.

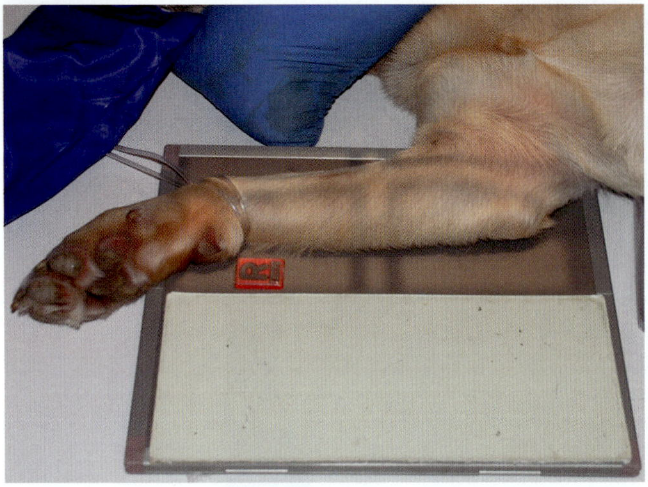

그림 10.15 **개의 사지를 분할된 영상 감지기로 촬영한 필름 방사선 사진이다.** 납 방패를 사용하여 두 개의 영상을 한 장의 판에 촬영할 수 있다. 그리드를 사용할 때는 영상 감지지가 분할되지 않았다.

그림 10.16 영상 감지기 아래에 그립패드를 두면 카세트가 미끄러지는 것을 방지할 수 있다. 빔이 카세트 안으로 콜리메이션 된 것을 확인해라.

외측 방사선 사진에는 마커는 앞쪽에 배치된다. DV, 또는 VD상에서는 해당되는 L, R 마커를 올바른 방향에 둔다. 가쪽촬영에서 마커는 환자와 테이블 또는 영상 감지기가 닿는 방향을 뜻한다. 즉, R은 환자가 오른옆누움자세, 즉 오른쪽으로 누워있다는 것을 의미한다. 마커는 보통 앞쪽이나 배쪽에 둔다(그림 10.17).

위장관 대조연구(gastrointestinal contrast study)와 같은 특별 검사의 경우에도 마커가 사용된다. 이 경우 연속적인 이미지에 대해 경과 시간 및 이미지 촬영 순서를 나타내기 위해 사용된다. 필름 방사선 사진에서는 이 표시를 납 테이프 라벨에 작성할 수 있다. 특수 시계를 사용하여 타임 랩스를 조정할 수 있다(그림 10.18). 환자가 서 있다는 것을 나타내는 중력 마커도 있지만 거의 사용되지 않는다.

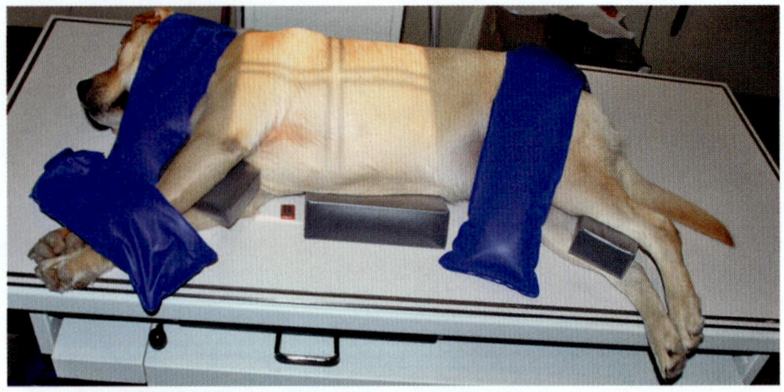

그림 10.17 환자가 오른옆누움자세, 오른쪽으로 누워있다. 마커의 위치가 앞쪽과 배쪽에 있는 것을 확인 가능하다.

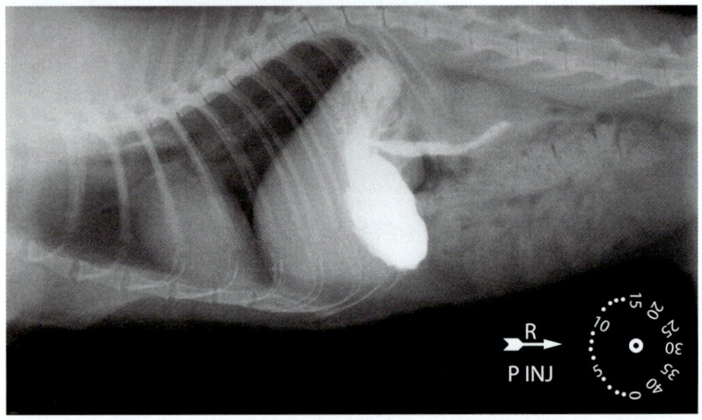

그림 10.18 시계가 바륨을 투여한 지 7분 뒤에 방사선 사진이 촬영되었음을 보여준다. 고양이 환자는 오른쪽으로 누워있다.

보건사 참고사항

촬영 버튼을 누르기 전에 먼저 머릿속으로 아래와 같은 체크리스트를 떠올려본다:

- 설정이 올바른가?
- 플레이트/카세트/기계/그리드가 올바른 위치에 있는가?
- 해당되는 경우, 가장 두꺼운 부분이 음극 쪽에 있는가?
- 마커와 ID가 올바른 위치에 있으며 관련 해부학 구조를 가리지 않는가?
- 올바른 신체 부위와 상으로 촬영하고 있는가?
- 환자가 적절히 중앙에 위치해 있는가? 주변 경계 구조는 올바른가?
- 방사선 빔이 올바르게 콜리메이션 되었는가?
- 환자가 적절하게 준비되었고, 자세가 잡혀 있으며, 신체 부위가 영상 감지기와 평행하고 중심 방사선과 수직을 이루도록 올바르게 보정되어 있는가?
- 해당되는 경우, 올바른 호흡 단계에서 촬영을 하고 있는가?

방사선 사진 보기 _*Viewing Radiographs*

정상적인 방사선 해부학을 이해하는 데 도움이 되기 위해, 항상 다음과 같은 방법으로 일루미네이터 또는 모니터에서 방사선 사진을 확인해야 한다(그림 10.10 확인):

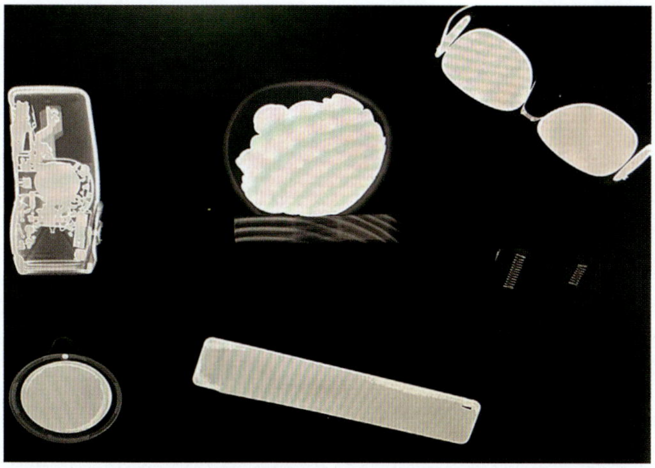

그림 10.19 **미지의 방사선촬영사진.** 어떤 다른 물건들이 사진 속에 있다고 생각하는가? (Courtesy Julia Bitan, http://handsfreexrays.com, Toronto, ON.)

외측 방사선 사진: 환자의 머리 부분이 왼쪽에 위치한다.

등배쪽촬영/배등쪽촬영 방사선 사진: 환자의 머리부분은 위쪽을 향하고, 동물의 왼쪽면이 오른쪽에 위치한다(마치 손바닥을 잡고 악수하는 것처럼).

사지의 가쪽안쪽/안쪽외측 또는 경사상 방사선 사진: 사지의 몸쪽은 위쪽을 향하고, 사지의 앞쪽/등쪽면이 왼쪽에 위치한다.

사지의 *DP/PD/CrCd/CdCr* 방사선 사진: 발의 몸쪽은 일루미네이터나 모니터의 상단에 위치하거나 위쪽을 향하게 한다.

일관성이 중요하다. 필름 방사선 사진을 라벨링할 때, 레이블과 마커를 배치하는 방법을 고려하여 방사선 사진에서 쉽게 읽힐 수 있도록 한다.

그림 10.19는 미지의 방사선 사진이다. 이를 검토하고 그와 관련된 질문에 답해보자.

방사선 사진 체크리스트 _Radiographic Checklist

수의사에게 방사선 사진을 제출하기 전에 최적의 진단영상을 보장하기 위해 다음과 같은 질문들을 스스로에게 물어보자:

- 적절한 대비와 밀도가 보이는 조사선량을 선택하였는가?
- 사진이 적절하게 중앙에 위치해 있는가?
- 적절한 자세로 몸이 배치되어 있으며 회전이 없는가?
- 적절한 경계가 포함되어 있으며, 콜리메이션의 흔적이 있는가?
- 사진 레이블이 있고 읽을 수 있으며, 위치 표시용 납 마커가 있는가?
- 장갑과 같은 인체 노출 흔적이 없는가?
- 필름이 적절하게 현상되었는가(해당되는 경우)?
- 사진 간섭을 방지하기 위한 아티팩트를 최소한으로 유지했는가?

위 질문 중 어느 하나에 '아니오'라는 답이 나온다면 다음 사항을 고려해보자.

- 사진이 진단에 적합한가?
- 사진을 다시 촬영해야 할 필요가 있는가?

보건사 참고사항

올바른 조사선량과 전체 해부학적 구조를 포함하고, 회전이 없어야 하며, 올바르게 전시되어야 한다.

핵심 사항

1. 촬영하고자 하는 관심 영역으로 빔이 처음으로 들어가고 나오는 방사선 투시를 설명한다.
2. 외측 방사선 영상에서는 동물이 누워있는 방향을 명시한다.
3. *등앞발바닥쪽(DPa)/앞발바닥등쪽(PaD)*는 앞다리에서 앞발목을 포함한 먼쪽을 지정할 때 사용된다. 뒷다리에서는 등뒷발바닥쪽(DPl)/뒷발바닥등쪽(PlD)을 통해 뒷발목을 포함한 먼쪽을 지정한다. 머리꼬리촬영(CrCd)/꼬리머리촬영(CdCr)은 앞발목과 뒷발목의 몸쪽을 지정할 때 사용된다.
4. 관심 영역은 영상 감지기에 최대한 가깝게 배치되어야 한다.
5. 언제나 인체 안전에 주의를 기울여 시간, 거리, 차폐라는 세 가지 중요한 안전 원칙을 사용한다.
6. 신중하게 준비하고 계획을 세워 재촬영을 최소화한다.
7. 비수동적 보정법과 화학적 통제을 가능한 사용한다.
8. 적절한 자세잡기 도구와 비수동적 보정법을 효과적으로 사용하기 위해 적절한 기술을 배우고 창의적일 필요가 있다.
9. 어두운 방에서 느리고 신중한 움직임으로 환자를 차분하게 유지한다.
10. DP, CrCd, 또는 CdCr 상에서는 위치 마커를 측면에 두고, 사지의 가쪽촬영의 경우 앞쪽에 둔다.
11. VD/DV 사진/영상은 모니터/뷰어에 '악수를 하는 것'처럼 띄우고, 배쪽에서 바라보는 시각으로 배치한다. 외측 영상의 경우, 동물의 머리가 왼쪽에 위치한다.

복습 문제 _Review Questions

1. 고양이가 다리가 당겨진 상태로 복부 쪽으로 누워있다 이 위치에서 촬영한 뒷발목의 촬영은 다음과 같다:
   a. 앞발바닥등쪽촬영(PaD)
   b. 뒷발바닥등쪽촬영(PlD)
   c. 머리꼬리촬영(CrCd)
   d. 꼬리머리촬영(CdCr)

2. 샌드백에 대한 설명 중 옳은 것을 고르시오.
   a. 방사선투과성이며, 상에 있어도 된다.
   b. 방사선투과성이며, 상에 있어선 안된다.
   c. 방사선불투과성이며, 상에 있어도 된다.
   d. 방사선불투과성이며, 상에 있어선 안된다.
3. 빔을 가능한 한 최대로 콜리메이션 하는 것은 다음과 같은 이점이 있다.
   a. 이미지에 대한 대비와 밀도가 감소한다.
   b. 환자와 보정자에 대한 이차적 방사선량이 감소한다.
   c. 확대 또는 왜곡의 가능성이 감소한다.
   d. 환자가 움직일 확률이 감소한다.
4. 닥스훈트의 노뼈/자뼈의 사진이다. 위팔뼈와 앞발허리뼈가 포함되도록 콜리메이션 되었다. 이것은:
   a. 올바르다. 관심 영역 위 아래의 관절이 포함되었다.
   b. 올바르지 않다. 사지가 충분하게 포함되지 않았다.
   c. 올바르지 않다. 주관절과 앞발목까지 콜리메이션 시켜야 한다.
   d. 올바르지 않다. 오직 노뼈와 자뼈만 포함되어야 한다.
5. 고양이의 외측 및 DV 두개의 두개골 영상을 한 장의 필름에 찍을 예정이다. 다음 중 어떤 절차를 따라야 하는가?
   a. 각 영상에서 코가 같은 방향을 향하도록 한다.
   b. 그리드를 사용한다.
   c. 촬영하는 쪽을 가리기 위해 납 시트를 사용한다.
   d. 각 영우에 두개골 뒤쪽에 마커를 배치한다.
6. 스탠더드 푸들의 오른쪽 위팔뼈를 머리꼬리촬영으로 촬영한다. R 마커는 어디에 두는 것이 최선인가?
   a. 위팔뼈 아래
   b. 오른쪽 발가락
   c. 위팔뼈 안쪽
   d. 위팔뼈 가쪽
7. 촬영 중 빔으로부터 더 떨어질 수 있는 방법은?
   a. 적절한 복장을 하고 환자를 잡는다.
   b. 가능한 최단 노출 시간을 사용한다.
   c. 자세잡기 보조장치를 최대한 사용한다.
   d. 가장 두꺼운 부위를 측정한다.
8. 진정제를 놓은 도베르만의 복부 전체를 방사선 촬영하려고 한다. 가장 두꺼운 부위는 20 cm 정도이다. 다음 중 어떤 방법으로 촬영해야 하는가?
   a. 앞쪽을 촬영하고, 다시 측정한 뒤 뒤쪽을 촬영한다.
   b. 앞쪽 측정값을 사용하여 전체 복북의 사진을 한 번에 촬영한다.
   c. 앞쪽과 뒤쪽의 측정값의 평균을 사용하여 촬영한다.
   d. 가장 두꺼운 부위만 포함하여 뒤쪽 복부는 제외한다.
9. DP로 찍은 발가락의 사진을 수의사가 볼 수 있도록 일루미네티어 위에 올릴 때, 발가락은 어느 방향을 향해 있어야 하는가?
   a. 위쪽
   b. 아래쪽
   c. 왼쪽
   d. 오른쪽
10. 수의사가 환자의 복부의 방사선 사진을 요청하였다. 기술 차트는 올바르게 따라갔지만, 촬영한 영상은 한달 전 동료가 찍은 것보다 어두웠다. 이것은 아래 중 어떤 이유 때문인가?
    a. 환자의 체중이 늘어났다.
    b. 환자가 테이블 위에 있을 때 가장 두꺼운 부위를 측정하였다.
    c. 동료보다 더 많이 콜리메이션 했다.
    d. 환자가 서있는 동안 측정하였다.
11. 수의사가 포메라니안의 흉부를 오른가쪽상으로 찍을 것을 요청하였다. 환자는 다음 중 어느 자세여야 하는가?
    a. 오른쪽으로 누워있다.
    b. 왼쪽으로 누워있다.
    c. 오른쪽 측면이 플레이트에 닿도록 서있다.
    d. 빔이 오른쪽 측면으로부터 들어오도록 위치시킨다.
12. 문제 11번에서의 포메라니안 환자에 대한 콜리메이션은 다음 부위까지 포함시킨다. 올바른 부위와 이유는?
    a. 흉부와 복부, 둘 다 한 영상 안에 담긴다.
    b. 심장과 폐, 수의사가 관심을 갖는 부위이다.
    c. 앞쪽으로 3번째 갈비뼈, 뒤쪽으로 12번째 갈비뼈, 수의사가 관심을 갖는 부위이다.
    d. 횡격막과 어깨 관절, 전체 흉부가 포함되어야 한다.
13. 말을 잘 듣는 골든 리트리버의 외측 복부 방사선을 찍을 예정이다. 빔으로부터 떨어질 수 있도록 환자의 자세를 고정시키기 위해서 어떤 방법을 사용해야 하는가?
    a. 가슴과 복부에 샌드백을 놓는다.
    b. 머리/목, 골반과 사지에 샌드백을 놓는다.
    c. 머리/목, 골반과 사지에 폼패드를 놓는다.
    d. 귀 뒤쪽 목 부위를 집게로 잡는다.
14. 말의 오른쪽 앞발목을 보기 위해 방사선 촬영을 하고 있다. 등쪽몸쪽 60도 가쪽−앞발바닥면쪽안쪽 경사상(DPr60°L-PaDiMO)은 빔이 오른쪽 사지에 60도로 ________에서 들어온다는 것을 의미한다. 빈칸에 알

맞은 것은?
  a. 사지의 앞쪽과 가쪽
  b. 사지의 앞쪽과 안쪽
  c. 사지의 뒤쪽과 가쪽
  d. 사지의 뒤쪽과 안쪽
15. 문제 14번에서 나온 DPr60°L-PaDiMO은 영상 감지기가 _________에 위치한다는 것을 의미한다. 빈칸에 알맞은 것은?
  a. 사지의 등쪽과 안쪽
  b. 사지의 등쪽과 가쪽
  c. 사지의 앞발바닥쪽과 안쪽
  d. 사지의 앞발바닥쪽과 가쪽

참고 문헌 _Bibliography

Aspinall V, Cappello M. *Introduction to Veterinary Anatomy*. London: Butterman-Heineman; 2009.

Colville T, Bassert J. *Clinical Anatomy and Physiology for Veterinary Technicians*. 3rd ed. St. Louis: Elsevier; 2016.

Dyce KM, Sack WO, Wensing CJG. *Textbook of Veterinary Anatomy*. 5th ed. St. Louis: Saunders; 2018.

Evans H, de Launta A. *Guide to the Dissection of the Dog*. 8th ed. St. Louis: Saunders; 2017.

Fauber TL. *Radiographic Imaging and Exposure*. St. Louis: Elsevier; 2017.

Han C, Hurd C. *Practical Diagnostic Imaging for the Veterinary Technician*. 3rd ed. St. Louis: Mosby; 2005.

Jenner A. Non-manual radiography: radiation and patient safety. *RVT Journal, Ontario Association of Veterinary Technicians*. 2016;39(2).

Romich J. *An Illustrated Guide to Veterinary Medical Terminology*. 4th ed. Stamford, CT: Cengage Learning; 2015.

Sirois M. *Principles and Practice of Veterinary Technology*. 4th ed. St. Louis: Elsevier; 2017.

Smallwood JE, Shively MJ, Rendano VT, Habel RE. A standardized nomenclature for radiographic projections used in veterinary medicine. *Vet Radiol*. 1985;26:2-9.

Thrall DE. *Textbook of Veterinary Diagnostic Radiology*. 7th ed. St. Louis: Elsevier; 2017.

Tighe M, Brown M. *Mosby's Comprehensive Review for Veterinary Technicians*. 5th ed. St. Louis: Mosby; 2019.

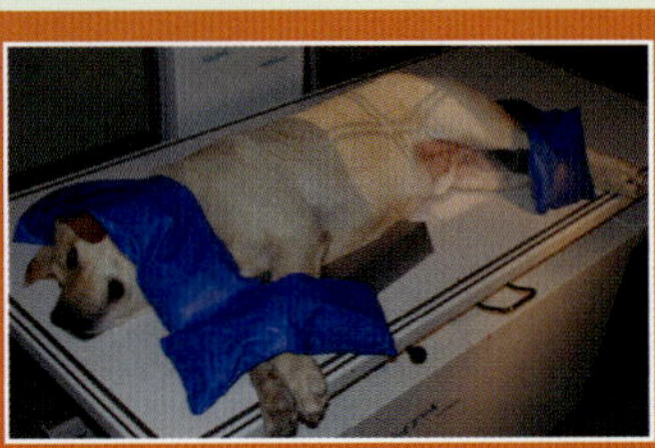

CHAPTER 11 소동물 복부

Small Animal Abdomen

Marg Brown, RVT, Bed Ad Ed

공부를 의무로 여기지 말고, 아름다움이 영혼에 주는 해방의 힘을 깨닫는 소중한 기회로 여기십시오. 이는 당신 자신의 기쁨을 위한 것이며, 나아가 당신의 작업이 속하게 될 공동체에도 도움이 될 것입니다.

—알버트 아인슈타인, 독일 태생의 이론 물리학자, 1879~1955

개요

방사선학적 고려 사항
기타 고려 사항
일반적인 자세
가쪽
배등쪽촬영
보조적인 자세
등배쪽촬영
옆누움자세(가로빔을 사용한 배등쪽촬영)
변형 가쪽촬영
가쪽 비스듬촬영
해부학적 복부 방사선 사진 고려사항

학습 목표

이 장에 있는 정보의 적용은 다음 영역과 관련이 있다.

1. 개와 고양이의 일반적인 복부 촬영을 위해 비수동적 보정법에 초점을 두어 적절하고 안전하게 자세를 잡는다.
2. 환자를 올바르게 측정하고 중심을 맞춰서 주변 경계를 포함시킨다.
3. 복부가 영상 감지기와 평행하고 중심 방사선과 직각이 되도록 유지한다.
4. 필요에 따라 복부 촬영 시 쓰이는 보조적 자세들에 익숙해진다.
5. 다양한 자세의 정상적인 복부 방사선 해부학과 변형을 찾아낼 수 있다.

주요 용어

단두종의(Brachycephalic)
악액질(Cachexic)
연골이형성(Chondrodystrophic)
고관절(Coxofemoral joint)
누운자세(Decubitus)
관측시야[Field of view (FOV)]
국소 방사선촬영사진(Focal radiograph)
세로빔(Horizontal beam)
척추사이구멍(Intervertebral foramina)
자세잡기 용어(Positioning terminology)
시상(Sagittal)
가시돌기(Spinous process)
가로돌기(Transverse process)
척추체(Vertebral bodies)
칼돌기(Xiphoid)

기술적 참고: 공간을 아끼기 위해, 이 챕터에서 제시된 방사선 사진에는 콜리메이션(collimation)이 생략되었다. 언제나 빔이 영상 감지기의 가장자리 내부로 한정되도록 콜리메이션을 제한해야 한다. 필름 방사선술에서는 모든 방사선 사진에 명확한 콜리메이션 범위(프레임)가 보여야 한다. 일부 지역에서는 법적으로 콜리메이션의 증거가 요구된다. 디지털 이미징에서는 알고리즘이 적절한 콜리메이션에 따라 달라진다.

복부 촬영을 위한 자세잡기는 비교적 간단하지만, 여러 장기들의 밀도가 유사하여 영상 시각화가 어려울 수 있다. 복부 조직 밀도의 미묘한 차이로 인해 흉부보다는 대조도가 약하다. 대조도의 시각화는 위장관 내 기체 및 섭취물과 복막과 후복막 영역의 지방에 따라 결정된다. 대조도의 차이를 시각화하는 데 조영제가 보통 필요하다.

방사선학적 고려 사항 _Radiographic Concerns

- 필름-스크린 방사선학에서는 장기와 구조물 사이의 다양한 회색 음영을 구별할 수 있도록 낮은 킬로볼트(kV)와 높은 밀리암페어-세컨드(mAs)를 사용한다. 복부 실질 내 복부 지방과 연부조직의 음영의 차이가 적기 때문에 검은색과 흰색이 많고 회색이 적은 대조도가 높은 것이 더 진단적이다.
    - 양질의 영상을 찍을 수 있는 최고치의 mA와 최저치의 kV를 사용한다. 높은 mA는 더 짧은 노출 시간으로 움직임 아티팩트의 가능성을 줄인다.
- "디지털 영상의 향상된 대조도 해상도"는 디지털 노출 인자의 중요성을 감소시켰지만, 여전히 기술 차트를 준수해야 한다.[1]
- 가슴이 두꺼운 개는 앞쪽과 뒤쪽의 복부 사이에 밀도 차이가 크며, 특히 배등쪽촬영(VD)에서 두드러지게 나타난다. 큰 개에서는 14- × 17- 인치(25.5 × 43 cm) 영상감지기를 사용한다. 아주 큰 개의 경우 앞배와 뒷배를 각각 따로 촬영하여 두 장의 방사선 사진을 찍어야 할 수도 있다. 해부학적 두께의 차이가 미미하다면, 차이를 무시할 수 있다. 가장 두꺼운 영역은 주로 간이다. 다른 부위에 관심이 있다면, 그 부위를 측정하고 중심 방사선을 그 위로 맞춰준다.
- 디지털 방사선학에서도 같은 방법으로 개의 복부 전체를 촬영할 수 있다.
- 가슴이 두꺼운 개에서는 양극 경사 효과(가장 두꺼운 부분을 음극을 향해)를 이용하면VD 또는 등배쪽촬영(DV)에서 밀도 차이를 줄이는 데 도움이 된다.
- 측정값이 10 cm를 초과하는 경우 필름 방사선에서 대조도를 감소시키는 산란이 일어나는 것을 막기 위해 그리드를 사용해야 한다.
- 디지털 방사선학에서는 대부분의 회사에서 그리드를 공급하지 않는다. 때문에 올바른 콜리메이션이 필수다.

글 상자 11.1 복부 방사선 사진 프로토콜

일반적인 촬영
- 왼/오른가쪽촬영
- 배등쪽촬영

보조적 촬영
- 등배쪽촬영
- 옆누움자세
- 번형 가쪽상/가쪽 비스듬촬영

기타 고려 사항 _Other Concerns

- 일반적으로 복부 방사선촬영에서 사용되는 자세는 오른가쪽촬영과/또는 왼가쪽촬영 및 배등쪽촬영이다. 오른가쪽촬영이 가장 일반적이고 이상을 빨리 알아채기 위해선 일관성이 중요하다. 대조도 연구 등에 의해 왼가쪽촬영이 필요한 경우도 있다. 양쪽 가쪽상을 동시에 사용하면 내재적 조영제로 쓸 수 있는 장 내 기체의 재분포도를 진단에 유용하게 사용하여 중요한 추가 정보를 얻을 수 있다. 만약 십이지장 내 기체를 내재적 조영제로 사용하려면, 우신 환자를 왼옆누움자세로 눕히고 방사선 사진을 촬영한다. 이는 십이지장 내 기체의 양을 늘려준다. 왼옆누움자세, 오른옆누움자세, VD 및 DV의 자세한 차이점에 대해서는 표 11.1을 참고한다.
- 오른가쪽촬영에서 환자는 오른쪽으로 누워 있다. 엄밀히 따지면 기술적으로 올바른 용어는 왼-오른가쪽촬영(*le-RtL*)이지만, 일반적으로 소동물에서는 빔이 들어가는 방향은 생략해서 사용한다.
- 호기가 끝나고 흡기가 일어나기 바로 전에 촬영한다. 호기 중에는 폐가 수축되고 옆격막이 앞쪽으로 이완되면서 복부 내에 최대한의 공간이 생기게 된다.
- 일반적인 복부 촬영에서는 금식이나 관장이 필요하지 않다. 대조도 연구 또는 특정 고려 사항에 대한 준비 과정에 대해서는 18장을 참고한다.
- 가능한 경우 비수동적 보정법을 사용하여 사람에게 노출되는 방사선을 최소화한다. 진정제 또는 안정제 사용이 필요할 수 있다. 각 자세에서 사용할 수 있는 비수동적 보정법에 대해서 설명이 나올 것이다.
- 샌드백, 테이프, 행동학적 전략 및 기타 방법을 전략적으로 사용하여 환자가 사람에게 잡혀 있다는 착각을 주도록 한다. 추가적인 의견은 10장을 참고한다.

보건사 참고사항

동물을 촬영하고자 하는 자세에서 측정하고 기술 차트에 쓰인 설정값에 따라 계산한다.

보건사 참고사항

환자의 자세를 잡기 전에: 기계를 켜고, 필요한 경우 주요 전압을 조정하고, 적절한 영상 거리를 갖고, 올바른 자세에서 복부를 측정하고, 조사선량을 설정한다. 영상 감지기를 준비한다. 자세잡기 보조 장치는 가까이 둔다.

마지막으로, 환자의 자세를 잡는다. 산란되는 방사선을 최소화하기 위해 필요없는 모든 물체나 방해물은 제거한다.

환자는 관심 영역에 아티팩트가 없어야 하며, 가능하다면 약물로 통제한다.

일반적인 자세 _Routine Positions

가쪽 – 일반적 _Lateral—Routine

자세잡기 _Positioning

위치: 옆누움자세.

머리: 자연스러운 자세로 유지한다.

앞다리: 앞쪽으로 당기고, 벨크로 스트랩을 사용하여 테이블에 고정한다. 다른 방법으로는 샌드백을 사용하여 앞다리를 고정한다.

뒷다리: 뒤쪽으로 살짝 당겨 대퇴근이 복부와 겹쳐지지 않도록 한다.

벨크로 스트랩을 사용하여 테이블에 다리를 묶어서 고정시킨다.

다른 방법으로는 샌드백을 통해 뒷다리를 고정한다.

알맞은 두께의 폼패드를 넙다리뼈 사이에 위치시켜 뒤쪽 복부와 골반의 회전이 일어나지 않도록 고정시킨다.

가슴뼈: 웨지 스폰지를 사용하여 가슴뼈가 등뼈와 같은 평면에 오도록 높이를 맞춘다. 그림 11.1, 11.2과 11.3을 참고한다.

코멘트와 팁 _Comments and Tips

- ID 또는 마커는 복부의 앞배쪽에 둔다.
- 가슴뼈와 척추가 같은 평면에 있는지 확인하고, 영상 감지기와 평행을 이루도록 한다; 중심 방사선은 테이블탑과 직각을 이루도록 한다.
- 일반적인 복부 사진의 앞경계는 가슴뼈의 칼돌기를 촉진하여 결정 가능하다. 콜리메이터 빛의 앞쪽을 두 손가락 폭만큼 칼돌기 앞쪽에 오도록 한다.
- 콜리메이터 빛의 가로선은 복강을 등쪽과 배쪽으로 동일하게 나눠야 한다.
- 피부 주름을 최소화하여 조직 주름으로 인한 음영을 방지한다.
- 뒷다리를 척추에 비해 90도 이상으로 유지하면 뒤배쪽 복부에서의 장기 밀집이 줄어든다.[1]
- 국소적 방사선 사진 또는 압축 방사선 사진은 나무 숟가락이나 플라스틱 패들과 같은 압박 패들을 사용하여 부드럽게 압박함으로써 신장과 같은 장기를 고립시키거나 VD 위치에서 의심되는 병변의 시각화를 개선하는 데 사용된다. 이는 두께를 감소시키면서 낮은 kVp 값을 사용함으로 산란을 줄여 대조도를 높이게 된다. 줄어든 두께를 측정하여 알맞은 설정값을 구한다.
- 오른가쪽촬영은 신장의 세로 방향 분리가 더 잘되고, 십이지장 내 기체가 적고, 비교적 비장이 더 잘 확인된다. 왼가쪽촬영은 구토 환자의 경우 더 많이 사용하며, 이는 액체가 기저부에 있고 기체는 위로 올라가 날문방이 더 잘 보이기 때문이다. 이러한 가스와 구조물 간의 대조도의 차이는 오른가쪽촬영에서 확인 어려운 이물체의 모습이 보이게 한다. 조영제 투여 후 대조도 연구에 왼가쪽촬영이 필요한 경우도 있다.

예시 _Example

측정: 13번째 갈비뼈의 뒤쪽 가장 두꺼운 부위(다른 특정 부위에 관심이 있지 않는 이상).

중심 방사선:

개: 13번째 갈비뼈의 뒤쪽, L2~L3 높이 정도.

고양이: 13번째 갈비뼈에서 손가락 2~3개 너비 정도 뒤쪽

경계:

앞쪽: 가슴뼈의 칼돌기보다 1인치 정도 앞쪽으로 위치하게 하여 열격막 전체와 심첨이 포함되게 한다.

뒤쪽: 큰돌기가 나오도록 하여 고관절이 포함되게 한다.

복부 전체를 포함한다.

가쪽 – 일반적 _Lateral—routine (계속)

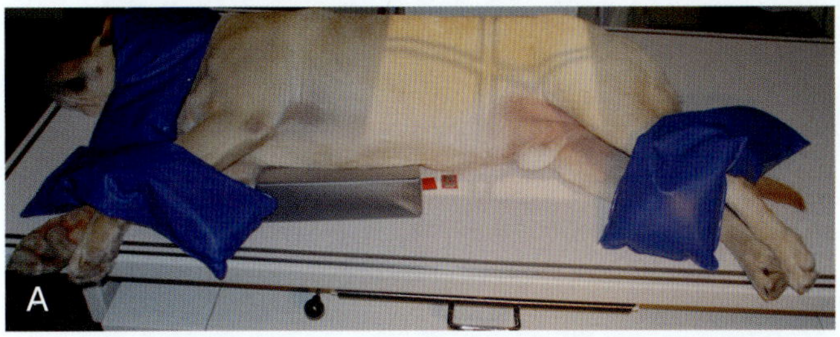

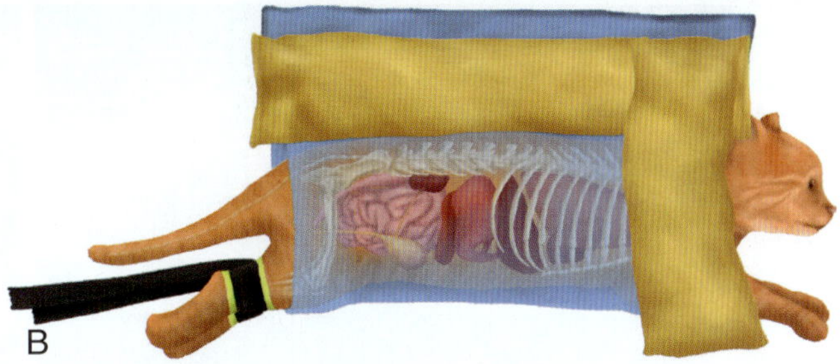

그림 11.1 **A,** 복부 가쪽상을 촬영하기 위한 올바른 자세잡기 방법. 샌드백과 벨크로를 사용한다. **B,** 고양이 복부 가쪽상 자세잡기. (Image courtesy and permission of Julia Bitan, RVT, http://handsfreexrays.com, Toronto, ON.)

보건사 참고사항

촬영 버튼을 누르기 전에 머릿속에서 체크리스트를 확인한다(10장 참고). 항상 방사선 안전에 주의해야 한다.

보건사 참고사항

옆결막이 앞쪽에 위치하고 복부 내 장기가 압축되지 않도록 호기가 끝나는 즉시 촬영한다. 최대 호기를 얻기 위해선:

- 팬팅하는 환자의 경우: 코에 컵을 대거나 공기를 불어 호흡을 잠시 멈추게 한다. 이때 동물이 물 수 있으니 주의한다.
- 복부에 가벼운 압력을 가하여 호기가 용이하게 한다.

환자와 함께 몇 번의 숨을 맞춰 호흡한다. 투 스텝 로터가 있는 경우, 환자와 함께 호흡하며 흡기에 첫 번째 버튼을 누르고, 호기 전 숨이 잠시 멈춘 상태에서 방사선을 노출한다.

보건사 참고사항

해부학적으로 정상인 환자의 자세가 올바르게 잡혔는지 확인하는 방법으로는[1~3]:

가쪽상

- 갈비뼈 머리가 겹쳐 있다.
- 척수사이구멍이 같은 크기이다.
- 가로돌기가 척추체에서부터 겹쳐져 있어 나이키 모양처럼 보인다.[4]
- 고관절과 엉덩뼈날개가 서로 겹쳐져 있다.

배등쪽촬영

- 가시돌기가 중앙에 정렬되고, 척추체가 눈물방울 모양이다.
- 갈비뼈와 복부가 대칭적이다.
- 엉덩뼈날개가 대칭적이다.
- 폐쇄구멍이 대칭적이다.

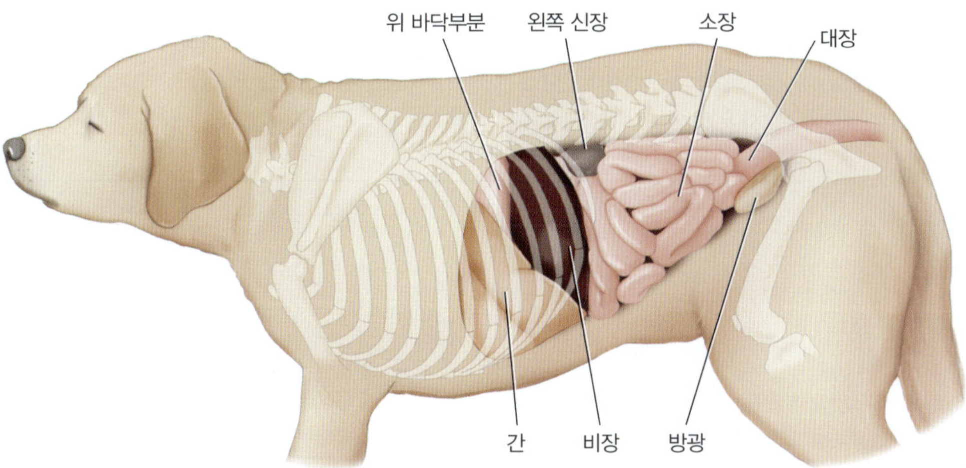

그림 11.2 **복부의 오른가쪽촬영(Le-RtL).** 대표 장기들이 보인다.

가쪽－일반적 _Lateral—Routine (계속)

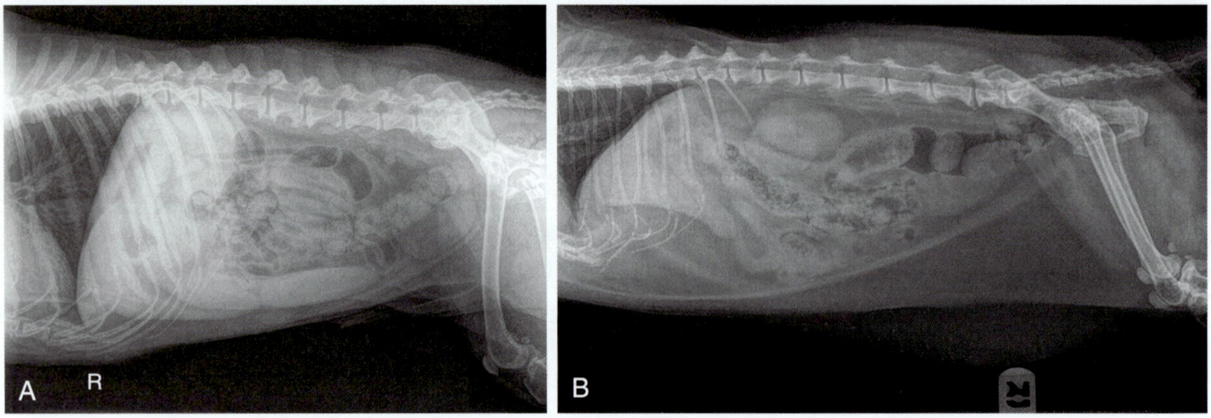

그림 11.3 **A,** 개 복부의 오른가쪽촬영 방사선 사진. **B,** 17살 숏헤어의 복부의 오른가쪽촬영 방사선 사진. (A Courtesy Vetel Diagnostics, San Luis Obispo, California, and Seth Wallack, DVM, DACVR, AAVR, director and CEO of Veterinary Imaging Center of San Diego; B Courtesy Rosedale Animal Hospital.)

배등쪽촬영－일반적 _Ventrodorsal—Routine

자세잡기 _Positioning

위치: 폼으로 된 V-자 트로프를 통해 배누움자세로 유지.

머리: 주둥이를 일자로 유지, 앞으로 당기고 테이블과 평행하도록 한다.

머리와 목 위에 샌드백을 조심스럽게 올리고, 호흡에 방해가 되지 않는지 확인한다.

앞다리: 환자가 불편하지 않을 정도로 앞으로 당기고, 각 다리를 양쪽으로 벨크로 스트랩을 사용하여 테이블에 사지를 고정한다.

다른 방법으로는 샌드백을 주관절 바로 몸쪽 또는 앞발목 쪽에 두어 고정한다.

뒷다리: 자연스러운 개구리다리 자세로 두고, 각 다리를 벨크로 스트랩을 사용하여 테이블에 고정한다.

다른 방법으로는 샌드백을 각 다리에 올린다. (그림 11.4와 11.5를 확인)

배등쪽촬영 – 일반적 _Ventrodorsal—Routine (계속)

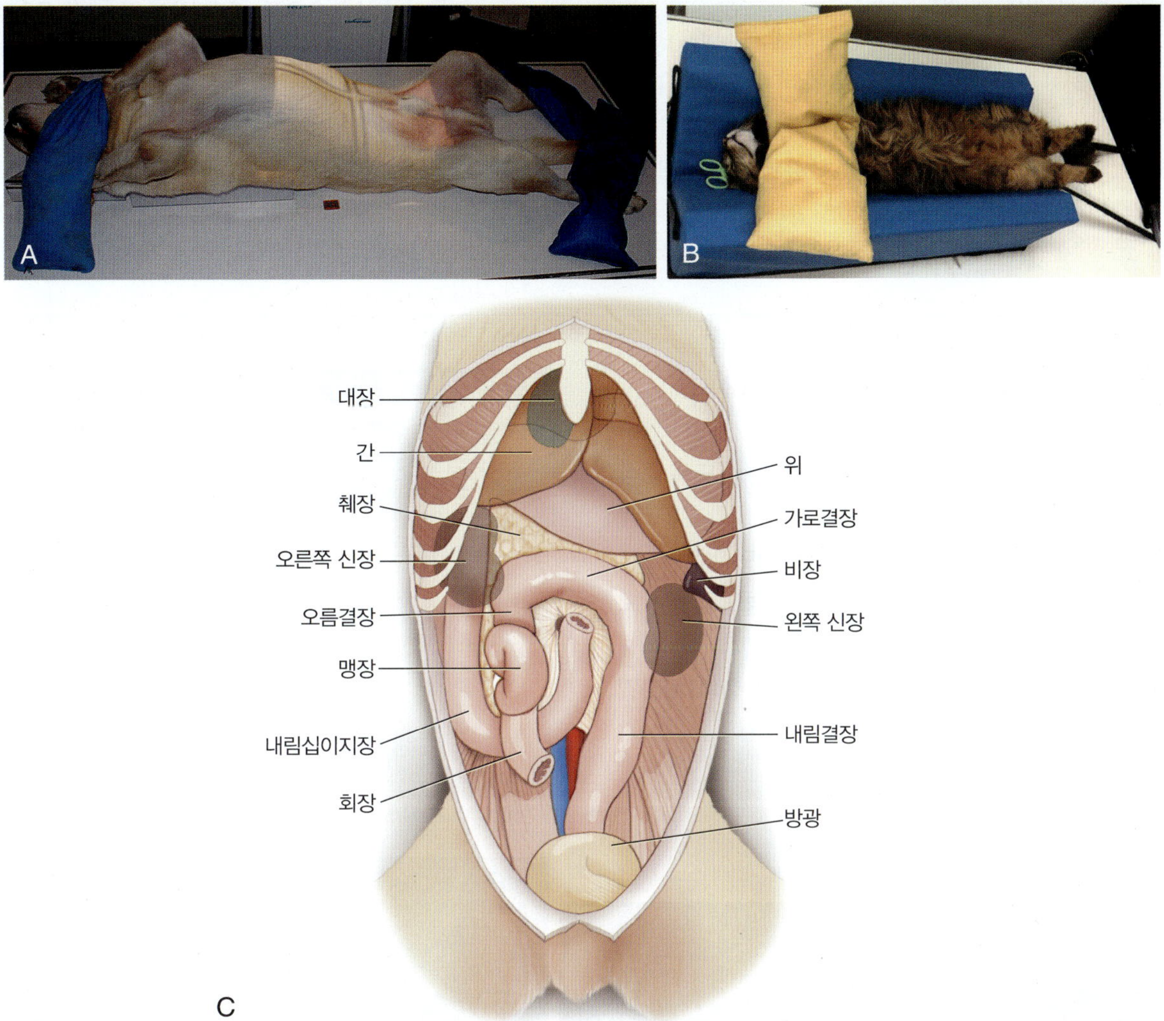

그림 11.4 **A,** 개 복부를 VD 자세로 촬영하기 위해 샌드백을 사용한 올바른 보정방법. **B,** 트로프와 벨크로 스트랩을 사용한 고양이VD 자세잡기. **C,** 개 복부의 배쪽 해부학. (Image courtesy and permission of Ashley Jenner, RVT, and Julia Bitan, RVT, http://handsfreexrays.com, Toronto, ON.)

(계속)

배등쪽촬영 – 일반적 _Ventrodorsal—Routine (계속)

코멘트와 팁 _Comments and Tips

- ID나 마커는 복부의 해당 측면에 인접하게 배치한다.
- 몸체는 균등하게 위치시켜 두 측의 갈비뼈의 등거리가 같아 보이고, 가슴뼈와 척추가 서로 겹쳐지도록 한다. 폼 V-트로프는 변형과 아티팩트를 최소화하기 위해 흉곽 아래에 놓는 것이 좋다.
- 코끝과 후방 정중선을 연결하는 직선을 떠올린다. 단두종이나 연골이형성증을 앓고 있는 종은 주둥이를 테이블과 평행하도록 배치하는 것이 어려울 수 있다. 이러한 경우 머리와 목을 몸체 앞쪽에 수평하게 놓고 회전하지 않도록 한다.
- 뒷다리를 너무 뒤쪽으로 당기면, 너무 밀집되고 측면 허벅지나 뒤쪽 복부 영역에 피부 주름이 생길 수 있다. 이로 인해 복부의 뒤쪽을 평가하는 데 방해가 될 수 있다.

측정: 13번째 갈비뼈의 뒤쪽, 배꼽 높이 정도(L2~L3 정도).

중심 방사선:

개: 정중선에 13번째 갈비뼈가 배꼽 높이 정도(L3) 오도록 중심을 맞춘다.

고양이: 13번째 갈비뼈에서 손가락 2~3개 너비 정도 뒤쪽.

경계: *앞쪽*: T9 등뼈(가슴뼈의 칼돌기보다 1인치 정도 앞쪽에 오도록—전체 옆격막)

뒤쪽: 큰돌기가 나오도록 하여 고관절이 포함되게 한다(치골결합).

복부 전체를 포함한다.

> **보건사 참고사항**
>
> 흉부와 복부의 가쪽상에서 자세 잡는 방법은 일치한다; 유일하게 바뀌는 건 중심 방사선의 위치와 경계 부위이다. 즉, 만약 흉부와 복부의 가쪽상이 모두 필요하다면, 가쪽상을 모두 촬영한 뒤 VD 촬영은 진행해야 한다.

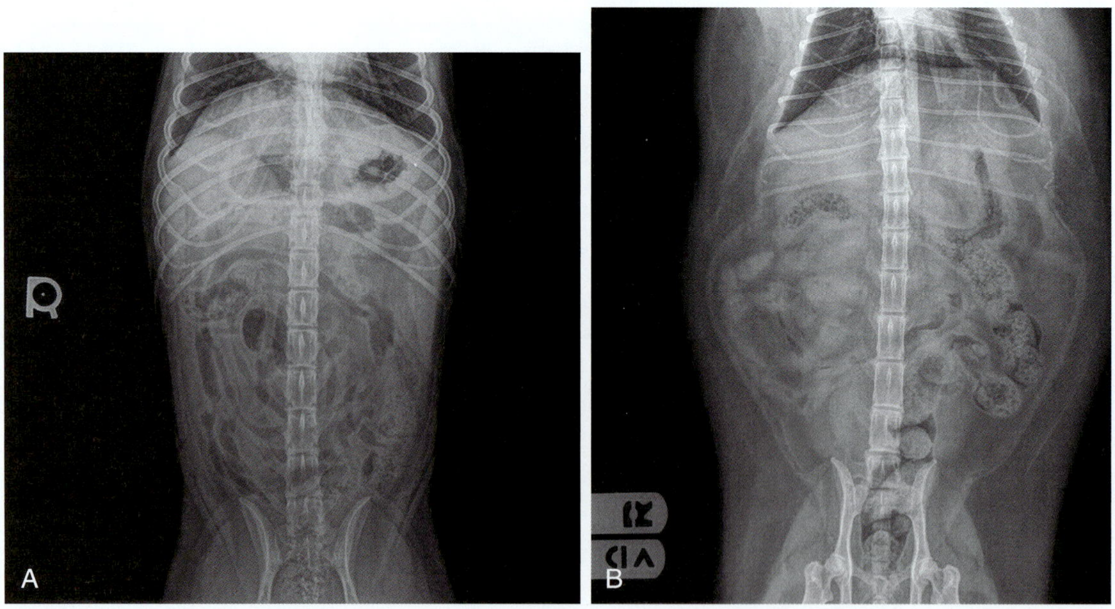

그림 11.5 A, 개 복부의 배등쪽촬영 방사선 사진. B, 17살 고양이의 복부의 배등쪽촬영 방사선 사진.

보조적인 자세 _Ancillary Positions

부상, 위장 대조도 연구, 또는 액체나 자유 공기를 평가하기 위해 일반적인 자세 외의 다른 상이 추가될 수 있다.

등배쪽촬영 – 보조적 _Dorsoventral—Ancillary

비록 DV는 드물게 사용되지만, 만약 동물이 상태가 좋지 않아 VD 자세를 취하기 어렵거나, 또는 기체의 중력 의존성이나 대조도 연구에 추가적인 상이 필요한 경우 사용된다(그림 11.6).

자세잡기 _Positioning

위치: 복누움자세.

머리: 머리를 똑바로 세우고, 조심스럽게 샌드백을 목과 머리에 올리며 호흡을 방해하지 않도록 주의한다.

앞다리: 자연스러운 자세를 유지하며 살짝 앞쪽으로 늘린다.

각 다리를 벨크로 스트랩을 사용해 테이블에 고정하거나, 샌드백을 주관절에 올려서 고정한다.

뒷다리: 자연스러운 자세로 유지한다.

샌드백을 각 다리의 무릎 근처에 올려 고정하거나, 벨크로 스트랩으로 테이블에 고정한다.

코멘트와 팁 _Comments and Tips

- ID나 마커는 복부의 해당 측면에 인접하게 배치한다.
- 몸체는 균등하게 위치시켜 두 측의 갈비뼈의 등거리가 같아 보이게 한다.
- 이론적으로, 코끝과 후방 정중선을 연결하는 직선을 떠올려야 한다.
- 가슴뼈와 척추가 서로 겹쳐지도록 한다. 영상 감지기와 중심 방사선에 직각을 이루도록 한다.

측정, 중심 방사선, 경계: VD상과 일치한다.

보건사 참고사항

콜리메이션한다; 필요한 레이블/마커가 포함되어 있고 분명한 프레임이 있어야 한다.

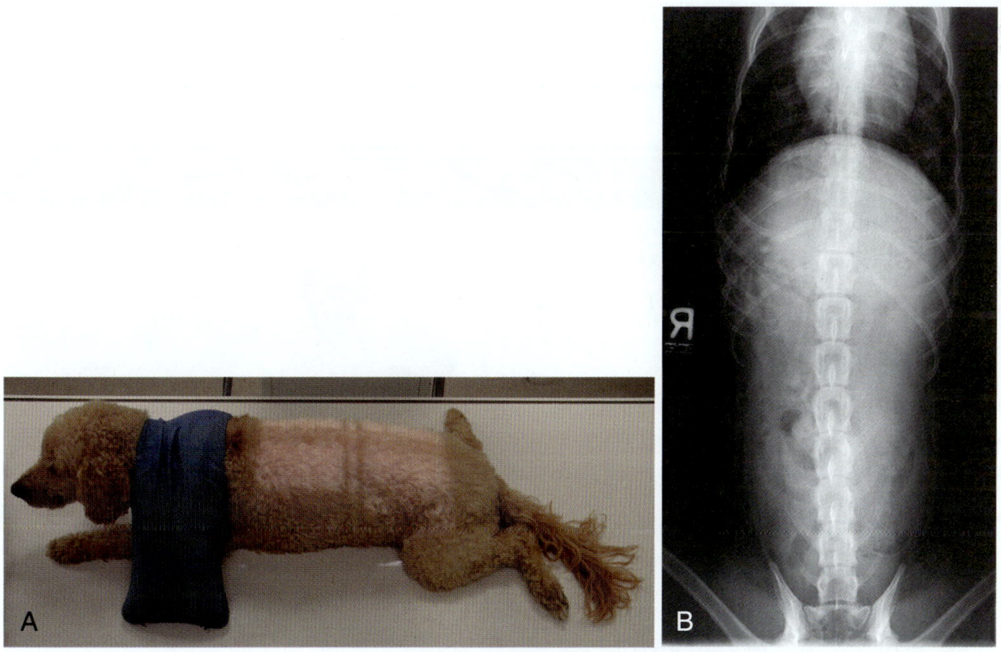

그림 11.6 **A,** 등배쪽 자세 잡기. **B,** 개 복부의 등배쪽촬영 방사선 사진. (A Courtesy Seneca College, Toronto, ON; B Courtesy Joshua Schlote, BS, LVT, Northeast Community College, Norfolk, NE.)

옆누움자세(가로빔을 사용한 배등쪽촬영) – 보조적
Lateral Decubitus (Ventrodorsal View with Horizontal Beam)—Ancillary

만약 액체나 자유 기체가 종기 및 장의 고리모양 관에 차있는 것이 의심되거나, 동물을 VD 또는 DV 자세에 두었을 때 상해를 입을 수 있는 경우 옆누움자세상을 고려한다. 적은 양의 액체는 방사선 상으로 보이지 않을 수 있다(그림 11.7).

위치: 두꺼운 폼 패드 또는 다른 장치를 사용하여 오른옆누움자세로 유지(복부의 일부분이 상에 포함될 수 있도록).
- 자세는 환자가 누워있는 방향으로 설명한다(예: 우옆누움자세(right decubitus), 만약 환자가 오른쪽으로 누워 있다면).

머리, 앞다리, 뒷다리: 가쪽상과 동일한 자세로 둔다.
- 가슴뼈와 척추가 같은 평면에 있고 영상 감지기와 평행하도록 한다. 중심 방사선과는 직각을 이루도록 한다.

영상 감지기: 환자 뒤쪽에 세로로 둔다.

가로빔: 배등쪽 방향으로 가슴뼈에서 들어가서 척추에서 나간다.
- 자유 가스가 의심된다면, 환자 자세를 잡은 뒤 최소 5분 정도 기다려 등쪽으로 기체가 모아지는 것을 기다린 후 촬영한다.[5]

측정, 중심 방사선, 경계: 배등쪽촬영과 일치.

보건사 참고사항

필요한 경계만 포함하도록 콜리메이션 하여 산란이 일어나는 것을 최소화한다.

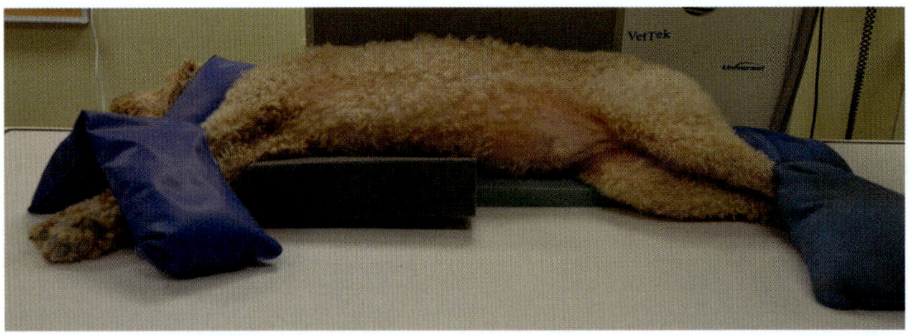

그림 11.7 **측외위로 개 자세잡기—가로빔을 사용한 배등쪽촬영.** (Courtesy Seneca College, Toronto, ON.)

변형 가쪽촬영 – 보조적 _Modified Lateral—Ancillary

이 자세는 수컷 개에서 궁둥뼈활과 음경뼈 쪽에서 요도결석을 보기 위해 사용되며, 뒷다리와 겹침 없이 보기 위해 사용된다(그림 11.8).[1,3,5]

자세잡기 _Positioning

위치: 오른옆누움자세.

머리: 자연스러운 자세로 유지하고, 목 위에 샌드백을 올려서 고정시킨다. 호흡에 방해가 되지 않는지 주의한다.

앞다리: 앞쪽으로 당기고, 벨크로 스트랩으로 다리를 테이블에 고정한다. 다른 방법으로 샌드백을 이용하여 다리를 고정시킬 수 있다.

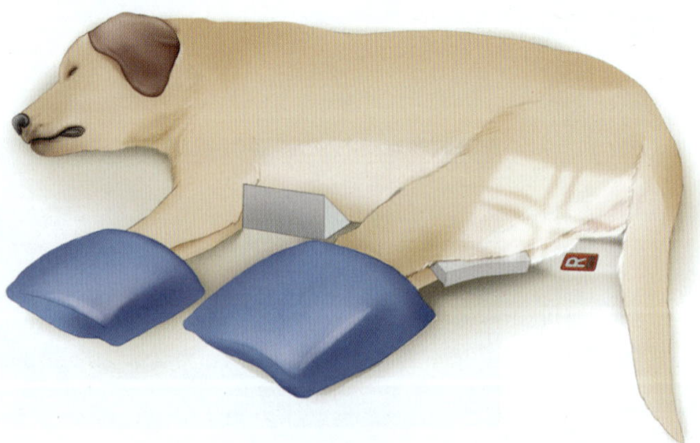

그림 11.8 **대조 연구를 위한 수컷 개의 변형 가쪽상을 촬영하기 위해 자세를 잡고 있다.** 뒷다리는 최대한 앞쪽으로 당겨져 막성요도와 음경요도의 분석이 가능하도록 하였다.

변형 가쪽촬영 – 보조적 _Modified Lateral—Ancillary (계속)

뒷다리: 두 다리 모두 앞쪽으로 환자가 불편하지 않고, 몸이 돌아가지 않을 정도로 최대한 당긴다.
다리를 벨크로 스트랩을 사용하여 테이블에 고정한다.
다른 방법으로는, 샌드백으로 다리를 고정한다.
알맞은 두께의 폼패드를 넙다리뼈 사이에 위치시켜 뒤쪽 복부와 골반의 회전이 일어나지 않도록 고정시킨다.

가슴뼈: 배쪽 복부를 웨지 스폰지를 사용하여 높여서 가슴뼈가 척추와 같은 평면에 위치하도록 한다.

코멘트와 팁 _Comments and Tips

- 뒷다리는 음경뼈 또는 요도 뒤쪽에서 겹쳐지면 안된다.
- 연부조직에선 방사선 기술을 줄인다. 낮은 kVp 값은 높은 대조도의 방사선 필름을 만들어 낸다.

가쪽 비스듬촬영 – 보조적 _Lateral Oblique—Ancillary

이 자세는 특별한 경우에 수컷 개에서 VD상으로 음경뼈와 방광을 겹침 없이 보기 위해 사용된다(그림 11.9).

자세잡기 _Positioning

위치: 오른옆누움자세.

머리: 자연스러운 자세로 유지하고, 필요 시 샌드백을 목 위에 둔다.

앞다리: 앞쪽으로 당기고 고정시킨다.

뒷다리: 해당되는 다리를 뒤쪽으로 당긴다.
다리를 벨크로 스트랩으로 테이블에 고정한다.
다른 방법으로, 샌드백으로 다리를 고정시킨다.
반대쪽 다리를 들고 등쪽으로 고정시켜 상 안에 들어가지 않도록 한다. 벨크로 스트랩 또는 번지 코드를 뒷발목/뒷발허리에 두르고 테이블에 고정한다.

코멘트와 팁 _Comments and Tips

- 뒷다리를 음경뼈와 겹쳐지지 않도록 한다.
- 수컷 개의 경우, 특별한 경우에 VD상으로 음경과 방광을 겹치지 않게 하기 위해 사용된다.
- 경사상은 환자를 VD 또는 DV 자세로 두고, 몸체를 15에서 30도로 회전하여 얻을 수 있다. 이는 기도, 위, 대장과 방광을 척추에서 멀어지게 하면서 더 잘 시각화 한다.
- 경사상에서는 일반적인 대칭 기준이 적용되지 않는다.

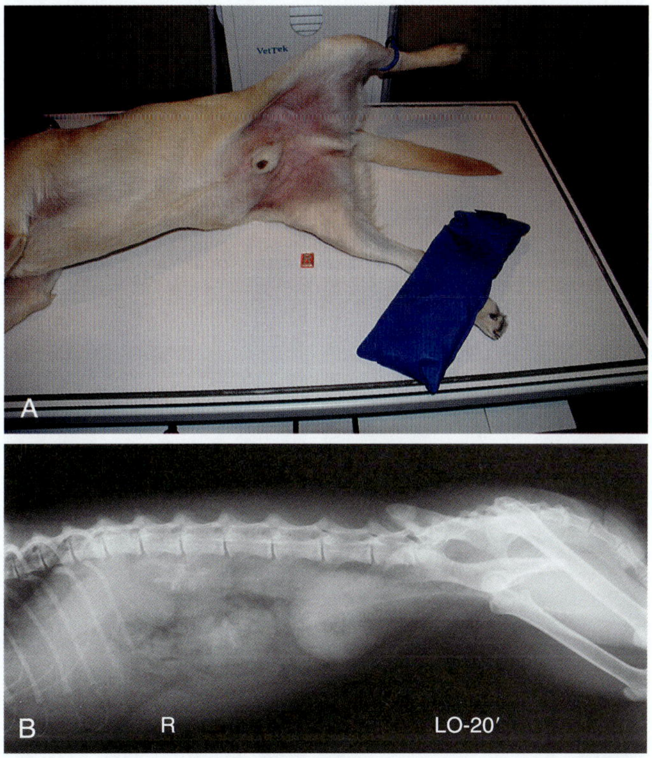

그림 11.9 A, 개 복부의 가쪽 비스듬촬영을 위한 자세잡기. 뒷다리는 음경뼈의 뒤쪽과 겹쳐지면 안 된다. **B,** 고양이 환자의 복부 가쪽 경사상 사진. 요오드를 사용한 배설요로조영술을 진행하고 있다.

(계속)

가쪽 비스듬촬영 – 보조적 _Lateral Oblique—Ancillary (계속)

변형 가쪽상과 가쪽 비스듬촬영의 자세
Modified Lateral and Lateral Oblique Positions

측정: 관골구/좌골 쪽.

중심 방사선: 엉덩뼈 날개의 앞부분; 만약 직장을 찍고자 한다면, 골반 위로 둔다.

경계: 뒤쪽 대조도 연구를 위해:

앞쪽: L4

뒤쪽: 직장의 뒤쪽 부분을 포함시켜 방광 또는 전립샘이 나오도록 한다.

해부학적 복부 방사선 사진 고려사항
Anatomical Abdominal Radiographic Concerns

그림 11.10에서 11.12까지, 그리고 표 11.1은 자세에 따라 방사선 해부학이 변하는 것을 보여준다. 그림 11.2, 11.4C, 11.13과 11.14는 복부의 해부학적 특징을 더 자세히 보여준다.

> **보건사 참고사항**
>
> 자세잡기 보조 장치를 전략적으로 잘 사용한다면 환자에게 사람이 잡고 있다는 착각을 주게 된다. 진정제를 사용하지 못한 겨우, 목과 다리에 샌드백 또는 벨크로 스트랩을 필수적으로 써야 한다. 환자를 직접 잡는 것을 최대한 피하고, 빔으로부터 거리를 유지한다. X선 노출을 줄이는 것은 꼼꼼함에 달려있다.

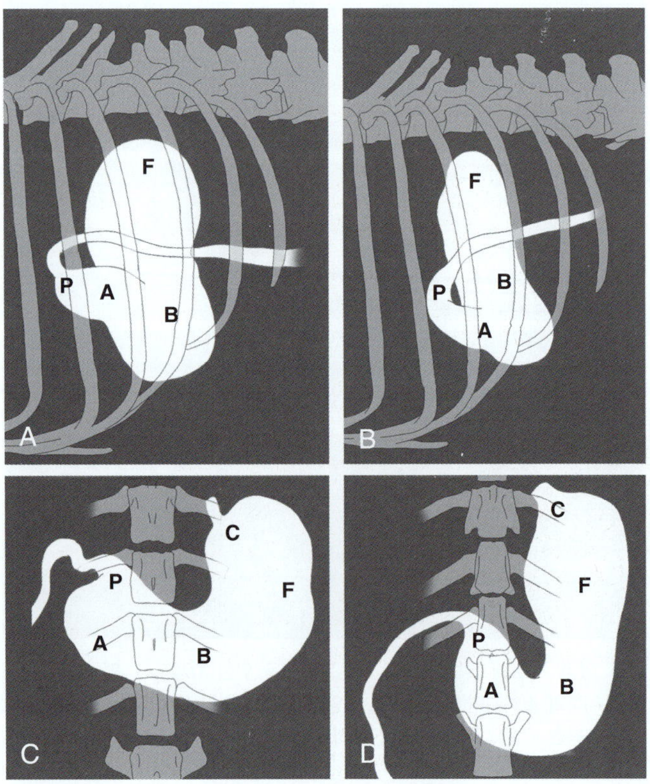

그림 11.10 자세 변화에 따른 정상적인 개와 고양이의 위 내 변화. 위의 주요 영역 *F*: 기저부; *B*: 체부; *A*, 날문방; *P*, 날문관; *C*, 들문. **A,** 옆누움자세에 있는 개의 위 **B,** 옆누움자세에 있는 고양이의 위. 위의 축이 갈비뼈와 평행하다. **C,** 배누움자세 또는 복누움자세에 있는 개의 위. 위의 축이 척추와 수직을 이루며, 위는 약간 U자 모양이다. **D,** 배누움자세 또는 복누움자세에 있는 고양이의 위. 날문이 정중선에 위치하며, 위는 예각을 이루며 J자 모양에 가깝다.

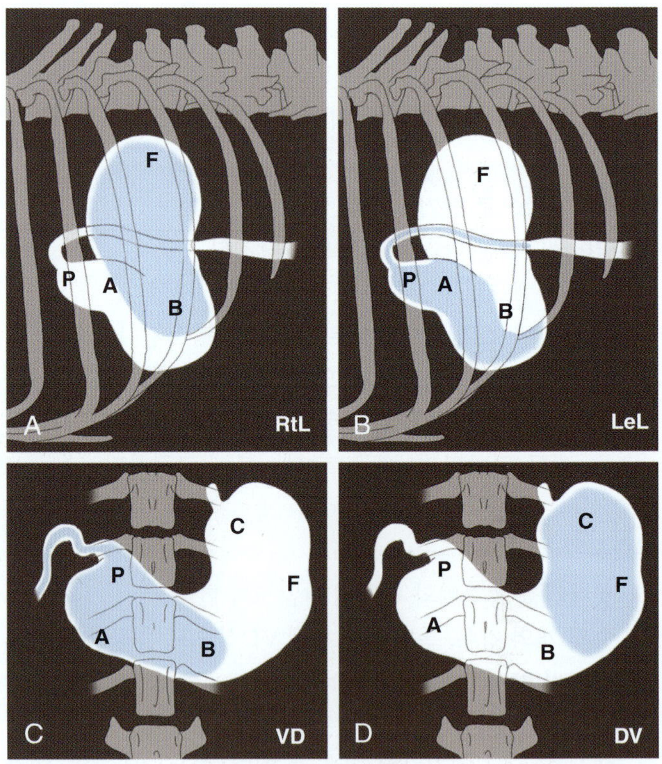

그림 11.11 자세에 따른 개의 위 내부의 변화. 공기는 위로 뜬다는 것을 기억한다. **A,** 오른가쪽촬영(RtL); 기체는 기저부(F)와 등쪽 체부(B)에 있음. **B,** 왼가쪽촬영(LeL); 기체는 중심과 먼쪽 위체, 날문방(A), 날문관(P), 그리고 십이지장에 있음. **C,** 배등쪽촬영(VD); 기체는 날문방, 정중선 근처 체부, 그리고 십이지장내림부분에 있음. **D,** 등배쪽촬영(DV); 기체는 기저부와 들문(C)에 있음.

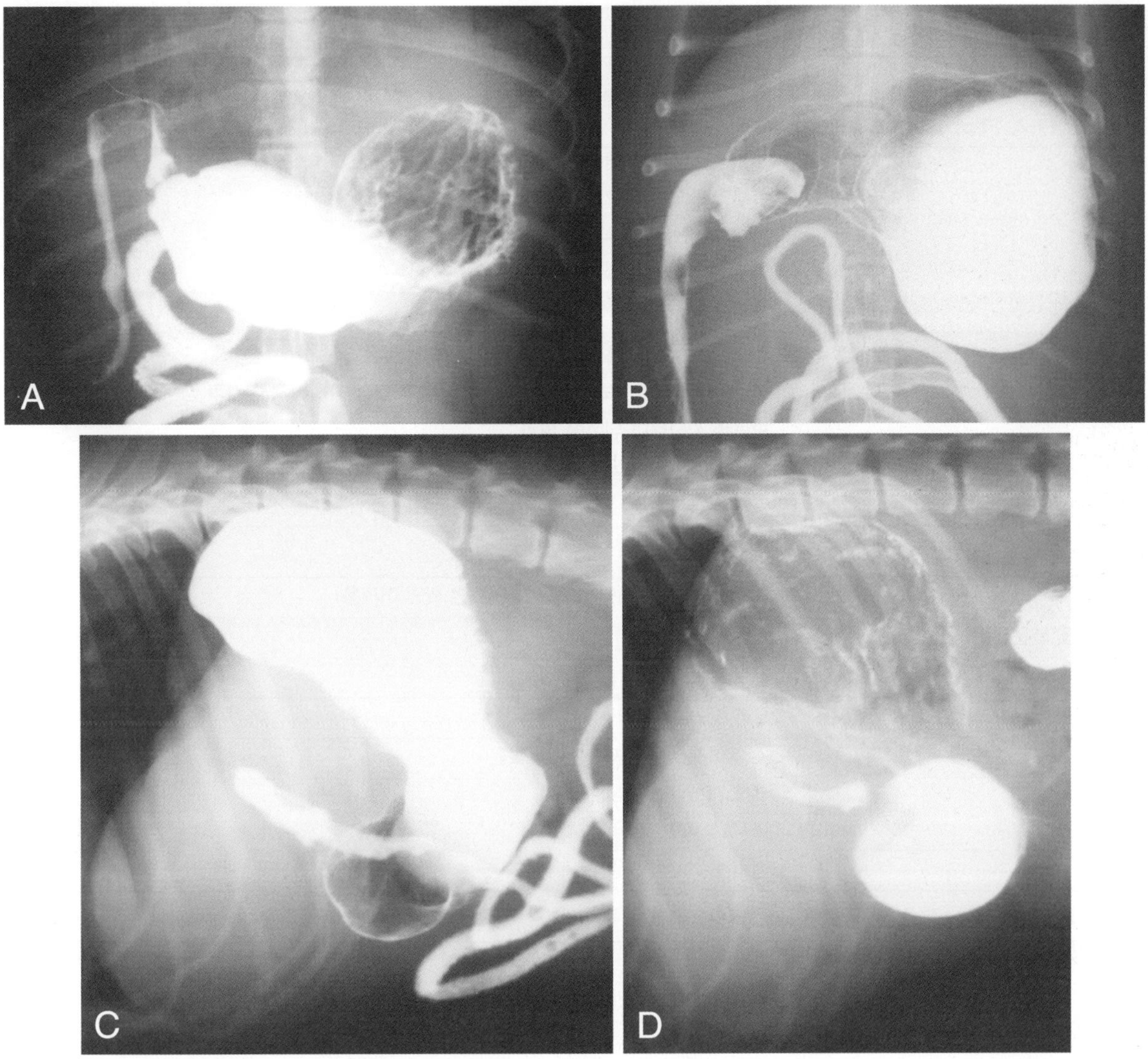

그림 11.12 **환자 자세에 따른 위 내 액체(바륨)과 기체의 분포.** **A,** 복누움자세 자세로 찍은 등배쪽촬영. 기체는 기저부로 올라가고, 액체는 날문쪽과 체부쪽을 체운다. 옆격막은 배등쪽촬영에서 보다 살짝 '울퉁불퉁한' 형태로 보이며, 이는 세갈래로 나눠진 옆격막각이 중심 팽대의 가쪽으로 위치하기 때문이다. **B,** 배누움자세 자세로 찍은 배등쪽촬영. 기체는 체부와 날문방에 위치한다. 액체는 기저부와 체부를 채운다. 이 개는 날문방에 적은 양의 액체가 남아있다. **C,** 왼가쪽촬영. 기체는 날문쪽으로 올라가며, 액체는 기저부와 체부를 채운다. **D,** 오른가쪽촬영. 기체는 기저부와 체부 쪽으로 올라가며, 적은 양의 바륨이 점막에 남아있다. 액체는 날문 부위를 채운다. (From Thrall DE. *Textbook of Veterinary Diagnostic Radiology*. 7th ed. St Louis: Elsevier; 2017.)

- 질병 과정이나 소견과 관련 없는 방사선학적 변화가 관찰될 수 있다.
- "정상" 상태는 각 장기와 구조물의 형태, 크기, 위치, 자세, 경계, 수량 및 음영에 따라 특정 소견을 가지며, 다른 조직들과 겹침에 의해 영향을 받는다는 것을 명심해야 한다. 연령과 몸 상태와 같은 요인은 복막과 후복막 공간의 해석에도 영향을 미친다.
- 복부의 지방은 구조물을 식별하는데 도움을 주는 대조적인 투명성을 제공한다. 따라서 마른 고양이보다 지방이 많이 축적된 고양이에서 더 잘 볼 수 있다. 다양한 유형의 지방이 존재하기 때문이다.
  - 지방의 종류에는 피하지방, 후복막 지방, 간 배쪽에 위치한 간겸상간막 내 지방이 포함된다. 미성숙한 환자나 악액질 환자와 같이 몸에 지방이 없는 경우, 복막과 후복막 내 장기를 구별하기 어려울 수 있다.

표 11.1 세로빔을 사용한 방사선 해부학 및 위치 변화*

방사선 해부학	위치 변화[1~5]
오른가쪽촬영(그림 11.2, 11.3, 11.11A, 11.12D, 11.15 참고)	
기저부와 위체부	기저부는 왼쪽 옆격막각 뒤쪽에 위치 복부 등쪽과 앞쪽으로 기체가 차있음
날문방	간의 뒤쪽에 있음—배쪽으로는 연부조직 음영 액체와 섭취물이 있음
위의 축	세로로 보임
간	왼가쪽촬영보다 작아 보임; 호기에서 더 작아 보임
비장	먼 끝이 개에서는 보임(날문과 간의 뒤쪽, 약간 배쪽). 하지만 간과 겹쳐서 보이지 않을 수 있음
좌측 신장(위쪽)	오른쪽 신장보다 뒤쪽에 위치 더 콩 모양이며, 살짝 확대된 것처럼 보임
옆격막각	평행으로 보임
왼가쪽촬영(그림 11.11B, 11.12C 참고)	
기저부	액체가 차 있어 조영제를 쓰지 않으면 확인 어려움
십이지장, 날문방 및 날문관(± 몸통)	가스가 차 있음
위의 축	세로로 보임
간	오른가쪽촬영보다 작아 보임
비장 전체 그림자	소장 아래로 숨겨져 있을 수 있음
오른쪽 신장(위쪽)	왼쪽 신장보다 앞쪽에 위치 더 커 보이며, 콩모양
옆격막각	겹치는 것처럼 보일 때도 있음
배등쪽촬영(그림 11.4B, 11.5, 11.11C, 11.12B, 11.14 참고)	
정중선 근처 위체부, 날문방/십이지장내림부분(±)	가스로 차 있다
들문, 기저부	일부 액체로 차 있어 보기 힘들 수 있음
위의 축	세로로 보임
상행결장과 맹장	환자의 우측에 위치
하행결장	환자의 좌측에 위치
결장	물음표 모양
비장	왼쪽 앞등쪽 복부, 간 아래에 위치. 위의 기저부 앞가쪽, 체부의 안쪽, 왼쪽 신장의 앞가쪽에 위치 작은 삼각형처럼 보임
오른쪽 신장	왼쪽 신장보다 앞쪽에 위치
등배쪽촬영(그림 11.11D, 11.12A, 11.14 참고)	
기저부와 들문	기체가 차 있으며, 왼쪽 옆격막각 뒤쪽으로 있음
체부의 배쪽 부분과 날문방	보기 어려움; 액체로 차 있음
위의 축	가로로 보임
상행결장과 맹장	환자의 우측에 위치
하행결장	환자의 좌측에 위치
결장	물음표 모양
비장	왼쪽에 간 아래에 위치; 위의 기저부의 뒤쪽으로 작은 삼각형처럼 보임
오른쪽 신장	왼쪽 신장보다 앞쪽에 위치

*여러 가지 다른 요인에 의해 표에 나온 설명과 다르게 보일 수 있음.

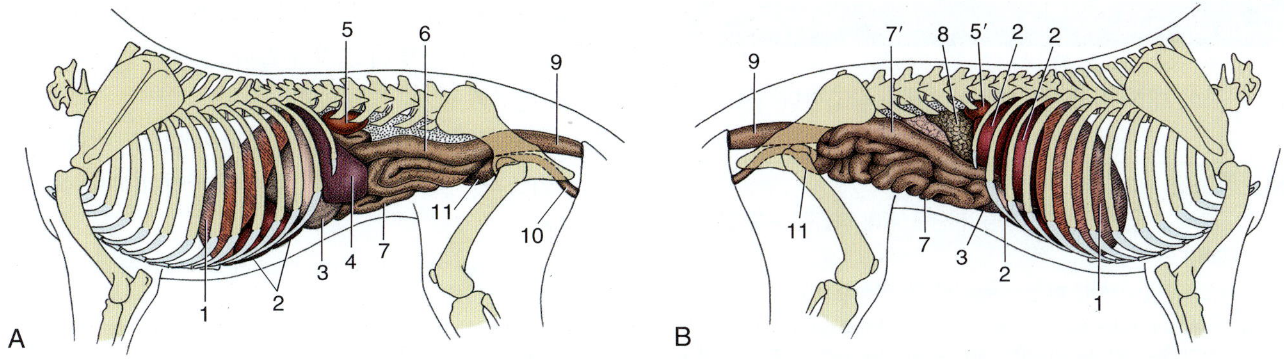

그림 11.13 왼쪽**(A)**과 오른쪽**(B)**에서 본 개 복벽. *1*, 옆격막; *2*, 간; *3*, 위; *4*, 비장; *5*와 *5′*, 각각 왼쪽, 오른쪽 신장; *6*, 하행결장; *7*, 소장; *7′*, 십이지장내림부분; *8*, 이자; *9*,직장; *10*, 암컷 비뇨생식관; *11*, 방광. (From Singh B. *Dyce, Sack and Wensing's Textbook of Veterinary Anatomy*. 5th ed. St Louis: Elsevier; 2018.)

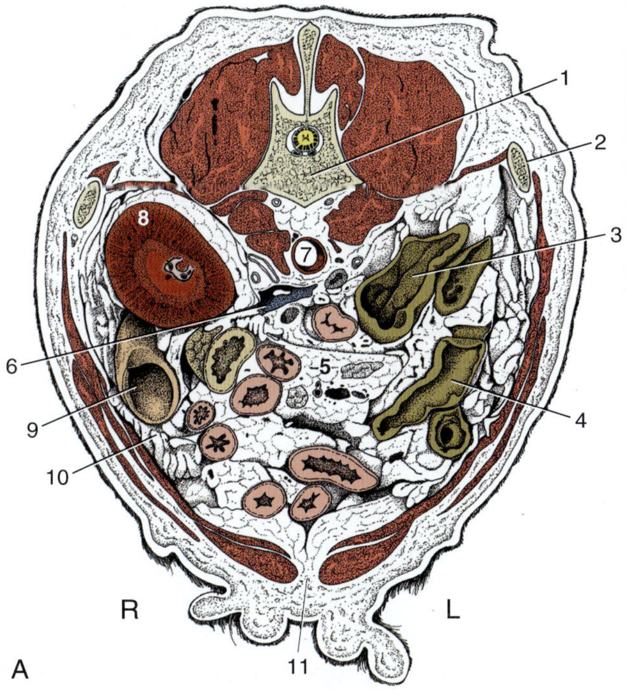

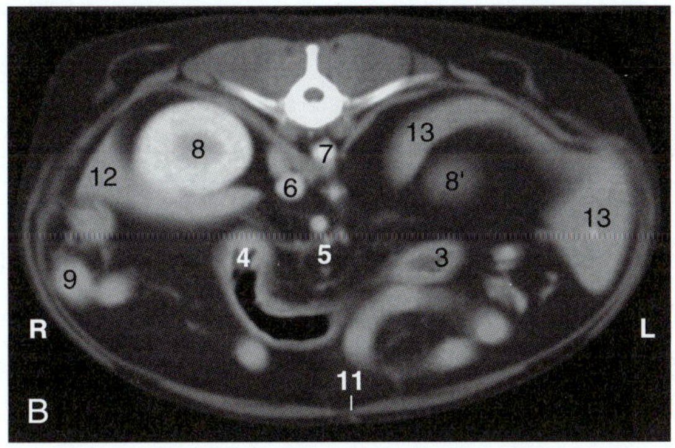

그림 11.14 **A**, 환자 복부의 첫 번째 요추에서의 가로단면. **B**, 해당되는 CT 스캔, A보다 더 뒤쪽을 촬영하였다; CT 과정에서 환자는 등으로 누워있었다. *1*, 첫 번째 요추; *2*, 마지막 갈비뼈 *3*, 하행결장; *4*, 옆행경장; *5*, 장간막의 림프절 및 혈관, 배쪽으로 공장이 위치; *6*, 후대정맥; *7*, 대동맥, 옆격막각 사이에 위치; *8*, 오른쪽 신장; *8′*, 왼쪽 신장의 앞쪽 극; *9*, 십이지장내림부분과 이자; *10*, 큰그물막; *11*, 백선; *12*, 간; *13*, 비장. (From Singh B. *Dyce*, *Sack and Wensing's Textbook of Veterinary Anatomy*. 5th ed. St Louis: Elsevier; 2018.)

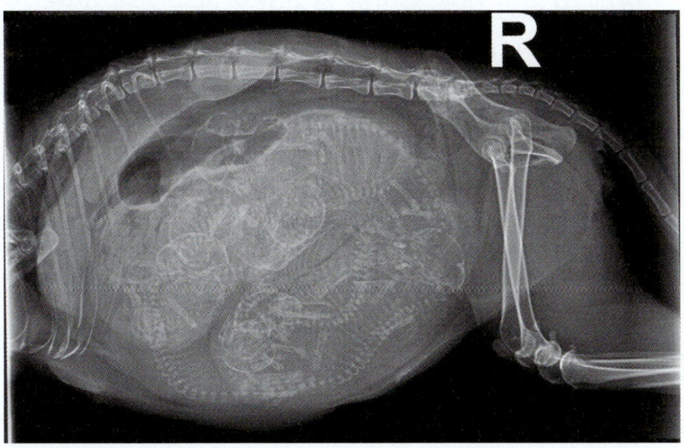

그림 11.15 **미지의 방사선촬영사진.** 임신한 고양이가 몇 마리의 태아를 뱃속에 품고 있는가?

- 후복막 및 복강 내 액체와 기체도 신장과 다른 장기들이 가려지는 정도에 영향을 준다. 모든 정상 구조물이 방사선학적으로 보이지 않다는 것을 기억해야 한다. 그러나 장기의 확장과 증가된 투명도와 같은 이상 소견에 의해 이런 장기가 보이게 되거나 다른 장기의 위치에 변화를 일으킬 수 있다.

그림 11.15는 미지의 방사선 사진이다. 이를 검토하고 그와 관련된 질문에 답해보자.

참고 _Note

대조도 연구에 대한 자세한 내용은 18장을 참고한다.

✱ 핵심 사항

1. 복부의 대조도가 낮은 만큼 올바른 진단을 위해 적절한 노출 인자를 설정해야 한다.
2. 촬영 시 일반적인 자세는 오른가쪽촬영(일반적으로)과 VD이다.
3. 올바른 자세 잡기와 기술은 적절한 진단과 해석을 위해 필요하다. 이는 측정과 중심 방사선의 위치, 포함되어야 하는 것, 그리고 적절한 대칭성을 포함한다.
4. 올바른 자세 잡기는 오진을 막기 위해 필수적이다. 정상 방사선학에 대한 지식은 양상의 영상을 촬영하는 데 도움이 된다.
5. 모든 복부의 장기가 방사선학적으로 보이지는 않는다. 적절한 진단을 위해 초음파, MRI와 CT가 추가적으로 필요할 수 있다.

복습 문제 _Review Questions

1. 정상적인 복부의 방사선 사진은 일반적으로 ____이다. 빈칸에 알맞은 것은?
   a. 왼가쪽촬영과 배등쪽촬영
   b. 왼가쪽촬영과 등배쪽촬영
   c. 오른가쪽촬영과 등배쪽촬영
   d. 오른가쪽촬영과 배등쪽촬영
2. 일반적인 복부 방사선 촬영 시 필요한 준비 과정은?
   a. 금식하지만, 관장은 하지 않는다.
   b. 금식과 관장을 하지 않는다.
   c. 관장하지만, 금식하지 않는다.
   d. 조영제를 사용한다.
3. 도베르만 핀셔의 VD 복부 방사선 사진이 필요하다. 머리가 향하는 쪽은?
   a. 양극
   b. 음극
4. 일반적인 복부 오른가쪽촬영 방사선 사진을 촬영하기 위해 뒷다리는 어떤 자세에 있어야 하는가?
   a. 오른쪽 뒷다리는 살짝 앞으로 향하고 왼쪽 뒷다리는 최대한 뒤쪽으로 향한다.
   b. 왼쪽 뒷다리는 살짝 앞으로 향하고 오른쪽 뒷다리는 최대한 뒤쪽으로 향한다.
   c. 두 다리 모두 앞쪽으로 당기고, 겹쳐 놓는다.
   d. 두 다리 모두 뒤쪽으로 당기고, 겹쳐 놓는다.
5. 복부의 배등쪽촬영 방사선 사진을 점검할 때, 대칭임을 확인할 수 있는 방법은?
   a. 갈비뼈 머리, 가로돌기와 고관절이 겹쳐져 있다.
   b. 척추사이구멍의 크기가 같다.
   c. 엉덩뼈 날개가 대칭이다.
   d. 가로돌기가 겹쳐져 있으며, 나이키 모양이다.
6. 코카스파니엘의 VD 복부 사진을 촬영할 때 해야하는 것은?
   a. 13번째 갈비뼈 뒤쪽 부분에서 측정하고 중심을 맞춘다.
   b. T13쪽에서 측정하고 중심을 맞춘다.
   c. T13쪽에서 측정하고, 중심은 13번째 갈비뼈 뒤쪽 부분에 맞춘다.
   d. 13번째 갈비뼈 뒤쪽 부분에서 측정하고, T13 쪽에 중심을 맞춘다.
7. 방사선 사진을 찍을 때 다음과 같이 콜리메이션했다: 가슴뼈의 칼돌기 앞쪽으로 1인치, 고관절 포함. 이에 대한 옳은 설명은?
   a. 옳다. VD는 이러한 주변 경계를 포함해야 한다.
   b. 틀렸다. 앞쪽 경계에는 옆격막을 포함할 필요가 없다.
   c. 틀렸다. 뒤쪽 경계에서 고관절을 포함할 필요가 없다.
   d. 틀렸다. 사진은 간 가장자리부터 방광까지만 포함되면 된다.
8. VD 방사선 촬영을 하는 중이다. 환자와 함께 호흡하며 올바르게 촬영을 하려고 한다. 최종 촬영 버튼은 언제 누르면 되는가?
   a. 중간 호기
   b. 최대 흡기
   c. 흡기의 시작
   d. 호기의 끝
9. 수의사는 복부 VD 방사선사진에서 나무 주걱으로 약한 압력을 가해 종양으로 의심되는 부위의 사진을 요청하였다. 요청한 대로 촬영한 사진이 압력을 가하지 않고 촬영한 사진보다 어둡고 대조도가 낮은 것을 확인하였다. 이 이유는?
   a. 이 사진에 그리드를 사용했고 첫번째 사진 시에는 사용하지 않았기 때문이다.
   b. 첫 번째 사진보다 낮은 kVp 값을 사용했기 때문이다.
   c. 두 사진에 대해 동일한 설정을 사용했기 때문이다.
   d. 첫 번째 사진보다 두꺼운 측정값을 사용했기 때문이다.
10. 수의사는 복막염이 의심되는 비글의 방사선사진을 요청하였다. 조절 가능한 튜브 헤드 유닛을 사용할 수 있다. 복부에 액체가 있는지를 정확히 평가하기 위해서는 환자

를 다음과 같은 위치에 놓아야 한다.
a. VD 자세와 세로빔
b. 등누움자세 자세와 가로빔
c. 배누움자세 자세와 가로빔
d. 오른옆누움자세 자세와 가로빔

11. 수의사는 수컷 골든 리트리버의 변형 가쪽촬영 사진을 찍을 것을 요청하였다. 뒷다리의 올바른 자세는?
a. 가능한 한 앞쪽으로 당겨서 몸을 테이블 밖으로 회전시킨다.
b. 척추에 수직으로 위치시켜 뒤배쪽 복부의 밀집을 방지한다.
c. 가능한 한 앞쪽으로 당기지만 몸을 테이블 밖으로 회전시키지 않는다.
d. 사지를 뒤로 당겨서 상에서 벗어나게 한다.

12. 진정제를 쓰지 않은 불독의 복부 두께는 12 cm이며, 노출 인자는 60 kV와 10 mAs이다. 기계를 어떻게 설정하면 되는가?
a. 400 mA과 1/40초
b. 300 mA과 1/30초
c. 200 mA과 1/20초
d. 100 mA과 1/10초

13. 왼가쪽촬영과 비교했을 때 오른가쪽촬영에서 볼 수 있는 것은?
a. 신장의 세로 방향 분리가 더 잘 되어 있다.
b. 기저부와 위체부가 필름에 더 가깝다.
c. 간은 더 작게 보인다.
d. 위의 축이 더 세로로 되어 있다.

14. 수의사가 가로빔을 사용하여 배등쪽촬영을 찍을 것을 요구한다. 환자가 오른쪽으로 누워있다면, 이 촬영의 올바른 명명은?
a. 오른가쪽촬영
b. 우옆누움자세
c. 좌옆누움자세
d. 배등쪽촬영

15. 수의사가 복부를 여러 번 찍을 것을 요청하였다. 실수로 마커를 잊고 촬영하였다. 사진에서 십이지장, 날문방과 위의 먼쪽에 기체가 차있으며, 위의 축이 세로로 보인다. 이는 어떤 촬영인가?
a. 배등쪽촬영
b. 왼가쪽촬영
c. 오른가쪽촬영
d. 등배쪽촬영

참조 _References

1. Thrall DE. *Textbook of Veterinary Diagnostic Radiology*. 7th ed. St. Louis: Elsevier; 2017 [chapters 36-46].
2. Muhlbauer MC, Kneller SK. *Radiography of the Dog and Cat*: Guide to Making and Interpreting Radiographs. Oxford: Wiley-Blackwell; 2013 [chapter 6].
3. Holloway A. *BSAVA Manual of Canine and Feline Radiography and Radiology*: A Foundation Manual. Suffolk: BSAVA; 2013 [chapter 6].
4. Morgan JP, Doval J, Samii V. *Radiographic Techniques*: The Dog. Hannover: Schlutersche GmbH & Co.; 1998.
5. Owens JM, Biery DN. *Radiographic Interpretation for the Small Animal Clinician*. St. Louis: Ralston Purina; 1999.

참고 문헌 _Bibliography

Aspinall V, Cappello M. *Introduction to Veterinary Anatomy*. 3rd ed. London: Butterman-Heineman; 2015.

Ayers S. *Small Animal Radiographic Techniques and Positioning*. Oxford: Wiley-Blackwell; 2013.

Colville T, Bassert J. *Clinical Anatomy and Physiology for Veterinary Technicians*. 3rd ed. St. Louis: Mosby; 2016.

Don Done SH, Goody PC, Evans SA, Stickland NC. *Color Atlas of Veterinary Anatomy, the Dog and Cat*. London: Mosby; 2009.

Singh B. *Dyce, Sack and Wensing's Textbook of Veterinary Anatomy*. 5th ed. St. Louis: Elsevier; 2018.

Evans H, de Launta A. *Guide to the Dissection of the Dog*. 8th ed. St. Louis: Saunders; 2017.

Han C, Hurd C. *Practical Diagnostic Imaging for the Veterinary Technician*. 3rd ed. St. Louis: Mosby; 2005.

Owens JM, Biery DN. *Radiographic Interpretation for the Small Animal Clinician*. St. Louis: Ralston Purina; 1999.

Romich J. *An Illustrated Guide to Veterinary Medical Terminology*. 4th ed. Stamford, CT: Cengage Learning; 2015.

Sirois M. *Principles and Practice of Veterinary Technology*. 4th ed. St. Louis: Mosby; 2017.

Tighe M, Brown M. *Mosby's Comprehensive Review for Veterinary Technicians*. 5th ed. St. Louis: Mosby; 2019.

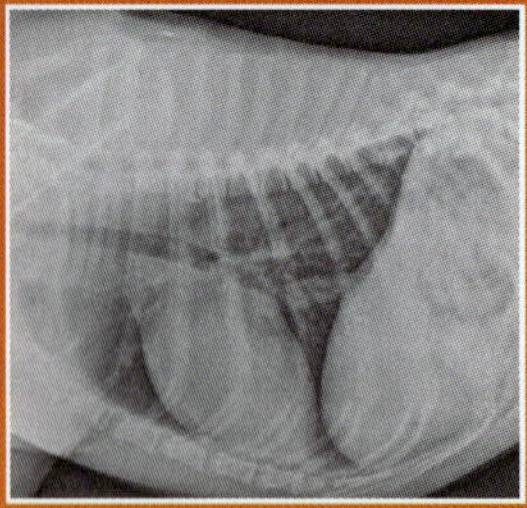

Courtesy Jennifer White, Mississauga Oakville Veterinary Emergency and Specialty Hospital, ON

CHAPTER 12 소동물 흉부

Small Animal Thorax

Marg Brown, RVT, BEd Ad Ed

좋은 머리와 좋은 마음은 언제나 강력한 조합이다.

—Nelson Mandela, 남아프리카 반인종차별주의 활동가 및 대통령, 1918~2013

개요

방사선학적 및 자세잡기 고려사항
일반적인 자세
가쪽
배등쪽촬영
등배쪽 흉부
보조적인 자세
가로빔 방사선촬영
가쪽 누움자세촬영
등배쪽 또는 배등쪽 누움자세촬영
서서 가쪽촬영(가로빔 사용)
배등쪽 비스듬촬영
추가 정보
환자 자세잡기 변경 및 해부학적 문제
자세 변화 및 호흡 단계가 흉부 영상에 미치는 영향
정상 흉부 방사선 해부학

학습 목표

이 장에 있는 정보의 적용은 다음 영역과 관련이 있다.

1. 비수동 보정(non-manual restraint)에 중점을 두고 일반적인 흉부 촬영에서 개나 고양이를 적절하고 안전하게 배치한다.
2. 올바른 측정(correct measurements), 노출(exposure), 중앙배치(centering), 경계(border), 자세잡기(positioning) 및 대칭(symmetry)을 사용하여 흉부의 진단 영상(diagnostic images)을 생성한다.
3. 대안 촬영(alternative views)과 그것이 필요한 이유를 숙지한다.
4. 정상적인 흉부 방사선 해부학을 식별한다.

주요 용어

무기폐(Atelectasis)
의존성(Dependent)
가로막각(diaphragmatic crura)
경사효과(Heel effect)
반쪽 흉부(Hemithorax)
폐문 부위(Hilar region)
가로빔(Horizontal beam)
종격동(Mediastinum)
물체-필름 거리[Object-film distance (OFD)]
불투명/방사선 비투과성(Opaque/radiopaque)
직각의(Orthogonal)
실질(Parenchyma)
자세 용어(Positional terminology)

기술적 참고: 공간을 아끼기 위해, 이 장에서 제시된 방사선 사진에는 콜리메이션(collimation)이 생략되었다. 언제나 빔이 영상 감지기의 가장 자리 내부로 한정되도록 콜리메이션을 제한해야 한다. 필름 방사선술에서는 모든 방사선 사진에 명확한 콜리메이션 범위(프레임)가 보여야 한다. 일부 지역에서는 법적으로 콜리메이션의 증거가 요구된다. 디지털 이미징에서는 알고리즘이 적절한 콜리메이션에 따라 달라진다.

흉부 방사선촬영(thoracic radiography)은 소동물 실습에서 일반적인 진단 절차다. 특정 적응증(specific indications)으로 심장 질환(heart disease), 폐렴(pneumonia), 신생물(원발성 또는 전이성)[neoplasia (primary or metastatic)], 치료(treatment)의 의혹 또는 질병 추적 관찰(disease follow-up)이 포함된다. 추가 진단을 위해 컴퓨터 단층촬영(computed tomography, CT) 또는 심장초음파검사(echocardiography)가 필요할 수 있다.

방사선학적 및 자세잡기 고려사항 _Radiographic and Positioning Concerns

- 필름/스크린 시스템(film/screen systems)에서 흉부는 회색 음영이 많은 긴 대비도 척도(long contrast scale)를 사용한 방사선 촬영이 가장 적합하다. 더 높은 킬로볼트(kilovoltage, kV)와 더 낮은 밀리암페어-세컨드(milliampere-seconds, mAs)로 얻을 수 있다. 폐 내의 많은 양의 공기는 이미 본질적으로 높은 대비도(contrast)를 만든다.
    - 정확한 노출이 중요하다. 미노출(underexposure)은 간질성 혼탁화(interstitial opacification)의 잘못된 진단으로 이어질 수 있다. 과노출(overexposure) 또는 과포화 디지털 시스템(oversaturated digital systems)으로 촬영한 영상은 미세한 폐 병변(subtle lung lesions)을 숨기거나 잘못된 진단으로 이어질 수 있다.
    - 종격동 종괴(mediastinal mass)나 가슴막삼출액(pleural fluid)이 있는 경우와 같이 노출을 변경해야 할 수도 있다. 이러한 경우 kVp 노출을 15~20%까지 증가시킨다.
- 디지털 시스템의 대비도와 밀도(density)는 영상을 얻은 후에 조작할 수 있으므로 정확한 디지털 노출이 그다지 중요하지 않다. 그러나 정확한 기술에 가까울수록 영상이 더 좋아진다. 필름 방사선촬영(film radiography)과 마찬가지로 촬영할 위치에서 환자를 측정하는 것이 중요하다.
- mA가 결정되면 가능한 가장 높은 mA와 가장 짧은 시간을 사용하여 흔들림(blurring)을 유발할 수 있는 호흡 운동 허상(respiratory motion artifact)을 최소화한다.
- 필름 방사선 촬영에서 10 cm 이상의 측정값에 대한 그리드(grid)를 고려하면 필름에서 산란 방사선(scattered radiation)을 최소화하여 대비도를 더욱 감소시킨다.
- 최대 흡기(peak inspiration) 상태에서 노출해야 한다. 이는 폐야(lung field)의 통기를 증가시켜 가스로 채워진 폐와 연조직 폐 구조 사이의 대비도를 최대화한다. 최대 흡기 시, 특히 가쪽촬영(lateral view)에서 심장 윤곽(cardiac silhouette)과 가로막(diaphragm)이 더 크게 분리된다.
- 고품질 흉부영상은 노출 계수(exposure factors) 및 최대 흡기와 함께 정확한 자세잡기 및 중앙 배치(centering)에 중점을 둬야 한다. X선 빔의 변위(displacement of the x-ray beam) 또는 환자의 회전(rotation)이 흉부 해부학 영상에 현저한 변화를 일으켜 오진(misdiagnosis)을 유발할 수 있기 때문에 대칭 영상(symmetrical image)이 필수적이다.
- 최소 2개의 직각 촬영(orthogonal views)이 있어야 한다: 최소한 1개의 가쪽촬영 및 VD/DV(배등쪽/등배쪽)촬영. 그러나 적절한 진단을 위해서는 종종 추가 촬영이 필요하다. 충분한 촬영을 하지 못하면 진단을 놓칠 수 있다.
- 누움자세(recumbency)와 관련된 무기폐(atelectasis)로 인해 의존성 가쪽 폐(dependent lateral lung)의 불투명도(opacity)가 증가하여 가쪽촬영은 VD/DV보다 더 불투명하게 나타난다. 가쪽에 폐 질환 의심되는 소견이 있는 경우 먼저 무기폐를 배제하기 위해 직각 촬영이 필요하다. 환자가 옆누움자세(lateral recumbency)로 있는 시간을 최소화하기 위해 먼저 DV/VD(등배쪽/배등쪽)촬영을 고려한다.
- 폐렴 또는 전이(metastasis)가 의심되는 경우 오른 및 왼 가쪽촬영 모두 권장된다.[1-3] 또한 폐렴의 경우 배등쪽촬영, 심장 질환(cardiac disease)의 경우 등배쪽촬영, 전이의 경우 배등쪽촬영 또는 등배쪽촬영을 영상화한다.
- 드물게 중심에서 20~30도 각도로 만든 DV/VD 비스듬 촬영(oblique view)이 필요할 수 있다. 관심 영역이 척추 또는 심장 그림자(cardiac shadow)에서 멀어지면 폐문 부위(hilar region)의 갈비뼈 병변(rib lesions) 또는 폐 병변(pulmonary lesions)을 식별하는 데 도움이 될 수 있다. 질병 진행을 배제하기 위해 필요에 따라 누움자세 촬영(decubital views)이 필요할 수도 있다.
- 프로토콜(protocol)과 환자 준비는 개와 고양이 모두 동일하다. 환자의 털이 깨끗하고 마른 상태인지 확인하고 목줄이나 목줄을 제거한다(그림 12.1). 고양이의 헝클어진 털과 같은 두꺼운 털은 눈에 띄는 허상(artifact)을 유발할 수 있다.
    - 진정(sedation)은 수동 보정(manual restraint)을 피하고 더 많은 진단 영상을 얻는 데 도움이 될 수 있다.
- 호흡 곤란 환자(respiratory distress patient)나 노령 환

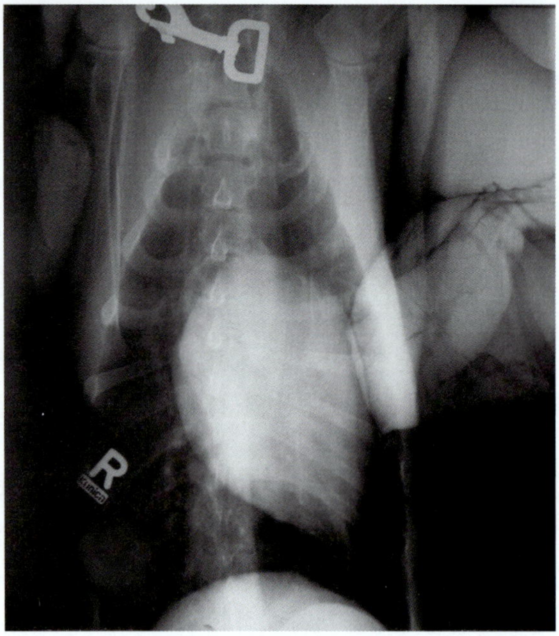

그림 12.1 환자의 털이 깨끗하고 마른 상태인지 확인하고 목걸이(collar)나 목줄(leash)을 제거한다. 이 방사선 사진의 허상에는 잘못된 마커 배치, 모래 주머니 및 목줄 클립(leash clip)이 포함된다.

자(geriatric patient)는 더 많은 가슴뼈 자세 시간(sternal time), 산소 공급(flow-by oxygen) 및 휴식(break)이 필요할 수 있다. 위독한 환자는 언제든지 보상기전상실(decompensate)이 발생할 수 있으므로 필요에 맞는 물품과 응급 약품을 쉽게 이용할 수 있도록 하는 것이 중요하다. 이러한 환자에게는 방심하지 않고 면밀한 평가(vigilant assessment) 및 모니터링을 하는 것이 중요하다.

- 진정제를 투여한 과체중 동물은 종종 진정되지 않은 동물처럼 완전히 환기(ventilate)하지 않기 때문에 폐포(alveolar) 또는 간질 모양(interstitial pattern)을 잘못 해석할 수 있다. 환자가 마취 기계(anesthetic machine)에 연결된 경우 흡입을 노출 시간(exposure time)과 동기화(synchronize)하여 폐에 더 많은 대비도를 생성하기 위해 양압 환기(positive ventilation)를 적용할 수 있다.
- 머리쪽 흉곽 입구(cranial thoracic inlet)에서 뒤등쪽 폐야(caudodorsal lung field)까지 전체 폐야가 포함되어야 한다. 흉부는 흉곽(rib cage) 안에 있으므로 전체 흉곽을 포함해야 한다. 일반적으로 14- × 17인치(35.5- × 43 cm) 영상판(plate)은 대부분의 대형견을 수용할 수 있지만, 개가 너무 커서 하나의 영상에 폐야를 완전히 포함할 수 없는 경우 각 촬영(view)을 머리쪽 부위(cranial section)와 꼬리쪽 부위(caudal section)로 나누어야 할 수 있다. 하나 이상의 영상판이 필요한 경우 전체 심장 윤곽이 하나 이상의 영상에 포함되어 있는지 확인한다.
- 거대한 어깨 근육은 머리쪽 등뼈(cranial thoracic vertebrae)의 미노출을 유발하기 때문에 특히 중형 및 대형견의 경우 가장 두꺼운 부분이 음극(cathode)을 향하게 하여 양극 경사효과(anode heel effect)를 이용한다.
- 모든 영상은 특정 시점의 흉부의 순간적인 사진일 뿐이다.

> **보건사 참고사항**
> 잘못된 설정을 방지하기 위해 항상 촬영할 위치에서 환자를 측정한다.

> **보건사 참고사항**
> 전략적으로 사용되는 자세잡기 보조 장치(positioning aids)는 환자가 잡고 있는 것처럼 착각하게 만든다. 환자가 제대로 진정되지 않은 경우 목과 사지 위에 모래주머니(sandbag)를 얹거나 끈을 사용하는 것이 필수적이다. 방은 더 어둡게 한다; 특히 고양이의 경우 느리고 체계적으로 행동한다; 낮고 차분한 목소리로 계속 말하고 환자의 행동 특성을 활용한다.

표 12.1 흉부 방사선 촬영 프로토콜

촬영	프로토콜
일반적	오른 및/또는 왼가쪽 배등쪽(VD)(일반적으로 폐용) 등배쪽(DV)(일반적으로 심장용)
보조적	가쪽 누움자세촬영 가로빔이 있는 대체 가쪽촬영: 등배쪽 또는 배등쪽 누움자세촬영 서서 가쪽촬영 20~30도 등배쪽 또는 배등쪽 비스듬 촬영 호기 방사선 영상

표 12.1은 흉부 방사선촬영에 대한 프로토콜을 나열한다.

> **보건사 참고사항**
> 흉부는 흉곽 안에 있으므로 각 흉부 영상에 전체 흉곽을 포함한다.

> **보건사 참고사항**
> 진단 수준의 흉부 영상은 짧은 노출 시간, 최대 흡기, 철저한 대칭 및 자세잡기를 통하여 얻는다.

일반적인 자세 _Routine Positions

가쪽 – 일반적 _Lateral—Routine

- 기술적으로 오른가쪽(right lateral)에 대한 정확한 용어는 "진입점 대 출구점(point of entrance to point of exit)"을 고려한다면 왼쪽–오른가쪽(left-right lateral)이다; 그러나 이 용어는 일반적으로 소동물에는 사용되지 않는다. 환자가 누워 있는 쪽에 라벨을 붙인다. 오른가쪽은 오른쪽으로 눕는 것이다.
- 가쪽이 하나만 필요한 경우 개인 선호도에 따라 촬영이 결정된다. 대부분의 오른손잡이 영상촬영자(right-handed imager)는 환자가 오른쪽으로 누워 오른가쪽촬영을 생성하는 것을 선호한다. 그러나 폐 결절(lung nodule)이나 작은 종괴(mass)에서 흔히 발생하는 것과 같이 특히 병변이 작고 VD상 또는 DV상에서 보이지 않는 경우 무기폐로 인해 양쪽 가쪽을 확보하는 것이 좋다.[1]
- 환자가 옆누움자세일 때, 의존성 폐(dependent lung)는 비의존성(상부) 폐보다 더 불투명하고 덜 팽창한다. 이는 환자의 체질량(body mass)과 관련이 있고 옆누움자세 상태에서 모든 환자에게 발생하는 무기폐로 인해 의존성 폐의 병변을 가릴 수 있다.
- 아래쪽 폐(downward lung)의 무기폐는 5분 이내에 발생하며 중력의 영향뿐만 아니라 뿐만 아니라[3] 폐를 압박하는 심장에도 압박이 가해져 의존성 흉곽(dependent rib cage)의 움직임이 줄어들고 가로막의 의존성 부분의 앞쪽 움직임이 줄어든다.[1] 따라서 오른쪽 폐에 병변이 의심되는 경우 왼가쪽을 영상화한다. 위쪽엽(upper lobe)의 환기(aeration) 또한 대비도를 향상시킨다.
- 또한 피사체–필름 간 거리(object-film distance, OFD)가 증가하면 병변이 확대되어 진단에 도움이 될 수 있다.
- 오른머리쪽 엽(right cranial lobe)의 폐동맥(pulmonary artery) 및 폐정맥(pulmonary vein)은 일반적으로 폐순환을 평가하는 데 사용된다. 왼가쪽촬영(left lateral view)[3]은 다른 구조의 중첩이 없기 때문에 이러한 혈관을 더 잘 구별하여 상대적 혈관 크기(relative vessel size)를 더 정확하게 결정한다(오른가쪽과 왼가쪽촬영의 차이는 표 12.2 참조).
- 영상은 최대 흡기(maximum inspiration)에서 촬영해야 한다. 필요한 경우 호기(expiration) 중에 촬영한 영상은 소량의 흉수(pleural fluid), 기흉(pneumothorax) 또는 기관허탈(tracheal collapse)또는 기관지허탈(bronchial collapse) 진단에 도움이 될 수 있다[1](그림 12.2~12.8).

자세잡기 _Positioning

배치(Place In): 오른 또는 왼옆누움자세.

머리(Head): 자연스러운 자세를 유지한다.

호흡이 제한되지 않도록 모래주머니를 목에 걸어 적절히 유지한다.

앞다리(Forelimbs): 테이블에 고정된 벨크로 스트랩(Velcro strap)으로 사지를 묶고 흉부(thorax)를 회전시키지 않고 가능한 멀리 머리쪽으로 당긴다. 또는 모래주머니를 사용하여 사지를 고정할 수 있다.

뒷다리(Hindlimbs): 약간 꼬리쪽으로 당긴다.

벨크로 스트랩으로 사지를 테이블에 고정하거나 모래주머니를 사용하여 사지를 고정한다.

필요한 경우 회전을 제거하기 위해 넙다리뼈(femur) 사이에 적절한 두께의 폼 패드(foam pad)를 놓는다.

가슴뼈(Sternum): 회전을 방지하기 위해 가슴뼈가 등뼈(thoracic vertebrae)와 동일한 평면에 있도록 웨지 스폰지(wedged sponge)로 들어 올린다.

측정: 흉곽의 가장 두꺼운 부분 위에 있는 어깨뼈(scapula)의 꼬리쪽경계(caudal border).

중심 방사선: 어깨뼈의 뒤경계, 5번과 6번 갈비뼈(rib) 사이(가장 강한 심장 박동을 느끼는 곳), 척추(spine)와 가슴뼈 사이의 대략 중간 지점.

경계: 흉부는 흉곽 안에 있으므로 전체 흉곽을 포함한다.

머리쪽: 어깨위팔 관절(scapulohumeral articulation)[흉곽 입구(thoracic inlet) 포함]의 머리쪽 지점(cranial point)에서 촉진한다.

꼬리쪽: 마지막 갈비뼈까지 꼬리쪽 몇 센티미터.

가쪽 – 일반적 _Lateral—Routine (계속)

등쪽: 등뼈를 포함.

배쪽: 가슴뼈를 포함.

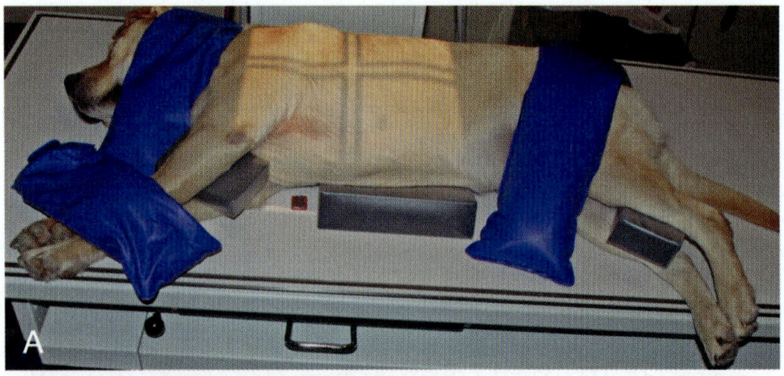

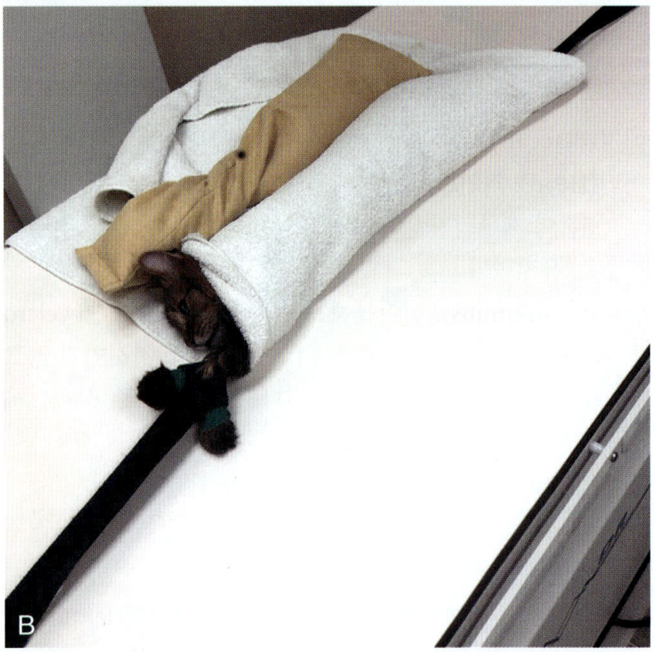

그림 12.2 **A,** 가쪽 흉부촬영을 위한 자세잡기. 흉부의 회전을 제거하기 위해 자세잡기 보조장치를 적절하게 배치한다. 마커는 머리쪽과 배쪽에 배치한다. 폼 패드 아래에 놓을 수 있다. **B,** 스트랩(strap), 모래주머니 및 수건을 사용하여 비수동 보정으로 고양이 가쪽 자세잡기. 콜리메이터, 중앙배치 및 경계는 개와 동일하다. (**A,** Courtesy Seneca College of Applied Arts and Technology, King City, ON. **B,** Courtesy Ashley Jenner and Julia Bitan, http://handsfreexrays.com, Toronto, ON.)

보건사 참고사항

폐를 부풀리고 흉부의 연조직(soft tissue)과 폐의 공기 사이에 더 나은 대비도를 제공하려면 흡기가 필요하다.

환자로부터 최대 흡기를 얻으려면:

- 환자와 함께 호흡하고 호기 또는 부분 흡기(partial inspiration) [환자의 호흡수(respiratory rate)에 따라 다름] 지점에서 2단계 시스템(two-step system)의 로터(rotor)를 누른다. 로터를 누른 상태에서 최대 흡기 시 촬영 버튼을 누른다.
- 환자에게 기관내 튜브(ET, endotracheal tube)가 있는 경우 마취주머니(anesthetic bag)를 짜거나 앰부주머니(Ambu bag)[백 밸브 마스크(bag valve mask)]를 사용한다.

코멘트 및 팁 _Comments and Tips

- ID (identification) 또는 마커(marker)를 겨드랑이(axilla) 근처 복부의 배쪽 면(ventral aspect)에 배치한다.
- 가슴뼈가 테이블과 평행하고 척추와 같은 높이인지 확인한다. 빔(beam)은 두 부위 모두에 수직이다. 가슴뼈의 회전은 주요 기관지(mainstream bronchi)를 분리할 수 있기 때문에 좌심방 확장(left atrial enlargement) 또는 심장 종괴(heart mass)를 오인하게 만들 수 있다[3].
- 환자가 편안하게 허용할 만큼 앞다리를 당겨 머리쪽 폐야(cranial lung field) 위에 위팔근(brachium muscle)이 중첩되는 것을 방지한다. 회전을 일으키지 말아라.
- 최대 흡기가 되면 즉시 노출시킨다.
- 자세잡기 보조장치(positioning device) 외에도 피부 주름(folds of skin), 유두(nipple), 가슴뼈 배쪽 지방 덩어리(fatty mass)가 허상을 유발할 수 있다(그림 12.5 참조).

보건사 참고사항

노출 버튼을 누르기 전에 머릿속에서 체크리스트(mental checklist)를 빠르게 검토한다.

체크리스트에는 다음이 포함되지만 이에 국한되지는 않는다.

- 정확한 설정
- 제 위치에 있는 영상 수용기/그리드
- 마커 및 ID의 적절한 위치(이 단계에서 사용하는 경우)
- 올바른 신체 부위 및 촬영자세
- 음극에서 가장 두꺼운 부위
- 적절하게 측정되고 중앙에 위치함(그림 12.8)
- 콜리메이터 경계가 정확함
- 중심 방사선에 수직이고 영상 수용기와 평행하게 준비, 배치 및 지지된 환자
- 최대 흡기

가쪽 – 일반적 _Lateral—Routine (계속)

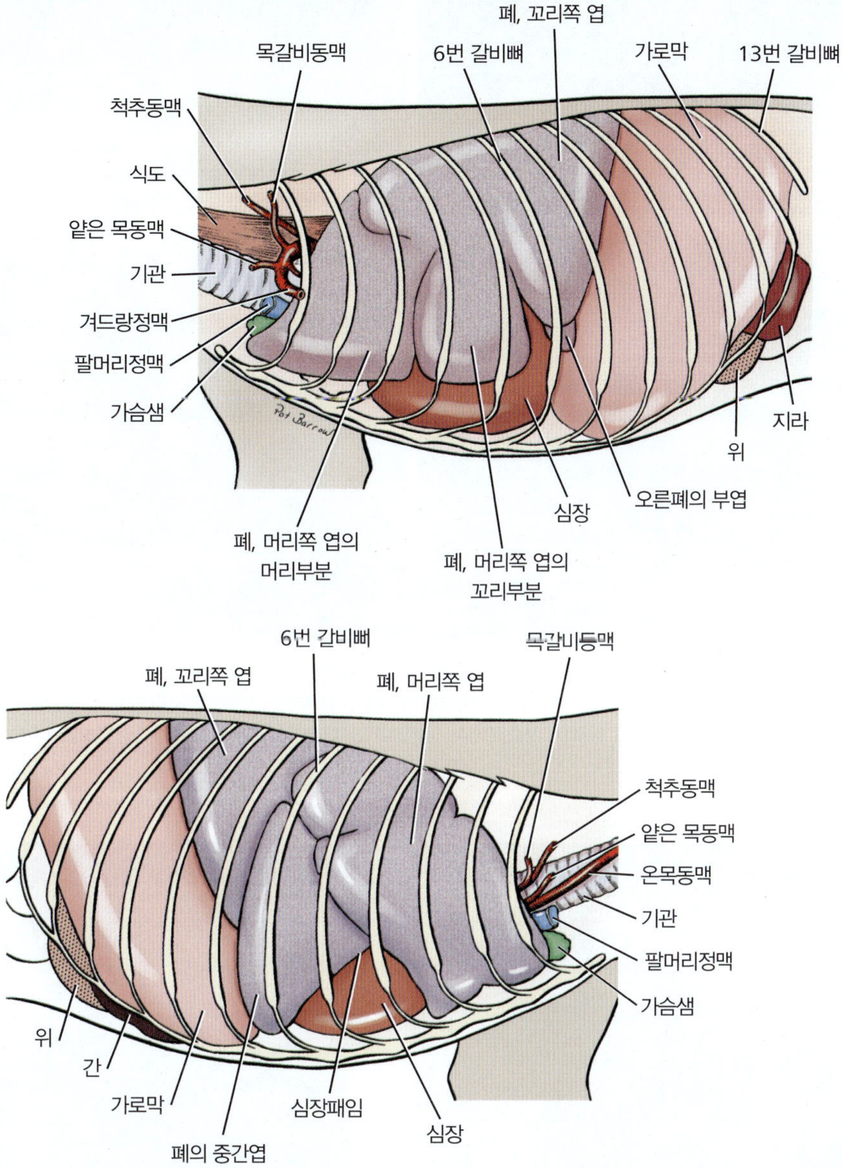

A

B

그림 12.3 **A,** 왼쪽에서 오른쪽으로 가쪽 촬영(RtL, left-to-right lateral projection)의 흉곽 내 왼쪽 흉부 내장(thoracic viscera)의 다이어그램(diagram). **B,** 오른쪽에서 왼쪽으로 가쪽 촬영(LeL, right-to-left lateral projection)의 흉곽 내 오른쪽 흉부 내장의 다이어그램.

가쪽 – 일반적 _*Lateral—Routine* (계속)

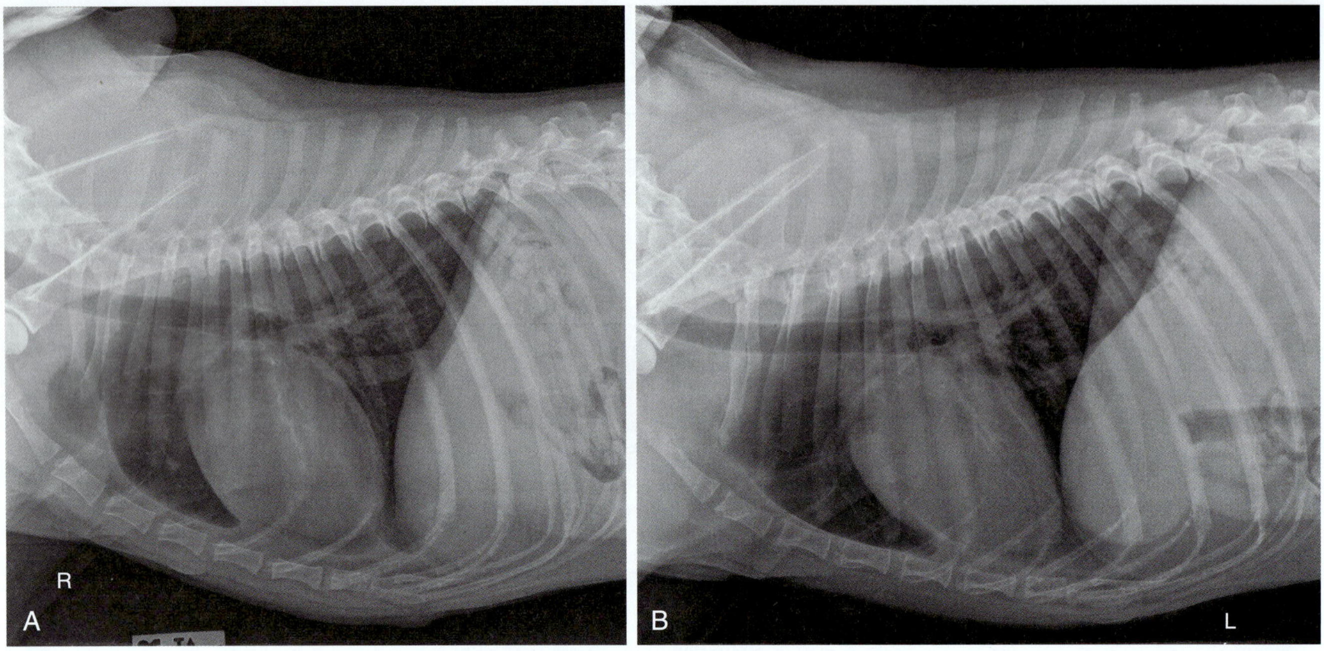

그림 12.4 **A,** 흡기 시 오른가쪽 흉부의 방사선 사진. 흉곽은 갈비뼈 안에 있다. 정상적인 평균 개에서 기저부(base)에서 측정된 심장은 품종에 따라 갈비사이공간(intercostal space)의 너비의 약 2 ½ ~ 3 ½배다. 왼가쪽촬영과 비교하여 심장 기저부는 오른가쪽촬영에서 더 원추형 또는 타원형으로 나타난다. **B,** 흡기 시 왼가쪽 흉부의 방사선 사진. 왼가쪽촬영에서 심장끝의 윤곽이 가슴뼈에서 이동되어 전체 심장 모양이 오른가쪽촬영보다 더 둥글게 보인다. 두 경우 모두 뒤대정맥, 심장 및 가로막 사이에 폐의 삼각형 영역이 있다.

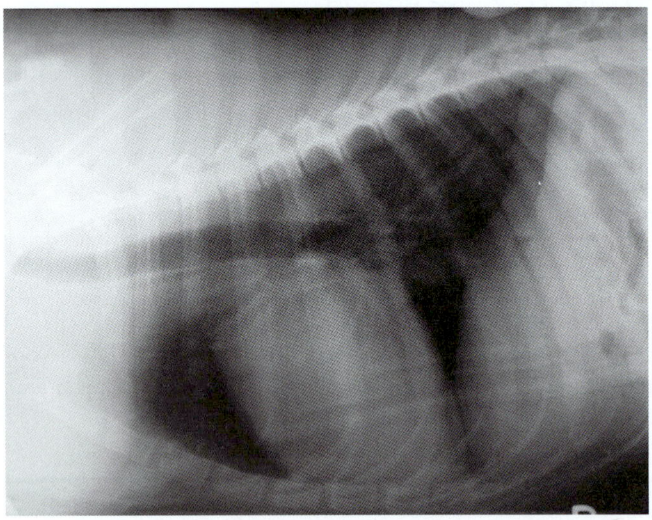

그림 12.5 복부 위의 평행한 수평선은 피부 주름이다. 젖꼭지(nipple), 유두종(papilloma) 또는 지방 종괴(fatty mass)도 허상을 유발할 수 있다.

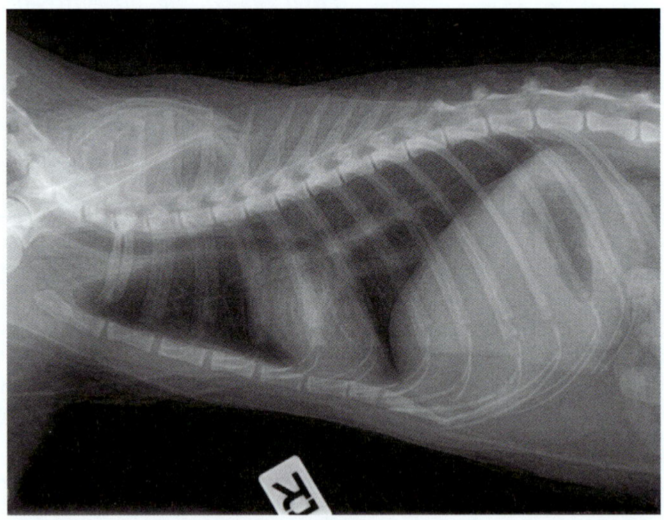

그림 12.6 **고양이 흉부의 오른가쪽 촬영.** 심장끝은 일반적으로 개보다 고양이에서 더 뾰족하다. 정상적인 심장 너비는 2개의 늑간 공간이다. (CourtesyJennifer White, Mississauga Oakville Veterinary Emergency and Specialty Hospital, ON)

가쪽–일반적 _Lateral—Routine (계속)

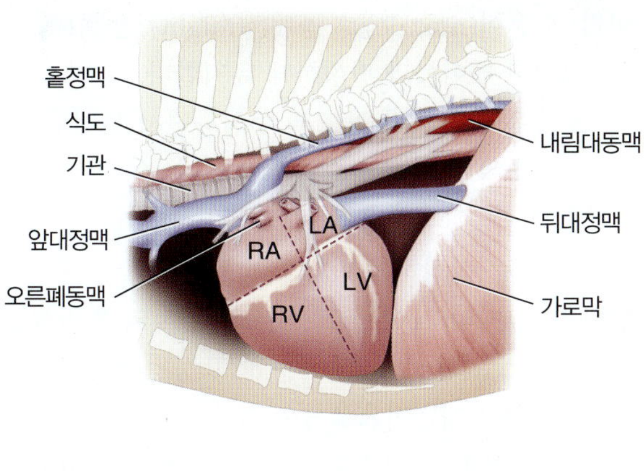

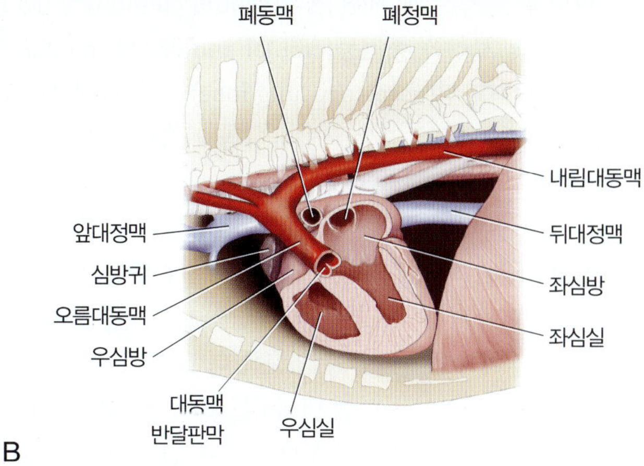

그림 12.7 개 심장 및 혈관의 해부학. A, 왼쪽에서 오른쪽으로 가쪽(RtL) 촬영. 머리쪽 대정맥과 우심방(right atrium)의 교차점에 있는 수직 허리(vertical waist)와 심장을 4개의 방으로 나누는 좌심방(left atrium)과 좌심실(left ventricle)의 교차점에 있는 방실 고랑(atrioventricular groove)의 수평 허리(horizontal waist)에 주목한다. *A,* 심방(atrium); *L,* 왼쪽; *R,* 오른쪽; *V,* 심실(ventricle). **B,** 오른쪽에서 왼쪽으로 가쪽(LeL) 촬영.

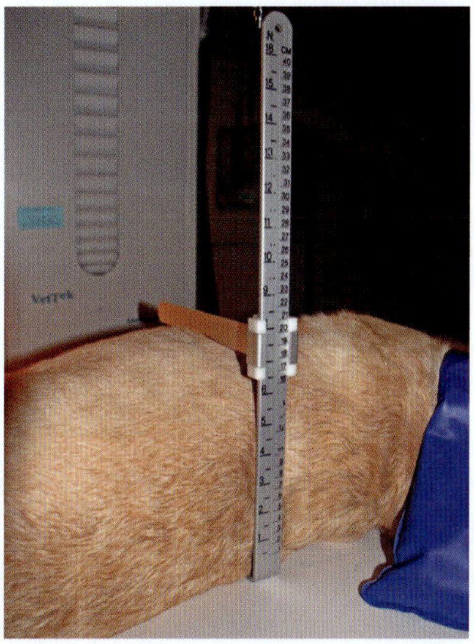

그림 12.8 환자를 올바른 자세에 놓고 가장 두꺼운 부분 위의 어깨뼈 뒤경계에서 측정한다. 두껍고 근육질의 개에서 가장 두꺼운 부분은 경사 효과를 이용하기 위해 음극(cathode)을 향해야 한다.

배등쪽촬영 – 일반적 _Ventrodorsal—Routine

- VD 흉부 촬영은 폐, 배쪽 폐야(ventral pulmonary field), 머리쪽 및 꼬리쪽 종격동(cranial and caudal mediastinum), 덧허파엽(accessory lung lobe) 및 뒤대정맥(caudal vena cava)의 영상뿐만 아니라 가슴막삼출(pleural effusion)의 경우에도 권장된다.
- VD에서는 내림대동맥(descending aorta)과 대혈관(great vessel)의 변화가 DV보다 더 눈에 띈다. 덧허파엽은 꼬리쪽 종격동의 또는 덧허파엽의 병리학(pathology)을 보다 정확하게 평가할 수 있도록 더 잘 통기된다. (VD와 DV 간의 추가적인 차이에 대해서는 표 12.2를 참조하라.)
- 심하게 아픈 동물의 경우 VD 촬영은 남아 있는 기능성 폐야(functional lung field)를 압박할 수 있다. 환자가 위독하거나 위태로운 경우 비상 용품이나 장비를 가까이에 두고 환자를 지속적으로 평가하고 모니터링해야 한다.
- 특히 고양이의 경우 VD는 DV보다 대칭적으로 배치하기가 더 쉬운 경우가 많다.
- VD 또는 DV 보기에서 발생하는 의존성 무기폐(dependent atelectasis)의 양은 가쪽촬영보다 훨씬 적다.

자세잡기 _Positioning

배치: V자 폼 보정틀(foam V-trough)에서 등누움자세(dorsal recumbency).

머리: 주둥이(muzzle)를 곧게(straight), 앞쪽(forward)으로 그리고 테이블과 평행하게 유지한다.

호흡을 제한하지 않도록 주의하면서 모래주머니를 머리와 목 위에 조심스럽게 놓는다.

코 끝과 꼬리쪽 정중선(caudal midline)을 연결하는 직선을 상상해야 한다.

앞다리: 앞다리 사이에 코를 두고 환자의 편안함을 위해 머리쪽으로 당긴다. 테이블에 고정된 벨크로 스트랩으로 앞다리를 개별적으로 묶는다.

또는 머리를 지지할 수 있는 팔꿈치(elbow) 근위부(proximal) 또는 손목(carpus)에 모래주머니를 놓는다.

뒷다리: 자연스러운 개구리 다리 자세를 유지하고, 테이블에 고정된 벨크로 스트랩으로 뒷다리를 개별적으로 묶거나 각 뒷다리 위에 모래주머니를 놓는다.

가슴뼈와 척추(Sternum and spine): 중첩됨—별도의 구조물로 간주되어서는 안 된다.

몸통: 흉곽의 양쪽이 등거리(같은 거리, equidistant)로 보이도록 균일하게 배치한다. 대칭은 필수적이다(그림 12.9~12.13).

측정: 가슴뼈의 가장 높은 지점에서 어깨뼈의 뒤경계 위.

중심 방사선: 어깨뼈의 꼬리쪽 가장자리(margin) 또는 5번과 6번 갈비뼈 사이에 중첩된 척추와 가슴뼈 위의 정중선.

경계: *흉부는 흉곽 안에 있으므로 전체 흉곽을 포함한다.*

머리쪽: 어깨위팔 관절(흉곽 입구 포함)의 머리쪽 지점.

꼬리쪽: 마지막 갈비뼈까지 꼬리쪽 몇 센티미터.

등쪽: 등뼈 포함.

배쪽: 가슴뼈 포함.

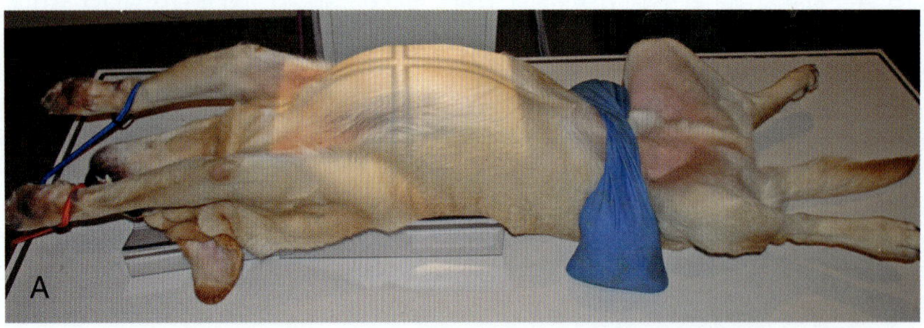

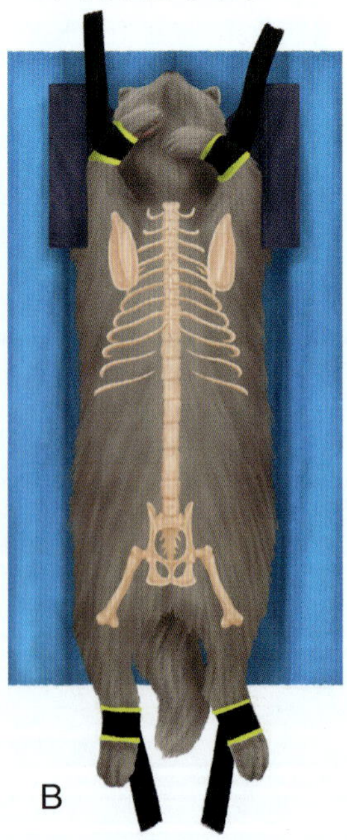

그림 12.9 **A**, 배등쪽(VD) 흉부의 자세잡기는 일반적으로 폐를 보기위해 제안된다. 앞다리는 머리쪽으로 당겨진다. 흉부의 회전이 없는지 확인한다. **B**, 고양이 VD 흉부에 대한 자세잡기. (**A**, Courtesy Seneca College of Applied Arts and Technology, King City, ON; **B**, Courtesy Julia Bitan, http://handsfreexrays.com, Toronto, ON.)

배등쪽촬영 – 일반적 _Ventrodorsal—Routine (계속)

코멘트와 팁 _Comments and Tips

- ID 또는 마커를 겨드랑이 근처 흉부의 적절한 가쪽에 인접하여 배치한다.
- 관심 영역에 장치를 배치하면 영상에 영향을 줄 수 있다.
- 최대 흡기가 되면 즉시 노출시킨다.
- 일반적이지 않은 [인간형(humanoid)] VD 흉부상은 흉부의 다리들을 꼬리쪽으로 당긴 상태에서도 촬영할 수 있다. 이것은 종격동, 폐 및 가슴막(pleura)의 평가를 돕기 위해 어깨뼈 및 관련 근육을 머리쪽 흉부로부터 멀리 회전시킨다.
- 대형견(large-breed dog)의 경우 별도의 머리쪽 및 꼬리쪽 영상이 필요할 수 있다. 전체 심장 윤곽(silhouette)이 하나 이상의 영상에 포함되어 있는지 확인한다.

보건사 참고사항

예외적으로 심장을 영상화는 DV촬영과 폐를 영상화는 VD촬영을 고려한다.

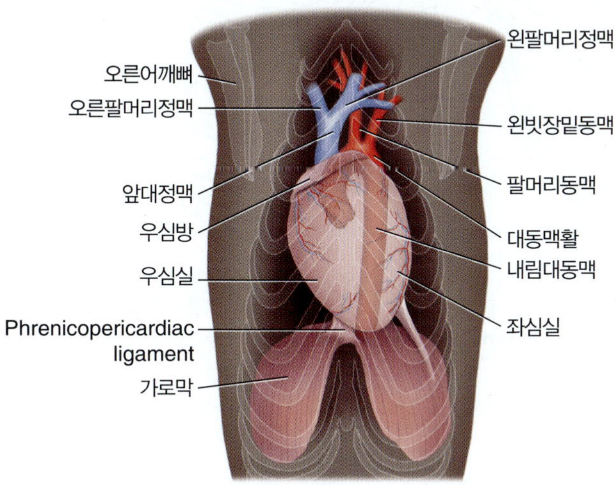

그림 12.10 심장(VD)을 보여주는 개 흉부의 배쪽촬영 다이어그램.

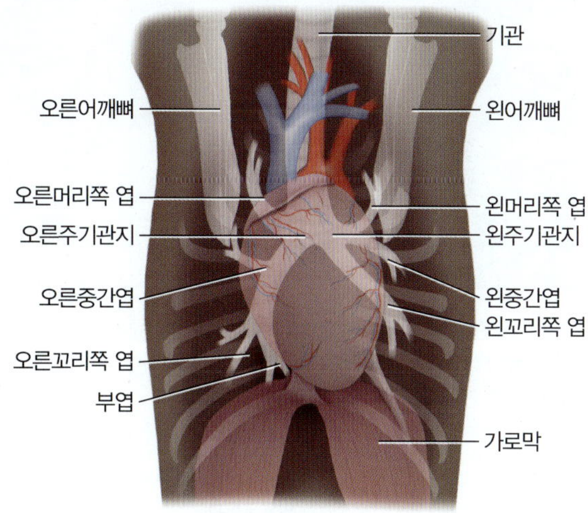

그림 12.11 배등쪽 자세에서 개 기관지나무(bronchial tree)의 배쪽촬영 다이어그램.

배등쪽촬영 – 일반적 _Ventrodorsal—Routine (계속)

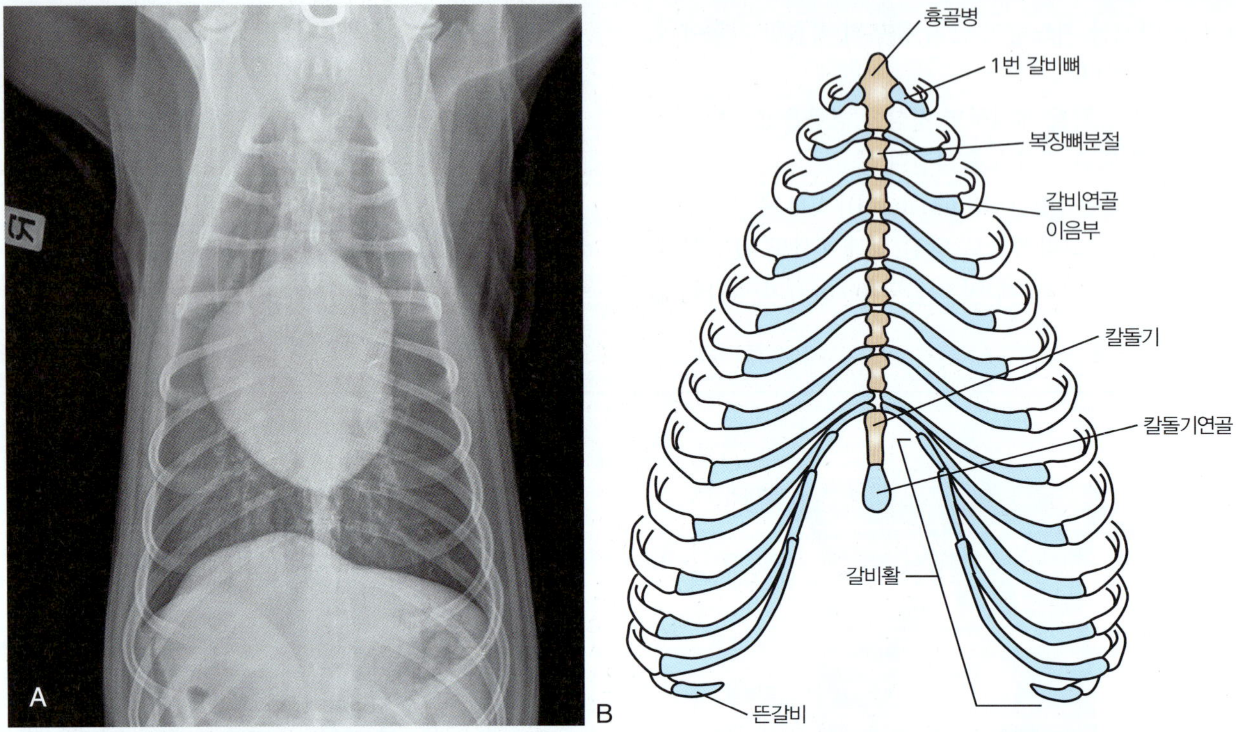

그림 12.12 **A,** 흡기 시 흉부의 VD 방사선 사진. 심장 윤곽은 피사체-필름 거리(OFD)의 증가로 인해 DV보다 VD에서 더 길게 나타나고 심장끝(cardiac apex)은 왼가쪽과 등쪽으로 이동한다. 가로막은 오른쪽 및 왼쪽 각과 팽대정이 흉부로 돌출되어 세 개의 혹(hump)으로 나타난다. **B,** 개 갈비연골(costal cartilage)과 가슴뼈. 흉부 영상에 전체 흉곽을 포함한다.

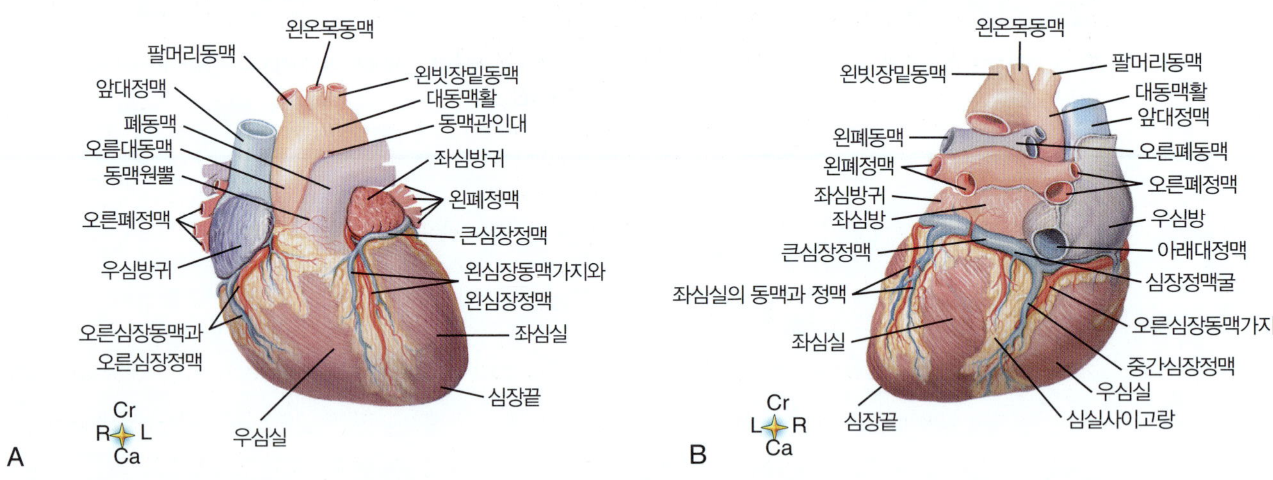

그림 12.13 심장과 대혈관의 다이어그램. **A,** 배쪽촬영(ventral view). **B,** 등쪽촬영(dorsal view). (From Patton KT, Thibodeau GA. Anatomy and Physiology. 9th ed. St Louis: Saunders; 2016.)

등배쪽 흉부 – 일반적 _Dorsoventral Thorax—Routine

DV 흉부상은 일반적으로 더 자연스러운 위치에 있기 때문에 심장에 가장 적합한 위치로 간주된다. 이것은 일관된 심장 윤곽, 폐엽 혈관(pulmonary lobar vessel)의 평가, 그리고 폐문 림프절(hilar lymph node), 꼬리쪽 등쪽폐(caudal dorsal lung), 기관, 주기관지(mainstem bronchi) 및 좌심방(left atrium)과 같은 등쪽 흉부에 있는 구조물에 대한 더 나은 평가를 제공한다. 그러나 일부 출처에서는 DV가 위치의 차이를 설명하는 경우 심장 질환을 평가하기 위해 항상 표시되지 않을 수 있다고 제안한다. DV상은 기흉 평가에도 도움이 되며 호흡 곤란 환자에게 사용해야 한다(그림 12.14 및 12.15).

자세잡기 _Positioning

배치(Place In): 필요한 경우 방사선 투과성 V자 보정틀(radiolucent V-trough)에서 배누움자세(ventral recumbency).

머리(Head): 부드럽게 머리쪽으로 자세를 취하고 호흡을 제한하지 않도록 주의하면서 모래주머니를 목과 머리 위에 조심스럽게 놓는다. 촬영 영역에 모래 주머니를 놓지 않도록 한다.

턱(chin)은 경추를 동일한 평면으로 유지하기 위해 패드 위에 지지될 수 있다.

머리를 똑바로 유지한다. 코 끝과 꼬리 정중선을 연결하는 직선을 상상해야 한다.

앞다리(Forelimbs): 머리쪽으로 뻗는다.

팔꿈치가 서로 붙어 있고 어깨뼈가 폐야의 가쪽에 놓이도록 발바닥을 약간 위로 향하게 한다.

벨크로 스트랩을 각 앞다리에 묶고 테이블에 고정하거나 앞다리 위에 모래주머니를 놓아 자세를 유지한다.

뒷다리(Hindlimbs): 자연스러운 자세를 유지하고 벨크로 스트랩이나 모래주머니로 고정한다.

가슴뼈와 척추(Sternum and spine): 중첩됨—별도의 구조물로 간주되어서는 안 된다.

몸통(Body): 흉곽의 양쪽이 같은 거리로 보이도록 균일하게 배치한다. 대칭은 필수적이다.

측정: 어깨뼈의 꼬리쪽 경계 위 또는 가장 높은 지점.

중심 방사선: 어깨뼈의 꼬리쪽 가장자리 또는 5번과 6번 갈비뼈 사이의 정중선.

경계: 흉부는 흉곽 안에 있으므로 전체 흉곽을 포함한다.

머리쪽: 어깨위팔 관절(흉곽 입구)의 머리쪽 지점.

꼬리쪽: 마지막 갈비뼈까지 꼬리쪽 몇 센티미터.

등쪽: 등뼈 포함.

배쪽: 가슴뼈 포함.

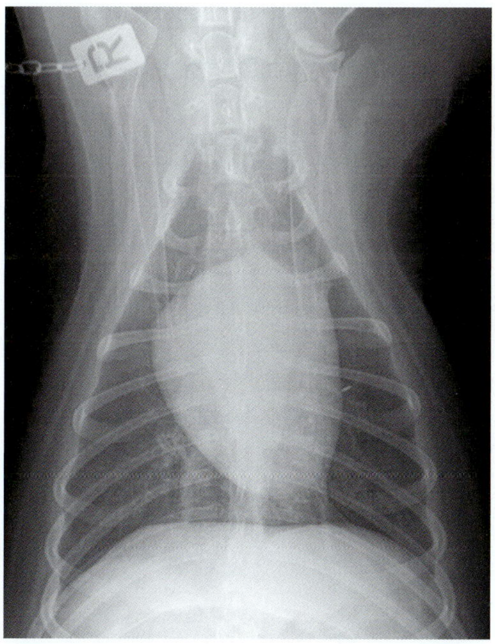

그림 12.14 흡기 시 흉부의 등배쪽 방사선 사진. 심장의 오른쪽은 배등쪽(VD) 자세보다 더 곧게 선 자세(입위, upright position)로 인해 더 둥글게 보인다. 한쪽으로 치우친 달걀 모양을 하고 있으며, 심장 윤곽은 종종 머리쪽이 변위된 가로막에 의해 왼쪽으로 옮겨져 왼쪽이 거의 직선으로 보이고 머리쪽과 오른쪽 경계가 둥글게 보인다. 가로막은 머리쪽으로 변위되며 일반적으로 흉부로 돌출된 하나의 볼록한 모양(팽대정)만 있다. (Courtesy Jennifer White, Mississauga Oakville Veterinary Emergency and Specialty Hospital, ON)

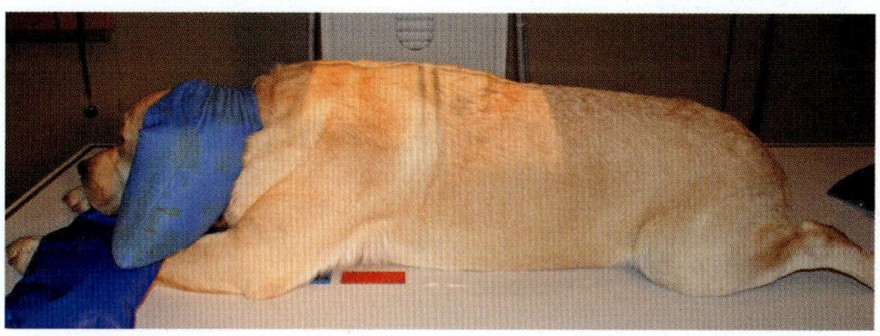

그림 12.15 등배쪽 흉부촬영의 자세잡기. 심장이 더 자연스러운 위치에 있기 때문에 이 촬영은 일반적으로 심장의 배등쪽(VD)촬영보다 선호된다. 회전이 없는지 확인한다.

등배쪽 흉부 – 일반적 _Dorsoventral Thorax—Routine (계속)

코멘트 및 팁 _Comments and Tips

- 콜리메이터 영역의 겨드랑이 근처에 ID 또는 마커를 올바른 방향으로 배치한다.
- 최대 흡기가 되면 즉시 노출시킨다.
- 다리들이 위로 향할 수 없는 경우 팔꿈치가 흉곽 입구 가쪽에 있도록 앞다리들을 배치할 수 있다. 자세잡기가 더 쉽지만 어깨뼈가 폐야 위에 겹쳐질 것이다.
- 미끄러운 테이블은 환자를 불안하게 만들 수 있으므로 발을 감싸는 방사선투과성 폼 매트(radiolucent foam mat), 수건 또는 모래주머니를 사용하여 환자가 더 안전하게 느끼도록 한다.
- 환자가 위독하거나 위태로운 경우 비상 용품이나 장비를 가까이에 두고 환자를 지속적으로 평가하고 모니터링해야 한다.

보건사 참고사항

일반적인 실수는 너무 멀리 꼬리쪽으로 중심을 배치하는 것이다. 심장(촉진하여 확인) 바로 위에 중심을 잡고 어깨 관절 뒤쪽에서 마지막 갈비뼈까지 머리쪽으로 포함하는지 확인한다. 흉부는 흉곽 안에 있으므로 전체 흉곽을 포함한다.

보건사 참고사항

양질(good-quality)의 흉부 영상[1,3]은 다음과 같은 특징이 있다.

- 심장에 중심 맞춘 1차 X선 빔(primary x-ray beam)
- 모든 갈비뼈가 포함되어 있음
- 회전 없음
- 운동 허상(motion artifact) 없음
- 최고 흡기에 노출
- 심장과 폐를 알맞게 평가하기 위한 적절한 대비도 및 밀도

가쪽촬영은 다음과 같은 경우에 적절하게 배치된다.[1-3]

- 갈비뼈 머리(rib head)가 중첩되고 갈비뼈가 등쪽으로 척추까지 확장되지 않는다.
- 등쪽 척추돌기(spinal process)는 어깨뼈를 통해 희미하게 보인다.
- 척추사이구멍(intervertebral foramina)은 크기가 같다.
- 가로돌기(transverse process)는 척추뼈몸통(vertebral body)의 시작 부분에 중첩되어 나이키 스우시(Nike swooshes) 신발의 로고처럼 겹쳐 보인다.[1]
- 심장 위에 갈비뼈가 중첩되어 심장 윤곽 위에 희미하게 보인다.
- 갈비연골 이음부(costochondral junction)는 동일한 수준에 있다.

DV/VD 상은 다음과 같은 경우에 적절하게 배치된다.[1-3]

- 가슴뼈와 척추가 중첩된다.
- 갈비뼈와 흉부는 대칭을 이루어 중심 척추(central spine)에서 흉벽(thoracic wall)의 양쪽으로 등거리에 있다.
- 추간 공간(intervertebral space)은 심장 위에 충분히 노출되어 있지 않지만 심장에 앞쪽이 보인다.
- 심장 윤곽 위에 척추뼈몸통이 보인다.
- 등쪽 가시돌기(spinous process)는 척추뼈몸통의 가쪽 모서리(lateral edge)를 넘어 확장되지 않는다.

보건사 참고사항

최대 흡기에서 가로막각(diaphragmatic crura)은 더 멀리 떨어져 있다. 뒤대정맥, 심장 및 가로막 사이의 폐의 더 큰 삼각형 영역(triangular region)에 의해 입증된 바와 같이 심장과 가로막의 더 큰 분리가 있다(추가 기준은 표 12.2 참조).

보조적인 자세 _*Ancillary Positions*

가로빔 방사선촬영 – 보조적 _*Horizontal Beam Radiography—Ancillary*

환자는 가쪽, 배쪽 또는 등쪽으로 눕거나 서 있을 수 있다. X선(x-ray tube)은 X선 빔이 테이블을 가로질러 수평이 되도록 배치된다. 가로빔은 다양한 액체(fluid) 또는 자유 공기(free air)를 확인하거나 VD 또는 DV 위치에 놓이면 손상될 수 있는 환자를 위해 사용된다. 가로빔은 특정 영역에서 액체를 제거하거나 종괴를 식별하는 경우에 유용할 수 있다. 날카로운 액체선(sharp fluid line)은 자유 액체(free fluid)가 없는 유리 가스 교환(free gas interchange)만 있는 경우에만 가로빔 방사선 사진에서 나타난다.[1] 자유 공기가 의심되는 경우, 노출되기 최소 5분 전에 환자의 자세를 유지하여 공기가 등쪽으로 모일 수 있도록 한다.[3] X선 관구(x-ray tube head)가 수평으로 회전하지 않으면 이러한 상을 완료할 수 없다. 영상판이 제거되지 않는 한 디지털 장치(digital unit)에서 이러한 상은 가능하지 않다.

수평 촬영에 대한 일반적인 코멘트 및 팁 _*General Comments and Tips for the Horizontal View*

- 환자가 가쪽으로 누운 자세를 누움자세(decubitus)라고 한다. 빔은 수평선(horizon)과 평행(parallel)한다.
- 필요한 경우 위치 조정기(positioner)를 사용하여 영상 수용기를 수직으로 환자 뒤에 가깝게 놓는다. 경우에 따라 카세트(cassette)를 테이블 상단보다 약간 아래로 떨어뜨리는 것이 더 쉽다.
- 마커의 머리부분(marker cranial)을 겨드랑이에 배치하여 콜리메이터 영역 내에서 영상 수용기에 가장 가까운 쪽을 표시한다.
- 최대 흡기에 노출시킨다.
- 정확한 소스 영상 거리(source image distance)를 사용해야 한다.

보건사 참고사항

누움자세(decubitus)라는 용어는 눕는 것을 의미하므로 방사선학(radiology)에서 오른 가쪽 누움자세촬영 촬영(right lateral decubitus view)은 환자가 오른쪽으로 누워 있고 X선 빔이 수평선과 평행하다는 것을 의미한다. 따라서 VD촬영(빔이 가슴뼈에 진입) 또는 DV촬영(빔이 척추에 진입)에 대한 영상을 찍고 있다.

등누움자세(ventral decubitus)는 환자가 가슴뼈를 테이블에 대고누워 DV 위치에 있음을 의미한다. X선 빔은 카세트가 환자의 반대쪽에 수직으로 배치된 상태에서 테이블과 평행하므로 가쪽을 촬영한다.

가쪽 누움자세촬영 – 보조적 _*Lateral Decubitus View—Ancillary*

옆누움자세 가로빔 VD (Lateral Recumbent Horizontal-Beam VD) 또는 가로빔을 사용한 배등쪽촬영(Ventrodorsa View with Horizontal Beam)이라고도 한다.

자세잡기, 코멘트 및 팁 _*Positioning, Comments, and Tips*

- 이 위치는 배등쪽촬영(ventrodorsal view)의 대안이다.
- 환자가 두꺼운 폼 패드(foam pad) 또는 그에 상응하는 것 위에 있어야 흉곽의 외존성 부분이 시야에 들어갈 수 있다는 점을 제외하면 이 자세는 옆누움자세와 같은 자세이다(그림 12.16).
- 자세는 환자의 어느 쪽이 테이블에 더 가까운지에 따라 설명된다[즉, 오른쪽으로 누워 있는 경우 오른쪽 누움자세(right decubitus)].

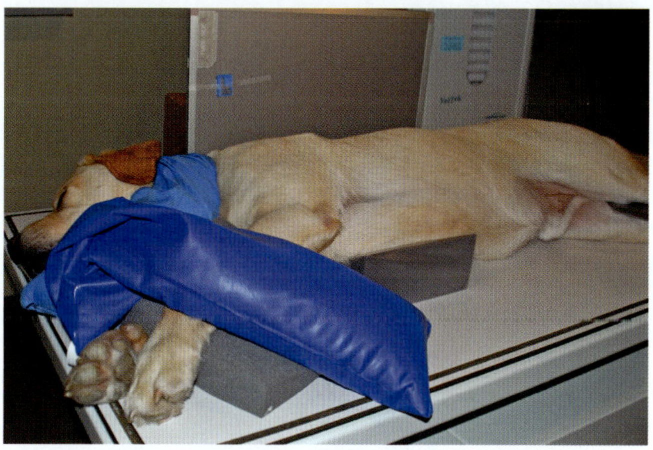

그림 12.16 가쪽 누움자세촬영의 자세잡기[가로빔이 있는 배등쪽(VD)촬영]. 빔은 VD와 같이 들어간다. 폼 패드로 환자를 들어 올리는 것이 가장 좋고 또는 카세트를 테이블보다 낮게 배치할 수도 있다.

가쪽 누움자세촬영 – 보조적 _Lateral Decubitus View—Ancillary (계속)

- 가로빔은 VD 방향으로 향하여 가슴뼈로 들어가 척추에서 나온다.
- 가슴뼈와 척추가 동일한 평면에 있는지 확인한다.
- 이 자세의 불투명도는 세로빔으로 촬영된 가쪽 영상의 무기폐 효과(atelectasis effect)로 보이는 불투명도와 비교할 때 훨씬 적다.

보건사 참고사항

표지(label)/마커가 포함되고 모든 영상에 경계가 보이도록 콜리메이션한다.

등배쪽 또는 배등쪽 누움자세촬영 – 보조적 _Dorsoventral or Ventrodorsal Decubitus View—Ancillary

또한 배쪽/등쪽 누움자세 가로-빔 가쪽(Ventral/Dorsal Recumbent Horizontal—Beam Lateral)이라고도 한다.

자세잡기, 코멘트 및 팁 _Positioning, Comments, and Tips

등배쪽 누움자세촬영(Dorsoventral Decubitus View): 환자가 두꺼운 폼 패드 또는 이에 상응하는 것 위에 배쪽 누움자세로 누워 DV상과 같은 자세를 취한다. 필요한 경우 방사선 투과성 V자 보정틀을 사용한다.

배등쪽 누움자세촬영(Ventrodorsal Decubitus View): 두꺼운 폼 패드 또는 이에 상응하는 것 위에 환자가 등쪽 누움자세로 누워 VD상과 같은 자세를 취한다. 필요한 경우 방사선 투과성 V자 보정틀을 사용한다.

- 미첼 마커(Mitchell marker)와 같은 중력 마커(gravitational marker)를 사용한다.
- 이것은 대체 가쪽촬영(alternate lateral view)이다.
- 빔은 카세트가 반대쪽에 수직으로 배치된 상태에서 가쪽 방향(lateral direction)으로 환자를 통해 수평으로 향하게 된다.
- 가슴뼈와 척추가 겹쳐지도록 몸체가 고르게 위치하도록 한다. 영상 수용기와 중심 선은 양쪽 모두에 수직이다.
- 코 끝과 꼬리쪽 정중선(caudal midline)을 연결하는 직선을 상상해야 한다.

서서 가쪽촬영(가로빔 사용) – 보조적 _Standing Lateral View (With a Horizontal Beam)—Ancillary

자세잡기, 코멘트 및 팁 _Positioning, Comments, And tips

- 환자를 자연스럽게 서게 한다(그림 12.17).
- 머리쪽 폐야 위로 어깨 근육이 겹쳐질 것이다.
- 빔은 가쪽 방향으로 환자를 통해 수평으로 향하게 된다.
- 이 자세는 오른쪽 또는 왼가쪽에 서 있는 것으로 설명된다. 영상 수용기에 대한 가쪽을 나타내는 마커는 콜리메이터 영역 내의 겨드랑이의 앞쪽에 배치된다.
- 미첼 마커와 같은 중력 마커를 사용한다.

모든 누움자세촬영 _For all Decubitus Views:

측정: 흉부의 가장 두꺼운 부분 위에 있는 어깨뼈의 뒤경계.

중심 방사선: 어깨뼈의 뒤경계, 5번과 6번 갈비뼈 사이.

경계: *흉부는 흉곽 안에 있으므로 전체 흉곽을 포함한다.*

머리쪽: 어깨위팔 관절(흉곽 입구)의 머리쪽 지점에서 촉진한다.

꼬리쪽: 마지막 갈비뼈까지 꼬리쪽 몇 센티미터.

등쪽: 등뼈를 포함.

배쪽: 가슴뼈를 포함.

서서 가쪽촬영(가로빔 사용) – 보조적 _Standing Lateral View (With a Horizontal Beam)—Ancillary (계속)

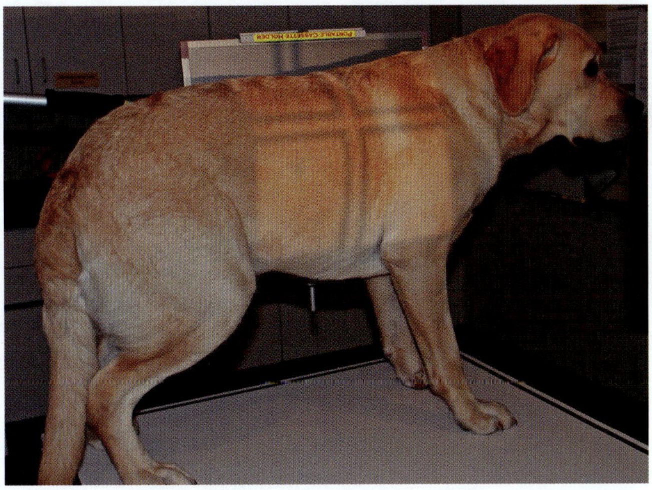

그림 12.17 가로빔이 있는 서서 가쪽(LeL)촬영의 자세잡기 및 휴대용 카세트 홀더(Portable Cassette Holder) 사용.

배등쪽 비스듬촬영 – 보조적 _Ventrodorsal Oblique View—Ancillary

이 자세는 위에 있는 조직으로 가려질 수 있거나 또는 빔의 접선 각도(tangential angle)나 수직 각도(perpendicular angle)로 인해 가려질 수 있는 흉벽 및 흉막의 병변을 본다.[3]

자세잡기, 코멘트 및 팁 _Positioning, Comments, and Tips

- VD와 같이 측정하고 자세를 잡는다.
- 그런 다음 가슴뼈를 관심 있는 쪽에서 약 20~30도(degree) 회전시킨다. X선 빔은 병변 중앙에 위치한다.
- 필요에 따라 주변 경계(peripheral border)를 활용한다.

추가 정보 _Further Information

환자 자세잡기 변경 및 해부학적 문제 _Patient Positioning Changes and Anatomy Concerns

환자 자세의 변화와 호흡 단계는 방사선 사진 모양을 변경한다(그림 12.18~12.21). 이러한 변화는 중형견과 대형견에서 더 두드러지고 고양이와 소형견에서는 덜 두드러진다. 이러한 변경 사항을 숙지하면 진단 영상을 제공하는 데 도움이 된다.

자세 변화 및 호흡 단계가 흉부 영상에 미치는 영향 _Effect of Positional Changes and Phase of Respiration on Thoracic Images

표 12.2 참조.

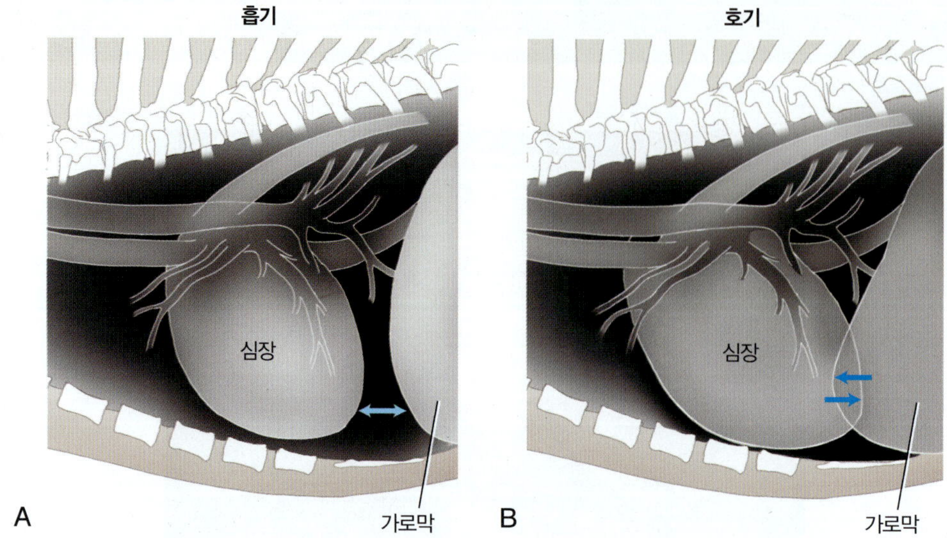

그림 12.18 **A,** 흡기 중 가쪽촬영에서 심장은 더 작아 보이고 혈관은 더 길어 보인다. 심장끝에서 가로막까지의 거리가 증가하고 가슴뼈 접촉은 줄어든다. 기관의 흉부 내 부분(intrathoracic portion)이 넓어지고 폐가 더 부풀어 오르고 방사선 비투과성(radiopaque)이 줄어든다. **B,** 호기 중 심장은 더 크게 보이고 폐엽은 더 작아지고 더 많은 방사선 비투과성이 나타난다. 심장 오른쪽의 가슴뼈 접촉이 증가하고 기관의 등쪽 상승과 함께 가로막 위에 심장끝의 중첩(superimposition)이 있으며 뒤대정맥, 심장 및 가로막 사이에는 더 작은 삼각형의 폐 영역이 있다.

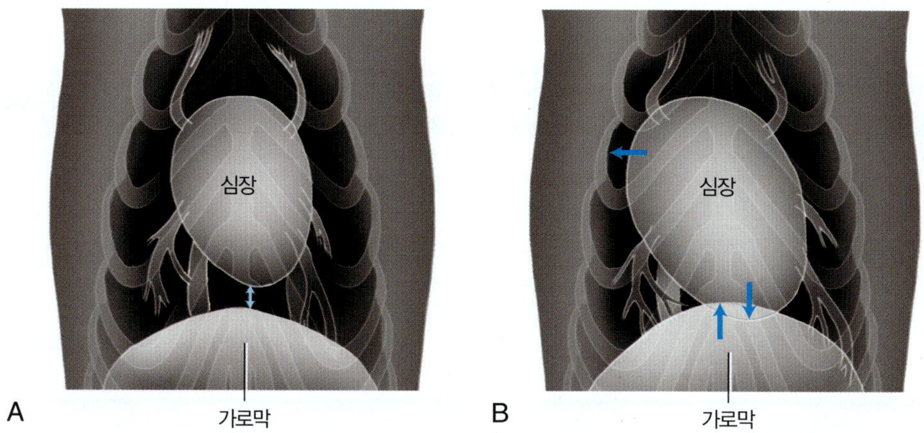

그림 12.19 **A,** 흡기 중 배등쪽(VD)촬영 또는 등배쪽(DV)촬영에서 심장은 더 작아 보이고 혈관은 더 길어 보인다. 심장끝에서 가로막까지의 거리가 증가한다. **B,** VD촬영 또는 DV촬영에서 흡기 중에 심장이 더 크게 나타난다. 오른쪽에 가슴뼈 접촉이 증가한다. 가로막은 꼬리쪽 심장 경계에 중첩된다. 폐는 더 방사선 비투과성이다.

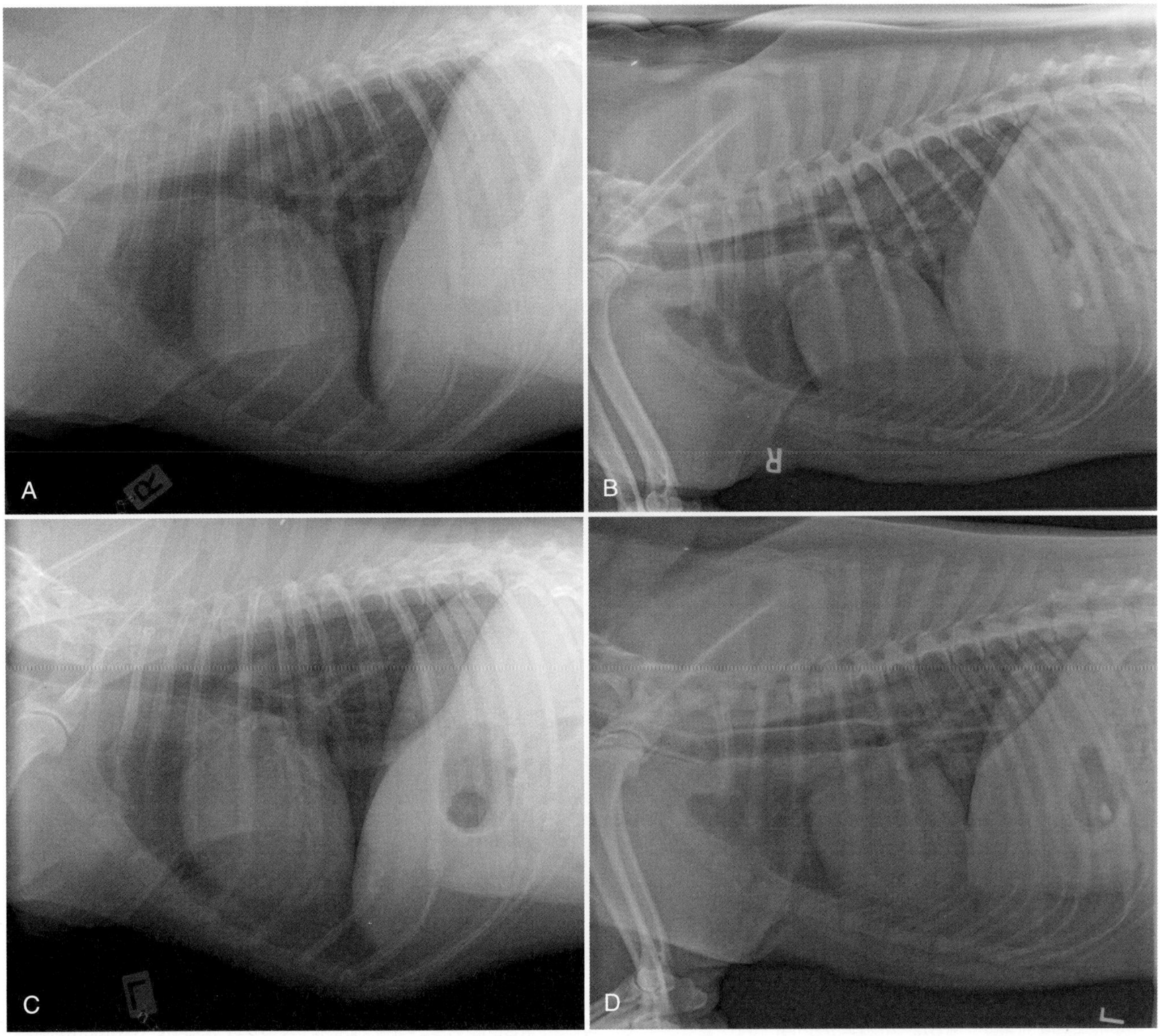

그림 12.20 흡기 시 오른가쪽**(A)**, 호기 시 오른가쪽**(B)**, 흡기 시 왼가쪽**(C)**, 호기 시 왼가쪽**(D)**. 흡기 시, 다른 요인들 중에서도 심장끝에서 가로막까지의 거리가 증가하고, 가슴뼈 접촉이 감소하고, 혈관이 더 길어지고, 폐가 커지고 더 부풀어 오르고, 심장이 더 작아 보이고, 뒤대정맥은 척추에 더 평행하다. (Courtesy Jennifer White, Mississauga Oakville Veterinary Emergency and Specialty Hospital, ON.)

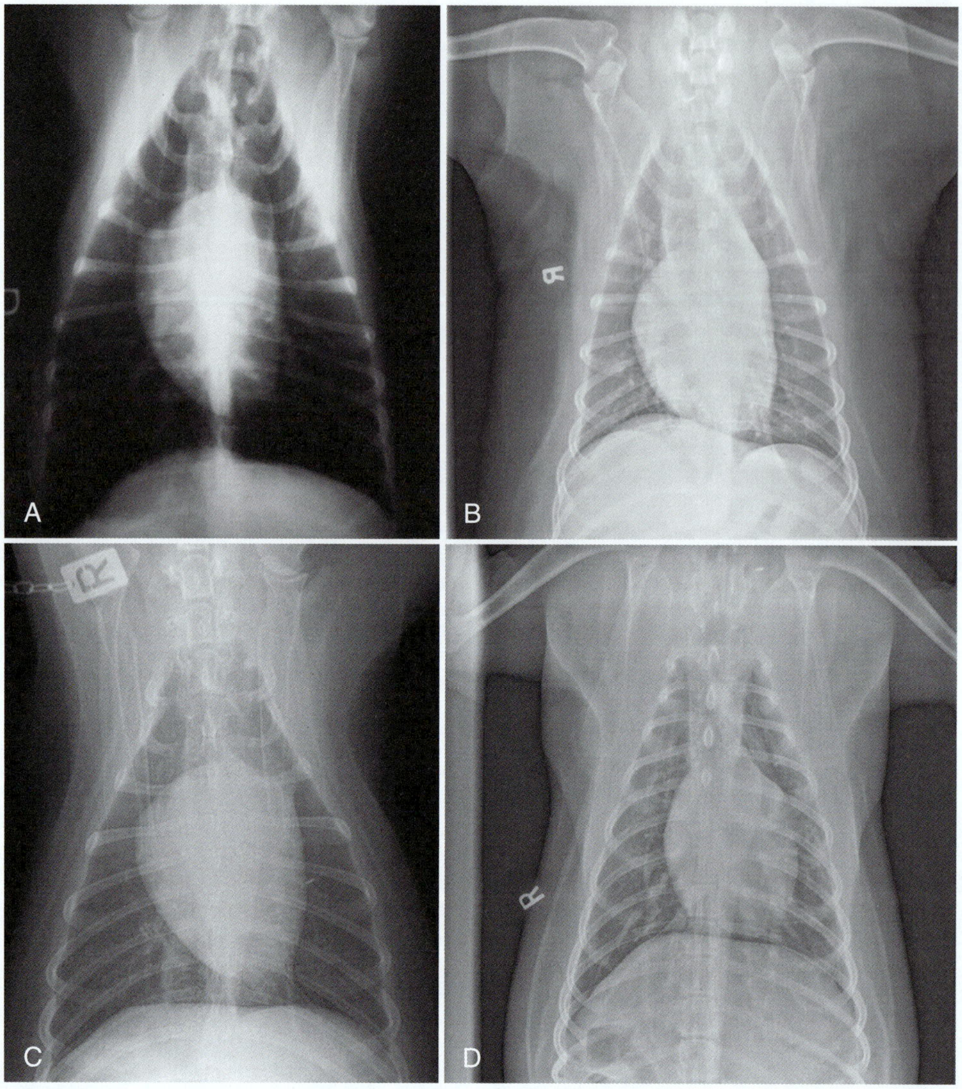

그림 12.21 모두 다른 환자들의 흡기 시 배등쪽**(A)**, 호기 시 배등쪽**(B)**, 흡기 시 등배쪽**(C)**, 호기 시 등배쪽**(D)**. 흡기 시 심장은 일반적으로 더 작게 보이고, 혈관은 더 길어지며, 호기와 비교하여 심장끝에서 가로막까지의 거리가 늘어난다. 깊은 흡기 시 심장끝은 정중선에 더 가깝다. (Courtesy Jennifer White, Mississauga Oakville Veterinary Emergency and Specialty Hospital, ON.)

표 12.2 자세 변화와 호흡 단계가 흉부 방사선 영상에 미치는 영향

오른가쪽 흉부	왼가쪽 흉부
(그림 17.3A, 17.4A, 17.5, 17.6, 17.7, 17.20A,B, 17.22A, 17.27A 참조) • 심장은 더 "원추형" 또는 타원형이다 — 심장가로막인대(cardiophrenic ligament)는 심장이 가슴막안(pleural cavity)의 의존성 부위(dependent portion)로 이동하는 것을 방지한다. • 가로막각은 서로 평행하다. 의존성 오른쪽 각은 머리쪽에 더 가깝다. • 뒤대정맥은 머리쪽 오른쪽 각과 병합되므로 심장 윤곽과 가로막 사이에서만 볼 수 있다. • 오른옆누움자세는 좌우 한 쌍의 머리쪽 엽 혈관이 더 많이 중첩되도록 한다. • 좌우 머리쪽 엽 폐혈관(lobe pulmonary vessels)이 겹쳐져 폐동맥과 폐정맥의 크기를 평가하기가 더 어렵다. • 왼쪽 가로막각 뒤에 있는 위저부(fundus of the stomach)에 공기가 있다.	(그림 17.3B, 17.4B, 17.20C,D 참조) • 전체적인 심장 모양이 더 둥글게 보인다. — 심장 윤곽의 심장끝이 가슴뼈에서 이동된다. • 오른쪽 및 왼쪽 각은 서로 복부에서 등쪽으로 갈라진다(교차하는 것처럼 보임). • 가로막의 의존성 왼쪽 각은 머리쪽에 더 가깝다. • 오른쪽 각이 있는 뒤대정맥 윤곽, 일반적으로는 왼쪽 각의 꼬리쪽이다. • 오른머리쪽 엽동맥(cranial lobar artery)과 정맥이 가장 잘 보이는 것은 반대쪽 오른쪽 폐가 더 잘 부풀어 있기 때문이다. • 혈관 크기를 결정하고 좌우 머리쪽 엽 폐혈관을 구별하기가 더 쉽다. • 위의 밑부분은 액체로 채워져 있으며 왼쪽 각의 꼬리쪽이다.

(계속)

표 12.2 자세 변화와 호흡 단계가 흉부 방사선 영상에 미치는 영향 (계속)

오른가쪽 흉부	왼가쪽 흉부
양쪽 가쪽에 대한 흡기(그림 17.4, 17.6, 17.18A, 17.20A,C 참조)	
• 폐가 더 부풀어 더 크게 보이기 때문에 심장이 더 작게 보인다. • 혈관이 더 길어 보인다. • 심장끝에서 가로막까지의 거리가 증가한다(고양이, 중형 및 대형견에서 더 많이 나타남). • 뒤대정맥, 심장 및 가로막 사이의 폐의 삼각형 영역의 크기가 더 크다. • 약 T12 – T13의 가로막각(품종에 따라 다름, 고양이에서 L1까지) • 품종에 따라 T8 – T10의 팽대정. • 폐가 가슴뼈까지 확장되기 때문에 가슴뼈 심장 접촉(sternal cardiac contact)이 적다. • 기관의 흉강 내 부분이 넓어지고 기관의 경부 부분(cervical portion)이 좁아진다. • 의존성 가로막은 더 머리쪽으로 변위된다. • 최대 흡기에서 다이어프램은 더 수직이다. 그 모양은 볼록에서 직선으로 이동한다. • 뒤대정맥은 척추와 수평이거나 평행한다.	
양쪽 가쪽에 대한 호기(그림 17.18B, 17.20B,D, 17.22A 참조)	
• 심장은 크게 보이지만 폐엽은 덜 부풀어 있으므로 더 작고 방사선 비투과성이 높다. • 심장 오른쪽의 가슴뼈 접촉 증가. • 가로막 위에 심장끝의 중첩. • 기관의 등쪽 융기.	
등배쪽(DV) 흉부	**배등쪽(VD) 흉부**
(그림 17.14, 17.19B, 17.21C,D 참조) • 곧게 선 자세(입위)로 인해 심장 모양이 더 둥글다. • 심장 윤곽이 노른자가 한쪽으로 치우친 계란 모양은 종종 가로막에 의해 왼쪽으로 변위되어 왼쪽이 거의 직선으로 보인다. 머리쪽과 오른쪽 경계는 둥글다. • 머리쪽으로 변위된 가로막은 심장을 머리쪽과 왼쪽 혈흉(hemothorax)으로 밀어넣는데, 이는 고양이나 작은 개보다 중형 및 대형 개에서 더 분명하다. • 가로막은 명확한 왼쪽 및 오른쪽 각과 중앙에 위치한 팽대정이 있는 단일 볼록 모양(single convex shape)으로 나타난다. X선 빔이 꼬리쪽 중앙에 있으면 세 개의 혹으로 나타날 수 있으며 이는 특히 가슴이 두꺼운 환자에게 나타난다. • 덧허파엽 영역은 머리쪽 가로막 배치로 인해 통기가 덜 된다. • DV 촬영에서 개선된 폐 팽창과 꼬리쪽 엽 폐혈관 및 기관지가 더 잘 시각화된다—VD 촬영보다 빔에 더 확대되고 수직(perpendicular)이다. • 꼬리쪽 엽 혈관은 물체 – 필름 거리의 증가로 인해 크게 확대된다. • 심장 윤곽, 큰 혈관, 기관 및 식도의 중첩[1]. • 척추가 더 확대되어 나타난다.	(그림 17.10, 17.11, 17.12, 17.19A, 17.21A,B, 17.22B 참조) • 심장 윤곽이 더 길어지고(OFD 증가), 심장끝은 왼가쪽과 등쪽으로 이동한다. 가슴이 두껍고 좁은 개에서는 심장이 곧게 선 방향(upright orientation)으로 인해 타원형보다 더 둥글게 보일 수 있다. • 특히 대형견에서는 심장 윤곽의 크기와 모양의 작은 변화는 확대(magnification) 때문에 VD에서 정확하지 않다. • 내림대동맥(descending aorta)과 대혈관의 변화가 더욱 눈에 띈다. • 가로막은 오른쪽 및 왼쪽 각과 팽대정이 흉곽으로 돌출된 세 개의 혹으로 나타난다. X선 빔이 꼬리쪽 중앙에 있으면 가로막이 단일 볼록 모양으로 나타난다[3]. • 덧허파엽 영역은 통기가 더 잘 되고 심장 윤곽과 가로막 사이가 길어진다. 배뒤쪽(dorsocaudal) 폐에 공기가 더 적게 나타난다. • 폐동맥은 때때로 심장 위에 중첩된다. • 강아지의 가슴샘(thymus)은 머리쪽 종격동에서 삼각형 모양의 연조직 불투명도(soft tissue opacity)로 나타난다.
VD 및 DV에 대한 흡기(그림 17.12, 17.19A, 17.21A,C 참조)	
• 심장은 더 작아 보이고 폐는 덜 불투명해진다. • 혈관이 더 길어 보인다. • 심장끝에서 가로막까지의 거리가 증가한다. • 깊은 흡기 동안 생성된 DV 영상은 정중선에 더 가까운 심장끝을 보여준다. • 가로막의 반구모양 융기(cupola)는 품종에 따라 T8 – T10의 중앙에 있다. • 갈비가로막각(costophrenic angle) 은 품종에 따라 10~12번 갈비뼈에 위치한다.	
VD/DV에 대한 호기(그림 17.19B, 17.21B,D, 17.22B 참조)	
• 심장은 더 크게 보이고 폐는 더 방사선 비투과성으로 보인다. • 오른쪽의 가슴뼈 접촉이 증가한다. • 가로막은 꼬리쪽 심장 경계를 중첩된다.	

정상 흉부 방사선 해부학 _RNormal Thoracic Radiographic Anatomy

흉부의 4가지 기본 해부학적 영역은 일반적으로 흉곽 외 영역(extrathoracic region), 가슴막안(pleural space), 폐실질(pulmonary parenchyma) 및 종격동으로 간주된다(그림 12.23 및 12.24). 종격동은 흉곽을 좌우로 나누고 양쪽 가슴사이 벽쪽가슴막(parietal pleura)에 의해 형성된다. 종격동은 기관, 식도(esophagus), 심장, 대동맥(aorta) 및 대동맥의 주요 가지(major branch), 가슴림프관(thoracic duct), 림프절(lymph nodes) 및 신경(nerve)을 포함한 중요한 구조를 포함한다. 흉부 방사선 영상에 대한 자세 변화 및 호흡 단계의 영향에 대해서는 표 12.2를 참조한다. 질병 과정이나 다른 소견에 기인하지 않는 방사선학적 변화가 보일 수 있기 때문에 수의사에게 진단 영상을 제공하려면 기본 해부학에 대한 지식이 중요하다. 그림 12.10, 12.11, 12.13 및 12.18~12.26은 관련 영역의 추가 해부학을 보여준다. 그림 12.25는 시계 문자판 비유(clock face analogy)를 사용하여 VD/DV 자세

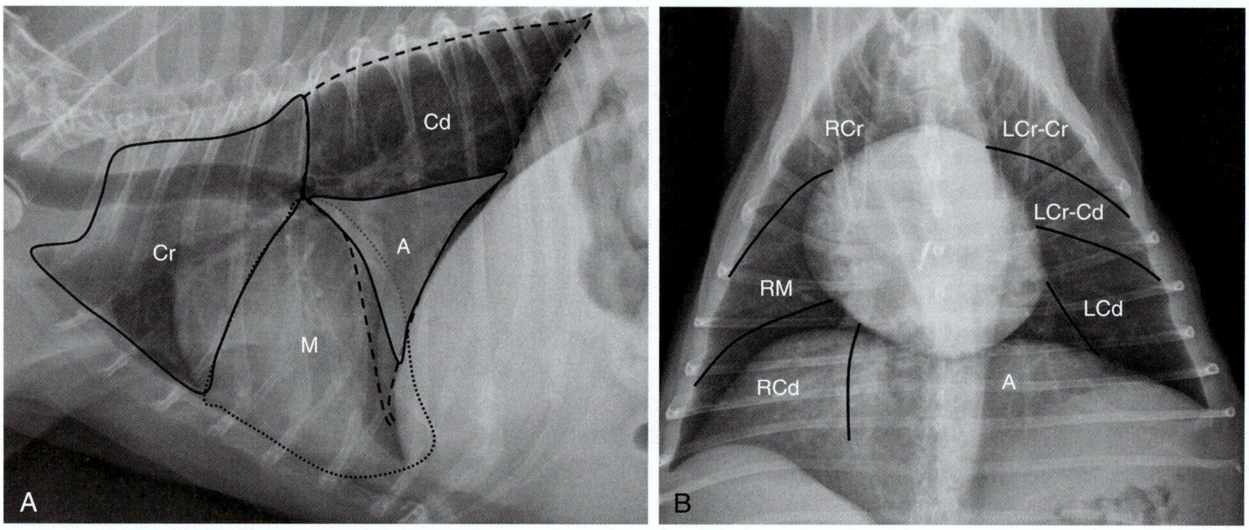

그림 12.22 **A,** 폐엽의 대략적인 위치가 표시되는 가쪽 개 흉부 방사선 사진. **A,** 부엽(accessory lobe); Cd, 오른꼬리쪽 엽(right caudal lobe) 및 왼꼬리쪽 엽(left caudal lobe); *Cr,* 오른머리쪽 엽과 왼머리쪽 엽(left cranial lobe)의 머리쪽 부분(cranial segment); *M,* 오른중간엽(right middle lobe)과 왼머리쪽 엽의 꼬리쪽 부분(caudal segment). **B,** 폐엽의 대략적인 위치가 표시되는 배등쪽(VD) 개 흉부 방사선 사진. *A,* 부엽; *LCD,* 왼꼬리쪽 엽; *LCr-Cd,* 왼머리쪽 엽의 꼬리쪽 부분; *LCr-Cr,* 왼머리쪽 엽의 머리쪽 부분; *RCd,* 오른꼬리쪽 엽; *RCr,* 오른머리쪽 엽; *RM,* 오른중간엽. (Thrall DE. Textbook of Veterinary Diagnostic Radiology. 7th ed. St. Louis: Elsevier; 2017.)

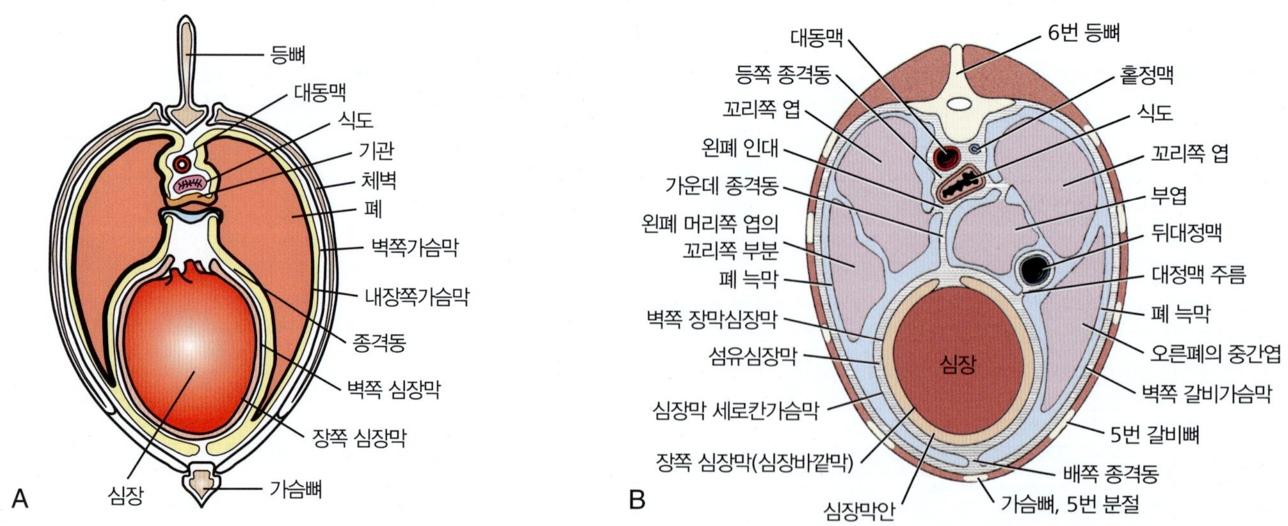

그림 12.23 **A,** 흉부 내용물(thoracic content)을 시각화하기 위한 심장을 통과하는 흉부의 단면 다이어그램. **B,** 심장을 통과하는 흉부의 도식적 횡단면(schematic transverse section), 꼬리쪽 촬영(caudal view). (A From Colville T, Bassert J. Clinical Anatomy and Physiology for Veterinary Technicians. 3rd ed. St Louis: Elsevier; 2016.)

에서 해부학적 식별을 나타낸다. 그림 12.27은 두 가지 유형의 초음파 영상과 비교하여 방사선 영상에서 심장이 어떻게 시각화되는지 보여준다. 초음파에 대한 정보는 6장을 참조한다.

그림 12.28은 미스터리한 방사선 사진(mystery radiograph)이다. 검토한 후 제시된 질문에 답해라.

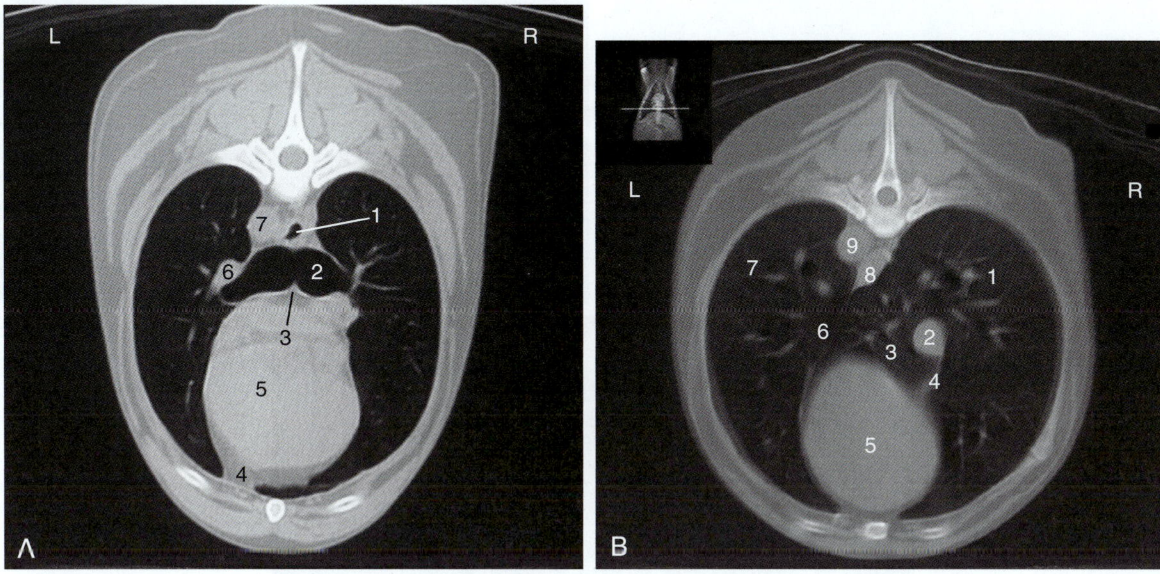

그림 12.24 A, 흉부 중앙에서 컴퓨터 단층촬영 스캔. *1*, 식도; *2*, 오른쪽 주기관지(principal bronchus); *3*, 기관용골(carina of trachea); *4*, 배쪽 가슴세로칸-가로막심장막 인대(phrenicopericardial ligament); *5*, 심장; *6*, 왼쪽 폐동맥; *7*, 대동맥. **B,** 꼬리쪽 흉부에서 CT 스캔. *1*, 오른뒤쪽엽; *2*, 뒤대정맥; *3*, 부엽; *4*, 대정맥 주름(plica venae cavae); *5*, 심장; *6*, 꼬리쪽 종격동; *7*, 왼뒤쪽엽; *8*, 식도; *9*, 대동맥.

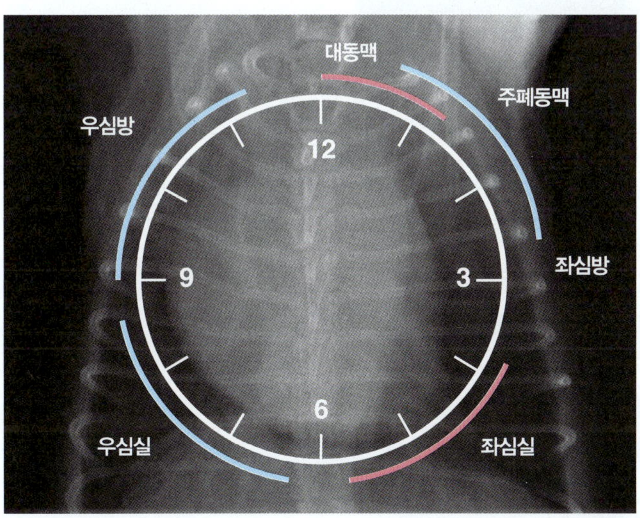

그림 12.25 심장 윤곽은 시계 문자판 비유로 평가할 수 있다. 고양이의 등배쪽측 또는 배등쪽측 자세에서 좌심방은 2~3시 방향에서 왼쪽 심장 경계를 형성하고 약 3~6시 방향에서 좌심실을 형성한다. 개에서 좌심방은 이 영역에서 보이지 않으며 심장 경계를 구성하지 않는다. 좌심실은 개에서 2~6시 방향으로 왼쪽 심장 경계를 형성한다. 우심방은 9~11시 방향에 있다. 분명한 경우 주 폐동맥(main pulmonary artery)은 1~2시 방향에 나타난다. 왼쪽 폐동맥은 약 4시 방향에서 심장을 넘어 확장되고, 오른쪽 폐동맥은 약 8시 방향에서 발견된다. 가쪽 방사선 사진은 약 10~11시 방향에 대동맥, 9~10시 방향에 주 폐동맥과 우심방, 5~9시 방향에 우심실(right ventricle), 2~5시 방향에 좌심실이 보일 것이다.

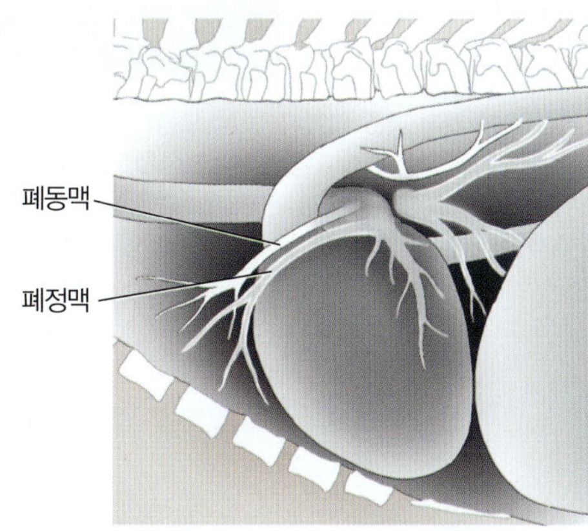

그림 12.26 정상적인 개 흉부의 가쪽 방사선 촬영(radiographic projection)에서 폐동맥과 정맥(vein)을 구별하기가 어렵다. 동맥은 머리쪽 폐엽(cranial lung lobe)의 정맥에 대해 항상 등쪽에 있다. 일반적으로 폐동맥의 크기는 폐정맥의 크기 및 모양과 같아야 한다. (Thrall DE. Textbook of Veterinary Diagnostic Radiology. 7th ed. St. Louis: Elsevier; 2017.)

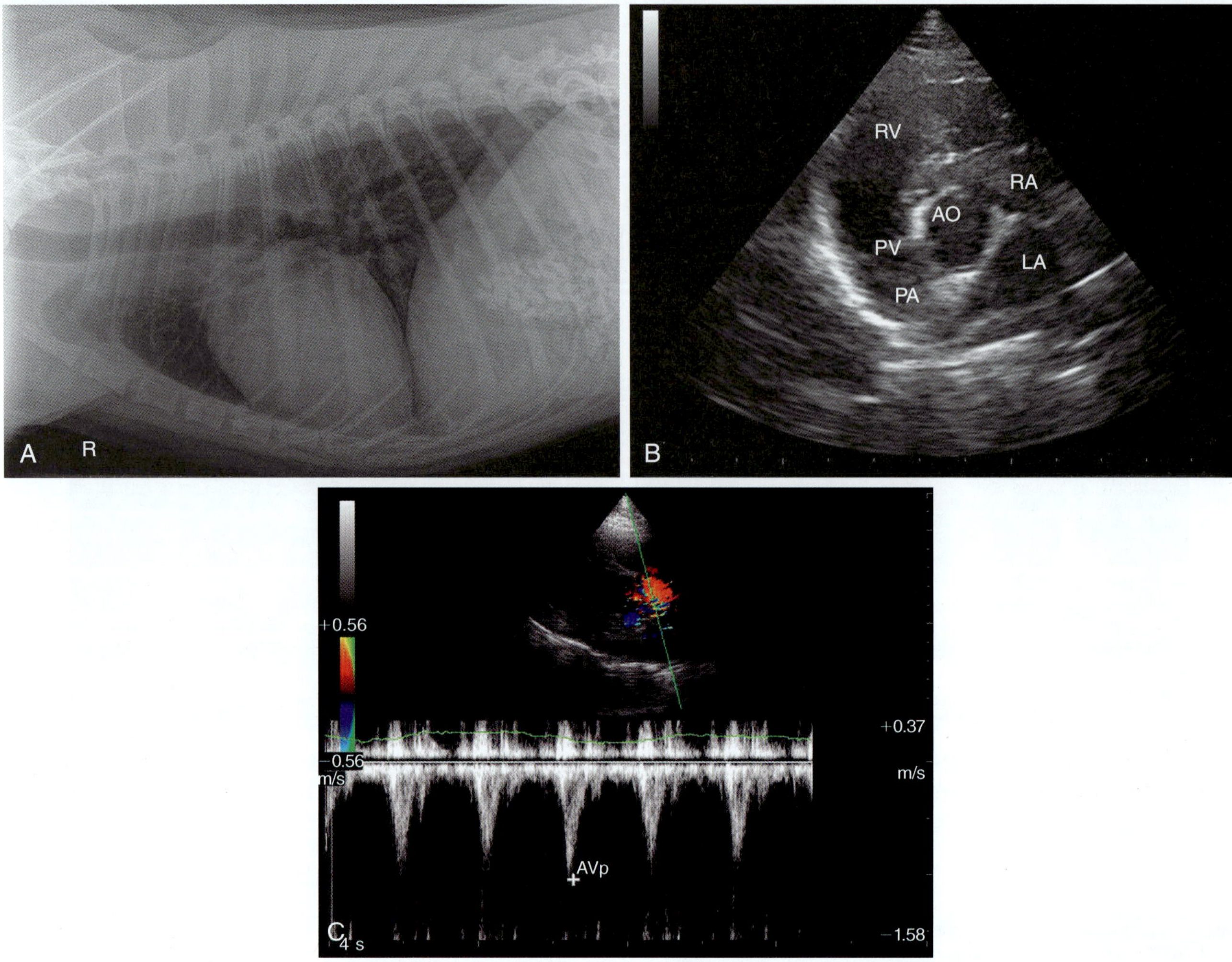

그림 12.27 심장의 세 가지 다른 이미지. A, 오른가쪽 방사선 사진. **B,** 초음파 스캔은 심방과 혈관의 오른쪽 단축(short axis)을 보여준다. *AO*, 대동맥; *LA*, 좌심방; *PA*, 폐동맥; *PV*, 폐정맥; *RA*, 우심방; *RV*, 우심실. **C,** 대동맥 판막(aortic valve)을 가로지르는 혈류를 평가하는 간헐파형 도플러 초음파검사(Pulsed wave Doppler ultrasonograph)(6장 참조). 판막(valve) 전체에 정상 속도(velocity)(약 1 m/s)와 정상 고저항 흐름 패턴(high-resistance flow pattern)이 있다. 혈액의 흐름을 추적할 수 있다: 파란색은 탐촉자(transducer)에서 멀리 흐르는 혈액을 나타내고 빨간색은 탐촉자를 향해 흐르는 혈액을 나타낸다[BART를 기억해라: 파란색은 멀리/빨간색은 향하여(blue away/red toward)]. 추가되는 색상들은 비정상적인 혈류(blood flow)를 감지하는 더 큰 변화를 보여준다.

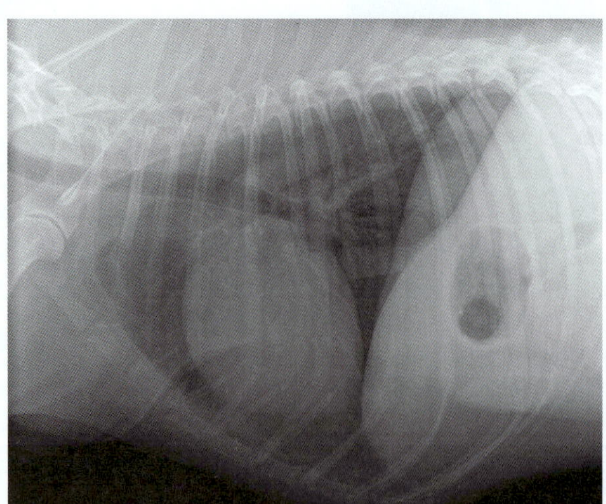

그림 12.28 미스터리한 방사선 사진. 이 영상에는 마커가 없다. 그것이 어떤 촬영인지 그리고 흡기인지 호기인지 어떻게 알 수 있는가?

✳ 핵심 사항

1. 흉부 영상의 올바른 해석을 위해서는 올바른 자세와 기술이 필수적이다. 여기에는 측정 및 중심 위치, 포함할 항목, 올바른 자세잡기 및 대칭이 포함된다.
2. 환자 자세, 중심 방사선, 부정확한 위치 또는 호흡 단계의 변경은 방사선 사진 모양에 영향을 미치므로 기술자는 상이 정확하게 영상화되지 않은 경우 발생할 수 있는 변경 사항을 알고 있어야 한다.
3. 더 높은 kVp 및 더 낮은 mAs에 의해 얻어지는 긴 대비도 척도(long scale of contrast)가 필름 스크린 영상화(film-screen imaging)에 제안된다. 미노출 또는 과노출은 오진으로 이어질 수 있다.
4. 가쪽 및 DV 흉부촬영은 일반적으로 심장 평가를 위해 완료되는 반면 가쪽 및 VD촬영은 폐 실질의 시각화를 위해 제안된다.
5. 의심되는 조건에 따라 추가 촬영 및 대체 촬영이 필요할 수 있다.
6. 가쪽촬영에서 폐 병변은 비의존성 자세에서 가장 잘 식별된다[왼쪽 폐 병변은 오른옆누움자세(right lateral recumbency)일 때 더 눈에 띈다].
7. 어깨뼈의 뒤경계에서 측정한다. 중심 방사선은 심장 위에 있으며 전체 흉곽이 포함된다.
8. 노출은 일반적으로 최대 흡기 상태에서 이루어지지만 기관 또는 기관지 허탈 진단과 같은 예외가 있다.
9. 흉부의 4개의 기본 해부학적 영역은 일반적으로 흉곽 외 영역, 가슴막 공간, 폐실질 및 종격동으로 간주되며 심장 및 대혈관을 포함한다. 이러한 영역의 정상적인 해부학적 구조를 알면 기술자가 적절한 방사선 영상을 촬영하는 데 도움이 되며 궁극적으로 수의사가 올바른 진단을 내릴 수 있다.
10. 초음파(ultrasound), 심장초음파(echocardiography) 또는 컴퓨터 단층촬영(computerized tomography, CT)과 같은 기타 종류는 보다 진단적이며 흉부 해부학을 적절하게 보거나 방사선학적으로 보이는 구조의 진단을 강화하는 데 필요할 수 있다.

복습 문제 _Review Questions

1. 수의사는 수술 전에 일반적인 흉부 영상을 위해 비글(beagle)의 영상을 요청한다. 적절한 진단을 위해 이미지에는 다음이 있어야 한다:
   a. 더 높은 kVp 및 더 낮은 mAs에 의해 생성되는 긴 대조도 척도
   b. 더 낮은 kVp 및 더 높은 mAs에 의해 생성되는 긴 대조도 척도
   c. 더 높은 kVp 및 더 낮은 mAs에 의해 생성된 짧은 대조도 척도
   d. 더 낮은 kVp 및 더 높은 mAs에 의해 생성된 짧은 대조도 척도

2. 수의사는 비글의 흉부 영상이 필요하며, 가장 두꺼운 부분 또는 __________에서 측정해야 한다:
   a. 흉곽 입구
   b. 심장의 돌출부(point)
   c. 어깨뼈의 앞경계
   d. 어깨뼈의 뒤경계

3. 비글 흉부 영상의 주변 경계는 다음과 같다:
   a. 제1 요추체(the first lumbar vertebral body)에 대한 어깨뼈의 뒤경계
   b. 제1 요추체에 심장의 돌출부
   c. 제13 갈비뼈를 지나는 어깨 관절(shoulder joint)
   d. 제1 등뼈에서 제13 등뼈까지

4. 비글의 흉부 영상을 __________ 노출한다:
   a. 최대 호기에
   b. 최대 흡기에
   c. 최대 흡기와 호기 사이의 중간에
   d. 호흡주기(respiratory cycle)의 어느 시점에서

5. 이 비글에 대해 적절한 흡기 영상을 촬영했는지 확인한다. 영상에는 흡기 중에 찍은 가쪽 또는 DV의 심장은 다음과 같이 나타날 것이다.
   a. 더 작게. 혈관이 더 길어지고 심장끝(apex of the heart)에서 가로막까지의 거리가 늘어난다.
   b. 더 원추형(conical) 또는 타원형(oval)으로. 가로막은 더 꼬리쪽에 있으며 기관의 등쪽 융기(dorsal elevation)가 있다.
   c. 더 작게. 혈관이 더 짧아지고 심장끝에서 가슴뼈까지의 거리가 감소한다.
   d. 더 크게. 혈관은 더 크고, 가슴뼈 접촉이 더 크며, 내측에 위치한 팽대정(팽대부마루, cupula)이 있는 명확한 왼쪽 및 오른쪽 각(다리, crus)이 있다:

6. 이 비글의 가쪽 자세를 잡을 때 회전을 최소화하려면 다음을 수행해야 한다:
   a. 다리 사이 또는 가슴뼈 아래에 폼 패드를 두지 않는다.
   b. 다리 사이와 가슴뼈 아래에 두꺼운 폼 패드를 놓고 척추를 회전시킨다.
   c. 다리 사이에는 폼 패드가 필요하지 않으므로 가슴뼈 아래에만 폼 패드를 놓는다.

d. 필요한 경우 가슴뼈와 뒷다리 사이를 높이기 위해 폼 패드를 놓는다.

7. 가쪽촬영을 위한 자세잡기를 할 때 앞다리가 최대한 __________ 당겨지도록 한다:
   a. 흉부를 회전시키지 않고 가능한 한 머리쪽으로
   b. 흉부를 약간 회전시키면서 가능한 한 머리쪽으로
   c. 필요한 경우 사이에 쐐기(wedge)를 사용하여 가능한 한 꼬리쪽으로
   d. 가슴뼈와 척추뼈가 같은 평면에 있도록 가능한 한 뒤쪽으로

8. 마커를 포함하는 것을 잊었지만 영상에 다음과 같이 기록되었기에 이 비글의 오른가쪽 영상을 제공했다는 것을 알고 있다:
   a. 가로막이 심장에 닿지 않는다.
   b. 심장은 더 원추형이다.
   c. 심장이 더 둥글다.
   d. 날문방(유문동, pyloric antrum)에 공기가 있다.

9. 당신이 이 비글의 자세가 잘 잡힌 DV 영상을 수의사에게 제시하고 있다고 확신하는 있는 이유는 영상에서 다음을 볼 수 있기 때문이다:
   a. 가슴뼈와 척추의 중첩
   b. 척추사이구멍은 같은 크기다.
   c. 심장 위에 갈비뼈가 중첩
   d. 가로돌기의 "나이키 스우시"

10. 고양이 환자에게는 일반적인 VD가 필요하다. 일반적으로 다음과 같이 앞다리를 당기는 것이 가장 좋다:
    a. 꼬리쪽으로. 그리고 코가 앞다리 사이에서 동일한 거리에 위치하게.
    b. 꼬리쪽으로. 그리고 코는 앞다리 사이에서 동일한 거리에 있고, 테이블과 평행을 이루도록.
    c. 머리쪽으로. 그리고 코가 앞다리 사이에서 동일한 거리에 위치하게.
    d. 머리쪽으로. 그리고 코는 앞다리 사이에서 동일한 거리에 있고, 테이블과 평행을 이루도록.

11. 수의사는 푸들의 오른쪽 폐에 병변이 있다고 의심한다. 수의사는 당신이 양쪽 가쪽촬영 모두를 촬영하기를 원하지만 이 경우 가장 중요한 것은 다음과 같다:
    a. 오른가쪽
    b. 왼가쪽

12. 스프링거 스패니얼(springer spaniel)에 대한 DV 누움자세촬영을 완료하기를 원한다. 이것은 환자가 다음에 있어야 함을 의미한다:
    a. 세로빔(vertical beam)을 사용한 DV 자세
    b. 가로빔을 사용한 옆누움자세
    c. 가로빔을 사용한 등쪽 옆누움자세
    d. 가로빔을 사용한 배쪽 옆누움자세

13. 스프링거 스패니얼의 DV 누움자세촬영에서 액체가 없는 노출계수(exposure factor)는 72 kV 및 10 mAs이다. 다음을 수행하는 것이 가장 좋다:
    a. 동일한 노출 계수를 유지한다.
    b. kV를 80으로 높이고 mAs를 10으로 유지한다.
    c. kV를 80으로 높이고 mAs를 5로 줄인다.
    d. 소스 영상 거리를 늘리고 동일한 계수를 유지한다.

14. 리트리버(retriever)는 폐렴이 의심된다. 권장되는 상은 다음과 같다:
    a. 가쪽과 배등쪽 모두
    b. 양쪽 가쪽과 등배쪽
    c. 오른가쪽과 배등쪽
    d. 오른가쪽 및 등배쪽

15. 종격동에는 다음이 포함된다:
    a. 심장만
    b. 심장, 기관, 식도, 대동맥 및 대동맥의 주요 가지, 흉관, 림프절 및 신경
    c. 기관, 식도, 대동맥 및 대동맥의 주요 가지, 가슴림프관, 림프절 및 신경
    d. 위, 간, 신장, 가로막, 담낭, 창자 및 방광

참조 _References

1. Thrall DE. *Textbook of Veterinary Diagnostic Radiology*. 7th ed. St. Louis: Elsevier; 2017.
2. Ayers S. *Small Animal Radiographic Techniques and Positioning*. Oxford: Wiley-Blackwell; 2013.
3. Muhlbauer MC, Kneller SK. *Radiography of the Dog and Cat: Guide to Making and Interpreting Radiographs*. Ames, IA: Wiley Blackwell; 2013.

참고 문헌 _*Bibliography*

Colville T, Bassert J. *Clinical Anatomy and Physiology for Veterinary Technicians*. 3rd ed. St. Louis: Mosby; 2016.

Done SH, Goody PC, Evans SA, Stickland NC. *Color Atlas of Veterinary Anatomy: the Dog and Cat*. 2nd ed. London: Mosby; 2009.

Evans H, de Launta A. Guide to the Dissection of the Dog. 8th ed. St. Louis: Saunders; 2017.

Han C, Hurd C. *Practical Diagnostic Imaging for the Veterinary Technician*. 3rd ed. St. Louis: Mosby; 2005.

Jenner A. Non-manual radiography: radiation and patient safety. *RVT J Ont Assoc Vet Tech*. 2016;39(2).

Owens JM, Biery DN. *Radiographic Interpretation for the Small Animal Clinician*. St. Louis: Ralston Purina; 1999.

Romich J. *An Illustrated Guide to Veterinary Medical Terminology*. Clifton, NY: Delmar Cengage Learning; 2015.

Singh B. *Dyce, Sack and Wensing's Textbook of Veterinary Anatomy*. 5th ed. St Louis: Elsevier; 2018.

Sirois M, Schlote J. *Diagnostic Imaging for Veterinary Technicians*. Minneapolis MN: Bluedoor, LLC, 2017.

Sirois M. *Principles and Practice of Veterinary Technology*. 4th ed. St. Louis: Mosby; 2017.

Tighe M, Brown M. *Mosby's Comprehensive Review for Veterinary Technicians*. 5th ed. St. Louis: Mosby; 2019.

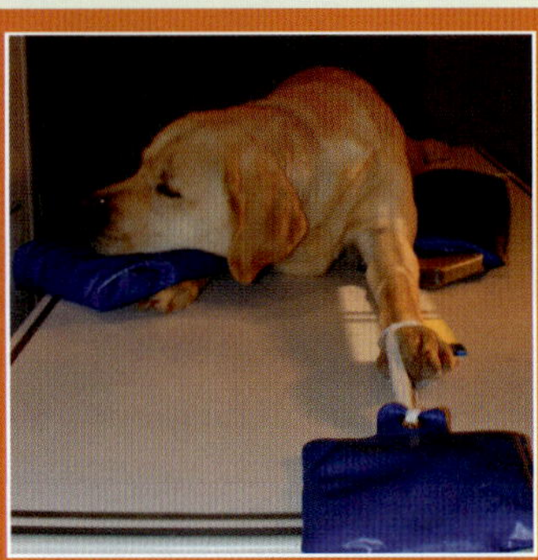

CHAPTER 13

소동물 앞다리

Small Animal Forelimb

Marg Brown, RVT, BED Ad Ed

네 다리는 좋고, 두 다리는 나쁘다.

—조지 오웰, 영국 소설가, 1903~1950년

개요

방사선 및 환자 상태

어깨뼈

어깨뼈의 가쪽(안가쪽면)촬영 – 일반적

어깨뼈의 가쪽(가안쪽면)촬영 – 보조적

어깨뼈의 가쪽(안가쪽면)촬영 – 보조적

어깨뼈의 꼬리머리쪽촬영 – 일반적

어깨 관절

어깨의 가쪽(안가쪽면)촬영 – 일반적

어깨의 꼬리머리쪽촬영 – 일반적

위팔뼈 두갈래근고랑 관찰을 위한 스카이라인 촬영(앞쪽몸쪽–뒤쪽먼쪽) – 보조적

위팔뼈

위팔뼈의 가쪽(안가쪽면)촬영 – 일반적

위팔뼈의 꼬리머리쪽촬영 – 일반적

위팔뼈의 머리꼬리쪽촬영 – 보조적

팔꿈치

팔꿈치의 가쪽(안가쪽면)촬영 – 일반적

팔꿈치의 앞쪽뒤쪽(머리꼬리쪽)촬영 – 일반적

팔꿈치의 과다굽힘(안가쪽면)촬영 – 보조적

팔꿈치의 비스듬촬영 – 보조적

노뼈/자뼈

노뼈/자뼈의 가쪽(안가쪽면)촬영 – 일반적

노뼈/자뼈의 머리꼬리쪽촬영 – 일반적

발: 앞발목, 앞발허리뼈, 앞발가락

발의 가쪽(안가쪽면)촬영 – 일반적

발의 가쪽 과다펴짐(안가쪽면)촬영 – 보조적

앞발목의 가쪽과다굽힘(안가쪽면)촬영 – 보조적

발의 발등발바닥촬영 – 일반적

발의 비스듬촬영 – 보조적

학습 목표

이 장에 있는 정보의 적용은 다음 영역과 관련이 있다.

1. 수동이 아닌 구속에 중점을 두고 일반적인 앞다리 위치에 맞게 개나 고양이를 적절하고 안전하게 배치한다.
2. 환자가 주변 경계를 포함하도록 정확하게 측정하고 중심을 맞춘다.
3. 뼈 또는 관절을 영상 수용체와 평행하게 유지하고 방사선 중앙 초점을 시야(FOV) 및 수용체와 수직으로 유지한다.
4. 대안으로 작성해야 할 수 있는 보기를 식별한다.
5. 방사선 이미지에서 발견된 정상 해부학적 구조를 식별한다.

주요 용어

관절 가장자리(Articular margin)

꼬리머리쪽(꼬리머리쪽)/머리꼬리쪽(머리꼬리쪽)(Caudocranial/craniocaudal)

앞먼쪽–앞몸쪽(Craniodistal-cranioproximal)

굽힌(Flexed)

과다폄(Hyperextended)

과다굽힘(Hyperfl exed)

안가쪽(Mediolateral)

비스듬한(Oblique)

잠재성(Occult)

박리성 골 연골염(Osteochondritis dissecans)

자세잡기 용어(Positional terminology)

스카이라인(Skyline)

스트레스 방사선(Stress Radiographs)

기술적 참고: 공간을 보존하기 위해 이 장에 제시된 영상에는 콜리메이션(collimation)이 표시되지 않는다. 안전을 위해 항상 콜리메이트하여 이미지 수신기 내의 빔을 제한한다. 필름 방사선 촬영에서는 모든 방사선 사진에 콜리메이션(프레임)의 경계가 명확해야 한다. 디지털 이미징에서 알고리즘은 적절한 콜리메이션에 따라 달라진다.

근골격계의 질병은 대부분 환자의 활동성에 영향을 미친다. 골격과 관절 질환이 가장 흔하지만, 근골격계에 다른 문제들도 발생한다. 이 장과 다음 장에서는 잠재적 병적 이상을 알기 위해 말단뼈대(그림 13.1A)의 영상촬영에 중점을 둘 것이다. 뼈 질환은 진행성, 감염성, 영양성, 외상 또는 종양에 인한 것일 수도 있고, 원인을 알 수 없는 것일 수 있다. 뼈 질환은 일반적으로 태어날 때 존재하거나 영양 결핍 또는 부상의 결과이다.

움직일 수 있는 관절은 관절막 또는 관절과 연관된 인대, 연골, 뼈로 인한 관절질환이나 이상에 취약하다.

해부학적 다양성과 우연찮게 발견되는 것들이 많을 수 있다. 방사선학적 현상만으로는 병변의 특징을 결정할 수 없는 경우가 많다. 오진을 최소화하려면 고품질 이미지가 필수적이다. 관절연구들은 주로 체중부하를 하지 않는 상태에서 이루어져서 관절 내 공간을 명확하게 평가하기 어렵다. 뼈는 동물의 나이, 질병, 외상에 반응하면서 살아가는 동안 지속적으로 리모델링하는 조직 기질이기 때문에 방사선 사진 변화는 종종 비뇨하나. 비성숙한 뼈는 뼈끝과 뼈몸통끝 사이에 반투명한 선으로 보이는 선이 있는데 이는 성장판으로, 골절과 혼동해서는 안 된다.

> **보건사 참고사항**
>
> 사지의 먼쪽 부분을 찍을 때는 가슴쪽 가쪽누움촬영으로 조심스럽게 자세를 취하며, 사지의 몸쪽 부분을 찍을 때는 등쪽 가쪽누움촬영 자세로 진행한다

방사선 및 환자 상태
Radiographic and Patient Concerns

- 고품질 방사선 이미지를 얻기 위해서는 고려해야 할 요소가 많다.
- 일부 개의 어깨와 어깨뼈를 제외하고는 대부분의 투영이 테이블 상판에서 이루어진다. 앞다리의 조직 두께가 10 cm 미만이기 때문에 그리드는 일반적으로 사용되지 않는다.
- 산란 방사선을 줄이기 위해 필드를 가능한 한 촘촘하게 콜리메이션하는 것이 중요하다. 이는 아날로그 및 디지털 이미징 모두에서 더 높은 대비를 달성한다(5장 참조).
- 작은 초점을 사용하여 공간 해상도를 최대화한다.
- 낮은 kV 및 높은 mAs 기법을 사용하여 방사선사진 대비를 최대화하고 이미지가 과도하게 노출되지 않도록 하여 연부조직과 뼈의 해면골 부분을 선명히 관찰할 수 있어야 한다.
- 관절을 영상화할 때는 항상 관절이 중앙에 배치되어야 하며, 그렇지 않으면 X선 빔의 발산으로 인해 기하학적 왜곡이 발생할 수 있다.
- 촬영범위:
  - 긴 뼈: 몸쪽 관절과 먼쪽 관절을 포함한다.
  - 관절: 각각의 긴 뼈의 3분의 1을 포함하며, 관절의 몸쪽부분과 먼쪽 부분을 포함한다.

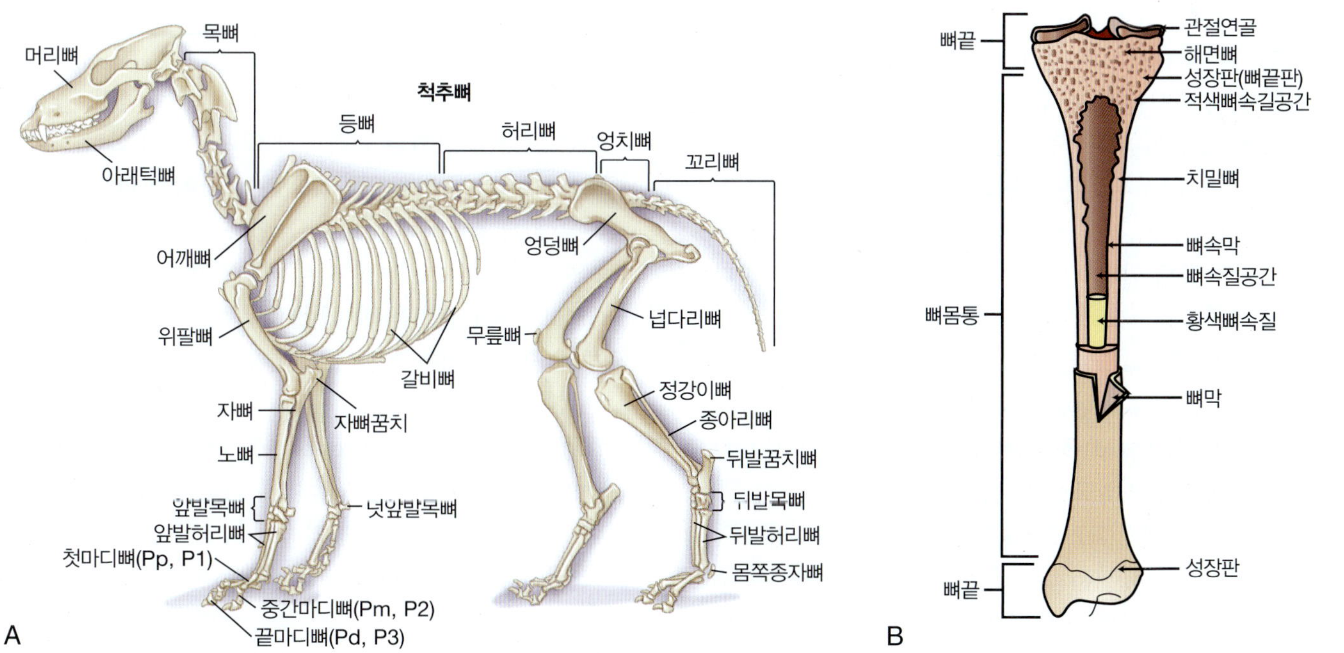

그림 13.1 A, 개 뼈대 B, 긴뼈(정강뼈)의 구조. (B, From Colville T, Bassert JM. *Clinical Anatomy and Physiology for Veterinary Technicians*. 3rd ed. St Louis: Elsevier; 2016.)

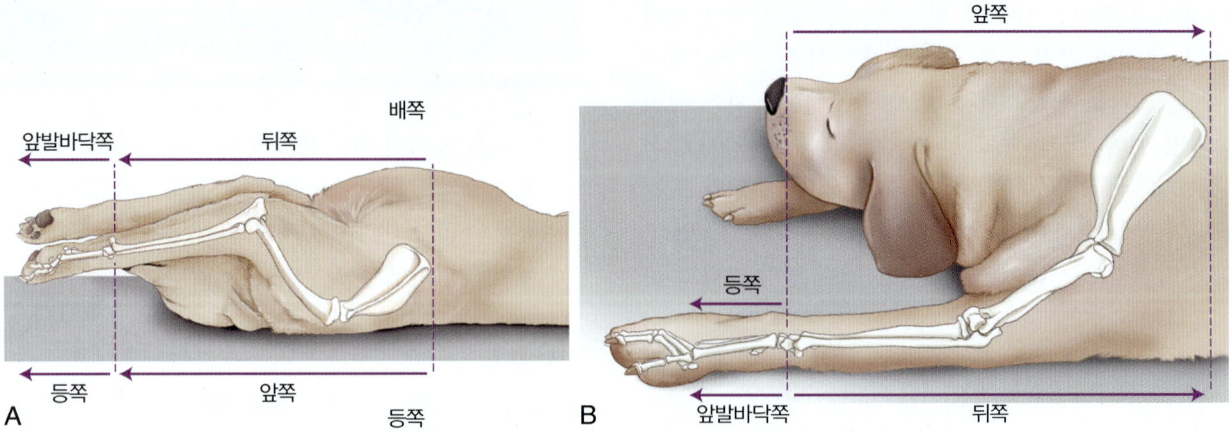

그림 13.2 **A,** 앞다리 가까운쪽(어깨뼈, 어깨, 위팔뼈)의 반대쪽 영상촬영 위해 환자를 등쪽 누움자세를 취한다. 이 자세에서는 위팔뼈는 뒤쪽 앞쪽상으로 촬영된다. 가슴(흉곽)은 이 자세에서 배쪽등쪽으로 불린다. **B,** 앞다리 먼쪽(팔꿈치, 노뼈/자뼈, 앞발목, 앞발허리뼈, 앞발가락)은 주로 가슴 누움자세를 취한다. 앞발목부터는 방향을 지칭하는 용어가 변화한다. 따라서 팔꿈치는 앞쪽뒤쪽으로, 앞발목은 발등쪽발바닥쪽으로 촬영한다.

- 적절한 진단을 위해 필요한 해부학적 구조가 포함되어 있는지 확인하는 것과 함께 반대쪽과 대칭이 되는지도 확인하는 것이 필수적이다.
- 마커는 가쪽면 보기의 경우 사지의 등쪽 또는 머리쪽 부분에 배치되고 반대 보기의 경우 사지의 측면에 배치한다.
- 대부분의 디지털 시스템에는 정형외과적 측정을 위한 소프트웨어 줄자가 있다. 장치가 그렇지 않은 경우 동전이나 크기를 알 수 있는 물체와 함께 촬영하여 길이를 측정하는 것을 고려해야 한다.[1]
- 3차원 물체를 올바르게 진단하기 위해서는 모든 경우에 직교보기의 영상이 필요하다. 따라서 측면(L) 보기 외에도 환자는 일반적으로 사지의 몸쪽부분(어깨, 어깨뼈 및 위팔뼈)의 영상을 얻기 위해서 등쪽 가쪽누움촬영 자세를 취하고, 먼쪽부분(팔꿈치, 노뼈 및 자뼈, 앞발목, 앞발허리뼈, 발가락) 부분은 가슴쪽 가쪽누움촬영 자세를 취한다(그림 13.2). 따라서 앞다리에 대해서는 각 부분의 측면도와 함께 일반적인 영상촬영은 다음과 같이 한다(표 13.1):
  - 꼬리머리쪽(CdCr)은 어깨, 견갑뼈, 위팔뼈 촬영 시—환자는 등을 대고 누운 자세를 취한다.
  - 머리꼬리쪽(CrCd)은 팔꿈치, 노뼈, 자뼈 촬영 시—환자는 배를 대고 엎드린 자세를 취한다.
  - 앞발등발바닥상(DP/DPa)은 앞발목, 앞발허리뼈와 앞발가락 촬영 시—환자는 배를 대고 엎드린 자세를 취한다. [때때로 전방/후방(*AP*)이라고도 한다. 그러나 이는 사람 용어이며 동물에게는 올바르지 않다.]
- 측면은 이미지에 대해 비교적 간단하게 촬영이 가능하다.

표 13.1 앞다리 방사선촬영을 위한 프로토콜

해부학적 위치	일반촬영	보조적촬영
어깨뼈	측면, 뒤쪽앞쪽	가안쪽면
어깨	측면, 뒤쪽앞쪽	두갈래근고랑을 위한 펴거나 굽힌 가쪽 스카이라인 앞쪽뒤쪽
위팔뼈	측면, 뒤쪽앞쪽	앞쪽뒤쪽
팔꿈치	측면, 앞쪽뒤쪽	뒤쪽앞쪽(수평빔), 과다굽힘 측면, 비스듬상
노뼈/자뼈	측면, 뒤쪽앞쪽	
발: 앞발목, 앞발허리뼈, 앞발가락	측면, 발등쪽발바닥쪽	펴거나 굽힌 가쪽면, 비스듬상

- CrCd/CdCr 보기는 기하학적 왜곡을 최소화하기 위해 뼈를 테이블에 평행하게 유지하는 것이 어려울 수 있기 때문에 개에서 특히 어려울 수 있다. 고양이의 경우 일반적으로 CrCd/CdCr 보기로 대칭을 얻는 것이 더 쉽다. CrCd/CdCr 촬영을 할 때 촬영부위를 테이블과 평행하게 유지하여 정확한 진단을 위해서는 화학적 진정이 매우 추천된다.
- 소동물에서는 비스듬한(oblique) 자세를 통한 추가 보조촬영을 흔히 사용하지는 않지만, 위팔뼈, 팔꿈치, 앞발목뼈, 앞발허리뼈, 또는 앞발가락의 촬영에 유용할 수 있다. 비스듬 영상(oblique projection)은 관절이나 특정 부위의 다른 면을 투영하여 일반적인 촬영에서 놓칠 수 있는 부분을 보여준다. 접선 영상(tangential projection)은 주변부의 가시성을 제공한다. 팔꿈치와 앞발목의 굴곡된

상태로 촬영한 영상 또한 얻을 수 있다. 관절 스트레스 방사선 촬영(stress radiography)은 견인, 회전, 또는 쐐기를 관절에 적용하여 실시하며, 이는 일반적인 방사선 촬영으로는 확인되지 않는 아탈구(subluxation)를 보여주는 데 유용하다.[2]

- 환자가 너무 고통스러워 직교 보기를 완료할 수 없는 경우 장치가 허용하는 경우 수평 빔을 고려할 필요가 있다.
- 신체적으로 미성숙한 환자와 같이 해부학적 변형 문제가 있는 경우 반대쪽 사지의 방사선 사진이 유용한 참고 자료가 된다. 많은 관절 상태는 양쪽(예: 이단성골연골염, 십자인대파열, 팔꿈치 이형성)이기 때문에 반대쪽 팔다리가 영상화되지 않으면 잠재적 병리학을 놓칠 수 있다. 반대쪽 다리의 비교는 파행이 있는 어린 개체나 나이든 개체에서 필요하다. 이와 마찬가지로 어깨 관절에서 팔꿈치까지 양쪽 팔다리를 조사하는 것이 좋다.
- 고양이는 일반적으로 파행으로 이어지는 뼈와 관절의 발달 이상증을 가지고 있지 않다. 고양이 팔다리를 방사선 촬영하는 가장 가능성이 높은 이유는 외상이다.

보건사 참고사항

긴 뼈의 경우 몸쪽부 및 먼쪽부 관절이 시야에 포함한다. 관절의 경우 몸쪽부와 먼쪽부의 각 뼈의 1/3을 포함한다.

- 아날로그 방사선 촬영 시 동물의 크기와 및 신체 일부분의 크기를 한번에 포함할수 있는 카세트를 준비해야 한다. 한 번 촬영에 한 다리씩 찍는 것이 중요하다. 카세트를 분리해서 찍어야 할 경우 각 촬영 부위를 동일한 방향으로 향하게 한다. 알맞게 콜리메이션하고 리드 실드를 사용하여 이미지화되지 않은 면을 덮어 카세트의 반대쪽 면에 산란 방사선이 흐르지 않도록 한다. 디지털 방사선 촬영에서는 디텍터를 분할할 수 없지만 딱맞은 콜리메이션이 필요하다.
- 달리 명시되지 않은 한 수직 빔이 사용된다.
- 근골격계 영상은 통증이 있는 환자에게 종종 필요하다. 촉진시 통증이 심하기 때문에 진정제와 진통제가 종종 필요하다. 외상이 의심되는 경우 방사선 촬영 전에 흉부 질환과 같은 동시 문제를 해결한다.
- 손으로 보정을 하지 않을 경우, 샌드백, V-트로우, 부드러운 벨크로 스트랩, 압박 밴드, 테이프 등을 적절하게 사용하여 보정되어 있다는 착각을 환자에게 주는 것이 필요하다.
- 촬영 범위에 자세잡기 도구가 있으면 노출에 영향을 미치거나 영상 아티팩트(허상)가 발생할 수 있다. 동물의 털은 깨끗하고 건조하며 먼지가 없어야지 영상에서 이물질 처럼 보이지 않는다.
- 부목 및 캐스트는 노출 계수 증가로 보상할 수 있다.
- 비수동 보정을 진행하는 데 사용할 수 있는 기법은 10장의 방법을 참조한다.
- 뼈와 관련된 방사선 해부학 관련 용어는 글 상자 13.1을 참조한다.
- 일반적으로 사용할 수 있는 다른 영상 검사에는 초음파, 컴퓨터 단층 촬영(CT) 및 자기 공명 영상(MRI)이 있다. MRI는 관절 주변의 힘줄과 인대를 평가할 때 특히 유용하다. 핵의학 또는 섬광조영술은 말에 사용된다.

글 상자 13.1 뼈와 관련된 방사선 해부학 관련 용어

- 관절융기—다른 뼈와의 관절을 이루기 위해 뼈에서 둥글게 튀어난 부분.
- 뼈몸통(골간)—긴 뼈의 축 또는 몸체.
- 위관절융기—관절융기 위의 측면 가장자리에 있는 뼈의 돌출부.
- 뼈끝(골단)—긴 뼈의 끝. 각 긴뼈는 몸쪽부와 먼쪽부 끝이 있다.
- 연골판 또는 성장판—동물이 성장함에 따라 골간과 먼쪽부 골단, 몸쪽부 골단의 접합부에 있는 골화되는 부분.
- 구멍—뼈에 구멍을 뚫거나 뼈를 통과하는 것.
- 오목, 와—뼈의 구멍 또는 함몰된 부분으로, 보통 근육이나 힘줄로 채워져 있다.
- 뼈몸통끝(골간단)—성장판을 포함하는 좁은 골간과 골단 사이의 긴 뼈의 넓은 부분.
- 도르래(활차)—보통 뼈에 있는 홈으로 힘줄이 도르래 역할을 할 수 있다.
- 조면/전자/결절—보통 근육이 부착하는 뼈의 돌기.
- 긴 뼈는 머리, 축(몸), 그리고 목을 가진 것으로 묘사된다.

From Aspinall V, Cappello M. *Introduction to Veterinary Anatomy*. London: Butterworth-Heineman; 2009.

보건사 참고사항

고품질 정형외과 이미지 생성 방법:

- 작은 초점으로 낮은 kV 및 높은 mAs 사용한다.
- 테이블 상판 기술을 활용하되 대형견의 몸쪽 사지는 제외한다.
- 환자의 촬영한 위치 지정하고 그 중 두꺼운 부분을 측정한다.
- 객체-필름 거리(OFD)를 최소화한다.
- 촬영 영역을 중심을 맞춘다.
- 필요한 항목만 포함해서 콜리메이션한다.
- 골격을 영상 수용체와 평행하게 광선에는 수직이 되게 유지한다.
- 회전을 하지 않는다.
- 겹쳐진 구조물을 최소화한다.
- 표기를 올바르게 지정한다.
- 직교 촬영을 촬영한다.
- 필요할 때는 비교를 위해 반대쪽 다리 방사선 촬영을 한다.

보건사 참고사항

라벨 또는 마커는 직교 보기의 가쪽면에 배치하고 가능한 경우 가쪽상에서도 가쪽면에 배치한다.

보건사 참고사항

효율적이고 쉬운 자세잡기를 위해서는 촬영되지 않는 신체부위를 잡고 고정한 다음 촬영부분을 배치한다.

보건사 참고사항

모든 필름 이미지에 대해 라벨/마커 및 보이는 경계를 포함하고 콜리메이션한다.

보건사 참고사항

항상 가능한 가깝게 콜리메이션한다.

어깨뼈 _Scapula

어깨뼈의 가쪽(안가쪽면)촬영 – 일반적 _Lateral (Mediolateral) View of the Scapula—Routine

어깨뼈 몸통을 볼 수 있는 자세잡기
Positioning to View Body of Scapula

위치: 해당되는 쪽을 아래로 한 상태에서 측면 가쪽누움촬영.

머리 및 목: 머리와 목이 흉부 척추에 135도가 되도록 머리와 목을 등쪽으로 구부리고, 목 위에 모래주머니를 올려놓아 제자리를 유지하고 호흡을 제한하지 않도록 주의한다.

머리와 팔다리가 T자형이라고 생각하면 된다. 머리와 반대쪽 사지는 T의 상단을 형성하고, 해당하는 사지는 T 아랫부분을 형성한다(그림 13.3A).

뒷다리: 자연스러운 위치에 두고 필요한 경우 벨크로/샌드백으로 지지한다.

앞다리: 어깨뼈의 몸통을 영상화하기 위해, 해당하는 사지에 압력을 가하여 전체 어깨뼈를 척추 뒤쪽에 위치시킨다.

흉부가 약간 회전하고 어깨뼈 몸통을 더 분리할 수 있도록 반대쪽 사지를 복부와 꼬리 쪽으로 당긴다(그림 13.3).

제자리에 묶거나 샌드백을 사용한다. 해당하는 사지의 팔꿈치 관절 아래를 잡고 관절이 구부러지지 않도록 연장된 상태로 유지한다. 어깨뼈의 가시돌기가 흉추 가시돌기의 등쪽으로 불룩하게 보일 때까지 목과 위쪽 앞다리의 위치에 대해 수직으로 해당 팔다리를 밀어준다. 팔꿈치 위에 무거운 샌드백을 사용하여 사지를 제자리에 고정시킨다. 수동적인 보정이 필요할 수 있다.

코멘트와 팁 _Comments and Tips

- 목표는 척추뼈 뒤쪽에 어깨뼈를 배치하는 방해받지 않는 영상이다.
- 반대쪽 사지를 살짝 당기면 가슴이 회전하고, 이것은 몸통에서 어깨뼈를 분리시킨다.
- 위쪽 다리를 등쪽으로 과도하게 펴면 위쪽 어깨 근육 조직이 촬영범위를 넘어가게 된다.

측정: 어깨뼈의 가장 두꺼운 부분이나 T1에서 T2의 가시돌기의 위치에서 어깨뼈의 앞쪽 가장자리를 위로 들어올린다.

중심 방사선: 어깨뼈의 중심.

경계: *앞쪽*: 어깨관절의 몸쪽부.

뒤쪽: 어깨뼈의 뒤쪽 가장자리.

위쪽과 아래쪽: 어깨뼈 전체를 포함한다.

어깨뼈의 가쪽(안가쪽면)촬영 – 일반적 _Lateral (Mediolateral) View of the Scapula—Routine (계속)

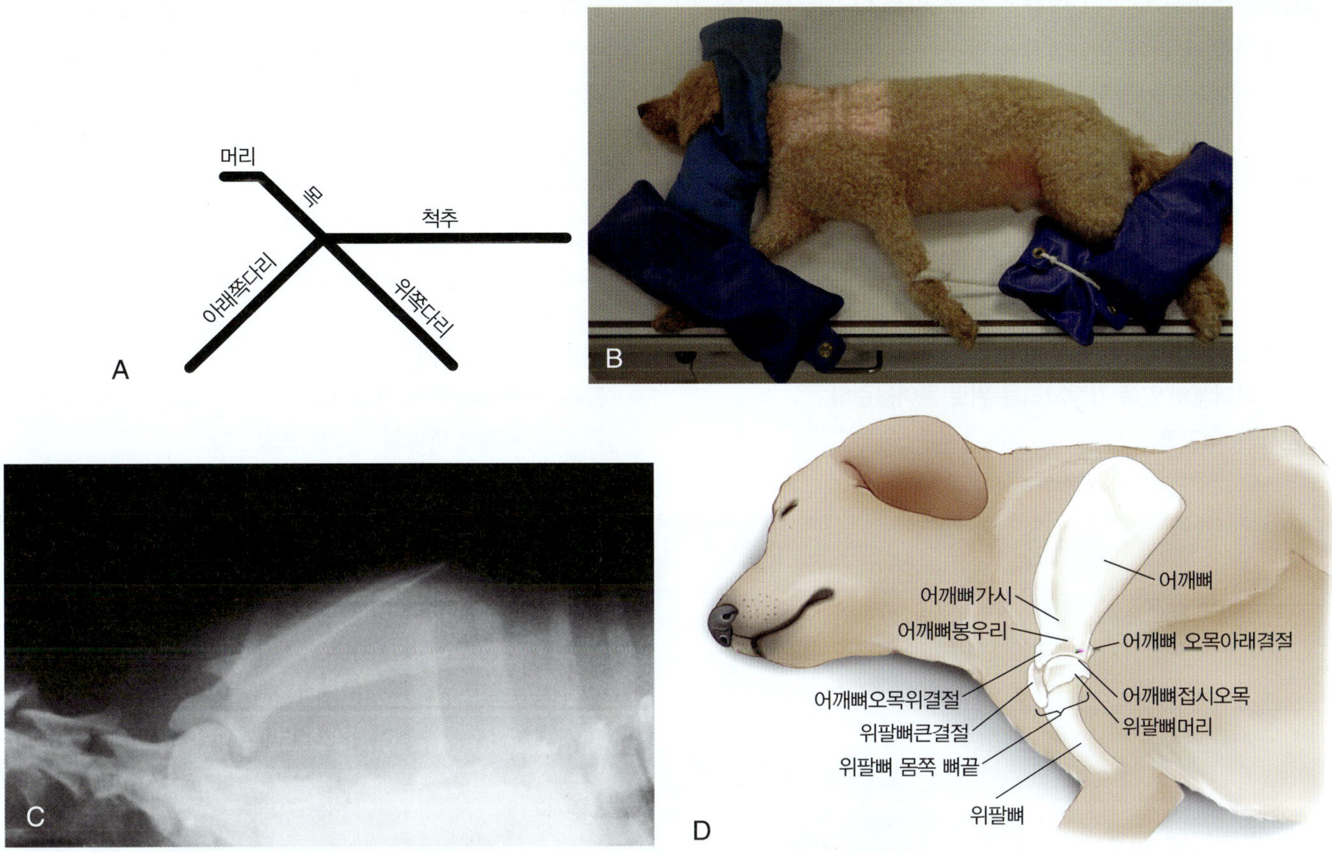

그림 13.3 **A,** 어깨뼈와 어깨의 안가쪽상의 올바른 정렬, T-자세잡기를 보여주기 위한 선 그림. **B,** 척추뼈 등쪽으로 안가쪽 어깨뼈 자세잡기. 해당다리는 등쪽으로 밀어서 흉부 척추뼈 위쪽으로 전체 어깨뼈가 영상화될 수 있게금 한다. **C,** 어깨뼈의 안가쪽상, 척추뼈의 등쪽. **D,** 오른쪽 어깨관절과 어깨뼈의 안쪽면. (**A,** Redrawn from Muhlbauer MC, Kneller SK. Radiography of the Dog and Cat: Guide to Making and Interpreting Radiographs. Oxford: Wiley-Blackwell; 2013; **B,** Courtesy Seneca College of Applied Arts and Technology, King City, ON.)

어깨뼈의 가쪽(가안쪽면)촬영 – 보조적 _Lateral (Lateromedial) View of the Scapula—Ancillary

자세잡기 _Positioning[4]

위치: 영향을 받은 쪽이 위로 향하도록 하여 가쪽 가쪽누움촬영 위치.

머리와 목: 코가 앞을 향하도록 모래주머니를 사용하여 두개골과 목을 테이블의 짧은 가장자리와 평행하게 배치한다. 어깨는 흉추 가시돌기의 높이보다 낮아야 한다.

뒷다리: 자연스러운 위치에 두고 필요한 경우 샌드백 또는 벨크로 스트랩을 사용하여 지지한다.

앞다리: 아래쪽 반대쪽 사지를 흉부에서 멀리 떨어진 곳으로 약간 당겨 벨크로 스트랩 또는 샌드백으로 고정한다. 노뼈의 중간이나 아래쪽을 타이나 벨크로로 영향을 받은 위쪽 다리를 고정하고 앞발목을 등쪽으로 당겨서 두개골 위에 오도록 한다(그림 13.4).

코멘트와 팁 _Comments and Tips

- 목표는 겹치지 않는 시야로, 어깨뼈를 척추 위쪽으로 배치하여 어깨뼈가시와 몸쪽 가장자리를 보다 쉽게 시각화하는 것이다.
- 팔꿈치는 약간 구부러질 것이고 어깨뼈는 흉추 가시돌기의 위쪽에 있을 것이다.

어깨뼈의 가쪽(가안쪽면)촬영 – 보조적 _Lateral (Lateromedial) View of the Scapula—Ancillary (계속)

- 아래쪽 다리를 당기고 영향을 받은 위쪽 다리를 밀면 환자의 몸통이 회전하여 영향을 받은 어깨뼈를 경추 및 흉추 가시돌기의 위쪽에 위치시킨다. 환부가 테이블에서 떨어져 있을 때 어깨뼈가시 전체가 촉진될 수 있다.
- 몸통이 회전하면 기하학적 왜곡이 발생하고 물체 필름 거리(OFD) 증가로 인해 영향을 받는 어깨뼈가 확대된다.
- 라벨링의 혼동을 방지하려면 두 마커를 모두 사용하는 것이 유리할 수 있다. 영향을 받은 어깨뼈 마커는 영상 수용기의 앞쪽 등쪽 측면에 있고 누운 다리 마커는 앞쪽 먼쪽 부분에 있다.

측정: 어깨뼈의 가장 두꺼운 부분이나 T1에서 T2의 가시돌기의 위치에서 어깨뼈의 앞쪽 가장자리를 위로 들어올린다.

중심 방사선: 어깨뼈의 중심.

경계: *앞쪽*: 어깨관절의 몸쪽부.

뒤쪽: 어깨뼈의 뒤쪽 가장자리.

위쪽과 아래쪽: 어깨뼈 전체를 포함한다.

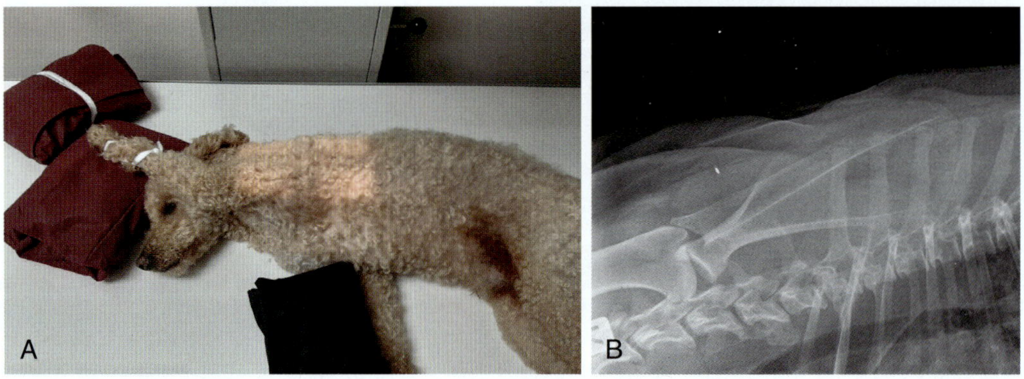

그림 13.4 **A,** 영향을 받은 사지를 위로 향하게 한 어깨뼈의 가안쪽면 자세잡기. 앞발목을 머리위로 올려서 영향받은 다리를 등쪽으로 당겨서 고정한다. **B,** 어깨뼈의 가안쪽면 사진. (**A,** Courtesy Jocelyn Affl eck, Golf Glen Veterinary Clinic, Aurora, ON; **B,** Courtesy Jennifer White, Mississauga Oakville Veterinary Emergency and Specialty Hospital, ON.)

어깨뼈의 가쪽(안가쪽면)촬영 – 보조적 _Lateral (Mediolateral) View of the Scapula—Ancillary

- 환자가 통증을 느끼거나 조작이 불가능한 경우 방사선 투과성 폐를 통해 기도 아래쪽으로 먼쪽 어깨뼈와 어깨뼈 목을 더 잘 시각화하려면 환자를 측면 가쪽누움촬영으로 배치하고 영향을 받은 다리는 뒤쪽 등쪽으로 당기고 위쪽 다리는 앞쪽으로 편다. 등쪽으로 밀어서는 안 된다.
- 이전 위치와 비교했을 때, 이것은 안가쪽면이므로, 영향을 받은 사지가 테이블에 위에 있고 뒤쪽 등쪽으로 당겨진다.
- 가슴뼈는 어깨뼈가 더 잘 보이도록 약간 위로 회전할 수 있다.
- 이 보기는 또한 환자에게 고통을 덜 준다.
- 측정, 방사선 중앙 초점, 경계는 위와 같다.

보건사 참고사항

촬영 버튼을 누르기 전에 정신 체크리스트를 검토하는 것을 기억하자(10장 참고).

어깨뼈의 꼬리머리쪽촬영[4] – 일반적 _Caudocranial View of the Scapula—Routine

자세잡기 _Positioning

위치: 필요한 경우 테이프를 사용하여 등쪽으로 눕힌다.

머리와 목: 경추가 관절 위로 겹치지 않도록 머리를 환부에서 약간 옆으로 밀어준다.

뒷다리: 자연스러운 위치에 두고 필요한 경우 샌드백 또는 벨크로나 스트랩을 사용하여 지지한다.

앞다리: 각 사지를 별도로 고정하고, 특히 영향을 받은 사지를 앞쪽으로 편다(그림 13.5).

모래주머니 또는 벨크로를 사용하여 위팔뼈가 테이블과 거의 평행이 되도록 테이블에 영향을 받은 다리를 부착한다.

코멘트와 팁 _Comments and Tips

- 어깨뼈와 갈비뼈가 겹치지 않도록 어깨뼈에서 환자의 가슴뼈를 약 10~12도 회전시킨다. 어깨뼈가시를 테이블에 수직으로 유지한다.
- 안쪽으로 당겨지는 위팔뼈의 먼쪽 부분 위에 테이프나 벨크로를 올려놓으면 팔꿈치머리 부분이 바로 위를 가리키게 되어 어깨뼈와 위팔뼈가 곧게 된다.
- 영상에 표시된 사지의 측면에 마커를 놓는다.

측정: 어깨뼈 관절(어깨 관절) 수준에서 캘리퍼스가 첫 번째 흉부 척추 신체 위로 확장되도록 한다.

중심 방사선: 어깨뼈의 중심.

경계: *앞쪽*: 어깨뼈가시의 봉우리에서 1인치 앞쪽.

뒤쪽: 어깨뼈의 뒤쪽 가장자리(약 8번째 갈비뼈 수준).

측면: 촉진되는 어깨뼈가시의 진체면.

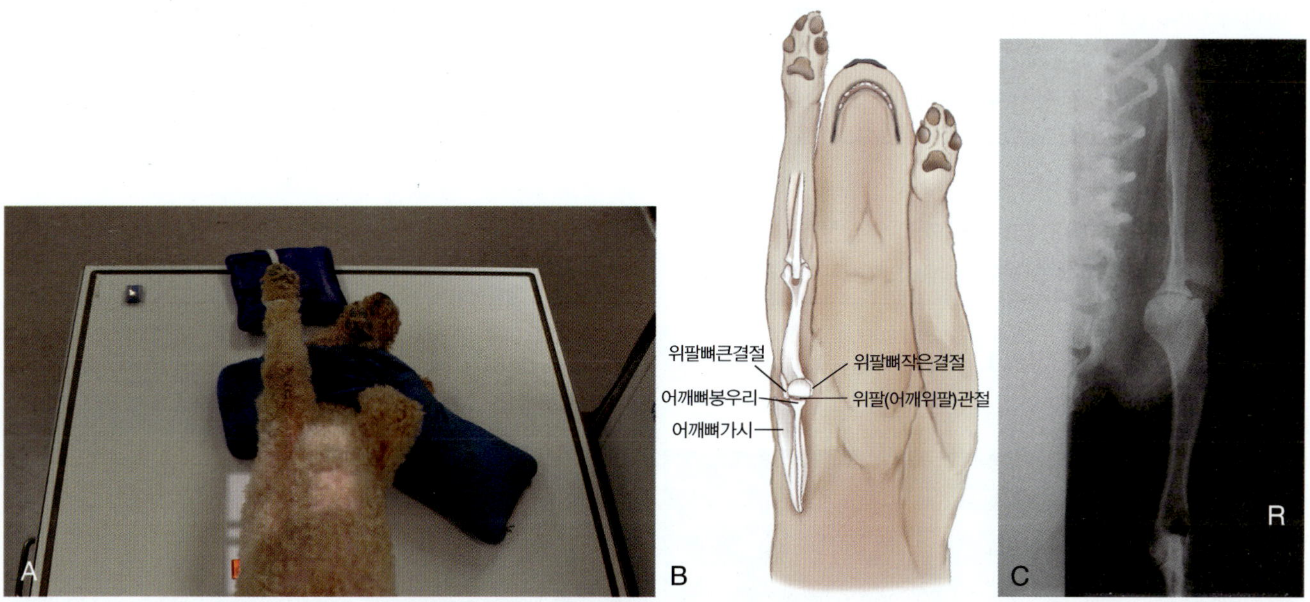

그림 13.5 **A,** 꼬리머리쪽(꼬리머리쪽)상 어깨뼈의 위치. **B,** 오른쪽 어깨 관절과 어깨뼈의 꼬리쪽 영상. **C,** 어깨뼈, 위팔뼈, 어깨관절의 꼬리머리쪽(꼬리머리쪽)상 이미지. (**A,** Courtesy Seneca College of Applied Arts and Technology, King City, ON.)

어깨관절 _Shoulder Joint

어깨의 가쪽(안가쪽면)촬영 – 일반적 _Lateral (Mediolateral) View of the Shoulder—Routine

자세잡기 _Positioning

위치: 영향을 받은 다리를 아래로 한 상태에서 측면 가쪽누움 촬영.

머리 및 목: 머리와 목이 흉추에 135도가 되도록 등을 구부려서 어깨관절과 경추 가시돌기가 겹치지 않게금 한다. 촬영범위 바깥에서 머리 위에 모래주머니를 올려놓는다.

뒷다리: 자연스럽게 놔두고 필요에 따라서는 벨크로/샌드백을 이용한다.

앞다리: 반대쪽 앞다리를 흉곽쪽으로 꼬리등쪽으로 구부리고 당기고 목이랑 겹치지 않게 한다(그림 13.6).

샌드백 또는 벨크로로 고정힌다.

영향을 받는 사지는 목선에서 멀리, 앞쪽으로 그리고 수직으로 펴서 어깨 관절이 가슴뼈에 배측으로 위치한다. 샌드백으로 지지하거나 벨크로 스트랩으로 고정한다.

코멘트와 팁 _Comments and Tips

- 머리와 다리가 T자 모양의 위치에 있다고 생각하고 머리와 반대쪽 사지가 T자의 상단을 형성하고, 영향을 받은 사지가 T 아랫부분을 형성한다고 생각한다(그림 13.3A).
- 영향을 받는 아래 다리의 마커는 어깨 관절의 앞쪽 놓는다.
- 머리와 목의 펴짐은 어깨 관절을 가슴뼈와 공기로 채워진 기관에 배측으로 배치하고 기관을 어깨뼈 관절에 등쪽으로 배치하여 관절 표면을 분리한다.
- 위팔뼈를 따라 느끼면서 어깨 관절을 촉진한다. 어깨 관절은 최종 이미지에서 가슴뼈에 앞쪽(머리쪽)에 있고 기관에 배쪽에 있어야 한다.
- 가슴뼈가 흉부에서 약간 회전한다. 어깨 관절을 비스듬한 위치에 놓고 어깨 관절의 관절 표면을 평가하기 어렵게 만드는 흉부의 과도한 회전을 방지한다.
- 골연골증 병변을 더 잘 판단하는 데 도움이 되는 위팔뼈 머리의 관절 가장자리를 시각화하기 위해, 영향을 받은 사지를 약간 회내한다. 약간 뒤치면 약간 경사지게 보일 수 있다.[5]
- 어깨 불안정성은 두 개의 측면을 비교하여 평가할 수 있다. 하나는 다리를 당기고 하나는 다리를 당기지 않는 측면이다(당기는 힘 적용).

측정: 어깨 관절 수준에서 사지를 포함하지 않도록 주의하면서 캘리퍼를 어깨의 영향을 받지 않는 지점까지 연장한다.

중심 방사선: 위팔뼈의 몸쪽 머리와 어깨뼈의 오목구멍 촉진하여 어깨위팔 관절[6](어깨 관절) 지점.

경계: *먼쪽*: 어깨뼈의 먼쪽 3분의 1.

몸쪽: 위팔뼈의 몸쪽 3분의 1.

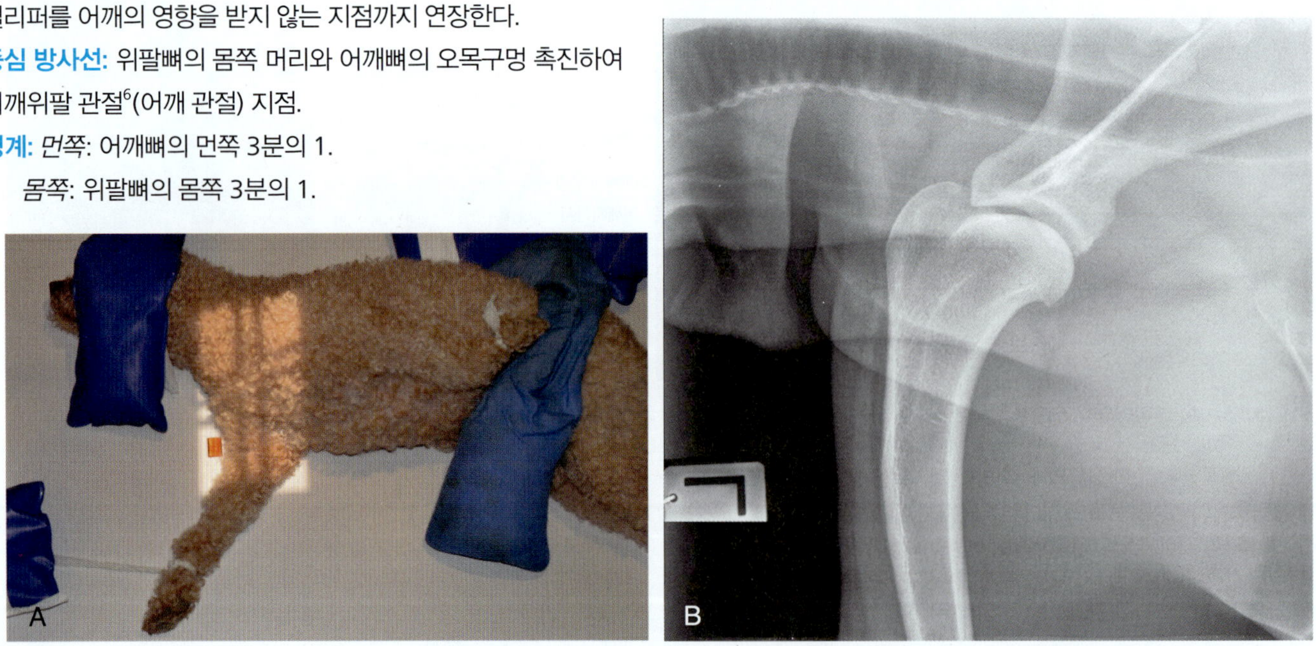

그림 13.6 **A,** 어깨 관절의 측면 조사의 자세잡기. 다리는 중첩을 피하기 위해 완전히 뻗고, 영향을 받지 않은 다리는 목선에 맞춰 꼬리 부분으로 당긴다. **B,** 어깨 관절의 안가쪽면 이미지. (Courtesy Jennifer White, Mississauga Oakville Veterinary Emergency and Specialty Hospital, ON.

어깨의 꼬리머리쪽촬영 – 일반적 _Caudocranial View of the Shoulder—Routine

자세잡기 _Positioning

위치: 필요한 경우 테이프/벨크로를 사용하여 등쪽으로 눕힌다. 폼 패드는 흉부중간 및 복부중간 아래에 배치할 수도 있다.

머리 및 목: 경추가 관절 위로 겹치지 않도록 머리를 환부에서 약간 옆으로 밀어준다. 지지대가 필요할 수 있다.

뒷다리: 자연스러운 위치에 두고 필요한 경우 벨크로/샌드백으로 지지한다.

앞다리: 양쪽 앞다리를 머리쪽으로 펼친다.

영향받은 앞다리를 모래주머니나 묶거나 테이프를 사용하여 위팔뼈를 테이블과 거의 평행하게 유지한다(그림 13.7A,B).

코멘트와 팁 _Comments and Tips

- 환자는 완벽하게 배등쪽 자세로 유지해야 한다.
- 개나 고양이의 몸과 갈비뼈는 어깨뼈에서 약간 떨어져 있어야 중첩을 피하고 어깨뼈의 척추를 테이블에 수직으로 유지할 수 있다.
- 위팔뼈가 과도하게 회전하면 어깨 관절이 비스듬해진다.
- 관절들을 비교해야 하는 경우 관절과 관절 사이에 빔 중심을 포함할 수 있다. 그러나 가슴이 넓은 환자의 경우 별도의 보기가 필요할 수 있다.
- 등으로 누워 있고 다리를 흉곽의 측면을 따라서 당긴 환자에게서 머리꼬리쪽(보조적)상은 앞쪽 흉곽과 어깨뼈가 겹치는 것을 제거할 수 있다 .

측정: 어깨뼈 위필 관질(어깨 관질) 수준.

캘리퍼를 뒤쪽 경추체 위로 확장하지만 반대쪽 다리는 포함하지 않는다.

중심 방사선: 위팔뼈의 몸쪽 머리와 어깨뼈 관절(어깨 관절)의 중심에 있는 어깨뼈 봉우리를 촉진한다.

경계: *먼쪽*: 어깨뼈의 먼쪽 3분의 1. *몸쪽*: 위팔뼈의 몸쪽 3분의 1.

보건사 참고사항

필름 방사선 촬영에서 어깨뼈, 어깨 및 위팔뼈에 대한 수정된 복부 기법 차트를 사용하면 골격 차트 이미지가 너무 어둡고 흉부 설정 이미지의 밀도가 충분하지 않은 경우 더 많은 진단 이미지를 생성할 수 있다.

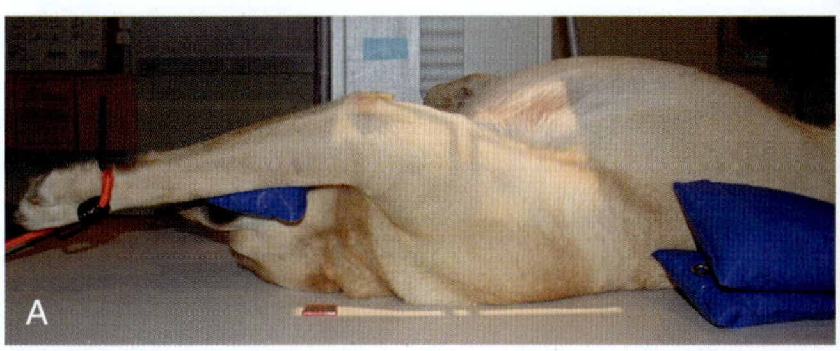

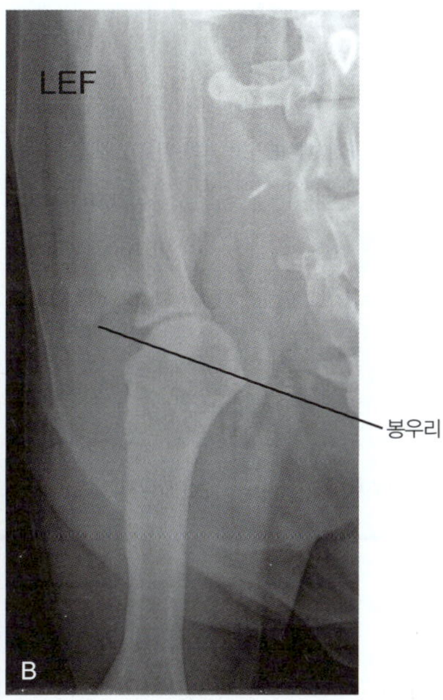

그림 13.7 **A,** 꼬리머리쪽(꼬리머리쪽) 어깨 관절의 자세잡기. **B,** 어깨 관절의 꼬리머리쪽(꼬리머리쪽) 사진.

위팔뼈 두갈래근고랑 관찰을 위한 스카이라인 촬영(앞쪽몸쪽–뒤쪽먼쪽) – 보조적
Skyline (Cranioproximal-Craniodistal) View of the Shoulder for the Bicipital Groove—Ancillary

자세잡기 _Positioning

위팔두갈래근 또는 가시위 힘줄에서 석회화된 물체를 찾으려면 가슴누움자세 환자에게서 어깨의 스카이라인 촬영이 필요할 수 있다.

위치: 가슴누움자세.

머리와 목: 영향을 받은 어깨에서 흉부 회전 없이 머리와 목을 약간 떨어진 곳으로 이동한다. 머리와 목을 폼 패드 위에 놓고 그 위치를 유지하기 위해 목 위에 모래주머니를 올려놓는다. 호흡이 제한되지 않도록 주의한다.

뒷다리: 자연스러운 위치에 두고 필요한 경우 모래주머니를 사용하여 지지한다.

앞다리: 모래주머니를 사용하여 영향을 받지 않은 사지를 상당히 자연스러운 위치에 유지한다.

환부의 팔꿈치 관절을 구부려 구부린 어깨 관절을 노뼈 및 자뼈의 몸쪽 1/3 위에 투영한다.

모래주머니를 사지 옆에 놓아 내전을 방지한다. 필름/스크린 카세트는 노뼈 및 자뼈의 머리쪽 표면에 위치하며 팔꿈치 조인트의 굽은 부분에 위치한다. 폼 웨지를 사용하여 카세트를 지지한다(그림 13.7C, D).

코멘트와 팁 _Comments and Tips

- 소스 영상 거리(SID) 감소는 노출 요인에 영향을 미친다.
- 대부분의 디지털 수신기(DR) 패널은 테이블 아래에 고정되어 있으므로 디지털 장치에서는 이 절차를 수행할 수 없다.

측정 및 중심: 위팔뼈의 머리 부분에서, 두갈래근고랑을 향해 촉진한다.

경계: 근접 조준된 몸쪽 위팔뼈.

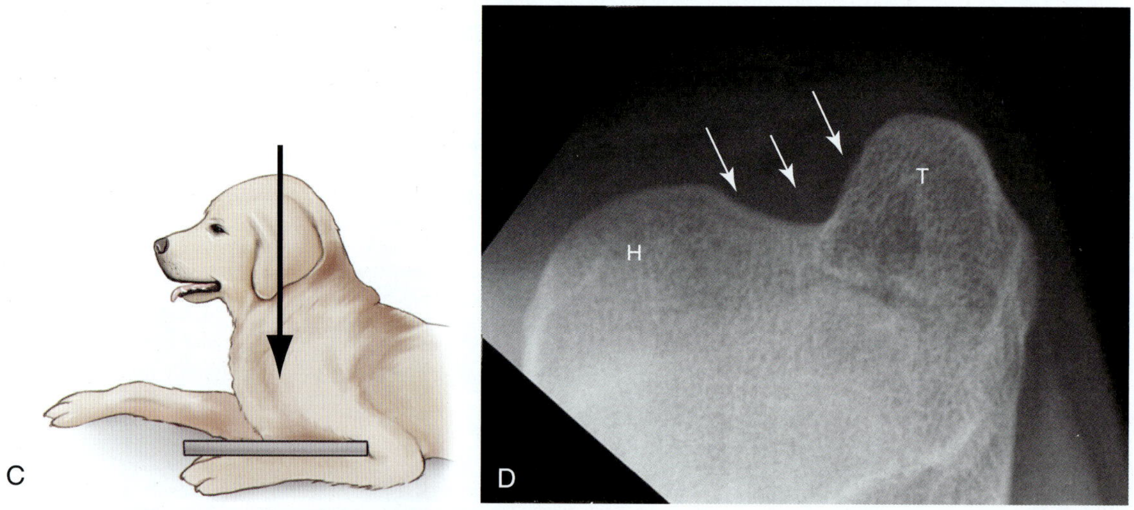

그림 13.7, (*계속*) **C,** 필름 카세트가 있는 두갈래근고랑을 위한 스카이라인 자세잡기. **D,** 어깨/몸쪽 위팔뼈의 스카이라인 촬영(머리쪽몸쪽–머리쪽먼쪽)의 방사선 사진으로 두갈래근고랑(*흰색 화살표*)을 투영한다. **H,** 위팔뼈 머리; **T,** 큰결절). (**B,** Courtesy Jennifer White, Mississauga Oakville Veterinary Emergency and Specialty Hospital, ON; **D,** from Thrall DE. Textbook of Veterinary Diagnostic Radiology. 6th ed. St Louis: Elsevier; 2013.)

위팔뼈 _Humerus

위팔뼈의 가쪽(안가쪽면)촬영 – 일반적 _Lateral (Mediolateral) View of the Humerus—Routine

자세잡기 _Positioning

위치: 영향을 받은 사지를 아래로 한 상태에서 측면 가쪽누움 촬영.

머리와 목: 모래주머니로 머리와 목을 위로 향하게 하고 호흡에 제약이 없도록 주의한다.

뒷다리: 자연스러운 위치에 두고 필요한 경우 벨크로/샌드백으로 지지한다.

앞다리: 반대쪽 사지를 펴서 꼬리 쪽으로 고정하여 겹치지 않도록 한다.

영향받은 다리는 아래쪽 앞쪽으로 편다.

샌드백 또는 타이로 고정한다(그림 13.8).

코멘트와 팁 _Comments and Tips

- 큰 개는 팔꿈치와 어깨 사이에 조직 밀도에 상당한 차이가 있을 경우 두 번의 보기가 필요할 수 있다. 각 영역을 개별적으로 측정한다.

측정: 어깨위팔뼈 관절(어깨 관절) 수준에서 몸쪽 위팔뼈 쪽으로.

중심 방사선: 위팔뼈의 중간축.

경계: *몸쪽부*: 어깨에. *먼쪽부*: 팔꿈치로.

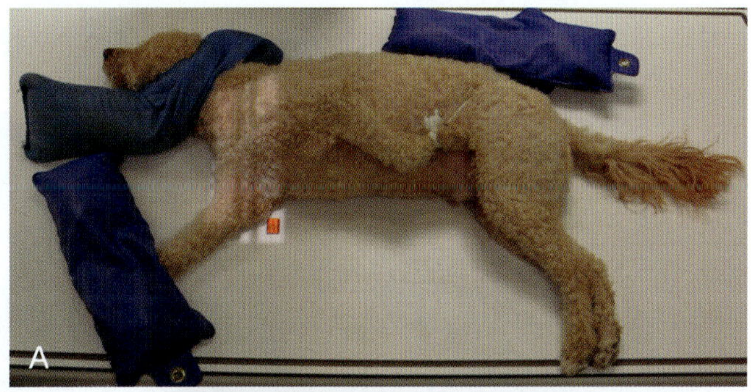

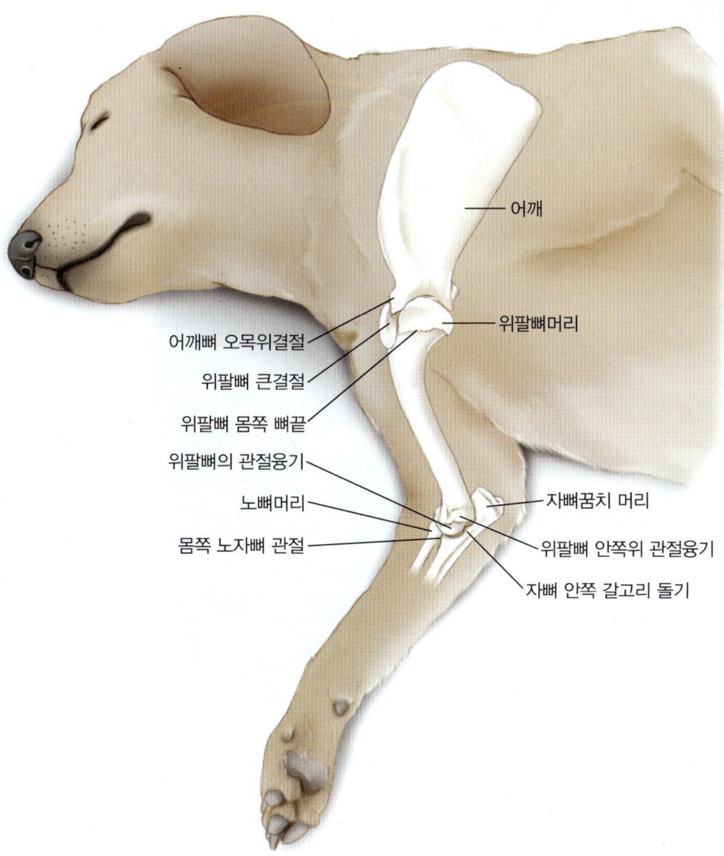

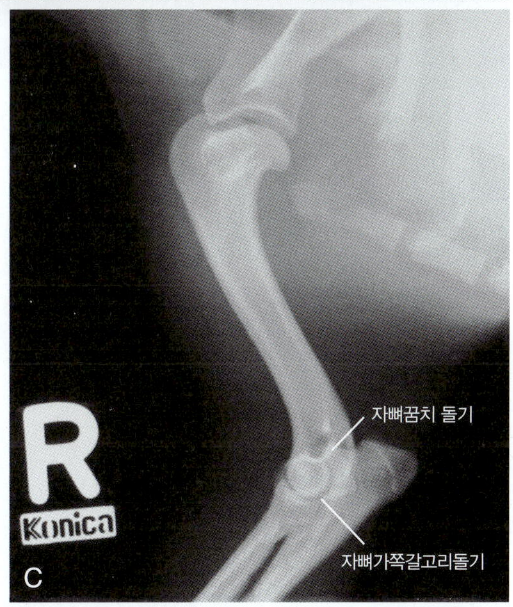

그림 13.8 **A,** 위팔뼈의 안가쪽(가쪽)상의 자세잡기 **B,** 오른쪽 위팔뼈의 내측상. **C,** 위팔뼈의 안가쪽(가쪽)상. (A, Courtesy Seneca Collge of Applied Arts and Technology, King City, ON.)

위팔뼈의 꼬리머리쪽촬영 – 일반적 _Caudocranial View of the Humerus—Routine

자세잡기 _Positioning

위치: 필요한 경우 벨크로 위치에서 등쪽 가쪽누움촬영.

머리와 목: 머리와 목을 위팔뼈와 평행하게 유지한다.

필요한 경우 샌드백으로 고정하고, 호흡을 제한하지 않도록 주의한다.

뒷다리: 척추가 테이블에 수직이 되도록 자연스러운 위치에 둔다. 필요한 경우 샌드백 또는 벨크로로 지지한다.

앞다리: 테이프/벨크로, 연장 및 샌드백 또는 두 다리, 특히 환부를 묶는다.

위팔뼈를 테이블과 거의 평행하게 유지한다(그림 13.9).

코멘트와 팁 _Comments and Tips

- OFD가 증가하면 왜곡이 발생한다. 최소화하려면 사지를 가능한 한 앞으로 당겨 영상 수용체에 가깝게 한다.
- 골절이나 심각한 퇴행성 관절 질환이 있는 환자는 이러한 위치 설정을 허용하지 않을 수 있다. 이러한 상황에서 필요한 경우 수평 빔을 사용하는 것이 좋다.

측정: 위팔뼈 중간축이 몸쪽부 측면을 향하며, T1 수준에서 교차한다.

중심 방사선: 위팔뼈의 중간축.

경계: *몸쪽부*: 어깨 관절을 포함한다. *먼쪽부*: 팔꿈치 관절을 포함한다.

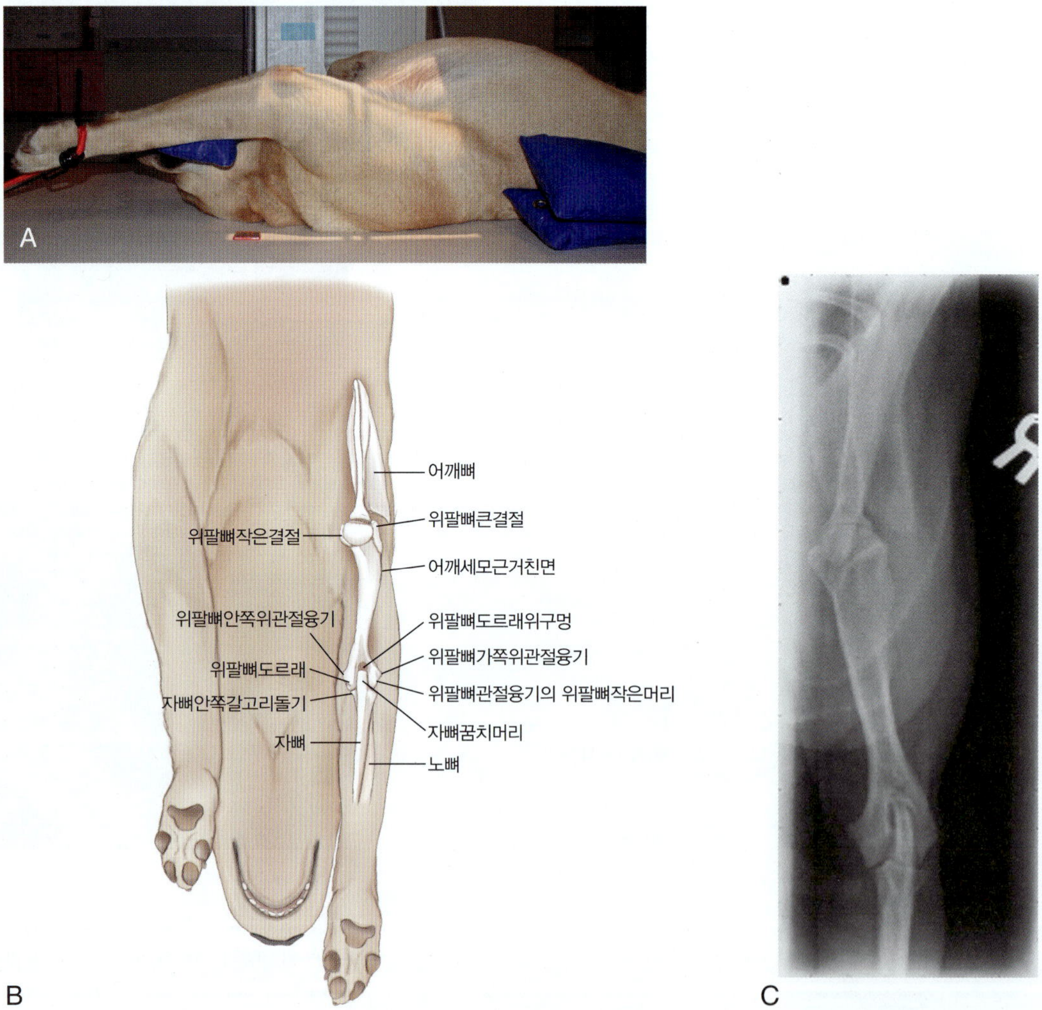

그림 13.9 **A,** 위팔뼈의 꼬리머리쪽촬영에 대한 자세잡기. **B,** 오른쪽 개 위팔뼈의 꼬리 뒤쪽영상. **C,** 위팔뼈의 꼬리머리쪽촬영 이미지. (B and **C,** From Thrall DE. *Textbook of Veterinary Diagnostic Radiology*. 7th ed. St. Louis: Elsevier; 2017.)

위팔뼈의 꼬리머리쪽촬영 – 일반적 _Caudocranial View of the Humerus—Routine—cont'd (계속)

위팔뼈의 수평빔—보조적
Horizontal Beam of the Humerus—Ancillary

- 측면 욕창 보기(수평 빔이 있는 경골 보기)는 광범위한 외상 또는 기타 문제로 인해 손상된 환자에게 유용할 수 있다.
- 꼬리뼈 보기의 중심을 잡고 측정하며 포함한다.
- 환부는 큰 스폰지 위에 가장 위에 올려지고 확장한다.
- 필름 스크린 카세트는 영향을 받는 앞다리의 두개골 측면에 배치된다.
- 튜브 헤드는 사지의 꼬리 측면에서 수평으로 향하며 위팔뼈 및 영상 수용체에 수직이다.
- 고양이의 경우 수평 빔으로 위팔뼈 머리와 어깨를 볼 수 있을 정도로 카세트를 가까이 배치하는 것이 어려울 수 있다.

위팔뼈의 머리꼬리쪽촬영 – 보조적 _Craniocaudal View of the Humerus—Ancillary

자세잡기 _Positioning

위치: 등쪽 가쪽누움촬영으로 눕히고 필요에 따라서는 고정한다.

머리와 목: 머리와 목을 똑바로 유지한다.

필요한 경우 샌드백으로 고정하고, 호흡이 제한되지 않도록 주의한다.

뒷다리: 자연스러운 위치에 두고 필요한 경우 샌드백으로 지지한다.

앞다리: 양쪽 앞다리를 꼬리 쪽으로 뻗어서 영향받은 다리가 어깨에서 구부러지고 꼬리 쪽으로 충분히 당겨져 위팔뼈가 테이블과 평행을 유지하도록 한다. 테이블에 묶거나 조심스럽게 모래주머니를 다리 위에 놓는다(그림 13.10A).

코멘트와 팁 _Comments and Tips

- 수술 후 꼬리머리쪽촬영으로 환자를 적절히 확장할 수 없는 경우 머리꼬리쪽상 보기를 사용한다.
- 이 위치의 위팔뼈는 꼬리머리쪽촬영에 비해 테이블에 더 평행하지만 OFD가 증가한다.
- 수의사가 위팔뼈의 불완전한 골화를 의심하는 경우, CrCd가 가장 좋은 보기이며, 약간 15도의 앞쪽 내측에서 뒤쪽가쪽 경사쪽으로 경사지게 한다.[2]
- 또는 가슴누움자세에서 팔다리를 앞으로 당긴 상태에서 영향받은 다리를 편다(그림 13.10B).

측정: 위팔뼈 중간축이 몸쪽부 측면을 향한다.

중심 방사선: 위팔뼈의 중간축.

경계: *몸쪽부*: 어깨 관절을 포함한다. *먼쪽부*: 팔꿈치 관절을 포함한다.

> **보건사 참고사항**
> 어깨뼈, 어깨, 그리고 위팔뼈의 측면촬영과 꼬리머리쪽촬영 촬영 자세는 거의 비슷하며, 약간의 차이가 있다.

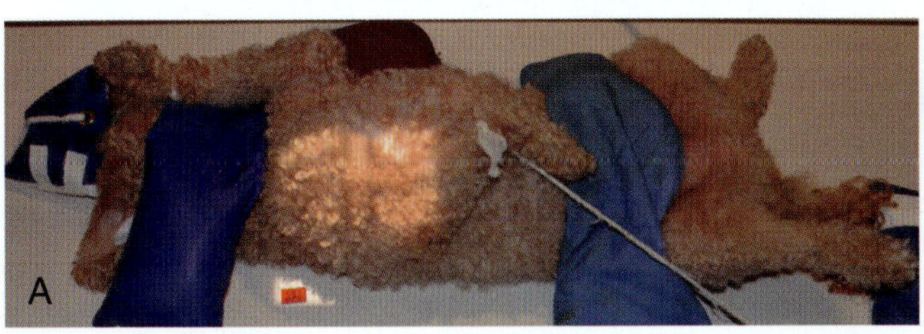

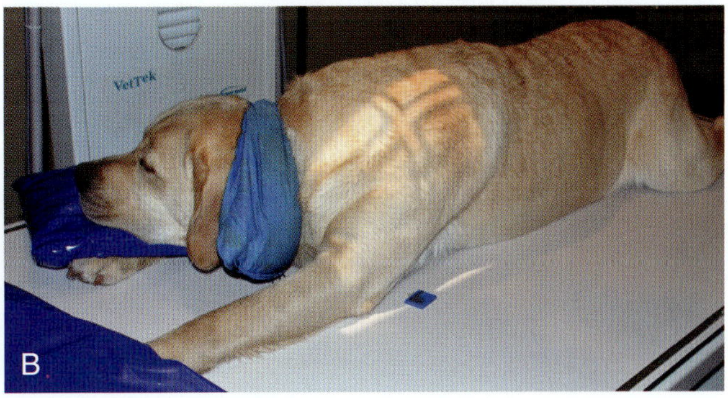

그림 13.10 **A,** 등쪽 가쪽누움촬영에서 위팔뼈의 머리꼬리쪽상을 위한 자세잡기. **B,** 머리꼬리쪽상 위팔뼈 보기를 위한 대체 자세잡기. (**A/B,** Courtesy Seneca College of Applied Arts and Technology, King City, ON).

팔꿈치 _Elbow

팔꿈치의 가쪽(안가쪽면)촬영 – 일반적 _Lateral (Mediolateral) View of the Elbow—Routine

팔꿈치 관절의 측면도는 파편화된 돌기를 보여줄 수 있다.[7]

자세잡기 _Positioning

위치: 영향을 받은 사지를 아래로 한 상태에서 측면 가쪽누움 촬영

머리와 목: 등쪽으로 위치시키고, 제 위치를 유지하기 위해 모래주머니를 목 위에 올려놓는다. 호흡이 제한되지 않도록 주의한다.

뒷다리: 자연스러운 위치에 두고 필요한 경우 벨크로/샌드백으로 지지한다.

앞다리: 반대쪽 사지를 꼬리 쪽으로 뻗고 타이나 샌드백으로 고정한다.

수의사의 선호도에 따라 굴곡 정도가 45도와 90도 사이가 되도록 영향받은 다리를 앞쪽으로 배쪽으로 배치한다(그림 13.11).

환자 유형에 따라 작은 폼 웨지를 앞발등 또는 어깨 부위 아래에 배치할 수 있다.

코멘트와 팁 _Comments and Tips

- 어깨 아래와 영향받은 다리의 먼쪽부 아래에 있는 작은 폼 패드는 측면 대칭을 유지하는 데 도움이 된다.
- 인접한 구조물의 회전 및 중첩을 방지한다.
- 팔꿈치를 적절히 배치하면 위팔뼈 관절융기 먼쪽부가 겹쳐지고 자뼈꿈치머리가 선명하게 보인다.

측정: 위팔뼈 먼쪽부에서 팔꿈치의 가장 두꺼운 부분.

중심 방사선: 촉진하고 말단 위팔뼈 관절융기(팔꿈치)를 중심으로 한다.

경계: *먼쪽부*: 위팔뼈의 먼쪽 3분의 1. *몸쪽부*: 노뼈/자뼈의 몸쪽부 3분의 1.

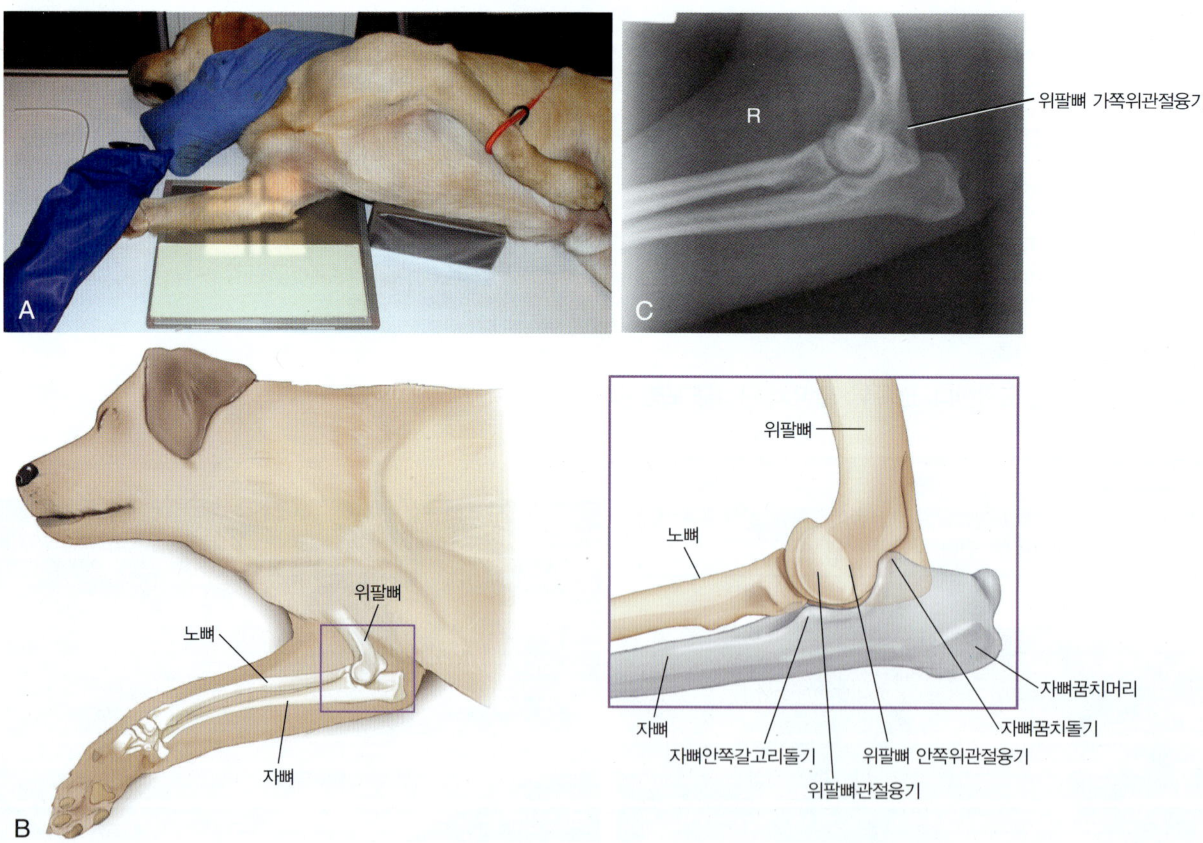

그림 13.11 **A,** 팔꿈치 관절의 안가쪽면(가쪽면) 상에 대한 자세잡기. **B,** 팔꿈치 관절의 내측 모습. **C,** 팔꿈치 관절의 안가쪽상(측면) 이미지. (**B** and **C,** Courtesy Jennifer White, Mississauga Oakville Veterinary Emergency and Specialty Hospital, ON).

팔꿈치의 앞쪽뒤쪽(머리꼬리쪽)촬영 – 일반적 _Craniocaudal View of the Elbow—Routine

자세잡기 _Positioning

위치: 가슴누움자세.

뒷다리: 척추를 곧게 유지하고 필요한 경우 벨크로/샌드백으로 지탱할 수 있도록 자연스러운 위치에 둔다.

V-트로우는 신체의 꼬리 부분의 안정성을 위해 사용될 수 있다.

앞다리: 양쪽 앞다리를 앞으로 뻗는다.

흔들림과 회전을 방지하기 위해 팔꿈치 아래에 작은 폼 패드를 놓고 영향을 받지 않는 사지를 당긴다.

영향을 받는 앞다리를 펴고 벨크로, 테이프나 샌드백을 먼쪽으로 붙여서 고정한다.

머리 및 목: 영향을 받는 다리와 빔에서부터 시야에 들어오지 않도록 밀어낸다.

폼 패드를 사용하여 머리를 자연스러운 높이로 지지한다. 테이프/벨크로를 머리 주위에 배치하여 시야에서 벗어나게 할 수 있다(그림 13.12).

코멘트와 팁 _Comments and Tips

- 대칭성은 필수적이다.
- 촉진을 통해 완성된 이미지에서 가쪽 위팔뼈 위관절융기와 내측 위팔뼈 위관절융기 사이의 관절 중앙에 있는 자뼈의 자뼈꿈치 머리가 드러날 때까지 환자의 몸을 약간 움직인다.
- 반대쪽 다리를 살짝 들어 올리는 것도 위팔뼈위관절융기 사이에 자뼈꿈치머리를 놓는 데 도움이 된다. 이렇게 하면 노뼈와 자뼈가 평행하고 위팔뼈가 테이블 상판에 약간 각도를 유지할 수 있다.
- 진정한 머리꼬리쪽(머리꼬리쪽) 팔꿈치 보기에서 영향받은 발은 테이블 위에 평평하지 않다.
- 환자가 등쪽 가쪽누움촬영에서 영향을 받은 사지가 꼬리로 당겨지는 경우에도 머리꼬리쪽(머리꼬리쪽) 보기를 완성할 수 있다.
- 위팔뼈를 테이블과 평행하게 유지한다.
- 갈비뼈의 중첩을 방지하기 위해 흉부에서 영향받은 다리를 약간 외전한다.

측정: 위팔뼈 먼쪽부에서 팔꿈치의 가장 두꺼운 부분.

중심 방사선: 촉진하고 관절 수준에서 위팔뼈 관절융기를 중심으로 한다. 완전한 펴짐이 불가능한 경우 관절 표면을 시각화하려면 빔을 몸쪽으로 약 10~20도 각도로 조정한다.

경계: *먼쪽부*: 위팔뼈의 먼쪽 3분의 1. *몸쪽부*: 노뼈/자뼈 몸쪽부 3분의 1.

> **보건사 참고사항**
>
> 사지의 먼쪽부의 반대쪽 보기를 위해 자세잡기를 할 때 환자는 대개 가슴누움자세 상태에 있다.

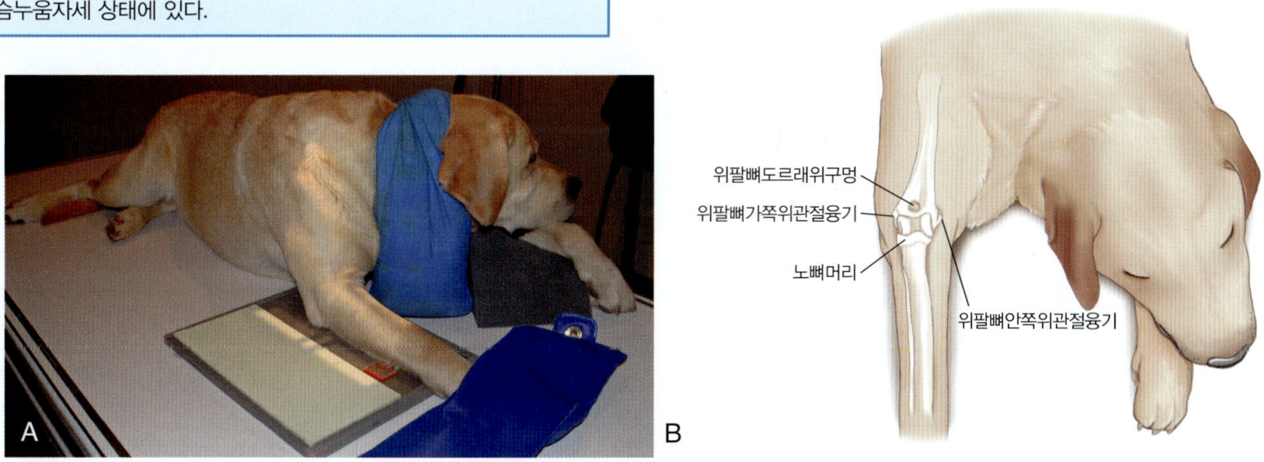

그림 13.12 **A**, 팔꿈치 관절의 머리꼬리쪽(머리꼬리쪽) 상을 위한 자세잡기. 반대쪽 팔꿈치와 머리 아래에 스펀지를 넣으면 자뼈꿈치머리가 진정한 CrCd 위치를 유지하는 데 도움이 된다. **B**와 **C**, 오른쪽 팔꿈치의 앞쪽 보기. **D**, 팔꿈치 관절의 머리꼬리쪽(머리꼬리쪽) 영상.

팔꿈치의 앞쪽뒤쪽(머리꼬리쪽)촬영 – 일반적 _Craniocaudal View of the Elbow—Routine (계속)

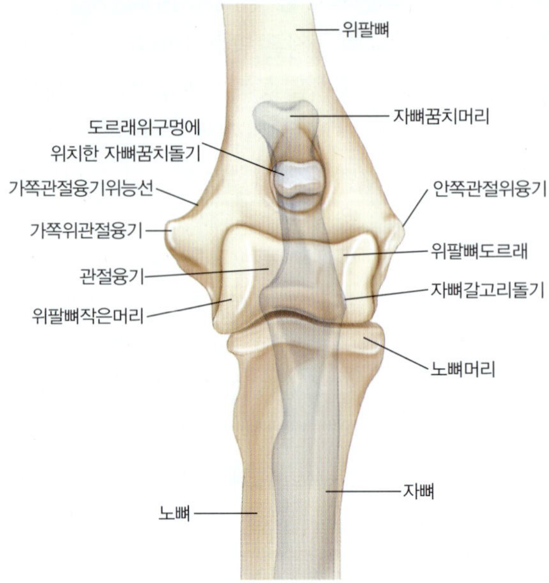

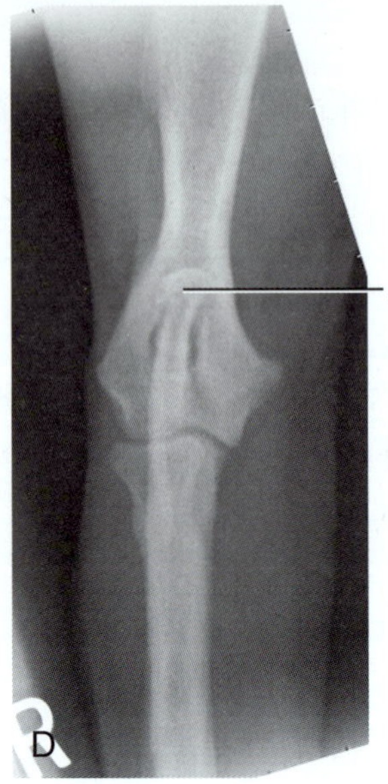

그림 13.12, (계속)

팔꿈치의 과다굽힘(안가쪽면)촬영 – 보조적 _Hyperfl exed (Mediolateral) View of the Elbow—Ancillary

- 과다굽힘을 통해 자뼈의 자뼈꿈치돌기를 평가할 수 있다. 자뼈꿈치돌기유합부전(주돌기유합부전)(자뼈의 주돌기가 유합에 실패하면서 성장판이 부러지는 것), 파편화된 갈고리돌기 또는 골연골증이 의심되는 경우에 이 보기가 지시된다.
- 팔꿈치 이형성증은 주로 대형견의 어린 개들에게서 나타나며, 체중을 견디는 다양한 정도의 파행과 관절염을 야기한다.
- 팔꿈치 이형성 평가를 위해 Orthopedic Foundation of Animals으로 사진을 전송하는 경우에는 극도로 굽힌 안가쪽면 보기가 요구된다.

자세잡기 _Positioning

위치: 영향을 받은 사지를 아래로 한 상태에서 가쪽누움촬영

머리와 목: 제 위치를 유지하기 위해 목 위에 모래주머니를 올려놓으며 등쪽으로 이동한다.

뒷다리: 자연스러운 위치에 두고 필요한 경우 벨크로/샌드백으로 지지한다(그림 13.13).

앞다리: 영향을 받지 않은 사지를 뒤쪽등쪽으로 고정한다. 진정한 측면 위치에서 영향받은 다리의 발목을 목쪽으로 이동한다.

사지를 등쪽으로 구부려 영향을 받은 팔꿈치를 최대한 구부린다.

테이프/벨크로를 앞발허리뼈 부위의 측면에 배치하여 머리 아래의 발톱을 고정한다.

앞쪽 경추 아래에서 테이블에 부착한다.

코멘트와 팁 _Comments and Tips

- 어깨 아래의 스폰지는 구부러진 팔꿈치가 안쪽으로 움직이는 것을 방지하는 데 도움이 된다.
- 사지는 회전하지 않고 진정한 측면 위치에서 테이블 위에 평평해야 한다.
- 테이프가 안쪽 면에 고정되어 있으면 위쪽으로 회전하여 관심 부위가 비스듬하게 한다.
- 팔꿈치는 디지털 플레이트의 중앙 바로 위에 위치한다. 엄격한 콜리메이션이 필수적이다.

팔꿈치의 과다굽힘(안가쪽면)촬영 – 보조적 _Hyperfl exed (Mediolateral) View of the Elbow—Ancillary (계속)

측정: 팔꿈치를 구부린 자세로 위팔뼈 먼쪽부에서.

중심 방사선: 촉진하고 위팔뼈를 중심으로 한다.

경계: *먼쪽부*: 위팔뼈의 먼쪽 3분의 1.

몸쪽부: 노뼈/척도의 몸쪽부 3분의 1.

보건사 참고사항

굽힘은 관절 전체검사에 도움을 준다.

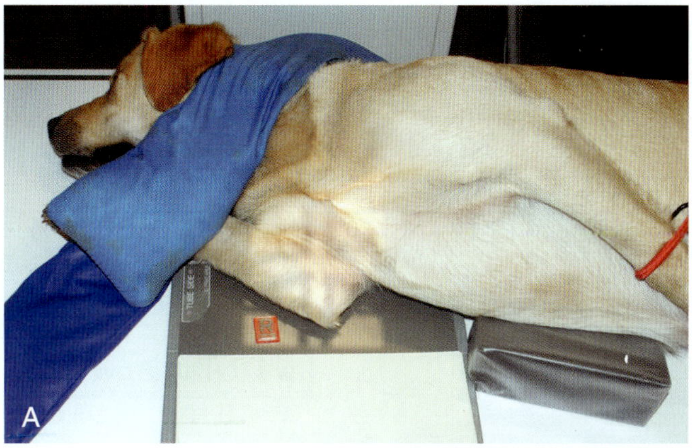

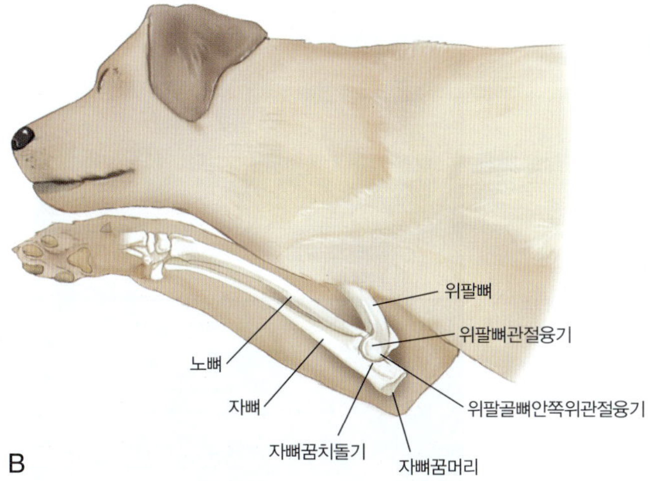

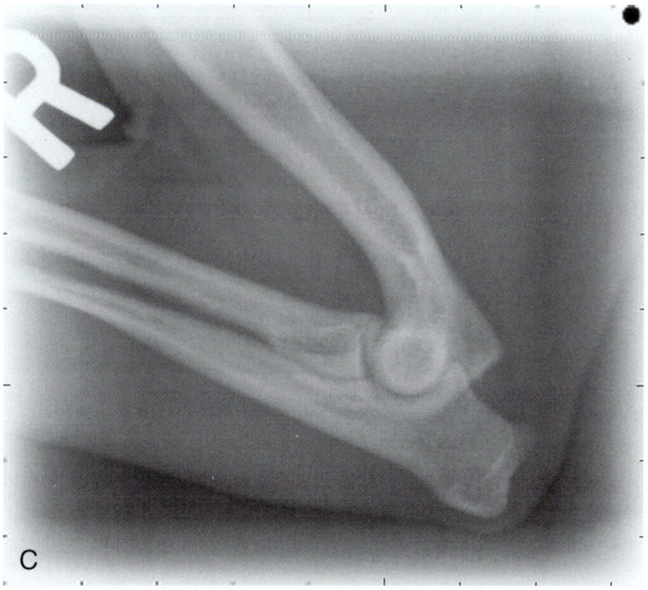

그림 13.13 **A,** 팔꿈치 관절의 중간가쪽(측면) 굴곡부에 대한 위치 설정. **B,** 오른쪽 굽은 팔꿈치의 안쪽 돌출부. **C,** 굴곡진 팔꿈치의 정중 측면(측면) 이미지. (**B** and **C,** Courtesy Jennifer White, Mississauga Oakville Veterinary Emergency and Specialty Hospital, ON.)

팔꿈치의 수평 빔을 이용한 머리꼬리쪽(머리꼬리쪽) 상—보조적
Craniocaudal View with a Horizontal Beam of the Elbow—Ancillary

필요한 경우 수평 빔(수평 빔이 있는 CdCd 보기 또는 측면 측와위)으로 CrCd 팔꿈치 보기를 촬영할 수도 있다.

- 팔꿈치 관절의 머리꼬리쪽상을 위해 측정하고 중심을 잡고 포함한다.
- 환자를 뻗은 영향을 받는 다리를 가장 위에 두고 반대쪽 측면 가쪽누움촬영에 놓고 큰 스펀지 위에 놓고 이미지 수용체를 꼬리 쪽에 놓는다.
- 튜브 헤드는 사지의 앞쪽면에서 직접 수평으로 향하며 팔꿈치와 영상 수용체에 수직이다. (그림 13.17은 노뼈/자뼈에 대해 수평 빔과 함께 CrCd 보기를 사용한 예이다.)
- 라벨을 측면에 놓는다.

팔꿈치의 비스듬촬영 – 보조적 _Oblique View of the Elbow—Ancillary

위팔뼈의 도르래위 구멍과 자뼈의 자뼈꿈치머리 및 갈고리 돌기를 적절히 시각화하기 위해 비스듬한 시야가 필요할 수 있다(그림 13.14).

머리, 목, 뒷다리: 폼 패드와 샌드백으로 환자와 사지를 지지한다.

앞다리: 영향을 받는 사지를 가능한 한 앞쪽(머리쪽)으로 당기고 지지하며 팔꿈치 관절을 돌린다:

- 안쪽으로 비스듬하게 30도 돌리면 안쪽 갈고리 돌기(앞쪽가쪽–뒤안쪽비스듬촬영)촬영을 확인할 수 있다.
- 가쪽 비스듬(앞쪽내측–뒤쪽가쪽 사선) 보기의 경우 내측(환자 쪽)으로 약 30도 돌린다.
- 관절을 구성하는 구조물만 포함한다.

코멘트와 팁 _Comments and Tips

- 증가된 관절 공간을 시각화하고 안쪽 갈고리 돌기를 보려면, 사지를 펴고 X선 빔을 앞쪽먼쪽에서 뒤쪽몸쪽으로 20도 각도를 조정한다.

측정, 방사선 중앙 초점, 경계:

- 앞쪽뒤쪽 보기의 경우와 동일하게 한다.

보건사 참고사항

진정한 앞쪽뒤쪽 보기를 위해, 자뼈꿈치돌기를 촉진하여 위팔뼈 위관절융기 사이의 중간에 위치하고 중앙 광선에 수직인지 확인한다.

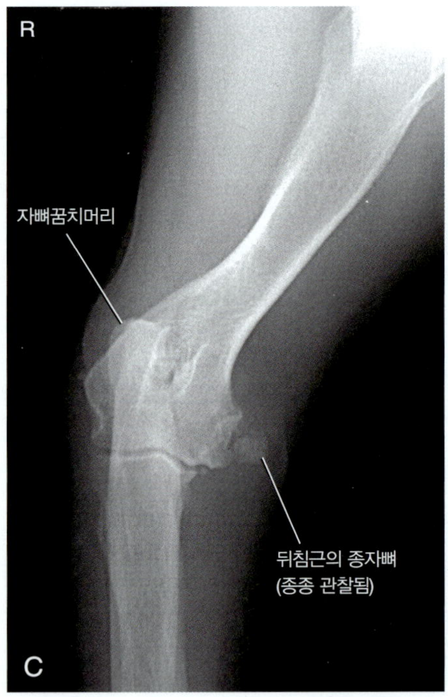

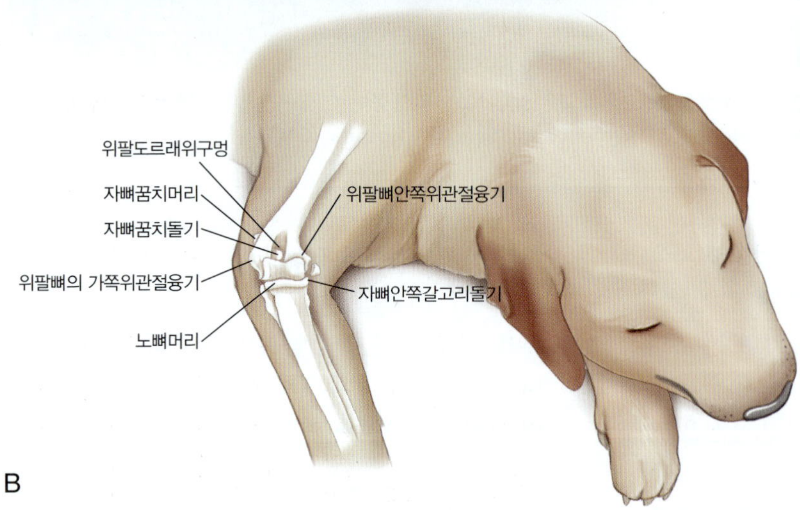

그림 13.14 **A,** 팔꿈치의 비스듬상을 위한 자세잡기. 이것은 앞쪽가쪽–뒤쪽내측(내측)비스듬 자세이다. 이상적으로 다리는 앞쪽으로 당겨야 한다. **B,** 오른쪽 팔꿈치의 내측 비스듬상. **C,** 오른쪽 팔꿈치의 앞쪽가쪽-뒤쪽내측(내측)비스듬상. (B and C, Courtesy Jenn White, Mississauga Oakville Veterinary Emergency and Specialty Hospital, ON.)

노뼈/자뼈 _Radius/Ulna

노뼈/자뼈의 가쪽(안가쪽면)촬영 – 일반적 _Lateral (Mediolateral) View of the Radius/Ulna—Routine

자세잡기 _Positioning

위치 설정은 측면 펴진 팔꿈치 촬영의 경우와 동일하다(그림 13.15):

위치: 영향을 받은 사지를 아래로 한 상태에서 가쪽누움촬영.

머리와 목: 머리와 목을 등쪽으로 움직이며, 모래주머니를 목 위에 올려놓아 제 위치를 유지하고 호흡에 제약이 없도록 주의해야 한다.

뒷다리: 자연스러운 위치에 두고 필요한 경우 모래주머니를 사용하여 지지한다.

앞다리: 모래주머니나 끈으로 고정된 반대쪽 팔다리 뒤쪽등쪽으로 편다.

영향을 받는 사지를 영상 수용체 및 지지대의 가장자리와 평행하게 배치한다.

앞다리가 돌아가지 않도록 발목을 살짝 구부린다.

앞발등 영역 또는 어깨 영역 아래에 배치된 작은 폼 웨지는 환자 골격에 따라 팔꿈치의 진정한 가쪽 촬영을 유지할 수 있게 한다.

코멘트와 팁 _Comments and Tips

- 위팔뼈와 앞쪽 흉곽 아래에 배치된 폼 패드는 적절한 정렬을 유지하는 데 도움이 된다.
- 영상 수용체는 손목뼈의 몸쪽 부분과 몸쪽 자뼈꿈치돌기 모두 포함할 수 있을 정도로 커야 한다.
- 노뼈와 자뼈의 먼쪽부가 관심 영역인 경우 뼈의 중간 축에서 측정하여 과다 노출을 최소화한다.

측정: 위팔뼈 먼쪽부의 부위.

중심 방사선: 노뼈와 자뼈의 중간축.

경계: *몸쪽부*: 팔꿈치 관절을 포함한다.

먼쪽: 손목 관절을 포함한다.

보건사 참고사항

팔꿈치, 노뼈 및 자뼈, 발을 위한 자세잡기의 유사성에 유의한다.

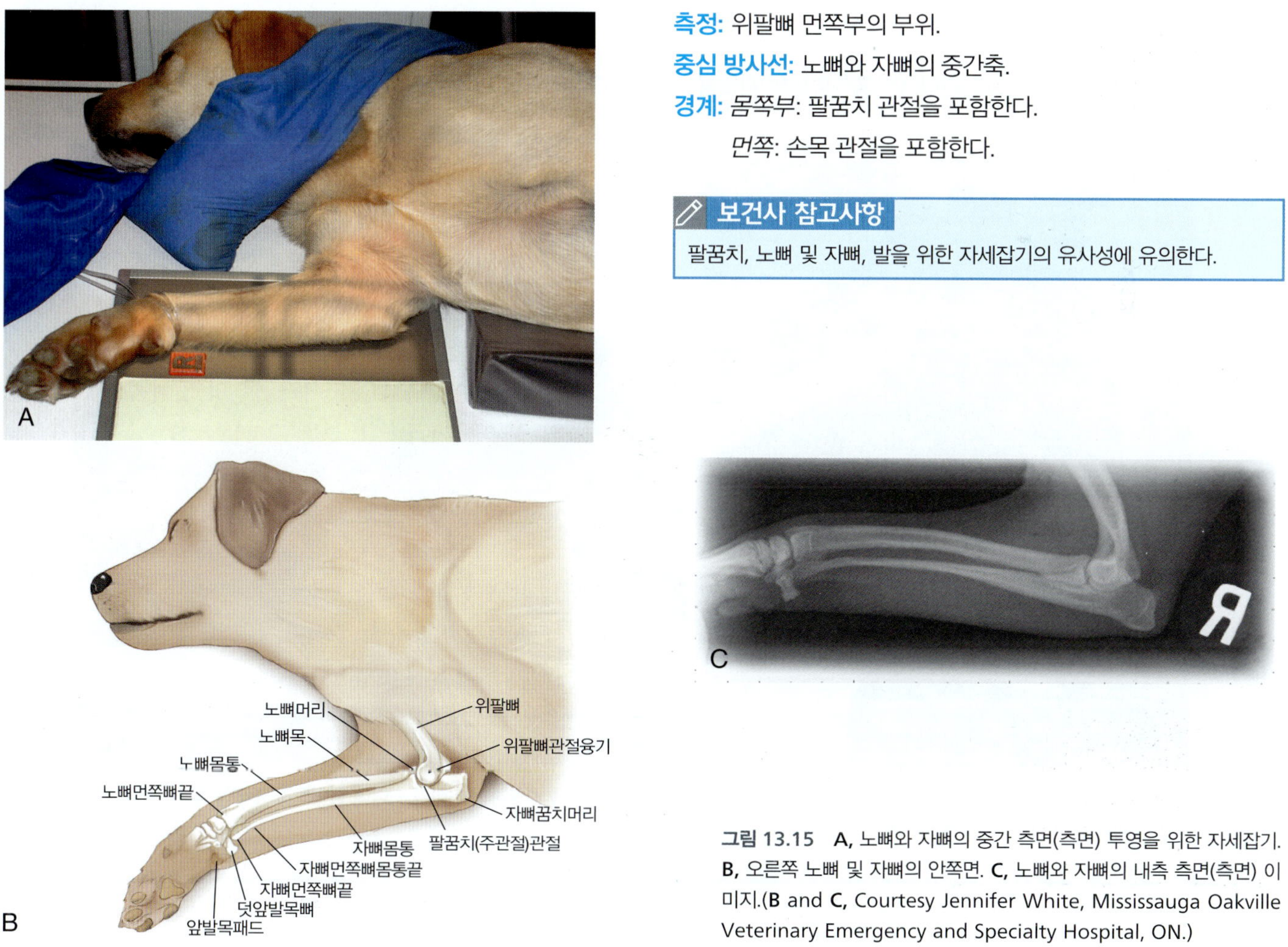

그림 13.15 A, 노뼈와 자뼈의 중간 측면(측면) 투영을 위한 자세잡기. B, 오른쪽 노뼈 및 자뼈의 안쪽면. C, 노뼈와 자뼈의 내측 측면(측면) 이미지.(B and C, Courtesy Jennifer White, Mississauga Oakville Veterinary Emergency and Specialty Hospital, ON.)

노뼈/자뼈의 머리꼬리쪽촬영—일반적 _Craniocaudal View of the Radius/Ulna—Routine

자세잡기 _Positioning

CrCd 팔꿈치 보기의 경우와 동일하다.

위치: 가슴누움자세.

머리와 목: 영향을 받은 다리와 빔으로부터 멀리 떨어트린다. 폼 패드를 사용하여 머리를 편안한 위치로 지지한다. 샌드백 또는 벨크로/테이프는 머리가 시야 밖에 있게끔 할 수 있다.

뒷다리: 척추를 곧게 유지하고 필요한 경우 벨크로/샌드백으로 지탱할 수 있도록 자연스러운 위치에 둔다. V-트로우는 신체의 뒤쪽 절반의 안정성을 위해 사용될 수 있다.

앞다리: 흔들림이나 회전을 방지하기 위해 영향을 받지 않는 사지의 팔꿈치 아래에 작은 폼 패드를 놓는다.

영향을 받는 앞다리를 앞으로 펴고 모래주머니 또는 테이블 또는 모래주머니에 묶어서 고정한다(그림 13.16).

코멘트와 팁 _Comments and Tips

- 노뼈/자뼈의 CrCd 보기를 위해 자뼈꿈치돌기가 위팔뼈 위관절융기 사이의 중간에 위치하는지 촉진한다.
- 팔꿈치 지점과 영상 수용체 사이에 얇은 폼 패드를 배치하면 팔꿈치가 안정될 수 있다.
- 영상 수용체는 앞발목, 팔꿈치 및 노뼈/자뼈를 통합할 수 있을 정도로 충분히 길어야 한다.
- 노뼈와 자뼈의 먼쪽부가 관심 영역인 경우 뼈의 중간 축에서 측정하여 과다 노출을 최소화한다.
- 수평 빔이 있는 CrCD 보기(측면 와위)도 노뼈와 자뼈에 대해 취할 수 있다(그림 13.17).

측정: 위팔뼈 먼쪽부의 부위.

중심 방사선: 노뼈와 자뼈의 중간축.

경계: *몸쪽부*: 팔꿈치 관절을 포함한다. *먼쪽부*: 앞발목 관절을 포함한다.

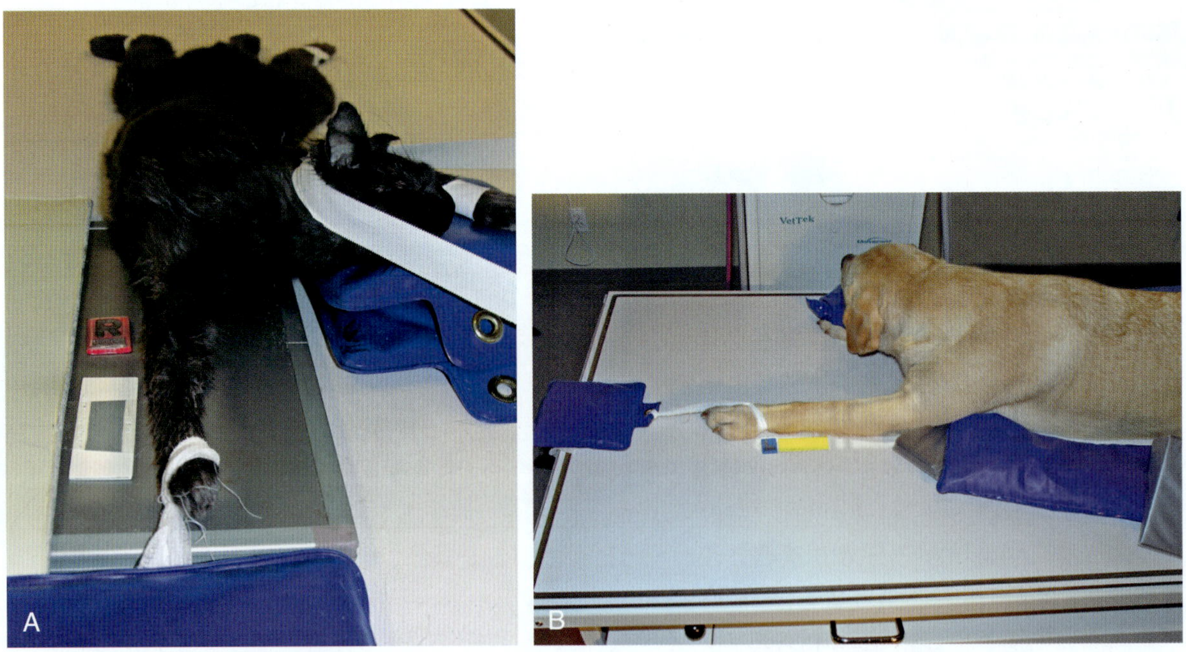

그림 13.16 **A,** 고양이 노뼈와 자뼈의 머리꼬리쪽상을 위한 자세잡기. 테이프를 사용하여 머리가 시야에 들어오지 않도록 할 수 있다. **B,** 개의 노뼈와 자뼈의 머리꼬리쪽상 보기를 위한 자세잡기.

노뼈/자뼈의 머리꼬리쪽촬영—일반적 _*Craniocaudal View of the Radius/Ulna—Routine* (*계속*)

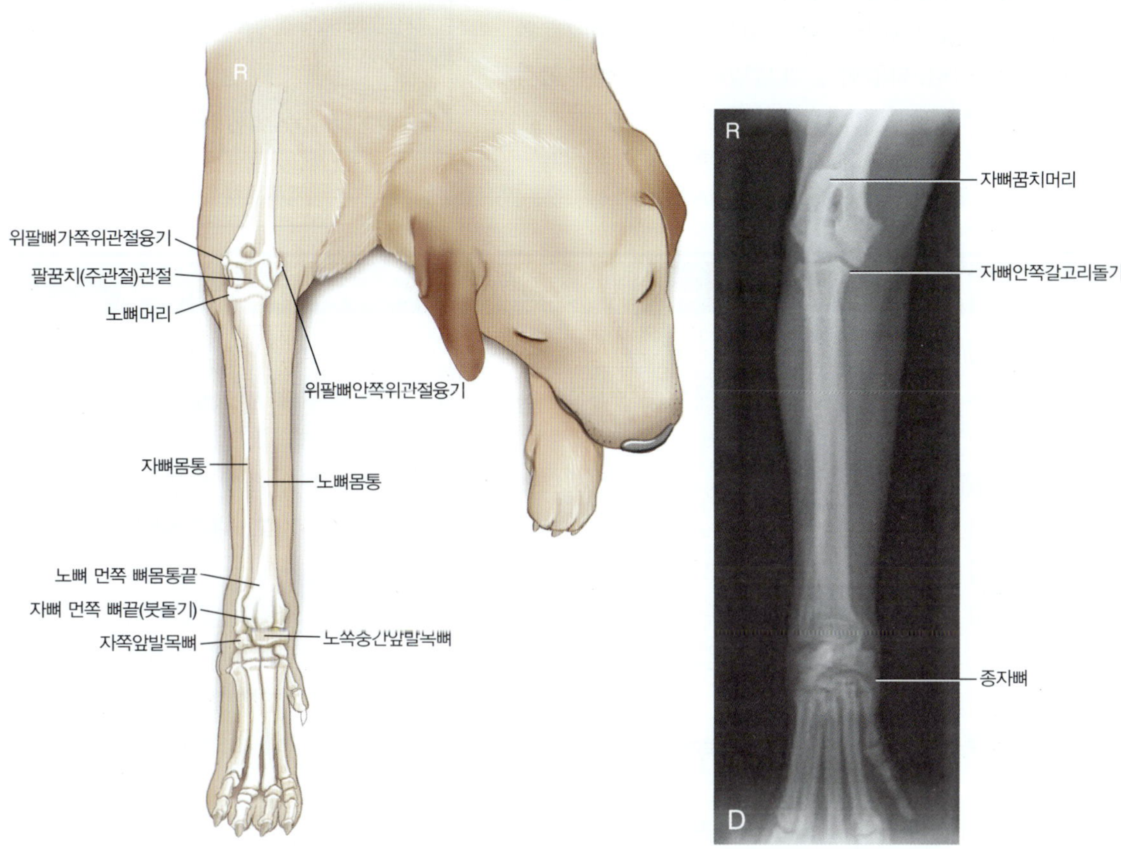

C

그림 13.16, (*계속*) **C,** 오른쪽 개 노뼈와 자뼈의 앞쪽 상. **D,** 오른쪽 노뼈와 자뼈의 머리꼬리쪽 방사선 사진

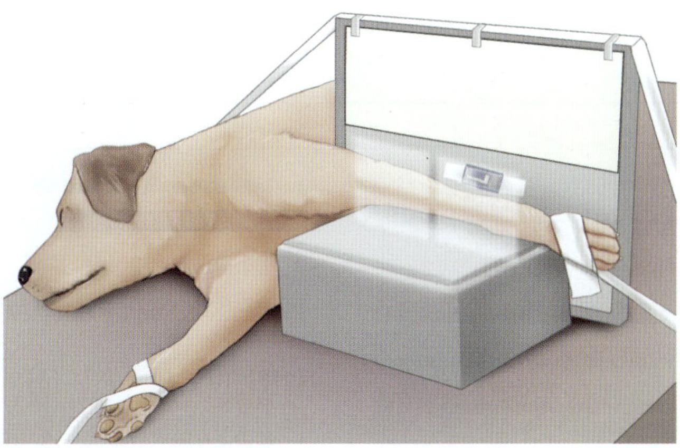

그림 13.17 수평빔을 이용한 노뼈/자뼈의 머리꼬리쪽 상을 위한 자세잡기.

발: 앞발목, 앞발허리뼈, 앞발가락 _The Foot: Carpus, Metacarpus, and Digits

일반적으로 앞발목, 앞발허리뼈, 앞발가락들은 한 보기에서 방사선 촬영된다. 특정 관심 영역이 있는 경우 그 사이트의 중심을 잡고 측정한다. 다양한 종의 앞발목 관절의 해부학적 구조를 참조하라.

> **보건사 참고사항**
>
> 위치 고정 보조 장치를 전략적으로 사용하여 환자에게 고정된 것처럼 착각하게 한다. 환자가 제대로 진정되지 않은 경우 목과 팔다리에 샌드백을 씌우고 테이프/벨크로를 사용해야 한다. 환자에게 침착하고 낮은 목소리로 말하고 노출될 때는 뒤로 물러나야 한다.

발의 가쪽(안가쪽면)촬영 – 일반적 _Lateral (Mediolateral) View of the Foot—Routine

자세잡기 _Positioning

위치: 영향을 받은 사지를 아래로 한 상태에서 측면가쪽누움 촬영.

뒷다리: 자연스러운 위치에 두고 필요한 경우 벨크로/샌드백으로 지지한다.

머리와 목: 머리와 목을 등쪽으로 움직이고 모래주머니를 목위에 올려놓고 호흡을 제한하지 않도록 주의한다.

앞다리: 반대쪽 사지를 뒤(꼬리)쪽으로 뻗고 벨크로 샌드백으로 고정한다.

사지의 몸쪽부에 모래주머니를 올려놓고 환부를 머리쪽로 뻗는다.

먼쪽 앞발허리뼈를 테이블 또는 샌드백에 묶거나 지지한다.

앞발가락 방사선 촬영: 중복되지 않도록 발가락을 분리한다. 이 작업은 다음을 같은 방법이 최선이다.

- 가쪽(5번째)앞발가락 및 내측(2번째) 앞발가락 의 발톱 주위에 벨크로를 개별적으로 테이핑하거나 도포한다.
- 그런 다음 측면 앞발가락을 약간 앞쪽으로 또는 가쪽으로 당기고, 내측 앞발가락은 약간 뒤쪽으로 측면으로 당긴다.

테이프/벨크로는 앞발가락 자체 주위에 둘 수도 있으며, 발가락 사이에 면 또는 폼(매니큐어 패드)을 둘 수도 있다. 앞발가락 마디뼈는 효과적으로 분리되지 않는다(그림 13.18).

코멘트와 팁 _Comments and Tips

- 모래주머니로 지지된 나무 또는 플라스틱 패들은 앞발목을 똑바로 유지하는 데 도움이 될 수 있다(그림 13.18A).
- 발은 앞발가락에 약간의 등쪽 압력을 가함으로써 구부릴 수 있다.

측정, 중앙, 발 경계: 글 상자 13.2 참조.

> **보건사 참고사항**
>
> 그리드를 사용하지 않는 경우 필름 카세트를 분할하여 이미지의 두 보기를 모두 포함할 수 있다. 발가락을 같은 방향으로 향하게 하고 단단히 콜리메이트한다. 산란 방사선이 대비에 영향을 미치지 않도록 이미지가 형성되지 않은 쪽에 리드 실드를 배치한다. 디지털에서는 디텍터를 분할할 수 없지만 엄격한 콜리메이션이 필요하다.

글 상자 13.2 측정, 중심, 발의 경계

측정: 관심 있는 영역 :
- **앞발목:** 손목 관절 부위.
- **앞발허리뼈 또는 앞발가락 마디들:** 앞발가락 마디–앞발허리뼈 관절 부위

중심 방사선: 관심 영역 중심:
- **앞발목:** 손목뼈의 중간 줄.
- **앞발허리뼈 또는 앞발가락 마디들:** 앞발가락 마디-앞발허리뼈 관절 부위 중심.

경계:
- **앞발목:** 노뼈의 1/3 끝과 자뼈에서 1/3 가까운 곳.
- **앞발허리뼈 또는 앞발가락 마디들:** 앞발목 몸쪽에서 앞발가락 마디 먼쪽부.

라벨
- **측면:** 관절 또는 뼈에 대한 앞쪽부분
- **직교 보기:** 사지의 측면.

발의 가쪽(안가쪽면)촬영 – 일반적 _Lateral (Mediolateral) View of the Foot—Routine (계속)

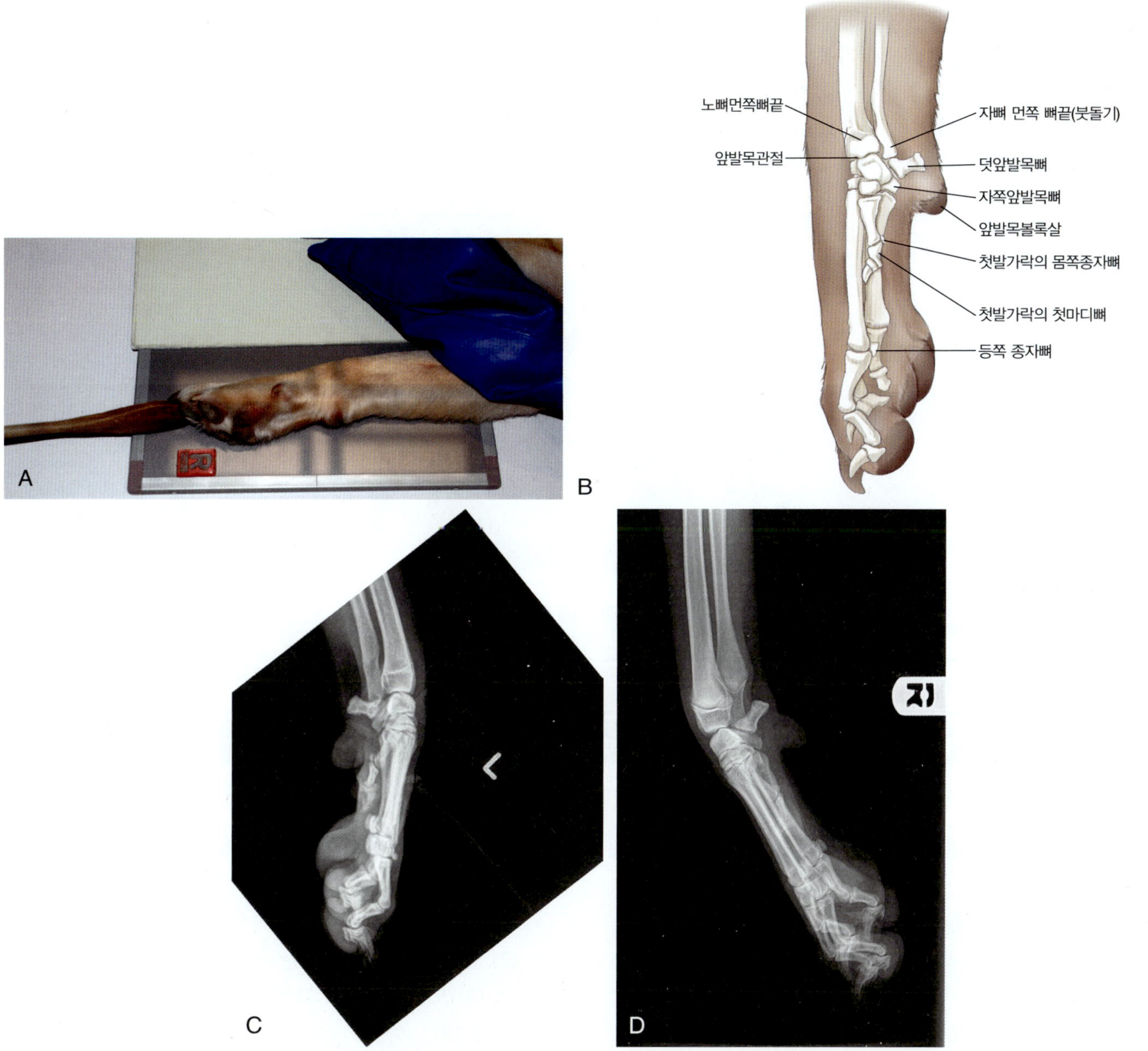

그림 13.18 A, 개의 앞발목, 앞발허리뼈, 앞발가락들의 안가쪽면(가쪽면) 투영을 위한 자세잡기. 테이프를 사용하여 사지를 고정할 수도 있다. B, 개의 앞발목, 앞발허리뼈, 앞발가락들의 내측 보기. C, 개의 앞발목, 앞발허리뼈, 앞발가락들의 안가쪽(가쪽) 이미지. D, 앞발가락의 등쪽 표면에 압력이 가해졌을 때의 앞발목의 굽힌 측면 이미지. (**B,** Courtesy Jennifer White, Mississauga Oakville Veterinary Emergency and Specialty Hospital, ON; **D,** Courtesy Rosedale Animal Hospital, Toronto, ON.)

발의 가쪽 과다펴짐(안가쪽면)촬영 – 보조적 _Lateral (Mediolateral) Hyperextended View of the Foot—Ancillary

발의 과다펴짐 측면 보기(스트레스 보기)[6]

Hyperextended Lateral View of the Foot (Stressed View)

- 위치, 측정, 중심 및 경계는 안가쪽 상과 동일하다.
- 진정한 측면 투영에서 앞발목을 유지한다.
- 발가락을 위로 구부려 앞발목을 과도하게 편다.
- 테이프/벨크로를 노뼈와 자뼈에 적용하고 테이블에 측면으로 고정한다(그림 13.19).
- 먼쪽 앞발허리뼈와 발가락에 테이프/벨크로를 도포하고 사지를 연장한 후 테이프/벨크로를 노뼈/자뼈의 테이프 반대 방향으로 고정한다.
- 이 보기는 관절에 힘이 가해지지 않은 경우 보이지 않을 수 있는 관절 관여 또는 병변을 진단한다.

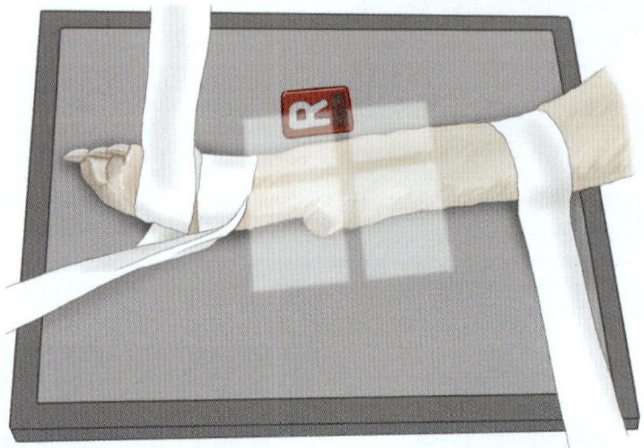

그림 13.19 앞발목의 과다펴짐 가쪽상을 위한 자세잡기.

앞발목의 가쪽과다굽힘(안가쪽면)촬영 – 보조적 _Lateral (Mediolateral) Hyperflexed View of the Carpus—Ancillary

자세잡기 _Positioning

위치: 영향을 받은 사지를 아래로 한 상태에서 측면가쪽누움 촬영.

머리와 목: 등쪽으로 움직이며, 모래주머니를 목 위에 올려놓아 제자리에 고정시키고, 호흡을 제한하지 않도록 주의해야 한다.

뒷다리: 자연스러운 위치에 두고 필요한 경우 벨크로/샌드백으로 지지한다.

앞다리: 반대쪽 사지를 뒤(꼬리)쪽으로 뻗고 모래주머니나 넥타이로 고정한다.

다음 중 하나를 사용하여 환부를 확장하고 앞발목을 과도하게 굽힌다.:

- 앞발허리뼈, 노뼈 및 자뼈 주위의 8자 패턴으로 벨크로를 테이핑하거나 사용한다(최상).
- (1) 발가락을 노뼈와 자뼈 쪽으로 조심스럽게 구부리고, (2) 앞발가락에 나무 또는 플라스틱 패들로 압력을 가하고, (3) 모래주머니로 고정함으로써 굽힘을 유지한다(그림 13.20).

코멘트와 팁 _Comments and Tips

- 환자가 사용할 수 있는 가동 범위를 넘어서는 안 된다.
- 이 위치는 관절 이완이 관찰될 때 손목 관절을 평가하는 데 도움이 된다.

앞발목의 가쪽과다굽힘(안가쪽면)촬영 – 보조적
Lateral (Mediolateral) Hyperflexed View of the Carpus—Ancillary (계속)

측정: 구부린 자세로 있는 동안 앞발목관절에서.

중심 방사선: 손목뼈의 가운데 줄.

경계: 필요한 경우 발가락을 포함하여 노뼈/자뼈의 먼쪽 1/3에서 앞발허리뼈 몸쪽 3분의 1까지.

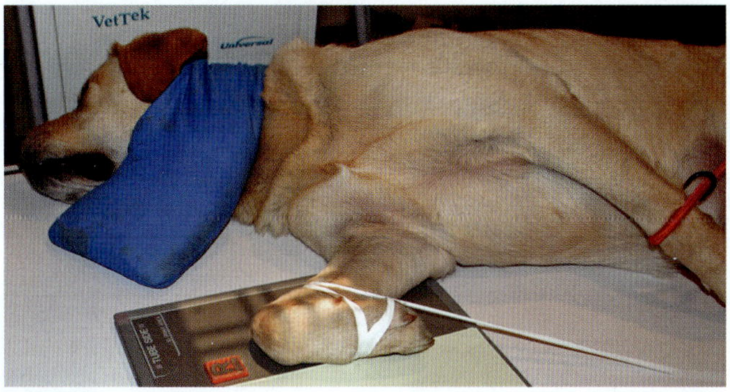

그림 13.20 **개의 앞발목, 앞발허리뼈 및 앞발가락의 굽혀진 안가쪽 투사를 위한 자세잡기.**

발의 발등발바닥촬영 – 일반적 _*Dorsopalmar View of the Foot—Routine*

자세잡기 _Positioning

위치: 가슴누움자세.

머리 및 목: 폼 패드, 모래주머니 또는 벨크로/테이프를 사용하여 머리를 측면으로 뻗고 지지한다.

뒷다리: 자연스러운 위치에서 연장하여 척추를 곧게 유지하고 필요한 경우 벨크로/샌드백으로 지지한다.

V-트로우는 신체의 뒤쪽 절반의 안정성을 위해 사용될 수 있다.

앞다리: 영향을 받지 않는 사지를 늘린 상태에서 양쪽을 앞으로 뻗는다.

영향을 받는 앞다리를 몸쪽부에 샌드백/벨크로 고정한다.

앞발허리뼈/발가락을 묶고 끝 부분에 테이블 또는 모래주머니로 고정한다(그림 13.21).

발의 발등발바닥촬영 – 일반적 _*Dorsopalmar View of the Foot—Routine* (계속)

측정, 중앙, 발의 경계: 글 상자 13.2 참조.

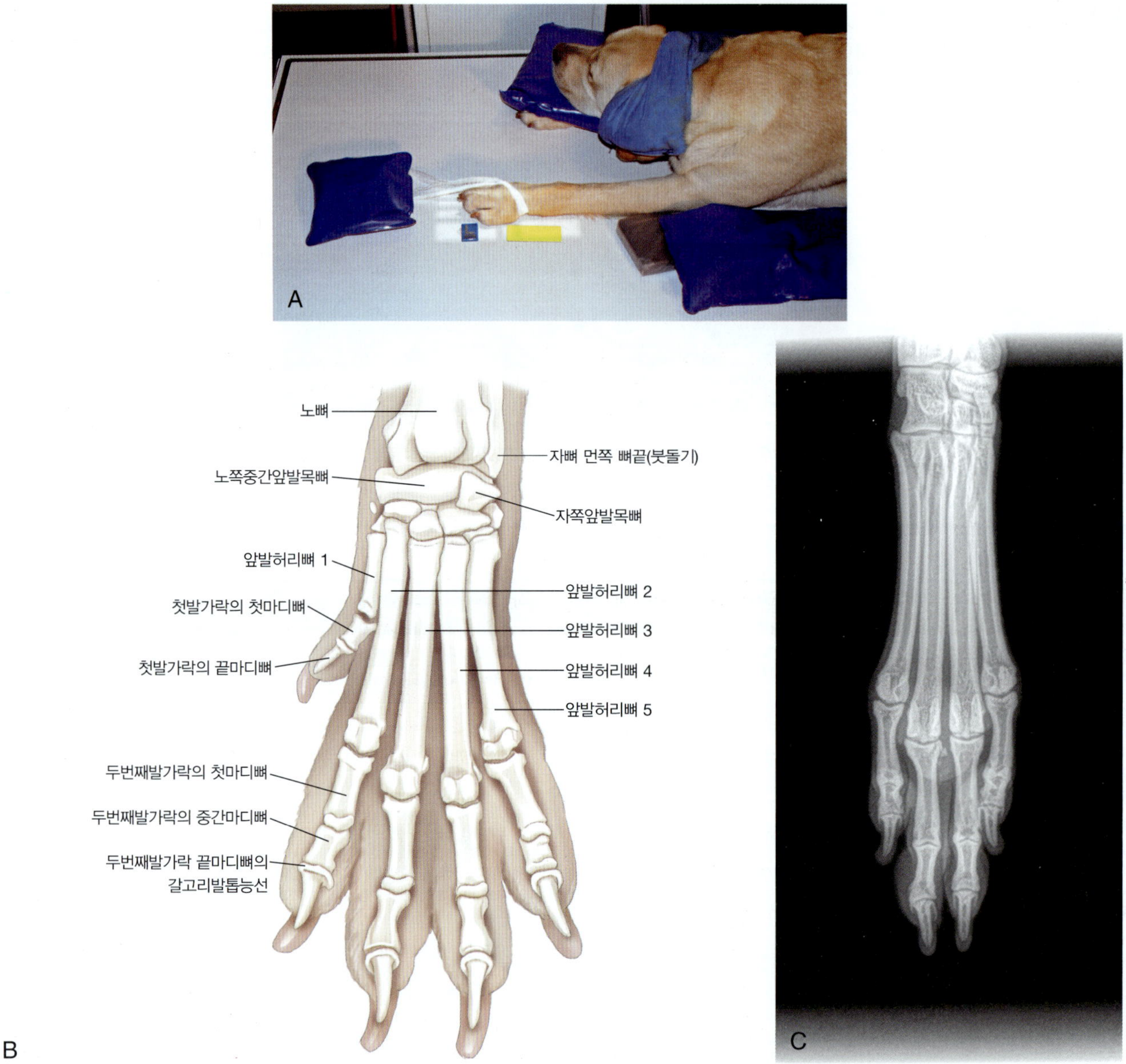

그림 13.21 **A,** 개의 앞발목, 앞발허리뼈 및 앞발가락의 발등발바닥상 투사를 위한 자세잡기. **B,** 개의 앞발목, 앞발허리뼈 및 앞발가락의 등쪽 모습. **C,** 개의 앞발목, 앞발허리뼈 및 앞발가락의 발등발바닥상 이미지. (**C,** Courtesy Jennifer White, Mississauga Oakville Veterinary Emergency and Specialty Hospital, ON.)

발의 발등발바닥촬영 – 일반적 _Dorsopalmar View of the Foot—Routine (계속)

코멘트와 팁 _Comments and Tips

- 환부 팔꿈치를 살짝 바깥으로 돌려 앞발목을 바로 한다.

스트레스 보기: _Stress View:

- 앞발목의 관절 이완이 있고 관절 공간의 평가가 필요한 경우:
- 테이프/벨크로를 노뼈/자뼈 및 먼쪽 앞발허리뼈에 고정하여 앞발목에 힘을 가한다.
- 반대 방향으로 당겨서 앞발목벼의 과펴진 가쪽상을 확인한다(그림 13.22).[7]

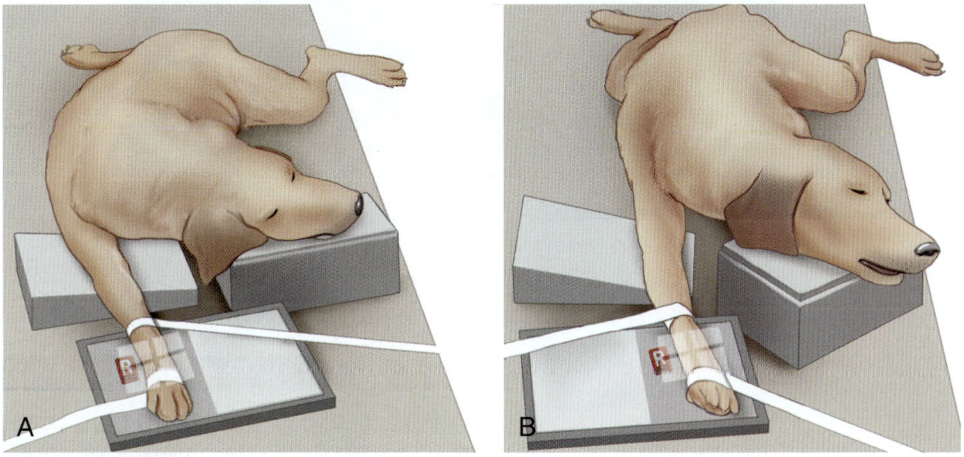

그림 13.22 관절 이완이 확인될 경우, 앞발목의 스트레스 이미지가 완성될 수 있다. 앞발목에 어디에 압력이 가해지는냐에 따라 테이프의 위치와 당김이 바뀐다. **A**, 내측 스트레스, **B**, 가쪽 스트레스.

발의 비스듬촬영 – 보조적 _Oblique Views of the Foot—Ancillary

발의 두 개의 사선 보기는 등쪽가쪽면 팔바닥내측 비스듬상(DLPMO), 내측 비스듬보기와 등쪽안쪽면 발바닥가쪽 비스듬상(DMPLO), 가쪽 비스듬보기이다.

자세잡기 _Positioning

위치: 가슴누움자세.

머리와 목: 폼 패드, 모래주머니 또는 테이프를 사용하여 머리를 측면으로 변위시키고 지지하며, 환부와 빔에서 멀리 떨어지도록 한다.

뒷다리: 필요한 경우 모래주머니 또는 벨크로로 척추를 똑바로 지지하도록 하고 자연스러운 위치에서 뒤쪽으로 뻗는다. V-트로우는 신체의 뒤쪽 절반의 안정성을 위해 사용될 수 있다.

앞다리: 양쪽을 앞으로 뻗는다. 영향을 받는 먼쪽부 앞발허리뼈/앞발가락을 고정하고 앞쪽으로 당긴다.

- 내측 사선 보기의 경우 팔꿈치 관절을 가쪽으로 45도 회전시키고 테이프와 샌드백으로 지지한다.
- 가쪽 사선 보기의 경우 팔꿈치 관절을 내측으로 45도 회전시키고 테이프와 샌드백으로 지지한다.

코멘트와 팁 _Comments and Tips

- 팔꿈치를 회전하여 빔이 정중 시상면에서 45도 각도로 사지로 들어갈 수 있도록 한다.

발의 비스듬촬영 – 보조적 _*Oblique Views of the Foot—Ancillary* (계속)

발의 측정, 중앙, 경계: 글 상자 13.2 참조

가쪽 비스듬상(PMDLO) 보기: 빔을 정중 시상면에서 45도 내측으로 중심을 맞춘다(그림 13.23).

내측 비스듬상(PLDMO) 보기: 빔을 정중 시상면에서 45도 가쪽으로 중심을 맞춘다(그림 13.24).

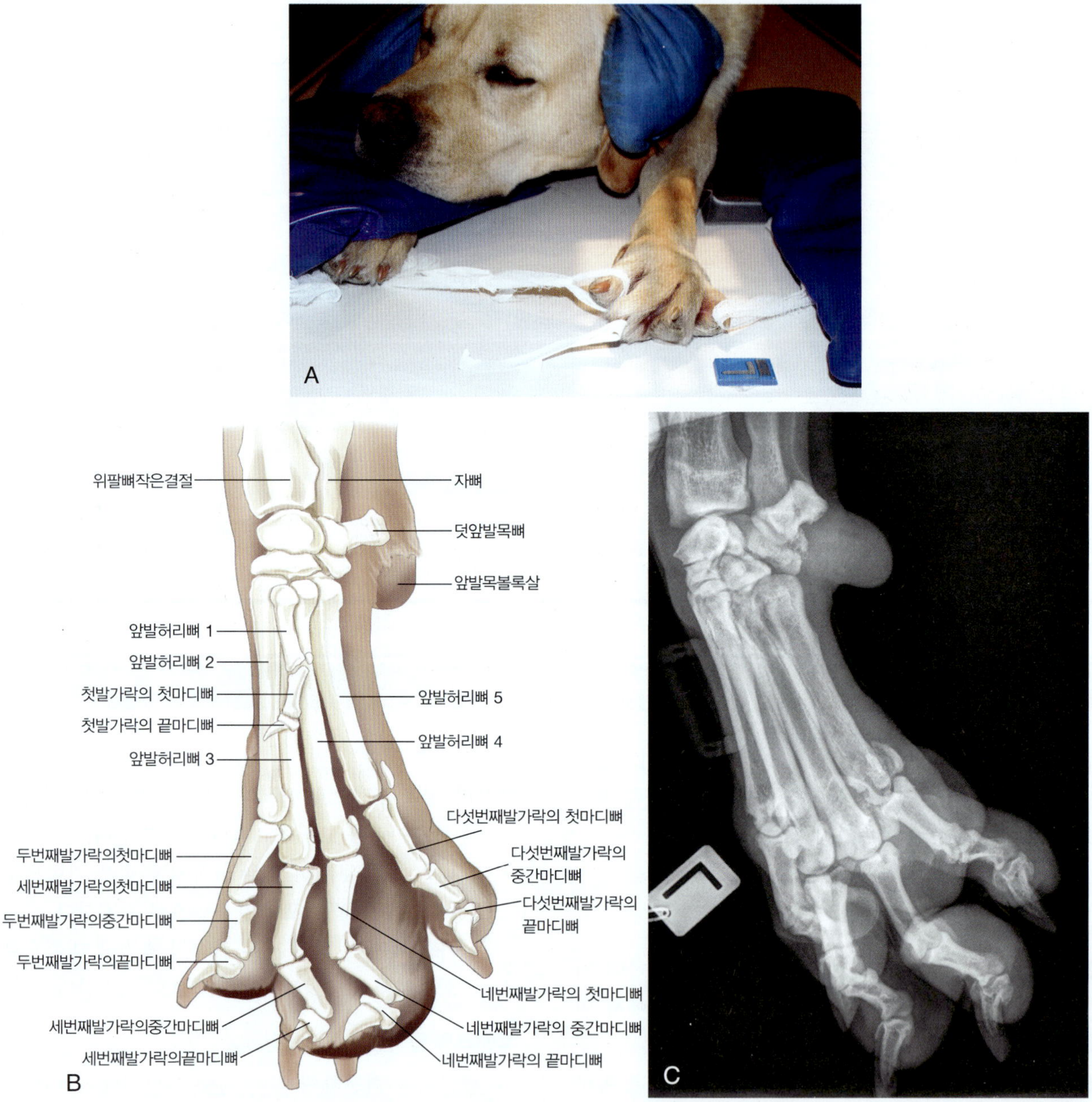

그림 13.23 **A**, 개 앞발허리뼈와 분리된 앞발가락의 등쪽안쪽면 발바닥가쪽 비스듬상(DMPLO 또는 가쪽)투영에 대한 자세잡기. **B**, 개의 앞발목, 앞발허리뼈 및 앞발가락의 등쪽안쪽면 발바닥가쪽 비스듬상(측면) 보기. **C**, 개 앞발허리뼈 및 앞발가락의 DMPLO 투영 방사선.

발의 비스듬촬영 – 보조적 _Oblique Views of the Foot—Ancillary (계속)

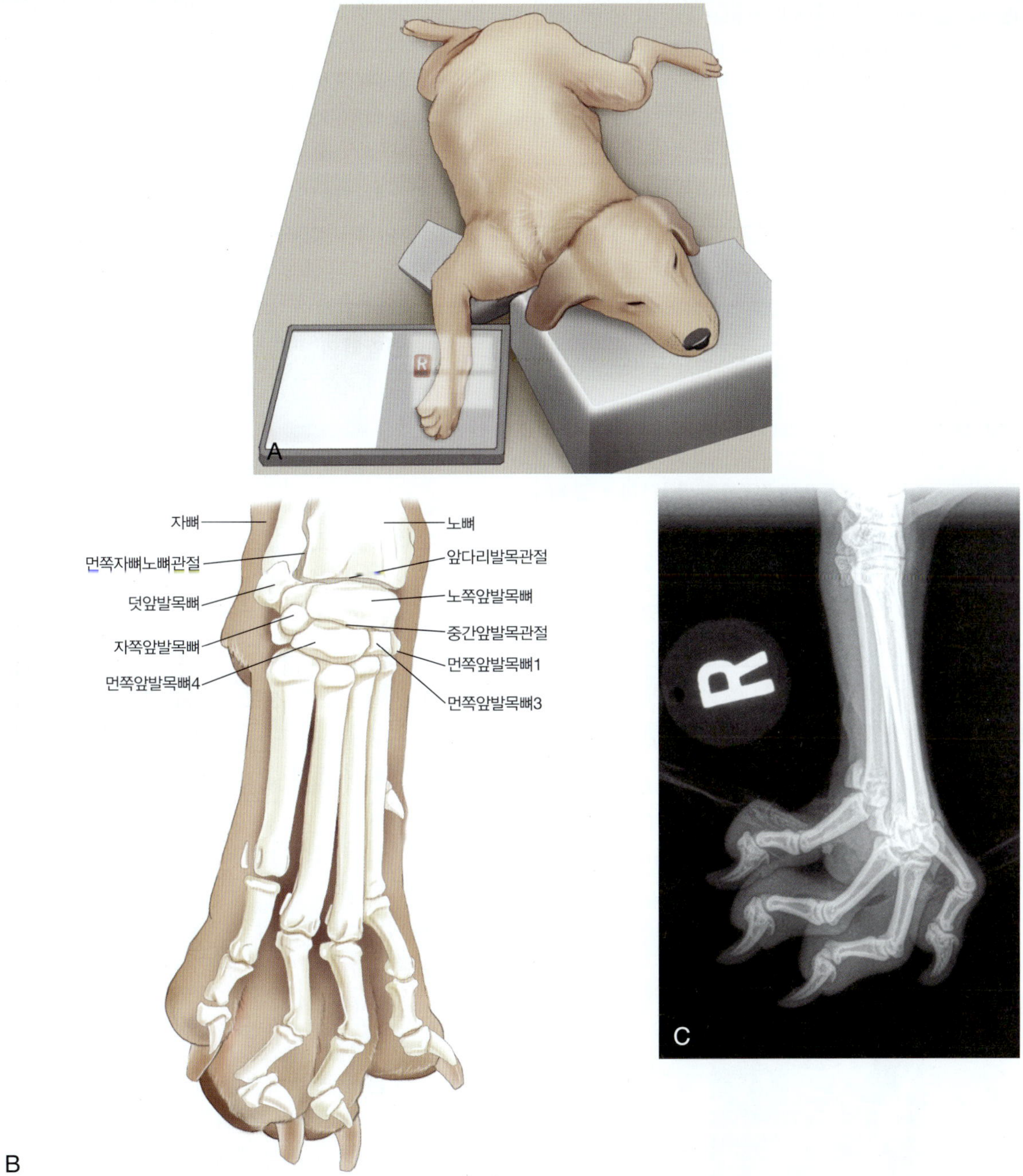

그림 13.24 **A,** 등쪽가쪽면 팔바닥내측 (DLPMO 또는 내측) 비스듬상 대한 자세잡기. **B,** 개의 앞발목의 내측비스듬 방사선 해부. **C,** 앞발허리뼈 및 앞발가락의 내측 비스듬 영상. (**A** and **B,** Courtesy Joshua Schlote, BS, LVT, Northeast Community College; **C,** Courtesy Jennifer White, Mississauga Oakville Veterinary Emergency and Specialty Hospital, ON.)

예시(그림 13.23 및 13.24) _Examples

보건사 참고사항

빔은 "입구점에서 출구점"으로 설명된다. DLPMO의 경우 빔이 가쪽 면에서 등쪽으로 들어가고 내측 면에서 발바닥면으로 나온다. "종료 지점"은 영상 수용체가 배치되는 곳이며, 이 경우 발바닥 안쪽에 있다. 빔이 중심선에 수직으로 나가지 않기 때문에 촬영을 비스듬선이라고 한다. 이 경우 빔이 안쪽으로 빠져나가기 때문에 내측 비스듬선이다.

핵심 사항

1. 정중 시상면에 수직인 보기가 필요한 경우 환자는 일반적으로 몸쪽 다리(어깨뼈, 어깨 및 위팔뼈)는 등쪽와위 상태이고 먼쪽다리(팔꿈치, 노뼈/자뼈 및 발)는 흉곽와위 상태에 있게 된다.
2. 올바른 해석을 위해서는 올바른 위치 설정과 기법이 필요하다. 여기에는 측정, 중심 맞추기, 포함 및 적절한 대칭이 포함된다.
3. 라벨은 측면 투영의 경우 앞쪽에, 직교 투영의 경우 측면에 배치된다.
4. 관절의 말초 경계는 관절의 몸쪽부 및 먼쪽부 뼈의 1/3이다. 긴 뼈의 경계에는 몸쪽 관절과 먼쪽 관절이 포함된다.
5. 자세잡기 할 때 환자를 고려하고 고품질 방사선 촬영 기술을 사용한다.
6. 몸쪽부 보기(어깨벼, 어깨 및 위팔뼈)와 먼쪽부 보기(팔꿈치, 노뼈/자뼈 및 발) 의 자세잡기는 유사성도 있지만, 약간씩 다르다.

그림 13.25는 미스터리 방사선 사진이다. 검토한 후 제시된 질문에 답하라.

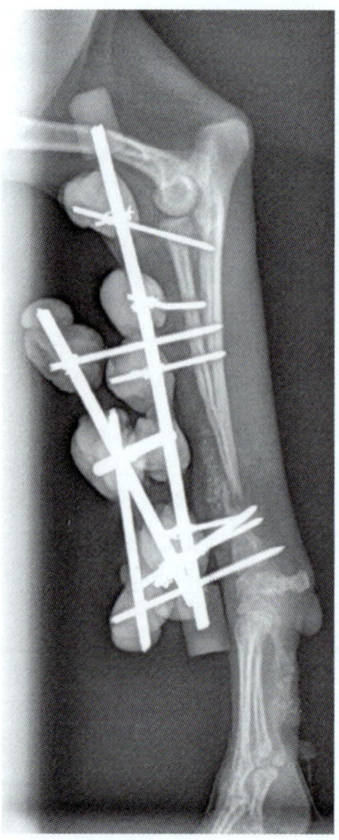

그림 13.25 **미스터리 방사선 사진.** 허상을 구분하라.

복습 문제 _Review Questions

1. Doberman의 측면 노뼈/자뼈 방사선 사진이 필요하다. 마커는 다음 위치에 배치해야 한다.
   a. 노뼈/자뼈의 앞쪽
   b. 노뼈/자뼈의 가쪽
   c. 노뼈/자뼈의 뒤쪽
   d. 노뼈/자뼈의 내측
2. 고양이 환자의 측면 어깨 관절을 촬영해야 한다. 보기 범위에는 다음이 포함되어야 한다.
   a. 어깨 관절만 해당
   b. 위팔뼈의 먼쪽 3분의 1 및 어깨뼈의 몸쪽 3분의 1
   c. 위팔뼈의 몸쪽 3분의 1을 통한 어깨뼈의 먼쪽 3분의 1
   d. 위팔뼈의 먼쪽 3분의 1 및 어깨뼈의 몸쪽 3분의 1
3. 수의사는 6개월 된 그레이트 데인의 운동 후 악화된 오른쪽 다리를 절고 있는 어깨 관절의 완전한 이미지를 요청한다. 그는 골연골증을 의심하고 확인하기 위해 측면 이미지를 원한다. 다음과 같이 자세잡기를 완료하는 것이 가장 좋다.
   a. 어깨 관절이 기관 위에 겹치지 않는다.
   b. 영향을 받은 다리의 내회전이나 외회전이 없다.
   c. 왼쪽 측면이 필요하지 않으므로 오른쪽 측면만 촬영한다.
   d. 오른쪽 사지의 확대된 병변을 보기 위해 왼쪽 측면이 촬영된다.
4. 아키타의 꼬리머리쪽(꼬리머리상) 어깨뼈 이미지는 환자가 누워 있는 상태에서 가장 잘 촬영된다.
   a. 등쪽 와위
   b. 배쪽 와위
   c. 오른쪽 측면 비스듬 위치
   d. 왼쪽 측면 비스듬 위치
5. 위팔뼈의 CrCd 보기와 CdCr 보기의 주요 단점은 무엇인가?
   a. 사지는 영상 수용체와 평행하게 배치된다.
   b. 갈비뼈 위에 겹쳐질 가능성이 있다.
   c. 사지는 흉부에서 약간 떼어내야 한다.
   d. 물체-필름 거리가 증가하면 확대될 수 있다.
6. Bichon Frise의 일반적인 팔꿈치 방사선 촬영에서 가장 좋은 보기는 측면 및 다음과 같다.
   a. 뒤쪽앞쪽(꼬리머리쪽)

b. 앞쪽뒤쪽(머리꼬리쪽)
c. 발바닥발등쪽
d. 발등발바닥쪽

7. 앞의 질문에서 비숑 프리즈의 팔꿈치 촬영을 위한 적절한 대칭성은 다음을 같이 요구된다.
a. 반대쪽 다리를 살짝 들어 올리기
b. 반대쪽 다리를 테이블 위에서 평평하게 유지하기
c. 환자를 등에 업은 상태 유지
d. 머리를 환부 쪽으로 위치시키고 들어올리기

8. Bernese Mountain Dog의 자뼈꿈치돌기를 평가하기 위한 가장 좋은 관점은 다음이다.
a. 팔꿈치의 펴진 안가쪽상
b. 팔꿈치의 자연스러운 안가쪽상
c. 팔꿈치의 과다굽힘 안가쪽상
d. 노뼈/자뼈 앞쪽뒤쪽(머리꼬리쪽)상

9. Bernese Mountain Dog 팔꿈치의 자뼈꿈치 돌기의 주변 경계는 다음과 같다.
a. 뼈의 3분의 2 먼쪽 및 몸쪽부
b. 앞발목과 어깨 관절
c. 위팔뼈의 몸쪽 3분의 1과 노뼈/자뼈의 먼쪽 3분의 1
d. 노뼈/자뼈의 몸쪽 3분의 1과 위팔뼈의 먼쪽 3분의 1

10. 복서의 측면 어깨 또는 위팔뼈를 방사선 촬영할 때:
a. 머리와 팔다리를 최대한 자연스러운 위치로 유지할 것
b. 환자를 등쪽와위 상태로 유지한다.
c. 머리를 들어 영향을 받은 다리와 반대편 다리를 자연스러운 자세로 유지할 것
d. 머리와 목을 등쪽으로 올리고 환부를 머리쪽으로 당긴다.

11. 다음 위치에서 리트리버의 노뼈와 자뼈의 머리꼬리쪽 상을 측정한다.
a. 몸쪽 노뼈
b. 먼쪽부 위팔뼈
c. 먼쪽 노뼈
d. 팔꿈치 관절

12. 수의사는 흉곽병리를 나타내는 우측 위팔뼈의 심각한 골절이 있는 리트리버의 직교시야를 요구하다. 장치에서 허용하는 경우 다음을 고려하는 것이 가장 좋다.
a. 수직 빔이 있는 뒤쪽앞쪽상
b. 수평빔을 이용한 우측 측면 구도
c. 환자가 왼쪽으로 누운 상태에서 수평 빔
d. 환자가 오른쪽으로 누운 상태에서 수평 빔

13. 위팔뼈의 직교 보기가 필요한 이전 질문의 환자는 다음 위치에 있어야 한다.
a. 큰 스펀지 위에 오른팔을 가장 위에 놓고
b. 작은 스폰지 위에 있는 테이블 위의 오른쪽 다리와 함께
c. 배누움자세
d. 등누움자세

14. 독일 셰퍼드에서 발가락 골절이 의심된다. 중앙 사선 촬영에서 다음을 중심으로 한다.
a. 등쪽안쪽면 및 발가락 가쪽면을 영상 수용체에 맞춘다.
b. 발바닥가쪽 및 발가락 안쪽면을 영상 수용체에 맞춘다.
c. 발바닥내측과 발가락 가쪽면을 영상 수용체에 맞춘다.
d. 등쪽가쪽면 및 발가락 안쪽면을 영상 수용체에 맞춘다.

15. 이전 질문의 내측 비스듬 상은 다음을 포함한다.
a. 노뼈/자뼈에서 먼쪽 발가락까지
b. 발등뼈에서 먼쪽 발가락까지
c. 앞발목에서 먼쪽 발가락까지
d. 첫 번째 발가락에서 부터 다섯 번째 발가락까지

16. 보르조이의 뒤쪽 앞쪽 어깨뼈에서 어깨뼈와 갈비뼈의 중첩을 방지하기 위해:
a. 어깨뼈에서 환자의 가슴뼈를 약 40도 회전시킨다.
b. 어깨뼈에서 환자의 가슴뼈를 약 10~12도 회전시킨다.
c. 어깨뼈를 테이블에 수직으로 하고 가슴뼈와 평행하게 한다.
d. 앞다리를 뒤쪽으로 당겨 영향받은 다리를 몸에서 분리한다.

참조 _References

1. Holloway A, McConnell F. *BSAVA Manual of Canine and Feline Radiography and Radiology: A Foundation Manual.* Suffolk: BSAVA; 2013: [Chapter 7].
2. Thrall DE. *Textbook of Veterinary Diagnostic Radiology.* 7th ed. St. Louis: Elsevier; 2017.
3. Aspinall V, Cappello M. *Introduction to Veterinary Anatomy.* London: Butterman-Heineman; 2009.
4. Mauragis D, Berry C, Clifford R. Small animal radiography of

the scapula, shoulder and humerus. *Today's Veterinary Practice.* May/June 2012, p 46-51.

5. Muhlbauer MC, Kneller SK. *Radiography of the Dog and Cat: Guide to Making and Interpreting Radiographs.* Oxford: Wiley-Blackwell; 2013: [Chapter 2].
6. Sirois M, Anthony E, Mauragis D. *Handbook of Radiographic Positioning for Veterinary Technicians.* Clifton Park, NY: Delmar Cengage Learning; 2010.
7. Han C, Hurd C. *Practical Diagnostic Imaging for the Veterinary Technician.* 3rd ed. St. Louis: Mosby; 2005.
8. Orthopedic Foundation for Animals. Application for Hip/Elbow Dysplasia Database; 2016. http://www.offa.org/pdf/hdedapp_bw.pdf.

참고 문헌 _Bibliography

Ayers S. *Small Animal Radiographic Techniques and Positioning.* Oxford: Wiley-Blackwell; 2013.

Colville T, Bassert J. *Clinical Anatomy and Physiology for Veterinary Technicians.* 3rd ed. St. Louis: Mosby; 2016.

Done SH, Goody PC, Evans SA, Stickland NC. *Color Atlas of Veterinary Anatomy, the Dog and Cat.* London: Mosby; 2009.

Evans H, de Launta A. *Guide to the Dissection of the Dog.* 8th ed. St. Louis: Saunders; 2017.

Holloway A. *BSAVA Manual of Canine and Feline Radiography and Radiology: A Foundation Manual.* Suffolk: BSAVA; 2014.

Singh B. Dyce, Sack and Wensing's Textbook of Veterinary Anatomy. 5th ed. St Louis: Elsevier; 2018.

Sirois M, Schlote J. Diagnostic Imaging for Veterinary Technicians. Minneapolis MN: Bluedoor, LLC; 2017.

Tighe M, Brown M. *Mosby's Comprehensive Review for Veterinary Technicians.* 5th ed. St. Louis: Mosby; 2019.

CHAPTER 14

소동물 골반 및 뒷다리

Small Animal Pelvis and Pelvic Limb

Marg Brown, RVT, BEd Ad Ed

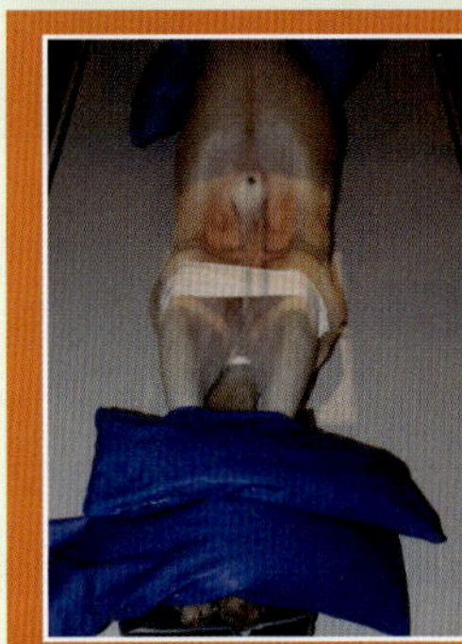

동물들은 서로 함께 있을 때 적절하고 합리적인 방식으로 걷습니다. 갑작스러운 문제나 위협에 함께 대응하기 위해 목적 없이, 무질서하게 돌아다니지 않고 한 줄로 걷습니다.

—Kenneth Grahame, *The Wind in the Willows*의 작가, 1859~1932

개요

개요
골반
골반 가쪽촬영 – 일반적
골반의 등배쪽 다리폄 촬영 – 일반적
골반의 등배쪽 개구리 다리 촬영 – 보조적
고관절 이형성에서의 OFA 평가
골반의 PennHIP 방사선 촬영 – 보조적
뒷다리 자세
넙다리뼈
넙다리 가쪽(안가쪽)촬영 – 일반적
넙다리뼈의 머리꼬리쪽촬영 – 일반적
넙다리뼈의 꼬리머리쪽촬영(수평빔) – 보조적
무릎
무릎의 가쪽(안가쪽)촬영 – 일반적
무릎의 꼬리머리쪽촬영 – 일반적
머리꼬리쪽 무릎관절의 촬영 – 보조적
무릎의 스카이라인 촬영 – 보조적
정강뼈와 종아리뼈
정강뼈/종아리뼈의 가쪽(중앙가쪽) 상 – 일반적
정강뼈/종아리뼈의 꼬리머리쪽촬영 – 일반적
발: 발목 발허리, 발가락
발의 가쪽(안가쪽)촬영 – 일반적/보조적
발의 뒷발바닥등쪽촬영 – 일반적
발의 발등뒷발바닥쪽촬영 – 보조적
발의 비스듬촬영 – 보조적

학습 목표

이 장에 있는 정보의 적용은 다음 영역과 관련이 있다.

1. 개나 고양이에게 수동적인 억압을 최소화하며 적절하고 안전하게 뒷다리의 여러 가지 자세를 취하기
2. 말단부의 경계를 포함한 환자의 신체를 안선에서 정확하게 측정하기
3. 신체 부분이 이미지 리셉터와는 평행하게, 그리고 중앙의 방사선은 상의 면(FOV)과 리셉터와 수직하게 하는 것을 확실하게 하기
4. 대상을 완벽히 촬영할 수 있게 대안적으로 사용할 수 있는 상을 찾기
5. 영상에서 확인된 골반과 뒷다리의 기본적인 해부학 구조를 확인하기

주요 용어

외전(Abduction)
축 회전(Axial rotation)
공동생성(Cavitation)
적합도(Congruence)
퇴행성 관절질환(Degenerative joint disease)
분리 지수(Distraction index)
이형성(Dysplasia)
개구리다리 등배쪽촬영(Frog-leg VD)
고관절이형성(Hip dysplasia)
느슨함(Laxity)
레그–칼베–페르테스 병[Legg-Calve-Perthes (LCP) disease]
탈구(Luxation)
펜힙(PennHIP)
위치 용어(Positional terminology)
지지 단계(Stance phase)
아탈구(Subluxation)
등배쪽 편 다리 촬영(Ventrodorsal extended leg view, OFA)

기술적 참고: 공간을 절약하기 위해, 이 장에서의 이미지는 콜리메이션(collimation)이 표시되지 않는다. 안전을 위해, 항상 빔을 조준하여 빔을 이미지 리셉터 경계 내에서 제한되도록 해야 한다. 필름 방사선 촬영에서는 모든 방사선 사진에 명확한 콜리메이션(프레임) 경계가 있어야 한다. 일부 지역에서는 콜리메이션의 증거가 법적으로 요구된다. 디지털 촬영에서는 적절한 콜리메이션에 의존하여 알고리즘이 작동한다.

개요 _Overview

적절한 영상 촬영 원칙이 적용되므로, 13장의 앞다리와 뒷다리의 일반적인 방사선 촬영 및 환자 관련 고려사항에 대해 복습해라. 뼈와 관련된 방사선 해부학 용어를 위해서는 그림 13.1과 글 상자 13.1을 참고해라.

골반의 영상 촬영은 일반적으로 고관절의 이형성이나 퇴행성 변화를 평가하기 위해 실시된다(글 상자 14.1). 골절, 관절과 관련된 종양, 관절염을 확인하기 위해 골반뿐만 아니라 뒷다리뼈, 무릎관절, 발목, 발허리, 발가락 등을 포함하는 종류의 뒷다리 말단 골격의 방사선 촬영이 필요하다.

가쪽(L) 상에 추가로 골반과 뒷다리의 수직 상이 필요하다(표 14.1). 앞다리, 뒷다리 모두에 대한 일반적인 규칙은 환자를 다음과 같은 자세로 두는 것이다:

- 골반과 다리(골반과 넙다리뼈)의 가까운 쪽을 위해서는 등누움자세(그림 14.1)
- 먼 쪽을 위해서는 가슴누움자세(무릎관절, 정강뼈/종아리뼈, 발목, 발허리, 발가락)(그림 14.2)

글 상자 14.1 일반적인 엉덩넙다리 해부학

종 특이성을 고려해야 하지만, 일반적으로:

- 각 대퇴관절공간(coxofemoral joint space)의 머리쪽 1/3은 넓이와 동일하다.
- 대퇴 골두의 최소 절반 이상이 절구 내에 위치해야 한다.
- 넙다리뼈 목의 각도는 약 130도가 되어야 한다.
- 넙다리뼈 머리는 둥글고 매끈해야 한다; 넙다리뼈머리오목(fovea capitis)은 넙다리뼈 머리에서 정상적으로 평평한 구역이다.
- 넙다리뼈 목은 매끈해야 하고, 증식적인 리모델링 변화가 없어야 한다.

- 이러한 자세를 기억하고 있으면, 일반적인 촬영의 적절한 명칭을 기억하기 쉽다.
- 환자의 골반과 넙다리뼈의 촬영을 위해서는 등누움 자세가 필요하다.
- 이는 골반 촬영에서는 등배쪽촬영이다.
- 등누움자세에서의 넙다리뼈는 머리꼬리(craniocaudal, CrCd)로 구분한다.
- 가슴누움자세에서의 환자는 무릎관절을 포함한 뒷다리의 먼쪽을 촬영하기 위함이다.
  - 무릎관절, 정강뼈, 종아리뼈는 꼬리머리(caudocranial, CdCr)로 구분한다.
  - 발목을 포함한 먼쪽의 상은 발바닥발등(plantarodorsal, PlD/PD)으로 구분한다.
- 동물 정형외과 재단(The Orthopedic Foundation of Animals, OFA)은 논문 제출을 위해서 "이미지 대비는 넙다리뼈의 머리와 목의 미세구조적 패턴이 보일 수 있도록 해야 한다. 절구의 등-가쪽 마진 또한 보여야 한다." 라고 요구한다.
- 대부분의 개 골반 필름 방사선 촬영에서는 그리드가 필요한데, 이는 골반의 두께가 두껍기 때문이다. 앞다리와 유사하게, 조직의 두께가 일반적으로 10 cm 이하라면 그리드는 일반적으로 사용하지 않는다. 디지털 유닛 및 기술 차트에서 그리드는 포함될 수도, 포함되지 않을 수도 있다.
- 모래 주머니, 테이프, 벨크로 스트랩, 끈 등의 손을 쓰지 않는 제한 방법을 사용하여 고품질의 방사선을 얻는 데 필요한 기술을 확인하기 위해 10장을 참고하라. 환자에게 실제로는 손으로 붙잡히지 않지만 붙잡히는 것과 같은 착각을 일으키도록 만들어라. 마취 및 화학적 진정이 강력히 권장된다.

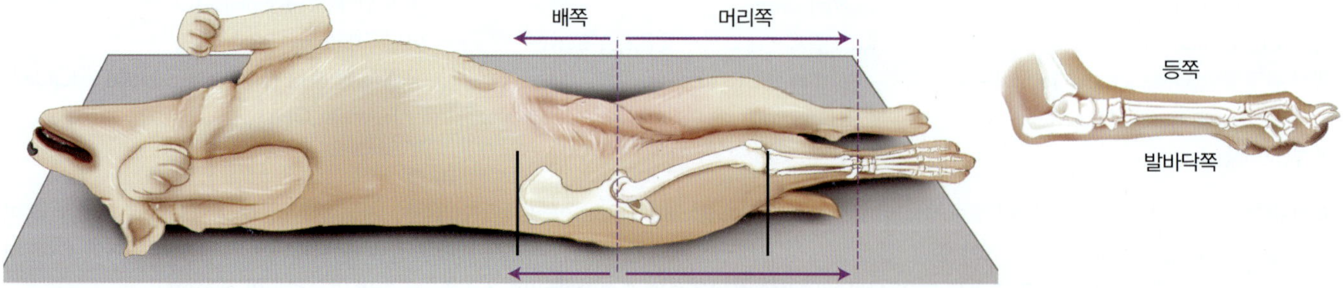

그림 14.1 골반, 절구, 넙다리뼈(검은선 안쪽)의 수직상의 가까운쪽을 위해 환자는 등누움자세(VD). 이 자세에서, 골반에 대한 투영은 배쪽등쪽(VD)이고 넙다리뼈에 대한 투영은 머리꼬리쪽(CrCd)이다. VD 자세는 배율이 증가될 수 있어 무릎의 먼쪽을 보는 데 덜 사용된다. 발목을 포함하는 먼쪽의 해부학용어는 발등발바닥(DPl/DP)이다.

표 14.1 골반과 뒷다리 방사선상을 위한 프로토콜

해부학적 위치	일상적인 촬영	환자의 누움자세	추가적인 촬영	환자의 누움자세
골반	옆으로, 다리편 등배쪽상	옆으로, 등으로	등배쪽상: 개구리다리	등으로
			PennHip*: 압박한 자세, 당긴 자세	등으로
넙다리뼈	옆으로, 머리꼬리쪽	옆으로, 등으로	꼬리머리쪽	옆으로-수평빔
무릎	옆으로, 꼬리머리쪽	옆으로, 가슴으로	머리꼬리쪽	등으로
			가까운쪽먼쪽 (스카이라인)	가슴으로 옆으로-수평빔
정강뼈/종아리뼈	옆으로, 꼬리머리쪽	옆으로, 가슴으로		
발: 발목, 발허리, 발가락	옆으로, 발바닥쪽발등쪽	옆으로, 가슴으로	굽힌, 편 옆으로 눕힌	옆으로
			발등쪽발바닥쪽 굽힌 발등쪽발바닥쪽	등으로
			비스듬한	가슴으로/등으로

*인증과 훈련이 필요함

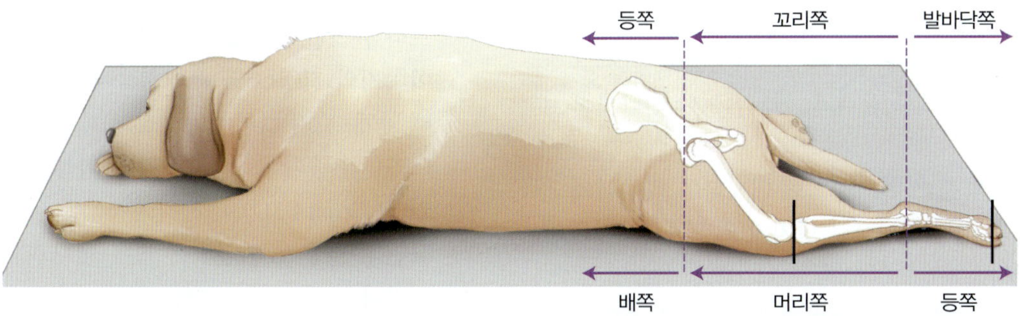

그림 14.2 환자는 먼쪽 뒷다리 촬영을 위해 가슴누움자세(DV) 이다.—무릎, 정강뼈, 종아리뼈, 발목, 발허리, 발가락(검은 선 안쪽. 용어는 발목에서, 그리고 발목에서 먼쪽에서 발바닥쪽등쪽(PID/PD)으로 바뀐다. 이 자세에서, 넙다리뼈, 무릎, 정강뼈/종아리뼈는 꼬리머리쪽(CdCr)으로 쓴다. 이 DV 자세는 골반과 넙다리뼈를 위해서는 사용하지 않는다.

보건사 참고사항

고품질의 정형외과 방사선 촬영물을 얻기 위해서는:

- 낮은 kV와 높은 mAs
- 테이블 위에 환자를 놓고 촬영하는 방법—대형견의 골반과 뒷다리 촬영을 제외
- 작은 초점 크기
- 방사선 촬영 부위의 가장 두꺼운 부분에서 측정
- 촬영할 곳에 적절한 자세로 측정
- 대상과 필름 거리(object-film distance, OFD) 최소화
- 관심영역의 중심에 맞춰 촬영: 뼈나 관절부위의 중심
- 오로지 필요한 부분만 콜리메이션—예를 들어 관절까지의 전체 뼈 또는 뼈의 가까운 쪽 1/3과 관절의 먼 쪽
- 뼈를 이미지 리셉터에 수평하게 유지
- 방사선을 뼈와 이미지 리셉터에 수직하게 유지
- 골반뼈의 가쪽 회전은 없다는 것을 확실히 하기
- 겹치는 구조물 최소화하기
- 정확하게 라벨링
- 가쪽촬영과 가쪽에서 직교하는 상에서 앞/뒷다리를 라벨링하기
- 필요로 하는 상 얻기
- 필요시 비교를 위해 반대쪽 다리 촬영하기

보건사 참고사항

머릿속으로 환자의 가슴누운자세에서 뒷다리에서 먼쪽과 등누움자세의 가까운 부분을 상상해보면 적절한 용어를 더 쉽게 기억할 수 있다.

긴 뼈의 경우, 방사선상에서 관절의 가까운쪽과 먼쪽을 포함한다.

관절의 경우, 방사선상에서 각 뼈의 가까운쪽과 먼쪽의 1/3을 포함한다.

골반 _Pelvis

- 골반은 한쌍의 엉덩뼈(ilia), 절구(acetabula), 두덩뼈(pubis), 궁둥뼈(ischia)로 이루어진다.
- 등배쪽 편다리촬영(엉덩이가 펼쳐진)과 가쪽촬영은 소동물 골반을 평가하는데 기본적인 자세이다. 개구리다리 등배쪽자세는 환자가 등배쪽 편다리촬영의 자세가 고통스러워 견디지 못할 때나 넙다리뼈의 성장판 또는 넙다리뼈 목 골절이 의심되는 경우 고관절을 촬영할 때 사용할 수 있다.[2]
- 고관절 이형성증진단을 위한 가장 일반적인 자세는 등배쪽 편다리 촬영이며(글 상자 14.2), 이는 동물정형외과재단(OFA)으로부터 고관절 평가를 위한 인증된 방법으로 적용되고 있다. 이 상에 덧붙여, PennHIP 평가에는 압박 및 견인 등배쪽상의 골반 투영도 필요하다.

> **보건사 참고사항**
> 골반의 가장 두꺼운 부분이 음극을 향하도록 해서 경사각 효과의 장점을 활용할 수 있게 한다.

골반의 가쪽촬영 – 일반적 _Lateral View of the Pelvis—Routine

자세잡기 _Positioning

위치: 찍고자 하는 부위를 아래로 옆으로 누운자세로 눕히기(그림 14.3).

머리: 자연스러운 자세를 유지하고, 필요한 경우 호흡을 제한하지 않도록 주의하면서 모래주머니로 목을 적잘하게 받친다.

앞다리: 앞다리를 앞쪽으로 당기고, 샌드백이나 벨크로로 테이블에 고정한다.

뒷다리: 뒷다리를 약간 가위모양으로 배치하여 리셉터에 가까운쪽 다리가 약간 앞쪽으로 당겨지면서 중립자세를 유지하도록 한다.

환자가 서있는 것처럼 자연스럽게 무릎을 구부린다.

두 넙다리뼈를 구분하기 위해 위쪽에 있는 뒷다리를 뒤쪽으로 당긴다.

넙다리뼈를 테이블과 평행하게 유지하고, 궁둥뼈 결절이 겹치고(그림 14.3B) 평행하게 유지하기 위해 무릎의 가장 튀어나온 곳 아래로 폼 패드를 놓는다.

뒷다리를 제 위치에 고정시키기 위해 뒷다리의 먼쪽에 모래주머니를 놓거나 고정한다.

코멘트와 팁 _Comments and Tips

- 필요에 따라 포지셔닝 웨지를 이용하여 가슴과 복부를 보다 완벽한 옆으로 누운 자세로 유지한다.
- 이미지의 진정한 골반 대칭을 위해: 넙다리뼈 머리, 엉덩뼈 날개, 꼬리 허리뼈의 가로돌기가 각각 중첩된다.
- OFD 의 증가로 인해 다리의 최상단쪽이 더 확대될 수 있다(그림 14.3D).
- 고관절 탈구가 의심되는 경우 뒷다리의 분리가 특히 중요하다.
- 중첩 없이 고관절을 촬영하려면 옆으로 비스듬히 눕힌 뷰가 필요할 수 있다. 기계가 허용하는 경우, 환자는 같은 방식으로 자세 잡고 엑스레이 튜브헤드는 이미지에서 고관절을 분리하기 위해 앞쪽으로 약 20도 정도 기울인다.[3] 대안적으로, 튜브 헤드가 90도로 고정되어 있는 경우, 환자를 약간 회전시킬 수 있다.

측정: 돌기(trochanter) 또는 가장 두꺼운 부분의 수준에서 방

사선 중앙 초점: 넙다리뼈의 큰돌기(greater trochanter)

경계: *앞쪽*: 적어도 하나의 허리뼈를 포함하는 엉덩뼈의 날개

뒤쪽: 궁둥뼈의 뒤쪽.

등쪽: 등.

배쪽: 넙다리뼈의 1/3.

> **보건사 참고사항**
> 촬영 버튼을 누르기 전에 머릿속으로 체크리스트를 검토해라: 설정은 정확히 되었는가; 이미지 리셉터/기계/그리드는 제 위치인가; 마커와 아이디는 적절한 위치인가(사용한다면); 정확한 신체부위와 뷰인가; 적절히 중앙에 위치했는가; 경계는 정확하고 콜리메이션되었는가; 환자는 촬영되는 골반이나 다리가 빔에 수직이고 이미지 리셉터와 평행하도록 적절히 준비되고, 자세 잡고, 구속되었는가.

골반의 가쪽촬영 – 일반적 _Lateral View of the Pelvis—Routine (계속)

글 상자 14.2 표준 등배쪽 편다리 촬영에서 입증되는 고관절 이형성증의 방사선학적 징후

- 아탈구 또는 탈구가 발생한다.
- 관절공간의 너비가 증가한다(머리쪽 부분만 평가됨).
- 얕은 절구가 확인된다.
- 이차적인 퇴행성 관절 질환이 확인된다:
- 절구의 가장자리(특히, 등쪽머리쪽 가장자리)에 연골하 골경화(subchondral bone sclerosis) 그리고/또는 뼈돌출증(exostosis)이 확인된다.
- 관절낭 부착부위의 넙다리뼈 목 부분에서 증식성 리모델링된 퇴행성 변화를 찾을 수 있다.
- 넙다리뼈의 목의 각도는 130도 이하(굽은넙다리뼈, coxa vara) 또는 130도 이상(펴진넙다리뼈, coxa valga)이어야 한다.

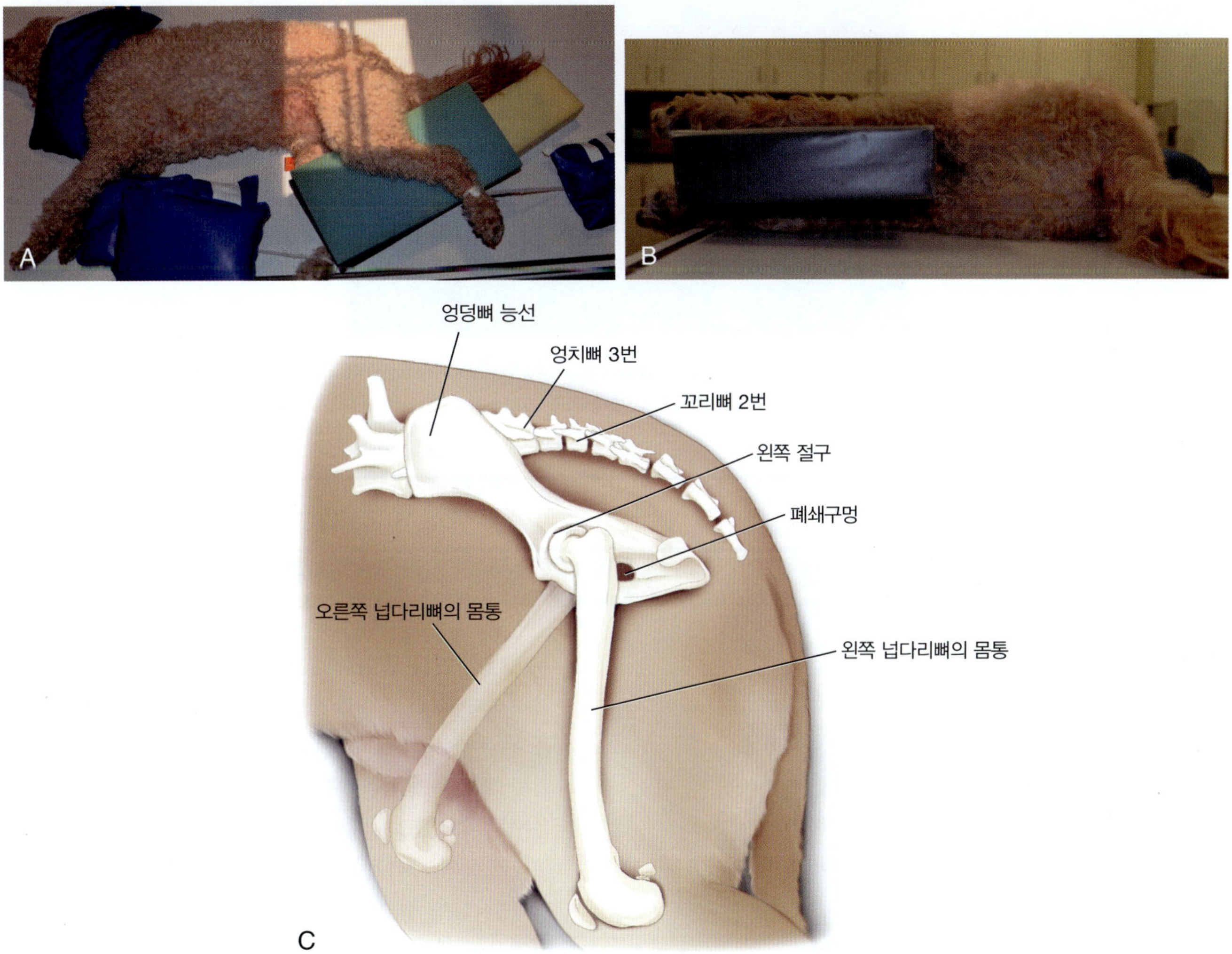

그림 14.3 **A,** 넙다리뼈가 살짝 교차하게 하여 개의 가쪽 골반 투영을 위한 자세. **B,** 다리 사이에 폼 받침대를 끼워넣어 골반의 회전을 교정하고, 엉덩뼈의 날개와 궁둥뼈 결절을 중첩되게 하며, 넙다리뼈가 테이블에 평행하게 하도록 한다. **C,** 골반의 가쪽촬영 용어.

골반의 가쪽촬영 – 일반적 _Lateral View of the Pelvis—Routine (계속)

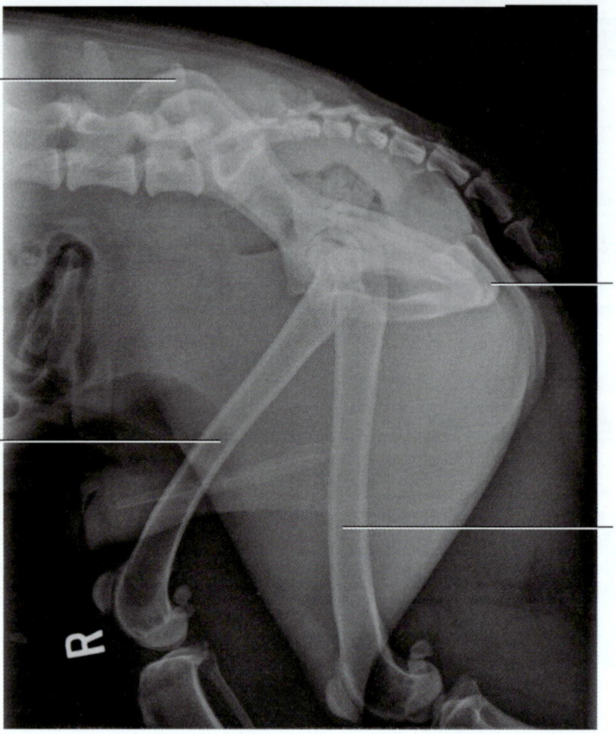

그림 14.3. *(계속)* **D,** 개 골반의 우측 가쪽 방사선상. (**A** and **B,** Courtesy Seneca College, King City, ON; **D,** Courtesy Jennifer White, Mississauga Oakville Veterinary Emergency and Specialty Hospital, ON.)

골반의 등배쪽 다리폄 촬영 – 일반적 _Ventrodorsal Extended-Leg View of the Pelvis—Routine

자세잡기 _Positioning

위치: 등누움자세

V자형 받침대가 몸의 머리 쪽에 사용될 수 있다.

머리: 필요한 경우, 호흡을 제한하지 않도록 주의하면서, 목을 앞쪽을 가리키고 모래주머니로 고정한다.

앞다리: 앞다리를 앞쪽으로 당기고 모래주머니 또는 벨크로/타이로 테이블에 고정시킨다.

뒷다리: 뒷다리는 다음과 같이 자세를 취한다.

- 환자 뒤에 서서 발허리 수준에서 각 뒷다리를 잡고 환자 뒷다리의 내가쪽에서 엄지손가락이 서로 마주보게 한다.
- 넙다리뼈를 안쪽으로 돌려 슬개골이 무릎 관절의 활차고랑 중앙에 자리잡도록 한다—넙다리뼈들은 서로 평행하고 척추뼈의 장축과 평행하고 테이블의 면과도 평행해야 한다.
- 두번째 사람은 넙다리뼈가 회전할 때 반대쪽 넙다리뼈의 가쪽면에 겹칠 수 있을 만큼 충분한 길이의 테이프 조각을 두 무릎 아래에 놓는다.
- 넙다리뼈를 놓았을 때 넙다리뼈가 내측 회전된 상태로 유지될 수 있도록 테이프의 각 끝을 잡고 반대쪽 다리의 무릎관절의 가까운쪽으로 강제로 당긴다.
- 필요한 경우 절구의 머리 쪽의 골반 주위에 추가적으로 테이프를 붙일 수 있다.
  - 저항 지점이 느껴질 때까지 천천히 뒷다리를 낮춘다. 발목 아래에 패드를 놓아 이 정도 수준을 유지한다.
  - 각 뒷다리는 개별적으로 발목뼈에 테이프를 붙이고 테이블에 고정시켜 발가락뼈가 고르게 되도록 한다.
  - 뒷다리의 먼쪽에 모래주머니를 놓아 테이블과 평행한 것을 유지하도록 한다(그림 14.4).

골반의 등배쪽 다리폄 촬영 – 일반적 _Ventrodorsal Extended-Leg View of the Pelvis—Routine (계속)

코멘트와 팁 _Comments and Tips

- 적절한 자세를 위한 근육이완을 위해 진정 또는 마취가 필요하다.
- 적절하게 라벨을 붙여라. 골반의 머리쪽에 위치 마커가 포함되고 위치해야 한다.
- 골반이 V자형 받침대에 포함된다면, OFD(물체 초점 거리)가 증가하여 확대되는 효과가 있을 수 있다.
- 몸의 회전을 최소화 하려면, 코가 앞다리 사이에 동일 거리 위치하고, 꼬리와는 일직선이 되도록 한다. 흉골과 척추뼈는 중첩된다.
- 꼬리와 척추뼈를 일직선으로 유지해라—코부터 꼬리까지 일직선이어야 한다.
- 각 넙다리뼈의 큰돌기를 만져보고, 테이블과 동일면에 위치하게 한다.
- 골반이 기울어지면 이미지에서 폐쇄구멍, 엉덩뼈 날개, 엉치엉덩관절의 크기와 모양이 변형될 수 있다.
  - 축 회전이 있는 경우, 테이블에 가장 가까운 쪽의 골반의 가쪽에서 더 작은 폐쇄구멍과 더 큰 엉덩뼈 날개를 보여줄 것이다.
  - 다리 중 하나가 다른 것보다 짧게 나타난다면, 다리가 살짝 들려졌고 테이블과 평행하지 않은 것이다.
- 부상이나 골절이 의심되는 경우 내측 회전 및 꼬리 견인에 매우 주의해라.

측정: 골반의 가장 두꺼운 곳.

방사선 중앙 초점: 엉덩뼈 돌기 사이의 안쪽선.

경계: 엉덩뼈 날개의 끝(마지막 두개 척추뼈)에서 슬개골의 먼쪽까지.

보건사 참고사항

등배쪽 다리편 상을 위해 무릎관절의 가까운 쪽 주위에 테이프를 꼭 맞게 고정하는 것이 중요하다. 이는 넙다리뼈가 서로 평행하고 슬개골이 넙다리뼈 관절융기의 중앙에 겹쳐 보이게 한다. 테이프를 너무 꽉 끼는 편으로 실수하는 것이 낫다. 깊은 진정 또는 전신마취가 요구된다.

보건사 참고사항

축 회전은 테이블과 가장 가까운 골반의 가쪽에서 더 작은 폐쇄구멍과 더 큰 엉덩뼈 날개를 보이게 한다. 만약 이미지에서 폐쇄 구멍의 크기가 서로 다른 것으로 나타난다면, 다음 이미지에서는 좀 더 크게 보이는 원형의 폐쇄 구멍(큰 것이 위)을 가지는 골반의 가쪽을 약간 낮춘다.

만약 다리 중 하나가 다른 것보다 짧게 나타나면, 다음 이미지에서는 다리를 살짝 낮춰서 테이블과 평행이 되도록 한다.

보건사 참고사항

등배쪽 다리뻗은 골반의 이미지를 적절히 평가하기 위해서, 다음과 같은 사항을 확인해라.

- 방사선 사진은 법적으로 라벨링해야 하고, 자세 마커가 포함되어야 한다.
- 전체 골반뼈, 넙다리뼈, 무릎관절을 포함하여야 한다.
- 넙다리뼈는 서로 평행하고, 엉덩뼈와도 평행하게 펼쳐져야 한다.
- 슬개골은 각 넙다리뼈의 안선과 중첩되어야 하고, 넙다리뼈 관절 융기의 중심 위에 위치해야 한다.
- 회전시키지 않아야 한다—엉덩뼈의 날개, 엉치엉덩관절, 폐쇄구멍은 서로 크기가 같고 서로의 거울상이다.

골반의 등배쪽 다리폄 촬영－일반적 _Ventrodorsal Extended-Leg View of the Pelvis—Routine (계속)

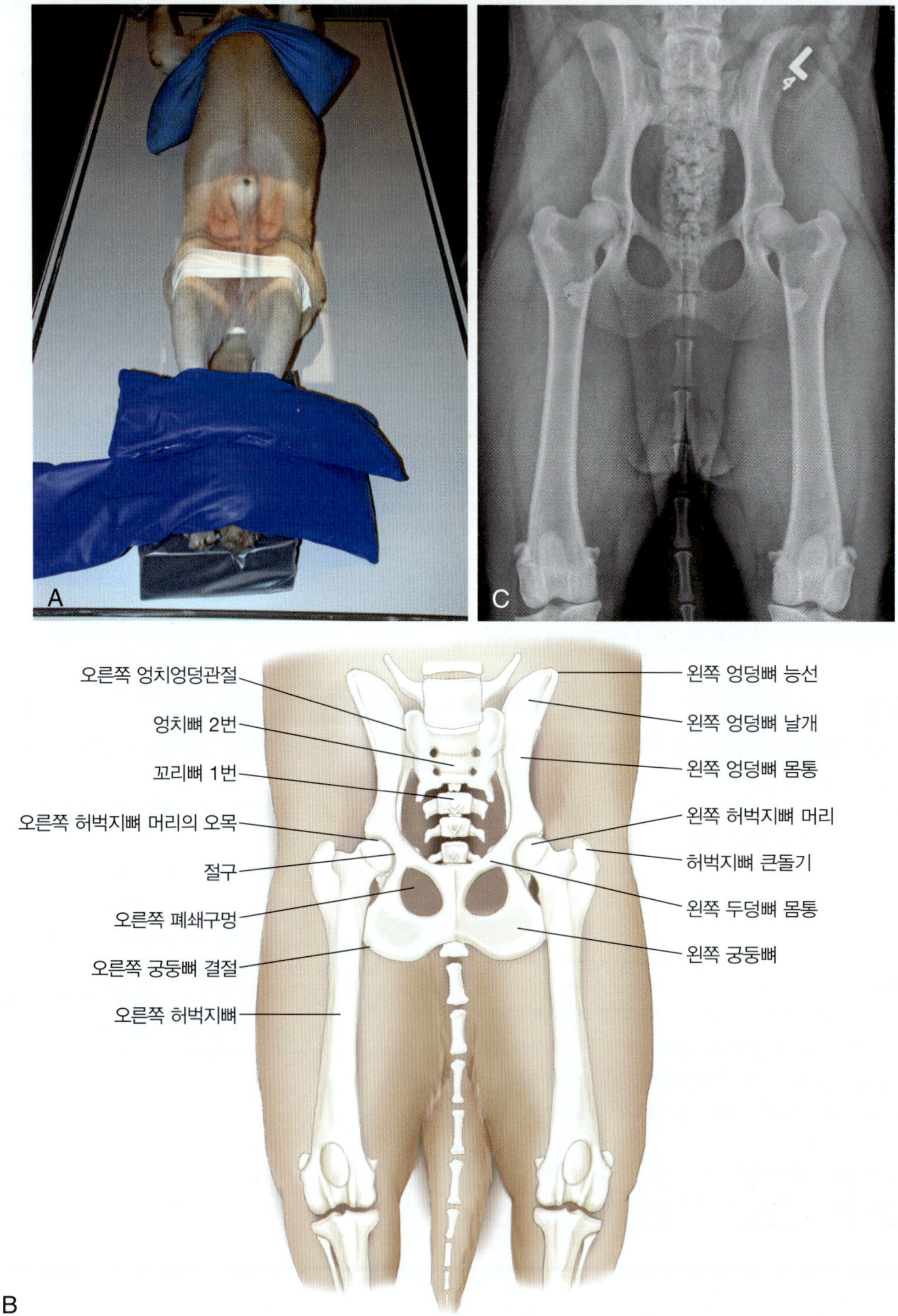

그림 14.4 **A,** 개를 배쪽등쪽 다리편 상으로 위치시킨 자세. 먼쪽 넙다리뼈 위로 테이프로 고정시킨다. 추가적으로, 테이프/벨크로를 발허리뼈 주위에 감고 꼬리쪽으로 당겨 뒷다리가 테이블과 최대한 평행하도록 한다. 모래주머니로 충분한 지지가 된다면, 테이프는 필요하지 않을 수 있다. **B,** 개 골반의 배쪽상 **C,** 기본적인 등배쪽 다리편 방사선 상. 넙다리뼈가 서로 평행하고; 슬개골이 넙다리뼈 관절융기의 중앙에 위치해 있고; 회전이 없으며; 골반 전체, 넙다리뼈, 무릎관절이 포함됨을 확인해라. (**C,** Courtesy GK Smith, DVM, and Mandy Wallace, DVM, Veterinary School of the University of Pennsylvania.)

골반의 등배쪽 개구리 다리 촬영 – 보조적 _Ventrodorsal Frog-Leg View of the Pelvis—Ancillary

자세 _Positioning

위치: 등 누움 자세. V자형 받침대는 몸의 머리 쪽 부분을 촬영하는데 사용할 수 있지만, OFD 의 증가를 막기 위해, 골반을 포함하는 것은 금한다.

흉골과 척추뼈는 중첩되게 한다.

머리: 코가 앞쪽으로 가리키게 한 채로 자연스러운 자세를 잡는다.

필요한 경우, 호흡을 제한하지 않도록 주의 하면서 모래주머니로 목을 적절하게 지탱한다.

앞다리: 앞다리를 앞쪽으로 당기고 모래주머니나 끈을 이용하여 테이블에 고정한다.

뒷다리: 뒷다리를 자연스럽게 구부러진 자세로 둔다.

대부분의 환자에서, 넙다리뼈는 척추에 45도 각도로 위치시킨다. 일부 대형견에서는, 넙다리뼈는 척추에 90도 각도일 수 있다.

발목 관절에 모래주머니를 위치시켜라(그림 14.5).

코멘트와 팁 _Comments and Tips

- 대칭을 유지하기 위해 다리를 동일하게 유지해라.
- 오른쪽 왼쪽의 궁둥뼈 결절을 촉진하여 궁둥뼈를 찾는다.
- 이 뷰는 부상당한 경우나, 절구의 깊이와 고관절 적합도를 평가하는 데 사용된다.[4]
- 절구 가장자리와 넙다리뼈의 머리를 촬영할 경우, 골반을 약간 찍고자 하는 쪽으로 기울여서, 관련 없는 다리는 시야에서 제외한다.[4,5]

측정: 골반의 가장 두꺼운 부분 또는 절구의 위쪽.

방사선 중앙 초점: 두덩뼈의 꼬리 쪽의 안선.

경계: 엉덩뼈의 날개부터 궁둥뼈의 꼬리쪽 경계까지. 각 넙다리뼈의 최소 1/3을 포함해라.

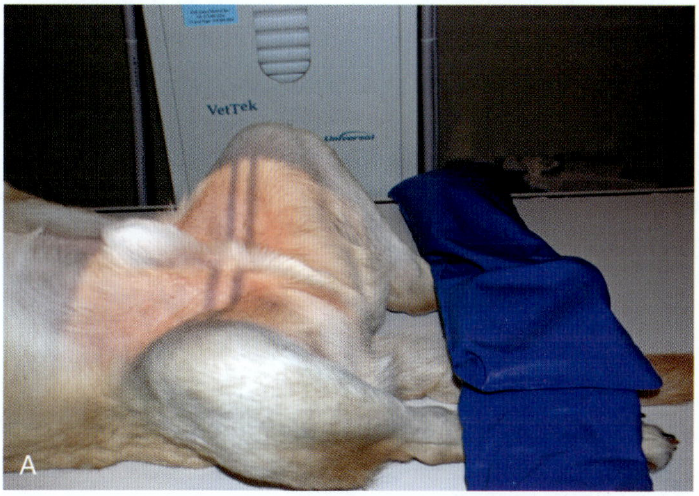

그림 14.5 A, 개의 등배쪽 개구리다리상을 위한 자세.

골반의 등배쪽 개구리 다리 촬영-보조적 _Ventrodorsal Frog-Leg View of the Pelvis—Ancillary (계속)

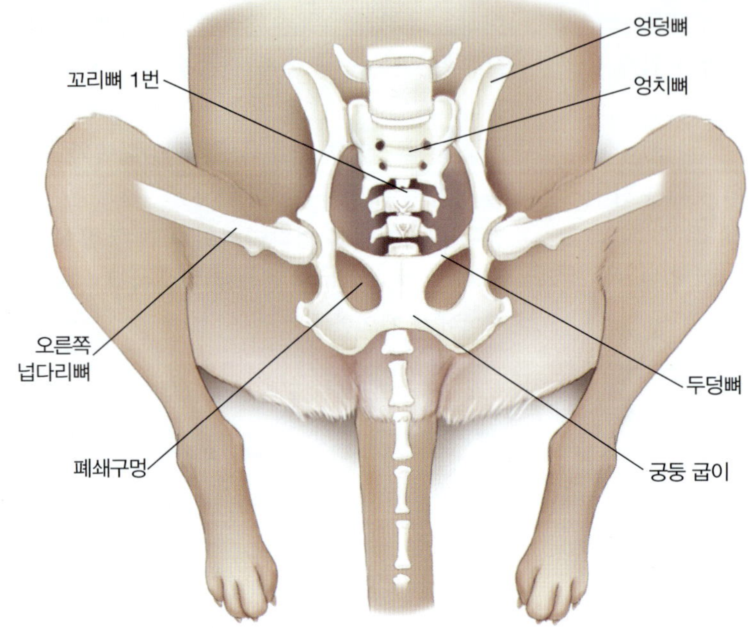

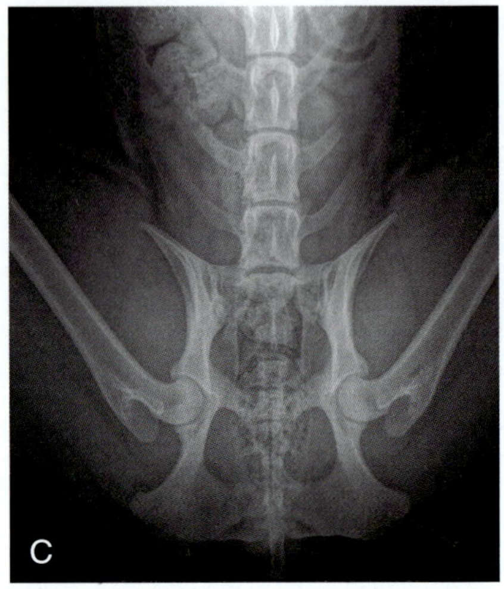

그림 14.5. *(계속)* **B,** 개의 골반에서 개구리다리 자세의 배쪽상. **C,** 개의 개구리다리 골반의 등배쪽상. (**C,** Courtesy Jennifer White, Mississauga Oakville Veterinary Emergency and Specialty Hospital, ON.)

고관절 이형성증의 OFA 평가
OFA Evaluation of Hip Dysplasia

고관절 이형성증은 절구와 넙다리뼈 머리 사이의 적합성 결여로 인해 발생하는 고관절의 비정상적인 발달이다. 고관절 이형성증은 골관절염(OA)에 이르게 되는 고관절의 이완으로 나타나는 유전적인 질병이다. 이 다유전자, 다인자성 질병은 개에서 가장 흔한 유전성 정형외과 질환이다. 모든 품종이 영향을 받으며, 어떤 경우에는 특정 품종의 50% 이상이 고관절 이형성(CHD)을 가진다.

필름 방사선 촬영에 복사본이 필요한 경우, 두개의 필름을 카세트에 넣고 mAs를 높일 수 있다. 그러나 최적의 필름 품질을 위해서 여전히 두 번의 개별 노출을 하는 것이 가장 좋은 방법이다.

필름 방사선 사진이 OFA 등록에 적합하려면, 필름 에멀션에 영구적인 환자의 식별이 있어야 하며, 여기에는 납 글씨, 방사선불투과성 테이프/라벨 홀더, 암실 임프린터 사용이 포함될 수 있다. 요구되는 정보는 병원 또는 수의사의 이름, 촬영 날짜, 환자의 등록된 이름 또는 번호이다. 디지털 방사선 촬영에는 이미 다이콤(Digital Imaging and Communications in Medicine, DICOM) 표준을 통한 모든 식별 정보가 포함되어 있다.

방사선 촬영 당시 생후 24개월 이상인 개만이 OFA 고관절 번호(hip number)를 받을 수 있다. 그보다 더 어린 강아지의 경우 상담 보고서를 발행받을 순 있지만, 고관절 인증을 받을 순 없다.

OFA는 관절의 이완을 증가시킬 수 있는 호르몬의 변화로 인해, 젖 물린 후 또는 발정기 전 후로 최소 1개월 이상에 촬영한 방사선 사진으로 환자의 신체상태가 양호할 것을 권장한다.[1]

3명의 보드-인증 방사선 전문의가 각각 독립적으로 표준 등배쪽 다리 편상에서 고관절의 표현형을 평가한다. 방사선 사진이 검토된 후, 보고서에서는 방사선 사진이 경계성, 경도, 중등도, 중증의 고관절 이형성 등급을 가지는지 비정상적인 방사선 사진 소견을 확인한다.

7가지 가능한 범주는 정상(우수, 양호, 보통), 경계성, 및 이형성(경도, 중등도, 중증)이다.[1] 우수, 양호, 보통의 고관절 등급은 정상 범위 내에 있으며 OFA 번호가 부여된다. 이 정보는 공개적인 도메인에 있으며, 영구적인 식별(타투, 마이크로칩)을 가진 개에서 American Kennel Club과 Canadian Kennel Club에서 인정된다. 이형성된 고관절 등급은 소유자가 공개를 원하지 않으면 공개 도메인에 없다.

대체적인 공인된 인증방법, 추가 정보 및 양식은 OFA의 웹사이트에서 찾을 수 있다(https://www.ofa.org/diseases/hip-dysplasia).

다른 고관절 등록관리는 Fédération Cynologique Internationale (FCI; European)에서 이루어지며 여기서는 Norbert angle 이 사용된다; British Veterinary Association/Kennel Club (BVA/KC; Britain, Ireland, Australia, and New Zealand), 그리고 Verein für Deutsche Schäferhunde (SV; Germany); 각 단체는 고유의 등급 체계를 가지고 있다.[1,4]

12개월 이상의 토이브리드 및 소형견 품종은 Legg-Calve-Perthes 데이터 베이스에 등록할 수 있다. Legg-Calve-Perthes (LCP) 질병은 4개월에서 1년령 사이의 미니어쳐, 토이브리드 품종에서 가장 흔히 볼 수 있는 고관절 구조의 장애다. 유전적 요소가 있기 때문에, LCP를 가지고 있는 개는 번식 프로그램에 사용하지 않는 것이 추천된다.[1]

> **보건사 참고사항**
>
> OFA 고관절 등록을 위해서는 환자의 나이가 최소 24개월이어야 하고, PennHIP 인증을 위해서는 최소 16주 이상이어야 한다.

골반의 PennHIP 방사선 촬영—보조적
PennHIP Radiographs of the Pelvis—Ancillary

등배쪽 다리폄촬영은 관절 주머니와 주변 연부조직을 조여지게 하는 것으로 나타났으며, 이는 경증에서 중등도에 이르는 고관절 이형성의 증거를 가릴 수 있는 효과를 가져온다.[6] 이러한 발견은 펜실베이니아 수의과 대학에서 개발된 고관절 개선 프로그램(PennHip)과 같은 동적인 골반 방사선 촬영에 큰 관심을 가지게 했으며, 대퇴 관절의 이완 정도를 문서화 했다.[2,7,8]

PennHip은 스트레스 방사선 사진을 사용하여 개의 고관절 이완을 정량적으로 측정하여 개에서 추후 고관절이형성과 고관절염이 발생할 가능성을 측정하는 방사선 스크리닝 방법이다.[9,10] PennHIP 방법은 골관절염의 시작을 예측하는 능력에서 현재의 기준보다 더 정확하다.[7,8,10] 퇴행성 관절질환(degenerative joint disease, DJD)으로 알려진 골관절염은 고관절이형성증의 특징이다.

데이터베이스로의 제출 시 질적인 보장을 위해, 수의사들은 교육받고 인증을 받아야 한다. 자격을 갖춘 동물보건사 인력은 수의사와 함께 교육 세미나에 참석하거나, 온라인 세미나에 참여할 수 있도록 허락되며, 수의사와 마찬가지로 절차를 수행할 수 있는 인증을 받을 수 있다. 대안적으로, PennHip-인증 수의사가 소속된 병원의 동물보건사를 교육할 수 있으며, 인증 동물보건사를 위한 품질 보증 방사선 촬영을 완료할 수 있다(그림 14.6).[10] 작성 시점을 기준으로, 온라인 인증은 자격을 갖춘 개인에게 무료이다. 전통적인 그리고 디지털 PennHIP 이미지는 개 고관절 이형성의 병인, 예측, 유전적 기초에 대한 정보를 수집하는 무한확장하는 데이터베이스에 평가 및 저장을 위해 사용된다.

16주령부터 PennHIP 방법을 사용하여 개를 검사할 수 있다. 이를 통해 브리더, 어떤 조직을 위한 서비스견이나 작업견, 질병을 최소화하거나 지연시키기 위한 식이, 약물, 활동 같은 적절한 전략을 추천하는 수의사들을 도울 수 있다.

각각의 개의 이완 정도는 같은 품종의 다른 개에 비교하여 순위가 매겨지므로, 이는 각 품종내에서 더 타이트한 고관절을 가진 동물을 식별하고 번식에 더 적합한 것으로 고려하는데 사용될 수 있다.

0에서 1까지의 당김 지수(DI)는 압박하고 당긴 방사선 사진 사이에서 각 고관절의 이완 정도를 비교한다. DI 가 0에 가까울수록 관절 이완이 적고, 퇴행성 관절 질환 또는 골관절염에 대한 발병 가능성이 적다. 1에 가까운 고관절 점수는 매우 느슨한 것으로 고려되고, 고관절 이형성증이 발생할 가능성이 높다. 평균 DI는 품종에 따라 다르다. 각 품종의 평균보다 낮은 고관절 이완을 가진 개는 번식에 적합하다고 간주된다. 일반적으로, DI 값이 0.3 미만인 개는 생에 골관절염이 발생할 "위험"이 매우 낮다.[9,10] 반대로, DI가 저먼 쉐퍼드와 같은 품종에서 0.3보다 크거나, 래브라도 리트리버와 로트와일러에서 0.4보다 크다면 직접적인 관계가 있다.[2]

개가 마취되었거나 깊은 진정상태여서 체중부하가 걸리는 상태가 아니기 때문에, DI에 의해 판단된 이완은 사실 수동적인 고관절 이완이며, 이는 데이터를 측정할 수 없는 기능적인 고관절 이완과는 반대되는 것이다.[9]

PennHIP은 PennHIP 평가 전에 수유 후 8주 또는 분만 후 16주를 기다릴 것을 권장하는 데, 이는 릴렉신 및 프로락틴 호르몬이 고관절 이완을 증가시킬 가능성이 있기 때문이다. 암컷의 발정기 동안 호르몬 수치의 증가는 PennHIP에서 평가하는 고관절 이완에 영향을 미치지 않는다.[9,10]

PennHIP을 위한 방사선 촬영 요구사항에 대한 정보는 다음에서 찾을 수 있다. https://antechimagingservices.com/antechweb/pennhip.

받침목을 사용한 등배쪽 다리폄 촬영 그리고 당긴 자세를 위한 등배쪽 다리 굽힘 촬영과 같은 문헌에 설명된 다른 스트레스 방사선 기법은 인증이 필요하지 않다.[2,4] 이 장에서는 이에 대해 논의하지 않는다.

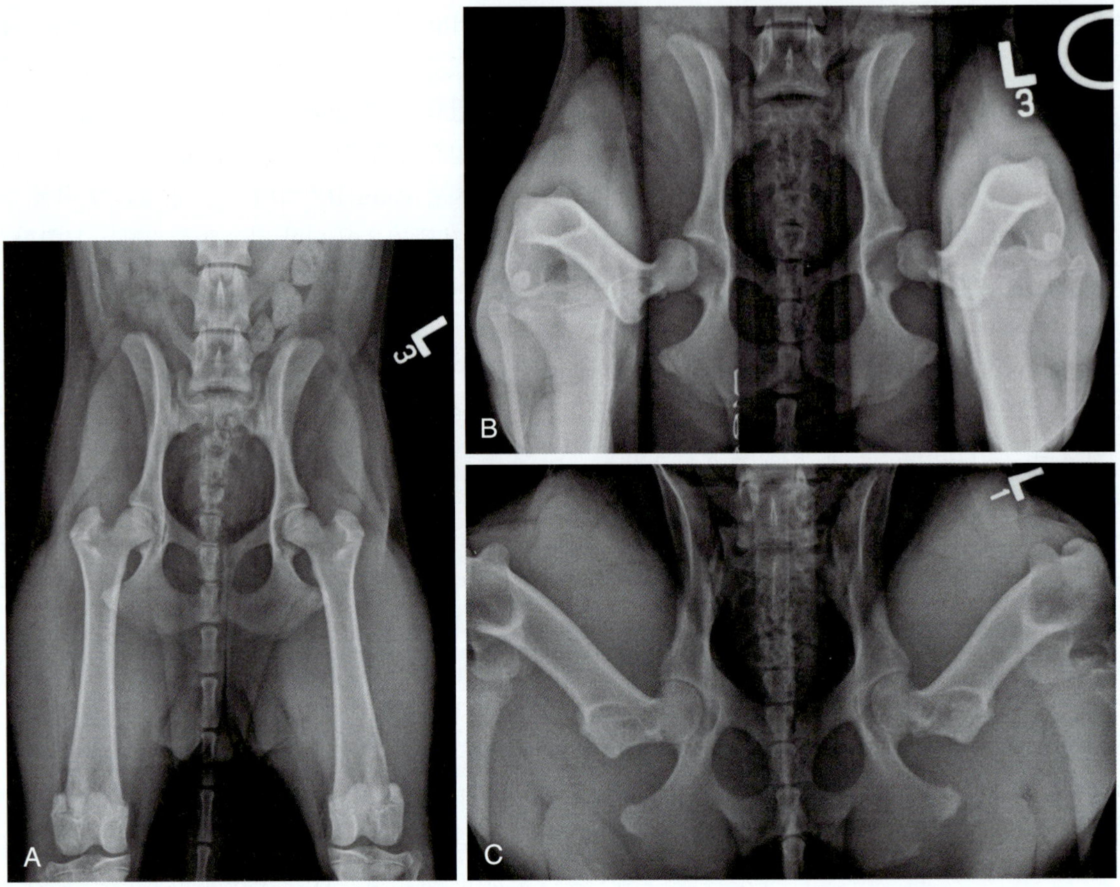

그림 14.6 **A,** OFA "양호" 등급을 받은 등배쪽 다리편 투영의 방사선촬영. **B,** 지수가 0.92인, 같은 개에 대한 PennHIP 당긴 방사선상은 등배쪽 다리폄 촬영에서는 확인되지 않던 뚜렷한 이완성을 보여준다. 어두운 선은 정상이며 폼과 아크릴 막대 사이의 공기로 인해 발생한다. **C,** 같은 환자에 대한 PennHIP 압박 방사선상. (Courtesy GK Smith, DV**M,** and Mandy Wallace, DV**M,** Veterinary School of the University of Pennsylvania.)

방사선 촬영 _Radiographs

세 가지의 방사선 촬영이 PennHip 평가를 구성한다.

골반의 등배쪽 다리편 촬영 Ventrodorsal Extended-Leg View of the Pelvis

첫번째 요구되는 이미지는 이미 언급된 것과 같이 일반적인 등배쪽 다리편 상이다. 등배쪽 다리편 상은 DJD 같은 고관절 이형성증의 이차적 징후 및 고관절에서 OA의 존재를 평가할 수 있게 한다.

골반의 당김 촬영 _Distraction View

두번째 요구되는 이미지는 넙다리뼈 머리 부분에서 허벅지 사이에 특수 아크릴 견인 봉을 배치해야하는 당김 상이다(그림 14.6B와 14.7). 봉은 가까운 쪽 넙다리뼈에서 작은 내전력이 가해질 때, 넙다리뼈 머리를 가쪽화 하여 넙다리뼈 머리의 최대 가쪽 변위를 생성하여 지렛대와 같은 역할을 한다.

환자를 등누움자세로 배치한다. 넙다리뼈가 10도의 굴곡과 30도의 신전사이에 위치하고, 10도에서 30도 사이에서 외전하고, 0도에서 10도 사이의 외회전이 되도록 위치를 잡아 뒷다리가 중립적인 자세가 되도록 유지한다.[4] 이 중립자세는

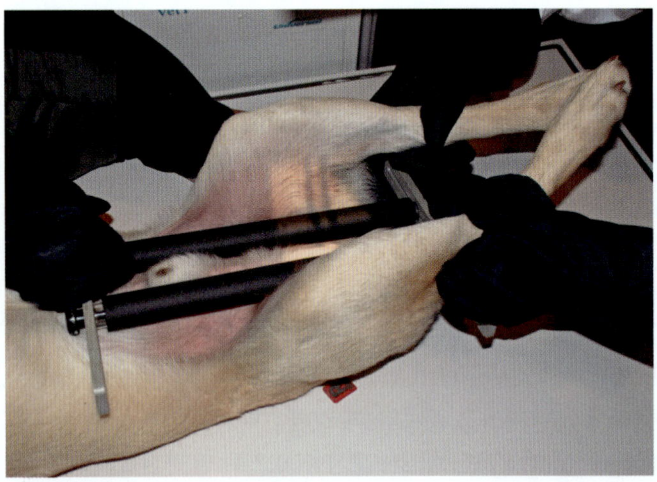

그림 14.7 PennHIP 당김 촬영에서의 자세, 중립자세의 뒷다리에 견인막대를 사용한다.

당겨진 고관절 촬영의 주요 단점, 즉 넙다리뼈 머리를 절구 안으로 밀어 넣어 아탈구를 줄이는 관절낭의 나선형 장력을 없애준다.[2]

이 자세는 DJD의 발병을 예측하는 주요 위험 요소인 고관절 이완의 측정에 최적이다.

공동화(cavitation)는 견인장치(distractor device)가 골반에 가쪽으로 당기는 힘을 부과할 때, 기포로 보이는 관절액 내의 텅 빈 공간을 형성하는 음압을 생성하면서 드물게 나타난다. 공동화는 통증을 일으키지 않으며, 관절에 단기적 또는 장기적 손상을 일으키지 않는다. 이는 24시간 내에 해결되며, 이후 당긴 사진을 다시 촬영해 볼 수 있다. 만약 공동화가 생긴다면, 해당 고관절(한쪽만 공동화인 경우) 또는 양측(양쪽인 경우) 모두 평가할 수 없다.

골반의 압박 상 _Compression View of the Pelvis

환자는 또한 등 누운 자세를 취하면서 중립자세, 또는 체중 부하의 "서있는 시간(stance phase)"라고 불리는 방향을 향한다. 대퇴 관절을 압박하고 가장 일치하는 자세에서 이미지를 얻기 위해 큰 돌기의 가쪽으로 중간정도의 압력을 가한다. 넙다리뼈 머리는 절구 오목(그림 14.6C 참조) 완전히 안착된다. 일치성을 측정한다.

> **보건사 참고사항**
> 모든 개는 어느정도 관절 이완이 있다—그레이하운드나 보르조이(Borzois)까지도—따라서 만약 이완이 보이지 않는다면, 촬영 기술과 진정 수준을 확인해라.

뒷다리 자세 _Pelvic Limb Positions

넙다리뼈 _Femur

넙다리 가쪽(안가쪽)촬영 – 일반적 _Lateral (Mediolateral) View of the Femur—Routine

자세 _Positioning

위치: 찍고자 하는 다리를 아래로 가게 하여 옆으로 누운 자세

머리: 머리를 자연스러운 자세로 유지하고, 숨이 막히지 않도록 주의하면서 모래주머니로 목을 받쳐준다.

앞다리: 앞다리를 앞쪽으로 당기고, 모래주머니/벨크로로 지지한다.

뒷다리: 찍지 않는 다리를 굽히고, 고무끈이나 벨크로로 외전시키고 가쪽으로 당겨 고정시킨다.

찍고자 하는 아래쪽 뒷다리를 펴고, 몸의 먼쪽으로 모래주머니를 이용하여 고정시킨다. 넙다리뼈의 회전을 막기 위해 얇은 폼패드를 몸의 가까운쪽 정강뼈 아래에 위치시킨다(그림 14.8).

코멘트와 팁 _Comments and Tips

- 찍고자 하는 뒷다리를 외전하면 궁둥뼈 결절 위로 가까운쪽 넙다리뼈가 중첩되지 않는다. 위쪽 뒷다리가 시야 범위를 벗어나지 않는다면 빔을 먼가까운쪽으로 각도를 조정해야 할 수 있다.
- 찍고자 하는 전체 넙다리뼈의 방사선을 촬영하기 위해 대퇴 관절을 촉진해서 포함하는 것을 확실히 해라.
- 두꺼운 근육을 가진 개의 경우, 두 가지의 상이 필요할 수 있다. (각 끝에서 적절하게 측정)
- 연부조직을 흉내내는 먼쪽 말단에 위치 시킨 액체 주머니(fluid bag)은 먼쪽 가쪽의 과다 노출을 방지할 수 있다. 넙다리 뼈의 가까운 쪽을 측정해라.
- 넙다리뼈 머리가 X선 관의 음극을 향하도록 환자를 위치시킨다.
- 앞쪽으로 라벨을 위치시킨다.

측정: 넙다리뼈의 중간축(넙다리 뼈의 양 끝의 조직 두께의 차이를 보상하기 위해)

방사선 중앙 초점: 넙다리뼈의 중간축

경계: 대퇴관절에서 무릎관절

> **보건사 참고사항**
> 방사선 촬영하지 않을 신체부위를 먼저 배치하고 고정한 후에 촬영 부위를 위치시키면 더욱 효율적이다.

넙다리 가쪽(안가쪽)촬영 – 일반적 _Lateral (Mediolateral) View of the Femur—Routine (계속)

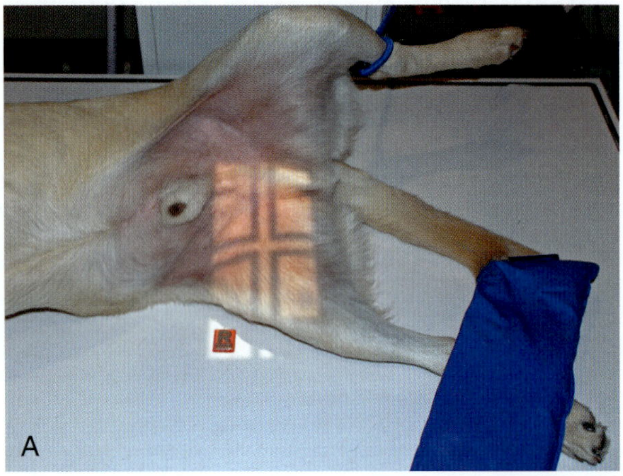

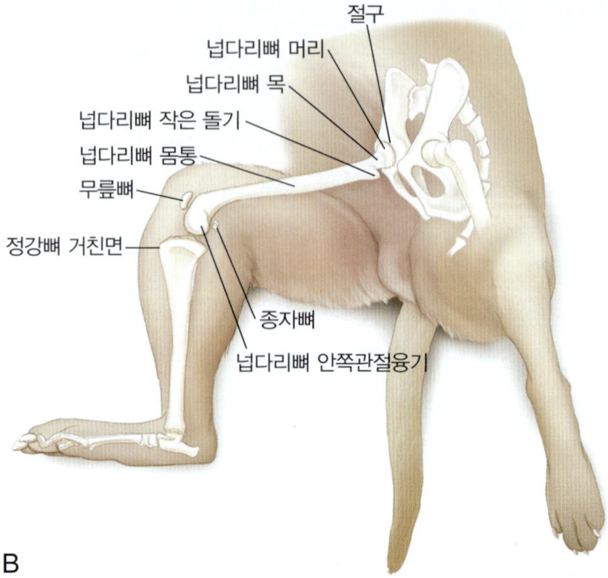

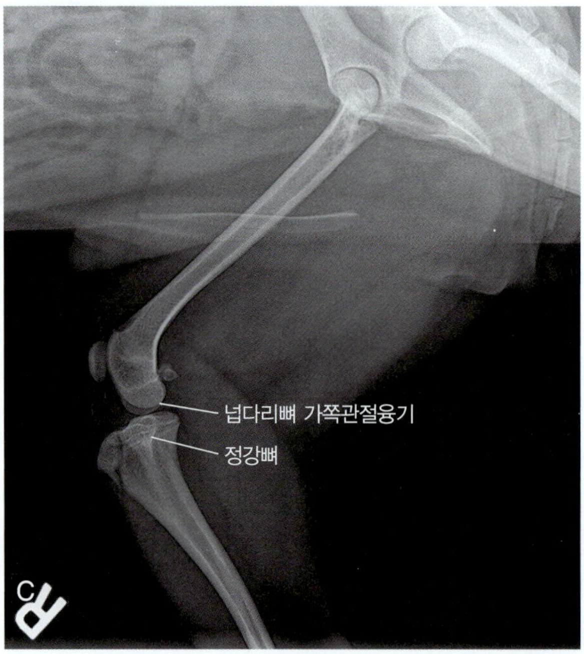

그림 14.8 **A,** 개 넙다리뼈 상에서의 내측가쪽(가쪽)을 위한 자세. **B,** 넙다리뼈의 내측상. **C,** 개의 우측 내측가쪽(가쪽) 넙다리뼈의 방사선상. (**C,** Courtesy Jennifer White, Mississauga Oakville Veterinary Emergency and Specialty Hospital, ON.)

넙다리뼈의 머리꼬리쪽촬영 – 일반적 _Craniocaudal View of the Femur—Routine

자세 _Positioning

위치: V자형 받침대(V-trough) 안에서 등누움 자세를 취하거나, 필요한 경우 테이프/벨크로 또는 모래주머니를 사용하여 고정한다.

대칭을 맞추기 위해, 환자를 등배쪽다리편 상과 같이 배치하는 것이 일반적으로 가장 좋다. 찍고자 하는 다리를 중앙에 위치시킨다.

머리: 자연스러운 자세를 유지하고, 필요한 경우 호흡을 제한하지 않도록 주의하면서 모래주머니로 목을 적절하게 받친다.

앞다리: 앞다리를 앞쪽으로 당기고 모레주머니나 끈/벨크로를 이용해 테이블에 고정시킨다.

뒷다리: 슬개골이 슬개골 홈 위에 놓이도록 양측 넙다리뼈를 안쪽으로 돌린다.

이블과 넙다리뼈의 평행을 유지하고, 슬개골이 넙다리뼈 돌기 사이에 위치시키면서 , 무릎 인접해서 바로 가까운 쪽의 양측 넙다리 뼈 주위에 테이프를 붙인다.

무릎의 회전을 막기 위해 발목 아래에 작은 스폰지를 위치시키고, 뒷다리의 먼쪽 위로 모래주머니를 놓는다 (그림 14.9).

코멘트와 팁 _Comments and Tips

- 양측 뒷다리를 고정하면 회전을 최소화하는 데 도움이 된다.
- 찍고자 하는 다리를 완전히 펴고 고정하는 것이 필수이다.

측정: 찍고자 하는 넙다리뼈의 중심축.

방사선 중앙 초점: 찍고자 하는 넙다리뼈의 중심축.

경계: 대퇴관절에서 무릎까지.

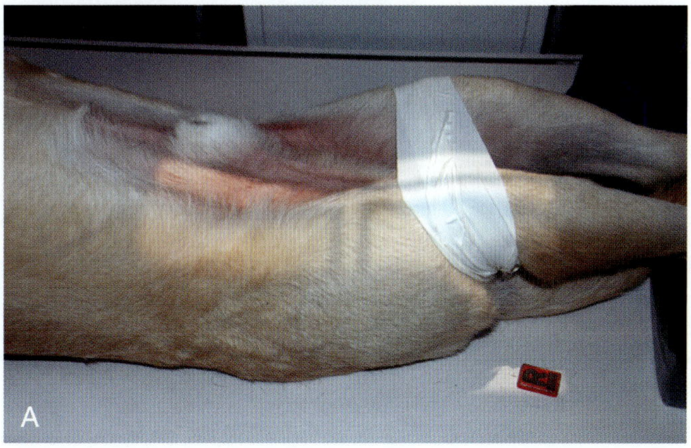

그림 14.9 **A,** 개 넙다리뼈의 머리꼬리쪽상을 위한 자세. VD 촬영에서와 같이 뒷다리를 함께 고정하면 대칭을 맞추는 데 도움이 된다. 발목 주변으로 모래주머니를 배치하면 뒷다리를 펴는 데 도움이 된다.

넙다리뼈의 머리꼬리쪽촬영 – 일반적 _Craniocaudal View of the Femur—Routine (계속)

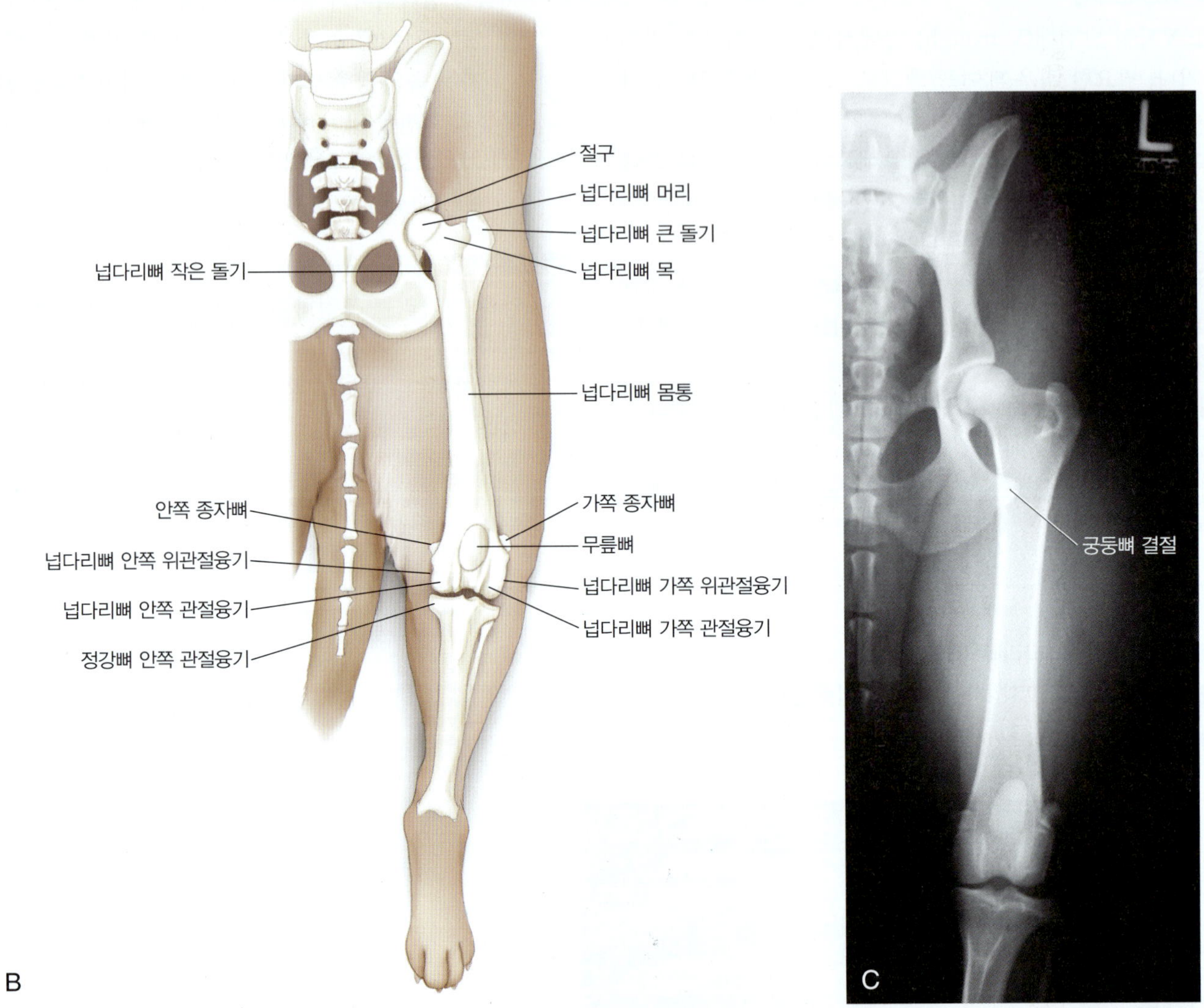

그림 14.9 *(계속)* **B,** 개 넙다리뼈의 머리쪽 촬영. **C,** 개 넙다리의 머리꼬리쪽 방사선 촬영. (**C,** Courtesy Jennifer White, Mississauga Oakville Veterinary Emergency and Specialty Hospital, ON.)

넙다리뼈의 꼬리머리쪽촬영(수평빔) – 보조적 _Caudocranial View (Horizontal Beam) of the Femur—Ancillary

자세 _Positioning

위치: 찍고자 하는 다리를 가장 위에 위치시키고 스폰지로 지지하며, 옆으로 누운 자세.

머리: 자연스러운 자세를 유지하고, 필요한 경우 모래주머니로 목을 적절하게 지탱한다. 호흡을 제한하지 않도록 주의해라.

앞다리: 앞다리를 앞쪽으로 당기고 모래주머니 또는 벨크로/끈을 이용해 테이블에 고정시킨다.

뒷다리: 찍고자 하는 뒷다리의 머리쪽 면에 수직으로 카세트를 배치한다. 다리를 최대한 편 상태로, 목표물을 고정시키기 위해 모래주머니나 끈을 이용하여 묶는다(그림 14.10).

코멘트와 팁 _Comments and Tips

- 수평빔(horizontal beam) 은 꼬리머리쪽 방향이다.
- 이 자세로 넙다리뼈의 가까운 쪽과 절구를 포함시키기는 어렵다. 위치는 수평빔을 사용하는 꼬리머리쪽 무릎관절과 같다.

보건사 참고사항

가쪽촬영의 경우 뒷다리의 머리쪽에, 직교 촬영(orthogonal view)에서는 가쪽에 라벨과 마커를 위치시키는 것을 기억해라.

측정: 넙다리뼈의 중심축.

방사선 중앙 조점: 넙다리뼈의 중심축.

경계: 대퇴관절에서 무릎까지.

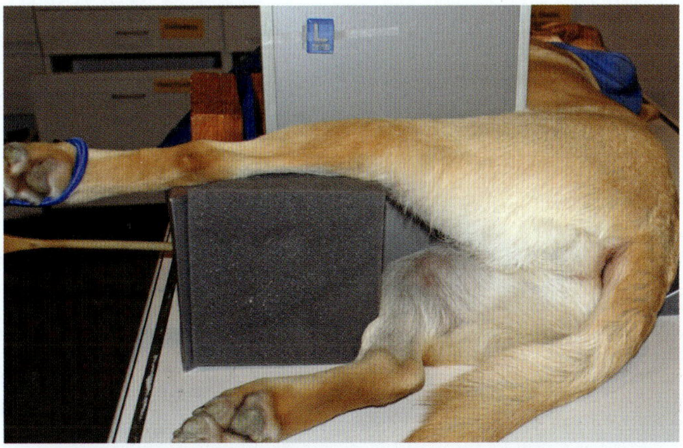

그림 14.10 개 넙다리뼈의 꼬리머리쪽(수평적인) 상을 위한 자세.

무릎 _Stifle

무릎의 가쪽(안가쪽)촬영 – 일반적 _Lateral (Mediolateral) View of the Stifle—Routine

자세 _Positioning

위치: 찍고자 하는 다리를 아래쪽에 가게 하여 옆으로 누운자세를 취한다.

머리: 자연스러운 자세를 유지하고 호흡을 제한하지 않도록 주의하면서 모래주머니로 목을 적절하게 받쳐준다.

앞다리: 앞다리를 머리쪽으로 당기고 모래주머니나 벨크로/끈을 이용해 테이블에 고정시킨다.

뒷다리: 촬영하지 않는 뒷다리는 굽히고, 외전시키고, 가쪽으로 당긴다. 이때 고정시키기 위해 고무줄이나 로프를 이용한다.

또는, 테이브/벨크로를 무릎과 발목 주위에 이용하여 테이블에 고정한다.

찍고자 하는 다리를 펴고, 무릎을 상대적으로 자연스러운 자세를 유지시키면서 슬개골이 테이블에 평평하도록 한다.

먼쪽 뒷다리 위로 모래주머니를 위치시키거나 테이프/벨크로를 이용해 고정시킨다(그림 14.11).

코멘트와 팁 _Comments and Tips

- 촬영하지 않는 뒷다리는 시야에서 벗어나도록 충분히 등쪽으로 당겨져야 한다. 과회전은 피해라.
- 촬영하는 발목 아래에 스펀지 패드를 위치시킨다. 따라서 정강뼈가 이미지 리셉터에 평행하도록 하여 무릎을 약간 회전시키지만, 넙다리 관절 융기(femoral condyle)는 머리쪽에서 꼬리쪽으로 정렬되도록 유지한다.
- 진정한 가쪽촬영에서는, 넙다리 관절융기의 중첩이 있을 것이다.
- 대안으로는, 촬영하지 않는 다리를 관심 영역과 중첩되지 않도록 주의하면서, 앞쪽으로 당기고 테이블에 고정시킬 수 있다. 이는 대퇴관절의 심각한 퇴행성 관절 질병이 있는 경우에서 부분적으로 적용할 수 있다.
- 앞당김 움직임(cranial drawer movement)(먼쪽 넙다리뼈와 관련하여 가까운쪽의 정강뼈의 머리쪽 변위를 기록하기 위해)에 관심이 있는 경우, 정강뼈 압박과 함께 굽힌 가쪽촬영(추가적인 뷰)이 사용된다.
- 무릎을 90도로 구부리고, 발목을 최대한 구부려서 발허리가 위팔골에 평행하도록 한다.

측정: 넙다리뼈의 먼쪽 끝부분

방사선 중심 초점: 무릎 관절[넙다리뼈의 융기사이오목(intercondylar fossa)]의 움푹 들어간 곳을 촉진하고 중심에 둔다.

경계: 정강뼈의 가까운쪽 1/3과 넙다리뼈의 먼쪽의 1/3.

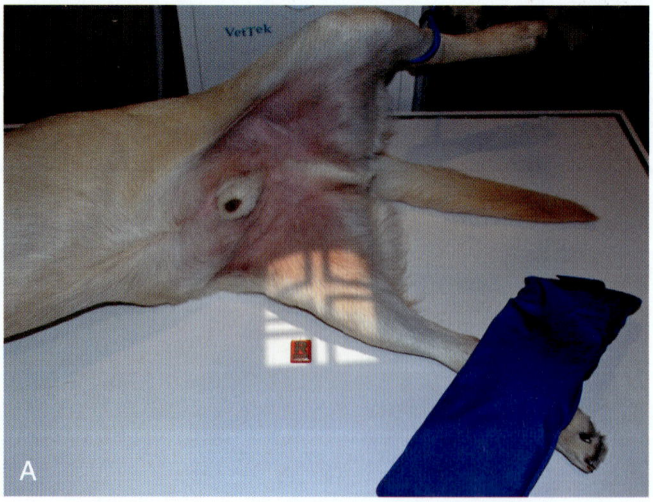

그림 14.11 **A,** 개 무릎의 내측가쪽촬영을 위한 자세

무릎의 가쪽(안가쪽)촬영 – 일반적 _Lateral (Mediolateral) View of the Stifle—Routine (계속)

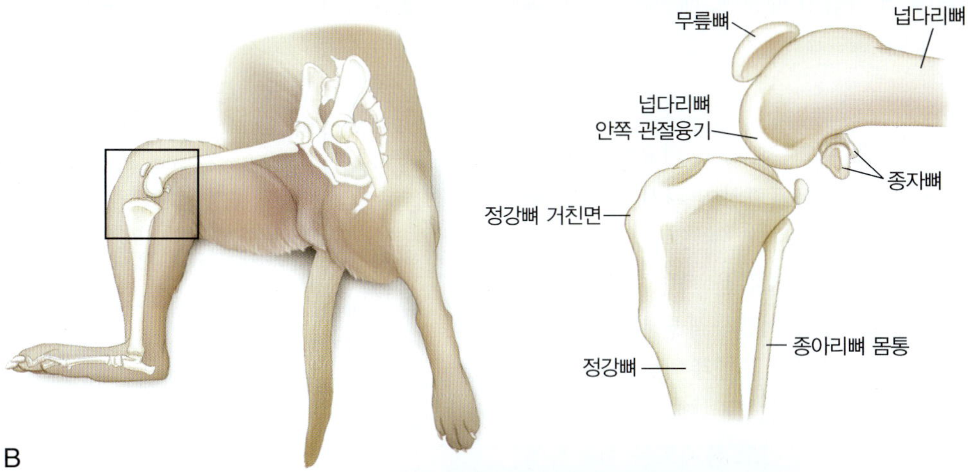

B

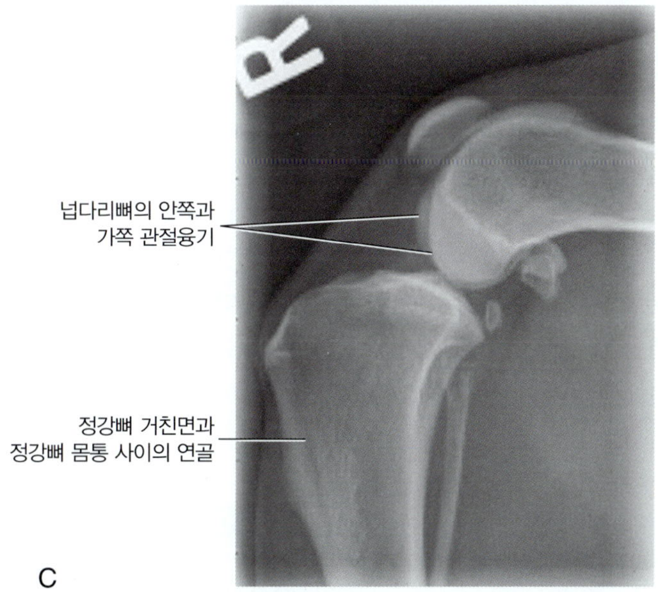

C

그림 14.11 *(계속)* **B,** 무릎관절의 안쪽 촬영. **C,** 개의 안가쪽 무릎관절의 방사선촬영. (**C,** Courtesy Jennifer White, Mississauga Oakville Veterinary Emergency and Specialty Hospital, ON.)

무릎의 꼬리머리쪽촬영 – 일반적 _Caudocranial View of the Stifle—Routine

무릎은 이미지 리셉터에 더 가깝기 때문에, 배율과 기하학적 왜곡이 더 적다(그림 14.12).

자세 _Positioning

위치: V자형 받침대에서 가슴누움자세, 또는 필요한 경우 모래주머니를 이용해 고정시킨다. (고양이 환자의 경우 추가적인 지지가 덜 필요하다.)

머리: 자연스러운 자세를 유지하고 호흡을 제한하지 않도록 주의하면서, 모래주머니로 목을 적절하게 받쳐준다.

앞다리: 앞다리를 머리쪽으로 당기고 모래주머니나 벨크로/끈을 이용해 테이블에 고정시킨다.

뒷다리: 촬영하지 않는 다리를 구부리고 폼패드를 이용하여 들어올린다.

촬영하는 다리를 펴고, 테이프/벨크로 또는 모래주머니로 지지한다.

무릎의 회전을 막기 위해 발목 아래에 작은 스펀지를 위치시킨다.

코멘트와 팁 _Comments and Tips

- 촬영하는 다리가 슬개골에 위치하는 것이 필수적이다. 슬개골 고랑에서 적절한 정렬을 고정하기 위해 넙다리 관절 융기를 촉진해라.
- 촬영하지 않는 다리를 들어올리면 슬개골 고랑 안에 위치한 촬영하고자 하는 슬개골을 촬영할 수 있다. 환자는 살짝 회전할 수 있다.
- 가능하다면, 무릎관절에 넙다리 뼈와 정강뼈가 중첩되는 것을 막기 위해, X선 튜브 머리는 머리 쪽 방향으로 약 5~10도 정도 기울일 필요가 있다.
- 촬영하는 다리가 꼬리쪽으로 당겨지고, 다리가 회전하지 않는지 확인한다. 이 자세는 깊은 진정이나 전신 마취가 이루어지지 않는다면, 허리뼈나 허리엉치가시에 심한 고관절 이형성증, 외상, 퇴행성 변화가 있는 개에서는 불가능 할 수 있다.
- 만약 무릎의 진정한 꼬리머리상이 가능하지 않은 경우, 수평빔을 이용한 추가적인 꼬리머리상(CdCr)으로 대체할 수 있다. 이 상은 중대형 견종에서 보다 바람직할 수 있다.
  - 넙다리를 위해 CdCr (수평빔) 자세를 따라라(그림 14.10).
  - 일상적인 CrCd 촬영을 위해 경계를 측정하고, 중심에 맞추고 활용해라.

측정: 넙다리 뼈의 먼쪽 끝.

방사선 중앙 초점: 무릎관절. 빔을 머리쪽으로 5~10도 기울여라.

경계: 넙다리의 먼쪽 1/3, 그리고 정강뼈/종아리뼈의 가까운쪽 1/3.

보건사 참고사항

시준하라(collimate). 라벨과 마커를 포함해라. 모든 상에는 육안적으로 확인 가능한 경계가 있어야 한다.

보건사 참고사항

전략적으로 사용되는 자세 보조 장치는 환자에게 잡고 있는 듯한 착각을 준다. 특히 환자가 적절히 진정되지 않은 경우, 목 주위에 모래주머니를 두거나, 다리에 테이프/벨크로를 사용하는 것이 필수적이다. 차분하고 낮은 목소리로 환자에게 계속 말을 걸고, 이미지가 찍힐 때 빠져나간다.

무릎의 꼬리머리쪽촬영 – 일반적 _Caudocranial View of the Stifle—Routine (계속)

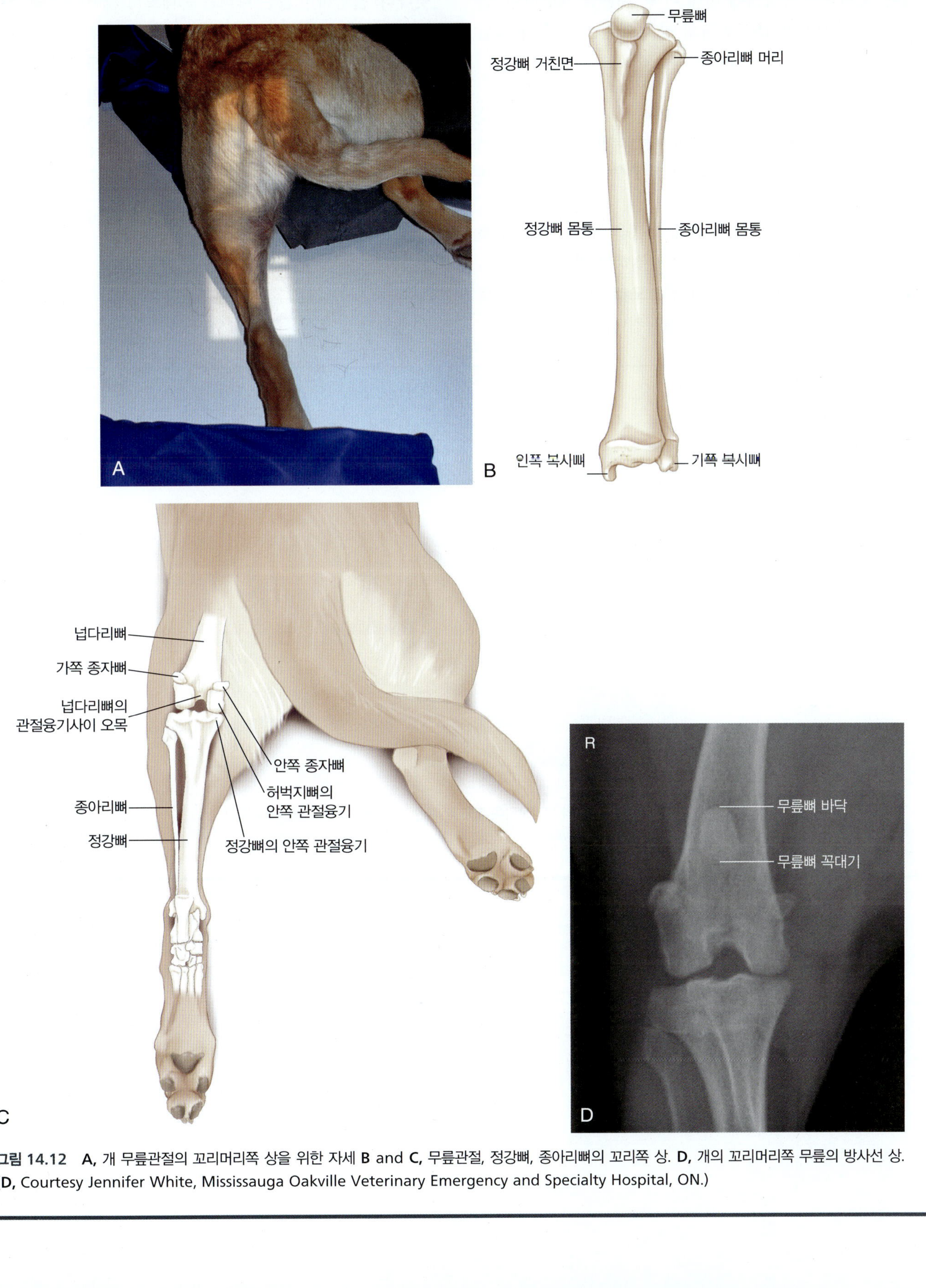

그림 14.12 **A,** 개 무릎관절의 꼬리머리쪽 상을 위한 자세 **B** and **C,** 무릎관절, 정강뼈, 종아리뼈의 꼬리쪽 상. **D,** 개의 꼬리머리쪽 무릎의 방사선 상. (**D,** Courtesy Jennifer White, Mississauga Oakville Veterinary Emergency and Specialty Hospital, ON.)

머리꼬리쪽 무릎관절의 촬영-보조적 _Craniocaudal Stifle Joint—Ancillary

이 상은 꼬리머리쪽 촬영에 비해 더 큰 배율을 제공하며, 골반을 펴는 데 제한이 있는 환자의 경우 어려울 수 있다(그림 14.13).

자세 _Positioning

위치: V자 받침대에서 등누운자세, 또는 필요한 경우 모래주머니로 고정한다. (고양이 환자는 추가적인 지지가 필요하지 않을 수 있다.)

머리: 자연스러운 자세를 유지하고 호흡을 제한하지 않도록 주의하면서, 모래주머니로 목을 적절하게 받쳐준다.

앞다리: 앞다리를 머리쪽으로 당기고 모래주머니 또는 벨트로/끈을 이용하여 테이블에 고정시킨다.

뒷다리: 촬영하지 않는 다리는 폼패드로 들어올려 몸 옆에 붙이고 굽힌 채로 둔다.

촬영하는 다리는 펴고, 다리가 곧게 되도록 확실히 한다(넙다리 관절 융기를 촉진하여 슬개골 고랑 중앙에 자리하게 한다). 그리고 테이블에 가깝게 위치시킨다.

흉부를 뒷다리로부터 살짝 기울이고, 넙다리를 안쪽으로 회전시킨다.

필요한 경우 발목과 넙다리 주위로 테이프/벨크로를 이용해 보조한다.

측정: 넙다리의 먼쪽 끝.

방사선 중앙 초점: 무릎 관절 위.

경계: 넙다리의 먼쪽 1/3과 정강뼈/종아리뼈의 가까운쪽 1/3.

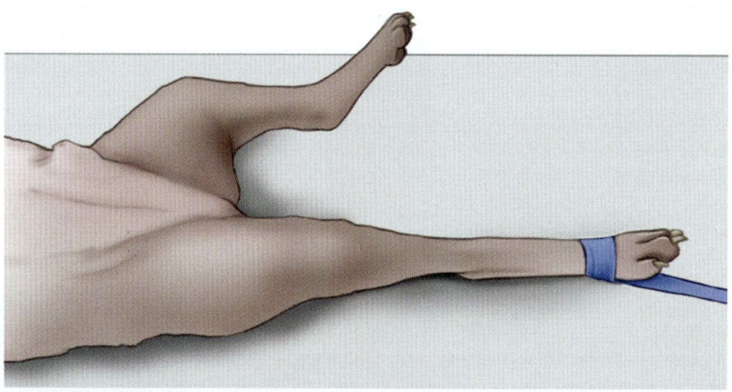

그림 14.13 무릎의 머리꼬리쪽 촬영을 위한 자세. 환자의 크기에 따라 약간의 확대가 생길 수 있다.

무릎의 스카이라인 촬영–보조적 _Skyline View of the Stifle—Ancillary

수직빔을 사용한 가까운 가까운쪽먼쪽촬영(머리쪽가까운쪽–머리쪽먼쪽) _Proximodistal (Cranioproximal-Craniodistal).

자세 _Positioning

위치: V자 받침대에서 가슴누움자세 또는 필요한경우 모래주머니로 고정한다. (고양이 환자는 추가적인 지지가 필요하지 않을 수 있다.)

머리: 코가 앞을 향하도록 자연스러운 자세를 유지하고, 필요한 경우 숨이 막히지 않도록 주의하면서 목에 모래주머니를 적절하게 받쳐준다.

앞다리: 앞다리를 머리쪽으로 당기고 모래주머니나 끈을 이용하여 테이블에 고정한다.

뒷다리: 반대쪽 다리가 부분적으로 구부러지게 하고, 옆쪽으로 위치하도록 한다.

반대쪽 다리 아래에 모래주머니나 스펀지를 받쳐서 약간 들리게 유지하면, 촬영하고자 하는 무릎이 곧게 펴신다.

슬개골을 살짝 들기 위해 다리를 구부린 채로, 찍고자 하는 뒷다리를 뒤쪽 복부의 옆쪽으로 구부린다(그림 14.14A). 그리고 무릎관절이 몸통에서 멀어지게 하도록 밀기 위해 정강뼈를 넙다리뼈 아래쪽에 위치시킨다.

이미지 수용기에 넙다리뼈가 수직이 되게 유지하면서, 골반을 촬영하는 뒷다리 쪽으로 회전시킨다.

코멘트와 팁 _Comments and Tips

- 일상적인 무릎 촬영과 같이 측정, 초점, 경계를 사용하되, 빔의 각도를 머리쪽 방향으로 5~10도 조정한다.
- 찍고자 하는 뒷다리가 정강이뼈에 얹히는 것이 중요하다. 슬개골이 도르래 고랑(trochlear groove)의 중앙에 오도록 촉진한다.
- 약간의 OFD 가 있다 하더라도, 더 편안하게 하기 위해 슬개골 아래에 작은 폼 패드를 놓을 수 있다.
- 위에서 바라본 상은 도르래 고랑과 슬개골의 정렬을 시각화 하기 위해 사용된다.
- 위에서 바라본 상은 골연골증, 골절, 종양 또는 인대 불안정성의 추가 진단에 도움이 될 수 있다.[2]

그림 14.14 **A,** 수직빔을 사용한 개의 슬개골의 가까운쪽먼쪽(머리쪽가까운쪽–머리쪽먼쪽) 촬영을 위한 자세.

무릎의 스카이라인 촬영 – 보조적 _Skyline View of the Stifle—Ancillary (계속)

수평빔을 사용한 먼쪽가까운쪽(머리쪽먼쪽 – 머리쪽가까운쪽) 촬영 _Distoproximal (Craniodistal-Cranioproximal) with a Horizontal Beam

위치: 촬영하고자 하는 뒷다리를 위로 가게 옆으로 누운자세를 취하고 스폰지로 받쳐준다.

머리: 자연스러운 자세를 유지하고 필요한 경우, 호흡을 제한하지 않도록 주의하면서, 모래주머니로 목을 적절하게 받쳐준다.

앞다리: 앞다리를 머리 쪽으로 당기고 모래주머니나 끈을 이용하여 테이블에 고정시킨다.

뒷다리: 촬영하고자 하는 뒷다리를 최대한 구부린다. 발허리 주위를 벨크로나 끈으로 고정하고, 튜브스탠드에 묶어 둔다(그림 14.14B).

다른 방법으로는 무릎을 제 위치에 유지하기 위해, 정강이뼈의 중간이나 넙다리뼈 주위에 8자 모양 밴디지(figure-of-eight-type bandage)를 테이핑한다.

코멘트와 팁 _Comments and Tips

- 일상적인 무릎촬영과 같이 측정, 초점, 경계 설정한다.
- 카세트를 위쪽의 뒷다리의 머리쪽 방향에 위치시키고, 빔을 꼬리머리쪽(CdCr) 방향으로 위치시킨다.
- kV는 일반적인 CdCr 촬영 또는 가까운쪽먼쪽 무릎상과 비교했을 때, 감소된 조직 두께를 고려하여, 줄여야 한다.

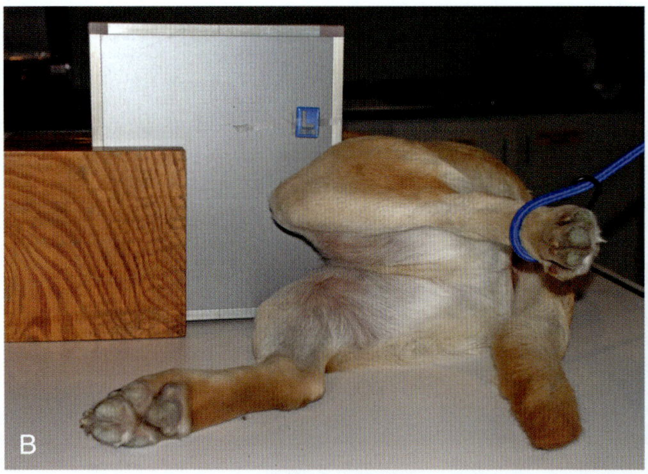

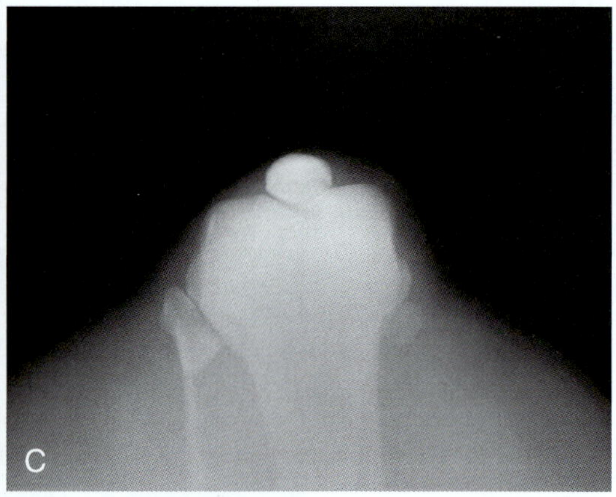

그림 14.14 *(계속)* **B,** 수평빔을 이용한 개 무릎관절(슬개골)의 위에서 바라본 상을 위한 대안적 자세. 먼쪽가까운쪽(머리쪽먼쪽 – 머리쪽가까운쪽) 이라고 불린다. **C,** 개의 가까운쪽 먼쪽의 슬개골 상 또는 위에서 바라본 상.

정강뼈와 종아리뼈 _Tibia and Fibula

정강뼈/종아리뼈의 가쪽(안가쪽)촬영 – 일반적 _Lateral (Mediolateral) View of the Tibia/Fibula—Routine

자세 _Positioning

위치: 촬영하고자 하는 다리를 아래로 한, 옆으로 누운 자세

머리: 자연스러운 자세를 유지하고, 필요한 경우 호흡을 제한하지 않도록 주의하면서, 모래주머니로 목을 적절하게 받쳐준다.

앞다리: 앞다리를 머리쪽으로 당기고 모래주머니 또는 벨크로/끈을 이용하여 테이블에 고정시킨다.

뒷다리: 촬영하지 않는 다리를 굽히고, 외전 시키고, 등쪽으로 당긴다.

촬영하고자 하는 다리를 자연스러운 자세로 펴주고, 발허리를 모래주머니에 고정시키거나, 끈/테이프/벨크로를 사용해 발허리를 테이블이나 모래주머니에 고정시킨다(그림 14.15).

코멘트와 팁 _Comments and Tips

- 필요한경우, 뒷다리가 기우는 것을 막고 발목을 들어올리기 위해 발목 아래에 스펀지를 놓는다.
- 십자인대 파열이 의심되어 정강뼈고원부평준화절골술(tibial plateau leveling osteotomy, TPLO)을 실시할 경우, 무릎관절과 발목관절을 모두 90도 각도로 구부린다.[5]

측정: 정강뼈, 종아리뼈의 중간 축(양측 끝에서의 조직 두께의 차이를 보상하기 위해).

방사선 중심 초점: 정강뼈와 종아리뼈의 중간 축.

경계: 발목과 무릎.

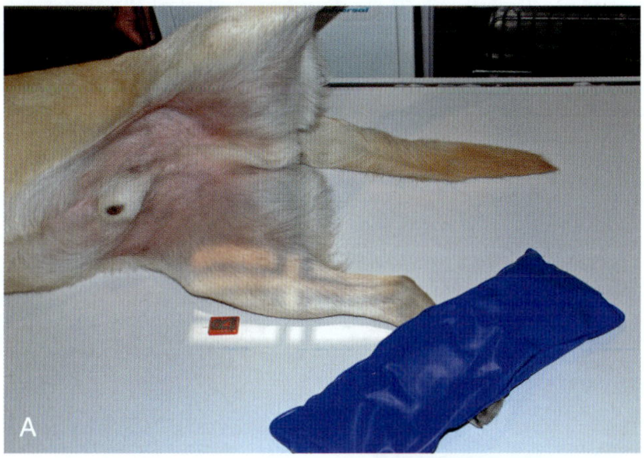

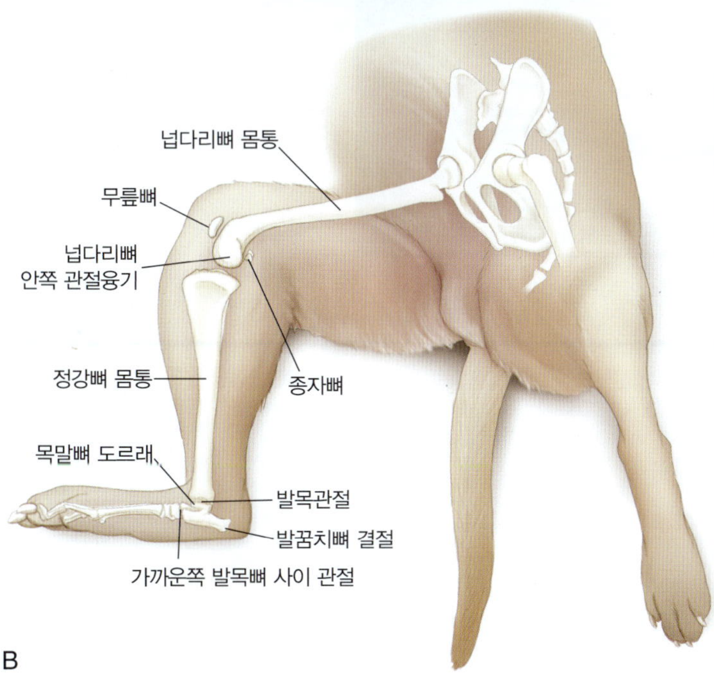

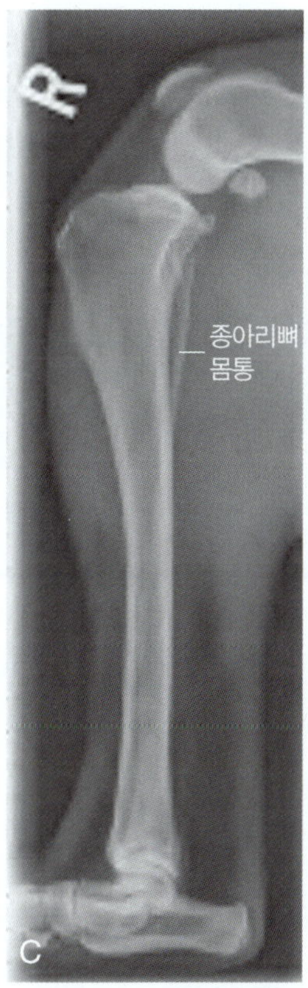

그림 14.15 **A,** 개의 정강뼈, 종아리뼈의 안가쪽 촬영을 위한 자세. **B,** 개의 정강뼈, 종아리뼈의 안쪽 촬영. **C,** 개의 정강뼈, 종아리뼈의 안가쪽 촬영. (**C,** Courtesy Jennifer White, Mississauga Oakville Veterinary Emergency and Specialty Hospital, ON.)

정강뼈/종아리뼈의 꼬리머리쪽촬영 – 일반적 _Caudocranial View of the Tibia/Fibula—Routine

자세 _Positioning

위치: V자 받침대를 사용한 가슴누움자세 그리고 필요한 경우 모래주머니, 끈/벨크로를 사용하여 고정시킨다. (고양이 환자는 추가적 지지가 필요하지 않을 수 있다.)

머리: 자연스러운 자세를 유지하고, 필요한 경우 호흡을 제한하지 않도록 주의하면서, 모래주머니로 목을 적절하게 받쳐준다.

앞다리: 앞다리를 머리쪽으로 당기고, 모래주머니나 벨크로/끈을 이용해 테이블에 고정시킨다.

뒷다리: 촬영하지 않는 다리를 몸통 옆에 굽혀서 놓고 폼패드를 사용해 살짝 들어올린다.

촬영하는 뒷다리의 발허리쪽을 모래주머니나 끈/벨크로를 이용해 고정시킨다.

필요한 경우 무릎이 돌아가지 않도록 작은 스펀지를 발목 아래 위치시킨다(그림 14.16).

코멘트와 팁 _Comments and Tips

- 촬영하는 다리가 슬개골 위에 얹히게 하는 것이 중요하다.
  - 촬영하지 않는 무릎 아래에 폼패드를 놓으면, 들린 다리가, 슬개골이 슬개골 고랑 안에 유지될 수 있게 도와준다.
  - 몸통은 살짝 회전될 것이다.
- 정강뼈/종아리뼈의 꼬리머리쪽 촬영이 불가할 경우, 옆으로 누운자세(lateral decubitus view)(넙다리뼈에 대한 그림 14.10 참조)로 대체될 수 있다.
  - 수평빔은 꼬리머리쪽으로 향한다. 촬영하는 다리를 확실히 펴고 고정한다.
  - 넙다리뼈의 꼬리머리쪽 상(수평빔)에 설명된 대로 자세를 잡지만, 초점은 정강뼈/종아리뼈에 맞추도록 한다.

측정: 정강뼈와 종아리뼈의 중간 축(양측 끝의 조직 두께의 차이를 보상하기 위해).

방사선 중앙 초점: 정강뼈와 종아리뼈의 중간 축.

경계: 발목과 무릎.

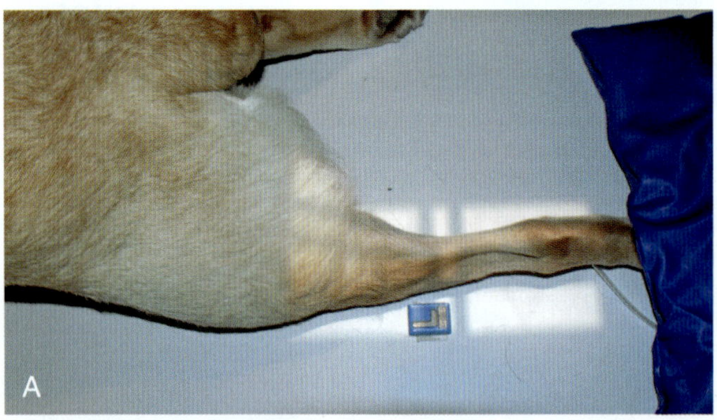

그림 14.16 **A,** 개의 정강뼈/종아리뼈의 꼬리머리쪽 상을 위한 자세.

정강뼈/종아리뼈의 꼬리머리쪽촬영 – 일반적 _*Caudocranial View of the Tibia/Fibula—Routine* (계속)

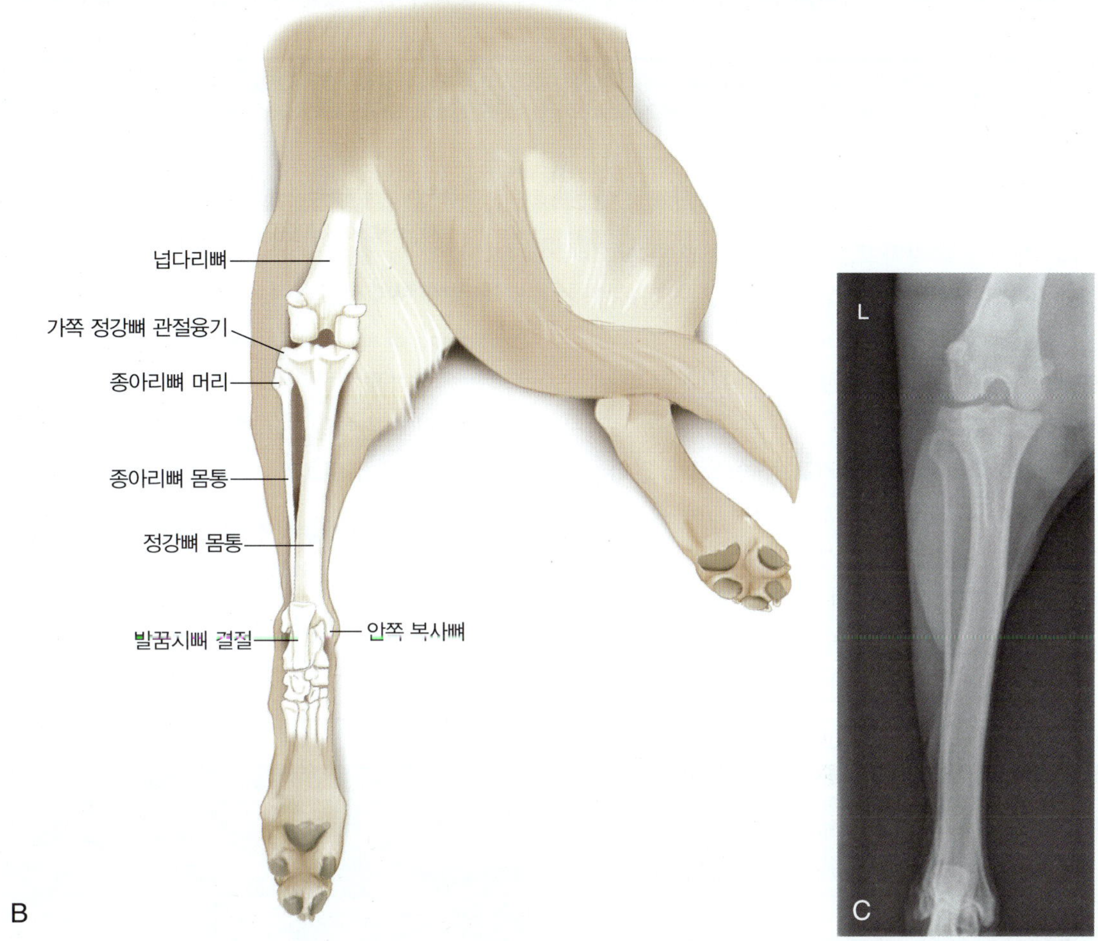

그림 14.16 *(계속)* **B,** 개의 정강뼈, 종아리뼈의 꼬리쪽 촬영. **C,** 개의 꼬리머리쪽 정강뼈/종아리뼈의 방사선촬영. (**C,** Courtesy Jennifer White, Mississauga Oakville Veterinary Emergency and Specialty Hospital, ON.)

발: 발목, 발허리, 발가락 _The Foot: Tarsus, Metatarsus, and Digits

발목, 발허리,발가락은 일반적으로 하나의 뷰로 방사선 촬영한다. 특정 관심 부위가 있는 경우, 그 부위를 중심으로 측정한다.

발의 가쪽(안가쪽)촬영 – 일반적/보조적 _Lateral (Mediolateral) Views of the Foot—Routine/Ancillary

자세 _Positioning

위치: 촬영하는 다리가 아래로 가게 옆으로 누운 자세

머리: 자연스러운 자세를 유지하고, 필요한 경우 호흡을 제한하지 않도록 주의하면서, 모래주머니로 목을 적절하게 받쳐준다.

앞다리: 앞다리를 머리쪽으로 당기고 모래주머니나 끈을 이용하여 테이블에 고정시킨다.

뒷다리: 촬영하지 않는 다리를 외전시키고 등쪽으로 당긴다.

무릎과 발목을 테이프/벨크로로 고정하거나 고무줄을 이용해 X선 튜브 스탠드에 고정시킨다.

정강뼈를 테이블과 평행하게 하기 위해 발꿈치뼈(calcaneus) 아래에 작은 폼패드나 거즈를 놓는다.

촬영하는 다리의 회전을 최소화하고 제 위치에 고정하고자, 아래에서 요구되는 대로 구부린다.

발목/발허리의 자연스러운 가쪽촬영 자세—일상적인 촬영

Positioning for a Natural Lateral View of the Tarsus/Metatarsus—Routine

- 촬영하고자 하는 다리를 자연스러운 자세로 위치하고 고정한다(그림 14.17).

발목의 당겨진 가쪽촬영 자세—일상적인 촬영

Positioning for an Extended Lateral View of the Tarsus—Routine

- 촬영하고자 하는 다리를 몸통에서 멀어지는 방향으로 당겨서 고정시킨다(그림 14.18).

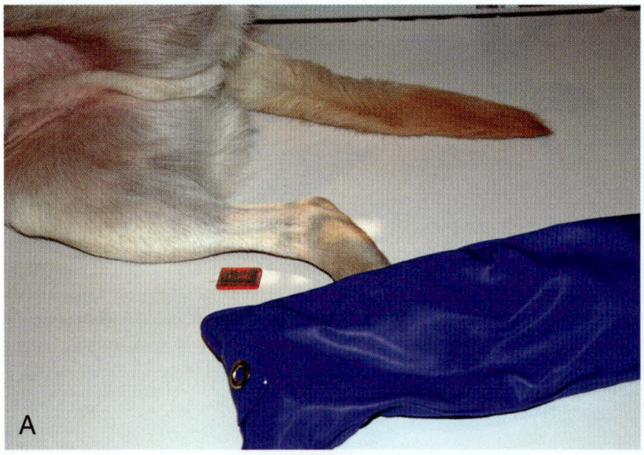
A

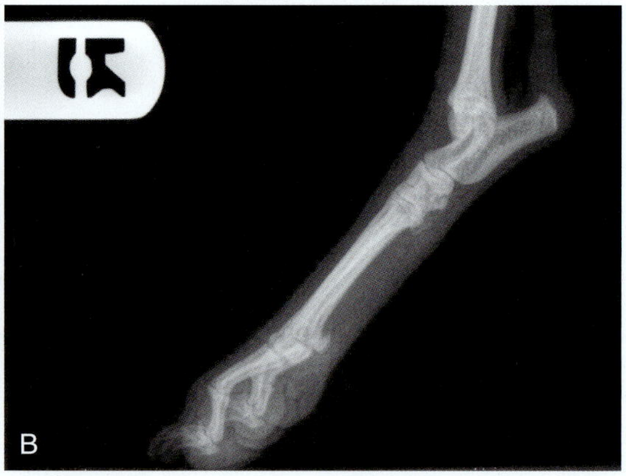
B

그림 14.17 **A,** 개 발목의 내측가쪽(가쪽) 상을 위한 자세. **B,** 개의 발목, 발허리, 발가락의 내측가쪽(가쪽) 중립적인 투영의 방사선상. 로버트 존스 밴디지가 적용되었다. (**B,** Courtesy Jennifer White, Mississauga Oakville Veterinary Emergency and Specialty Hospital, ON.)

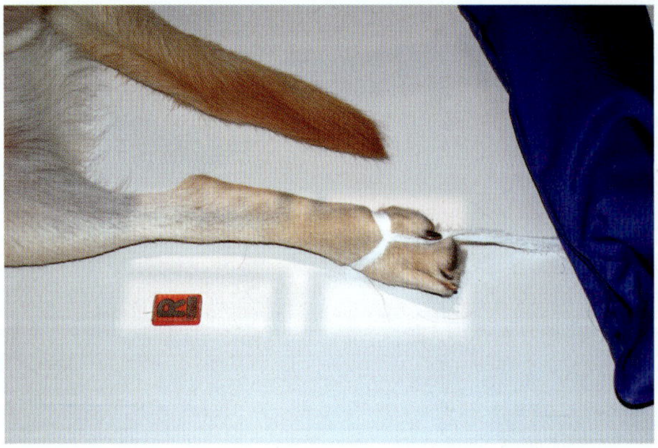

그림 14.18 개의 발목, 발허리, 발가락을 위한 내측가쪽(가쪽) 편 상을 위한 자세

발의 가쪽(안가쪽)촬영 – 일반적/보조적
Lateral (Mediolateral) Views of the Foot—Routine/Ancillary (계속)

발목의 굽혀진 가쪽촬영 자세—추가적인 촬영
Positioning for a Flexed Lateral View of the Tarsus—Ancillary

- 촬영하고자 하는 다리를 90도로 구부리고, 발가락의 발바닥 가쪽을 판이나 모래주머니로 지지한다(그림 14.19).
- 또는 발목을 완전히 굽힌 자세로 만들기 위해 정강뼈의 먼쪽과 발허리의 가까운쪽 주위에 8자 모양 테이프를 붙인다.

발가락의 가쪽촬영 자세—일상적인 촬영
Positioning for a Lateral View of the Digits—Routine

- 중첩을 막기 위해 발가락을 분리해 위치시킨다(그림 14.20).
- 이는 가쪽(다섯번째) 발가락뼈와 내측(두번째) 발가락뼈 주위를 각각 테이핑 하여 가장 잘 분리할 수 있다.
- 가쪽 발가락뼈를 약간 머리쪽과 가쪽으로 당기고, 내측 발가락뼈를 살짝 꼬리쪽과 가쪽으로 당긴다.
- 테이프는 또한 발가락 자체 주변으로 감아줄 수 있다.
- 솜이나 매니큐어 패드를 발가락 사이에 끼워줄 수는 있지만, 이 방법이 발가락 뼈를 효과적으로 분리해 주진 않는다.

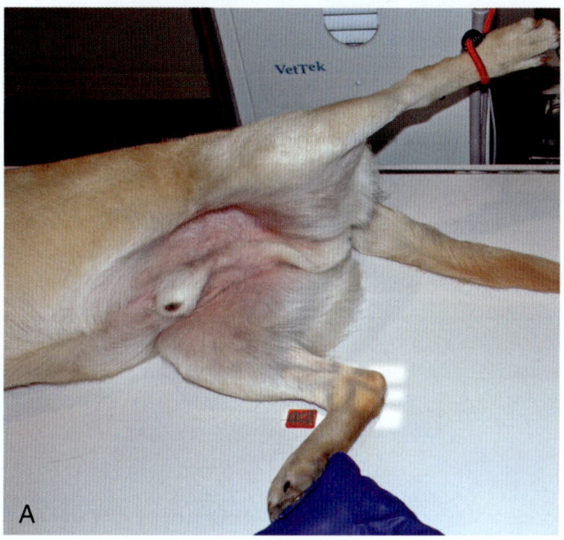

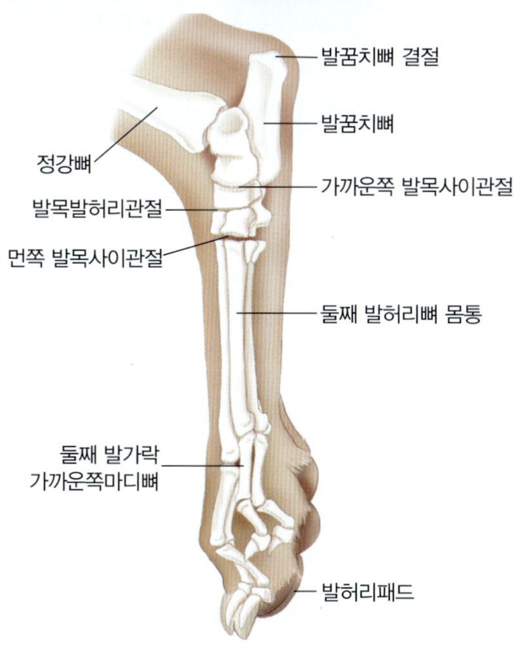

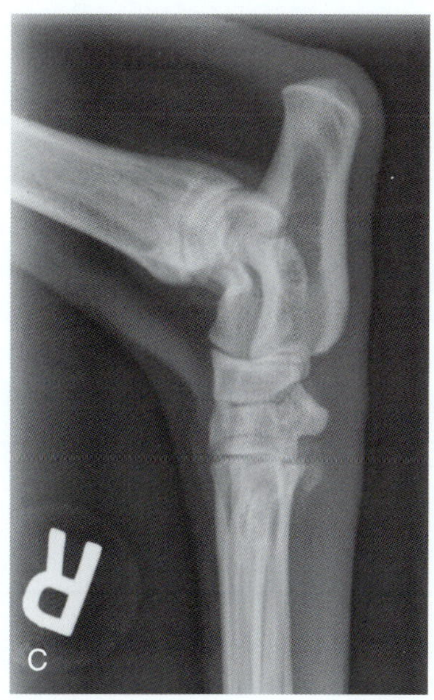

그림 14.19 **A,** 개의 발목의 안가쪽 굽힘 촬영을 위한 자세. **B,** 개 발의 안쪽으로 굽힌 촬영. **C,** 개 발목의 안가쪽 굽힘 방사선 촬영. (**C,** Courtesy Jennifer White, Mississauga Oakville Veterinary Emergency and Specialty Hospital, ON.)

발의 가쪽(안가쪽)촬영 – 일반적/보조적
Lateral (Mediolateral) Views of the Foot—Routine/Ancillary (계속)

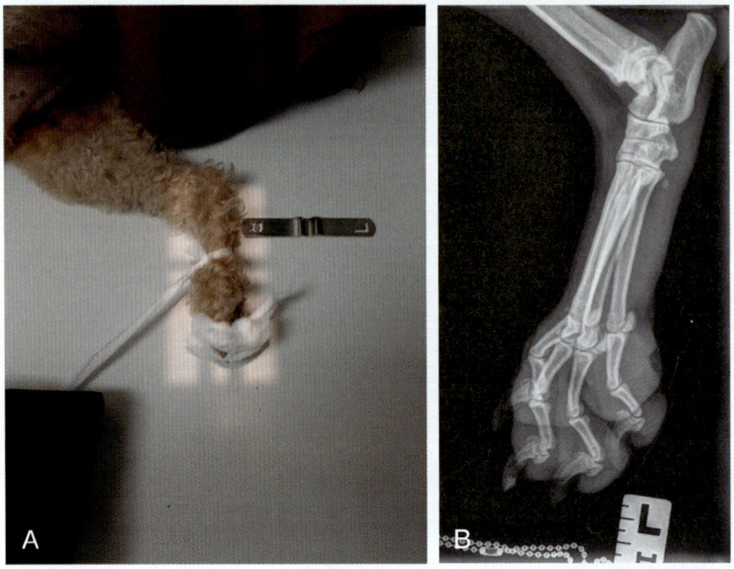

그림 14.20 **A**, 발가락 자세를 취할때, 찍고자 하는 발가락은 분리되어야 한다. **B**, 발가락이 분리된 방사선 촬영. (Courtesy Jocelyn Affleck, Golf Glen Clinic, Aurora, ON.)

발의 뒷발바닥발등쪽촬영 – 일반적 _*Plantarodorsal View of the Foot—Routine*

자세 _*Positioning*

위치: V자 받침대에 가슴눕힌자세로 위치시키거나 필요할 경우 모래주머니를 사용해 고정시킨다. (고양이 환자는 추가적인 지지가 필요하지 않을 수 있다.)

머리와 앞다리: 머리와 앞다리를 모래주머니로 고정시키거나 다리를 끈으로 묶어 테이블에 고정시킨다.

뒷다리: 촬영하지 않는 뒷다리를 굽혀서 몸통 옆에 붙인다.

촬영하고자 하는 쪽 발을 당겨서 모래주머니로 고정시키거나, 발허리/발가락을 끈으로 묶어서 고정시킨다.

넓다리뼈, 무릎, 정강뼈의 정렬을 유지하고, 발꿈치뼈를 발목의 발바닥등쪽면에 수직하도록 한다(그림 14.21).

코멘트와 팁 _*Comments and Tips*

- 촬영하지 않는 무릎 아래에 폼패드를 받쳐준다면, 들린 다리가 발꿈치뼈의 이미지를 중앙에 유지하는 것에 도움을 준다. 몸통은 살짝 회전될 수 있다.
- 정강뼈 결절을 촉진하여 제대로 된 발바닥등쪽 상을 얻도록 한다.

발의 측정, 초점잡기, 경계, 라벨링: 글 상자 14.3 참고

(*계속*)

발의 뒷발바닥발등쪽촬영 – 일반적 _Plantarodorsal View of the Foot—Routine (계속)

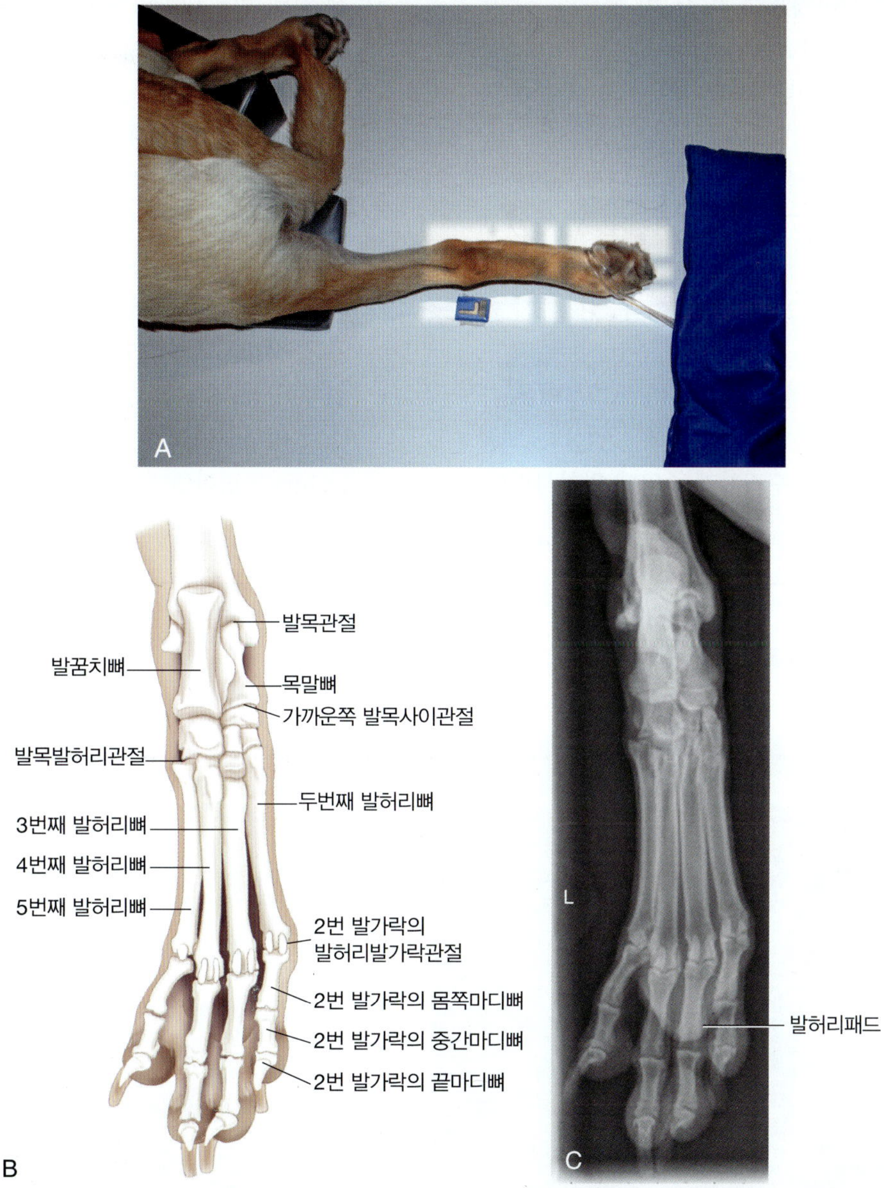

그림 14.21 **A,** 개의 발목, 발허리, 발가락에서 뒷발바닥발등쪽 촬영을 위한 자세. **B,** 발목, 발허리, 발가락의 뒷발바닥쪽 촬영. **C,** 개의 발목, 발허리, 발가락의 뒷발바닥발등쪽 방사선 촬영. (**C,** Courtesy Jennifer White, Mississauga Oakville Veterinary Emergency and Specialty Hospital, ON.)

글 상자 14.3 모든 뒷다리 촬영을 위해

측정: 찍고자 하는 부위:

발목: 발목관절에서

발허리 또는 발가락: 관절 위에서

방사선 초점: 찍고자 하는 부위의 중심

발목: 발목관절에서

발허리 또는 발가락: 중앙에 위치한 뼈

경계:

발목: 발허리의 가까운쪽 1/3에서 정강뼈, 종아리뼈의 먼쪽의 1/3

발허리 또는 발가락: 발목의 가까운쪽에서 발가락의 먼쪽까지

라벨링

가쪽촬영: 관절 또는 뼈의 머리쪽

직교상: 다리의 가쪽

발의 발등뒷발바닥쪽촬영 – 보조적 _Dorsoplantar View of the Foot—Ancillary_

발등뒷발바닥쪽 촬영은 일반적으로 촬영하지 않는다. 이 상이 필요하다면, 다음과 같은 세 가지 옵션이 있다:

- 발의 발등뒷발바닥쪽으로 투영되는 상을 위해 등쪽으로 눕힌 자세를 취한다.
  - 무릎의 머리꼬리쪽 촬영을 위해 설명된 대로, 몸통, 머리/목, 앞다리를 지지하고 촬영하고자 하는 발을 펴고 고정시킨다.
  - 환자의 크기에 따라 더 크게 확대되거나 기하학적 왜곡이 있을 수 있다.
- 두번째로, 환자는 발의 발바닥 면이 이미지 리셉터에 가도록하고 발목을 굽힌 채, 가슴 누운 자세를 취한다(그림 14.22A). 빔은 관심 부위의 수직하게 중앙에 위치시킨다. 확대나 왜곡은 없을 것이다.
  - 이 굽힌 발등뒷발바닥쪽 자세는 또한 발꿈치뼈의 중첩 없이 정강발목관절을 보다 잘 시각화 하여, 골연골증 병변을 찾아내기 위해, 발목의 위에서 바라본 자세(skyline position)에도 사용될 수 있다.
- 또는, 환자는 촬영하고자 하는 발목을 이미지 디텍터 위에 놓고 들어 올린 상태로, 따라서 나무나 카드보드 박스 위에 위치시켜 놓은, 등누움자세로 자세잡는다.
  - 발꿈치뼈 결절(tuber calcus)의 중첩을 막기 위해, 발목을 굽혀서 발이 카세트에 수직이 되게 하고 X선에 평행이 되도록 한다.
  - 소스 이미지 거리의 변화로 인해 노출 계수(exposure factor)가 변화될 수 있다(그림 14.22B).

발의 측정, 초점, 경계: 글 상자 14.3참고

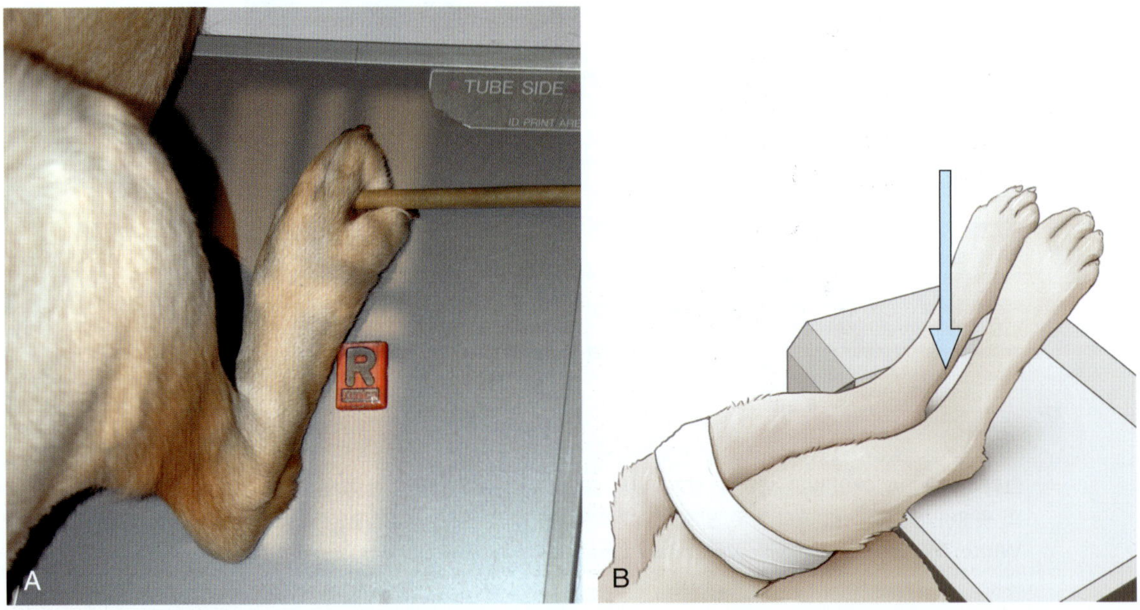

그림 14.22 **A,** 개의 발허리와 발가락의 발등 발바닥쪽 상을 위한 자세. 이 위치에서 촬영한 발등뒷발바닥쪽 촬영은 환자가 등누움 자세에 있을 때 보다 대상–필름 간 거리가 더 짧다. 이 자세는 발꿈치뼈의 위에서 본 자세를 위해서도 사용될 수 있다. **B,** 뒷다리가 들린 채로 굽혀진 발등뒷발바닥쪽 자세가 대안이 될 수 있다.

발의 비스듬촬영 – 보조적 _Oblique Views of the Foot—Ancillary

많은 발목 골절과 일부 OCD 병변은 비스듬한 상이 요구된다. 환자는 가슴누운자세를 취한 채로, 뒷발의 비스듬한 상은 발바닥쪽가쪽–등쪽안쪽(plantarolateral-dorsomedial, PLDMO)(안쪽 비스듬한) 상과 발바닥쪽안쪽–등쪽가쪽(plantaromedial-dorsolateral, PMDLO) 또는 (가쪽 비스듬한) 상으로 표시된다.

자세 _Positioning

위치: 가슴누움자세

가쪽 비스듬(lateral oblique) 자세를 위해 촬영하고자 하는 다리 쪽으로 흉부와 복부를 회전시킨다. 안쪽 비스듬(medial oblique) 자세를 위해서는 흉부와 복부를 촬영하고자 하는 다리의 먼쪽으로 회전시킨다.[3]

머리: 자연스러운 자세를 유지하고, 필요한 경우 호흡을 제한하지 않도록 주의하면서, 모래주머니로 목을 적절하게 받쳐준다.

앞다리: 앞다리를 머리쪽으로 당기고 필요한 경우 고정시킨다.

뒷다리: 촬영하지 않는 다리는 자연스러운 자세로 고정한다.

촬영하고자 하는 발허리/발가락은 최대한 꼬리쪽으로 당겨서 고정시킨다.

안쪽 비스듬 상(Medial oblique (PLDMO) view): 촬영하지 않는 다리를 꼬리쪽으로 당겨서, 촬영하지 않는 다리로부터 몸통이 살짝 회전하도록 유지한다. 이렇게 하면 촬영하고자 하는 발의 가쪽이 비스듬하게 빔쪽을 향하게, 이미지 리셉터의 중앙 위치에 유지된다.

발목/발은 35~45도로 회전해야 한다. 필요하면 고정시킨다.

가쪽 비스듬 상[(Lateral oblique, PMDLO) view]: 발의 내가쪽이 빔을 향하고 가쪽면이 이미지 리셉터 쪽을 향하도록, 큰 스펀지를 사용하여 촬영하지 않는 뒷다리를 가쪽으로 회전시키고 살짝 들어올린다. 흉부와 복부는 촬영하고자 하는 다리쪽으로 회전한다.

발목/발은 35~45도로 회전해야 한다. 필요하면 고정시킨다(그림 14.23).

대안적 자세 _Alternative Positioning

- 또는 다리를 뒷발바닥등쪽자세를 잡고 튜브 헤드가 움직이는 경우 빔의 각도를 조정한다.
- 가쪽 비스듬 촬영[lateral oblique (plantaromedial-dorsolateral, PMDLO) view]: 튜브 헤드를 발목의 안쪽과 10~15도로 각도를 조정하여, 가쪽이 이미지 디텍터에 오게 한다.
- 안쪽 비스듀 촬영[medial oblique (plantarolateral-dorsomedial, PLDMO) view]: 빔을 발목의 가쪽을 향하도록 10~15도 기울여서, 가쪽이 이미지 디텍터에 오게 한다.

코멘트와 팁 _Comments and Tips

- 안쪽 비스듬 촬영은 발꿈치뼈가 겹치지 않음으로서 골연골증이 의심되는 경우, 가쪽 목말뼈 도르래(trochlea of the talus) 의 방해받지 않은 상을 제공한다.[2]
- 환자는 비스듬 촬영을 하기 위해 등쪽으로 누운자세로 위치할 수 있지만, 더 큰 확대와 기하학적 왜곡이 발생할 수 있다.
- 빔은 어떤 방향으로든 15~20도[11] 각도로 위치하게 한다.

발의 비스듬촬영 – 보조적 _*Oblique Views of the Foot—Ancillary* (*계속*)

발의 측정, 초점, 경계: 글 상자 14.3 참고

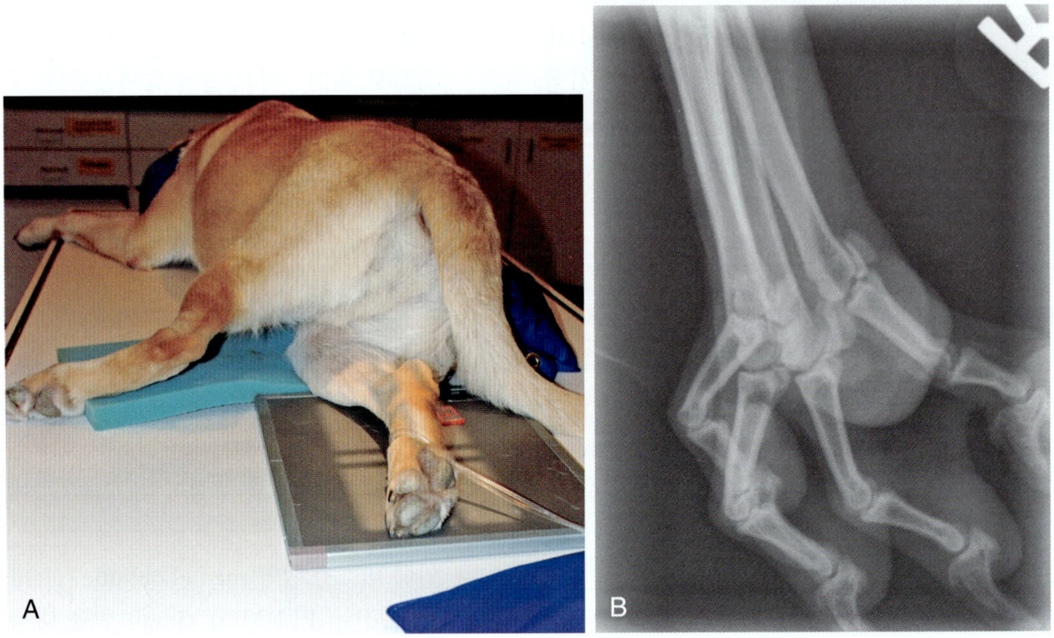

그림 14.23 **A,** 개의 발목, 발허리, 발가락을 위한 발바닥내측–발등가쪽(가쪽) 비스듬 촬영. **B,** 발허리, 발가락의 비스듬한 방사선 상. (**B,** Courtesy Jennifer White, Mississauga Oakville Veterinary Emergency and Specialty Hospital, ON.)

보건사 참고사항

빔은 항상 "입구에서 출구까지"로 설명된다. PMDLO의 경우, 빔은 내가쪽의 발바닥쪽으로 들어가서 가쪽면의 등쪽으로 나간다. "출구 지점"은 이미지 수용체가 위치한 곳으로, 이 경우 가쪽면의 등쪽의 옆이다. 빔이 안선에서 수직하게 나오지 않기 때문에, 이 상은 *비스듬한 상*(*oblique*)이라 불린다. 이 예시는 가쪽으로 나가기 때문에 가쪽 비스듬한 상이다.

그림 14.24은 미스테리한 방사선 사진이다. 판독하고 주어진 질문에 답해라.

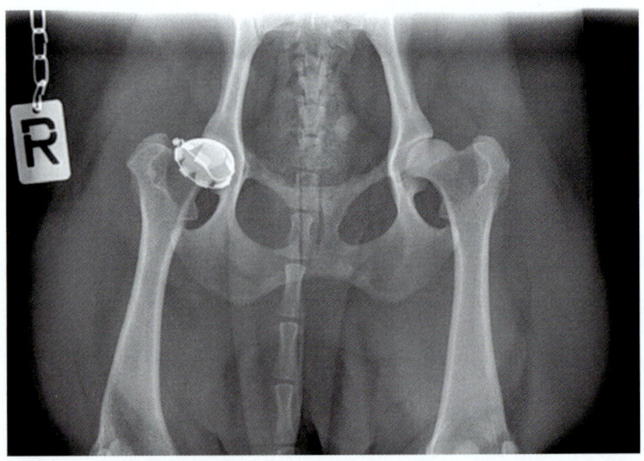

그림 14.24 의문의 방사선상. 당신은 이 이미지에서 어느쪽의 골반이 살짝 들렸는지 말할 수 있는가? 오른쪽 절구의 밀도가 다른 것은 어떤 원인 때문인가?

핵심 사항

1. 안시상면에 수직인 시야에서, 개나 고양이는 일반적으로 골반이나 가까운쪽 다리(넙다리뼈)를 위해서는 등누움 자세를 취하고, 먼쪽 다리(무릎, 정강뼈, 종아리뼈, 발)의 일상적인 상을 위해서는 가슴누운 자세를 취한다.
2. 올바른 해석을 위해서는 정확한 자세와 기술이 필요하다. 여기에는 빔의 정확한 측정과 초점, 적절한 포함, 적절한 자세와 대칭이 포함된다.
3. 라벨링은 해부학적 구조의 모호함 없이, 직각 투영의 경우 다리의 가쪽에, 가쪽 투영의 경우 머리쪽에 위치한다.
4. 관절의 경우, 경계는 가까운쪽과 먼쪽의 다리의 각각 1/3을 포함한다. 긴 뼈의 경우, 관절의 가까운쪽과 먼쪽이 포함된다.
5. 고품질의 방사선 촬영 기술을 활용하는 과정에서, 항상 환자를 고려해라.

복습 문제 _Review Questions

1. 당신은 벨지안 쉽독의 골반에 대해 우측 가쪽촬영 자세를 취하고 있다. 이미지에서 더 확대되어 보이는 넙다리뼈는 다음과 같다:
   a. 오른쪽, 대상-필름 간의 거리가 감소하기 때문에
   b. 왼쪽, 소스-이미지 간 거리가 증가하기 때문에
   c. 왼쪽, 대상-필름 간의 거리가 증가하기 때문에
   d. 오른쪽, 소스-이미지의 거리가 증가하기 때문에
2. 벨지안 쉽독의 우측 가쪽촬영 자세를 취할 때, 당신은 뒷다리를 다음과 같이 취해야 한다:
   a. 우측 후지는 약간 머리쪽으로 당기고, 왼쪽 다리는 꼬리쪽으로 당긴다.
   b. 좌측 후지는 약간 머리쪽으로 당기고, 우측 다리는 약간 뒤쪽으로 당긴다.
   c. 양측 뒷다리 중첩되게 하여, 머리쪽으로 당긴다.
   d. 양측 뒷다리 중첩되게 하여, 꼬리쪽으로 당긴다.
3. 푸들이 골반의 외상으로 인해 큰 고통을 호소하고 있다. 수직 빔을 이용해, 당신은 환자의 자세를 다음과 같이 취해야 한다:
   a. 뒷다리가 중첩되게 한, 옆으로 누운 자세
   b. 뒷다리가 개구리다리 자세를 취한, 등으로 누운 자세
   c. 등배쪽 편다리 자세에서의 등으로 누운 자세
   d. 뒷다리가 개구리다리 자세를 취한 가슴누움자세
4. 푸들의 등배쪽 개구리다리상에서 중심은:
   a. 꼬리쪽 두덩뼈(pubis)의 안선
   b. 폐쇄구멍(obturator foraminae)의 사이
   c. 궁둥뼈(ischium)의 꼬리쪽의 안선
   d. 큰 돌기(greater trochanters) 위
5. 푸들의 등배쪽 개구리다리상에서 뒷다리는 다음과 같다:
   a. 당겨져서, 넙다리가 척추와 90도가 되게 한다.
   b. 자연스럽게 굽혀진 자세를 취한다.
   c. 가능한 한 당겨서 편다.
   d. 들어올려서 중립 자세를 취한다.
6. 저먼 셰퍼드의 등배쪽 다리편 골반상의 자세를 취할때, 최선의 무릎의 위치는 다음과 같다:
   a. 테이블에 비스듬히
   b. 음극(cathode) 또는 양극(anode) 쪽으로
   c. 음극쪽으로
   d. 양극쪽으로
7. 등배쪽 편다리 골반상에서 적절한 마커의 위치는:
   a. 슬개골의 좌측
   b. 슬개골의 우측
   c. 왼쪽 엉덩뼈(ilium)의 날개
   d. 우측 엉덩뼈의 날개
8. 고관절 이형성증의 평가를 위한 OFA의 라벨링 조건은 다음을 포함해야 한다:
   a. 오직 견주의 이름
   b. 방사선 촬영한 사람의 이름
   c. 오직, 자세 마커
   d. 영구적인 모든 필수 신분확인
9. 이 등배쪽 편다리 골반상에서의 뷰는 다음에서 나온다:
   a. 엉덩뼈의 끝에서 궁둥뼈까지
   b. 엉덩뼈의 몸통에서 궁둥뼈 결절까지
   c. 엉덩뼈의 끝에서 먼쪽 슬개골까지
   d. 엉덩뼈의 몸통에서 먼쪽 슬개골까지
10. 이미지에서 폐쇄구멍의 크기가 같지 않다. 즉, 대칭 이미지를 얻기 위해서 당신은 다음과 함께 골반의 가쪽을 들어올려야 한다:
    a. 원형의 폐쇄구멍을 더 크게
    b. 폐쇄구멍을 더 좁게
11. 당신은 또한 저먼 셰퍼드의 이 등배쪽 편다리 방사선상에서 우측 넙다리뼈가 좌측에 비해 짧게 나타나는 것을 파악했다. 이것은 왜냐하면:
    a. 좌측 뒷다리가 살짝 들려서 테이블과 평행하지 않기 때문에
    b. 우측 뒷다리가살짝 들려서 테이블과 평행하지 않기 때문에
    c. 환자가 오른쪽으로 이동해서
    d. 환자가 왼쪽으로 이동해서
12. PennHIP의 주요 원리는 :
    a. 개 고관절 이완성을 주관적으로 측정
    b. 개 고관절 불규칙성을 주관적으로 측정
    c. 개 고관절 불규칙성을 정량적으로 측정
    d. 개 고관절 이완성을 정량적으로 측정
13. 리트리버의 가까운쪽먼쪽방향의 슬개골 촬영에 수평빔이 사용되고 있다. 환자는 다음과 같이 위치해야 한다:
    a. 촬영하고자 하는 뒷다리가 테이블에 가깝게 옆으로 누운 자세
    b. 촬영하고자 하는 뒷다리가 위로 가게 옆으로 누운 자세
    c. 슬개골의 아래에 이미지 리셉터를 둔 가슴 누운 자세
    d. 슬개골의 가쪽으로 이미지 리셉터를 둔 등 누운 자세
14. 고양이 무릎 관절을 위한 상의 경계는 다음과 같다.:
    a. 무릎 관절

b. 넙다리뼈의 가까운쪽 1/3 에서 정강뼈의 먼쪽 1/3
c. 정강뼈의 가까운쪽 1/3에서 넙다리뼈의 먼쪽 1/3
d. 넙다리뼈, 정강뼈, 발가락

15. 고양이의 정강뼈와 종아리뼈를 측정하기 위해 다음에서 촬영:
a. 정강뼈/종아리뼈의 중심
b. 무릎 관절
c. 발목 관절
d. 넙다리뼈의 먼쪽

16. 아이리쉬 테리어의 우측 발목의 발바닥쪽등쪽 상에서, 환자는 일반적으로 다음과 같이 위치한다:
a. 등 누움 자세
b. 가슴 누움 자세
c. 우측 옆으로 누운 자세
d. 좌측 옆으로 누운 자세

참조 _References

1. Orthopedic Foundation of America; 2012. Available at: https://www.ofa.org/diseases/hip-dysplasia, 2020.
2. Thrall DE. *Textbook of Veterinary Diagnostic Radiology*. 7th ed. St. Louis: Elsevier; 2017.
3. Holloway A. *BSAVA Manual of Canine and Feline Radiography and Radiology: A Foundation Manual*. Suffolk: BSAVA; 2013.
4. Muhlbauer MC, Kneller SK. *Radiography of the Dog and Cat: Guide to Making and Interpreting Radiographs*. Oxford: Wiley-Blackwell; 2013.
5. Ayers S. *Small Animal Radiographic Techniques and Positioning*. Oxford: Wiley-Blackwell; 2013 [chapter 6].
6. Smith GK, Karbe GT, Agnello KA, McDonald-Lynch MB. Pathogenesis, diagnosis, and control of canine hip dysplasia. In: Tobias KM, Johnston SA, eds. *Veterinary Surgery: Small Animal*. St. Louis: Elsevier; 2011:824-848.
7. Powers MY, Karbe GT, Gregor TP, et al. Evaluation of the relationship between Orthopedic Foundation for Animals' hip joint scores and PennHIP distraction index values in dogs. *J Am Vet Med Assoc*. 2010;237:532-541.
8. Verhoeven GEC, Fortrie RR, Duchateau L, et al. The effect of a technical quality assessment of hip-extended radiographs on interobserver agreement in the diagnosis of canine hip dysplasia. *Vet Radiol Ultrasound*. 2010;51:498-503.
9. *PennHIP—Antech Imaging Services: home page*. Available at: http://info.antechimagingservices.com/pennhip/index.html. Retrieved March 25, 2021.
10. PennHIP information courtesy of Drs. GK Smith and M Wallace, University of Pennsylvania. 2015
11. Morgan JP. *Techniques of Veterinary Radiography*. Ames, Iowa: Iowa State University Press; 1993.

참고 문헌 _Bibliography

American College of Veterinary Radiology (ACVR). *Radiology 2—equine*. ACVR; 2016.

Aspinall V, Cappello M. *Introduction to Veterinary Anatomy*. 3rd ed. London: Butterworth-Heinemann; 2013.

Colville T, Bassert J. *Clinical Anatomy and Physiology for Veterinary Technicians*. 3rd ed. St. Louis: Mosby; 2016.

Evans H, de Launta A. *Guide to the Dissection of the Dog*. 8th ed. St. Louis: Saunders; 2017.

Fauber TL. *Radiographic Imaging and Exposure*. St. Louis: Elsevier; 2017.

Han C, Hurd C. *Practical Diagnostic Imaging for the Veterinary Technician*. 3rd ed. St. Louis: Mosby; 2005.

Orthopedic Foundation for Animals. Hip Dysplasia, 2020. Available at: https://www.ofa.org/diseases/hip-dysplasia.

Orthopedic Foundation for Animals. Elbow Dysplasia, 2020. Available at: https://www.ofa.org/diseases/elbow-dysplasia.

Owens JM, Biery DN. *Radiographic Interpretation for the Small Animal Clinician*. 2nd ed. Baltimore: Williams & Wilkins; 1999.

Romich J. *An Illustrated Guide to Veterinary Medical Terminology*. 4th ed. Stamford, CT: Cengage Learning; 2015.

Singh B. *Dyce, Sack and Wensing's Textbook of Veterinary Anatomy*. 5th ed. St. Louis: Elsevier; 2018.

Sirois M. *Principles and Practice of Veterinary Technology*. 4th ed. St. Louis: Elsevier; 2017.

Sirois,M, Schlote J. *Diagnostic Imaging for Veterinary Technicians*. Minneapolis MN, Bluedoor, LLC; 2017.

Smallwood JE, Shively MJ, Rendano VT, Habel RE. A standardized nomenclature for radiographic projections used in veterinary medicine. *Vet Radiol*. 1985;26:2-9.

Tighe M, Brown M. *Mosby's Comprehensive Review for Veterinary Technicians*. 5th ed. St. Louis: Mosby; 2019.

CHAPTER 15
소동물 척추
Small Animal Vertebral Column

Marg Brown, RVT, BEd Ad Ed

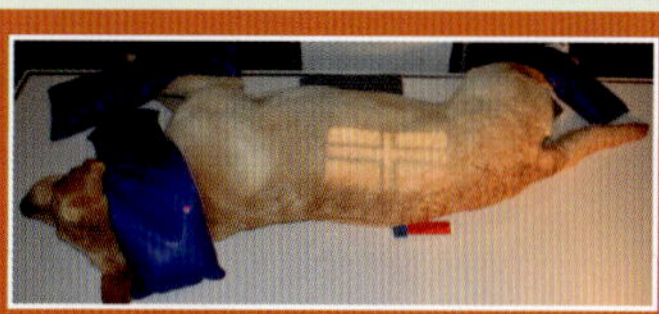

일이 잘못되면 투덜대지 마라. 그것에 대해 신경을 써라. 조정하고 적응하고 앞으로 나아가라.

—랄프 마스턴, 데일리 모티베이터의 저자, b. 1955

개요

방사선 및 자세 잡기 고려사항

목뼈

목뼈의 가쪽촬영 – 일반적

목뼈의 배등쪽촬영

목뼈의 가쪽과다펴짐촬영 – 보조적

목뼈의 가쪽과다굽힘촬영 – 보조적

치아돌기의 외측 비스듬촬영 – 보조적

등뼈

등뼈의 가쪽촬영 – 일반적

등뼈의 배등쪽촬영 – 일반적

등허리뼈

등허리뼈의 가쪽촬영 – 일반적

등허리뼈의 배등쪽촬영 – 일반적

허리뼈

허리뼈의 가쪽촬영 – 일반적

허리뼈의 배등쪽촬영 – 일반적

허리뼈, 엉치뼈 및 꼬리뼈

허리엉치뼈

허리엉치뼈의 가쪽촬영 – 자연스러운 자세 – 일반적

허리엉치뼈의 가쪽촬영 – 보조적

허리엉치뼈의 배등쪽촬영 – 일반적

꼬리뼈

꼬리뼈의 가쪽촬영 – 일반적

꼬리뼈의 배등쪽촬영 – 일반적

추가적인 보조상

척추의 가쪽누움자세촬영(가로빔을 사용한 VD촬영) – 보조적

척추의 DV촬영 – 보조적

척추의 비스듬촬영 – 보조적

학습 목표

이 장에 있는 정보의 적용은 다음 영역과 관련이 있다.

1. 소동물 척추의 방사선 촬영에 사용되는 일반적인 자세와 프로토콜을 설명한다.
2. 일반적인 척추 촬영 시 비수동적 보정에 초점을 두면서 개나 고양이를 올바르고 안전하게 자세를 잡을 수 있다.
3. 환자를 올바르게 측정하고 중심으로 배치하여 알맞은 주변 경계를 포함시킬 수 있다.
4. 몸체를 영상 감지기와 평행하고 중심 방사선과 수직으로 유지한다.
5. 필요한 보조적인 상을 찍을 수 있다.
6. 방사선 촬영 사진에서 정상적인 척추 해부학을 알아볼 수 있다.

주요 용어

조사영역축소상(Coned-down view)

발산(Diverge)

다이나믹(Dynamic)

가쪽굴곡(Flexed lateral)

과다펴짐(Hyperextension)

과다굽힘(Hyperflexion)

후만증(Kyphosis)

직각면영상(Orthogonal)

자세잡기 용어(Positioning) terminology)

조사(Survey)

척추구멍(Vertebral formula)

기술적 참고: 공간을 아끼기 위해, 이 장에서 제시된 방사선 사진에는 콜리메이션(collimation)이 생략되었다. 언제나 빔이 영상 감지기의 가장자리 내부로 한정되도록 콜리메이션을 제한해야 한다. 필름 방사선술에서는 모든 방사선 사진에 명확한 콜리메이션 범위(프레임)가 보여야 한다. 디지털 이미징에서는 알고리즘이 적절한 콜리메이션에 따라 달라진다.

몸통뼈대의 방사선 영상으로 신경학적 질환에 대한 진단을 내리기에는 제한적이며, 외상에 의한 척추의 상태를 검사하는 데 충분하지 않을 수 있다. 척수조영술, CT, 또는 MRI와 같은 확정적인 증거가 필요할 수 있다.[1,2] 이러한 방법이 이용 가능하다면 척추 질환/외상 진단에 있어서는 방사선 촬영이 대체되고 있다.

하지만 이러한 한계점이 있음에도 적절한 척추 방사선 사진은 척추 손상으로 부분적 또는 완전한 마비가 있는 환자들에게 유용한 도구이다. 또한 조사 방사선 사진은 추간판 파열과 관련된 증후를 보여주기도 한다. 일반적인 추간판 파열 위치로는 T12에서 T13, T13에서 L1, C2에서 C3, 그리고 C3에서 C4가 있다.[1]

뼈의 불투명도, 형태, 척추 또는 척추의 각도의 세밀한 변화(표 15.1)를 알아채기 위해선 양질의 방사선 사진이 필요하다. 이때 환자가 대칭적으로 위치하는 것이 중요하다. 진정제 또는 전신 마취제를 사용하는 것이 근육 이완을 통한 정확한 자세 잡기를 가능하게 한다. 예를 들어 근육 경련에 의해 추간판 간격이 실제보다 좁게 보여서 오진을 유도할 수 있다.[1,2] 고양이 환자 대부분에선 척추 방사선 촬영이 필요한 경우 마취 또는 전신 마취를 하고 부드럽게 다뤄야 한다. 만약 외상이 의심되는 겨우, 방사선 촬영 이전에 흉부 이상과 같은 문제가 없는지 먼저 확인해야 한다.

방사선 및 자세 잡기 고려사항
Radiographic and Positioning Concerns

- 몸통뼈대의 일반적인 상은 목뼈, 등뼈, 등허리뼈, 허리뼈, 허리엉치뼈, 엉치뼈, 그리고 꼬리뼈의 가쪽촬영(L)과 배등쪽자세촬영(VD)이다. 환자의 크기에 따라 전체 골조사는 각 직각면 영상의 4~5개의 사진이다. 소형견에서 중형견의 조사 방사선 사진의 경우 일반적으로 C3와 C4, T6와 T7, L4, 그리고 허리엉치뼈에 중심 방사선이 오도록 한다. 대형견의 조사 사진은 일반적으로 등허리뼈 영역에 중심이 오도록 하며, 고양이의 척추의 경우 전신 촬영에 포함되는 경우가 많다.
- 진단적인 영상을 얻기 위해서는 올바는 자세 잡기와 세심한 주의가 필수이다. 1차 X선이 관심 영역에 오도록 하고 척추 바로 옆으로 좁게 콜리메이션해서 디테일과 대조도를 높여야 한다.
- X선은 1차 X선에서 발산되기에 검사하는 척추의 수를 제한하여 추간판 간격이 중심 방사선과 더 수직이 되도록 하는 것이 중요하다. 관심 영역이 중심에서 멀어질수록 기하학적 변동이 커지게 되면서 정확도가 떨어지게 된다. 방사선 사진의 끝부분에 있는 척추사이공간은 실제보다 좁아보인다.[3] 조사영역축소상이 양질의 영상을 얻는 데 효과적이다.
- 용어는 빔이 들어가는 곳에서 나가는 쪽에 따라 정해진다. 즉, 오른가쪽촬영은 실제로 왼-오른가쪽촬영이 올바르지만, 일반적으로는 앞부분을 생략해서 사용한다.
- 방향과 식별 라벨링은 관측 시야에 포함되어야 하지만 주요 해부학과 겹치면 안 된다. 이는 특히 VD촬영에서 중요하다.
  - 가쪽촬영에서는 라벨을 등 쪽에 배치한다.
  - VD촬영에서는 라벨을 영상 감지기에 놓는 대신 환자에게 테이프로 고정해야 할 수 있다.
- 모든 가쪽촬영에서 가장 중요한 것은 가슴뼈와 척추가 같은 평면에 있고, 테이블과 평행을 이루며 관심 부위가 처지지 않는 것이다.

표 15.1 척추 방사선 사진 프로토콜

해부학적 위치	일반적인 상	보조적 상
목뼈	가쪽촬영, 배등쪽자세촬영 C3 – C4에 중심을 맞춘다	과다펴짐 또는 과가쪽굴곡 가쪽 비스듬촬영, 조사영역축소상
등뼈	가쪽촬영, 배등쪽자세촬영 T6 – T7에 중심을 맞춘다	비스듬촬영, 등배쪽자세촬영 조사영역축소상(T6 – T7)
등허리뼈	가쪽촬영, 배등쪽자세촬영 등허리뼈 이음부에 중심을 맞춘다	비스듬촬영
허리뼈	가쪽촬영, 배등쪽자세촬영 L3 – L4에 중심을 맞춘다	비스듬촬영
허리엉치뼈	가쪽촬영, 배등쪽자세촬영 허리엉치뼈 이음부에 중심을 맞춘다	과다펴짐 또는 가쪽굴곡

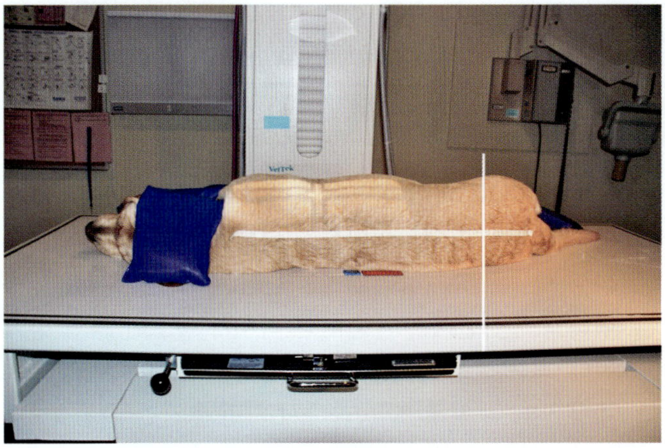

그림 15.1 척추를 따라 테이핑을 하면 올바른 자세와 정렬을 잡는 데 도움이 된다. 큰돌기 사이를 연결한 직선은 테이블과 수직으로 만나야 한다. 작은 폼 패드를 코 밑에 놓아야 할 수 있다.

- 이를 위해서는 가슴뼈의 높이가 살짝 올려져야 한다. 목뼈 아래에 폼을 깔아서 척추와 같은 평면 위에 오도록 한다. 둥근 흉곽을 가진 환자의 경우 가슴뼈를 살짝 배쪽으로 이동시켜 대칭을 얻는다. 언제나 눈으로 검사하고 정밀한 대칭을 위해 촉진한다.[1]
- 척추를 따라 테이핑을 하면 올바른 정렬에 도움이 될 수 있다(그림 15.1).[4]
- 스펀지나 솜을 사지 사이, 가슴뼈와 척추 밑에 두면 척추를 테이블과 평행하게 유지하고, 처지는 것을 막고 축회전이 일어나는 것을 막을 수 있다.
- 샌드백은 관측시야에 포함되지 않는 영역에서 자세잡기에 사용될 수 있다.
- 척추 손상이 없는 환자의 경우, 앞다리와 뒷다리를 반대 방향으로 펴면 등허리뼈 척추가 거의 평행한 위치로 유지되고 척추사이공간을 열게 된다.[1-3] 환자가 다치지 않도록 주의한다.
- 일반적으로 오른손잡이 방사선사는 개나 고양이를 오른쪽 측면으로 누이는 것이 더 편안하지만, 양 측면 모두 사용 가능하다.
- VD촬영에서는 가슴뼈와 척추가 코에서 꼬리까지 직선으로 겹쳐져 있어야 한다.
- 환자의 상태가 위험하다면, 환자를 옆누움자세 자세로 두고 가로빔을 사용하여 VD촬영을 얻을 수 있다. 이는 척추몸통 골절이 의심되는 경우에 특히 유용하다. DV촬영(보조적인 상)은 OFD가 증가하고 평행을 유지하기 어렵기에 정확도가 떨어진다.
- 환자가 화학적으로 통제되어 있고 외상을 입을 가능성이 없다면, 과다펴짐 및 과다굽힘 상(보조적인 상)을 통해 가쪽 목뼈와 허리엉치뼈의 뒤쪽을 더 평가할 수 있다. 매우 조심히 다뤄야 한다. 이는 수의사가 수행해야 한다.
- 털은 깨끗하고 건조해야 한다. 머리쪽과 목뼈 촬영 시 목줄을 제거한다. 방광과 대장은 비워져 있어야 하며, 특히 VD촬영에서 대장 내 물질이나 방광이 팽창되어 있다면 다중 겹침 그림자를 생성하여 진단에 방해가 될 수 있다.
- 필름을 사용하는 경우, 고해상도 카세트/필름 조합을 선택한다. 낮은 킬로볼트(kV)와 높은 밀리암페어-세컨드(mAs)는 더 높은 대조도를 제공하며, 그리드를 사용하면 대조도는 더욱 증가한다. 충분한 kV로 침투력을 확보하고, 필름 밀도 또는 시그널(디지털 필름)을 보장하는 mAs를 선택한다.
- 디지털 이미징을 사용하는 경우, 원자료를 처리하는 데 적절한 알고리즘을 사용하여 척추 주변의 뼈와 연부조직 사이에 인위적인 헤일로가 생성되지 않도록 주의한다.[2]

보건사 참고사항

한번 시도해본다: 5 cm 스펀지 위에 영상 감지기의 중심 길이를 따리 한 줄로 동전을 고르게 배치하고 각 동전 사이의 간격은 1.5 mm(약 반 인치)로 유지한다. 50 kV와 2 mAs에서 방사선 사진을 촬영하고, 확인해본다. 외곽 부분으로 갈수록 동전들 사이의 간격이 좁아지는 것을 볼 수 있다.

보건사 참고사항

척추는 일반적으로 척추체(밀도가 더 높은 부분으로, 주변 척추체와는 추간판으로 분리되어 있다), 척추궁(척추체의 등쪽에 위치), 그리고 다양한 돌기(앞/뒤쪽의 관절돌기, 등쪽의 가시돌기, 그리고 가쪽의 가로돌기)(그림 15.3, 15.9, 15.15, 15.16과 15.17 확인).

보건사 참고사항

척추는 다섯개의 구역으로 나눠진다: 목뼈(목, C), 등뼈(가슴, T), 허리뼈(복부, L), 엉치뼈(골반, S), 그리고 꼬리뼈(꼬리, Cd). 특정 척추뼈를 지칭할 때는 해당 구역의 약어 뒤에 번호를 붙인다. 예를 들어, T12는 열두 번째 등뼈를 의미한다. 꼬리뼈의 약어는 Cd이다(때로는 Cy를 쓰기도 한다).

척추식은 각 구역의 약어와 각 구역의 척추뼈의 수를 합쳐서 만들어진다. 개와 고양이의 척추식은 $C_7T_{13}\ L_7S_3Cd_{6-20}$이다.

보건사 참고사항

대부분의 척추의 가쪽촬영과 배등쪽자세촬영의 자세는 유사하는 것을 수의한다. 기본 원칙을 기억하고 대칭을 유지하는 것을 잊지 않는다.

보건사 참고사항

척추에 좁게 콜리메이션한다. 가쪽촬영의 경우 라벨/마커는 등쪽에 놓는다. VD촬영의 경우, 마커를 몸에 테이핑하거나 중요한 해부학적 구조를 가지리 않도록 테이블에 올려 놓는다.

목뼈 _Cervical Vertebrae

목뼈의 가쪽촬영 – 일반적 _Lateral View of the Cervical Vertebrae—Routine

자세잡기 _Positioning

위치: 옆누움자세.

뒷다리: 뒷다리를 겹쳐서 뒤쪽으로 둔다; 벨크로/샌드백으로 고정한다.

앞다리: 앞다리를 겹쳐서 뒤쪽으로 둔다; 벨크로/샌드백으로 고정한다.

작은 폼패드를 사지 사이에 둘 수 있다.

머리/목/가슴뼈: 머리를 당기고 스펀지를 사용하여 코의 위치를 높인다.

머리를 가쪽으로 둔다—안쪽 안각 사이를 연결하는 직선을 떠올리고, 직선이 테이블과 직각을 이루도록 한다.

만약에 중간 경부 영역이 처진다면, 편평한 자세잡기 보조 장치를 아래에 둔다. 머리의 앞쪽을 샌드백을 이용하여 받치거나, 테이프/벨크로 스트랩으로 고정한다.

가슴뼈 아래에 스폰지를 넣어서 척추와 수평을 이루도록 한다.

척추: 폼패드 및 솜을 목뼈 아래에 두어 테이블과 평행하도록 한다(그림 15.2, 15.3).

코멘트와 팁 _Comments and Tips

- 머리는 정확히 가쪽촬영 자세에 있어야 한다. 머리가 기울어지면 앞쪽 목뼈의 위치가 바뀔 수 있다.
- 목뼈 부위만 촬영하더라도, 전신을 가쪽촬영에서 요구되는 자세로 유지하려고 노력한다. 척추를 테이블과 평행하게 유지한다—가슴뼈와 척추가 동일한 평면 상에 있다. 각 척추의 가로돌기가 완전히 겹쳐보여야 한다.
- 패딩을 너무 적게 또는 과하게 하면 추간판이 실제보다 좁아보일 수 있다.
- 사지를 과하게 당기면 척추의 회전이 일어날 수 있다.
- 머리를 구부리거나 당기지 않는다.
- 목뼈를 영상 감지기의 긴축과 정렬하기 위해선 골반 구역을 등쪽으로 머리와 같은 선에 둔다.
- 목등뼈이음부의 사진이 추가적으로 필요할 수 있다.[1]
- 큰 개 환자는 가쪽과 배등쪽 목뼈 두개의 구역으로 나눠서 촬영을 해야 할 수 있다:
  - 방사선 사진 1: 중심을 C2에서 C3에 맞춘다; 머리바닥뼈부터 C4를 포함한다; C2에서 C3 사이를 측정한다.
  - 방사선 사진 2: 중심을 C5에서 C6에 맞춘다; C4에서 어깨뼈가시의 중심까지 포함한다; C6에서 C7 근처에서 측정한다.

측정: C6 높이 정도에서 어깨를 지나게 측정한다. 이는 방사선이 뒤쪽 목뼈를 관통할 수 있도록 보장하지만, 앞쪽 목뼈에는 약간의 과조사선이 발생할 수 있다.

고양이와 소형 강아지: C3에서 C4.

중심 방사선: C3에서 C4.

경계: *앞쪽*: 두개저골.

뒤쪽: 어깨뼈 가시(어깨관절을 조금 지나서, ~T2.

등쪽과 배쪽: 고리뼈 날개의 모서리와 어깨뼈가시의 중심으로 좁게 콜리메이션한다.

보건사 참고사항

자세잡기 보정 장치를 전략적으로 환자에게 사람이 잡고 있다는 착각을 줄 수 있다.

보건사 참고사항

앞다리를 뒤쪽으로 당기면 어깨 쪽 연부조직이 척추와 겹치는 것을 막을 수 있다.

보건사 참고사항

목에 통증이 있는 소형견을 다룰 때는 특히 조심한다.

보건사 참고사항

촬영 버튼을 누르기 전에 빠르게 머리 속에서 체크리스트를 확인한다:

- 설정이 올바르다.
- 영상 감지기/기계/그리드가 올바른 위치에 있다.
- 마커와 IB가 올바른 위치에 있다.
- 올바른 신체 부위와 상으로 촬영하고 있다.
- 중심을 잘 맞췄다.
- 경계가 올바르고, 콜리메이션 되어있다.
- 환자가 적절하게 준비되었고, 자세가 잡혀 있으며, 가쪽촬영 촬영 시 척추가 가슴뼈와 같은 평면에 있도록 보정되어 있다. VD 촬영 시 척추와 가슴뼈가 완전히 겹쳐 있다. 영상 감지기와 평행을 이룬다.
- 중심 방사선이 관측 시야와 영상 감지기와 수직을 이룬다.

목뼈의 가쪽촬영 – 일반적 _*Lateral View of the Cervical Vertebrae—Routine* (계속)

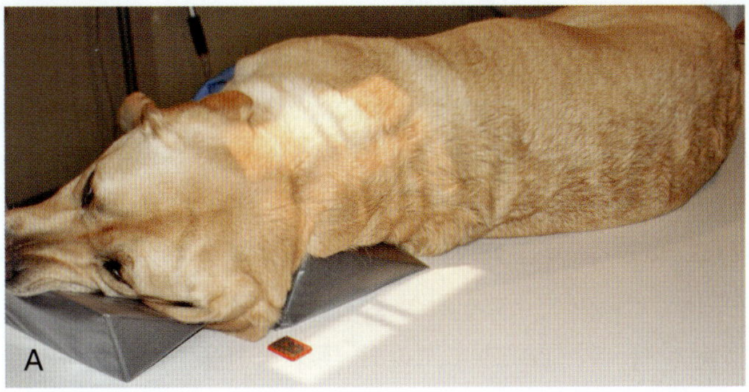

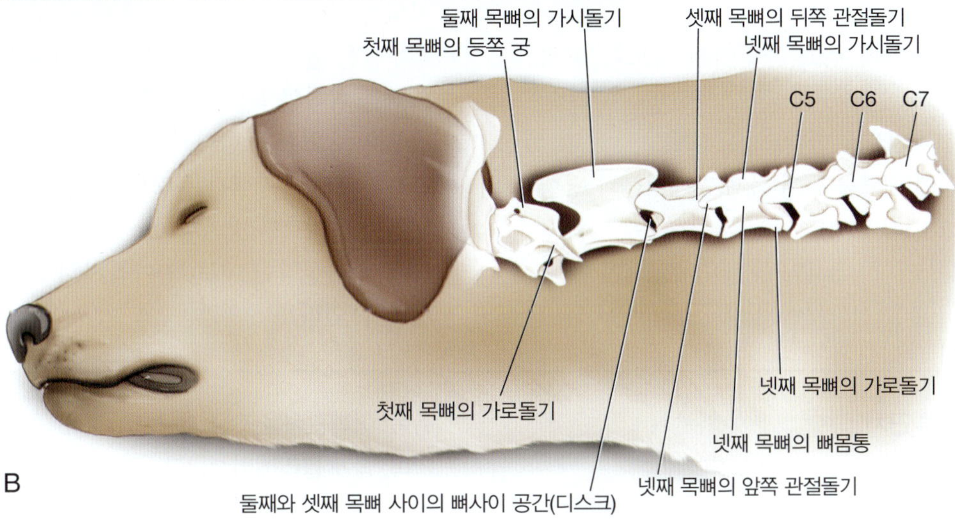

B

1. 첫째 목뼈의 바깥쪽 구멍(왼쪽과 오른쪽); 첫째 뇌신경의 출구
2. 첫째 목뼈의 등쪽 궁
3. 둘째 목뼈의 가시돌기
4. 둘째와 셋째 목뼈 관절돌기 사이의 윤활관절
5. 셋째 목뼈의 가시돌기
6. 셋째 목뼈의 뒤쪽 관절돌기
7. 넷째 목뼈의 가시돌기
8. 넷째 목뼈의 척추관
9. 다섯째 목뼈의 가시돌기
10. 여섯째 목뼈의 가시돌기
11. 일곱째 목뼈의 가시돌기

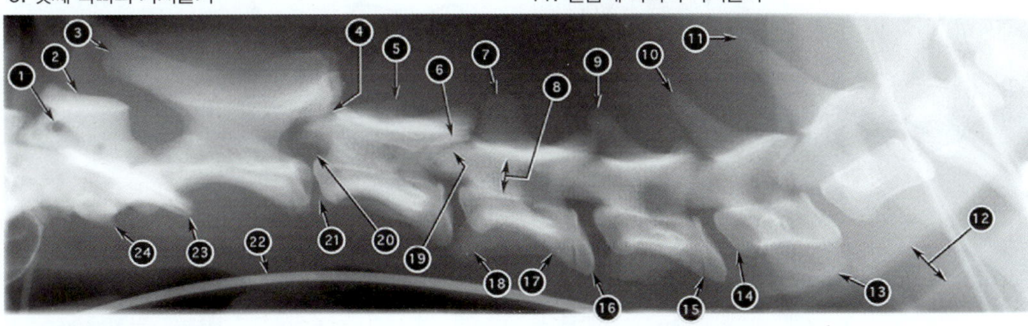

C

12. 기관
13. 여섯째 목뼈의 넓어진 배쪽 판
14. 여섯째 목뼈의 앞쪽 끝
15. 다섯째 목뼈의 뒤쪽 끝
16. 넷째 목뼈의 뒤쪽 끝
17. 넷째 목뼈의 뼈몸통
18. 넷째 목뼈의 가로돌기
19. 넷째 목뼈의 앞쪽 관절돌기
20. 둘째와 셋째 목뼈 사이의 뼈사이 구멍
21. 둘째와 셋째 목뼈 사이의 뼈사이 디스크 공간
22. 기관 삽입 튜브
23. 첫째 목뼈의 날개 (가로돌기)
24. 첫째 목뼈의 배쪽 결절

그림 15.2 **A,** 목뼈의 가쪽촬영을 위한 자세잡기. **B,** 목뼈의 왼–오른가쪽촬영의 해부학. **C,** 목뼈의 가쪽촬영 방사선 사진. (**A,** from Evans H, de Lahunta A. *Guide to the Dissection of the Dog*. 7th ed. St Louis: Saunders; 2010; **C,** from Thrall DE. *Textbook of Veterinary Diagnostic Radiology*. 7th ed. St. Louis: Elsevier; 2017.)

목뼈의 배등쪽촬영 _Ventrodorsal View of the Cervical Vertebrae

자세잡기 _Positioning

위치: 폼으로 된 V자 받침대를 통해 배와위로 유지. 테이프/벨크로를 사용해서 고정할 수 있다.

뒷다리: 뒷다리는 자연스러운 자세에 두고 벨크로/샌드백으로 고정한다.

앞다리: 앞다리를 뒤쪽으로 두고 벨크로/샌드백으로 고정한다.

머리/목/가슴뼈: 머리는 자연스러운 자세로 두며, 코를 살짝 올려 목뼈의 만곡을 최소화한다.

패드를 머리와 목 측면에 두고 움직이지 않도록 고정한다.

가슴뼈가 척추와 겹쳐지도록 한다.

척추: 주둥이쪽 목뼈 밑에 패드를 두어 목뼈가 테이블과 평행하도록 한다(그림 15.3과 15.4).

코멘트 및 팁 _Comments and Tips

- 장치가 허용한다면 VD자세에서 척추사이공간의 약간의 뒤앞쪽 방향(20도)으로 빔을 조정하여 디스크 공간을 더 좋게 시각화할 수 있도록 한다. 이는 VD 자세에서 디스크 공간은 뒤로 기울어져 있기 때문이다.
- 가슴뼈와 척추가 겹쳐져 있고 영상 감지기에 수직임을 확인하여 회전을 최소화한다.
- 코는 꼬리의 끝과 직선을 이루고, 사지는 대칭적으로 배치되어 있다.
- 후두골을 촬영하기 위해선 코를 위쪽을 향하게 하고, 샌드백을 머리와 목의 측면에 고정시켜 C1과 C2가 후두골과 겹치지 않도록 한다.
- 가능하다면 기관내관은 촬영 전에 제거하여 진단에 방해되는 아티팩트를 방지한다.
- 16장에서 설명한 대로, 치아돌기의 오픈-마우스상을 촬영할 수 있다.

측정: C6 정도, 가슴뼈자루 근처.

중심 방사선: C3에서 C4.

경계: *앞쪽*: 두개저골.

뒤쪽: 어깨관절을 조금 지나서(~T2).

가쪽: 좁게 콜리메이션한다.

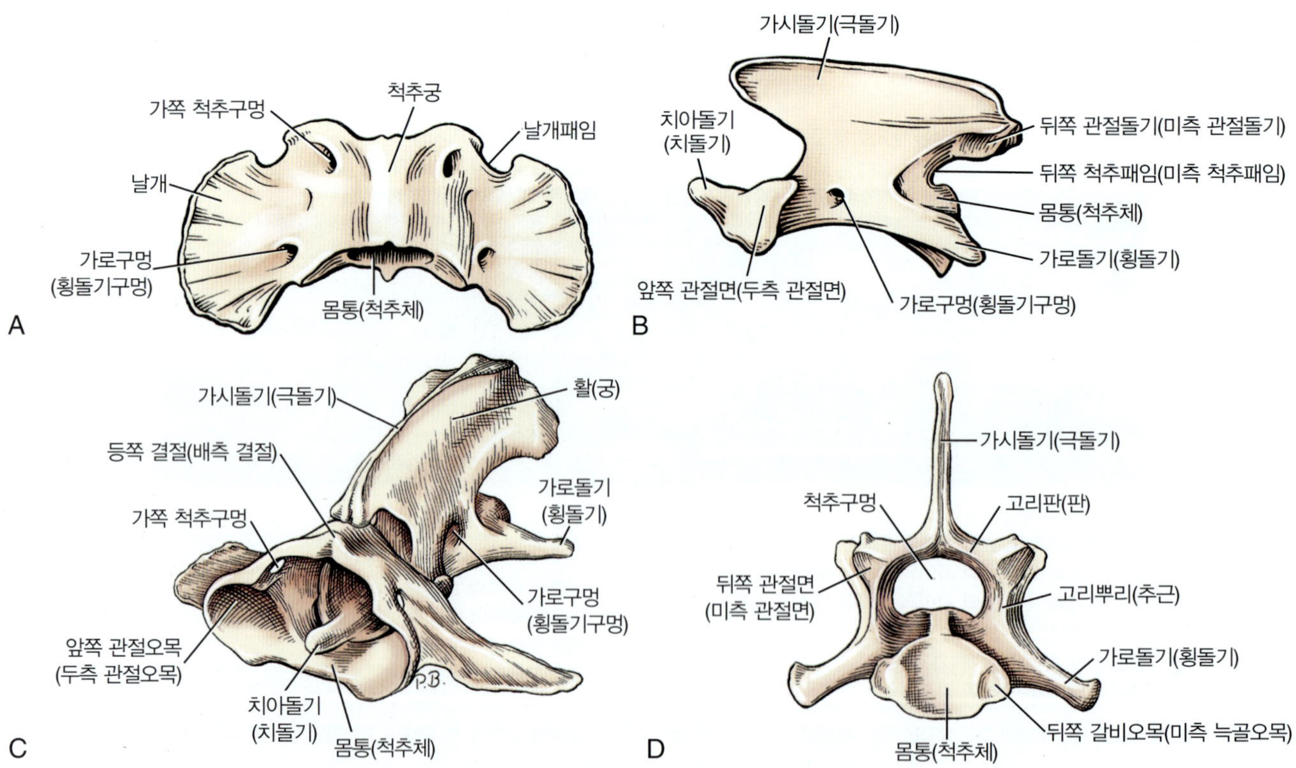

그림 15.3 목뼈. **A**, 고리뼈, 등쪽. **B**, 중쇠뼈, 왼가쪽촬영. **C**, 고리뼈와 중쇠뼈의 관절, 앞가쪽. **D**, 일곱번째 목뼈, 뒤쪽.

목뼈의 배등쪽촬영 _*Ventrodorsal View of the Cervical Vertebrae* (계속)

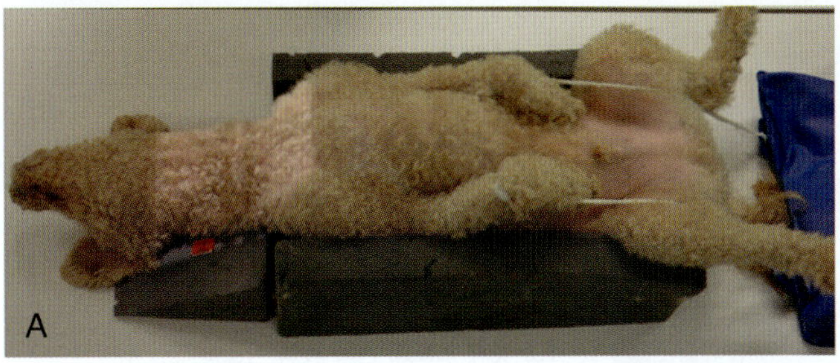

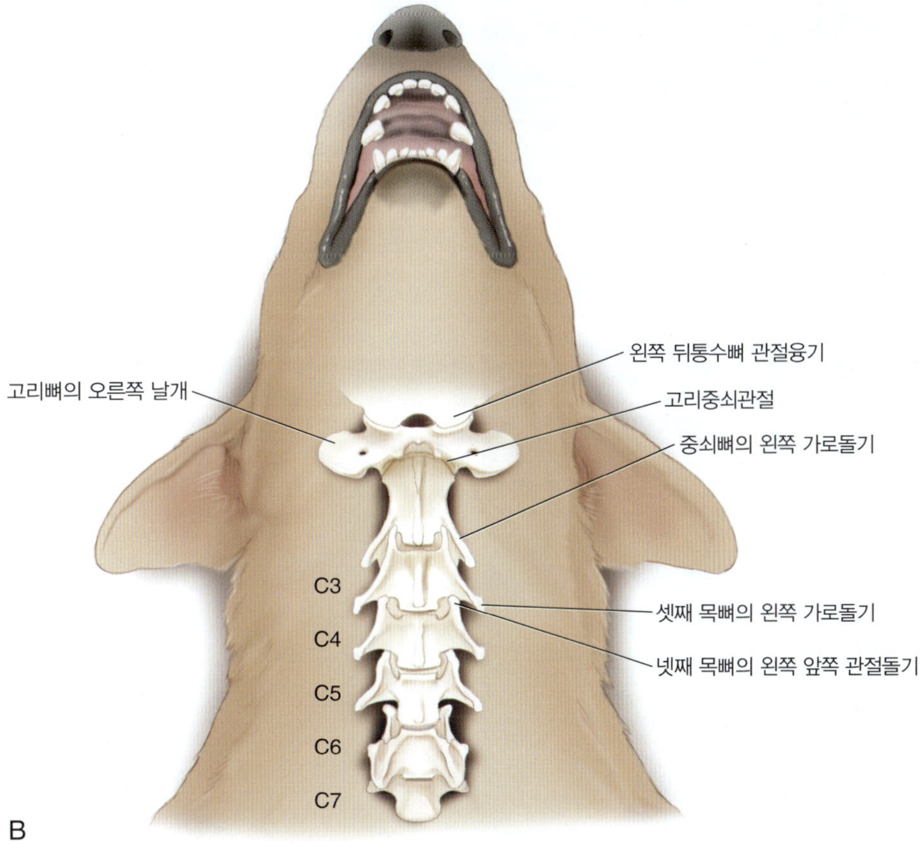

그림 15.4 **A,** 목뼈의 VD촬영을 위한 자세잡기. **B,** 개의 목뼈의 VD촬영 방사선 해부학. (**A,** Courtesy Seneca College of Applied Arts and Technology, King City, Ontario.)

목뼈의 배등쪽촬영 _*Ventrodorsal View of the Cervical Vertebrae* (*계속*)

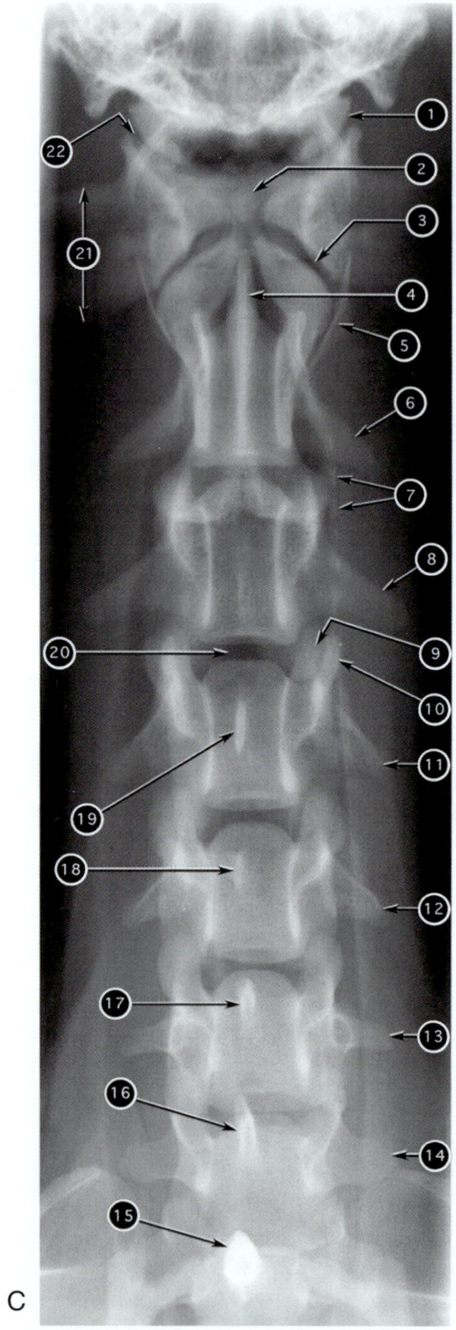

1. 왼쪽 뒤통수뼈 관절융기
2. 중쇠뼈의 치아돌기(축추의 치돌기)
3. 고리중쇠관절
4. 중쇠뼈의 가시돌기
5. 왼쪽 방패허뼈
6. 중쇠뼈의 왼쪽 가로돌기
7. 기관 연골
8. 셋째 목뼈의 왼쪽 관절돌기
9. 넷째 목뼈의 왼쪽 뒤쪽 관절돌기
10. 넷째 목뼈의 왼쪽 앞쪽 가로돌기
11. 넷째 목뼈의 왼쪽 가로돌기
12. 다섯째 목뼈의 왼쪽 가로돌기
13. 여섯째 목뼈의 왼쪽 가로돌기
14. 일곱째 목뼈의 왼쪽 가로돌기
15. 첫째 등뼈의 가시돌기
16. 일곱째 목뼈의 가시돌기
17. 여섯째 목뼈의 가시돌기
18. 다섯째 목뼈의 가시돌기
19. 넷째 목뼈의 가시돌기
20. 셋째와 넷째 목뼈 사이의 추간판 공간
21. 고리뼈의 오른쪽 날개
22. 오른쪽 고리뒤통수관절

그림 15.4, (*계속*) **C,** 목뼈의 VD촬영의 방사선 사진. (**C,** From Thrall DE. *Textbook of Veterinary Diagnostic Radiology*. 7th ed. St. Louis: Elsevier; 2017.)

목뼈의 가쪽과다펴짐촬영 – 보조적 _Hyperextended Lateral View of the Cervical Vertebrae—Ancillary

과다펴짐촬영과 과다굽힘촬영은 다이내믹 뷰라고 불리며, 보통 척수조영술 이후에 진행하여 척추 불안정상과 관련된 경막외 변화로 인한 척추 압박의 유무를 확인하는 데 쓰인다.[2] 이는 고리중쇠관절의 변형과 추가적인 불안정성으로 인해 사망할 가능성이 있음으로 반드시 수의사가 진행해야 한다. 항상 긴급 처지/인투베이션 용품을 준비하여 바로 사용 가능해야 한다.

자세잡기 _Positioning

위치: 옆누움자세.

뒷다리: 뒷다리는 뒤쪽으로 두고 벨크로/샌드백으로 고정한다.

앞다리: 앞다리를 뒤쪽으로 두고 벨크로/샌드백으로 고정한다. 사지 사이에 작은 폼패드를 배치할 수 있다.

머리/목/가슴뼈: 머리를 당기고 스펀지를 사용하여 코의 위치를 높인다.

머리가 진정하게 가쪽을 향하는지 확인하기 위해 안쪽 안각 사이를 연결하는 직선을 떠올리고, 직선이 테이블과 직각을 이루도록 한다.

목과 머리를 등쪽 및 뒤쪽으로 저항이 있을 때까지 과도하게 편다.

머리 앞쪽을 샌드백으로 지지하거나, 테이브/벨크로 스트랩으로 고정한다. 가슴뼈 아래에 스폰지를 넣어서 척추와 수평을 이루도록 한다.

척추: 필요한 만큼 폼패드 및 솜을 목뼈 아래에 두어 테이블과 평행하도록 한다(그림 15.5).

코멘트와 팁 _Comments and Tips

- 진정한 과다펴짐을 위해선 모든 목뼈가 등쪽으로 당겨져야 한다.
- 패딩을 사용하여 머리와 몸체 전체를 올바른 자세로 유지한다. 사지를 과하게 당기지 않는다.
- 좁게 콜리메이션하여 조사영역축소상을 얻는다.
- 기관내관이 삽관되어 있다면, 환자의 호흡이 방해받지 않도록 주의한다.
- 과다굽힘 전에 과다펴짐이 먼저 진행되어 과다굽힘이 필요한지 결정한다.

측정: 목을 지나는 C3과 C4 척추사이공간.

중심 방사선: C3과C4 척추사이공간.

경계: *앞쪽*: 두개저골.

뒤쪽: 어깨뼈 가시(어깨관절을 바로 지나서).

등쪽과 배쪽: 고리뼈 날개의 모서리와 어깨뼈가시의 중심으로 좁게 콜리메이션한다.

그림 15.5 **A**, 목뼈의 가쪽과다펴짐촬영을 위한 자세잡기. **B**, 과다펴짐된 목뼈의 왼–우외측 해부학. **C**, 목뼈의 가쪽과다펴짐촬영의 방사선 사진. (**C**, Courtesy Joshua Schlote, BS, LVT, Northeast Community College.)

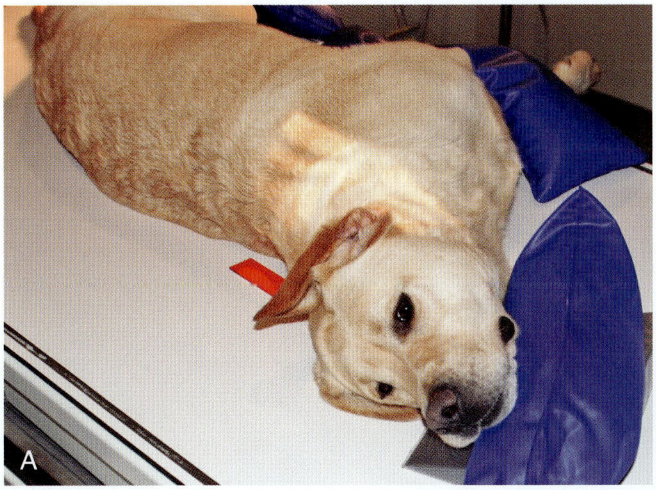

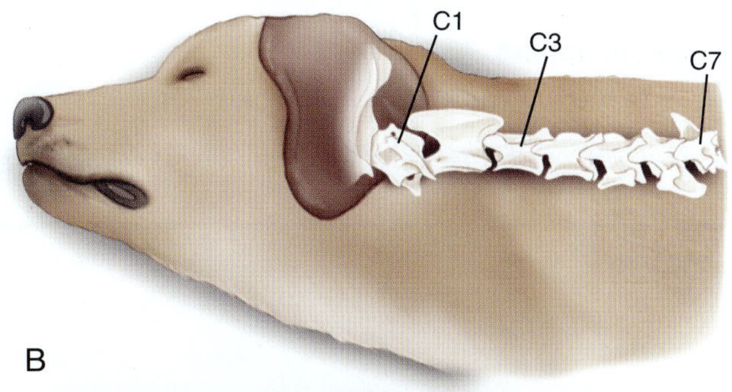

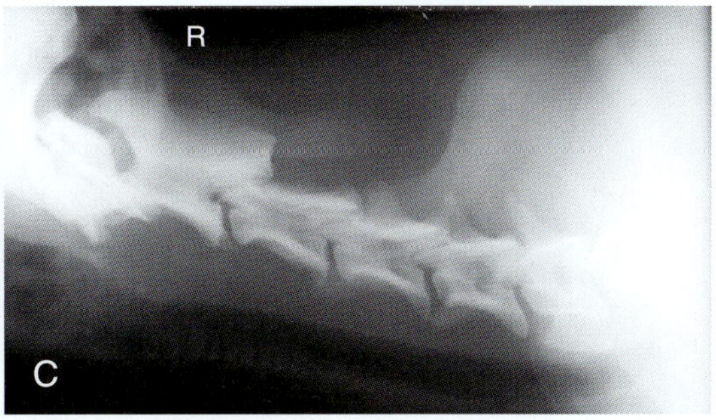

목뼈의 가쪽과다굽힘촬영 – 보조적 _Hyperflexed Lateral View of the Cervical Vertebrae—Ancillary

자세잡기 _Positioning

위치: 옆누움자세.

뒷다리: 뒷다리를 겹쳐서 뒤쪽으로 둔다; 벨크로/샌드백으로 고정한다.

앞다리: 앞다리를 겹쳐서 뒤쪽으로 둔다; 벨크로/샌드백으로 고정한다.

작은 폼패드를 사지 사이에 둘 수 있다.

뒷다리: 뒷다리를 겹쳐서 뒤쪽으로 둔다; 벨크로/샌드백으로 고정한다.

앞다리: 앞다리를 겹쳐서 배쪽과 뒤쪽으로 둔다; 벨크로/샌드백으로 고정한다.

작은 폼패드를 사지 사이에 둘 수 있다.

머리/목/가슴뼈: 테이프, 벨크로 또는 얇은 끈을 코 주위에 두르고 조심히 당겨서 목과 머리가 굽어지도록 한다.

테이프를 앞다리 사이에 뒤쪽 몸으로 당기고 샌드백에 고정한다.

필요 시, 스펀지를 코 아래에 넣어 머리가 가쪽으로 있도록 한다.

안쪽 안각 사이를 연결하는 직선을 떠올리고 테이블과 직각을 이루도록 한다.

샌드백을 코의 등쪽에 두어 과다굽힘 자세를 유지할 수 있게 한다.

가슴뼈 아래에 스펀지를 넣어 척추와 정렬되도록 한다.

척추: 필요 시 목뼈 아래에 스폰지를 넣어서 척추와 테이블이 평행하도록 유지하고, 등뼈와 같은 평면에 있도록 한다 (그림 15.6).

코멘트와 팁 _Comments and Tips

- 좁게 콜리메이션하여 더 높은 대조도와 왜곡이 적은 조사영역축소상을 얻는다.
- 다른 목뼈 가쪽촬영과 유사하게 머리는 가쪽으로 유지되어야 한다. 몸 전체가 올바른 자세를 유지하도록 하며, 사지를 과하게 당기지 않도록 한다.
- 가쪽굴곡 다이내믹 상은 주로 소동물에서 탈구가 의심될 때 사용된다.[2]
- 방사선 촬영은 수의사가, 환자는 전신 마취를 하고 기관이 삽관된 상태로 진행한다. 목을 과다굽힘시킬 때 기관 외상 또는 기관내관의 협착이 일어나지 않도록 주의한다. 불안정성을 확인할 수 있는 가장 약한 정도의 과다굽힘으로 시작하며, 완전히 과다굽힘하면 척추를 손상시킬 수 있으므로 주의한다.

측정: 목을 지나는 C3과 C4 척추사이공간.

중심 방사선: C3과 C4 척추사이공간.

경계: *앞쪽*: 머리바닥뼈.

뒤쪽: 어깨뼈 가시(어깨관절을 바로 지나서, ~T2).

등쪽과 배쪽: 고리뼈 날개의 모서리와 어깨뼈가시의 중심으로 좁게 콜리메이션한다.

목뼈의 가쪽과다굽힘촬영 – 보조적 _Hyperflexed Lateral View of the CervicalVertebrae—Ancillary (계속)

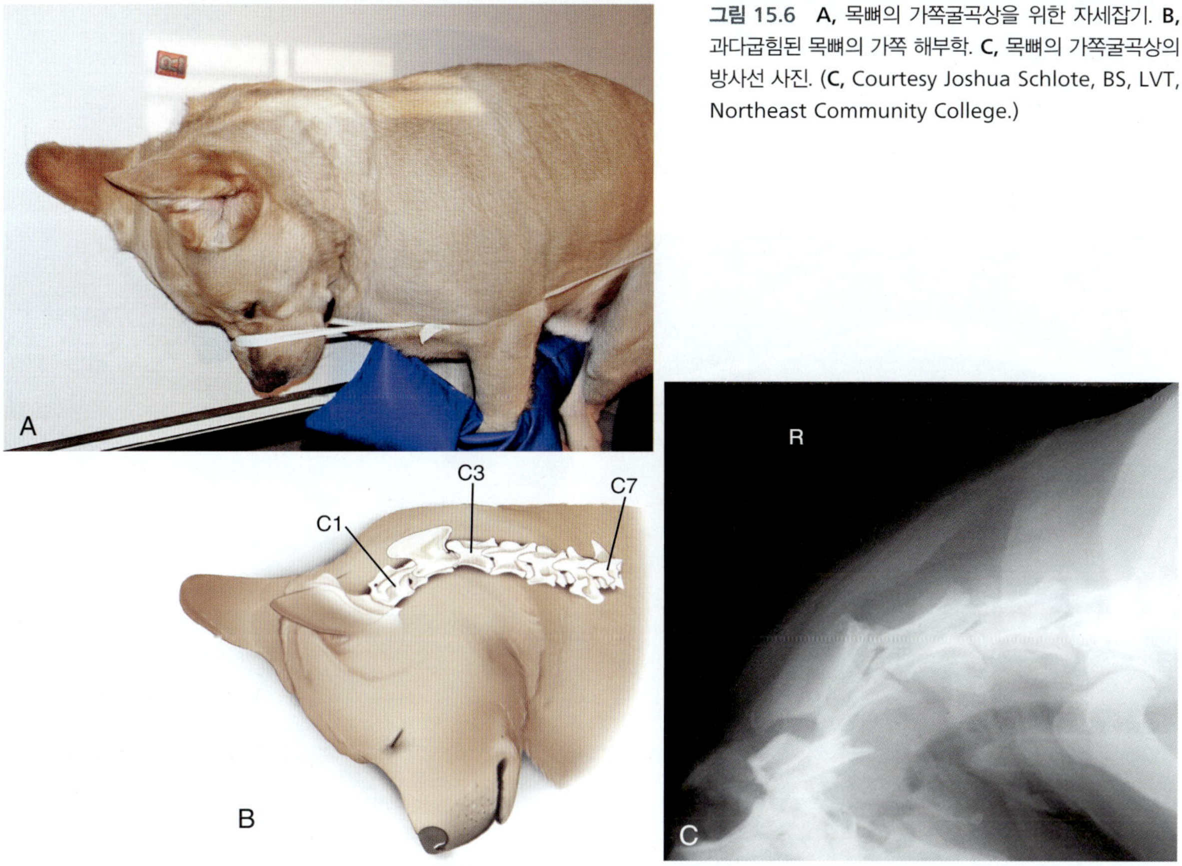

그림 15.6 A, 목뼈의 가쪽굴곡상을 위한 자세잡기. B, 과다굽힘된 목뼈의 가쪽 해부학. C, 목뼈의 가쪽굴곡상의 방사선 사진. (C, Courtesy Joshua Schlote, BS, LVT, Northeast Community College.)

치아돌기의 외측 비스듬촬영 – 보조적 _Lateral Oblique View for the Odontoid Process—Ancillary

자세잡기 _Positioning

위치: 옆누움자세.

뒷다리: 뒷다리를 겹쳐서 뒤쪽으로 둔다; 벨크로/샌드백으로 고정한다.

앞다리: 앞다리를 겹쳐서 뒤쪽으로 둔다; 벨크로/샌드백으로 고정한다.

작은 폼패드를 사지 사이에 둘 수 있다.

머리/목/가슴뼈: 테이프/벨크로 스트랩을 사용해 머리를 자연스럽게 비스듬한 자세로 유지한다. 가슴뼈 아래에 스펀지를 넣어 등뼈와 같은 평면에 오도록 한다.

척추: 주걱을 사용하여 목뼈를 가쪽으로 고정한다. 머리와 C1을 비스듬하게 유지한다(그림 15.7).

코멘트와 팁 _Comments and Tips

- 귓바퀴를 가쪽으로 두고 혀를 당겨서 방사선 사진에 그림자기 생기지 않도록 한다.
- C1과 C2의 가쪽 비스듬촬영은 치아돌기 확인에 사용된다.

치아돌기의 외측 비스듬촬영 – 보조적 _*Lateral Oblique View for the Odontoid Process—Ancillary* (계속)

측정: C1(치아돌기).

중심 방사선: C1(치아돌기).

경계: *앞쪽*: 두개골 중간.

뒤쪽: C4.

등쪽과 배쪽: 좁게 콜리메이션한다.

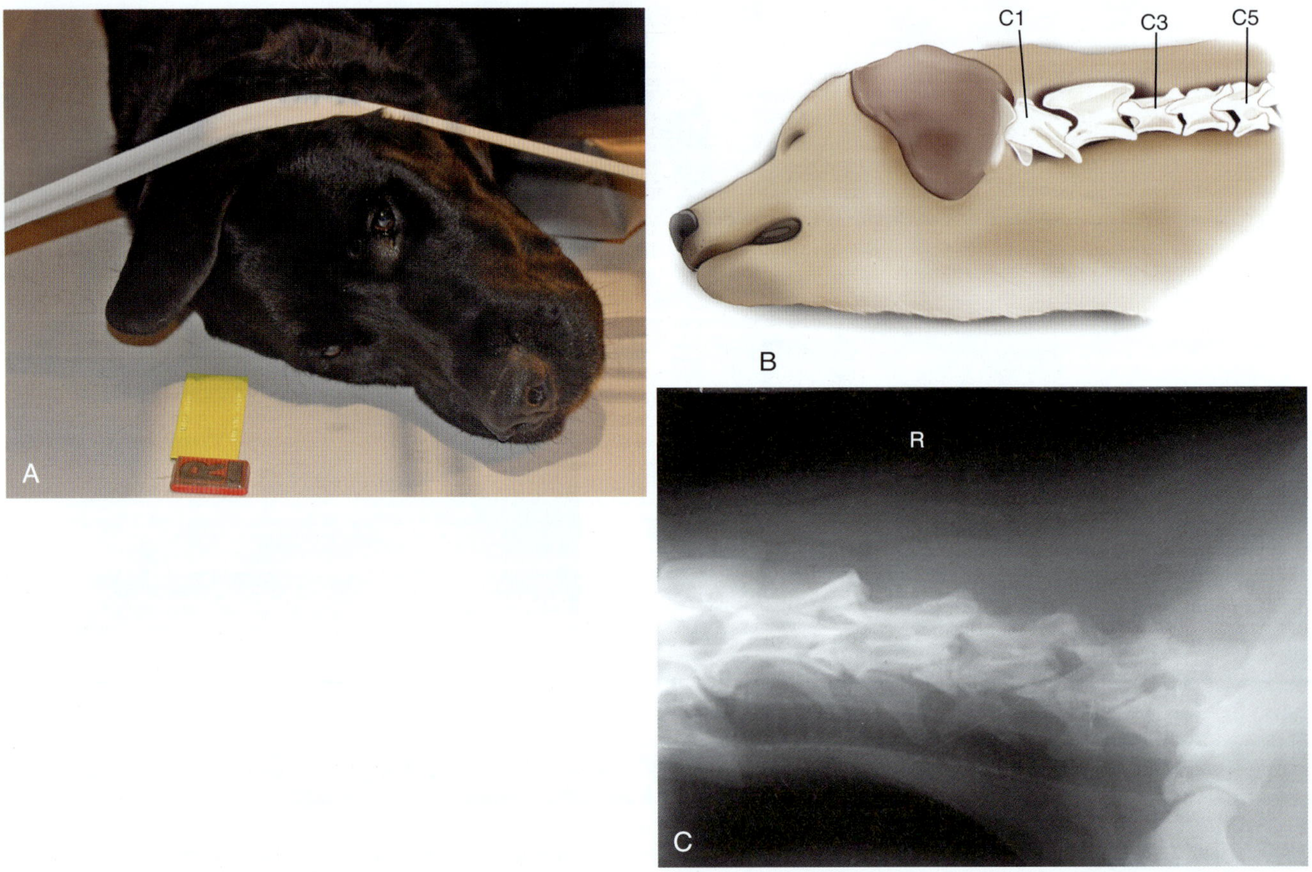

그림 15.7 **A,** 목뼈의 외측 비스듬촬영을 위한 자세잡기. 머리는 자연스럽게 비스듬한 자세로 유지하고 가슴뼈 아래에 웨지를 넣는다. **B,** 목뼈의 외측 비스듬촬영. **C,** 모든 목뼈의 외측 비스듬촬영의 방사선 사진. 치아돌기를 확인하기 위해선 중심을 C1으로 맞추고 두개골 중심에서부터 C4까지 포함한다.

등뼈 _Thoracic Vertebrae

등뼈의 가쪽촬영 – 일반적 _Lateral View of the Thoracic Vertebrae—Routine

자세잡기 _Positioning

위치: 옆누움자세, 골반을 배쪽으로 당겨 등뼈를 편다.

뒷다리: 뒷다리를 겹쳐서 뒤쪽으로 둔다; 벨크로/샌드백으로 고정한다.

작은 폼패드를 사지 사이에 둘 수 있다.

앞다리: 뒷다리를 겹쳐서 앞쪽으로 둔다; 벨크로/샌드백으로 고정한다.

작은 폼패드를 사지 사이에 둘 수 있다.

머리/목/가슴뼈: 머리는 자연스러운 자세로 유지하고, 목을 샌드백으로 지지한다.

필요 시, 가슴뼈 아래와 사지 사이에 스폰지를 두어 가슴뼈와 척추가 정렬되도록 한다.

척추: 가슴뼈와 등뼈가 같은 가로단면에 있도록 패딩을 사용하여 고정한다.

그림 15.1처럼 테이프를 사용하여 올바르게 정렬되도록 도울 수 있다(그림 15.8과 15.9).

코멘트와 팁 _Comments and Tips

- 등뼈 영역만 촬영하더라도 몸 전체가 올바른 자세를 유지하도록 한다
- 개, 고양이의 경우 중간–뒤쪽 등뼈에는 정상적인 척추후만증이 보인다.[1]
- 척추사이공간을 잘 보기 위해선 갈비뼈가 겹쳐지도록 해야 한다. 가슴뼈와 척추를 같은 평면에 두며, 필요 시 폼패드를 사용한다.
- 큰 개는 두 개의 분리된 상이 필요할 수 있다.
- 등뼈 등쪽에 납 마스크 또는 식염수가 들어있는 백을 두는 것은 큰 개에서 흩어진 방사선/2차적 방사선이 가시돌기를 어둡게 만드는 것을 막을 수 있다.

측정: 가슴뼈의 가장 높은 부분.

중심 방사선: T6에서 T7 또는 어깨뼈의 뒤쪽 모서리.

경계: *앞쪽*: C7 포함(어깨관절).

뒤쪽: L1(마지막 갈비뼈를 지나서).

등쪽과 배쪽: 좁게 콜리메이션한다.

보건사 참고사항

모든 가쪽 자세: 코 아래, 척추의 자연 굴곡(목과 허리 부위), 그리고 사지 사이에 패딩을 넣는다. 이렇게 하면 척추를 테이블과 영상 감지기와 평행하고, 중심 방사선과 수직으로 유지할 수 있다.

눈으로 확인하고 촉진하여 정확한 가쪽 자세를 몸 전체에서 유지할 수 있도록 한다. 가슴뼈와 척추는 같은 평면에 있고, 테이블과 평행하며, 중심 방사선과 영상 감지기와 수직이다.

등뼈의 가쪽촬영 – 일반적 _Lateral View of the Thoracic Vertebrae—Routine (계속)

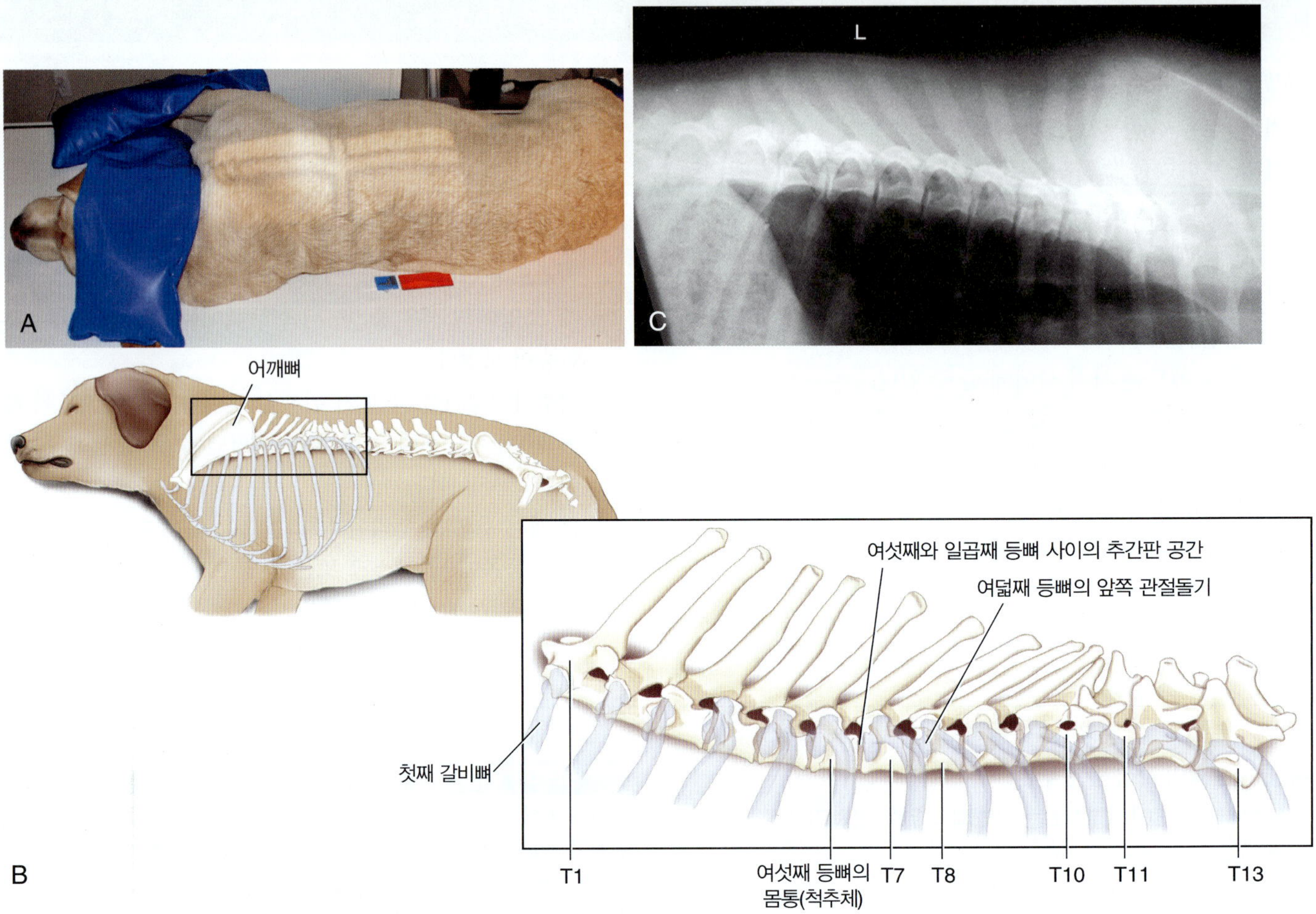

그림 15.8 **A,** 등뼈의 가쪽촬영을 위한 자세잡기. **B,** 등뼈의 왼-오른가쪽촬영 방사선학 해부학. **C,** 등뼈의 가쪽촬영의 방사선 사진. (**C,** Courtesy Joshua Schlote, BS, LVT, Northeast Community College.)

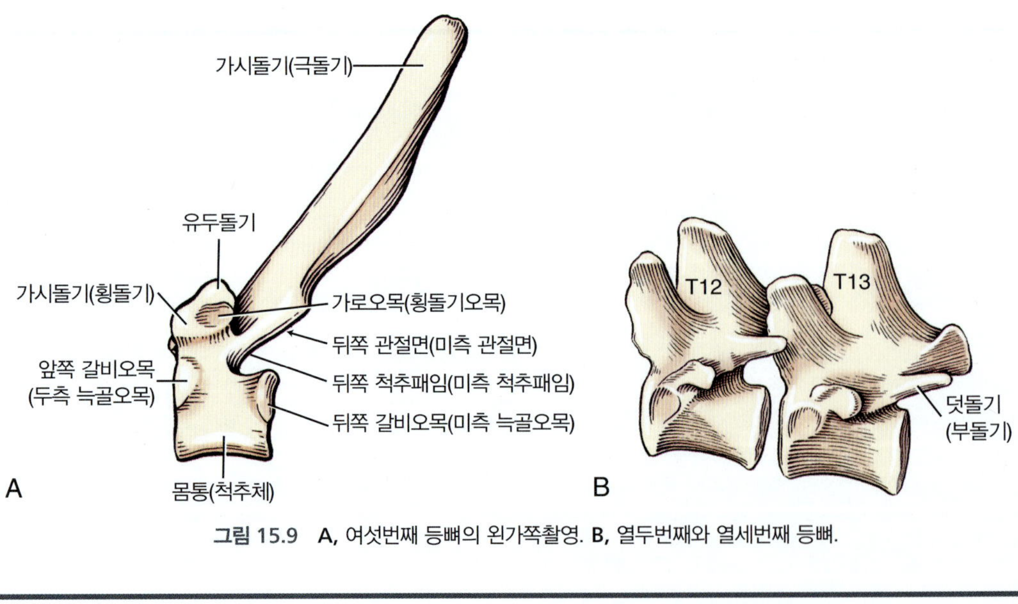

그림 15.9 **A,** 여섯번째 등뼈의 왼가쪽촬영. **B,** 열두번째와 열세번째 등뼈.

등뼈의 배등쪽촬영 – 일반적 _Ventrodorsal View of the Thoracic Vertebrae—Routine

자세잡기 _Positioning

위치: V자 받침대를 통해 등누움자세로 유지. 필요 시 샌드백을 사용하여 회전을 막는다.

뒷다리: 뒷다리를 겹쳐서 편안한 자세에 둔다; 벨크로/샌드백으로 고정한다.

앞다리: 앞다리를 겹쳐서 앞쪽으로 둔다; 벨크로/샌드백으로 고정한다.

머리/목/가슴뼈: 코를 양쪽 사지에서 등거리에 있도록 머리와 목을 위치한다.
벨크로 또는 샌드백으로 지지하며, 호흡을 방해하지 않도록 주의한다.

척추: 가슴뼈와 척추가 겹치도록 하여 회전이 일어나지 않도록 한다(그림 15.10).

코멘트와 팁 _Comments and Tips

- 코의 끝에서부터 꼬리의 끝까지 직선을 이루도록 하여 갈비뼈가 대칭을 이루도록 한다.
- 큰 개는 두개의 분리된 상이 필요할 수 있다.
- 정상 환자의 경우, 가시돌기가 척추체의 중간 위쪽으로 위치하며 가슴뼈와 척추가 겹쳐져 보인다.

측정: T6에서 T7 또는 칼돌기 중간(가슴뼈에서 가장 높은 부분).

중심 방사선: T6에서 T7 또는 칼돌기 중간.

경계: *앞쪽*: C7(어깨관절).
뒤쪽: L1(마지막 갈비뼈를 지나서).
가쪽: 좁게 콜리메이션한다.

보건사 참고사항

최대한 적은 수의 척추를 촬영하도록 한다. 이는 X선이 발산되기 때문이다.

그림 15.10 **A,** 등뼈의 VD촬영을 위한 자세잡기. **B,** 등뼈의 VD촬영의 오버레이. **C,** 등뼈의 VD촬영의 방사선 사진. (**C,** Courtesy Veterinary Teaching Hospital, Diagnostic Imaging at the University of Guelph.)

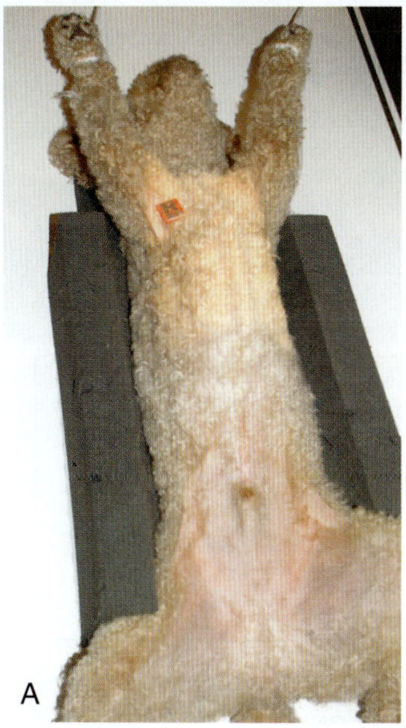
A

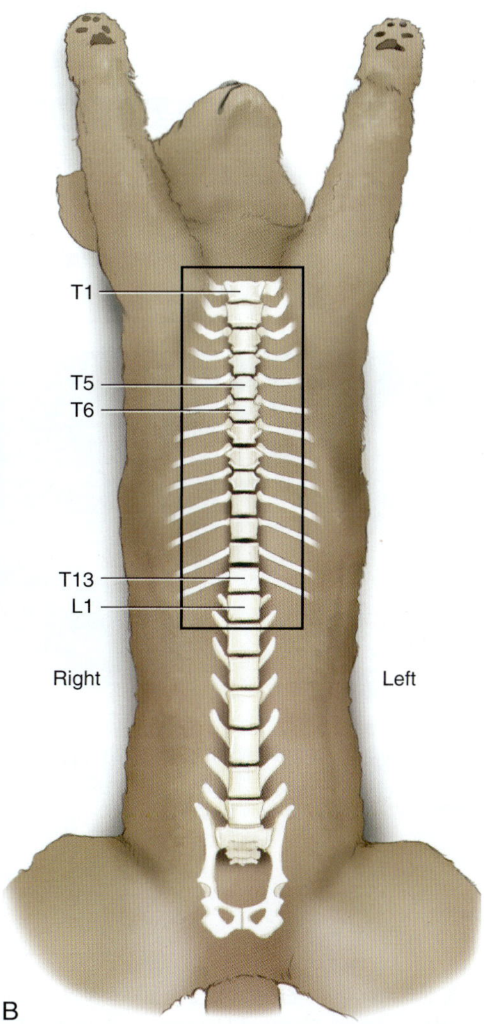

B

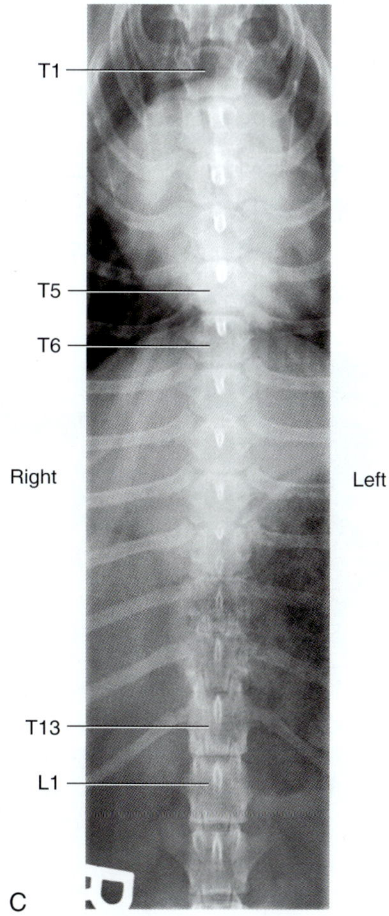

C

등허리뼈 _Thoracolumbar Vertebrae

등허리뼈의 가쪽촬영 – 일반적 _Lateral View of the Thoracolumbar Vertebrae—Routine

자세잡기 _Positioning

위치: 옆누움자세.

뒷다리: 뒷다리를 겹쳐서 뒤쪽으로 둔다; 벨크로/샌드백으로 고정한다.

작은 폼패드를 사지 사이에 둘 수 있다.

앞다리: 앞다리를 겹쳐서 살짝 앞쪽으로 둔다; 벨크로/샌드백으로 고정한다.

작은 폼패드를 사지 사이에 둘 수 있다.

머리/목/가슴뼈: 필요 시, 가슴뼈 아래에 스폰지를 두어 가슴뼈와 척추가 정렬되도록 한다.

머리는 자연스러운 자세로 유지하고, 목을 샌드백으로 지지한다. 호흡에 문제가 생기지 않도록 주의한다.

척추: 등허리뼈가 가슴뼈와 같은 평면에 있도록 한다(그림 15.11).

그림 15.1에 보이는 것처럼 테이프를 사용하여 척추를 올바르게 정렬할 수 있다.

코멘트와 팁 _Comments and Tips

- 등허리뼈 영역만 촬영하더라도 몸 전체가 올바른 자세를 유지하도록 한다
- 좁게 콜리메이션한다. 등허리뼈이음부 양측으로 4개의 척추만 포함되도록 제한한다. 등뼈와 허리뼈 모두에 관심이 있다면 각 구역은 따로 촬영하여 각 사진에 포함된 척추의 수가 제한되도록 한다.
- 갈비뼈는 서로 겹쳐져 있어 척추사이구멍이 잘 보여야 한다. 가슴뼈는 테이블로부터 척추와 같은 거리만큼 떨어져 있어야 한다.
- 척추사이구멍은 겹쳐져 보여야 한다. 등허리뼈이음부부터 엉치뼈까지 같은 크기로 보여야 한다.

측정: 갈비뼈의 가장 높은 부위.

중심 방사선: T13과 L1 척추사이공간.

경계: *앞쪽*: 칼돌기.

뒤쪽: 마지막 갈비뼈의 가장 뒤쪽 부위.

등쪽과 배쪽: 좁게 콜리메이션한다.

보건사 참고사항

다음의 랜드마크는 모든 척추의 경계 부위에 대한 일반적인 기준이 된다:

- 두개저골
- 어깨
- 마지막 갈비뼈의 시작점
- 큰돌기

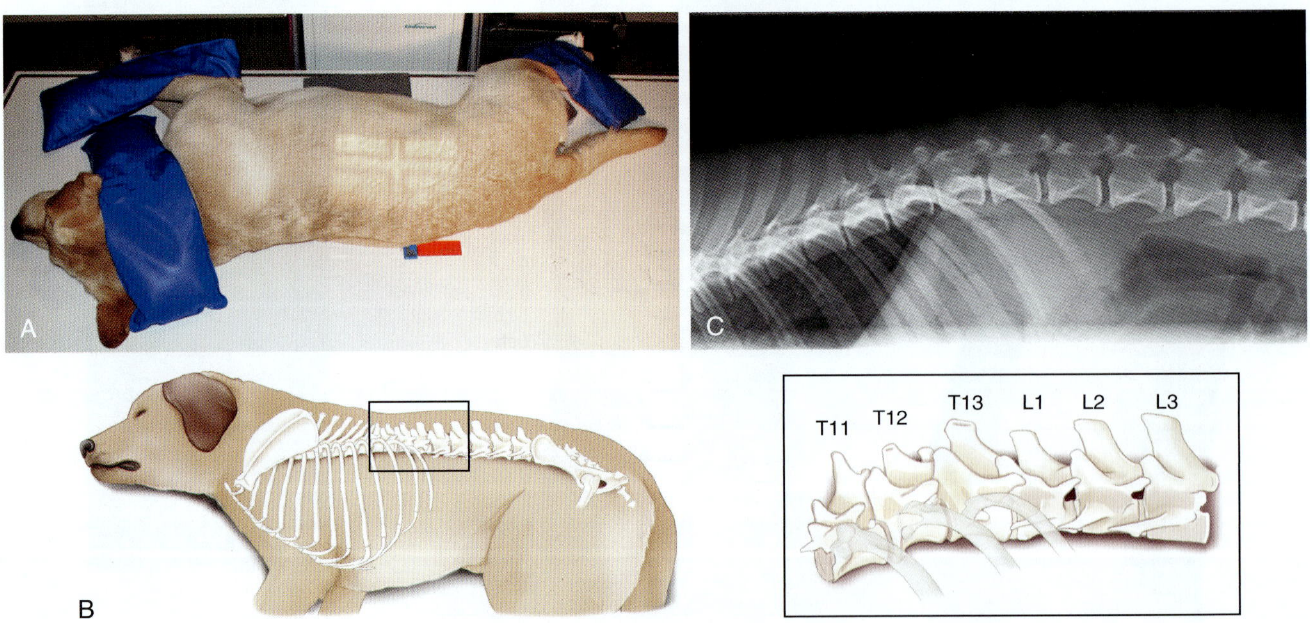

그림 15.11 **A,** 등허리뼈의 가쪽촬영을 위한 자세잡기. **B,** 등허리뼈의 우–왼가쪽촬영 방사선학 해부학. **C,** 등허리뼈의 가쪽촬영의 방사선 사진. 사진에 등허리뼈이음부 주변으로 포함되는 척추의 수를 제한한다. (**C,** Courtesy Mount Pleasant Veterinary Hospital, Toronto, ON)

등허리뼈의 배등쪽촬영 – 일반적 _Ventrodorsal View of the Thoracolumbar Vertebrae—Routine

자세잡기 _Positioning

위치: V자 받침대를 통해 배와위로 유지. 필요 시 샌드백을 사용하여 회전을 막는다.

뒷다리: 뒷다리를 겹쳐서 자연스럽게 둔다; 필요 시 벨크로/샌드백으로 고정한다.

앞다리: 앞다리를 겹쳐서 앞쪽으로 둔다; 벨크로/샌드백으로 고정한다.

머리/목/가슴뼈: 머리와 목은 자연스러운 위치에 둔다. 필요 시, 샌드백으로 지지하고, 호흡에 방해되지 않도록 주의한다. 코를 양쪽 사지에서 등거리에 있도록 위치한다.

척추: 가슴뼈와 척추가 겹치도록 하여 회전이 일어나지 않도록 한다(그림 15.12).

코멘트와 팁 _Comments and Tips

- 코의 끝에서부터 꼬리의 끝까지 직선을 이루도록 한다.
- 좁게 콜리메이션한다. 등뼈와 허리뼈 둘 다 관찰하고자 한다면, 각 구역을 나눠서 따로 촬영하여 한 사진에 포함된 척추의 수를 적게 한다.
- 글 상자 15.1을 통해 올바른 대칭을 갖는지 확인한다.

측정: 흉곽 중간의 가장 높은 부위.

중심 방사선: T13과 L1 척추사이공간.

경계: *앞쪽*: 칼돌기.

뒤쪽: 마지막 갈비뼈의 뒤쪽 부위.

가쪽: 좁게 콜리메이션한다.

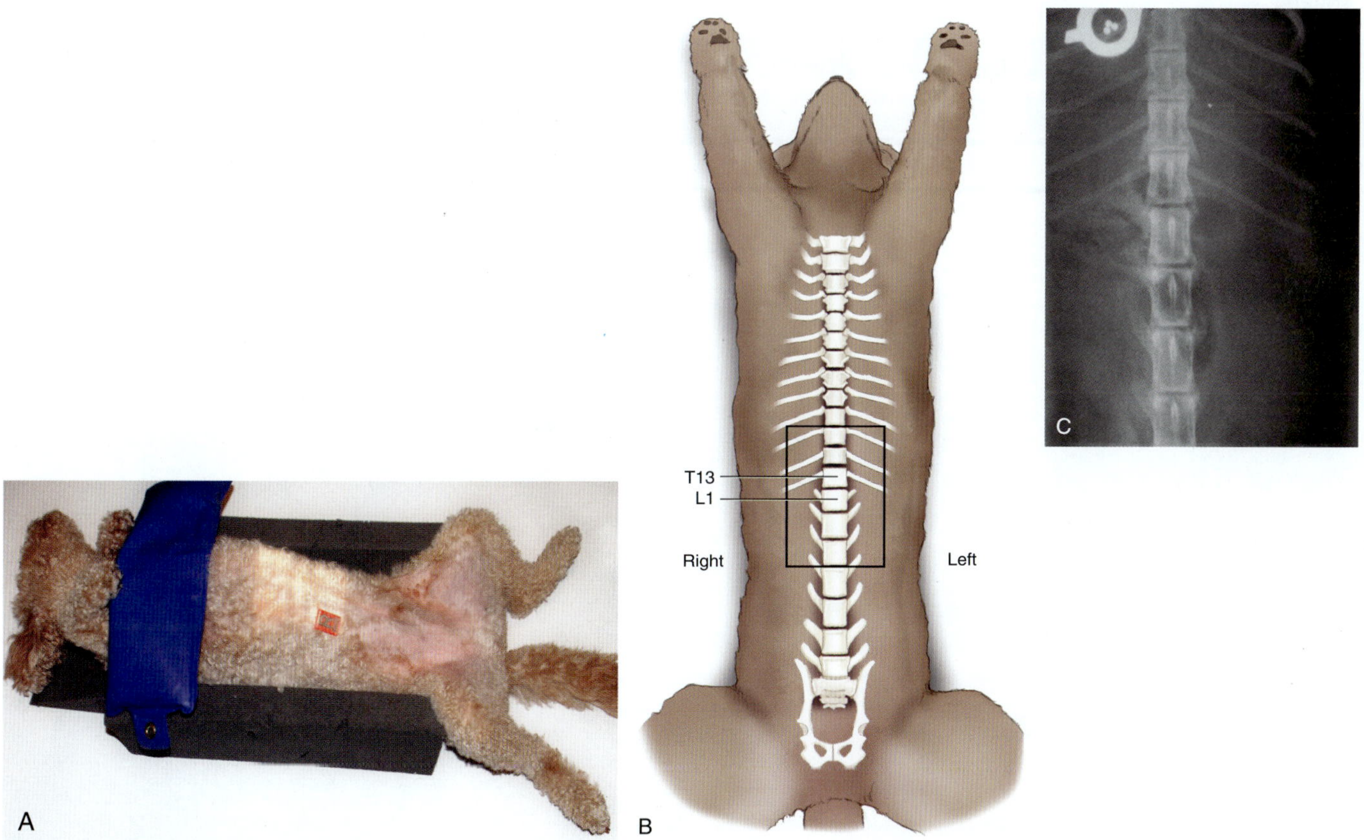

그림 15.12 **A,** 등허리뼈의 VD촬영을 위한 자세잡기. **B,** 등허리뼈의 VD촬영의 오버레이. **C,** 등허리뼈의 VD촬영의 방사선 사진. (**C,** Courtesy Joshua Schlote, BS, LVT, Northeast Community College.)

등허리뼈의 배등쪽촬영 – 일반적 _*Ventrodorsal View of the Thoracolumbar Vertebrae—Routine* (계속)

보건사 참고사항

V자 받침대, 폼 패드, 벨크로 및 샌드백을 충분히 사용하여 축회전을 막아야 한다.
배등쪽자세촬영: 척추와 가슴뼈를 겹치고, 테이블과 영상 감지기와 수직을 이루도록 한다.
가쪽촬영: 척추와 가슴뼈를 같은 가로단면에 두고, 테이블과 영상 감지기와 평행하게 한다.

보건사 참고사항

좁게 콜리메이션 하여 가로돌기와 근육은 포함되지만, 지방과 피부는 포함되지 않도록 한다.

글 상자 15.1 척추 방사선 사진 자세잡기 평가 방법

자세가 올바른지 확인하는 방법[1-3]:

목뼈와 등뼈:
- 가쪽촬영:
  - 고리뼈 날개와 가로돌기 및 갈비뼈 머리가 겹쳐져 있다.
  - 관절돌기가 평행하다.
  - 추간판의 두께가 일정하고 일반적인 형태이다.
- 배등쪽자세촬영:
  - 일치하는 해부학적 구조들은 대칭을 이룬다.
  - 가시돌기가 척추체 중심 위쪽으로 위치한다.

등허리뼈:
- 가쪽촬영:
  - 척추사이구멍은 겹쳐 있으며, 등허리뼈이음부에서 엉치뼈까지 같은 크기와 형태이다.

허리뼈와 엉치뼈:
- 가쪽촬영:
  - 가로돌기와 엉덩뼈 날개가 겹쳐 있다.
  - 허리뼈의 가로돌기가 겹쳐 있으면 나이키 모양과 유사하다.[1]
  - 척추사이구멍은 겹쳐 있으며, 허리엉치뼈이음부에서 엉치뼈까지 같은 크기와 형태이다.
- 배등쪽자세촬영:
  - 가시돌기가 척추체 중간 위로 겹쳐져 있다.
  - 엉치엉덩관절과 유사 해부학적 특징이 대칭적이다.

허리뼈 _Lumbar Vertebrae

허리뼈의 가쪽촬영 – 일반적 _Lateral View of the Lumbar Vertebrae—Routine

자세잡기 _Positioning

위치: 옆누움자세.

뒷다리: 뒷다리를 살짝 뒤쪽으로 두고 벨크로/샌드백으로 고정한다.

사지 사이에 작은 폼패드를 배치할 수 있다.

앞다리: 앞다리를 살짝 앞쪽으로 두고 벨크로/샌드백으로 고정한다.

사지 사이에 작은 폼패드를 배치할 수 있다.

머리/목/가슴뼈: 필요 시, 가슴뼈 아래에 스폰지를 두어 가슴뼈와 척추가 정렬되도록 한다.

머리는 자연스러운 위치에 둔다. 샌드백으로 목을 지탱하고, 호흡에 문제가 없는지 확인한다.

척추: 각 허리뼈가 테이블과 영상 감지기에 평행하고, 가슴뼈와 같은 가로단면에 있도록 한다.

그림 15.1처럼 테이프를 통해 올바른 정렬을 유지할 수 있다(그림 15.13, 15.15A).

코멘트와 팁 _Comments and Tips

- 허리뼈 영역만 촬영하더라도 몸 전체가 올바른 자세를 유지하도록 한다.
- 좁게 콜리메이션한다.
- 글 상자 15.1을 통해 올바른 대칭을 갖는지 확인한다.

측정: L1 정도.

중심 방사선: L3에서 L4(촉진).

경계: *앞쪽*: T12(마지막 갈비뼈 시작점).

뒤쪽: S1(큰돌기 바로 앞쪽)

등쪽과 배쪽: 좁게 콜리메이션한다.

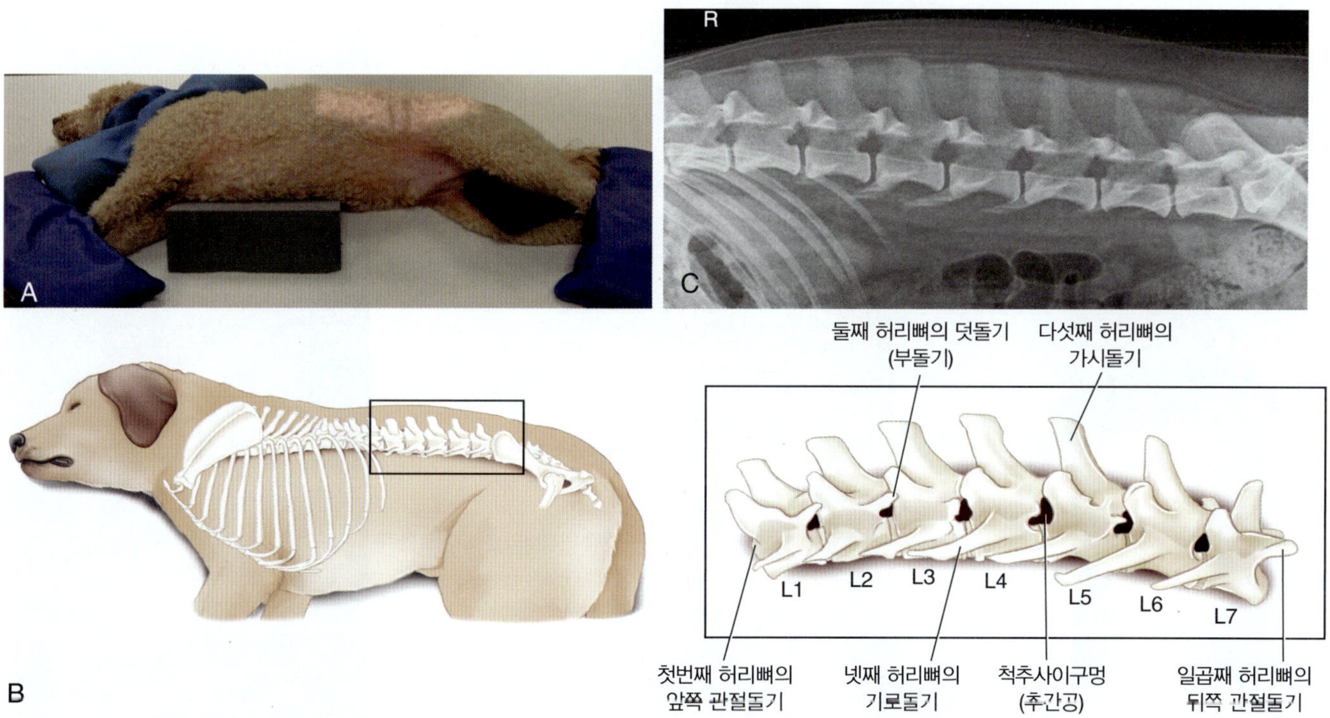

그림 15.13 **A,** 허리뼈의 가쪽촬영을 위한 자세잡기. **B,** 외측 허리뼈의 왼–우 방사선학 해부학. **C,** 19살 수컷 프렌치 불독의 허리뼈의 가쪽촬영 방사선 사진. T12와 T13, L1와 L2, L3와 L4 사이의 석회화를 확인한다. 가로돌기는 척추체에서 나오는 부분부터 완전히 겹쳐서 하나로 보여야 하며, 이는 "나이키" 모양처럼 보인다. (**A,** Courtesy Seneca College of Applied Arts and Technology, King City, ON; (**B,** from Evans H, de Lahunta A. *Guide to the Dissection of the Dog*. 7th ed. St Louis: Saunders; 2010; **C,** Courtesy Jennifer White, Mississauga Oakville Veterinary Emergency Hospital and Referral Group, Oakville, ON.)

허리뼈의 배등쪽촬영 – 일반적 _Ventrodorsal View of the Lumbar Vertebrae—Routine

자세잡기 _Positioning

위치: V자 받침대를 통해 배와위로 유지. 필요 시 샌드백을 사용하여 회전을 막는다

뒷다리: 뒷다리를 겹쳐서 자연스럽게 둔다; 벨크로/샌드백으로 고정한다.

앞다리: 앞다리를 겹쳐서 앞쪽으로 둔다; 벨크로/샌드백으로 고정한다.

머리/목/가슴뼈: 머리는 자연스러운 자세로 유지한다.
샌드백으로 지지하고, 호흡에 방해가 되지 않는지 확인한다.
코를 양쪽 사지에서 등거리에 있도록 위치한다.

척추: 가슴뼈와 척추가 겹치도록 하여 회전이 일어나지 않도록 한다(그림 15.14).
척추 해부학에 대한 자세한 설명은 그림 15.15에서 15.17을 참고한다.

코멘트와 팁 _Comments and Tips

- 코의 끝에서부터 꼬리의 끝까지 직선을 이루도록 한다.
- 가로돌기가 보이고 대칭적이다.
- 방사선 촬영 1~2시간 전에 사진에서 척추 손상을 가릴 수 있는 배설물을 제거하기 위해 관장을 한다.

측정: L1 정도.
중심 방사선: L4 정도(촉진).
경계: *앞쪽*: T12(마지막 갈비뼈 시작점).
뒤쪽: S1(큰돌기).
가쪽: 좁게 콜리메이션한다.

보건사 참고사항

VD 자세에서 척추의 회전을 막기 위해, 앞다리와 뒷다리를 당기고 고정시킨다.

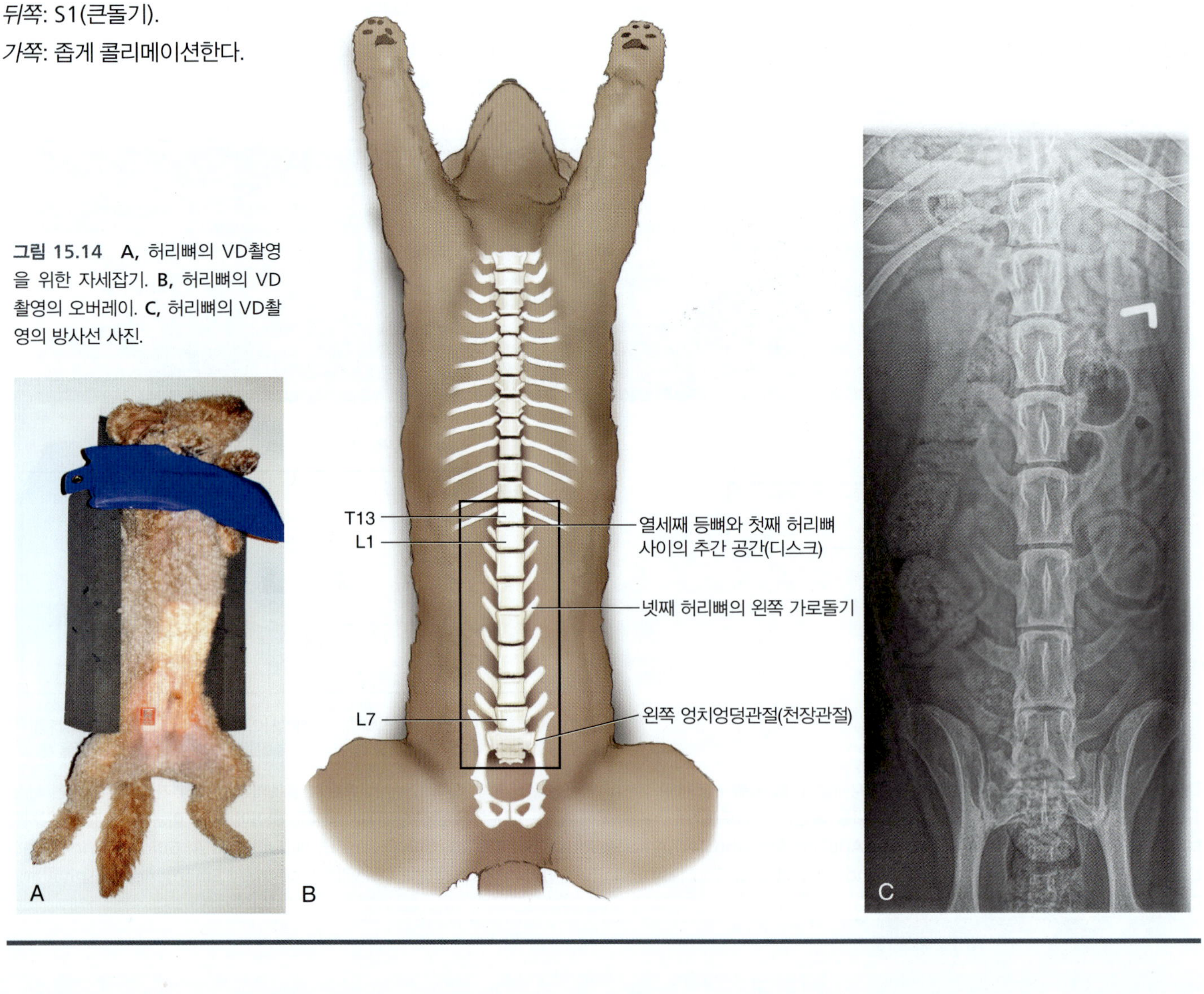

그림 15.14 A, 허리뼈의 VD촬영을 위한 자세잡기. B, 허리뼈의 VD 촬영의 오버레이. C, 허리뼈의 VD촬영의 방사선 사진.

허리뼈, 엉치뼈 및 꼬리뼈 _Lumbar, Sacral and Caudal Vertebrae

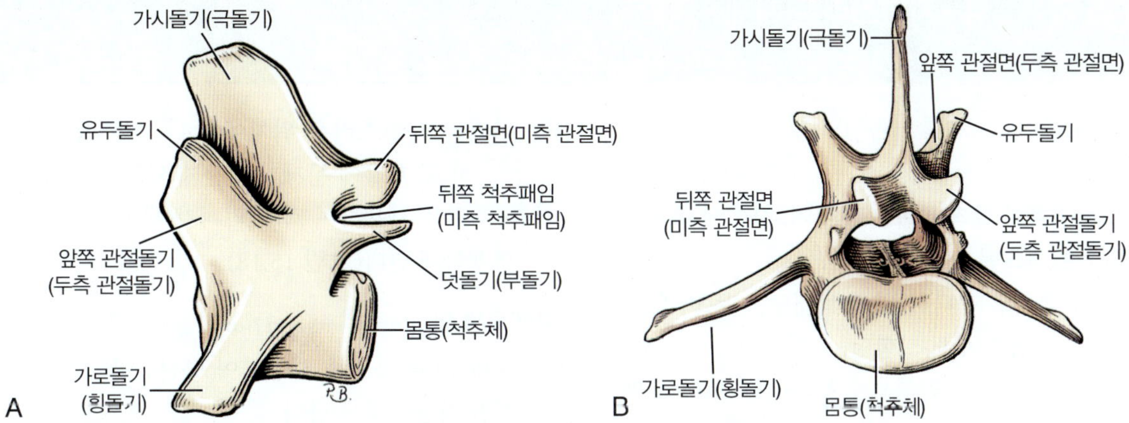

그림 15.15 **A,** 네 번째 허리뼈, 왼가쪽촬영. **B,** 다섯 번째 허리뼈, 뒤가쪽. (From Evans **H,** de Lahunta A. *Guide to the Dissection of the Dog*. 8th ed. St Louis: Saunders; 2017.)

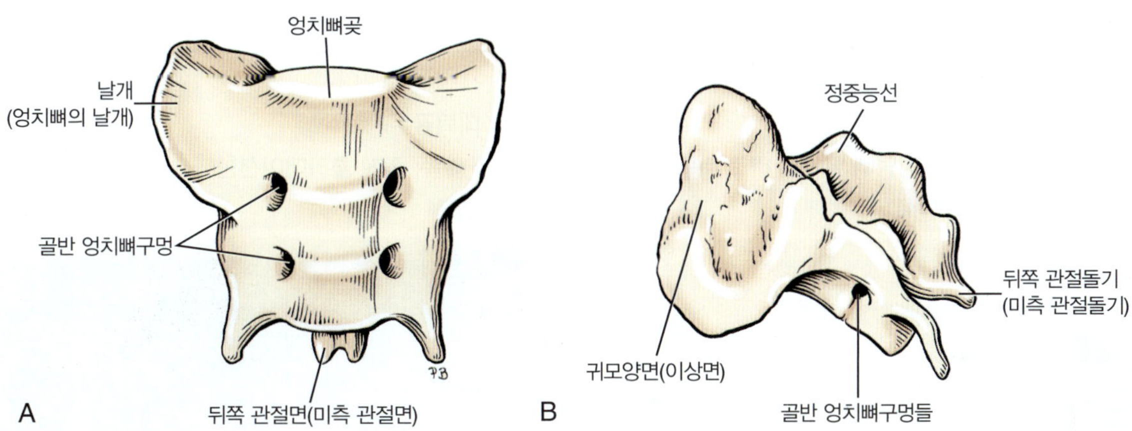

그림 15.16 **엉치뼈.** **A,** 등쪽. **B,** 왼가쪽촬영. (From Evans **H,** de Lahunta A. *Guide to the Dissection of the Dog*. 8th ed. St Louis: Saunders; 2017.)

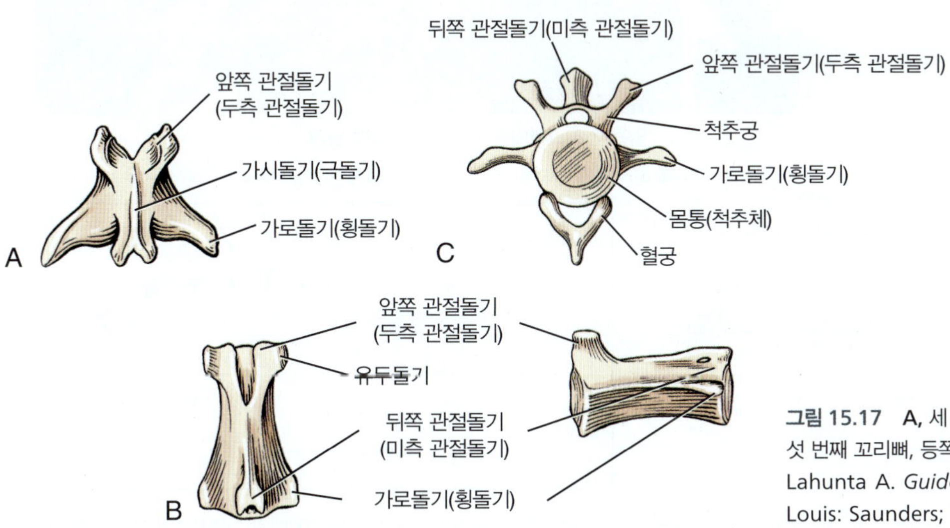

그림 15.17 **A,** 세 번째 꼬리뼈, 등쪽. **B,** 네 번째 꼬리뼈, 앞쪽. **C,** 여섯 번째 꼬리뼈, 등쪽(*왼쪽*)과 가쪽촬영(*오른쪽*). (From Evans H, de Lahunta A. *Guide to the Dissection of the Dog*, 8th ed. St Louis: Saunders; 2017.)

허리엉치뼈 _Lumbosacral Vertebrae

허리엉치뼈의 가쪽촬영 – 자연스러운 자세 – 일반적
Lateral View of the Lumbosacral Vertebrae—Natural Positioning—Routine

자세잡기 _Positioning

위치: 옆누움자세.

뒷다리: 뒷다리를 겹쳐서 살짝 뒤쪽으로 두며, 사이에 폼패드를 둔다; 벨크로/샌드백으로 고정한다.

엉덩뼈 날개가 겹치도록 다리 위쪽에 패딩을 두고, 영상 감지기와 수평을 이루도록 한다.

앞다리: 앞다리를 겹쳐서 살짝 앞쪽으로 둔다; 벨크로/샌드백으로 고정한다.

작은 폼패드를 사지 사이에 둘 수 있다.

머리/목/가슴뼈: 필요 시, 가슴뼈 아래에 스폰지를 두어 가슴뼈와 척추가 정렬되도록 한다.

머리는 자연스러운 위치에 둔다. 샌드백으로 목을 지탱하고, 호흡에 문제가 없는지 확인한다.

척추: 주걱을 사용하여 각 허리뼈가 테이블과 영상 감지기와 평행하게 한다(그림 15.18).

코멘트와 팁 _Comments and Tips

- 골반 기술 차트를 사용하여 충분한 투과성을 가진 방사선을 사용하도록 한다.
- 글 상자 15.1을 통해 올바른 대칭을 갖는지 확인한다.
- 허리엉치뼈의 보조적 상에는 과다펴짐과 과다굽힘 상을 포함한다.

측정: 엉덩뼈 날개

중심 방사선: 허리엉치뼈 이음부(엉덩뼈 날개의 바로 뒤쪽).

경계: *앞쪽*: L4 (엉덩뼈 날개의 앞쪽).

뒤쪽: 대퇴골두.

등쪽과 배쪽: 좁게 콜리메이션한다.

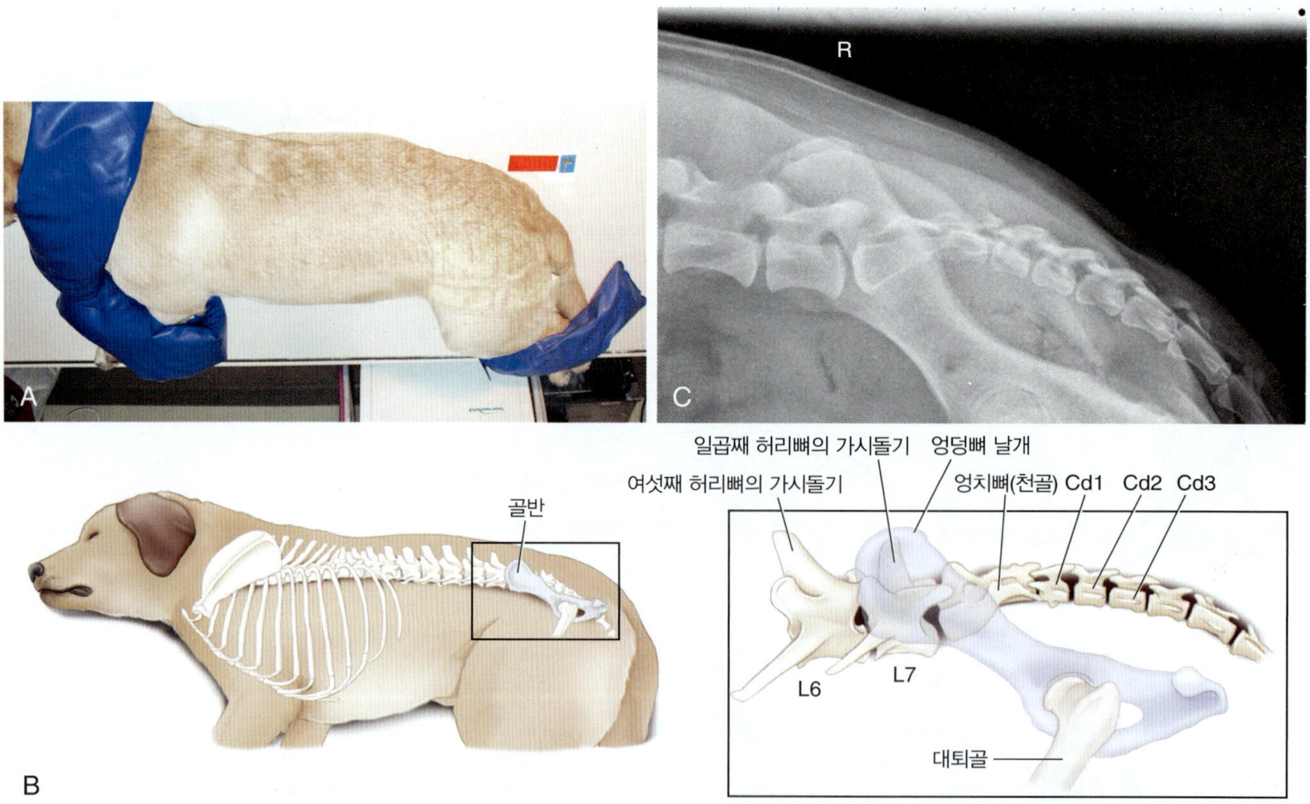

그림 15.18 **A,** 허리엉치뼈의 가쪽촬영을 위한 자세잡기. **B,** 허리엉치뼈의 가쪽촬영의 방사선학 해부학과 오버레이. **C,** 허리엉치뼈의 가쪽촬영 방사선 사진. (**C,** *Courtesy Joshua Schlote, BS, LVT, Northeast Community College.*)

허리엉치뼈의 가쪽촬영 – 보조적 _Lateral View of the Lumbosacral Vertebrae—Ancillary

코멘트와 팁 _Comments and Tips

- 이 상은 허리엉치뼈 불안성을 확인하는 데 사용된다.
- 측정, 중심 방사선, 경계 그리고 자세잡기는 가쪽촬영과 완전히 일치한다. 유일한 차이는 뒷다리의 자세잡기다.
- 과다펴짐 상에서는(그림 15.19A): 겹쳐진 뒷다리를 뒤쪽으로 가능한 한 과다펴짐 시키고, 벨크로/샌드백으로 고정시킨다.
- 과다굽힘 상에서는(그림 15.19B): 겹쳐진 뒷다리를 최대한 앞으로 과다굽힘 시키고, 벨크로/샌드백으로 고정시킨다.

보건사 참고사항

콜리메이션 한다. 라벨/마커가 포함되고 경계가 잘 보이는지 확인한다.

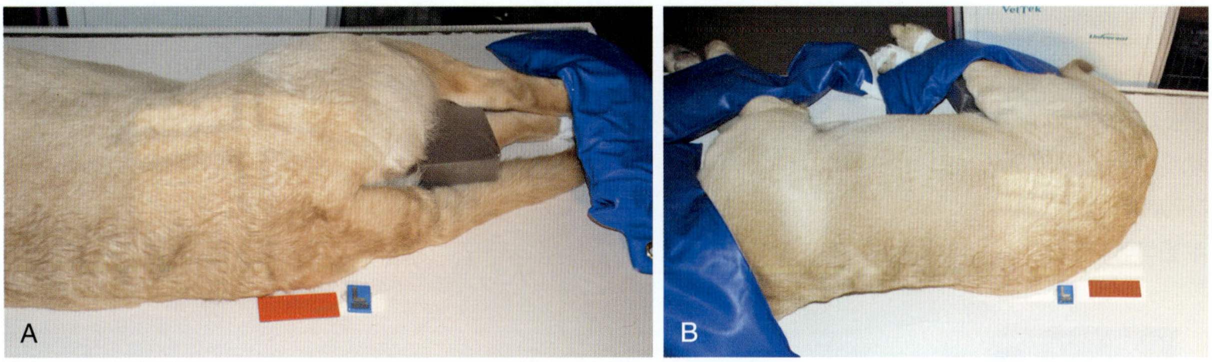

그림 15.19 **A,** 허리엉치뼈의 가쪽촬영—과다펴짐을 위한 자세잡기. **B,** 허리엉치뼈의 가쪽촬영—과다굽힘을 위한 자세잡기.

허리엉치뼈의 배등쪽촬영 – 일반적 _Ventrodorsal view of the lumbosacral vertebrae—Routine

자세잡기 _Positioning

위치: 폼으로 된 V자 받침대를 통해 배와위로 유지. 필요시 샌드백을 사용한다.

뒷다리: 자연스러운 자세에서 뒷다리를 조금 당기고, 필요 시 벨크로/샌드백으로 고정한다. 뒷다리가 외부로 회전되었을 수 있다.

앞다리: 앞다리는 앞쪽으로 두고, 벨크로/샌드백으로 고정한다.

머리/목/가슴뼈: 머리는 자연스러운 위치에 둔다. 샌드백으로 지탱하고, 호흡에 문제가 없는지 확인한다.

척추: 가슴뼈와 척추가 같은 수직면 상에 위치하도록 한다 (그림 15.20).

코멘트와 팁 _Comments and Tips

- 엉덩뼈 날개가 테이블과 평행하도록 한다.
- 방사선 촬영 1~2시간 전에 사진에서 척추 손상을 가릴 수 있는 배설물을 제거하기 위해 관장을 한다.

측정: 엉덩뼈 날개.

중심 방사선: 허리엉치뼈 이음주, 엉덩뼈 날개 뒤쪽으로, 뒤앞쪽 방향으로 20~30도 각도로.

경계: *앞쪽*: 엉덩뼈 날개의 앞쪽.

뒤쪽: 넙다리뼈 머리.

가쪽: 좁게 콜리메이션한다.

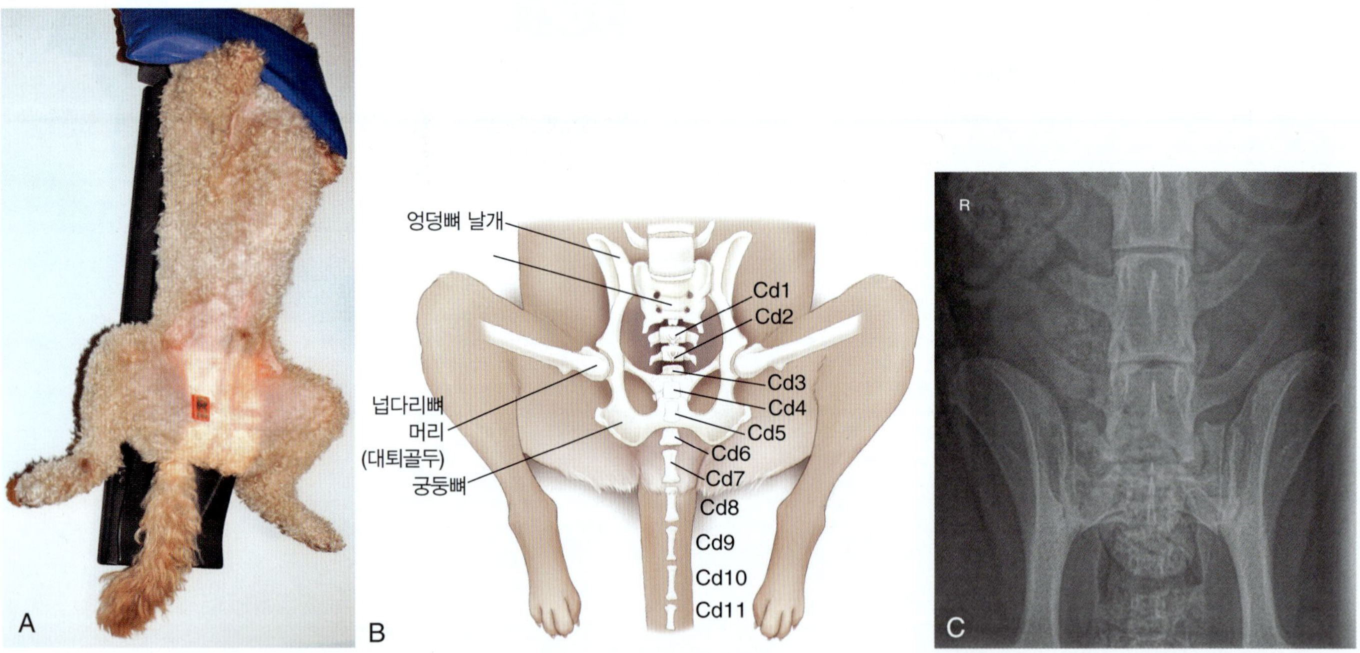

그림 15.20 **A,** 허리엉치뼈의 VD촬영을 위해 자세잡기. **B,** 허리엉치뼈의 VD촬영의 방사선학 해부학. **C,** 허리엉치뼈의 VD촬영 방사선 사진. (**C,** *Courtesy Jennifer White, Mississauga Oakville Veterinary Emergency Hospital and Referral Group, Oakville, Ontario.*)

꼬리뼈 _Caudal Vertebrae

꼬리뼈의 가쪽촬영 – 일반적 _Lateral View of the Caudal Vertebrae—Routine

자세잡기 _Positioning

위치: 옆누움자세.

뒷다리: 뒷다리는 자연스러운 자세에 두고 벨크로/샌드백으로 고정한다.

앞다리: 앞다리를 살짝 앞쪽으로 두고, 필요 시 벨크로/샌드백으로 고정한다.

머리와 목: 자연스러운 자세로 유지하고, 필요 시 목 위에 샌드백을 올려서 고정시킨다.

척추: 폼패드를 사용하여 척추가 테이블과 평행하도록 한다. 감지기는 폼패드와 꼬리 사이에 둔다. 필요 시 꼬리를 고정한다(그림 15.21).

코멘트와 팁 _Comments and Tips

- 필름 카세트를 테이블탑에 둘 수 있다면 플레이트를 반으로 나눠서 두개의 상이 하나의 카세트에 오도록 한다.

측정: 꼬리의 가장 두꺼운 부분.

중심 방사선: 관심 영역.

경계: 관심 영역 옆으로 4~5개 척추까지 포함되도록, 또는 꼬리 전체.

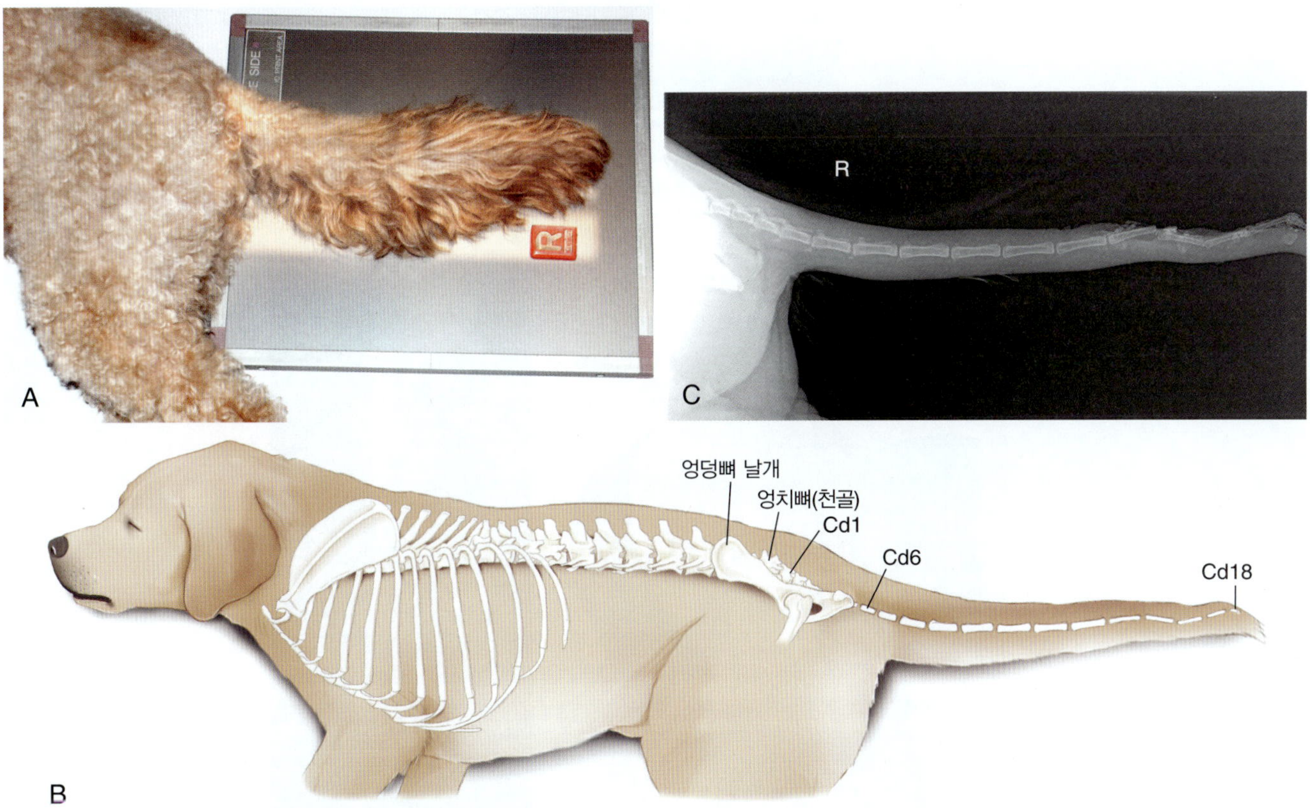

그림 15.21 **A,** 꼬리뼈의 가쪽촬영을 위해 자세잡기. **B,** 꼬리뼈의 가쪽촬영의 방사선학 해부학. **C,** 꼬리뼈의 가쪽촬영 방사선 사진. 끝이 골절되었다. (**C,** Courtesy Mount Pleasant Veterinary Hospital, Toronto, ON.)

꼬리뼈의 배등쪽촬영 – 일반적 _Ventrodorsal View of the Caudal Vertebrae—Routine

자세잡기 _Positioning

위치: 폼으로 된 V자 받침대를 통해 배와위로 유지. 테이프/벨크로를 사용해서 고정할 수 있다.

뒷다리: 뒷다리를 당긴다; 필요 시 벨크로/샌드백으로 고정한다.

앞다리: 앞다리는 앞쪽으로 위치시킨다; 필요 시 벨크로/샌드백으로 고정한다.

머리/목/가슴뼈: 머리는 자연스러운 자세로 둔다. 필요시 고정한다.

척추: 필요 시 테이프로 꼬리를 고정하고, 몸과 일자를 유지하도록 한다(그림 15.22).

측정: 꼬리의 가장 두꺼운 부분.

중심 방사선: 관심 영역.

경계: 관심 영역 옆으로 4~5개 척추까지 포함되도록, 또는 꼬리 전체.

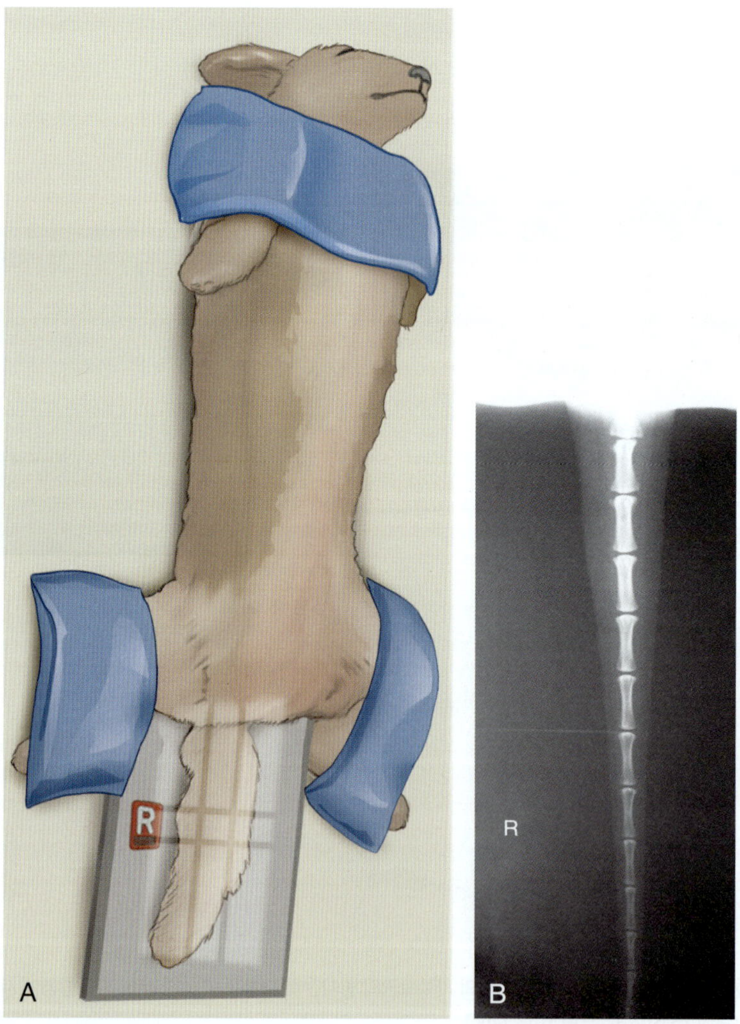

그림 15.22 **A,** 꼬리뼈의 VD촬영을 위해 자세잡기 . **B,** 꼬리뼈의 VD촬영의 방사선 사진.

추가적인 보조상 _Further Ancillary Views

- 환자의 부상 또는 다른 이유로 인해 일반적인 VD촬영을 진행할 수 없다면, 비스듬촬영, 가쪽누움자세촬영, 그리고 DV촬영을 고려할 수 있다.
- 각 자세마다 설명된 측정, 중심 방사선 및 경계의 원칙을 사용한다.
- 빔을 관심 영역에 맞추고 콜리메이션한다.

척추의 가쪽누움자세촬영(가로빔을 사용한 VD촬영)—보조적 _Lateral Decubitus View of the Vertebrae (Ventrodorsal View with a horizontal beam)—Ancillary

- VD촬영은 개를 옆누움자세 자세로 두고 가로빔을 사용하여 얻을 수 있다(그림 15.23A). 16장과 17장에서 설명한 흉부와 복부에서 촬영 방법과 같다.

척추의 DV촬영—보조적 Dorsoventral View of the Vertebrae—Ancillary

- 환자가 VD자세가 불가능하거나, 기계의 한계로 가쪽누움자세촬영이 불가능한 경우 개를 흉와위(그림 15.23B)에 두고 DV촬영으로 촬영할 수 있다.
- DV자세에서는 척추와 테이블의 평행을 유지하는 것이 어렵다. 또한, ODF가 증가되어 확대되어 보인다.
- 패드를 머리 아래쪽에 두어 모든 척추가 테이블과 평행하도록 한다(그림 15.23B).
- 그림 15.24는 미지의 방사선 사진이다. 이를 검토하고 그와 관련된 질문에 답해보자.

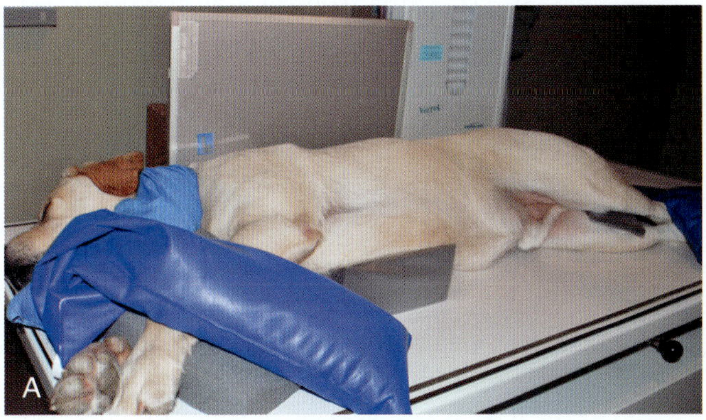

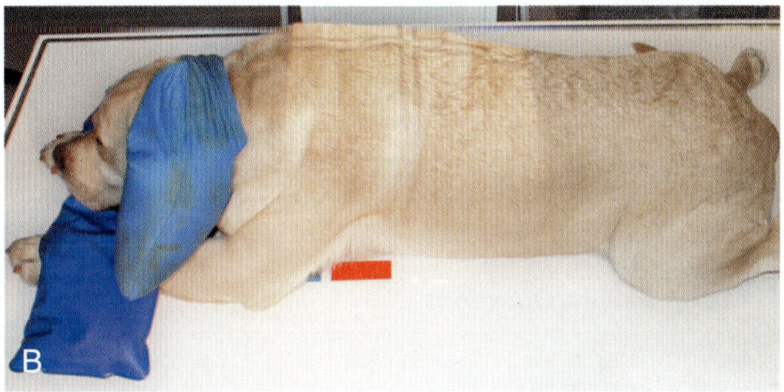

그림 15.23 **A**, 가로빔을 사용한 척추 방사선 촬영. VD촬영을 위해 자세 잡고 있다. 관심 영역에 좁게 콜리메이션한다. **B**, VD촬영을 촬영하기 어렵다면 DV촬영을 찍을 수 있다. DV촬영에서는 물체-필름 사이 거리와 확대율이 증가하며, 척추를 평행하게 유지하기 어렵다. 척추 방사선 사진은 좁게 콜리메이션 해야 한다.

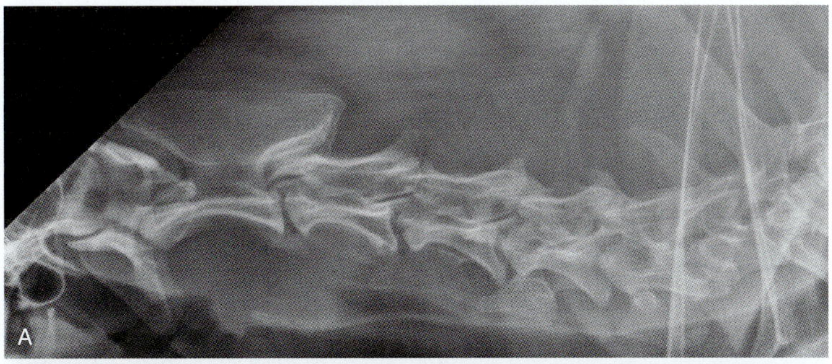

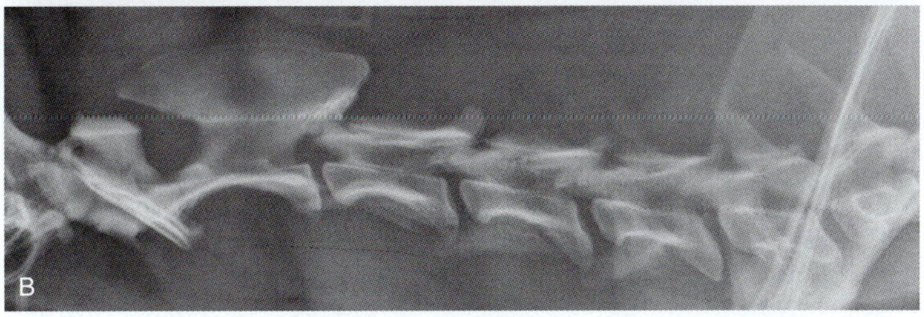

그림 15.24 **미지의 방사선촬영사진.** 같은 환자의 두 장의 목뼈 가쪽촬영 사진이다. 사진 A의 문제점은 무엇이며 이를 사진 B에서 어떻게 해결하였는가?

척추의 비스듬촬영—보조적

Oblique View of the Vertebrae—Ancillary

- 가쪽촬영 또는 VD촬영에서 확인한 병변을 더 국소화하기 위해 추가적인 검사로 비스듬촬영이 필요할 수 있다.
- 환자를 배와위 자세로 두고 몸을 오른쪽 또는 왼쪽으로 회전시킨다.
- 아래턱뼈, 앞쪽 가슴뼈, 그리고 골반 밑에 패딩을 두어 30~45도의 비스듬촬영을 얻을 수 있도록 한다.
- 오른쪽과 왼쪽 비스듬촬영을 비교해야 한다.

✳ 핵심 사항

1. 전신 마취 또는 진정제의 사용은 더 정확한 자세잡기가 가능하도록 한다.
2. 일반적인 상은 각 척추 구역의 가쪽촬영과 VD촬영이다. 보조적 상은 추가적인 진단에 있어 쓰일 수 있다.
3. 각 척추는 테이블/영상 감지기와 평행해야 한다. 중심 방사선과는 직각을 이뤄야 한다. 이는 왜곡을 최소화하여 오진을 예방한다.
4. 관심 영역의 가장 두꺼운 부위를 측정한다.
5. 척추 쪽으로 좁게 콜리메이션하며, 라벨/마커의 위치에 주의한다.
6. 여러 상을 촬영하는 것을 추천한다. 하나의 사진에 나오는 척추의 수에 제한을 두어 발산되는 X선에 의한 착시를 방지한다.
7. 척추 손상이 있는 환자의 사지와 척추를 움직이는 것은 권장되지 않는다.

복습 문제 _Review Questions

1. 도베르만의 목뼈의 VD촬영이 필요하다. 어디를 측정해야 하는가?
   a. C6를 측정하고, 중심도 같은 위치에 맞춘다.
   b. C6를 측정하고, 중심은 C3 – C4에 맞춘다.
   c. C1를 측정하고, 중심은 C3 – C4에 맞춘다.
   d. C3 – C4를 측정하고, 중심도 같은 위치에 맞춘다.
2. 도베르만의 목뼈의 가쪽촬영을 촬영할 때, 폼패드를 사용하면 올바르게 자세를 잡을 수 있다. 다음 중 폼패드가 필요하지 않은 위치는?
   a. 가슴뼈 아래
   b. 목뼈 아래
   c. 뒷다리 사이
   d. 코 아래
3. 목뼈의 가쪽촬영을 촬영하려고 한다. 도베르만의 앞다리의 올바른 자세는?
   a. 겹쳐진 상태로 살짝 뒤쪽에 위치한다.
   b. 겹쳐진 상태로 살짝 앞쪽에 위치한다.
   c. 교차되어 살짝 뒤쪽에 위치한다.
   d. 교차되어 살짝 앞쪽에 위치한다.
4. 도베르만의 목뼈의 가쪽굴곡상을 촬영해야 한다. 자세에 대한 설명 중 옳은 것은?
   a. 머리는 자연스럽게 비스듬히 둔다.
   b. 머리는 완전 가쪽으로 위치한다.
   c. 사지는 최대한 앞쪽으로 당긴다.
   d. 목뼈 아래에는 패딩이 필요 없다.
5. 닥스훈트의 등허리뼈의 가쪽촬영이 필요하다. 어디를 측정해야 하는가?
   a. T13과 L1 척추사이공간
   b. 어깨뼈의 앞쪽 모서리
   c. 갈비뼈의 가장 높은 부위
   d. L4 정도의 높이
6. 닥스훈트의 등허리뼈의 가쪽촬영을 찍는다. 올바른 경계 부위는?
   a. 칼돌기에서 마지막 갈비뼈의 가장 뒤쪽
   b. C1에서 T6의 앞쪽
   c. T13에서 L1의 뒤쪽
   d. T1에서 L7 바로 뒤쪽
7. 등허리뼈의 VD촬영을 촬영한다. 올바른 자세잡기에 대한 설명은?
   a. 갈비뼈를 겹쳐서 척추사이공간이 더 잘 보이도록 한다.
   b. 목뼈와 등뼈 아래에 패딩을 둔다.
   c. 뒷다리를 자연스럽게 겹쳐 두고 샌드백으로 고정한다.
   d. 척추와 가슴뼈를 겹치게 한다.
8. 등허리뼈 이음부의 가쪽촬영이다. 라벨/위치 마커의 올바른 위치는?
   a. 촬영하는 척추의 배쪽
   b. 촬영하는 척추의 등쪽
   c. 촬영하는 척추의 앞쪽
   d. 촬영하는 척추의 뒤쪽
9. 수의사는 아이리시 세터의 압박 골절을 의심하며 흉곽과 허리뼈의 수직상을 필요로 하고 있지만, 추가적인 부상을 초래할까 걱정하고 있다. 가능하다면 필름 방사선 촬영으로 어떤 촬영을 진행해야 하는가?
   a 오른가쪽촬영과 오른가쪽누움자세촬영
   b. 오른가쪽촬영
   c. 오른가쪽촬영과배등쪽촬영
   d. 오른가쪽촬영, 왼가쪽촬영과 DV촬영

10. 아이리시 울프 하운드의 등뼈와 허리뼈의 방사선 사진을 찍고 있다. 가쪽촬영과 직각면영상을 얻기 위해선 어디를 측정하고 중심을 맞춰야 하는가?
    a. T6/T7와 L4, 총 4개의 사진을 얻는다.
    b. T6/T7, TL 이음부와 L4, 총 6개의 사진을 얻는다.
    c. T6/T7와 L4, 총 2개의 사진을 얻는다.
    d. T6/T7, TL 이음부와 L4, 총 3개의 사진을 얻는다.
11. 아이리시 울프 하운드이 등허리뼈를 촬영하고 있다. 방사선 사진에 어디까지 포함시켜야 하는가?
    a. 한 사진에 T1에서 L3를 포함한다.
    b. 한 사진에 T4에서 L3를 포함한다.
    c. T10에서 L3
    d. T1에서 L7
12. 수의사에게 넘기기 전에 아이리시 울푸 하운드의 허리뼈 가쪽촬영을 확인하고 있다. 무엇을 확인해야 하는가?
    a. 척추사이구멍과 가로돌기가 겹쳐 있는지
    b. 가로돌기의 대칭성
    c. 배설뇰이 보이지 않는 대장
    d. 척추체 중간 위쪽에 보이는 가시돌기
13. 허리뼈의 VD촬영의 대칭성을 확인하고 싶으면 무엇을 확인해야 하는가?
    a. 겹쳐있는 척추사이구멍의 크기가 일정한지
    b. 골반이 겹쳐 있고 살짝 뒤로 향해 있음
    c. 척추체 중간 위쪽에 보이는 가시돌기
    d. 가로돌기가 겹쳐지면서 나이키처럼 보이는지
14. 촬영 1~2시간 전 관장이 요구되는 경우는?
    a. 허리뼈와 허리엉치뼈의 VD촬영
    b. 허리뼈와 허리엉치뼈의 가쪽촬영과 VD촬영
    c. 모든 VD촬영
    d. 모든 VD촬영과 가쪽촬영
15. 그레이하운드의 허리엉치뼈의 불안정성이 의심된다. 척수조영술을 진행한 뒤 일반적인 가쪽촬영 외로도 수의사가 다이내믹 연구를 진행하려 한다. 이때 필요한 촬영은?
    a. VD와 DV 상
    b. 과다펴짐
    c. 과다굽힘
    d. 과다펴짐과 과다굽힘
16. 허리엉치뼈의 과다펴짐촬영을 촬영하기 위해 저먼 세퍼드의 자세를 잡아야 한다. 올바른 자세는?
    a. 복와위, 가로빔이 허리엉치뼈이음부에 맞춰져 있다.
    b. 옆누움자세, 뒷다리는 겹쳐서 뒤쪽으로 당겨져 있다.
    c. 옆누움자세, 뒷다리는 겹쳐서 앞쪽으로 당겨져 있다.
    d. 배와위, 뒷다리는 겹쳐서 앞쪽으로 당겨져 있다.
17. 척추의 비스듬촬영을 촬영하고자 한다. 환자의 올바른 자세는?
    a. 옆누움자세, 30~45도 회전
    b. 흉와위, 30~45도 회전
    c. 배와위, 30~45도 회전
    d. 배와위, 15~25도 회전
18. 차에 치인 고양이 환자는 현재 마비되었고 안정된 상태이다. 수의사는 등뼈와 허리뼈 쪽 완전 골절을 의심하고 있지만, 먼저 방사선 사진을 찍어서 보호자에게 보여주려고 한다. 어떤 사진을 찍어야 하는가?
    a. 오른가쪽촬영과 왼가쪽촬영, C1에서 S1까지
    b. 오른가쪽촬영과 VD촬영, C1에서 S1까지
    c. 3개의 오른가쪽촬영: C1에서 L1까지, T10에서 L3까지, T12에서 S1까지
    d. 우측외상, C7에서 S1까지

참조 _References

1. Thrall DE. *Textbook of Veterinary Diagnostic Radiology*. 7th ed. St. Louis: Elsevier; 2017.
2. Holloway A. *BSAVA Manual of Canine and Feline Radiography and Radiology: A Foundation Manual*. Suffolk: BSAVA; 2014.
3. Muhlbauer MC, Kneller SK. *Radiography of the Dog and Cat: Guide to Making and Interpreting Radiographs*. Oxford: Wiley-Blackwell; 2013.

참고 문헌 _Bibliography

Ayers S. *Small Animal Radiographic Techniques and Positioning*. Oxford: Wiley-Blackwell; 2013.

Colville T, Bassert J. *Clinical Anatomy and Physiology for Veterinary Technicians*. 3rd ed. St. Louis: Mosby; 2016.

Done SH, Goody PC, Evans S, Stickland NC. *Color Atlas of Veterinary Anatomy, the Dog and Cat*. London: Mosby; 2009.

Evans H, de Lahunta A. *Guide to the Dissection of the Dog*. 7th ed. St. Louis: Saunders; 2010.

Singh B. *Dyce, Sack and Wensing's Textbook of Veterinary Anatomy*. 5th ed. St. Louis: Elsevier; 2018.

Sirois M, Schlote J. *Diagnostic Imaging for Veterinary Technicians*. Minneapolis, MN: Bluedoor, LLC; 2017.

Tighe M, Brown M. *Mosby's Comprehensive Review for Veterinary Technicians*. 5th ed. St. Louis: Mosby; 2019.

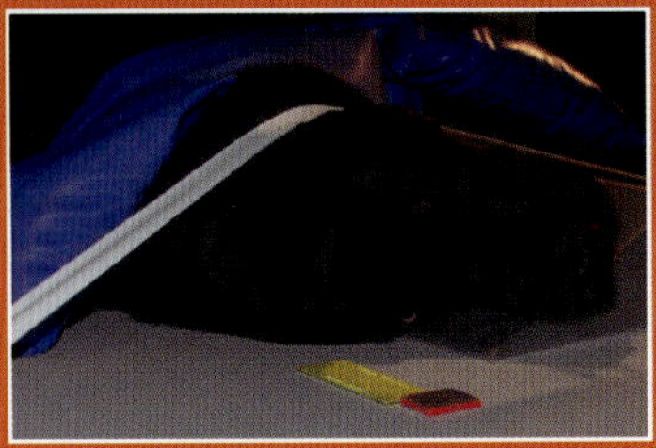

CHAPTER 16 소동물 머리뼈

Small Animal Skull

Marg Brown, RVT, BEd Ad Ed

"머리만큼 어렵고 단단한 건 아무 것도 없어요. 그러니 머리 밖에서 생각하고 날아보세요"

—비크람 베르마(1944), *인생의 황금 10보*의 저자

개요

학습 목표

이 장에 있는 정보의 적용은 다음 영역과 관련이 있다.

1. 소동물 머리뼈 방사선 촬영에서 사용되는 일반적인 자세와 원칙을 확인한다.
2. 일반적인 머리뼈 촬영 시 비수동적 보정에 초점을 두면서 개나 고양이를 올바르고 안전하게 자세를 잡을 수 있다.
3. 환자를 올바르게 측정하고 중심으로 배치하여 알맞은 주변 경계를 포함시킬 수 있다.
4. 몸체를 영상 감지기와 평행하게 유지하고, 중심 방사선이 관측 시야와 감지기와 수직을 이루도록 한다.
5. 필요한 보조적인 촬영을 찍을 수 있다.
6. 방사선 촬영 사진에서 정상적인 머리뼈 구조를 알아볼 수 있다.

주요 용어

단두의(Brachycephalic)
안각(Canthi)
연결부(Commissure)
장두의(Dolichocephalic)
등쪽(Dorsal)
가쪽 비스듬촬영(Lateral oblique)
중두의(Mesaticephalic)
자세잡기 용어(Positional terminology)
사분면(Quadrant)
주둥이쪽(Rostral)
주둥이뒤쪽(Rostrocaudal)
주둥이등쪽–뒤배쪽 비스듬촬영(Rostrodorsal-caudoventral oblique)
주둥이배쪽–뒤등쪽 비스듬촬영(Rostroventral-caudodorsal oblique)
스카이라인(Skyline)
배쪽(Ventral)

기술적 참고: 공간을 아끼기 위해, 이 챕터에서 제시된 방사선 사진에는 시준(collimation)이 생략되었다. 언제나 빔이 영상 감지기의 가장자리 내부로 한정되도록 시준을 제한해야 한다. 필름 방사선기술에서는 모든 방사선 사진에 명확한 시준 범위(프레임)가 보여야 한다. 일부 지역에서는 법적으로 시준의 증거가 요구된다. 디지털 이미징에서는 알고리즘이 적절한 시준에 따라 달라진다.

머리뼈는 척추와 함께 몸통뼈대를 구성한다. 머리뼈의 적절한 영상 촬영은 복잡한 해부학, 많은 구조와 겹침 그리고 다양한 종에 따른 크기와 모양의 변화로 인해 어려울 수 있다. 머리뼈의 영상(표 16.1)은 주로 외상, 선천적 이상, 염증성 병변, 종양 또는 퇴행성 변화를 평가하기 위해 촬영된다. 방사선 촬영은 특정 질병의 검출에는 정확하지 않을 수 있으며, MRI 및 CT와 같은 단면 영상법보다 진단적으로 덜 유용할 수 있다. 그러나 대체로 이러한 방법이 사용 가능하지 않거나 비용이 많이 드는 경우도 있기 때문에 방사선 촬영은 여전히 주요 진단 도구로 사용된다.[1]

보건사 참고사항

효율적으로 촬영을 하기 위해서, 빔에 들어가지 않는 신체 부의의 자세를 먼저 잡고 고정한다. 관심 부위 쪽은 마지막으로 고정한다.

방사선 및 자세 잡기 고려사항 _Radiographic and Positioning Concerns_

1. 머리뼈를 촬영할 때, 대칭적으로 자세를 잡는 것은 매우 중요하며, 특히 가쪽촬영과 DV/VD 상에서 비대칭적인 구조물과 음영의 차이를 확인하는 데 도움이 된다. 대부분의 머리뼈 질환은 양측성이 아니다.[1]
2. 다행히 머리뼈는 상대적으로 대칭적이며 대부분의 소동물에서 가쪽 및 DV/VD 차원에서 거의 크기이다. 두 경우 모두 머리뼈의 가장 넓은 부분에서 측정한다. 공기로 채워진 코곁굴을 촬영해야 하는 경우, 머리뼈의 가장 두꺼운 부분의 주둥이쪽을 측정하여 과다 노출을 피한다. 그림 16.1은 다양한 머리뼈 유형을 보여준다.
3. 일반적인 가쪽촬영 및 DV 연구를 제외한 촬영에는 적절

표 16.1 머리뼈 방사선 사진 프로토콜

해부학적 위치	상
일반적 상	
머리뼈: 일반적인 또는 연구	가쪽촬영(관찰하는 쪽이 아래로 오도록) 등배쪽 촬영(DV) or 배등쪽 촬영(VD)
보조적 상	
다른 관심부위의 일반적인 상(*일반적인 머리뼈 연구 외의*)	
이마굴	주둥이뒤쪽 이마굴 촬영 – 이마 90도, 주둥이뒤쪽 클로즈–마우스 가쪽 비스듬촬영(LeD-RtVO or RtD-LeVO) (보조적) 반대쪽 가쪽촬영(L)
비강	구강내 DV VD 입 벌림–배쪽 20~30도 주둥이쪽–등뒤쪽 비스듬촬영(V20 – 30°R DCdO) 클로즈–마우스 뒤배쪽–주둥이등쪽 비스듬촬영(CdV-RDO)—단두종을 위한
큰구멍	주둥이뒤쪽 입 닫음 촬영 – 주둥이쪽 20~30도 배쪽–뒤등쪽 비스듬촬영(R20 – 30°V CdO)
이마굴	주둥이뒤쪽–90도 클로즈–마우스(이마굴이 있는 종)
고실융기	입 벌림 주둥이뒤쪽(주둥이쪽 10~30도 배쪽–뒤등쪽 비스듬촬영) (R10 – 30°V CdDO) 고양이 및 단두종 개: 크로즈–마우스 주둥이쪽 10도 배쪽–뒤등쪽 비스듬촬영 (R10° V CdDO) 가쪽 비스듬촬영: LeD-RtVO 또는 RtD-LeVO, 관찰 부위 위로 가쪽 비스듬촬영(LeV-RtDO 또는 RtV-LeDO), 관찰 부위 아래로
턱관절	가쪽 비스듬촬영(LeV-RtDO or RtV-LeDO), 관찰 부위 아래로 가쪽 비스듬촬영(LeD-RtVO or RtD-LeVO), 관찰 부위 위로
광대뼈와 눈구멍	주둥이뒤쪽–90도 클로즈–마우스
위턱뼈와 치아 구강외 연구*	우/왼쪽 입 벌림 가쪽촬영 구강내 DV 가쪽 비스듬촬영(LeV-RtDO 또는 RtV-LeDO)
아래턱과 치아 구강외 연구*	우/왼쪽 입 벌림 가쪽촬영 구강내 VD 가쪽 비스듬촬영, 관찰 부위 아래로(Le-20°D RtVO 또는 Rt-20°D LeVO)

* 구강외 상에 대해서는 17장을 참고한다.

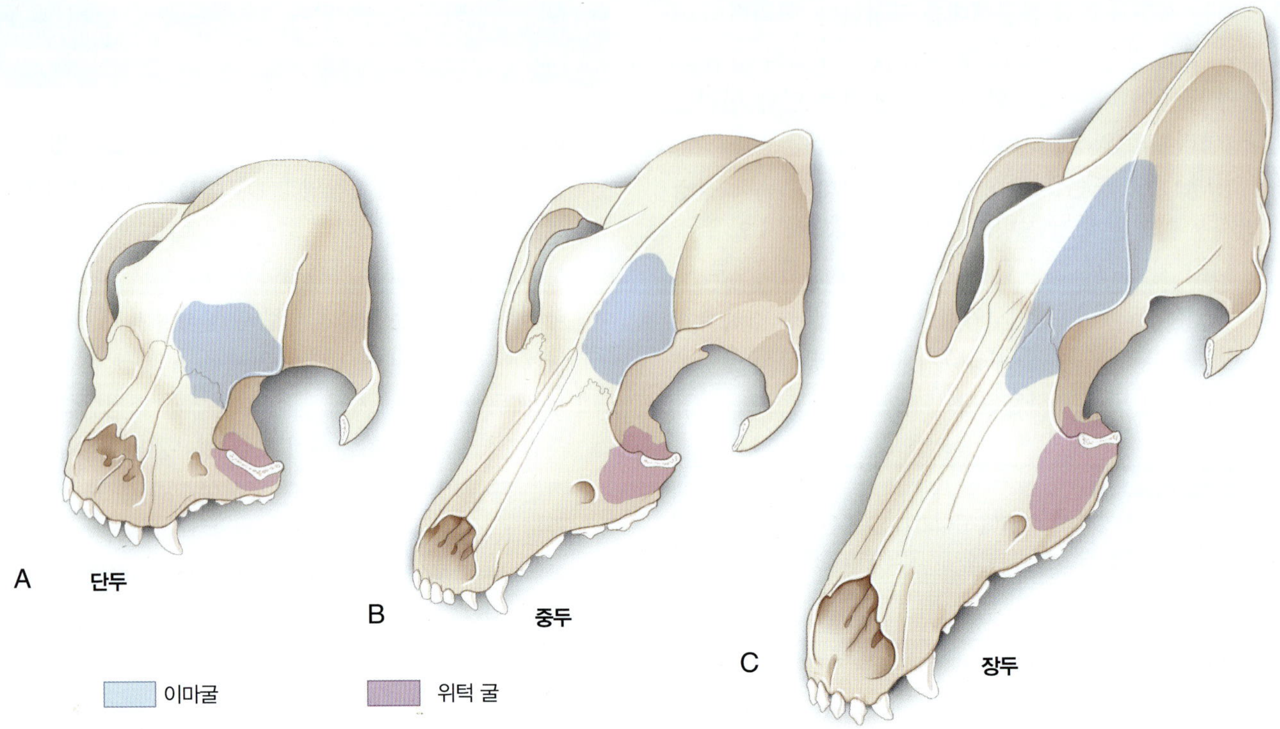

그림 16.1 개의 머리뼈의 세 가지 기본 형태는 **(A)** 단두, **(B)** 중두, **(C)** 장두이다. 위턱굴과 이마굴의 위치도 함께 표시되어 있다. (From Aspinall V, Cappello M. Introduction to Veterinary Anatomy. London: Butterworth-Heineman, Elsevier; 2009.)

한 대칭성을 유지하기 위해 강력한 진정제나 전신 마취가 필요하다. 마취에 대해 제안된 프로토콜과 고려 사항은 마취학 교재를 참고한다.

4. 기관 내 튜브, 혀, 그리고 귓바퀴 모두 허상을 유발할 수 있음으로 관측 시야에서 가능한 한 치워야 한다.
5. 높은 대조도의 촬영을 추천한다. 측정값이 10 cm 이상이라면 그리드를 사용한다. 기하학적 선명도를 향상시키기 위해 국소 초점점이 허용하는 최저 mA를 사용할 수 있도록 높은 mAs와 긴 시간설정을 사용한다. 가능한 경우 주요 관심 영역에 꼭 맞게 시준을 조절하여 이차적 방사선을 줄이고 영상의 품질을 향상시킨다. 머리뼈의 가장 두꺼운 부분을 음극에 가깝게 배치한다.
6. 털을 빗어주고, 목줄 또는 다른 장치를 제거하는 것 이외에는 준비는 필요하지 않다.
7. 올바르고 일관성 있게 위턱뼈와 아래턱뼈의 구강외 비스듬촬영 방사선 사진을 촬영하기 위해선 방사선 투과성의 다양한 크기의 쐐기가 필요하다.
8. 올바른 마커를 코 쪽에 둔다. 해부학적 구조를 바르게 해석하기 위해서는 왼쪽과 오른쪽 마커가 필수이며, 특히 비스듬촬영에서 중요하다. 두 마커 모두 영상 감지기 위에 올려서 어느 쪽 턱을 관찰하고자 하는지 헷갈리지 않게 한다. 또한 마커는 치아를 분류하는 데 도움을 준다.
9. 위턱뼈와 아래턱뼈의 비스듬촬영은 17장에서 더 자세히 다룰 것이다.

보건사 참고사항

위치잡기 보조 장치를 전략적으로 사용하여 환자가 사람에게 잡혀 있다는 착각을 하도록 한다. 샌드백은 목과 사지 위에 두고, 진정제를 사용하지 않은 경우 벨크로/테이프도 필수로 사용한다. 환자에게는 계속 안정적이고 낮은 목소리로 말을 건다.

일반적 촬영 _Routine views

머리뼈의 가쪽촬영 _Lateral View of the Skull

가쪽촬영은 비강, 이마굴, 코 모서리와 이마뼈, 머리덮개뼈의 등쪽 모서리, 그리고 사상판을 평가한다. 가쪽촬영은 코인두, 후인두 지역, 그리고 목뿔뼈 구조를 보기 가장 적합한 시야이다. 그러나 겹쳐서 보이기 때문에 비강과 뼈 가장자리의 편측성 질환을 놓칠 수 있다.[1] 관찰하는 가쪽을 테이블 쪽에 둔다.

자세잡기(그림 16.2) _Positioning

위치: 오른가쪽 누움자세 또는 왼가쪽 누움자세, 관찰하는 쪽을 영상 감지기 쪽에 둔다.

뒷다리: 자연스러운 자세로 둔다; 샌드백 또는 타이로 지지한다.

앞다리: 뒤로 당기고, 샌드백 또는 타이로 지지한다.

머리와 목: 아래턱이 영상 감지기의 긴 모서리와 평행하도록 머리를 위치한다.

앞배쪽 목뼈 밑에 패딩을 넣는다. 턱뼈가지 아래에 폼패드를 넣어서 턱뼈가지가 겹쳐지고 머리뼈의 회전이 일어나지 않도록 고정한다.

머리를 테이핑하거나 벨크로 스트랩으로 코와 목을 둘러서 고정한다. 샌드백을 목 위에 두거나 머리의 등쪽에 폼패드를 두어 머리를 고정시킬 수 있다.

코멘트와 팁 _Comments and Tips

- 귓바퀴와 테이프가 관심 영역과 겹치지 않는지 확인한다.
- 앞다리를 뒤쪽으로 당기면 머리뼈를 진정한 가쪽 자세로 유지하는 데 도움이 된다.
- 올바른 대칭성을 보이는지 확인하기 위해선, 자세를 잡을 때 아래를 확인한다:
  - 주둥이뒤쪽 방향(앞쪽에서) 바라본다. 내안각 사이를 연결하는 선을 떠올린다. 이 선과 단단입천장은 테이블과 수직을 이뤄야 한다.
  - 중심시상단면과 비중격은 영상 감지기와 평행하다.
  - 아래턱뼈 배쪽에 손을 두면, 테이블과 수직이다.
- 아래턱뼈의 턱뼈가지와 고실 융기가 겹쳐서 보인다.
- 단두종의 미리뼈가 더 넓기 때문에 방사선의 발산에 의한 왜곡으로 모든 구조가 대칭적으로 보이지 않을 수 있다.
- 아래턱뼈 또는 위턱뼈가 관심 부위라면, 입을 벌려서 사진을 찍는 것이 겹쳐서 보이는 것을 방지하는 방법일 수 있다.

측정, 중심 방사선, 경계: 표 16.2 확인

보건사 참고사항

코와 목 아래 패드를 두면 머리뼈를 가로단면에 둘 수 있고, 회전을 최소화한다. 고리뼈 날개와 그 외의 머리뼈의 구조는 겹쳐져서 사진에 보여야 한다.

보건사 참고사항

환자 자세 잡기 전:

- 기계를 켜고, 필요 시 주요 전압 교정을 설정하며, 적절한 거리를 제고, 머리뼈가 올바른 자세에 있는지 확인하고 조사선량을 설정한다. 영상 감지기는 준비되어 있어야 한다. 자세잡기 보조 장치가 근처에 있다.
- 환자의 자세를 잡는다. 마커와 ID가 올바른 위치에 놓여 있는지 확인한다; 올바른 신체부위와 자세를 촬영하는지 확인한다; 중심, 경계가 올바른지 확인하고 시준한다.
- 방사선이 분산되는 것을 막기 위해 사용하지 않는 물체는 치워둔다. 최대한 관심 영역에는 허상이 없도록 하며, 가능한 한 환자를 화학적으로 통제해야 한다.
- 마지막으로, 자세를 잡고 빠르게 머릿속으로 체크리스트를 떠올린 뒤, 촬영 버튼을 누른다.

보건사 참고사항

- 정상 환자의 경우, 가쪽촬영 방사선 사진에 하나의 구조만 보인다면 대칭이라 판단할 수 있다—양측이 완전히 겹쳐진 것을 의미한다.
- 정상 환자의 경우, DV/VD촬영 방사선 사진에 왼쪽과 오른쪽에서 촬영한 사진이 거울상이라면 대칭이라 판단할 수 있다.

머리뼈의 가쪽촬영 _*Lateral View of the Skull* (계속)

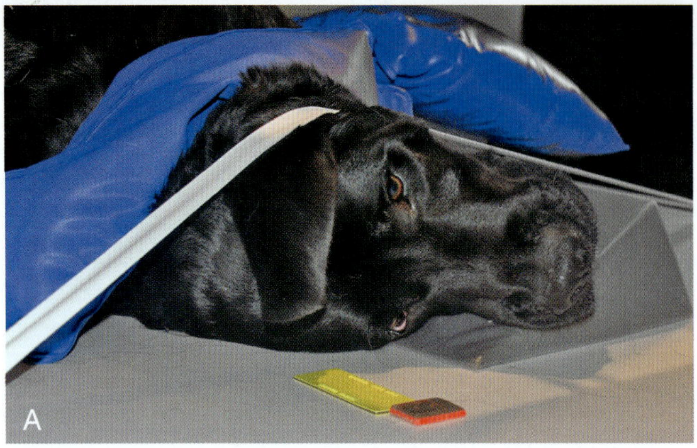

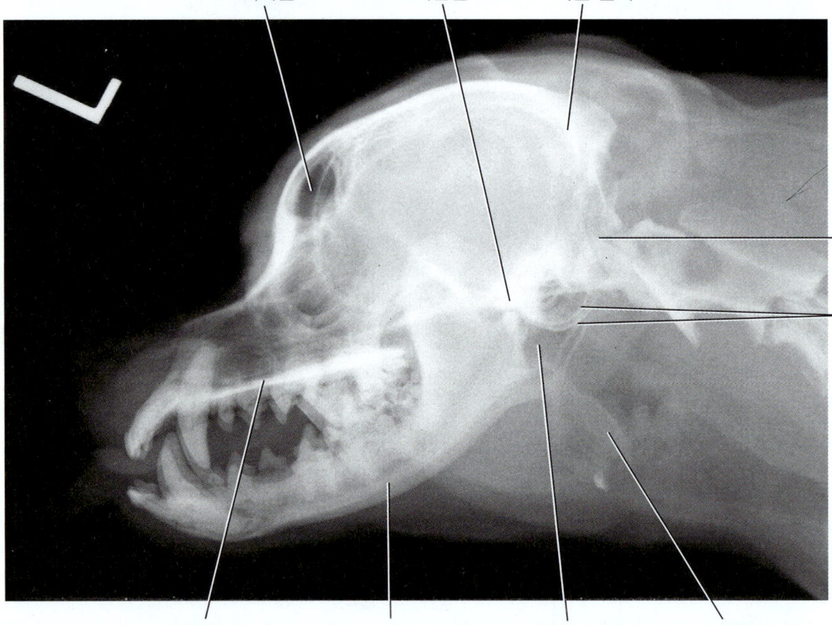

그림 16.2 **A,** 머리뼈의 가쪽촬영의 자세잡기. **B,** 머리뼈 왼가쪽촬영의 방사선 사진. 뼈, 고실융기와 치아가 겹쳐 보이는 것을 확인하라.

머리뼈의 가쪽촬영 _*Lateral View of the Skull* (*계속*)

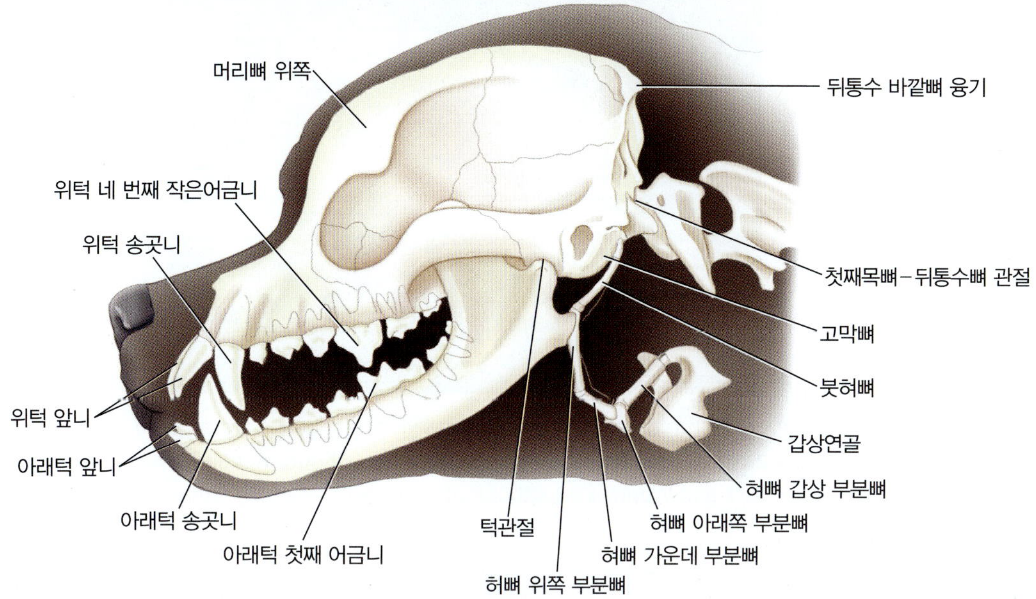

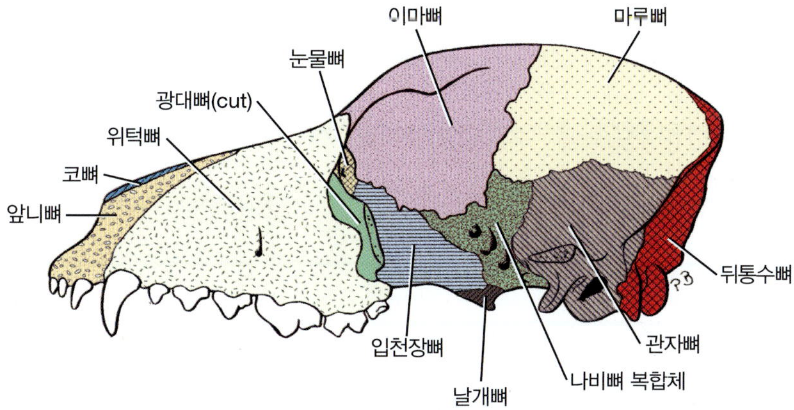

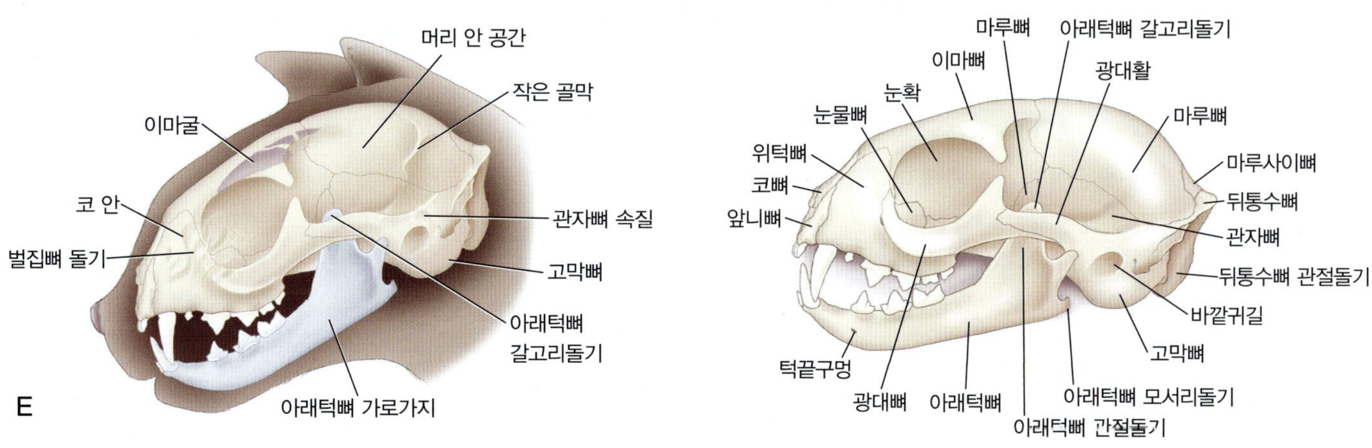

그림 16.2 (*계속*) **C,** 개 머리뼈의 좌-우가쪽 방사선 해부학. **D,** 머리뼈의 뼈, 가쪽(광대뼈활과 아래턱뼈가 제거된 상태). **E,** 고양이 머리뼈의 좌-우가쪽 방사선 해부학.

머리뼈의 가쪽촬영 _Lateral View of the Skull (계속)

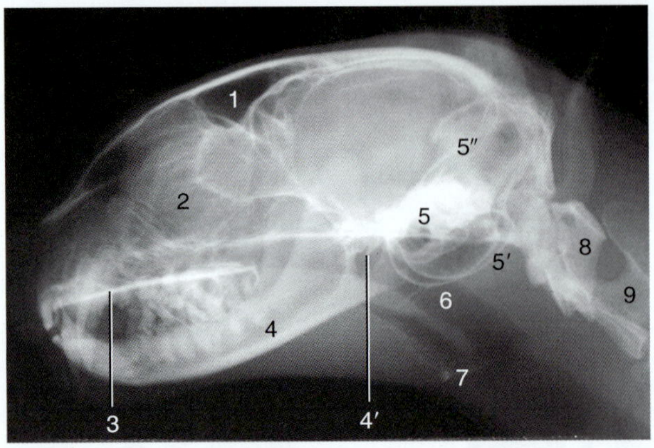

F

그림 16.2 (계속) **F,** 고양이의 가쪽촬영 방사선 사진. 1, 이마굴 2, 사상판과 사골코선반; 3, 단단입천장; 4, 아래턱뼈; 4′, 턱관절; 5, 추체부 측두골; 5′, 고실융기; 5″, 소뇌천막 ; 6, 코인두; 7, 목뿔뼈체; 8, 고리뼈; 9, 중쇠뼈. (**D,** From Hermanson J, de Lahunta A. Miller's Anatomy of the Dog. 5th ed. St Louis: Elsevier; 2019; **F,** From Singh B. Dyce, Sack and Wensing's Textbook of Veterinary Anatomy. 5th ed. St Louis: Elsevier; 2018.)

표 16.2 머리뼈의 가쪽촬영

	조사	턱관절	고실융기	콧구멍/치아
측정 (관심 영역 쪽)	머리뼈 중심의 광대뼈활의 가장 높은 부위	관절을 지나는 광대뼈활의 가장 높은 부위	융기를 지나는 광대뼈활의 가장 높은 부위	광대뼈활의 가장 높은 부위, 내안각의 주둥이쪽
중심 방사선 (관심 영역 쪽)	외안각, 안구와 귀 사이 중간에, 또는 관심 영역에	귀이 주둥이쪽에 중심을 맞춤	귀의 기저부의 중심을 촉진하여 중심을 맞춤	외안각의 바로 주둥이쪽
경계 (관심 영역에 따라)	전체 머리뼈: 코의 끝에서 뒷통수뼈융기까지	관절의 앞쪽과 뒤쪽	귀의 앞쪽과 뒤쪽	코의 끝에서 외안각까지

머리뼈의 DV촬영 _Dorsoventral View of the Skull

머리뼈는 일반적으로 VD보다 DV촬영이 선호되며, 이는 DV 자세에서 더 큰 안정성과 적은 회전으로 대칭성을 얻기 쉽기 때문이다. 또한, 관심 영역이 영상 감지기에 더 가깝고, 기하학적 왜곡이 줄어들며, 좌우 대칭성이 나타난다.

DV및 VD촬영 모두 머리뼈의 가쪽 및 뒤쪽, 외이도와 중이, 그리고 아래턱관절을 평가할 수 있다. DV에서는 가쪽 비강과 이마굴이 아래턱과 겹쳐질 수 있다.[2]

자세잡기(그림 16.3) _Positioning

위치: 가슴누움자세.

뒷다리: 뒷다리: 자연스럽게 두고 샌드백/타이로 지지한다.

앞다리: 뒤쪽으로 당기거나 관측 시야에 들어오지 않도록 머리 옆으로 자연스럽게 둔다. 샌드백/타이로 지지한다.

머리와 목: 머리와 목을 당긴다.

샌드백을 목 위에 두어 지지하고, 호흡을 방해하지 않도록 주의한다.

테이프/벨크로를 사용해 비중격과 머리뼈를 지나도록 두르고 머리의 시상면이 영상 감지기와 수직을 이루도록 한다.

양측 귀가 머리와 등변에 있고, 가쪽에 위치하도록 확인한다.

코멘트와 팁 _Comments and Tips

- 자세를 잡을 때 대칭성을 보장하기 위한 방법은 다음과 같다: 머리뼈를 주둥이뒤쪽 방향에서 바라보고 내안각 사이를 연결하는 선을 떠올린다. 이 선은 테이블과 평행해야 한다.

머리뼈의 DV촬영 _Dorsoventral View of the Skull (계속)

- 대칭적인 아래턱은 머리를 지지할 수 있는 평평하고 안정적인 면이 된다. 자세잡기 도구를 사용하여 살짝 누르는 압력을 가하면 완벽한 DV촬영을 얻을 수 있다.[2] 단단입천장이 영상 감지기와 평행을 유지하도록 주의한다.
- 원치 않은 아티팩트를 막기 위해서 낮은 조사선량을 사용할 때엔 테이프/벨크로를 관심 영역에 사용하는 것을 줄인다. 머리뼈의 가장 두꺼운 부분이 음극을 향해 음영 변화가 적도록 한다.
- 마커는 코의 양측에 둔다.
- 만약 안전하다면 촬영 시 기관 내 튜브를 제거해야 할 수 있다.

구강내 DV촬영 – 보조적 _Intraoral Dorsoventral—Ancillary

- 환자를 DV자세로 두고, 영상 감지기를 입 안에 위턱뼈와 비강의 기관 내 튜브 사이에 둔다. 중심 방사선은 단단입천장의 등쪽, 코평면과 왼쪽과 오른쪽 눈구멍 사이에 오도록 맞춘다. 더 자세한 내용은 17장에서 소개된다.

측정, 중심 방사선, 경계: 표 16.3 확인.

표 16.3 머리뼈의 DV와 VD촬영

	조사	턱관절	고실융기	콧구멍/치아
측정 (관심 영역 쪽)	머리뼈의 가장 높은 부위, 외안각의 바로 뒤쪽	귀보다 주둥이쪽으로, 머리뼈의 등쪽/배쪽 정중선에 오도록	머리뼈의 가장 높은 위치, 외안각의 바로 뒤쪽	내안각의 주둥이쪽
중심 방사선 (관심 영역 쪽)	두개의 외안각 사이, 시상능선에 오록 (DV)/배쪽 정중선 (VD)/또는 관심영역에 오도록	귀보다 주둥이쪽으로, 머리뼈의 등쪽/배쪽 정중선에 오도록	귀의 기저부를 촉진하여 등/배쪽 정중선에 오도록	주둥이쪽으로
경계 (관심 영역에 따라)	머리뼈 전체: 코의 끝에서부터 뒤통수뼈융기까지	관절의 앞쪽과 뒤쪽	귀의 앞쪽과 뒤쪽	코의 끝에서 외안각까지

보건사 참고사항

DV자세에서 대칭을 유지하기 위해선 내안각 사이를 연결하는 선이 테이블과 평행한지 확인한다. 주둥이뒤쪽 방향에서 본다. 단단입천장은 테이블과 감지기와 평행하게 유지한다.

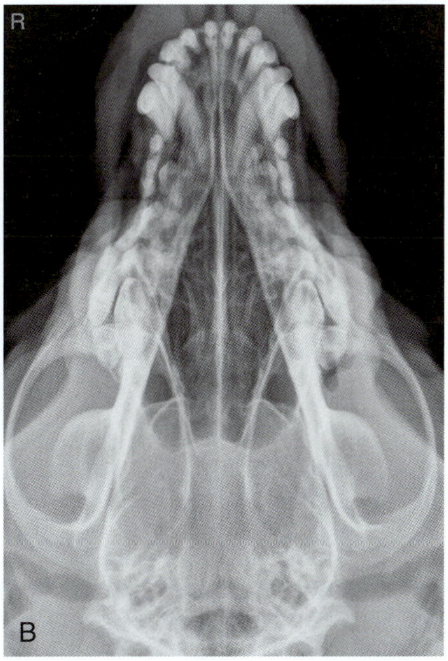

그림 16.3 **A,** 머리뼈의 DV촬영을 위한 자세잡기. **B,** 개의 머리뼈의 DV촬영의 방사선 사진. 좌우의 대칭을 이루며, 아래턱 섬유연골결합과 보습뼈가 겹쳐 보인다.

머리뼈의 DV촬영 _Dorsoventral View of the Skull

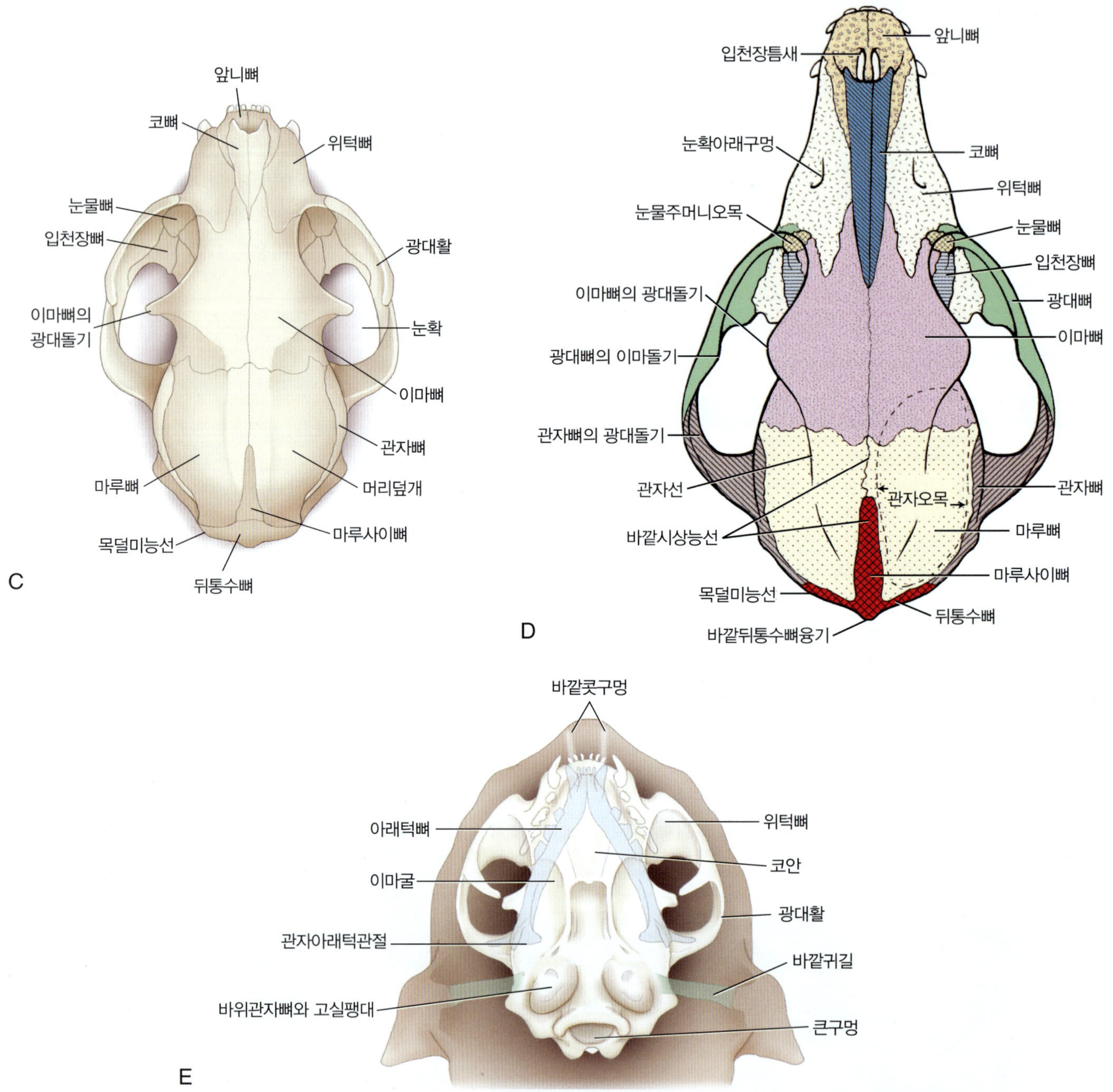

그림 16.3 (*계속*) **C,** 개의 머리뼈, 등쪽. **D,** 등쪽 머리뼈의 뼈. **E,** 고양이의 머리뼈의 VD 방사선 사진 및 오버레이. (**B,** From Thrall DE. Textbook of Veterinary Diagnostic Radiology. 7th ed. St. Louis: Elsevier; 2018; **D,** Hermanson J, de Lahunta A. Miller's Anatomy of the Dog. 5th ed. St Louis: Elsevier; 2019; **E,** From Singh B. Dyce, Sack and Wensing's Textbook of Veterinary Anatomy. 5th ed. St Louis: Elsevier; 2018.)

머리뼈의 VD촬영 _Ventrodorsal View of the Skull

개와 고양이의 머리의 등쪽은 편평하지 않기 때문에 VD촬영에서 머리를 대칭적으로 위치하는 것은 어렵다; 하지만, 이 상은 일반적으로 머리뼈 촬영에서 사용되며, 특히 코곁굴을 확인할 때 사용된다. 이는 비강이 등쪽으로 위치하기 때문이다.

자세잡기(그림 16.4) _Positioning

위치: V자 받침대를 통해 등누움자세로 유지. 필요 시 샌드백을 사용하여 지지한다.

뒷다리: 뒷다리는 자연스러운 자세로 두고, 샌드백/타이를 사용하여 지지한다.

앞다리: 앞다리는 뒤쪽, 가슴의 가쪽으로 당기고, 샌드백/타이를 사용하여 지지한다.

머리와 목: 폼패드나 샌드백을 목 아래에 두어 단단입천장이 영상 감지기와 평행하도록 한다.

작은 폼패드를 코 아래에 두고, 테이프/벨크로를 아래턱을 지나도록 둘러서 머리를 테이블에 고정한다.

코멘트와 팁 _Comments and Tips

- 코는 테이블과 평행하고 머리는 대칭을 이루는지 확인한다.
- 올바르게 자세를 잡기 위해, 머리뼈 양가쪽에서 아래턱과/또는 광대뼈활의 대칭을 손으로 촉진한다. 양손은 테이블에서 등변에 위치해야 한다.
- 혀와 기관 내 튜브(만약 있다면)을 움직여 관심 영역에 아티팩트가 보이는 것을 최소화한다. 필요 시 기관 내 튜브를 제거해서 정중선 근처의 구조가 가려지는 것을 막을 수 있다.
- 가슴이 두꺼운 개의 경우 VD촬영을 사용하는 게 DV촬영보다 머리뼈의 대칭을 유지하는 데 편할 수 있다. 그림 16.1을 보면 머리뼈의 종류의 비교가 나와있다.

측정, 중심 방사선, 경계: 표 16.3 확인.

보건사 참고사항

VD촬영을 위해서는 목을 당겨서 코/단단입천장이 테이블과 평행하도록 한다.

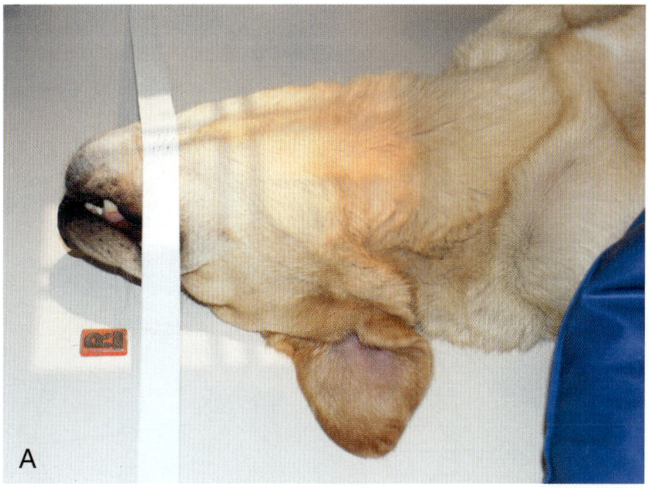

그림 16.4 A, 머리뼈의 VD촬영을 위한 자세잡기.

머리뼈의 VD촬영 _*Ventrodorsal View of the Skull* (*계속*)

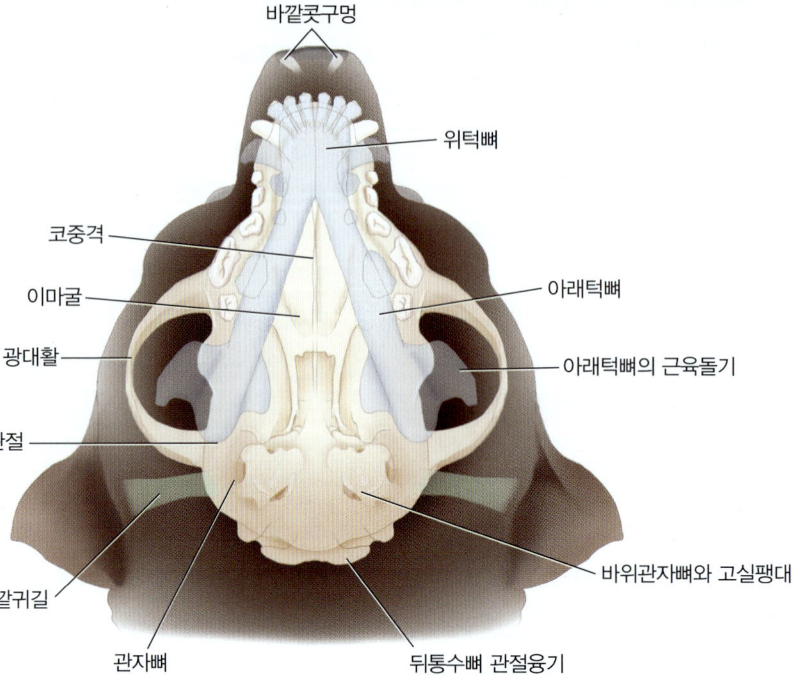

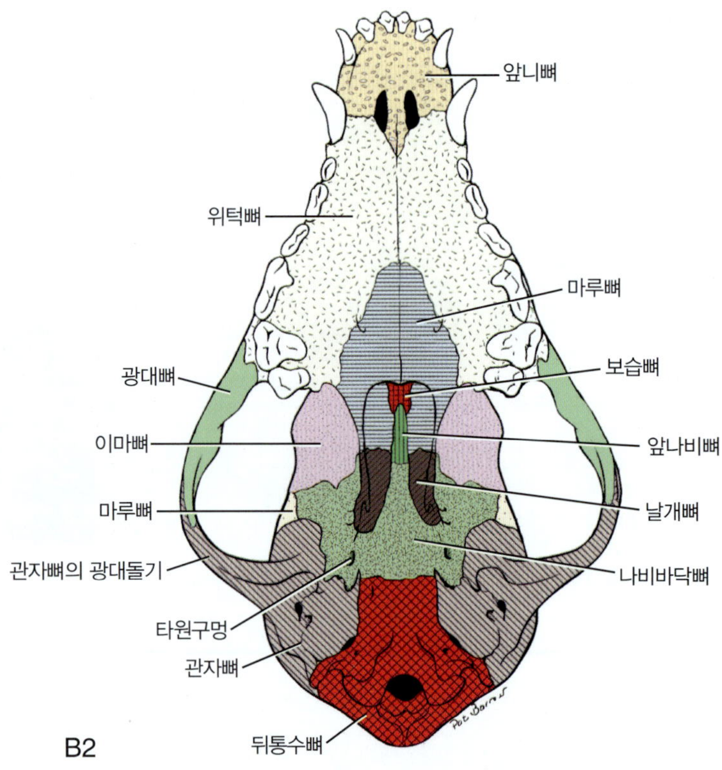

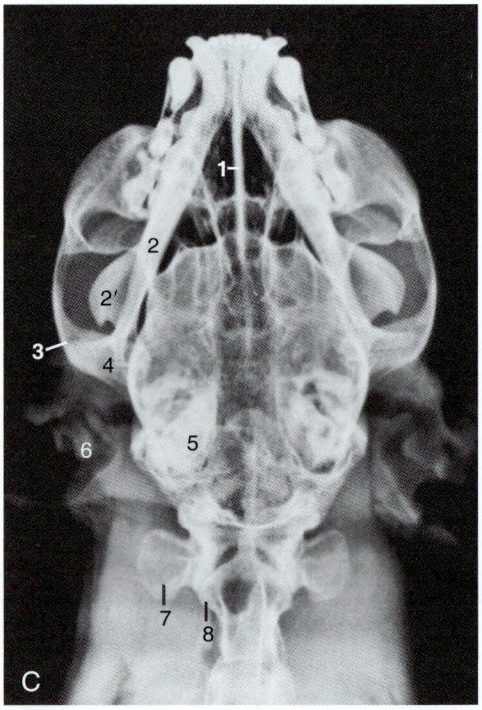

그림 16.4 (*계속*) **B,** 머리뼈의 VD촬영의 방사선 해부학 및 오버레이. **C,** 고양이 머리뼈의 VD 방사선 사진. *1*, 비중격; *1′*, 안와하공; *2*, 아래턱뼈; *2′*, 갈고리돌기; *3*, 광대뼈활; *4*, 턱관절; *5*, 추체부 측두골; *6*, 외이; *7*, 고리뼈 날개; *7′*, 고리뒤통수관절; *8*, 중쇠뼈. (**B,** Hermanson, **J,** de Lahunta A. Miller's Anatomy of the Dog. 5th ed. St Louis: Elsevier; 2019; **C,** From Singh B. Dyce, Sack and Wensing's Textbook of Veterinary Anatomy. 5th ed. St Louis: Elsevier; 2018.)

보조적 촬영 _Ancillary Views

머리뼈의 복잡성 때문에 보조적인 촬영은 진단에 도움이 될 수 있으며, 관심영역에 따라 필요한 촬영이 선택된다. 관심 영역에 따라 일반적으로 요구되는 촬영인 경우도 있다. 일반적으로 관심 영역은 중심 방사선에 각도를 이루고 있거나, 중심 방사선을 테이블과 각도를 이루도록 한다. 가능한 한 X선 튜브를 회전시키는 것이 가장 좋다. 비스듬촬영의 경우, 정확한 식별을 위한 L, R 마커가 필수적이다.[3]

VD 입 벌림—(V20–30°R DCdO open-mouth) _Ventrodorsal Open-Mouth (V20-30°R DCdO open-mouth)

- VD 입 벌림 촬영(배쪽 20~30도 주둥이쪽–등뒤쪽 비스듬촬영, ventral 20~30 degree rostral-dorsocaudal oblique)은 아래턱과 겹치지 않는 코곁굴과 벌집뼈 구역을 촬영한다.[1-3]
- 환자는 입이 열려 있는 상태로 VD자세에 있으며, 튜브는 기울어져 있다(일반적으로 20~30도, 종에 따라 다름). 이 자세는 X선 튜브가 회전이 가능한 경우에만 사용할 수 있다.

> **보건사 참고사항**
>
> "배주둥이쪽-뒤등쪽 비스듬촬영, Ventrorostral-caudodorsal oblique-(V20~30°R CdD0) (입 벌림, open-mouth)"은 중심 방사선이 코 (주둥이쪽) 배쪽에서 20~30도의 각도로 들어가서 비스듬하게 환자의 등쪽으로 나가는 것을 의미한다. 따라서 환자는 등쪽으로 눕혀 VD 자세에 있으며, 코는 테이블과 거의 평행하게 입은 열린 상태로 있다. 영상 검사기는 머리의 등쪽에 위치한다.

자세잡기(그림 16.5) _Positioning

위치: V자 받침대를 통해 등누움자세로 유지. 필요 시 샌드백을 사용하여 지지한다.

뒷다리: 자연스러운 자세에 두고 샌드백 또는 타이를 사용하여 테이블에 고정한다.

앞다리: 앞다리는 뒤쪽, 가슴에 대해 가쪽으로 당기고, 샌드백/타이를 사용하여 지지한다.

머리와 목: 작은 폼패드를 코 아래에 둔다.

단단입천장이 테이블과 평행하도록 두고, 귓바퀴는 머리의 가쪽에 둔다.

테이프를 입 안에 넣어서 양 끝을 조심스럽게 테이블의 앞쪽에 부착시켜 위턱뼈가 테이블과 평행하도록 고정한다.

테이프 또는 거즈를 아래턱에 둘러 입을 크게 벌리고, 머리를 뒤쪽과 배쪽으로 고정한다. 부상을 입지 않도록 주의한다.

입이 얼마나 벌려 있는지에 따라 빔의 각도를 20~30도로 입에 세로로, 아래턱에 평행하게 설정한다.[1,2,4]

간단한 개요 _Brief Overview

- 환자를 등누움자세로 둔다. 위턱뼈를 테이블에 기대어 지지하여 단단입천장이 테이블탑과 평행하도록 한다. 입을 살짝 벌려서 거즈로 아래턱을 당긴다. 방사선은 주둥이쪽으로 20도 각도에서 단단입천장에 중심을 맞춘다(그림 16.5).

코멘트와 팁 _Comments and Tips

- 필름 방사선에서는 머리뼈 차트에 나와있는 것보다 킬로볼트(kV) 값을 낮춘다. 이는 낮은 조직 밀도를 고려한 것이다.
- 단단입천장을 카세트에 평행하게 둔다.
- 변형된 설압자 또는 1 mL 주사기 배럴을 개의 치아 사이 또는 위에 두어 입을 벌린다. 부상이 생기는 것을 조심하며, 특히 상태가 좋지 않은 환자는 더 주의한다.
- 가능한 한 자세잡기 장치, 혀 및 기관 내 튜브를 관심 영역 밖으로 두어 아티팩트를 방지한다.
- 건강한 정상 환자의 경우, 코의 음영과 코선반의 세부 사항은 양측에서 같게 보여야 한다.
- 고양이 환자의 경우 빔을 굴절할 필요가 거의 없다.

단두종 _Brachycephalic Breeds

- 단두종의 비강을 시각화하기 좋은 방법으로는 입 닫힘 뒤배쪽-주둥이등쪽 비스듬촬영(losed-mouth caudoventral-to-rostrodorsal oblique, CdV-RDO)이다. 코 (단단입천장)는 필름 쪽으로 30도 정도 기울여져 있고, 세로빔은 아래턱뼈의 관절돌기에서 2~3 cm 주둥이 쪽에 중심을 둔다(그림 16.6).[2,3]
- 그림 16.1을 보면 머리뼈의 종류의 비교가 나와 있다.

VD 입 벌림—(V20−30°R DCdO Open-mouth) _*Ventrodorsal Open-Mouth (V20-30°R DCdO open-mouth)* (*계속*)

측정: 입술연결부 근처 가장 두꺼운 곳(위턱뼈의 세 번째 작은 어금니 위쪽).

중심 방사선: 비강에 둔다—입천장의 뒤쪽에 3번째 작은 어금니 근처로. 방사선 튜브를 주둥이 뒤쪽으로 20~30도 각도에 둔다.

경계: 위턱의 끝쪽에서 인두 구역까지(위쪽 입천장 전체).

> **보건사 참고사항**
>
> 코곁굴을 확인하기 위해 기계의 튜브를 기울일 수 있다면, 환자는 입은 열린 채로 VD 자세에 둔다. 위턱뼈는 테이블과 평행하게 두고, X선 튜브를 기울인다. 시준은 뒤쪽 어금니 근처 단단입천장에 오도록 하고, 영상 감지기는 이 영역의 1차 X선을 감지해야 한다.

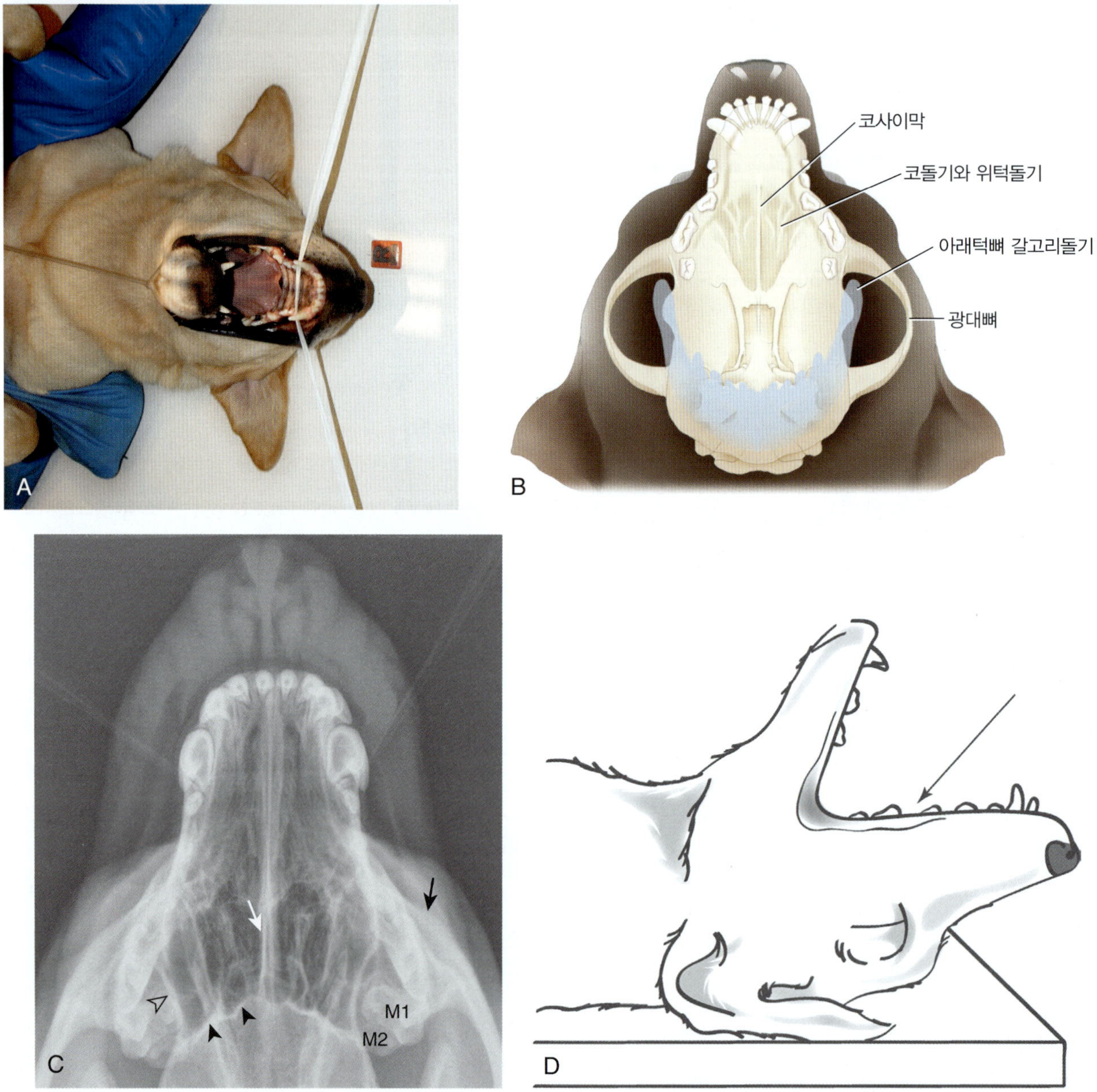

그림 16.5 **A,** 코곁굴을 위한 VD 입 벌림의 자세잡기[배쪽 20~30°주둥이쪽-등뒤쪽 비스듬촬영(V20~30°R DCdO) 입 벌림]. **B,** VD 입 벌림 촬영의 오버레이와 방사선 해부학. X선 튜브를 **D**에서처럼 20~30도 정도 틀어 주둥이뒤쪽 방향으로 있도록 한다. **C,** V20°R DCdO 입 벌림상으로 찍은 비강, 8개월령 믹스견. 빔의 틀어진 각도로 비강의 왜곡이 있을 것이다. 테이프로 위턱을 고정시킨 것을 확인한다. *검정 화살표*, 광대뼈 이마돌기; *검정 화살촉*, 머리뼈덮개의 주둥이쪽; 빈 *검정 화살촉*, 이마굴의 가쪽 경계; *하얀 화살표*, 비중격. **D,** 환자 자세잡기 그림. (**C** and **D,** From Thrall DE. Textbook of Veterinary Diagnostic Radiology. 7th ed. St. Louis: Elsevier; 2018.)

VD 입 벌림—(V20–30°R DCdO open-mouth) _Ventrodorsal Open-Mouth (V20-30°R DCdO open-mouth) (계속)

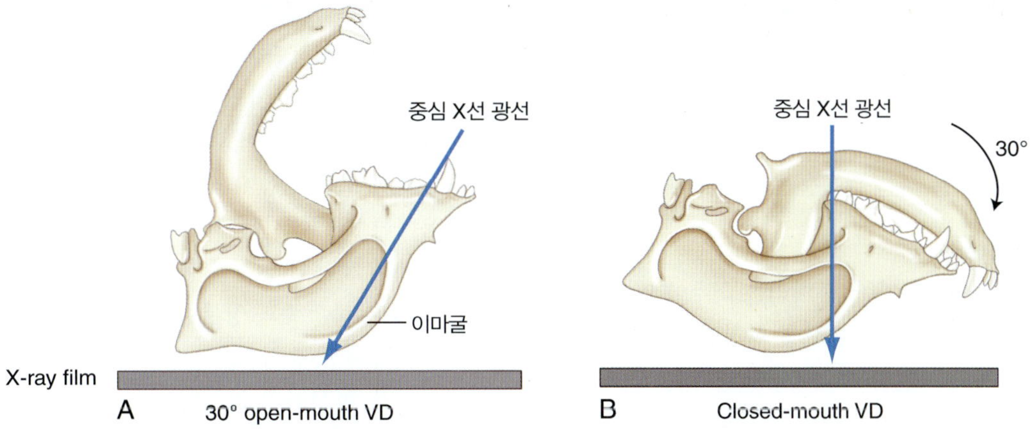

그림 16.6 **A,** VD 입 벌림 촬영(주둥이배쪽–뒤등쪽 비스듬촬영) 은 단두종에서 비강을 촬영하는데 효과적이지 않다. **B,** 클로즈–마우스 뒤배쪽–주둥이등쪽 비스듬촬영(CdV-RDO)이 더 효과적이다. 코(단단입천장)은 필름을 향해 30도 정도 아래로 틀어져있고, 중심 방사선은 아래턱의 관절돌기에서 2~3 cm 주둥이 쪽으로 맞춘다.

주둥이뒤쪽 촬영 _Rostrocaudal Views

- 올바른 명명법을 기억하라.[1,4] 중심 방사선은 X선 튜브와 가까운 쪽에서 들어가고 테이블 쪽 또는 영상 감지기 쪽에서 나간다.
- 즉, 진정한 주둥이뒤쪽 촬영은 빔이 코에서 들어가 머리 뒤쪽에서 나간다는 뜻이다. "Rostro"는 라틴어에서 부리 또는 머리에서 나오는 구조물을 뜻하는 "rostrum"에서 유래되었다. 더 쉽게 기억하기 위해서, 주둥이뒤쪽 촬영에 코는 위쪽을 향해 뒤통수가 아래쪽에 있게 된다고 생각하면 된다.
- 빔 또는 머리의 위치가 수직면에 벗어난 각도도 포함시키면 설명이 더욱 정확해진다. 즉, 입 벌림, 주둥이쪽, 10도, 배–뒤등쪽 비스듬촬영(R10°V CdDO)은 환자가 뒤로 누워 입을 벌린 채로 X선 튜브 방향을 향하고 있다는 것을 의미한다.
  - 머리의 위치는 중심 방사선이 환자의 입쪽(RV)에서 들어가도록 위치한다.
  - 빔은 입과 머리의 뒤쪽에서(CdD) 단단입천장의 평면에 대해 배쪽으로 10도 각도(O)에서 나간다.
  - 비스듬촬영에서 입은 열리거나 닫혀도 된다.

주둥이뒤쪽 이마굴 촬영(주둥이뒤쪽–90도, 입 닫힘) _Rostrocaudal Frontal Sinus View (rostrocaudal-90 degree, closed-mouth)

이 자세는 이마굴, 광대뼈활과 눈구멍을 촬영할 수 있다. 환자는 VD자세로 코는 위쪽을 향하게 하고 입은 닫아야 한다. 스카이라인 뷰라고 부르기도 한다.

자세잡기(그림 16.7) _Positioning

위치: V자 받침대를 통해 등누움자세로 유지. 필요 시 샌드백을 사용하여 지지한다.

뒷다리: 자연스러운 자세로 두고 샌드백/타이로 고정한다.

앞다리: 앞다리는 뒤쪽, 가슴에 대해 가쪽으로 당기고, 샌드백/타이를 사용하여 지지한다.

머리와 목: 필요 시, 폼패드나 샌드백을 목 아래에 두어 단단입천장이 영상 감지기와 수직을 이루도록 한다.

주둥이뒤쪽 이마굴 촬영(주둥이뒤쪽-90도, 입 닫힘) _Rostrocaudal Frontal Sinus View (계속)

코를 위쪽을 향하게 하여 영상 감지기와 몸의 긴 축과 수직을 이루도록 유지한다.

테이프, 튜빙, 벨크로, 또는 거즈로 코를 감싸 위치를 고정한다.

뒤쪽으로 고정하고, 코는 계속 위쪽을 향하게 한다.

간단한 개요 _Brief Overview

- 환자는 등누움자세로 유지한다. 머리는 척추에 90도가 되도록 굴곡하고, 코는 방사선 튜브를 향하게 한다. 중심 방사선은 이마굴에 위치한다(그림 16.7).

코멘트와 팁 _Comments and Tips

- 단단입천장과 코는 테이블과 수직을 이뤄야 한다(코는 위로 향하게). 내안각을 연결하는 직선을 떠올려 영상 감지기와 평행하게 한다.
- 코가 너무 등쪽으로 회전되어 있거나, 빔의 중심이 너무 배쪽에 위치하면 비강이 이마굴과 겹쳐 보일 수 있다.
- 기관 내 튜브가 입인두 쪽에 꼬여 있지 않도록 주의하며, 혀가 관심부위 쪽에 아티팩트를 형성하지 않도록 한다.
- 투과할 조직의 양이 적기 때문에 kV를 낮춘다.
- 올바른 자세에서는 시준 빛의 그림자로 인해 생긴 두 개의 '혹'(그림 16.7C)이 관찰된다.
- 이 상은 중두종과 장두종, 그리고 이마굴이 잘 발달된 고양이에서 유용하다. 단두종과 몇 고양이는 정상적인 이마굴을 형성하지 않는다. 이러한 종의 경우 가쪽촬영은 이마굴 안에 기체가 차있는 것을 알려준다. 하지만 그 외의 경우 주둥이뒤쪽-이마굴 투사영상은 큰 쓸모가 없다.[1,2]

측정: 코곁굴을 지나 내안각에서 머리의 뒤쪽까지.

중심 방사선: 눈 사이(이마굴 쪽에).

경계: 뒷통수뼈능선에서 등쪽 코평면까지 (코의 끝).

보건사 참고사항

중두종과 장두종에서 90도, 입 단힘 주둥이뒤쪽 이마굴 촬영을 위해서 코는 직선으로 유지하고 방사선 튜브를 향하게 한다.

보건사 참고사항

모든 주둥이뒤쪽 배등쪽 사진에는 환자는 등누움자세에 두고 코는 X선빔과 각도를 이루도록 위치한다. 각도는 어떤 구조물을 촬영하는지에 따라 달라진다. 입은 열려 있어도 닫혀 있어도 된다.

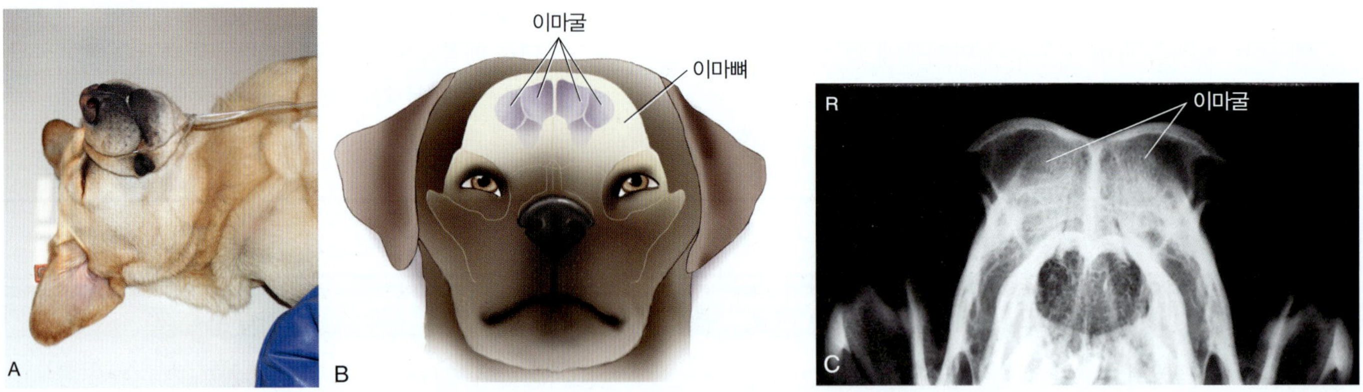

그림 16.7 **A,** 이마굴 촬영을 위해 이마 90도 주둥이뒤쪽 입 닫음 촬영의 자세 잡기. 코는 위를 향하고, 빔은 눈 사이에 맞춰진다. **B,** 이마 90도 주둥이뒤쪽 클로즈-마우스의 오버레이와 방사선 해부학. **C,** 이마 90도 주둥이뒤쪽 클로즈-마우스상의 방사선 사진. 이마굴을 보여준다. 코는 위를 향한다. (Courtesy Susan McNeil, RVT, Georgian College.)

주둥이뒤쪽 입 닫음 촬영 _Rostrocaudal Closed-mouth View (R20-30°V-CdO)

주둥이뒤쪽 클로즈-마우스(주둥이쪽 20~30도, 배쪽-뒤등쪽 비스듬촬영, rostral 20~30 degrees, ventral-caudodorsal oblique) 또는 이마-뒤통수상(fronto-occipital view) 은 큰구멍, 머리덮개뼈, 머리덮개뼈와 시상능선을 보여준다. 이 위치는 주둥이등쪽 이마굴상과 유사하며, 차이점은 코가 뒤쪽으로 위치한다는 점이다.

자세잡기(그림 16.8) _Positioning

위치: V자 받침대를 통해 등누움자세로 유지. 필요 시 샌드백을 사용하여 지지한다.

뒷다리: 자연스러운 자세에 두고, 필요 시 샌드백/타이로 지지한다.

앞다리: 뒤쪽, 가슴에 대해 가쪽으로 당기고, 샌드백/타이를 사용하여 지지한다.

머리와 목: 코를 위로 향하게 하고 긴 테이프/튜빙을 코에 연결한다. 단단입천당을 뒤쪽 방향 가슴쪽으로 당기고 뒤쪽으로 고정시킨다(20~30도 정도).

간단한 개요 _Brief Overview(그림 16.8)

- 환자는 등누움자세에 있다. 코는 위를 향하고, 고정되어 있고 뒤쪽으로 20~30도 각도로 당겨진다.

중심은 안구 사이 중간에 둔다.

코멘트와 팁 _Comments and Tips

- 중심 방사선은 콧날을 코의 등쪽에 대해 20~30도 각도 또는 단단입천장에 대해 45도로 교차한다.[1-3] 실제 각도는 머리뼈의 종류에 따라 다르다.
- 혀와 기관 내 튜브는 아티팩트를 유도할 수 있다. 귓바퀴를 머리에서 등변에 두도록 한다.
- 일반적인 주둥이뒤쪽상과의 차이점은 코가 뒤쪽으로 20~30도 각도로 향해 있어 큰구멍을 볼 수 있다는 점이다.
- 일부 출처에 의하면 뒤통수이마를 촬영할 때 중두종과 장두종의 경우 좌우 이마코뼈봉합 중간으로 오도록 코를 밑으로 위치해야 하며, 단두종에서는 코 주름 위쪽으로 위치해야 할 것을 추천한다.

측정: 이마굴(내안각에서 머리 뒤쪽까지).

중심 방사선: 눈 사이 가운데, 머리뼈가 중간에 오도록 하고, 빔이 콧날을 지나도록 한다.

경계: 머리뼈 전체.

> **보건사 참고사항**
>
> 주둥이뒤쪽 이마굴과 큰구멍상 모두에서 눈은 X선 튜브를 향하고 있다. 차이점은 이마굴의 경우에서 코는 위를 향하지만, 큰구멍의 경우 20~30도 뒤로 당겨져 있다.

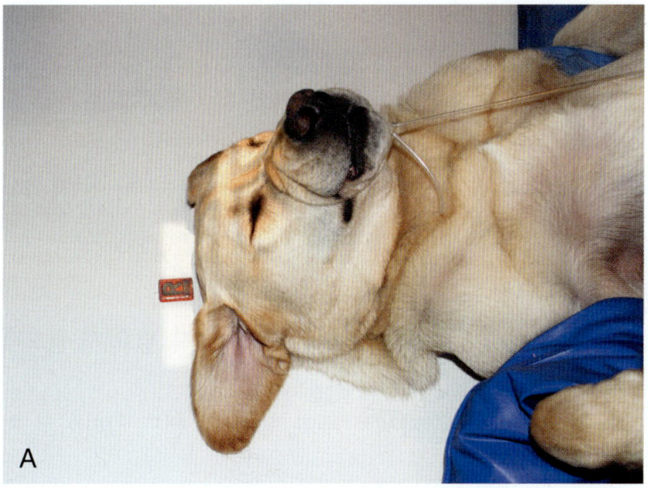

그림 16.8 A, 큰구멍, 머리덮개뼈, 머리덮개뼈와 시상능선을 보기 위해 주둥이뒤쪽 또는 이마-뒤통수(주둥이쪽 30도 등쪽-뒤배쪽)상을 위한 자세 잡기. 코는 이마 90도 상보다 더 뒤쪽으로 당겨져 있다.

주둥이뒤쪽 입 닫음 촬영 _*Rostrocaudal Closed-mouth View (R20–30°V-CdO)* (계속)

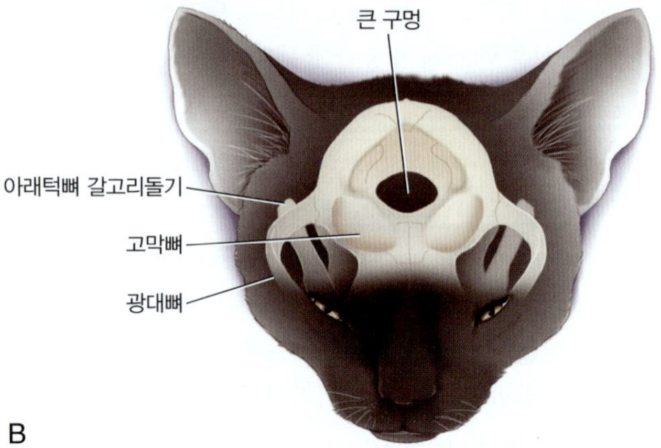

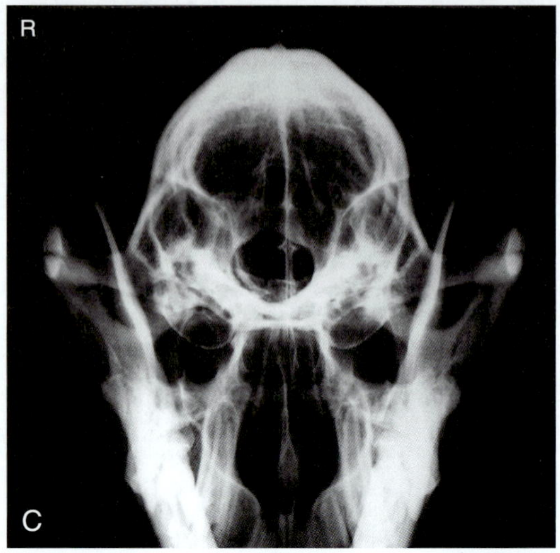

그림 16.8 (*계속*) **B,** 고양이 머리뼈의 주둥이뒤쪽상(R30°D-CdV) 또는 이마-뒤통수상의 방사선 해부학 및 오버레이. 큰구멍을 보려고 한다. **C,** 주둥이뒤쪽상 (R30°D-CdV) 또는 이마-뒤통수상의 방사선 사진. 코가 위를 향해있는 것을 *주둥이뒤쪽 비스듬한* 이라고 부르기도 한다. (Courtesy Susan McNeil, RVT, Georgian College.)

주둥이뒤쪽 입 벌림 촬영 _*Rostrocaudal Open-mouth View (R10–30°V-CdDO)*

주둥이뒤쪽 입 벌림 촬영(주둥이쪽 10~30도 배쪽-뒤등쪽 비스듬촬영, rostral 10~30 degrees ventral-caudodorsal oblique)은 고실융기, 머리바닥뼈와 치아돌기를 보여준다. 이 위치는 이마굴상과 유사하지만, 입이 열려있다는 차이가 있다. 바위 부분 관자뼈의 겹침 정도는 최소이다. 이 자세는 주로 머리뼈바닥 촬영이라 불린다.

자세잡기(그림 16.9) _Positioning

위치: V자 받침대를 통해 등누움자세로 유지. 필요 시 샌드백을 사용하여 지지한다.

뒷다리: 자연스러운 자세로 두고, 필요 시 샌드백/타이로 지지한다.

앞다리: 뒤쪽, 가슴에 대해 가쪽으로 당기고, 샌드백/타이를 사용하여 지지한다.

머리와 목: 적은 양의 패딩을 목 아래에 둔다. 이는 머리를 위를 향하게 하고, 목뼈가 테이블과 평행하게 한다. 회전이 일어나지 않도록 한다. 양측 귓바퀴가 머리에서 등변에 있도록 한다.

코를 위를 향하게 두고, 긴 테이프 또는 거즈를 위턱 송곳니 근처에 붙인다.

입술연결부는 C2 위쪽에 있다.

코의 각도를 10도 정도 위쪽으로 밀어내고, 고정한다. 부상을 조심한다.

테이프 또는 거즈를 위턱 송곳니에 붙이고, 필요 시 기관 내관을 둘러싼다. 조심스럽게 끌어당기고 테이프로 고정하여 아래턱이 수직보다 뒤쪽으로 10도 정도로 오도록 한다. 부상을 조심한다.

간단한 개요 _Brief Overview (그림 16.9)

- 환자는 등누움자세에 있다. 머리는 척추에 90도로 굴곡되어 있어 코가 X선 튜브를 향하도록 한다. 테이프/거즈를 사용하여 조심스럽게 위턱과 아래턱을 벌려서 입을 열고, 코는 10~30도 각도로 앞쪽에 위치하게 한다. 각도는 종에 따라 다르다. 빔은 입에 오도록 중심을 맞춘다.

코멘트와 팁 _Comments and Tips

- 중두종의 경우, 단단입천장은 세로에서 10도 기울어져 있어야 한다.[1,2,5] 빔은 열려 있는 입의 각도를 이등분하거나, 단단입천장과 아래턱의 가로턱뼈가지가 만나는 이음부쪽을 지나도록 하여 고실융기가 잘 보이도록 한다.

주둥이뒤쪽 입 벌림 촬영 _Rostrocaudal Open-mouth View (R10-30°V-CdDO) (계속)

- 변형된 설압자, 플라스틱 벌리개 또는 1 mL 주사기 배럴을 개의 치아 사이 또는 위에 두어 입을 개구한다. 부상이 생기는 것을 조심한다. 혀와 자세잡기 장치는 아티팩트를 유발할 수 있다.
- 빔의 각도는 환자마다 다르며, 입이 얼마나 열리는지에 따라서도 다르다.
- 단두종은 더 큰 각도가 요구되며(21도) 장두종은 작은 각도가 사용된다(4도).[1]
- 단두종은 입을 닫은 채로 촬영하는 것이 좋다. 고양이는 단단입천장을 수직에서 10도 정도 기울도록 자세잡는 것이 좋다(그림 16.10).[1]
- 투과할 조직의 양이 적어 kV값을 낮춰야 한다.

측정: 입술연결부 (위턱뼈의 세 번째 작은 어금니 근처).
중심선: 입술연결부, 혀의 바로 등쪽으로 주둥이배쪽 방향에서
경계: 머리뼈의 코인두부분의 전체.

보건사 참고사항

주둥이뒤쪽 입 벌림 촬영에서 고실융기를 분석하기 위해선, 코를 X선 튜브를 향하게 하고, 입을 개구하고 위턱과 아래턱을 분리하여 고정해야 한다. 부상을 조심한다. 혀와 기관 내 튜브를 아래턱쪽으로 고정하거나, 기관 내 튜브를 제거한다.

보건사 참고사항

시준하고, 라벨/마커가 포함되고 경계가 뚜렷한지 확인한다.

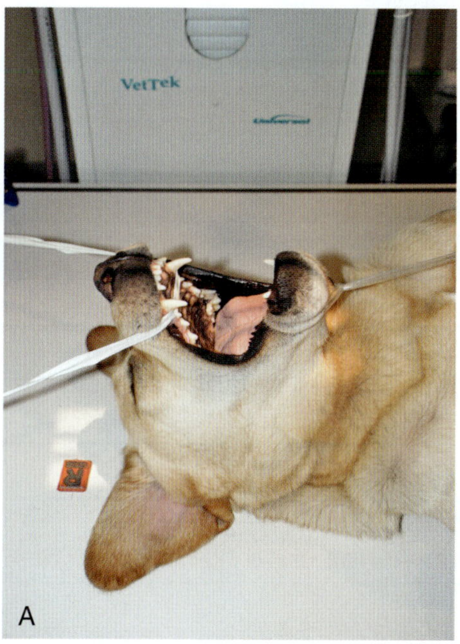

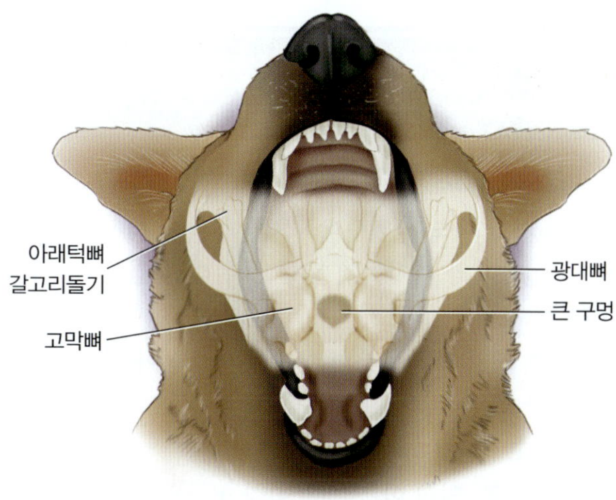

그림 16.9 A, 주둥이뒤쪽 입 벌림(주둥이쪽 10~30도 배쪽-뒤등쪽 비스듬촬영)을 위한 자세잡기. 이는 고실융기, 머리바닥뼈와 치아돌기를 보여준다. 입술연결부에서 측정하고 중심을 맞춘다. B, 주둥이뒤쪽 입 벌림(RV-CdDO)의 오버레이 및 방사선 해부학.

주둥이뒤쪽 입 벌림 촬영 _*Rostrocaudal Open-mouth View (R10–30°V-CdDO)* (*계속*)

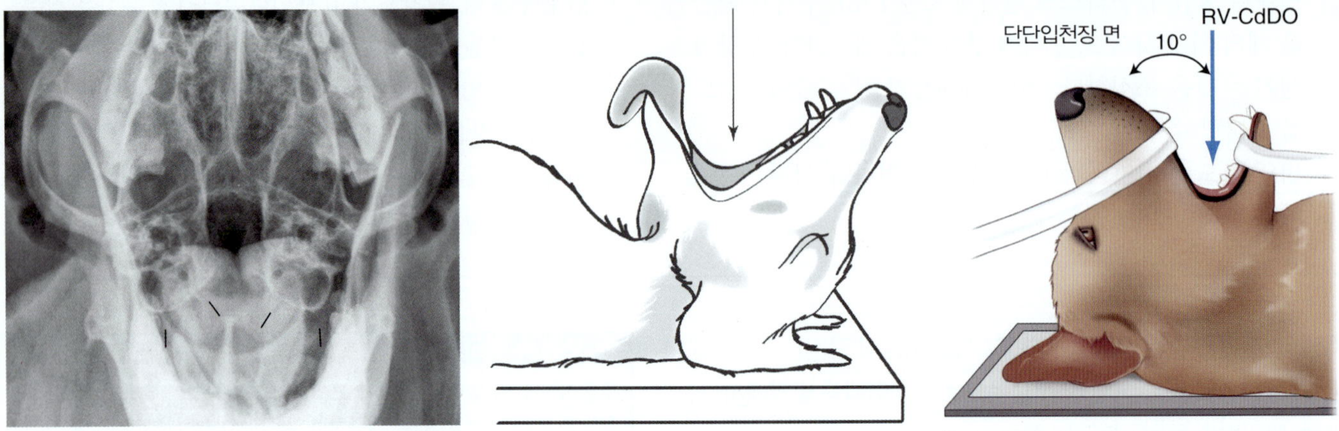

C

D

그림 16.9 (*계속*) **C,** 주둥이뒤쪽 입 벌림상은 개에서 상대적으로 덜 가려진 고실융기의 모습을 보여준다(*검정 화살표*). **D,** RV-CdDO 입 벌림: 주둥이배쪽-뒤등쪽 비스듬촬영. 중심 방사선은 입 안에서 들어가거나 머리의 앞쪽과 배쪽에서 들어가(RV) 머리의 뒤쪽과 위쪽에서(CdD) 단단입천장의 배쪽으로 10도의 각도로 나간다. (**C,** From Thrall DE. *Textbook of Veterinary Diagnostic Radiology*. 7th ed. St. Louis: Elsevier; 2018.)

고양이와 단두종 개의 고실융기 입 닫음 촬영 _*Cat and Brachycephalic Dog Tympanic Bullae Closed-mouth View (R10°V-CdDO)* (*계속*)

코멘트와 팁 _Comments and Tips

- 고양이의 고실융기가 개보다 해부학적으로 뒤쪽에 위치하기 때문에 고실융기와 치아돌기를 보기 위해선 입을 닫은 채로 촬영한다.
- 머리의 등쪽을 폼 쐐기에 각도를 이루도록 내려놓아 단단입천장이 수직선과 10도 각도를 이루도록 한다.
- 위턱을 테이프로 고정한다.
- 빔을 아래턱의 기저부, 입의 이음부 쪽 바깥 콧구멍의 배쪽으로 1 cm 정도 오도록 중심을 맞춘다[5](귀의 높이 정도).

입 닫힘 주둥이쪽 10도 배쪽–뒤등쪽 비스듬촬영에 대한 간단한 개요 _Brief Overview of Closed-Mouth Rostral 10-Degree Ventral-Caudodorsal Oblique

- 환자는 등누움자세로 유지한다. 머리는 척추와 90도를 이루도록 당겨져 코가 X선 튜브를 향하도록 한다. 입은 닫은 채로 머리/목이 뒤쪽으로 10도 기울어지도록 둔다. 빔은 머리바닥뼈에 오도록 중심을 맞춘다(그림 16.10).

보건사 참고사항

고양이 환자 및 단두종의 경우 고실융기를 확인하기 위해선 코는 방사선 튜브를 향하도록 하고, 입은 다물고 살짝 앞쪽으로 당긴다.

보건사 참고사항

올바른 라벨링을 하고 가능한 한 좁게 시준하는 것을 잊지 않는다.

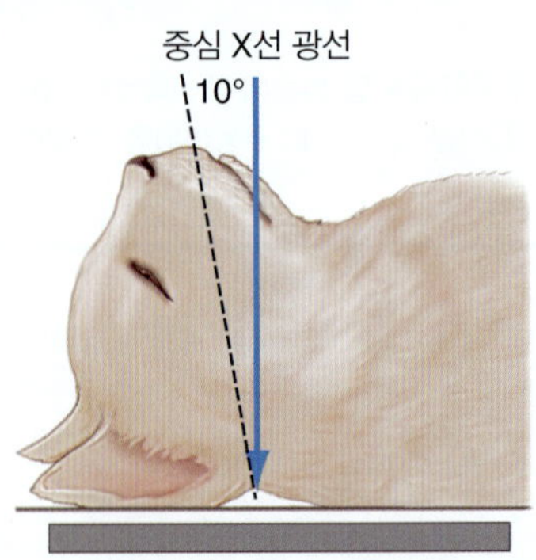

A

그림 16.10 **A,** 고양이 고실융기를 위한 주둥이뒤쪽 클로즈–마우스(주둥이쪽 10도 배쪽–뒤등쪽) 상의 자세 잡기. 환자는 등누움자세로, 코는 X선 튜브를 향하고, 입은 닫혀있으며 위턱과 아래턱은 등쪽으로 10도 틀어져 있다.

고양이와 단두종 개의 고실융기 입 닫음 촬영 _*Cat and Brachycephalic Dog Tympanic Bullae Closed-Mouth View (R10°V-CdDO) (계속)*

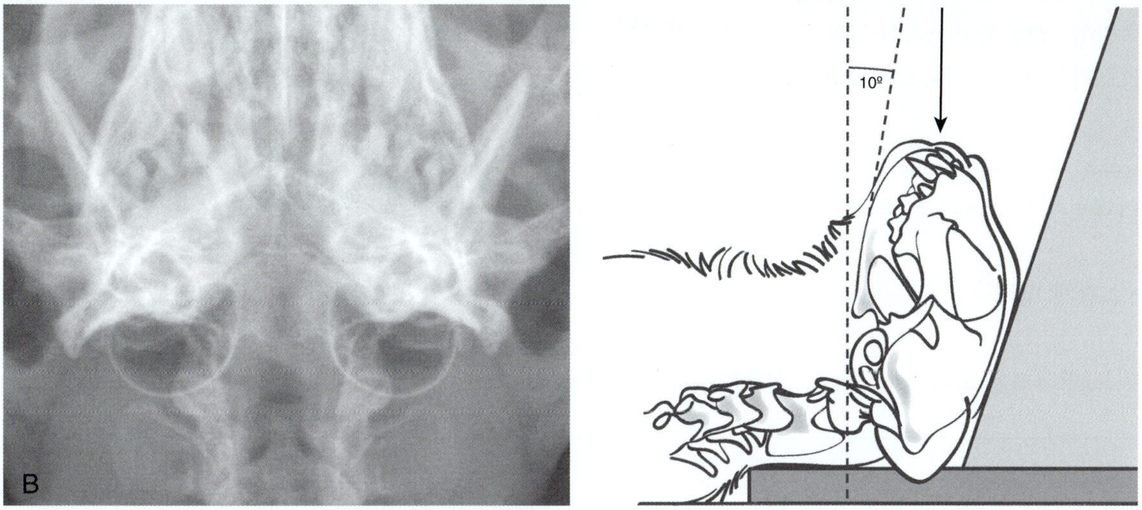

그림 16.10 (*계속*) **B,** 고양이의 고실융기를 보기 위한 주둥이쪽 10도 배쪽–뒤등쪽 상. (From Thrall DE. Textbook of Veterinary Diagnostic Radiology. 6th ed. St Louis: Saunders; 2018.)

가쪽 비스듬촬영 _*Lateral Oblique Views*

가쪽 비스듬촬영은 머리뼈의 회전에 따라 고실융기, 턱관절, 이마굴과 위턱/아래턱 치열을 분리한다. 환자는 옆누움자세로 있으며, 턱은 위쪽이나 아래쪽을 향한다.

비스듬촬영에서 사용되는 용어를 이해하기 위해서 LeD-RtVO (왼쪽 등쪽–오른쪽 배쪽 비스듬촬영)을 예시로 떠올려 보자:

1. LeD—빔은 환자의 왼쪽 가쪽에서 머리의 등쪽에서 들어온다.
2. RtV—오른쪽은 테이블과 가장 가깝다; 빔은 머리의 배쪽에서 나간다.
3. O—각도를 뜻한다.
4. 즉, 환자는 오른가쪽 누움자세로 누워있고 머리는 등배쪽 경사 자세로 있다.
5. 쉽게 기억하기 위해 왼쪽과 오른쪽을 잊어라. LeD-RtVO는 빔이 머리의 위에서 들어온다는 것을 의미한다. 턱은 변형된 등배쪽 비스듬 자세로 아래쪽을 향하고 있다("등배쪽 밑")(그림 16.11C 확인). 짧게는 Right DVO이다.
6. 고실융기, 턱관절과 아래턱 치열을 제외한 대부분의 경우에서는 관심 없는 쪽을 위쪽에 둔다. 환자가 오른가쪽 누움자세라면 오른쪽 마커는 머리뼈의 등쪽에, 왼쪽 마커(관측하려는 융기)는 배쪽에 둔다.

고실융기와 이마굴을 위한 가쪽 비스듬촬영 _*Lateral Oblique View for the Tympanic Bullae, Frontal Sinus (LeD-RtVO/RtD-LeVO)*

가쪽 비스듬촬영 또는 LeD-RtVO(변형된 등배쪽 비스듬촬영, modified dorsoventral oblique)은 머리를 자연스러운 자세에 두어 고실융기를 분리한다. 이 자세는 아래턱 치열, 이마굴, 그리고 아래턱의 비스듬촬영에 사용 가능하다.

자세잡기(그림 16.11) _Positioning

위치: 오른가쪽 누움자세 또는 왼가쪽 누움자세, 관찰하지 않는 쪽이 영상 감지기 쪽에 있도록 한다.

- 오른가쪽촬영—왼쪽 비스듬한 고실 융기를 보기 위해서

고실융기와 이마굴을 위한 가쪽 비스듬촬영 _Lateral Oblique View for the Tympanic Bullae, Frontal Sinus (LeD-RtVO/RtD-LeVO) (계속)

- 좌가쪽촬영—오른쪽 비스듬한 고실 융기를 보기 위해서

뒷다리: 자연스러운 자세로 두고, 필요 시 샌드백/타이로 지지한다.

앞다리: 뒤쪽으로 당기고, 샌드백/타이로 지지한다.

머리와 목: 아래턱이 테이블의 긴 축과 평행하도록 머리를 위치한다.

머리는 자연스럽게 비스듬하게 두며, 턱이 테이블을 향하게 한다.

필요 시, 테이프/벨크로를 코와 목에 둘러 고정한다.

코멘트와 팁_Comments and Tips

- 양쪽 라벨을 모두 사용한다. 오른가쪽 누움자세의 경우, 오른쪽 마커 (관심없는 융기)는 등쪽에, 왼쪽 마커 (관심있는 융기)는 배쪽에 둔다.
- 가쪽에서 회전시키는 정도는 종과 머리뼈의 종류에 따라 다르다. 보통 넓은 머리뼈의 경우 적은 회전을 필요로 하며, 좁은 머리뼈는 더 많은 회전을 요구한다.
- 고실융기가 분리되도록 충분히 회전시킨다.

측정: 귀의 기저부, 고실융기를 지나도록. 머리뼈의 가장 넓은 부위.

중심선: 귀의 기저부, 고실융기를 지나도록.

경계: 귀의 앞쪽과 뒤쪽.

보건사 참고사항

고실융기와 이마굴의 경우, 환자를 자연스러운 가쪽 비스듬촬영 자세로 눕히고 관찰하고자 하는 쪽의 고실융기가 위로 오도록 한다. 이 자세를 변형 DV 비스듬촬영이라 부르기도 한다("DV"면 턱이 아래로 위치한다).

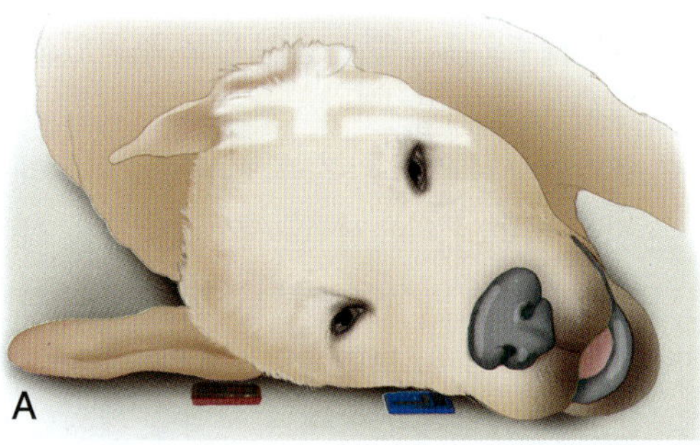

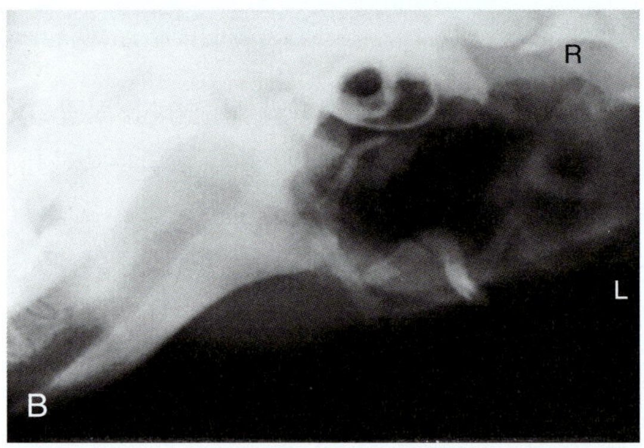

그림 16.11 **A,** 우가쪽 비스듬촬영(LeD-RtVO), 머리는 자연스럽게 눕혀져 있으며 왼쪽 고실융기가 분리되어 있다. 관찰하지 않는 고실융기가 필름 쪽에 있다. 디펜던드 마커는 등쪽에, 위쪽 마커는 배쪽에 둔다. **B,** 고실융기의 가쪽 비스듬촬영의 방사선 사진. 관찰하는 융기는 확대되어 있고 배쪽으로 위치한다.

고실융기와 이마굴을 위한 가쪽 비스듬촬영 _*Lateral Oblique View for the Tympanic Bullae, Frontal Sinus (LeD-RtVO/RtD-LeVO)* (*계속*)

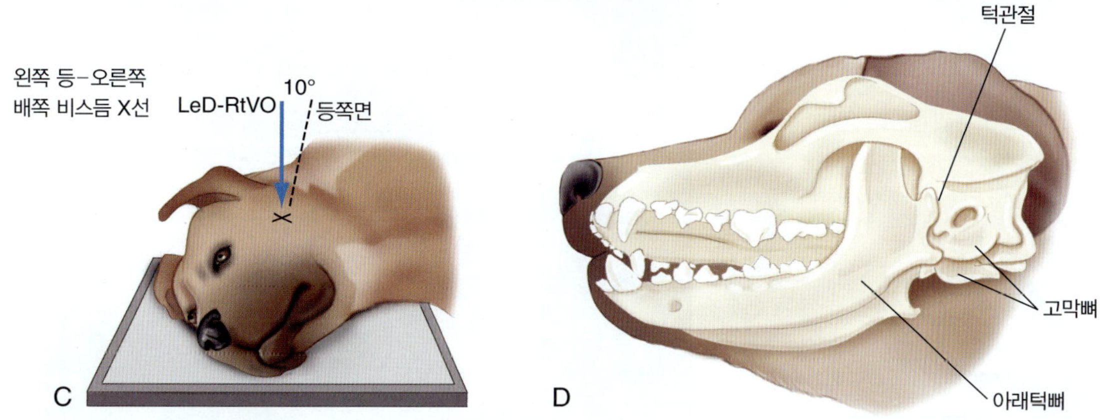

그림 16.11 (*계속*) **C,** LeD-RtVO: 왼쪽 등쪽—오른쪽 배쪽 비스듬촬영. 중심 방사선이 머리뼈를 환자의 왼가쪽에서(LeD) 등쪽에서 들어와(머리 위쪽에서) 머리뼈를 배쪽(턱쪽)으로 환자의 오른쪽면으로 나간다. 머리뼈가 진정한 가측 자세가 아니기 때문에, 비스듬촬영이다**(O)**. 가장 정확한 설명은 Le10°D-RtVO이다. 이는 들어가는 각도가 등쪽평면의 10도로 관심영역인 왼쪽 턱관절을 지난다는 것을 알려준다. **D,** 고실융기, 턱관절 및 위턱을 보기 위한 가쪽 비스듬촬영 또는 DV 비스듬촬영의 오버레이와 방사선 해부학.

아래턱의 가쪽 비스듬촬영 _*Lateral Oblique View for the Mandible (LeD-RtVO/RtD-LeVO)*

아래턱의 가쪽 비스듬촬영(변형 DV 비스듬촬영)은 아래쪽 치아 배열 또는 뼈의 병변 등을 파악하는 데 사용된다. 관찰하는 쪽이 아래로 오게 한다(그림 16.12).

코멘트 및 팁 _*Comments and Tips*

- 오른쪽 아래턱 치아를 보기 위해선 오른쪽이 아래로 향한다.
- 위턱 아래에 폼패드를 두어 아래턱이 테이블과 20~45도 각을 형성하도록 해야한다(관찰하는 아래턱이 테이블과 가장 가깝다).
- 실제 각도는 종과 입의 벌림 정도에 따라 다르다. 관찰하고 싶은 아래턱의 작은 어금니와 어금니가 다른 치아와 겹치지 않도록 한다.
- 입은 크게 벌려져서 네 번째 작은 어금니에 중심 방사선이 오도록 한다.
- 기관 내 튜브는 위턱에 묶여 있다.
- 치아는 양쪽 위치 마커를 사용하며, 아래쪽 마커는 등쪽에, 위쪽편 마커는 배쪽에 오게 한다. 방사선 사진에는 아래쪽 치아가 더 회색으로 보이는데, 이는 아래턱 턱뼈가지가 적게 겹쳐지기 때문이다.
- 각도에 따라 상의 이름은 다음과 같다:
  - 오른쪽이 아래: Le20~45 degrees D-RtVO: 왼쪽 20에서 45도 등쪽, 오른배쪽 비스듬촬영(빔은 왼쪽에서 들어와 오른쪽에서 나간다).
  - 왼쪽이 아래: Rt20~45 degrees D-LeVO: 오른쪽 20에서 45도 등쪽, 왼배쪽 비스듬촬영(빔이 오른쪽에서 들어와 왼쪽에서 나간다).

보건사 참고사항

아래턱 치아의 가쪽 비스듬촬영의 경우, 관찰하는 아래턱이 테이블 위로 오게 하고 위턱은 폼 스폰지로 높인다. 이는 변형된 DV 비스듬촬영이며, 빔은 머리의 위쪽에서 들어가 배쪽에서 나간다. 턱은 아래로 향한다(DV는 아래로).

아래턱의 가쪽 비스듬촬영 _Lateral Oblique View for the Mandible (LeD-RtVO/RtD-LeVO) (계속)

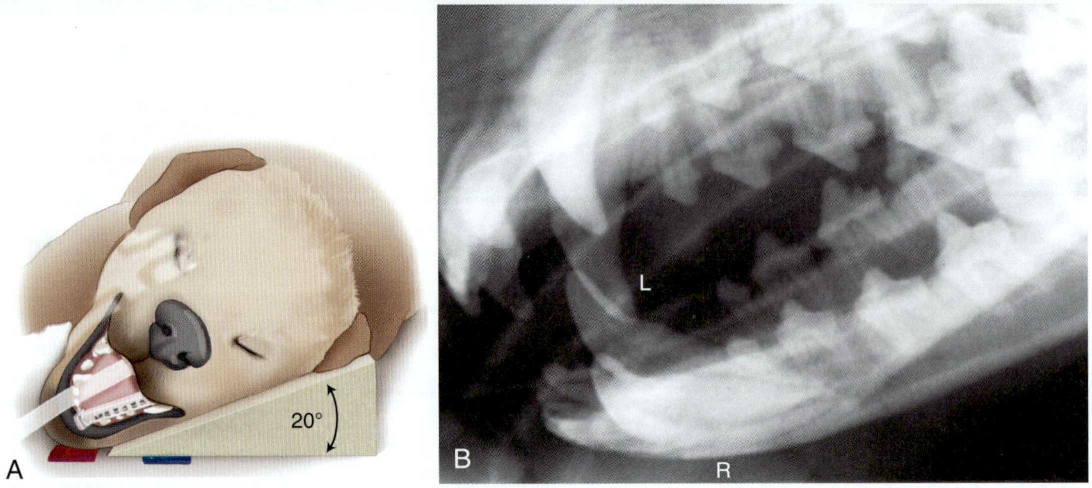

그림 16.12 **A,** 왼쪽 아래턱 치열 확인을 위한 가쪽 비스듬촬영 또는 DV 비스듬촬영(Rt20D-LeVO)의 자세잡기. 위턱은 20~45도로 올려지며, 이는 입이 벌어진 정도와 환자의 종에 따라 다르다. **B,** 왼쪽 아래턱 치열 확인을 위한 가쪽 비스듬촬영(또는 변형 DVO, 특히 RtD-LeVO). 왼쪽 아래턱 치아가 더 회색으로 보이는 것을 확인할 수 있다. 이는 아래턱이 겹쳐 있지 않기 때문이다. 머리의 각도도 길이를 신장시켜 아래턱의 치아를 확대시킨다. 입이 더 크게 벌어질수록 아래턱 치아의 겹침이 적어진다.

위턱, 턱관절 및 고실융기를 위한 가쪽 비스듬촬영 _Lateral Oblique View for the Maxilla, TMJ, and Tympanic Bullae (LeV-RtDO/RtV-LeDO) (계속)

1. 이 가쪽 비스듬촬영 또는 변형 VD 비스듬촬영(턱이 위로)은 고실융기, 턱관절과 위턱 치아를 확인하는 데 사용된다.
2. 이는 가쪽촬영과 DV/VD촬영에서 볼 수 있는 것과 다른 시야에서 아래턱 관절을 볼 수 있게 한다.
3. 다른 방법으로 상을 설명한다면 가쪽주둥이쪽-가쪽뒤쪽 비스듬촬영이다.

자세잡기(그림 16.13) _Positioning

위치: 오른가쪽 누움자세 또는 왼가쪽 누움자세, 관찰하는 부위를 감지기 쪽에 둔다.

뒷다리: 뒷다리를 자연스러운 자세에 둔다; 필요 시 샌드백 또는 타이로 지지한다.

앞다리: 뒤쪽으로 두며, 샌드백/타이로 지지한다.

머리와 목: 아래턱이 영상 감지기의 긴 모서리와 평행하도록 머리를 위치한다.

머리뼈를 똑바른 가쪽 자세로 유지한다.

아래턱뼈 아래에 폼패드를 두어 턱을 10~30도 위로 올린다. 종에 따라 각도는 다르다. 입은 열려 있어도 된다.

필요 시, 벨크로/테이프를 코와 목 부위에 둘러 머리를 고정시킨다. 타이를 연결하여 테이블에 연결할 수 있다.

샌드백을 목 위에 두거나 머리의 등쪽에 폼패드를 두어 머리를 고정시킬 수 있다.

간단한 개요 _Brief Overview

• 환자는 옆누움자세에 있으며 관찰하는 쪽이 아래로 오고, 입은 열려서 고정되어 있다. 폼 쐐기를 아래턱 아래에 두어 10-30도 각으로 올린다. 각도는 종에 따라 다르다. 빔을 관찰하는 위턱 치열에 두거나, 고실융기에 맞춘다(그림 16.13).

코멘트 및 팁 _Comments and Tips

- 이 자세는 위쪽 융기를 뒤쪽으로, 아래쪽 융기를 주둥이쪽으로 위치한다.
- 아래턱이 올려지는 정도는 종에 따라 다르다. 장두종은 10도 정도의 각이 필요하며, 중두종은 15도가 필요하다. 단두종은 보통 테이블에서 25~30도의 각도가 필요하다.[1,4]

위턱, 턱관절 및 고실융기를 위한 가쪽 비스듬촬영 _Lateral Oblique View for the Maxilla, TMJ, and Tympanic Bullae (LeV-RtDO/RtV-LeDO) (계속)

- 오른쪽과 왼쪽 비스듬촬영 모두 촬영하여 비교해야 한다.
- 귓바퀴, 혀 및 기관 내 튜브가 아티팩트를 형성하지 않도록 주의한다.
- 아래쪽 마커는 관절 배쪽으로, 위쪽 마커는 콧구멍의 등쪽에 둔다. 이는 올려진 관절이 테이블 위의 관절의 등쪽에 있음을 알려준다.
- 머리뼈 기술 차트를 사용한다. 머리뼈를 투과하기 위해선 높은 조사선량이 필요하다.

위쪽 치열 _Upper Dental Arcade

1. 이 시야는 위쪽 치열 또는 반대쪽 위턱의 치아 병변을 촬영하기 위해 사용될 수 있다.
2. 아래턱 밑에 폼패드를 두어 30~45도 각도를 테이블과 형성하게 한다(그림 16.13A). 입은 벌려져 있고, 중심 빔이 네번째 앞어금니에 위치한다. 기관 내 튜브는 아래턱에 묶여 있다.
3. 치아 촬영을 위해서는 찍고자 하는 쪽의 위턱뼈를 테이블 쪽에 가깝게 둔다.
4. 치아는 위치 마커로 표시되어 있다—아래쪽 마커는 배쪽으로, 위쪽 마커는 등쪽으로 둔다(아래쪽 치아가 너 회색으로 보이며, 이는 입천장이 겹치면서 생기는 것이다).

그림 16.14는 미지의 방사선 사진이다. 이를 검토하고 그와 관련된 질문에 답해보자.

측정: 외안각의 바로 뒤쪽, 관절을 지나도록.

중심선: 아래턱뼈의 뒤쪽 턱뼈가지와 귀의 기저부 사이.

경계: 귀의 앞쪽과 뒤쪽.

보건사 참고사항

턱관절 또는 아래턱 치아의 가쪽 비스듬촬영의 경우, 폼을 깔아서 턱을 위쪽으로 오게 하여 관찰하는 관절 또는 치아가 테이블에 가깝게 위치하게 한다(*LeD-RtVO/RtD-LeVO*).

보건사 참고사항

이 시야는 *변형 VD 비스듬촬영*이라 불리기도 하며, 이는 턱이 위쪽으로 기울어져 있으며 빔이 머리를 배등쪽에서 들어가기 때문이다. 윗턱은 아래턱보다 테이블에 가까이 위치한다(턱이 위로)—LeD-RtVO (왼쪽 등쪽-오른쪽 배쪽 비스듬촬영, left dorsal-right ventral oblique).

보건사 참고사항

비스듬촬영에서 위치 마커를 올리는 경우, 다음을 고려하라:

1. 촬영하는 사분면은 어디인가?
   a. 옳은 자세에 있다면, 턱의 어느 부위가 테이블과 접촉하고 있는지 확인한다.
   b. 반대쪽 턱에 비해 더 배쪽으로 보일지, 등쪽으로 보일지 생각해 본다.
2. 만약 올바른 아래턱을 촬영한다면, 환자는 오른쪽에 누워있고 턱은 아래로 향해 있다.
   a. 위턱 아래에 있는 스펀지는 아래턱의 왼쪽, 또는 위쪽 가쪽을 기울여서 오른쪽 아래턱보다 더 배쪽에 위치하게 한다.
   b. 오른쪽 작은 어금니 근처에 R 마커를 두고, 왼쪽 아래턱 턱뼈가지 근처에 L 마커를 둔다.
3. 마커는 환자가 어느 방향으로 누워있는지 알려주지 않는다. 오히려 어떤 사분면에 있는지 알려준다.[2]

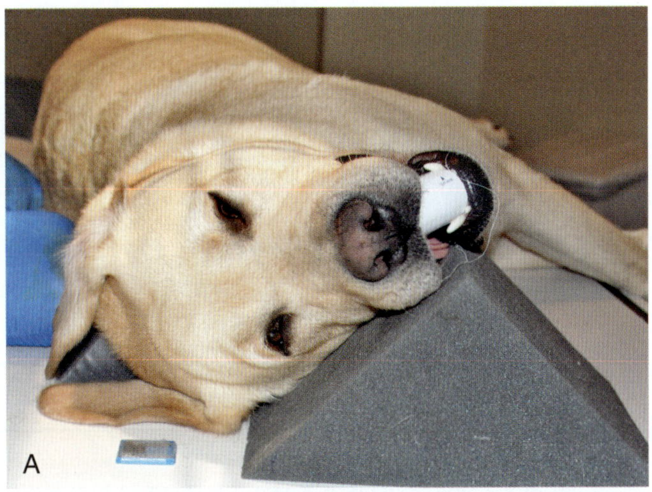

그림 16.13 A, 위턱의 치아를 보기 위한 가쪽 비스듬촬영(특히 LeV-RtDO)의 지세잡기. 관찰하는 쪽이 테이블에 닿아 있다. 작은 각을 사용하여 고실융기와 턱관절을 시각화한다. 왼쪽 마커는 머리를 회전시키면 왼쪽 또는 위쪽 쪽이 오른쪽 위턱보다 더 등쪽에 있다는 것을 알려준다. R 마커는 필름과 가까운 쪽이 더 배쪽임을 알려준다. 오른쪽 위턱 근처의 폼패드 아래에 둔다. R과 L 마커는 비스듬촬영에서 환자가 누워있는 쪽을 알려주지 않는다. 마커는 오직 턱의 상대적인 위치만 보여준다.

위턱, 턱관절 및 고실융기를 위한 가쪽 비스듬촬영 _*Lateral Oblique View for the Maxilla, TMJ, and Tympanic Bullae* (*LeV-RtDO/RtV-LeDO*) (*계속*)

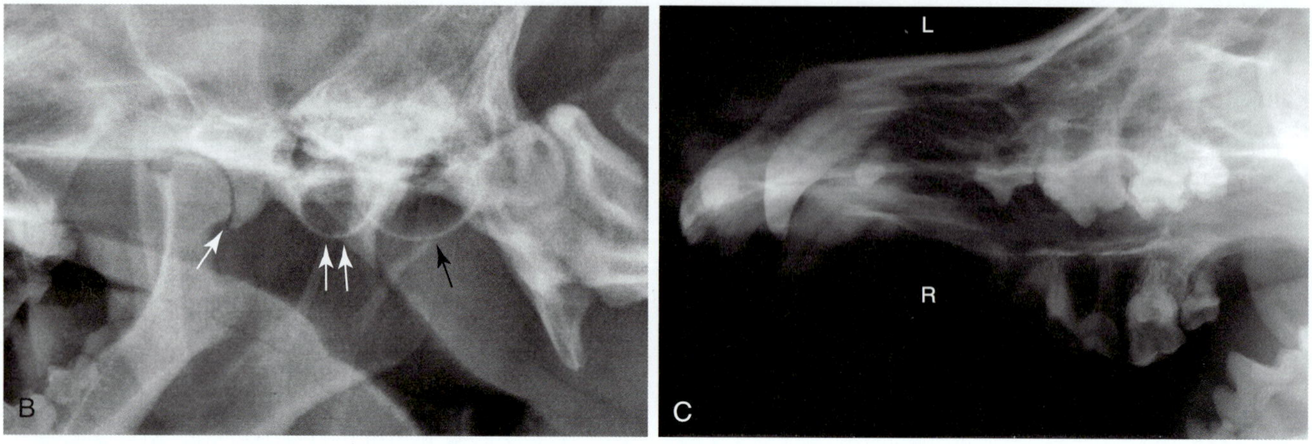

그림 16.13 (*계속*) **B,** 개의 오른쪽 턱관절(*하나의 하얀색 화살표*)와 오른쪽 고실융기(두 개의 하얀색 화살표)를 보여주는 왼쪽 20도 주둥이쪽-오른쪽 뒤쪽 투시이다. 코의 위치를 높이면 왼쪽 위쪽의 위쪽 고실융기(*하나의 검정 화살표*)를 오른쪽 아래쪽의 아래쪽 고실융기(*두 개의 하얀 화살표*)보다 뒤쪽에 위치시킨다. **C,** 위턱의 치열을 확인하기 위해 위턱에 중심 방사선을 맞추고, 입을 더 크게 벌린 채로 입 벌림 가쪽 비스듬촬영(LeV-RtDO 입 벌림) 찍은 방사선 사진이다.(From Thrall DE. *Textbook of Veterinary Diagnostic Radiology*. 7th ed. St Louis: Saunders; 2018)

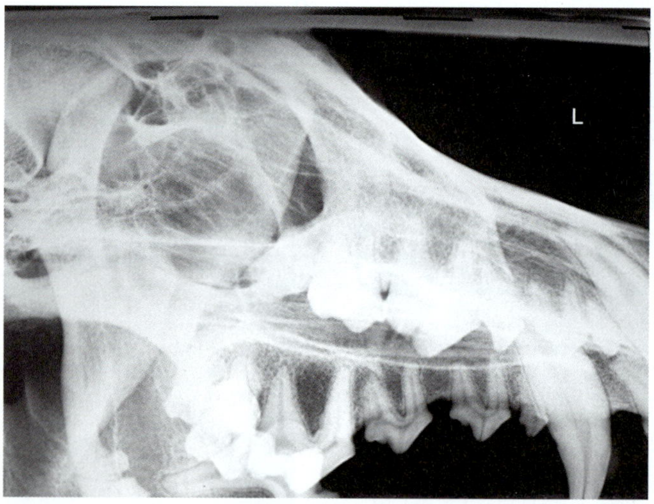

그림 16.14 미지의 방사선 사진. 이 상의 올바른 용어는?

✳ 핵심 사항

1. 머리뼈 촬영을 위해 올바르게 자세 잡기 위해서는 전신 마취 또는 진정제가 필요하다.
2. 왜곡과 오진을 최소화하기 위해 머리뼈의 대칭성을 얻기 위해서는 관찰하는 해부학적 구조가 테이블/영상 감지기와 평행하고 중심 방사선과 수직해야 한다.
   a. 가쪽촬영의 대칭성 유지를 위해, 내안각 사이에 가상의 선을 그린다. 이 선은 테이블과 수직해야 한다.
   b. VD촬영의 대칭성 유지를 위해, 내안각 사이에 가상의 선을 그린다. 이 선은 테이블과 평행해야 한다.
3. 관심부위에 좁게 시준하고, 라벨/마커를 주의하여 배치한다.
4. 촬영해야 하는 자세는 의심 병변에 따라 다르다.
5. 주둥이뒤쪽 투시에서 중심 방사선이 머리뼈와 이루는 각도는 종에 따라 다르다. 환자는 VD 자세로 코를 X선 빔에 향하도록 하며, 일부 각도 변화가 있을 수 있다.
6. 비스듬촬영에서 라벨을 붙일 때, 어느 쪽의 턱이 필름에 닿아 있는지와 반대쪽이 어떻게 위치하는지 생각한다.

복습 문제 _Review Questions

1. 로트와일러의 머리뼈의 가쪽 조사 방사선 사진이 필요하다. 어디를 측정해야 하는가?
   a. 외안각의 주둥이쪽의 광대뼈활
   b. 머리뼈의 중심의 광대뼈활
   c. 외안각의 뒤쪽의 머리뼈
   d. 뒤통수뼈관절융기

2. 로트와일러의 가쪽 조사의 경우, 올바른 경계 부위는?
   a. 코의 끝에서 뒤통수뼈관절융기까지
   b. 주둥이쪽과 뒤쪽 머리덮개뼈 경계
   c. 귀의 앞쪽과 뒤쪽
   d. 코의 끝에서 외안각까지

3. 로트와일러의 DV 조사 방사선 사진을 촬영한다. 중심 방사선의 위치는?
   a. 머리뼈의 등쪽 정중선에 있는 귀의 주둥이쪽
   b. 시상능선 위에 있는 귀 사이의 등쪽 정중선
   c. 시상능선 위에 있는 외안각 사이의 등쪽 정중선
   d. 주둥이쪽

4. 로트와일러의 DV 조사 방사선 사진에 대한 올바른 설명은?
   a. 모든 조직의 균일한 음영
   b. 머리뼈의 과다 조사선량
   c. 비강의 과다 조사선량
   d. 가장 두꺼운 부분을 음극 쪽에 두면 과다 조사선량은 없다.

5. 로트와일러의 머리뼈를 DV촬영으로 촬영하기 위해 자세를 잡고 있다. 대칭을 유지하기 위해선 확인해야 하는 것은?
   a. 영상 감지기와 비중격이 평행하다.
   b. 내안각 사이를 연결하는 선이 테이블과 수직을 이룬다.
   c. 내안각 사이를 연결하는 선이 테이블과 평행을 이룬다.
   d. 혀는 다른 중요한 해부학적 구조를 가리지 않는다

6. 콜리의 이마굴을 촬영하려고 한다. 수의사가 주둥이뒤쪽 자세를 요구하였다. 이때 환자는 어떤 자세인가?
   a. 배누움자세, 머리는 테이블과 평행
   b. 배누움자세, 코는 X선 튜브를 향하고 입은 열려있다.
   c. 등누움자세, 코는 X선 튜브를 향하고 입은 닫혀있다.
   d. 등누움자세, 코는 X선 튜브를 향하고 입은 열려있다.

7. 콜리의 이마굴을 촬영할 때, 중심 방사선의 위치는?
   a. 비강, 입천장 뒤쪽
   b. 외안각
   c. 외안각의 주둥이쪽
   d. 눈의 중간, 머리뼈의 중심이 오도록

8. 수의사가 콜리의 코곁굴을 VD 입 벌림으로 촬영하려 한다. 이 상의 올바른 명칭은?
   a. 입 벌림 배쪽 20~30°주둥이쪽-등뒤쪽 비스듬촬영
   b. 뒤배쪽-주둥이등쪽 비스듬촬영
   c. 90도 주둥이뒤쪽 입 벌림 촬영
   d. LeD-RtVO 또는 RtD-LeVO, 환자가 누워있는 방향에 따라

9. 콜리의 코곁굴을 VD입 벌림으로 촬영할 때 올바른 자세는?
   a. 코는 테이블과 평행하고, 빔이 입 안으로 90도로 들어간다.
   b. 코는 위를 향하고 단단입천장이 뒤쪽으로 기울여졌다.
   c. 입이 크게 열려있고, X선 투뷰는 20~30도 각도로 기울어져 입안으로 주둥이뒤쪽 방향에서 들어간다.
   d. 입이 크게 열려있고, X선 투뷰는 20~30도 각도로 기울어져 아래턱으로 주둥이뒤쪽 방향에서 들어간다.

10. 수의사가 콜리의 큰구멍 사진을 보고 싶어 한다. 환자는 등누움자세로 누워있으며, 코의 위치는?
    a. 테이블과 평행하며 X선 튜브는 주둥이뒤쪽 방향으로 틀어져 있다.
    b. 테이블과 수직이며, 빔이 20~30도 틀어져 있다.
    c. 테이블과 몸의 긴 축과 수직이다.
    d. 위를 향하며 뒤쪽으로 20~30도 당겨져 있다.

11. 복서의 고실융기를 완전히 분석하기 위해선 가쪽촬영, DV/VD 외로 어떤 상이 필요한가?
    a. 이마 90도와 머리뼈의 가쪽 비스듬촬영
    b. 입 벌림 주둥이뒤쪽과 머리뼈의 가쪽 비스듬촬영
    c. 입 열림, 입 닫힘 주둥이뒤쪽과 머리뼈의 가쪽 비스듬촬영
    d. 머리뼈의 DV 비스듬촬영

12. 복서의 고실 융기의 LeD-RtVO 방사선 사진이 필요하다. 이때 환자가 누워있는 방향은?
    a. 오른쪽, 턱은 아래로 향함
    b. 오른쪽, 턱은 위로 향함
    c. 왼쪽, 턱은 아래로 향함
    d. 왼쪽, 턱은 위로 향함

13. LeD-RtVO 방사선 사진이다. 왼쪽 마커의 올바른 위치는?
    a. 등쪽, 오른쪽 마커 없이
    b. 등쪽, 오른쪽 마커와 함께
    c. 배쪽, 오른쪽 마커는 등쪽에
    d. 배쪽, 오른쪽 마커 없이

14. 고실융기의 LeD-RtVO 방사선 사진의 경계에는 무엇이 포함되어야 하는가?
    a. 코의 끝부터 뒤통수뼈-고리뼈 이음부
    b. 귀의 앞쪽에서 뒤쪽
    c. 머리뼈 전체
    d. 뒤통수뼈능선에서 코평면의 등쪽 부위

15. 수의사가 고양이의 주둥이등쪽 사진을 요구한다. 일반적인 개의 머리뼈와 다르게 고양이의 입의 올바른 자세는?
    a. 입은 닫혀 있으며, 단단입천장은 세로와 10도 각도를 이룬다
    b. 입은 열려 있으며, 단단입천장은 세로와 10도 각도를 이룬다
    c. 입은 닫혀 있으며, 테이블과 평행하다.
    d. 입은 닫혀 있으며, 뒤쪽으로 당겨져 있다.

참조 _References

1. Holloway A. *BSAVA Manual of Canine and Feline Radiography and Radiology*: a Foundation Manual. Suffolk: BSAVA; 2013.
2. Thrall DE. *Textbook of Veterinary Diagnostic Radiology*. 7th ed. St. Louis: Elsevier; 2018.
3. Smallwood JE, Shively MJ, Rendano VT, Habel RE. A standardized nomenclature for radiographic projections used in veterinary medicine. *Vet Radiol*. 1985;26:2-9.
4. Kus S, Morgan J. Radiography of the canine head: optimal positioning with respect to skull type. *Vet Radiol*. 1985;26:196-202.
5. Hammond Gawain J, Sullivan M, Weinrauch S, King AM. A comparison of the rostrocaudal open mouth and rostro 10 degrees ventro-caudodorsal oblique radiographic views for imaging fluid in the feline tympanic bulla. *Vet Radiol Ultrasound*. 2005;46: 205-209.

참고 문헌 _Bibliography

Aspinall V, Cappello M. *Introduction to Veterinary Anatomy*. London: Butterworth-Heinemann; 2009.

Ayers S. *Small Animal Radiographic Techniques and Positioning*. Oxford: Wiley-Blackwell; 2013.

Colville T, Bassert J. *Clinical Anatomy and Physiology for Veterinary Technicians*. 3rd ed. St. Louis: Mosby; 2016.

Done SH, Goody PC, Evans S, Stickland NC. *Color Atlas of Veterinary Anatomy, the Dog and Cat*. London: Mosby; 2009.

Evans H, de Lahunta A. *Guide to the Dissection of the Dog*. 8th ed. St. Louis: Saunders; 2017.

Fauber TL. *Radiographic Imaging and Exposure*. 5th ed. St. Louis: Elsevier; 2017.

Hermanson, J, de Lahunta A. *Miller's Anatomy of the Dog*. 5th ed. St. Louis: Elsevier; 2019.

Muhlbauer MC, Kneller SK. Radiography of the Dog and Cat: *Guide to Making and Interpreting Radiographs*. Oxford: Wiley-Blackwell; 2013.

Owens JM. *Radiographic Interpretation for the Small Animal Clinician*. St. Louis: Ralston Purina; 1999.

Singh B. *Dyce, Sack and Wensing's Textbook of Veterinary Anatomy*. 5th ed. St. Louis: Elsevier; 2018.

Sirois M, Schlote J. *Diagnostic Imaging for Veterinary Technicians*. Minneapolis: Bluedoor, LLC; 2017.

Smallwood JE, Shively MJ, Rendano VT, Habel RE. A standardized nomenclature for radiographic projections used in veterinary medicine. *Vet Radiol*. 1985;26:2-9.

Tighe M, Brown M. *Mosby's Comprehensive Review for Veterinary Technicians*. 5th ed. St. Louis: Mosby; 2019.

Wilson M, Mauragis D, Berry C. Small animal skull & nasofacial radiography including the nasal cavity & frontal sinuses. *Todays Vet Pract*. 2014;4(2):47-51.

CHAPTER 17

치과 영상 및 방사선 촬영

Dental Imaging and Radiography

Susan MacNeal, RVT, CVDT, BSc

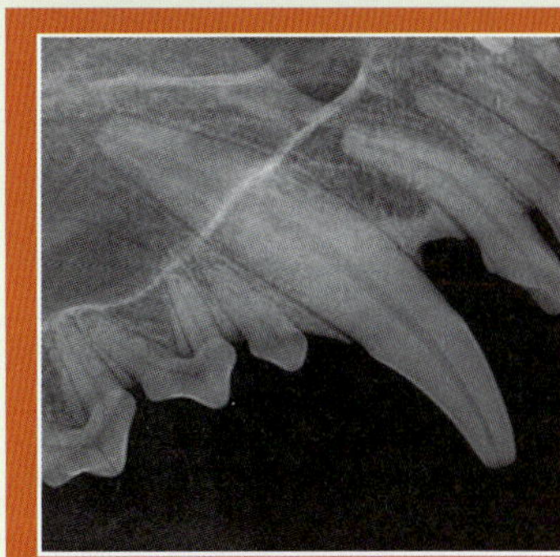

한 남자가 처음으로 자신이 감당할 수 없는 양을 먹다가 사랑니를 자르기 시작한다.

—Herb Caen, San Francisco Chronicle, 1916~1997

개요

치과 X선 장치
치과 X선 영상
필름
수동 필름 현상
이미지 라벨링, 부착 및 보관
디지털 치과 방사선 촬영
컴퓨터 방사선 촬영
직접 디지털 이미징
디지털 센서 안전 정보
치과 촬영
방사선 촬영 로그
치과 방사선 촬영 지침
치과 위치 용어
치아 해부학과 치식
치아 해부학
치식
명명법
해부학적 표기체계
수정된 트리아단 단계
다양한 종류의 치아의 뿌리
개와 고양이에서 정상적인 방사선학적 해부학
치과 방사선 사진 보기
투사기하학
평행기법
이등분 각도법
단축과 연장
치과 X선 기기를 이용한 구강 내 치과 방사선 촬영
치과 X선 기술
개의 치과 방사선
고양이의 치과 방사선
치과 X선 장치로 촬영된 개의 방사선 사진
개의 위턱 앞어금니와 어금니
개의 어금니
위턱 제4앞어금니: SLOB 규칙
위턱 송곳니
위턱 앞니
위턱 앞니—DR 센서를 사용한 대형견 촬영 기법
아래턱앞니
아래턱 앞니—DR 센서를 사용한 대형견 촬영 기법
아래턱 송곳니
아래턱 앞어금니 1, 2번
아래턱 앞어금니 3, 4번 및 어금니
치과 X선 장치로 촬영된 고양이의 방사선 사진
고양이 위턱 앞어금니: CR 또는 필름과 함께 사용되는 구강 내 촬영 기법
DR 센서를 사용한 고양이 위턱 앞어금니 구강 외 촬영기법
고양이 위턱 송곳니 치아
고양이 위턱 앞니
고양이 아래턱 송곳니와 앞니
고양이 아래턱 앞어금니와 어금니: CR/필름의 평행 기술
고양이 아래턱 앞어금니와 어금니: DR 센서에 대한 이등분 각도 기술
개와 고양이의 비강 방사선
전통적인 카세트를 이용한 치과 방사선: 일반적인 촬영
위턱 앞어금니와 어금니: 배등쪽 비스듬 구강 외 촬영
아래턱 앞어금니와 어금니: 등배쪽 비스듬 구강 외 촬영
위턱 앞니와 송곳니: 등배쪽 구강 내/교합 촬영
아래턱 앞니와 송곳니: 배등쪽 구강 내/교합 촬영
일반적인 디지털 X선 기계를 사용한 구강 내 치과 방사선 촬영
필름 배치 오류와 아티팩트
치과 이상 병변의 방사선 사진

학습 목표

이 장에 있는 정보의 적용은 다음 영역과 관련이 있다.

1. 치과용 X선장치를 설명하고 특징에 대해 논의할 수 있다.
2. 치과 X선 필름을 처리할 수 있다.
3. 필름 또는 디지털 시스템을 이용한 치과 방사선 촬영을 이해하고 각 시스템의 장점에 대해 논의할 수 있다.
4. 치과 해부학, 용어, 명명법 및 치식을 정확하게 인식할 수 있다.
5. 개와 고양이의 영상을 적절하게 중심에 맞추고, 시준(조사범위 조절), 포지셔닝(자세 잡기)을 올바르게 하여 평행 또는 이등분 각도를 사용하여 CR 디지털 시스템/필름 또는 DR 센

서를 이용해 진단에 적합한 고품질의 외부 구강 및 내부 구강의 치과 방사선을 촬영할 수 있다.

6. 치과 필름을 올바르게 확인할 수 있다.
7. 개와 고양이 사이의 차이점을 포함하여 추가적인 관심사와 특이점을 파악할 수 있다.

주요 용어

치조골(Alveolar bone)
뿌리쪽(Apical)
궁(Arch)
이등분 각도(Bisecting angle)
볼쪽(Buccal)
열육치(Carnassial tooth)
꼬리쪽(Caudal)
시멘트에나멜질 연접부(Cementoenamel junction; CEJ)
치과 진단용 암실(Chairside darkroom)
컴퓨터 방사선 촬영(Computed radiography)
오목한(Concave)
대조측(Contralateral)
볼록한(Convex)
관상면(Coronal surface)
뾰족한 돌출부, 언덕(Cusp)
직접 디지털 방사선 촬영(Direct digital radiography)
뒤쪽의(Distal)
먼옆쪽 비스듬(Distolateral oblique)
등쪽(Dorsal)
연장(Elongation)
에나멜 돌출(Enamel bulge)
구강 외(Extraoral)
연장팔(Extension arm)
얼굴쪽의(Facial)
단축(Foreshortening)
주름띠, 소대(Frenulum)
뿌리분절부(Furcation)
앞니의(Incisal)
구강 내(Intraoral)
같은쪽(Ipsilateral)
입술쪽(Labial)
경판(Lamina dura)
가쪽[Lateral (side)]
혀쪽의(Lingual)
부정교합(Malocclusion)
턱끝구멍(Mental foramina)
안쪽의(Mesial)
안쪽볼쪽의(Mesiobuccal)
안옆쪽 비스듬(Mesiolateral oblique)
안쪽혀쪽의(Mesiolingual)
교합(Occlusion)
단단면(Palatal surface)
평행기법(Parallel technique)
치근절(Periapical)
위치 지시 장치(Position indicating device)
현상 약품(Processing chemicals)
뿌리 홈(Radicular groove)
코쪽의(Rostral)
코뒤방향 비스듬한(Rostrocaudal oblique)
가위 팔(Scissor arm)
SLOB 규칙(SLOB rule)
고정 양극(Stationary anode)
원천-영상 거리(Source-image distance; SID)
배쪽의(Ventral)

치과 방사선 촬영은 수의학에서 중요한 진단 도구로 자리 잡았다. 기본 해부학, 용어 및 촬영자세의 원칙을 이해하면 치과 방사선 사진을 쉽게 얻을 수 있다.

개와 고양이 구강의 진단용 방사선 사진을 얻기 위해 치과용 X선 기계를 사용해야 한다. 치과용 X선 기계의 관절 팔은 환자를 최소한으로 움직이면서 퀄리티 높은 방사선 사진을 빠르고 간편하게 얻을 수 있도록 도와준다. 만약 치과용 X선 기계를 사용할 수 없다면, 일반적인 X선 기계로도 구강 외 및 구강 내 방사선 사진을 촬영할 수 있지만, 위치에 따라 얻는 이미지가 쉽게 얻어지지 않거나 상세하지 않을 수 있다.

치과 X선 장치 _*The Dental X-Ray Unit*

수의학에서 사용되는 치과 X선 유닛은 사람치과 X선 유닛과 유사한 기술을 기반으로 만들어졌다. 수의학에서는 개량된 사람 치과 X선 유닛을 사용하지만, 별도의 차트가 필요하다. 새로운 수의학용 치과 X선 유닛에서는 방사선을 촬영할 이빨에 해당하는 선택 버튼을 누르면 방사선을 촬영할 수 있다(그림 17.1).

치과 X선 유닛은 발전기, 연장 팔, 가위 팔, 그리고 X선 튜브(시준기 콘 포함, 그림 17.2)로 구성되어 있다. 발전기는 치과 진료실 벽면에 위치한 작은 상자이며 특별한 배선 없이 표준 110볼트 전원 콘센트를 필요로 한다. 대부분의 치과 X선 유닛은 70 또는 80 킬로볼트(kV)와 7 또는 8 밀리암페어(mA)로 미리 설정되어 있으며, 유일한 가변 요소는 초(seconds)이다. 최신 치과 X선 유닛 중 일부는 kV를 조절할 수 있는 기능이 있다.

연장 팔은 발전기에서 뻗어나온 부분으로 180도로 회전하며 길이를 조절할 수 있다. 연장 팔 끝에는 가위 팔이 있다. 가위 팔과 연장 팔을 이용하여 치과 X선 기계를 환자 주위로 조작하여 촬영 위치를 쉽게 조정할 수 있다.
X선 튜브는 고정된 양극 튜브로서 가위 팔 끝에 있는 튜브 하우징에 케이스로 둘러싸여 있으며, 그 주변으로 회전한다. 고정된 양극 튜브이기 때문에 로터 소음이 없다. 시준기 콘 또

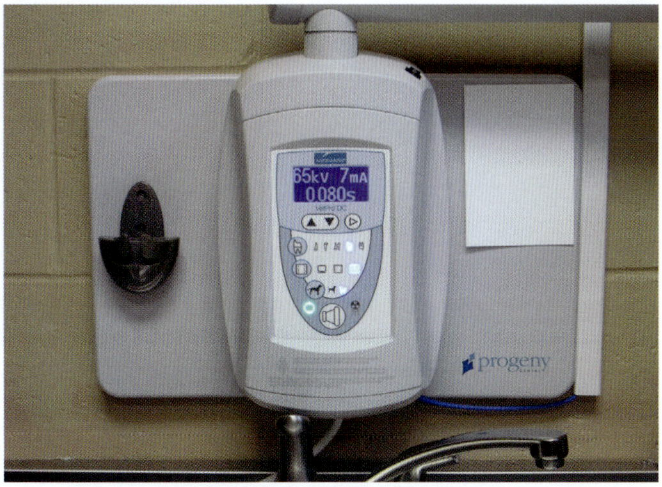

그림 17.1 **치과용 X선 제어판.**

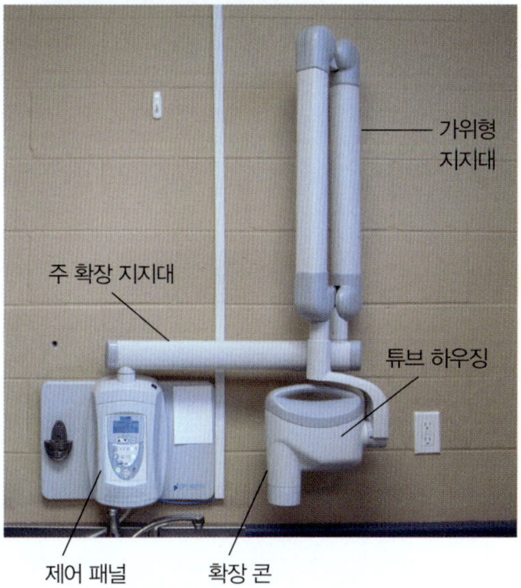

그림 17.2 **치과용 X선 기계.**

는 위치 지시기(PID)는 튜브 하우징에서 돌출된 부분이다. 콘은 교체할 수 없으며, 제조사에 따라 가변 길이와 지름으로 제공된다(그림 17.3). 유닛의 대부분의 초기셋팅은 이빨로부터 2인치 또는 5 cm 거리를 기준으로 한다. 어떤 변화가 있더라도 3장에서 설명한 역제곱 법칙에 따라 설정을 변경해야 한다. 시준기 빛이 없기 때문에, 조작자는 빔의 중심을 가장 잘 추정하기 위해 콘을 여러 방면에서 확인해야 한다.

모든 치과용 콘에는 콘 수위에 최대 90도까지 표시된 각도계가 있다(그림 17.4). 각도계는 사용하는 기법에 따라 일부 치과 방사선 사진을 설정하는 데 유용하다. 이 각도계는 특히 송곳니 치아의 영상 촬영에 매우 유용하다. 송곳니 치아 주변의 각도를 '기울기(tilt)'로 조정해야 하기 때문에 인접한

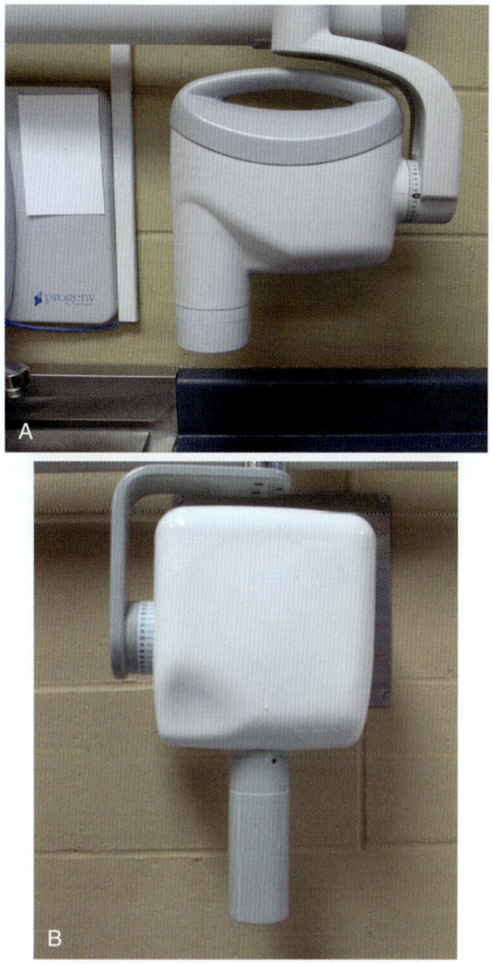

그림 17.3 A와 B는 치과 X선 기계에서 사용되는 시준 콘의 두 가지 예시이다. 시준 콘의 길이와 직경은 기계마다 다양하게 제공된다.

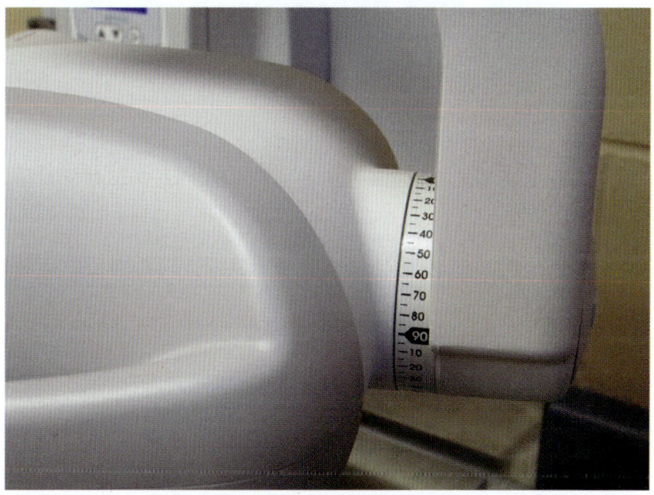

그림 17.4 치과 X선 기계 가쪽에 있는 각도 측정기는 빔의 방향을 조정해야 할 때 치과에서 송곳니를 촬영하는 데 사용된다.

앞어금니에 영상이 겹치는 것을 방지하기 위해 필요하다.

치과 X선 영상 _*Dental X-Ray Imaging*

세 가지 영상 선택지가 있다. 하나는 스크린 없는 치과 필름이며, 다른 두 가지는 디지털 시스템이다. 디지털 시스템은 광자자극판 (PSP)으로 이용 가능한 컴퓨터 방사선 촬영(CR)과, 직접 디지털 수신기(DDR 또는 DR)로 구분된다.

필름

치과 이미징에 필요한 kV(킬로볼트)는 일반적으로 카세트–스크린 시스템으로 고양이 복부를 촬영하는 것보다 훨씬 높다. 이는 증폭 스크린이 없기 때문이다.

치과 필름은 다양한 속도와 브랜드가 있다. 수의학에서 일반적으로 사용되는 필름 속도는 D-스피드(그림 17.5)이다. Insight라는 브랜드에서 더 빠른 속도인 F-스피드 필름도 제공된다. 이 필름은 병원 환자에 대한 방사선 투여량을 감소시킨다. 기술 차트가 작성된 후에는 필름 속도를 변경하는 것이 쉽지 않다. 필름은 네 가지 크기로 구매할 수 있다(표 17.1). 가장 일반적으로 사용되는 크기는 2와 4이며, 작은 개와 고양이용으로 0 크기가 있다(그림 17.6).

필름 패킷은 여러 개의 층으로 이루어져 있다(그림 17.7). 필름은 종이 층으로 포장되어 있으며 패킷 뒷면에 얇은 납 판이 있으며 이 모든 것이 플라스틱 겉커버로 둘러싸여 있다.

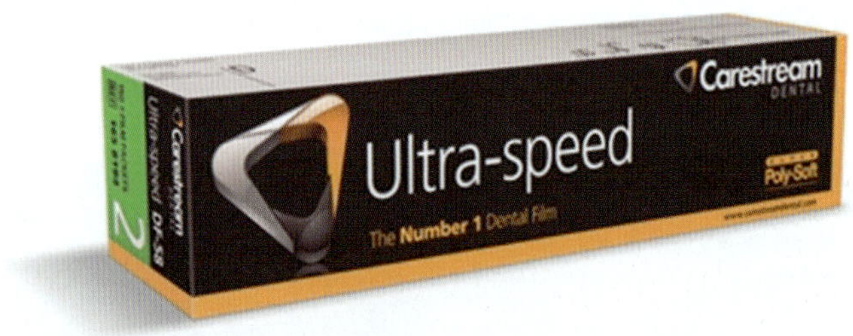

그림 17.5 치과 필름, D-스피드. 이것은 수의학 분야에서 가장 흔히 사용되는 필름 속도이다.

표 17.1 치과 X선 필름 사이즈

필름 사이즈	필름크기
0	1⅜ × ⅞ 35 mm × 22 mm
1	19/16 in × 15/16 in 40 mm × 24 mm
2	1⅝ in × 1¼ in 40.5 mm × 30.5 mm
4	3 in × 2¼ in 57 mm × 76 mm

그림 17.6 사이즈 0, 2, 그리고 4의 치과 X-필름. 이것들은 개와 고양이 치아 영상 촬영에 가장 흔히 사용되는 사이즈이다.

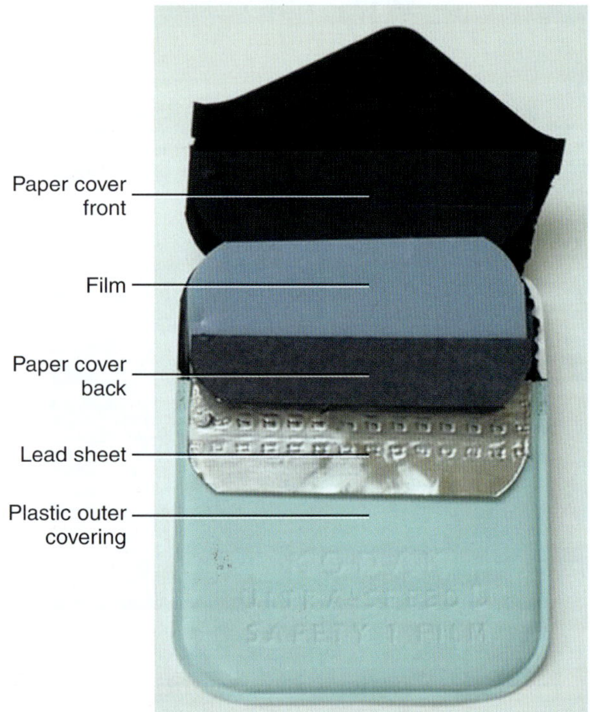

그림 17.7 치과 필름 패킷.

필름 패킷의 뒷면은 녹색 또는 보라색으로 분명히 표시되어 있으며, 패킷을 열 수 있는 작은 탭도 있다(그림 17.8). 필름 패킷의 납 판은 패킷을 통과하는 방사선을 방지하여 환자에게 추가 방사선 노출을 줄이기 위한 것이다(그림 17.9). 많은 지역 자치단체에서 납은 유해 물질로 간주되며 환경 관리 회사 또는 납 재활용 프로그램을 통해 처리해야 한다.

필름 패킷의 앞면에는 볼록한 점이 있으며 패킷 안의 필름에도 동일한 볼록한 점이 있다(그림 17.10). 필름의 반대쪽에는 오목한 점이 있다. "점"의 목적은 필름이 현상된 후에 왼쪽 또는 오른쪽을 판별하는 데 도움을 주는 것이다. 치과 필름은 왼쪽/오른쪽 표시를 하기에는 너무 작기 때문에 점을 사용한다. 필름은 항상 볼록한 점이 튜브 방향을 향하고 입안 앞에 위치하도록 배치된다. 만약 점을 일관되게 입안 앞에 위치시킨다면, 이빨의 방향을 기준으로 왼쪽과 오른쪽을 쉽게 판단할 수 있다.

점이 입안 앞에 위치하도록 확인하는 쉬운 방법은 항상 패킷을 점으로 잡고 들면 된다. 손가락을 점 위에 두는 것으로 패킷의 점이 어디에 위치하는지를 판단할 수 있다.

수동 필름 현상

동물병원에서 필름을 현상하는 가장 일반적인 방법은 수동 현상법이다. 이는 암실(그림 17.11)을 이용하거나 일반적인 어두운 방에 뚜껑이 밀봉된 작은 병을 4개 준비하여 할 수 있다. 암실은 필름을 찍는 곳과 가까운 곳에서 현상하여 조작할 수 있게 한다. 암실은 빨간색 투명 커버와 빛을 차단하는 팔 구멍이 있다. 암실에는 왼쪽에서 오른쪽으로 현상액, 정지액, 고정액 및 물이 들어 있다(그림 17.12). 이때 현상액은 방

그림 17.8 치과 필름 패킷의 뒷면은 X선 튜브로부터 떨어져야 한다. 이 뒷면은 다른 색상으로 구분되며, 현상 처리 중에 필름 패킷을 열기 위한 탭이 있다.

그림 17.9 치과 필름 패킷에 포함된 얇은 납 시트는 환경 관리 업체와 함께 폐기되어야 한다.

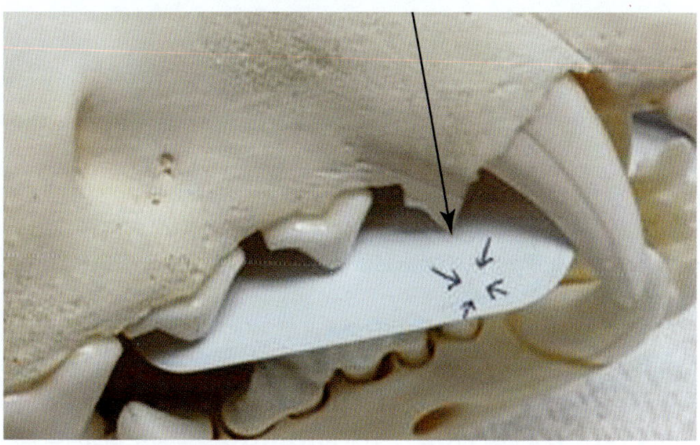

그림 17.10 치과 필름의 볼록한 점은 필름의 볼록면이 튜브 헤드를 향하도록 배치되며, 해당 점은 전방에 위치해야 한다.

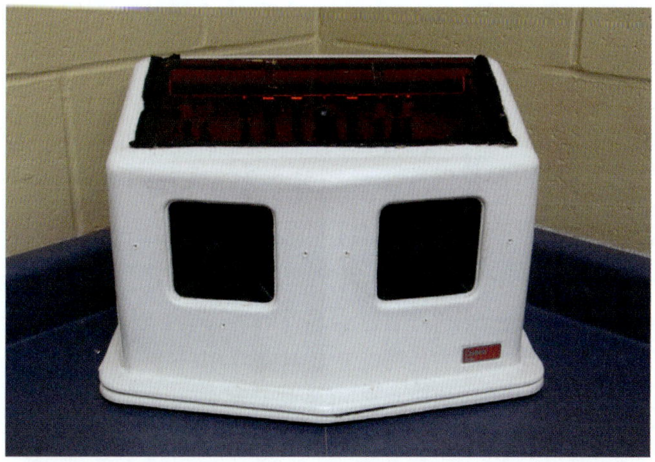

그림 17.11 **암실.**

그림 17.12 암실 내부에서 왼쪽에서 오른쪽으로: 현상액, 물, 고정액, 물.

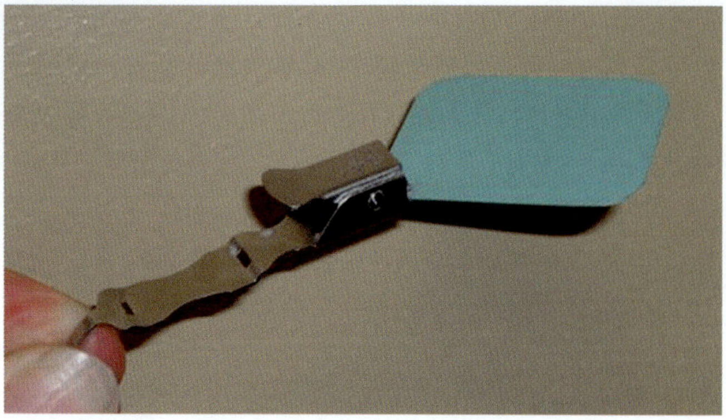

그림 17.13 치과 필름에 부착된 필름 클립. 필름 클립은 암실 내부에서 필름을 현상액을 통해 움직이는 데 사용된다.

온도 (70~76°F 또는 21~24°C)로 사용하는 것이 좋다.

필름 촬영 후 필름을 암실로 가져가 양손을 빛이 차단되는 구멍에 넣고 필름 패킷을 한 손으로 잡는다. 패킷을 열고 필름에 필름 클립을 부착한다. 필름 클립을 사용하면 작업자가 액체 속으로 손을 넣지 않고도 안전하게 필름을 액체에 통과시킬 수 있다(그림 17.13). 빨간색 투명 커버를 통해 작업자는 빛이 필름을 오염시키지 않게 하여 현상 과정을 볼 수 있다.

현상 시간은 사용하는 약품 브랜드에 따라 다양하며, 제조사의 지침을 참고하는 것이 가장 좋다. 코닥 래핏 액세스 치과 현상액과 케어스트림의 픽서(그림 17.14)는 이용 가능한 빠른 치과 현상용 용액의 예시이다. 이러한 액체의 사용 지침에 따르면 이 시스템은 울트라-스피드와 인사이트 치과 필름 모두와 호환 가능하다고 명시되어 있다. 빠른 치과 현상 용액에 15초 동안 담가두면 바로 확인할 수 있는 방사선 사진이 나온다. 그 후 물에 헹구고 15초 동안 픽서에 담근 후 철저히 물로 헹구어야 한다. 필름이 건조된 후 노란색 변색이 보이면 충분히 헹궈지지 않았다는 것을 알 수 있다. 환자 기록의 일부로 방사선 사진을 보관해야 할 경우, 현상해야 하며, 정지액에 15초 동안 담가두고(항상 흔들어야 함), 그런 다음 2~4분 동안 고정액에 담가두고 10분간 물에 흐르는 물로 헹구어야 한다.

이상적으로는, 이용한 액체는 치과 시술 후 처분되어야 한다. 화학 물질의 변질 증상을 주의하여야 한다.

이미지 라벨링, 부착 및 보관

각 병원은 치과 방사선 사진을 보관하는 자체 시스템을 개발해야 한다. 일부 수의학 규정 기관에서는 필름에 영구적인 라벨을 부착하는 것을 요구한다. 이는 미세한 점으로 필름에 직접 쓰거나 필름 마운트(그림 17.15)를 사용할 수 있으며, 이 또한 허용되는 방법이다. 필름 마운트를 사용하면 필름을 미리 정해진 레이아웃으로 정리하고 차후 참고를 위해 파일에 보관할 수 있다. 디지털 시스템은 또한 소프트웨어에 내장된 템플릿을 사용하여 디지털 방사선 사진을 부착하는데 사용된다.

치과 방사선 사진의 전체 시트는 반드시 동물의 입안을 바로 보는 것처럼 배치해야 한다. 전체 방사선 사진 세트를 볼 때 동물의 오른쪽 입은 당신의 왼쪽에 있어야 한다(그림 17.16).

치과 방사선 사진은 클리닉의 치과 차트 봉투에 넣어 부착하거나 종이차트가 없는 병원의 경우 별도의 파일 시스템을 사용하여 보관할 수 있다. 방사선 사진은 환자의 의료 기록의 일부이며 차후 참고를 위해 보존되어야 한다.

그림 17.14 신속한 치과 X선 현상 약제의 예시.

그림 17.15 치과 필름 마운트. 치과 방사선 사진들을 동물을 바라보는 듯이 배열하는 장치

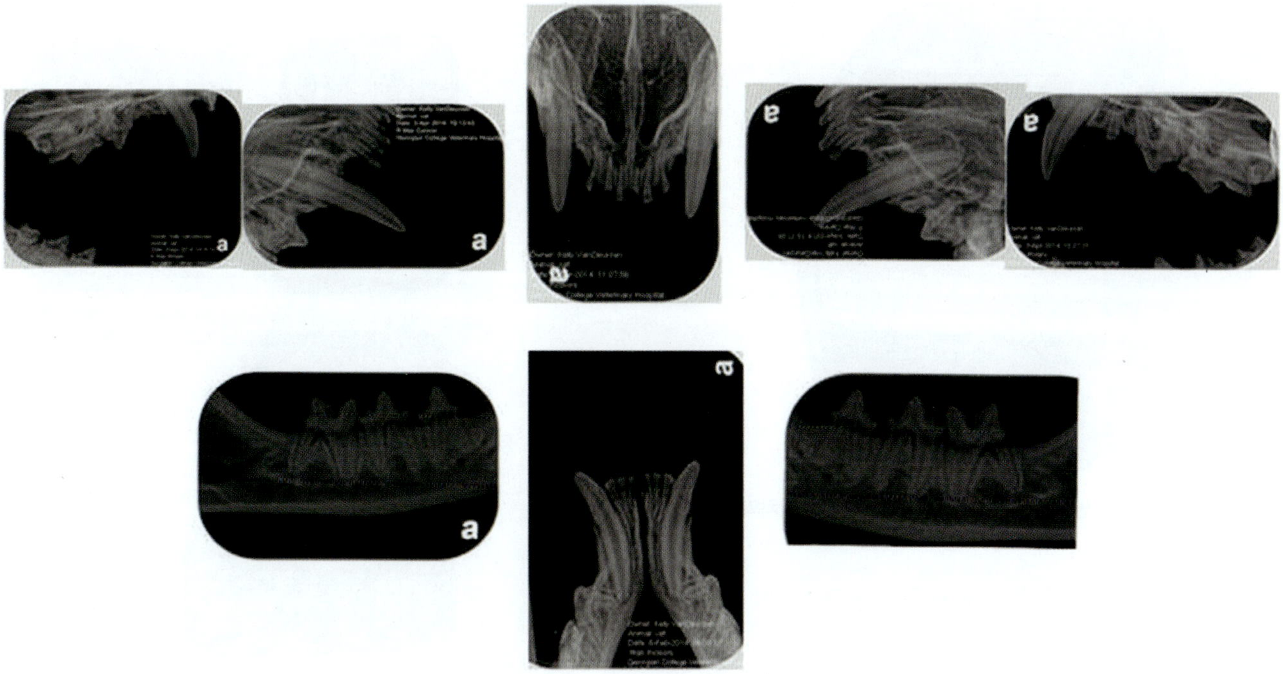

그림 17.16 **고양이의 치과 방사선 사진.** 상단에는 위턱 부위의 사진이 있고 하단에는 아래턱 부위의 사진이 있다. 환자의 오른쪽은 당신의 왼쪽에 위치하며, 반대로 왼쪽은 당신의 오른쪽에 위치한다.

디지털 치과 방사선 촬영_*Digital Dental Radiography*

디지털 치과 이미지 시스템은 이미지를 처리, 조작 및 저장하는 것이 매우 쉽다는 장점이 있다. 치과 방사선 촬영은 일반적으로 "가파른 학습 곡선"을 가지고 있다고 말하며, 필름을 수동으로 현상해야 한다면 시간이 많이 소요되는 과정이 될 수 있다. 디지털 시스템은 또한 이미지를 간편하게 주석을 달 수 있는 도구로 조작할 수 있게 한다(그림 17.17). 예를 들어, 확대, 창과 수평 조절을 통해 이미지를 최적화하고, 정확한 이빨을 라벨링하며, 버튼을 누르면 이미지를 이메일로 보낼 수 있다. 이 모든 것들이 디지털 시스템의 장점이다. 정밀한 방사선 사진은 쉽게 환자의 파일에 첨부되고 퇴원 요약서에 포함될 수 있다.

컴퓨터 방사선 촬영_*Computed radiography*

컴퓨터 방사선 촬영(CR) 치과 프로세서(그림 17.18)는 5장

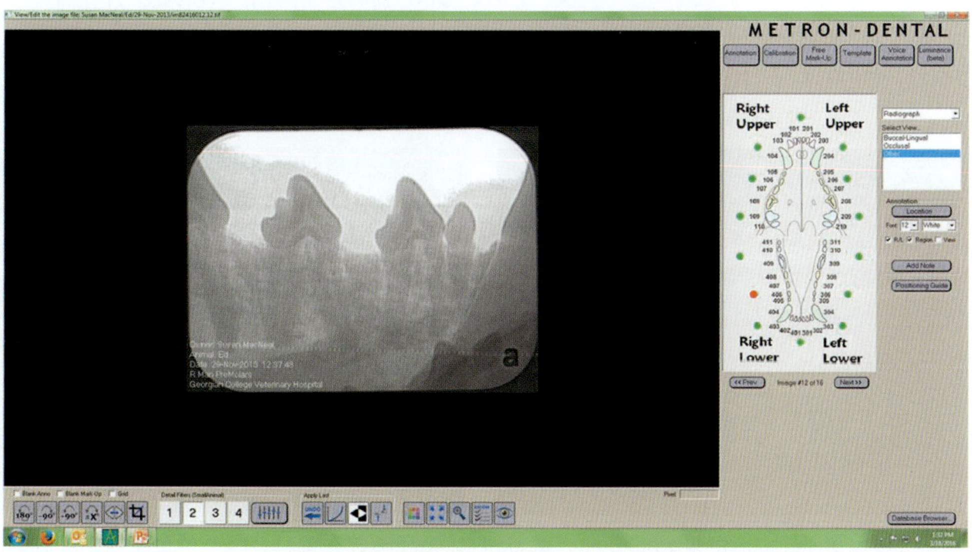

그림 17.17 **디지털 X선 시스템에서의 주석 도구.** 이 이미지에서 색상이 반전되었다.

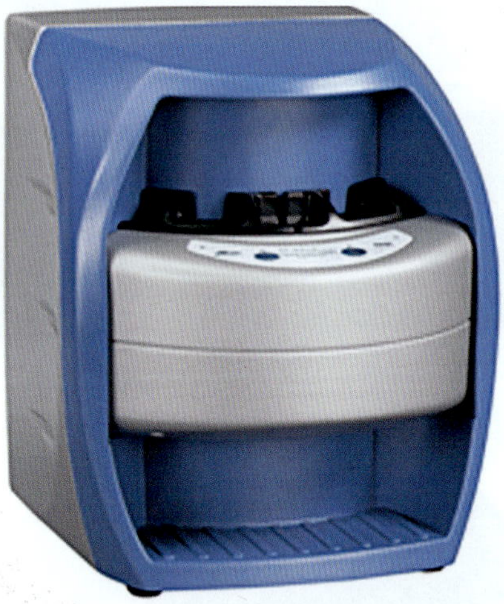

그림 17.18 컴퓨터 방사선 촬영(CR) 디지털 치과 X선 장치의 예시.

에서 설명된 전신 방사선 촬영에 사용되는 표준 CR 장치와 유사한 디자인을 가지고 있다.

광자자극 인공물질(Photostimulable phosphor, PSP) 판이 이미지 수신기로 사용된다. 이 판은 얇고 유연하며 크기 0, 1, 2, 3, 4로 구할 수 있다(그림 17.19). 각 판에는 일반 치과 필름에서 사용되는 "점" 대신 작은 "a"가 있다. PSP판은 빛에 민감하며 빛으로부터 보호되어야 한다. 환자 사용을 위해 방사선 차폐봉투로 밀봉되어 제공된다(그림 17.20). 판의 활성면은 연한 파란색으로, 판의 후면에는 쓰여진 내용이 있어 방사선 차폐봉투의 창을 통해 쉽게 확인할 수 있다. 노출된 PSP판은 방사선 차폐봉투에서 꺼내어 스캐너에 통과시키면서 컴퓨터에서 볼 수 있는 이미지로 변환된다. 판이 스캔되면 이전 이미지는 지워지고 스캔이 완료되면 판은 다시 사용할 준비가 된다.

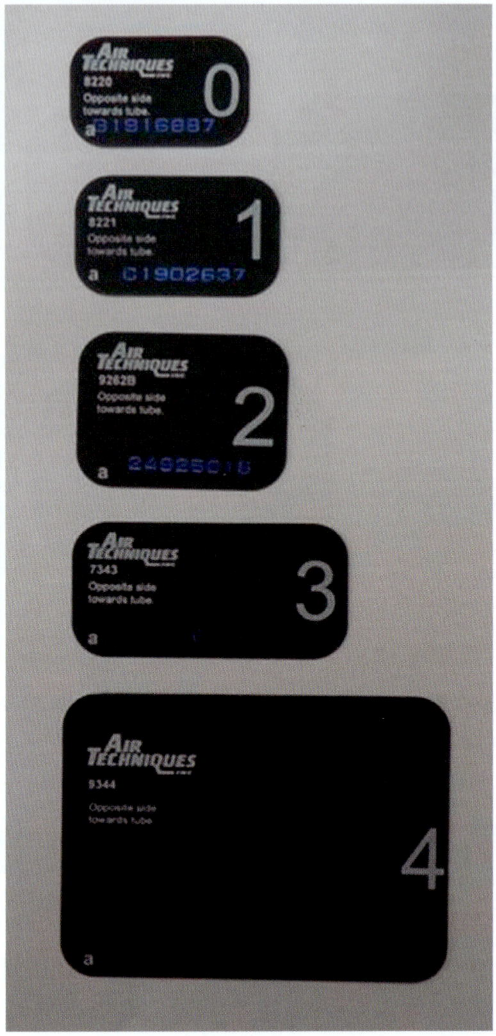

그림 17.19 CR PSP판. 0, 1, 2, 3, 4 크기의 옵션이 있다. 여기에는 판의 뒷면이 나와 있다. 'a'는 일반 필름에서의 점 역할을 하며, 앞으로 놓여져야 한다.

직접 디지털 이미징_*Direct Digital Imaging*

DR의 이미지 수신기는 사이즈 2 센서(그림 17.21)이다. 더 작은 센서도 있지만 수의학적 사용에는 적합하지 않다. 이 센서는 컴퓨터의 유니버설 시리얼 버스(USB) 포트에 직접 연

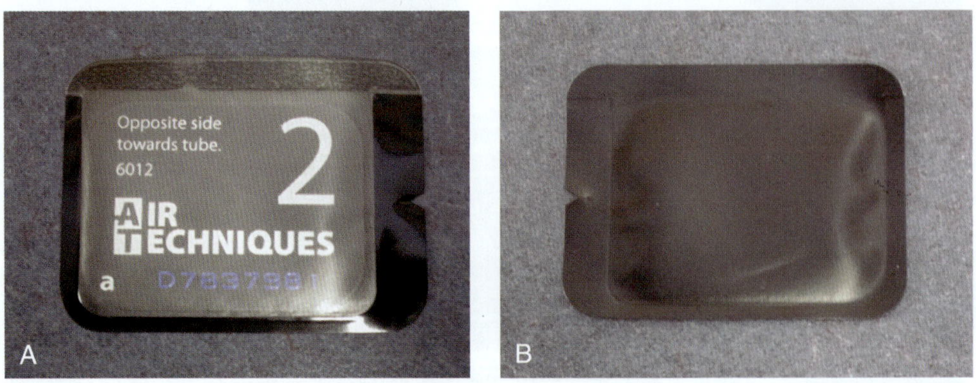

그림 17.20 CR판은 빛에 민감하며 빛과 습기로부터 보호되어야 한다. **A,** 사이즈 2판이 방호용 봉투에 담겨 뒷면이 나와 있다. **B,** 이것은 CR판의 X선 튜브를 향해 놓여져야 하는 면이다.

그림 17.21 **직접적인 디지털 방사선 촬영(DR) 센서의 예시이다.** 이 센서의 크기는 1사이즈와 2사이즈만 사용 가능하다(가장 흔함).

결된다. 센서가 노출되면 소프트웨어 프로그램이 즉시 정보를 이미지로 변환한다. DR 센서에는 센서 주변에 비활성 영역이 있다.

사이즈 2 센서의 크기는 일반적으로 30 × 43 mm이지만, 활성 영역은 26 × 36 mm이다(그림 17.22). 표 17.2에는 다른 유형의 이미지 수신기의 장단점이 나열되어 있다.

디지털 센서 안전 정보 _Digital Sensor Safety Information

센서는 배리어 슬리브를 사용하여 액체로부터 보호되어야 한다. 디지털 센서 공급업체가 보통 센서용 슬리브를 제공한다. 이 슬리브가 떨어져 없어지면, 라텍스 고무 장갑의 손

그림 17.22 **DR 센서.** 센서의 활성 부분은 센서의 전체 크기보다 작다. 활성 부분은 빨간색으로 표시되어 있다.

가락 부분을 잘라서 사용하는 것이 매우 효과적이다. 센서 주위에 얇은 플레인 랩을 감싸고, 이후에 플라스틱 슬리브로 덮

표 17.2 치과 영상 수신기의 장단점 비교

치과 영상 수신기	장점	단점
필름	초기 설치 비용이 디지털 시스템과 비교하여 저렴하다. 사용 및 보관이 간편하다. 다양한 필름 크기가 제공된다: 0호, 1호, 2호 및 4호 필름 크기 변경이 용이하다. 예외적으로 높은 해상도를 제공한다.	필름은 수동으로 개발되어 시간이 소요된다. 개별 저장 방식으로 필름이 분실되거나 손상될 수 있다. 필름 개발에 시간과 지속적인 비용이 추가된다. 필름은 viewing box에서 확인해야 한다. 디지털 시스템과 비교하여 방사선량이 높을 수 있다. (치과 X선 장치에 따라 다르다)
컴퓨터 방사선 촬영(CR)	다양한 크기의 리셉터 사용 가능: 0호, 1호, 2호, 3호 및 4호 포토자극형 판(PSP)은 얇고 유연하여 일반 필름과 유사하다. 스캔 시간은 약 30초이다. 판은 수백 번 이미징할 수 있으며 교체 비용이 저렴하다.	디지털 리셉터(DR) 시스템보다 비용이 더 많이 든다. 배리어 봉투에 대한 지속적인 비용이 발생한다. 처리를 위한 중간 단계가 시간이 소요된다. 판은 부주의하게 사용할 경우 손상될 수 있다. "판"은 처리를 위해 제거되므로 이전 위치에 따라 다시 배치할 수 없다.
직접 디지털 방사선 촬영	DR (direct digital radiography) 시스템은 CR (computed radiography) 시스템에 비해 비용이 더 저렴하다. 또한, 촬영 후 센서가 그 자리에 남아 있기 때문에 촬영 위치가 잘못되었을 경우 조정이 쉽다. 중간 단계가 없이 촬영 후 몇 초 내에 영상이 디스플레이에 표시되어 확인이 간편하다.	DR (direct digital radiography) 시스템의 센서 크기는 #1 또는 #2로 제한되어 있어서, 전체 치아 촬영을 위해 여러 번의 촬영이 필요할 수 있다. 센서는 두껍고 불편하여 복잡한 부위에 적절한 위치에 배치하기 어려우며, 대안적인 기술을 사용해야 할 수도 있다. 크기가 큰 치아는 센서를 다시 배치한 후 두 번의 촬영이 필요하다. 센서는 거친 취급으로 손상될 수 있으며, 교체 비용이 매우 비싸기 때문에 주의가 필요하다. 센서의 비활성 영역으로 인해 실제보다 센서가 작게 보일 수 있다.

으면 센서가 미끄러지지 않고 제 위치에 고정될 수 있다. DR 센서는 떨어뜨리면 영구적으로 손상될 수 있으며 교체 비용이 비싸기 때문에 주의가 필요하다. 센서를 사용할 때, 센서 코드를 테이프로 테이블에 고정하되 센서를 움직일 수 있을 만큼 충분한 여유를 두지만, 그렇지 않을 정도로 짧게 테이핑하여 실수로 테이블에서 떨어뜨린 경우 바닥에 떨어지지 않도록 해야 한다.

치과 촬영_Dental Exposures

대부분의 치과 X선 기기에서는 설정 선택이 간단하다. 대부분의 기기는 촬영할 치아에 기반한 미리 설정된 값들을 갖고 있다. 대다수의 치과 X선 기기는 미리 설정된 mA와 kV를 갖고 있으므로 유일한 변수는 초(seconds)이다. 그러나 최신 기기는 가변 kV도 갖고 있다. 오래된 기기나 변형된 사람 치과 X선 기기를 사용하는 경우, 자체 기술 차트를 작성해야 한다. 표 17.3은 치과 촬영을 위한 추천 기술 차트이다.

방사선 촬영 로그_Radiography Log

치과 X선 촬영은 모두 치과 X선 장치에 지정된 로그에 기록되어야 한다. 만약 치과 X선 장치가 미리 설정된 mA와 kV를 갖고 있다면, 각 촬영마다 시간만 기록할 필요가 있다. 단, 로그의 시작 부분에 미리 설정된 값들이 명시되어 있어야 한다. 로그에는 각 촬영에 대한 항목이 포함되어야 하며, 환자, 고객, 날짜, 촬영 영역 및 토론한 설정 등이 기록되어야 한다. 이는 다양한 방사선 보호 기관으로부터의 법적 요구사항이다.

표 17.3 기술 차트 없이 제공된 치과 장비의 권장 노출량

	70 kV, 8 mA 치과 X선 장비를 기준으로 디지털 시스템의 노출량을 40% 줄이다.	
	개(S)	개(M)
위턱 PM/M	0.33	0.40
위턱 송곳니	0.41	0.50
위턱 앞니	0.20	0.23
아래턱 PM/M	0.27	0.30
아래턱 송곳니	0.33	0.40
아래턱 앞니	0.18	0.20
	고양이	
위턱 치아	0.30	
아래턱 치아	0.20	

보건사 참고사항

이 장에서는 디지털 방사선 사진 촬영 시 *필름*이 사용되는 것으로 가정하며, 디지털 센서나 PSP판이 *필름*을 대체하는 것으로 이해해야 한다.

치과 방사선 촬영 지침_Indications for Dental Radiography

수의학에서는 종합적인 구강 건강 검사의 일환으로 치과 방사선 사진을 포함시키는 것이 중요하다. 치아의 시각적 검사와 촉감 검사(탐침)는 치료 결정을 내리기 위해 필요한 정보의 작은 부분에 불과하다. 치과 방사선 사진은 적절한 진단, 치료 계획, 그리고 추적을 위한 필수 요소이다.

개와 고양이의 경우, 구강 질환은 흔하게 발생한다. 이들은 구강 질환으로 인한 통증과 불편을 표현하는 데에 제한이 있어서, 질병이 진행된 후에야 주로 증상을 보이기 시작한다. 그때도 질병의 정확한 원인과 정도를 찾기는 어려울 수 있다. 치과 방사선 사진은 치과 전문가들이 치아와 주변 조직, 뼈까지 포함하여 치아 상태를 철저히 평가하는 데에 도움을 준다.

완전한 구강 검사의 일환으로 전체 치과 방사선 사진을 촬영해야 한다. 방사선 촬영이 특별히 권장되는 경우에는 치주 질환, 치아 손실, 흡수성 장애, 구강 종양 및 잇몸 염증, 형태 이상 이빨, 변색 이빨, 치아 절제 및 치과 외상 등이 있다.

치과 위치 용어_Positional Terminology

빔의 방향과 구강 내 용어와 관련된 몇 가지 용어를 알아야 한다(그림 17.23).

치과 해부학과 치식_Tooth Anatomy and Dental Formula

치과 해부학_Tooth Anatomy

그림 17.24에서 치관은 잇몸 위에 위치하고 뿌리는 잇몸 아래에 위치한다. 뿌리 끝점은 뿌리의 끝이라고 한다. 뿌리 끝부분에는 치아의 혈액 공급과 신경이 들어가는 작은 개구가 있으며, 이 개구를 **뿌리 끝점 개구**라고 한다.

방사선 사진상에서, 치아의 어두운 내부 내용물을 의미하는 것이 치관과 뿌리에 걸쳐 있는 치수강이다. 치수강의 뿌리 부분은 일반적으로 치근관이라고 불린다.

치아의 대부분을 차지하는 것은 상아질로, 방사선 사진상에서 치수강보다 밝게 나타난다. 환자가 나이들어감에 따

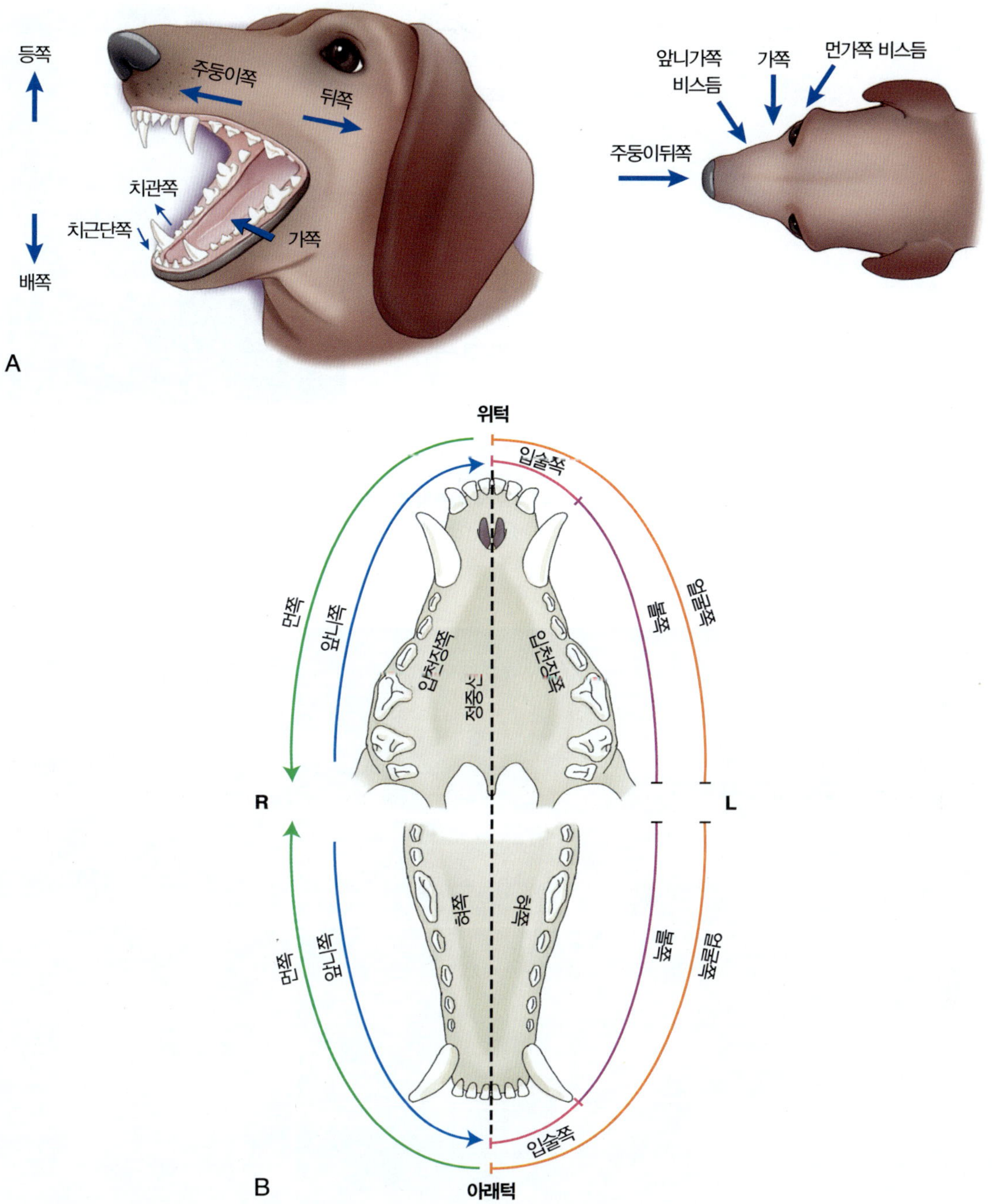

그림 17.23 **A,** 해부학적 방향. **B,** 구강의 방향 용어. 이 방향과 용어는 입안 양쪽에 모두 적용된다.

라 이차성 상아질이 계속해서 생성된다. 시간이 지나면서 이차성 상아질 때문에 치수강의 크기가 줄어든다. 그림 17.25는 아래턱 첫 번째 어금니의 방사선 사진에서 치수강의 크기가 동물의 노화와 관련된다는 것을 보여준다.

치아의 관상부에는 에나멜이라는 외부 덮개가 있으며, 뿌리에는 시멘텀이라는 외부 덮개가 있다. 두 가지 덮개가 만나는 지점을 **시멘트에나멜질 연접부**라고 한다. 치아에나멜과 시멘텀은 상아질과 구별하기 어렵다.

치주인대는 시멘텀과 치조골사이의 부착을 형성한다. 이는 뿌리 주변에 얇은 회색선으로 나타난다.

경판은 치아의 치주 구멍을 둘러싼 벽이다. 이는 치주인대 공간과 인접한 곳에서 밀도가 높은 백색선으로 나타난다.

개와 고양이의 네 가지 기본 치아 유형은 다음과 같다:

1. 앞니(I 또는 i): 그루밍 및 음식을 잡고 자르는 데 사용된다. 모든 앞니 치아는 단일 뿌리로 이루어져 있다.
2. 송곳니(C 또는 c): 포획하고 사냥감을 잡기 위해 사용되

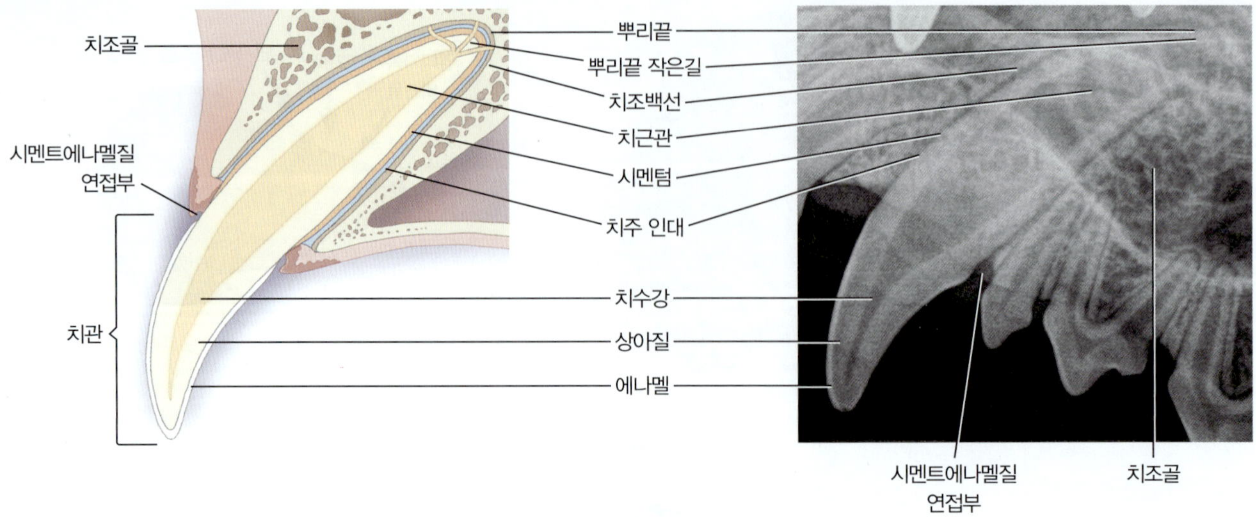

그림 17.24 **치아의 해부학적 구조.**

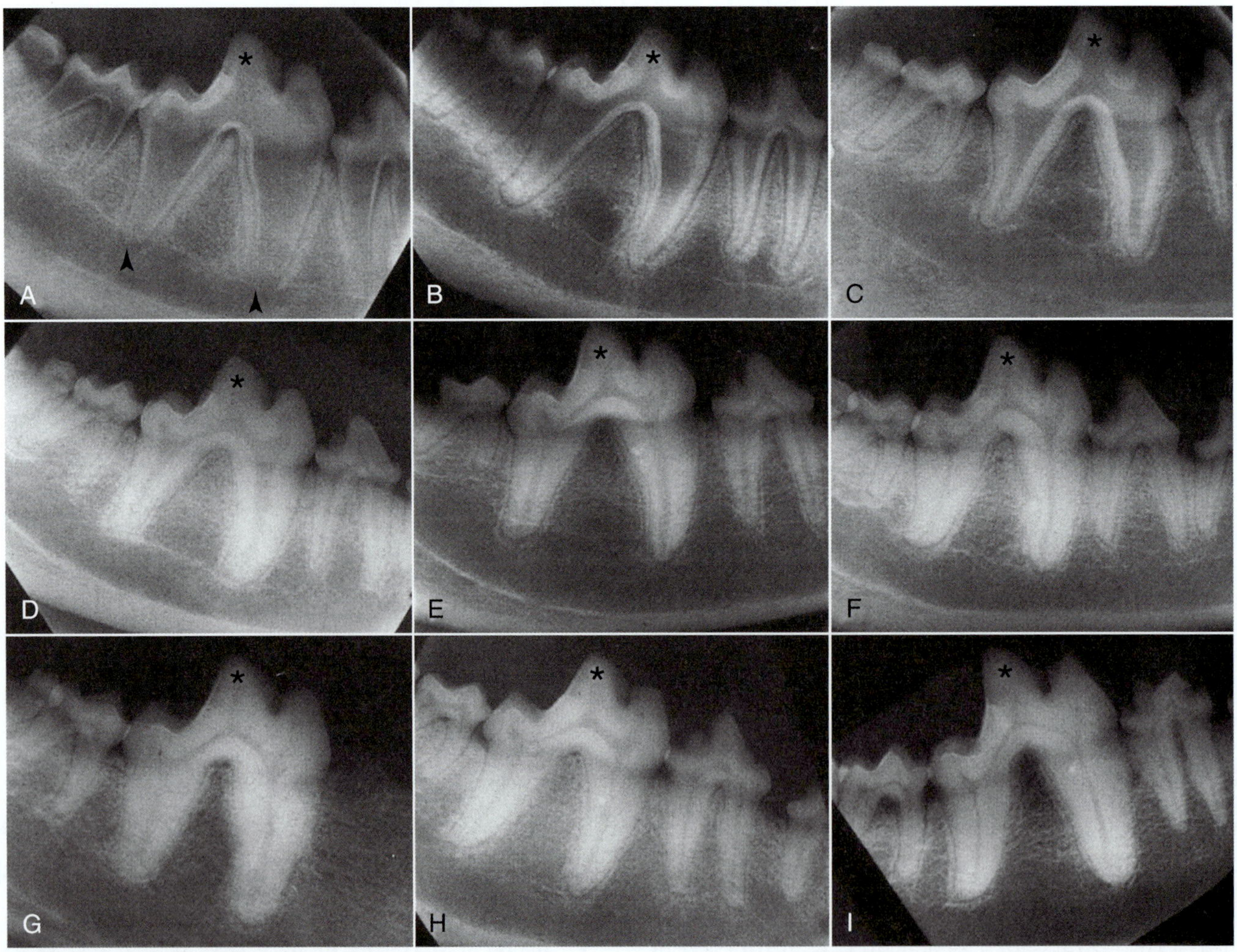

그림 17.25 A-I, 방사선 사진들은 동물이 나이를 먹음에 따라 치수강의 크기가 줄어드는 것을 보여준다(가장 어린 A부터 가장 나이 든 I까지). **A,** 6개월, 개구된 치아뿌리(화살표); **B,** 9개월, 치아 뿌리 부분의 폐쇄; **C,** 16개월; **D,** 2년; **E,** 3년; **F,** 4년; **G,** 6년; **H,** 8년; **I,** 12년. (From Tutt **C,** Deeprose **J,** Crossley DA. BSAVA Manual of Canine and Feline Dentistry. 3rd ed. Gloucester, UK: British Small Animal Veterinary Association; 2007.)

는 단일 뿌리 치아이다. 고양이의 송곳니 치아의 구조는 고양이가 진정한 육식동물임을 지지한다. 송곳니의 볼가쪽에는 얕은 종축방향 홈이 있다. 이 홈은 사냥감으로부터 피를 흡수한다.

3. 앞어금니(P 또는 p): 고기를 자르고 찢는 데 사용되는 치아이다. 앞어금니는 두드러진 뾰족한 점이 있으며, 하나에서 세 개의 뿌리를 가진다.
4. 어금니(M 또는 m): 일반적으로 평평한 교합면을 가지지만, 개의 아래턱 첫 번째 어금니는 앞쪽에 뾰족한 부분을 가지고 있다. 고양이의 첫 번째 위턱 어금니는 평평한 교합면이 없고 대신 두 개의 절단면을 가진다. 어금니는 두 개 또는 세 개의 뿌리를 갖지만, 일부 뿌리는 하나로 뭉쳐져 하나의 뿌리처럼 보인다(고양이의 위턱 첫 번째 어금니). 개의 어금니는 음식을 갈기 위해 사용된다.

치식_*Dental Formula*

치식은 개와 고양이의 입안의 각 치아 유형의 개수를 보여준다. 각각의 치아 유형에 대한 간략한 표기는 해당 유형의 개수를 따른다. 이 공식은 '분수(fraction)'로 제시되며, 위턱 치아가 아래턱 치아 위에 위치하도록 표시된다. 다음 규칙을 사용한다:

치아 유형: 이전 논의에서 설명한 치아 해부학에 따라 기술한다.

영구치: 대문자로 표기한다(I, C, P, M).

유치(임시치): 소문자로 표기한다(i, c, p, m).

개의 치식

유치(Deciduous teeth): 그림 17.26

$$2 \times \left(\frac{\text{i3c1p3m0}}{\text{i3c1p3m0}}\right) = \text{총 28개의 치아}$$

간략히 나타내면 313/313

영구치(Permanent teeth):

$$2 \times \left(\frac{\text{I3C1P4M2}}{\text{I3C1P4M3}}\right) = \text{2 총 42개의 치아}$$

간략히 나타내면 3142/3143

고양이 치식

유치(Deciduous teeth): 그림 17.27

$$2 \times \left(\frac{\text{i3c1p3m0}}{\text{i3c1p3m0}}\right) = \text{총 24개의 치아}$$

간략히 나타내면 313/312

영구치(Permanent teeth):

$$2 \times \left(\frac{\text{I3C1P3M1}}{\text{I3C1P2M1}}\right) = \text{총 30개의 치아}$$

간략히 나타내면 3131/3121

보건사 참고사항

성견의 첫 번째 앞어금니에는 유치의 전신이 없다. 고양이와 개의 어금니에는 결코 유치의 전신이 존재하지 않다.

명명법_*Nomenclature*

수의학에서 치아를 식별하는 데에는 두 가지 유형의 번호 체계가 사용된다. 해부학적 체계는 오래된 시스템이지만 여전히 수의학에서 사용된다. 수정된 Triadan 시스템은 현재 가

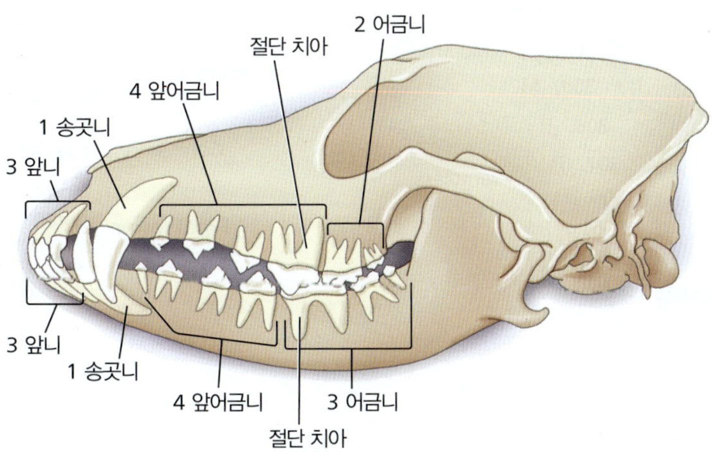

그림 17.26 개의 치식.

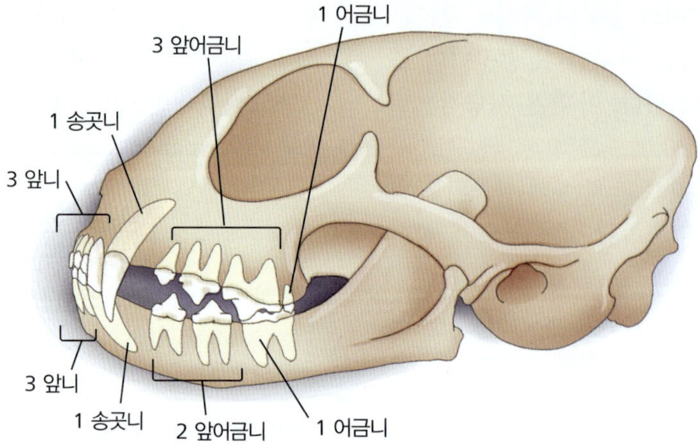

그림 17.27 고양이 치식.

장 많이 사용되는 번호 매기기 시스템이다. 이는 전자 기록에 쉽게 통합되며, 한 번 학습되면 해부학적 시스템보다 사용이 훨씬 빠르다. 그림 17.28은 각 시스템을 시각적으로 설명한 것으로, 치아의 해부학적 방향과 구조를 보여준다.

해부학적 표기체계_*Anatomical System for Notation*

해부학적 시스템은 치아의 유형(영구치의 경우 I, C, P, M 또는 임시치의 경우 i, c, p, m)과 해당 치아들이 속한 그룹 내의 번호(예: 앞어금니 1~4)를 조합하여 특정 치아를 지칭하

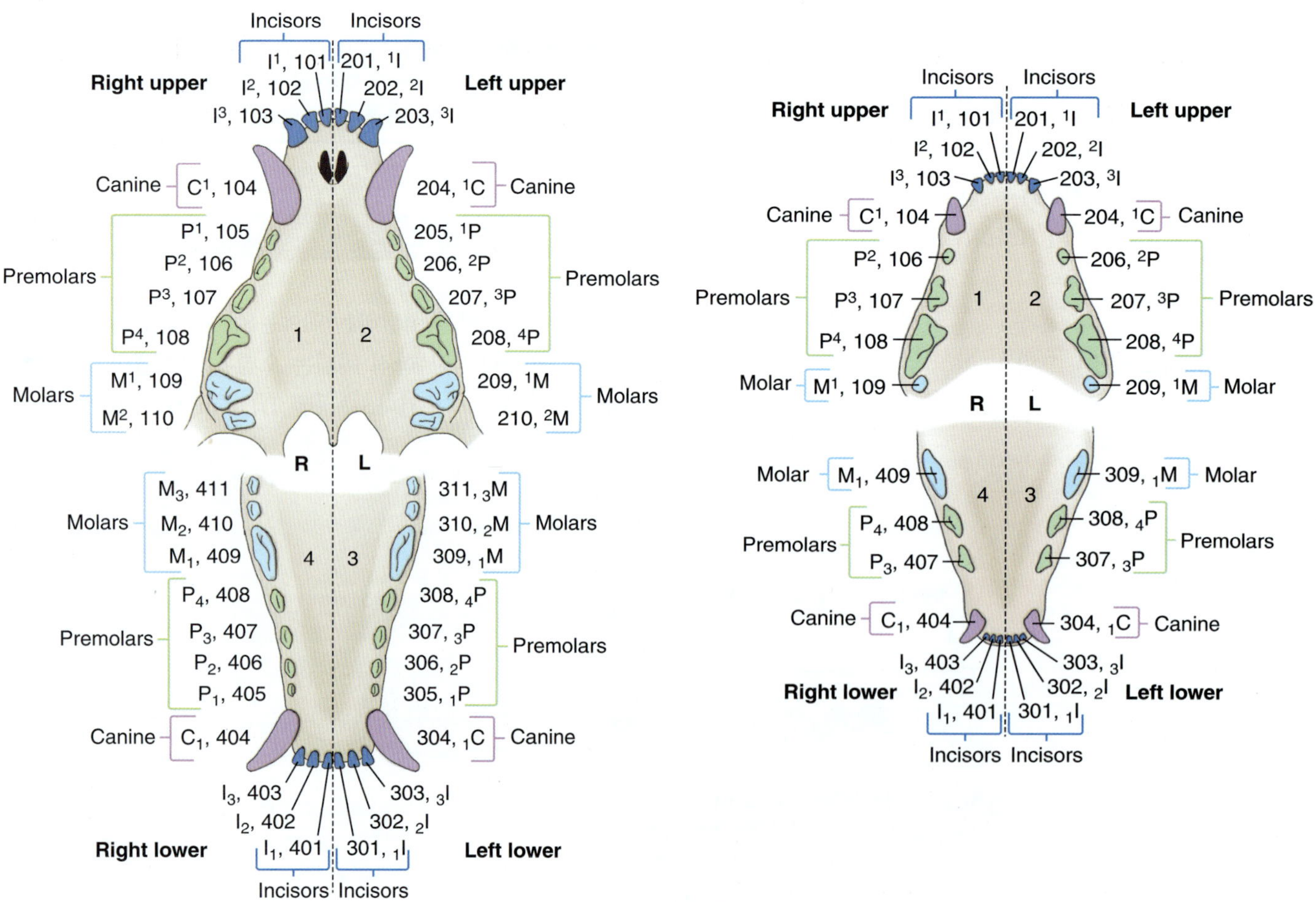

그림 17.28 개(왼쪽)와 고양이(오른쪽) 치아에서의 해부학적 및 수정된 트리아단 번호 체계.

는 데 사용한다. 해부학적 체계에서는 치아의 번호가 왼쪽에 위치하는 경우 왼쪽면 치아를, 오른쪽에 위치하는 경우 오른쪽면 치아를 나타낸다. 번호는 위첨자로 표시된 경우 위턱 치아를, 아랫첨자로 표시된 경우 아래턱 치아를 나타낸다. 예를 들어, I^2는 위턱 오른쪽 두 번째 앞니(중간 앞니)를 의미한다.

수정된 트리아단 체계_*Modified Triadan System*

수정된 트리아단 체계는 각 치아를 세 자리 숫자 코드로 표시한다. 이 코드는 각 사분면에서 광대활의 중심부를 기준으로 시작한다. 첫 번째 숫자는 해당 사분면을 지칭한다. 위 오른쪽 사분면은 사분면 지칭에 1을 사용하며, 위 왼쪽 사분면은 2를 사용하고, 아래 왼쪽 사분면은 3을 사용하며, 아래 오른쪽 사분면은 4를 사용한다. 유치의 경우 5부터 8까지의 숫자를 사용하여 사분면을 나타낸다.

두 번째와 세 번째 숫자는 치아의 위치를 결정한다. 각 사분면에서 광대활의 중심선으로부터 카운팅하여 결정한다. 앞니는 01, 02, 03으로 번호를 매기며, 송곳니는 04로 지칭한다. 앞어금니는 05, 06, 07, 08로 번호를 매기고, 어금니는 09, 10, 11로 번호를 매긴다. 예를 들어, ^3I는 203으로 표시된다.

트리아단 체계는 해당 종의 치아 수와 관계없이 모든 동물종에 적용할 수 있다. 그러나 치과식을 기준으로 일부 치아가 빠진 종에 대해 트리아단 번호를 적용하려면 특히 앞어금니의 경우 해부학적인 번호 지칭을 알아야 한다. 예를 들어, 고양이는 위턱 첫 번째 앞어금니가 없으므로 고양이의 경우 105 또는 205 치아는 존재하지 않다. 마찬가지로, 아래턱 앞어금니의 경우 고양이는 첫 번째와 두 번째 앞어금니가 없으므로 305, 306, 405, 406 번호는 사용되지 않는다.

> **보건사 참고사항**
> 송곳니는 항상 04로 끝나고, 첫 번째 어금니는 항상 09로 끝난다. 이를 기준으로 치과 광대활을 앞뒤로 필요에 따라 세어나갈 수 있다.

다양한 종류의 치아의 뿌리_*Roots of the Various Teeth*

치아의 구조와 뿌리의 개수를 인지하는 것은 매우 중요하다(그림 17.29). 이 해부학적인 이해는 치아 각도를 결정하고 뿌리를 분리하기 위해 X선 빔의 방향을 변경하는 시기를 결정하는 데 필수적이다. X선 사진 해석에서 추가적인 또는 이상한 형태의 뿌리를 인식하는 것이 중요하다.

개와 고양이에서 정상적인 방사선학적 해부학_*Normal Radiographic Anatomy in Dogs and Cats*

다음 방사선 사진들은 여기에 나열된 정상적인 소견을 보여준다. 방사선 사진을 볼 때 아래턱과 위턱을 구별할 수 있어야 하며, 치아의 방향과 뿌리와 치관구조의 해부학적 차이점을 익숙하게 알아야 한다. 이러한 부위에 익숙해질수록 방사선 사진상에서 치아들을 구별하기 쉬워진다.

1. 정상적인 성견 위턱 앞니: 앞니 후방에 하얀 공간을 찾아보고, 두 개의 타원형(어두운) 공간을 찾는다. 이것들은 입천장열구(그림 17.30)이다.
2. 정상적인 성견 아래턱 앞니: 앞니 후방에 아래턱관(아래턱결합)을 나누는 검은색 라인을 찾는다(그림 17.31).

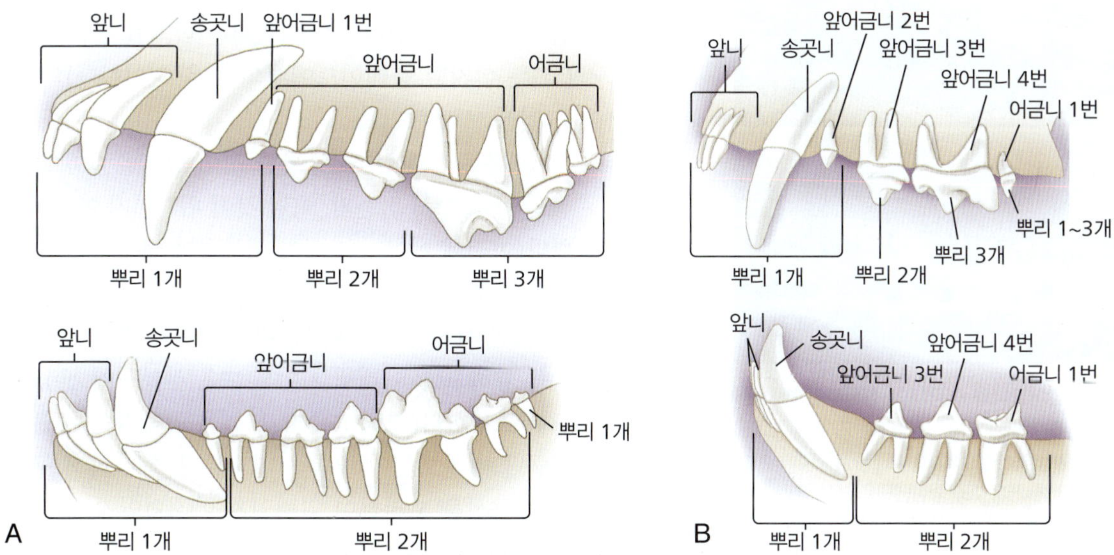

그림 17.29 **A,** 개의 영구 치아의 뿌리. **B,** 고양이의 영구 치아의 뿌리.

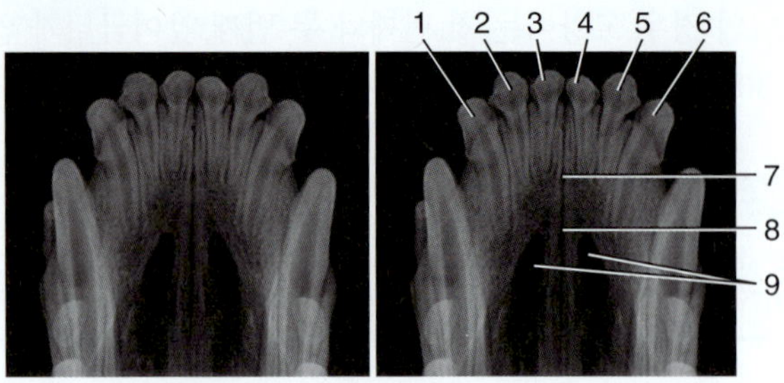

그림 17.30 성견 위턱 앞니의 정상 방사선학적 해부학". *1,* 203; *2,* 202; *3,* 201; *4,* 101; *5,* 102; *6,* 103; *7,* 앞니관; *8,* 앞니관사이 봉합선; *9,* 입천장열구.

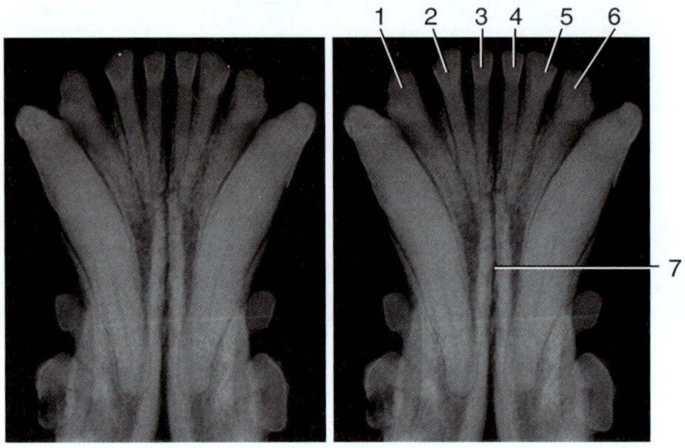

그림 17.31 성견 아래턱 앞니의 정상 방사선학적 해부학. *1,* 403; *2,* 402; *3,* 401; *4,* 301; *5,* 302; *6,* 303; *7,* 아래턱결합.

3. 정상적인 성견 위턱 앞어금니 및 어금니: 위턱어금니 뿌리 아래쪽을 나타내는 가느다란 하얀 선을 찾는다(그림 17.32).

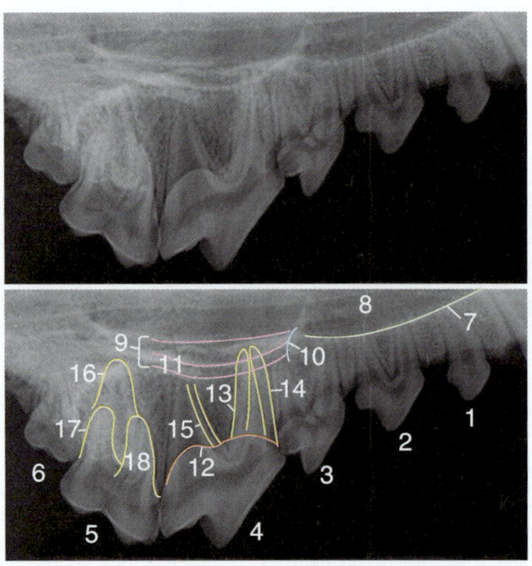

그림 17.32 개의 위턱 앞어금니와 어금니의 정상적인 방사선학적 해부학. *1,* 105; *2,* 106; *3,* 107; *4,* 108; *5,* 109; *6,* 110; *7,* 위턱 치조돌기의 비강쪽면; 8, 비강; 9, 아래턱골아래턱신경관; *10,* 아래턱골아래턱구멍; *11,* 경구강 개강; *12,* 단단입천장 마진 에나멜; *13,* 중심단단입천장 뿌리; *14,* 중앙볼쪽뿌리; *15,* 뒷근 뿌리의 뿌리 기울기 홈; *16,* 단단입천장뿌리; *17,* 먼쪽볼쪽 뿌리; *18,* 중앙볼쪽 뿌리.

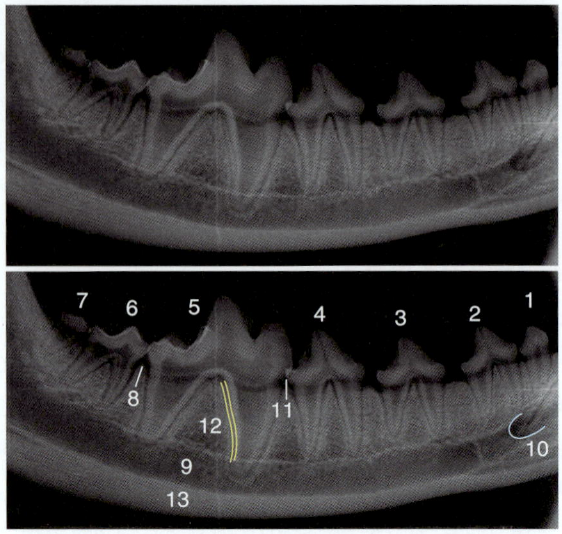

그림 17.33 개의 위턱 앞어금니와 어금니의 정상적인 방사선학적 해부학. *1,* 405; *2,* 406; *3,* 407; *4,* 408; *5,* 409; *6,* 410; *7,* 411; 8, 치조가장자리; *9,* 아래턱구멍; *10,* 중간아래턱구멍; *11,* 에나멜질겹칩; *12,* 뿌리홈; *13,* 배쪽 아래턱 피질

4. 정상적인 성견 아래턱 앞어금니 및 어금니: 아래턱 위와 아래쪽에 검은색 영역을 찾는다(그림 17.33).

> **보건사 참고사항**
>
> 디지털 방사선학에서는 필름 시스템과 동일한 평행 및 이등분 각도 촬영 기술이 사용된다. 디지털 센서 또는 판은 필름을 대체한다.

치과 방사선 사진 보기_*Viewing Dental Radiographs*

필름은 항상 입의 전방 끝에서 볼록한 점으로 노출되며, 따라서 오른쪽에서 보는 것과 왼쪽에서 보는 것은 다른 위치에 점이 위치하게 된다. 그림 17.34는 디지털 필름으로 볼 때 점("a"는 디지털 플레이트에서의 점을 의미한다)의 위치가 다른 것을 보여준다.

필름을 현상한 후 볼록한 점이 당신을 향하도록(입안에 놓인 방향으로) 잡는다. 어떤 것이 위턱인지 아래턱인지 판별한다(이전에 이야기한 치아 해부학과 정상 해부학 방사선 사진을 참조하라).

X선 사진을 촬영할 때 위턱 치아의 뾰족 부분들이 바닥 쪽을 향하도록, 아래턱 치아의 뾰족 부분들이 천장 쪽을 향하도록 조정한다(그림 17.35). 필름을 동물의 입에 놓은 상태로 동물을 바라보듯이 필름을 살펴본다. 해부학적 구조와 치아의 방향성을 고려하여 위턱인지 아래턱인지, 왼쪽인지 오른쪽인지 판별할 수 있다(그림 17.36).

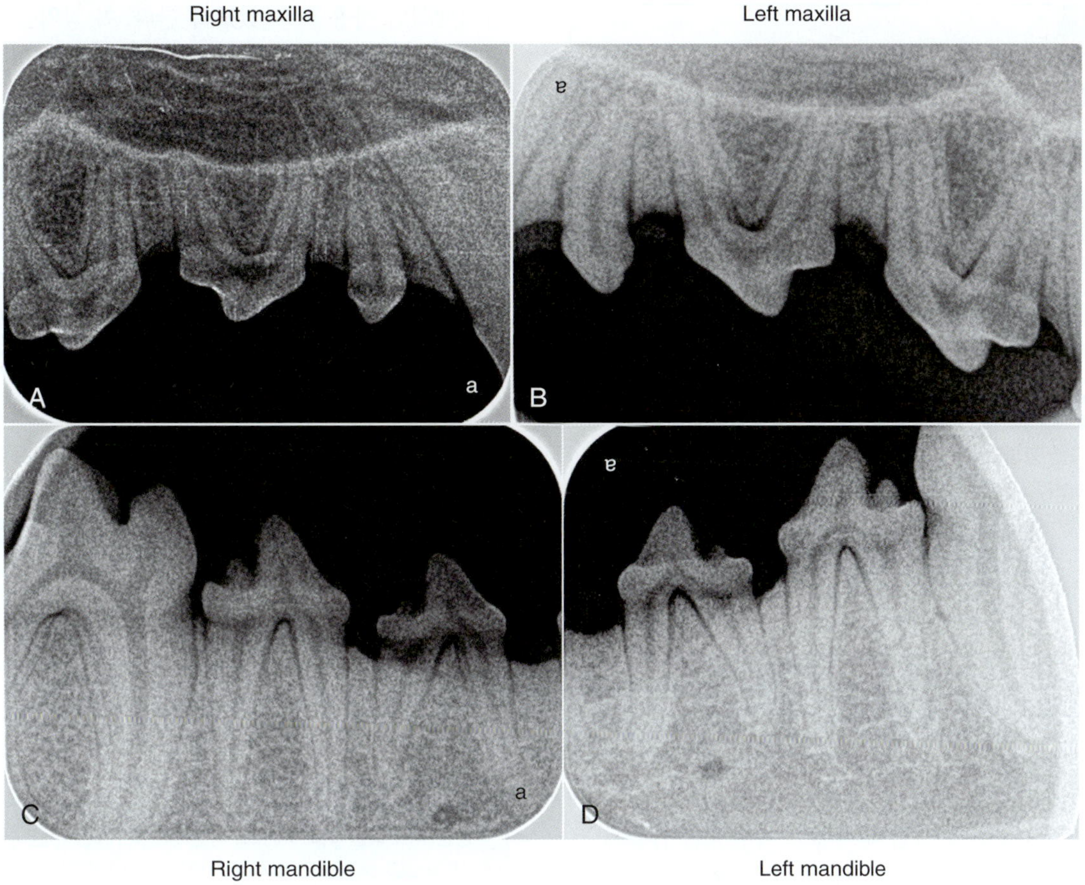

그림 17.34 A~D, 점(a)의 배치가 다른 디지털 필름 사진.

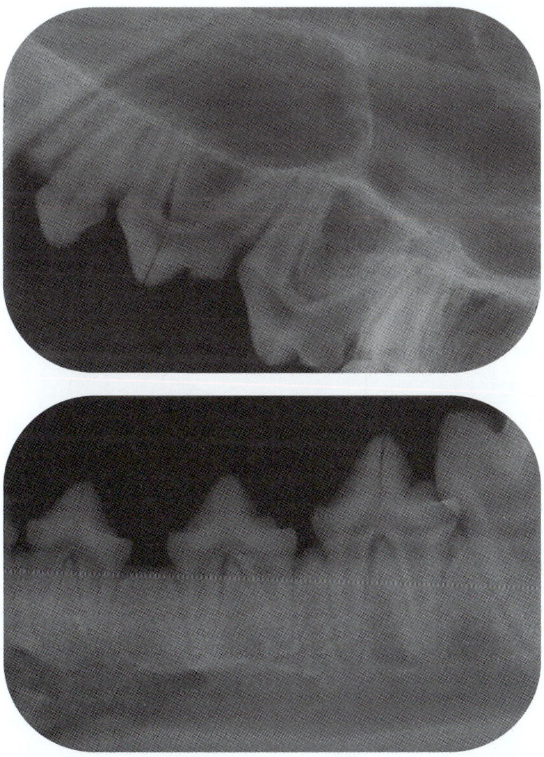

그림 17.35 방사선 사진의 적절한 관찰 방법. 위턱의 끝은 아래쪽을 향하고 아래턱의 끝은 위쪽을 향하는 것에 주의하라.

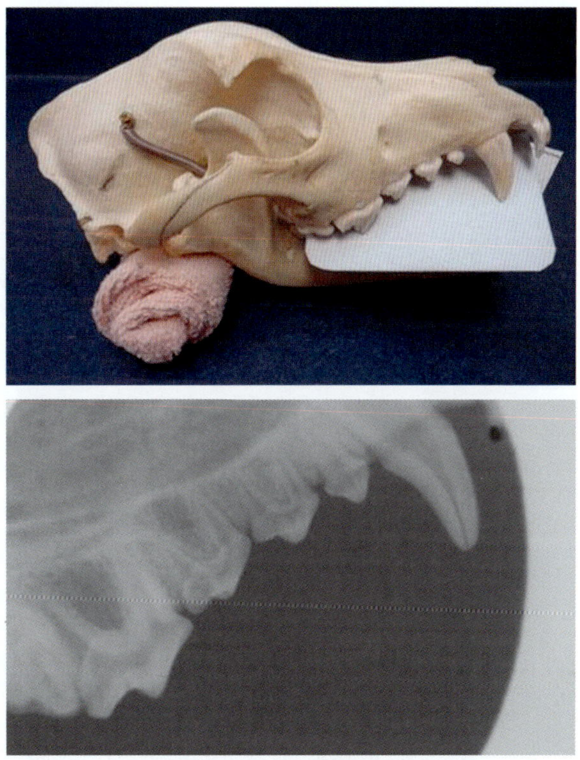

그림 17.36 구강 내 적절한 필름 배치 및 해당 방사선 사진(오른쪽 위턱). 필름의 오른쪽 상단 코너에 볼록한 점이 보인다.

알아보기

한 마리의 개 환자에게 여러 장의 X선 필름을 찍었다. 그 중 하나의 X선 사진을 보던 수의사는 보고있는 치아가 어떤 치아인지 확신하지 못했다. 동물보건사가 말하기를: "만약 점이 입안의 앞쪽으로 위치해 있다면, 이는 오른쪽 위턱 앞어금니가 맞는 것 같다." 추가 설명으로 "우리는 입안에 놓인 상태로 X선 필름을 보고 있다. 점의 둥근 면이 우리를 향하도록 놓여졌고, 작은 치아들은 입안의 앞쪽에 위치해 있으니까 '점'을 둔 곳과 이 사진이 일치한다면, 이것은 오른쪽 위턱 앞어금니가 맞을 것이다."라고 말할 수 있다.

보건사 참고사항

볼록한 점이 나를 향하도록 하여, 환자의 입안에 필름이 어떻게 위치해 있는지 상상해보라. 그렇게 함으로써, 이 영상이 왼쪽 또는 오른쪽을 보여주는지를 판단할 수 있다.

투사 기하학_*Projection Geometry*

평행기법_*Parallel Technique*

평행기법은 치과 방사선에서 사용되는 하나의 방법으로, 치과 필름을 해당 치아 뒤에 직접 배치하고 이후 X선 빔을 필름에 수직으로 투사하는 기술이다(그림 17.37A 참조).

개와 고양이 입안의 해부학적 특징은 평행기법을 특정 영역에서만 사용할 수 있도록 한다. 이 영역은 아래턱 제3 앞어금니 이상의 치아를 포함한 치아들을 포함한다($_3P_3$ 또는 307/407로 표시된다).

이등분 각도법_*Bisecting Angle Technique*

개와 고양이의 구강 해부학적 구조 때문에 대부분의 치아에 필름을 직접 배치하는 것이 불가능하다. 이등분 각도법은 이러한 치아들의 촬영에 사용된다. 이 기술은 모든 위턱치아, 모든 앞니와 송곳니, 그리고 아래턱 1번과 2번 앞어금니에 사용된다.

이등분 각도법은 필름의 평면과 치아의 장축이 교차하는 각도를 이용한다. 만약 중심선이 이 각도를 이등분하는 직선과 수직하게 만난다면, 얻어지는 영상은 정확하다(그림 17.37B).

이때, 치아의 장축을 정확히 시각화하기 위해, 환자의 전방에서(앞어금니) 또는 환자의 가쪽에서(앞니와 송곳니) 서서 양분 각도를 찾아야 한다(그림 17.38).

보건사 참고사항

이등분 각도법을 이해하는 또 다른 방법은, X선 빔을 치아의 각도와 필름의 각도의 중간으로 맞추는 것이다. 간단히 말해, 이등분 각도는 빔을 치아와 필름 사이의 중간으로 향하도록 하는 것이다.

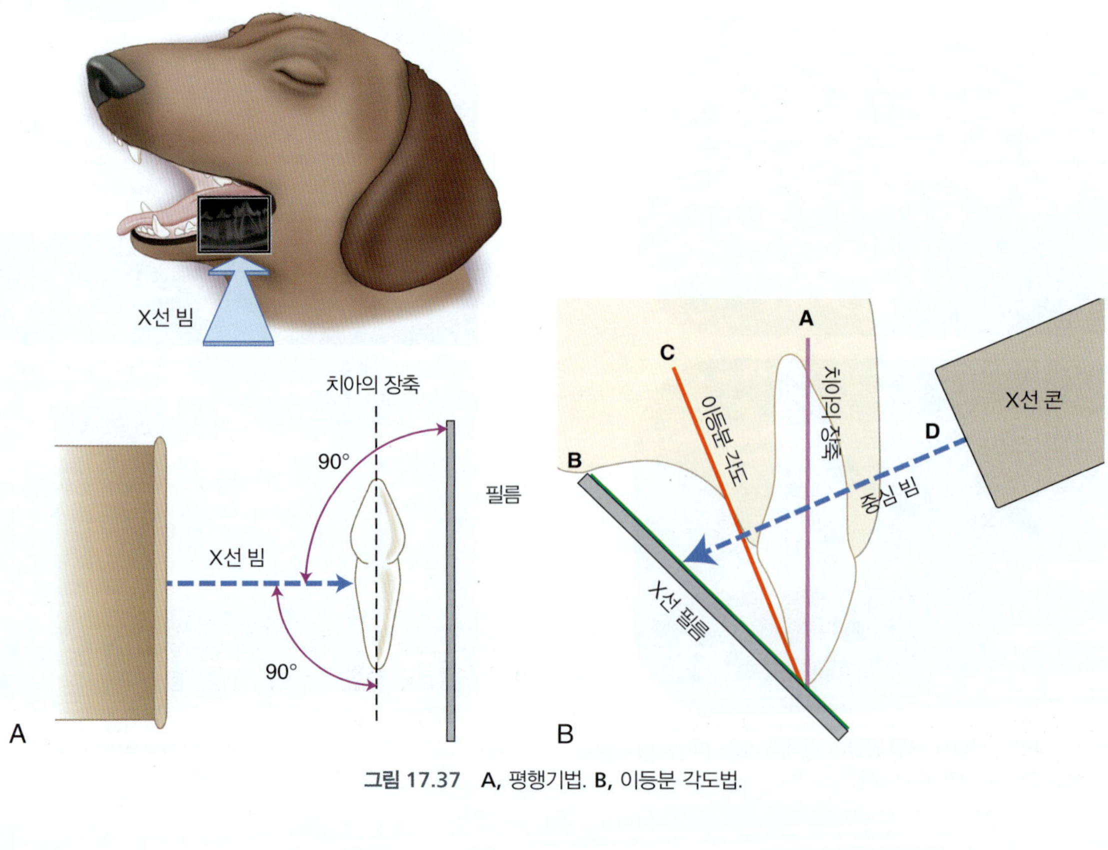

그림 17.37 **A,** 평행기법. **B,** 이등분 각도법.

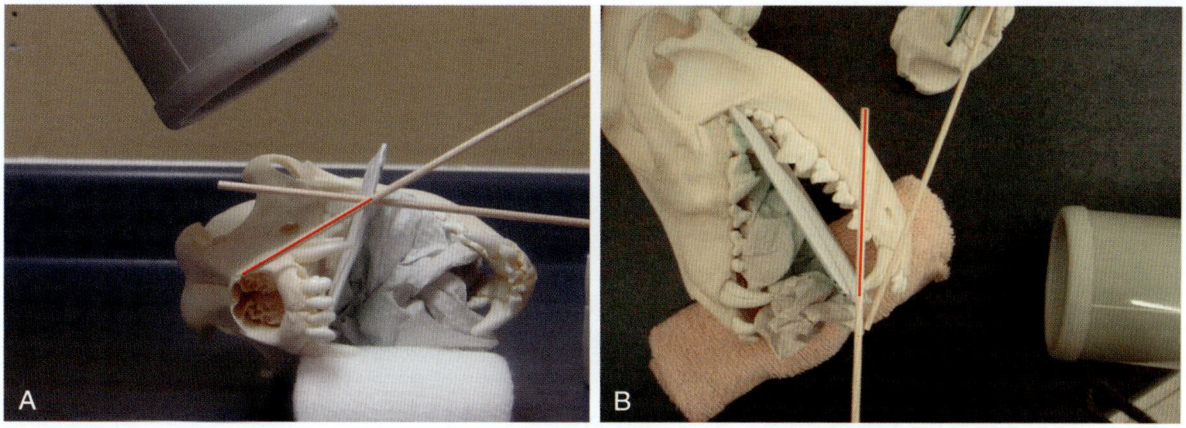

그림 17.38 이등분 각도 촬영법; 이등분 각도 촬영법의 각도가 빨간색으로 표시되어 있다. 주의: X선 빔은 이등분 각도 촬영법에 수직으로 비춰져야 한다. **A,** 위턱 앞어금니에 대한 방사선 사진 설정(가쪽 옆누움자세 때). 참고: 치아가 두개골에 들어가는 각도를 파악하려면 환자의 앞쪽에 위치해야 한다. **B,** 아래턱 앞어금니에 대한 방사선 사진 설정(가쪽 옆누움자세 때). *참고*: 환자의 가쪽(환자가 가쪽 옆누움자세에는 위에서 볼 수 있도록)에 위치해야만 치아가 두개골에 들어가는 각도를 파악할 수 있다.

단축과 연장_*Foreshortening and Elongation*

만약 X선 빔이 정확하게 이등분 각도를 향하지 않는다면, 촬영된 영상은 치아의 정확한 표현이 아닐 수 있다. 그러면 연장과 단축 같은 왜곡현상이 발생한다.

해가 머리 위로 위치한 것에 의해 만들어지는 그림자의 비유는 연장과 단축을 설명하는 한 가지 방법이다. 만약 당신이 들판에 서 있었다면, 해가 지평선에서 떠오를 때 만들어지는 지면 위의 그림자는 해가 정오에 직접 머리 위에 있을 때 만들어지는 그림자와 매우 다른 그림자를 만들어낼 것이다. 해가 지평선에서 떠오를 때는 아주 긴 그림자가 만들어지며, 이런 현상을 연장이라고 한다. 정오에 해가 머리 위에 있을 때는 당신의 그림자가 당신보다 작게 만들어지며, 이런 현상을 단축이라고 한다.

연장은 X선 빔이 치아의 장축에 직접 조준되는 대신 치아의 이등분 각도에 조준될 때 발생한다(태양이 지평선 아래에 있는 것과 유사한 상황). 치아의 각도로 빔이 조준되면 이미지는 '늘어난 것처럼' 보이며, 전체 치아가 필름에 포착되지 않을 수 있다(그림 17.39).

단축은 X선 빔이 필름 대신 이등분 각도에 직접 조준 될 때 발생한다(태양이 정상적으로 수직인 상황). 빔이 필름의 각도로 조준되면 치아의 관이 뿌리가 겹쳐져 있는 것처럼 보일 수 있다."(그림 17.40).

보건사 참고사항

만약 방사선 빔이 필름에 수직이라면, 이미지는 단축된다. 만약 방사선 빔이 치아에 수직이라면, 이미지는 연장된다. 만약 두 방향의 중간을 택한다면, 이미지가 더 정확해진다. 이등분 각도는 두 방향의 중간을 택하는 것이다. 이를 통해 더 정확한 이미지를 얻을 수 있다.

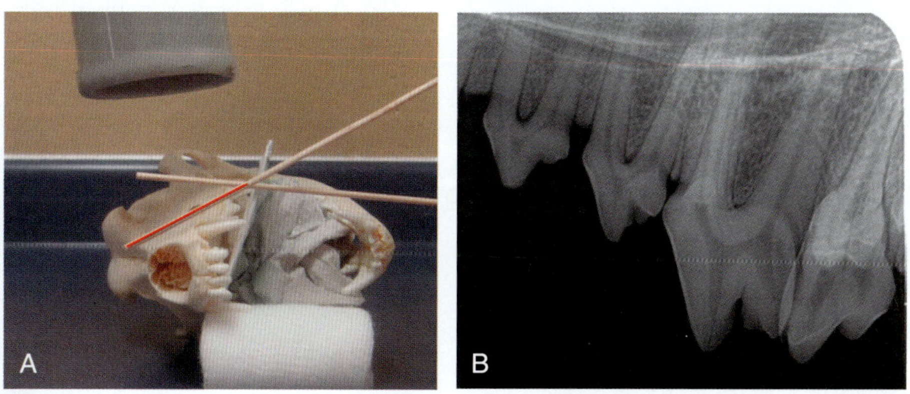

그림 17.39 연장. A, 방사선 사진 설정. **B,** 결과 방사선 사진으로서, 연장을 보여준다. 빨간색 선은 X선 빔이 수직으로 비추어져야 할 이등분 각도 촬영법의 각도를 나타낸다. 이 설정에서는 X선 빔이 치아의 각도에 너무 많이 집중되었다.

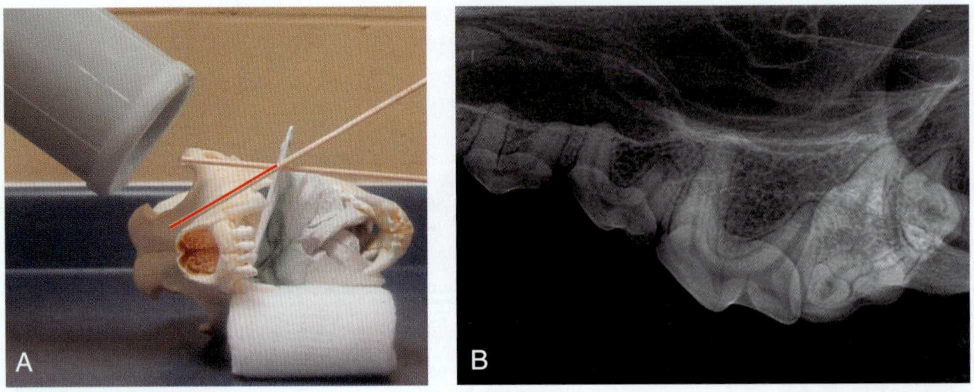

그림 17.40 단축. A, 방사선 사진 설정. **B,** 결과 방사선 사진으로서, 단축을 보여준다. 빨간색 선은 X선 빔이 수직으로 비추어져야 할 이등분 각도 촬영법의 각도를 나타낸다. 이 설정에서는 X선 빔이 필름 각도에 너무 많이 집중되었다.

치과용 X선 기기를 사용한 구강 내 치과 방사선 촬영
Intraoral Dental Radiography with a Dental X-Ray Machine

구강 내 치과 방사선 촬영에 선택되는 CR 플레이트/필름의 크기는 환자의 크기와 촬영할 치아에 따라 달라진다. 가장 큰 DR 센서는 크기 2이며, 이는 대형 치아에 대해 여러 번의 촬영이 필요할 수 있음을 의미한다. 일반적으로, 앞니와 송곳니를 위해 CR 플레이트/필름 크기를 선택할 때는 환자의 두 개의 송곳니가 함께 촬영될 수 있는 크기의 필름을 선택한다. 이렇게 함으로써 필름이 구강 내에 평행하게 배치되고 치아를 충분히 촬영할 수 있는 공간을 제공한다. 많은 경우, 개에서는 크기 4 필름이 사용된다. 단, 소형 개를 제외하고는 그렇다. 만약 전반적인 구강 내 촬영을 진행한다면, 크기 4 필름을 선택하여 여러 개의 치아를 한 번에 촬영할 수 있다. 대부분의 고양이 촬영에서는 크기 2 필름이 사용되며, 단지 아래턱 앞어금니 및 어금니의 경우 크기 0이 가장 적합하다.

다음은 환자가 가쪽으로 누워있는 자세로 치과 영상 촬영이 이루어져야 하는 자세에 대해 설명하고 있다. 이 자세는 마취 중에 환자를 움직이는 것을 최소화하기 위해 권장되는 자세이다. 환자의 아래턱과 위턱은 촬영대와 평행하도록 유지되어야 한다. 이를 위해 작은 롤이나 폼 웨지를 사용하여 이 목표를 달성할 수 있다. 진단에 어려움을 겪는 많은 문제들의 원인은 환자가 정확한 가쪽 자세에 있지 않았을 때 발생하는데, 특히 원뿔체를 사용하는 경우(송곳니 영상 등)에 해당한다. 위턱과 관련된 사진을 촬영할 때는 기도 내 튜브를 아래턱에 고정해야 한다. 반면 아래턱 치아의 사진을 촬영할 때는 기도 내 튜브를 위턱에 고정해야 한다. 그리고 입안에서 필름을 위치시키는 데에는 종이 수건을 사용해야 한다.

촬영 방사선관과 필름 사이의 거리는 사용하는 필름의 크기에 따라 달라진다. 작은 필름(크기 0, 1, 또는 2)을 사용할 경우, 표준 SID (source-to-image distance)인 2인치를 사용하여 최적의 밀도를 얻을 수 있다. 크기 4 필름을 사용하는 경우, SID를 4인치에서 6인치로 늘려야 하며, 이렇게 함으로써 더 넓은 영역의 X선을 허용할 수 있다(그림 17.41). 만약 밀도에 변화를 관찰하면, 3장에서 제안된 SID 변경에 따라 설정을 조정할 수 있다.

만약 SID가 4인치 이상 늘어난다면, 노출량을 증가시켜야 할 수도 있다. 각 기기마다 상이할 수 있지만 일반적으로, 필름으로부터 약 6인치 떨어진 거리에 있다면 해당 영역의 정상적인 노출량의 1.5배를 증가시켜야 한다. 이는 5장에서 설명한 역제곱 법칙을 기억해야 한다. 디지털 시스템의 경우 디지털 판의 더 높은 감도 때문에 노출량을 증가시킬 필요가 없을 수 있다.

항상 관심 있는 치아를 중심으로 콘을 배치한다. 이것은 많은 비진단적인 방사선 촬영의 원인이 될 수 있다. 치과용 X선 기계에는 시준기 조명이 없으므로, "상상의 크로스헤어"가 관심 있는 치아의 중심에 맞춰진 것을 확인하려면 콘을 다양한 시각으로 확인해야 한다(그림 17.42 참조). 또한, 빔이 시준기 콘을 떠난 후에는 더 이동할수록 빔이 넓어지는 것을

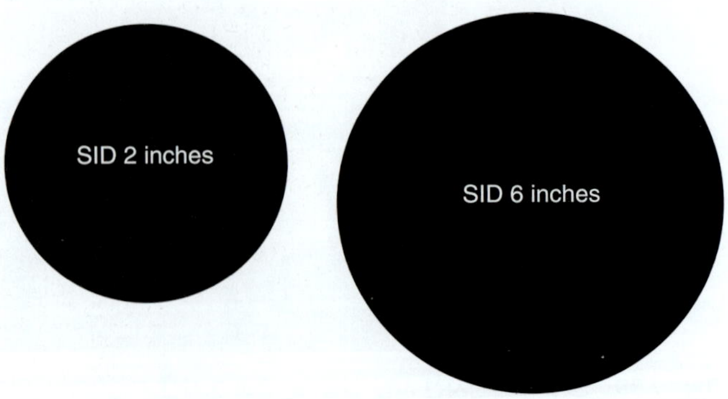

그림 17.41 초점 필름 거리가 다를 때 시각 영역이 어떻게 보이는지를 설명한 것

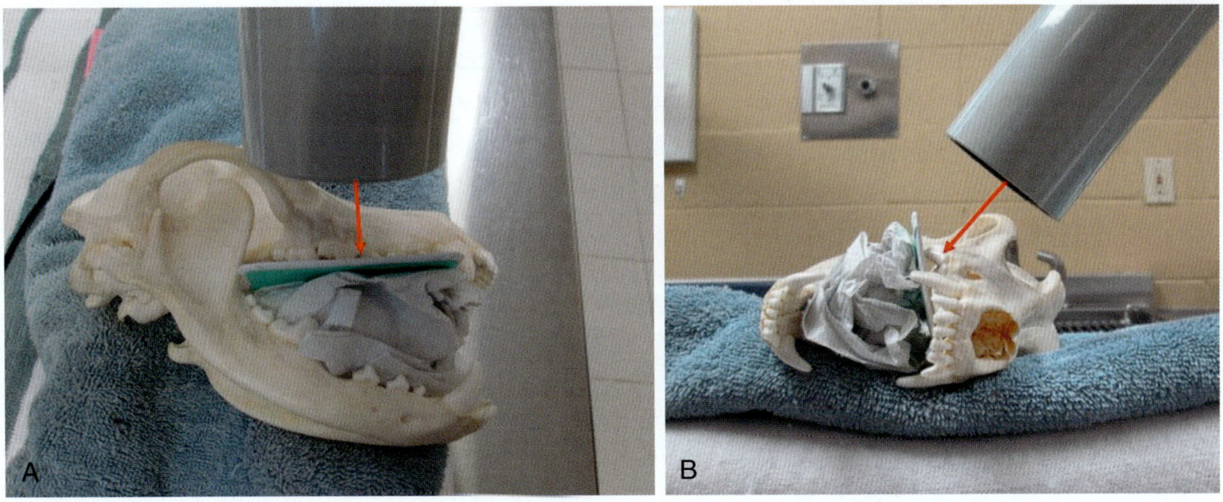

그림 17.42 콘의 중심은 가쪽**(A)**과 정면**(B)**에서 시각화되어야 하며, 빔이 어디로 향하는지를 정확하게 결정할 수 있다.

기억한다.

또한 필름 촬영에서 "점"은 필름의 둥근면(흰색 면)이 튜브 헤드 쪽을 향하도록 앞쪽에 배치되어야 한다("a"는 디지털 플레이트에서의 위치를 의미한다).

> **보건사 참고사항**
>
> 이등분 각도를 찾기 위해: 만약 콘(X선 빔)이 가쪽에서 오는 경우(앞어금니), 환자의 앞쪽에서 서서(코 높이로 무릎을 꿇고) 치아 각을 시각화하라. 만약 콘이 환자의 앞쪽에서 오는 경우(앞니와 송곳니), 환자의 옆쪽에서 서서(환자가 옆으로 누웠을 때 위에서 내려다보기) 치아 각을 추정할 때 필름의 가장자리를 가장 잘 시각화할 수 있는 "새의 눈 시점"을 얻게 된다. 이렇게 하면 이등분 각도를 결정할 때 사용해야 할 가장 적절한 치아 각을 추정할 수 있다.

치과 X선 기술_*Dental X-Ray Techniques*

이후의 섹션에서는 CR 및 표준 치과 필름을 사용한 방법과 DR 시스템을 사용한 방법에 대해 자세히 설명한다. 이 기술은 두 그룹 간에 약간 차이가 있을 수 있으며, 영상 촬영기의 특성이 다르기 때문이다.

개의 치과 방사선_*Dental Radiographs of Dogs*

치과 방사선 촬영 시, 치아의 해부학에 대한 숙지는 매우 중요하다. 송곳니와 앞니는 후방으로 구부러진 긴 뿌리를 가지고 있다. 치아 각도를 측정할 때는 반드시 해당 치아의 뿌리를 사용하는 것이 중요하다. 두개골 유형의 차이는 특히 단두종 품종에서 치과 방사선 촬영을 어렵게 만들 수 있다. 모든 촬영 시 환자는 정확한 옆누움 자세에 위치해야 한다. 특히 X선 콘의 기울기가 필요한 사진에서 이는 특히 중요하다.

고양이의 치과 방사선_*Dental Radiographs of Cats*

개와 고양이 간의 해부학적 차이로 인해 촬영 시에 몇 가지 조정이 필요하다. 고양이의 위턱 앞니와 송곳니는 개보다 더 수직으로 서 있다. 이는 이등분 각도 기법에서 치아의 긴축을 추정할 때 중요하다. 치아의 긴축을 추정할 때는 치아의 상부를 따라가야 하며, 뿌리는 동일한 각도를 따른다. 고양이의 아래턱 송곳니는 후방으로 구부러지는데, 이때도 뿌리의 곡면을 이용하여 치아의 긴축을 추정해야 한다. 고양이는 아래턱 앞어금니 1과 2가 없기 때문에 아래턱 앞니와 송곳니를 함께 촬영할 수 있다.

고양이의 위턱 앞어금니와 어금니는 매우 돌출된 관골궁으로 인해 촬영이 가장 어렵다. 표준 이등분 각도 기법을 사용하면 관골궁이 치아 위에 겹쳐지게 되어 방사선 사진에 진단적 가치가 없어진다. 모든 촬영 시에 고양이를 정확한 옆누움자세로 위치시키는 것이 중요하다. 튜브 헤드의 디자인으로 인해 앞니와 송곳니를 촬영할 때 튜브를 테이블로부터 충분히 낮추는 것이 종종 어려울 수 있다. 이를 피하기 위해 고양이의 머리를 작은 수건으로 높여주면 된다.

치과용 X선 장치로 촬영된 개의 방사선 사진 _Canine Radiographs with Dental X-Ray Units

이 섹션에서 설명하는 기술들은 치과용 X선 장치와 함께 사용된다. CR 판과 표준 필름의 기술은 비슷한 특성을 공유하기 때문에 동일하다. 이러한 공통점으로는 동일한 크기(0, 1, 2, 4 등)의 판이나 필름을 사용할 수 있으며, CR 판은 얇고 유연하다.

그러나 DR 센서(디지털 라디오그래피)를 사용할 때는 종종 약간의 수정이 필요하다. 특히 대형견의 경우에는 이러한 수정이 필요하다. 이러한 수정은 센서의 크기가 작고 주변에 비활성 영역이 있기 때문이다. DR 센서는 또한 단단하고 불편하기 때문에 특정 부위에서의 포지셔닝이 어려울 수 있다.

> **보건사 참고사항**
>
> 일부 저자들은 쇄골 또는 옆누움 환자 위치에서 사전 결정된 각도 설정으로 각도 측정기를 사용하기도 하지만, 저자의 경험에 따르면 한 가지 기술, 즉 이등분 각도법을 익히는 것이 좋다. 이 기술은 모든 두형에 쉽게 적용할 수 있다. 특히, 개의 머리 형태에는 다양한 변이가 있어서 앞서 언급한 기술을 적용하기 어려울 수 있다.

개의 위턱 앞어금니와 어금니 _Canine Maxillary Premolars and Molars

이 기술은 개의 앞어금니와 어금니에 사용된다. 그러나 제4 앞어금니와 어금니는 위치와 치아의 해부학적 특성으로 인해 추가적인 어려움이 있다. 이 때문에 추가적인 방사선 사진이 필요할 수 있다. 만약 이 영역을 촬영하기 위해 크기 4의 CR 판 또는 필름을 사용한다면, 이때 4번 앞어금니로 치아의 각도를 추정하는 데 사용하는 것이 좋다. 하지만 DR 센서를 사용한다면, 4번 앞어금니는 전체를 하나의 방사선 사진으로 촬영하기에는 이빨이 너무 크기 때문에 두 개의 별도 방사선 사진으로 촬영해야 할 수도 있다.

CR판/필름: 필름의 반대쪽 가장자리는 단단입천장에 닿아야 한다. 만약 크기 4의 필름을 사용한다면, 반대쪽 가장자리는 상대편 이빨의 경구면에 닿을 것이다. 앞어금니/어금니의 끝 부분은 콘에 가장 가까운 필름 가장자리에 위치해야 하며, 이렇게 함으로써 치아의 뿌리가 충분한 공간을 가진 채로 필름 위에 놓일 수 있다. 해부학적 공간 제한으로 인해 먼쪽의 어금니를 촬영하기 위해서는 크기 0 또는 2의 필름이 필요할 수 있다(그림 17.43).

DR 센서: CR판/필름에 설명된 것과 동일한 접근 방식을 사용한다. 대형견의 경우에는 뿌리 끝 부분이 추가적으로 촬영되어야 할 수 있다. 모든 것을 동일하게 유지하되, DR 센서를 입안(입천장앞)으로 밀어 넣는다. 두 번째 노출 시에는 판이 치관에 닿지 않을 것이다(그림 17.44).

중심선: 콘이 가쪽으로 향하고, 관심 있는 이빨을 중심으로 맞춘다. SID는 필름 크기에 따라 다르다. 크기 4의 필름의 경우, SID는 4에서 6 인치이다.

각도: 이등분 각도법은 환자의 앞쪽 접근부위에서 서서 찾는다.

> **보건사 참고사항**
>
> 다뿌리 치아의 중첩은 항상 우려되는 문제이다. 필요에 따라 특정 뿌리를 분리하기 위해 여러 개의 방사선 사진이 필요할 수 있다(나중에 자세히 설명할 것이다).

개의 위턱 앞어금니와 어금니 _*Canine Maxillary Premolars and Molars* (계속)

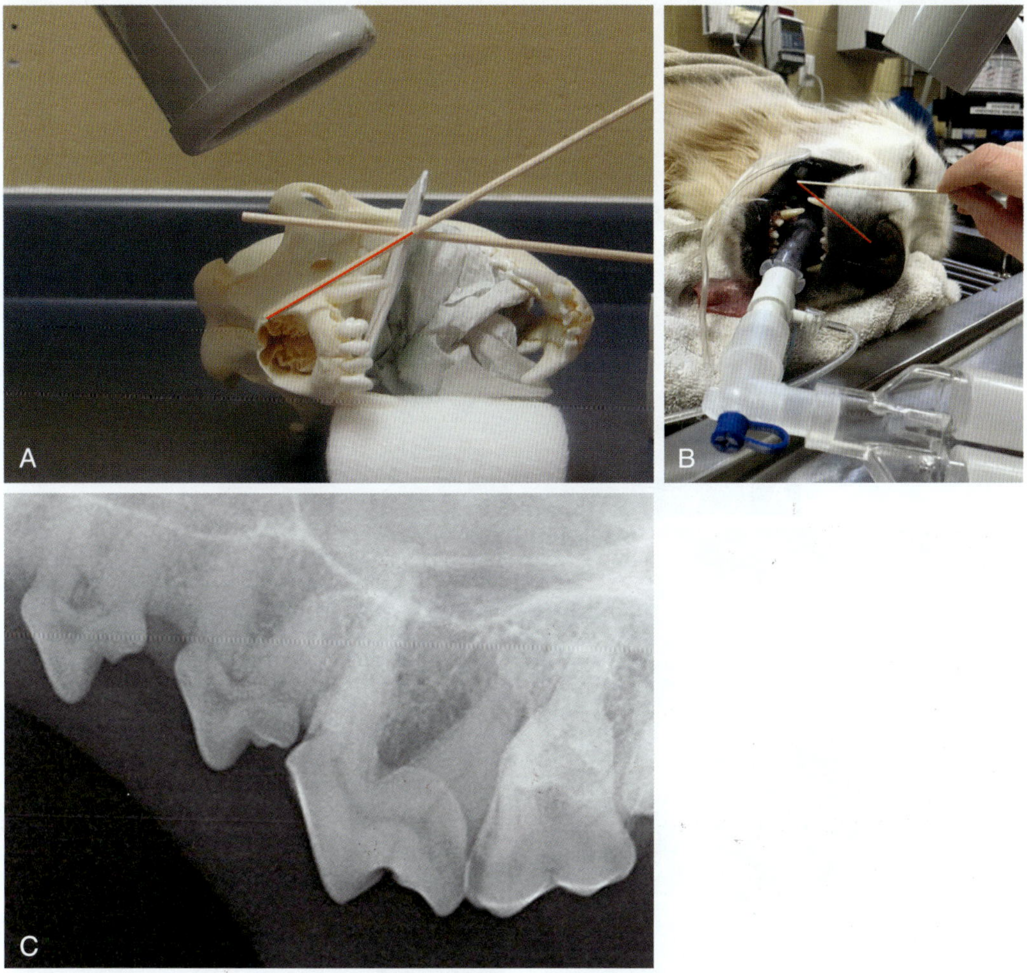

그림 17.43 개의 위턱 앞어금니와 어금니: CR/필름. **A,** 정면에서 본 설정. **B,** 최종 설정. **C,** 방사선 사진.

개의 위턱 앞어금니와 어금니 _*Canine Maxillary Premolars and Molars* (계속)

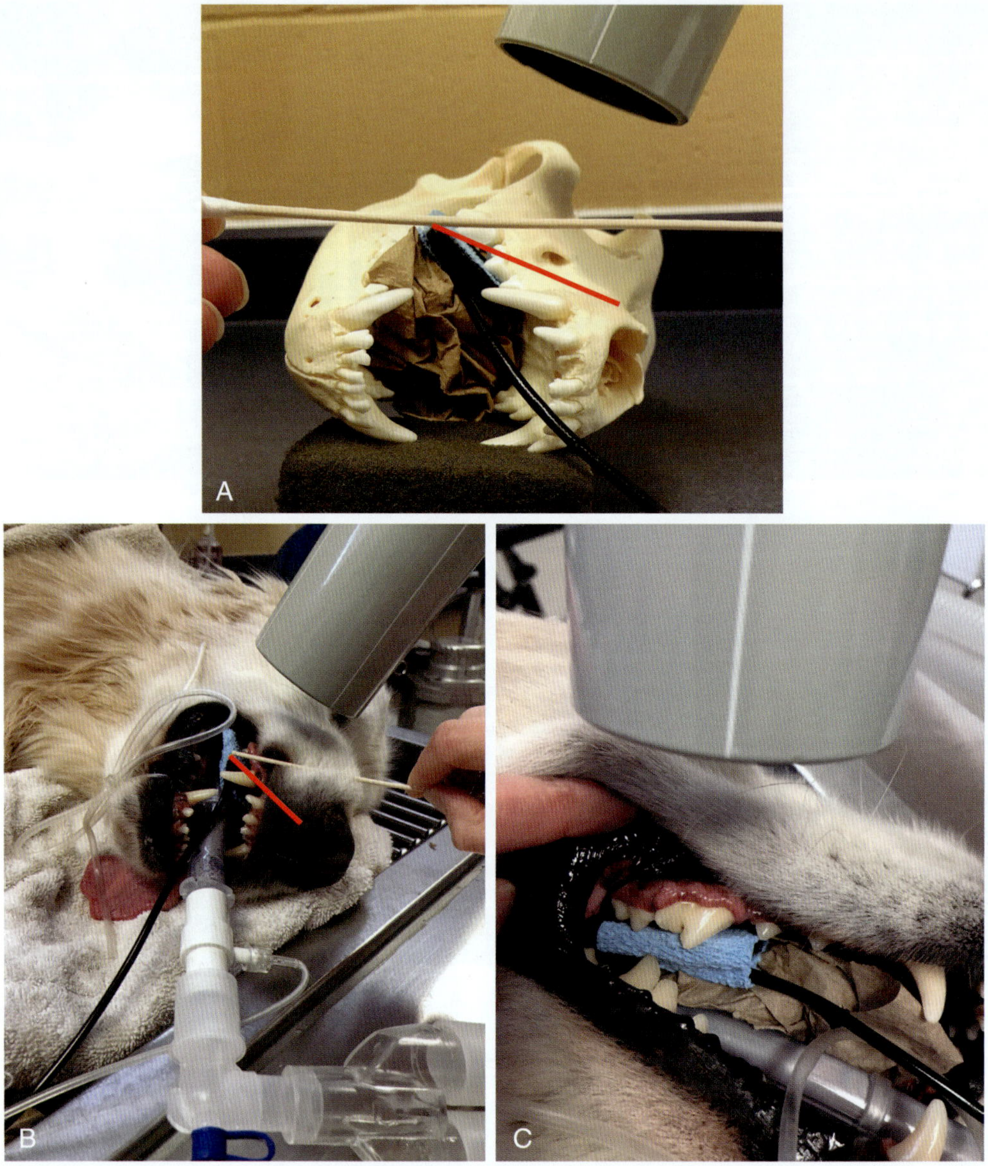

그림 17.44 **개의 위턱 앞어금니와 어금니: DR 센서.** **A,** 정면에서 본 설정. **B,** 최종 정면 설정. **C,** 센서를 입천장쪽으로 밀어서 뿌리 끝을 촬영하는 모습.

개의 위턱 앞어금니와 어금니 _Canine Maxillary Premolars and Molars (계속)

개의 어금니

사진 촬영에서 먼쪽 어금니를 촬영하는 것은 필름 배치로 인한 공간 제약 때문에 어려울 수 있으며, 특히 단두종의 개에서 더 어려울 수 있다. 위턱 앞어금니와 어금니를 촬영하기 위해 설명한 기술로 먼쪽 앞어금니가 촬영되지 않는다면 기술을 약간 수정하여 사용할 수 있다. CR 판, 필름 또는 센서를 약간 비틀어서 입안에서 더 많이 뒤로 위치시킬 수 있다(그림 17.45). 그럼에도 불구하고 여전히 어려운 경우에는 이등분 각도법으로 먼 옆누움쪽 방향에서 빔을 사용한다. 이러한 어려움은 일반적으로 소형견과 단두 종에서 경험할 수 있다.

CR판/필름: 크기 2의 필름 또는 그보다 작은 크기를 사용한다(품종에 따라 다르다). 필름은 입안에서 가능한 한 더 많이 뒤로 밀어 넣어야 한다. 판에 약간의 "비틀기(twist)"를 줌으로써 판의 모서리가 물렁입천장의 연부조직에 닿게 된다(그림 17.46).

DR 센서: CR판/필름과 동일한 방법 사용(그림 17.47).

중심선: 콘은 기쪽으로 향하고, 관심 있는 치아를 정 중앙에 위치시킨다. 치아의 뿌리를 구분하기 위해서, 또는 필름을 배치하기에 제한적인 공간이 있고 뿌리가 잘린 경우, 뒤가쪽 방향으로 빔을 조준한다.

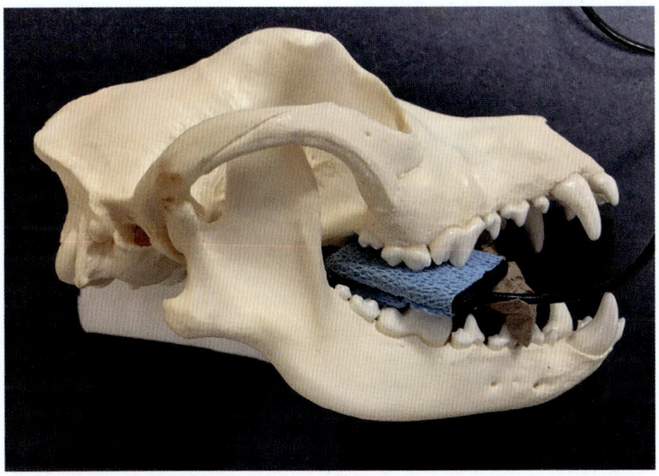

그림 17.45 개의 어금니들. 두개골 상에서 센서의 위치, 판이 약간 비틀린 모습.

각도: 이등분 각도는 환자의 정면 앞쪽 전방에 서서 찾는다.

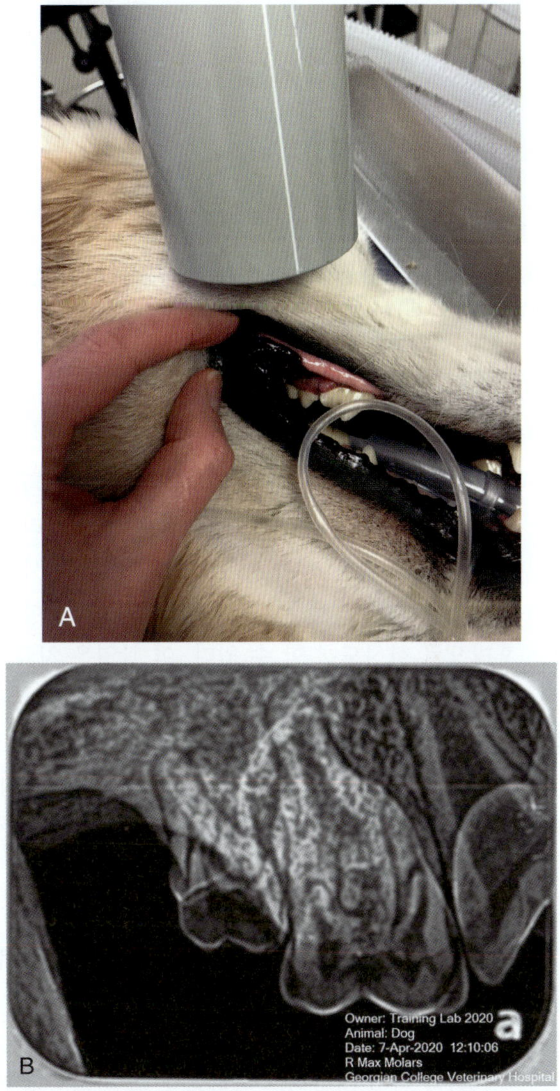

그림 17.46 개 어금니: CR/필름. **A,** 디지털 방사선 필름 크기 2를 사용한 최종 설정, 뿌리의 측방에서 빔을 비추는 방향. **B,** 방사선 사진.

개의 위턱 앞어금니와 어금니 _*Canine Maxillary Premolars and Molars* (계속)

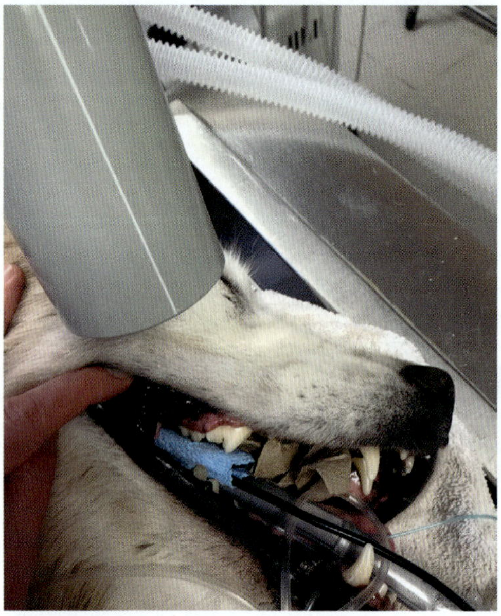

그림 17.47 개의 어금니: DR 센서. DR 센서 크기를 사용한 최종 설정, 뿌리의 측방으로 빔을 비추는 방향.

위턱 제4앞어금니: SLOB 규칙_*Maxillary 4th Premolar: SLOB Rule*

위턱의 네 번째 앞어금니(108 또는 ⁴P)는 세 개의 뿌리가 있는 치아로, 하나의 큰 후방 뿌리와 두 개의 작은 전방 뿌리를 가지고 있다. 전방 뿌리들은 빔이 가쪽에서 진행될 때 서로 중첩될 수 있다. 특정한 뿌리를 분리하기 위해 , 빔의 방향을 중앙 또는 후방으로 향하도록 할 수 있다. 이 촬영은 치료적인 치과학(endodontics)을 수행하고, 병변이 있는 뿌리를 분리해야 할 때 필요하다. 뿌리를 분리하고 관찰하기 위해 이 촬영을 사용한다. 필름 배치가 어려운 환자에서 뒤옆누움쪽 방향 빔 조준 기술도 사용할 수 있다. 이렇게 함으로써 어려운 위치에 있는 환자들의 먼쪽 어금니를 촬영하는 데에도 유용하다.

SLOB 규칙"은 "same lingual opposite buccal"의 약어로서 사용된다. 이 용어는 빔이 전달되는 방향에서 특정 뿌리를 식별하는 데 도움이 되는 용어이다. "Same lingual"은 빔이 전달되는 방향에서 혀쪽-중앙측 뿌리(실제로는 단단면쪽 뿌리-위턱)가 빔이 전달되는 방향과 같은 방향으로 이동하는 것을 의미한다. "Opposite buccal"은 빔이 전달되는 방향과 반대 방향으로, 볼쪽-중앙측 뿌리가 이동하는 것을 의미한다.

SLOB 규칙은 손을 사용하여 그림 17.48에 나타난 것처럼 설명될 수 있다. 이 도표에서 208 또는 ⁴P의 뿌리 구조가 그려져 있다. 첫 번째 도표에서는 엄지손가락과 손가락 하나를 볼 수 있다. 두 번째 도표에서는 추가적인 손가락이 보인다. 빔이 오는 방향을 변경하면 초기 촬영에서 겹쳐져 보이던 물체들을 볼 수 있다. 두 번째 도표에서는 빔이 먼쪽 방향에서 오는 경우, 위턱의 뿌리가 빔이 오는 방향과 같은 방향으로 움직이는 것처럼 보인다.

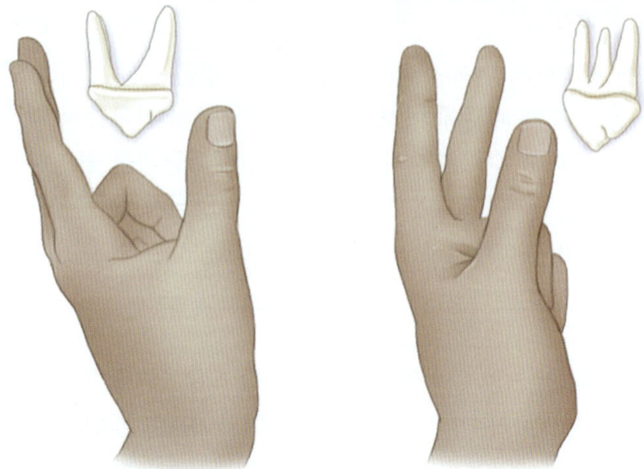

그림 17.48 SLOB Rule (Same Lingual, Opposite Buccal Rule). 208 치아의 뿌리 분리를 위해 왼손을 사용하여 X선 빔 방향을 변경하는 것을 보여준다. 두 번째 이미지는 빔 방향을 먼쪽 가쪽에서 비추는 것으로, 모든 뿌리를 시각화할 수 있는 것을 보여준다.

빔이 후방에서 진행되는 방향이라면, 위턱 중앙뿌리는 방사선 영상 상에서 세 개의 뿌리 중앙에 위치하게 된다. 빔이 중앙에서 진행되는 방향이라면, 뿌리는 방사선 영상 상에서 세 개의 뿌리 중앙에 위치하게 된다.

기술_*Technique*

이전에 위턱 앞어금니와 어금니 설명 시 사용된 필름, 콘, 그리고 이등분 각도와 동일한 설정이 시작점으로 사용된다. 이등분 각도를 찾고 나서 빔이 이등분 각도에 수직하도록 가쪽에서 콘을 조준하면, 이제 콘을 치아의 중앙측 또는 먼쪽 가쪽에서 조준할 수 있다(그림 17.49).

안쪽옆누움쪽 비스듬촬영_*Mesiolateral Oblique View*

안쪽옆누움쪽 비스듬촬영촬영을 위해, 콘은 전방에서 후방으로 약 30도의 각도로 향하도록 한다. 그림 17.50은 방사선상에서 전방 뿌리가 분리되어 보이는 모습을 보여준다. 그러나 후방 뿌리는 첫 번째 위턱 어금니와 중첩하여 보일 것이다.

개의 위턱 앞어금니와 어금니 _Canine Maxillary Premolars and Molars (계속)

먼가쪽 비스듬촬영_Distolateral Oblique View

먼가쪽 비스듬촬영을 위해, 콘은 후방에서 전방으로 약 30도의 각도로 향하도록 한다. 그림 17.51은 방사선 사진상에서 전방 뿌리가 분리되어 보이는 모습을 보여준다. 그러나 전방 뿌리는 세 번째 위턱 앞어금니와 중첩하여 보일 수 있다.

보건사 참고사항

SLOB 규칙은 빔이 가까운 가쪽에서 오는 경우, 위턱의 뿌리들 중 하나인 경골쪽 뿌리가 방사선 촬영상 가운데 위치하게 된다. 반면 빔이 중앙에서 오는 경우, 위턱의 뿌리들 중 하나인 볼쪽 뿌리가 방사선 촬영상 가운데 위치하게 된다.

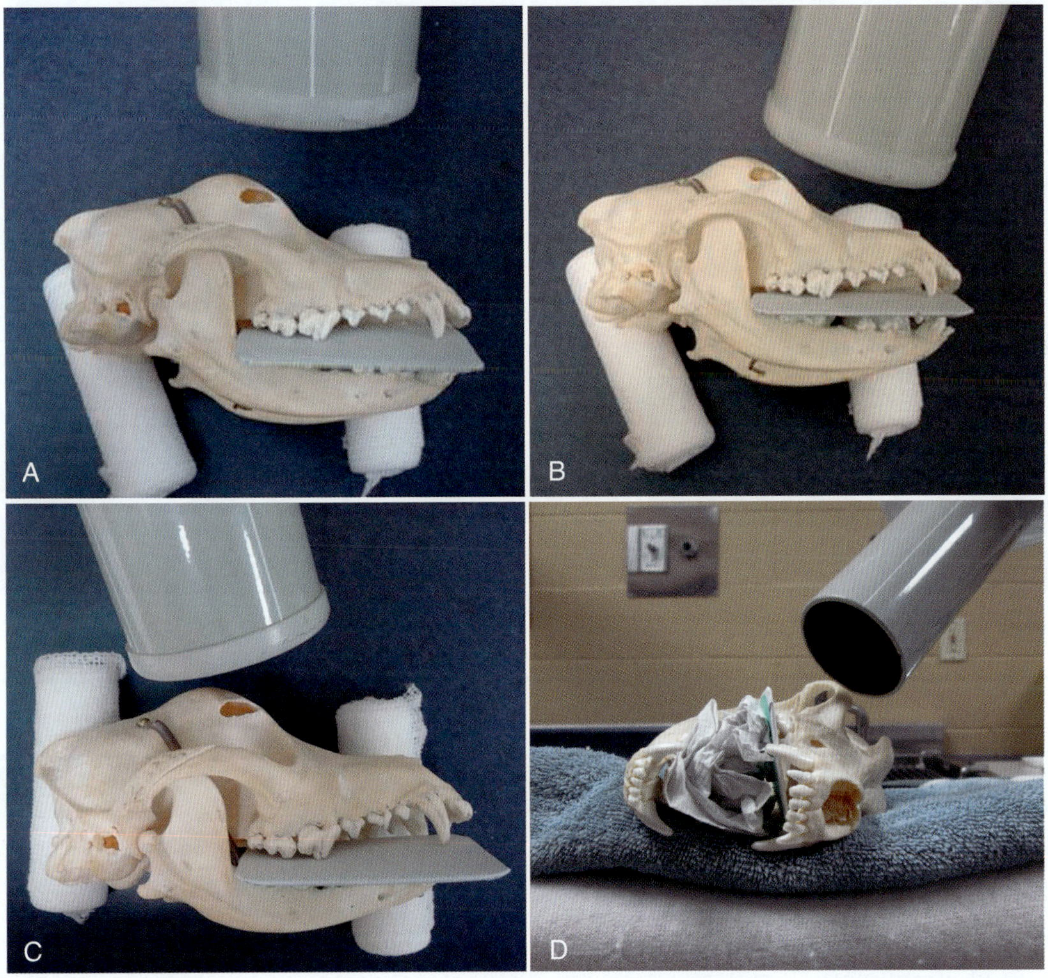

그림 17.49 위턱 4번째 앞어금니를 촬영하기 위한 사선 각도 설정. **A,** 환자 가쪽에서 본 제4앞어금니를 촬영하기 위한 초기 설정. **B,** 위턱 제4앞어금니의 중간 가쪽 비스듬 촬영 설정(가쪽 옆누움자세)으로, 최종 비스듬 각도는 초기 설정과 비교하여 30도 회전한 것을 보여준다. **C,** 위턱 제4앞어금니의 먼쪽 가쪽 비스듬 방향 촬영 설정(가쪽 옆누움자세)으로, 최종 비스듬 각도는 초기 설정과 비교하여 30도 회전한 것을 보여준다. **D,** 정면에서 본 먼가쪽 방향.

개의 위턱 앞어금니와 어금니 _*Canine Maxillary Premolars and Molars* (*계속*)

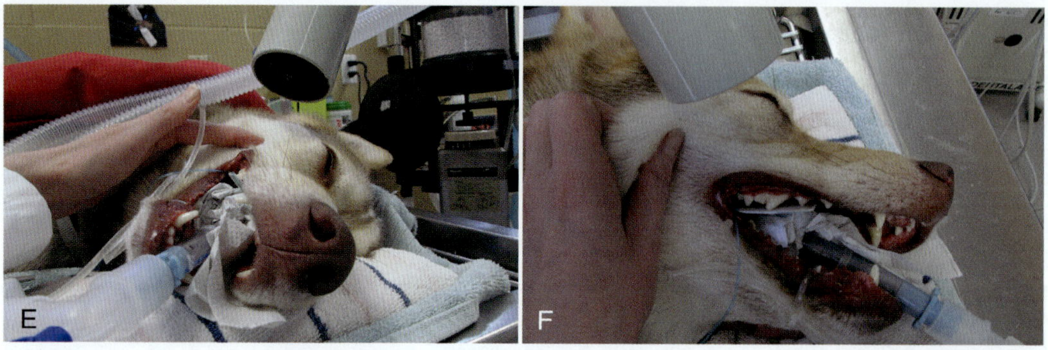

그림 17.49 (*계속*) **E,** 정면에서 본 개의 환자의 먼가쪽 방향 촬영을 위한 최종 준비. **F,** 가쪽에서 본 개의 환자의 먼가쪽방향 촬영을 위한 최종 준비.

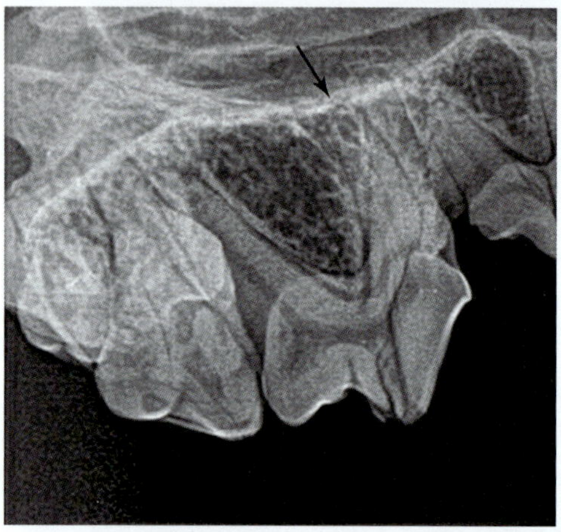

그림 17.50 중심외측 비스듬 방향 사진. 중심 뿌리는 중앙볼쪽 뿌리이다(화살표).

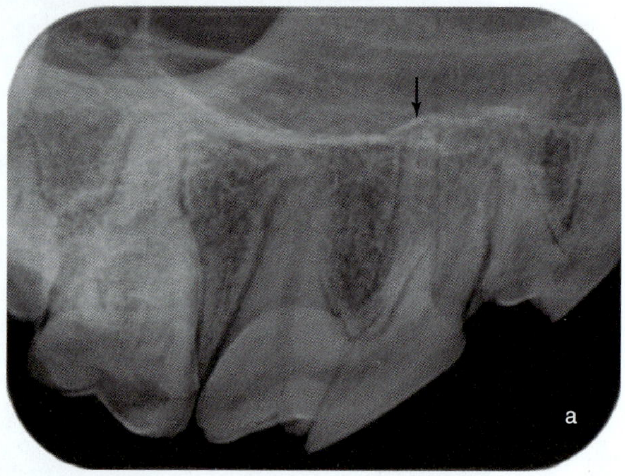

그림 17.51 먼가쪽 비스듬 방향 사진. 중심 뿌리는 중앙입천장 뿌리이다(화살표).

위턱 송곳니 _*Maxillary Canine Teeth*

위턱 송곳니 방사선 촬영은 치아의 장축을 기준으로 설정된다. 이 장축은 환자의 가쪽에서 시각화할 수 있으며, 동시에 X선 콘은 30도로 기울여진다(X선 튜브헤드의 각도 측정기를 사용한다). 이 빔 각도의 변화는 송곳니 치아가 앞어금니 치아들 위에 중첩되는 것을 방지하는 데 도움이 된다. 30도의 기울기는 환자가 정확히 가쪽에 위치해 있는 경우에만 적용된다. 송곳니는 후방으로 휘어지며, 일반적으로 치아의 끝이 둘째 앞어금니의 뿌리 위에 위치한다. 대형견의 송곳니는 치아의 크기와 크기 2 센서의 크기 제한 때문에 두 번의 촬영이 필요할 수 있다.

CR판/필름: 두 개의 송곳니에 필름에 닿는 크기의 필름을 선택한다("물고 있는" 상태). 대부분의 개에는 크기 4가 사용된다. 필름은 동일 측의 앞니들도 평가할 수 있도록 충분히 앞으로 위치시켜야 한다(그림 17.52).

DR 센서: 송곳니의 끝을 센서의 바깥 모퉁이(가까운 쪽)에 놓고, 센서를 입안으로 밀어 넣어서 동일한 모서리가 입천장에 닿도록 한다. 치아의 뿌리가 없는 경우, 센서를 재배치하여 송곳니 치아 뒤의 입천장 위에 센서가 평평하게 위치하도록 한다(센서는 어떤 치아에도 닿지 않아야 한다). 30도의 기울기와 각도를 유지하면서 빔을 후방으로 이동시켜 뿌리 끝을 중앙에 위치시킨다(그림 17.53).

위턱 송곳니 _Maxillary Canine Teeth (계속)

중심선: 동물이 정확히 가쪽에 위치하도록 확인하고, 콘을 30도로 기울어지도록 조정한다. 콘의 중앙 부분을 위턱의 송곳니에 맞추어 놓는다.

각도: 치아의 이등분 각도는 치아의 장축을 이용하여 환자의 가쪽에서 서서 찾는다. 송곳니는 후방으로 휘어지는 특징이 있다. 치아의 뿌리의 곡선을 시각화하여 치아의 정확한 장축을 반영한다.

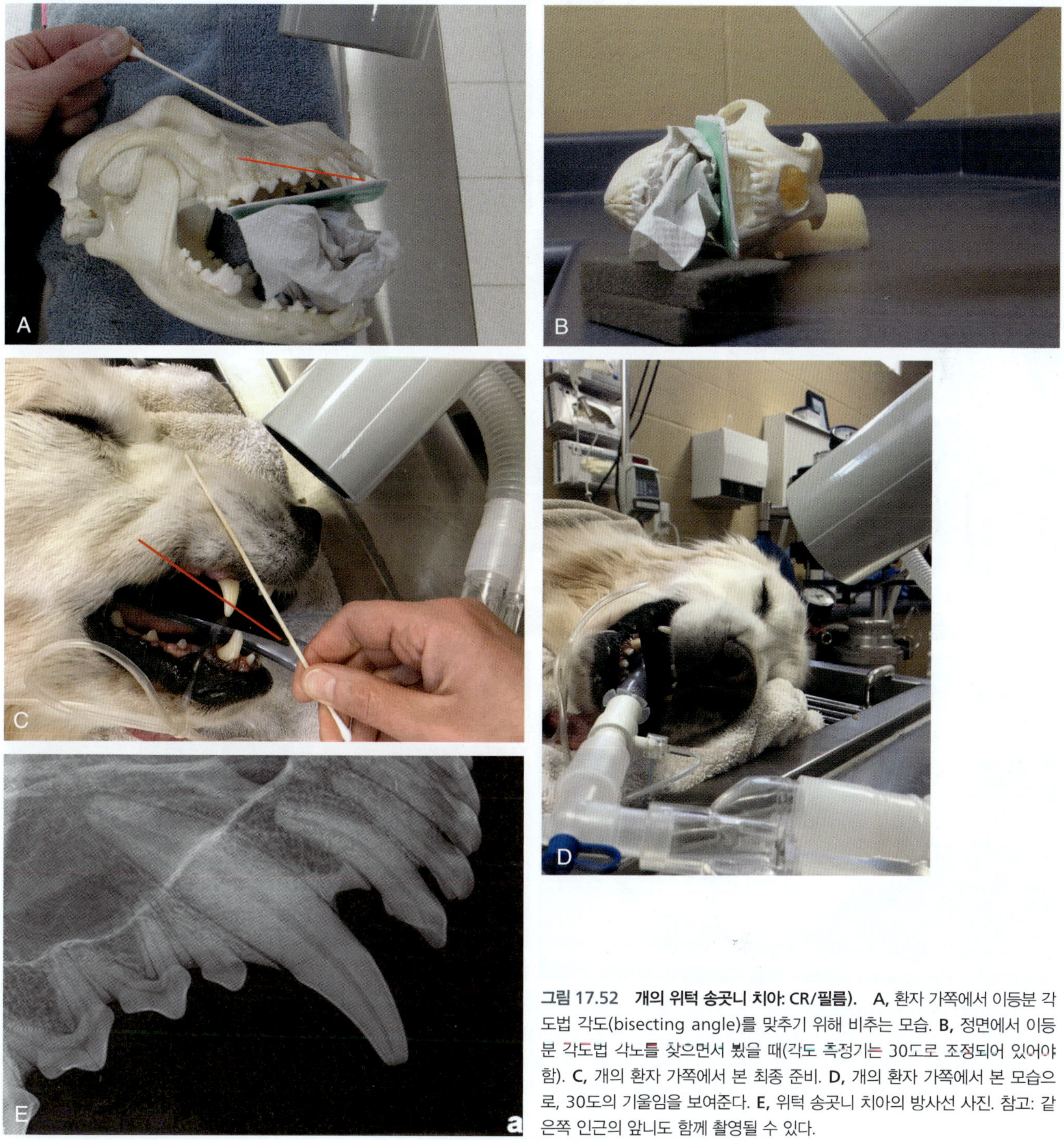

그림 17.52 개의 위턱 송곳니 치아: CR/필름). **A,** 환자 가쪽에서 이등분 각도법 각도(bisecting angle)를 맞추기 위해 비추는 모습. **B,** 정면에서 이등분 각도법 각도를 찾으면서 봤을 때(각도 측정기는 30도로 조정되어 있어야 함). **C,** 개의 환자 가쪽에서 본 최종 준비. **D,** 개의 환자 가쪽에서 본 모습으로, 30도의 기울임을 보여준다. **E,** 위턱 송곳니 치아의 방사선 사진. 참고: 같은쪽 인근의 앞니도 함께 촬영될 수 있다.

위턱 송곳니 _Maxillary Canine Teeth (계속)

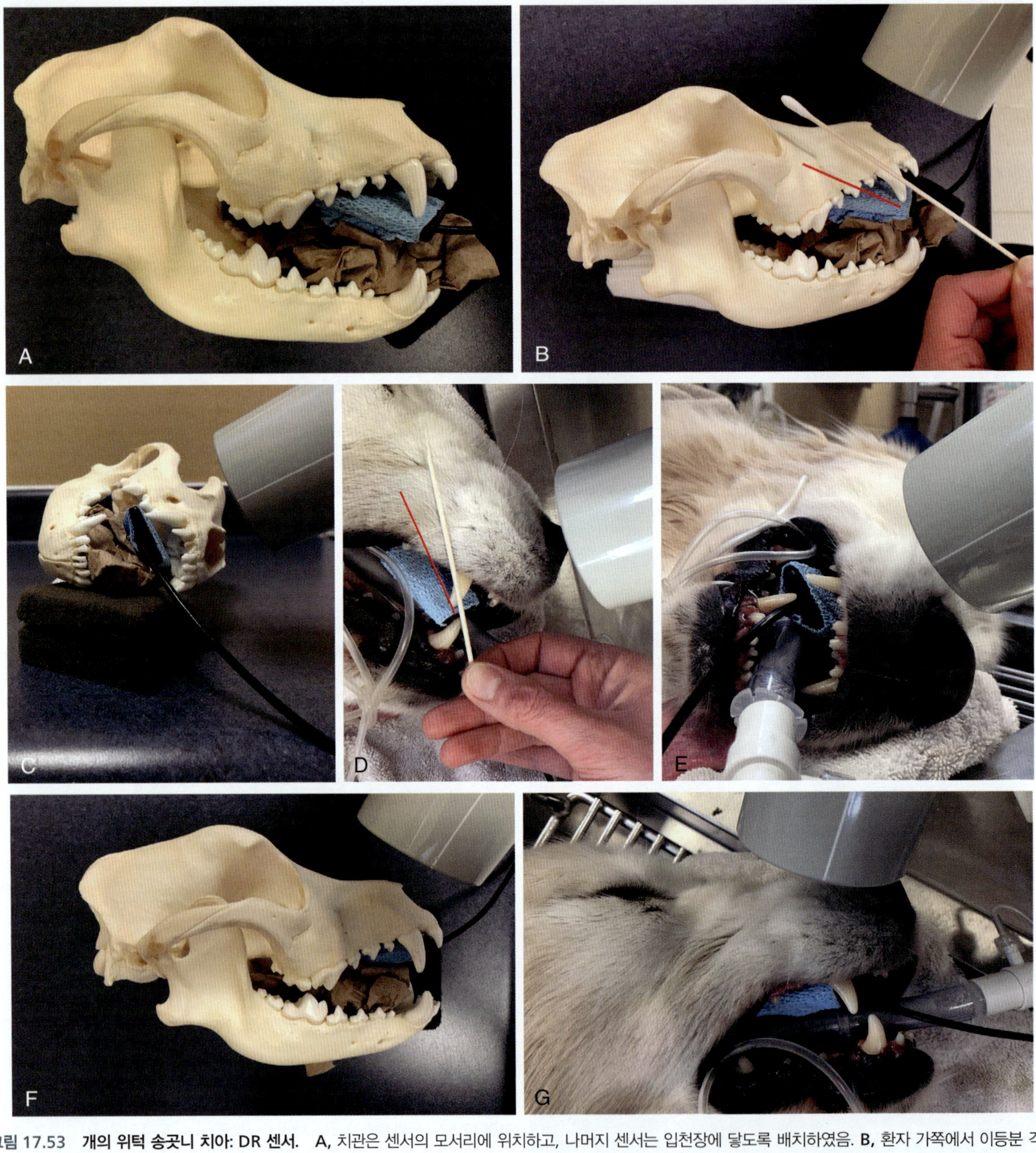

그림 17.53 개의 위턱 송곳니 치아: DR 센서. **A,** 치관은 센서의 모서리에 위치하고, 나머지 센서는 입천장에 닿도록 배치하였음. **B,** 환자 가쪽에서 이등분 각도법 각도를 맞추기 위해 촬영하는 모습. **C,** 정면에서 이등분 각도법 각도를 찾으면서 봤을 때(각도 측정기는 30도로 조정되어 있어야 함). **D,** 개의 환자 가쪽에서 본 최종 준비. **E,** 개의 환자 가쪽에서 본 모습으로, 30도의 기울임을 보여준다. **F,** 센서를 입천장에 평평하게 배치하여 뿌리 끝 부분을 촬영. **G,** 개의 환자에 대한 최종 설정. 이등분 각도법 각도와 30도의 기울임을 유지하면서 뿌리 끝 부분에 맞게 중앙에 위치시킴

위턱 송곳니 _Maxillary Canine Teeth (계속)

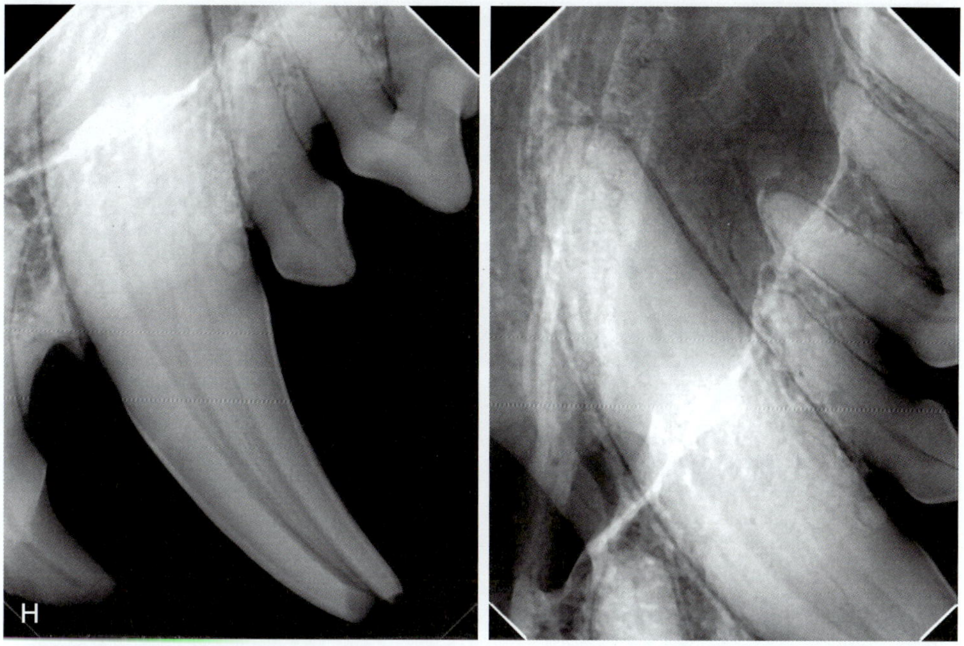

그림 17.53 **개의 위턱 송곳니 치아: DR 센서.** (*계속*) **H**, 별도의 방사선 사진으로 크라운과 뿌리 끝 부분을 촬영

위턱 앞니 _Maxillary Incisors

전형적인 앞뒤 방향 촬영은 CR 플레이트 또는 필름을 사용할 때 모든 앞니를 하나의 필름에 촬영할 수 있다. 만약 위턱 송곳니 치아를 촬영하는 기술이 동일 가쪽의 앞니에 대해 적절한 방사선 사진을 제공한다면, 이러한 촬영은 필요하지 않다. 개의 앞니는 송곳니 치아와 같이 뿌리측 방향으로 커브가 형성된 긴 뿌리를 갖고 있다. DR 센서를 사용하는 경우, 개의 크기에 따라 기술이 달라질 수 있다.

만약 두 개의 송곳니 치아가 센서 위에 물리면, 여섯 개의 앞니들이 하나의 이미지에 모두 포착될 것이다. 만약 센서가 두 개의 송곳니 치아 사이에 위치한다면, 103번과 203번 치아가 잘릴 가능성이 높다(센서의 주변 비활성 때문에). 만약 이런 경우라면, 이 치아들은 세 개씩 촬영되어야 할 것이다(DR 센서를 사용한 대형견 위턱 윗니 촬영 기술 참조).

CR판/필름: 앞니의 끝이 필름의 앞쪽 가장자리에 위치해야 하며, 이렇게 하면 윗니들의 뿌리에 충분한 공간을 확보할 수 있다. 양쪽 송곳니 치아가 필름에 닿아 있도록 하기 위해 필름 크기를 선택한다. 대부분의 중형과 대형견에는 4호 필름이 사용된다(그림 17.54).

DR 센서: 양쪽 송곳니 치아가 동시에 센서에 닿는다면, CR 판/필름과 동일한 기술을 사용한다(그림 17.55). 만약 센서가 양쪽 송곳니 치아 사이에 균등하게 맞는다면, 대형견용 DR 센서 기술을 사용한다(다음 내용).

콘: 콘은 앞뒤 방향으로 향하며 여섯 개의 윗니들 사이에 중심을 맞추어 배치한다. 만약 환자가 정확히 가쪽을 보이고 있다면, 각도계는 0을 가리키도록 한다. 반드시 콘이 여섯 개의 앞니들 사이에 정확히 중앙에 위치하도록 해야 한다(그림 17.56).

각도: 이등분 각도는 환자의 가쪽에서 서서 찾는다. 개의 앞니는 후방으로 커브가 형성되어 있음을 기억하라.

위턱 앞니 _*Maxillary Incisors* (계속)

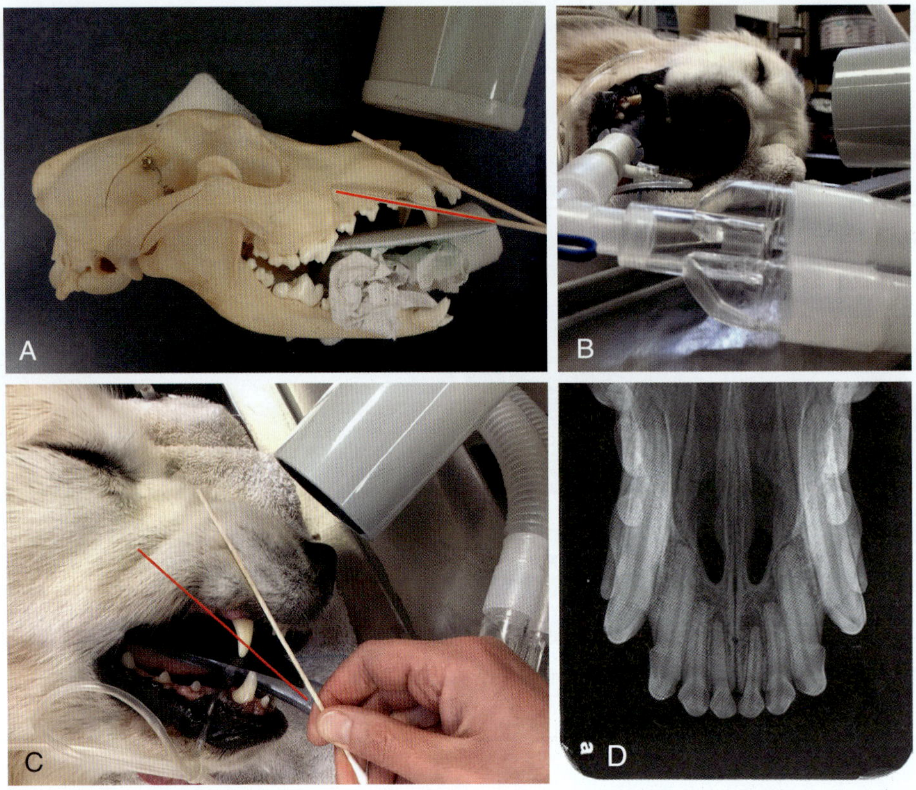

그림 17.54 **개의 위턱 앞니: CR/필름.** **A,** 환자 가쪽에서 본 이등분 각도법 각도가 나타난 두개골 설정. **B,** 정면에서 본 개 환자의 모습. 참고: 콘은 여섯 개의 앞니 사이에 중앙에 위치하도록 하기 위해 충분히 낮게 위치되어 있다. **C,** 촬영 전 개 환자를 가쪽에서 본 모습. **D,** 위턱 앞니의 방사선 사진.

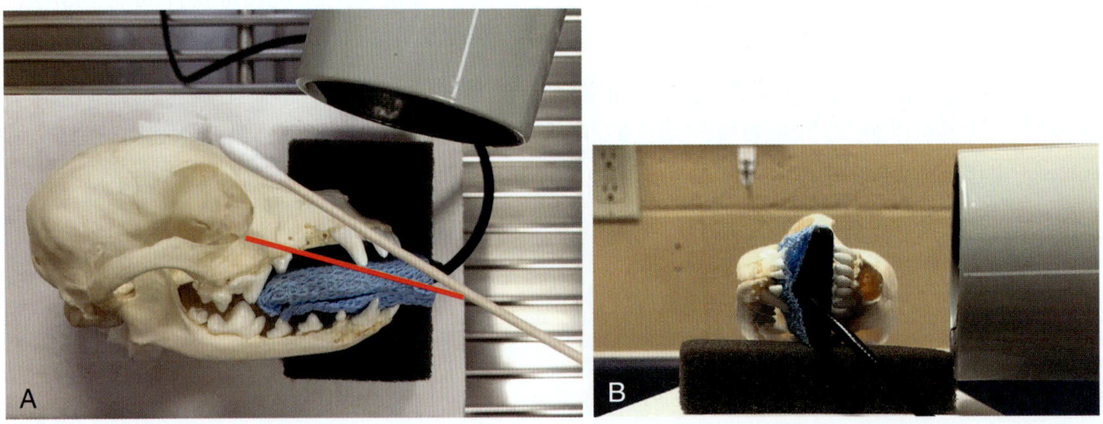

그림 17.55 **개의 위턱 앞니: DR 센서.** **A,** 환자 가쪽에서 본 이등분 각도법 각도가 나타난 설정. **B,** 정면에서 본 설정. 참고: 콘은 여섯 개의 앞니 사이에 중앙에 위치하도록 하기 위해 충분히 낮게 위치되어 있다.

위턱 앞니 _Maxillary Incisors (계속)

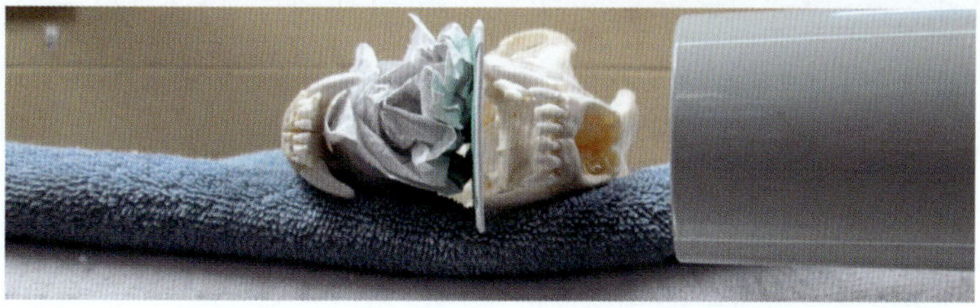

그림 17.56 콘은 위턱 앞니 사이 중앙에 위치

위턱 앞니—DR 센서를 사용한 대형견 촬영 기법

만약 센서가 양쪽 송곳니 치아 사이에 균등하게 맞는다면, 센서 주변의 비활성 영역 때문에 103번과 203번 치아가 잘릴 가능성이 높다. 이런 경우, 이 치아들은 한 번에 세 개씩 촬영되어야 할 것이다.

CR판/필름: 센서는 같은쪽 송곳니 치아 쪽으로 약간 기울여서 배치된다.

중심축: 콘의 각도를 15도로 조정한다(환자가 정확히 가쪽을 보도록 한다). 콘이 같은쪽의 세 개의 앞니들 사이에 정확히 중앙에 위치하도록 확인한다.

각도: 이등분 각도는 환자의 가쪽에서 서서 찾는다. 개의 앞니는 먼쪽 방향으로 커브가 형성되어 있으므로 이를 기억해야 한다(그림 17.57).

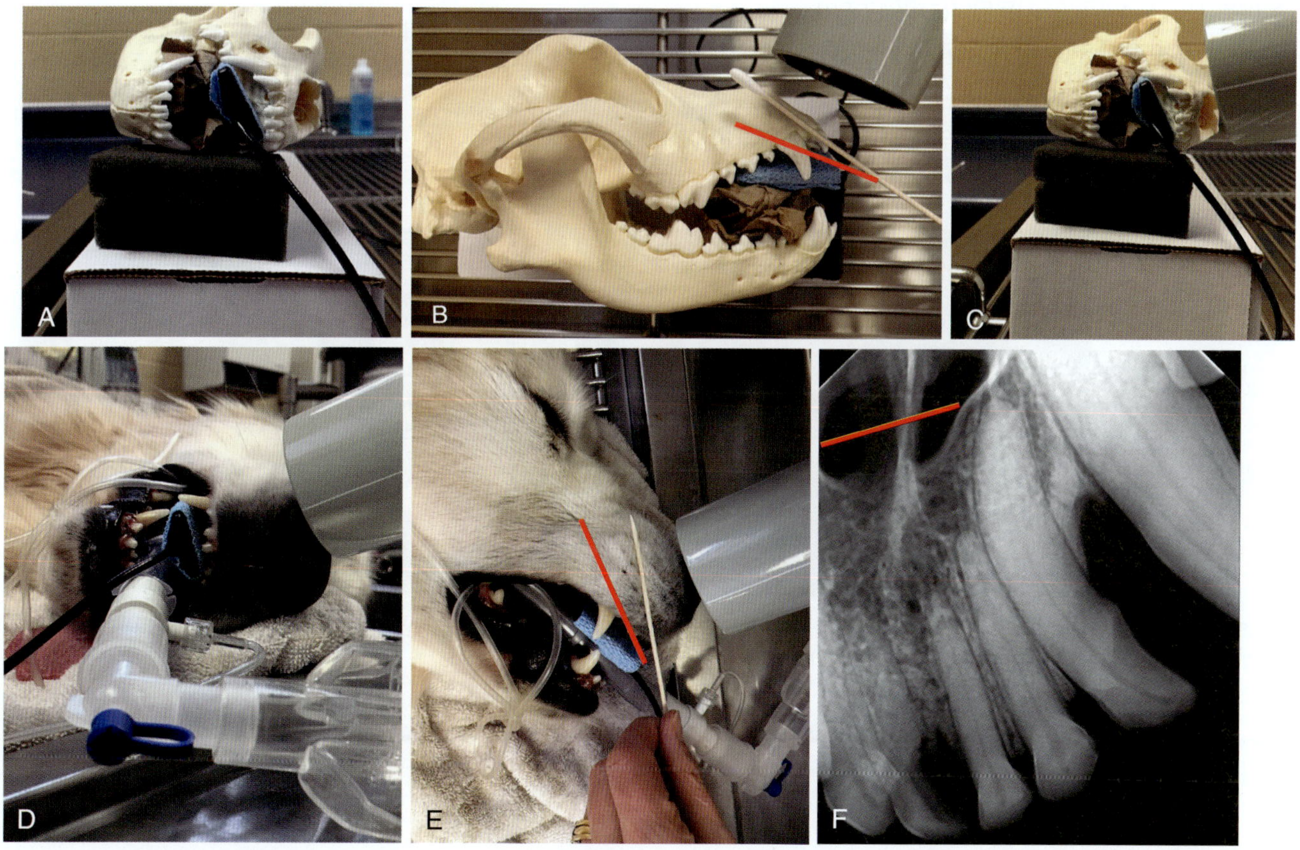

그림 17.57 **개의 위턱 앞니—대형견 기법: DR 센서.** **A,** 센서가 위턱 송곳니를 향해 각도로 배치된다. **B,** 가쪽에서 이등분 각도법 각도가 시각화된다. **C,** 정면에서 본 콘은 15도의 기울임을 보여 준다. 콘은 상측에 있는 세 개의 앞니의 중앙에 위치하도록 한다. **D,** 개의 환자에 대한 위턱 앞니(대형견) 기법으로, 정면에서 본 모습이다. E개의 환자 가쪽에서 본 모습이다. **F,** 방사선 사진 201—203이다.

아래턱 앞니 _Mandibular Incisors

일반적인 앞뒤 방향의 방사선사진은 CR 플레이트 또는 필름을 사용할 때 모든 앞니들을 한 장의 필름에 담을 수 있다. 만약 위턱 송곳니 치아를 촬영하는 기술이 동일 가쪽의 전방치에 대해 적절한 방사선 사진을 제공한다면, 이러한 촬영은 필요하지 않다. 위턱 앞니는 중앙선에 모여 있기 때문에 뿌리들을 항상 분리해서 보기 어려울 수 있다. 때때로 특정 앞니를 분리해서 보려면 X선 빔을 왼쪽 또는 오른쪽 가쪽에서 비스듬하게 방향을 조정하여 해당 치아의 뿌리를 더욱 분리시킬 수 있다(대형견에서 DR 센서를 사용하여 앞니를 촬영하는 기술 참조). 개의 앞니는 후방으로 휘어진 긴 뿌리를 가지고 있기 때문에 DR 센서를 사용할 때는 개의 크기에 따라 기술이 달라질 수 있다. DR 센서를 사용하는 경우, 개의 크기에 따라 기술이 다를 수 있다. 만약 양쪽 위턱 송곳니가 센서에 물려있다면, 모든 윗니 6개가 한 장의 영상에 촬영될 수 있다. 그러나 센서가 송곳니 치아들 사이에 놓인 경우 303번과 403번 윗니들의 이미지가 잘려서 보일 수 있다(센서의 비활성 테두리 때문이다). 이 경우 303번과 403번 치아들은 세 개씩 묶어서 촬영해야 할 수도 있다(DR 센서로 큰 개의 아래턱 앞니를 촬영하는 기술 참조).

CR판/필름: 앞니의 끝 부분은 필름의 전방 가장자리에 위치해야 하며, 이렇게 함으로써 앞니의 뿌리에 충분한 공간을 확보할 수 있다. 개의 위턱 송곳니 치아들이 필름에 닿는 위치를 기준으로 필름 크기를 선택하라. 보통 중형부터 대형 크기의 개들에는 사이즈 4 필름이 사용된다(그림 17.58).

DR 센서: 만약 송곳니 치아 두 개가 동시에 센서에 닿을 수 있다면, CR 플레이트/필름으로 설명된 것과 동일한 기술을 사용한다(그림 17.59). 만약 센서가 위턱 송곳니 치아들 사이에 균등하게 맞아 떨어진다면, DR 센서를 사용한 대형견용 기술을 사용하라(다음 내용 참조).

중앙선: 콘은 앞뒤 방향으로 향하고, 6개의 앞니 사이에 정중앙에 위치시킨다. 환자가 정확히 가쪽에 있을 때 각도 측정기는 0을 나타낸다. 콘이 6개의 앞니 사이에 정확하게 중앙에 위치되도록 하는 것이 매우 중요하다(그림 17.60 참조).

각도: 이등분 각도는 환자의 가쪽에서 서서 찾는다. 개의 앞니는 후방측 방향으로 커브가 형성되어 있으므로 이를 기억하라.

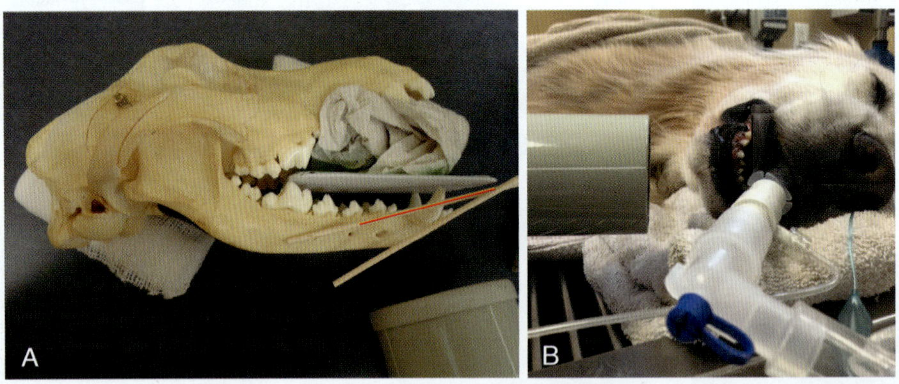

그림 17.58 개의 아래턱 앞니: CR/필름. **A,** 환자 가쪽에서 본 이등분 각도법 각도가 나타난 설정. **B,** 정면에서 본 개 환자의 모습. *참고:* 콘은 여섯 개의 앞니 사이 중앙에 위치하도록 하기 위해 충분히 낮게 위치되어 있다.

아래턱 앞니 _Mandibular Incisors (계속)

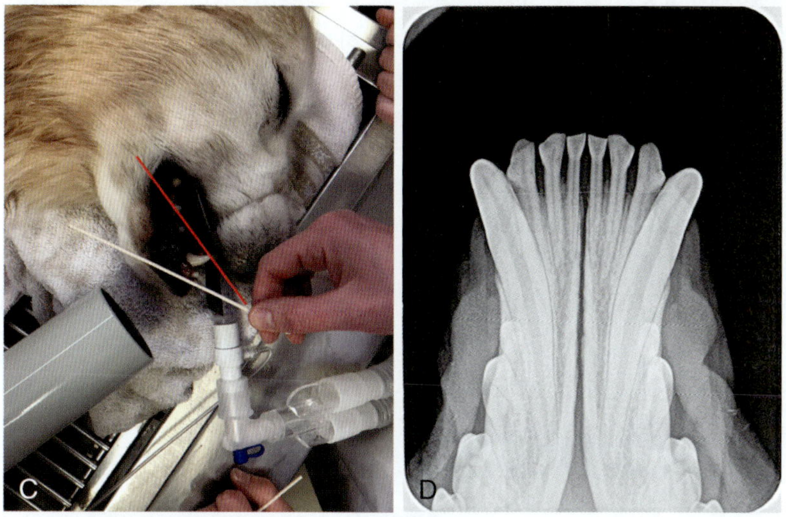

그림 17.58 개의 아래턱 앞니: CR/필름. (*계속*) **C,** 촬영 전 개 환자를 가쪽에서 본 모습. **D,** 아래턱 앞니의 방사선 사진.

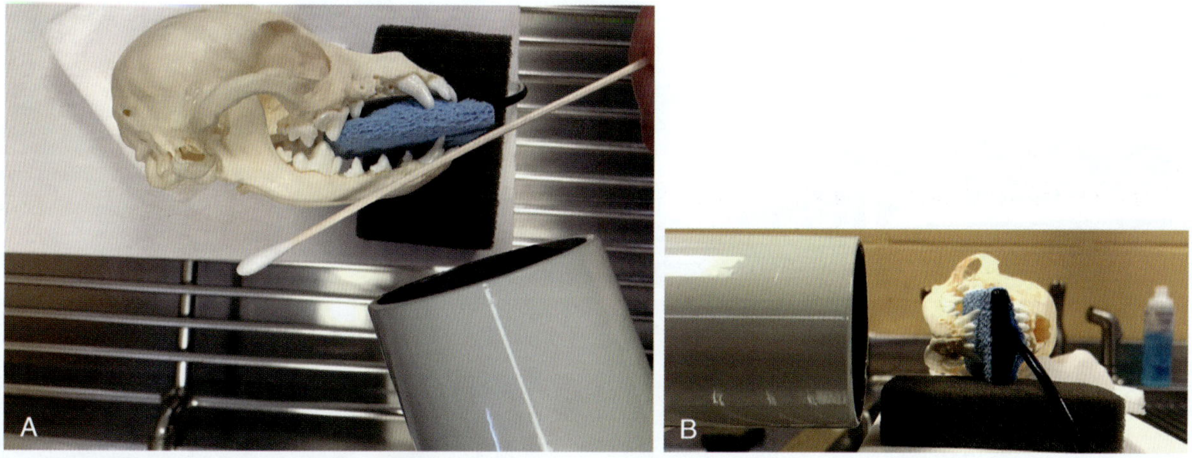

그림 17.59 개의 아래턱 앞니: DR 센서. A, 환자 가쪽에서 본 이등분 각도법 각도가 나타난 설정. **B,** 정면에서 본 설정. 참고: 콘은 여섯 개의 앞니 사이 중앙에 위치하도록 하기 위해 충분히 낮게 위치시킨다.

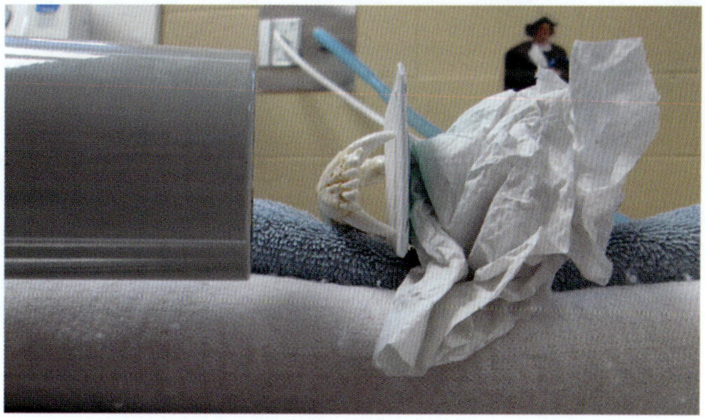

그림 17.60 콘은 아래턱 앞니 사이 중앙에 위치시킨다.

아래턱 앞니 _Mandibular Incisors (계속)

아래턱 앞니—DR 센서를 사용한 대형견 촬영 기법
Mandibular Incisors—Large Dog Technique with DR Sensor

대형견의 경우, 앞니는 한 번에 세 개씩 촬영해야 한다. 만약 환자의 크기가 센서를 송곳니 사이에 균일하게 적합하게 배치할 수 있을 경우, 303번과 403번의 가쪽 가장자리가 잘려서 나올 수 있다. 이는 센서의 비활성 가장자리 때문에 발생한다. 하지만 아래턱의 앞니는 자연적으로 중앙으로 수렴되기 때문에 이런 상황은 발생할 가능성이 적다. 이를 방지하기 위해 세 개의 앞니를 한 번에 촬영하라.

DR 센서: 센서는 같은쪽 송곳니 치아 방향으로 약간 기울여서 배치된다.

중심선: 환자를 정확히 가쪽으로 두고, 콘을 15도로 조정하라. 콘이 세 개의 같은쪽 앞니를 중심으로 두도록 하라.

각도: 이등분 각도는 환자의 가쪽에서 서서 찾는다. 개의 앞니는 먼쪽 방향으로 커브가 형성되어 있으므로 이를 기억하라(그림 17.61).

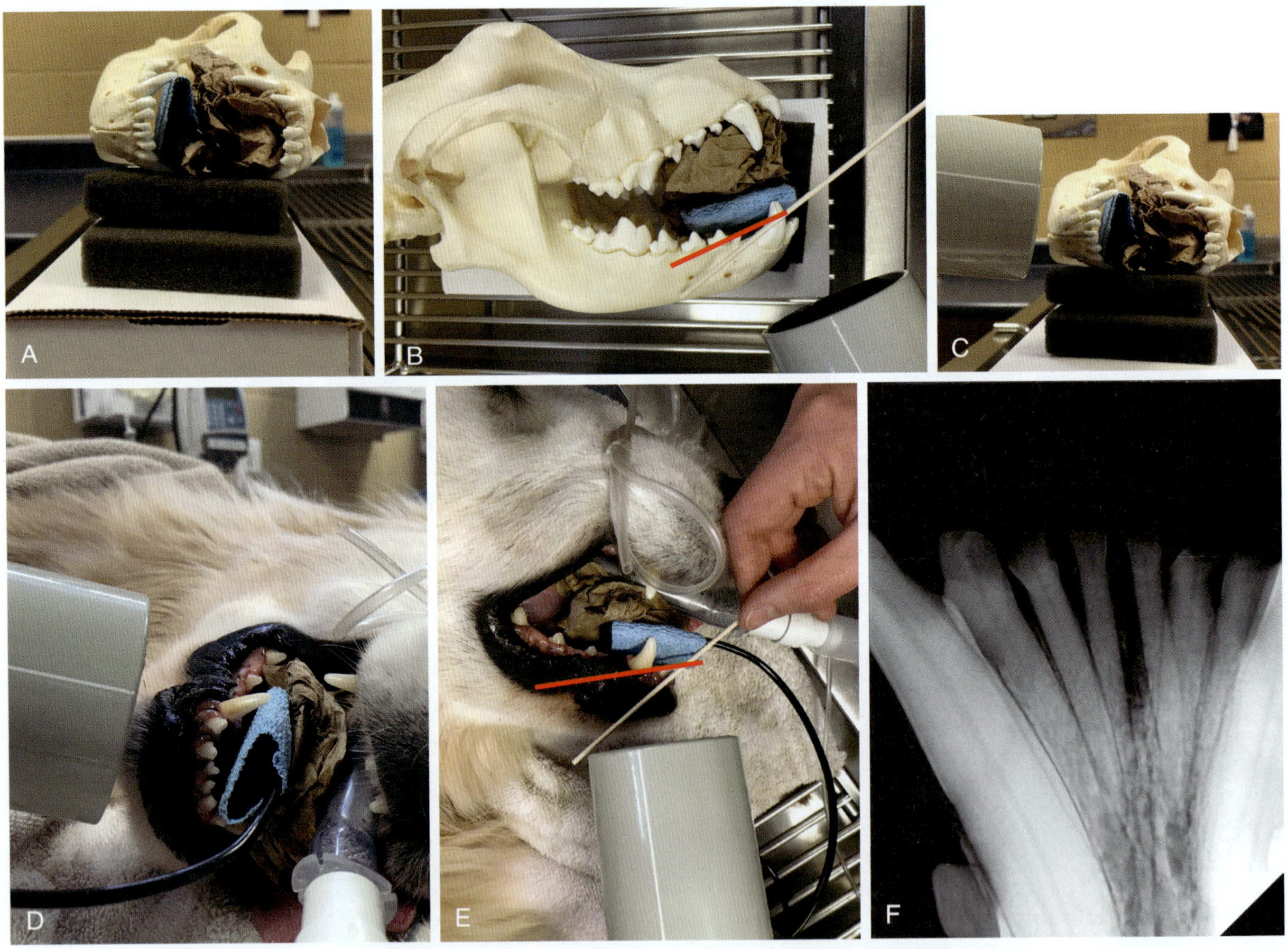

그림 17.61 **개의 아래턱 앞니—대형견 기법: DR 센서.** **A,** 센서가 위턱 송곳니 치아를 향해 각도로 배치된다. **B,** 가쪽에서 이등분 각도법 각도가 시각화된다. **C,** 정면에서 본 콘은 15도의 기울임을 보여준다. 콘은 상측에 있는 세 개의 앞니 중앙에 위치하도록 한다. **D,** 개의 환자 정면에서 본 모습이다. E개의 환자 가쪽에서 본 모습이다. **F,** 방사선 사진 301~303이다.

아래턱 송곳니 _Mandibular Canine Teeth

아래턱 송곳니 치아의 방사선 사진은 치아의 장축을 기준으로 설정되며, 환자 가쪽에서 시야를 가진 상태에서 X선 콘이 15도로 기울어져 있다 (X선 관의 각도계를 사용한다). 이러한 빔 각도 변경은 앞어금니가 송곳니에 겹치는 것을 방지하는 데 도움이 된다. 15도 기울기는 동물이 정확히 가쪽에 위치해 있는 경우에만 적용된다. 송곳니는 후방으로 곡선을 그리며, 보통 두번째 앞어금니의 뿌리 부분 위에 놓인다. 대형견의 송곳니는 치아의 크기와 사이즈 2 센서의 제한 때문에 두 번의 촬영이 필요할 수 있다.

CR판/필름: 양쪽의 앞니가 필름에 닿는 크기의 필름을 선택하라('물리는' 필름). 대부분의 개들에는 사이즈 4가 사용된다. 필름은 동일 가쪽의 앞니를 평가하기에 충분히 앞쪽에 놓여야 한다(그림 17.62).

DR 센서: 송곳니의 끝 부분을 센서의 바깥 모서리(가장 가까운 쪽)에 위치시키고, 센서를 입안으로 밀어 넣어서 같은 모서리가 아래턱의 바닥에 닿도록 한다. 치아의 끝 부분이 누락된 경우, 센서를 다시 위치시켜 센서가 앞니 치아 뒤의 아래턱 바닥에 평평하게 위치하도록 한다(이 경우 센서는 어떤 치아에도 닿지 않을 것이다). 15도 기울기와 각도를 유지한 채 빔을 치아 끝 부분으로부터 거리를 두고 중앙에 맞춘다(그림 17.63).

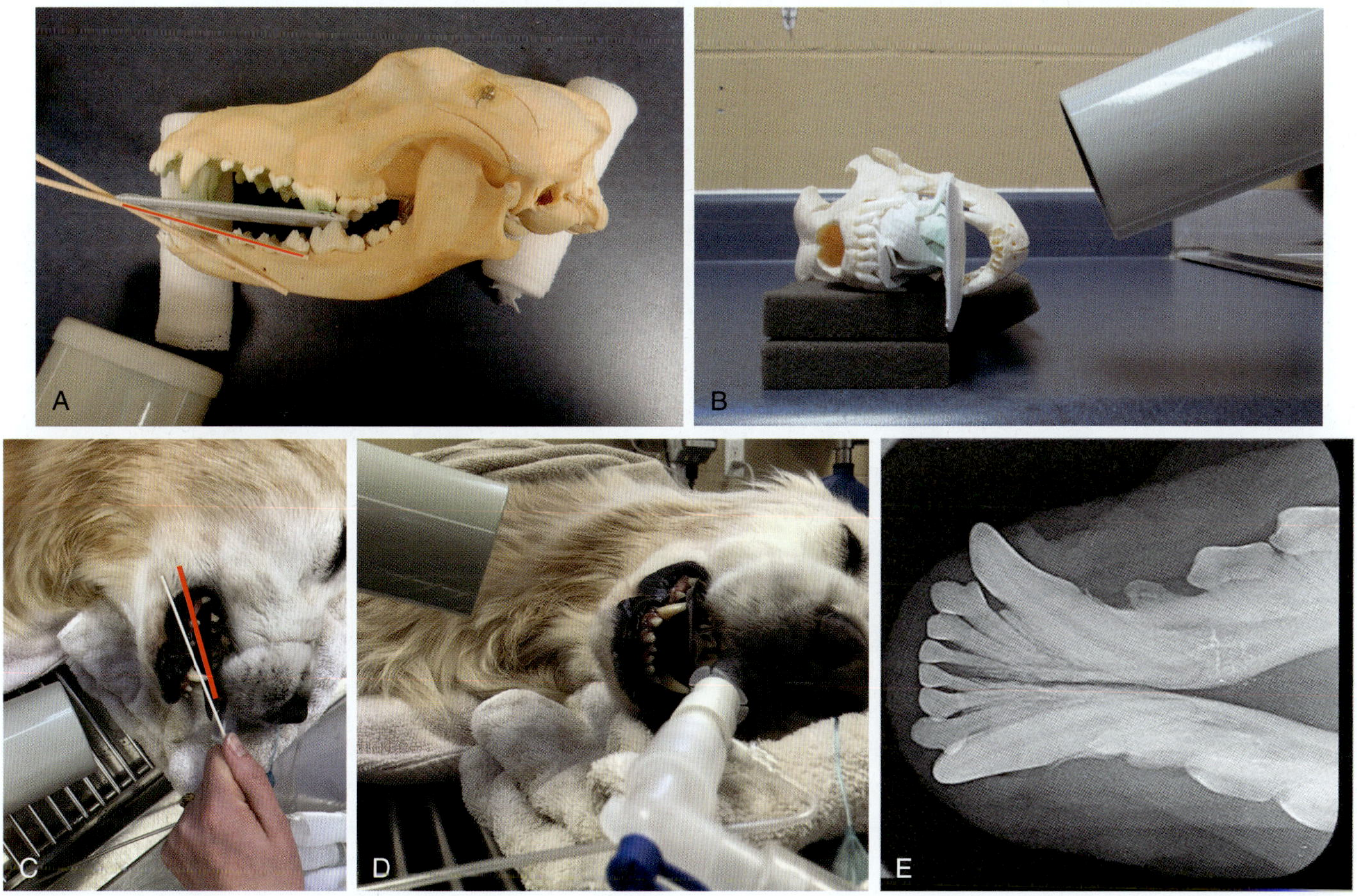

그림 17.62 개의 아래턱 송곳니: CR/필름. **A,** 환자 가쪽에서 이등분 각도법 각도를 조준하는 모습. **B,** 정면에서 이등분 각도법 각도를 찾는 모습(각도 측정기는 15도로 설정되어야 한다). **C,** 개의 환자 가쪽에서 본 모습으로 최종 촬영 포지션 설정. **D,** 개의 환자 정면에서 본 모습으로 15도의 기울임을 보여준다. **E,** 아래턱 송곳니 방사선 사진이다. *참고:* 같은 가쪽에 위치한 앞니도 함께 촬영할 수 있다.

아래턱 송곳니 _*Mandibular Canine Teeth* (계속)

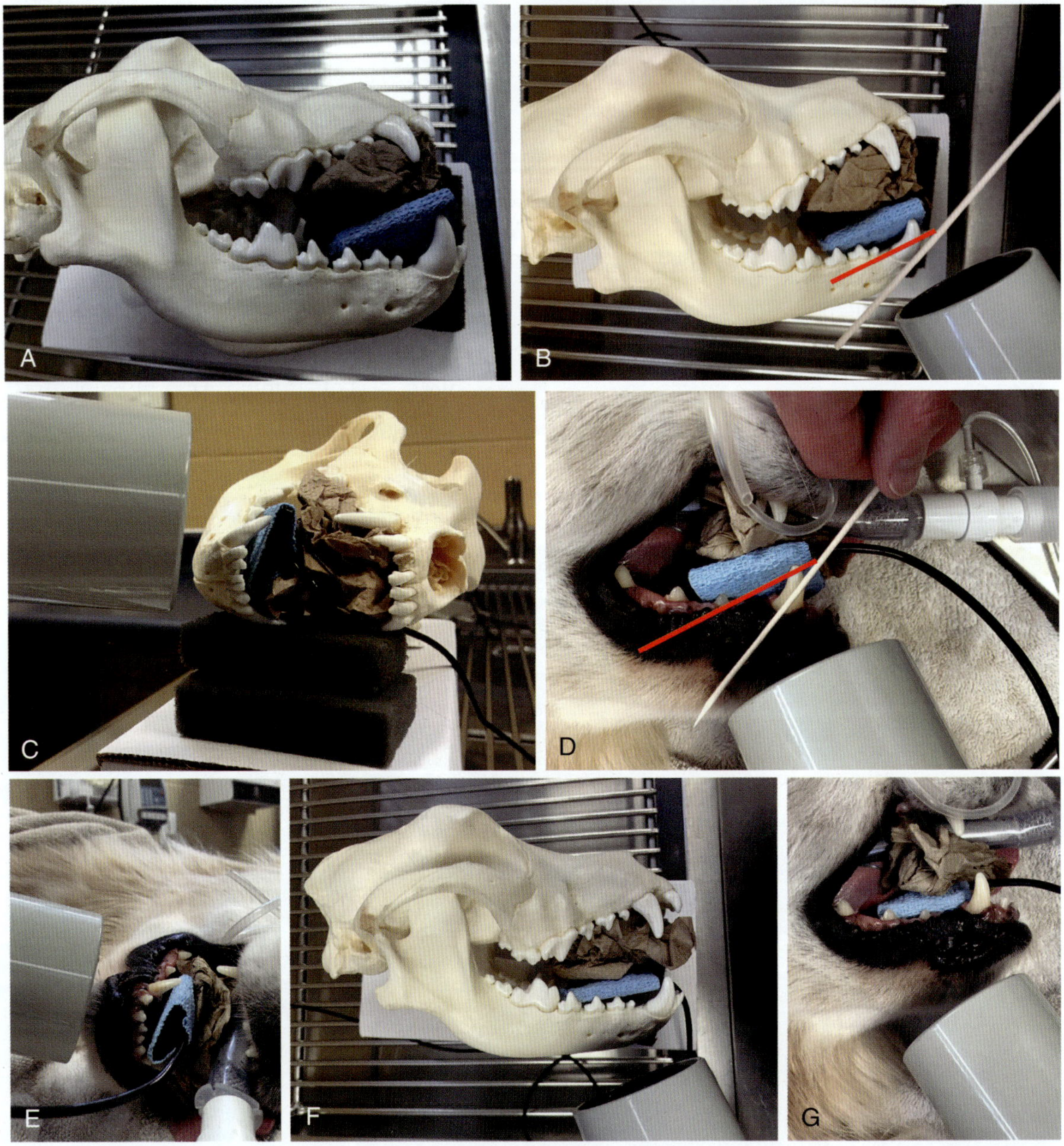

그림 17.63 개의 아래턱 송곳니: DR 센서. **A,** 치관이 센서의 구석에 위치하고, 나머지 센서는 아래턱의 바닥에 위치한다. **B,** 환자 가쪽에서 이등분 각도법 각도를 조준하는 모습. **C,** 정면에서 이등분 각도법 각도를 찾는 모습(각도 측정기는 15도로 설정되어야 한다). **D,** 개의 환자 가쪽에서 최종 촬영 포지션 설정. **E,** 개의 환자 정면에서 15도의 기울임을 보여준다. **F,** 센서를 아래턱의 바닥에 평평하게 배치하여 치아의 뿌리 부분을 촬영하는 모습. **G,** 개의 환자를 대상으로 한 최종 설정으로, 이등분 각도법 각도와 15도의 기울임을 유지하면서 뿌리 부분을 중심으로 촬영한다.

아래턱 앞어금니 1, 2번 _Mandibular Premolars 1 and 2

개들은 연장된 아래턱결합을 가지고 있어, 올바른 필름 위치 설정이 어려울 수 있다. 이러한 치아에는 이등분 각도 기술을 사용해야 한다.

CR판/필름: 사이즈 2의 필름은 아래턱의 왼쪽과 오른쪽에 있는 1번째와 2번째 앞어금니 사이에 놓여져야 하며, 송곳니 치아 뒤에 위치하여 아래턱의 바닥을 향하도록 배치된다. 촬영 대상이 되는 앞어금니의 끝 부분은 필름의 가장 가까운 가장자리(가쪽)에 위치해야 하며, 이렇게 함으로써 치아의 뿌리가 필름 위에 "떨어질" 충분한 공간을 확보할 수 있다. 환지의 크기에 따라 필름은 가로 방향이나 세로 방향으로 사용될 수 있다(그림 17.64).

DR 센서: CR판/필름에 대해 설명한 것과 동일한 방식으로 접근(그림 17.65).

중심선: X선 빔이 가쪽으로 향하며, 촬영 대상 치아를 중앙에 맞춘다.

각도: 이등분 각도는 환자의 전면에서 서서 찾는다.

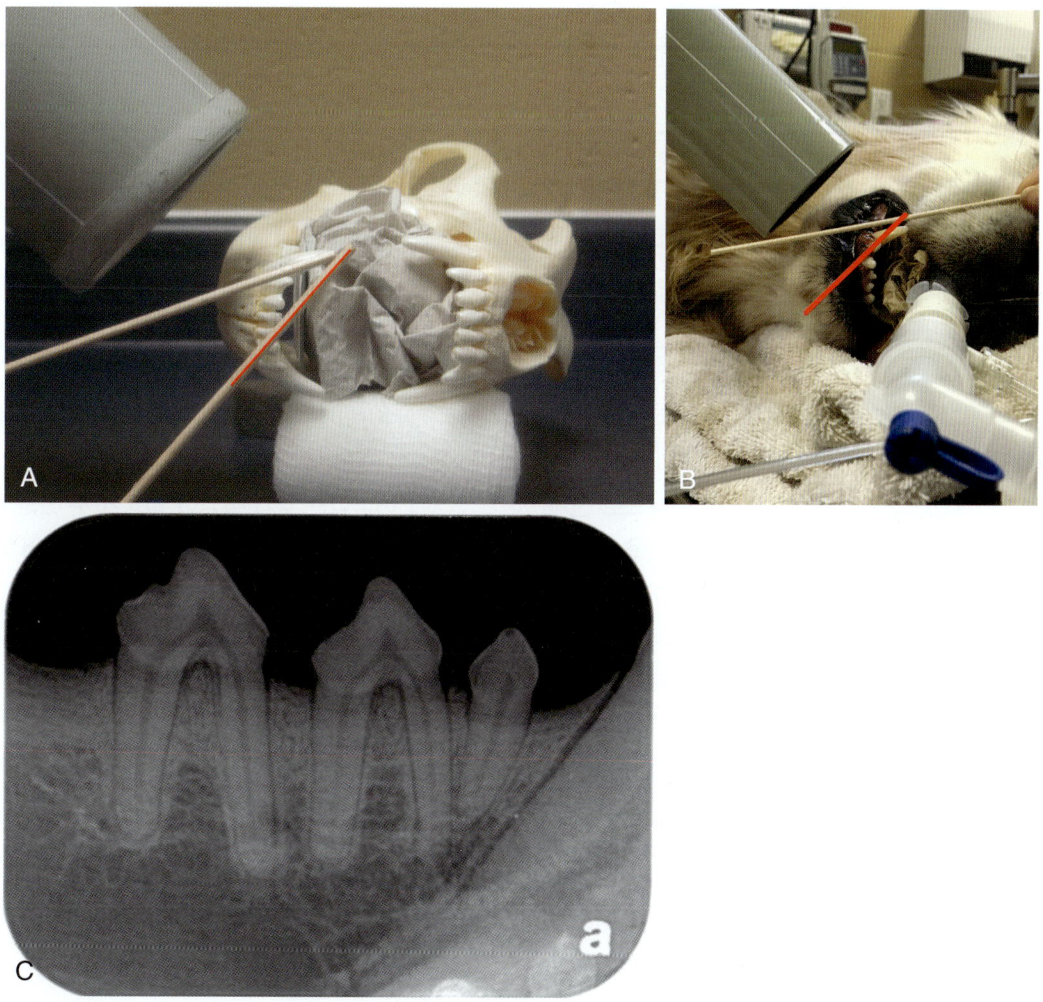

그림 17.64 **개의 아래턱 앞어금니 1번과 2번: CR/필름.** **A,** 정면에서 이등분 각도법 각도를 본 채로 설정한다. **B,** 최종 설정을 보여주는 개의 환자 모습이다. **C,** 아래턱 앞어금니 1번, 2번, 3번 치아의 방사선 사진이다.

아래턱 앞어금니 1, 2번 _*Mandibular Premolars 1 and 2* (계속)

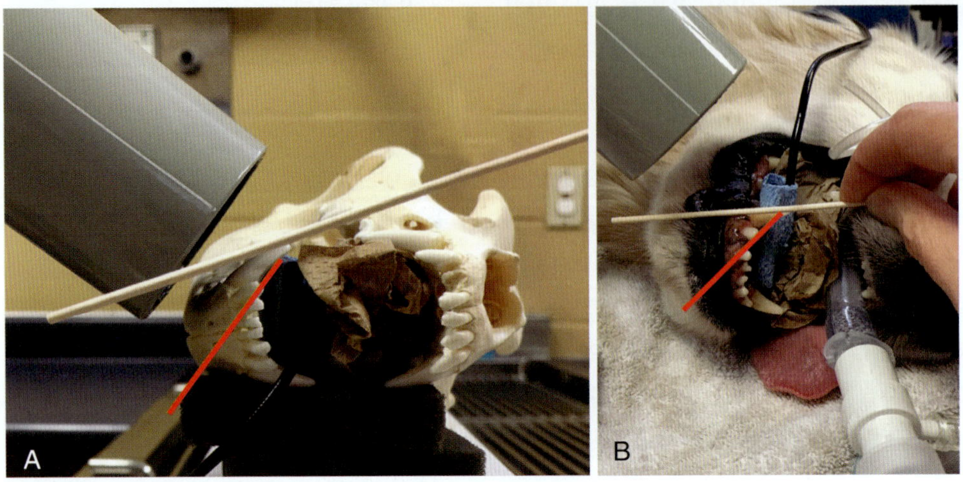

그림 17.65 **개의 아래턱 앞어금니 1번과 2번: DR 센서.** **A,** 정면에서 이등분 각도법 각도를 본 채로 설정한다. **B,** 최종 설정을 보여주는 개의 환자 모습이다.

아래턱 앞어금니 3, 4번 및 어금니 _*Mandibular Premolars 3 and 4 and Molars*

평행기법은 아래턱 앞어금니 3번과 4번, 그리고 아래턱 어금니에 사용될 수 있다. 이들 치아들의 뿌리 뒤에 필름을 배치하는 데 방해되는 아래턱 단단입천장이 없기 때문이다.

CR판/필름: 필름은 혀와 아래턱 사이에 배치되며, 치아의 장축과 평행하게 배치된다. 배쪽 아래턱 아래로 필름이 튀어나오는 것을 느낄 때까지 필름을 눌러야 한다. 이 동작으로 전체 치아가 포착되는 것이 보장된다. 필요시 종이 수건을 사용하여 필름을 아래로 누르는 것이 가능하다. 필름은 부드럽게 구부려서 배치될 수 있으며, 크기가 큰 필름을 사용하는 경우, 치아 뒤로 대각선으로 배치하여 맞추는 것이 가능하다(그림 17.66).

DR 센서: CR 판/필름과 동일한 방법을 사용한다. 큰 치아의 경우, 치아의 전체 크라운과 뿌리를 얻기 위해 여러 번 촬영해야 할 수도 있다. 이는 센서의 크기 제한으로 인한 것이다. 제1 어금니는 추가 촬영이 필요할 수 있는 치아의 예시이다. 뿌리가 잘 포착되도록 센서를 아래로 밀어 넣고, 촬영을 반복한다(그림 17.67).

중앙선: 콘은 촬영 대상인 치아를 옆으로 향해 조준하고, 필름과 수직으로 중심에 맞추어야 한다.

각도: 평행 기술을 사용한다.

아래턱 앞어금니 3, 4번 및 어금니 _Mandibular Premolars 3 and 4 and Molars (계속)

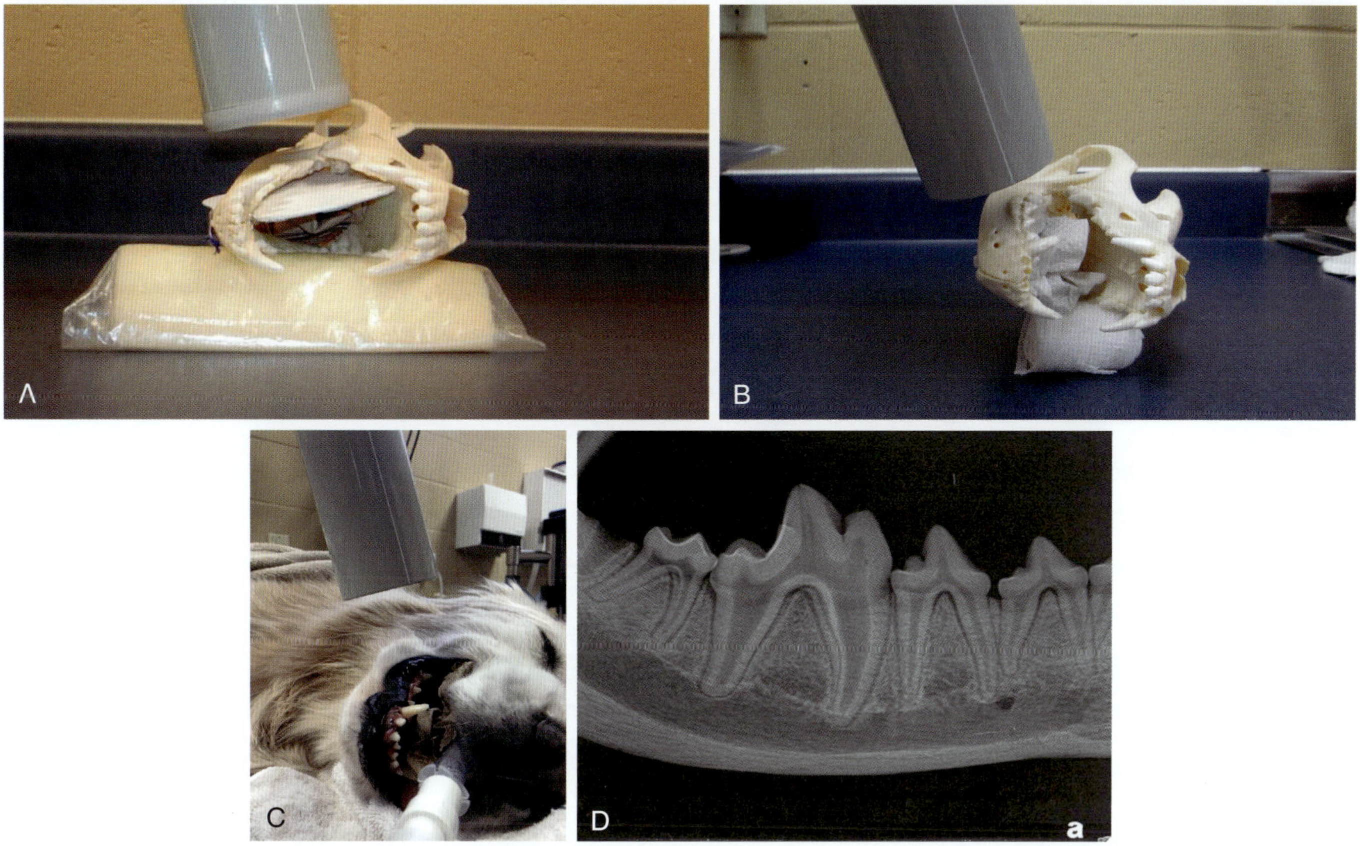

그림 17.66 **개의 아래턱 앞어금니 3번, 4번과 어금니: CR/필름.** **A,** 사이즈 4 필름과 함께 설정되며, 빔이 필름과 수직으로 방향을 가리킨다. **B,** 사이즈 2 필름과 함께 설정된다. **C,** 사이즈 2 플레이트와 함께 최종 설정을 보여주는 개의 환자 모습이다. **D,** 아래턱 앞어금니 3번, 4번과 어금니의 방사선 사진이다. *참고:* 411번이 누락되었다.

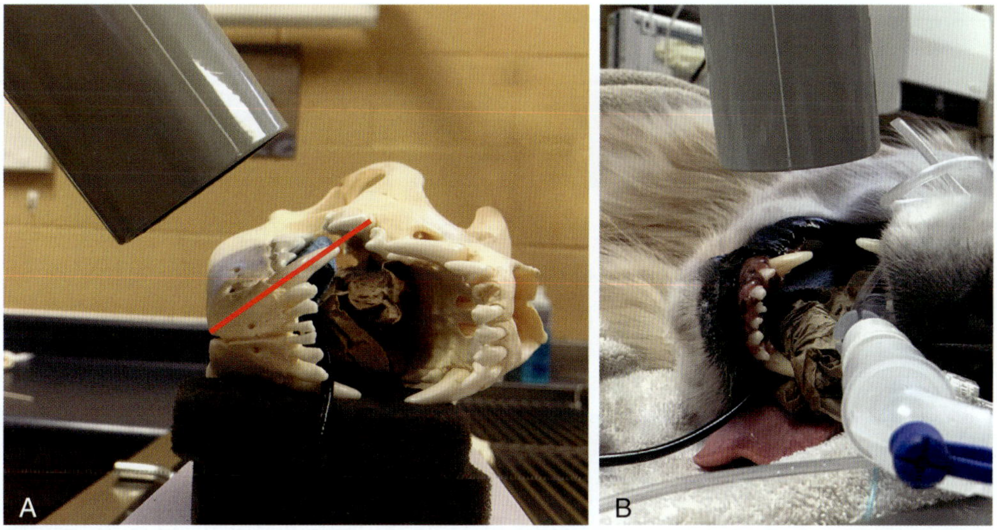

그림 17.67 **개의 아래턱 앞어금니 3번, 4번과 어금니: DR 센서.** **A,** 빔이 센서와 수직으로 방향을 가리키는 모습의 설정이다. **B,** 정면에서 본 최종 설정을 보여주는 개의 환자 모습이다.

아래턱 앞어금니 3, 4번 및 어금니 _*Mandibular Premolars 3 and 4 and Molars* (*계속*)

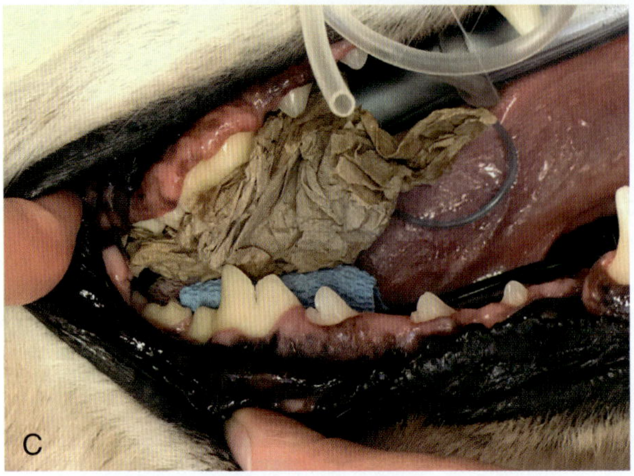

그림 17.67 **개의 아래턱 앞어금니 3번, 4번과 어금니: DR 센서.** (*계속*) **C,** 뿌리 방향으로 센서를 밀어냄으로써 뒤로 밀린 뿌리를 촬영하는 모습이다. *참고*: 종이 수건이 센서를 뿌리 방향으로 밀어내도록 도와준다.

치과 X선 장치를 사용한 고양이 치과 방사선 사진 _*Feline Radiographs with Dental X-Ray Units*

보건사 참고사항

CR 판은 보호용 봉투 안에 넣어 사용된다. 일부 촬영에서는 실제 판이 원하는 부위와 가장 가까이 위치하도록 봉투의 남은 부분을 판 뒷면에 테이프로 고정하는 것이 필요하다. 이 접근 방식은 위턱 앞어금니와 어금니(구강 내 촬영 기법: 입천장에 닿게 테이프를 붙임) 및 아래턱 앞어금니와 어금니(평행기법: 어금니 연골에 가까운 쪽에 테이프를 붙임)의 영상 촬영에 필요하다.

고양이 위턱 앞어금니: CR 또는 필름과 함께 사용되는 구강 내 촬영 기법
Feline Maxillary Premolars: Intraoral Technique with CR/Film

고양이 치아의 경우, 개의 위턱 앞어금니에서 전통적으로 사용되는 표준적인 이등분 각도법은 사용할 수 없다. 왜냐하면 이러한 치아들 위에는 광대활이 겹쳐지기 때문이다. 따라서 "수정된 평행기법(modified parallel technique)"이라고 불리는 기법을 사용하여 이러한 겹침을 최소화한다.

CR판/필름: 이 촬영을 위해 기도 내 튜브(endotracheal tube)를 주의하여 재배치해야 한다. 고양이 귀 뒤쪽에서 기도 내 튜브를 풀어서 위쪽 끈을 느슨하게 놓고, 다른 쪽은 겸자를 사용하여 고양이 털에 고정한다(그림 17.68). 필름(사이즈 2)의 위쪽 가장 자리는 이미지 촬영 대상 치아들과 반대편의 입술 쪽에 위치한 위턱 앞어금니의 입천장면에 대해 눕혀져 있어야 한다(CR판을 사용하는 경우 필름 뒤에 봉투를 테이프로 고정). 필름의 아래 가장 자리는 촬영하는 가쪽의 아래턱 송곳니 치아의 혀면 끝 부분에 접촉해야 한다. 혀와 튜브는 아래턱 필름 뒤에 위치해야 한다. 위턱 광대활은 테이블 윗면과 평행해야 한다.

고양이 위턱 앞어금니: CR 또는 필름과 함께 사용되는 구강 내 촬영 기법
Feline Maxillary Premolars: Intraoral Technique with CR/Film (계속)

중심선: X선 콘은 환자의 정면과 복부 가쪽에서 시야를 가진 상태에서 필름에 수직으로 향해야 한다. 콘의 중심은 뿌리 부분에 있어야 한다.

각도: 이 각도는 수정된 평행기법으로 불린다. 빔이 정면과 가쪽에서 필름에 수직인 것이 매우 중요하다. 참고: 뿌리가 잘려 나가는 경우, 빔은 치아의 뿌리 부분에 더 중심을 맞춰야 한다(그림 17.69). 만약 광대활과의 간섭이 너무 많다면, 빔을 치관 부분에 더 중심을 맞춰라.

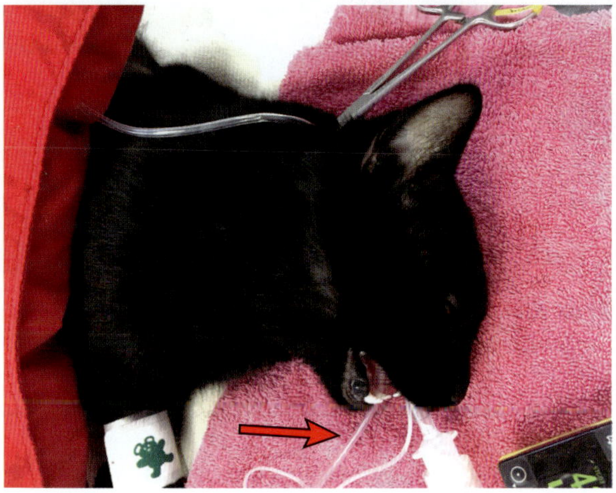

그림 17.68 고양이의 위턱 앞어금니에 대한 기도 내 튜브 배치 및 끈 조절(구강 내 기술)에 대한 설명이다. 화살표는 묶이지 않은 끈을 가리키고 있으며, 다른 끈은 지혈겸자로 털에 고정되어 있다.

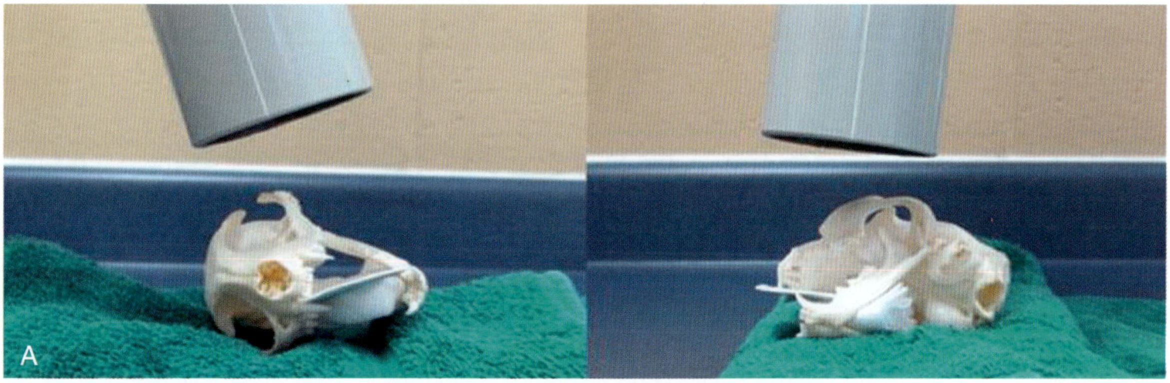

그림 17.69 구강 내 기술을 사용한 고양이 위턱 앞어금니와 어금니: CR/필름. A, 필름 배치를 보여주는 설정이다. 필름의 상단 가장자리는 반대 쪽 치아의 단단면에 닿고, 하단 가장자리는 같은 쪽의 아래턱 송곳니의 혀쪽에 닿아 있다. 빔은 필름과 수직으로 방향이 지정된다.

고양이 위턱 앞어금니: CR 또는 필름과 함께 사용되는 구강 내 촬영 기법
Feline Maxillary Premolars: Intraoral Technique with CR/Film (계속)

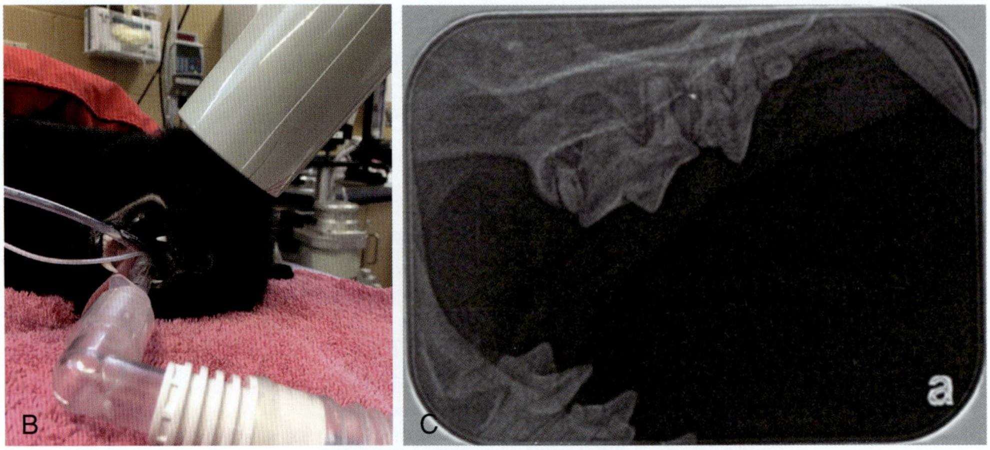

그림 17.69 **구강 내 기술을 사용한 고양이 위턱 앞어금니와 어금니: CR/필름.** *(계속)* **B,** 정면에서 본 최종 설정을 보여주는 고양이 환자의 모습이다. **C,** 고양이 위턱 앞어금니와 어금니의 방사선 사진이다. 참고: 광대활이 존재하지만, 치아들을 평가할 수 있다.

DR 센서를 사용한 고양이 위턱 앞어금니 구강 외 촬영기법
Feline Maxillary Premolars Extraoral Technique When Using a DR Sensor

이 영역의 촬영에는 구강 외 기술이 선호된다. DR 센서의 비활성 영역과 센서의 부피 때문에 구강 내 접근 방식으로 이 영역을 촬영하는 것이 어려울 수 있다. 고양이는 가쪽 옆누움자세로 누워 있어야 하며, 입은 방사선이 투과되는 개구기(radiolucent mouth gag)로 열려 있어야 한다. 1 mL 주사기를 0.4 mL로 줄여서 입을 열때 사용할 수 있다. 기도 내 튜브(endotracheal tube)는 부드럽게 복부 방향으로 끌어야 하며, 이로 인해 앞어금니들에 겹쳐지지 않도록 조정한다.

참고: 입을 최대한 오래 열지 않고 매우 짧은 시간 동안만 열도록 지지해야 한다. 이는 위턱동맥의 흐름을 방해하는 우려 때문이다.

DR 센서: 센서는 촬영하려는 가쪽의 외부에 위치시킨다. 앞어금니의 돌출부는 센서의 가장자리에 있어야 하며, 대부분의 센서는 고양이의 위턱 부분 아래에 위치해야 한다.

중심선: 환자가 가쪽 옆누움자세 자세에서, 먼저 콘은 위턱 앞니들의 무리들을 서로 겹치는 것처럼 조준한다. 그런 다음 콘은 필름에 향하도록 방향을 바꾸어, 필름 근처의 앞어금니들의 뿌리를 중심으로 하며 반대쪽 위턱들을 건너뛰게 된다.

각도: 빔은 "거의 평행한(near-parallel)" 기술로 필름에 조준한다. 거의 평행한 상태로 시작해서, 반대편 위턱들을 건너뛰기 위해 약 20도에서 25도의 기울기를 가진다(그림 17.70).

참고: 촬영된 방사선 사진에서 반대편의 앞어금니들이 보이겠지만, 해당하는 위턱 앞어금니들 위에 겹쳐져서 보이지 않아야 한다. 만약 위턱들이 겹쳐져 보인다면, 더 큰 각도로 빔을 기울여야 한다. 만약 광대 간섭이 너무 많다면, 빔을 기울일 때 너무 많이 기울인 것이다. 구강 외 촬영 기술을 사용했으므로 필름은 적절하게 식별되어야 한다.

DR 센서를 사용한 고양이 위턱 앞어금니 구강 외 촬영기법
Feline Maxillary Premolars Extraoral Technique When Using a DR Sensor (계속)

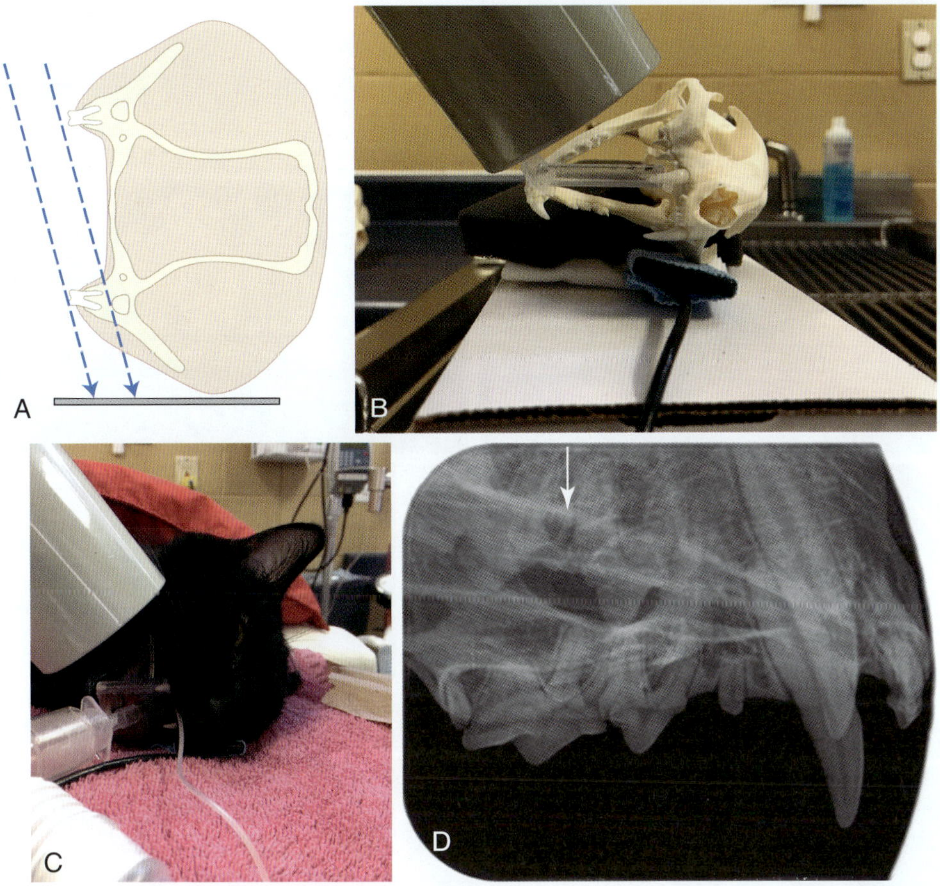

그림 17.70 구강 외 기술을 사용한 고양이 위턱 앞어금니와 어금니: DR 센서에 적합. **A,** 고양이 위턱 앞어금니와 어금니를 촬영하기 위한 구강 외 촬영기술에 대한 라벨이 달린 스케치이다. **B,** 센서를 위턱아래에 배치하고, 빔을 테이블에 가까운 광대활에 직접 지시하는 설정을 보여준다. **C,** 고양이 환자의 최종 설정을 보여준다. **D,** 방사선 사진이다. *화살표*로 표시된 상측 부위에 반대편 앞어금니들이 나타난다.

고양이 위턱 송곳니 치아 _*Feline Maxillary Canine Teeth*

고양이의 위턱 송곳니 치아의 방사선 사진은 치아의 장축을 기준으로 설정되며, 환자 가쪽에서 시야를 가진 상태에서 X선 빔이 30도로 기울어져 있다(X선 관의 각도계를 사용한다). 이러한 빔 각도 변경은 앞어금니들 위에 위턱 송곳니 치아가 겹치는 것을 방지하는 데 도움이 된다. 30도 기울기는 동물이 정확히 가쪽에 위치해 있는 경우에만 적용된다. 위턱 송곳니 치아는 후방으로 약간 기울어지지만, 개의 경우와는 다르게 덜 강하게 기울어진다.

코멘트와 팁 _*Comments and Tips*

개와 달리 이들 종의 동일측 위턱 앞니들은 치아의 위치와 앞쪽 위턱에 해부학적 차이로 인해 하나의 이미지에 포착될 수 없다.

고양이 위턱 송곳니 치아 _Feline Maxillary Canine Teeth (계속)

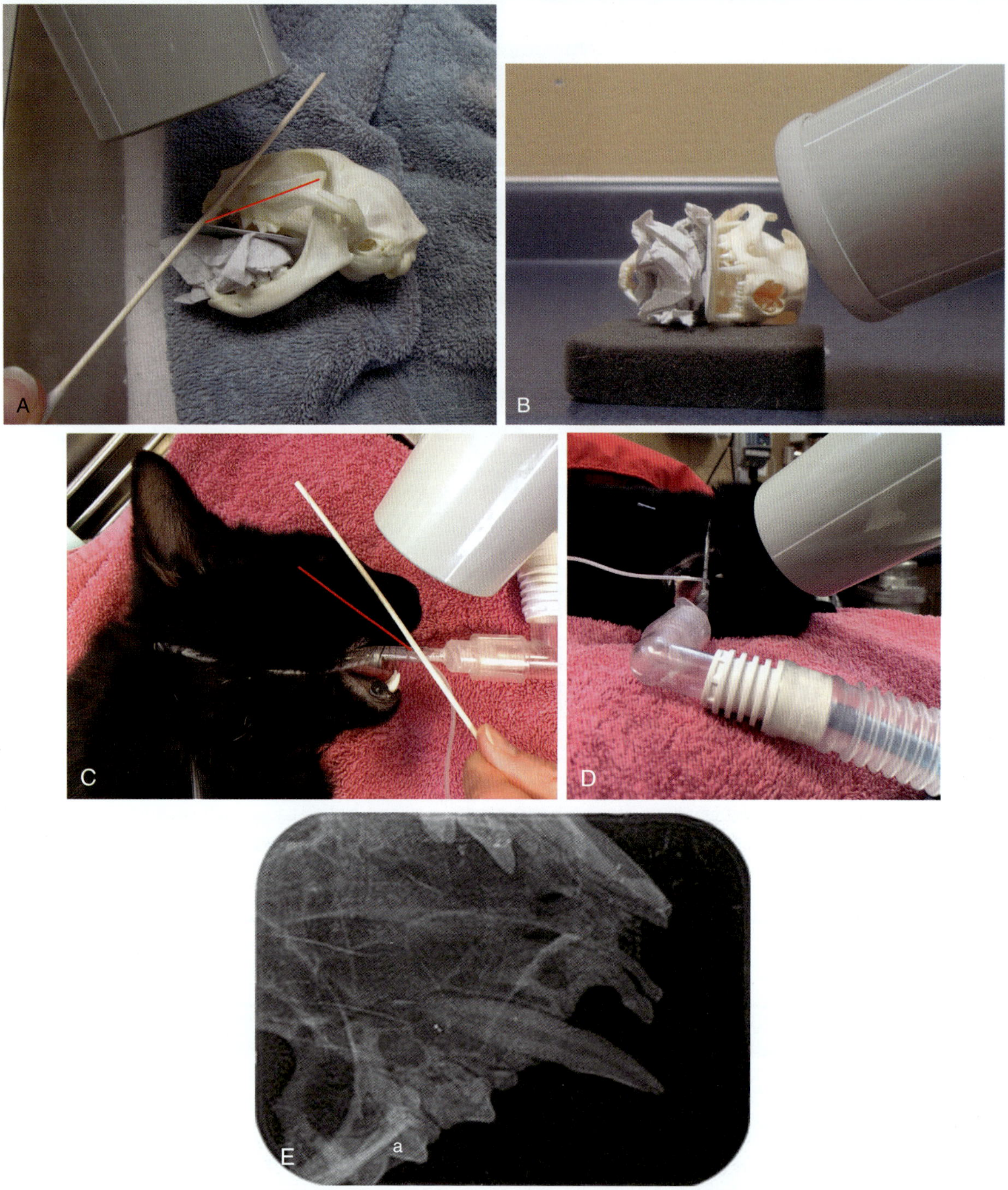

그림 17.71 고양이 위턱 송곳니: CR/필름. **A,** 가쪽에서 봤을 때 촬영하기 위한 기울임 각도를 보여주는 설정이다. **B,** 항목: 정면에서 봤을 때 30도 기울임을 보여주는 설정이다. **C,** 가쪽에서 최종 설정을 보여주는 고양이 환자의 모습이다. **D,** 정면에서 최종 설정을 보여주며 30도 기울임이 적용된 고양이 환자의 모습이다. **E,** 위턱 송곳니의 방사선 사진이다.

고양이 위턱 송곳니 치아 _Feline Maxillary Canine Teeth (계속)

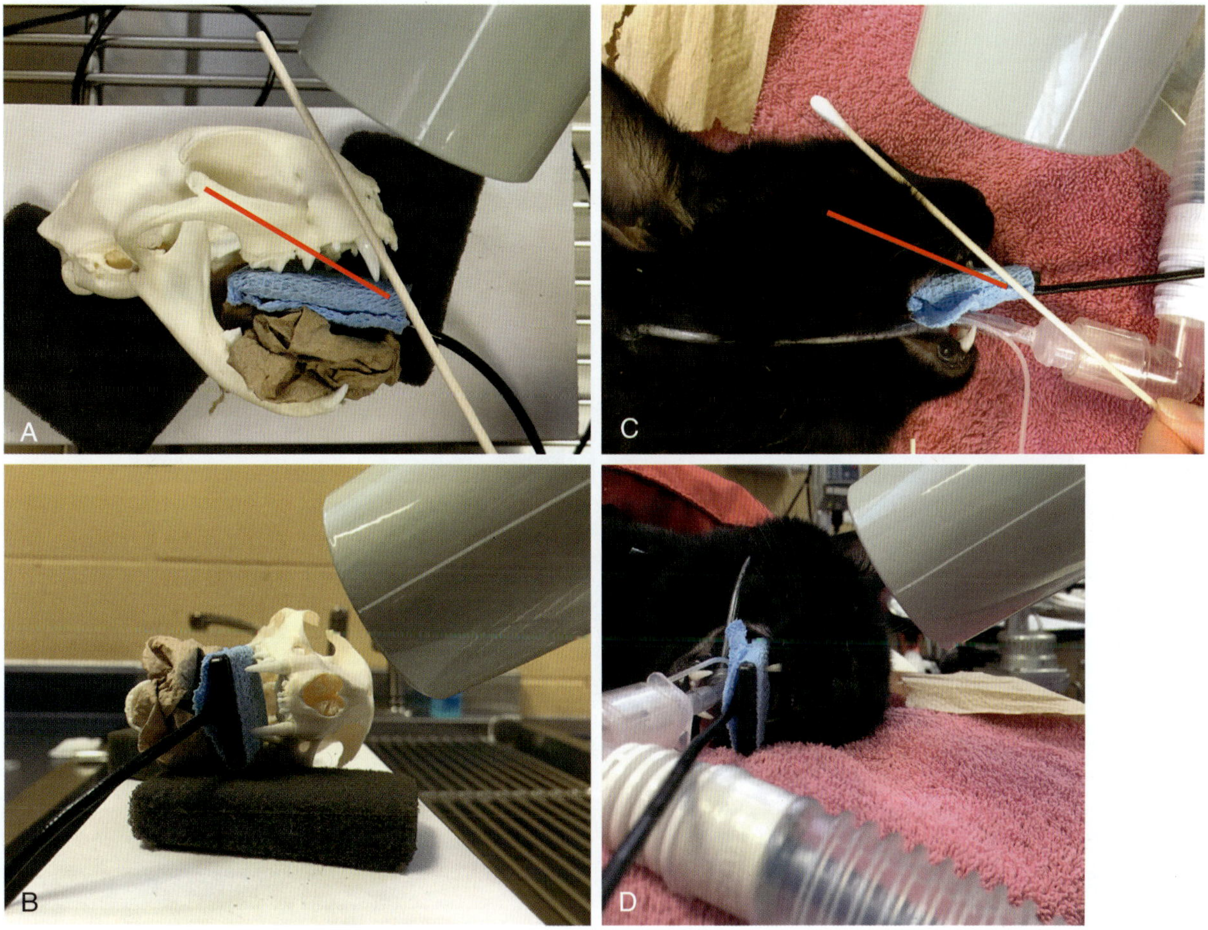

그림 17.72 **DR 센서를 사용한 고양이 위턱 송곳니.** **A,** 가쪽에서 촬영하기 위한 기울임 각도를 보여주는 설정이다. **B,** 정면에서 30도 기울임을 보여주는 설정이다. **C,** 가쪽에서 최종 설정을 보여주는 고양이 환자의 모습이다. **D,** 정면에서 30도 기울임이 적용된 최종 설정을 보여주는 고양이 환자의 모습이다.

고양이 위턱 앞니

CR판/필름: 위턱 앞니에 대해 2번 사이즈 필름이 사용된다. 앞니 이빨의 끝부분은 필름의 가장 가까운 가장자리에 위치해야 한다(앞으로, 즉 주둥이쪽 방향), 이로써 앞니의 뿌리가 충분한 공간을 가진 채로 필름 위에 위치할 수 있도록 한다(그림 17.73).

DR 센서: CR/필름에 대한 설명과 같은 방법이 사용된다(그림 17.74).

중심선: 콘은 앞에서 뒤로 향하는 방향으로 조준되며, 6개의 앞니들 사이에 중앙에 맞추어진다.

각도: 이등분 각도는 환자의 가쪽에서 서서 찾아낸다.

고양이 위턱 송곳니 치아 _Feline Maxillary Canine Teeth (계속)

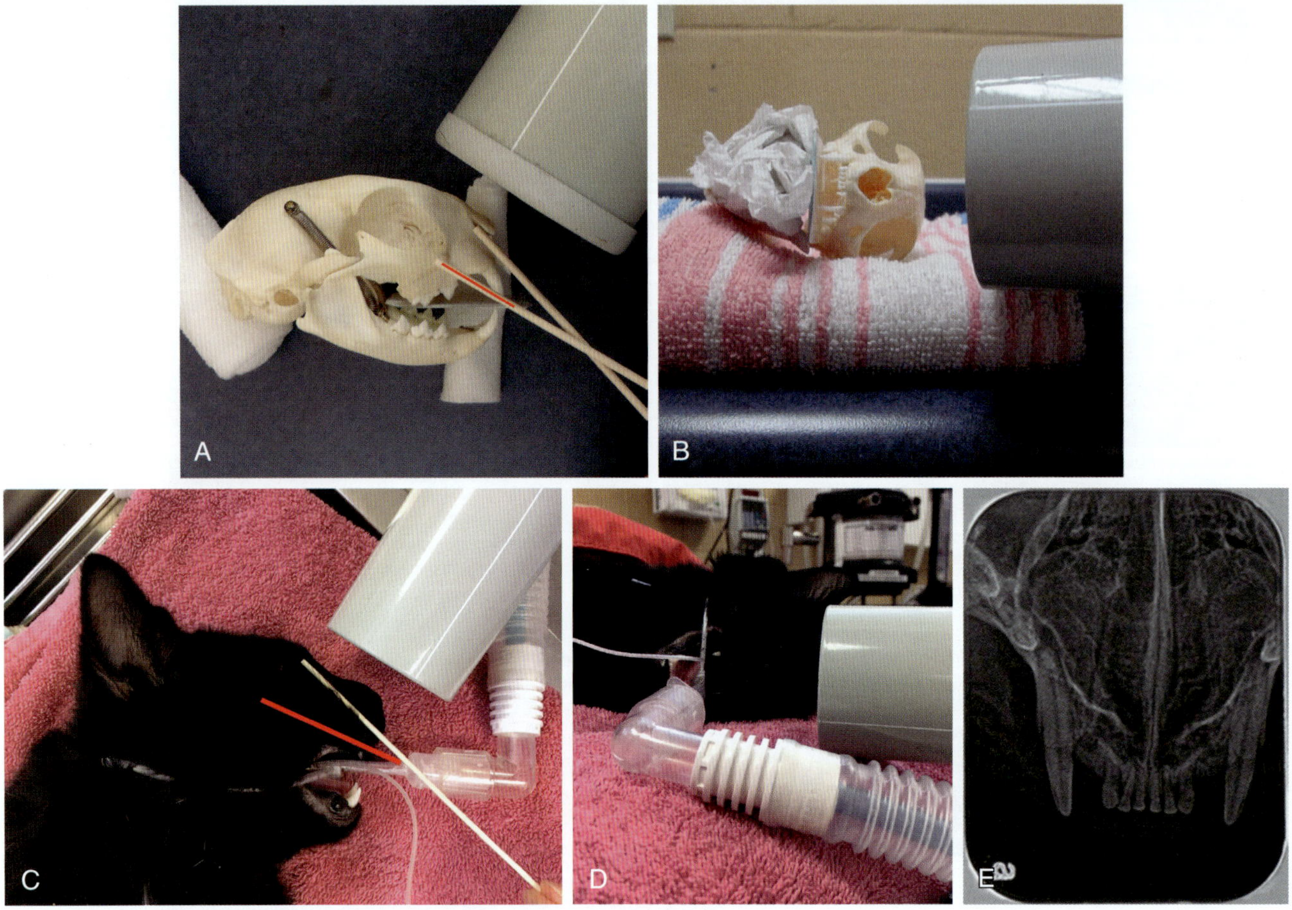

그림 17.73 **고양이 위턱 앞니: CR/필름.** **A,** 가쪽에서 촬영하기 위한 기울임 각도를 보여주는 설정이다. **B,** 빔이 모든 6개의 앞니 사이 중앙에 위치하도록 설정을 보여준다. **C,** 가쪽에서 본 고양이 환자의 최종 설정이다. **D,** 정면에서 본 고양이 환자의 최종 설정이다. **E,** 위턱 앞니에 대한 방사선 사진이다.

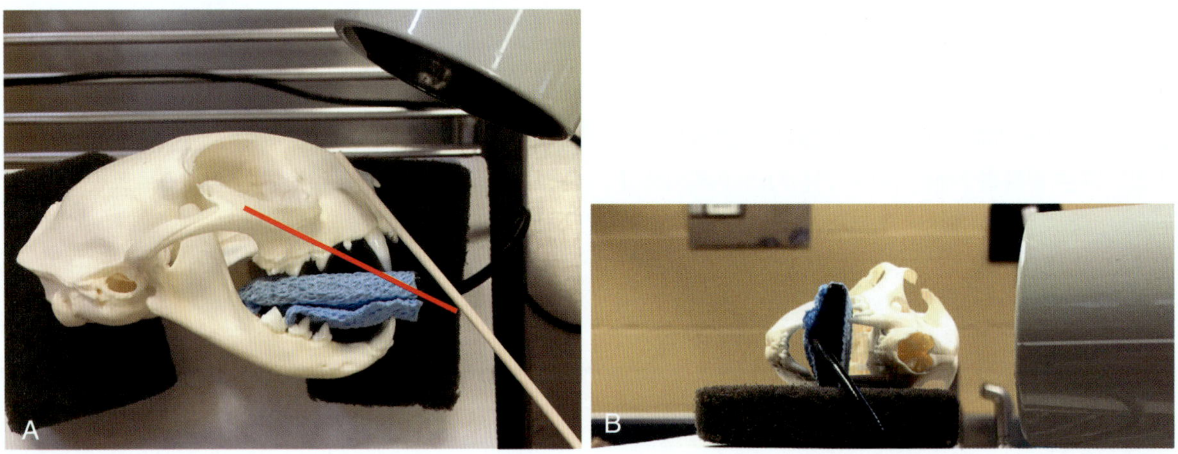

그림 17.74 **고양이 위턱 앞니: DR 센서.** **A,** 가쪽에서 촬영하기 위한 기울임 각도를 보여주는 설정이다. **B,** 모든 6개의 앞니 사이에 빔이 중앙에 위치하도록 설정을 보여준다.

고양이 위턱 송곳니 치아 _Feline Maxillary Canine Teeth (계속)

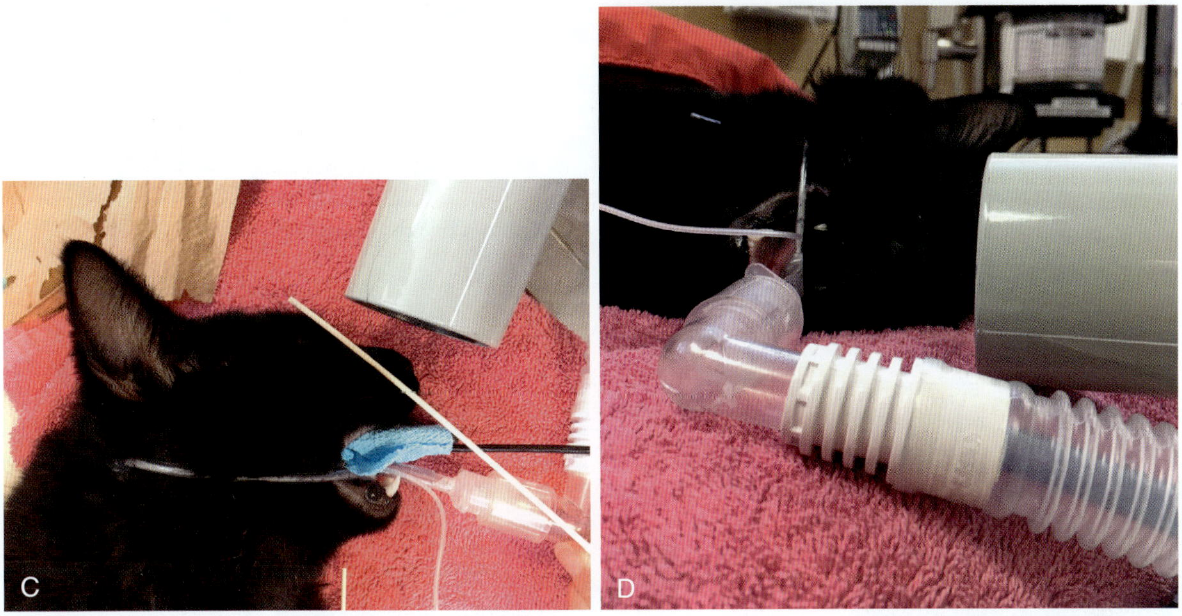

그림 17.74 고양이 위턱 앞니: DR 센서. (계속) **C,** 가쪽에서 본 고양이 환자의 최종 설정이다. **D,** 정면에서 본 고양이 환자의 최종 설정이다.

고양이 아래턱 송곳니와 앞니 _Feline Mandibular Canines and Incisors

고양이의 아래턱 송곳니와 모든 앞니들은 한 장의 사진으로 촬영할 수 있다. 이는 고양이가 앞어금니 1과 2를 갖지 않기 때문에 다른 치아들과 겹침 없이 두 개의 부위를 함께 촬영할 수 있기 때문이다. 따라서 앞니들을 정렬하면서 빔을 뒤쪽으로 뻗는 것이 가능하다. 만약 입안에서 필름을 뒤쪽으로 배치하는 것이 혀의 주름띠 또는 혀의 연결 구조물 때문에 어려움이 있다면, 혀를 필름과 아래턱골 사이에 놓을 수 있다. 이렇게 하면 X선 빔이 필름보다 혀를 더 쉽게 관통하면서도 최소한의 간섭을 유지하면서 필름에 도달할 수 있다.

CR판/필름: 크기 2의 필름을 사용한다. 두 개의 송곳니 치아는 필름에 닿도록 배치되어야 한다("물고 있는" 모양). 혀는 가능하면 필름의 반대쪽에 위치하도록 밀어내야 한다(그림 17.75 참조).

DR 센서: CR/필름에 대한 설명과 동일한 접근법을 사용한다(그림 17.76 참조).

중심선: 콘은 앞에서 뒤로 향하는 방향으로 조준되며, 6개의 앞니들 사이에 중앙에 맞추어진다. 만약 환자가 정확한 가쪽을 향하고 있다면, 각도계가 0에 위치해야 한다. 반드시 콘이 6개의 앞니들 사이에 중앙에 맞추어져야 한다.

각도: 이등분 각도는 환자의 가쪽에서 서서 찾아내어야 한다. 이때, 이등분 각도를 찾을 때는 앞니가 아닌 송곳니의 장축을 사용해야 한다. 앞니보다 송곳니 치아가 후방으로 휘어져 있는 큰 뿌리를 가지고 있음을 기억하라.

고양이 아래턱 송곳니와 앞니 _*Feline Mandibular Canines and Incisors* (계속)

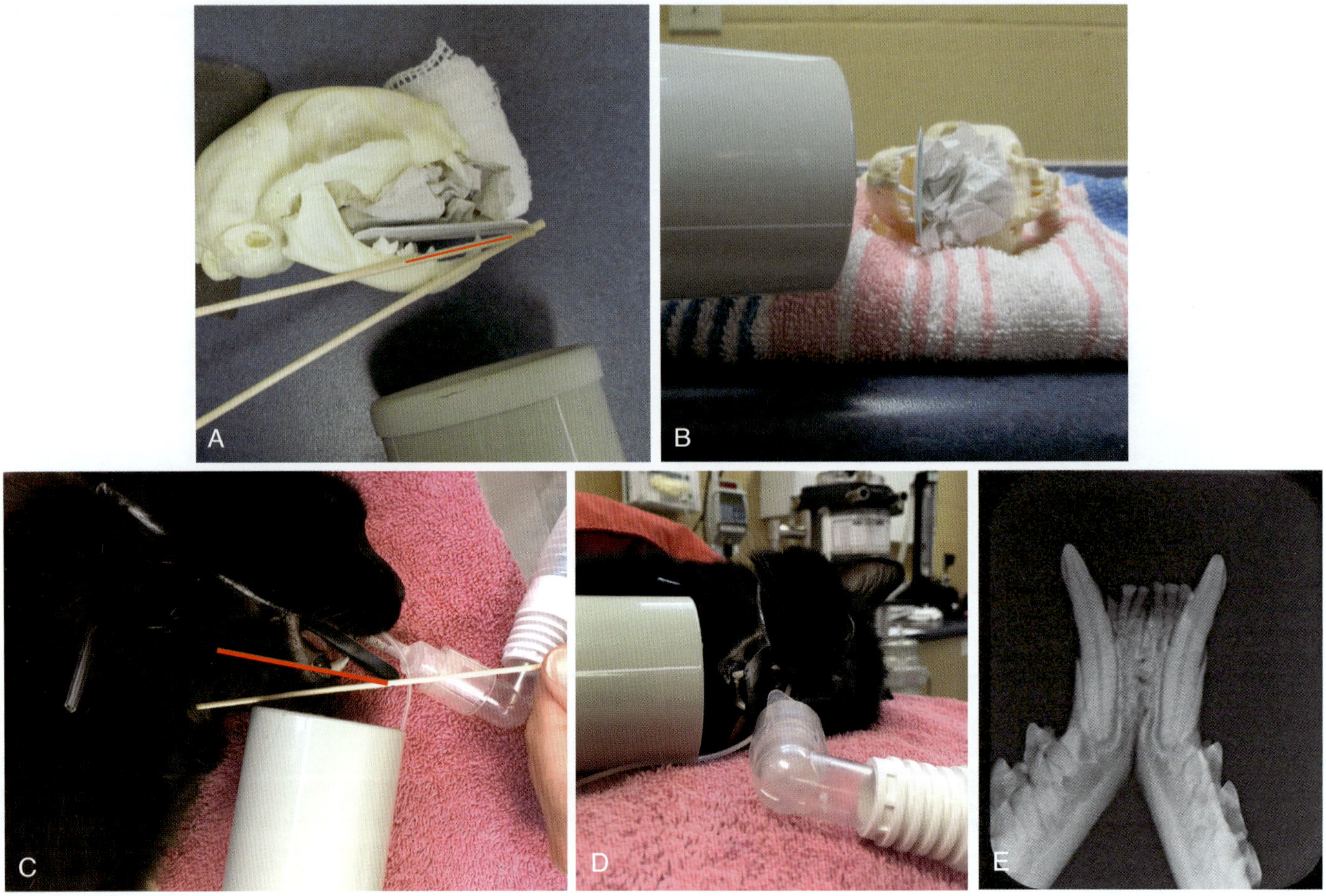

그림 17.75 고양이 아래턱 앞니와 송곳니: CR/필름. **A,** 가쪽에서 촬영하기 위한 기울임 각도를 보여주는 설정이다. **B,** 모든 6개의 앞니와 송곳니 사이에 빔이 중앙에 위치하도록 설정을 보여준다. **C,** 가쪽에서 본 고양이 환자의 최종 설정이다. **D,** 정면에서 본 고양이 환자의 최종 설정이다. **E,** 아래턱 앞니와 송곳니에 대한 방사선 사진이다.

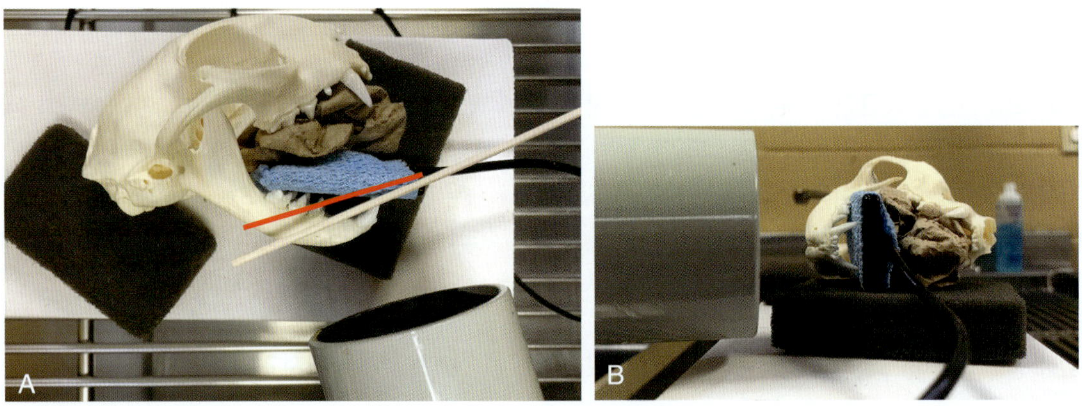

그림 17.76 고양이 아래턱 앞니와 송곳니: DR 센서. **A,** 가쪽에서 촬영하기 위한 기울임 각도를 보여주는 설정이다. **B,** 모든 6개의 앞니와 송곳니 사이에 빔이 중앙에 위치하도록 설정을 보여준다.

고양이 아래턱 송곳니와 앞니 _*Feline Mandibular Canines and Incisors* (계속)

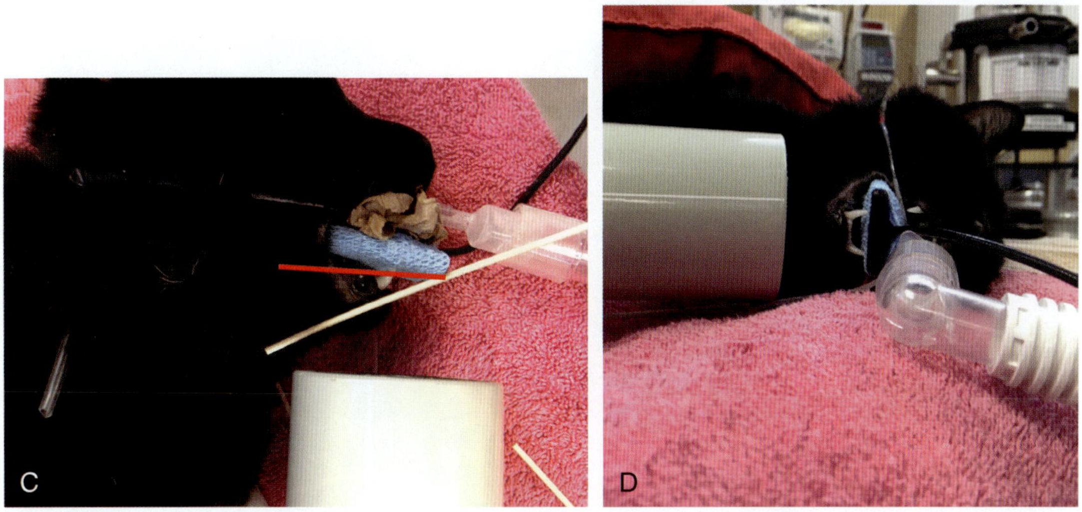

그림 17.76 **고양이 아래턱 앞니와 송곳니: DR 센서.** (계속) **C,** 가쪽에서 본 고양이 환자의 최종 설정이다. **D,** 정면에서 본 고양이 환자의 최종 설정이다.

고양이 아래턱 앞어금니와 어금니: CR/필름의 평행 기술
Feline Mandibular Premolars and Molars: Parallel Technique for CR/Film (계속)

고양이의 아래턱 앞어금니와 어금니들은 평행 기술을 사용하여 촬영할 수 있다. 아래턱 앞어금니와 어금니들은 아래턱에는 단단입천장 구조가 없기 때문에 필름 배치와 겹침 없이 촬영이 가능하다. 그러나 앞어금니 3의 전면 뿌리는 필름 배치와 아래턱 연골(아래턱 결합)과 겹치는 문제가 있을 수 있다. 이러한 경우에는 이 문제를 해결하기 위해 이등분 각도 기술을 사용하여 촬영할 수 있다(DR 섹션에서 기술을 확인하라).

CR판/필름: 필름(사이즈 0)은 치아들의 장축에 평행하고 아래턱의 테두리와 일직선 상에 놓인다. 필름을 아래로 밀어서 아래턱 아래에서 나오도록 만들어야 하며, 필름이 아래턱 연결부의에 최대한 가까운 위치에 놓이도록 하는 것이 중요하다(CR PSP 플레이트를 사용하는 경우, 필름 뒤에 불필요한 봉투를 테이프로 고정한다). 필름을 밀어두기 위해 종이 타월을 사용할 수 있다. 필요한 경우 필름을 부드럽게 구부려서 배치한다.

중심선: 촬영하기 위한 이빨을 중심으로 콘을 가쪽 방향으로 향하며 필름과 수직으로 맞춘다(그림 17.77).

각도: 평행 기술을 사용한다.

고양이 아래턱 앞어금니와 어금니: CR/필름의 평행 기술
Feline Mandibular Premolars and Molars: Parallel Technique for CR/Film (계속)

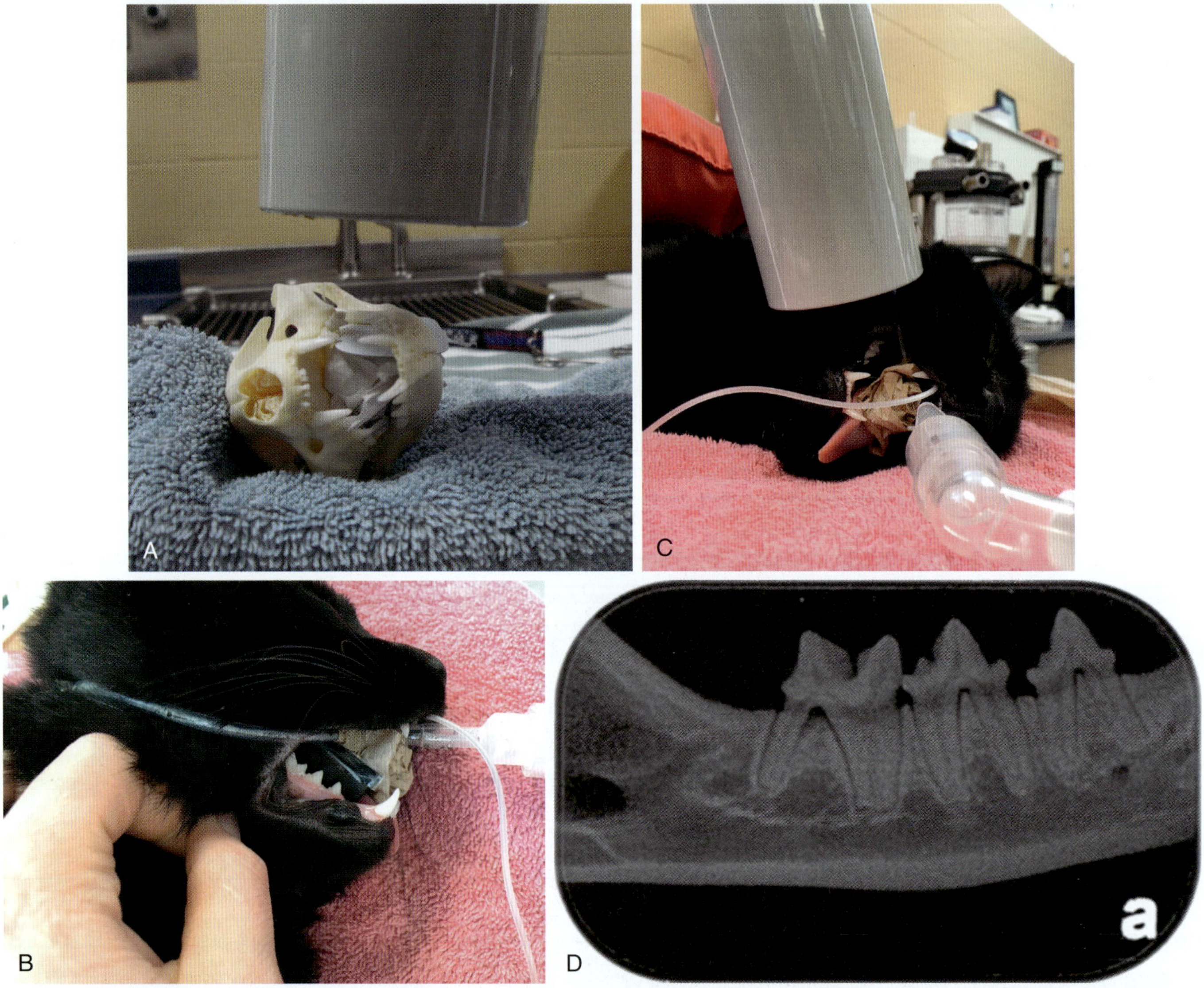

그림 17.77 고양이 아래턱 앞어금니와 어금니: 평행기법. **A,** 평행기법을 보여주는 설정이다. X선 빔은 필름(사이즈 0)과 수직으로 배치된다. **B,** 판의 올바른 배치를 보여주는 최종 설정이다. **C,** 정면에서 본 고양이 환자의 최종 설정이다. **D,** 아래턱 앞어금니 3, 4번과 어금니에 대한 방사선 사진이다.

고양이 아래턱 앞어금니와 어금니: DR 센서에 대한 이등분 각도 기술
Feline Mandibular Premolar and Molar: Bisecting Angle Technique for DR Sensors

DR 센서를 사용할 때 이등분 각도 기술을 선호하는 이유는, 평행 기술을 사용하여 센서를 배치하면 종종 제3 앞어금니의 뿌리가 잘릴 수 있기 때문이다. 만약 이등분 각도법이 고양이 아래턱 어금니 영역에서 치아를 포착하는 데 실패한다면, 병렬 기법(parallel technique)을 사용하여 촬영할 수 있다. 이러한 상황은 발생할 수 있으며, 이는 센서를 입안의 뒤쪽에 위치시키는 것이 어려울 수 있기 때문이다.

DR 센서: 센서는 입안의 뒤로 가능한 한 더 멀리 밀어 넣어야 한다. 가능하면 혀는 필름과 반대쪽에 위치시키는 것이 좋다. 이게 불가능하면 허를 센서와 치이 사이에 놔둘 수 있다. 만약 센서를 입안에서 충분히 뒤로 밀어 넣지 않으면, 해당 치아는 잘려서 보일 수 있다(이 경우, 병렬 기법을 이용하여 해당 치아를 촬영한다). 어금니촬영을 위해 병렬 기법을 사용할 때, 센서는 치아 뒤로 대각선으로 배치된다.

중심선: 콘은 가쪽으로 조준되며, 촬영할 치아를 향해 방향이 맞춰진다.

각도: 이등분 각도는 환자의 앞에서 서서 찾는다(그림 17.78).

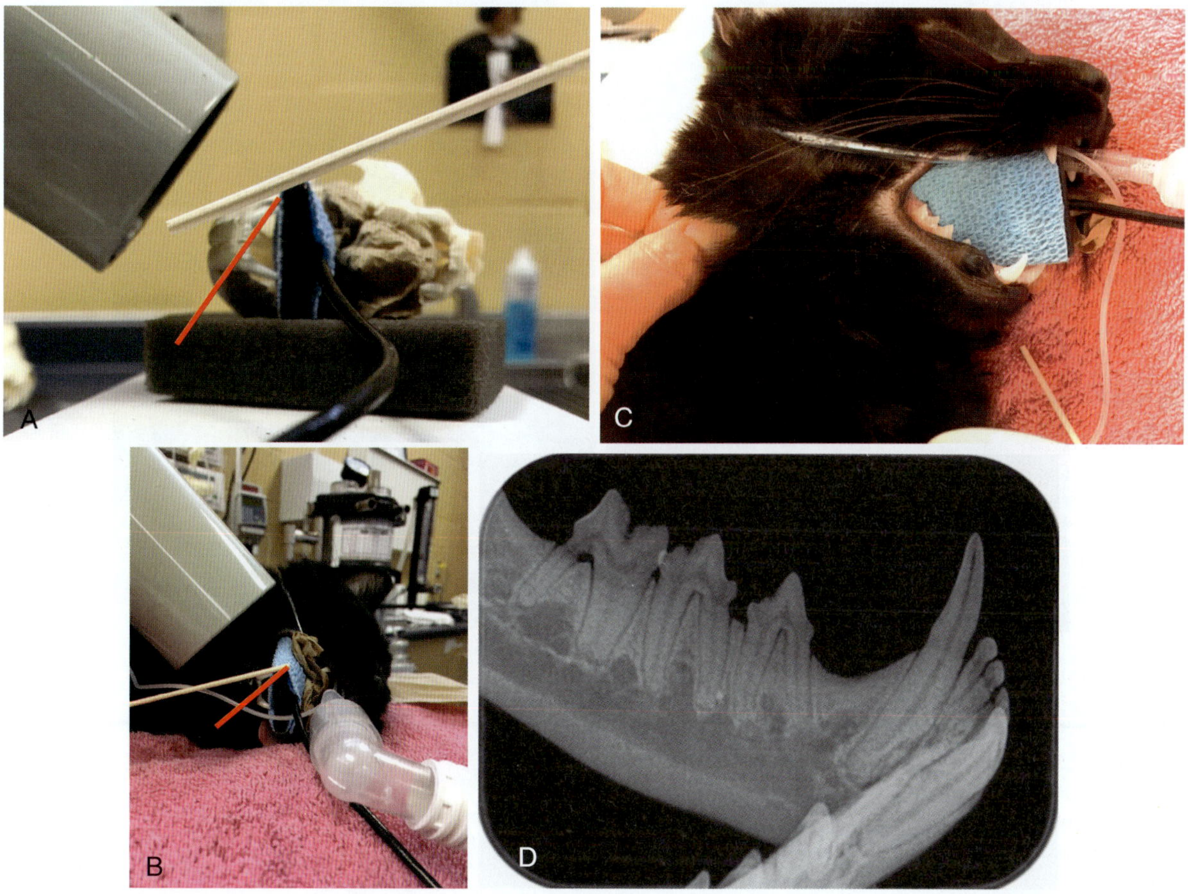

그림 17.78 고양이 아래턱 앞어금니와 어금니: 이등분 각도 기법. **A,** 앞에서 본 이등분 각도 각도 기법을 보여주는 설정이다. **B,** 정면에서 본 고양이 환자의 최종 설정이다. **C,** 사랑니의 병렬 기법을 위한 센서 배치(필요한 경우). **D,** 아래턱 앞어금니 3,4와 어금니에 대한 방사선 사진이다.

개와 고양이의 비강 방사선 _*Canine and Feline Nasal Sinus Radiographs*

개나 고양이에서 종양 또는 이물질의 감지 등의 질병의 진단을 위해 비강의 방사선 촬영이 지시된다.

예시

위치: 환자는 눕거나 누워 있는 자세로, 위턱은 테이블탑과 평행해야 한다.

CR판/필름: 개의 경우, 사이즈 4 필름을 최대한 환자의 입안에 위턱과 기관 사이로 삽입한다. 고양이의 경우, 필름은 각도를 조절하여 삽입하거나 사이즈 2 필름을 사용할 수 있다.

DR 센서: 개의 경우, 위와 같은 방법으로 센서를 삽입한다. 특히 대형견의 경우 개의 비강 전체를 보기 위해 두 번의 촬영이 필요할 수 있다.

중심선: 콘은 필름으로부터 6~8인치 떨어진 곳에 놓이며 비강을 중심으로 한다. 위턱의 사랑니 치아와 동일한 설정을 사용하고, 필름과의 거리에 따라 조정한다.

각도: 콘은 필름에 수직으로 조준한다(그림 17.79).

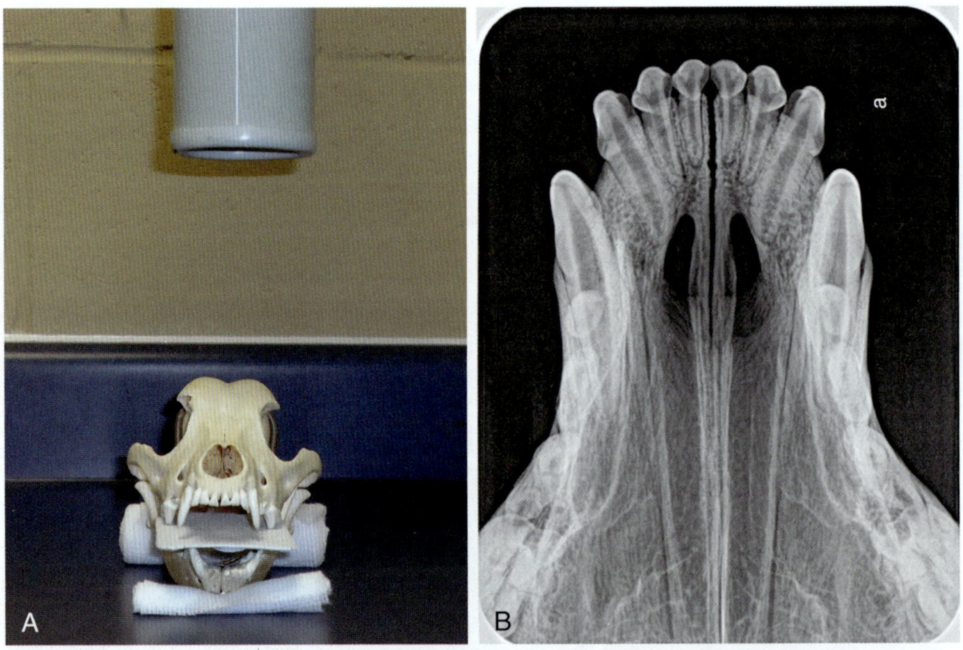

그림 17.79 **비강 방사선 촬영 설정. A,** 두개골 설정. **B,** 방사선 사진.

전통적인 카세트를 이용한 치과 방사선: 일반적인 촬영 _Dental Radiography with Conventional Cassette: Common Views

전통적인 카세트를 사용한 치아 촬영은 이상적인 방법은 아니다. 하지만 치과용 X선 장비나 비스크린 필름이 없을 경우에는 유일한 선택지이다. 스크린이 부착된 카세트와 방사선 투과성 위치 지정 장치가 필요하다.

어려움으로는 카세트의 일반적인 특성(크기, 두께 및 무게) 때문에 입안에 카세트를 배치하는 것이 어려울 수 있다. 입안의 뒤쪽에 위치한 치아는 같은쪽 광대활의 겹침 때문에 이미지 촬영이 어려울 수 있다.

이 장에서는 전통적인 X선 장비를 사용한 구강 내 방사선 촬영에 대한 더 자세한 설명을 찾아볼 수 있다.

위턱 앞어금니와 어금니: 배등쪽 비스듬 구강 외 촬영
Maxillary Premolars and Molars: Ventrodorsal Oblique Extraoral Views

자세잡기 _Positioning

환자를 한쪽옆누움 자세로 눕히고, 코 아래에 폼 롤을 배치한 채 카세트 위에 놓는다. 이 자세에 있는 환자를 옆구리에서 등의 중앙으로 회전시켜서 가쪽과 배등쪽(VD)사이의 비스듬한 자세로 놓는다. 아래턱을 폼 웨지 위에 올려, 아래턱을 테이블면에 대해 45도 각도로 회전시킨다. 입은 방사선 투과성 입 개구기를 사용하여 넓게 열어두어야 한다(그림 17.80).

코멘트와 팁 _Comments and Tips

반대측 위턱의 치아와 뿌리가 관심 있는 위턱의 앞어금니와 어금니에 겹쳐지지 않도록 해야 한다.

예시 _Examples

측정: 입술의 연결부에서 뒤쪽단단입천장.

중심선: 위턱 3번째 앞어금니.

포함: 위턱 앞어금니와 어금니.

보건사 참고사항

반대편의 위턱 앞어금니와 어금니는 뼈가 겹쳐지기 때문에 더 흰색으로 보인다. 환자의 앞어금니와 어금니는 머리의 각도로 인해 확대되어 보인다. 이로 인해 늘어난 것처럼 보인다.

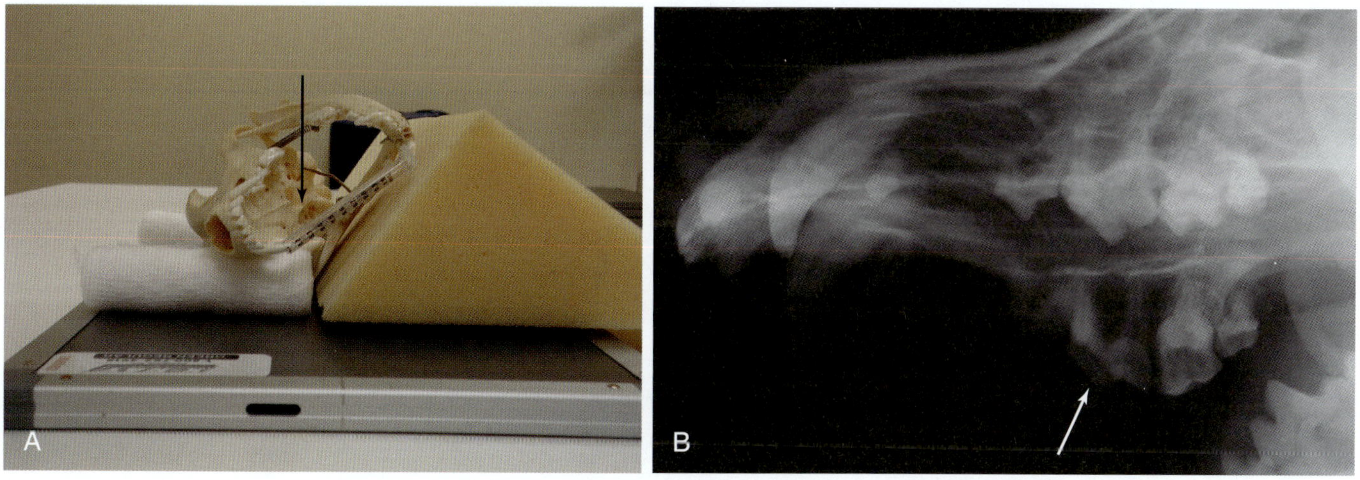

그림 17.80 **위턱 앞어금니와 어금니에 대한 구강 외 기법.** **A,** 설정. **B,** 방사선 사진.

아래턱 앞어금니와 어금니: 등배쪽 비스듬 구강 외 촬영
Mandibular Premolars and Molars: Dorsoventral Oblique Extraoral Views

자세잡기 _Positioning

환자를 가쪽옆누움으로 눕히고, 영향받는 쪽을 아래로 두고 카세트 위에 놓는다. 위턱을 폼 웨지 위에 놓고, 위턱을 테이블면으로부터 20도 각도로 올린다. 입을 방사선 투과성 개구기로 넓게 열어둔다(그림 17.81).

코멘트와 팁_Comments and Tips

- 반대편의 아래턱 앞어금니와 어금니가 관심 영역의 치아와 뿌리 위에 겹쳐지지 않도록 한다.
- 반대편의 아래턱 앞어금니와 어금니는 뼈가 겹쳐지기 때문에 더 흰색으로 보인다.
- 환자의 앞어금니와 어금니는 머리의 각도로 인해 확대되어 보인다. 이로 인해 늘어난 것처럼 보일 수 있다.

예시_Examples

측정: 입 구석의 아래턱의 두께.
중심선: 관심 영역.
포함: 아래턱 앞어금니와 어금니.

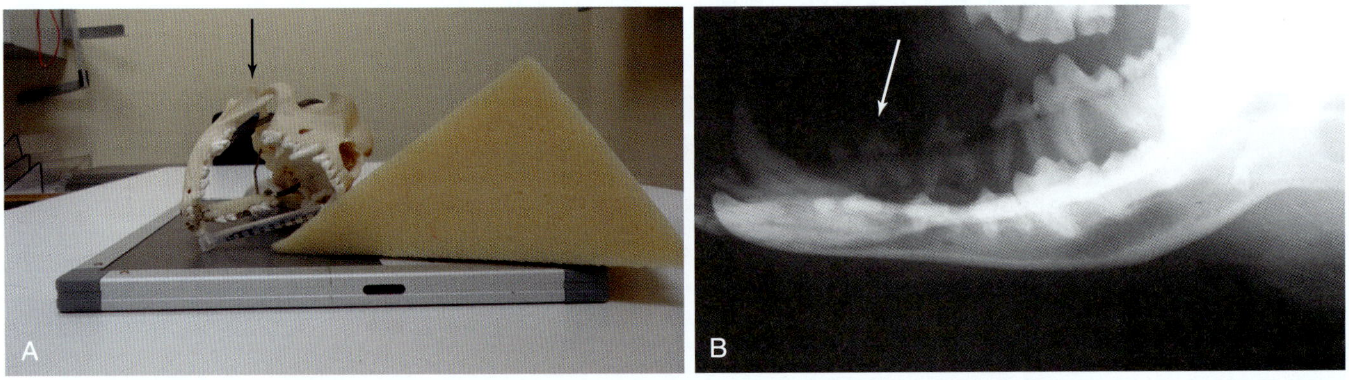

그림 17.81 **아래턱 앞어금니와 어금니에 대한 구강 외 기법.** **A,** 설정. **B,** 방사선 사진.

위턱 앞니와 송곳니: 등배쪽 구강 내/교합 촬영
Maxilla Incisors and Canine: Dorsoventral Intraoral/Occlusal View

자세잡기 _Positioning

환자를 가슴이 바닥을 향하도록 누운 자세로 배치한다. 턱 아래와 카세트(필름 판지) 사이에 폼 스펀지를 놓아 카세트를 테이블과 평행하게 유지한다. 필름 카세트의 한 모서리를 입으로 최대한 깊이 넣는다(그림 17.82).

코멘트와 팁 _Comments and Tips

- 높은 카세트로 인해 원본-이미지 거리(Source-image distance, SID)를 조정해야 할 수 있다.
- 크게 중요하지 않으나, 송곳니의 뿌리는 뒤쪽 앞어금니들과 중첩될 수 있다.
- 이 촬영을 통해 코 주변 비강도 평가할 수 있다.

예시 _Examples

측정: 입술 결연결부위(위턱 두께) 수준에서 측정한다.
중심선: 관심 영역.
포함: 모든 앞니와 송곳니를 포함하여 뿌리까지.

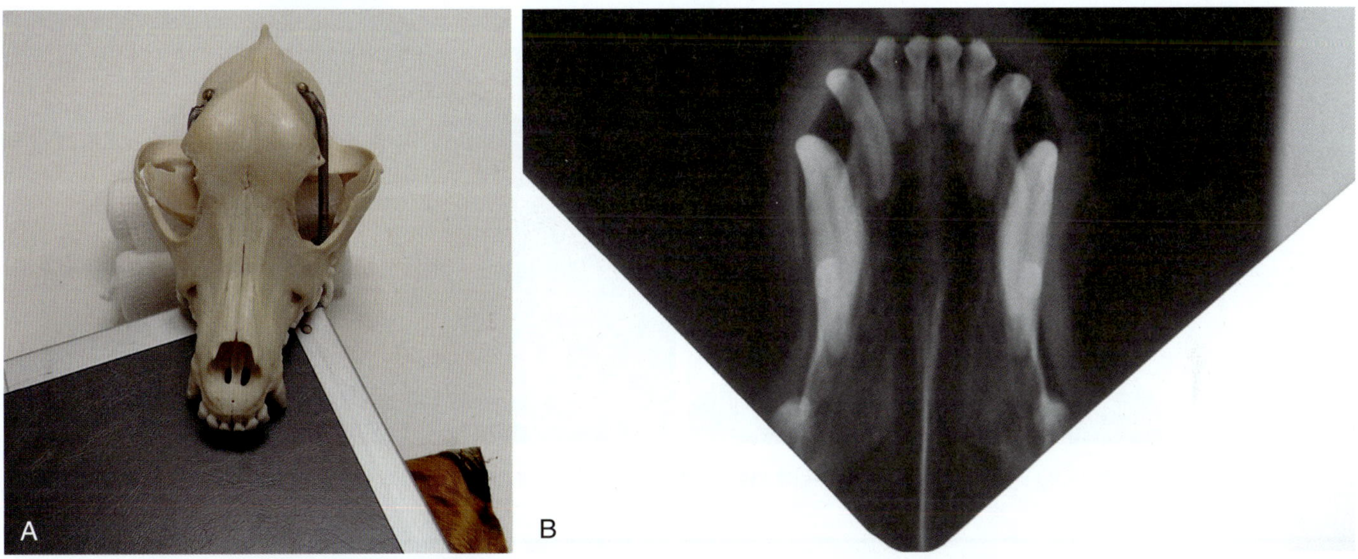

그림 17.82 위턱 앞니와 송곳니 부위에 대한 카세트를 사용한 구강 내 기법. **A,** 설정. **B,** 방사선 사진.

아래턱 앞니와 송곳니: 배등쪽 구강 내/교합 촬영
Mandibular Incisors and Canine: Ventrodorsal Intraoral/Occlusal View

자세잡기 _Positioning

환자는 등 쪽으로 누워야 하며, 코와 경추 부위 아래에 폼 스펀지를 두어 아래턱과 카세트를 테이블탑과 평행하게 유지해야 한다. 필름 카세트의 한 코너를 입에 가능한 한 멀리 삽입한다(그림 17.83).

코멘트와 팁_Comments and Tips

- SID가 감소했으므로 튜브 헤드를 높여야 한다.
- 아래턱 송곳니 치아는 첫 번째 앞어금니 위에 약간 겹쳐질 것이다.

예시_Examples

측정: 입술 결합 부위(아래턱 두께, 개의 경우 $_1M_1$)에서 측정한다.

중심선: 관심 영역에 맞춘다.

포함: 뿌리를 포함한 모든 앞어금니와 송곳니 포함.

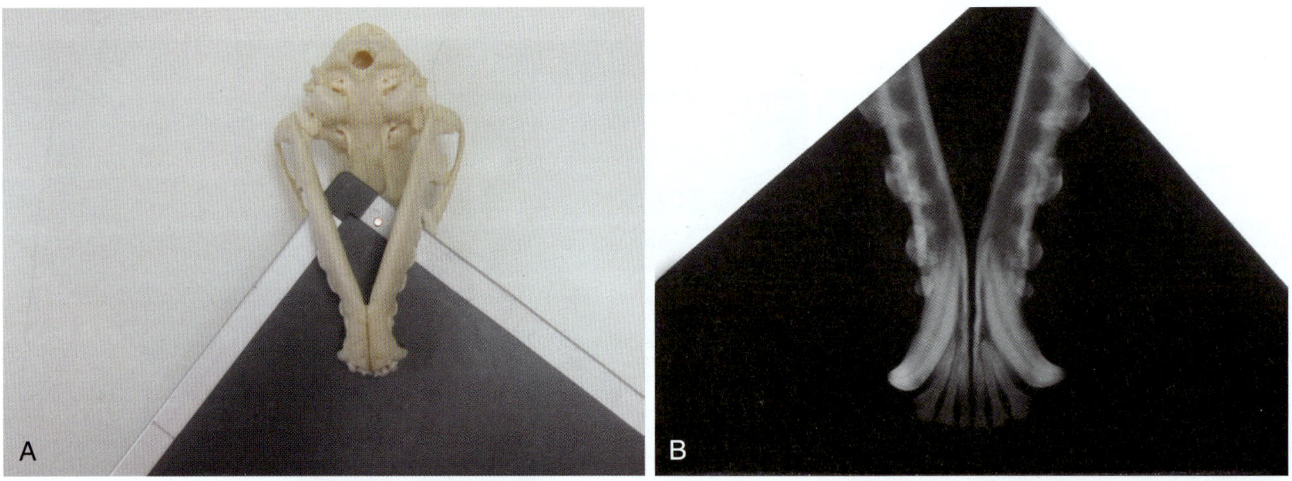

그림 17.83 아래턱 앞니와 송곳니 부위에 대한 카세트를 사용한 구강 내 기법. **A,** 설정. **B,** 방사선 사진.

일반적인 디지털 X선 기계를 사용한 구강 내 치과 방사선 촬영
Intraoral Dental Radiography with a Conventional Machine

만약 치과용 X선 기계가 없다면, 이전에 설명한 내부 구강 방사선 촬영을 일반적인 X선 기계를 사용하여 수행할 수 있다. 내부 구강 촬영의 설명에서는 필요한 경우 각도를 중심으로 X선 빔이나 필름을 맞추는 것이었다. 일반적인 X선 기계를 사용하는 경우에는 환자의 몸 위치와 두개골을 회전시켜 이전에 설명한 각도가 수직 중심선과 정렬되도록 한다.

이 방법에는 다음과 같은 절차와 용품들이 사용된다.

- 비스크린 구강용 필름
- 폼 웨지 또는 롤(다양한 크기)
- 간격(SID)은 테이블 상부에서 15인치
- 설정: 60~70 킬로볼트(kV), 100 밀리암페어(mA), 1.6 밀리암페어-초(mAs)
- SID를 줄일 수 없는 경우, 다음 설정을 사용: 40인치 SID, 60~70 kV, 100 mA, 3.2 mAs

이전에 설명한 어떤 방법이든 이 기술로 수행할 수 있다. 두 가지 예시로 설명하면, 그림 17.84는 구강용 일반 기계로 위턱 앞어금니를 촬영하는 방법을 보여준다. 이전에 설명한 대로(그림 17.43 참조), 이등분 각도를 찾는다. 그러나 특별히 이 설정에서는 두개골을 복부 방향으로 회전하여 수직 중심선을 이등분 각도에 맞춘다. 그림 17.85에서 아래턱 앞니들은 전통적인 기계를 사용하여 촬영한다. 환자는 등쪽누움 자세로 누워 있으며 코 아래에 작은 폼 웨지를 놓는다. 이 위치로 중심선을 이등분 각도를 향하도록 조정할 수 있다.

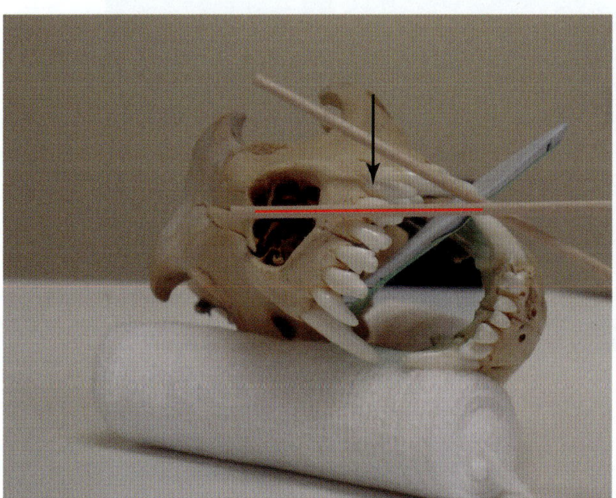

그림 17.84 상용 X선 장치를 사용하여 위턱 앞어금니를 촬영하기 위한 방사선 촬영 설정. 빔은 바로 위에서 나온다.

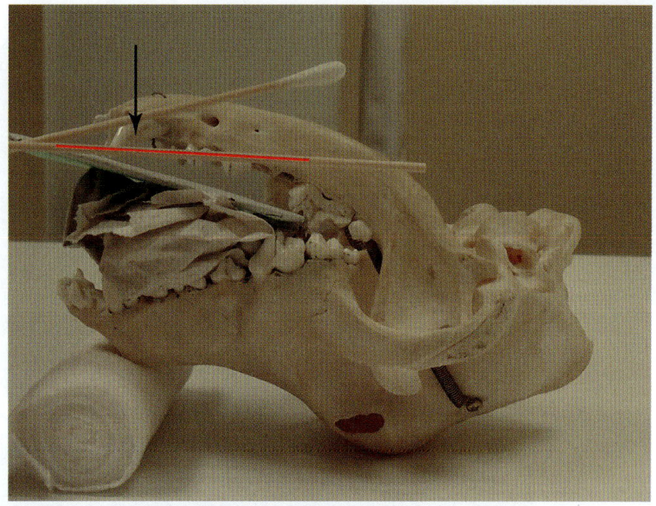

그림 17.85 상용 X선 장치를 사용하여 아래턱 앞니를 촬영하기 위한 방사선 촬영 설정. 빔은 바로 위에서 나온다.

필름 배치 오류와 아티팩트
Errors in Film Placement and Artifacts

일반적으로 필름 배치에서 나타나는 일부 흔한 오류들은 다음과 같다(전에 기술된 연장과 단축은 포함하지 않음):

a. 필름을 충분히 밀지 않아서(뿌리가 잘림) (그림 17.86A)
b. 콘을 치아에 중심에 맞추지 않아서(콘이 잘림) (그림 17.86B)
c. 암실에서 빛 노출(그림 17.86C)
d. 현상 오류(그림 17.86D)
e. 필름에 지문과 긁힘(그림 17.86E)
f. 휘어진 필름(초승달 모양 선) (그림 17.86F)
g. 이중 노출(그림 17.86G)
h. 필름의 뒷면을 통해 촬영(그림 17.86H)
i. CR PSP 플레이트에 빛 노출(이미지 상단 부분에 안개 현상) (그림 17.86I)

치과 이상 병변의 방사선 사진
Radiographs of Abnormal Dental Pathology

개나 고양이에서 흔히 발견되는 이상 병변의 예시로는 다음과 같다:

a. 수평적인 뼈 손실(그림 17.87A)
b. 수직적인 뼈 손실(그림 17.87B)
c. 뿌리주위부 투명도 증가(그림 17.87C)
d. 흡수성 병변(그림 17.87D)
e. 치아 유착(그림 17.87E)

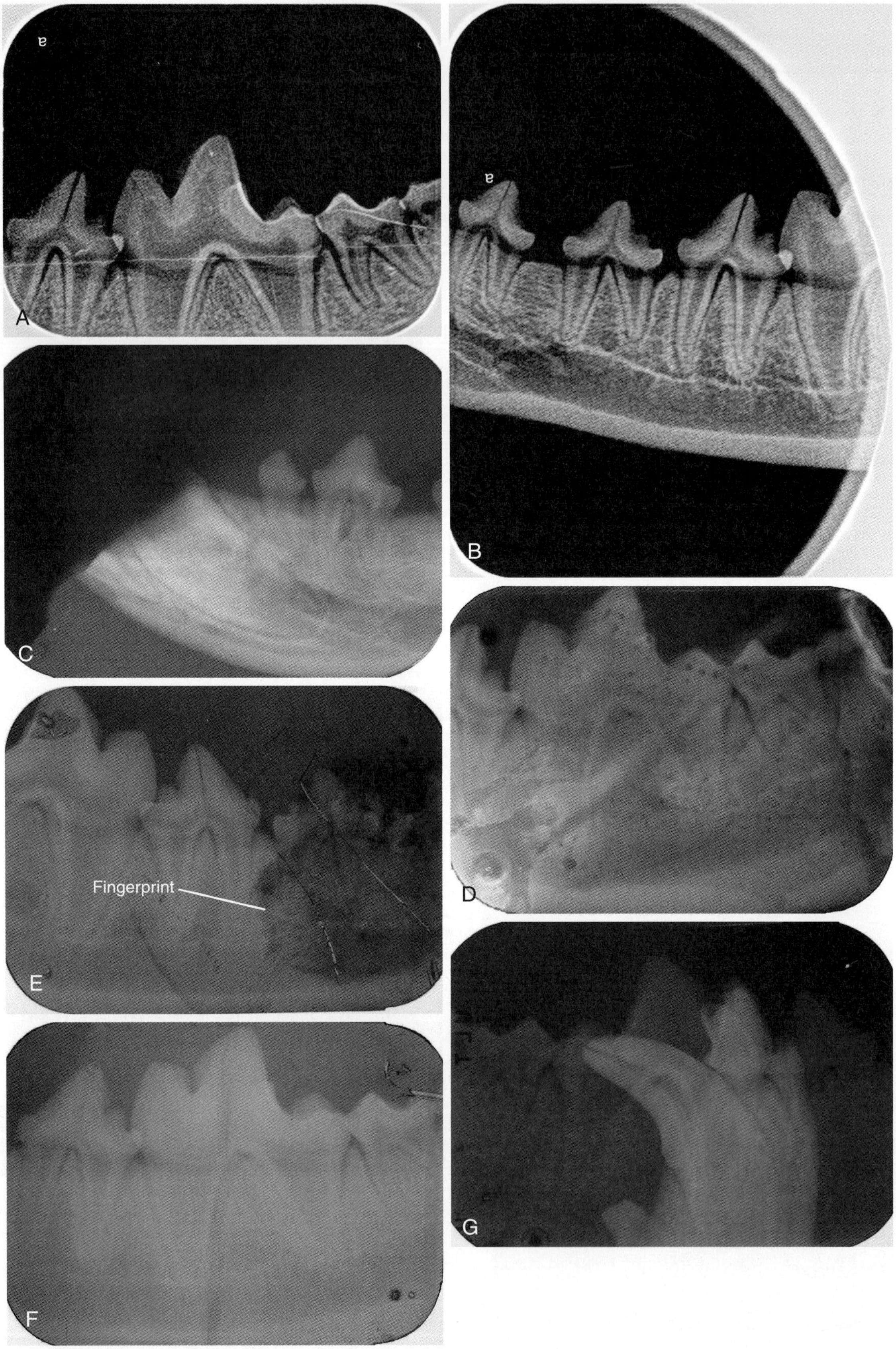

그림 17.86 **A,** 부적절한 필름 위치로 인해 뿌리가 잘린 경우. **B,** 빔이 잘린 상태. **C,** 암실 안에서의 빛의 노출 **D,** 필름 처리 오류로, 고정액을 제대로 세척하지 않은 경우. **E,** 필름에 검은 지문과 스크래치가 있는 경우. **F,** 구부러진 필름(초승달 형태의 선). **G,** 두 번 노출. **H,** 필름의 뒷면을 통해 촬영된 X선으로, 왼쪽에 희미한 체크무늬 패턴이 나타난다.

f. 결손치(그림 17.87F)
g. 못솟은니(그림 17.87G)
h. 과다치(그림 17.87H)
i. 완전 제거(그림 17.87I)
j. 잔존된 뿌리끝(그림 17.87J)

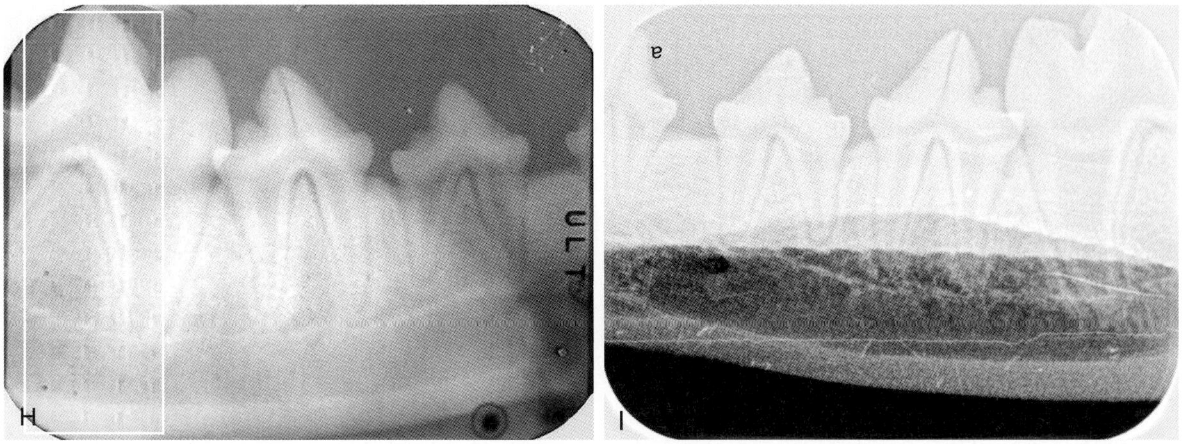

그림 17.86 (*계속*) **H,** 필름의 뒷면을 통해 촬영된 X선으로, 왼쪽에 희미한 체크무늬 패턴이 나타난다. **I,** CR PSP 판에 빛에 노출된 경우(회색 흐림).

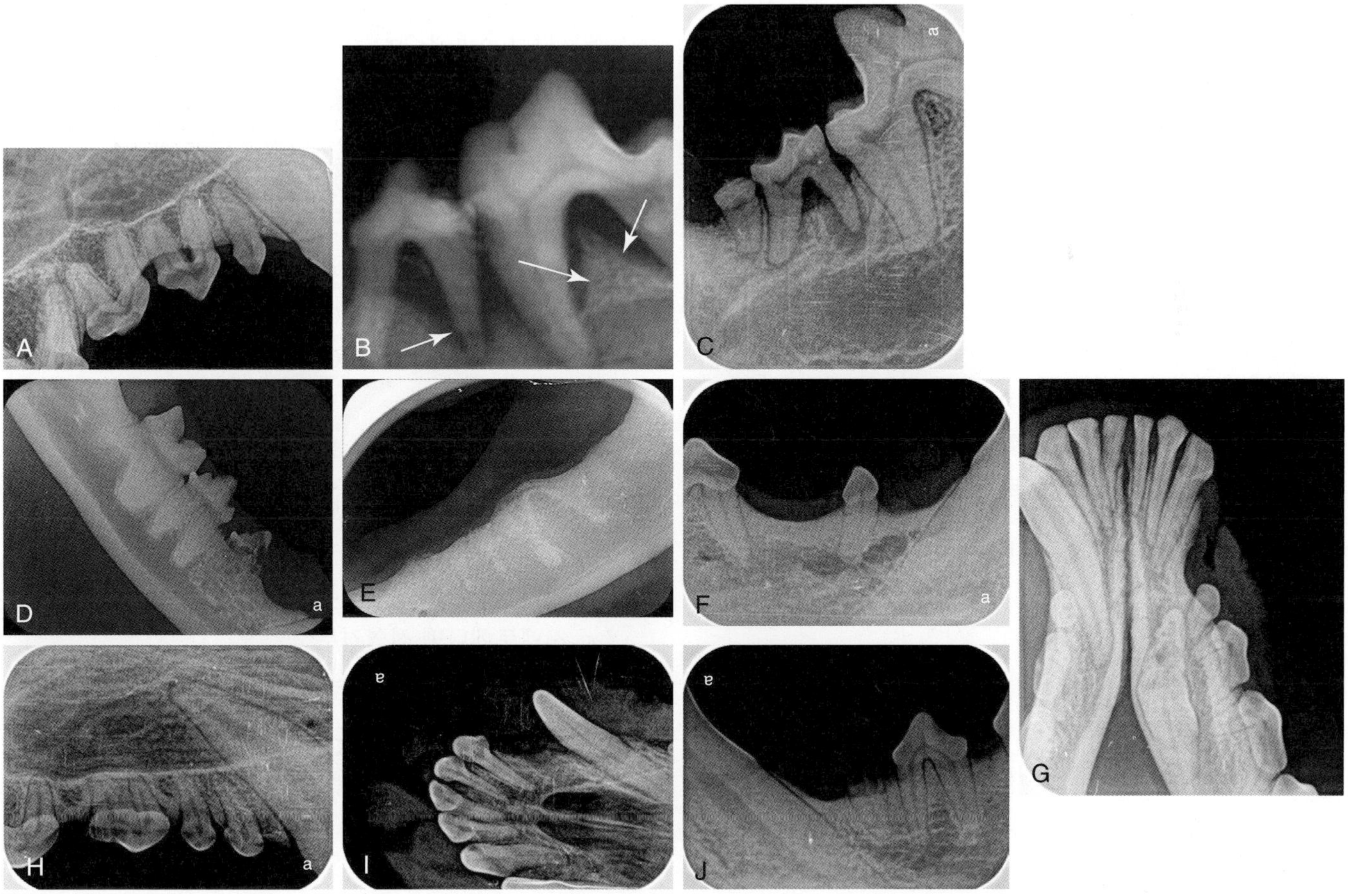

그림 17.87 **A,** 106에서 수평적인 골 손실이 나타난다. **B,** 화살표로 나타낸 것처럼 수직적인 골 손실이 있다. **C,** 410에서 뿌리주위 투명도 증가가 나타난다. **D,** 407에서는 고양이의 치아 흡수성 병변이 나타난다. **E,** 아래턱의 앞어금니와 어금니의 유착. **F,** 406번 치아는 선천적으로 없는 상태이다. **G,** 304번 치아는 미출현 상태이다. **H,** 105번 치아는 과다치인 상태이다. **I,** 항목 103번 치아가 완전히 제거되었다. **J,** 항목 305번 치아의 잔여 뿌리가 남아있다. (Courtesy Dental Vet, Weston, Florida.)

✳ 핵심 사항

1. 치과 방사선 촬영은 개와 고양이 입안의 적절한 평가를 위해 필수적이다.
2. 치과 방사선 사진은 치과 X선 장치가 없더라도 모든 동물병원에서 수행할 수 있다.
3. 이등분 각도법은 대부분의 개와 고양이 입안에서 사용된다.
4. 필름의 수작업 처리는 많은 오류의 원인이 될 수 있다.
5. SLOB 규칙은 X선 콘을 비스듬하게 조준할 때 특정 뿌리를 식별하는 데 도움이 된다.

복습 문제 _*Review Questions*

1. 치과 유닛을 사용하여 아래턱을 촬영하면 kV는 보통 45에서 50 정도일 것이지만, 아래턱 치아를 위해 치과 유닛을 사용하면 일반적으로 70이나 80으로 미리 설정된다. 더 많은 노출이 필요한 이유는?
   a. 치과 유닛이 고주파 유닛이기 때문이다.
   b. 치아는 아래턱 자체에 비해 노출이 더 많이 필요하기 때문이다.
   c. 치과 필름에 증폭 스크린이 없기 때문이다.
   d. 치과 방사선 촬영에서 SID(물체와 X선 발생기 사이의 거리)가 증가하기 때문이다.

2. 당신의 동물병원은 치과 방사선 촬영 장치를 주문했고, 수의사는 추가적인 전기 연결이 필요하다고 당신에게 알려달라고 한다. 치과 유닛은 다음과 같은 전기가 필요하다:
   a. 특별한 배선 없이 110볼트 회로
   b. 특별한 접지가 필요한 110볼트 회로
   c. 접지선이 있는 220볼트 회로
   d. 특별한 배선 없이 220볼트 회로

3. 새 치과 X선 기기에서 어떤 부분이 180도로 휘어질 수 있는가?
   a. 가위 팔
   b. X선 발생기
   c. 연장 팔
   d. 제어 패널

4. 직접 디지털 치과 방사선 촬영은 다음과 같다:
   a. 처리를 위한 중간 단계가 필요하다.
   b. 다른 디지털 시스템에 비해 더 비싸게 구입해야 한다.
   c. 일반적으로 더 작은 센서를 사용한다.
   d. 일반 필름과 유사한 얇고 유연한 플레이트를 사용한다.

5. CR PSP 플레이트는 다음과 같은 크기로 사용 가능하며 필름으로는 사용할 수 없는 크기는 무엇인가?
   a. 0
   b. 2
   c. 3
   d. 4

6. 치과 필름이 처리된 지 약 한 달 후 수의사가 검토하도록 환자 파일을 받았다. 당시 완벽하게 진단적이었던 필름이 지금은 안개가 낀 듯하고 밀도와 대비가 나쁘며 커피 색상으로 보인다. 당신은 이러한 필름을 처리할 때:
   a. 필름을 15초 동안 고정시키고 물 그릇에 필름을 담갔다.
   b. 필름을 24분 동안 고정시켰다.
   c. 15초 동안 현상하고 2분에서 4분 동안 고정시켰다.
   d. 이러한 필름 처리에 신선한 화학약품을 사용했다.

7. 고양이의 영구치 치과 공식은 무엇인가?
   a. (3121/3131) = 30
   b. (3131/3121) = 30
   c. (3133/3142) = 42
   d. (3142/3143) = 42

8. 개에서 세 개의 뿌리 치아는 무엇인가?
   a. 108, 109, 110, 208, 209, 210
   b. 308, 309, 310, 408, 409, 410
   c. ${}^{4}_{4}P^{4}_{4}$, ${}^{1,2}_{1,2}M^{1,2}_{1,2}$
   d. 208 및 108만

9. 치관과 뿌리가 만나는 치아의 주변부는 무엇인가?
   a. 상아질
   b. 에나멜상아질 접연결부
   c. 시멘토에나멜 접연결부
   d. 시멘틈

10. 위턱의 송곳니 치아를 X선 촬영할 때, 뒤로 있는 앞어금니들과의 중첩을 방지하기 위해 X선 발생기의 각도는 어떻게 올려져야 하는가?
    a. 20
    b. 30
    c. 15
    d. 45

11. 개에서 이등분 각도법(bisecting angle technique)은 다음 중 어느 영역에 사용되는가?
   a. 303
   b. 409
   c. 204
   d. 105

12. 수의사가 Border Collie의 치아 104에 손상을 의심합니다. 환자를 다음 중 어느 위치로 배치하는 것이 가장 좋은가?
   a. 오른가쪽 옆누움자세
   b. 왼가쪽 옆누움자세
   c. 등쪽 누움자세
   d. 배쪽 누움자세

13. 위턱 송곳니의 장축과 이등분법으로 적합한 각도(bisecting angle)는 환자 가쪽에서 X선 발생기를 어떤 각도로 기울이면 가장 명확하게 시각화되는가?
   a. 환자의 가쪽에서 30도 기울어진 X선
   b. 환자의 가쪽에서 45도 기울어진 X선
   c. 환자의 정면에서 30도 기울어진 X선
   d. 환자의 정면에서 45도 기울어진 X선

14. 치아의 끝 부분은 사이즈 4 필름상에서 다음 중 어디에 위치해야 하는가?
   a. 필름의 중심
   b. 필름의 볼록면
   c. 필름의 볼록점 쪽에서 멀리 떨어진 쪽
   d. 필름의 오목면

15. 104번 치아를 위한 설정을 하는 중에, 중심선이 이등분 각도가 아닌 더 필름에 향하도록 되어 있음을 알아차렸다. 앵글을 바꾸지 않으면 다음과 같은 문제가 발생할 것이다.
   a. 단축
   b. 연장
   c. 확대
   d. 흐릿한 영상

16. 라사 압소(Lhasa Apso)의 아래턱을 구강 외 촬영 기법을 사용하여 위턱 앞어금니들을 분리하기 위해 아래턱을 어떤 각도로 기울여야 하는가?
   a. 60도
   b. 40도
   c. 20도
   d. 45도

17. 수정된 X선 촬영 기법은 고양이의 위턱 앞어금니들을 촬영할 때 어떤 구조물의 간섭 때문에 사용하는가?
   a. 입천장열
   b. 아래턱사이결합
   c. 광대활
   d. 비강

18. 고양이의 치아 208(왼쪽 위턱 앞어금니)을 구강 외 X선 촬영 기법으로 가쪽 옆누움자세로 찍으려면 DR 센서를 어디에 배치하는 것이 좋은가?
   a. 오른쪽 위턱앞어금니 아래
   b. 왼쪽 위턱앞어금니 아래
   c. 환자의 오른쪽 아래(환자가 오른쪽 한쪽 옆누움자세기 때문에)
   d. 환자의 왼쪽 아래(환자가 왼쪽 한쪽 옆누움자세기 때문에)

19. 위턱 앞어금니의 수정된 X선 촬영 기법에서 빔은 어떤 각도로 조정되어야 하는가?
   a. 평행기법에서 빔은 필름에 90도로 위치함
   b. 환자의 전면과 배쪽에서 필름에 수직으로 위치함
   c. 가쪽에 위치하며, 환자의 전면에서 이등분 각도를 찾아내는 것
   d. 거의 평행기법으로, 상반된 광대활을 우회하기 위해 20도에서 25도 기울임을 가짐

20. 치아 108의 먼쪽에서 X선 발생기가 향하는 경우, 방사선상 중심에 나타날 뿌리는 무엇인가?
   a. 원거리 뿌리
   b. 안쪽-단단면 뿌리
   c. 안쪽-뺨쪽 뿌리
   d. 양쪽 다 아니며, 서로 겹칠 것임

참고 문헌 _Bibliography

Bellows J. *The Practice of Veterinary Dentistry: A Team Effort*. Iowa City: Iowa State Press; 1999.

Bellows J. *Small Animal Dental Equipment, Materials and Techniques: A Primer*. Iowa City: Blackwell Publishing; 2004.

Derbyshire G. *Veterinary Dentistry for the Nurse and Technician*. St. Louis: Elsevier; 2005.

Hale F. *Veterinary Dentistry*. July 2020. Available at: http://www.toothvet.ca/Old%20CUSP%20Articles.htm#INTRA-ORAL%20DENTAL%20RADIOLOGY.

Han C, Hurd C. *Practical Diagnostic Imaging for the Veterinary Technician*. 3rd ed. St. Louis: Mosby; 2005.

Holmstrom SE. *Veterinary Dentistry: A Team Approach*. 3rd ed, St. Louis: Elsevier; 2019.

Iannucci J, Howerton LJ. *Dental Radiography: Principles and Techniques*. St. Louis: Saunders; 2012.

Lobprise HB, Dodd JR. *Wiggs's Veterinary Dentistry: Principles and Practice*. 2nd ed. New Jersey: John Wiley & Sons Inc; 2019.

Mulligan TA. *Atlas of Canine and Dental Radiography in Dogs and Cats*. United Kingdom: Elsevier Health Science; 2008.

Niemic BA. *A Color Handbook of Small Animal Dental, Oral and Maxillofacial Disease*. London, UK: Manson Publishing; 2010.

Tutt D. *BSAVA Manual of Canine and Feline Dentistry*. 3rd ed. Gloucester, UK: British Small Animal Veterinary Association; 2007.

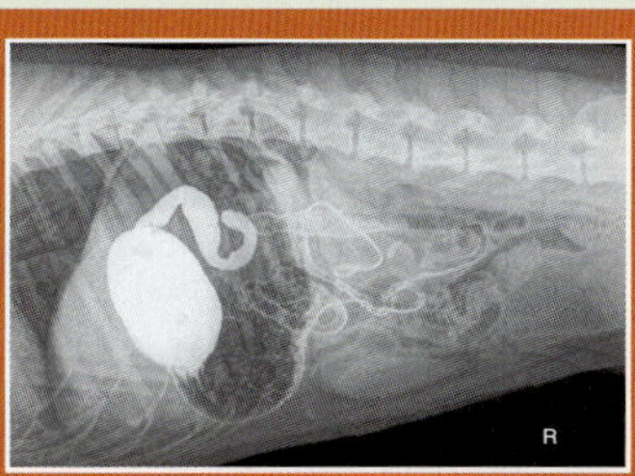

CHAPTER 18 소동물 특수 검사

Small Animal Special Procedures

Marg Brown, RVT, BEd Ad Ed

우리는 오직 대조를 통해서만 강렬한 쾌락을 느낄 수 있도록 되어 있으며,
한 가지 상태만으로는 만족을 느끼기 어렵다.

—지그문트 프로이트, 1856~1939, 문명과 그 불만, 1929년 작성

개요

개요
방사선 촬영에 사용되는 조영제
양성 조영제
정맥 주입 조영제의 생리학적 영향
음성 조영제
이중 대조 검사
위장관 검사
환자 준비 및 절차
위장관 검사의 지표
금기사항
조영제
식도조영술
상부 위장관 검사
하부 위장관 검사
BIPS의 사용
위장관의 정상 방사선 해부학 고려사항
비뇨계의 대조 검사
역방향방광조영술
배설요로조영술
추가적인 비뇨기계 대조 검사 절차
전체 비뇨기계 검사
요로의 정상 방사선 해부학
추가적인 기술
척수조영술
추가적인 대조 연구
다른 검사법에서 사용되는 조영제
초음파
컴퓨터 단층촬영
자기공명영상
양전자방출단층촬영 및 핵의학영상제

학습 목표

이 장에 있는 정보의 적용은 다음 영역과 관련이 있다.

1. 조영제의 종류를 알고 양성 및 음성 조영제의 차이점, 생리학적 영향, 영상상의 모습, 암시하는 바, 그리고 금기 사항을 이해한다.
2. 대조 검사 수행 전 적절한 조사 영상과 환자 준비의 중요도를 이해한다.
3. 일반적인 대조 검사의 절차와 프로토콜을 요약한다.
4. 실무에서 사용할 수 있는 기타 방사선 대조 검사를 설명한다.
5. 대조 검사 대신 또는 추가적으로 사용되는 다른 방식을 이해한다.
6. 방사선 영상에서 발견되는 정상 대조 검사 해부학을 알아볼 수 있다.

주요 용어

혈관심장조영술(Angiocardiography)
혈관조영술(Angiography)
정방향(Antegrade)
관절조영술(Arthrography)
황산바륨(Barium sulfate)
BIPS
카테터(Cathartic)
복부조영술(Celiography)
조영제(Contrast medium)
방광조영법(Cystography)
이량체(Dimer)
이중(Double contrast)
배변장애(Dyschezia)
식도 조영검사(Esophagography)
배설요로조영술(Excretory urography)
충만결손(Filling defects)
누공조영술(Fistulography)
기능성 검사(Functional study)
위운동도검사(Gastrography)
육아종(Granuloma)
의원성(Iatrogenesis)
비활성(Inert)
이온성 요오드(Ionic iodine)
하부 위장 검사(Lower gastrointestinal (LGI) study)
단량체(Monomer)
형태학적 검사(Morphological studies)
척수조영술(Myelography)
음성 조영제(Negative-contrast agents)
콩팥조영사진(Nephrogram)
비이온성 요오드(Nonionic iodine)
삼투질 농도(Osmolality)
부교감신경 억제제(Parasympatholytic agents)
폐쇄성 방광조영술(Pneumocystogram)
공기복강조영술(Pneumoperitoneography)
양성조영제(Positive-contrast agents)
신우조영사진(Pyelogram)
방사선투과성(Radiolucent)

방사선불투과성(Radiopaque)
반사(Reflux)
역행(Retrograde)
이급후증(Tenesmus)
삼요오드성 물질(Triiodinated compounds)
상부 위장 검사[Upper gastrointestinal (UGI) study]
질-방광요도조영술(Vaginocystourethrography)
점성(Viscosity)

기술적 참고: 공간을 아끼기 위해, 이 챕터에서 제시된 방사선 사진에는 콜리메이션(collimation)이 생략되었다. 언제나 빔이 영상 감지기의 가장자리 내부로 한정되도록 콜리메이션을 제한해야 한다. 필름 방사선술에서는 모든 방사선 사진에 명확한 콜리메이션 범위(프레임)가 보여야 한다. 일부 지역에서는 법적으로 콜리메이션의 증거가 요구된다. 디지털 이미징에서는 알고리즘이 적절한 콜리메이션에 따라 달라진다.

개요 _Overview

일반적으로 복부의 방사선 영상에서는 장기와 연부조직을 식별하기 어렵거나 불가능한 경우가 많다. 많은 장기의 조직 밀도가 비슷하고, 뚜렷한 대조도가 없기 때문이다. 음성 또는 양성 조영제는 방사선을 흡수하여 구조 내에서 해부학/병변을 강조함으로써 이러한 구조물을 주변 조직과 쉽게 구분 지을 수 있도록 한다. 일반적인 방사선 영상에서 양성 조영제는 흰색 또는 방사선비투과성으로 나타나며, 음성 조영제는 검정색 또는 방사선투과성으로 나타난다.

이러한 조영제는 구조물의 해부학 또는 생리학을 강조하는 데 사용된다. 또한 구조물의 크기, 모양, 위치, 위치, 윤곽; 장기 점막 표면의 결함; 관강 내 내용물; 또는 벽외 병변의 존재를 확인하는 데 유용하다. 장기의 생리학 또는 기능적 평가 또한 조영제가 들어 있는 식사 또는 수용성 유기 요오드를 주사함으로써 체류 시간을 측정하여 내릴 수 있다. 하지만 이는 시간을 꽤 소요하며 상세한 절차가 필요하다.

체내로 주입된 모든 조영제는 장기의 밀도와 가시성을 변화시키지만 환자에게는 무해해야 한다. 모든 절차에는 금기 사항 또한 존재한다. 위험을 최소화하기 위해선 조영제 투여 전 특정 질문을 하여 검사가 진행 가능한지 여부를 미리 결정해야 한다. 수의사는 검사 절차에 따라 대조 검사가 유용할지, 최상의 진단 진단 도구인지, 충분한 정보를 제공하여 가치가 있는지를 결정해야 한다. 보통 단식과 마취가 필요하지만, 환자의 상태에 따라 단식을 할 수 없거나 마취 위험도가 높을 수도 있다. 또한, 시간과 비용에 때문에 다른 진단 검사가 더 유용할 수 있다. 환자의 준비, 장비 및 기술은 특수 검사에 따라 다양하다.

대조 검사는 절대로 일반적인 조사 영상을 대체해서는 안 된다. 대조 검사 이전에 수행되는 조사 영상은 대조 검사의 적절한 조사량과 환자 준비를 결정하는 데 도움이 된다. 또한 조사 영상으로만 진단이 가능한 경우 조영제를 쓰지 않아도 된다.

이러한 특수 대조 검사는 진단에 도움이 되는 정보를 제공하거나, 의심되는 병변의 특성을 추가적으로 평가하거나 적절한 치료 방법을 결정하는 데 사용된다.

내시경, 초음파 및 기타 영상 검사 방법이 사용 가능하다면 일반적으로 대조 방사선 검사를 많이 대체한다. 이러한 검사 방법에서도 유사한 조영제가 사용되기도 한다.

보건사 참고사항

자세잡기 장치를 전략적으로 사용하여 환자에게 사람이 잡고 있다는 *착각*을 줘야 한다. 환자에게 진정제를 사용하지 않았다면, 샌드백을 목과 사지에 올려 두거나, 테이프/벨크로/타이는 써야 한다. 촬영 중 환자에게 계속 말을 걸면서 1차 X선에서부터 떨어진다. 늘 안전을 신경쓰며 안전의 세 가지 원칙—시간, 거리, 차폐를 떠올린다.

보건사 참고사항

촬영 버튼을 누르기 전에 먼저 머리속으로 아래와 같은 체크리스트를 떠올려본다:

- 설정이 올바른가?
- 플레이트/카세트/기계/그리드가 올바른 위치에 있는가?
- 해당되는 경우, 가장 두꺼운 부분이 음극 쪽에 있는가?
- 마커와 ID가 올바른 위치에 있으며 관련 해부학 구조를 가리지 않는가?
- 올바른 신체 부위와 상으로 촬영하고 있는가?
- 환자가 적절히 중앙에 위치해 있는가? 주변 경계 구조는 올바른가?
- 방사선 빔이 올바르게 콜리메이션 되었는가?
- 환자가 적절하게 준비되었고, 자세가 잡혀 있으며, 신체 부위가 영상 감지기와 평행하고 중심 방사선과 수직을 이루도록 올바르게 보정되어 있는가?
- 해당되는 경우, 올바른 호흡 단계에서 촬영을 하고 있는가?

방사선 촬영에 사용되는 조영제 _Contrast Media used for Radiographic Imaging

양성 조영제 _Positive-Contrast Media

- 황산바륨과 수용성 유기 요오드(그림 18.1)—이온성과 비이온성 모두—은 양성-대조 또는 방사능불투과성 사

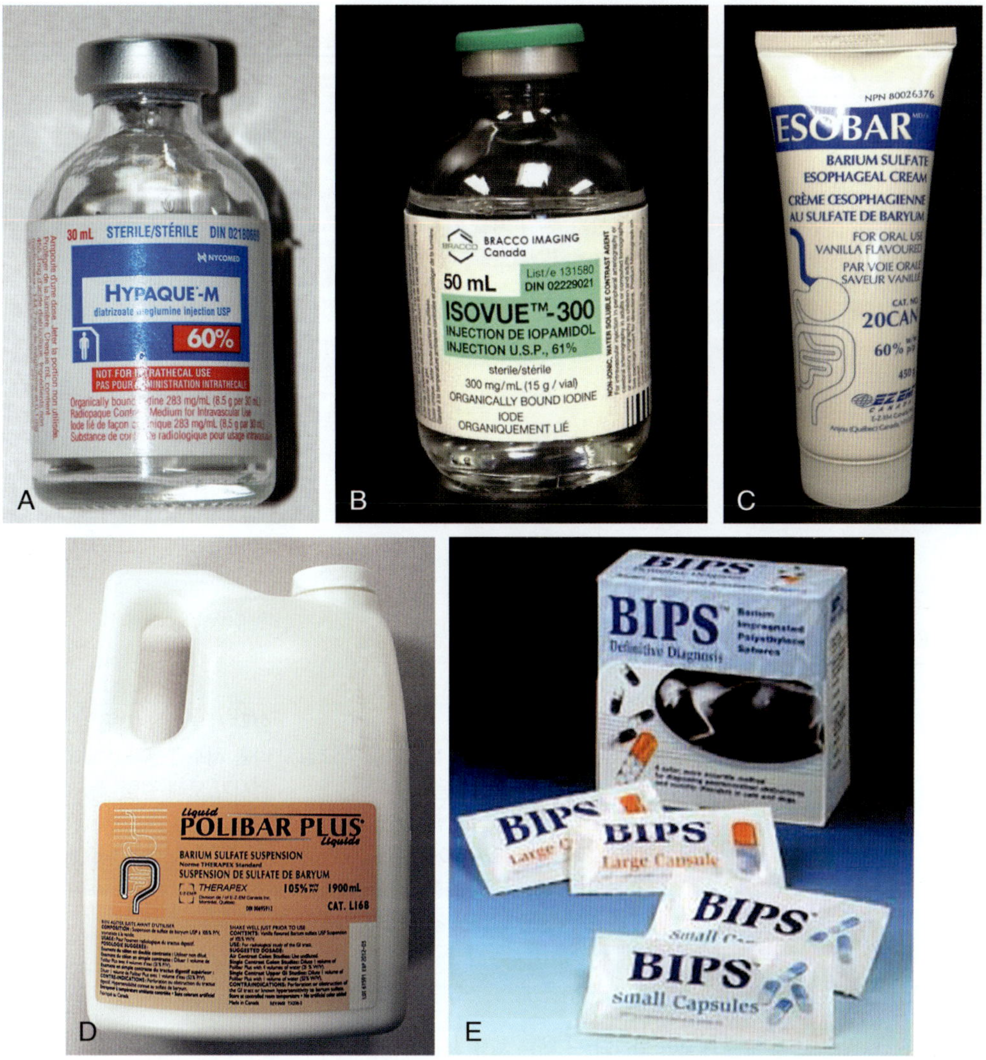

그림 18.1 **양성 조영제.** **A,** 이온성 요오드. **B,** 비이온성 요오드. **C,** 바륨 페이스트. **D,** 바륨 서스펜션 **E,** BIPS.

진을 만든다(표 18.1).

- 바륨(56)과 요오드(53)의 원자번호는 조직과 뼈보다 높기 때문에 영상에서 조영제는 더 "흰색"으로 보인다. 뼈의 구성 성분인 칼슘의 원자번호는 20이다.
- 황산 바륨은 위장관 방사선 검사에만 사용되며, 경구 또는 직장 투여 가능하다. 화학적으로 비활성이며, 불수용성, 흰색 경정질 물질이며 상업적으로 파우더, 콜로이드 서스펜션, 또는 페이스트 형태로 구매할 수 있다. 각 분자는 바륨이 부유된 상태로 유지되도록 가소제로 덮여 있다. 특정 부위의 검사에는 적절한 점도가 필요하다. 식도 연구에는 페이스트를, 단일-대조 관장 검사에는 얇은 혼합물이 필요하다.
- 위장 천공이 의심되는 경우, 바륨을 사용해서는 안 된다(표 18.1 참조). 바륨은 복막강 내에서 희석이 어렵고 완전히 불수용성이다. 만약 복막강으로 샌다면, 육아종이나 유착이 발생할 수 있다. 바륨은 절대로 정맥주사로 투여하면 안된다.
- 또한, 바륨이 실수로 폐로 흡인되지 않도록 매우 주의해야 한다.
- 수용성 유기성 요오드는 일반적으로 혈관내 조영 검사나 다른 체강에 주입된다. 요오드는 혈액이나 다른 체액과 쉽게 혼합되며, 신장을 통해 배출된다. 조영제 분자의 요오드 원자는 X선 빔의 주요 감쇠물이므로, 조영제의 요오드 농도가 중요하다. 더 높은 요오드 농도는 영상에서 더 많은 대조도를 보여준다.
  - 요오드 조영제는 크게 이온성과 비이온성으로 나눌 수 있다. 이온성 조영제는 분자가 분리되어 삼투질 농도를 변경시키며, 비이온성 조영제는 분자가 용액에서 완전한 형태로 남아 있는다.[1]
  - 수용성 유기 이온성 아이오딘은 벤조산 고리 구조체에

표 18.1 동물의 위장계 검사에 사용되는 양성 조영제[4-7]

조영제*	사용	장점	단점
황산 바륨 서스펜션			
상품명: • 리퀴드 폴리바 플러스 • 에소바르 식도 크림 (60% w/w)	일반적인 위장 대조 조사에 사용됨—직장 또는 경구용으로만 사용. 위장 천공이 의심되면 사용하지 않음.	낮은 가격 촉진 가능 점막 벽을 잘 보여줌 방사선불투과성이 높음 부유 상태로 잘 있음 분비로 희석되지 않음 장에서 흡수되지 않음 좋은 밀도	이동이 느림 불용성–천공 시 사용 불가능 폐로 흡인은 치명적일 수 있으나, 일반적으로 소량의 흡인은 무해함. 복막에 자극성이 큼 수술 또는 내시경 시술 중에 점막 표면을 가리킬 수 있음 초음파를 방해할 수 있음
바륨의 특징, 고려 사항 및 코멘트			
• 방사선 상으로 밀도가 높음 • 생리학적으로 불활성 • 희석이 잘 되지 않음 • 완전히 불용성 • 복막에 들어가면 육아종 또는 교착이 생길 수 있음 • 흡습성이 강해 장으로부터 물을 흡수하여 쇠약한 환자의 경우 장폐색을 초래할 수 있음			
방사성불투과성 마커			
상품명 • BIPS	구장–대장 체류 시간 측정 가능 폐색성 질환을 확인 가능	투여 간단 흡인 되거나 복막염을 일으킬 가능성이 낮음 음식과 함께 줄 수 있음 시간 프레임이 중요하지 않음 복부 세부 사항을 가리지 않음 운동 장애를 감지하기 적합함	점막 세부사항 및 관강 경계를 시각화할 수 없음 바륨 서스펜션과 비교하면 비쌈 검사가 오래 걸림
이온성 요오드			
경구용 유기성 요오드–이온성 용액			
종류, 상품명 • 일반적인 경구용 형태: 메글루민 디아트리조에이트와 소듐 디아트리조에이트 (가스트로그라핀)	위장 천공 또는 폐색이 의심되는 경우	빠른 체류 시간 장액성 표면과 복막에 비자극성 복강으로 누출 시 재흡수됨 점막에서 흡수 가능, 배뇨계에서 배설 가능	쓴 맛 바륨 서스펜션에 비해 비쌈 고장성에 의해: • 액체가 관강 내로 이동(삼투성 설사) • 조영제의 희석 • 전해질 불균형 • 탈수 • 메스꺼움, 구토 • 혈압 감소
주사용 유기성 요오드–이온성 용액			
종류, 상품명 • IV: 소듐 디아트리조에이트 (하이페이크); 메글루민 디아트리조에이트(하이페이크 M) • 아이오탈라메이트(콘레이)	요로방사선학은 정맥(IV) 주사, 빈 장기에 주입	점성이 낮음	위에 설명된 고장성 효과가 IV 볼로스 투여 후 일어날 수 있음, 이로 인한 부교감 활성으로 말초 혈관 확장과 부정맥 유도, 뇌외 척수에 자극적 독성 있으며 조직에 자극(예: 신장, 방관)
이온성 요오드의 특징, 고려 사항 및 코멘트			
• 다이아트리조에이트는 배설요로조영술을 위해 방사선불투과성을 부여하는 데 사용한다. 혈류로 흡수되면 이온들이 이온화되기 때문에 특히 소듐 디아트리조에이트의 경우 고장성이 큰 문제가 될 수 있다. 이러한 부작용 때문에 신우조영법에는 사용할 수 없다. 이러한 이유로 현재는 하이페이크는 일반적으로 사용되지 않는다. • 빠른 정맥 주입은 혈관미주신경반응을 유발하여, 메스꺼움과 구토가 발생할 수 있다.[5]			

(*계속*)

표 18.1 동물의 위장계 검사에 사용되는 양성 조영제[4-7] (계속)

조영제*	사용	장점	단점
주사용 유기성 요오드 – 비이온성 용액			
종류, 상품명 • 요헥솔(옴니파크) • 이오파미돌(이소부) • 이오베르솔(옵티레이) • 이오프로미드(울트라비스트) • 이오트롤란(이소비스트, 오스모비스트) • 옥실란(옥실린) • 비이온성 이량체 이오딕사놀(비시파크)	척수조영술. 어리고 쇠약한 환자에서 IV로 사용 가능	이온성보다 작은 부작용 – 빠른 체류 시간 비자극성 장관외 누출 시 재흡수됨 희석되지 않음 대조 검사를 먼저 진행 시 내시경/초음파에 영향을 주지 않음	비쌈
비이온성 요오드의 특징, 고려 사항 및 코멘트			
• 낮은 삼투질 농도와 화학적 성질 • 비이온성 이량체 조량제는 혈액과 뇌척수액과 거의 등장성이다.			
BIPS의 특징, 고려 사항 및 코멘트			
• 만약 배출이 지연된다면, 원인을 모를 수 있다. • 바륨 서스펜션을 사용하고 24~48시간 동안은 BIPS를 사용하면 안 된다.			

* 참고. 각 나라에 따라, 소개된 상품은 구하지 못할 수 있다. 출판 후 시간이 지나 구하지 못할 수 있다.

보건사 참고사항

- 삼투는 반투막을 통해 농도가 낮은 액체에서 농도가 높은 액체로 물이 이동하는 것을 말한다. 두 농도가 같아질 때까지 이동한다.
- 삼투압은 반투막에 대해 액체의 압력으로, 그 반투막을 통해 물이 안으로 흐르는 것을 방지한다. 이는 용해된 입자의 농도에 의해서만 결정된다.
- 오스몰은 용액의 삼투압에 기여하는 화합물의 몰 수를 나타내는 측정 단위이다.
- 삼투질 농도는 용매의 킬로그램당 용질의 오스몰 수를 나타내며, 보통 mOsmol/kg(밀리오스몰/킬로그램)로 표현된다. (오스몰농도는 삼투압 용액의 농도로 mOsm/L로 표현된다.)
- 긴장성은 이 삼투압의 측정이다.
- 등오스몰 용액은 혈장과 동일한 오스몰 농도를 가지고 있다. 혈관과 주변 액체 사이에 삼투가 없으며, 따라서 물 교환도 없다.
- 과오스몰 또는 고장성 용액은 혈장보다 높은 오스몰 농도를 가지므로 액체가 혈장으로 흡입된다.
- 저오스몰 또는 저장액 용액은 혈장보다 낮은 삼투압을 가지므로 물이 혈장을 나간다.
- 센티포이즈(cPs)는 용액의 점성을 나타내는 단위이다. 포이즈의 1/100이며, 두 액체 사이에서 한 층의 액체를 다른 액체와 움직이기 위해 필요한 힘의 양이다.

서 유도된 삼아이오딘화 화합물이다(그림 18.2). 이러한 화합물은 이온성이라고 하며, 음이온(음전하)과 양이온(양전하)이 각 화합물의 구성 요소로 이루어져 있기 때문이다. 이들이 분리되면 이온들은 용액의 삼투질 농도를 변화시킨다.

- 양이온은 소금으로, 일반적으로 나트륨(Hypaque) 또는 메글루민(Conray), 또는 두 가지를 혼합한 것이다. 나트륨은 메글루민이나 그 혼합물보다 약간 더 독성이 높다. 이러한 소금들은 화합물의 용해도를 증가시킨다.
- 양이온은 음전하로 이루어진 성분인 음이온과 결합된다. 세 개의 요오드 원자가 부착된 벤젠 고리와 다른 화학 성분(측사슬)이 음이온을 형성한다. 다이트리조에이트와 아이오탈라메이트가 흔한 음이온이다.
- 이온성 조영제는 용액 내 세 개의 요오드 원자가 두 개의 입자와 결합되어 있으며, 이는 3:2 비율(3개의 요오드 성분: 1개의 양이온 + 1개의 음이온)을 제공하여 높은 삼투질 농도를 만든다. 이들은 **고삼투압 조영제(HOCAs)**로 불린다. 삼투질 농도가 높을수록 아나필락틱 반응의 위험이 커진다. 이러한 조영제의 삼투질 농도는 2000 mOsm/kg 수분 이상이 될 수 있으며, 정상 혈청 또는 혈장의 삼투질 농도는 약 300 mOsm/kg

수분 정도이다.

- 수용성 유기 **비이온성** 요오드 조영제에서는 이온화 카복실 그룹이 아미드나 글루코스와 같은 그룹으로 대체되어 이온으로 분리되지 않으므로 분자가 완전한 상태로 남아 있다. 이는 신체 내 반응이 적어지는 것을 의미한다. 이온화와 비이온화 아이오딘화 조영제를 구분하는 것은 이러한 분리의 유무이다.
- 물에 용해될 때 단일 비이온성 화합물이 형성되며, 각 분자는 세 개의 요오드 원자를 포함하여 3:1 비율(3개의 요오드 : 1개의 비이온화 분자)을 가지고 있다.
- 이러한 비이온화 조영제는 비이온화 특성으로 인해 저삼투질 농도 조영제(LOCAs)라고 불리며, 따라서 혈장의 삼투질 농도를 증가시키지 않는다.
- 비이온성 조영제는 등온성에 더 가깝고, 따라서 신체에서 더 내성을 가지며, 아나필락틱 반응이 적다. 단점은 더 점성이 높고 더 비싸다는 것이다.

- 혈관 내 조영제 분자는 특성에 따라 단량체(monomer)와 이량체(dimer)로도 분류된다.
  - 이온화와 비이온화 조영제는 단량체 형태(하나의 벤젠 고리)와 이량체 형태(두 개의 벤젠 고리)로 제공된다. 요오드 분자가 더 많을 때 삼투질 농도가 감소한다.
  - 이온화 단량체는 가장 높은 삼투질 농도를 가지고 있

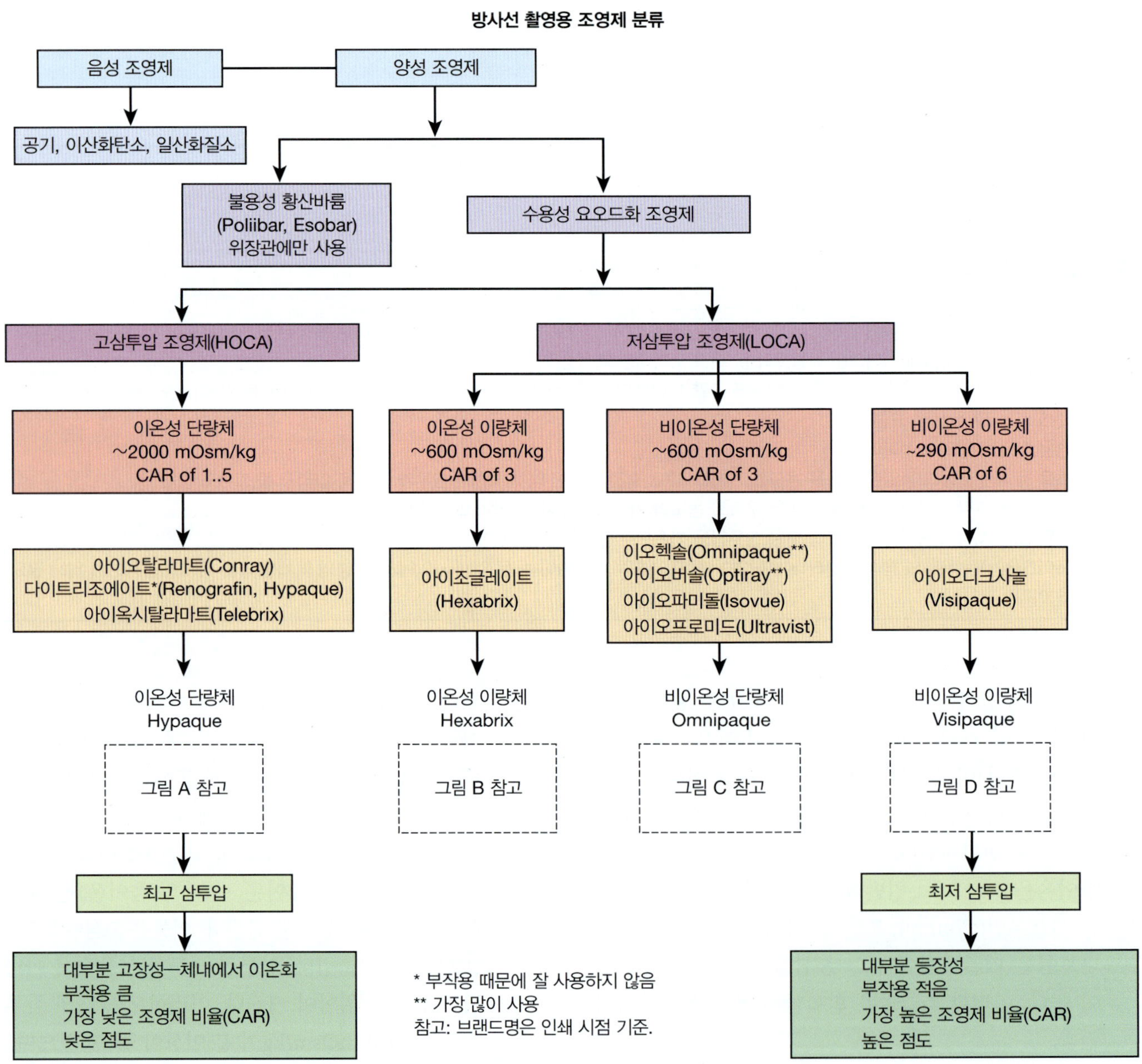

그림 18.2 **A,** 방사선 영상에서 사용되는 조영제의 분류 표.

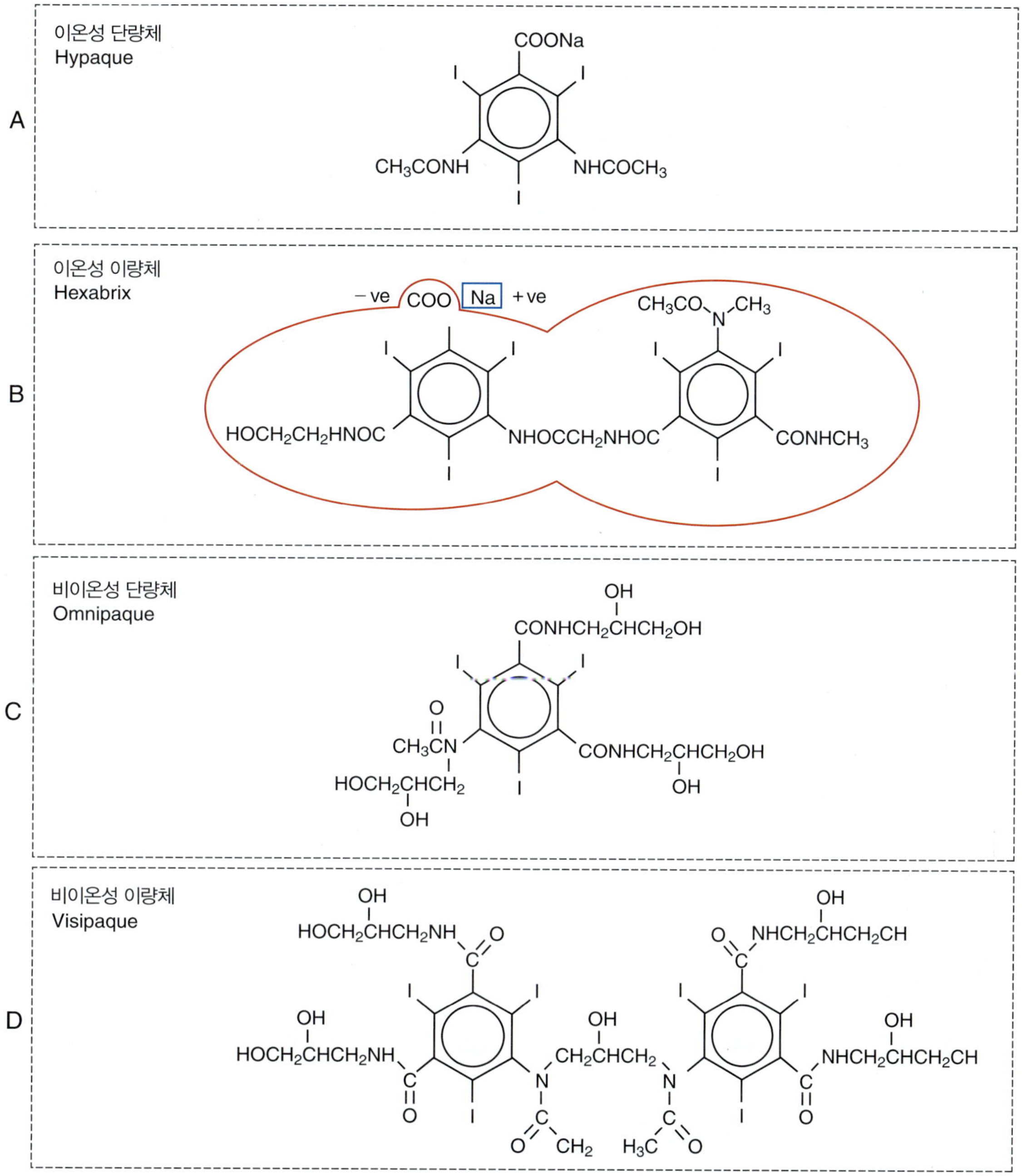

그림 18.2 (계속) B, 요오드 조영제의 네 가지 주요 분류의 이온 화학 공식.

으며, 비이온화 이량체는 가장 낮은 삼투질 농도를 가지고 있다.

- 저삼투질농도 조영제나 비이온화 이량체는 정맥 주사(IV)로 투여되면 뇌혈장 장벽을 통과하지 못한다. 그 대신 신장을 통해 과여혈여과에 의해 직집 배출되어 부작용이 적어진다.[2] 부작용이 적다는 것은 환자의 편안함을 높이는 것이다. 또한 이러한 화합물들은 높은 대조제 비율(CAR)을 가지고 있어, 복용량을 증가시키지 않고도 높은 방사선불투영성을 가진다.
- 방사선 영상에서의 양성 조영제에 대한 더 자세한 비교는 표 18.2과 그림 18.2를 확인한다. 상품명과 농도는 계속해서 변한다.

보건사 참고사항

현재 판매되는 요오드 조영제 중 가장 안전하고 최소의 부작용을 가진 것은 수용성 유기 비이온성 이량체이다.

정맥 주입 조영제의 생리학적 영향 _Physiological Effects of Intravenous Contrast Media

- 유혈액보다 높은 삼투질 농도의 용액을 주입하면(과세극형) 혈관 안으로 물이 외혈관 조직과 적혈구로부터 이동하게 만든다. 적혈구는 수축하거나 울퉁불퉁해진다. 이는 순환하는 혈액 용적과 말초 혈액 유동성이 증가하게 되며, 체계적 혈관 저항과 혈압이 감소한다.
  - 조영제 주입에 의해 증가하는 부교감신경 활성으로 인해 말초 혈관 확장이 촉진되며, 동반되는 통증, 불편함 및 붉은색이 발생한다.
- 조영제의 삼투질 농도을 거의 같은 수준으로 낮춘 이온성 및 비이온성 단량체가 도입되면서 많은 부작용이 완화되었다. 등장성 조영제는 삼투질 농도를 비슷한 수준으로 줄여주어 불편함과 붉어짐이 감소한다. **등장성**은 조영제와 혈액의 삼투질 농도가 상대적으로 같음을 의미한다.
- 또한 고려해야 할 다른 요인으로는 점도와 조영제 비율이 있다.
  - **점도**는 액체의 흐름에 대한 저항을 나타낸다. 이는 조영제의 주입 또는 전달에 영향을 미친다.
  - 큰 분자 크기로 인해 이오딕사놀(비지파크)과 같은 비이온성 이량체는 수용액 내에서 가장 낮은 삼투질 농도를 가지지만 가장 높은 점도를 가진다. 이는 용액이 주사기를 느리게 통과함을 의미한다. 용액을 가열하면 점도가 감소한다. 액체가 얇을수록 점도와 cPs[물의 온도는 21°C (70°F)에서 약 1cPs]가 낮아지며, 비이온성 이량체의 cPs는 20°C에서 27이지만 체온에서는 12이다(표 18.2 참조).
  - 삼투질 농도와 점도 외에도 요오드성 조영제는 조영제 비율(CAR)로 구별할 수 있다. 조영제 비율 5 = 용액 내의 요오드 원자 수/입자 수이다. 이온성 단량체의 CAR은 1.5이며, 비이온성 이량체의 CAR은 6이다. 조영제 비율이 높을수록 용량을 증가시키지 않고도 더 높은 방사능불투과성을 가질 수 있다(표 18.2 및 그림 18.2 참조).
- 주사 가능한 조영제 분자의 제거는 주로 사구체 여과 및 신장 클리어런스에 의해 발생한다. 제거 속도는 사구체 여과율에 따라 다르다. 그러나 거의 100%의 조영제가 24시간 내에 몸 밖으로 배출된다. 분자 중 어떤 것도 신장 실질에 재흡수되거나 분비되지 않는다.
- 신장 기능이 완전히 중단된 경우, 대사 및 제거는 간 및 장에서 훨씬 느리게 발생한다. 갑상선과 간에서는 조영제의 약 1.5%를 흡수하며, 이로 인해 혈액 검사값이 상승할 수 있다.
- 조영제 주입 후 갑상선의 핵의학 검사는 진행하지 않는다. 결과가 부정확할 수 있다.

표 18.2 오요드성 조영제의 화학 구조 및 생리화학성 성질[2,3]

화학 구조	삼투압 등급	대표 물질	농도	삼투질 농도 (MOSM/KG)	조영제 비율	점도* (CPS, 37°C/98°F)
이온성						
단량체	높은 삼투질 농도	다이아트라이조에이트(레노그라핀, 하이페이크), 메트리조에이트(이속파크), 아이오탈라메이트(콘레이), 이옥시탈라메이트(텔레브릭스)	약 350~400	~2000	1.5	4
이량체	낮은 삼투질 농도	이옥사글레이트(헥사브릭스)	320	600	3	8
비이온성						
단량체	낮은 삼투질 농도	아이오헥솔(옴니팩), 아이오파미돌(아이소뷰), 아이오버솔(옵티레이), 아이오프로마이드(울트라비스트)	240~350	600~850	3	5~10
이량체	같은 삼투질 농도	이도딕사놀(비지파크)	270-320	290	6	12

* cPS, 센티푸아즈는 용액의 점도를 나타내는 단위이다.
참고: 소개된 상품은 모든 나라에서 구하지 못할 수 있다. 출판 후 시간이 지나면 구하지 못할 수 있다.

음성 조영제 _Negative-Contrast Media

- 음성-조영제는 공기, 이산화질소, 산소 및 이산화탄소와 같은 낮은 원자번호 또는 저밀도 물질이다. 이러한 물질은 연부 조직보다 적은 양의 X선을 흡수하며 방사선 사진에서 검게 또는 방사선투과성으로 나타난다. 이는 연부 조직 사이의 대조를 향상시킨다. 음성 조영제 사용 시 양성대조제와 비교하여 점막의 세부사항은 적은 편이지만, 이중 조영제는 점막 세부사항을 보는 데 도움이 된다.
- 산소와 이산화탄소는 물보다 더 높은 용해도를 가지고 있다. 특히 공기를 사용하는 경우 방광과 같은 장기를 과도하게 팽창시키지 않도록 주의해야 한다. 장기가 파열되거나 궤양성 병변이 있는 경우 공기 폐색증이 발생할 수 있으며, 심장정지로 이어질 수 있다.[2,3] 증상은 즉시 발생하며 폐색증의 양 및 범위에 따라 중증도가 결정된다.
- 설명할 수 없는 증상이 발견되면 환자를 좌측 또는 왼쪽으로 누운 자세로 두고 즉시 몸의 후방 부분을 들어올려 오른심실에 가스를 가둬놓는 것이 좋다. 추가적인 치료가 필요할 수 있다.

이중 대조 검사 _Double-Contrast Procedures

- 이중-대조법은 양성 조영제와 음성 조영제를 함께 사용하여 장기, 일반적으로 방광, 위, 또는 대장을 영상으로 촬영하는 방법이다. 방광과 같은 장기에서 병변으로 오인될 수 있는 공기 거품을 피하기 위해 음성 조영제가 일반적으로 먼저 투여되고, 이후에 양성 조영제가 투여된다.

위장관 검사 _Gastrointestinal Tract Studies

환자 준비 및 절차 _Patient and other Preparation

1. 환자 준비가 매우 중요하다.
2. 실제 준비과정은 절차에 따라 약간 다를 수 있지만, 일반적으로 방사선을 찍는 해당 부위에 병변 또는 이상으로 오진될 수 있는 식품, 장 내용물 또는 기체와 같은 방사선 밀도가 높은 물질이 없어야 한다.
   a. 환자는 위장관이 비워질 수 있도록 금식해야 한다.
   b. 카테터 또는 관장제는 가스 생산을 최소화하기 위해 적기에 투여되어야 한다.
3. 털이 깨끗하고 건조하며, 뭉쳐 있지 않는지 확인한다.
4. 대장관을 통과하는 조영제의 체류 시간이 문제가 되는 경우, 진정제 또는 마취제가 결과에 영향을 줄 수 있다. 아트로핀과 같은 항콜린제는 위장관을 억제한다.
5. 조영제를 투여하기 전 조사 영상이 필요하다. 이는 절체의 타당성을 확인하고 적절한 방사선 기술을 결정하기 위함이다.
6. 환자를 적절하게 준비하면서 적절한 양의 조영제를 투여하여 장기를 적절하게 코팅하거나 팽창시키는 것이 중요하다.
7. 적절한 순서로 충분한 수의 영상을 촬영하는 것이 필수적이다. 책을 표지와 뒷면, 그리고 가운데 몇 페이지만 읽고 판단하는 것을 상상해본다. 위의 정확한 진단을 위해 4가지 상(VD, DV, 오른가쪽 촬영 및 왼가쪽 촬영) 모두 촬영해야 한다. 검사에 따라 경사상 또는 복부 압박이 필요할 수 있다. 상은 적절한 자세에서 올바르게 중심을 맞추고 적절한 랜드마크가 포함되어야 한다. 복부의 자세잡기 및 일반적인 해부학을 검토하기 위해선 11장을 참조한다.

위장관 검사의 지표 _Indications for Gastrointestinal Studies

위장관의 특수 검사는 구토, 실사, 변비, 혈변, 흑변, 복부 종괴, 복부 통증, 이물질 또는 복부 외상이 있는 경우 일반적으로 시행된다. 보통 바륨이 투여되며, 위장관의 형태학적 변화, 폐쇄, 위장관 내 기능적 변화(예: 위 배출 속도 또는 소장 통과 시간) 등이 평가된다.

금기사항 _Contraindications

환자의 식도나 위가 액체로 채워지고 팽창되었거나, 장이 무력한 경우에는 특수 검사를 진행하지 않는다(그림 18.3A). 장 충돌(그림 18.4) 또는 기타 상태로 인한 장폐쇄가 있는 경우에도 적합하지 않다.

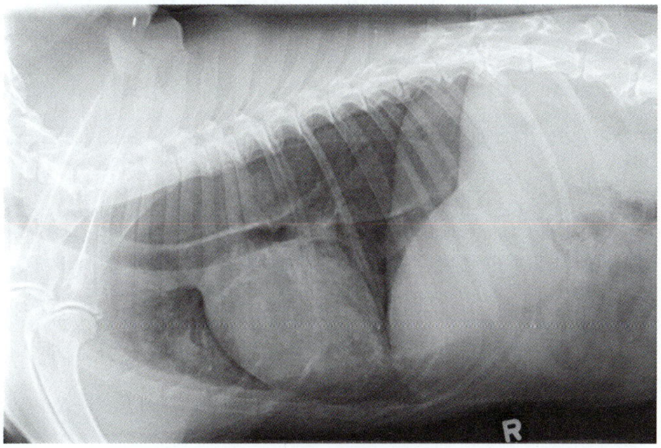

그림 18.3 **가쪽 흉부, 거대식도증을 보여주고 있다.** 거대식도를 진단하기 위해서 조영제 투입 전에 식도가 비워져야 한다. (Courtesy Mount Pleasant Veterinary Hospital, Toronto, ON.)

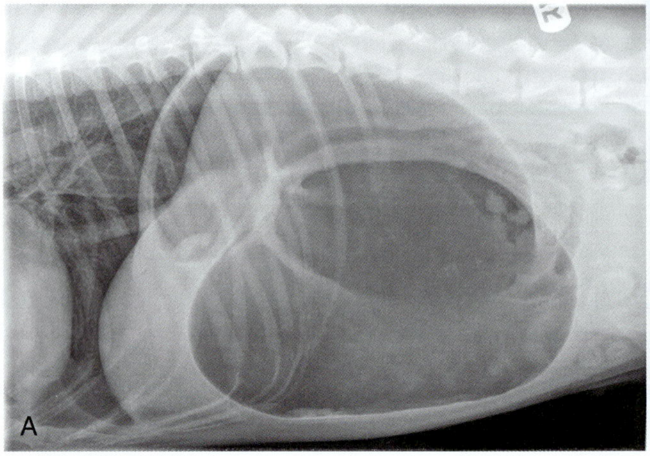

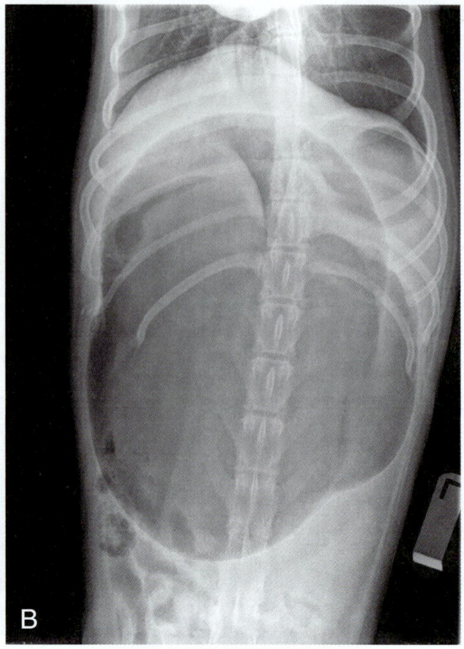

그림 18.4 위염전. 특징적인 더블 버블이 보인다. **A,** 우측 가쪽 복부. **B,** 배등쪽 복부. (Courtesy Secord Animal Hospital, Toronto, ON.)

조영제 _*Contrast Agents*

- 황산 바륨 서스펜션은 오래 두면 침전될 수 있으므로 사용 전에 흔들어야 한다. 바륨은 살균 처리되지 않으며, 한 번 개봉된 용기는 오염이 발생할 수 있다. 리저버 유형의 용기, 관장관, 또는 주사기와 같이 재사용되는 장비는 사용 전에 철저히 청소하고 멸균되어야 한다.
- 황산 바륨은 고장성이 아니며 관내액을 증가시키지 않는다.
- 단점은 소장을 통과하는 시간이 느리다는 것이다. 상부위장관(UGI) 검사를 위해 바륨 황산염을 냉각하면 시간을 단축할 수 있지만, 하부위장관(LGI) 검사를 위해서는 바륨이 실온과 체온 사이로 유지되는 것이 환자에게 더 편안하다.
- 장의 천공이 있는 경우, 디아트리조에이트 메글루민과 디아트리조에이트 소듐(가스트로그래핀) 유기 요오드 수용액을 혼합하여 사용할 수 있다. 탈수증상이나 심각한 전해질 불균형을 가진 환자인 경우, 고장성인 용액으로 인해 발생할 수 있는 문제를 고려해야 한다. 더 안전한 방법은 소장으로 적은 양의 체액만 끌어당겨 조여제의 희석을 최소화하는 등장성인 비이온성 화합물이지만, 높은 비용으로 인해 주로 소형 환자에게서만 사용된다.

보건사 참고사항

- 이오딕사놀 같은 유기성 비이온성 이량체 요오드 용액의 점도를 낮추기 위해선 용액을 가열한다.
- UGI 검사 시 체류 시간을 줄이기 위해 바륨을 냉각한다.
- LGI 검사의 경우, 용액을 실온에서 체온 사이에 두어 환자가 편하도록 한다.

식도조영술 _*Esophagram*

식도의 대조 검사, 즉 식도조영검사는 식도의 형태학적 또는 구조적 변화를 평가하는 데 가장 적합하며, 종종 병변을 정확하게 식별하거나 설문조사 방사선 소견을 더 자세하게 파악하기 위해 필요하다(글 상자 18.1 및 디지털 책 그림 23.1). 기능적 이상의 특정 평가를 위해서는 형광 투시법와 같은 역동 영상이 권장된다(그림 18.5). 식도는 목의 외측상과 흉부의 외측상 및 VD 상에서 가장 잘 평가된다

보건사 참고사항

- kg에서 lb로 단위 변환하기 위해선 2.2를 곱한다; 즉, 10 kg는 22 lb 정도이다. lb에서 kb로 변환하기 위해선 2.2로 나눈다; 즉, 88 lb는 40 kg 정도이다.

글 상자 18.1 식도 대조 검사 절차

지표

- 연하곤란, 소화되지 않은 음식물 역류, 급성 구토 또는 구역, 과도한 침샘 분비, 거대식도증(그림 18.3 참고) 비정상적인 삼키기, 식도 기능 이상 및 이물질이 있다면 식도 조영술을 진행한다.
- 이중 대조 검사는 점막 이상, 식도 내 이물질, 부분적인 협착 또는 협착과 같은 형태적 이상을 평가한다.

주의사항 또는 금기사항

- 연하곤란이 있는 환자는 대조제를 흡인할 수 있다.
- 확장된, 액체로 채워진 또는 음식물로 채워진 식도에 대조제를 추가할 필요가 없을 수 있으며, 이로 인해 병변이나 이상이 충분히 시각화될 수 있다.
- 질식이 우려될 경우, 황산 바륨 페이스트를 사용해서는 안 된다.
  - 천공의 경우 유기 아이오딘 제제 사용을 고려한다.
  - 대조제에 알레르기 반응이나 과민성이 알려진 경우 사용하지 않는다.

조영제와 투여량

- 황산 바륨 서스펜션 용액 또는 페이스트(선호) 투여량은 5~20 mL 60% w/v, 환자의 크기에 따라 다름, 여러 번 나눠서 삼켜도 가능[3]
- 바륨 식사는 개는 1컵의 키블과 20 mL의 황산 바륨 서스펜션, 고양이는 절반의 양을 사용[3]
- 수성 요오드 용액(가스트로그라핀): 1:2로 섞고, 5~15 mL 투여, 환자 사이즈에 따라 다름

장비 및 용품

- 큰 용량 주사기
- 선택적—캔 또는 개 사료

환자 준비

- 목줄을 제거하고, 털을 깨끗하게 한다.
- 추가적인 소화기 검사가 필요한 경우 금식한다.

자세잡기

- 일반적으로 측면 방향으로 촬영하며, 뒷다리는 앞쪽 방향으로 당기고, 앞다리는 뒤쪽 방향으로 당긴다(흉부입구 위의 위팔뼈 근육을 최소화한다).
- VD 또는 VD 비스듬 촬영도 가능하다.

경계

- 식도의 전체 길이: 구개후두(두개두부 부위)부터 T12(위의 상부 부위)까지이다.

양성 대조식 식도 조영술 절차

1. 조사 이미지를 촬영한다—측면 및 VD 방향으로.
2. 환자를 옆누움자세 자세로 X선 테이블에 배치한다.
3. 테이블 위에 종이 수건을 놓거나 환자의 입과 목 주위에 수건을 둔다.
4. 천천히 바륨을 입 안에 주입한다. 입을 닫고 환자가 삼키기를 기다린다.
5. 옆누움 자세로 환자의 연속적인 이미지를 촬영한다—보통 위치 조절자에게 오른쪽이 더 편리하다.
6. 추가적인 바륨 또는 바륨으로 적신 사료를 입 안에 넣는다. 입을 닫고 환자가 삼키기를 기다린다.
7. 필요한 경우 추가적인 측면 이미지를 촬영하거나 VD 또는 비스듬 촬영을 위해 환자를 배누움 자세로 배치한다. 경사상으로 촬영하면 식도가 척추를 가리지 않도록 한다(위치 조정에 대해서는 11장을 참조해라).
8. 내시경 또는 관의 진행을 통해 병변이 확인된 경우 부분적인 식도 조영술을 수행할 수 있다. 관을 부드럽게 병변 지점까지 넣고 해당 부위에 바륨 황산염을 주입한다

이중 대조 검사 식도 조영술 절차

1. 이전에 설명한 대로, 조사 이미지를 촬영하고 액체 바륨 제액을 사용하여 식도 조영술을 수행한다.
2. 필요한 경우 구강 감시장치를 통해 위관을 통과시킨다. 부분적인 폐쇄 부위를 강제로 관통하지 않도록 주의한다.
3. 특정 식도 부위의 조사를 위해 관의 끝을 재조정해야 하는 경우, 측면 이미지를 촬영하여 관이 제대로 배치되었는지 확인한다.
4. 주사기를 연결하고 바륨 황산염을 주입한다. 작은 개 또는 고양이의 경우 3~5 mL, 대형 개의 경우 8~10 mL을 사용한다.
5. 환자를 옆누움자세를 유지한 상태에서 공기 주사기를 연결하고 작은 개 또는 고양이의 경우 20~30 mL, 대형 개의 경우 40~50 mL의 공기를 주입한다.
6. 즉시 등부를 촬영한다.
7. 환자를 가슴누움자세로 다시 배치한다. 공기 주입을 반복하고 즉시 이미지를 촬영한다.

코멘트와 팁

- 진단에 방해가 될 수 있는 아티팩트를 피하기 위해 환자, 이미지 수신기 및 테이블에 조영제가 묻지 않도록 한다.
- 내시경을 수행할 예정이라면 바륨 대신 아이오딘을 사용해야 한다. 바륨은 점막을 가려서 내시경 검사에 방해가 될 수 있다.
- 이중 대조 검사를 위해 환자는 보통 마취나 진정 상태에 있다.
- 식도 조영술은 일반적으로 위 조영술 이후에 완료되며, 위관이 식도로 되돌아간 후에 수행된다.
- 만약 위식도 역류가 있다면 추가적인 바륨 황산염 제액이 필요하지 않다. 공기만 투여하면 된다.
- 건강한 폐에서는 흡인된 바륨 황산염의 아주 작은 양이 일반적으로 잘 내성적이며 24시간 이내에 기도로부터 제거된다.[3]
- 구강-인두 부위 문제는 삼키는 동안과 삼킨 후 일시적으로 평가하는 것이 가장 적절하다.
- 경사상은 척추와 흉골의 겹침을 없애 식도를 더 잘 시각화하는 데 도움이 될 수 있다.

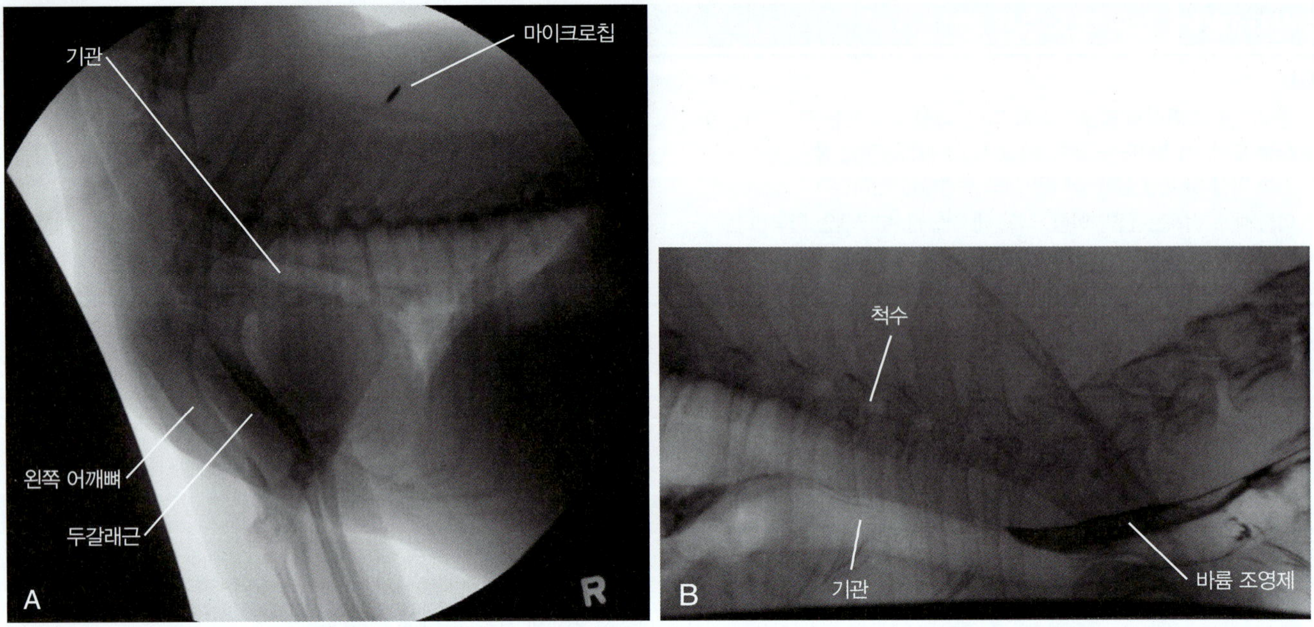

그림 18.5 **A,** 조영제를 쓰지 않은 형광투시법, 오른가쪽누움자세. 기관이 하얗고 뼈가 검게 보인다. **B,** 바륨을 사용한 형광투시법으로 본 식도, 오른가쪽누움자세. (Ontario Veterinary College, University of Guelph, ON.)

보건사 참고사항

희석을 계산하기 위해서는 비율과 비례법, 비례적 집합 또는 분수 방법을 사용한다. 예를 들어: 최종 20% 바륨 희석물을 120 mL 사용해야 한다. 초기 바륨 황산염은 60% 농도이다. 초기 바륨 용액을 얼마나 사용하고, 희석제는 얼마나 필요한가?

1. 비율과 비례법: 최종 희석 비율:

초기 농도= 필요한 부피: 최종 투여 부피

20%:60% = X:120 mL

2. 비례적 집합 $C_1 \times V_1 = C_2 \times V_2$

$$\text{농도}_1(\text{초기}) \times \text{부피}_1(\text{초기}) = \text{농도}_2(\text{최종}) \times \text{부피}_2(\text{최종})$$

$$60\% \times X\ mL = 20\% \times 120\ mL$$

3. 분수 방법:

$$\frac{\text{최종 희석 퍼센트}}{\text{초기 농도}} = \frac{\text{필요한 부피}}{\text{최종 투여 부피}}$$

$$\frac{20\%}{60\%} = \frac{X}{120\ mL}$$

조영제의 희석에는 특히 바륨 검사의 경우, 식염수가 가장 적합하다. 모든 경우에 다음과 같이 진행하십시오:

$$(20)(120) = X(60)$$
$$60\ X = 2400$$
$$X = 40\ mL\text{의 농축 바륨}$$

총 120 mL의 부피가 필요하고 60% 용액의 40 mL을 사용할 예정이므로, 80 mL의 희석제가 필요하다(120 mL = 40 mL − 80 mL). 바륨의 경우 식염수가 가장 적합하다.

상부 위장관 검사 _*Upper Gastrointestinal Study*

- 조영제는 구강으로 투여된다. 필요에 따라 대장과 소장을 통과하는 동안 위, 소장, 대장의 경로를 촬영한다.
- 전체 검사 절차는 글 상자 18.2와 표 18.3을 참조하라. 환자의 상태에 따라 실제 시간과 중심 방사선의 위치는 다르다.
- 위와 장기의 형태학적 연구는 다음과 같이 이루어진다: (1) 장기의 크기, 모양, 위치, (2) 위벽과 위의 내용물의 특성 또는 (3) 위장관의 벽외,벽, 또는 벽내 병변을 검사한다. 위의 운동과 날문과 장기능은 위와 장의 배출 여부를 통해 판단할 수 있다. 단, 검사 음식의 크기와 성질에 따라 시간이 다양하게 걸린다. 기능 검사는 형태학적 연구와 조금 다르게 수행된다. 기능 검사에서 마취나 진정제가 체류 시간에 영향을 미친다.
- 위 기능을 더 자세히 평가하기 위해 바륨 음식 혼합물 검사도 수행되고 있다. 정상적인 위 배출 시간의 범위는 넓다. 큰 이상이 존재하지 않는 이상, 바륨 고체 음식은 유용한 정보를 주지 않는다. 바륨으로 채워진 폴리에틸렌 구체(BIPS, Chemstock Animal Health Ltd., Christchurch, New Zealand)는 개와 고양이에서(그림 18.1E 확인), 고체물 배출을 평가하기 위한 대안으로 사용되어 왔지만, 그 유용성은 제한적이다.
- 내시경은 대체 가능한 진단 방법이지만, 소장에 충분히 접근하기 어려울 수 있다. 초음파는 종종 소장 진단 정보를 제공하므로 대조적 방사선 연구를 최소화하는 데 도움이 될 수 있다.

글 상자 18.2 상부 위장관 검사 절차[2,3]

지표

- 반복되는 반응이 없는 구토, 설사, 토혈, 거식증, 혈변, 종양성 병변, 의심되는 이물질 또는 폐색, 벽 왜곡, 벽 병변, 복부 기관 이동, 만성 체중 감소, 지속적인 복부 통증 및 조사 방사선 사진에서 의심스러운 결과가 있는 경우이다.[2,3]

주의사항 또는 금기사항

- 파열이나 천공이 의심되면 수용성 유기 아이오딘 제제를 사용한다. 탈수된 환자의 경우 이러한 약제의 사용을 피해야 한다.
- 가능한 경우 내시경 또는 초음파 검사를 고려해야 한다, 특히 상태가 좋지 않은 환자들에게는 더욱 그렇다. 내시경 검사나 수술이 예정되어 있는 경우 바륨 사용을 피해야 한다.
- 위가 음식물로 가득 찬 경우 조영술을 연기해야 한다.
- 위험성 갑상선비대/회전, 만성 폐색성 장질환 및 마비성 장폐색 사례에서 바륨 사용은 복잡해질 수 있다(그림 18.4 참조).
- 위 수술 직후나 깊은 생검 후 즉시 위 팽만은 권장하지 않다.
- 진정제나 다른 약물 사용은 이동 시간에 영향을 미친다.
  - 가스 팽만이나 대장 운동력 감소를 유발할 수 있는 장기 이상의 치료에 사용되는 부교감신경 억제제와 약물을 피해야 한다.
  - 양성 대조 검사 이전에 적어도 24시간 동안은 최소한 48~72시간 동안은 치핵약 사용을 중단해야 한다.[3]

조영제와 투여량

- 황산 바륨 서스펜션, 60%: 문헌에 따라 투여량은 다름. 가장 흔하게 사용되는 건: [2,3]
  - 10 kg 이하 개와 고양이: 8~10 mL/kg
  - 10~40 kg의 중형견: 5~7 mL/kg
  - 40 kg 이상 개: 3~5 mL/kg
- 요오드(300 mg/mL 이하)[2]:
  - 개 2.0~3.0 mL/kg
  - 고양이 1.0~2.0 mL/kg
- 이중 대조 검사 또는 음성 대조 검사:
  - 20 mL/kg , 코위삽관 사용.
- Effervescent granules (Baros, E-Z-Gas II)

장비 및 용품

- 위관
- 구강 견경
- 50 mL 주사기
- 수건

환자 준비

- 위장관은 정밀한 이동 시간 판정에 방해가 되지 않도록 비어 있어야 한다.
  - 음식물 섭취는 이물질이나 소화기관의 작은 병변을 가리킬 수 있다.
  - 환자가 식욕이 없거나 구토하는 경우를 제외하고는 대조제를 투여하기 전에 적어도 12시간 이상 금식해야 한다.
  - 소장의 점막 질환을 평가하는 경우 최소한 24시간 금식이 가장 좋다.
- 관장 전에 측면과 VD 이미지를 촬영한다.
- 조사 이미지에 따라 관장이 필요한 경우, 가스 아티팩트를 최소화하기 위해 절차 전 적어도 2~4시간 전에 투여한다.
- 환자가 심한 복부 스트레스를 겪고 있다면 금식, 관장 또는 완와제을 권장하지 않는다.
- 가능하다면 진정제 없이 시행한다. 운동력을 변경시킬 수 있는 약물은 판독에 영향을 미칠 수 있다.
  - 만약 진정제가 필요한 경우, 개에는 에이스프로마진을, 고양이에는 케타민/디아제팜을 고려하라.[3]

측정, 중심 방사선 및 경계 부위

- 등허리 이음부의 가장 두꺼운 부분(간)을 측정
- 개의 경우 열세번째 갈비뼈의 뒤쪽 L2~L3 정도 또는 배꼽을 지나도록 중심 방사선을 맞춤. 고양이는 열세번째 갈비뼈의 뒤쪽으로 손가락 두세 개 넓이 정도에 맞춘다.
- 칼돌기 앞쪽으로 1인치에서 절구뼈 뒤쪽으로 1인치 정도 포함
  - 위운동도검사 또는 앞쪽 복부 검사 시, L5–L6까지만 포함

양성 대조 상부 위장관 검사 절차(그림 18.6 및 18.7 참고)

1. 볼주머니와 주사기 또는 위관을 사용하여 황산 바륨을 투여한다.
   a. 구강위관이 선호되며, 환자를 촬영 준비 상태로 X선 테이블 위에 누워있게 한다(특히 위조영상의 경우).
2. 위조영상을 완료할 경우, 즉시 머리쪽 위 중앙을 중심으로 하는 네 장의 이미지를 촬영하라: 복부의 건두방향, 우측 측면, 좌측 측면 및 뒤쪽위 방향으로 촬영한다.
3. 투여 15분 후: 복부의 머리꼬리쪽과 우측 측면 촬영.
4. 투여 30분 후: 복부의 머리꼬리쪽과 우측 측면 촬영.
5. 투여 60분 후: 복부의 머리꼬리쪽과 우측 측면 촬영.
6. 투여 후 1시간마다: 위조영상과 오른가쪽 촬영을 조사가 완료될 때까지 진행한다(고양이 이미지는 그림 18.8, 개 이미지는 e그림 18.2에서 18.9까지 참조하여 황산 바륨 투여 후 15분부터 6.5시간까지의 추가적인 개 이미지를 참조한다.
7. 황산 바륨 투여 시간에 대한 정보는 표 18.3을 참조한다.

코멘트와 팁

- 위장관 조영술에서는 개에 따라 위조영상이 필요하지 않을 수 있거나, 특히 개의 경우 15분 이미지를 제외할 수 있다. 그러나 고양이의 경우 위장관 이동 시간이 빠르기 때문에 15분 이미지는 강력히 권장된다. 고양이에게는 90분 이후 추가 이미지가 더 많은 정보를 제공할 수 있다.
- 위장관 및 배출 시간이 우려되는 경우, 절차를 정확히 완료할 수 있도록 일찍 하루를 시작하라.
- 적절한 양의 바륨 황산염 제액을 주어 위를 최적으로 팽창시키고 가능한 많이 한 번에 투여하는 것이 중요하다. 구강위관을 사용하면 모든 대조제가 투여되기 전에 위를 떠나는 바륨을 최소화할 수 있다.

(계속)

글 상자 18.2 상부 위장관 검사 절차[2,3] (계속)

- 위장관 조영술은 대부분의 바륨이 위에서 더 이상 시각적으로 확인되지 않을 때 끝이 난다. 반면 소장 조영술은 소장에 바륨이 거의 남지 않을 때 끝난다. 위 주름은 위장 배출 시 가장 잘 보인다.
- 만약 위의 유문부를 찍고 싶다면 경사상이 필요할 수 있다.

이중 대조 상부 위장관 검사 절차

1. 이중 대조 영상 촬영은 주로 위벽 및 벽 외 병변의 추가 정보를 제공하며, 벽 내 및 위 병변을 더 잘 시각화할 수 있다. 이중 대조 검사는 운동성이나 배출을 평가하지 않는다.
2. 만약 환자가 금식하지 않은 상태라면 이 절차를 수행해서는 안 된다.
3. 환자는 화학적으로 억제된 상태가 가장 좋다.
4. 일반적인 비대조 조사를 완료한다.
5. 위장관을 사용하여 황산 바륨을 투여한다. a. 소형견의 경우 2 mL/kg, 대형견 1 mL/kg, 고양이는 6 mL/kg를 사용한다.[3]
6. 공기가 채워진 주사기를 부착하고, 위가 팽창될 때까지 공기를 주입한다.
7. 관의 끝을 추출하여 후위식도 내로 들어가도록 하거나 완전히 제거한다.
8. 환자를 부드럽게 회전시켜 위 점막을 코팅한다.
9. 즉시 위의 필요한 영상을 촬영해라: 우측과 좌측 측면, 복부의 머리꼬리쪽 및 뒤쪽위 방향(위조영상이 필요한 경우) 또는 그렇지 않은 경우 우측 측면과 복부의 머리꼬리쪽으로 촬영한다.
10. 빔을 복부의 머리꼬리쪽 중앙 위에 중심을 맞춘다(그림 18.9).
11. 만약 공기가 구토로 소실되거나 소장으로 흘러갔을 경우 추가적인 음성 조영제를 투여하고 이미지를 다시 촬영한다.

코멘트와 팁

- 정확한 용량을 결정하는 것은 어렵다. 공기 주입에 대한 저항과 팽창된 위를 촉진하여 필요한 양을 판단한다. 위가 팽창되도록 하여 위벽이 얇고 균일하게 보이도록 하되 조심해야 한다.
- 음성 대조 상부 위장관 조영술이나 공기 위장 조영술은 이중 대조 조영술로 대체할 수 있다.
  - 이중 대조 조영술과 동일한 절차를 따르되 황산 바륨을 생략한다.
- 필요한 경우, 소장의 이중 대조 형태학적 검사로 계속 진행할 수 있다:
  - 필요에 따라 15분, 30분, 60분 및 1시간마다 측면과 복부의 VD방향 영상을 촬영한다.
- 위관을 삽입하는 것이 현실적이지 않은 경우, 이중 대조 및 음성 대조 검사 모두에 공기 대신 발생시키는 이산화탄소 생성 과립 또는 스판슐(Baros 또는 E-Z-Gas II 등)를 대체할 수 있다.
  - 환자의 볼주머니에 과립/스판슐을 넣고, 위에 도달하기 전에 거품이 사라지지 않도록 입을 닫는다.
  - 즉시 촬영해야 한다. 생성된 가스가 역류할 수 있다.

표 18.3 상부 소화기의 양성 대조 필름 시퀀스와 정상 개, 고양이에서 일반적인 구조[2,3]

바륨	이온성/비이온성 요오드	일반적인 동물에서 불투명하게 보이는 구조*
개		
즉시	즉시	위
15분		위가 비워지기 시작, 십이지장이 채워지기 시작
30분	15분	위에 적은 량, 십이지장, 공장
1시간		위에는 흔적만 남아 있음, 십이지장, 공장은 채워져 있고 회장이 채워지기 시작
1.5~2시간	30분	위는 거의 비어 있음, 소장 완전 채워 짐, 회맹접합부
4시간	1시간	소장 및 대장
1~4시간		위 비어 있음
3~5시간		소장 비어 있음
고양이		
즉시	즉시	위
5~10분	5분	위가 비워지기 시작, 십이지장 채워짐
15~20분		공장까지 감
30~60분	30~60분	소장을 완전 채움, 막창자 채워 짐
1시간	1시간	소장과 대장
30~60분		위 비어 있음
1~3시간		소장이 비어 있음

* 개체마다 체류 시간은 여러 요인에 의해 다를 수 있다. 위에 제시된 시간은 근사치이다.

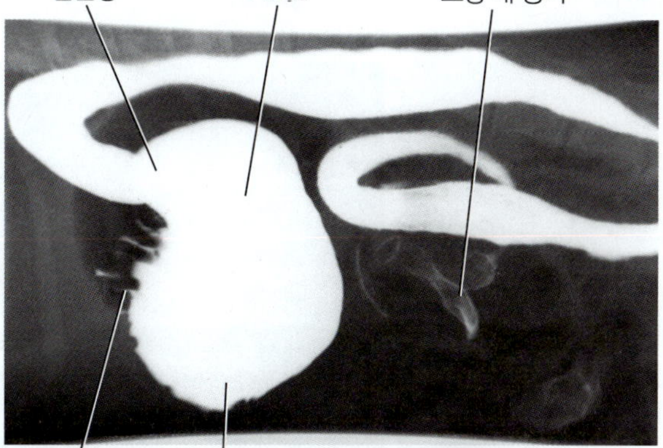

그림 18.6 바륨 투여 수분 내 촬영한 상부 위장관계의 사진. 반전된 투시 사진이다. (Courtesy Ontario Veterinary College, University of Guelph, ON.)

보건사 참고사항

- 바륨 검사가 진단적으로 유효하려면, 관강을 적절하게 팽창시키기 위해 완전한 용량을 투여한다.
- 허상을 최소화하려면 환자의 털을 항상 깨끗하고 건조하게 유지하고 조영제의 흔적이 없도록 한다. 앞쪽 몸의 방사선 촬영이 필요한 경우 복술을 제거한다.
- 바륨을 투여하기 전에 모든 준비를 마친다. 예를 들어 영상 감지기를 위치시키고 기술을 설정하며 보호 장비를 착용하며 환자를 테이블 근처에 둔다. 테이블 위에서 바륨을 투여하는 경우, 바륨 유출과 이로 인한 아티팩트를 최소화한다.
- 기술적 오류를 피하기 위해 조사 영상을 촬영하고, 환자를 적절하게 준비하며, 올바른 조사선량을 사용하고, 빔을 올바르게 중심에 배치하며, 위로 튜브를 배치하고, 올바른 양의 바륨을 사용하고, 필요한 수의 이미지를 촬영하고, 적절한 순서로 촬영한다.
- 입위관을 사용하는 경우, 투여 전에 식도 내에 올바르게 위치되었는지 확인한다. 관을 제거하기 전에 약간의 공기로 관을 청소하고 관을 꺾어서 폐로의 흡인을 최소화한다.
- 바륨이 대장에 도달한 시점에서 상부위장관 검사는 완료된 것으로 간주된다.

하부 위장관 검사 _Lower Gastrointestinal Study

- 이 검사는 다른 검사법인 내시경의 존재와 대조 관장으로 얻을 수 있는 진단 정보가 적다는 특징때문에 잘 사용되지 않는다(글 상자 18.3). 맹장, 결장 및 직장의 방사선 검사를 위해 조영제를 역행 주입하며, 이를 통해 일반적으로 외벽 종양, 벽 내 또는 큰 점막 병변, 그리고 관강 내 병변을 평가한다. 작은 점막 병변은 내시경으로 더 잘 확인할 수 있다. 회맹판 막과 상행/횡행 부위의 질병은 대조 검사로 더욱 상세하게 확인할 수 있다.[3]
- 전체 대장과 점막 이상과 같은 작은 병변을 시각화하기 위해선 해당 부위를 완전히 팽창시키고 배설물을 제거해야 한다. 양성 조영제를 구강 투여하는 것만으로는 대장을 완전히 팽창시킬 수 없으므로 일부 검사 절차에는 직장 투여 또한 요구한다. 직장 투여를 참지 않는 환자가 많기 때문에 화학적 보정이 필요하다.

BIPS의 사용 _Use of Barium-Impregnated Polyethylene spheres

- BIPS는 개와 고양이에서 위장 운동장애와 장 이동 시간을 평가하기 위해 설계된 관찰용 비활성, 저밀도, 방사선 불투명성 구체이다(글 상자 18.4). 이는 플라스틱과 바륨 황산염의 혼합물로, 5 mm 직경의 구체는 부분적이거나 완전한 폐쇄를 평가하며, 1.5 mm 직경의 구체는 먹이 통과를 모방하기 위한 것이다. 구체의 수와 크기, 금식 기간, 그리고 음식의 종류와 양은 위장 소화 시간과 구장-대장 체류 시간에 영향을 미친다. 적절한 검사를 위해서는 제조업체의 지침을 엄격하게 따라야 한다. 바륨 서스펜션과 비교한 장단점은 표 18.1에 나와 있다.

보건사 참고사항

BIPS를 사용하여 구하는 위 배출 공식:

1. 위에서 배출된 BIP의 수를 센다.
2. 다음과 같이 계산한다:

$$\frac{\text{위에서 배출된 BIPS의 수}}{\text{영상에서 보이는 BIP의 총 수}} \times 100 = \text{위에서 배출된 BIPS의 \%}$$

구장-대장 체류 시간 공식:

1. 결장에 있는 BIPS의 수를 세고 다음과 같이 계산한다:

$$\frac{\text{결장에 있는 BIPS의 수}}{\text{영상에서 보이는 BIPS의 총 수}} \times 100 = \text{결장에 있는 BIP의 \%}$$

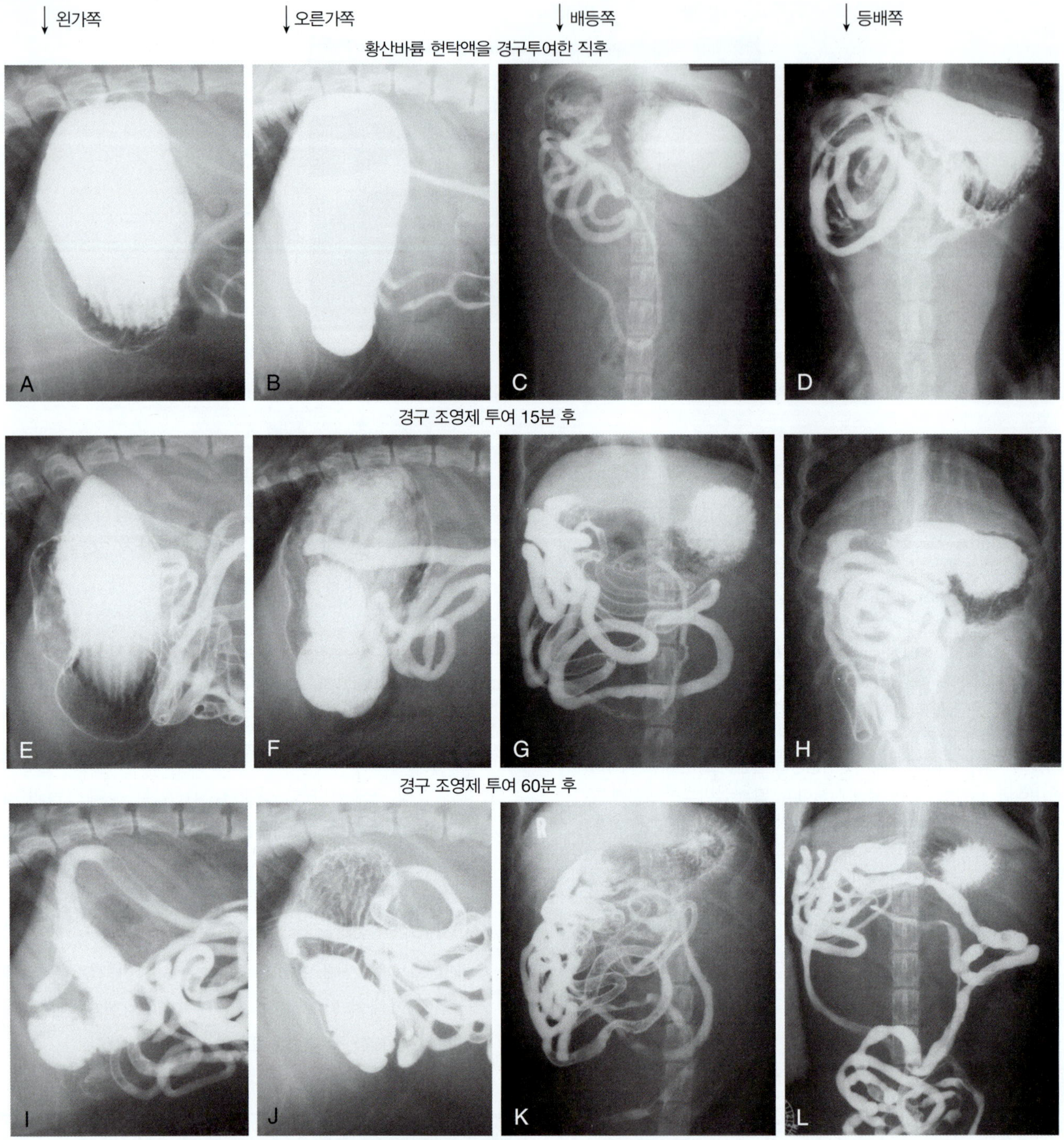

그림 18.7 **다양한 자세 및 시간대에 촬영한 양성 대조 바륨 위운동도검사, 조영제 투여.** 즉시(**A~D**), 15분(**E~H**), 및 60분(**I~L**) 뒤. 시간이 지날수록 연속적인 위 비움이 보인다. **A, E, I,** 왼가쪽촬영. 대부분의 조영제는 위몸통과 위바닥에 위치한다. 작은 양의 기체가 날문부위에 첫 사진에서 보이며, 15분에서 기체의 양이 증가하고 60분에서 감소한다. 날문은 위몸통의 앞쪽으로 위치한다. **B, F, J,** 오른가쪽촬영. 즉시 찍은 사진에는 위 전체가 조영제로 차 있다. 뒤에 찍은 사진에서 기체는 위바닥에 있으며, 액체는 대부분 날문에 위치한다. 날문은 위몸통의 배쪽으로 가중된다. **C, G, F,** VD 상. 대부분의 조영제가 위바닥에 있다. 기체는 위몸통에 있다. **D, H, L,** DV상. 대부분의 조영제가 날문에 있다. 기체는 위바닥에 있다. (From Thrall DE. *Textbook of Veterinary Diagnostic Radiology*. 7th ed. St. Louis: Elsevier; 2018.)

위장관의 정상 방사선 해부학 고려사항 _*Normal Radio-Graphic Anatomical Considerations of the Gastrointestinal Tract*

- 11장에서 구조를 검토하여 일반적으로 방사선 영상에서 볼 수 있는 개와 고양이의 정상적인 위장을 확인한다. 표 11.1, 그림 11.3, 11.5, 11.6, 11.9 및 11.10은 다양한 자세의 해부학을 보여주고 있다. 그림 11.10, 11.11 및 18.7은 환자의 자세에 따른 액체 및 기체 분포의 정상적인 변화를 보여준다. 글 상자 18.1은 양성 대조 UGI 검사의 영상

글 상자 18.3 상부 위장관 검사 절차[2,3]

지표

- 이상한 배변, 특히 과다한 점막이나 선홍색 대변, 폐쇄, 설사, 대장 또는 직장 종양, 대장염 및 장중첩증 등의 증상이 모두 바륨 관장을 완료해야 하는 검사이다(그림 23.10 참고).
- 바륨 관장은 특히 관강의 좁아짐으로 내시경이 통과하지 못할 때, 벽 내 또는 벽 외 병변이 의심될 때, 또는 내시경으로 정상적인 점막이 확인되었을 때 특별히 필요하다.

주의사항

- 조영제가 차가운 경우, 관이 벽에 자극을 줄 경우 또는 마취 전에 진통제를 사용하면 일시적인 경련이 발생할 수 있다.
- 천공이 의심되거나 알레르기가 알려진 경우, 거꾸로 투여 또는 바륨 관장을 완료하지 않는다. 바륨 관장은 환자가 12시간 이내에 직장 경이 있었을 경우 벽이 약해질 수 있으므로 권장되지 않는다.
- 과도한 팽창 없이 아래쪽 소장으로 역류가 발생할 수 있다.

조영제와 투여량

- 20% 황산 바륨, 상온 또는 체온 사이 온도
- 대장을 채울 수 있는 투여량은 항문으로 투입[2]:
  - 소형견과 고양이: 총 10~20 mL; 중형견 (10~40 kg): 30 mL; 40 kg 이상의 대형견: 60 mL(다른 출저에 따르면 7~15 mL/kg.[3])
  - 직장 검사 또는 대장 일부만 채우기 위해선 반 정도 투여
- 이중 대조 검사 투여량;
  - 개: 황산 바륨 5~10 mL, 공기 50~200 mL
  - 고양이: 황산 바륨 서스펜션 2~3 mL , 공기 25~50 mL
- 음성 대조 검사 투여량:
  - 개: 공기 60~100 mL cat: 공기 20~30 mL

장비/용품

- Bardex 또는 폴리(Foley) 카테터
- 주사기/관장용 봉지/캔/관장약
- 쓰리웨이 스탑콕
- 윤활제
- 압박 주걱

환자 준비

- 대장 점막 질환을 연구할 경우 대장은 배설물이 없어야 한다.
  - 24~36시간 동안 음식 섭취하지 않아야 한다.
  - 절차 이전 4시간까지 물을 마실 수 있으나, 환자가 적절히 수분 섭취하도록 확인한다.
- 만약 질병으로 소화관이 비지 않았다면, 이전 밤에 빈장관으로 카토릭(배변유도제)와 온수를 사용하여 대장을 비워주세요. 대변이 있을 경우, 배변의 활성을 위해 비누 성분이 함유되지 않은 관장을 고려한나. 검사 전에 따뜻한 물을 이용하여 배출물이 깨끗하게 나오는지 확인한다. 내시경과 달리 대장을 완전히 깨끗하게 세척할 필요는 없지만 대장 내의 어떤 배설물이나 음식물은 혼란스러운 아티팩트를 발생시킬 수 있다.
- 만약 이전에 복부의 측면과 복부의 VD 영상을 촬영하지 않았다면 이를 수행한다. 이는 절차 2~4시간 전에 완료하는 것이 가장 좋다.
- 환자에게 진정제나 마취를 투여한다.
- 급성 복통, 지속적인 구토, 느껴지는 팽창된 내장, 액체나 기체로 채워진 내장이 있는 경우 준비가 필요하지 않다. 이러한 기체나 액체는 진단에 도움이 될 수 있다.
- 이 검사에 대해 내시경 검사가 방사선 대조보다 진단에 더 유용할 수 있다.

측정, 중심 방사선 및 포함할 것

- 소장 검사와 일치.

개, 고양이의 양성 대조 바륨 관장을 위한 절차

1. 마취나 진정제가 투여된 환자를 테이블에 눕힌다.
2. 폴리 카테터를 항문에 삽입하고, 커프를 팽창시켜 누출을 막는다.
3. 저장용 봉투를 테이블 위로 약간 높게 두어 중력을 최대한 활용하거나, 주사기로 최소 압력을 사용한다.
4. 관의 흐름에 저항이 있는 경우, 주입을 멈추고 관을 꺼라.
5. 3방향 스톱콕을 닫는다.
6. VD 방향과 오른쪽, 왼쪽 측면 영상을 촬영한다.
7. 특히 수컷인 경우 경사 영상이 필요할 수 있다(11장을 참고하라).
8. 영상을 확인하고 추가 조영제나 영상이 필요하지 않으면, 카테터를 제거하기 전에 가능한 한 많이 조영제를 제거한다.
   a. 환자를 왼쪽 측방 누움 자세로 두고, 상체를 높이 들어 바륨이 바닥에 놓인 봉투로 빠져나오도록 하는 것이 바륨 제거에 도움이 될 수 있다.
9. 바륨을 제거한 후에 원하는 경우 추가적인 영상을 촬영할 수 있다.

코멘트와 팁

- 카테터는 X선 테이블에서 떨어진 곳에서 곧창자에서 제거되어야 한다. 가능하면 바닥 배수구 근처의 용기 위에 제거하시길 권장한다.
- 대장의 압축은 병변의 존재를 더 잘 보여줄 수 있다.
- 원하는 영상 효과가 나타날 때까지 바륨을 작은 양으로 조금씩 주는 것이 가장 좋다.
- 영상 촬영 직전에 비누가 함유되지 않은 물을 사용하면 대장 점막을 자극하여 경련이나 가스 축적을 유발할 수 있으며, 이로 인해 바륨 관장 검사 중 방사선학적 아티팩트가 발생할 수 있다.

개와 고양이를 위한 이중 조영법을 통한 대장 검사 절차

1. 진정제나 마취제가 투여된 환자를 테이블에 눕힌다.
2. 항문에 관장 카테터를 삽입하고, 누출을 방지하기 위해 낭을 팽창시켜라. 카테터 끝에 스리 웨이 스톱콕 밸브를 배치한다.
3. 스리웨이 스톱콕 밸브를 통해 바륨 황산염(2~10 mL; 이전에 명시된 용량 참고)을 주입하고, 밸브를 닫는다.
4. 밸브를 열고 공기를 주입한 후, 밸브를 닫는다.
5. VD과 오른쪽, 왼쪽 측면 영싱을 촬영한다.
6. 영상을 확인하고 추가 조영제나 영상이 필요한지 판단한다.
7. 스리 웨이 스톱콕 밸브를 연다. 카테터를 제거하기 전에 가능한 한 많이 조영제와 공기를 부드럽게 제거한다.
   a. 환자를 왼가쪽누움자세로 두어 공기 색전증의 영향을 최소화한다.

(계속)

글 상자 18.3 상부 위장관 검사 절차[2,3] (계속)

b. 카테터를 두고 복부를 부드럽게 마사지하여 대장 내의 공기를 제거하는 데 도움이 될 수 있다.

8. 바륨이 제거된 후 원하는 경우 추가적인 영상을 촬영할 수 있다.

코멘트와 팁

- 환자를 배설할 적절한 장소로 옮긴다.
- 팽창이 필요하지 않은 경우 주입되는 공기의 양을 감소시킬 수 있다.

부정 대장 조영술 *_Pneumocolon*

- 이 대장 음성 대조술은 대장이 비어있지 않은 경우 사용될 수 있다.
- 바륨 황산염을 사용하지 않은 복장 대장 조영술과 동일한 절차를 따른다.
- 이전에 설명한 대로 환자의 체중에 따라 20~100 mL의 공기를 주입한다.

상부위장연결을 위한 복합 대조법

1. 일반적인 바륨 관장 검사를 견딜 수 없는 경우 또는 상부위장연결 지역의 영상이 필요한 경우에 시행된다.
2. 삼방향 스톱콕 밸브를 사용하여 작은 항문 카테터를 통해 환자가 삼킨 바륨이 우측 상부위장연결 부위에 도달할 때, 계산된 양의 공기를 주입한다.
3. 커프를 팽창시키고, 대장에 공기가 유지되도록 삼방향 스톱콕 밸브를 사용하여 공기를 주입한다.
4. 영상을 촬영한 후 삼방향 스톱콕 밸브를 열고 카테터를 제거한다.
5. 필요한 경우 계속해서 검사를 진행한다.

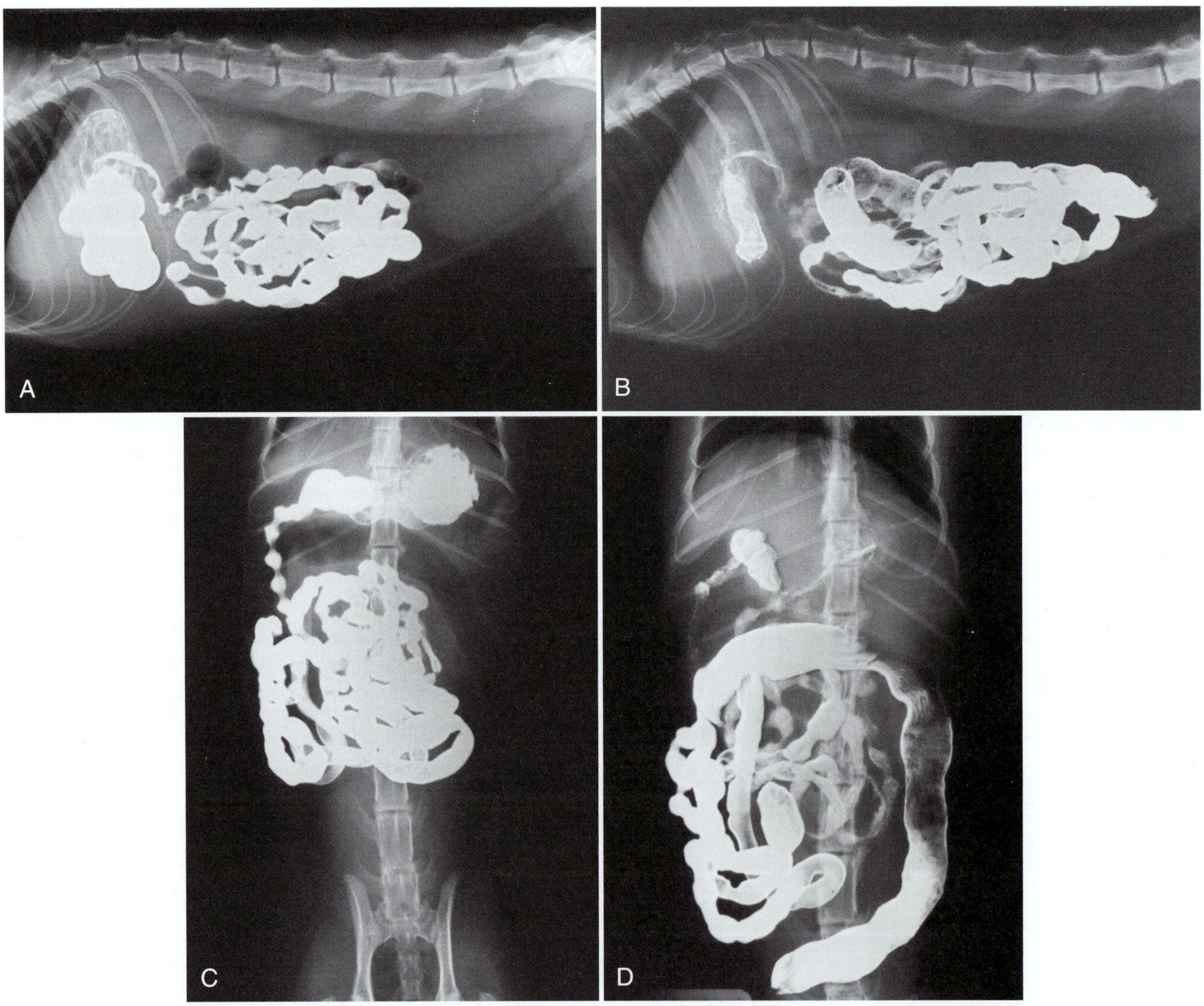

그림 18.8 고양이의 정상 상부 위장관계 사진. 십이지장은 "진주 줄" 모양을 가지며, 이는 고양이에서 쉽게 볼 수 있다. **A**와 **B**, 바륨 투입 15분 후 외측상. **C**와 **D**, 바륨 투여 3시간 뒤 VD상. (From Han C, Hurd C. *Practical Diagnostic Imaging for the Veterinary Technician*. 3rd ed. St Louis: Mosby; 2005.)

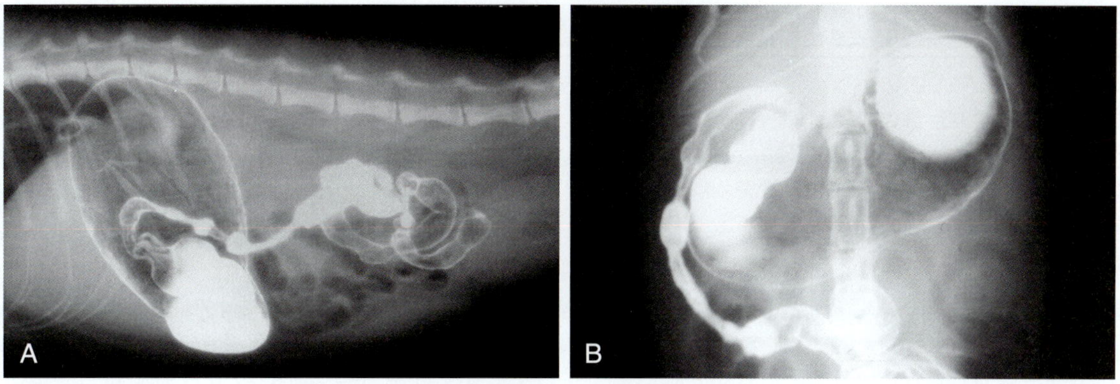

그림 18.9 이중 대조 위운동검사. **A,** 가쪽 촬영. **B,** VD 촬영.

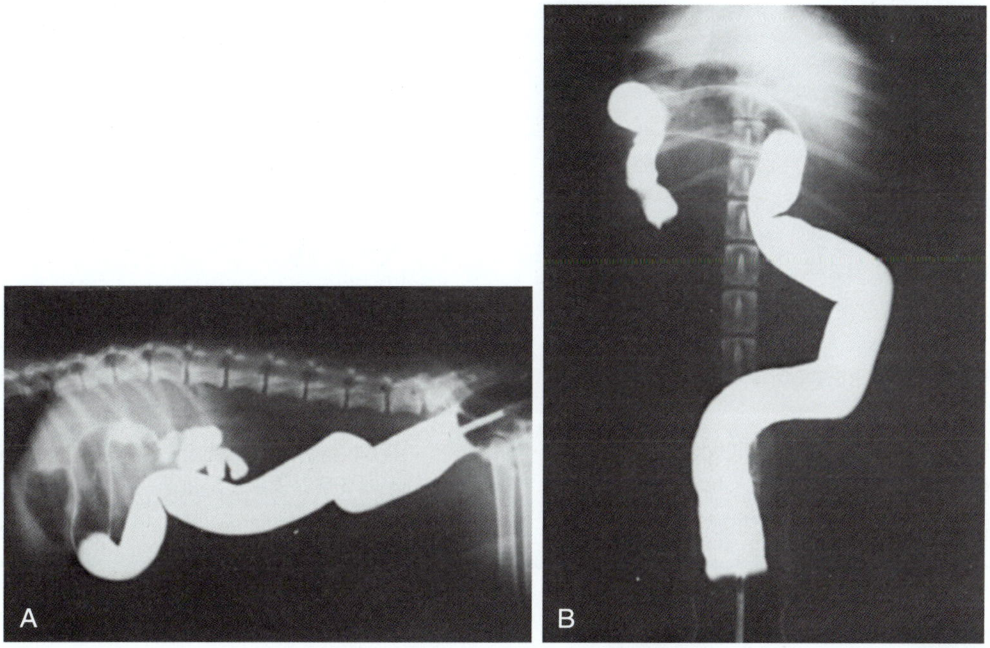

그림 18.10 바륨 관장. **A,** 가쪽 촬영. **B,** VD 촬영.

순서를 보여준다. 보건사 참고 글 상자의 표를 참조하여 환자 자세의 변화에 따른 기체와 액체 위치의 단순화된 버전을 확인한다.

- 위 주름은 위가 비워지면서 주변부에서 가장 잘 관찰된다(그림 18.7과 디지털 책 그림 18.6~18.9 참조). 음성 조영제로 더 잘 관찰되지만 이중 대조 연구에서 위장이 너무 팽창되면 주름이 사라질 수 있다.
- 정상 동물의 위장 소화시간은 크게 다르다. 약물, 식사 유형 또는 양 등과 같은 요인에 의해 달라질 수 있다. 바륨의 투여량이 적으면 위장이 천천히 비워지기 때문에 소화시간과 통과시간이 지연될 수 있다. 긴장한 동물이나 스트레스 환경에서도 지연이 발생할 수 있다.
- 위장 또는 장 내용물의 지연된 소화는 간단한 또는 이중 대조 방사선 연구, BIPS, 신티그래피, 초음파 또는 내시경을 통해 평가될 수 있다. 일부 경우, 위장 배출 방해는 식사 또는 BIPS로만 확인될 수 있다. 방사성 식사를 사용한 신티그래피는 위장 배출을 연구하기에 이상적이며, 자연적인 상태와 근거를 제공한다.[2,3] 방사성 식사를 사용한 위장 배출의 평가는 4~5시간 안에 완료되며 BIPS로 측정한 위장 배출 시간보다 더 일관성 있다.[3] 소동물의 위장 배출 평가에는 자기 공명 영상(MRI)이 아직 적용되지 않았다. 위장 초음파는 주관적일 수 있다. 추가 검사법은 실험실 외부에서 실천하기 어렵다.[3]
- 약 3분의 1의 고양이에서 양성 대조 연구 중 십이지장은 "진주 줄" 모양을 가진다(그림 18.8 참조). 이는 연동운동

글 상자 18.4 BIPS의 사용[3,5]

투여량

- 비반응성의 구체는 5회분 또는 10회분용 캡슐로 구매할 수 있다(큰 크기 구체 10개와 작은 크기 구체 30개 포함).
- 큰 오렌지색 캡슐 1개 또는 작은 파란색 캡슐 4개 중 하나를 투여한다(그림 18.1E 참조).

환자 준비

- 만약 위장관 폐쇄가 의심되거나 급성 위장관 문제가 있는 경우 급여를 중단하여라.
- 만성 위장관 배출 또는 큰장-대장 이동 문제의 경우, BIPS 패키지 삽입지를 따라 장 운동을 개선하는 장애식을 급여하여라.
- 진정제와 약물은 위장관 운동에 영향을 미친다.

BIPS 사용 절차

1. 각 시간대마다 올바른 복부 위치 기술을 사용하여 오른가쪽과 VD 영상을 동시에 촬영하여라.
2. 유문 및 소장 폐쇄를 배제하기 위해 비어 있는 위에서 캡슐을 투여하여라. 일반적으로 투여 후 6~24시간 뒤에 영상을 촬영하며, 소요 시간을 기록하여라(그림 18.11 참조).
3. 지연된 위 위장 배출을 감지하거나 만성 구토 또는 설사가 있는 경우, 캡슐을 음식과 함께 투여하고 약 8시간 후에 영상을 촬영하여라.
4. 구체 투여 후 경과 시간을 영상에 명확히 기록하여 참고할 수 있도록 하여라.
5. 위장 비우기가 의심되는 경우, BIPS 투여 후 1~2시간 이내에 한 세트의 영상을 촬영하여라.[5]
6. BIPS가 대장에 도달할 때까지 검사를 계속하여라.
7. 대장 운동은 다음과 같이 평가할 수 있다:
   a. 잔류된 대변을 제거하기 위해 관장 또는 완하제를 투여하여라.
   b. 권장 식이로 BIPS를 투여하고 24시간, 48시간, 72시간에 영상을 촬영하여라.

코멘트와 팁

- 만약 아세프로마진을 투여했다면 위장 이동 시간을 위한 별도의 참고 구간이 제공된다. 시간 제안을 따르도록 참고 구간을 확인하여라.[5]
- 위와 소 구체체에 대해 별도의 공식을 적용하여 위 체내 이동 속도와 큰장-대장 이동 속도를 결정한다 (기술자 참고 사항 참조).
- 일반적으로, 운동 장애를 평가하기 위해 작은 크기의 BIPS가 사용되며, 이는 음식과 더 비슷하게 행동한다.
- 큰 크기의 BIPS의 위 체내 이동 속도는 유문이나 소장에서 발생한 부분적인 폐쇄를 고려할 때 최적이다.[5]
- 구체의 크기, 음식 여부 또는 섭취한 음식의 종류에 따라 결과를 비교하고, 투여 후 해당 시간에 평균 및 평균 이동 속도/이동 시간을 나타내는 표준화된 차트와 비교해라.
- 음식 없이 캡슐을 투여하는 경우 시간이 더 빨라진다.
- 영상에서 확인되는 총 구체 수는 최대 10개의 큰 크기 또는 30개의 작은 크기 구체이다.
- 구체의 위치를 정확하게 판단할 수 없는 경우, 공식 계산에 포함되지 않는다.
- 폐쇄가 확인되면 공식을 계산할 필요가 없다. 큰 크기의 구체체는 폐쇄 병변의 상측 부분에서 갇히기 때문에 덤프링의 외형을 보인다.
- 정확한 구체 위치를 판단하기 위해 양쪽 영상이 필요하다. VD 영상에서는 일부 동물에서 횡경막의 왼다리 바로 뒤쪽에서 대장의 일부가 위의 들문이 겹치는 반면, 측면 영상에서는 횡행결장의 BIPS가 소장에서 묶인 것으로 오해될 수 있다.
- BIPS의 사용이 제한적이므로, 이 절차는 일반적이지 않다.

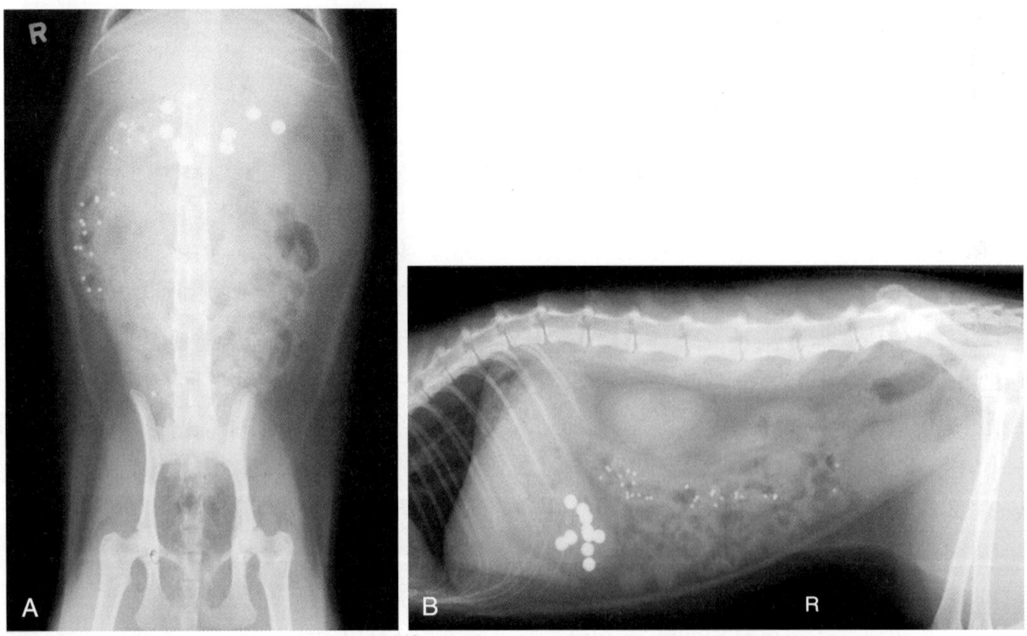

그림 18.11 **A,** BIPS 투여 4시간 뒤 VD상으로 촬영한 복부. 대부분의 작은 BIPS는 위를 나갔지만, 대부분의 큰 BIPS는 아직 남아있다. **B,** BIPS 투여 4시간 뒤 우외측상으로 촬영한 복부. BIPS는 대장에 없기 때문에 구장-대장 체류 속도는 작고 큰 BIPS에서 모두 0%이다. BIPS의 정확한 위치 파악을 위해선 두개의 상이 모두 필요하다.

에 의한 수축에 기인한다.[3]

- 고양이의 막창자는 날카롭고, 개의 막창자는 나선 모양의 코르크 스크류 모양으로 보인다. VD 또는 DV 방향에서 막창자는 양쪽 종 모두 중앙선 오른쪽에 위치한다.

보건사 참고사항

아래 상자에 세로빔을 사용한 경우 자세에 따라 기체와 액체의 분포도가 어떻게 변하는지 요약되어 있다[3]:

상	기체의 위치	액체의 위치
등배쪽촬영	위바닥	몸통/날문
배등쪽촬영	몸통(± 날문)	위바닥
왼가쪽촬영	날문(± 몸통)	위바닥
오른가쪽촬영	위바닥 등쪽 몸통	날문

- 양성 조영제를 제거하게 되면 공기가 투입되면서 결장의 세로주름이 더 잘 보이게 된다. VD 또는 DV상에서 결장은 물음표 모양을 띤다.

비뇨계의 대조 검사 _Contrast Studies of the Urinary System

비뇨계의 대조 검사는 신장, 방광, 요관, 전립샘과 요도를 검사한다. 신장의 조사 영상은 적절한 방사선 대조도가 있는 경우 크기, 형태 및 방사선 밀도와 같은 외부 해부학적 정보를 제공한다. 그러나 신장을 조사 영상로 평가할 수 없거나 정성적 기능성 방광학이 필요한 경우, 배설요로조영술 또는 초음파가 조사 영상보다 더 나은 정보를 제공할 수 있다.[3] 또한 조사 영상은 대조 검사가 필요하지 않거나 병변이 소멸될 수 있는지 알려주기도 한다(그림 18.12 및 18.13).

비뇨배설계 검사 방법에는 다양한 용량과 기술이 있다. 환자의 임상 증상과 의사에 따라 선택하는 검사 방법은 달라진다. 대조 방사학을 통해 수행하는 연구에는 제한이 있으며, 초음파의 도입으로 신장과 전립선을 더 안전하고 정확하게 평가할 수 있게 되었다. 하지만 두 가지 방법을 조합하면 최대의 정보를 제공할 수 있다.

보건사 참고사항

방광조영술을 포함한 비뇨기 검사에선 바륨을 절대 사용하지 않는다.

역방향방광조영술 _Retrograde Cystography

방광조영술은 방광을 검사하며, 역방향방광조영술은 방광 카테터를 통해 조영제를 후행시켜 검사한다. 요로조영술 여부와 상관 없이 양성, 음성 또는 이중 대조 연구가 가능하다. 임상 이력, 임상 증상, 방사선 소견 및 방광 카테터로 얻은 요의 특성에 따라 어떤 검사를 할지 결정된다(글 상자 18.5). 가능하다면 초음파가 우선적으로 사용된다.

보건사 참고사항

방광 내 조영제를 투입할 때, 다음 경우에 투입을 중단한다: 외부 촉진 시 방광이 적당히 팽창되었을 때, 카테터 주위로 역류될 때, 또는 주사기에 배압이 느껴질 때.

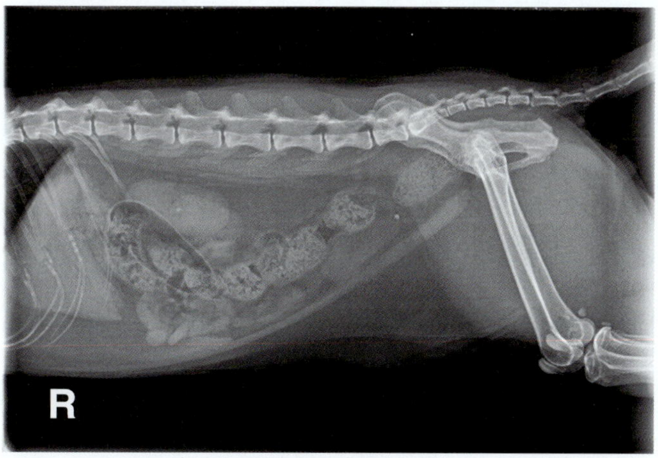

그림 18.12 **방광조영상 전에 촬영한 오른가쪽 조사 사진.** 방광과 신장 쪽 요관에 결석이 있다. 배변물이 다른 결석을 가리고 있을 수 있다. 오른쪽 신장이 커져 있는 것이 확인된다(수신증에 의해).

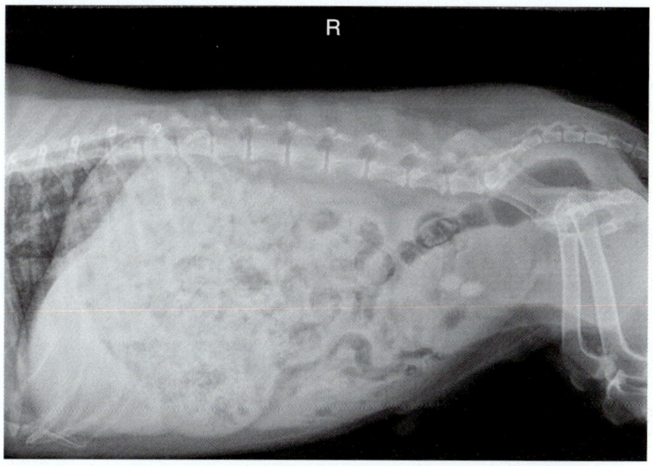

그림 18.13 **당뇨 환자의 가쪽 복부 조사 영상.** 양성-대조 검사는 결석의 존재를 가릴 수 있다. (Courtesy Secord Animal Hospital Toronto, ON.)

글 상자 18.5 역방향 방광조영술[2,3]

지표

- 역방향 방광조영술의 임상적 표시는 비정상적인 소변(혈뇨, 결정뇨, 및 세균뇨), 비정상적인 배뇨(방뇨장애, 다뇨증), 외상, 그리고 복부 종괴, 방광 투명도 또는 벽의 변화, 위치 변화와 같은 조사 영상에서 확인된 이상 소견으로 인한 반응하지 않는 임상 증상을 포함한다.[2,3]
- 역방향 양성 대조 방광조영술은 외상 환자에서 방광 벽의 특성을 평가하거나 외상 또는 탈장 후 방광의 위치를 확인하기 위해 사용된다.
- 역방향 음성 대조 방광조영술(폐쇄성 방광조영술)은 외상 후 방광 벽의 무결성을 확인하거나 방광의 위치를 확인하기 위해 사용된다. 폐쇄성 방광조영술은 방광 결석에 가장 적합하다.
- 이중 대조 방광조영술은 방광 벽 병변과 내관 충만 결손을 평가하는 데 가장 적합하다.
- 초음파가 없는 경우, 이러한 연구들은 뒤쪽 복부 종괴를 결정하는 데 도움이 될 수 있다.

주의사항

- 카테터 삽입과 방광조영술로 인한 의도하지 않은 부작용으로 인한 부상, 세균 감염, 요도 카테터의 구부러짐 또는 매듭 등이 발생할 수 있다.
- 벽내 혹은 장막하에서의 조영제 축적은 고양이에서 더 빈번하게 발생하며 일반적으로 심각한 임상적 문제를 일으키지 않다.
- 점막 궤양, 염증 및 육아종 반응은 일시적이며 보통 심각한 임상적 문제를 초래하지 않는다.
- 희귀하지만 치명적인 합병증으로, 음성 조영제 투여 후 기도 혈전이 형성될 수 있다.
  - 특히 혈뇨의 증상이 있는 환자에서는 질소 산화물 또는 이산화탄소를 사용해야 한다. 혈뇨는 방광 내부와 혈관계 사이의 연결로 간주될 수 있다. 질소 산화물 또는 이산화탄소는 공기나 산소에 비해 혈청 내에서 20배 더 용해된다.
  - 왼가쪽누움자세는 폐로의 기체색전이 폐로로 도달할 가능성을 줄일 수 있다.[3]

조영제와 투여량

- 부피는 몸무게, 종, 병적 과정에 따라 다를 수 있음
- 양성조영제
  - 수용성 비이온성 유기 요오드: 240 mg/mL 또는 300 mg/mL
  - 개 5~10 mL/kg; 고양이 2~5 mL/kg (고양이에서는 최대 25 mL)[6]
- 음성조영제:
  - 아산화질소, 이산화탄소, 공기
  - 3~12 mL/kg
- 이중조영제:
  - 총: 양성 비이온성 조영제: 0.5~6 mL, 종과 크기에 따라 다름

장비/용품

- 수컷/암컷 용 무균 요 카테터
- 암컷 용 질경 또는 검이경
- 스킨 프랩, 거즈, 무균 장갑, 무균 윤활제
- 광원
- 20~50 mL 주사기
- 2% 리도카인 젤리
- 쓰리웨이 스탑콕
- 뇨를 버릴 수 있는 것
- 2~5 mL의 에피네프린이 들어 있지 않은 2% 리도카인(선택적).
- 광범위 항생제(선택적)

환자 준비

- 진정제 사용을 추천한다. 특히 결석이 있는 환자에서 방광 팽창이 불편할 수 있다.
- 가능한 한 24시간 동안 음식을 먹지 않고, 4시간 전에 관장하여 배설물이 관심 영역을 가리는 것을 방지하고 기체 허상을 최소화한다(그림 18.12).
- 조사 영상을 촬영한다(그림 18.13).
- 올바른 살균 방법이 사용되어야 한다.
- 조영제 투여 전에 뇨 샘플을 채취한다. 조영제는 비중을 증가시켜 뇨 단백의 위양성을 유도할 수 있으며, 세균 생장을 억제할 수 있다.

측정 및 중심 방사선

- 방광(엉덩뼈능선의 앞쪽)

음성 조영 방광 검사(Pneumocystogram) 및 양성 조영 방광 조영술 절차

1. 요로기관 전체의 VD와 가쪽 검사 이미지를 촬영한다.
2. 사전에 측정한 요도 카테터의 끝에 살균적이고 외상을 주지 않도록 2% 리도카인 젤을 바른다. 그리고 요도 카테터를 천천히 삽입하여 요도 카테터 끝이 방광 내부에 위치하도록 한다.
3. 방광을 부드럽게 비우고, 제거된 소변의 양을 확인한다.
4. 주사기와 쓰리웨이 스톱콕을 사용하여 에피네프린이 없는 2% 리도카인을 총 2~5 mL 주입하여 방광 통증과 경련을 줄인다.
5. 조심스럽게 조영제를 주입하고, 방광이 외부적으로 촉감 또는 주사기 플런저로 역압이 느껴질 때 충분히 팽창되었다고 판단하여 정지 밸브를 닫는다.
6. 충분히 팽창되었으면 스톱콕 벨브를 닫는다.
7. 이미지를 촬영한다: 측방 정맥 및 왼쪽 측방 정맥과 VD.
8. 수컷의 전립선 또는 요도 병변 평가에 대해서는 대각선 뷰를 선택적으로 촬영할 수 있으나 권장사항이다.
9. 방광의 추가적인 팽창이 필요한 경우, 추가 조영제를 주입하고 이미지를 재촬영한다.
10. 조영제를 조심히 제거한다.
11. 수술 수의사에 따라 환자가 전신적 항생제를 복용하지 않고 있는 경우, 넓은 스펙트럼 항생제로 세척한다.
12. 카테터를 조심히 제거한다.

이중-대조 역행방광조영법의 절차

1. 예비 작업과 절차를 따르며, 먼저 음성 조영제를 주입한다.
2. 필요한 사진을 촬영한다(그림 18.14와 18.15 참조).
3. 유기성 수용성 요오드를 방광에 주입하고, 환자를 측면으로 부드럽게 회전시켜 요오드로 방광 벽을 코팅한다.

(계속)

글 상자 18.5 역방향 방광조영술[2,3] *(계속)*

4. 이전에 언급한 대로 필요한 이미지를 촬영한다.
5. 이전에 언급한 절차를 완료한다.

코멘트와 팁

- 정확한 병변 확인을 위해 양쪽 측면 사진이 권장되며, 종종 경사상도 추천된다.
- 카테터는 요로도 내부에 끝이 닿도록 미리 측정되어야 한다.
- 상대적으로 가득 찬 방광에서 제거된 소변의 양과 같은 양의 조영제를 주입하는 것이 좋은 지침이 될 수 있다.
- 소장이 비어있고 대장에 대변이 비어있는 것이 가장 좋다.
- 에피네프린이 없는 리도카인 사용은 경련 가능성을 줄이고 완전한 방광 팽창을 도와준다.
- 보통 팽창은 방광 벽이 늘어나서 세밀한 점막 및 벽 병변이 감춰지는 것을 방지하기 위해 적당하다.
- 질병에 걸린 방광은 조영제나 공기의 양을 예상치의 일부만 수용할 수 있다(무게당 1 mL 정도[3]). 주사기에서 저항을 느끼거나 누출되는 것을 주의해라.
- 카테터에 부풀릴 수 있는 커프가 있다면 이미지를 촬영한 후에 바람을 빼는 것이 좋다.
- 양성 조영제로 인한 어떠한 소변 누출도 이미지에서 아티팩트를 최소화하기 위해 탁자, 이미지 수신판 또는 환자에서 청소되어야 한다.
- 음성 조영제 폐영상의 경우 내재적 대조 때문에 노출 인자를 감소시킬 수 있다.
- 더 나은 방광 벽 무결성 평가를 위해 압축을 위해 패들을 사용한다.
- 양성 조영제 시스토그래피 이미지 촬영 후, 카테터 끝을 요도로 이동시켜 요도그램을 수행할 수 있다. 이로써 방광 경부를 더 잘 확인할 수 있다.
- 양성 조영제의 요도 역류는 정상적인 결과일 수 있다.
- 방광 파열이 의심될 경우, 조영제를 희석하지 않고 사용하여 복강 내에서 더 나은 시각화를 할 수 있다. 양성 조영제의 외부 복막 부위나 복강 내에서의 유출은 잘 견딜 수 있다.[2,3]

개, 고양이의 방광천자술을 통한 방광조영법

1. 방광을 손으로 촉감하여 배에 대조시킨 채로 고정한다.
2. 살을 막는 1인치, 22게이지의 바늘을 고양이에 사용하고, 개에는 2인치, 22게이지의 바늘을 복부 중앙에 청결한 상태로 삽입한다.
3. 뇨를 뽑아내고, 부피를 확인한다.
4. 양성 대조제나 공기를 주입하여 방광을 최소한으로 팽창시킨다.
5. 바늘을 제거한다.
6. 가쪽 촬영과 VD 또는 비스듬 촬영 사진을 촬영한다.

코멘트와 팁

- 개입 후 복막강으로의 누출은 거의 없을 것이다.
- 가능한 누출을 최소화하기 위해 방광 압박을 하지 않는다.

보건사 참고사항

조영제의 농도를 계산하려면 다음 방법을 사용한다:

예시: 15 kg개의 방광 연구에 10%의 요오드 조영제 60 mL가 필요하다. 초기 농도는 50%인데, 이 경우 병에서 얼마만큼을 가져와야 하는가?

1) $\frac{\text{최종 희석 농도}}{\text{초기 농도}} = \frac{\text{필요한 부피}}{\text{최종 투여하는 부피}}$

$$\frac{10\%}{50\%} = \frac{X}{60\ \text{mL}}\quad \left(\frac{1}{5}\right)(60\ \text{mL}) = X\ \text{mL}$$

2) $C_1 \times V_1 = C_2 \times V_2$ $\text{농도}_{(\text{시작})} \times \text{체적}_{(\text{시작})} = \text{농도}_{(\text{최종})} \times \text{체적}_{(\text{최종})}$

$$50\% \times X\ \text{mL} = 10\% \times 60\ \text{mL}$$
$$50X = 600$$

X = 병으로부터 12 mL을 가져와야 한다.

참고: 필요한 멸균 희석제는 총 60 mL의 체적에서 12 mL의 농축액을 뺀 나머지로, 48 mL가 필요하다.

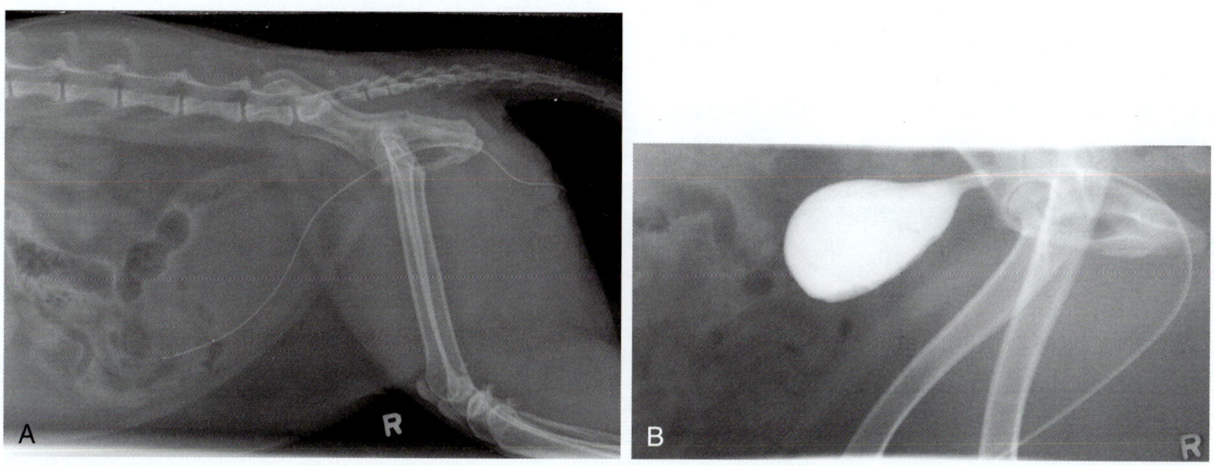

그림 18.14 **A,** 방광조영상 전에 카테터로 요오드를 투여하고 있다. **B,** 가쪽 양성-대조 방광조영상. (Courtesy Ontario Veterinary College, University of Guelph, ON.)

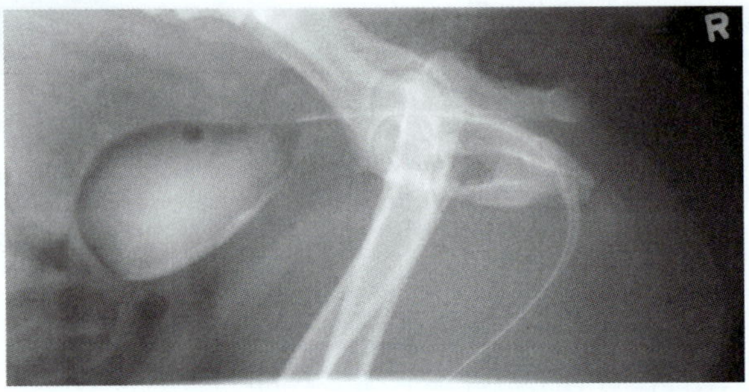

그림 18.15 **이중-대조 방광조영상.** 뇨 카테터의 끝에 기체가 보인다. (Courtesy Ontario Veterinary College, University of Guelph, ON.)

배설요로조영술 _*Excretory Urography*[2,3,5]

배설요로조영술은 신장의 크기, 모양, 위치, 무결성, 수집 시스템의 크기, 모양, 외관을 측정하는 데 사용된다(글 상자 18.6). 배설요로조영술은 신장 기능의 정량적인 측정은 아니지만 신장의 상대적 기능과 간접적으로 신장 부전의 병리생리적 기전을 평가하는 데 사용될 수 있다.[3] 이 연구의 원리는 무균, 수용성, 요오드화 조영제를 정맥주사로 주입하는 것이다. 요오드는 신장에서 농축되고 배설되며 신장, 요관, 방광을 강조하여 보여준다. 이 검사는 이전에는 정맥신우조영사

글 상자 18.6 배설 요로조영술[2~4]

배설 요로조영술의 지표

- 특정 지표로는 비정상적인 소변 또는 배뇨, 신장 또는 요관 결석 의심, 배뇨곤란, 농뇨, 또는 복부 내 질량이 신장을 침범하거나 이동시킬 수 있는 경우가 포함된다.
- 적절한 수분 보충이 이루어진다면 배설성 요로조영술은 요소증이나 비요소증 환자 모두에게 사용될 수 있다.
- 다양한 영상 순서가 문헌에 기술되어 있다. 가능한 다른 검사 방법이 있다면 그것을 사용하는 것이 좋다.

주의사항

- 무방광증, 심한 탈수, 중증요중독증, 또는 요관 폐색이 있는 경우에는 검사를 피해야 한다.
- 카테터 삽입으로 인한 의료마비를 최소화하기 위해 적절한 기술을 사용한다.
- 배설성 요로조영술 후 일시적으로 신장 기능이 저하될 수 있다.
- 탈수로 인해 신장 손상이 발생할 수 있으므로, 검사 전에 탈수된 환자는 수분 보충이 이루어져야 한다. 환자의 수분 보충 상태를 확인하고 검사하는 것이 중요하다. 신장 기능 지표인 BUN 및 혈중 크레아틴 수치는 검사 시작 전에 확인해야 한다.
- 복부 압박은 조건에 따라 수정되어야 할 수 있다.
- 저삼질성 비이온성 대조제를 사용할 경우 반응 발생률이 낮지만, 준비를 완비하고 안일하지 않도록 해야 한다. 주사 전에 비상 대처용 응급 처치 키트를 준비해두어야 한다.
  - 검사 전, 검사 중, 그리고 검사 후에 생체 신호를 모니터링하여 갑작스러운 부작용을 주시해라. 가장 심한 급성 반응은 주사 후 1~5분 내에 발생할 수 있다.
  - 증상은 경증에서 치명적인 정도까지 다양하며, 흔한 증상으로는 구토, 배변, 소변, 두드러기, 빠른 심장박동, 그리고 저혈압이나 혹은 정신적인 붕괴 없이 혈압 저하 등이 있다.
  - 대부분의 반응은 즉시 적절한 처치로 회복될 수 있다.

조영제와 투여량

- 수용성 유기 요오드, 600~700 mg/kg 에서 880 mg/kg.[2,3,6]
- 최대 투여량: 90 mL(개), 15 mL(고양이)
- 요독증의 경우, 300~400 mg 요오드/mL 농도를 추천
- 비이온성 물질을 추천함(표 18.2 및 18.3 확인).

장비/용품

- 삽입된 정맥 카테터, 주사기, 복부 압박 시스템
- 검사를 계속 한다면 뇨 카테터 삽입
- 응급 구조 키트 및 산소
- 노출 시간을 확인할 수 있는 마커

환자 준비

- 조영제 투여 전 24시간 동안 음식은 금지하되, 물은 자유롭게 제공한다.
- 가능하다면 조영제 투여 전날 저녁에 또는 적어도 2시간 전에 대장을 정화하는 관장을 시행하며, 가능하면 4시간 전에 시행하여 기체 아티팩트를 최소화한다.
- 조영제 주입 전에 요도에서 채취한 요를 검체로 채취한다. 조영제는 비중을 증가시켜 설포살리실산으로 검출되는 요단백증의 가짜 양성 결과를 유발할 수 있으며, 세균의 성장을 억제할 수도 있다.
- 환자의 수분 보충 상태를 평가하고, 수분 보충이 필요하다면 조영술을 진행하기 전에 보충해야 한다.
- 요를 비워 두어 조영제가 희석되지 않도록 한다.
- 이미지 촬영 장치, 설정, 표지, 타이머, 보호 장비 등을 미리 준비하여 조영제 투여 후 즉시 이미지를 촬영할 수 있도록 한다.
- 체내에 카테터를 삽입하는 데에는 깨끗하고 무균적인 방법을 사용한다.
- 적절한 환자 준비는 고품질의 이미지 획득을 보장하기 위해 필수적이다.

측정, 중심 방사선 및 포함할 것

- 전체 복부 촬영 시, 가장 두꺼운 부위를 측정하여 중앙 복부를 기준으로 하고, 칼돌기 위로 1인치, 절구뼈 1인치 아래까지 포함하여 촬영한다.
- 개의 오른쪽 신장의 앞축은 일반적으로 T13에 위치한다.
- VD 촬영의 경우, 앞쪽에 시간 표지를 놓고, 측면 촬영의 경우, 복부의 배머리쪽 부분에 시간 표지를 놓는다.

배설요로조영술 절차

1. 환자의 불편을 최소화하기 위해 최상의 진정 또는 마취 상태로 준비한다.
2. 전반적인 복부 촬영을 얻는다.

(계속)

글 상자 18.6 배설 요로조영술[2-4] (계속)

3. 환자를 복부 하부를 향하도록 누워있게 하고 정맥 내 카테터를 삽입한다.
4. 계산된 데워진 용액을 빠르게 2분 이내에 분출한다.
5. 용액을 주입한 후 카테터를 헤파린화된 소금물로 플러시한다.
6. 주사 후 아래와 같이 이미지를 촬영한다(그림 18.16):
   a. 즉각—5~20초 이내: 복부 하부방향(동맥그램 및 신장그램).
   b. 5분: 복부 하부방향과 오른쪽 측면방향(폐쇄단계).
   c. 양 신장 내에 대조제가 있는 증거가 있다면, 압박을 가할 수 있다.
   d. 15~20분: 복부 하부방향—양 수집계가 조영제로 채워져 있어야 한다(요관과 방광 확인).
   e. 압박을 가했다면, 압박 밴드를 제거한다.
   f. 30~40분 또는 진단이 내려질 때까지: 오른쪽 측면방향과 복부 하부방향(옵션으로 후행 방광조영술이 금기인 경우에만 수행).
   g. 방광의 추가적인 대조연구를 완료할 수 있다:
7. 양성 대조 요관조영술: 요관 카테터를 통해 요관으로 반시에 조영제 용액을 주입한다. 용액의 양은 압력과 이전 이미지에서 확인된 결과에 따라 결정된다.
8. 양성 대조 후행 방광조영술은 요관 카테터를 통해 음성 조영제 용액을 주입하여 수행할 수 있다.

코멘트와 팁

- 진단적으로 보면, 용액은 비교적 빨리 주입하는 것이 좋다. 너무 빠르게 주입할 경우 환자가 메스꺼움이나 구토를 보일 수 있으니 주의한다.
- 오른쪽 측면 방향은 오른쪽과 왼쪽 신장 간의 종방향 분리를 더 잘 보여주므로 추천된다.
- 요관을 더 잘 시각화하기 위해 5분 후에 횡방향도 촬영한다.
- 조영제를 늦추어 배출을 지연시키면 신장 집합관계를 더 잘 시각화할 수 있도록 방광 위에 압박을 가하여라. 방광 압박은 내부루압을 증가시키고 요관 통로로의 배출을 막는다.
- 압박은 평평한 방사선투과성 스펀지를 중앙 복부에 놓고 탄성 밴드로 고정하는 방식으로 가할 수 있다. 상업적으로 구매 가능한 압박 장치도 사용할 수 있다.
- 요관 조사 시 조영제를 더 느리게 주입하고 시퀀스를 지연할 수 있다.
- 복부 압박은 복통이 발생하면 복부 내 기관의 문제를 진단하는 데 도움이 될 수 있다.
- IV 주입 액체는 요관 조영술 시 요오드의 농도와 후행 이미지 강도를 감소시킬 수 있다.
- 신장이 크게 손상된 경우 간에서 조영제를 관찰할 수 있다.
- 배설 요관조영술은 혈관그램, 신장그램, 세기조영술, 요관조영술 및 배출조영술로 구성된다.
  - 혈관 그램 단계에서는 빠른 볼로스 주입으로 대동맥과 신장 동맥이 보인다.
  - 기능적 신장 조직(신주)의 밝기조영이 거의 즉시 발생하며, 이를 신장그램 단계라고 한다.
    - 신장의 혈관 공급과 공급은 피질과 골수를 구별하는 데 도움이 된다.
    - 양쪽 신장 모두에서 이상이 나타날 경우 질병이나 충분한 조영제 투여 부족을 의미할 수 있다.
- 세기조영술 단계에서는 신장 삼출기, 삼출각 및 요관이 보인다.
  - 신장 삼출채널은 신장의 삼출기에서 골수로 연장된다.
  - 압박 밴드는 삼출계로의 배출을 늦춘다.
- 배뇨기 조영 및 배출조영 단계는 조영제가 요관과 방광 내에 있는 경우 발생한다.
- 조영제를 통한 방광의 적절한 팽창은 단독으로 배뇨기 조영술로는 달성하기 어려우며 역방향 방광조영술이 필요하다. 그러나 외상을 입은 여성 고양이에서 요도 카테터의 위치를 조절하는 것이 어려울 수 있다.
- 환자의 수분 섭취 상태, 투여 속도 및 신장 기능은 양성 조영제의 농도, 배출 및 조영에 영향을 미친다.
- 장루 주변의 염증, 방광 또는 요도 위의 장루로 인한 공기 주머니나 채워진 결절로 오해될 수 있다.
  - 요관 삽관으로 인해 방광이나 요도에 삽입된 기포가 방광벽의 조직에서 광물화된 병변으로 보일 수 있다.
- 개별적인 결과에 따라 추가적인 촬영 방법을 결정할 수 있다.

진(IVP) 또는 정맥요로조영사진(IVU)으로 불렸다.

초음파는 조영제를 사용하지 않고 해부학적인 이미지를 얻을 수 있기 때문에 가능한 한 초음파가 선호된다.

보건사 참고사항

조영제의 반응을 최소화할 수 있는 몇 가지 방법이다[1]:

- 주사 전, 용액이 투명하고 무색인지 확인한다.
- 유효 기간을 확인하고 날짜가 지난 조영제는 버린다.
- 조영제 보관 시 직사광을 피한다.
- 방부제가 들어 있지 않기에 한 번 개봉한 병은 사용하고 버린다.
- 조영제는 체온과 비슷하게 유지한다. 체온과 유사한 온도에서 점성이 감소되어 주사가 쉬워지며, 심혈관허탈이 일어날 가능성을 줄인다.
- 최소유효량을 사용한다.
- 다른 약물을 동일한 주사기나 정맥 주사 세트로 투여하지 않는다.
- 주사 전 카테터가 막히지 않았는지 확인한다.
- 조영제를 라인에 주입해야 할 경우, 생리식염수(NS), 포도당과 물 또는 락테이트 리저 용액(R/L)을 사용한다. IV에서 호환 가능한 유일한 약물은 염화 칼륨(KCl)이다. 하지만, 액체는 농도를 희석하여 영상에서 보이는 대조도를 낮출 수 있다.
- 반응이 일어난다면 주사를 바로 멈추고 카테터는 정맥에 그대로 둔다.
- 계속 모니터한다.

보건사 참고사항

측정 및 중심을 맞추고 아래를 기억한다:

- 전체 복부 촬영 시, 일반적으로:

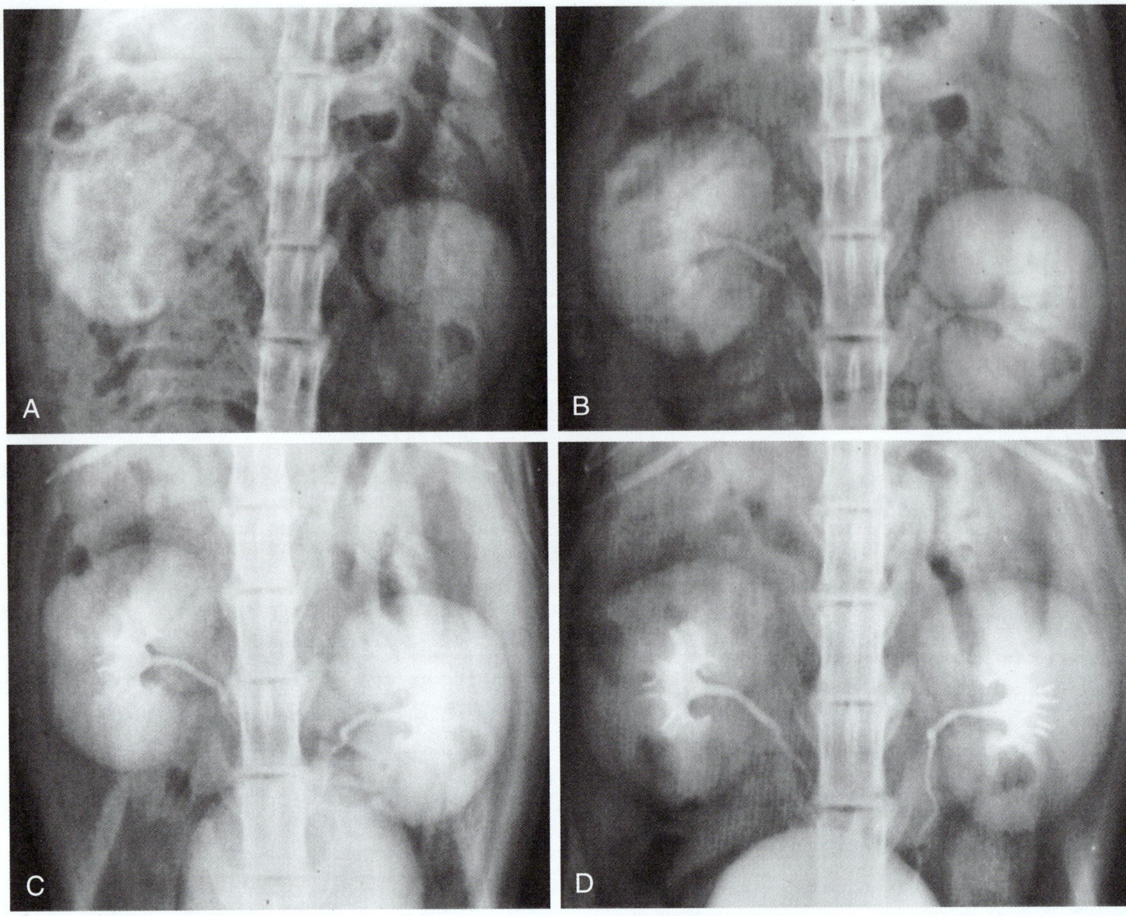

그림 18.16 정상 고양이에 400 mg/kg 요오드 정맥 주사 투여한 뒤 촬영한 VD 상, 나트륨 이오탈라메이트 사용. 주사 **A,** 10초 후; **B,** 5분; **C,** 20분; **D,** 40분. (From Thrall DE. Textbook of Veterinary Diagnostic Radiology. 5th ed. St. Louis: Elsevier; 2007.)

- 가장 두꺼운 부분을 TL 이음부에서 측정(간)
- 개의 경우 열 번째 갈비뼈의 뒤쪽 L2~L3 정도 또는 배꼽을 지나도록 중심 방사선을 맞춘다. 고양이는 열세번째 갈비뼈의 뒤쪽으로 손가락 두세 개 넓이 정도에 맞춘다.
- 칼돌기 앞쪽으로 1인치에서 절구뼈 뒤쪽으로 1인치 정도를 포함한다.

- 올바른 투여량을 준다.
- 올바른 절차를 따른다; 올바른 기술적 요인을 설정한다.
- 중심을 제대로 맞추고, 필요한 경계 부위와 자세를 정확하게 한다.
- 모니터하고, 모니터하고, 모니터한다.

추가적인 비뇨기계 대조 검사 절차 _*Further Urinary Tract Contrast Procedures*

글 박스 18.7에 추가적인 비뇨기계 대조 검사 절차가 포함되어 있다.

전체 비뇨기계 검사 _*Complete Urinary Tract Examination*

글 박스 18.8에 전체 비뇨기계 검사 절차가 포함되어 있다.

보건사 참고사항

- 환자를 올바르게 준비한다.
- 조사 이미지를 얻는다.

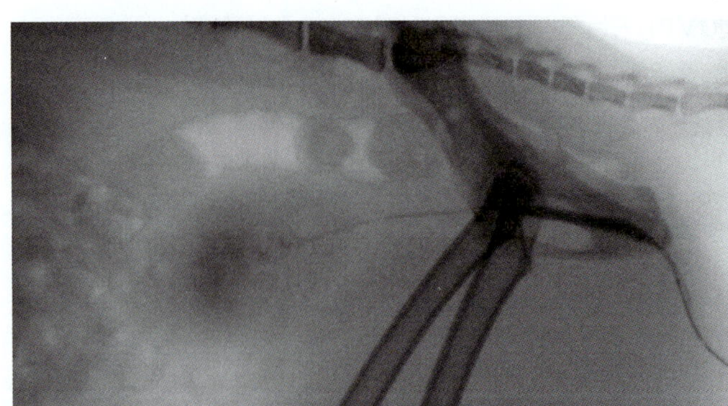

그림 18.17 오른누움자세에 둔 개의 요도조영사진. 카테터로 요오드를 역방향 투여 하였다. 요오드 일부가 방광에 분산되었다. (Courtesy Ontario Veterinary College, University of Guelph, ON.)

글 상자 18.7 추가적인 비뇨계 대조 검사

요도조영술[2,3]

지표

- 요도조영술은 요도 손상, 협착, 폐쇄 또는 기타 병적 이상으로 인한 소변의 비정상적 통로를 확인하기 위해 시행된다.

개요

- 요도조영술은 요도를 조영제로 채우고 평가하는 것으로(그림 18.17), 실제 기술은 환자의 성별과 종에 따라 다르다.
- 양성 조영제, 음성 조영제 또는 이중 조영제를 사용하여 역행 방식으로 수행하거나 양성 조영제로 채워진 방광에 압박을 가하여 배뇨요관 조영술을 시행할 수 있다.
- 보통 배뇨조영술이 완료된 후 요관 카테터의 끝을 더 하방으로 재배치하여 수행한다.
- 가장 자주 수컷 개에서 요관과 의심되는 전립선 질환을 평가하기 위해 시행된다. 그러나 전립선 질환의 간접적인 증거만을 제공한다.
- 암컷에서는 질–요관조영술이 조합된 방법으로 수행할 수 있다.

주의사항

- 카테터 삽입 시 상해가 발생하면 주입된 공기가 정맥계로 들어가 치명적인 정맥 공기 색전증을 유발할 수 있다.
- 배뇨요관 조영술에서는 방광이 질환일 경우 압박이 금기되며, 방광 파열 가능성이 더 크다.

조영제와 투여량

- 유기 이온성 또는 비이온성 양성 조영제(150~200 mg 요오드/mL로 희석된):
  - 개: 10~15 mL
  - 고양이: 5~10 mL

장비/용품

- 팽창식 구가 있는 멸균 카테터(Foley, Swan-Ganz).
- 스킨 프랩 용액, 거즈, 무균 장갑, 무균 윤활제.
- 카테타 어댑터/쓰리웨이 스탑콕
- 큰 주사기
- 무균 식염수
- 2% 리도카인 젤리와 리도카인 용액
- 암컷 용 질경 또는 검이경

측정과 중심 방사선

- 엉덩뼈 능성을 측정하고 중심을 맞춘다.

환자 준비

- 불편을 유발할 수 있으므로 마취가 권장된다.
- 하행 결장과 직장에서 대변물을 제거하기 위해 관장을 시행한다.
- 적절한 살균 기술이 요구된다. 만약 방광 조영술에 카테터를 사용했다면 살균된 상태로 삽입한 채로 남겨둔다.
- 검사를 위해 소변 검체가 필요하다면 조영제 투여 전에 수집되어야 한다.

양성 대조 요관조영술 절차

1. 이전에 영상을 촬영하지 않았다면 전체 요로계의 VD와 측면 사진을 촬영한다.
2. 카테터가 아직 삽입되지 않았다면 카테터의 유액을 조영제로 채운다.
3. 윤활된 카테터 끝을 요도구멍에 약 1~3 cm 삽입하고, 풍선을 팽창시킨다
   a. 전립선 요도의 경우 카테터를 궁둥활 수준까지 전진시킨다.[2]
4. 환자의 크기에 따라 따뜻한 조영제를 주입하여 압력을 느낄 때까지 조영제를 주입한다.
5. 주입이 끝날 때쯤 측면 사진을 촬영하며, 필요하면 주입을 반복한다.
   a. 수컷의 경우 좀 더 휘어진 측면 사진을 얻기 위해 엉덩이를 끌어올린다(그림 11.8 참조).
6. VD 비스듬 촬영 사진이 도움이 될 수 있다.
7. 카테터를 제거한다.

코멘트와 팁

- 만약 카테터에 팽창용 카프가 없다면, 조영제 누출을 제한하기 위해 큰 사이즈의 카테터를 사용하고 누출되는 조영제를 흡수할 수 있도록 수건을 놓는다.
- 이로 인한 부작용을 최소화하기 위해 뻣뻣한 카테터 사용을 피한다.
- 양성 조영제와 함께 살균된 윤활제를 사용하지 않도록 하여 채워진 부분을 방지하고 잘못된 양성 진단을 방지한다.
- 가벼운 염증 반응을 피하기 위해 카테터 풍선을 팽창한 시간을 최소화한다.
- 요관조영술 중에 요도, 특히 전립선 요도를 잘 팽창시키기 위해 요로부에 소변, 조영제, 또는 살균된 생리식염수를 가득 채운 상태로 유지한다.
- 최대 팽창 요관–방광조영술을 받는 성체 건강한 개에서 방광요로간 역류와 요도–전립선 역류가 빈번하게 발생한다.
- 왼가쪽누움자세는 공기 폐색 현상을 최소화하며, 요관장기를 공기/가스로 팽창시킨 경우 환자 회복을 도와준다. 일부 방사선사는 전통적인 오른쪽 비스듬한 위치를 선호하는데, 이는 이미지에서 신장의 겹침을 감소시켜주기 때문이다. 만약 절차 중에 공기 폐색이 발생했다고 의심된다면, 즉시 방광 내 공기를 제거하고 환자를 왼가쪽누움자세로 놓는다.

선행 또는 배뇨 요도조영사진

선행 또는 배뇨 요도조영사진 절차

여성 개와 고양이의 요도 카테터화는 어려우므로, 정방향 방식(antegrade) 또는 배뇨요도조영술(voiding urethrogram)은 역행 방식(retrograde study)보다 더 쉽게 수행된다.

1. 패들이나 나무 스푼으로 양성 조영제로 가득 찬 방광에 부드러운 압력을 가하고, 환자 아래에 수건을 놓아 샐 수 있는 모든 유출을 흡수한다.
2. 요도구멍에서 소변이 확인되었을 때 측면 이미지를 촬영한다.

질–방광요도조영술[3]

질–방광요도조영술은 여성 개에서 요도를 평가하는 다른 방법이다.

1. 이전에 촬영하지 않았다면, 전체 요로기관의 VD 및 측면 조사 이미지를 촬영한다
2. 환자에게 전신 마취를 시행한다.

(계속)

글 상자 18.7 추가적인 비뇨계 대조 검사 (계속)

3. 카테터가 아직 삽입되지 않았다면, 카테터의 노출된 부분에 조영제를 채워준다(추정 용량: 개는 10~30 mL, 고양이는 5~10 mL).[2]
4. 기름칠된 카테터 끝을 질 심부로 삽입하고, 팽창시켜 방출을 막는다. 카테터의 팽창 부분이 질에 들어가지 않도록 주의해야 한다.
5. 역류를 방지하기 위해 음부를 단단히 누르는 것이 필요할 수 있다.
6. 환자 크기에 맞는 양의 양성 조영제를 주입한다. 질이 우선적으로 채워질 것이다.
7. 조영제가 요도와 방광으로 역류하도록 주입한다. 지나친 팽창은 조영제를 배출시킬 수 있으므로 주의해야 한다. 주입이 완료된 후 측면 이미지(선택적으로 전후방 배경 등)를 촬영한다.[3] 카테터는 동시에 제거할 수 있다.

참고: 결석으로 오해될 수 있는 기포 방울을 피하기 위해 카테터를 미리 조영제로 채워 놓는다.

글 상자 18.8 요로기관 완전 검사 요약[4]

준비

- 12~24시간 동안 음식 금지. 물은 자유롭게 제공한다.
- 진정제 또는 마취 시 1~2시간 이상 또는 필요한 시간동안 물을 금한다.
- 가스 허상 가능성을 줄이기 위해 적어도 4시간 전에 관장을 시행한다.
- 환자의 수분 상태를 확인하고 정상적이면 진행한다.
- 촬영용 필름, 설정, 마커, 보호용 의류 등을 준비한다.
- 환자를 진정시키고 머리쪽 및 가쪽(VD)의 조사 이미지를 얻는다.
- 정맥에 경막내주사침, 방광에 요도관을 무균적으로 삽입한다.
- 요도관에 쓰리웨이 콕 밸브를 설치한다.
- 방광으로부터 소변을 제거한다.
- 환자를 등누움자세로 놓는다.

배설요로술/이중대조방광조영술/요도조영술

- 비이온성 요오드화 대조제를 2분 이내에 급속히 주입한다. 최대 제한치를 확인한다.
- 용액 주입이 완료된 후 카테터를 헤파린화한 식염수로 플러싱한다.
- 주입 완료 후 20~40초 이내에 VD 이미지를 촬영한다(혈관계와 신근)
- 음이온 대조제로 방광을 팽창시켜 1~2 mL/kg 정도 주입하여 요도에 요오드를 유지한다.
- 정맥 주입 후 5분에 신장의 VD와 가쪽 이미지를 촬영한다(파이로그램).
- 방광을 부드럽게 촉진하고 음이온 조영제를 추가 주입해야 할지 결정한다.
- 정맥 주입 후 20분에 신장, 요관, 방광의 VD, 가쪽 및 비스듬 촬영(선택적)을 얻는다(배뇨 및 방광조영술).
- 카테터를 회수하면서 요도에 요오드화된 물질(5~15 mL)을 주입한다.
- 외부 요도구멍에서 조영제가 샐 때 즉시 측면 이미지를 촬영한다.

요로의 정상 방사선 해부학 _Normal Radiographic Anatomy of the Urinary Tract

신장, 방광, 요도 및 전립선의 해부학은 11장에서 확인한다.

배설요로조영술은 신장과 근위성 요도의 추가적인 정량 측정을 가능하게 한다 조기 콩팥조영사진에선 피질이 수질보다 더 방사선불투과성이 커진다. 일반적으로 신우조영사진이 콩팥조영사진보다 방사선불투과도가 크다. 정산적인 콩팥조영사진은 조영제 볼러스 주입 후 10~30초 이내에 가장 방사선조영이 많이 된다.[6] 신우조영사진은 항상 불투명해야 한다.

요도의 폭은 연동운동으로 인해 변할 수 있다. 정상적인 방광벽은 팽창 정도와 관계없이 약 1 mm 두께를 가지고 있다.[6]

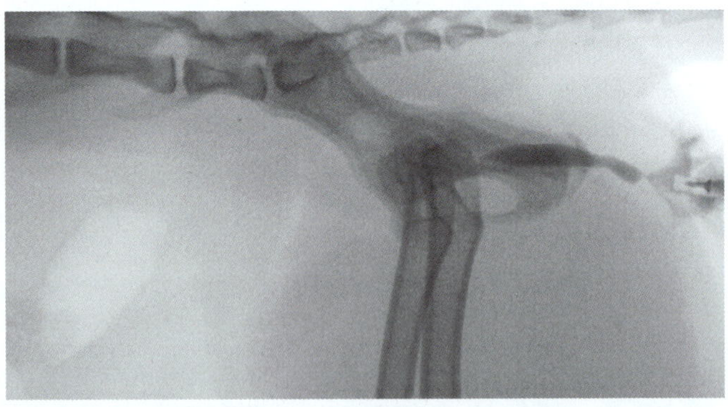

그림 18.18 옆누움 자세의 환자의 질조영사진, 오요드 조영제. (Courtesy Ontario Veterinary College, University of Guelph, ON.)

추가적인 기술 _Additional Techniques

척수조영술[2,3] _Myelography

척수 검사를 위해 방사선불투과성 조영제를 소뇌숨뇌수조 또는 요추 부위의 경막하 공간에 주사하는 것을 척수조영술(그림 18.19 및 상자 18.9)이라고 한다. 컴퓨터 단층촬영(CT)과 자기공명영상(MRI)은 빠르고 비침습적인 방법이기 때문에 많은 병원에서 척수조영술의 사용을 대체하고 있다.

추가적인 대조 연구 _Further Contrast Studies

글 상자 18.10은 추가적인 대조 방사선학 기술에 대한 간략한 개요를 제공한다. 이 중 많은 기술들이 초음파나 다른 검사법으로 대체되고 있다. 더 자세한 정보는 다른 출처를 참조하길 바란다.

글 상자 18.11은 이 장에서 설명된 대조 연구들에 대한 간단한 리뷰를 제공한다.

다른 검사법에서 사용되는 조영제 _Contrast Agents used for other Modalities

초음파 _Ultrasound

초음파 검사에서는 여러 물질이 조영제 역할을 할 수 있다. 액체 물질을 경구 투여하면 위에서 가스를 배출시켜 췌장을 시각화하는 음향 창을 만들 수 있다. 물과 생리식염수와 같은 에코-프리 액체는 구강 내벽의 시각화를 향상시키기 위해 체강의 팽창에 사용될 수 있다. 정맥 주사용 조영제는 캡슐형 미세 버블로 제한되어 있으며, 이는 최대 25 dB의 음향 강도 증가를 발생시킬 수 있다. 이러한 조영제는 주로 심장의 도플러 초음파 검사에 사용된다. 초음파 기법에 대해서는 제6장을 참고한다.

컴퓨터 단층촬영 _Computerized Tomography

일반적으로 CT에서는 비이온성 조영제을 사용한다. 컴퓨터 단층촬영에 대해서는 8장을 참고한다.

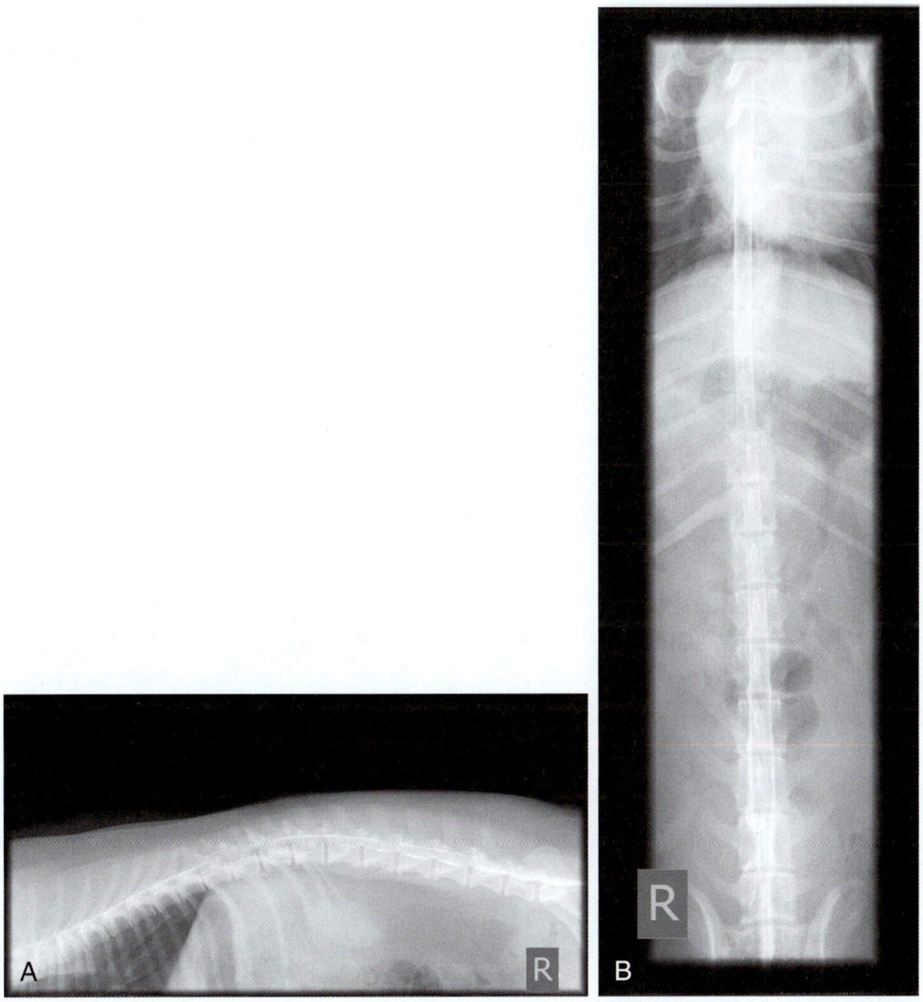

그림 18.19 **A,** 척수조영술의 가쪽 투시. **B,** 척수조영술의 VD상. (Courtesy Ontario Veterinary College, University of Guelph, ON.)

글 상자 18.9 척수조영술

준비

- 척수조영술은 추정된 횡단성 척수수막염과 같은 척수 조직 병변의 위치와 식별을 돕는다. 병변의 크기나 척수 압박의 정도를 파악할 수 있다.
- 병변의 위치는 예후와 치료 과정을 결정하는 데 도움이 된다.
- 척수조영술의 구체적인 지침은 횡단성 척수수막염으로 의심되는 기능저하, 마비, 고유수용성 또는 감각적 결핍, 척추 통증 등을 포함한다.

주의사항

- 일반 마취가 필요하며, 모든 금기사항을 평가해야 한다.
- 척수액을 검사하여 척수염이나 뇌수막염과 같은 전신적 또는 국소 감염이 없는지 확인해야 한다.
- 바늘이 무균적으로 배치되어야 한다.
- 마취 요법에 페노티아진 유도체가 포함되어서는 안 된다. 이는 발작 임계치를 낮출 수 있다.
- 스테로이드 제제는 조영제와 함께 경막하에 투여해서는 안 된다.
- 환자는 척수하 공간에서 조영제의 지연 제거로 인한 부작용과 합병증을 최소화하기 위해 적절하게 수분 섭취되어야 한다.
- 잘못된 절차는 손상을 유발하고 치명적인 결과를 초래할 수 있다.
- 척수조영술은 기존의 신경학적 증상을 악화시킬 수도 있다.

조영제와 투여량

- 유기 비이온성 양상-대비 요오드: iopamidol (Isovue), 200~300 mg/mL, 또는 iohexol (Omnipaque), 240 mg/mL.
- 개 투여량[2,3]:
  - 수조 주사: 경추: 0.3 mL/kg; TL 척추: 0.45 mL/kg
  - 허리 주사: 경추: 0.45 mL/kg; TL 척추: 0.3 mL/kg.

장비/용품

- 클리퍼, 스크럽 용액, 천, 무균 장갑
- 개: 20 게이지 스파이날니들, 2~4인치 길이; 10 mL 주사기 2개.
- 고양이: 22 게이지 스파이날니들, 1.5인치 길이; 5 mL 주사기 2개
- 10 mL 주사기 2개(개), 5 mL 주사기 2개(고양이); 18 게이지 1인치 바늘, 뇌척수액을 담을 3 mL 주사기
- CSF 컬렉션튜브, 증설 장치, 0.22 μ 필터

환자 준비

- 페노티아진 유도체가 없는 일반 마취를 사용한다.
- 수조천자를 위해 두개골 뒤 털을 깎거나 요추 부위의 털을 깎고 3회 세척한다.

일반적인 절차

실제 바늘 배치에 대해서는 자세한 참고 문헌을 참조하라. 수의사가 주사를 수행하고 조영제를 투여한다.

1. 적당한 부위의 전방 사진을 촬영한 후 환자에게 마취를 시키고, 4인치(10 cm) 정사각형을 깎아 무균적으로 준비한다. 수술적 세척과 다음과 같이 마스킹을 완료한다.
2. 모래주머니나 폼 스펀지를 사용하여 환자를 완전한 측면으로 눕혀 놓는다. 특정한 위치 지정에 대해서는 제15장을 참조하라.
3. 조영제 주입량과 동일한 양의 척수액을 빼낸다.
4. 천천히 조영제를 주입한다.
5. 환자를 돌려서 조영제와 척수액이 균일하게 혼합되도록 한다.
6. 주사 후 약 1시간 동안 환자를 계속해서 일반 마취 하에 두시면, 조영술 후 경련의 빈도가 줄어든다.
   a. 회복 중에 머리를 들어 올려 뇌의 두정으로 조영제가 흐르는 것을 방지하여 압력과 경련의 위험을 줄인다.

경추 척수막조영술에 대한 추가적인 세부 사항

1. 척추의 전방 사진을 촬영하고, 머리 뒷부분을 깍고, 세척하고, 외후두돌기의 뒷부분에 드레이프를 놓는다.
2. 환자를 최대한 머리를 복부에 대고 최대한 앞으로 구부리는 자세로 눕힌다(턱이 흉골에 닿도록). 이때 환자의 머리와 목의 중앙선이 탁자와 평행하도록 한다. 테이블을 환자의 머리가 올려진 쪽으로 10도 기울일 수 있다.
3. 스타일렛(stylet)을 넣은 상태로 소뇌숨뇌수조를 지주막하강을 통해 바늘을 삽입한다.
4. 척수액을 빼낸 후, 조영제를 3~4분 동안 주입하고 바늘을 제거한다.
5. 환자를 회전시킨다.
6. 조영제가 하향으로 흐를 수 있도록 머리를 약간 높여 놓는다. 머리를 마사지해야 할 수도 있다.
7. 측면 사진을 찍어 조영제의 위치를 확인한다. 주사 지점에서부터 아래로 측면 사진을 찍는다.
8. 조영제가 관심 영역에 도달하면, 추가적인 측면, 전후방 및 사선 사진을 찍어 병변을 정확하게 확인하고 위치를 파악한다.

허리뼈 척수막조영술에 대한 추가적인 세부 사항

1. 허리뼈 척수막조영술을 위해 전방 사진을 촬영하고, L5~L6 부위를 깎고, 세척하고, 드레이프를 놓는다.
2. 환자를 골반 뒷다리를 앞쪽으로 구부리고 발을 복부에 두도록 자세를 조정한다. 적절한 위치에 모래주머니를 놓는다.
3. 스타일렛을 넣은 상태로 지주막하강에 바늘을 삽입한다.
4. 척수액을 빼낸 후, 5분 동안 천천히 조영제를 주입한다. 바늘을 뚫고 척추외막 공간으로 조영제가 누출되는 것을 방지하기 위해 바늘을 제자리에 놓는다.
5. 환자를 회전시킨다.
6. 가쪽 사진이 완료되면 바늘을 제거하고 즉시 전후방 사진을 촬영한다(그림 18.19).

코멘트와 팁

- 척추 바늘의 배치 및 주입 도중에 환자는 움직이지 않아야 한다. 이 절차는 수의사가 수행한다.
- 어느 주사 방법에도 환자는 엎드려 누울 수 있다. 이 자세는 바늘의 깊이를 판단하기 어렵게 만들지만, 측면 자세에서 더 정확하게 평가하고 촬영할 수 있다.
- 지주막하강을 통해 소뇌숨뇌수조에 바늘을 배치할 때 주의 사항:
  - 측면 위치를 잘못 선택하면 척추 정맥을 찌르고 출혈이 발생할 수 있다.

(계속)

글 상자 18.9 척수조영술 (계속)

- 뇌 뒷부분에 바늘이 잘못 배치되면 호흡 부전과 사망을 일으킬 수 있다.
- 위치 조정 중에 움직임이 발생하면 척수 또는 뇌를 찢을 수 있다.

- 경추 주사에 대한 바늘 위치가 정확하다면 가장 흔한 문제는 조영제가 하향으로 흐르지 않아 병변을 완전히 확인할 수 없는 경우이다:
  - 대조제가 하향 흐름에 저항을 느끼면 상향으로 뇌실계로 흐르기 때문에 압박성 병변의 머리쪽 경계만 확인될 수 있다.
  - 주사 중 머리를 올리거나 바늘을 제거한 후 목을 마사지하는 것이 흐름을 돕는 데 도움이 될 수 있다.
  - 심한 흉추요추 척수부의 부종이 있는 경우 경추 척수막조영술은 진단에 도움이 되지 않을 수 있다.
- 요추 척수막조영술에서 바늘 위치를 잘못 배치하는 것은 위험이 더 적지만 다음 사항을 염두에 두어라:
  - 정맥 정맥을 찔렀을 때 출혈이 생겨 척수액의 해석이 어려워질 수 있다.
  - 요추 주사의 가장 흔한 문제는 조영제가 요추 경막외 공간이나 정맥으로 주입되는 것이다.
  - 조영제가 경막외로 주입되면 경막내 공간에서 사용 가능한 양이 감소한다.
- 출혈성 천자가 발생하면 조영제를 주입하지 말아라. 혈액과 조영제의 혼합물은 뇌척수액 공간에서 매우 치명적이다.
- 척수막조영술 후 경련이 발생하면 치료용 다이아제팜을 정맥 주사로 투여하는 것이 권장된다. 이로 인해 증상이 완화되지 않는 경우 정맥 바비뷰레이트를 고려할 수 있다.
- 뇌전경 투여 시 약물 반응을 최소화하는 방법에 대한 제안은 요로그래피 기술자 노트 상자에 설명된 내용을 참고하라.

글 상자 18.10 추가적인 대조 방사선학 기술

조사	사용된 조영제	지표/절차	코멘트
혈관심장조영법—비선택적(선택적 검사는 우심실에 직접 투여함)	수용성 유기 요오드화물	경정맥 또는 노쪽피부정맥에 투여하여 심장 이상과 관련된 특정 혈관의 폐쇄, 혈관계의 병변을 보여주거나, 조사에서 확인된 종양의 증거 확보에 쓰임. 심초음파 검사가 이용 불가능할 때 사용.	진정제 또는 마취제가 보통 필요하다. 투사법 또는 빠르게 여러 이미지를 노출하는 방법을 권장, 초당 여러 개의 라디오그래프를 촬영해야 하기 때문에
관절조영술	수용성 유기 요오드-비이온성 낮음 삼투성 조영제. 공기관절조영술은 이산화탄소 또는 아산화질소를 사용, 공기보다 선호. 다른 기체보다 이산화탄소가 더 빠르게 재흡수됨	관절 내부의 활막 공간에 주입하여 관절 표면과 관절 활막을 대조함. 파열된 관절 활막, 연골 세판, 메니스컬 손상 또는 수술 필요 여부를 평가하는 데 사용될 수 있음	정제된 생리식염수로 희석하여 농도가 20%에서 40%가 되도록 함. 전신 마취와 수술을 위해 준비된 8 × 8 cm 영역이 필요함. 연부 조직 쪽에 감염이 있는 경우 금함
기관지조영술	비이온성 수용성 오요드화물	기침이나 호흡곤란을 유발하는 기관지 및 기관지 염증	CT와 MRI가 대체함
복부조영술—양성대조	수용성 유기 요오드화물	복강과 횡격막의 상태를 검사, 횡격막 탈장을 진단하는 데 사용	배꼽 뒤쪽으로 수술 준비 함
누공조영술	수용성 유기 요오드(비이온성 선호) 또는 음성 조영제	농루, 강, 또는 배출 상처의 정도를 평가. 방사성불투과성 이물질을 감지함. 농루 안으로 주사기와 신축성 있는 풍선부착카테터 투입	해당 지역의 감염이 해당 위치로 퍼질 수 있음. 종종 상처 부위와 멀리 떨어져 있음
공기복강조영술, 복강조영술과 딜징조영술. (보통 CT, MRI 및 초음파로 대체됨)	음성 조영제, 이산화탄소와 아산화질소가 빠른 흡수 및 적은 공기 전색으로 더 선호됨	복강과 횡격막의 상태를 검사, 횡격막 탈장을 진단하는 네 사용 가로빔 사용 기체를 제거할 필요 없음.	보통 진정제 필요. 배꼽 뒤쪽으로 수술 준비 필요. 탑침과 주사기 사용. 금식과 방광채움을 추천

자기공명영상 _Magnetic Resonance Imaging

대부분의 MRI 조영제에는 중금속 가돌리늄이 독성이 적도록 킬레이트 된 형태로 들어있다. 이러한 조영제를 가돌리늄 기반 대조제라고 부른다(Gadolinium-Based Contrast Agents, GBCA). 가돌리늄 조영제는 종종 MRI 세션 중간에 정맥 주사로 주입되어 종양, 혈관 또는 감염을 강조한다. GBCA는 반드시 정맥 주사로만 투여되어야 한다. 대조 효과는 T1 가중 이미지와 FLAIR 이미지에서 가장 잘 관찰된다. 가돌리늄 주사 후에는 식염수로 플러시한다. 가돌리늄은 혈관 연구를 제외하고는 천천히 주입하는 것이 좋다. 자세한 내용은 제9장을 참조한다.

양전자방출단층촬영 및 핵의학영상제 _Positron Emission Tomography and Nuclear Medicine Imaging Agents

핵의학 영상(또는 시티그래피)을 얻기 위해 방사선 조영제(라디오파마슈티칼)를 사용한다. 양성자방출단층촬영(PET)에 사용되는 조영제는 조직 대사나 특정한 분자 활동에 관한 정보를 제공한다. 수의학에서 가장 흔히 사용되는 조영제는 테크네튬-99 mTc이며, 다양한 일반적인 방사선의약품에 방사성을 라벨링하는 데 사용되고 있다. 이 조영제는 주로 뼈와 심장 스캔에서 자주 사용된다.

그림 18.20은 미지의 방사선 사진이다. 이를 검토하고 그와 관련된 질문에 답한다.

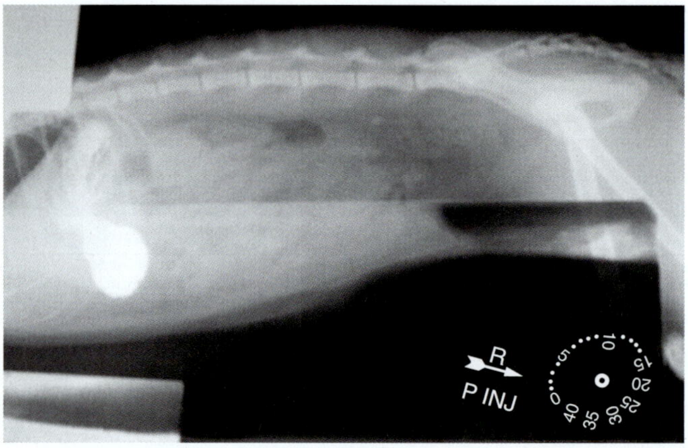

그림 18.20 **미지의 방사선 사진.** 어떤 대조 검사 영상이며 왜 아래쪽 부분과 밀도 차이를 보이는가?

글 상자 18.11 위장관, 배뇨계 및 척수 대조 검사의 개요

식도 대조 검사:
1. 환자를 준비하고, 조사 영상을 촬영한다.
2. 바륨을 투여하고, 바로 환자를 외측 자세에서 촬영한다.
3. 바륨을 더 투여하고, 필요한 추가 자세에서 촬영한다.

UGI 검사
1. 환자를 준비한다; 금식, 관장, 조사영상 촬영.
2. 모든 것이 준비되어 바로 촬영 가능하도록 한다.
3. 정방향으로 바륨을 투여한다.
4. 환자 자세를 잡고, 필요한 시퀀스대로 촬영한다.
5. 필요 시 음성 대조 검사를 이어서 진행한다.

BIPS 사용
1. 환자를 준비한다; 필요에 따라 금식 또는 급여, 조사영상 촬영
2. 캡슐을 투여한다.
3. 가쪽 촬영과 VD 촬영을 맞는 시간에 촬영한다. 필요 시 여러 번 촬영한다.
4. 필요 시 바륨 검사 또는 음성 대조 검사를 이어서 진행한다.

LGI 대조 검사
1. 환자를 준비한다; 금식, 관장, 진정제, 조사 영상 촬영
2. 모든게 준비되어 있어야 한다.
3. 바륨을 투여한다.
4. 환자 자세를 잡고 시퀀스에 따라 올바른 자세와 시간에 촬영한다.
5. 필요 시 음성-대조 검사를 진행한다.

Retrograde cystography
1. 환자를 준비한다; 금식, 관장, 진정제, 방광 비우기, 뇨 카테터 삽입, 조사 영상 촬영, 진정/마취. 올바른 무균 기술을 사용한다.
2. 조영제 투여 전 모든게 준비되어 있어야 한다.
3. 조영제를 투여한다-가열된 양성-대조 수용성 유기 요오드 또는 음성 조영제
4. 조영제 투입 직후 필요한 촬영을 한다.
5. 필요 시 반대되는 조영제를 사용하여 방광 또는 요도를 확인한다.
6. 조영제를 제거한다; 필요 시 항생제를 투입한다; 카테터를 제거하고 환자를 깨운다.

(계속)

글 상자 18.11 위장관, 배뇨계 및 척수 대조 검사의 개요 *(계속)*

역방향방광조영술 및 vaginocystourethrography

1. 환자를 준비한다; 금식, 관장, 진정제, 방광 비우기, 뇨 카테터 삽입, 조사 영상 촬영, 진정/마취. 올바른 무균 기술을 사용한다.
2. 조영제 투여 전 모든게 준비되어 있어야 한다.
3. 카테터를 통해 가열된 양성-대조 수용성 유기 요오드를 투여한다.
4. 조영제 투입 직후 필요한 촬영을 한다.
5. 조영제를 제거한다; 필요 시 항생제를 투입한다; 카테터를 제거하고 환자를 깨운다.

배설요로조영술

1. 환자를 준비한다; 금식, 관장, 진정제, 방광 비우기, 뇨 카테터와 IV라인 삽입, 조사 영상 촬영, 진정/마취. 올바른 무균 기술을 사용한다.
2. 조영제 투여 전 모든게 준비되어 있어야 한다.
3. IV 볼로스로 가열된 양성-대조 수용성 유기 요오드를 투여한다.
4. 조영제 투입 직후 필요한 촬영을 한다.
5. 필요 시 압박하고, 사진 촬영을 이어서 한다.
6. 방광과 요도를 위해 양성 또는 음성 역행 대조 검사를 진행한다.
7. 조영제를 제거한다; 필요 시 항생제를 투입한다; 카테터를 제거하고 환자를 깨운다.

척수조영술

1. 환자를 준비한다; 금식, 관장(필요시), 조사 영상 촬영, 전신 마취, 관심 부위 털 밀고 소독하기. 올바른 무균 기술을 사용한다.
2. 모든 게 준비되어 있어야 한다.
3. 바늘로 찌른다; CSF를 제거하고, 천천히 가열된 유기 비이온성 양성 조영제 요오드를 투입한다.
4. 필요한 가쪽 촬영, VD, 경사상을 촬영한다.
5. 환자를 깨운다.

✳ 핵심 사항

1. 조영제는 주변 조직이나 장기를 방사선 상에서 더 잘 보이도록 한다.
2. 양성 조영제는 부드러운 조직과 뼈의 원소보다 높은 밀도와 원자 번호를 가지고 있다. 따라서 바륨(원자 번호 56)과 같은 조영제는 X선을 더 많이 감쇄시키고, 더 많은 X선을 흡수하여 이미지를 뼈나 조직보다 더 밝게 나타난다.
3. 음성 조영제는 낮은 원자 번호를 가지고 부드러운 조직보다 밀도가 낮으므로 X선이 감쇄되지 않는다. X선은 더 쉽게 통과하여 방사선 사진에서 검게 보인다. 문헌에 따르면 이산화탄소와 아산화질소가 공기 폐색을 유발할 수 있으므로 음성 조영제로 선택된다.
4. 이중 대조 연구에서는 양성 및 음성 조영제를 모두 사용한다. 검사에 따라 음성 조영제를 먼저 투여하고 양성 조영제를 그 다음에 사용한다.
5. 대조 연구는 일반적으로 장기의 형태 변화를 판단하는 데에 더 효과적이며, 기능을 판단하는 데에는 덜 효과적이다.
6. 모든 대조 연구에는 위험이 따른다. 얻을 수 있는 혜택과 금기 사항은 수의사가 따져봐야 한다.
7. 소화기 연구에 가장 일반적으로 사용되는 양성 조영제는 다양한 황산 바륨 서스펜션의 희석액이다.
8. 위장 천공이 의심되는 경우, 바륨을 사용해서는 안 되며, 절대로 정맥내 주입해서는 안 된다.
9. 수용성 유기 요오드 화합물은 위장 천공이 의심될 때 사용할 수 있다. 빠른 체류 시간을 가지며 복강에서 점막을 통해 쉽게 흡수되며 신장을 통해 배출된다.
10. 수용성 유기 이온성 요오드는 고장성이며 전해질 불균형, 탈수, 구토, 혈압 감소 및 기타 생리학적 문제를 유발할 수 있다.
11. 이량체인 수용성 유기 비이온성 요오드는 혈액과 뇌척수액과 거의 등장성이며 이온성 요오드보다 부작용이 적다.
12. 대조 연구를 제대로 진행하기 위해선 환자와 기타 준비가 필요하다. 연구에 따라 금식, 관장제 주입 등의 준비가 필요할 수 있다. 올바른 농도와 충분한 양의 조영제를 투여하고 적절한 시간에 충분한 이미지를 촬영하도록 해야 한다. 조영제를 투여하기 전에 영상 감지기, 마커, 타이머, 보호 장비 등이 준비되었는지 확인한다.
13. 대조제를 투여하기 전에 조사이미지 촬영을 하여 조사선량 및 환자 준비가 충분한지 및 대조 연구가 진행되어야 하는지 판단하기 위해 필수적으로 확인한다.
14. 실제 절차와 촬영은 환자의 임상 증상과 수의사의 판단에 따라 결정된다. 한 구역만 검사하거나, 전신 대조 검사가 필요할 수도 있다.
15. 초음파와 다른 검사법이 사용 가능한 경우, 대조 방사선 촬영을 대체하고 있다.
16. 방사선학적 조영제 중 비이온성 조영제는 일반적으로 CT에 사용된다. 가돌리늄은 MRI에 사용될 수 있으며, PET 또는 핵의학영상제를 위해 방사성의약품이 사용된다.

복습 문제 _Review Questions

1. 조영제가 완전히 불용성이며, 방사성비투과성에 생리학적으로 비활성이다. 이는 어떤 조영제인가?
   a. 바륨
   b. 요오드
   c. 공기
   d. BIPS

2. 유기성 비이온성 이량체 용액의 점도를 증가시키기 위해선 어떻게 해야 하는가?
   a. 용액을 냉각시킨다.

b. 용액을 가열한다.
c. 용액을 실온에 보관한다.
d. 용액에 식염수를 추가한다.

3. UGI 검사에서 바륨의 체류 시간을 증가시키기 위해서 해야 하는 것은?
a. 용액을 냉각시킨다.
b. 용액을 가열한다.
c. 용액을 실온에 보관한다.
d. 용액에 식염수를 추가한다.

4. 구토, 배변, 배뇨, 두드러기, 빠른 맥박 및 저혈압, 쓰러짐 등은 ____________을 투여할 때 생길 수 있는 부작용이다. 빈칸에 올바른 것은?
a. 비이온성 단량체 조영제
b. 비이온성 이량체 조영제
c. 이온성 단량체 조영제
d. 이온성 이량체 조영제

5. 조영제 투여 ____________에 뇨를 채취해야 한다. 이유는 ____________이다. 빈칸에 올바른 것은?
a. 후; 세균 생장에 조영제는 영향을 주지 않는다.
b. 후; 뇨단백의 위양성이 생기지 않는다.
c. 전; 조영제는 세균 생장을 억제한다.
d. 전 또는 후; 뇨단백의 위양성이 생기지 않으며, 세균 생장에 영향이 없다.

6. 비이온성 이량체 요오드성 조영제는 거의 등장성이다. 이유는?
a. 이온성인 카복실 그룹이 해리되지 않는 작용기로 대체되었다.
b. 혈액에 주사하거나 경구 투여 시 양이온이 나눠진다.
c. 용액 안에 2개의 분자마다 3개의 요오드 원자가 있다.
d. 점성이 낮다.

7. 고장성의 조영제 투입 후 일어날 수 있는 것은?
a. 물이 혈관에서 혈관 이외 조직과 적혈구 내로 이동한다.
b. 혈장과 조영제의 삼투 농도가 유사하여 부작용이 적다.
c. 세포 수축, 혈관 확장 및 혈압 감소
d. 신장이 아닌 간에서 배설된다.

8. 고양에에서 코위영양관을 통해 바륨을 투여하였다. 촬영은 언제 하는 것이 좋은가?
a. 15, 30, 60, 90분 후, 그리고 매 시간마다
b. 즉시; 5, 10, 20, 60분 후; 그리고 매 시간마다
c. 즉시; 15, 30, 60, 90분 후; 그리고 매 시간마다
d. 즉시; 30, 60, 90분 후; 그리고 매 시간마다

9. 오른가쪽으로 누운 테리어의 방사선 사진을 보고 있다. 바륨이 막창자에 도달했다. 사진에서 경과한 시간은?
a. 15분
b. 30분
c. 1시간
d. 2시간

10. 도베르만 견종의 위에는 작은 BIPS 다섯 개와 큰 BIPS 두 개가 아직 남아 있다. 대장에는 작은 BIPS 15개와 큰 BIPS 3개가 있다. 나머지 BIPS들은 모두 소장에 위치해 있다. 큰 BIPS의 구장−대장 체류 시간은?
a. 20%
b. 30%
c. 50%
d. 70%

11. BIPS의 주된 기능은?
a. 벽외, 벽 및 벽내 병변을 확인
b. 음식의 이동을 모방하고 체류 시간을 계산
c. 위장관 폐쇄를 감지
d. 대장 점막의 이상을 시각화

12. 이중 대조 역방향방광조영술을 진행하려고 한다. 금식은 언제부터 하며 되는가?
a. 12~24 시간 전
b. 4~12 시간 전
c. 1~4 시간 전
d. 이 검사에 금식은 필요 없다.

13. 식도 조영검사가 필요하다. 관장제는 언제 투입하는가?
a. 1~4 시간 전
b. 4~12 시간 전
c. 12~24 시간 전
d. 이 검사에 관장은 필요 없다

14. 방광 점막을 확인하기 위한 최선의 대조 검사법은?
a. 배설요로조영술
b. 이중 대조 방광조영상
c. 양성 대조 방광조영상
d. 음성 대조 방광조영상(pneumocystogram)

15. 배설요로조영술의 콩팥조영사진이 보여주는 것은?
   a. 혈관 공급과 신장의 혈류, 즉시 촬영한다.
   b. 혈관 공급과 신장의 혈류, 5분 뒤 촬영한다.
   c. 신장 집합계, 즉시 촬영한다.
   d. 신장 집합계, 5분 뒤 촬영한다.

16. 개의 양성 대조 방광조영상에서 사용하기 가장 알맞은 조영제는?
   a. 황산 바륨 페이스트
   b. 황산 바륨 용액
   c. 이산화탄소
   d. 요오드성 수용성 용액

17. 35 kg 리트리버에게 양성 대조 역방향방광조영술을 진행하려고 한다. 총 투여량이 10% 농도의 아이오탈라메이트(콘레이) 240 mL이다. 초기의 콘레이 농도가 60%라면 필요한 희석제의 부피는?
   a. 40 mL
   b. 160 mL
   c. 200 mL
   d. 280 mL

18. 큰 개의 이중 방광조영상을 위해 방사선 촬영을 진행한다. 중심 방서선의 올바른 위치는?
   a. 배꼽
   b. L2 또는 L3
   c. 엉덩뼈날개의 뒤쪽
   d. 엉덩뼈날개의 앞쪽

19. 큰 개의 이중 방광조영상 촬영 시 올바른 경계 부위는?
   a. T13에서 궁둥뼈뒤쪽
   b. T8에서 궁둥뼈뒤쪽
   c. L2에서 궁둥뼈앞쪽
   d. L2에서 궁둥뼈뒤쪽

20. 수컷 리트리버의 이중 방광조영상을 위해선 오른가쪽촬영과 추가적으로 어떤 촬영을 해야 하는가?
   a. 왼가쪽촬영, VD(선택적) 및 DV
   b. 왼가쪽촬영, 비스듬촬영(VD 선택적)
   c. VD
   d. VD 및 비스듬촬영(선택적)

참조 _References

1. Kelly EA. Ontario Association of Medical Radiation Technologists (OAMRT): Intravenous contrast injection for medical radiation technologists & related allied health professionals, revised November 2010. File No: 4010-4036. Ontario Association of Medical Radiation Technologists.
2. Muhlbauer MC, Kneller SK. *Radiography of the Dog and Cat: Guide to Making and Interpreting Radiographs*. Oxford: Wiley-Blackwell; 2013 [chapter 2].
3. Thrall DE. *Textbook of Veterinary Diagnostic Radiology*. 7th ed. St. Louis: Elsevier; 2018.
4. Rendano V. UGI-stomach-ohiostate.htm/veterinary radiography. In: *Proceedings of the Ontario Association of Veterinary Technician Conference*. Toronto: OAVT; February 2005.
5. Medical ID Systems, Inc. BIPS Manual. Available at: http://www.medid.com/manual_bipers.pdf.
6. Ayers S. *Small Animal Radiographic Techniques and Positioning*. Oxford: Wiley-Blackwell; 2013.

참고 문헌 _Bibliography

Colville T, Bassert J. *Clinical Anatomy and Physiology for Veterinary Technicians*. 3rd ed. St. Louis: Mosby; 2016.

Done SH, Goody PC, Evans S, Stickland NC. *Color Atlas of Veterinary Anatomy, the Dog and Cat*. London: Mosby; 2009.

Evans H, de Lahunta A. *Guide to the Dissection of the Dog*. 8th ed. St. Louis: Saunders; 2017.

Owens JM, Biery DN. *Radiographic Interpretation for the Small Animal Clinician*. 2nd ed. Baltimore: Williams & Wilkins; 1999.

Singh B. Dyce, *Sack and Wensing's Textbook of Veterinary Anatomy*. 5th ed. St. Louis: Elsevier; 2018.

Sirois M. *Principles and Practice of Veterinary Technology*. 4th ed. St. Louis: Mosby; 2017.

Tighe M, Brown M. *Mosby's Comprehensive Review for Veterinary Technicians*. 5th ed. St. Louis: Mosby; 2019.

REVIEW QUESTIONS ANSWERS
복습 문제 정답

PART ONE: 진단 영상

SECTION ONE: 영상의 기술적 측면

Chapter 1

1. A
2. B
3. D
4. C
5. A
6. B
7. A
8. C
9. A
10. A

Chapter 2

1. A
2. C
3. B
4. B
5. D
6. C
7. B
8. D
9. C
10. A
11. B
12. D
13. B
14. D
15. B
16. C
17. A
18. A

SECTION TWO: 필름 처리와 디지털 이미지 생성

Chapter 3

1. B
2. B
3. A
4. C
5. C
6. C
7. A
8. D
9. A
10. C
11. B
12. A
13. A
14. A
15. A

Chapter 4

1. A
2. D
3. A
4. A
5. B
6. A
7. C
8. C
9. B
10. C
11. A
12. D
13. C
14. C
15. C

16. A
17. A
18. C
19. B
20. C
21. B
22. B
23. B
24. B

Chapter 5

1. D
2. A
3. C
4. A
5. A
6. B
7. A
8. B
9. B
10. D
11. B
12. B
13. A
14. A

SECTION THREE: 특수 영상

Chapter 6

1. C
2. D
3. C
4. C

Chapter 7

1. B
2. B
3. B
4. A
5. D
6. D
7. C
8. B
9. C
10. C
11. C
12. C
13. C
14. B
15. C
16. D

Chapter 8

1. D
2. C
3. B
4. C
5. C
6. D
7. E
8. D
9. E
10. A

Chapter 9

1. B
2. D
3. B
4. D
5. C
6. C
7. D
8. D
9. B
10. A
11. B

PART TWO: 방사선상 자세잡기와 관련 해부학

Chapter 10

1. B
2. D
3. B
4. C
5. A
6. D
7. C
8. A
9. B
10. D
11. A
12. D
13. B
14. A
15. C

Chapter 11

1. D
2. B
3. A
4. D
5. C
6. A
7. A
8. D
9. C.
10. D
11. C
12. A
13. A
14. B
15. B

Chapter 12

1. A
2. D
3. C
4. B
5. A
6. D
7. A
8. B
9. A
10. C
11. B
12. D
13. B
14. A
15. B

Chapter 13

1. A
2. C
3. A
4. A
5. D
6. B
7. A
8. C
9. D
10. B
11. B
12. C
13. A
14. B
15. C
16. B

Chapter 14

1. C
2. A
3. B
4. A
5. B
6. D

7. D
8. D
9. C
10. B
11. B
12. D
13. B
14. C
15. A
16. B

Chapter 15

1. B
2. C
3. A
4. B
5. C
6. A
7. D
8. B
9. A
10. B
11. C
12. A
13. C
14. A
15. D
16. B
17. C
18. D

Chapter 16

1. B
2. A
3. C
4. C
5. C
6. C
7. D
8. A
9. C
10. D
11. B
12. A
13. C
14. B
15. A

Chapter 17

1. C
2. A
3. C
4. C
5. C
6. A
7. B
8. A
9. C
10. B
11. B
12. B
13. A
14. B
15. A
16. D
17. C
18. D
19. D
20. B

Chapter 18

1. A
2. B
3. A
4. C
5. C
6. A
7. C

8. C
9. D
10. B
11. C
12. A
13. D
14. B
15. A
16. D
17. C
18. D
19. D
20. B

동물보건영상학 7판

Radiography for Veterinary Technicians

7판 1쇄 : 2025년 3월 3일

서　사 : Marg Brown, Lois Brown

역　자 : 동물보건영상학 교재연구회

발행인 : 유성권

편집장 : 이재선

기　획 : 신선희

마케팅 : 임태완, 김호철, 최성규, 김진형, 정명한, 한태수,
노예련, 김모란, 박소영, 김지현, 김채환, 김현정

판　형 : 215 × 275 mm

펴낸곳 : **범문에듀케이션**

주　소 : 서울시 양천구 목동서로 211 범문빌딩 (우 07995)

전　화 : 02) 2654-5131　　　팩　스: 02) 2652-1500

홈페이지 : www.medicalplus.co.kr

등　록 : 2011년 1월 3일 제 2011-000001호

ISBN : 979-11-5943-484-6 (93520)

편집 · 디자인 : (주)우일미디어디지텍